U0570813

坐落在杭州市的
中国水稻研究所

利用人工气候箱开展
水稻科学研究

丰富的稻种资源

普通野生稻

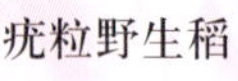

疣粒野生稻

药用野生稻

协优 9308

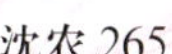

沈农 265

国稻 1 号

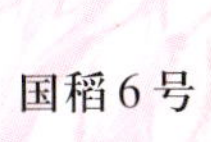

国稻 6 号

中早 22

中佳早 2 号

两优培九

水稻机械直播田间作业

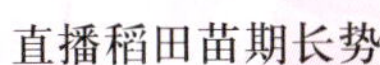

直播稻田苗期长势

水稻好气灌溉分蘖期

水稻混种，利用遗传多样性控制稻瘟病

稻鸭共育

杂交水稻大规模制种

水稻品种区域试验

海南南繁试验

转基因 A

转基因 B

转基因 C

转基因 D

转基因 E

转基因 F

水稻突变体库的大规模筛选

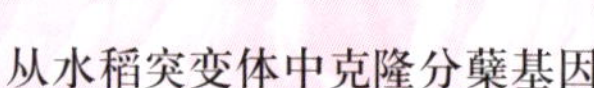

从水稻突变体中克隆分蘖基因

“十一五”国家重大工程出版规划重点图书

现代农业种植养殖专业丛书

现代中国水稻

程式华　李　建　主编

金盾出版社

内 容 提 要

本书由中国水稻研究所水稻各学科专家编写。内容包括:水稻概况,栽培稻的起源与演化,稻种资源,稻田生态环境与水稻种植区划,水稻生物技术,水稻基因组,常规水稻育种,杂交水稻育种,超级稻育种,稻米品质改良,水稻新品种评价体系,稻田农作制度与水稻栽培,水稻病害及其防治,水稻虫害及其防治,稻田杂草及其防治,水稻信息技术,优质稻米加工技术,水稻技术标准体系,稻米生产、消费与贸易,水稻产业经济,共20章。本书以翔实的资料,全面而系统地阐述了我国当代水稻生产与科学技术的新成就、新进展及对发展前景的展望,尤其是增加了过去的水稻综合性专著涉及不多或不深的领域及新兴领域新技术的介绍,是一部集专业性、技术性和知识性于一体的综合性、资料性和实用性参考书,可供从事水稻科学研究、技术推广、加工贸易、生产经营及相关管理人员和农业院校师生阅读。

图书在版编目(CIP)数据

现代中国水稻/程式华,李建主编 .—北京:金盾出版社,2007.1
(现代农业种植养殖专业丛书)
ISBN 7-5082-4336-6

Ⅰ.现… Ⅱ.①程…②李… Ⅲ.水稻-中国 Ⅳ.S511

中国版本图书馆 CIP 数据核字(2006)第 131200 号

金盾出版社出版、总发行
北京太平路5号(地铁万寿路站往南)
邮政编码:100036 电话:68214039 83219215
传真:68276683 网址:www.jdcbs.cn
彩色印刷:北京百花彩印有限公司
黑白印刷:北京金盾印刷厂
装订:永胜装订厂
各地新华书店经销
开本:787×1092 1/16 印张:39.25 彩页:8 字数:931千字
2007年1月第1版第1次印刷
印数:1—6000册 定价:80.00元

《现代中国水稻》编写人员

主　编

程式华　李　建

各章编写人员

第一章　李　建
第二章　汤圣祥
第三章　魏兴华
第四章　朱德峰　张玉屏
第五章　杨长登　庄杰云　季芝娟
第六章　郑康乐
第七章　马良勇　李西明
第八章　曹立勇　程式华
第九章　程式华
第十章　胡培松
第十一章　杨仕华　魏兴华
第十二章　金千瑜　朱练峰
第十三章　黄世文　王宗华　鲁国东
第十四章　傅　强
第十五章　余柳青　周勇军　张建萍
第十六章　王　磊　朱德峰　鄂志国
第十七章　陈铭学　朱智伟
第十八章　朱智伟　陈　能
第十九章　章秀福　王丹英
第二十章　陈庆根

序

水稻是世界上最重要的粮食作物之一，全球一半以上的人口以稻米为主食，同时它也是我国最主要的栽培作物之一。中国能用不足世界1/10的耕地，养活占世界1/5的人口，其中水稻功不可没。不仅如此，水稻还是生物科学研究的重要实验材料，尤其在近年蓬勃发展的禾谷类作物基因组学研究中成为了模式植物。因此，水稻在保障粮食安全和生物科学研究中具有举足轻重的地位。

近半个多世纪以来，水稻科学技术的不断进步，促进了我国的水稻生产水平不断跨上新台阶。如20世纪50年代的矮秆水稻和70年代的杂交水稻选育成功，使得我国的水稻单产取得了两次大的飞跃。这些成就不仅为保障我国的粮食安全作出了巨大贡献，而且造福全世界。近年来，我国超级稻研究又取得重大进展，高产纪录不断被刷新，再加上生物技术和信息技术的快速发展正源源不断地给水稻的科技进步增添新的动力，水稻单产正孕育着第三次飞跃。

进入21世纪，水稻生产面临着新的挑战，这就是如何以合理利用自然资源与经济条件为前提，实现水稻生产的高产稳产，生产出符合优质、高产、高效、安全、生态要求的稻米产品。在此背景下，对水稻生产和科学技术的成就和经验及时进行总结，为我国的水稻生产和科学研究提供指导，无疑是一项非常有意义的工作。中国水稻研究所集多学科的力量组织编写的这部《现代中国水稻》专著，正是此项工作的极好体现。

中国水稻研究所是一个多学科的综合性研究机构，具有专业较为齐全的优势。参加编写《现代中国水稻》的人员多为该所的科研骨干，学术思想活跃，具有丰富的科研实践经验，并掌握学科前沿动态，在长期的工作中积累了丰富的学科资料。由他们编写的《现代中国水稻》，集专业性、技术性和知识性于一体，以翔实的数据全面而系统地阐述了我国水稻生产和科学技术的特色和经验，着重反映了20世纪90年代以来的最新进展，并展望未来。除了传统的领域外，此书特别对过去的水稻综合性专著涉及不多或不深的领域和新兴领域，如水稻生物技术、水稻基因组、超级稻育种、稻米品质改良、水稻新品种评价体系、优质稻米加工技术、水稻技术标准体系、信息技术、水稻产业经济等进行了较为详尽的阐述。

《现代中国水稻》的出版，为水稻界提供了一部涵盖水稻各领域的综合性、资料性参考书。它有助于读者系统地了解我国水稻生产和科技的最新动态和发展趋势，有助于读者开拓思路、掌握研究理论和方法，值得一读。我很荣幸地将此书推荐给大家，并期盼它的出版能够在促进我国的水稻生产和科学技术进步中发挥积极的作用，为保障我国的粮食安全作出贡献。

袁隆平

2006年4月

前　言

水稻作为世界上最重要的粮食作物之一，在全球粮食生产和消费中具有举足轻重的地位。世界上一半以上的人口以稻米为主食。亚洲、非洲和美洲的近10亿个家庭，把以水稻为基础的系统作为其营养、就业和收入的主要来源，而且世界上4/5的水稻是低收入发展中国家的小规模农业生产者种植的。因此，水稻对粮食安全、脱贫和世界和平至关重要。

我国是世界上最大的稻米生产国和消费国，水稻生产为我国十几亿人民的粮食供给提供了重要的保障。我国还是稻作历史最悠久、水稻遗传资源最丰富的国家之一。我国的水稻栽培历史可以追溯到1万年以前。水稻农耕文明与旱作农耕文明一起构成了中华民族数千年的农耕文明史。悠久的稻作历史和多样的生态环境，孕育了我国丰富的水稻种质资源，使我国成为水稻遗传多样性中心之一。我国在水稻科技方面更是成果累累，在水稻矮化育种、杂种优势利用、生物技术、栽培技术研究等方面，均走在世界的前列。这些科技成果不仅推动了我国水稻生产的发展，也极大地促进了世界的水稻生产发展和科技进步。

过去的几十年间，我国水稻的生产和科学技术取得了举世瞩目的成就，形成了自己的优势和特色。各个时期的成就在水稻综合性专著如丁颖的《中国水稻栽培学》(1961年)、中国农业科学院主编的《中国稻作学》(1986年)、中国水稻研究所组织编写的《中国水稻》(1992年)中均得到了很好的体现。20世纪90年代以来，伴随着科学技术的不断进步，再加上水稻生产和市场需求发生了明显改变，我国水稻的生产和科学技术发生了重大的变化。面对水稻生产和市场新的需求和挑战，新的科研成果不断涌现，并在生产中得到应用。为了及时反映我国水稻生产和科学技术的成就，对我国水稻领域的经验进行总结，中国水稻研究所组织编写了《现代中国水稻》这部专著。

《现代中国水稻》是一部集专业性、技术性和知识性于一体，多角度反映我国水稻生产和科学技术的综合性、资料性参考书。它不同于一般的稻作学专著或论文汇编，而是各章相对独立，但通过围绕提高水稻生产水平这条主线联系在一起，构成一个整体。全书分20章系统地阐述了我国水稻生产与科学技术的成就和经验，尤其着重反映了20世纪90年代以来的最新进展，并对水稻生产和科学技术的发展前景及策略进行了展望。同时，也对国际稻作研究的突出成就作了适当介绍。除了传统的领域外，特别对过去的水稻综合性专著没有涉及的领域和新兴领域，如水稻生物技术、水稻基因组、超级稻育种、稻米品质改良、水稻新品种评价体系、优质稻米加工技术、水稻技术标准体系、信息技术、水稻产业经济等专设章节进行了阐述。

全书主要由中国水稻研究所各领域专家撰写而成。尽管在统稿过程中注意了全书体例上的统一和写作结构上的尽量一致，但由于全书涉及面广，不同领域作者所掌握的侧重点不一，而且所涉猎内容的广度和深度也有所差异，再加上时间仓促，限于编者水平，错误和疏漏之处在所难免，祈望广大读者批评指正。

中国水稻研究所所长、研究员　程式华　博士

2005年10月

目 录

第一章 水稻概况 …… 1
第一节 水稻的作用和地位 …… 1
第二节 我国水稻的概况 …… 2
第三节 我国水稻生产面临的挑战与科技发展需求 …… 5
第二章 栽培稻的起源与演化 …… 9
第一节 栽培稻的祖先种 …… 9
第二节 栽培稻的起源地 …… 10
第三节 栽培稻的传播 …… 17
第四节 栽培稻的演化 …… 18
第五节 栽培稻的遗传多样性 …… 22
第六节 稻的分类 …… 24
第三章 稻种资源 …… 31
第一节 稻种资源的含义、类别及在水稻生产中的作用 …… 31
第二节 野生稻种质资源 …… 32
第三节 栽培稻种质资源 …… 52
第四节 稻种资源共享 …… 68
第五节 稻种资源未来研究重点 …… 70
第四章 稻田生态环境与水稻种植区划 …… 78
第一节 稻田生态环境 …… 78
第二节 水稻光温反应特点及其应用 …… 85
第三节 中国水稻种植区划 …… 90
第四节 气象灾害对水稻生产的影响 …… 93
第五节 气候变化对水稻生产的影响 …… 96
第五章 水稻生物技术 …… 98
第一节 水稻花药培养 …… 98
第二节 水稻体细胞无性系变异及突变体筛选 …… 105
第三节 水稻遗传转化 …… 113
第四节 水稻原生质体培养和体细胞杂交 …… 122
第五节 水稻分子标记辅助选择 …… 127
第六章 水稻基因组 …… 145
第一节 细胞质基因组 …… 146
第二节 结构基因组 …… 147
第三节 功能基因组 …… 163
第四节 比较基因组 …… 170
第五节 结语 …… 174

第七章　常规水稻育种 …… 179
第一节　我国常规水稻育种概况 …… 179
第二节　系统育种 …… 183
第三节　杂交育种 …… 185
第四节　诱变育种 …… 188
第五节　航天育种 …… 192
第六节　加速育种进程的途径 …… 195
第七节　常规水稻育种的成就 …… 197
第八章　杂交水稻育种 …… 202
第一节　水稻杂种优势的理论 …… 202
第二节　水稻雄性不育机制 …… 207
第三节　杂交水稻雄性不育系及保持系的选育 …… 213
第四节　杂交水稻恢复系的选育 …… 224
第五节　三系法品种间杂交稻选育 …… 226
第六节　两系法杂交水稻选育 …… 228
第七节　水稻杂种优势利用的现状与进展 …… 230
第九章　超级稻育种 …… 238
第一节　水稻产量潜力 …… 238
第二节　水稻超高产育种计划 …… 245
第三节　水稻超高产的生理基础 …… 250
第四节　水稻超高产的遗传基础 …… 259
第五节　超级稻育种策略与成效 …… 270
第十章　稻米品质改良 …… 283
第一节　食用稻米的化学成分、结构与品质评价 …… 283
第二节　稻米蒸煮与食用品质指标间的关系 …… 285
第三节　淀粉测定技术演变 …… 288
第四节　影响稻米食用品质的环境条件及生化基础 …… 291
第五节　稻米品质主要性状的遗传 …… 299
第六节　分子技术改良稻米品质 …… 304
第七节　稻米品质改良研究进展 …… 307
第八节　稻米品质研究热点 …… 312
第十一章　水稻新品种评价体系 …… 325
第一节　水稻新品种特异性、一致性和稳定性测试 …… 325
第二节　水稻新品种保护 …… 330
第三节　水稻品种区域试验及生产试验 …… 334
第四节　水稻品种审定 …… 351
附录 11A　水稻品种区域试验及生产试验观察记载项目与标准(试行) …… 354
附录 11B　水稻品种区域试验主要病害抗性鉴定方法与标准(试行) …… 357
第十二章　稻田农作制度与水稻栽培 …… 361

第一节　新时期中国水稻栽培科学的发展概况……361
第二节　稻田种植结构调整和多元化农作制度……362
第三节　水稻优质、高产、高效、安全和生态栽培技术……369
第四节　水稻生产机械化和农机农艺配套栽培技术……382
第五节　21世纪中国稻作技术展望……388
第十三章　水稻病害及其防治……393
第一节　水稻真菌病害……394
第二节　水稻细菌性病害……407
第三节　水稻病毒病和水稻线虫病……416
第十四章　水稻虫害及其防治……423
第一节　主要稻虫种类、分布及为害习性……423
第二节　稻虫的地理分布特点……431
第三节　我国稻虫的演替及其原因……433
第四节　我国稻虫的综合治理及防治技术……437
第五节　稻虫防治研究展望……443
第十五章　稻田杂草及其防治……447
第一节　稻田杂草生物学……447
第二节　稻田杂草生态学……457
第三节　水稻化感作用……461
第四节　微生物除草剂……465
第五节　化学除草剂……468
第六节　除草剂的复配……471
第七节　稻田化学除草技术……474
第十六章　水稻信息技术……479
第一节　信息采集技术……479
第二节　作物模型……485
第三节　专家系统……491
第四节　农业生产决策支持系统……494
第五节　3S技术……497
第六节　水稻信息技术发展趋势……506
第十七章　优质稻米加工技术……510
第一节　我国稻米生产加工现状……510
第二节　优质稻米生产加工主要技术……511
第三节　我国稻米生产加工的主要技术要求……514
第四节　稻米转化及深加工……530
第十八章　水稻技术标准体系……536
第一节　标准在稻作中的作用……536
第二节　我国水稻技术标准现状……541
第三节　国内外水稻技术标准及比较……551

第四节　我国水稻技术标准体系 …… 556
第十九章　稻米生产、消费与贸易 …… 560
第一节　水稻的生产情况 …… 560
第二节　稻米的消费需求 …… 567
第三节　稻米的贸易状况 …… 568
第二十章　水稻产业经济 …… 575
第一节　水稻产业经济发展背景 …… 575
第二节　水稻产业经济理念 …… 577
第三节　水稻产业结构调整 …… 578
第四节　水稻产业经济效益 …… 587
第五节　市场整合分析方法 …… 600
第六节　水稻科技支撑 …… 603

第一章　水稻概况

水稻属于禾本科(Poaceae 或 Gramineae)稻亚科(Oryzoideae)稻属(*Oryza* Linnaeus),为广泛分布于热带和亚热带地区的一年生草本植物。稻属由两个栽培种(亚洲栽培稻,*Oryza sativa* L.;非洲栽培稻,*Oryza glaberrima* Steud.)和20余个野生稻种组成。亚洲栽培稻(又称普通栽培稻)普遍分布于全球各稻区,非洲栽培稻现仅在西非有少量栽培。栽培稻起源于野生稻,其中非洲栽培稻起源于长药野生稻(*Oryza longistaminata*),亚洲栽培稻则起源于普通野生稻(*Oryza rufipogon*)。

水稻是世界上最重要的粮食作物之一。全球一半以上的人口以稻米为主要食物来源。据统计,全世界有122个国家种植水稻,栽培面积常年在1.40亿~1.57亿 hm^2,90%左右集中在亚洲,其余在美洲、非洲、欧洲和大洋洲。世界稻谷年总产量6亿t左右,有50多个国家年产稻谷达到或超过10万t。世界上十大水稻生产国是中国、印度、印度尼西亚、孟加拉国、越南、泰国、缅甸、菲律宾、巴西和日本。据联合国粮农组织(FAO)的统计数据,2004年全球稻作面积为1.53亿 hm^2,稻谷产量为6.09亿t,平均单产3.97 t/hm^2;世界上水稻单产较高的国家为埃及(9.84 t/hm^2)、澳大利亚(8.38 t/hm^2)、美国(7.79 t/hm^2)、西班牙(7.41 t/hm^2)、韩国(6.94 t/hm^2)、乌拉圭(6.80 t/hm^2)、意大利(6.63 t/hm^2)、日本(6.42 t/hm^2)、中国(6.31 t/hm^2)和秘鲁(6.08 t/hm^2)。大米的主要出口国是泰国、美国、越南、巴基斯坦和中国。

水稻具有适应性广、单产高、营养好、用途多等特点。水稻虽起源于高温、湿润的热带地区,但由于长期的演变和分化,而今耐寒、早熟的稻种可以在位于北纬53°29′的我国黑龙江省漠河县和地处海拔3 000 m的尼泊尔、不丹高原等冷凉地区种植,并且具有适于各种水分供应条件的类型(深水稻、水稻、陆稻),其广泛适应性是其他任何作物所不及的。根据生态地理分化特征,可以将水稻分为籼稻和粳稻;根据水稻品种对温度和光照的反应特性,可以分为早稻、晚稻和中稻;根据籽粒的淀粉特性,可以分成粘稻(非糯)和糯稻。

全球水稻以灌溉稻为主,灌溉稻面积占全球水稻收获总面积的1/2左右,占总产量的3/4,绝大部分分布在亚热带潮湿、亚潮湿和热带潮湿生态区。陆稻占世界稻作面积的13%,但仅占总产量的4%。天水稻占世界水稻面积34%左右。深水稻面积大约有1 100万 hm^2,产量很低,平均单产仅1.5 t/hm^2。

第一节　水稻的作用和地位

水稻以食用为主要用途,人类食用部分为其颖果,俗称大米。稻米中的成分以淀粉为主,蛋白质次之,另外还含有脂肪、粗纤维和矿质元素等营养物质。稻米是禾谷类作物籽粒中营养价值最高的,它的蛋白质生物价比小麦、玉米、粟(小米)高,各种氨基酸的比例更合理,并含有营养价值高的赖氨酸和苏氨酸;稻米的淀粉粒特小,粗纤维含量少,容易消化;食用的口感也较好,加工、蒸煮方便。稻米提供了发展中国家饮食中27%的能量和20%的蛋白质。仅在亚洲,就有20亿人从稻米及稻米产品中摄取占总需求量60%~70%的热量。而在非洲,稻米是其增长最快的粮食来源。水稻对越来越多的低收入缺粮国的粮食安全至关重要。稻米经过发酵,便能制成各种发酵产物,其中大量生产的有米酒(如中国有名的绍兴黄酒)和米醋。

稻谷加工后的副产品用途很广。米糠占谷重的5%~8%,含14%左右的蛋白质、15%左右的脂肪和20%的磷化合物以及多种维生素等,可用于调制上等食料和调料(如味精、酱油等);米糠中富含维生素 B_1(为治疗脚气病的特效药),还可提取维生素 B_2、维生素 B_6、维生素 E 等;米糠的糠油含量为15%~25%,可用作工业原料和食料。稻壳占谷重的20%,可制作装饰板、隔音板等建筑材料,也可提取多种化工原料。稻草大致相当于稻谷产量的重量,除作为家畜粗饲料和用于牲畜垫圈及蘑菇培养基质外,将它还田是一种很好的硅酸肥和有机肥;在工业上是造纸、人造纤维等的原料,还可编织草袋、绳索等;另外还可用于农村建筑和作为保暖防寒材料等。

稻谷生产系统及收获后经营,为发展中国家农村地区提供了近10亿个就业机会。世界上4/5的稻谷是低收入发展中国家的小规模农业生产者种植的。提高稻谷系统的产量,无疑有助于消除饥饿、脱贫,有助于国家粮食安全和经济发展。

水稻还是进行生物科学研究的重要实验材料,尤其在禾谷类作物基因组学研究中成为了模式植物。水稻的基因组在禾谷类作物中最小,单倍体基因组为430 Mb(百万碱基对),仅为拟南芥的3倍、玉米的20%和小麦的3%;其基因组中重复序列的含量相对较低(约50%),与其他禾谷类作物有着广泛的共线性。随着水稻基因组测序工作的完成和水稻基因组学研究的不断深入,无疑会给禾谷类作物的研究提供更为有用的信息。

此外,水稻的种植形成了丰富的稻米文化。稻作至少有1万年的历史。稻作曾经是不少国家社会制度的基础,在亚洲的宗教与习俗中占有重要的地位。很早以前,大致开始于亚洲,水稻分别从不同地方向不同的方向传播,至今遍及除了南极洲以外的各个大陆。只要有水稻生长的地方,稻米就会出现在人们的日常饮食、宗教庆典和各种喜筵上,或者歌曲、绘画、故事里,从而形成了各种社会结构和丰富多彩的稻米文化。许多节日以稻米和水稻种植为主题,如我国著名的"开秧节"和"开镰节",就是为了庆祝种稻和收割的开始。亚洲古代的许多皇帝和君王视稻米为神圣之物,视稻农为其文化和乡村的守护者。可见在农业发展和社会文明的历史上,水稻占有十分重要的地位。

随着对生态环境恶化担忧的不断增加,对种植水稻的生态效应也越来越受到重视。凌启鸿(2004)总结出水稻具有五大生态功能:储水抗洪的功能,清新空气的功能,调节气候的功能,人工湿地的功能和改良土壤的功能。

第二节 我国水稻概况

一、我国水稻生产的基本状况

水稻是我国最重要的粮食作物,其播种面积和总产量均居粮食作物首位。由于水稻适应性强,产量高而稳定,在我国粮食生产中有举足轻重的地位。在我国,南自海南省,北至黑龙江省北部,东起台湾省,西抵新疆维吾尔自治区的塔里木盆地西缘,低如东南沿海的滩涂田,高至西南云贵高原海拔2 700 m以上的山区,凡是有水源灌溉的地方,都有水稻栽培。除青海省外,各个省、自治区、直辖市均有水稻种植。中国水稻产区主要分布在长江中下游的湖南、湖北、江西、安徽、江苏，西南的四川，华南的广东、广西和台湾，以及东北三省。世界上稻作的最北点在我国黑龙江省漠河。中国能用不足世界1/10的耕地，养活占世界1/5的人口，解决国人的温饱问题，水稻功不可没。全国有超过一半的农民从事水稻生产，赖以为生，水稻也为千百万稻米加工者和经营者带来生计。

我国是世界上最大的稻米生产国和消费国。水稻播种面积在世界产稻国中位居第二，总产量居世界之首。在近半个世纪中，全国水稻年播种面积约占粮食种植面积的27%，而年稻谷产量占粮食总产量的43%左右。2005年全国水稻播种面积2 884万 hm^2，总产量1.81亿t，占粮食总产量的37.3%。1981～2005年全国年平均水稻播种面积为3 125万 hm^2，产量达1.79亿t，单产为5.75 t/hm^2。平均单产比小麦的3.39 t/hm^2 和玉米的4.42 t/hm^2 高得多（分别为小麦和玉米单产的1.7倍和1.3倍）。稻米是中国人热量和各种营养的主要来源之一。大米是我国一半以上人口的主食，特别是在华南和长江流域，千百年来已经形成了以稻米为主食的饮食习惯。

二、我国悠久的稻作史和丰富的遗传多样性

我国的稻作具有悠久的历史。我国是水稻的起源地之一。亚洲栽培稻的祖先种普通野生稻在我国分布极广：南起海南省三亚市，北至江西省东乡县，西至云南省盈江县，东至台湾省桃园县。水稻栽培历史极为悠久，浙江省余姚河姆渡、桐乡罗家角及河南省舞阳县贾湖等地出土的炭化稻谷证实，中国的水稻栽培至少可以追溯到7 000年前，而在浙江省浦江县上山遗址发现的谷壳痕迹，使我国水稻栽培的历史进一步上推到1万年前。在古籍中有关水稻的记载也非常丰富，早在《管子》、《陆贾新语》等古籍中，就有公元前27世纪神农时代播种"五谷"的记载，而稻被列为五谷之首。稻米文明是中华文明不可或缺的组成部分和源泉，水稻农耕文明与旱作农耕文明一起构成了中华民族数千年的农耕文明史。

我国具有丰富的稻种资源。我国是水稻品种多样性的起源中心。广阔的稻作地域，多样的生态环境，悠久的栽培历史，形成了我国稻种资源的多样性。据估计，全球仅亚洲栽培稻就有14万份种质，我国已收集编入国家稻种资源目录的栽培稻资源达69 179份（2003年）。丰富多样的稻种资源，为我国水稻品种的遗传改良和水稻生产，提供了不可替代的物质基础。

三、我国水稻科学技术的成就

近半个世纪以来，我国在水稻科技方面取得了举世瞩目的成就，为我国乃至世界的水稻生产作出了巨大贡献。世界矮秆稻育种的"绿色革命"源于我国。广东省于1956年首先选育出矮秆品种矮脚南特、1959年育成广陆矮，台湾省于1956年育成台中在来1号，比国际稻IR8育成时间早10年；随后，全国各地又相继选育出50多个不同熟期、不同类型矮秆良种，实现了水稻矮秆品种熟期类型配套，这是我国水稻发展史上的第一次飞跃。我国的杂交水稻更是举世闻名，1973年实现籼型杂交稻三系配套，1975年建立杂交水稻种子生产体系，这是水稻发展史上的又一次飞跃。近几年，杂交水稻的年种植面积已达1 500万 hm^2，单产比常规稻增产15%～20%。另外，近年来超级稻育种研究又取得重大突破，已选育出不少新品种、新组合，如协优9308、Ⅱ优明86、Ⅱ优航1号、Ⅱ优162、D优527、Ⅱ优7号、Ⅱ优602、Ⅲ优98等三系超级杂交稻新组合，两优培九、准两优527等两系超级杂交稻新组合及沈农

265、沈农 606 等超级常规稻新品种。1999 ~ 2004 年累计示范推广超级稻 1 000 万 hm^2 以上，正孕育着水稻产量的第三次飞跃。

在水稻育种上取得突破的同时，其他的稻作技术也不断得到发展。在耕作制度方面，大搞耕作制度改革，不断提高复种指数，总结研究出稻田多熟制配套技术与吨粮田技术。在栽培技术方面，在育秧与合理密植研究的基础上，20 世纪 60 年代围绕推广矮秆高产良种，研究提出以适当扩大群体依靠多穗增产为主的壮秧、足肥、早发、早控栽培技术；70 年代则围绕杂交稻的推广，研究提出以稀播少本为主、科学运筹肥水促进穗粒优势的栽培技术；80 年代以后，则围绕水稻生长发育和产量形成的规律，针对影响高产的薄弱环节，研究提出了 10 余种各具特色的高产栽培法。在土壤肥料方面，根据两次全国土壤普查的资料，大搞低产水田和南方红黄壤稻田的改良，研究推广稻田综合培肥养田技术，提高了土壤持续生产力；开展了绿肥品种选育、高产栽培和合理种植制度研究，提出了氮肥与有机肥结合、氮肥与磷肥结合、氮肥深施而提高氮肥利用效率的技术以及配方施肥技术。在灌溉方面，开展了水稻需水规律研究，提出了水稻水层、湿润、晒田相结合的灌溉技术。在病虫草害防治方面，研究了水稻主要病虫害的发生规律，提高了预测预报水平，建成了水稻主要病虫害综合防治体系，研究提出了一批具有多种效应与互补功能的关键防治技术。在农机方面，自行设计研制出耕整、灌溉、插秧、收获系列水田农机具，大大推进了水田机械化。

在高新技术和基础研究方面，我国也是成果累累。在基础研究方面，开展了如水稻起源、水稻品种的光温条件反应特性以及光(温)敏核不育水稻的发现、鉴定及利用等多方面的研究。在水稻基因图谱的构建上，我国已经完成了水稻全基因组精细图的绘制，另外参与的国际水稻基因组计划第 4 染色体精确测序图也已绘制完成，这将大大推动农作物与水稻分子生物学研究，提高分子育种研究水平。在生物技术方面，通过花药培养、体细胞培养以及组织培养与辐射诱变相结合等手段，育成了一批籼、粳稻新品种；通过远缘杂交与花药培养，已将野生稻的一些有利基因导入栽培稻，获得优异种质材料。通过水稻分子标记对重要农艺性状基因，尤其是对育性基因(核不育基因、野败型核质互作雄性不育恢复基因、广亲和基因)、抗性基因(抗白叶枯病基因、抗稻瘟病基因)、产量性状基因及其他数量性状基因进行了大量的作图和标记研究，克隆了一些控制白叶枯病抗性、稻瘟病抗性、分蘖等重要性状的功能基因。利用分子标记辅助育种手段，育成了一些抗病品种、组合；利用分子标记检测杂交水稻种子真伪亦已在生产上试用。采用转基因技术，在国际上率先育成了抗除草剂转基因杂交稻、粳稻。在信息技术应用方面，研制成了一些水稻生产专家系统或决策系统以及水稻病虫害的预测预报等软件，用于指导水稻的生产管理。精确稻作的研究，即 3S 技术(地理信息系统、全球定位系统、遥感技术)在稻作中的应用研究也取得了阶段性成果，到了基地示范阶段。在数据处理与信息管理上，则已建立了品种资源、文献、生产与市场贸易信息等数据库，借助于从国家到地方相继建立的农业信息网络体系，许多与水稻有关的信息通过网络进行了共享，而直接与水稻或稻米有关的专业信息网目前也有不少。上述高新技术研究与成果实用化、产业化，为稻作领域开展新的科技革命奠定了良好的基础。

第三节　我国水稻生产面临的挑战与科技发展需求

一、我国水稻生产面临的挑战

(一)水稻生产的稳定性

近半个多世纪以来,中国水稻生产得到了极大发展,取得了巨大的成就,为满足我国日益增长的人口的粮食需求提供了重要保障。水稻种植面积由1949年的2 571万 hm^2 增加到2005年的2 884万 hm^2,总产量由1949年的0.49亿t增加到2005年的1.81亿t,单产由1949年的1.89 t/hm^2 增加到2005年的6.26 t/hm^2。然而,稻谷总产量由1983年的1.69亿t增加到1997年的历史最高纪录2.01亿t后,1998年开始呈明显下降趋势;水稻播种面积基本呈连年下降趋势,1983年为3 314万 hm^2,到2003年缩减为2 708万 hm^2,相当于20世纪50年代初期的水平;而稻谷单产在1998年达到6.36 t/hm^2 的历史最高水平后,近年有所下降。尽管2004年国家出台有关政策后水稻的种植面积和产量都有所回升,但与最高年份仍然差距明显。水稻作为关乎国计民生的粮食作物,如何保证生产的稳定性,是水稻生产面临的重要挑战。一方面应该采取包括政策支持在内的各种有效措施,确保水稻的种植面积,另一方面要通过各种技术手段进一步提高单位面积产量,以实现水稻的高产稳产。

(二)水稻生产与产量潜力差距的缩小

目前生产上应用的大多数水稻品种,其在生产中的实际产量与品种自身的产量潜力差距很大。即使在相同的生产条件下,实际产量也存在相当大的变异。同一地区的稻田,农户间的产量差异也相当明显。在许多产稻国家的不同生态区,同一生态区的不同地区以及不同种植季节间,产量潜力和田间实际产量差距范围可达10%~60%。在我国,水稻生产与产量潜力间的差距也不小,即使在单产最高的1998年,全国平均单产也仅为6.36 t/hm^2,虽然在一些高产地区可达8.5 t/hm^2,但与水稻品种的产量潜力10~11 t/hm^2 差距很大,更不用说与目前的超级稻的产量潜力已经达到了12 t/hm^2 以上相比,说明通过提高单位面积产量来提高水稻产量的潜力很大。缩小这种产量差距不仅可以增加产量,而且还可提高土地和劳力的利用效率,降低生产成本,提高生产稳定性。为缩小产量差距,应该采取以下措施:提供合宜的政策支持,保证充足的资金投入;研究造成产量差距的限制因素,发展新的高产水稻栽培技术;采取有效手段,减少产后损失;强化研究者、推广机构和农民之间的有效联系。

(三)水稻生产的多样化

我国水稻生产地域广阔,气候、生态类型多样,适宜多种类型稻作。北方地区以粳稻为主,南方地区以籼稻为主(台湾例外,以粳稻为主),同时在不同气候区形成早稻、中稻、晚稻。近年随着粮食流通体制改革的不断深化和受市场驱动,水稻生产出现了“南方早稻减、北方粳稻增和优质稻受欢迎”的局面。由于过去相当长的一段时期,水稻生产片面追求数量的增长,对稻米品质以及专用性水稻的生产相对重视不够。生产中优质米品种不多,种植面积不大,而专用稻、特种稻的开发利用程度也不高。2000年,我国各地中等优质稻种植面积达到了1 200万 hm^2,占水稻种植面积的40%左右,总产量达到8 200万t,占稻谷总产量的42%。到2003年,中等优质水稻种植面积占水稻总种植面积的比重进一步上升到55.6%。然而,根据2000年农业部稻米及制品质量监督检验测试中心对全国水稻品种的普查结果，在所调查的1 091个水稻品种中，仅有118个达国标三级以上的优质品种，优质率为10.8%。2003年的水稻品种和上市大米品质普查结果表明，稻米品质总体达标率增长了6.2个百分点。说明水稻生产中达国标优质品种的种植比率仍然较低。近年来，优质米的开发利用日益受到重视，各地采取各种措施调整水稻种植结构，扩大优质水稻的种植面积；另外，作饲料、食品加工、工业酿造和保健用等专用性水稻生产也有一定的发展，但尚处在起步阶段。因此，应该在注重水稻食用品质优质化的同时，加快发展水稻的专用化生产，实行稻米的多途径转化。

（四）水稻生产效益的提高

1978年以来，我国稻谷的平均出售价格总的来说高于其生产成本，同时其增长也高于物价指数的增长，水稻生产具有一定的经济效益，有的年份还非常可观。2003年，稻谷每公顷现金成本为3 340.5元，比2002年下降0.9%；每50 kg成本为26元，比2002年提高2.1%；每50 kg销售价格为60.1元，比2002年提高16.9%；收益为每公顷4 365.5元，比2002年提高940.4元。然而，如果再加上成本外支出，如村提留费、乡统筹费和其他成本外支出（即人们常说的农民负担，近两年由于农村税费改革这部分支出有所下降），种植水稻的效益已经不大，这直接影响农民种植水稻的积极性，进而影响水稻的生产。

要提高水稻的生产效益，一方面应该通过采用新的省工、节本和高效技术，降低生产成本，增加单产，提高土地、水、劳动力、种子和肥料的使用效率。随着农业现代化和农村田园化的发展，稻作制度和栽培技术正在发生新的变革，如近年发展了轻简栽培等技术和产生了一些水稻与经济作物轮作（如冬春种蔬菜与草本水果、夏秋种水稻，以及稻田养鱼、稻禽共育等）稻田种植新模式；另外，水稻生产机械化已有一定的基础。这些新技术的应用将进一步提高劳动生产率。另一方面，水稻生产必须向生产经营产业化发展。积极发展农业产业化经营，形成生产、加工、销售有机结合和相互促进的机制，推进农业向商品化、专业化和现代化转变，这是我国继农村家庭联产承包责任制后，农村经济与社会发展的又一次重要变革。尽管水稻生产的产业化发展相对滞后，但近年蓬勃发展的水田现代化园区建设和水稻产区粮食龙头企业的发展，展示了水稻生产经营产业化的良好前景。水稻产业化以市场为导向、企业为龙头、科技为核心、农技服务为保障，建立生产基地，预约生产，合同收购，确保原料供应和产品质量；建立市场销售网络，生产、加工、销售三环节信息相互反馈、相互制约和促进。以市场经济规律指导水稻生产、经营和流通，提高水稻的附加值，以利于水稻生产的发展，这也是提高水稻种植效益的重要途径。

（五）稻米国际竞争力的提升

我国加入世界贸易组织，一方面给我国水稻的发展带来了机遇，另一方面也使水稻的生产和贸易面临着严峻挑战。我国既是稻米的主要生产国，同时又是主要的出口国和进口国之一。我国大米出口曾经位居世界第三，但近二三十年来，在国际大米出口市场的地位已退居到第六七位。1997～2003年间，我国稻米年均出口量为246万t，大约占世界稻米贸易量的10%；出口额为5.35亿美元。主要出口地区为非洲、东南亚和部分美洲国家。我国出口的稻米以中低档优质米为主，缺乏市场竞争力。由于品质问题，我国稻米出口在国际市场的地位每况愈下，尽管出口的稻米是国内品质较好的，但在国外市场上还是面临"便宜也无人问津"的尴尬局面。相比于产量和消费量，我国稻米进出口数量很小。在1997～2002年间，我国稻米年均进口量仅为 26.8 万 t,进口额为 1.11 亿美元。我国进口的稻米大多为泰国香米,主要是为满足高收入人群和高档饭店宾馆的需求。虽然水稻关税配额占国内生产总量的比重很小,总体来说在贸易自由化中受冲击不大,但随着人们生活水平的不断提高,优质稻米将会越来越受到消费者的青睐,如国内的稻米不能满足需要,进口量可能增加。

如何增强我国稻米的国际竞争力,确保我国稻米在国际稻米贸易中的地位得到巩固和提高,这是水稻生产必须面对和解决的问题。虽然我国稻米在世界市场上具有一定的比较优势,但目前国内稻米价格已接近国际市场价格,由于生产成本高于越南、泰国等东南亚国家,加上入世后我国取消了对稻谷的出口补贴,我国稻谷的出口会受到一定影响。目前我国水稻生产的优势主要在单产水平上,但品质差距大、生产成本高、比较效益低、知名品牌缺乏等问题比较突出,而且稻米产后精深加工更为落后,另外还要面对国际上绿色壁垒的压力。因此,为提高我国稻米在国际市场的竞争力,应进一步加强优质水稻品种的选育,建立常规优质稻种子的繁育基地,提高水稻生产的机械化水平,降低生产成本,还要加强对稻米精深加工的研究,开发适销对路的稻米制品。重点是在东北地区建立绿色食品粳米、有机食品粳米出口生产基地,在南方建立优质籼米(特别是长粒型米)的出口生产基地。

(六)水稻生产的可持续性

现代农业依靠大量施用化肥、农药和消耗大量的资源来提高作物产量,水稻生产也不例外。长期大量使用化肥、农药、除草剂等化学物质,不仅给人类生存的环境带来了不可逆转的负面影响,也对人类的食品安全造成威胁;而对土壤的掠夺性使用,不重视培肥,则给水稻生产的持续稳定的发展带来威胁。目前,稻米生产中的环境问题越来越多。滥用杀虫剂,化肥施用过量、效率低,二氧化碳、甲烷、氧化氮和氨气的释放,都是必须加以解决的问题。而随着社会经济的发展,空气、水和土壤的污染日益严重,稻作的生产环境严重恶化,特别是耕地和水资源短缺,使得水稻生产能力受到很大制约。在我国北方地区,水资源短缺将成为发展水稻生产的根本制约因素,在南方则由于水污染使得水稻的灌溉用水受到极大的制约。水稻的可持续生产,就是要以合理利用自然资源与经济条件为前提,采取符合生态安全、食品安全的生产技术,实现水稻生产的高产稳产,生产出优质、安全的稻米产品。

二、水稻科学技术的发展重点

水稻生产的发展与水稻科学技术的进步密不可分,我国数十年来的水稻产量的不断提高,除了政策因素外,主要依靠水稻品种的改良和改善生产技术等增产措施来实现。科学技术是提高水稻生产系统生产力和效率的基础,良好的技术使生产者在有限的土地上,利用较少的水、劳动力和化学制剂,就可以生产出更多的稻米和提高产品质量,并减少对环境的破坏。面对水稻生产发展和市场的需求变化,水稻的科学技术无疑应该发挥更大的作用。

水稻品种改良方面,在确保产量提高的同时,强化对稻米的食用、加工、保健的多样性品种的研究。一是加强超级稻新品种的选育,努力实现全国平均单产的第三次突破,以全面提高我国水稻产量。二是培育不同用途的水稻品种,并努力提高品质。三是开发资源集约型(如节水、省肥)的水稻新品种。在育种策略上,以传统育种方法为基础,结合基因工程、细胞工程与染色体工程技术、植物诱变技术及分子育种等生物技术,深入开展遗传育种基础理论研究及优化育种程序,创制具有优异性状的新品种或种质材料;充分利用水稻基因序列图谱研究成果,开展水稻基因组学研究,克隆具有自主知识产权的功能基因,为水稻品种改良打好基础。另外,还要充分利用分子生物学产生的海量数据并与信息技术相结合,开展分子设计育种和“虚拟育种”。

在高产高效配套栽培耕作技术方面,围绕培育水稻优势产业区,建立良种良法配套的区域化、模式化、标准化、规范化的高产高效栽培技术体系,开发节本、简单实用的水稻栽培技术,并努力实现水稻生产全程机械化。一是将不同特征的高产、优质、高效单项栽培技术有机地进行组装集成,发挥综合效应,提高产量和效益;二是通过开发不同类型区域环境资源高效利用的多熟种植制度及高产、超高产种植模式及技术,提高单产水平和效益;三是通过开发水稻简单实用、节本增效和高产低耗的栽培技术,解决水稻生产中农药、化肥、灌溉、动力等投入高、成本大、经济效益低的突出问题,建立起一整套水稻低耗、高产的生产技术体系,解决水稻种植成本不断上升、种植效益下降的问题;四是为适应食品安全的需要,建立水稻的无公害食品、绿色食品和有机食品稻米的生产体系;五是加强信息技术在水稻生产中的应用,开展精确稻作研究。另外,还要开展重大水稻病虫草害发生和发展规律与调节机制的研究,开发水稻生物灾害可持续控制技术;加强对各种自然灾害预报预警技术和方法的改进,尤其是开发和完善旱灾、水涝灾害综合防治技术,提高水稻生产对旱涝灾害的抵御能力。

在产后加工和转化方面,则是在建立品种布局和生产基地的基础上,加强加工转化和综合利用技术开发,形成初加工、深加工和精加工配套开发的产业化模式,提高稻谷及产品的附加值和国际竞争力;加大保健食品和功能食品的开发利用,利用生物技术从稻米产品中提取分离各种功能因子;开发稻米副产品的综合利用技术;加强稻米品质分析检测技术研究,提高产品质量和档次。

参 考 文 献

程映国.国际稻米贸易特点与中国稻米出口.中国稻米,2003,(1):7-10

国际稻米年秘书组,联合国粮农组织.2004国际稻米年概念报告.罗马:联合国粮农组织,2003

廖西元,陈庆根,庞乾林.我国优质水稻生产现状与发展对策.农业技术经济,2002,(5):32-34

凌启鸿.论水稻生产在我国南方经济发达地区可持续发展中的不可替代作用.中国稻米,2004,(1):5-8

熊振民,蔡洪法.中国水稻.北京:中国农业科技出版社,1992

于保平.我国水稻生产的成本效益及前景展望.中国稻米,2001,(3):9-11

周宏,褚保金.中国水稻生产效率的变动分析.中国农村经济,2003,(12):42-46

张宝文.新阶段中国农业科技发展战略研究.北京:中国农业出版社,2004

聂振邦.2004中国粮食发展报告.北京:经济管理出版社,2004.7-11

Maclean J L, Dawe D C, Hardy B,等.杨仁崔,汤圣祥等译.水稻知识大全.第3版.福州:福建科学技术出版社,2003

FAOSTAT.[2006-11-03].http://faostat.fao.org/site/336/default.aspx

第二章　栽培稻的起源与演化

世界上有两个栽培稻种即亚洲栽培稻和非洲栽培稻(亦称光身稻),均为二倍体,染色体 $2n = 24$,前者为 AA 染色体组,后者为 A^gA^g 染色体组,两者的杂种高度不育。亚洲栽培稻起源于亚洲,其栽培历史悠久,变异广泛,产量较高,目前已遍布全球热带、亚热带和温带稻区,年种植面积达到 1.47 亿 hm^2。非洲栽培稻起源于非洲,目前主要分布于西非的低湿地区,由于高秆、少蘖、低产等原因,种植面积不大,但具有耐热、耐瘠、耐酸性土壤等优点。两个栽培稻种主要农艺性状的比较见表 2-1。

中国栽培稻属于亚洲栽培稻范畴。

表 2-1　亚洲栽培稻与非洲栽培稻农艺性状的比较

性　状	亚洲栽培稻	非洲栽培稻
叶　片	有茸毛	无茸毛
叶　舌	长,前端尖,两裂	短,前端圆
穗　形	松散	紧凑
二次枝梗	多	甚少或无
柱头色	白色、淡紫色、紫色	紫色
谷粒稃毛	有,少数光壳	无,光壳
谷粒色泽	多数秆黄,少数褐黄、银灰、紫色等	褐黑、褐黄色等
糙米色泽	浅褐色,少数赤红色、紫黑色	赤红色
休眠性	弱至中等	强
再生性	有	无

第一节　栽培稻的祖先种

关于亚洲栽培稻的祖先种,曾经有过各种推论。20 世纪早期,有的学者以穗形、粒形、开花习性的相似性为依据,推论亚洲栽培稻来源于药用野生稻(*Oryza officinalis*)或小粒野生稻(*Oryza minuta*),但通过对杂交亲和性和染色体组构成的研究,这种看法已被否定。50 年代,有的学者认为中国云南的光壳陆稻起源于疣粒野生稻,理由是两者在云南西南部广泛存在,皆为旱生,谷粒又均为无稃毛的光壳。但是,王象坤等通过对谷粒颖壳表面和花药形态的电镜观察,以及杂交亲和力试验、染色体组研究,确认光壳陆稻与疣粒野生稻的亲缘关系甚远,光壳陆稻起源于疣粒野生稻的推论是缺乏根据的。周拾禄(1948)认为,生长于江苏云台山、连云港地区的穞稻,落地自生,谷壳黑色,长芒,易落粒,粒型似粳,是中国粳稻的野生祖先。但陈报章(1996)、汤圣祥(1993)和魏兴华等(2004)通过对穞稻的农艺性状、染色体、线粒体 DNA、SSR 等分析,否定了上述看法,认为穞稻是一种遗留至今的具有较多野生稻特性的原始栽培粳稻或偏粳杂草稻。

盛永(1968)从细胞遗传学的角度出发,认为亚洲栽培稻的染色体组为 AA,2n = 24,它的祖先种应该是具有相似染色体组的普通野生稻。张德慈(T. T. chang,1976)和 Oka(1988)在综合大量文献的基础上,认为亚洲栽培稻的祖先种应是广泛分布于南亚、东南亚和中国南方的具有宿根特性的多年生普通野生稻(*Oryza rufipogon*)。普通野生稻的染色体组为 AA,2n = 24,具根茎,多年生,喜温,对短日照敏感,适应淹水生境,分蘖力强,稻穗有二次枝梗,谷粒长,易落粒,在亚洲的分布范围是 68° ~ 150°E,10° ~ 28°N。虽然有过亚洲栽培稻起源于多年生野生稻,或一年生普通野生稻,或多年生至一年生野生稻中间类型等的争论,但迄今,亚洲栽培稻起源于多年生普通野生稻已成共识。

非洲栽培稻的祖先种是多年生的长药野生稻(*Oryza longistaminata*),属 A^1A^1 染色体组,2n = 24,可匍匐生长,喜湿喜温,适应沼泽环境,株高 1.5 m 以上,雄蕊花药长而大,自交具不亲和性。

鉴于亚洲栽培稻和非洲栽培稻以及它们的祖先种普通野生稻和长药野生稻,同属 AA 染色体组,均为二倍体,2n = 24,因此,推测它们在遥远的过去必定有一个最古老的共同祖先。目前认为,分布在亚洲、非洲、澳大利亚、中美洲和南美洲的热带、亚热带的"*Oryza perennis*"复合体,可能是它们的共同祖先(Chang, 1976)。共同祖先 *Oryza perennis* 约在 1.3 亿年前的冈瓦那古大陆(Gondwanaland)与稻属其他种同时产生。随着古大陆的分裂漂移,共同祖先分别在分隔的亚洲大陆和非洲大陆的热带、亚热带演化为普通野生稻和长药野生稻,进而在人类先祖的作用下驯化为亚洲栽培稻和非洲栽培稻。

第二节　栽培稻的起源地

关于亚洲栽培稻起源地的确定,通常需要 4 个条件: ①该地目前或过去曾经存在栽培稻的直接野生种——普通野生稻; ②该地具有人类驯化普通野生稻的环境条件及生存压力; ③该地发现了较古老的稻的遗存,该地或附近发现了古人类驯化普通野生稻或原始栽培稻的活动痕迹或原始稻作工具,表明原始栽培稻的确在某一古老时期在该地存在、驯化过; ④该地的稻种资源存在较丰富的遗传多样性。

亚洲栽培稻起源地的研究,是涉及到生物学、遗传学、作物资源学、考古学、古地质学、古气象学、民族学等多种学科的综合研究。近半个世纪以来,观点纷呈,学说颇多,至今未有明确的定论。归纳起来,亚洲稻种起源主要有印度起源说、阿萨姆-云南多点起源说和中国起源说。

一、印度起源说

20 世纪 60 年代前,多数国外文献认为亚洲栽培稻起源于印度。Vavilov(1951)根据作物遗传变异中心理论,认为亚洲栽培稻起源于印度北部,论据是印度北部地处喜马拉雅山南麓的纬度较高地区,地形复杂,稻作栽培历史悠久,稻种变异多,普通野生稻广泛存在,且与栽培稻具有密切的生态相关,因而把印度列为亚洲栽培稻的起源地。在古籍记载上,公元前 400 年亚历山大在远征印度时曾记录了印度的野生稻。在考古发掘上,印度各地几十年来共发现了 13 个炭化稻遗存,时间距今 2 000 ~ 4 500 年。20 世纪 70 年代末在印度北部的

Mahagara 发现了新石器时代早期遗址(24°55′N, 82°32′E),遗址各层均出土了炭化稻米,年代从公元前 6 570 ± 210 年至公元前 4 530 ± 185 年,稻米长宽比平均为 2.15,经鉴定属原始栽培稻(Oka, 1988)。据此,一些学者推论印度北部是亚洲栽培稻的起源地,其原始稻作可上溯到 8 500 年前。其后,Clark 和 Williams 等(1990)在 80 年代末对 Mahagara 出土稻谷的年代提出质疑,用加速质谱仪(AMS)对该遗址陶器中的谷壳年代重新测定,发现 Mahagara 出土稻谷距今仅 4 500 ~ 3 000 年,据此,印度的稻作历史不会超过 4 500 年。有的学者如刘志一就反向提出:印度也是亚洲稻作农业发祥地之一吗? 他们依据稻作栽培史、语言学、民族迁徙方向、文字考证、考古发掘的稻遗存、石器和陶器等研究,认为印度不是稻作农业的起源地之一,它的稻作农业是从中国的西南部传播过去的,传播者是藏缅族先民,时间在距今 4 500 年前左右,途径是从四川经云南横断山脉到缅甸、印度的阿萨姆邦,或者经云南横断山脉到西藏,入尼泊尔、不丹,再到印度恒河流域。是否如此,尚待深入研究。

二、阿萨姆-云南多点起源说

20 世纪 50 年代,周拾禄(1948)认为,籼稻起源于南亚印度,粳稻起源于中国。70 ~ 80 年代,一些学者提出了阿萨姆-云南多点起源说,提出亚洲栽培稻起源于喜马拉雅山东南麓的印度东北部、不丹、尼泊尔、缅甸北部、中国西南部的广大地区。张德慈(1976, 1983)指出,包括印度东北的阿萨姆、孟加拉国北部连接缅甸的三角区到泰国、老挝和越南北部及中国西南部的绵延长达 3 200 km 狭长地区,地形复杂,温暖多雨,多年生普通野生稻、一年生尼瓦拉野生稻和杂草稻广泛分布,地方稻种类型丰富,古代部族差别较大,野生稻向栽培稻的演变和驯化可能在该地区的内部或在其边界部分多点地、独立地、同时地发生。渡部忠世(1982)在他的《稻米之路》一书中提到,通过多年的实地考察,在详细分析了亚洲各地古庙宇、宫殿等不同年代遗址的残存土基中的稻谷、稻壳形状,现存的野生稻的分布,研究了糯稻圈的形成和历史变迁后,提出了云南-阿萨姆起源说,即栽培稻起源于中国云南和印度阿萨姆地区。中川原(1976)分析了数百个水稻品种的 3 个酯酶同工酶谱带,发现从印度阿萨姆到中国云南的稻种,其同工酶基因型变异比其他地区丰富,从而认定阿萨姆-云南地区是栽培稻的起源地,将南亚的籼稻称为 *indica*,起源于中国的籼稻称为 *sinica*。不过,在该区域发现的新石器时代的稻的遗存并不多,年代也不久远。最早的是在泰国 Non Nok Tha 遗址发现的出土稻谷,年代距今约 5 000 年,至于是属原始栽培稻还是野生稻,尚未定论。

总的来说,如果把印度东北地区和缅甸、泰国北部地区及中国西南以至南部地区这绵延数千公里的区域视为栽培稻的起源地,但这些地区各自相距甚远,又有高山峻岭阻隔,远古人类难以流动和交流。因此,亚洲栽培稻在上述地区的多点且独立起源是可能的。

三、中国起源说

早在 1884 年,Ce Candolle 就认为印度的稻作起源在中国之后。1931 年,Roschevicz 等著文认为亚洲栽培稻起源于中国。他们指出,中国的神农氏在公元前 2 800 ~ 前 2 700 年已经知道种植“五谷”(麦、稷、黍、菽、稻);河南仰韶发现的稻谷遗迹,距今有 4 000 年之久,比印度当时发现的稻谷遗迹早 1 000 多年。关于栽培稻在中国的具体起源地,目前仍有争论,主要有以下 3 种学说。

(一)华 南 说

丁颖(1949,1957)根据中国 5 000 年来的稻作文化,普通野生稻在华南的分布及与栽培稻的遗传相似性,稻作民族在地理上的接壤关系等,提出中国栽培稻起源于华南的普通野生稻。此学说在 20 世纪 50 ~ 60 年代得到了中国、日本等一些学者的支持。其后,李润权(1985)在研究了中国野生稻的分布和新石器时代遗址的出土农具后,认为华南虽未发现年代久远、早于 5 000 年的稻的遗存,但在众多的的新石器时代遗址中发现了许多石斧、石锛、蚌刀、石磨盘、石杵等原始农具,表明人类已能利用谷类作物,因此,在中国范围内,栽培稻的起源中心应在江西、广东、广西区域,其中西江流域是最值得重视的。近年,斐安平(1997)认为,距今 25 000 ~ 11 000 年期间是中国大理冰期后期,长江中下游地区的气温比现代要低 8℃左右,华南既有野生稻分布,又有适宜的自然环境,且是人类长期居住和活动地区,它的水稻栽培史当不会晚于长江流域。张文绪(2000)根据普通野生稻的自然分布,出土的古栽培稻的粒形变异,古气候的变迁等,提出中国栽培稻的起源中心在珠江和长江的分水岭——南岭地区。约在 1 万年前,起源于南岭地区的原始栽培稻沿珠江水系南下,进入岭南地区而演化为籼稻;沿长江各支流北进东下,约在 8 500 年前后到达江淮,随时位的差异而向粳稻方向演化,最终形成南籼北粳的局面。

(二)云贵高原说

中国云贵高原海拔变化大,形成了包括热带、亚热带和温带的各种气候;植物资源丰富,普通野生稻与药用野生稻、疣粒野生稻共存;籼型、中间型及粳型栽培稻类型多样,随海拔上升存在明显的垂直分布现象;在云南元谋、宾川、耿马、昌宁等县还发现了3 700 ~ 3 000年前的出土稻谷、稻壳。据此,20 世纪 70 ~ 80 年代,一些学者提出了中国栽培稻的云南起源说(柳子明,1975;渡部忠世,1982),认为栽培稻最初在云南驯化和演变,并沿着长江、西江分别到达长江中下游和华南;沿着怒江、澜沧江南下,到达东南亚一带。云南起源说与国际上的阿萨姆-云南多点起源说存在相关性。不过,近年一些学者陆续否定了云南起源说。考察表明,云南的普通野生稻群居地并不多,仅在低海拔的元江、景洪等地存在。贵州并未发现普通野生稻。云南的普通野生稻与两广的野生稻并不连接,中间相隔宽 400 km 以上的山岳地带。等位酶研究证实,云南普通野生稻的特性特征偏籼,与东南亚的普通野生稻类似,可视为是东南亚的普通野生稻的分布北缘;而内陆的普通野生稻偏粳,与内陆的栽培稻接近。从生物学的角度看,将云南的普通野生稻视为我国华中、华南栽培稻的直接祖先,根据不足。一些学者通过对农艺性状和同工酶的研究认为,云南不是亚洲栽培稻的初级变异中心和起源中心,而是一个重要的次生变异中心,其稻种的多样性是内陆的原始栽培稻与东南亚稻种在云贵高原杂交、变异和选择的结果。此外,云南至今尚未发现年代早于 5 000 年的稻的遗存或稻作农具。目前,关于云南起源说已基本被否定。

(三)长江中下游起源说

从 20 世纪 80 年代起,长江中下游起源说逐步发展成为中国稻种起源的主流学说。理由是:中国的稻作农耕以长江流域为最早,考古发掘出土的稻的遗存也以长江中下游地区最多、年代最早,长江中下游可能是我国稻作的起源地。王象坤等(1996)根据在湖南澧县彭头山和河南舞阳县贾湖出土约 8 000 年前的炭化稻谷、稻米的情况,认为长江中游—淮河上游地区可能是中国栽培稻的发祥地。理由是:第一,两地都出土了古老而又年代相近的原始栽培稻,且均表现出以稻作为主的农业经济形态,表明该地稻作农业的原始性和过渡性;

第二，出土的大量古人类群体表明，当时的先民已过着定居生活；第三，古气候的研究表明，长江中游与淮河上游地区在8000年前温度比现今高，能满足野生稻的生长、繁衍要求，但采集、渔猎的食物不如华南丰富，冬季较寒冷，古人类切实感到食物不足的生存压力而被迫走上尝试种植、驯化野生稻的道路；第四，根据同工酶研究，长江—淮河流域是中国栽培稻的三个遗传多样化中心之一。近年，支持关于中国栽培稻起源于长江中下游(其中粳稻起源于长江下游)的报道增多，主要论据是：第一，DNA和同工酶分析表明，普通野生稻存在一些原始的籼、粳差异，籼、粳稻可能独立起源于偏籼、偏粳的普通野生稻。第二，古气候学研究表明，大约1万年以前长江下游温度比现今高3℃～4℃，年降水量约多800 mm，适于普通野生稻的繁衍和驯化。在河姆渡遗址发现的7000年前的原始栽培稻和普通野生稻炭化谷粒、亚热带的一些动物骨骼，以及现存的江西东乡野生稻，证实了这一推断。第三，长江下游的浙江、江苏和安徽三省出土的新石器时代稻的遗存(稻谷、稻米、稻壳、稻秆、稻叶等)多达51处，占全国总数的1/3，其中，距今7000～10000年的即有7处，即浙江的余姚河姆渡遗址(6950±130 BP)、田螺山遗址(7000～5600 BP)，萧山跨湖桥遗址(8000～7000 BP)，桐乡罗家角遗址(7040±150 BP)，浦江上山遗址(11400～8600 BP)，慈溪童家岙遗址(7000 BP)和江苏省的高邮龙虬庄遗址(7000～6300 BP)。在河姆渡遗址不仅发现了大量7000年前的稻谷、稻秆和稻叶，而且出土了大量骨耜、木耜和收割用的木刀、蚌壳及水牛骨骼。在江苏草鞋山遗址附近挖掘出30余块6000多年前的古水稻田，并有水沟、蓄水坑(井)等设施，证实长江下游在7000多年前已有了相当程度规模的稻作栽培。第四，对遗址土层中筛出的植硅体的分析表明，太湖流域新石器时代的出土稻谷无一例外都是粳型稻，说明在稻作之初，栽培的就是粳稻。依据生长在不同地区的普通野生稻群体存在籼、粳的原始差异，有理由认为中国的籼、粳稻在1万年前是平行、独立演化的；中国的籼稻起源于长江中游—淮河上中游以南地区、粳稻起源于长江下游—太湖地区是极有可能的(汤圣祥，1993；王象坤，1996)。

中国栽培稻到底起源于何处？虽然多数学者有倾向性的看法即起源于长江中下游，但目前还难以得出一致的结论，而且一时也不可能有定论，有待于新的发现和更深入的研究。

四、稻的出土遗存

稻的出土遗存，包括在遗址内或附近出土的稻谷、糙米、茎叶、陶器上的稻壳印痕、稻茎叶及土壤中的硅酸体，以及古稻田等，是研究水稻起源、演化和稻作发展的极为重要的实物证据。稻遗存的发现具有必然性和偶然性，已发现的作为实物证据表明一种倾向性的事实，而未发现的并不表明它不可能存在。相信随着时间的推进，会有更多的稻遗存被发现。

(一)普通野生稻的出土遗存

普通野生稻在华南分布广泛，东起台湾桃园(121°15′E)，西至云南景洪(100°47′E)，南起海南崖县(18°15′N)，北至江西东乡(28°14′N)，在海拔30～600 m的河流两岸沼泽地、草塘山坑低湿处均有生长。野生稻在中国古代文献中被泛称为"秜"、"稆"、"离"、"穞"、"旅"等，含有落地自生的意思。据游修龄(1987)不完全统计，中国古籍中有关野生稻的记载达16处之多，分布范围西起四川，中经湖北襄阳、江陵，下达苏北、淮北，北限可达北纬40°的苏、鲁交界处。古今对比，可见古代野生稻的分布纬度比现今偏北10°。不过，目前还难以判断这些古籍中记载的落地自生的野生稻是否都是生物学意义上的野生稻，或是含有部分杂草稻。

最直接的出土证据是在河姆渡遗址发现了7000年前的普通野生稻炭化谷粒。汤圣祥和佐藤洋一郎等在浙江省博物馆提供的105粒河姆渡遗址出土炭化稻谷中，经对无芒、顶芒、断芒和有芒谷粒初筛后，对其中10粒有芒或尚存断芒谷粒的芒和小穗轴断面进行了电镜扫描，发现其中4粒具有普通野生稻的基本特征：①籽粒较瘦长，长宽比为2.88～3.10；②芒表面上的小刚毛长而密集，具有普通野生稻芒上小刚毛长而密集的特征；③小穗轴的脱落斑小而光滑，具有自行脱落的痕迹，而栽培稻小穗轴底部大而粗糙，存在受力折断的痕迹。据此，判断这4粒河姆渡遗址出土稻谷为普通野生稻(图2-1)。换言之，7 000年前的太湖地区，确实生长着普通野生稻。

图2-1　河姆渡遗址出土的7000年前的普通野生稻谷粒

(二)原始栽培稻的出土遗存

迄今，中国已发掘了大量新石器时代遗址，含有新石器时代稻的遗存(11 000～3 500年前，稻谷、稻米、稻壳等)就有144处之多(图2-2)。其中，长江中下游112处，占77.8%，且分布呈明显的哑铃状，一头是江苏、浙江、安徽三省，计51处，一头是湖南、湖北、江西三省及河南南部，计61处；华南地区11处，占7.7%；云贵高原地区7处，占4.8%；淮北及黄河中下游地区14处，占9.7%。已知17个年代最为古老的稻的遗存(11 000～7 000 BP)，极大部分位于长江中游和下游(表2-2)。浙江河姆渡遗址第四文化层(6 950±130 BP)的出土稻谷、稻秆和茎叶，数量庞大，堆积面积约400 m^2，厚度达10～40 cm不等。现场发掘人员称，有的稻谷刚出土时还呈秆黄色，随即转为黑色，颖壳上的稃毛及谷芒清晰可见。河姆渡遗址出土稻谷的粒形和大小变异甚大，经鉴定为原始栽培籼、粳稻的混合。对其颖壳表面双峰乳突的电镜扫描表明，特征基本属于“钝型”即粳型，但双峰距较小，处于籼稻的变域边缘，证实河姆渡遗址出土稻谷处于原始分化期。在相邻地层还出土了大量骨耜、鹿角鹤嘴锄等原始稻作农具，炊煮食物的夹炭陶，干栏式房屋及榫卯结构等，表明7 000年前河姆渡地区的人类已从火耕进入了农业的耜耕阶段，原始稻作及谷物贮藏已存在。湖南澧县彭头山遗址，在出土的陶片表面和内层含有炭化稻壳，经^{14}C测定为距今8 200～7 800年前，属于原始栽培稻类型，同时出土的还有炊煮谷物的陶器、砍砸树木的打制石器。河南舞阳县贾湖遗址发现了数百粒约8 500年前的炭化稻米(8 942～7 868 BP)，根据对米粒粒形、土层中植硅体的分析，出土稻米较现代稻米明显小些，多数为粳型或偏粳型，植硅体偏粳，属于原始古栽培稻，同时还出土了大量石铲、石镰、石斧、石磨棒等。湖南省道县玉蟾岩遗址出土了4粒炭化稻谷及少量稻壳残片，测定年代为12 300～10 000年前。这4粒稻谷的显著特点是大粒型，兼有野生稻和籼、粳稻的综合特征，属于原始古栽培稻。

值得注意的是，李隆助(Y.J.Lee) 2002年报道，在韩国清忠北道清原郡的小鲁里(Sorori，36°41′N，127°25′E)旧石器时代遗址的泥炭层的上、下层中发现了59粒17 310～13 010年前的炭化稻谷。其中，上层18粒称为“古稻”(Ancient rice)，距今14 820～13 010年，可初步分为籼、粳两型；下层41粒称为“拟稻”(Quasi rice)，距今17 310±310年。据对该出土稻谷的

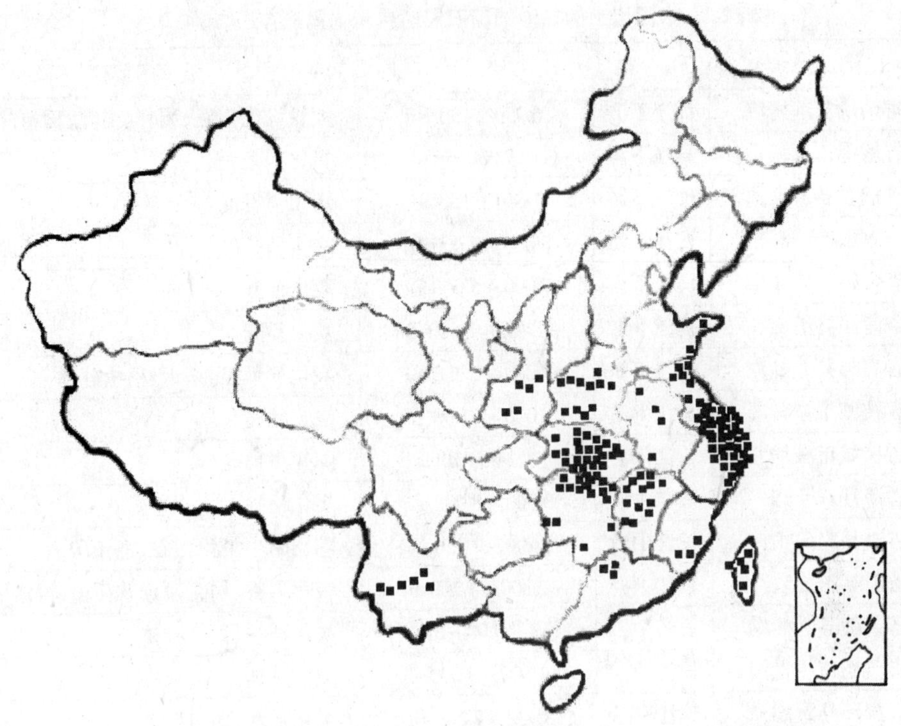

图 2-2　中国出土的 144 处新石器时代(12 300 ~ 35 00 BP)稻的遗存分布图

RAPD 分子标记图谱的变异研究,“古稻”的 RAPD 谱带约有 34.1% 与现代稻谷相同,65.9% 为古稻特有;“拟稻”的 RAPD 谱带有 38.7% 与现代稻谷相同,48.4% 与上层炭化稻相同,12.9% 为拟稻所特有。韩国学者称这是世界上迄今发现的最古老的炭化稻,认为对了解栽培稻的起源和演化具有重要意义。不过,各国学者(如刘志一和游修龄)对小鲁里出土稻谷普遍持谨慎或质疑态度,期盼韩国学者提供更多的相关信息。

(三)水稻植硅体遗存

水稻植硅体(植物蛋白石,Plant opal)是由水稻的叶片机动细胞硅酸体遗留在土壤中形成的。植硅体耐腐蚀,可长期存留在土壤中。根据植硅体的上长、下长、宽度和厚度,水稻植硅体形状有 α 型和 β 型之分。一般,籼稻植硅体为 α 型,粳稻为 β 型。

江苏龙虬庄遗址不仅出土了 7 000 ~ 6 300 年前的稻谷、糙米和精米,在土层中还发现了大量水稻植硅体,属 β 型即粳型。对浙江河姆渡遗址 7 000 年前的稻的堆积物和土壤样本中的植硅体进行分析,发现 α 型(籼型)占少数(21.6% ~ 22.6%),β 型(粳型)占多数(73.1% ~ 74.4%),还有少量中间型。在浙江诸暨楼家桥新石器时代遗址的土壤陶片中,发现了6 000 余年前的水稻植硅体,以粳型为主,少量籼型,处于杂合状态。说明在长江下游的新石器时代早期,稻种可能是高度杂合的多样化群体,到新石器时代中后期,粳稻成为栽培种的优势群体;而少量籼型植硅体的发现,意味着长江下游可能是新石器时代原始栽培稻的多样化中心。

表 2-2　中国出土的古老的新石器时代炭化稻遗存(>7000 年)

出土地点	位置	年代	稻的遗存
浙江省余姚县河姆渡	长江下游	6 950 ± 130 BP	大量炭化稻谷、稻秆、稻叶,稻植硅体
浙江省慈溪市童家岙	长江下游	7 000 BP	炭化稻壳
浙江省桐乡县罗家角	长江下游	7 040 ± 150 BP	炭化稻谷混合
浙江省肃山市跨湖桥	长江下游	8 000 ~ 7 000 BP	炭化稻谷
浙江省余姚县田螺山	长江下游	7 000 ~ 5 600 BP	炭化稻谷
浙江省浦江县上山	长江下游	11 400 ~ 8 600 BP	炭化稻壳
江苏省高邮县龙虬庄	长江下游	7 000 ~ 6 300 BP	炭化粳稻谷、稻米、稻植硅体
湖北省枝城市城背溪	长江中游	8 000 ~ 7 000 BP	炭化稻壳
湖北省枝城市枝城北	长江中游	7 000 BP	陶片中稻壳
湖南省澧县八十垱	长江中游	9 000 ~ 8 000 BP	炭化稻谷
湖南省澧县彭头山	长江中游	8 200 ~ 7 450 BP	陶器胎中炭化稻谷、稻壳印痕
湖南省道县玉蟾岩	长江中游	12 300 ± 1 200 BP	炭化稻谷、稻壳残片及稻植硅体
湖南省茶陵县独岭坳	长江中游	约 7 000 BP	炭化稻谷、稻植硅体
广东省英德市牛栏洞	长江中游	11 000 ~ 8 000 BP	稻植硅体
河南省舞阳县贾湖	长江中游	8 942 ~ 7 868 BP	炭化稻米、稻植硅体
陕西省西乡县李家村	长江中游	约 7 600 BP	红烧土中稻壳的印痕
江苏省连云港市二涧村	黄淮地区	7 885 ± 480 BP	炭化稻谷

近年,在江西万年县仙人洞遗址和吊桶环遗址的土层中相继发现了万年前的水稻植硅体,年代分别为 10 000 ~ 8 000 BP 和 12 060 ~ 10 000 BP,初步认为是原始栽培稻的植硅体,但有的学者怀疑是普通野生稻的植硅体。20 世纪 90 年代在广东英德牛栏洞遗址(24°20′N,113°27′E)发现了非籼非粳的类似水稻的植硅体,年代是 11 000 ~ 8 000 BP。但是,牛栏洞遗址的植硅体是属于普通野生稻还是原始栽培稻,尚未定论。

(四)古稻田遗存

古稻田的发现对研究稻作起源和原始栽培具有重要的意义。20 世纪 90 年代中期,对江苏吴县草鞋山遗址进行了重新发掘,在遗址的东区挖掘发现了 6 000 多年前的的水稻田 33 块,水沟 3 条,水井(坑)6 个。水稻田大小不一,面积在 0.9 ~ 12.6 m^2 之间,呈四角长方形或椭圆形或不规则的浅坑状,坑深 0.2 ~ 0.5 m,有的水稻田有水口相通。水流经水沟、蓄水井(坑)而进入水稻田。在遗址的西区挖掘发现了与东区相似的水稻田 11 块,水沟 3 条,水井(坑)4 个,人工开挖的小水塘 2 个。研究表明,上述水稻田具备了水田结构的雏形。在江苏连云港的藤花落遗址(3 900 ~ 3 500 BP)不仅发掘出土了数百粒粳稻谷粒,还发掘出约 67 m^2 的古稻田,有水口、水沟、水塘相连。

1997 年在湖南澧县彭头山遗址发现了较大面积的古稻田,清理出 3 条田埂,田埂之间形成两块田。从剖面观察,还可分辨出稻基部和一根根向下伸出的根须或留下的痕迹,辨识出当时播种的方式是撒播。稻田分两层,下层泥土黏而紧密。用光释法测定,该古稻田的年代为 6 629 ± 896 年前。与此同时,还发现了与该古稻田相配套的原始灌溉系统,即有水坑 3

个,水沟3条。水坑高于稻田,直径1.2～1.6 m,深约1.3 m,有水沟连接通向稻田。这是国内外迄今发现的最早的古稻田及其原始灌溉系统。

草鞋山和彭头山两处古稻田及其原始灌溉系统的发现,证实7 000～6 500年前,长江中下游已有相当高的稻作水平,佐证了中国稻作起源于长江中下游的学说。

五、非洲栽培稻的起源

非洲栽培稻起源于非洲西部,它的初级起源中心(原始多样化中心)位于马里境内的尼日尔河沼泽地带,次级多样化中心在塞内加尔、冈比亚和几内亚一带。非洲栽培稻的驯化史不会超过3 500年(张德慈,1976)。多数非洲栽培稻对短光周期敏感,无籼、粳之别,只有深水稻、浅水稻和旱稻的差异,籽粒通常为浅红色。非洲栽培稻具有对干旱气候及酸性土壤的特殊适应性和对热带病虫的良好抗性,但由于植株较高、产量较低,以及受干旱影响等原因,未能在整个非洲大陆种植。在非洲,稻米是独特的、具有高度政治意义的商品,充足的稻米是粮食安全、政治稳定的物质基础。近年,西非水稻发展协会(WARDA)将非洲栽培稻与亚洲栽培稻杂交,培育出新的种间水稻,取名Nerice。Nerice株高中等,适应性强,产量比当地非洲栽培稻品种高50%～80%,目前正在加速推广中。

六、稻作栽培的初始年代

中国出土的新石器时代的稻的遗存,数量之多,年代之久远,居世界之首,令人惊叹!可以想象距今万年前的中国原始氏族人,正是在生长着普通野生稻的亚热带北缘的环境中,因为渔狩、采集食物的不足,备感生存压力。在采集野生稻谷粒作为食物补充的活动中,观察到稻粒自然脱落入土而后萌生的现象,从而尝试在群居地附近撒播野生稻谷粒,重复着收获、播种的过程,经过漫长的驯化和选择过程,使普通野生稻逐渐演化为栽培稻。在中国业已发现的稻谷、稻米、稻壳等“古栽培稻”遗存,最久远的已达12 300年。鉴于种植原始栽培稻之前必定有相当长时期的野生稻初始驯化过程,即原始的人工选择加自然选择过程,有理由相信,中国稻作起源的初始年代,可追溯到12 000年前。换言之,中国的稻作栽培史至少已有12 000年。

第三节　栽培稻的传播

原始栽培稻的传播与人类的活动和迁移密切相关,因此它不是一条连续的、单向的传播道路,而是多向的、有转折的、时而重叠交叉的道路。原始栽培稻有的从最初起源地沿河顺流而下,随人们的栽培向两岸扩展;有的随耕种者的迁徙而翻山越岭,进入新的地区;有的随商人或渔民漂洋过海,到达其他国家;有的因环境不适,稻种难以萌发生长,传播道路中断;有的因环境变化而导致自然突变,经选择出现新的栽培类型;有的在新的地区因环境适宜,栽培稻得以迅速繁衍。

栽培稻的传播与起源地的认定有关。20世纪70～80年代,一些学者认为,起源于云贵高原的原始栽培稻,顺江河而下,进入红河、湄公河,传入东南亚;向东进入中国南部和长江流域,成为广为栽培的籼稻,北路进入黄河流域,演化为粳稻。随着云南起源说的被否定,这种稻种传播路线也被否定。佐藤洋一郎等(1992)提出了与之相反的稻种传播路线,即稻从长江中下游向云贵传播。

严文明(1982,1989)认为,中国栽培稻起源于长江下游(或统称长江中下游),并以长江下游为中心波浪式逐级扩大传播。大约在7000年前,原始栽培稻分布于长江下游和杭州湾地区,长江中游也有个别分布点;在6000~5000年前,栽培稻分布于整个长江中下游平原丘陵、淮河以南及江苏北部;在5000~4000年前,栽培稻扩展到淮河以北,南面已达广东。需要指出的是,随着长江中下游以至淮河中上游以南地区近年陆续发现了一些10000~7000年前的原始栽培稻稻谷与稻壳遗存,上述波浪式传播的内涵应予修正。汤圣祥(1993,2004)认为,中国的原始籼稻和原始粳稻独立地、平行地起源于万年前的具有原始籼粳差异的普通野生稻,其起源地分别在长江中游和长江下游(包括钱塘江流域)。它们向四周的传播和籼粳交错,形成长江中下游及淮河以南地区稻种资源的遗传多样性。

中国的稻种传入日本的可能途径有3条:一是北路,经华北过山东或辽东到朝鲜半岛,于公元前3世纪传入日本的九州;二是中路,由长江口太湖地区渡海到达日本;三是南路,从东南沿海传到台湾,再到达日本琉球群岛、九州。具体是3条途径都曾发生,或仅为其中的一二条,尚未定论。目前认为,以中路的可能性最大。

从亚洲范围看,渡部忠世(1982)在《稻米之路》一书中描绘了稻米传播的3条途径:①扬子江(长江)系列。长江流域的原始栽培稻北上,到达黄河流域至朝鲜半岛和日本。籼稻曾在公元11~14世纪传入日本,但终究温度较低没有成为日本稻作的主流而消失。②湄公河系列。云南的稻种经湄公河、红河、萨尔温江、伊洛瓦底江进入中南半岛上的东南亚国家,继续南下到达印度尼西亚和菲律宾。国际水稻研究所(IRRI)曾追溯15个IR品种的最初母本,发现都具有印度尼西亚的品种Cina的血缘,而Cina即中国"支那"的谐音,可见印度尼西亚的部分稻种由中国传入的可能性极大,并至少已有2000年的历史。③孟加拉系列。起源于印度北部阿萨姆地区的栽培稻种沿孟加拉湾海岸线东进,或随船乘季风穿越孟加拉湾到达东南亚;阿萨姆的籼稻在公元前10世纪南下传入恒河流域,扩展到整个印度,向西经伊朗入巴比伦再传入欧洲,在公元600~700年传入非洲。新大陆发现后再由欧洲传入美洲,美国在17世纪才第一次播种了由马尔加什引入的水稻。

高秆、大粒的爪哇稻即热带粳稻,据认为是3000年前,从印度阿萨姆地区经海路穿过孟加拉湾传入苏门答腊和印度尼西亚的山地,然后向北依次传入菲律宾、中国台湾和日本琉球。爪哇稻向西曾到达非洲的马达加斯加岛。

非洲栽培稻的原产地在西非,在16世纪曾随奴隶贩卖传入美洲的圭亚那和萨尔瓦多。

第四节 栽培稻的演化

栽培稻在漫长的驯化过程中,受到了自然选择和人为选择的强大压力,发生了适应人类需求的一系列农艺性状和生理特性的变化。在向不同纬度不同海拔的传播过程中,受到了不同温度、降水量、日照时数、土壤质地、种植季节和栽培技术等诸因素的影响,导致了感光性、感温性、需水量、胚乳淀粉特性等一系列分化,并通过隔离使这种分化得到加强,形成了适应各种气候环境、丰富多样的栽培稻种,反过来又加速了栽培稻的传播和多样化。

一、籼、粳稻的演化

籼、粳的分化是栽培稻最重要的演化,其原始分化在中国至少可追溯到1万年前。中国古籍称籼稻为“稴”稻、“秥”稻,称粳稻为“秔”稻,并记述了它们不黏与黏的区别。湖南玉蟾岩遗址出土的1万年前的4粒炭化稻谷,兼有野生稻和籼、粳稻的综合特性,被视为最原始的“古栽培稻”。河南贾湖遗址数百粒8 000年前的炭化稻米,据粒形分析,多数为原始粳型或偏粳型稻,少数为原始籼型或偏籼型稻。河姆渡和罗家角遗址的出土稻谷出现了粒形的原始籼、粳之别,植硅体也出现了初步的籼、粳之别,均以粳型为主,表明7 000年前的长江下游已出现原始分化的籼、粳稻。数千年的杂交—分化—选择循环,使原始亚洲栽培稻在广阔的地理区域分化为籼、粳两种主要生态亚种,地理隔离和选择使两者的差异进一步扩大,产生了一定的生殖障碍。现代,籼稻和粳稻育成品种在农艺性状和生理特性上存在较大的差异。籼亚种(*Oryza sativa* subsp. *indica*)和粳亚种(*Oryza sativa* subsp. *japonica*)的基本差异见表2-3。

表2-3　籼稻、温带粳稻和热带粳稻(爪哇稻)主要性状差异

性　状	籼　稻	温　带　粳　稻	热　带　粳　稻
叶型、色泽	叶较宽、色绿	叶较窄、色浓绿	叶宽大、色淡绿
剑叶开度	小	大	大
叶毛多少	多	少或无毛	少或无毛
芒有无	多数无芒或短芒	长芒至无芒,芒略弯曲	长芒至无芒
颖壳色	以秆黄色为主	自秆黄色至紫褐色	以秆黄色为主
颖毛	毛稀而短,散生	毛密而长,集生在颖脊	毛较长
谷粒形状	较细长,稍扁平	粗短、宽厚	粗大、宽厚
胚乳酚反应	一般染色	一般不染色	染色浅
落粒性	容易	较难	较难
穗茎长短	一般较短	一般较长	较长
穗形	较松散、弯曲	较紧密,部分直立	穗大,较松散
分蘖力	较强,一般散生	较弱,一般集生	较弱
耐寒性	弱	强	较强
暗发芽芽鞘长度	长	短	中等
发芽速度	快	较慢	较慢
直链淀粉含量	较高(10%～30%)	较低(7%～20%)	中等(10%～24%)
胚乳胶稠度	较硬	较软	较软
糊化温度	中等至较高	较低	中等
米饭质地	较松散	较黏而软	较松散而软

籼、粳稻的分布,主要受温度的制约,还受到种植季节、日照条件的影响。从世界范围

看，籼稻主要分布在低纬度、低海拔的热带、亚热带的湿热地区，而粳稻主要分布在较高纬度的温带以及热带、亚热带较高海拔的丘陵山区。中国的籼稻主要分布于华南和长江流域，而粳稻主要分布在华北、东北和西北，长江下游太湖地区，以及华南、西南的高海拔山区。以总产量计，中国的籼稻约占 69%，粳稻占 31%；杂交水稻中，95%为籼型，5%为粳型。

中国粳稻起源于何处？粳稻与籼稻在起源与演化上有何关系？目前主要有 3 种观点。

其一，粳稻源于籼稻。认为普通野生稻先演变为籼稻，而后原始籼稻在较低温度环境下（主要在较高纬度地区、较高海拔山区）演化为粳稻。这一观点的论据是：籼稻，特别是晚籼的生长习性和生理特性如感光性等与普通野生稻相似，在有野生稻分布的区域内栽培稻大都是籼稻；籼粳稻之间就单一性状看，几乎都是连续变异；少数品种难分籼粳，一些品种的株型、穗型和粒型介于籼、粳之间，很难从形态上或酚反应上加以区分，一些品种具有广亲和性，与籼、粳品种杂交均能正常结实。例如，云南高原遍布高山峡谷，海拔差异大，籼、粳稻的垂直分布十分规律。一般在海拔 1 400 m 以下为籼稻，1 750 m 以上为粳稻，1 400 ~ 1 750 m 为籼粳交错地带。籼粳交错地带的稻种类型复杂。这种籼、粳稻的垂直分布和中间类型的出现，似乎是籼稻向粳稻过渡的证据。

其二，粳稻源于陆稻。认为原始籼稻或普通野生稻的个别植株向山区旱地发展，演化为陆稻，然后由陆稻演化为粳稻。粳稻胚乳的酚反应、根系对土壤氯酸钾的耐性与陆稻相似。

其三，平行或多源演化。认为普通野生稻已开始有籼粳分化的原始差异，本身就具有演化为籼、粳稻的遗传基础，因此，有可能原始籼稻、原始粳稻分别从偏籼和偏粳的普通野生稻演化而来。Second（1982，1985）以众多亚洲栽培稻和普通野生稻为材料，分析了多种同工酶的电泳图谱，得出籼、粳稻分别从不同祖先的普通野生稻驯化而来和中国南部是世界粳稻的起源中心的推论。Morishima 在调查了亚洲各地的普通野生稻后，认为普通野生稻种群之间的叶绿体有类似籼、粳的差异，不过，野生稻的籼、粳特性差异的倾向甚弱，还不能将野生稻截然分成两类，但普通野生稻不同群体的籼、粳特性的原始差异有可能在野生稻被驯化之前就已存在。王象坤等（1984）根据形态、生态、生化等综合研究，认为籼、粳稻在热带与亚热带洼地、山区可能都是由普通野生稻直接演变而来，即普通野生稻被古人引上山区演变成原始型粳稻，并在山区旱地演变成原始型陆粳，在山区水田演变成原始水粳；普通野生稻被引向低洼地区（多为水田）则演变成原始籼稻，进一步演化为早中籼、晚籼与冬籼。才宏伟（1993）对普通野生稻进行 *Est*、*Cat*、*Acp*、*Amp* 等多种同工酶的分析表明，中国的普通野生稻确实存在不同程度的籼粳差异，出现了粳型和偏粳型、中间型、偏籼型和籼型的连续变异。粳型和偏粳型占 57.6%，中间型占 25.3%，偏籼型和籼型占 17.1%。且普通野生稻的籼粳分化似与地理分布有一定关系，高纬度的江西东乡野生稻和湖南茶陵、江永野生稻主要为偏粳型，低纬度或国外的普通野生稻基本偏籼。同工酶分析还发现了一个与亚洲栽培稻起源、演化关系密切的 *Est* 基因位点及其 6 个复等位基因，籼稻、粳稻、南亚 Aus 稻和普通野生稻在这一位点上都具有自己的等位基因。通过这一位点上的等位基因突变，普通野生稻可能直接演化为原始籼稻，也可能直接演化为原始粳稻。

在印度尼西亚、马来西亚、菲律宾等国的热带山区有一类基本营养生育期（BVP）长、高秆、大粒、耐低温的爪哇稻（javanica rice）。爪哇稻可分为两类：有芒的 Bulu 和无芒的 Gundil，两者有很高的杂交亲和性。其共同特点是：植株高大，叶宽，分蘖力弱，大穗，大粒（表 2-3）。过去曾将爪哇稻列为单独的亚种，后来同工酶的分析表明，爪哇稻与温带粳稻的带谱类似，可以认为爪哇稻是一种热带粳稻,应划入粳稻的范畴。20世纪90年代,国际水稻研究所曾将爪哇稻视为育种新资源,利用它的弱分蘖、大穗、大粒等特性,与其他现代籼、粳材料杂交,培育出一种崭新的新株型水稻(New plant-type rice),又称"超级水稻"(Super rice),以期在产量上有所突破。

二、水、陆稻的演化

陆稻亦称陵(稜)稻,是适应较少水分环境的陆地生态型。普通野生稻生长在淹水的沼泽地区,从普通野生稻最初驯化而成的原始栽培稻应当是水稻,因此,水稻是栽培稻的基本型,而陆稻是水稻向山区、旱地发展而出现的适应于坡地、旱地的生态变异类型。陆稻的显著特点是耐旱,种子吸水力强,发芽快,幼苗对土壤中的氯酸钾耐毒力较强;根系发达,根粗而长;维管束和导管较粗,叶表皮较厚,气孔少,叶光滑有蜡质;根细胞的渗透压和茎叶组织的汁液浓度较高。与水稻比较,陆稻吸水力较强而蒸腾量较小,故有较强的耐旱能力。陆稻与水稻一样,从茎叶到根部也有相连的通气组织,因此,陆稻不仅可在旱地生长,也可在水田种植。不过,陆稻在水田种植时,与水稻在上述形态、生理上的差异就表现不明显。

陆稻也有籼、粳之分和粘、糯之别。全世界陆稻总面积约1 900万 hm^2,主要分布在亚洲、非洲和南美洲。巴西是陆稻种植面积最大的国家。中国陆稻面积约70万 hm^2,仅占全国稻作总面积的2.5%。

在印度、孟加拉国、缅甸、泰国、老挝等国,以及非洲的马里、尼日尔等地的长期积水区或洪水泛滥区,生长着一种耐淹的深水稻。深水稻是早期种植者将普通野生稻引入深水地区而演变、驯化成的适应深水生态环境的变异类型。深水稻耐淹,节间伸长快,在淹水的情况下每天可长高10 cm以上,最多可达50 cm之多,植株随水位的上升而增长,能保持上部茎、叶、穗浮于水面而正常生长、抽穗、结实;中上部节有萌生不定根的能力;感光性强,在当地雨季后期雨水渐少、水位渐降、日照缩短之时孕穗抽穗,待洪水退后成熟收获,全生育期长达150~270天。中国的广东、广西在解放前曾有少量深水稻,但随着水利排灌设施的完善现已绝迹。

三、早、晚稻的演化

普通野生稻对日照长度(光周期)十分敏感,短日照(8~10 h)下幼穗开始迅速分化,长日照(>13 h)下幼穗不分化或分化极缓慢,属短日照植物。另一方面,普通野生稻生长于热带和亚热带的湿热地区,较高的温度(27℃~35℃)适合它的生长发育,属喜温植物。在普通野生稻向栽培稻的演化过程中,在原始栽培稻向不同纬度、不同海拔地区的传播过程中,在日照和温度的强烈影响下,在自然选择和人为选择的强大压力下,发生了一系列感光性和感温性的变异,导致早稻、中稻和晚稻栽培类型的出现。早稻不感光或感光性极弱,中稻感光性弱,晚稻感光性强。感光性弱的品种,如早籼和早粳,只要温度能满足生长发育的需要,即可按时孕穗扬花;感光性较强或强的品种,如我国华南的晚籼和太湖流域的晚粳,通过基本营养生长期后,对日照长度十分敏感,无论早播或迟播,一直要到日长分别稳定在12.5 h和13 h以下,幼穗才开始分化。因此,晚稻被认为是从普通野生稻驯化而来的基本型,早稻和中稻则是适应较长日照环境下的变异型。

籼稻或粳稻都有早、中、晚稻之分,并随对日长反应的敏感性出现连续变异,在早稻、中稻和晚稻每一类型里又有早熟、中熟和迟熟之分，从而形成了大量适应各栽培季节、不同生育期的品种。在南亚的印度和孟加拉国，存在 *Aus*、*Aman* 和 *Boro* 稻种类型。*Aus* 稻类似于中国的早、中稻，对日长反应不敏感，生育期较短，一般 3～4 月份播种，7～8 月份收获；*Aman* 稻对日长敏感，类似中国的晚籼，可以在季风雨季期保持旺盛而后延的营养生长，在雨季后期日长缩短时孕穗抽穗，可安全收获；*Boro* 稻感光性弱，较耐低温，可在冬季播种。

在云南稻种资源中，有一类光壳稻，数量可观，水、陆稻都有，以陆稻为主，主要分布在滇西南，在海拔 400～1 800 m 处基本为光壳陆稻，海拔 1 800 m 以上地区为光壳水稻。光壳稻，特别是光壳陆稻的粒型、颖壳色泽变异丰富，光温反应复杂多样，耐寒性偏粳比籼稻强，籽粒胚乳酚反应类似粳稻，它与粳稻杂交 F_1 结实正常，但与籼稻杂交 F_1 结实率较低。酯酶同工酶的带谱也较复杂，多数类似粳稻带谱，也有一些中间型和籼稻的带谱。因此，人们认为，光壳稻是原始的、还未分化彻底的粳稻类型。从世界范围看，东南亚山区的陆稻多数为光壳品种，现代改良品种 IRAT 系列极大多数为光壳品种，主要在非洲、中南美洲种植。近代在美国、澳大利亚种植的光壳品种，叶片光滑，颖壳无稃毛，分蘖力较弱，茎秆粗大，主要为适应机械化脱粒和清选的需要而选育。多数光壳品种籽粒较大，直链淀粉含量中等，米饭柔软光滑，有的品种还存在良好的广亲和特性和持久耐旱性，是十分珍贵的品种资源。

四、粘、糯稻的演化

籼稻和粳稻籽粒的胚乳有糯性与非糯性之分。糯稻和非糯稻的主要区别在于饭粒黏性的强弱，非糯稻（又称粘稻）黏性弱，糯稻黏性强，其中粳糯的黏性大于籼糯。籽粒淀粉的分析表明，胚乳直链淀粉含量的多少是区别粘稻和糯稻的重要依据。通常，粘粳稻的直链淀粉含量占淀粉总量的 8%～20%，粘籼稻为 10%～30%，而糯稻胚乳基本为支链淀粉，不含或仅含极少量（<2%）直链淀粉。由于糯稻胚乳的淀粉极大多数为支链淀粉，因此，淀粉糊化温度低，胶稠度软，米饭湿润黏结，胀性小。从化学反应看，由于糯稻胚乳中的淀粉为支链淀粉，因此吸碘量少，遇 1%的碘-碘化钾溶液基本呈红褐色反应，而粘稻直链淀粉含量高，吸碘量大，则呈蓝紫色反应。从外观看，糯稻胚乳在刚收获时因含水量较高而呈半透明，经充分干燥后便呈乳白色，这是由于胚乳细胞快速失水，产生许多大小不一的空隙导致光散射而引起的。

普通野生稻的籽粒属粘性、非糯，因此可推断糯稻是由非糯稻演化而来。遗传分析表明，粘、糯性由一对基因控制，糯为隐性，由非糯性至糯性的基因突变频率较高。早期的氏族人注意到稻田中糯性稻穗的出现和粘、糯饭粒食味的差异而予以选择留种，代代相传，糯米就成为某些氏族人偏爱的日常饭食和糕点，以及祭祀的供品。糯稻还是重要的非食用黏合材料。以糯米和石灰捣合而成的黏合剂，用于砖墙砌建和墙体涂抹，十分牢固；用于修筑坟墓棺椁的保护层，防水防潮，坚如水泥。中国云南、贵州和广西某些地区，老挝、泰国、缅甸的北部，印度阿萨姆地区，人们喜食糯稻，糯稻品种丰富，形成一个糯稻栽培圈，有着悠久的糯稻文化。

第五节 栽培稻的遗传多样性

栽培稻的遗传多样性是千百年来稻种突变和选择的丰硕成果，是人类极其宝贵的自然财富，也是现代水稻遗传改良不可替代的物质基础。

一、栽培品种的遗传多样性

普通野生稻在演变、驯化为栽培稻的漫长过程中，在不同地区的人为选择下，发生了一系列农艺性状的改变。生长姿态从匍匐或散形变为直立，株型紧凑，叶片增宽，茎秆增粗，穗变大，二次枝梗增多；分蘖力增强，分蘖和幼穗发育趋于同步化，籽粒灌浆期延长，谷粒容积增加；芒缩短或消失，籽粒落粒性、休眠性、根基形成能力减弱或退化，对光长敏感度减退，异交率下降，多年生转变为一年生，等等。随着原始栽培稻向不同方向的传播，突变、杂交和选择进一步发生了。千百年来，气候、土壤、水分和季节的变化，自然和人的综合力量，栽培技术的多样性，社会传统及宗教的影响，都使栽培稻在广阔的地域里发生了一系列定向变化。新的变异不断产生，以适应不同的气候（温度、光照）、水分状况（灌溉、浅水、深水和旱地）、土壤条件（盐土、酸性土、碱性土、铁毒土、铝毒土等）、生物压力（病、虫）、非生物压力（低温寒潮、热风、强风）、种植方式（穴播、直播、移栽）以及民族偏爱（秥糯、粒形、籽粒色泽、芒的有无）等，经过人们的不断选择，从而产生了数以万计的地方品种，形成了丰富多彩的水稻品种资源多样性。清代的《授时通考》所收《直省志书》（1742 年）登录的全国 16 省的品种就达 2 439 个。

20 世纪 50 年代，我国和国际水稻研究所率先开展矮秆化育种，培育出矮脚南特、IR8 等一系列矮秆高产良种。矮秆品种耐肥、抗倒、分蘖力强，叶挺、收获指数高、产量高，很快得到推广。60 年代在世界各主要产稻国家开展的矮秆育种，不仅在亚洲获得了“绿色革命”的巨大成效，还育成了数以千计的具有不同遗传背景的矮秆良种，丰富了现代育成品种的遗传基础。70 年代杂交水稻在中国异军突起，不仅使产量获得新的重大突破，种植面积占全国稻作总面积的一半，而且产生了大量特性各异的不育系、保持系、恢复系和杂种一代，增加了品种资源的多样性。据不完全统计，截至 21 世纪初，全世界共收集保存的各类稻种约 20 万份以上。据 2002 年的统计，保存在中国国家种质库的水稻种质计 67 856 份，其中地方品种 48 754 份，近代育成品种 4 341 份，杂交水稻三系材料 1 042 份，野生稻 5 599 份，国外引入品种 7 922 份，其他稻种 198 份。数量众多、性状各异的栽培品种及其近缘野生种，为水稻的种质改良提供了多样化、不可替代的物质基础。

二、同工酶的遗传多样性

同工酶是进行生物遗传多样性研究的有效工具。一般而言，同工酶等位基因属于中性基因，其基因表达难以从形态上、直观上直接加以辨别，在稻种驯化过程中受到的选择压力不大，因而遗传稳定性甚高。

近 20 年来，已有学者陆续报道了栽培稻不同材料的同工酶分析结果。朱英国（1985）曾对原产中国的 1 933 份地方品种、不同生态型的 40 份普通野生稻、15 份药用野生稻、5 份疣粒野生稻进行了酯酶同工酶分析，发现中国地方品种与不同生态型的普通野生稻的酯酶酶谱基本一致，酶谱类型丰富性是普通野生稻 > 籼稻 > 粳稻，南方低纬度地区品种酶谱类型丰富，北方高纬度地区品种酶谱类型简单。Li（2000）分析了世界各国共 511 份水稻品种的 10 种同工酶，认为同工酶变异中心在南亚、中国和东南亚。孙新立等（1996）分析了我国 680 份栽培稻的 5 种同工酶，认为籼稻的同工酶多样性大于粳稻。黄燕红等（1996）对 700 份中国栽培稻地方品种的9个多态性同工酶基因位点进行了遗传多样性分析，认为我国栽培稻的平均基因多样性以云南最大，淮河上游次之；提出中国栽培稻有4个同工酶遗传多样性中心：云南、淮河上游、长江中下游和华南地区。汤圣祥等(2002)对来自全国六大稻区(西南、华南、华中、华北、东北、西北)的具有代表性的4 408份中国栽培稻地方品种及现代育成品种进行的12个同工酶基因位点的等位基因酶谱(*Pgi1*，*Pgi2*，*Amp1*，*Amp2*，*Amp3*，*Amp4*，*Sdh1*，*Adh1*，*Est1*，*Est2*，*Est5* 和 *Est9*)分析，发现被测的4 408份中国栽培稻含有52个同工酶等位基因，占亚洲栽培稻已鉴定出的54个等位基因的96.3%，其等位基因频率变幅为0.001~0.994，基因多样性指数(*Ha*)为0.012~0.547。平均基因多样性指数(*Ht*)、同工酶遗传型多样性指数(*Hp*)和平均多态性指数(*DP*)分别为0.248、3.845和17.7%。基因频率低于0.05的等位基因共31个，占59.6%；基因频率在0.91~0.95的等位基因5个(*Amp1-2*，*Amp3-1*，*Adh1-1*，*Est1-1* 和 *Est9-2*)，占9.6%；基因频率高于0.95的等位基因2个(*Amp4-1* 和 *Est5-1*)，占3.8%：从一个侧面证实了中国栽培稻同工酶具有丰富的遗传多样性。在我国六大稻区中，以西南稻区的同工酶平均基因多样性指数为最高(0.266)，其次为华中和华南稻区；华中稻区的同工酶平均等位基因数最高(3.75)，其次为西南稻区。

从直观的农艺性状看，如株高、穗形、粒形、颖壳色泽、籽粒大小等，粳稻的多样性大于籼稻。但同工酶的谱带类型却正好相反，粳稻简单，籼稻丰富。汤陵华(1989)分析了亚洲主要产稻国家的水稻品种的8个同工酶12个基因位点，多元聚类分析表明，粳稻有两个分布中心，一个以中国、日本品种为主，一个以印度尼西亚、菲律宾品种为主；籼稻也有两个分布中心，一个以中国品种为主，一个以印度南亚品种为主。上述特点，反映了籼稻和粳稻的同工酶在热带和温带的差异，似乎从一个侧面反映出籼稻和粳稻的不同起源地。

第六节 稻的分类

稻属(*Oryza* Linnaeus)属于禾本科(Gramineae)的稻亚科(Oryzoideae)，其野生种广泛分布于亚洲、非洲、拉丁美洲和澳洲的77个国家。自1753年林奈(Linnaeus)将普通栽培稻学名定为 *Oryza sativa* L. 以来，稻属种的分类研究一直持续到今。

一、稻属种的分类

稻属遗传资源的分类，20世纪50年代以前主要依据农艺性状的差异和杂交亲和力不同，60年代参考了种间 F_1 杂种在减数分裂时染色体的配对状况，即细胞遗传学证据，近年发展到应用分子杂交、随机片段长度多态性(RFLP)、基因序列分析等DNA分子证据。因而，稻属野生种及其近缘种的种名和数目在不同时期有不同的表达和修正，直到最近才稳定下来。

1894年，Baillion第一次对稻属进行分类，下分5个种。1922年，Prodoehl根据形态学性状将稻属分为16个种。1932年，Roschevicz建立了稻属分类系统，该系统包含20个种。1962年，Sampath首次运用细胞遗传学的资料，重新修订了稻属的20个种。1963年，馆冈亚绪(Tateoka)将稻属定为22个种，其中包括2个栽培种，即亚洲栽培稻和非洲栽培稻。1973年，Nayar提出稻属有25个种。1984年，森岛(Morishima)对馆冈亚绪的分类进行修正，经增删后，仍定为22个种，并分为6个区组，即普通稻区组，13个种；极短粒稻区组，1个种；疣粒稻区组，1个种；马来稻区组，2个种；狭叶稻区组，4个种；密穗稻区组，1个种。1985年，张德慈对森岛的稻属分类提出修正，虽仍然列出22个种，但与森岛的分类名单存在5个种的差异。1989年，Vaughan考证了大量稻属植物标本和资料，并结合对染色体组的研究，建立了一个4个复合体的稻属分类系统，包含22个种，其中，8个种归属 *O. sativa* 复合体，8个种归属 *O. officinalis* 复合体，2个种归属 *O. ridleyi* 复合体，2个种归属 *O. meyeriana* 复合体，还有2个种在复合体外。

在前人工作的基础上，结合近代在RFLP、AFLP、基因序列分析和种子蛋白质分析方面的研究结果，国际水稻研究所在2000年的国际水稻遗传大会上提出了新的稻属分类表（Khush和Brar，2001）。从目前的情况看，该分类表是较为权威的。它共分23个种，其中2个栽培种、21个野生种，含有AA、BB、CC、BBCC、CCDD、EE、GG、HHJJ、FF、HHKK等10个染色体组（表2-4）。该分类表归并了一些种，与森岛的分类表有8个种的差异，即森岛的分类表有狭叶野生稻（*O. amgustifolia*）、粗线粒野生稻（*O. perrieri*）、线粒野生稻（*O. tisseranti*）、密穗野生稻（*O. coarctata*），而Khush的分类表无此4种；但森岛的分类表无南方野生稻（*O. meridionalis*）、展颖野生稻（*O. glumaepatula*）、颗粒野生稻（*O. granulata*）和根茎野生稻（*O. rhizomatis*），而Khush和Brar的分类表有此4种。与张德慈（1985）的22个稻种的分类表比较，增加了2个种，即短舌野生稻（*O. breviligulata*）和根茎野生稻（*O. rhizomatis*），去掉1个种即巴蒂野生稻（*O. barthii*）。增删的主要原因在于后者利用现代生物技术对染色体组的深入研究和归类。

与此同时，卢宝荣等（2001）在前人大量工作的基础上，结合现代对稻属的研究成果，提出了稻属3组7系24种的分类系统。与Khush（2001）的23个种的分类系统比较，该系统增加了3个种，即新喀里多野生稻（*O. neocaledonica*）、非洲野生稻（*O. schwienfurthiana*）和马蓝普野生稻（*O. malampuzhaensis*）；而将颗粒野生稻（*O. granulata*）与疣粒野生稻（*O. meyeriana*）合并处理为1个种，即统称颗粒野生稻（*O. granulata*），不再将疣粒野生稻视为1个种。

表2-4　稻属种的名称、染色体数、染色体组和地域分布

（Khush和Brar，2001）

种　　名	2n	染色体组	地域与分布
普通稻区组　*O. sativa* complex			
亚洲栽培稻　*O. sativa*	24	AA	全球
尼瓦拉野生稻　*O. nivara*	24	AA	亚洲热带、亚热带
普通野生稻　*O. rufipogon*	24	AA	亚洲热带、亚热带，热带澳洲
短舌野生稻　*O. breviligulata*	24	AA	非洲
非洲栽培稻　*O. glaberrima*	24	AA	西非
长雄蕊野生稻　*O. longistaminata*	24	AA	非洲
南方野生稻　*O. meridionalis*	24	AA	热带澳洲
展颖野生稻　*O. glumaepatula*	24	AA	南美、中美洲
药用稻区组　*O. officinalis* complex			
斑点野生稻　*O. punctata*	24,48	BB，BBCC	非洲

续表 2-4

种　　名	2n	染色体组	地域与分布
小粒野生稻　*O. minuta*	48	BBCC	菲律宾,新几内亚
药用野生稻　*O. officinalis*	24	CC	亚洲热带、亚热带,热带澳洲
根茎野生稻　*O. rhizomatis*	24	CC	斯里兰卡
紧穗野生稻　*O. eichingeri*	24	CC	南亚,东非
阔叶野生稻　*O. latifolia*	48	CCDD	南美、中美洲
高秆野生稻　*O. alta*	48	CCDD	南美、中美洲
大颖野生稻　*O. grandiglumis*	48	CCDD	南美、中美洲
澳洲野生稻　*O. australiensis*	24	EE	热带澳洲
疣粒稻区组　*O. meyeriana* complex			
颗粒野生稻　*O. granulata*	24	GG	南亚,东南亚
疣粒野生稻　*O. meyeriana*	24	GG	东南亚
马来稻区组　*O. ridleyi* complex			
长护颖野生稻　*O. longiglumis*	48	HHJJ	印度尼西亚,新几内亚
马来野生稻　*O. ridleyi*	48	HHJJ	南亚
未分区组　Unclassified			
短花药野生稻　*O. brachyantha*	24	FF	非洲
极短粒野生稻　*O. schlechteri*	48	HHKK	新几内亚,印度尼西亚

关于稻属种间的关系,葛颂等(1999)通过对两个核基因 *Adh1* 和 *Adh2* 以及叶绿体基因 *matk* 的检测,推断出稻属 23 个种间染色体组的关系图(图 2-3)。

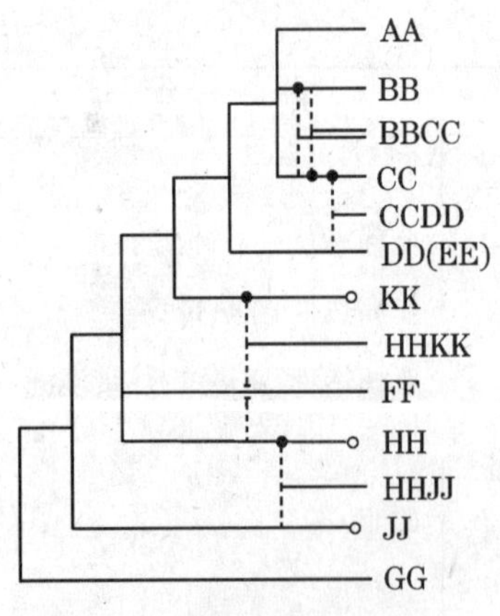

图 2-3　稻属种的相互关系
(Ge,1999)
------　表示异源四倍体的起源
○ 表示母本
● 表示尚不确知的二倍体

现已明确,杂草稻是潜在的、可用于水稻育种和研究的另一类重要遗传资源。它广泛分布于孟加拉国、巴西、不丹、印度、日本、韩国、尼泊尔、泰国和西非地区。中国也有少量杂草稻存在。关于杂草稻的来源,有 3 种可能性:栽培稻和野生稻基因渐渗的后代;籼粳交自然落粒的后代;普通野生稻演化成原始栽培稻的过渡形态。Suh 等(1997)根据农艺性状、生理性状、同工酶分析和 RAPD 标记,将杂草稻分为 4 群(Group)。Ⅰ群类似栽培稻的籼型,主要分布于温带国家,似乎是籼粳杂交偏籼的后代;Ⅱ群类似野生稻的籼型,主要分布在热带国家,是栽培稻和野生稻的杂合后代;Ⅲ群类似栽培稻的粳型,主要分布在不丹、尼泊尔和韩国,似乎是类似杂草稻的古老(原始)栽培材料;Ⅳ群类似野生稻的粳型,具有粳型的遗传背景。研究表明,一方面,杂草稻具有耐氯酸钾、耐低温、耐不良土壤、早熟、对杂草竞争力强、种子休眠期长等优良特性，可利用于现代水稻种质的遗传改良；另一方面，由于杂草稻的广适应性，它在南亚和西非一些国家已蔓延成为一种重要的草害。在中国，大面积迅速推广直播稻的地区，杂草稻有增加的趋势，特别是籼粳交错地区。

二、亚洲栽培稻的分类

从稻作栽培历史看，中国有“穛”稻和“秔”稻之分，是最早对籼粳的划分。近代，加藤茂苞(1928)依据形态、杂交 F_1 育性，将栽培稻种划分为 *indica* Kato 和 *japonica* Kato 两个亚种，即俗称的印度型和日本型。其后，丁颖(1957)根据日本型(*japonica*)稻是古代从中国传播到日本的事实以及中国已有数千年稻作栽培史，民间已有籼、粳的划分的习惯，提出恢复籼(*hsien* Ting)、粳(*keng* Ting)亚种的原名，系统地把中国栽培稻分为籼亚种和粳亚种，早、中稻群和晚稻群，水稻型和陆稻型，粘稻变种和糯稻变种，以及一般栽培品种，共五级。其系统关系如下：

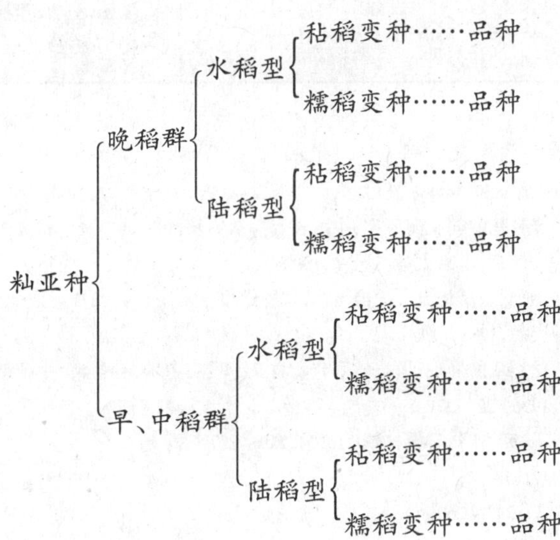

粳亚种(以下分类同籼亚种)

松尾孝岭(1952)、冈彦一(1958)、盛永俊太郎(1968)、张德慈(1976)等相继提出了一些新的分类体系(表 2-5)。张德慈(1976)对国际水稻研究所的数万份品种的几十个性状进行分析，认为亚洲栽培稻基本可划分为 *indica*(籼稻)、*sinica*(粳稻)和 *javanica*(爪哇稻)3 个亚种。这里，英文的 *sinica* 有中国粳稻的意思，以代替 *japonica* 之称。程侃声、王象坤等(1984，1988)根据杂交亲和力的高低、生态分布、进化水平、形态特征及栽培利用上的特点，提出亚洲栽培稻的“程-王五级分类”体系，即：种—亚种—生态群—生态型—品种五级。亚种一级只分籼和粳，籼亚种下分 *Aman* 晚籼群、*Boro* 冬籼群和 *Aus* 早、中籼群；粳亚种下分 *Communis* 普通群、*Nuda* 光壳群和 *Javanica* 爪哇群。

稻属植物具有重要的经济价值，与人类的生活密切相关。亚洲栽培稻的染色体组(基因组)较小，已作为模式植物进行全基因组序列测定。虽然关于稻属野生种和亚洲栽培稻的分类已有较为一致的看法，但迄今尚未形成一个公认的分类系统，有待进一步的研究和完善。

表 2-5　几种主要的亚洲栽培稻的分类　(王象坤,1993)

<table>
<tr><th>加藤茂苞
(1928)</th><th>丁　颖
(1949)</th><th>松尾孝岭
(1952)</th><th>冈彦一
(1958)</th><th>盛永俊太郎
(1968)</th><th>张德慈
(1976)</th><th>程侃声等
(1988)</th></tr>
<tr><td>indica</td><td>籼亚种</td><td>C 型</td><td>大陆型</td><td>Aman 生态种
Aman 生态型
Boro 生态型
Tjereh 生态型</td><td>indica 亚种</td><td>籼亚种
Aman 晚籼群
Boro 冬籼群
Aus 早、中籼群</td></tr>
<tr><td rowspan="3">japonica</td><td rowspan="3">粳亚种</td><td>B 型</td><td>热带海岛型</td><td>Bulu 生态种</td><td>javanica 亚种</td><td rowspan="3">粳亚种
Communis 普通群
Nuda 光壳群
Javanica 爪哇群</td></tr>
<tr><td rowspan="2">A 型</td><td rowspan="2">温带海岛型</td><td>Japonica 生态种
Japonica 生态型
Nuda 生态型</td><td rowspan="2">sinica 亚种</td></tr>
<tr><td>Aus 生态种</td></tr>
</table>

参 考 文 献

安志敏.长江下游史前文化对海东的影响.考古,1984,(5):439 - 448

才宏伟,王象坤,庞汉华.中国普通野生稻是否存在籼粳分化的同工酶研究.中国农业科学集刊,1993,(1):1 - 4

程侃声,才宏伟.亚洲稻的起源与演化——活物的考古.南京:南京大学出版社,1993

程侃声,王象坤.云南稻种资源的综合研究与利用:Ⅱ.亚洲栽培稻分类的再认识.作物学报,1984,10(4):271 - 280

程侃声,王象坤.论亚洲栽培稻的籼粳分类.作物品种资源,1988,(1):1 - 5

陈报章,王象坤,张居中.舞阳贾湖新石器时代遗迹炭化稻米的发现、形态学研究及意义.见:王象坤,孙传清.中国栽培稻起源与演化研究专集.北京:中国农业大学出版社,1996. 22 - 27

陈增建,朱立宏.穞稻与云南地方品种亲缘关系的初步研究.作物学报,1990,16(3):219 - 227

丁颖.中国稻作之起源.中山大学农学院农艺专刊,1949,(7)

丁颖.中国栽培稻种起源及其演变.农业学报,1957,8(3):243 - 260

渡部忠世著,伊绍亭等译.稻米之路.昆明:云南人民出版社,1982. 76 - 78

斐安平.彭头山文化的稻作遗存与中国史前稻作农业.农业考古,1989,18:102 - 108

古为农.中国农业考古研究的沿革与农业起源问题研究的主要收获.农业考古,2001,61:1 - 22

黄燕红,孙新立,王象坤.中国栽培稻遗传多样性中心的同工酶研究.见:王象坤,孙传清.中国栽培稻起源与演化研究专集.北京:中国农业大学出版社, 1996. 22 - 27

李润权.试论我国稻作的起源.农史研究,1985,5:161 - 169

林华东.中国稻作农业的起源与东传日本.农业考古,1992, 25:52 - 60

刘志一.印度也是亚洲稻作农业发祥地之一吗?.农业考古,2002,65:68 - 89

刘志一.冰川冻土能栽培水稻吗? ——韩国小鲁里古稻质疑.农业考古,2003,71:80 - 85

刘志一.从玉蟾岩与牛栏洞对比分析看中国稻作农业的起源.农业考古,2003, 69:76 - 87

柳子明.中国栽培稻的起源与发展.遗传学报,1975,2 (1):21 - 29

罗家角考古队.桐乡罗家角遗址发掘报告.见:浙江文物考古学刊.杭州:1981

卢宝荣,葛颂,桑涛,陈家宽,洪德元.稻属分类的现状及存在问题.植物分类学报,2001,39(4):373 - 388

乌越宪三郎著.段晓明译.倭族之源—云南.昆明:云南人民出版社,1985

孙新立,才宏伟,王象坤.水稻同工酶基因多样性及非随机组合现象的研究.遗传学报,1996,23(4):276 - 285

汤陵华, Sato Y I, Morishima H.亚洲栽培稻两大亚种之间同工酶基因型的主要区别.中国水稻科学,1989,3(3):141 - 144

汤陵华.稻的起源与遗传多样性.见:罗利军,应存山,汤圣祥.稻种资源学.武汉:湖北科学技术出版社,2002.1-11

汤圣祥,闵绍楷,佐藤洋一郎.中国粳稻起源的探讨.中国水稻科学,1993,7(3):129-136

汤圣祥,佐藤洋一郎,俞为洁.河姆渡炭化稻中普通野生稻谷粒的发现.农业考古, 1994,35: 88-91

汤圣祥.栽培稻的起源和演化.见:闵绍楷,申宗坦,熊振民等.水稻育种学.北京:中国农业出版社,1996.64-89

汤圣祥,张文绪,刘军.河姆渡、罗家角出土稻谷外稃双峰乳突的扫描电镜观察研究.作物学报,1999,25(3):320-327

汤圣祥,江云珠,魏兴华等.中国栽培稻同工酶的遗传多样性.作物学报,2002,28(2):203-207

王象坤,陈一午,程侃声等.云南稻种资源的综合研究与利用,Ⅲ.云南的光壳稻.北京农业大学学报,1984,10(4):333-343

王象坤.中国栽培稻的起源、演化与分类.见:应存山.中国稻种资源.北京:中国农业科技出版社,1993. 1-16

王象坤.中国稻作起源研究中几个主要问题的研究新进展.见:王象坤,孙传清.中国栽培稻起源与演化研究专集.北京:中国农业大学出版社,1996.2-7

王象坤,张居中,陈报章,周海鹰.中国稻作起源研究上的新发现.见:王象坤,孙传清.中国栽培稻起源与演化研究专集.北京:中国农业大学出版社,1996.8-13

魏兴华,杨致荣,董岚等. 穞稻分类地位的 SSR 证据.中国农业科学,2004,37(7):937-942

严文明.中国稻作农业的起源.农业考古,1982,2:19-31

严文明.再论中国稻作农业的起源.农业考古,1989,18:72-83

游修龄.从河姆渡遗址出土稻谷试论我国栽培稻的起源、分化与传播.作物学报,1979,5(3):1-10

游修龄.太湖地区稻作起源及其传播和发展问题.中国农史,1986,1:71-83

游修龄.中国古书中记载的野生稻探讨.古今农业,1987,(1):1-6

游修龄.中国稻作的起源和栽培历史.见:熊振民,蔡洪法,闵绍楷等.中国水稻.北京:中国农业科技出版社,1992.1-19

游修龄.中韩出土古稻引发的稻作起源与籼粳分化问题.农业考古,2002,65:101-103

俞履圻.粳型稻种的起源及耐旱性及耐冷性.见:2000 年稻作展望.杭州:浙江科学技术出版社,1991,262-274

袁家荣.玉蟾岩获水稻起源重要新物证.中国文物报,1996-03-03

张文绪.中国古稻性状的时位异象与栽培水稻的起源演化轨迹.农业考古,2000,57:23-26

赵志军.稻谷起源的新证据:江西吊桶环遗址.农业考古,1998,49:394

郑云飞,蒋乐平,松井章等.从楼家桥遗址的硅酸体看新石器时代水稻的系统演变.农业考古,2002,65:104-114

中川原捷详.遗传子之地理的分布.育种学最近之进步,1976,17:34-35

周拾禄.中国是稻之原产地.中国稻作,1948,7(5)

朱英国.我国水稻农家品种酯酶同工酶地理分布研究.中国农业科学,1985,1:32-39

佐藤洋一郎,藤原宏志.水稻起源于何处? 农业考古,1992,25:44-46

Chang T T. The origin, evolution, cultivation, dissemination and diversification of Asia and Africa rices. *Euphytica*,1976,25:425-441

Chang T T. The origins early cultures of the cereal grains and food legumes. *In*: Keightley D. The Origins of Chinese Civilization. Berkeley: University of California Press,1983.65-94

Clark J D, Williams M A J. Prehistoric ecology, resources strategies and culture change in the Son valley, central India. *Man and Environment*,1990,15 (1):13-24

Ge S, Sang T, Lu B R, et al. Phylogeny of rice genomes with emphasis on origins of allotetraploid species. *Proc Natl Acad Sci USA*, 1999,96(25):14400-14405

Glaszmann J C. Geographic pattern of variation among Asian native rice cultivars (*Oryza sativa* L.) based on fifteen isozyme loci. *Genome*,1988,30:782-792

Khush G S, Brar D S. Rice genetics from Mendel to functional genomics. *In*: Khush G S, Brar D S, Hardy B. Rice Genetics IV. Manila: IRRI,2001.3-6

Lee Y J, Woo J Y. The oldest Sorori rice 15,000 BP: Its findings and significance. *In*: The First International Symposium: Prehistoric Cultivation in Asia and Sorori Rice. Cheongwon, Korea,2002,33-36

Li Z. Geographic distribution and multilocus organization of isozyme variation of rice (*Oryza sativa* L.). *Theor Appl Genet*,2000,101: 379-387

Morishima H, Gadrinab L U. Are the Asia common wild rice differentiated into the India and japonica types. *In*: Proceedings of Crop Exploration and Utilization of Genetic Resources. 1987,11-22

Nayer N M. Origin and cytogenetics of rice. *Advances in Genetics*, 1973, 17:153 – 292

Oka H I, Morrishima H. Potentiality of wild progenitors to evolve the indica and japonica types of rice cultivars. *Euphytica*, 1982, 31: 41 – 50

Oka H I. The Homeland of *Oryza sativa*. *In*: Origin of Cultivated Rice. Tokyo: Japan Scientific Societies Press, 1988. 125 – 140

Ramiah K, Ghose R L M. Origin and distribution of cultivated plants of South Asia rice. *Indian J Genet. Plant Breeding*, 1951, 11:7 – 13

Roschevicz R H. A contribution to the knowledge of rice. *Bull Appl Bot Genet Plant Breeding*, 1931, 27:3 – 133

Sano R, Morishima H. Indica-japonica differentiation of rice cultivars: viewed from variations in key characters and isozymes, with special reference to landraces from the Himalayan hilly areas. *TAG.*, 1992, 84:266 – 274

Sato Y I, Tang S X, Yang L J, *et al*. Wild rice seeds found in an oldest rice remain. *Rice Genetic Newsletter*, 1991, 8:75 – 78

Second G. Origin of the genetic diversity of cultivated rice (*Oryza* spp.): Study of the polymorphism scored at 40 isozyme loci. *Japan J Genet*, 1982, 57:25 – 57

Second G. Evolutionary relationships in the sativa group of *Oryza* based on isozyme data. *Genet Sel Evol*, 1985, 17(1):89 – 114

Suh H S, Sato Y I, Morishima H. Genetic characterization of weedy rice (*O. sativa* L.) based on morpho – physiological characters, isozyme and RAPD markers. *Theoretical and Applied Genetics*, 1997, 94:316 – 321

Tang S X. Origin of rice and its domestication and expansion. *In*: The proceedings of the International Symposium for IYR 2004. Soeal, Korea, 2004. 16 – 28

Tateoka T. Taxonomic studies of *Oryza*. Ⅲ. Key to the species and their enumeration. *Bot Mag Tokyo*, 1963, 76;165 – 173

Vaughan, D A. The genus *Oryza* L.: current status of taxonomy. IRRI Research. Paper Series, No. 138. Manila: International Rice Research Institute (IRRI), 1989

Vavilov N I. The origin, immunity and breeding of cultivated plants. *Chron Bot*, 1951, 1 – 36

第三章 稻种资源

我国是栽培稻种植历史最悠久的国家之一。由于稻作地域广阔,生态环境多样,栽培历史悠久,形成了我国稻种资源丰富的多样性。

第一节 稻种资源的含义、类别及在水稻生产中的作用

一、稻种资源的含义及类别

亲代传递给子代的遗传物质称种质,携带各类种质的材料称为种质资源,又称遗传资源或基因资源,俗称品种资源。稻种资源是指来源于栽培稻种原始起源中心与次生起源地的多样性中心、栽培中心以及育种计划的各类遗传材料。通常认为,稻种资源包括稻近缘属、栽培稻近缘野生种、栽培种与近缘野生种间自然杂交种和杂草种、地方品种(农家种)、选育品种(含优良的育种品系,包括转基因品系)、杂交稻资源(包括三系杂交稻、两系杂交稻)和遗传材料(如突变体、遗传标记材料、多倍体、非整倍体、重要遗传作图群体等)等7类水稻种质资源。

稻种资源各类别各具特色,根据不同类别资源在遗传多样性、一致性、生产应用价值和利用潜力上的特征可归纳成表3-1。

表3-1 稻种资源各类别遗传构成、生产应用价值及利用潜力比较 (张德慈,1976)

资源类别	类别内遗传多样性	个体遗传一致性	生产应用价值	利用潜力
近缘属、近缘野生种	中至高	低至中	低	中至高
杂草种	中至高	低至中	低	中
地方品种	中至高	低至中	低至中	中至高
生产应用品种	低至中	高	高	中
育种品系	中	中	中	中至高
遗传材料	中	中至高	低至中	低至高

二、稻种资源在水稻生产中的作用

稻种资源具有不可再生和不可创造性,是水稻生产可持续发展的物质基础,我国水稻育种史上具有里程碑意义的两次飞跃就得益于半矮生基因(*sd1*)和雄性不育细胞质源(*cms*)的发掘和利用。1956年,广东省潮阳县农民洪春利、洪群利从高秆品种南特16选得矮秆变异株,命名为矮脚南特。1959年,原华南农业科学研究所利用矮仔占的选系矮仔占4号与高秆品种广场13杂交,选育成矮秆品种广场矮。随后,以这两个携带半矮秆基因(*sd1*)的矮秆品种为亲本,选育了一大批适合不同地区、不同熟期、不同耕作制度的矮秆高产良种,成功实现全国水稻矮秆化,水稻单产由1956年的2.5 t/hm^{2}上升至1966年的3.5 t/hm^2。随着矮脚

南特、广场矮、台湾矮秆品种台中在来 1 号(1956 年选育)以及国际水稻研究所 IR8(1966 年选育)的先后育成和推广,开创了亚洲水稻的绿色革命。1970 年,李必湖等在海南岛崖县(现海南省三亚市)南红农场发现含有细胞质雄性不育基因(*cms*)的普通野生稻败育株,通过全国协作攻关,1973 年实现不育系、保持系和恢复系三系配套,随后育成强优势组合南优 2 号、南优 6 号、汕优 2 号、汕优 6 号等,首次将杂种优势成功地应用到水稻生产中,1983 年全国水稻单产突破 5 t/hm^2,使我国水稻单位面积产量再上一个新台阶。

稻种资源的意义不仅在于对水稻增产的贡献,更重要的在于丰富的遗传多样性可以满足应对环境、病虫害及稻米品质等诸因素对于未来水稻生产的挑战。自 20 世纪 90 年代中期起,我国启动了超级稻育种研究,水稻生产正孕育着第二次绿色革命,新一轮突破的关键依然是高效、低耗、多产出种质资源的发掘和利用。

第二节　野生稻种质资源

一、野生稻的考察与收集

中国是世界上野生稻资源丰富的国家之一,古籍中就有大量关于野生稻的记载。战国时代《山海经·海内经》(公元前 475 ~ 前 221 年)记述有“西南黑水之间,有都广之野,爰有膏菽膏稻,百谷自生,冬夏播琴”,表明在 2 300 多年前华南地区已有自生野稻。汉代以后,有关野生稻分布的文字记载增多,分布范围西起长江上游的四川渠州,沿中游的湖北襄阳、江陵,至下游的太湖地区,然后折回苏中、苏北、淮北直至渤海湾的鲁城(今沧州),其纬度北至 38°N,远较现代的野生稻为北。但是,古籍中记载的野生稻,并不能与现代分类意义上的野生稻种等同。

20 世纪初,我国现存的三种野生稻陆续被发现。1917 年,墨里尔(E. D. Merrill)在广东省罗浮山麓至石龙平原一带发现普通野生稻(*Oryza rufipogon* Griff.);1926 年,丁颖在广州市东郊犀牛尾的沼泽地发现并搜集到此种野生稻,随后又在广东的惠阳、增城、清远、三水、开平、阳江、吴川、雷州半岛,以及海南岛,广西的西江、合浦、钦州等地发现该种;1935 年,在台湾省桃园、新竹两县亦发现普通野生稻。

1926 年,Masamune 在台湾省发现疣粒野生稻(*Oryza meyeriana* Baill.);1932 ~ 1933 年,中山大学植物研究所在海南岛淋岭、豆岭等地也发现该种;以后,1935 年在海南岛崖县南山岭下、台湾省桃园和新竹两县,1936 年在云南省车里县橄榄坝,1942 年在台湾新竹,以及 1956 年在云南省思茅县普洱大河沿岸,陆续发现疣粒野生稻的分布。

1936 年,王启元在云南车里县橄榄坝发现疣粒野生稻的同时,也发现了药用野生稻(*Oryzaofficinalis* Wall.);1949 年前在云南省景洪县车里河又发现有该种分布;随后,1954 年陈统华在广东省郁南县、罗定县与广西岑溪县交界处,广西玉林县农业技术推广站在玉林县六万大山山谷,以及 1960 年广东省英德县西牛公社农技站在该县高坡大岭背山谷中,又先后发现该种野生稻的分布。

我国野生稻资源较系统的考察和收集活动始于 1936 年云南省昆明植物研究所在云南思茅、西双版纳一带的调查、收集工作。1963 ~ 1964 年,戚经文等在海南岛 17 个县搜集到普通野生稻、药用野生稻和疣粒野生稻,在广东湛江地区 18 个县搜集了普通野生稻,在广西玉林、北流等地搜集到普通野生稻和药用野生稻。1963 ~ 1965 年，丁颖为研究云南稻种类型分布及起源演化，对云南部分地区栽培稻和野生稻的种类与分布进行调查，共采集普通野生稻 46 份，疣粒野生稻 32 份，药用野生稻 4 份。

为了全面查清我国野生稻的种类和地理分布，并广泛搜集野生稻资源，1978 ~ 1982 年，由农业部委托中国农业科学院组织的全国野生稻资源考察协作组普查了广东、广西、云南、福建、江西、湖南、湖北、贵州和安徽南方九省、自治区共 306 个县(市)3 531 个乡，并对其中的 136 个县(市)进行了重点考察。考察组在福建漳浦、湖南江永和茶陵以及江西东乡新发现普通野生稻种分布点，调查记载了共 534 个小生境野生稻的植物学特征、生态特点、野生稻基本型和变异型，采集野生稻种子和种茎 3 790 份，为深入研究与利用我国野生稻资源提供了丰厚的物质基础。

1994 年 9 月至 1995 年 1 月以及 1995 年 9 ~ 11 月，中国科学院植物研究所同云南省农业科学院、思茅地区农业科学研究所，广西科学院、广西植物研究所、广西农业科学院和南宁市江西乡农技站等单位，两次考察了野生稻分布集中的广西、云南、广东、海南和湖南五省、自治区，调查野生稻种类，并采集标本。

近年来，为掌握自然资源开发加剧情况下的野生稻生存状况以及自然状态下野生种的动态演化等情况，在农业部财政专项的资助下，中国农业科学院组织开展了云南、广西、广东和海南等省、自治区野生稻资源的补充调查和采集工作，并发现了一些野生稻新分布点。

二、野生稻的种类与分布

根据 1978 ~ 1982 年全国野生稻资源普查和考察结果，参考 1963 ~ 1965 年原中国农业科学院水稻生态研究室的考察记录，以及台湾发现野生稻的文献记载，基本明确了我国野生稻的种类和地理分布。

(一)野生稻的种类

我国现存有三种野生稻，即普通野生稻(*O. rufipogon* Griff.)、药用野生稻(*O. officinalis* Wall.)和疣粒野生稻(*O. meyeriana* Baill.)。分布于东起台湾桃园(121°15′E)，西至云南盈江(97°56′E)，南始海南三亚(18°09′N)，北达江西东乡(28°14′N)的广阔地区，涵盖全国八省、自治区 145 个县(市)。其中，广东 53 个县(市)，广西 47 个县(市)，云南 21 个县，海南 18 个县(市)，湖南和台湾各 2 个县，江西和福建各 1 个县(表 3-2，图 3-1)。

表 3-2　中国三种野生稻经纬度、海拔和地区分布

野生稻种	跨越纬度	跨越经度	海拔范围(m)	分布省份
普通野生稻	18°09′N ~ 28°14′N	100°40′E ~ 121°15′E	2.5 ~ 780	海南、广东、广西、云南、台湾、福建、江西和湖南
药用野生稻	18°18′N ~ 24°17′N	99°05′E ~ 113°07′E	25 ~ 1000	海南、广东、广西、云南
疣粒野生稻	18°15′N ~ 24°55′N	97°56′E ~ 120°E	50 ~ 1100	海南、云南、台湾

(二)野生稻的分布

1. 普通野生稻的分布　普通野生稻是我国分布最广、面积最大、资源最丰富的一个野生稻种，自然分布于海南、广东、广西、云南、台湾、福建、江西和湖南八省、自治区的 114 个县

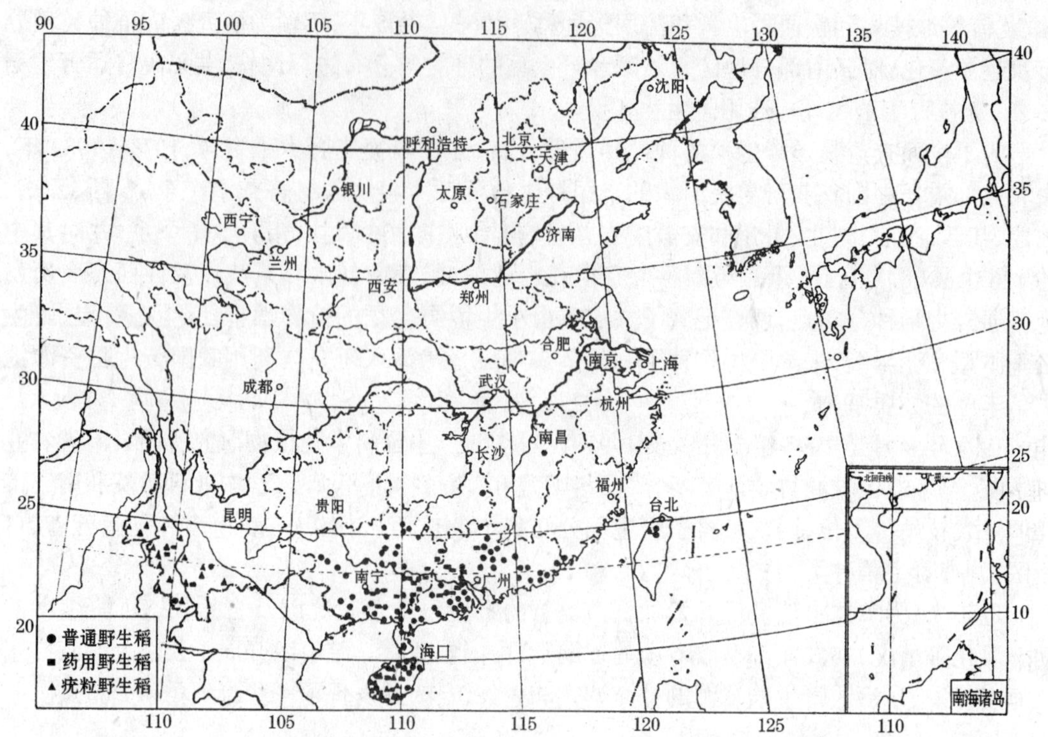

图 3-1　中国三种野生稻分布示意图　(引自《中国农业百科全书·农作物卷》,1991)

(市)。江西东乡县岗上集是该种分布的北限(28°14′N),海拔分布从 2.5 m(广西合浦县公馆)至 780 m(云南元江县曼旦),多数在 130 m 以下,分布点随着海拔下降而增多。全国可分成 5 个自然分布区,呈不连续分布。如两广大陆区和云南区之间,即广西百色以西、云南元江以东的广大区域,虽然进行过多次考察,但始终未发现任何野生稻种;又如两广大陆区与湘赣区之间也未发现。这有待进一步研究。

(1)海南岛区　该区气候炎热,雨量充沛,无霜期长,极有利于普通野生稻的生长和繁衍。全区 18 个县(市)有 14 个县(市)有普通野生稻的分布,是密度最大的分布区。

(2)两广大陆区　包括广东 49 个县(市)、广西 43 个县(市)161 个乡、湖南江永县和福建漳浦县,为普通野生稻主要分布区,其中又以北回归线以南和广东、广西沿海地区分布最多。如广东惠阳县 17 个乡、博罗县 22 个乡均有该种分布;博罗县石坝乡 16 个村,村村能找到普通野生稻。该区普通野生稻分布面积极大,集中连片 33.33 hm^2 以上的曾有 3 处,6.67～33.33 hm^2 的曾有 23 处,如广西武宣县濠江及其支流两岸约 35 km 断续分布有普通野生稻。

(3)云南区　历年发现的 26 个分布点都集中在流沙河和澜沧江流域的景洪市和元江县,呈零星分布,覆盖面积较小,但元江县曼旦普通野生稻因分布海拔最高(780 m),气候生态环境独特,而备受关注。

(4)湘赣区　包括湖南茶陵县和江西东乡县。

(5)台湾区　1935 年曾在桃园和新竹两县发现普通野生稻,但 1977 年已消失。

2. 药用野生稻的分布　药用野生稻分布于海南、广东、广西、云南四省、自治区 39 个县(市),分布海拔极限较大,大多分布于 200 m 以下,最低海拔在广西藤县南安(25 m),最高在云南永德县大雪山(1 000 m)。全国可分为 3 个自然分布区,呈不连续分布,并以两广交界的肇庆和梧州两地分布较多。

(1)海南岛区　包括三亚、陵水、保亭、乐东、白沙、屯昌6县(市),集中分布于黎母山岭一带,其中保亭县白菠山生境面积达0.4 hm^2。

(2)两广大陆区　包括广东11个、广西16个(49个乡)共27个县(市),为药用野生稻主要分布区域,大多为零星分布。

(3)云南区　主要分布于景洪、耿马、勐腊、永德、普洱和思茅共3个地区(州)6个县(市)13个点。

3. 疣粒野生稻的分布　疣粒野生稻分布于海南、云南、台湾三省33个县(市),可分为3个自然分布区,彼此明显间断。

(1)海南岛区　仅分布于中南部的儋州、白沙、琼中、通什、昌江、东方、乐东、三亚、保亭和陵水共10个县(市),海拔分布范围为50~800 m,大部分在50~400 m之间,在尖峰岭至雅加大山、鹦歌岭至黎母山、大本山至五指山、吊罗山至七指岭的许多分支山脉均有分布,常常生长在背北向南的山坡上。

(2)云南区　分布于9个地区(州)21个县(市)约105个点,栖生地面积达200 hm^2 以上,海拔分布范围为425~1 100 m,大部分在600~800 m之间,集中分布于哀牢山脉以西的滇西南沿边境地区,即西起盈红、潞西,东至绿春、元江的区域。

(3)台湾区　1926年、1935年和1946年曾在新竹和桃园两县发现有疣粒野生稻的分布,但目前情况不明。

三、野生稻种质资源的保存

我国野生稻种质资源的保存有原生境(*in situ*)保护和异地(*ex situ*)保存。其中,异地保存主要是种子保存和种茎保存两种形式。

(一)原生境保护

原生境保护是对野生种在其原生境的自然条件下进行保护,使它们能继续与其所处的环境发生互作,保护物种或居群的进化和适应的潜在能力,最大程度地保持遗传多样性和完整性。从进化意义上讲,原生境保护是一种动态的保护,是野生种保护应优先采取的措施。

1976~1982年对江西野生稻普查时,在东乡县东源公社(现岗上集乡)先后发现9个普通野生稻群落,这是迄今世界分布最北的野生稻。1986年,中国水稻研究所与江西省农业科学院水稻研究所共同建立江西东乡野生稻原生境保护点,并在庵家山建立了集中连片的面积约1 000 m^2 的A、B两个保护区,每年拨专款进行保护点维护和管理,在我国栽培稻种起源、分类演化研究以及耐寒等有利性状的开发利用中发挥了重要作用。

我国三种野生稻属国家濒危二类保护植物和亟须保护的农作物野生亲缘种,于1992年列入《中国植物红皮书》。但自20世纪90年代以来,由于我国经济的快速发展,对土地、湖泊、湿地、森林等自然资源的开发加剧,导致野生稻适宜生境不断遭受破坏,野生稻自然分布范围和居群规模大为缩减,许多居群已经消失或处于濒危状态。据调查,与20世纪70年代相比较,我国普通野生稻的分布点70%以上已经消失,面积减少的比例则更高;药用野生稻分布点消失了30%~50%;而疣粒野生稻的分布点近30%已经消失。以广西为例,普通野生稻现存面积仅为原记载的60%。贵港市麻柳塘曾是广西连片最大的野生稻栖生地,覆盖面积达27.96 hm^2,现在却因自然生境改变而消失;梧州市扶典乡杜背冲,原沿山谷有200 m

长的药用野生稻群落分布点，是迄今发现的药用野生稻群落最长最多的分布点，但目前只剩下零星几丛。近年对云南野生稻资源的考察结果，同样表明了云南自然分布的药用野生稻和普通野生稻生境已遭严重破坏。普通野生稻，景洪市原4个分布点已消失，元江县曼来乡嘉禾村分布点（海拔780 m）已遭严重破坏，全省26个分布点已消失24个，占92.3%；药用野生稻，耿马、孟定、景洪、普洱等县（市）原13个分布点已消失11个；疣粒野生稻，105个原分布点已消失70个左右，分布面积严重缩小，估计不足原来记载的5%。如景洪市江北山坡原有疣粒野生稻分布面积近7 hm^2，现不到0.13 hm^2，并呈零星分布；耿马县嘎楼山杂木林原有13.33 hm^2 的分布面积，目前只零星分布约0.67 hm^2。

为了保护我国珍贵的野生稻资源，2001年国家农业部启动了中国野生稻原生境保护计划。根据野生稻分布、濒危状况和保护点管理条件等，目前已相继在江西东乡（普通野生稻）、广东高州（普通野生稻）、广西玉林（普通野生稻、药用野生稻）、云南元江（普通野生稻、疣粒野生稻）、海南保亭（药用野生稻）、福建漳浦（普通野生稻）和湖南茶陵（普通野生稻）等地建立了10个野生稻原生境保护示范点，以保护我国三种本土野生稻种。

（二）异地保存

异地保存是将需保护的种质资源（种子、花粉、组织和个体）从其原产地或自然生境中迁移到一定的保护设施或场所中进行保护的方法，其目的在于尽可能完整地保存种质资源在原产地的遗传多样性和遗传组成，是一种静态的保护，因此要求野外采集尽可能多的居群数量和每一个居群中尽可能多的个体。

异地保存主要包括以种子保存的种质库和以种茎保存的种质圃两种形式。种质库保存是通过对采集到的稻种种子材料进行必要的处理（如检疫、灭菌、繁殖复壮等）以及创造一定的贮藏条件，让种质样本长期和最大限度地保持活力，来达到保证样本基因频率不发生变化而最终保存遗传多样性的目的。它因安全、经济、有效而被广泛采用。稻属种子可以被干燥到含水量很低（6%左右）的状态。在这样的含水量状态下，种子活力可在0℃左右的温度条件下长期保持不变或变化较小。

1980年，在国家稻种资源科技攻关项目的支持下，全国各野生稻保存省、自治区开始系统地对本地区收集的野生稻资源进行观察与整理，建立野生稻圃。1986～1993年，由广东、广西、云南、江西、湖南、福建等省、自治区农业科学院有关专业研究所，中国水稻研究所和中国农业科学院作物品种资源研究所共8个单位，统一编写并出版了《中国稻种资源目录》（野生稻种），两册共收录野生稻资源6 944份；1996～2000年，广东、广西又新增野生稻资源380份；2001年以后，在农业部野生稻保护项目资助下，补充收集野生稻资源415份（普通野生稻385份，疣粒野生稻30份）。截至到2003年，我国共收集、编目野生稻资源7 739份（包括未编国家统一编号的415份），其中原产中国的7 181份（普通野生稻6 295份，药用野生稻712份，疣粒野生稻174份），从国外引进20多个野生种及杂草种资源558份（表3-3）。

截至到2003年，中国农业科学院国家农作物种质长期保藏库（北京）已保存国内外13个野生稻种资源共5 179份种子样本，其中国内野生稻资源4 807份，国外野生稻资源372份。中国水稻研究所国家水稻种质资源中期库（杭州）保存国内外19个野生种资源共1 168份种子样本，其中国外野生稻资源674份。

野生稻种茎保存主要有广州和南宁两个国家野生稻种茎圃，1997年已入圃保存共8 933份，其中广州圃4 300份，广西圃4 633份。此外，一些省级农业科学院为了研究利用，建立了野生稻种茎圃，保存了一定数量的野生稻资源。如江西省农业科学院水稻研究所设立江西东乡野生稻异地保存圃，较完整地保存了东乡野生稻9个居群的遗传多样性；云南省农业科学院作物品种资源站与西双版纳州农业科学研究所在景洪建立了云南省野生稻种质圃，保存省内搜集的三种野生稻资源数百份。

除种质库种子保存和种质圃种茎保存外，异地保存还包括DNA、花药、幼穗、幼胚、愈伤组织冷藏或冷冻保存等形式。近几年，由于植物组织培养、冷藏以及冷冻技术的发展，野生稻DNA、花药、幼穗、幼胚、愈伤组织保存已取得较快进展，这为我国野生稻种质资源的异地保存提供了新的途径。

表3-3　中国野生稻种质资源保存份数、产地和保存单位

产地与代码	份数	保存单位及地点	备　注
广东 YD1	2977	广东省农业科学院，广州	包括原产海南的273份
广西 YD2	3412	广西农业科学院，南宁	包括未编入国家统一编号的385份
云南 YD3	81	云南省农业科学院，昆明	包括未编入国家统一编号的30份
江西 YD4	201	江西省农业科学院，南昌	
福建 YD5	92	福建省农业科学院，福州	
湖南 YD6	317	湖南省农业科学院，长沙	
海南 YD7	100	海南省农业科学院，海口	
台湾 YD8	1	中国水稻研究所，杭州	
国外 WYD	558	中国水稻研究所，杭州；中国农业科学院作物品种资源研究所，北京；广西农业科学院，南宁；广东省农业科学院，广州	
合　计	7739		包括未编入国家统一编号的415份

四、野生稻种质资源的鉴定与评价

(一)植物学特征

我国三种野生稻均能在原产地宿根越冬，无性繁殖和有性繁殖并存，并以无性繁殖为主，但三种野生稻的根、茎、叶、穗等植物学特征各具特色，具有较大的差异(表3-4)。

在我国三种野生稻资源中，普通野生稻植物学形态最具复杂多样，如茎秆生长习性、茎基部叶鞘色、分蘖等。潘大建等(1998)分析了2 232份原产广东、海南的普通野生稻农艺性状多样性，发现在19个数量性状中，以米粒长度变异程度最小(变异系数6.13%)，小穗育性变异程度最大(变异系数39.71%)(表3-5)；在28个质量性状中，每一性状各级的频率为35.99%～94.65%，表现出较丰富的多样性。

表 3-4　中国三种野生稻植物学特征比较

植物学特征		普通野生稻	药用野生稻	疣粒野生稻
根		具强大的须根系，具不定根，原产地能宿根越冬	具发达的纤维根，能宿根越冬	须根，具地下茎，根系不发达，能宿根越冬
茎	类型	分匍匐、倾斜、半直立、直立 4 种类型，匍匐型是基本型	散生	散生
	解剖结构	具有大的髓腔	具有大的髓腔	无髓腔
	长度	60 ~ 300 cm，一般 100 ~ 250 cm	100 ~ 480 cm，一般200 ~ 300 cm	40 ~ 110 cm，一般 50 ~ 60 cm
	粗细	直径一般 0.3 ~ 0.5 cm	直径一般 0.4 ~ 0.8 cm	纤细
	地下茎	不明显	明显	明显
	地上茎	节 6 ~ 12 个，一般 6 ~ 8 个	节 5 ~ 18 个，一般 12 ~ 15 个，5 ~ 11 个伸长节间，大多数无地上分枝	节 6 ~ 8 个
	分蘖力	强，一般分蘖 30 ~ 50 个	弱，一般分蘖 10 ~ 30 个	极强
叶	叶身	披针形，狭长	宽大，阔长	短，披针形，光滑无茸毛
	叶耳	黄绿色或淡紫色，具茸毛	黄绿色	不明显
	叶舌	膜质，二裂，无茸毛	短，呈三角形或圆顶形	短而平，近半圆形
	叶枕	无色或紫色	无色	无色
	基部叶鞘	紫、淡紫或绿色	绿色，个别淡紫色	无色或微带紫色
穗	穗型	圆锥花序，穗枝散生	直立，穗枝散生	穗轴、穗枝短，穗直，圆锥花序
	穗颈	较长，6 ~ 20 cm	特长，21 ~ 70 cm，最长 142 cm	短，细长，3 ~ 12 cm
	枝梗	少，一般无第二枝梗	一般无第二枝梗，基部枝梗轮生，上部互生	无枝梗
	粒数	每穗 20 ~ 60 粒，多的 100 粒以上	每穗 200 ~ 500 粒，最多可达 2000 粒以上	每穗 6 ~ 12 粒，最多 20 粒左右
	小穗形状	细长，狭长形；长 7.0 ~ 9.0 mm，宽 2.0 ~ 2.7 mm，长宽比 > 3.1	细小，略扁；长 4.0 ~ 5.0 mm，宽 2.0 ~ 2.5 mm，长宽比为 2	长 5.0 ~ 6.0 mm，宽 2.0 ~ 3.0 mm，长宽比为 2.5
	小穗表面特征	由排列整齐、分布均匀的乳头状突起组成，具有粗刺毛和纤细毛	由排列整齐、分布均匀的乳头状突起组成，具有粗刺毛和纤细毛	由分布不均匀的小瘤状突起组成，具有钩毛和纤细毛
	小穗内外颖	开花时淡绿色，成熟时灰褐色或黑褐色	开花时青绿色，成熟时灰褐色	开花时青绿色，成熟时黑褐色
	外稃表面乳突结构	“中间型”双峰乳突	“折皱型”双峰乳突	“雀形多瘤”双峰乳突
	芒	浅红色坚硬芒或无芒	短芒或顶芒	无芒

续表 3-4

植物学特征		普通野生稻	药用野生稻	疣粒野生稻
穗	种皮色	红色、红褐色	红色、淡红色	淡红色
	花药形态	长宽饱满型	近柱型	近长条型
	花粉壁表面结构	由排列整齐的长形细胞组成	由两类细胞组成，一类是排列整齐的细胞，另一类是大小不均等、排列不呈条状的细胞	由两类细胞组成，一类是排列整齐的细胞，另一类是大小不均等、排列不呈条状的细胞
	柱头	紫色或无色，外露，羽毛状	紫色，外露	白色，外露
	结实率	低	较高、	较高
	落粒性	极易	极易	易
	胚	与栽培稻相同	与栽培稻相同	胚的腹面缺腹鳞、左右侧鳞及胚芽鞘抽出口，强休眠

表 3-5　广东、海南普通野生稻农艺数量性状变幅、平均数、标准差和变异系数　(潘大建等,1998)

农艺数量性状	变　幅	平均数	标准差	变异系数(%)
茎秆长度(cm)	34.0～187.7	103.40	18.51	17.89
最上节间长度(cm)	5.4～85.0	41.39	8.12	19.62
剑叶长(cm)	8.0～48.5	22.70	5.69	25.07
剑叶宽(mm)	4.9～19.6	8.90	1.77	19.86
剑叶叶舌长(mm)	0.8～29.0	9.57	3.58	37.35
倒 2 叶叶舌长(mm)	4.0～55.4	21.76	6.74	30.99
花药长(mm)	1.8～6.9	4.59	0.78	17.05
穗长(cm)	8.6～42.8	21.90	3.79	17.31
芒长(cm)	0～13.3	6.59	1.53	23.18
小穗育性(%)	0～100	68.20	27.06	39.71
护颖长(mm)	1.5～6.6	2.65	0.41	15.40
谷粒长(mm)	6.3～10.1	8.25	0.54	6.56
谷粒宽(mm)	1.6～3.4	2.32	0.21	9.07
谷粒长/宽	2.5～5.3	3.58	0.40	11.31
百粒重(g)	1.3～3.0	1.71	0.23	13.63
米粒长(mm)	4.2～7.5	5.86	0.36	6.13
米粒宽(mm)	1.3～2.9	1.90	0.19	9.89
米粒长/宽	1.9～4.5	3.11	0.36	11.41
移植至始穗天数(d)	108.0～244.0	162.90	15.11	9.28

广西普通野生稻茎生长习性、穗型大小、密集程度、花药长短、谷粒脱落难易、芒等植物学形态同样极富变异,同时形态性状的多样性还表现在居群内。如表 3-6 所示,广西 12 个自然居群始穗期的差异显示出不同居群的多样性特征。

表 3-6　广西普通野生稻不同自然居群始穗期的多样性　(李容柏,1994)

原产地	观察份数	早季始穗		晚季始穗	多样性
		份数	比例(%)		
桂林雁山	17	1	5.08	9月27日至10月12日	多样性较低
临桂会仙	22	5	22.73	9月29日至10月19日	多样性较低
永福罗锦	22	2	9.09	9月25日至10月22日	多样性较低
象州寺村	22	13	59.09	9月24日至10月6日	多样性高
来宾青岭	18	11	61.11	9月26日至10月10日	多样性高
贵港麻柳塘	37	19	51.35	9月19日至10月6日	多样性高
横县云表	6	5	83.33	9月20日至10月7日	多样性高
罗城龙岸	16	0	0	10月14日至10月20日	基本一致
来宾桥巩	5	0	0	10月1日至10月8日	基本一致
崇左江州	15	0	0	10月2日至10月7日	基本一致
玉林南江	9	0	0	10月1日至10月8日	基本一致
合浦公馆	9	0	0	10月8日至10月14日	基本一致

黎祖强等(1995)以 19 个农艺形态性状比较我国广东、广西普通野生稻与印度、大洋洲普通野生稻的遗传差异,发现地理来源与形态差异并不完全一致,广西、广东普通野生稻与部分印度、大洋洲材料十分接近。

云南普通野生稻仅分布在元江和景洪两县(市),但因其原生境气候生态环境独特,表现出丰富的形态变异,按谷粒形状、芒、颖尖色可分成红芒、白芒和半野栽三大类群(陈勇等,1993)。

湖南江永普通野生稻匍匐茎多,分蘖力强,植株较矮;而茶陵普通野生稻株型多直立,分蘖力相对弱,茎秆粗壮坚硬,极少数植株叶鞘、芒、柱头均无色,颖壳黄色,类型较江永普通野生稻复杂(孙桂芝等,1993)。周进等(1992)以 18 个植物形态性状和 7 个生态性状研究湖南和江西共 10 个普通野生稻居群(其中,湖南茶陵 3 个、江永 5 个,江西东乡 2 个)的遗传多样性,指出东乡普通野生稻高度游离于湖南茶陵和江永普通野生稻,茶陵居群已形成一定的与江永居群的稳定差异,但同时发现江永 1 个居群与茶陵居群具有较大的相似性,认为生态的趋同(两居群生境均为深水环境)导致了异地居群间(两居群相隔约 300 km)形态的趋同。江西东乡野生稻类型较多,在生长习性、叶耳色、基部叶鞘色、叶片、叶舌、叶节、叶枕、柱头、芒、内外颖、护颖、种皮色等形态性状上表现出较丰富的多样性(姜文正等,1993;肖晗等,1996),与广东、广西、云南等地普通野生稻在形态、生育期等方面均有较明显的差异(潘熙淦等,1982)。

福建普通野生稻仅发现 2 个分布点,但在叶鞘色、芒等性状上仍然有一定的变异(梁耀懋,1993)。

药用野生稻茎秆均为倾斜型,长度 110 ~ 400 cm,多数在 200 ~ 300 cm 之间,最高可达 467 cm;穗长 30 ~ 58 cm,一般 30 ~ 40 cm,每穗 10 ~ 16 个枝梗,穗粒数 200 ~ 500 粒,最多达 2 000 多粒。云南药用野生稻没有类群的分化,谷粒长 0.5 ~ 0.6 cm,芒长不超过 2.0 cm(陈勇等,1993)。而广东、海南药用野生稻不同群落仍表现出不同程度的形态差异,并具有一些差异较大的特异类型,如保亭县有株高 4 m 多、茎叶光滑但叶缘带尖锐突刺的类型;英德市有颖壳淡黄色的类型;新兴县有植株 1 m 多高、茎秆纤细、叶片较窄、叶毛稀少、颖色黄白的类型;罗定县有叶片无毛、硅质多、表面特别粗糙的类型等(梁能等,1993)。广西药用野生稻在农艺性状以及植物学特征表现较为一致(李容柏,1991)。李道远和陈成斌(1991)曾报道,在 200 份广西药用野生稻材料中,均表现为叶耳黄绿色,叶鞘内淡紫色,叶舌白色,花期内外颖有紫褐色条纹、颖尖绿色,柱头紫色,节隔膜白色,成熟期内外颖斑点黑色,芒秆黄色,种皮红色;在数量性状上绝大多数表现正态分布,也较集中一致;在生长习性、低部位状况、芒质地、穗基部、胚乳类型等 10 个植物学特征性状上同样是高度一致(陈成斌等,2002)。

疣粒野生稻植株矮小,茎秆长度 50 ~ 60 cm,最高达 110 cm;穗长 5 ~ 11 cm,穗粒数 6 ~ 12 粒,最多可达 20 粒。云南疣粒野生稻分布最广,按谷粒形状和颖壳色可分成长粒类群、短粒类群和花斑类群(陈勇等,1993)。而海南疣粒野生稻颖壳秆黄色或黄绿色,较云南疣粒野生稻单一(梁能等,1993)。

(二)生态学特征

1. 普通野生稻　为短日照多年生水生植物,宿根性强。在云南、海南、广东和广西,冬季若遇干旱或霜冻,茎、叶常枯死并停止生长;在湖南、江西,初冬时地上部分全部枯死。翌春,从宿根地表茎节处长出蘖芽。蘖芽在旁侧形成后迅速拔节,并向四周匍匐伸出。当周围的生境为浅水层或沼泽等时,外露的第一节在适宜条件下又可长出新的不定根与芽,此芽又以同样的方式前伸拓展空间。周围的生物因素(其他种类植物)及非生物因素(如风向、水流、塘埂等)决定其匍匐生长的形状,如四周匍匐、侧边匍匐或半匍匐等。伸向深水的枝条有漂浮习性,并随水深而伸长。每年 8 ~ 12 月份出穗,集中于 9 月下旬至 10 月中旬,极少数在 10 月份以后抽穗。纬度高的居群抽穗早,以适应日照长度变化;纬度低的则抽穗迟。开花时间长,同一植株、同一穗开花很不整齐,具有边抽穗、边扬花、边成熟、边落粒的特征。以异交为主,羽状柱头外露,风媒传粉,结实率为 20% ~ 90%。种子休眠期长,自然状态下发芽率和成苗率均低。原生境有性和无性繁殖兼有,以无性繁殖为主,但有随纬度升高向有性繁殖偏移的趋势(高立志等,2000)。

普通野生稻喜温、感光性强,生长期间为温度高和雨量充沛的季节,其自然生长地年均温在 17.7℃以上,极端低温在 - 8.5℃以上,无霜期长于 269 天。该种常出现在沼泽地、荒水塘、溪河沿岸甚至稻田间、水沟等向阳水生的生境中,最适宜生长于终年滞流的浅水层,可在各类型土壤中生长,最适 pH 值 6.0 ~ 7.0。伴生植物可分为挺水植物、浮水植物和沉水植物,主要包括李氏禾(*Leersia hexandra* Swarts)、莎草(*Cyperus rotuxdus* L.)、柳叶箬(*Isachne globosa*)、水禾(*Hygroryza aristata*)、水蓼(*Polygonum hydropiper* L.)、硬骨草(*Panicum repens*)、三角草(*Scinpus grossus*)、水马蹄(*Heleocharis equistina*)、碎米莎草(*Cyperus iria* L.)、金鱼藻(*Ceratophyllum demeusum* L.)等 14 科 27 属 31 个种,优势种 9 个,群落高度 50 ~ 100 cm。

2. 药用野生稻　为短日照多年生草本植物,具发达的根系和地下茎,宿根性强,除冬春的短期低温时节外,终年均可出芽生长。在云南,雨季生长旺盛,旱季茎秆枯萎,翌年继续生长。一般9~10月份出穗,10月份成熟,纬度高的地区抽穗早,纬度低则抽穗迟。穗大粒多,谷粒小,结实率高,极易落粒。种子休眠期长,在自然状态下发芽率和出苗率低。原生境有性和无性繁殖兼有,以无性繁殖为主。

药用野生稻喜温暖而宜阴凉,宜潮湿而不宜深水,感光性强,其自然生长地年均温20℃~25℃,最低温度0.6℃~6℃,年无霜期335~365天,耐肥并宜微酸性的砂壤、砂土和壤土,最适pH值5.5~6.5。一般生长在四周植被保存较完好的丘陵山坑中下段的小溪旁,长年有流水,潮湿寡照,土壤腐殖质丰富。伴生植物由乔木层、灌木层和草本层组成,主要包括水东哥(*Saurauia tristyla* D.C)、水虱草(*Fimbristylis miliacea* L.Vahl)、芒草(*Miscanthus sinensis* Anderss)、川谷(*Coix lacryma jobi* L.)、斑茅(*Sacharum arundinaceum*)、莎草(*Cyperus rotuxdus* L.)、两耳草(*Pasplum conjugatum* Bergius)等19科25个种,优势种10个,灌木层群落高度200~300 cm,大多数药用野生稻群落对乔木层的依赖性很大。

3. 疣粒野生稻 为多年生旱生草本,宿根性强,具发达的深根系,有地下茎,无性分蘖能力极强。在云南,每年除隆冬外,4~12月份均可抽穗结实,且结实率高,每穗粒数6~13粒(在云南小橄榄坝最多的可达27粒)。种子休眠期在我国三种野生稻中最长,在自然状态下发芽率和出苗率极低,但在适宜生境中可发现实生苗。原生境有性和无性繁殖兼有,以无性繁殖为主。

疣粒野生稻感光性弱,感温性强,耐旱耐阴,分布于高山或山坡的竹林、橡胶林、野芭蕉林或杂木林下,也见于上述群落边缘阳光散射甚至荫蔽的山坡上,在群落内的生长具有明显的边缘性。土壤肥瘠均可生长,适宜pH值5.0~7.0。不耐淹水,在长期淹水或排水不畅的生境中生活力下降或死亡。要求较高的温度,海南有该种分布的地区年均温22℃~25℃,最低温度6℃~8℃,无霜期365天;云南该种分布区日均温大于10℃,夏季日均温高于30℃,冬季月均温7℃以上。在自然生境中分布比较分散,与杂草共生。伴生植物可分乔木层、灌木层和草本层,主要包括白茅草(*Inperata cylindrical* Beauv.)、芒穗鸭嘴草(*Ischaernum aristatum* L.)、铁芒箕(*Dicranpteris* L.)、两耳草(*Pasplum conjugatum* Bergius)、雀稗(*Paspalum thunbergii* Kunth L.)、芒草(*Miscanthus sinensis* Anderss)等45科125个种,优势种23个。稳定的乔、灌木层的存在对疣粒野生稻居群至关重要。

(三)细胞遗传学特征

细胞遗传学特征主要指染色体组的核型和带型。对野生稻染色体组的核型和带型的研究,有助于对栽培稻起源的认识和野生稻资源的有效利用。

1. 普通野生稻 为AA染色体组,2n=24。海南普通野生稻染色体最小的绝对长度为2.014~4.028 μm,相对长度为5.9%~12.2%,具次缢痕和随体的染色体各1对,第12染色体具中部着丝点,第4染色体具亚端部着丝点,其余为次中部着丝点染色体,Giemsa深染色区主要分布在着丝点附近和部分短臂上;但云南景洪地区普通野生稻染色体核型不具有中部着丝点染色体,1对染色体整个长臂均为Giemsa淡染色区,其余全为深染色区,表明中国普通野生稻核型的多态性,对应了形态的多样性(陈端阳等,1982)。

据卢永根等(1990)研究,原产广东从化的普通野生稻染色体平均相对长度为5.33%~12.48%,第6染色体的臂比率最大(2.62),第7染色体臂比率最小(1.33),第1、2、3、7、9、11和第12染色体为中部着丝点染色体,其余为次中部着丝点染色体,第10染色体为核仁染色体,并存在位置不固定的1~4个超数核仁现象。

褚启人等(1984)对江西东乡野生稻的细胞学研究则显示,染色体绝对长度为18.7~64.4 μm,相对长度为4.0%~13.8%,第1、2、5染色体具中部着丝点,第8染色体具次中部着丝点,其余染色体具亚端部着丝点;第8染色体短臂具有2条深粗G-带,明显区别于陈锦华等(1993)对原产湖南和印度的普通野生稻的研究结果,它们只有1条G-带。姜文正(1988)将东乡野生稻与广西普通野生稻进行了比较,发现染色体Giemsa带型基本一致,但其他同一染色体之间带型有差异,东乡野生稻有2种表现形式,而广西普通野生稻有3种表现形式。

陈锦华等(1993)的研究表明,湖南茶陵和江永野生稻间染色体带型较为接近。茶陵普通野生稻染色体相对长度为5.6%~13.09%,第1、2、5、7、8、9、11染色体为中部着丝点染色体,第3、6、12染色体为次中部着丝点染色体,其余为亚端部着丝点染色体,第6染色体短臂具有2条特异深粗G-带;江永普通野生稻染色体相对长度为5.85%~12.77%,第2、3、5、7、8、9、11染色体为中部着丝点染色体,第1、6、12染色体为次中部着丝点染色体,其余为亚端部着丝点染色体,第9染色体长臂上的3条带均为深粗G-带。

一般籼稻品种具有2对随体染色体,粳稻品种具有1对随体染色体。与原产印度、菲律宾的普通野生稻具有2对随体染色体不同,程祝宽等(1998)在中国普通野生稻核型中只发现1对随体染色体,与籼、粳亚种地理分布较为相似。而田自强和朱凤绥(1980)曾发现海南藤桥普通野生稻染色体带型与栽培稻相似,其中,与籼、粳类型差异较小,与陆稻差异则大。

2. 药用野生稻 为CC染色体组,2n=24。原产广西腾县的药用野生稻染色体相对长度为5.2%~12.9%,第2染色体具有次缢痕,第4染色体有随体,第11、12染色体为中部着丝点染色体,其余10对为次中部着丝点染色体,Giemsa的深染色区主要分布在着丝点附近和大部分短臂上(陈端阳等,1982)。卢永根等(1990)研究表明,原产广西百色的药用野生稻染色体相对长度为4.65%~14.08%,第1、2、3、10、11、12染色体为中部着丝点染色体,第9染色体为亚端部着丝点染色体,其余5对染色体为次中部着丝点染色体。第9染色体为核仁染色体,常有超数核仁现象,超数核仁一般为8~10个。与菲律宾药用野生稻相同,中国药用野生稻具有2对随体染色体(程祝宽等,1998)。

3. 疣粒野生稻 属GG染色体组,2n=24。源于云南板井的疣粒野生稻染色体长于普通野生稻和药用野生稻,绝对长度为5.085~2.165 μm,相对长度为4.7%~13.1%,第5染色体具有随体,第2染色体有次缢痕,第2、10、12染色体为中部着丝点染色体,第1、3、4、5、6、7、8、9、11染色体为次中部着丝点染色体(陈端阳等,1982)。而在卢永根等(1990)的研究中,云南思茅地区疣粒野生稻染色体相对长度为3.93%~13.02%,第1、2、4、5、8、9、11染色体为中部着丝点染色体,第3、6、7、10、12染色体为次中部着丝点染色体,染色粒大,染色浓,尤其是着丝点两侧染色粒很大且染色相当浓,未发现超数核仁现象。

中国野生稻细胞遗传学现有研究显示,普通野生稻、药用野生稻和疣粒野生稻种间染色体结构差异较大,同一种内也表现出核型丰富的多样性。但应注意的是,这种种内核型的变异,除表明野生稻种内染色体结构的多样性外,研究方法的影响(如细胞分裂时期、着丝点位置的确定以及染色体类型划分标准的差异等)同样不容忽视(卢永根等,1990)。

(四)等位酶特征

与普通野生稻多样的植物形态学特征相似,中国普通野生稻具有较丰富的等位酶变异。Gao等(2000)通过分析中国广东、广西、海南、云南、江西、福建、湖南七省、自治区共21个普通野生稻自然居群22个等位酶基因位点，认为中国普通野生稻具有中等的等位酶变异度（$A=1.33$；$P=22.7\%$；$Ho=0.033$；$He=0.068$），居群间遗传分化较低（$F_{st}=0.310$），广西和广东两地等位酶多样性显著高于海南、云南、福建、江西和湖南各省，华南地区为中国普通野生稻多样性中心。张尧忠等(1994)研究认为，与国外普通野生稻相比，中国普通野生稻更具原始性。Cai等(1996)发现，虽然中国普通野生稻等位酶特征上没有像栽培稻那样明显分化为籼、粳两大群，而表现出连续分布，但仍然可分成粳型(9.78%)、偏粳型(47.82%)、中间型(25.00%)、偏籼型(14.13%)和籼型(3.26%)，以偏粳型为主。其中，分布纬度较高的江西东乡和湖南茶陵、江永普通野生稻主要为偏粳型等位酶类型，广西普通野生稻以偏粳型和粳型为主(占55.6%)。

在对广西普通野生稻酯酶同工酶的研究中，吴妙燊和陈成斌(1986)发现普通野生稻(355份)酶谱类型远比亚洲栽培稻(406份)和广西药用野生稻(87份)丰富(普通野生稻有29个类型，而栽培稻和药用野生稻分别为18个和2个类型)，但不同形态类型的普通野生稻酯酶酶谱类型也不相同，典型野生类型酯酶酶谱类型少，变异类型酯酶酶谱类型多。同时还发现周围远离稻田的普通野生稻，不但酶谱类型单一，而且都是属于普通野生稻酶谱基本型；近稻田的普通野生稻，其酶谱除基本型外，还出现多种类型，推测与栽培稻天然串粉导致了丰富的酯酶酶谱变异。徐新宇等(1984)在对广西、广东普通野生稻的酯酶分析中，也得到了同样的结果。

黎杰强等(1994)在对广东、海南普通野生稻酯酶同工酶的研究中，发现同一小生境的植株存在不同的酶带和酶谱类型，即分子水平的变异并不一定与形态变异同步。

江西东乡野生稻等位酶位点遗传变异主要存在于居群内($G_{st}=0.012$)，9个小居群间分化程度很低(黄英金等，2002)。在东乡野生稻酯酶酶谱中未发现籼、粳特征带(李子先等，1989)，与海南白芒普通野生稻有明显差异，而与桂林普通野生稻和江西古老农家种乐平油粘子、上饶重阳糯基本相似，表明江西东乡普通野生稻的江西原产地性质，同时与江西古老栽培稻有密切的亲缘关系(潘熙淦等，1982)。

与形态(潘熙淦等，1982)、细胞学(陈端阳等，1982)研究结果类似，云南元江普通野生稻酯酶酶谱与国内其他地区普通野生稻差异较大，为偏籼类型，接近于南亚普通野生稻；过氧化氢酶特征则与酯酶分析结果相反，为偏粳类型。这种等位酶特征的籼粳不一致，显示了元江普通野生稻在中国栽培稻种起源研究上的重要意义(袁平荣等，1995)。

广西药用野生稻形态特征单一(陈成斌等，2002)、酯酶酶谱类型极少(吴妙燊等，1986)。Gao等(2000)报道了我国海南、广西和云南三地8个药用野生稻自然居群24个等位酶基因位点的遗传变异，遗传多样性各指标($A=1.13$；$P=12.49\%$；$Ho=0.003$；$He=0.029$)显著低于普通野生稻种而高于中国疣粒野生稻种($A=1.09$；$P=6.33\%$；$Ho=0.009$；$He=0.016$)。其中，海南药用野生稻多样性最大，广西与云南相近，居群间遗传分化极大($F_{st}=0.882$)，明显区别于中国普通野生稻($F_{st}=0.310$)而与中国疣粒野生稻种相似($F_{st}=0.859$)(Gao等，2000a，2000b)。

中国疣粒野生稻种具有居群内遗传变异极低而居群间遗传分化大、变异主要存在于云南和海南两地之间的特点，这可能与"奠基者效应"、有限的基因流和克隆繁殖有关(Gao等，1999，2000b)。

（五）DNA 分子特征

与等位酶相比，DNA 分子数据具有直接反映基因组 DNA 分子变异、多态性覆盖全基因组等特点，已广泛应用于稻种资源起源、演化以及遗传多样性研究。Gao（2004）对广东、广西、海南、云南、福建、江西、湖南等省、自治区 47 个普通野生稻自然居群 6 对 SSR 引物的多态性分析表明，中国普通野生稻 SSR 变异十分丰富（$Rs=3.0740$，$Ho=0.2290$，$Hs=0.5700$），明显高于相似来源分析居群的等位酶结果。遗传多样性分布和居群分化特征与等位酶研究结果一致，即居群内遗传变异较高（75.4%），并以广东、广西多样性最高，海南、云南次之，江西、湖南、福建最低（图 3-2）；江西、湖南茶陵和福建普通野生稻具有相近的 SSR 多态性特征，云南则区别于我国其他地区遗传特征。相近的结果同样反映在王艳红等（2003）的研究中。

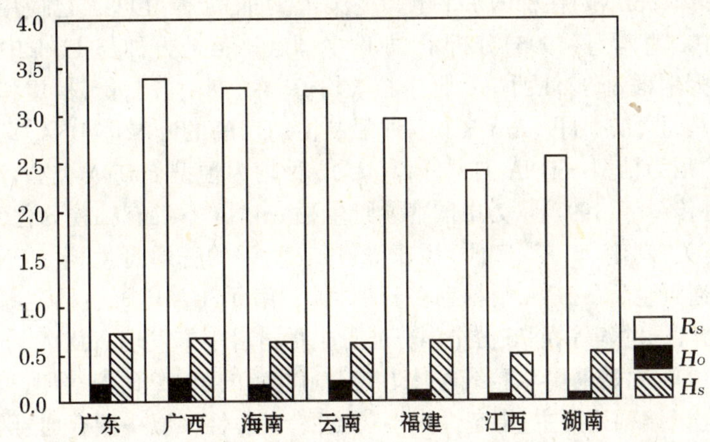

图 3-2　普通野生稻不同地理来源居群内 SSR 多样性的比较

Rs = 等位基因丰富度；Ho = 实际杂合度；Hs = 基因多样性指数

谢建坤等（2002）对东乡野生稻 9 个居群共 222 份材料的 SSR 分析表明，虽然居群间的遗传距离大于居群内的遗传距离，但不同居群之间仍存在一些遗传差异很小的材料，即不同居群有较大的交叉。结合等位酶资料，推测东乡野生稻 9 个居群的自然小群体可能是由一个大的群落逐渐通过不同的传播途径形成的。

杨庆文等（2004）分析了云南元江 3 个普通野生稻居群 SSR 的多态性，发现元江普通野生稻具有较高的遗传变异水平（$A_p=2.6$，$Hs=0.77$），而且居群间的遗传分化系数比较大（$G_{st}=0.4108$）。同时指出，小环境对野生稻遗传多样性的影响不容忽视，同一居群内不同样本可能存在较大的遗传差异。这与在形态、等位酶上的研究结果一致。

朱作峰等（2002）对不同生态型栽培稻与普通野生稻的 SSR 遗传多样性研究表明，栽培稻等位基因数仅为普通野生稻的 62%，普通野生稻遗传多样性远大于栽培稻种；广东、广西普通野生稻分化程度较深刻，已发生不同程度的籼粳分化，云南、江西和湖南的普通野生稻都分布在普通野生稻群中，而且江西东乡普通野生稻和云南普通野生稻各材料间遗传距离较近，为尚未发生籼粳分化的原始型。

Cai 等（1996）进行的 RFLP 分析表明，即使是在与栽培稻隔离较好的普通野生稻自然居群内也存在遗传多样性。王振山等（1996b）认为，广西桂林市郊和江西东乡的普通野生稻自然居群是我国现有的、与栽培稻隔离较好的两个野生稻群体。这两个野生稻自然居群的遗传多样性均较低，其异质源于基因突变。广西扶绥居群则是一个高度杂合的群体，栽培稻基因的渗入导致其具有较高的遗传多样性。与等位酶(Shahi 等,1967)、SSR(朱作峰等,2002)研究结果相近,RFLP 结果显示栽培稻等位基因约为普通野生稻的 60%(Sun 等,2002);中国普通野生稻可分成原始型、偏粳型和偏籼型,其中广东、广西普通野生稻以偏粳型为主,江西东乡、湖南茶陵以及部分云南元江普通野生稻属于原始型(孙传清等,1997b;Sun 等,2002)。

类似的研究结果同样反映在 RAPD 研究中。王振山等(1996)对我国 38 份普通野生稻和 52 份栽培稻材料的 RAPD 比较研究显示,我国普通野生稻还未完全分化为籼型和粳型普通野生稻,但已有偏粳的倾向,或者说演化为粳稻的可能性大些。吴强等(1998)认为,湖南江永普通野生稻更接近于粳稻,而海南三亚普通野生稻和江西东乡普通野生稻则介于籼、粳类型的中间。

叶绿体基因组(cpDNA)在种的水平上高度保守(Ogihara 等,1988),已应用于植物分类和系统发育研究中。肖晗等(1996)分析了 28 份中国栽培稻地方种与 17 份中国普通野生稻(其中广西普通野生稻 6 份,江西东乡野生稻 5 份,广东、湖南各 2 份,福建和云南景洪普通野生稻各 1 份)*Pst* Ⅰ、*Hin* dⅢ、*Eco* RⅠ三种限制性内切酶的叶绿体 DNA 多态性,发现除 1 份广西普通野生稻为籼型 cpDNA 类型外,其余 16 种均为粳型 cpDNA 类型,这与 Dally 等研究结果相似。孙传清等(1997)认为中国普通野生稻 cpDNA 不仅有籼粳分化,而且其籼粳分化与地理分布有关,湖南、广东、广西、福建等省、自治区的普通野生稻 cpDNA 粳型多于籼型,江西东乡普通野生稻 cpDNA 则籼型多于粳型,云南元江普通野生稻全部为籼型。由于 RFLP 探针的差异,朱世华等在 76 份中国普通野生稻材料中未发现 cpDNA 的变异。

孙传清等(1998)对普通野生稻线粒体 DNA(mtDNA)的 RFLP 研究表明,普通野生稻 mt-DNA 的遗传分化以偏籼型为主,多态性大于栽培稻,多态性又以中国普通野生稻大于南亚、东南亚普通野生稻;中国普通野生稻以江西东乡普通野生稻 mtDNA 多态性大于广西,广东普通野生稻大于云南元江普通野生稻;云南元江普通野生稻 mtDNA 与印度、缅甸等南亚普通野生稻关系较近,而与中国其他地区(如广东、广西、江西东乡、湖南茶陵)普通野生稻关系较远,认为 mtDNA 遗传分化的地理分布结果支持了程侃声的云南属泰缅起源中心的北界的观点。与孙传清等结果类似,朱世华等(1999)的研究表明,中国普通野生稻 mtDNA 变异类型与地理分布有关,以地理分布成类群,低纬度(广西)普通野生稻 mtDNA 大部分偏籼型,而江西东乡野生稻因分布最北,长期隔离导致 mtDNA 类型独特。但王艳红等(2003)、王振山等(1996)、朱作峰等(2002)、Gao 等(2000,2004)的 tDNA 多态性与核基因组研究结果一致表明,以广西最为丰富,海南其次,江西东乡最低,这与孙传清等的研究结果有所不同。

朱世华等(1998)进行的核糖体 DNA(rDNA)RFLP 分析亦表明,中国普通野生稻遗传分化与地理分布有关,江西东乡和湖南茶陵、江永普通野生稻均有自己独特的 rDNA 间隔序列长度变异类型;低纬度地区(广西)普通野生稻 rDNA 多样性大于高纬度地区(江西)。与形态(陈成斌等,2002;李容柏,1991)、等位酶(吴妙桑等,1986;Gao 等,2001)研究结果相一致,广西药用野生稻 rDNA 种内变异较小(朱世华等,1999)。但陈成斌等(2002)的核基因组 RAPD 结果却显示广西药用野生稻 DNA 多态性丰富,遗传多样性明显。

等位酶数据显示中国疣粒野生稻较低的遗传多样性水平(Gao 等,1999,2000b)。钱韦等(2000)进行的 RAPD 和 ISSR 分子标记分析同样证明了我国疣粒野生稻在物种水平的遗传多样性较低,其变异主要存在于海南和云南两地之间,而在居群内的遗传多样性水平很低,两地间平均遗传相似性分别为 0.596(RAPD)和 0.511(ISSR)。这也得到了 rDNA 的 RFLP 分析的支持(朱世华,1999)。与 Gao 等(2000b)的观点不同,钱韦等(2000)、Qian 等(2001)认为居群内无性生长现象并不是造成居群遗传多样性下降的主要因素,集合种群(metapopulation)格局和过程才是造成我国疣粒野生稻居群内遗传多样性低的主要原因,其中空间隔离导致的遗传分化和种子流动造成的基因交流,是维持其特殊遗传结构正负两方面的动力学因素。

(六)抗病虫性评价

野生稻资源蕴藏有丰富的病虫害抗性资源。通常认为,在野生稻中发现病虫害抗性基因的机会,要比驯化了的栽培稻约大 50 倍,而且有的可能是某种病虫害的惟一抗源(Vanghan,1994)。我国三种野生稻长期处于自然生境,经受漫长岁月严酷的自然选择而自生不息,表明它们具有对各种病虫害的抵抗能力。但在考察调查中,也发现少数野生稻受螟虫、卷叶虫和飞虱为害及感染白叶枯病、稻瘟病、纹枯病等。

为探明我国野生稻资源的抗病虫性,1979 年以来,广东、广西、江西、湖南等省、自治区相继开展了野生稻资源主要病虫抗性的系统鉴定。表 3-7 和表 3-8 反映了我国三种野生稻主要病虫抗性资源的地理分布。其中,抗病资源以广西野生稻最为丰富,药用野生稻的抗病性又高于普通野生稻;普通野生稻对褐飞虱、白背飞虱敏感的材料较多,抗性材料极少,而药用野生稻抗褐飞虱、白背飞虱的材料十分丰富;抗稻瘿蚊的野生稻资源较少;没有发现抗三化螟的广东普通野生稻资源。

云南野生稻资源,感纹枯病。其对稻瘟病的抗性,普通野生稻高感,药用野生稻感至中抗,疣粒野生稻中抗;对白叶枯病的抗性,普通野生稻感,药用野生稻抗,疣粒野生稻抗性较强,有免疫的材料(梁斌等,1999;彭绍裘等,1981,1982)。

表 3-7　中国三种野生稻对主要病害的抗性(0～3 级)资源分布　(单位:份)

原产地	野生稻种类	稻瘟病(苗期)				白叶枯病				纹枯病				细菌性条斑病			
		鉴定份数	0级	1级	3级	鉴定份数	0级	1级	3级	鉴定份数	0级	1级	3级	鉴定份数	0级	1级	3级
广东	普通野生稻	1626	17	5	5	2564	0	13	80	2021	0	0	23*	2017		2	28
	药用野生稻	–	–	–	–	155	0	2	10	–	–	–	–	–	–	–	–
广西	普通野生稻	1806	0	9	184	2465	0	8	143	220	0	0	28	–	–	–	–
	药用野生稻	199	0	0	73	199	0	0	11	–	–	–	–	–	–	–	–
海南	普通野生稻	37	8	4	3	122	0	3	10	98	0	0	3	98	0	0	2
	药用野生稻	–	–	–	–	–	–	–	–	–	–	–	–	–	–	–	–
	疣粒野生稻	–	–	–	–	18	0	0	0	–	–	–	–	–	–	–	–
云南	普通野生稻	–	–	–	–	–	–	–	–	–	–	–	–	–	–	–	–
	药用野生稻	–	–	–	–	–	–	–	–	–	–	–	–	–	–	–	–
	疣粒野生稻	–	–	–	–	–	–	–	–	–	–	–	–	–	–	–	–
福建	普通野生稻	26	0	0	0	100	0	1	17	–	–	–	–	–	–	–	–
江西	普通野生稻	67	0	0	0	189	0	3	15	–	–	–	–	207	0	0	12
湖南	普通野生稻	96	0	0	28	306	0	5	39	–	–	–	–	–	–	–	–

* 鉴定的 2 021 份中,抗级 23 份,其中海南 5 份

资料来源:《中国稻种资源目录》(野生稻);广东省农业科学院水稻野生稻研究组(1989),霍超斌等(1987),李容柏等(1994),李友荣等(1994),徐羡明等(1986)

表 3-8 中国三种野生稻抗虫(0~3级)资源分布 (单位:份)

原产地	野生稻种类	褐稻虱				白背飞虱				稻瘿蚊				三化螟			
		鉴定份数	0级	1级	3级	鉴定份数	0级	1级	3级	鉴定份数	0级	1级	3级	鉴定份数	0级	1级	3级
广东	普通野生稻	1463	0	0	7	1537	0	0	9	1425	0	7	1	2023	0	0	0
	药用野生稻	–	–	–	–	–	–	–	–	–	–	–	–	–	–	–	–
广西	普通野生稻	1303	0	0	2	1236	0	0	0	1203	0	0	8	–	–	–	–
	药用野生稻	202	3	88	89	197	47	70	67	194	0	0	1	–	–	–	–
海南	普通野生稻	–	–	–	–	36	0	0	0	–	0	3	1	–	–	–	–
	药用野生稻	–	–	–	–	–	–	–	–	29	0	0	0	–	–	–	–
	疣粒野生稻	–	–	–	–	–	–	–	–	–	–	–	–	–	–	–	–
云南	普通野生稻	–	–	–	–	–	–	–	–	–	–	–	–	–	–	–	–
	药用野生稻	–	–	–	–	–	–	–	–	–	–	–	–	–	–	–	–
	疣粒野生稻	–	–	–	–	–	–	–	–	–	–	–	–	–	–	–	–
福建	普通野生稻	6	0	0	1	–	–	–	–	–	–	–	–	–	–	–	–
江西	普通野生稻	189	0	0	3	–	–	–	–	–	–	–	–	–	–	–	–
湖南	普通野生稻	200	0	0	5	–	–	–	–	–	–	–	–	–	–	–	–

资料来源:《中国稻种资源目录》(野生稻);陈峰等(1989),广东省农业科学院水稻野生稻研究组(1989),广西农业科学院植保所稻虫组等(1994),李容柏等(1994),李小湘等(1995)

(七)耐逆性评价

由于野生稻分布广泛,生态条件复杂,在形成各种抗病虫特性的同时,也形成了许多耐不良环境的特性,主要表现为耐寒、耐盐、耐旱、耐涝和根系泌氧力强等。

广西农业科学院曾对 1 080 份广西野生稻资源进行种子苗 3 叶期、苗期和穗期耐冷性鉴定。种子苗 3 叶期耐冷性极强(1 级)的 21 份,占鉴定总数的 1.9%;耐冷性强(3 级)的 177 份,占 16.3%。982 份普通野生稻中苗期耐冷性达到 1 级、3 级抗性的有 169 份,占 17.2%;98 份药用野生稻中苗期耐冷性达 1 级、3 级抗性的 29 份,占 29.6%。66 份普通野生稻资源中穗期耐冷性 1 级(15℃低温受害空秕率小于 5%)的有 5 份,占鉴定数的 7.6%;耐冷性 3 级(15℃低温受害空秕率 5%~10%)的有 23 份,占 34.8%。2 个生育时期耐冷性均强(1 级和 3 级)的有 24 份。有 4 份材料 3 个生育时期均表现较强的耐性(吴妙桑等,1993)。

广东省农业科学院对广东野生稻资源进行了较系统的耐不良环境的特性鉴定。刘雪贞(1989)对 1 644 份广东普通野生稻资源(其中海南省资源 79 份)进行苗期耐冷性鉴定,耐冷性结果属 1 级(成活率 91%~100%)的有 55 份,占鉴定总数的 3.3%,2 级(成活率 71%~90%)的有 95 份,占鉴定总数的 5.8%。以含羞草为水分枯竭指示植物,在 1 555 份广东普通野生稻资源中,筛选到 1 级耐旱种质(成活率 80%以上)40 份,2 级(成活率 60%~80%)112 份,分别占鉴定总数的 2.6%和 7.2%。其中,S1050 等 4 份材料表现特别耐旱,成活率达 100%。黄巧云(1988)报道了广东普通野生稻资源根系泌氧力的鉴定结果,在 1 518 个普通野生稻编号中,复筛出 1 级(根系泌氧力强,复原时间小于 5 h)种质 55 份,占鉴定总数的

3.62%,2级(根系泌氧力较强,复原时间5~7 h)106份,占6.98%。另外,吴惟瑞和陈燕伟(1987)采用模拟洪水淹浸法,对1 315份广东普通野生稻资源进行耐涝性鉴定,通过复鉴,筛选出1级耐涝种质39份,占2.97%;2级耐涝种质112份,占8.52%;表现特别耐涝即植株存活率达100%的有S6012、S6027、S6037、S7048、S7085共5份资源。

(八)稻米品质评价

我国野生稻资源具有较好的稻米外观品质。在1 153份广西普通野生稻中,属优质米的704份,占61.0%;在89份广西药用野生稻中,属优质米的30份,占33.7%。在1 842份广东普通野生稻中,完全无垩白的样本有1 063份,占57.7%。

我国野生稻资源粗蛋白质含量高于栽培稻种(吴妙燊等,1993;甄海等,1997)。表3-9为我国普通野生稻和药用野生稻资源粗蛋白质含量的变幅及分布,表明了不同样本粗蛋白质含量存在明显的差异。普通野生稻和药用野生稻粗蛋白质含量变幅分别为8.53%~17.90%和12.28%~22.30%,药用野生稻粗蛋白质含量较普通野生稻高。

表3-9　中国野生稻资源粗蛋白质含量

原产地	野生稻种类	鉴定份数	变幅(%)	不同含量份数			
				=8.0%	8.1%~12.0%	12.1%~15.0%	>15.0%
广东	普通野生稻	721	8.53~16.90	0	390	321	10
	药用野生稻	143	12.80~22.30	0	0	17	126
广西	普通野生稻	1111	9.50~17.90	0	253	771	87
	药用野生稻	25	12.28~18.42	0	0	5	20
海南	普通野生稻	40	9.50~14.17	0	27	13	0
	药用野生稻	–	–	–	–	–	–
	疣粒野生稻	–	–	–	–	–	–
云南	普通野生稻	–	–	–	–	–	–
	药用野生稻	–	–	–	–	–	–
	疣粒野生稻	–	–	–	–	–	–
福建	普通野生稻	24	11.30~15.50	0	2	21	1
江西	普通野生稻	43	10.20~16.09	0	10	32	1
湖南	普通野生稻	73	9.88~15.80	0	43	28	2

资料来源:《中国稻种资源目录》(野生稻);甄海等(1997)

五、野生稻种质资源的利用

(一)细胞质雄性不育基因

细胞质雄性不育基因(*cms*)在野生稻中普遍存在,它是水稻杂种优势利用的基础。我国野生稻细胞质雄性不育基因的发现和利用,对杂交水稻的育成和推广起了非常关键的作用。目前,我国杂交稻年种植面积约占水稻总面积的51%,产量占稻谷总产的57%~59%。生产中应用的不育系不育细胞质,来自野生稻的32种(包括原产海南、广东、广西、云南、江西等普通野生稻),占 54 %。截至到 2002 年,我国杂交水稻累计种植面积达 2.93 亿 hm^2,增产稻谷 4.1 亿 t。野生稻不育细胞质资源的成功利用,不仅为解决我国当时 10 多亿人口的吃饭问题贡献巨大,并将在未来保障我国粮食安全中发挥重要的作用。

(二)抗 病 性

稻白叶枯病(*Xanthomonas oryzae* pv. *oryzae*)是水稻重要病害之一。在野生稻资源中,存在有丰富的优良白叶枯病抗源。Khush 等(1990)从长药野生稻(*O. longistaminata*)中鉴定出广谱抗白叶枯病基因 *Xa21*,并成功转入栽培品种;Song 等(1995)利用图位克隆技术分离并克隆出 *Xa21*;安徽省农业科学院利用基因枪技术将 *Xa21* 导入杂交水稻恢复系明恢 63 和保持系皖 B 中,配制出抗白叶枯病杂交稻新组合。我国是对野生稻资源利用较早的国家。1926~1933 年,丁颖教授就从广东普通野生稻种与栽培稻天然杂交稻的后代中选育出具有抗白叶枯病、抗矮缩病、抗褐飞虱、优质和适应性强等特性的品种中山 1 号。该品种此后成为华南地区晚籼稻当家品种的骨干亲本,衍生品种超过 86 个,在粤、桂两地中低产田地区推广种植长达半个多世纪(黄超武,1995)。吴妙燊(1995)根据多年鉴定结果,发现广西普通野生稻存在极其丰富的高抗白叶枯病的抗源,与栽培稻杂交的杂种第一代抗性达 1 级。章琦等自 1987 年开始发掘野生稻资源的白叶枯病抗源,2000 年成功鉴定和定位源于广西普通野生稻(YD2-0795)的白叶枯病全生育期广谱抗性新基因 *Xa23*,目前携带有该抗性基因的近等基因系 CBB 23 已广泛应用于我国水稻育种中。疣粒野生稻具有对白叶枯病抗级达免疫的材料,但因基因组差异大,难以利用,何光存等(1998)将体细胞超低温保藏与原生质体培养相结合建立疣粒野生稻悬浮细胞系,从而为应用原生质融合技术转移疣粒野生稻抗性奠定了基础。黄艳兰等(2000)采用胚拯救技术,成功获得 2 个 IR36 × 中国疣粒野生稻 F_1 远缘杂种植株,更为开发和利用中国疣粒野生稻资源白叶枯病强抗性基因展示了良好前景。

稻瘟病(*Pyricularia grisea*)同样是水稻重要病害。由于稻瘟病生理小种的多样性和易变异性,一般抗病品种在推广 3~5 年后常由抗病变为感病,使生产遭受严重损失。因此,寻找和筛选稳定持久的抗病品种,尤其是从古老的地方品种和野生资源中发掘利用持久抗性资源,是防治稻瘟病经济、有效的措施,也是保证稻作稳产、高产的主要途径。李子先等(1994)利用江西东乡野生稻稻瘟病抗源,获得具稻瘟病抗性的优质早籼品种 90-2。湖南省农业科学院植物保护研究所经多年鉴定与筛选,发掘出具持久抗瘟性的小粒野生稻(*Oryza minuta*)资源,并将该小粒野生稻总 DNA 用穗颈注射法导入恢复系明恢 63,获得具全生育期持久抗瘟性的育种新材料 96Z-330,应用于抗稻瘟病新恢复系的选育。

野生稻资源还蕴涵着细菌性条斑病、纹枯病、病毒病等的各种抗源。

(三)抗 虫 性

中国野生稻资源含有丰富的褐飞虱、白背飞虱、稻瘿蚊、螟虫等抗性基因。我国对野生稻资源抗虫性的利用较集中在对褐飞虱抗性上。福建省农业科学院稻麦研究所利用杂交育种技术转移普通野生稻褐飞虱抗性,育成长晚 60。余文金等(1993)利用亚洲栽培稻的核质互作型和光敏感雄性不育系为母本、药用野生稻为父本进行杂交,在未经幼胚培养的条件下得到了杂种种子,从而将药用野生稻的抗褐飞虱特性转入栽培稻。颜辉煌等(1996)选用两个抗褐飞虱的药用野生稻编号材料与两个感虫栽培稻品种杂交,通过胚培养获得的杂种表现出野生亲本紫色柱头、长芒及抗褐飞虱等特性,并得到细胞遗传学证据。钟代彬等(1997)以高产优质的栽培稻品种中 86-44 为母本、高抗褐飞虱的广西药用野生稻(YD2-1785)为父本,进行远缘杂交结合胚拯救,获得农艺性状优良、结实正常、高抗褐飞虱的杂种植株。武汉大学植物发育生物学重点实验室通过远缘杂交和后代选择,将药用野生稻褐飞虱抗源导入栽培稻并育成高抗褐飞虱的品系 B5(杨长举等,1999)。王布娜等(2001)应用 RFLP 技术将 B5 两个抗褐飞虱基因分别定位于第 3 染色体的 G1318 与 R1925 和第 4 染色体的 C820 与 S11182 之间,不同于先前报道的 10 个 *Bph* 抗性基因(Huang 等,2001),为水稻抗褐飞虱育种提供了新的抗源。

近几年来,栽培稻与中国疣粒野生稻杂种植株的获得及其高抗稻纵卷叶螟的特性(姜文正等,1993),为中国疣粒野生稻褐飞虱、螟虫抗性基因的充分利用提供了可能。覃瑞等(2001)应用荧光原位杂交物理定位技术,进行药用野生稻抗稻瘿蚊基因定位研究,为稻瘿蚊抗性基因的高效利用提供了分子依据。另外,王亦菲等(2000)成功克隆的普通野生稻凝集素基因,伍世平等(1995)成功克隆的海南疣粒野生稻胰蛋白酶抑制因子,又为我国利用野生稻资源进行水稻抗虫基因工程育种展现出诱人前景。

(四)耐 逆 性

水稻低温冷害是我国水稻生产的大敌。早春低温造成早稻烂秧,入秋“寒露风”影响晚稻正常抽穗、扬花和灌浆,每年因此造成的稻谷产量损失可达 30 亿 ~ 50 亿 kg。东乡野生稻是迄今世界上分布最北的一种普通野生稻,具有极强的低温耐性。陈大洲等(1998,2002)采用“双重低温加压选择法”进行耐冷性筛选与鉴定,获得了一批耐冷性较强的栽培稻与东乡野生稻杂交后代,并选育出能越冬的水稻品系 14 个,其中 2 个除长芒外,其他性状近似栽培稻,是优良的耐冷性育种材料。目前,已将该耐冷基因定位于水稻第 4、8 染色体上,为水稻利用东乡野生稻耐冷性的分子育种奠定了基础。

广西农业科学院品种资源研究所与中国科学院上海生物化学研究所合作,通过 DNA 花粉管通道导入技术,将药用野生稻的抗逆源、抗病虫源和优质源 DNA 直接导入栽培稻品种中铁 31,育成花期耐冷性强的高产优质糯稻品种桂 D1 号和耐旱高产籼稻品种桂 D2 号,其中桂 D1 号比特青增产 17.5%。李勤修(1998)以强根状茎而耐旱、耐寒的长药野生稻和连续分蘖的柳州普通野生稻为宿根野生亲本,以穗黄叶绿、高结实、产量高的广陵香糯为耐寒栽培稻亲本,自 1977 年起将柳州普通野生稻和长药野生稻的显性宿根性状经种间复合野栽杂交导入栽培稻之中,获得耐逆性强、产量高的宿根系 4020,并进一步改良选育高产、宿根多年生品种。

(五)高 产 性

宋东海自 20 世纪 80 年代起,直接利用广东增城普通野生稻与桂朝 2 号杂交,育成水稻高产优质“桂野占”系列品种,衍生品种 10 余个。广西农业科学院利用普通野生稻培育的高产水稻品种汕优桂 99,截至到 1995 年就增产稻谷 8.75 亿 kg,获得经济效益 13 亿多元。

分子生物学的发展促进了水稻高密度分子图谱的构建,从而使发掘表型并不表达的野生稻高产基因成为可能。Xiao 等(1996,1998)从马来西亚普通野生稻中鉴定出 2 个与产量有关的数量性状位点(QTL),即 *yld1.1* 和 *ydl2.1*,分别位于第 1 和第 2 染色体上,每个位点具有在现有三系杂交稻基础上增产约 18%的效应。这一发现后来从其他一些野生稻产量 QTL 分析群体中得到进一步证实,如国际热带农业研究中心(CIAT)的巴西粳稻群体。2002 年,李德军等以江西东乡普通野生稻为供体亲本,在桂朝 2 号的遗传背景下,在第 2 和第 11 染色体上也发现了来自东乡野生稻的 2 个高产 QTL,分别能使桂朝 2 号单株产量增加 25.9%

和 23.2%。目前，含 *yld1.1* 和 *ydl2.1* 这两个位点的染色体片段已转育到 V20B 的核背景中，借助于分子标记等手段聚集高产 QTLs，提高水稻产量潜力的工作也已广泛开展。

普通野生稻的高产性还体现在高生物产量上。据陈成斌等(2002)调查，在肥沃的沼泽地上普通野生稻能稠密生长，生物产量高达 37.5 ~ 45 t/hm^2。目前，已有学者试图利用其高生物产量的优良特性开发新型牧草(黎华寿等，2003)。

第三节　栽培稻种质资源

一、栽培稻种质资源的考察与收集

公元前 11 ~ 前 8 世纪的西周时代，我国栽培稻有了良种的概念，称良种为“嘉种”，而品种概念的形成，一般认为始于公元前 3 世纪的《管子·地员篇》。该书记载了战国时稻品种 10 多个，其中的“白稻”是一种细长粒的耐盐碱籼稻品种，“稜稻”是一种旱稻。明嘉庆年间(公元 1522 ~ 1566 年)黄省曾所撰的《理生玉镜·稻品》是我国第一部水稻品种志，书中记载了当时太湖地区 36 个水稻品种，并详细记述了每个品种的异名、来源、分布、生育期、特征和特性。清《授时通考》(公元 1742 年)转录了明末清初《直省志书》中 16 个省 223 个府、州、县的水稻品种共 3 429 个(含重复)，粳、籼、秥、糯、水、陆各类型齐全，显示出我国栽培稻品种十分丰富的多样性。

中国栽培稻资源系统的考察和收集工作始于 20 世纪初期，大规模的考察和收集活动可分为 4 个阶段(应存山，1993)。

(一)初期调查收集阶段(20 世纪初期至 40 年代)

20 世纪初期，随着我国农业高等院校与农业实验机构的建立，在我国长江流域及其以南的一些省开始调查收集水稻地方品种用于纯系选育和杂交育种。据 1914 年前北洋政府农商部农事试验场报告，从 1906 年至 1912 年，曾在南北各地创立了一批农事试验场。1910 年《四川官报》报道，四川劝业道农事试验场收集国内农作物品种 1 300 余份用于选种育种试验。前农商部中央农事试验场 1918 ~ 1920 年试验报告指出，该场自江苏、浙江、安徽、河南、河北、吉林、湖北、福建、广东等地以及从日本、意大利等国引种 47 个水稻品种，进行品种比较试验。1924 年，南京前中央大学松江稻作试验场对江苏 9 个县稻作生产概况进行调查，搜集地方品种 367 份，并进行农艺性状调查记载；1928 年，该校农学院在苏南、苏北搜集水稻地方种标本种子，采集数万单穗，开展纯系育种。1932 年，前中央农业实验所在南京孝陵卫成立后，曾征集国内外水稻品种，1935 年冬在南京孝陵卫设立全国稻麦改进所。与此同时，南方许多省份相继开展了水稻地方品种的调查、收集和鉴定工作。例如，1935 年广西农事试验场成立后，在全省 99 个县进行农家种采集活动，共征集 3 000 多份。四川、广东、云南等省在调查、鉴定的基础上，还编印了稻种资源鉴定调查报告。1937 年抗日战争开始，中央农业实验所迁到四川重庆，1938 年 1 月全国稻麦改进所也迁移入川，并归并为中央农业实验所稻作系，与四川省农业改进所合作进行四川省水稻地方品种鉴定调查工作，同时，还先后引入日本、美国、印度等国稻种资源。抗日战争期间，前中央农业实验所在湖南、广西、贵州、云南、四川五省设立工作站，并由成都工作站接受保存我国南方沦陷区稻种资源约 5 万余份(含育种材料)。1945 年抗日战争胜利后，中央农业实验所迁回南京，已收集、保存的稻种资源除部分保留在四川外，又运回南京，分发给各省有关单位利用。这一时期的调查、收集，为我国稻种资源库的建立奠定了基础。

我国台湾省农业试验所成立于1895年。为适应稻作生产与育种需要，该所曾于1910～1917年调查台湾当初本地品种1 197个，经鉴定选留390个供早、晚稻种植，以后相继开展纯系分离育种，以改良本地籼稻品种。

（二）全国地方品种调查征集阶段（20世纪50年代）

20世纪50年代，为满足新中国建立初期对水稻良种的迫切需求，农业部组织大批农业科技人员参加大规模群众性水稻良种评选活动，评选出各地优良地方品种，就地繁殖，就地推广。在此基础上，进一步征集全国范围的水稻地方品种。1955年和1956年，为防止农业合作化后大量推广改良品种而引起地方品种的丢失，农业部两次通知各省、自治区、直辖市政府农业行政主管部门和农业科学研究单位，开展以县为单位的农作物地方品种征集活动。经过1952～1958年的广泛征集，各地搜集并保存了大量地方品种资源。据对全国14个省、自治区、直辖市的统计，共收集稻种资源57 647份，经进一步鉴定，整理为41 379份。

（三）全国性补充征集和重点地区普查考察阶段（20世纪70～80年代）

20世纪60年代中期至70年代中期，我国稻种资源研究基本停滞，加上保存条件不完善，致使已收集的稻种资源丧失许多。为弥补这一损失，1978～1982年农业部再次组织全国性的稻种资源补充征集和云南省稻种资源重点考察征集活动，共补充征集了各类稻种资源1万余份，其中云南稻种1 991份。同期，还首次从西藏自治区的察隅、墨脱、定结、吉隆四县收集到水稻品种30份，其中当地地方品种22份，内地引进品种8份。

（四）重点地区考察收集阶段（20世纪80年代中期至90年代末）

1986～2000年，由于经济的高速发展，我国把有组织地对重点开发地区进行农作物种质资源综合考察列为国家重点科技攻关内容。1986～1990年，对位于湖北省西部和四川省东部的神农架及三峡地区以及海南岛进行作物品种资源考察，新收集水稻种质资源1 000余份，其中许多品种具有重要优良性状。1990～1995年，农业部又组织开展四川大巴山地区、黔东南和桂西地区的种质资源考察活动，收集各类稻种资源近1 000份。1996～2000年，开展了三峡库区和京九铁路沿线赣南、粤北山区的稻种资源收集，收集各类稻种资源668份。

二、栽培稻的类型与分布

（一）栽培稻的类型

栽培稻资源的分类，对于水稻遗传育种、栽培利用、稻种起源演化等研究均有重要的学术意义。丁颖、俞履圻、程侃声等学者对中国栽培稻分类研究作出了重要贡献。已有研究表明，我国栽培稻分类具有明显的共性与个性、全国性与地区性的特点。在分类上，对分布在全国各地的栽培稻应有统一的分类方法，而具体分布在不同生态地区的栽培稻，由于各自生态条件差异而又形成地区特色鲜明的类型。

丁颖（1949，1961）根据对中国古籍记载、起源演化、栽培习惯以及品种形态与生态等研究结果，提出中国栽培稻的五级系统分类法：籼、粳亚种—晚季稻、早（中）季稻群—水、陆稻型—粘、糯型—栽培品种。根据这一分类系统，全国的栽培稻品种可划分为籼、粳两个亚种和16个变种。俞履圻（1996）从起源演变入手，结合生态、栽培制度和历史习惯，提出以种子特征作为栽培稻种分类的性状依据，并根据《国际植物命名法规》，将我国栽培稻种分为亚种、变种、变型三级。

太湖流域是我国粳稻主要产区之一,栽培历史悠久,地方品种丰富,稻农喜欢根据稻谷颖壳颜色将品种分为黄稻、青稻、红稻、黑稻和白稻。其中,黄稻品种成熟期茎秆及谷粒均呈黄色,属中稻类型,高产、耐肥、耐旱,不耐寒,因谷粒较大呈阔卵形又称"厚稻",因成熟时正值农历中秋又称"中秋稻";青稻品种成熟期青秆黄熟,属迟熟晚稻类型,高产、耐瘠、耐旱、优质、耐迟栽,较抗螟虫,后期耐寒性较强,因米粒大而扁平又称"薄稻";红稻品种成熟期颖壳赤褐色,属迟熟晚稻类型,耐涝不耐旱,米质较差;黑稻品种成熟期颖壳紫褐色,属早熟晚稻或迟熟中稻类型,部分品种为香稻类型,因颖壳黑色且多数品种有长芒,可降低鸟和家禽的危害;白稻品种成熟期颖壳银灰白色或淡黄色,属迟熟晚稻类型,抗螟虫能力较差,耐瘠、耐旱。安徽省曾研究 4 700 个地方品种,将这些品种分为川稻类、秥稻类、白稻类、红稻类和塘稻类共 5 种生态型。

云贵地区地理、地形与生态环境十分复杂,人们对稻米的消费形式多样,稻种类型极其丰富。根据地方品种特征、特性,贵州省地方稻种可分为麻壳型、白壳型、黑壳型、红壳型、光壳型、紫米型、香稻型与冷水型共 8 种类型。同时,还将分布于东南林区(从江、黎平、榕江等县)耐阴、耐湿的特殊生态类型称为"禾",并按特性的差异又分成耐冷、耐阴和耐瘠耐旱共 3 种生态型。云南省稻种花青色变异多样,光壳类型多,糯稻品种丰富,按"植物学性状和农艺性状、生态观点和利用观点相结合"的分类原则,程侃声将云南稻种划分为籼、粳两个亚种 4 类群 16 个生态型,即籼稻分白壳型和麻壳型,白壳型包括白谷型、红谷型、软米型和老鼠牙型,麻壳型包括麻渣谷型、花谷型和大籼型;粳稻分有稃毛型和无稃毛型,有稃毛型包括黑谷型、麻旱谷型、小白谷型、背子谷型和毫公型,无稃毛型包括大粒型、镰刀谷型、橄榄谷型和一般陆稻。

(二)栽培稻资源的分布

我国栽培稻资源分地方品种、选育品种、国外引进品种、杂交稻"三系"资源和遗传标记资源共 5 部分。截至到 2003 年,我国已收集编入国家稻种资源目录的栽培稻资源已达 69 179 份。其中,地方品种 52 421 份,现代育成品种 5 299 份,杂交稻"三系"(不育系、保持系、恢复系、杂交稻组合)资源 1 605 份,国外引进品种 9 734 份,遗传标记材料 120 份。

我国栽培稻地方品种资源占全国各类稻种资源总数的 75.78%。其中,籼型品种 34 419 份,粳型品种 18 002 份,分别占地方品种总数的 65.66%和 34.34%,表明我国栽培稻地方品种以籼稻为主。分析地理来源,除青海省外,其他各省、自治区、直辖市均有分布。其中,广西(9 616 份)、云南(6 391 份)、广东(5 671 份)、贵州(5 168 份)和湖南(5 001 份)五省地方品种份数依次居全国前 5 位,占总份数的 60.75%,西北诸省、自治区分布较少。籼粳分布中,安徽、广东、湖南、河南、江西和四川等省以籼稻类型为主,籼稻品种超过 85%;东北三省、北京、内蒙古、山西、新疆、宁夏和天津九省、自治区、直辖市全为粳稻类型;河北、上海和甘肃三省、市粳稻类型占主导,比例在 85.71% ~ 99.08%间;江苏、浙江和山东三省粳稻比例稍低,在 70.12% ~ 77.02%间;而云南、贵州、陕西、西藏、台湾和海南等省、自治区籼粳并存,粳稻品种比例在 45.12% ~ 55.26%之间(表 3-10)。

表 3-10 中国栽培稻地方品种籼粳分布

省 份	品种份数	籼 稻		粳 稻	
		份 数	比例(%)	份 数	比例(%)
北 京	9	0	0.00	9	100.00
河 北	325	3	0.92	322	99.08
内蒙古	10	0	0.00	10	100.00
山 西	170	0	0.00	170	100.00
辽 宁	88	0	0.00	88	100.00
吉 林	86	0	0.00	86	100.00
黑龙江	125	0	0.00	125	100.00
上 海	304	13	4.28	291	95.72
江 苏	2537	758	29.88	1779	70.12
浙 江	2211	508	22.98	1703	77.02
安 徽	735	719	97.82	16	2.18
江 西	3172	2769	87.30	403	12.70
福 建	1899	1454	76.57	445	23.43
山 东	129	32	24.81	97	75.19
广 东*	5671(670)	5188(284)	91.48	483(386)	8.52
广 西	9616	6042	62.83	3574	37.17
湖 北	1644	1185	72.08	459	27.92
湖 南	5001	4527	90.52	474	9.48
河 南	365	327	89.59	38	10.41
四 川	4072	3517	86.37	555	13.63
云 南	6391	3187	49.87	3204	50.13
贵 州	5168	2836	54.88	2332	45.12
陕 西	673	335	49.78	338	50.22
甘 肃	7	1	14.29	6	85.71
西 藏	38	17	44.74	21	55.26
新 疆	16	0	0.00	16	100.00
宁 夏	18	0	0.00	18	100.00
天 津	27	0	0.00	27	100.00
台 湾	1441	783	54.34	658	45.66
海 南	473	218	46.09	255	53.91
合 计	52421	34419	65.66	18002	34.34

* 括号内为原海南地区份数

我国栽培稻地方品种资源以水稻类型为主,共 48 214 份,占 92.1%(分析总数为52 363

份)，陆稻品种也具一定的数量，共 4 149 份，占 7.9%。陆稻分布具有较明显的地域特点，份数以云南(1 420 份)、海南(784 份)、贵州(737 份)和广西(661 份)居前 4 位，比例不低于 20% 的依次为海南(68.59%)、天津(66.67%)、辽宁(39.77%)、山东(34.88%)、河北(23.69%)、云南(22.22%)、西藏(21.05%)和黑龙江(20.00%)。

我国栽培稻地方品种资源胚乳淀粉类型以粘型为主，占统计总数(52 377 份)的 80.89%，糯稻类型共 10 007 份，占 19.11%。与陆稻一样，糯稻类型地理分布明显，份数以广西最多，共 2 698 份，随后依次为贵州(2 054 份)和云南(1 532 份)；糯稻品种占本省、自治区、直辖市地方品种总份数的比例以贵州最高(39.74%)，湖北次之(33.39%)，后依次为广西(28.06%)、海南(27.21%)和云南(23.97%)等。

栽培稻中现代选育品种(统计数为 5 173 份)占中国栽培稻资源的 7.66%，其中籼稻品种 2 954 份，粳稻品种 2 219 份，分别占栽培稻现代选育品种的 57.10% 和 42.90%。除西藏、青海、甘肃、内蒙古外，品种来源分布中国大陆 26 个省、自治区、直辖市。其中，广东、江苏、浙江和四川选育品种数居全国前 4 位，分别占总份数的 12.82%、11.31%、9.22% 和 8.80%。籼粳分布状态是：海南、广东、福建、广西和江西五省、自治区籼稻品种占 94% 以上；除河南、陕西外，东北、华北和西北稻区以及上海市粳稻比例在 90% 以上；河南、贵州和陕西三省籼、粳品种数相近，籼稻比例在 55.24%～48.94%(表 3-11)。

表 3-11　中国栽培稻现代选育品种籼粳分布

省　份	品种份数	籼　稻		粳　稻	
		份　数	比例(%)	份　数	比例(%)
北　京	291	19	6.53	272	93.47
河　北	113	0	0.00	113	100.00
山　西	23	0	0.00	23	100.00
辽　宁	84	0	0.00	84	100.00
吉　林	178	0	0.00	178	100.00
黑龙江	108	0	0.00	108	100.00
上　海	36	3	8.33	33	91.67
江　苏	585	117	20.00	468	80.00
浙　江	477	287	60.17	190	39.83
安　徽	178	117	65.73	61	34.27
江　西	152	144	94.74	8	5.26
福　建	227	224	98.68	3	1.32
山　东	39	0	0.00	39	100.00
广　东	663	659	99.40	4	0.60
广　西	265	261	98.49	4	1.51
湖　北	208	166	79.81	42	20.19

续表 3-11

省　份	品种份数	籼　稻		粳　稻	
		份　数	比例(%)	份　数	比例(%)
湖　南	341	286	83.87	55	16.13
河　南	107	58	54.21	49	45.79
四　川	455	398	87.47	57	12.53
云　南	221	30	13.57	191	86.43
贵　州	248	137	55.24	111	44.76
陕　西	47	23	48.94	24	51.06
新　疆	18	0	0.00	18	100.00
宁　夏	34	0	0.00	34	100.00
天　津	50	0	0.00	50	100.00
海　南	25	25	100.00	0	0.00
合　计	5173	2954	57.10	2219	42.90

中国栽培稻选育品种中陆稻类型极少,仅 27 份,占选育品种的 0.52%,主要来源于河北、河南、陕西、山东等北方稻区。胚乳特性以粘型为主,共 4 728 份,占 91.40%;糯稻品种 445 份,占 8.60%,其中粳型糯稻 308 份,占 69.21%。江苏和贵州是糯稻品种分布最为集中的省份,分别为 97 份和 57 份,各占全国选育种糯稻品种数的 21.80%和 12.81%。

三、栽培稻种质资源的保存

种质库种子保存是中国栽培稻资源保存最主要的形式。现阶段我国栽培稻种质资源的保存包括全国和地方两个系统。全国保存系统由国家农作物种质长期保藏库(北京,中国农业科学院作物品种资源研究所)、青海国家农作物种质复份库和国家水稻种质资源中期库(杭州,中国水稻研究所)组成。国家农作物种质长期保藏库负责种质的长期保存,不对外提供种质;国家农作物种质复份库负责国家农作物种质长期保藏库种质的备份安全保存;国家水稻种质资源中期库负责全国稻种资源的中期保存、特性鉴定、繁殖和分发。地方保存系统以省、自治区、直辖市为单位,主要负责本辖区种质资源的保存和利用。

目前,国家农作物种质长期保藏库长期保存有我国栽培稻种质资源 62 652 份,每份种质约 6 000 粒(150 ~ 200 g),种子水分 5% ~ 7%,密封保存,贮藏温度 - 18℃ ± 2℃,相对湿度 50% ± 7%,保存 50 年以上;中国水稻研究所国家水稻种质资源中期库保存近 7 万份各类栽培稻资源,每份种质 3 000 ~ 10 000 粒,种子水分 8% ± 1%,密封保存,贮藏温度 2℃ ± 2℃,相对湿度 50% ± 5%,保存年限 20 年左右。

除种质库种子保存外,栽培稻地方品种农田保护(On-farm conservation)由于具有在进化的农业生态环境中保持品种或群体多样性的特点,近年已引起国内学者较多的关注。

四、栽培稻种质资源的鉴定与评价

(一)形态农艺性状特征

形态农艺性状鉴定是稻种资源性状评价最基础的工作,是其他特性评价的基础。我国栽培稻品种叶鞘色可分成绿色、浅紫色、紫色和紫色线条;叶片颜色有浅绿色、绿色、深绿色、边缘紫色、紫色和紫色斑点;倒2叶角度分下垂、平展和直立;倒2叶叶片茸毛有无、疏、中、密和极密;倒2叶叶耳色分浅绿色和紫色;倒2叶叶舌形状以二裂形为主,少量尖至渐尖;倒2叶叶舌色有白色、紫色和紫色线条;倒2叶叶枕色有浅绿色、浅紫色和紫色;剑叶叶片卷曲度有无或很小、稍卷、正卷、反卷和螺旋卷;剑叶角度分披垂、平展、中间类型和直立;茎秆粗细分粗、中、细;茎秆角度有直立、中间型、散和匍匐型;茎基部节间分包和露;茎节有浅绿色和紫色;节间色分浅绿色、紫色和紫色线条;穗伸出度有紧包、部分抽出、正好抽出、较好抽出和很好抽出;穗类型分密集、散开和中间型;穗形状有直立、弯和下垂;柱头色分白色、紫红色和紫黑色;颖尖色有秆黄色、顶端红色、红色、棕色、紫色和紫黑色;护颖长有短、中、长、极长和不对称;护颖色有白色、秆黄色、红色、棕色、紫色和紫黑色;颖壳茸毛从无到多连续变化;芒分有、无;芒长分短、中、长和极长;芒分布有穗顶、部分和全穗;种皮色分白色、褐色、红色和紫色;颖壳色更有秆黄色、橙黄色、红褐色、紫黑色等15种变化之多;等等。形态特征极其丰富。表3-12为中国栽培稻资源核心种质(其中地方品种3 224份,占地方品种资源的6.15%;选育品种500份,占选育品种资源的9.44%)部分度量类、计数类形态农艺性状的变幅、平均数和标准差,显示出中国栽培稻资源数量性状的多样性。

表3-12 中国栽培稻资源核心种质形态农艺性状的变幅、平均数和标准差

(杭州,2000~2001年)

性状	地方品种核心种质			选育品种核心种质		
	变幅	平均数	标准差	变幅	平均数	标准差
播种至抽穗天数	49~169	96.9	18.7	49~161	80.9	18.7
植株高度(cm)	42.6~222.0	150.6	30.7	30.8~199.4	105.8	19.5
倒2叶叶片长度(cm)	11.4~117.0	57.7	12.1	10.6~81.5	40.5	9.0
倒2叶叶片宽度(mm)	7.0~24.0	13.8	0.3	6.0~19.6	11.9	0.3
倒2叶叶舌长度(mm)	4.0~44.8	18.8	0.5	7.4~32.8	14.9	0.4
剑叶长度(cm)	16.0~86.2	40.7	8.9	8.5~61.3	30.5	6.2
剑叶宽度(mm)	9.0~30.4	16.6	0.3	7.0~23.4	14.7	0.3
单株有效穗数	2.0~35.0	9.5	4.7	4.4~30.5	11.9	3.6
穗长度(cm)	11.6~43.8	24.7	3.3	8.9~30.6	21.5	3.5
一次枝梗数	3.7~23.5	11.1	2.0	5.0~16.2	10.8	2.1
二次枝梗数	4.4~77.4	34.0	10.7	8.2~64.6	33.1	9.5
谷粒长(mm)	5.6~12.7	7.9	0.8	6.1~12.2	8.0	0.9
谷粒宽(mm)	2.2~7.6	3.2	0.4	2.1~4.0	3.2	0.4
百粒重(g)	1.04~4.95	2.52	0.35	1.11~4.53	2.58	0.41
结实率	0.062~0.978	0.691	0.153	0.035~0.963	0.717	0.142
单株粒重(g)	1.3~143.1	16.7	6.85	7.6~51.8	27.5	8.6

(二)等位酶特征

中国栽培稻种等位酶基因多样性低于中国普通野生稻种(孙新立等,1996),也明显低于东南亚和南亚的栽培稻种(黄艳兰等,2000)。孙新立等(1996)研究表明,中国栽培稻种内,籼稻等位酶基因多样性大于粳稻。不同地理来源中,云南粳稻遗传多样性较小,而籼稻多样性则较高。不过,多种等位酶研究结果与酯酶分析结果存在差异,可能与酯酶 *Est2* 位点非随机组合值很低有关。魏兴华(2002)在对我国 28 个省、自治区、直辖市共 5 663 份地方品种 5 种等位酶(*Pgi*、*Amp*、*Sdh*、*Adh* 和 *Est*)12 个等位基因位点的分析中,共检测到 53 个等位基因,占已报道等位基因数的 98.1%,显示出我国栽培稻地方品种资源具有十分丰富的等位酶基因多样性。在不同地理来源中,西藏、海南、云南、湖北等省、自治区具有较高的等位酶基因多样性,而宁夏、天津、黑龙江、辽宁等北方粳稻区则较低。粳稻等位酶基因多样性明显低于籼稻类型。其中,籼稻类型以海南和西藏两地的多样性最大,四川、上海等地较低;粳稻类型同样以西藏的多样性最大,宁夏最低(表 3-13)。等位基因数以云南最多,湖南其次,内蒙古、宁夏最少,并在西南、华中和华南形成一个明显的等位基因富集区。西藏稻种等位基因频率分布特点与云南较接近,而明显不同于其他相邻省份,考虑到在形态特征上与云南德钦、丽江地区品种相似,推测西藏稻种可能源自云南,从而表明了云南稻种丰富的等位酶多样性,这与孙新立等(1996)的研究结果明显不同,而与部分酯酶研究结果相近(张尧忠,1989;Nakagabra 等,1984,1997)。广西地方品种资源籼稻等位酶多样性略高于粳稻,但梁耀懋等(1994)对酯酶的研究结果则相反。

表 3-13　5663 份中国栽培稻地方种资源等位酶基因多态位点数、平均等位基因有效数(*Ae*)和基因多样性指数(*He*)的地理分布　(魏兴华,2002)

省　份	多态位点数	*Ae*	*He*	籼　稻			粳　稻		
				多态位点数	*Ae*	*He*	多态位点数	*Ae*	*He*
黑龙江	5	1.0705	0.0576	–	–	–	5	1.0705	0.0576
吉　林	6	1.0891	0.0636	–	–	–	6	1.0891	0.0636
辽　宁	7	1.0675	0.0578	–	–	–	7	1.0675	0.0578
内蒙古	2	1.1333	0.0741	–	–	–	2	1.1333	0.0741
宁　夏	2	1.0330	0.0275	–	–	–	2	1.0330	0.0275
西　藏	10	1.7668	0.3733	8	1.7326	0.3299	9	1.5789	0.3099
陕　西	11	1.2553	0.1687	9	1.3199	0.1894	11	1.1035	0.0874
山　西	8	1.1197	0.0969	–	–	–	8	1.1197	0.0969
北　京	4	1.2667	0.1458	–	–	–	4	1.2667	0.1458
天　津	3	1.0821	0.0568	–	–	–	3	1.0821	0.0568
河　北	9	1.1217	0.0934	0	0	0	9	1.1167	0.0896
河　南	11	1.3417	0.2324	11	1.3061	0.2138	9	1.4412	0.2410
山　东	8	1.2488	0.1591	7	1.3664	0.2140	7	1.2097	0.1322
江　苏	12	1.3275	0.2094	12	1.3422	0.2063	11	1.0860	0.0741
上　海	9	1.1085	0.0879	4	1.2323	0.1333	8	1.0597	0.0533

续表 3-13

省份	多态位点数	Ae	He	籼稻			粳稻		
				多态位点数	Ae	He	多态位点数	Ae	He
浙　江	11	1.1675	0.1255	9	1.3369	0.2052	11	1.0690	0.0615
安　徽	11	1.3372	0.2039	10	1.3149	0.1700	4	1.0978	0.0733
江　西	11	1.3550	0.2111	11	1.2965	0.1857	9	1.2210	0.1328
湖　北	12	1.4904	0.2850	12	1.4210	0.2453	11	1.3255	0.2153
湖　南	12	1.4193	0.2474	12	1.3176	0.1978	11	1.1842	0.1408
四　川	12	1.2188	0.1523	12	1.1820	0.1257	10	1.2502	0.1651
云　南	12	1.5693	0.3194	12	1.4558	0.2674	12	1.4211	0.2629
贵　州	12	1.4256	0.2597	12	1.3984	0.2486	12	1.2290	0.1633
广　西	11	1.4631	0.2629	11	1.3287	0.2004	11	1.3029	0.1908
广　东	11	1.2970	0.1962	11	1.2846	0.1888	8	1.2068	0.1447
海　南	11	1.7216	0.3650	11	1.6537	0.3394	11	1.4922	0.2794
福　建	11	1.3579	0.2107	11	1.2386	0.1631	10	1.2027	0.1368
台　湾	10	1.3736	0.2046	9	1.3443	0.1890	4	1.1946	0.1200

魏兴华等(2003)的研究表明,中国栽培稻选育品种 12 个等位酶基因位点多样性籼稻($He=0.211$)大于粳稻($He=0.122$),以华中稻区多样性指数为最大($He=0.283$),东北稻区最低($He=0.062$)。其中,籼稻以华中稻区($He=0.249$)和华南稻区($He=0.247$)为最大,西北稻区最低($He=0.208$);粳稻则以华南稻区最高($He=0.240$),东北稻区最低($He=0.062$)(表 3-14)。图 3-3 为 20 世纪 30~90 年代中国栽培稻选育品种等位酶基因遗传多样性的变化状况。由于籼、粳稻育种进程中亲本选用的差异,籼稻和粳稻品种等位酶多样性变化趋势明显不同。其中,籼稻品种自 40 年代以来有明显上升的趋势;而粳稻品种 40 年代最高,尔后逐渐减低,60 年代以后又呈上升趋势。

表 3-14　中国栽培稻选育品种 12 个等位酶位点的基因多态性　(魏兴华,2003)

稻区	P(%)			A			Ae			He		
	籼	粳	整体	籼	粳	整体	籼	粳	整体	籼	粳	整体
华南稻区	100.00	58.39	100.00	2.583	1.750	2.583	1.448	1.446	1.460	0.247	0.240	0.253
华中稻区	91.67	100.00	100.00	2.583	2.500	2.833	1.456	1.220	1.532	0.249	0.145	0.283
西南稻区	75.00	50.00	83.33	1.917	1.667	2.083	1.443	1.116	1.370	0.236	0.086	0.219
华北稻区	50.00	75.00	83.33	1.667	2.083	2.167	1.433	1.161	1.288	0.222	0.117	0.186
东北稻区	–	50.00	50.00	–	1.750	1.750	–	1.090	1.090	–	0.062	0.062
西北稻区	41.67	75.00	75.00	1.417	1.917	1.917	1.417	1.283	1.302	0.208	0.185	0.193

(三)DNA分子特征

微卫星DNA多态性表明(Yang等,1994),我国水稻选育品种仅保留了地方品种资源72%的等位基因,优良推广品种和杂交稻亲本又仅仅集中了选育品种2/3的等位基因。因此,从地方品种到优良推广品种,丢失了约一半的等位基因。Zhuang等(1997)以90个探针分析我国74份推广品种及骨干亲本RFLP多态性,发现推广品种及其骨干亲本间遗传距离很小,在48个籼稻品种中,品种间遗传距离不到籼粳间遗传距离的一半,26个粳稻品种间遗传距离只及籼粳亚种间的1/3。表明我国推广品种只保留了亚种间遗传变异的一小部分。

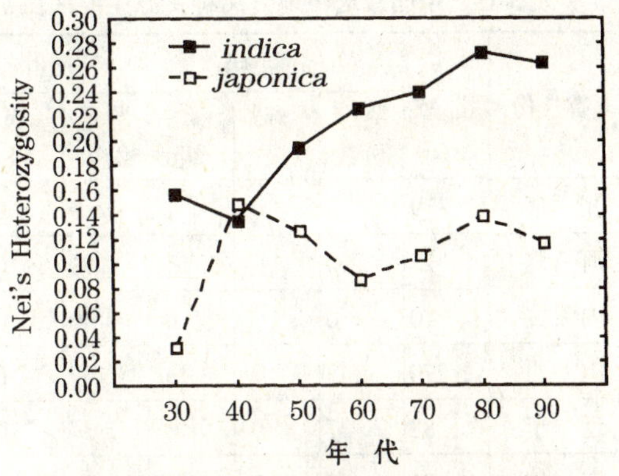

图3-3 20世纪不同年代中国栽培稻选育品种等位酶基因多样性的比较

造成我国推广品种遗传单一的原因与育种亲本单一、育种过程中选择压力较大有关。郑康乐和庄杰云(1997)对我国早、中籼稻推广品种的主要原始亲本以及浙江、广东两省育成的部分现代改良品种的26个多态性RFLP探针分析表明,主要原始亲本遗传相似度在81.3%~99.2%,亲本间相似性在85%以上的占73.3%。STS多态性结果同样显示出浙江、广东4个主要籼稻育种组骨干亲本遗传的单一性。类似的情形也出现在杂交稻品种中,李云海等(2000)、刘殊等(2002)对我国杂交稻主要不育系和恢复系材料RAPD分析表明,我国杂交水稻主要亲本遗传背景比较单一,大部分材料之间的相似系数较大。

然而,SSR数据主成分分析结果显示,我国地方品种资源在主成分二维图中分布十分离散,部分材料散布于普通野生稻、尼瓦拉野生稻(*Oryza nivara*)分布区内(魏兴华等,2004),这表明我国地方品种资源丰富的遗传多样性。因此,选育品种所丢失的遗传多样性可从地方品种资源中找回。刁立平等(2001)对24份太湖流域粳稻品种的AFLP多态性进行比较,发现大部分江浙推广品种与地方品种间存在着相对较大的遗传距离,即地方品种在推广品种中的遗传组分较少,推广品种渗透进了较多的其他种质(如北方粳稻、日本粳稻、美国粳稻等)的遗传组分。这为太湖流域地方粳稻品种育种利用的极大潜力提供了分子证据。

(四)抗病虫性评价

稻瘟病、白叶枯病、褐飞虱和白背飞虱是我国水稻生产中的重要病虫害。为适应稻作生产和抗性育种的需要,20世纪70年代中后期以来,许多科研、教学单位对大批国内外栽培稻资源进行了水稻病虫抗性鉴定及抗源筛选。自"六五"始,先后在中国农业科学院作物品种资源研究所、中国水稻研究所主持下,对全国55 000余份栽培稻资源进行稻瘟病、白叶枯病、褐飞虱和白背飞虱抗性鉴定,获得了一批优良的抗性资源。表3-15为中国栽培稻地方品种资源稻瘟病、白叶枯病、褐飞虱和白背飞虱抗性鉴定情况及抗性资源地理分布状况。

表 3-15　中国栽培稻地方品种资源主要病虫抗性鉴定结果及抗性资源地理分布　（单位：份）

省份	份数	稻瘟病			白叶枯病			褐飞虱			白背飞虱		
		鉴定份数	0级	1~3级	鉴定份数	0级	1~3级	鉴定份数	0级	1~3级	鉴定份数	0级	1~3级
北　京	9	9	0	1	9	0	2	6	0	1	0	0	0
河　北	325	290	0	63	290	0	26	289	2	11	301	0	10
内蒙古	10	0	0	0	0	0	0	0	0	0	0	0	0
山　西	170	147	0	13	147	0	10	147	0	8	126	0	3
辽　宁	88	37	0	0	37	0	1	60	0	5	37	0	5
吉　林	86	82	0	8	82	0	3	83	0	3	82	0	3
黑龙江	125	114	0	5	115	0	5	121	0	30	114	1	37
上　海	304	303	0	13	303	0	222	303	0	1	302	1	28
江　苏	2537	1041	4	92	1037	0	264	1034	0	1	989	1	57
浙　江	2211	1404	11	22	1344	0	35	1325	0	14	1717	22	177
安　徽	735	690	40	218	699	0	17	702	0	31	685	0	85
江　西	3172	1027	64	260	1309	1	154	2016	17	164	2386	32	297
福　建	1899	1568	138	106	1559	1	69	1480	9	289	1218	11	397
山　东	129	66	0	3	66	0	4	109	2	8	110	0	7
广　东*	5671	5302	14	84	5349	0	158	5282	1	65	2664	0	143
广　西	9616	8353	0	257	8376	0	60	8411	1	16	4277	1	17
湖　北	1644	1480	43	761	1502	0	593	1355	28	69	1432	4	58
湖　南	5001	4714	0	67	4285	0	8	4292	0	59	3551	3	102
河　南	365	221	3	19	219	0	15	337	2	39	207	3	18
四　川	4072	2734	178	168	3795	0	23	3831	30	58	2464	2	162
云　南	6391	4733	7	874	3929	0	180	1863	6	72	2427	10	170
贵　州	5168	4612	309	504	4021	0	104	2377	11	190	2424	21	284
陕　西	673	555	1	91	555	0	81	556	0	38	504	1	9
甘　肃	7	4	0	0	4	0	0	4	0	0	4	0	0
西　藏	38	1	0	0	1	0	0	1	0	0	1	0	0
新　疆	16	0	0	0	12	0	0	0	0	0	0	0	0
宁　夏	18	18	0	0	18	0	0	18	0	1	18	0	0
天　津	27	26	0	0	26	0	7	26	0	1	25	0	0
台　湾	1441	367	4	91	204	10	49	797	2	39	701	8	64
海　南	473	412	0	89	412	0	7	411	0	75	411	1	8
合　计	52421	40310	816	3809	39705	12	2097	37236	111	1288	29177	122	2141

* 包括670份原海南地区稻种

纹枯病已成为我国稻区第一大病害，常年发病面积在1 500万～2 000万 hm^2。1976～1983年，湖南省农业科学院对2.4万份稻种资源进行抗性鉴定，未发现可供生产应用的抗病品种。广东省农业科学院在8 000余份稻种资源中，也未找到理想的抗源。曾令祥等于1983～1986年对5 253份贵州栽培稻资源接种进行纹枯病抗性鉴定，未发现苗期高抗（0级）的品种，但抗（1级）的品种有13份，占0.2%，表明贵州地方品种资源中存在一定数量的纹枯病抗源材料。1989～1990年，蒋文烈等通过分蘖期和孕穗前期两次接种鉴定，在1 188份浙江地方稻种资源中未发现高抗资源，抗级种质29份，占2.44%，其中粳稻23份、籼稻6份，分别占同亚种类型鉴定数的2.46%和2.35%。上海市农业科学院在1978～1985年对304份上海地方品种资源进行纹枯病抗性鉴定，发现1级抗性资源1份（勤丰）。"八五"和"九五"期间，中国水稻研究所和江苏省农业科学院植物保护研究所对3 982份地方品种资源进行纹枯病抗性鉴定，筛选到抗性（1～3级）材料484份，占鉴定总数的12.15%。

水稻细菌性条斑病（*Xanthomonas campestris* pv. *oryzicola*）是国内植物检疫对象之一。1955年广东省首先发现危害。近年由于引种、南繁以及种质交换的频繁，已成为南方等省主要病害之一。王汉荣等（1995）经苗期和成株期对3 343份水稻品种（系）进行抗水稻细菌性条斑病的人工接种抗性鉴定，发现抗性品种193份，占5.77%，表明水稻资源中存在较丰富的细菌性条斑病抗性基因。云南、湖南、广西、福建、江西等省、自治区的鉴定也得到了一致的结果。

水稻细菌性茎基腐病（*Erwinia chrysanthemi* pv. *zeae*）20世纪80年代初在浙江发现，现已在长江流域广泛发生，病害严重田块产量不到750 kg/hm^2。王金生等（1989）采用浸根接种法，对国内外622份水稻品种进行水稻细菌性茎基腐病抗性测定，发现不同水稻品种抗性差异显著，属高抗品种达127个，占20.4%，粳稻类型抗性弱于籼稻类型。

稻瘿蚊是对水稻危害极为严重的害虫，自1992年起已上升为我国水稻主要害虫之一，现北纬28°以南已大面积发生，年发生面积100万 hm^2 左右。20世纪80年代起，我国广东、广西等地先后开展了抗稻瘿蚊种质资源的筛选及利用，并取得了一定成果。谭玉娟等（1988）从5 163份国内外栽培稻资源中，鉴定筛选出高抗稻瘿蚊的大秋其、大占等抗源。1984～1988年，广西农学院和广西农业科学院合作，对10 322份广西稻种资源进行抗稻瘿蚊筛选研究，选出江潮、大红、大红谷等18份抗性品种，约占0.17%，均属广西地方品种，并认为抗性品种的产生与虫区长期自然选择和人工选择有关。1993～2002年，韦素美等对489份国际稻品种（系）和661份广西水稻新品种（系）及部分稻种资源进行稻瘿蚊（中国4型）抗性鉴定，发现ARC 14774、Guiaroi、虫矮占、林场谷、91-1A等抗性品种41份，其中国际稻品种（系）23份、广西品种18份。

稻纵卷叶螟分布全国，1964年以来成为稻区主要害虫之一，年发生面积约1 200万 hm^2。广西农业科学院、河南省农业科学院、中国水稻研究所和浙江省农业科学院等单位，共对8 217份国内外水稻种质资源进行了稻纵卷叶螟抗性鉴定，选出132份中抗品种。张再兴和杨玉顺于1979～1981年田间观察了籼、粳、糯稻地方品种对稻纵卷叶螟的抗性表现，认为危害程度与品种的株叶型、叶色和叶片宽度有一定关系。

二化螟、三化螟是水稻生长中后期主要害虫，年发生面积1 700万 hm^2。迄今为止，还未在栽培稻资源中发现高抗品种。然而，不同品种的抗螟性存在显著的差异。1979～1984年，周祖铭采用大田诱发初筛和网室接虫复鉴的方法，对2 161份湖南地方品种资源进行二化螟抗性鉴定，获得高抗(0级)品种3份、抗(1级)品种35份、中抗(3级)品种93份。顾正远等(1989)测定了江苏省47个推广品种的二化螟抗性，发现79122、武复粳两份中抗材料，认为粳稻对二化螟有较强的耐性，而籼稻较感虫。方继朝等(2002)认为水稻品种维管束间距、鞘脊宽度是品种间抗螟性差异的主要决定因素。

稻蓟马(*Choethrips priesner*)在我国大部分水稻种植区均有为害记录，是水稻秧苗至分蘖期的重要害虫，近年有为害加剧的趋势。祝兆麒等(1987)对3 816份国内外稻种资源进行苗期稻蓟马抗性鉴定，发现15份具1级和3级抗性的资源均为来自斯里兰卡的晚籼类型，稻蓟马抗性资源的分布具有明显的地区性。

(五)耐逆性评价

我国水稻种植地域广阔，受到的灾害很多，如冷害、旱害、盐害、热害、涝害以及日益严重的环境污染灾害。我国自20世纪50年代始进行水稻耐冷害、旱害和盐害的鉴定研究，从20世纪70年代中后期始，先后在中国农业科学院作物品种资源研究所、中国水稻研究所主持下，对4万余份我国栽培稻资源进行了芽期耐冷、苗期耐旱和耐盐鉴定。表3-16为我国地方品种资源芽期耐冷、苗期耐旱和耐盐鉴定结果和耐(抗)性种质地理分布。如表3-16所示，栽培稻地方品种芽期耐冷种质分布较广，尤其集中在太湖流域、云贵高原一带；苗期耐旱种质较集中于河北、浙江、江西、福建、湖北、湖南、四川、云南、贵州、台湾等省；耐盐种质则以黑龙江、安徽、江西、福建、湖北、台湾等省分布较多。

表3-16　中国栽培稻地方品种资源耐逆性鉴定结果及耐性资源地理分布　(单位:份)

省份	份数	芽期耐冷			苗期耐旱			耐盐		
		鉴定份数	1级	2～3级	鉴定份数	1级	2～3级	鉴定份数	1级	2～3级
北京	9	0	0	0	0	0	0	0	0	0
河北	325	243	49	121	291	45	0	325	0	0
内蒙古	10	0	0	0	0	0	0	0	0	0
山西	170	54	1	2	11	0	0	76	0	0
辽宁	88	7	0	3	35	1	0	31	0	0
吉林	86	62	1	5	76	9	3	76	0	0
黑龙江	125	73	0	7	42	0	0	115	5	2
上海	304	0	0	0	15	0	3	0	0	0
江苏	2537	996	20	187	1456	2	6	1035	0	8
浙江	2211	1276	76	338	1399	108	112	1395	1	22
安徽	735	182	0	54	180	32	0	612	7	7
江西	3172	787	71	105	775	48	40	878	4	11
福建	1899	784	36	66	767	62	14	759	5	24
山东	129	63	0	6	103	5	5	104	0	0
广东*	5671	36	0	0	66	1	16	22	0	0
广西	9616	495	26	75	494	1	31	383	0	55

续表 3-16

省份	份数	芽期耐冷			苗期耐旱			耐盐		
		鉴定份数	1级	2~3级	鉴定份数	1级	2~3级	鉴定份数	1级	2~3级
湖北	1644	647	11	51	600	18	47	1385	7	23
湖南	5001	1132	22	44	1123	132	33	1011	2	2
河南	365	223	21	67	207	6	0	323	0	2
四川	4072	1447	24	62	1595	130	144	1407	3	12
云南	6391	2880	38	133	2739	173	62	822	1	23
贵州	5168	4183	728	451	4619	507	263	1606	2	19
陕西	673	501	37	124	506	35	3	498	0	0
甘肃	7	0	0	0	4	0	1	4	0	0
西藏	38	1	0	0	1	0	0	0	0	0
新疆	16	16	5	6	16	5	0	16	0	0
宁夏	18	18	0	0	18	4	0	18	0	0
天津	27	26	0	1	26	1	0	26	0	0
台湾	1441	699	14	61	690	137	60	670	6	103
海南	473	415	2	12	415	7	38	219	0	1
合计	52421	17246	1182	1981	18269	1469	881	13816	43	314

* 包括 670 份原海南地区稻种

低磷、低钾是我国两个重要的不良土壤胁迫因子。1979~1988 年，福建省农业科学院分别对 1 093 份和 1 134 份栽培稻资源进行耐低磷和耐低钾鉴定，筛选到长毛粒、一支香、天仙粒、北方尖、大谷 409 等耐低磷材料 25 份，大术、生毛大米、木西粒、大洋白米、大谷 409 等耐低钾材料 50 份。1995~1997 年，张兰民等对 308 份黑龙江省主要育成品种和部分引进材料进行耐低磷筛选，发现龙粳 4 号等 23 份耐低磷材料，并推荐 3mg/kg 作为耐低磷筛选的土壤磷含量。台德卫等(2003)对 117 份水稻亲本进行耐低磷的评价与筛选，认为毫安农(Haoannong)、ASD 18、滇屯(Diantun)502、IR6 等 33 个品种具有耐低磷特性。吴荣生和蒋海芹(1997)采用苗期筛选法，对 500 多份不同水稻品种进行耐低钾水稻种质筛选，获得 33 份耐低钾种质。

光合产物是产量形成的基础，日照时数与日照强度直接影响光合产物的合成、积累与运转。"禾"是贵州省稻类的一种特殊生态类型，以粳型居多，由于分布于林间谷地稻田，自然环境阴湿冷凉，光线弱，湿度大，雾多，从而形成了"禾"极强的耐阴、耐湿特性。如苟温布、苟虽黄、苟养、冷水禾等"禾"品种在阴湿、水温 16℃~18℃条件下，仍能开颖扬花，空壳率均在 9%~17%间。谢戎等(1998)采用 1 叶 1 心期黑暗处理的方法，对 2 300 份四川稻种资源进行苗期耐阴性鉴定，获得 HR 679、金角粘、02428 等 11 份耐阴种质。

稻田杂草对水稻生长和产量的影响巨大，利用水稻自身的化感潜力控制杂草已引起我国学者的重视。汤陵华和孙加祥(2002)对 700 份各类稻种资源进行对白菜生长的化感鉴定，发现 35 份种质对白菜生长具有抑制作用，并发现地方品种资源的化感作用明显高于选育品种资源，地方品种资源中又以贵州品种居多。中国水稻研究所对近 600 份栽培稻资源进行与稗草、莴苣的化感鉴定，获得长白 7 号、蚁公包、地谷等具有较强化感作用的种质。朱红莲等(2003)对 225 份栽培稻资源进行化感潜力评价，在土培条件下，13 份品种表现出较强的抑制稗草生长的作用。

(六)稻米品质评价

稻米品质一般指碾磨品质、外观品质、蒸煮及食味品质和营养品质四个方面。自 1986 年始，中国水稻研究所、中国农业科学院作物品种资源研究所、湖北省农业科学院、广东省农业科学院、贵州农学院等单位共同承担“我国水稻种质资源主要品质鉴定”国家科技攻关课题，对 3 万余份中国栽培稻资源的主要品质指标按统一的方法和标准进行鉴定。结果显示，我国栽培稻资源糙米率分布范围为 39.50% ~ 93.20%，集中分布于 77.00% ~ 82.00%(占 78.03%)，平均值 79.28%，粳稻(80.38%)高于籼稻(78.80%)；精米率分布范围为 10.41% ~ 84.70%，集中分布于 69.00% ~ 74.00%(占 75.89%)，平均值 71.21%，同样粳稻(72.16%)高于籼稻(70.79%)；垩白率和透明度品种间差异较大，变幅为 1% ~ 100%，平均值 77.7%，多数材料垩白率较高，但粳米(71.7%)较籼米(83.3%)低；总淀粉含量在 53.39% ~ 91.16%之间，集中分布于 75.0% ~ 80.0%(占 74.6%)，平均值 77.06%，籼稻(77.14%)略高于粳稻(76.86%)；直链淀粉含量变幅很大，籼稻为 0.1% ~ 45.7%，平均值 24.0%，粳稻为 0.1% ~ 32.7%，平均值 12.9%；糊化温度(碱消值)范围为 2.0 ~ 7.0 级，平均值 5.6 级，籼稻(5.2 级)低于粳稻(6.4 级)；胶稠度变幅为 18 ~ 100 mm，平均值 52.3 mm，其中籼粘类型为 41.9 mm，籼糯类型 84.4 mm，粳粘类型 59.3 mm，粳糯类型 85.7 mm；糙米粗蛋白质含量在 4.90% ~ 19.30%间，平均值 9.63%，其中籼稻类型为 9.50%(变幅 4.93% ~ 19.30%)，粳稻类型为 9.91%(变幅 4.90% ~ 17.10%)，籼粳差异较小；赖氨酸含量范围为 0.115% ~ 0.619%，平均值 0.356%，其中籼稻类型 0.357%(变幅 0.135% ~ 0.619%)，粳稻类型 0.354%(变幅 0.115% ~ 0.590%)。

除粗蛋白质、赖氨酸外，近年对稻米维生素、矿质营养元素等营养品质的评价也日益增多。其中，维生素 B_1、B_2 是人体许多辅酶的组成部分，缺乏时可引起物质代谢障碍。稻米中维生素 B_1、B_2 含量甚微，维生素 B_1 的含量大于 B_2，且大量存在于米糠中，但品种间差异显著。钱泳文等(1988)分别测定了 26 个水稻品种糙米和精米维生素 B_1、B_2 的含量，糙米维生素 B_1 含量为 0.299 ~ 0.436 mg/100 g，维生素 B_2 含量为 0.068 ~ 0.092 mg/100 g；精米维生素 B_1 含量为 0.087 ~ 0.195 mg/100 g，维生素 B_2 含量为 0.029 ~ 0.043 mg/100 g。在所测定的 26 个品种中，丛芦 51、丛桂 314 等 5 个品种维生素 B_1 含量较高。刘宪虎等(1995)对产自北京、吉林、云南和广西的 115 个水稻品种(品系)的糙米及其中 12 个品种的精米 Fe、Zn、Ca 和 Se 四种矿质元素的含量进行了分析，结果表明，不同品种间四种元素的含量差异很大，种皮颜色与糙米各元素含量的相关不显著，不同产地的糙米间四种元素含量的差异极显著，糙米中四种元素的含量高于相应的精米的含量，Ca 和 Zn 含量呈极显著的正相关关系。曾亚文等(2003)采用等离子体原子发射光谱法测定 653 份云南栽培稻核心种质糙米 P、K、Ca、Mg、Fe、Zn、Cu 和 Mn 共 8 种矿质元素的含量，结果显示，主要矿质元素含量与籼粳类型关系不大，高产和多抗水稻品种中 K、Ca、Mg、Mn 含量明显增加，而 P、Fe、Zn、Cu 含量则显著降低，同时，云南稻种矿质元素含量存在较明显的地带性分布。

五、栽培稻种质资源的利用

(一)半矮秆性基因

高秆品种水稻在高肥、密植以及台风雨的袭击下,极易倒伏,产量很不稳定。培育矮秆抗倒品种,曾是20世纪50年代的重要目标,选育了一大批适合不同地区、不同熟期、不同耕作制度的矮秆高产良种,成功实现全国水稻矮秆化,有效解决了稻作倒伏减产的问题,水稻单产由1956年的2.5 t/hm^{2}上升至1966年的3.5 t/hm^2。水稻半矮秆性基因的成功发掘和育种利用,使我国水稻品种比其他产稻国领先10年,也是国际水稻研究上的一项划时代的成就。

(二)广亲和性基因

水稻籼粳亚种间杂交因其具有较强的杂种优势而受到广泛重视,但杂种结实率低而阻碍了这种优势在生产上的直接应用。在亚洲栽培稻的杂交试验中,盛永等(1939,1958)发现印度尼西亚和印度的Aus、Bulu生态型品种对籼、粳都存在一定的亲和性。Heu(1967)发现美国的CPSLO 17对籼、粳有很强的亲和力。Ikehashi(1982)首先提出"水稻广亲和现象"这一科学术语,并将控制广亲和性的基因称为广亲和基因(wide compatibility gene,WCG)。广亲和现象的提出,为籼粳亚种优势的利用提供了理论依据。

我国水稻育种者从20世纪80年代初期开始进行广亲和材料的筛选,"七五"期间,国家"863"计划、国家科技攻关等一系列项目将水稻广亲和性材料的筛选和利用作为主要攻关内容,从云南、贵州、台湾等地方品种中发掘出一批广亲和资源,如三磅七十箩、毛白谷、白镰刀谷、毫梅、螃蟹谷、陆籼、老造谷等,并相继选育成02428、培C 311、轮回422、培矮64、协优413、协优930等一批优良广亲和系和籼粳亚种间杂交组合,实现了三系法籼粳亚种间杂种优势的大面积应用,并使两系法籼粳亚种间杂种优势利用于生产成为可能。

(三)光(温)敏核不育基因

光(温)敏感核不育水稻,在某一特定的光照条件下表现为雄性不育,而在另一特定光照条件下表现雄性可育,这种受光照诱导的育性转换特性,受细胞核基因控制。1973年,石明松在湖北省沔阳县(现仙桃市)沙湖原种场一季晚粳农垦58大田中发现这一稀有种质资源后,湖北省大专院校和科研单位成立协作组,协作研究攻关。1985年10月对光敏感核不育水稻农垦58S进行了省级技术鉴定,将其定名为湖北光周期敏感核不育水稻(Hubei Photoperiod Sensitive Genic Male-sterile Rice, HPGMR),简称湖北光敏感核不育水稻。这一发现的重要意义在于可根据其育性转换特性培育两系杂交稻,即在不育期配制杂交种,在可育期通过自交繁殖不育系种子,从而不需要保持系。1987年,袁隆平提出应用广亲和性和光敏核不育基因开展籼粳亚种间杂种优势利用的新育种战略设想;1992年,他根据我国两系法杂交水稻现状提出选用实用性水稻光(温)敏不育系的技术策略。目前,全国已相继培育出两优培九、培两优288、香两优68、培杂双七等一批优良两系组合。其中,两优培九于1999~2000年在湖南、江苏省的34个示范片共500多hm^{2}面积上,平均单产超过10.5 t/hm^2,2001年全国推广113.3万hm^2,平均产量9.2 t/hm^2。两系杂交稻巨大的产量潜力,将在保障我国21世纪粮食安全中起到至关重要的作用。

(四)遗传多样性

作物遗传多样性可降低对生物和非生物障碍因子的脆弱性。目前,利用水稻品种多样性以控制稻瘟病已取得了令人瞩目的进展。云南农业大学与国际水稻研究所合作,从 1998 年起在云南、四川、江西等省开展了利用水稻品种多样性进行抗、感水稻品种混植以控制稻瘟病的研究。利用高产杂交水稻如汕优 63、汕优 22 与感稻瘟病优质糯稻品种如黄壳糯、紫糯进行混合间植。与优质糯稻品种单植相比较,混植田块的稻瘟病严重度减少 80%左右,增产 6.5%~8.7%,增加收益约 10%。至 2003 年底,该项利用生物多样性以控制稻瘟病的混植栽培技术累计推广种植面积已达到 981 433 hm^2。

第四节 稻种资源共享

一、中国稻种资源在国外的利用

中国是全球最古老的栽培水稻的国家之一。许多水稻优良品种随着中国早期海外移民、国际贸易、人员交往而被直接或间接地传播到世界水稻生产国家,对这些国家的稻作生产与育种改良起到了重要的作用。例如,杜稻、荔枝江、战捷、华北大米等中国品种早已成为日本抗稻瘟病育种的基础亲本;引自日本的中国品种 Chinese Originario 在意大利衍生出著名品种 Balilla,并进一步成为意大利粳稻矮化育种的重要亲本;引自意大利的中国品种 Colusa 成为美国第一个大面积种植的短粒型早熟水稻品种,白尖、台南育 487 等台湾品种成为美国抗病育种的重要抗源;印度 Ch 和 Chin 编号的水稻推广品种全部引自中国,Ch 1039 直至 20 世纪 90 年代还是克什米尔和喜马拉雅丘陵地区的主要品种;福建品种 Cina(又称 Tjina)1914 年引入印度尼西亚,并于 1934 年与印度品种 Latisail 杂交,先后育成 Peta、Intan、Tjeremas 等著名品种,广泛种植于印度尼西亚、菲律宾、马来西亚等东南亚国家及南亚地区。

1961 年国际水稻研究所(IRRI)在菲律宾建立后,利用中国品种为亲本开展杂交育种,1966 年从杂交组合 Peta/低脚乌尖中选育成被称为奇迹稻的 IR8,对亚洲水稻生产的绿色革命起到至关重要的作用。同时,大量中国品种在国际种质交换和共享原则下引入 IRRI。据统计,目前 IRRI 保存有中国稻种资源 8 519 份,其中栽培稻 8 458 份,野生稻资源 61 份。

中国稻种资源不仅提供了全球矮化育种中普遍利用的著名矮源 *sd1* 基因,同时,中国含有细胞质雄性不育基因(*cms*)的珍汕 97A 的共享,又成为亚洲各国发展三系杂交水稻重要的细胞质雄性不育基因源。

二、国外稻种资源在中国的利用

国外水稻种质资源的引入,同样促进了我国的水稻生产。早在北宋真宗大中祥符年间(公元 11 世纪初),我国福建一带就引进占城国(今越南)的占稻类型优良品种进行生产利用。20 世纪初以来,我国与外国的稻种交往逐渐增多,先后从世界产稻国引入一批品种进行生产应用或育种利用。以广东为例,早期引入的安南占,种植历史数百年;暹罗仔、玻璃占等品种,1976 年广东省水稻品种普查时仍然有一定的种植面积;利用印度野稻、Leed Ker No.2(印度 2 号)、暹罗稻,著名水稻专家丁颖自 1936 年始陆续选育成银印 20 号、印 2 东 7、印 2 东 17、竹印 2 号、暹黑 7 号等优良品种,在生产上较长时期大面积种植。

1949 年新中国成立以后,国外稻种引入不断增加。据不完全统计,50 多年来,我国从世界各国和国际农业组织引入的栽培稻品种、品系及遗传测试材料达 23 890 份。其中,1949

年至 1978 年的 30 年间，共引入农垦 58、日本晴、IR8 等著名品种 2 500 余份；从改革开放的 1979 年至 1995 年，共引入密阳 23、Tetep、IR36、BG90-2 等优良种质 14 390 余份；1996 年至 2003 年，利用国际水稻遗传评价协作网（INGER）等多种途径引入各国优良品种、品系 7 000 余份。此外，自 1979 年以来，我国从国际水稻研究所及其他国际机构引入了各类野生稻 2 201 份（包括复份）。许多优异国外种质被直接或间接利用，有效地扩大了我国水稻品种的遗传基础，提高了水稻产量和品质，产生了巨大的社会效益和经济效益。统计表明，外引水稻品种重新命名或用原品种名直接在我国稻区推广、年种植面积曾超过 6.67 万 hm^2 的有 23 个，包括农垦 58、日本晴、IR26、BG90-2、密阳 23 等；年种植面积曾达到 0.667 万 ~ 6.67 万 hm^2 的有 75 个，包括幸实、黄金光、IR36、IR72、水原 286、密阳 46、IAPAR 9（巴西陆稻）、古 154 等。许多国外种质，如 Tetep、Dadukan、IRBB21、DV85、PTB33、BJ1、ASD7、IRAT104、N22、Basmati 370 等，由于携带有某些优良的抗病虫及耐旱、优质基因，已被广泛利用于杂交育种中，从中衍生出数百个水稻新品种；源于国际水稻研究所的"IR"系统材料，已成为我国三系杂交水稻最重要的恢复系源。

三、稻种资源共享的原则

作物种质资源是国家战略资源，国家享有主权，这决定了种质资源共享应在国家相关法律框架下实施。1989 年国务院颁布了《种子管理条例》。随后，农业部和林业部分别于 1991 年和 1995 年发布农作物种子和林木种子管理的实施细则。1991 年，国家颁布了《进出境动植物检疫法》。但是，上述法规对种质资源的输出、引进及其管理尚没有明确且具体的规定。2000 年 7 月，《中华人民共和国种子法》公布，在其框架下，2002 年和 2003 年，农业部先后颁布了《农业野生植物保护办法》和《农作物种质资源管理办法》，对农作物种质资源共享（包括国内和国外）进行相关的法规规定。

按《农作物种质资源管理办法》规定，我国稻种资源共享由国家水稻种质中期库和国家野生稻资源种质圃具体实施。农业部根据国家农作物种质资源委员会的建议，定期公布可供利用的种质资源目录，并评选推荐优异种质资源。因科研和育种需要目录中种质资源的单位和个人，可以向国家中期种质库、种质圃提出申请。对符合国家中期种质库、种质圃提供种质资源条件的，国家中期种质库、种质圃按"国家作物种质资源中期库（或种质圃）管理办法及管理细则"免费向申请者提供适量种质材料。规定从国家获取的种质资源不得直接申请新品种保护及其他知识产权。而获取种质资源的单位和个人应遵守承诺，即不向第三方提供种质，及时向国家中期种质库、种质圃反馈种质资源利用信息，其研究结果如发表文章、著作或申报成果，须注明种质来源。对于稻种资源的国际交流，应当经所在地省、自治区、直辖市农业行政主管部门审核，报农业部审批。对外提供稻种资源依据分类管理原则，由农业部定期修订分类管理目录。从境外引进种质资源，依照有关植物检疫法律、行政法规的规定，办理植物检疫手续，进行隔离试种。并按国家相关规定进行引种登记、译名及备份保存等。

第五节 稻种资源未来研究重点

一、遗传多样性保护

(一)重点地区稻种资源的考察和收集

由于交通和设施条件等原因,在我国与邻国接壤的西南山区,以及华南山区和交通不发达地区,仍然存在一些地方品种;在南方沟溪及云贵地区,仍可能存在尚未发现的野生稻种,如 1995 年在云南勐腊发现疣粒野生稻,2000 年在广东省高州地区发现的约 17.3 hm^2 的普通野生稻。为此,有必要再次组建综合性考察队,对这些地区的稻种资源进行全面考察、收集和整理。

(二)原生境保护理论研究

目前,我国在海南、广东、广西、云南、福建、江西和湖南七省、自治区建立了 10 个野生稻原生境保护示范点,但相应保护理论研究滞后,亟待开展野生稻生存条件、濒危状况、濒危机制、遗传多样性等系统理论研究,为保护示范点的科学管理和今后原生境保护工作提供依据。

地方品种的农田保护,是农民在作物得以进化的农业生态系统中,继续对已具有多样性的作物种群进行种植和管理。它主要通过农民的农事活动和管理得以实现。由于研究刚刚起步,对其保护机制以及在社会经济和遗传学方面的影响、对其管理方式和保存品种数量之间的关系,以及栽培稻品种在农业生态环境下实际遗传多样性大小以及进化是否会进一步发生等,均还了解得太少,有待进一步的研究。

(三)种质库种质安全保存理论与技术研究

低温种质库保存是我国目前稻种资源保存最主要的形式,理论上可推算安全保存年限。但近年对长期库种质活力监测结果表明,部分种质不到 20 年(安全保存年限内)就出现生活力下降(卢新雄等,2001;Specht 等,1997)。更有报道称,种质库 50%以上样本贮藏期间活力丧失,或在种质更新后发生遗传漂变(Shahi 等,1984)。由于对种子老化和遗传变化的发生机制还不清楚,对物种及品种间寿命差异以及种质繁殖更新过程中遗传漂移等因素缺乏研究,因此开展种质库安全保存理论与技术研究尤为迫切。其内容主要包括物种及品种种子寿命的差异研究,种质保存样本大小、种质活力、种质繁殖更新对保存种质遗传完整性的影响,低活力种质拯救技术,其他经济有效的保存技术等。

(四)外源基因对水稻遗传多样性的影响

自 1983 年世界首例转基因植物培育成功以来,到 2001 年,全世界转基因农作物的种植面积已超过 5 260 万 hm^2,并仍以较大的幅度在增长。我国自 20 世纪 80 年代初开始转基因农作物研究,目前已利用 103 个不同来源的基因在 47 种植物中成功地获得了转基因植物。资料表明,在 1996 年至 2000 年的 5 年间,我国国家基因工程安全委员会共受理 353 件转基因材料申请,251 份获准进入中间试验和环境释放。随着转基因作物环境释放种类的增多,规模的快速增大,转基因作物对农业或自然环境以及本作物和其他作物的影响已越来越引起重视。水稻是我国最主要的粮食作物,也是转基因研究最为活跃的作物种,但对转基因水稻品种影响水稻种质资源遗传多样性的关注甚少。因此,有必要开展转基因水稻外源基因对栽培稻、野生稻遗传多样性影响的研究,包括评价技术和标准、外源基因逃逸的可能性、基因污染以及对栽培稻、野生稻生存能力的影响等内容。

二、国外重点地区稻种资源的引入

实践证明,有目的地从重点地区引入国外种质资源是一条快速、高效育种的途径。目前,由于我国经济高速发展,人口和资源压力增大,对水稻品质、产量、资源(水、养分等)利用率等提出了新的要求,迫切需要新的种质资源以保证我国水稻生产的可持续发展。因此,通过各种途径,考察并引入国际水稻研究所、国际农业研究中心(CIAT)、泰国、巴基斯坦、美国、巴西等国际机构和水稻生产国的优质、多抗、高光效、富铁、富锌等功能型栽培稻资源以及野生种资源,是我国水稻生产政策的一项长期工作。

三、稻种资源国家共享平台的建立及运行

稻种资源收集保存的目的是种质利用,但我国目前稻种资源工作中存在保存与研究利用脱节、资源不易获得等诸多问题。构建稻种资源国家共享平台,对于解决这些问题以及拓展水稻生产应用品种遗传基础、提高我国稻种资源研究和利用水平具有重要意义。同时,通过稻种资源的高效利用,可保证国家重大科技项目对基础材料的需求,达到保护资源、推进国家农业科技创新和科技进步的目的。

国家稻种资源共享平台建设主要包括数据库完善、种质与数据共享途径的建立、基于Internet的共享平台构建、共享法规建立以及资金保障等内容。

四、新基因发掘

中国水稻育种和生产的历史进程表明,关键性优良基因的发掘和利用,可使水稻育种发生质的飞跃,水稻生产水平也会随之上升到一个新的台阶。目前,细胞质雄性不育新质源,无融合生殖资源,抗性新基因,高光效,氮、磷、钾高效利用资源,旱、盐、寒、热等强耐性资源的发掘,以及生物技术尤其是功能基因组技术在新基因发掘中的运用,正成为稻种资源研究的热点之一。

五、种质创新

种质创新是种质资源研究的继续和深化,主要是指利用多种目的基因聚合法、大群类型优选法、分子标记等技术手段,改造地方种,创造异源附加系、异代换系和易位系等野生种衍生系,育成遗传组成清楚、含有独特新基因、农艺性状较好的育种中间材料。地方稻种和野生种资源含有目前栽培稻品种所丢失的大量基因,但由于综合性状差、生殖隔离等因素,难以利用。采用种质创新手段,改造地方种、野生种资源(预育种),提高种质资源利用效率,拓宽水稻育种基础物质,将成为我国稻种资源中长期研究的重点之一。

参　考　文　献

裴安平.彭头山文化的稻作遗存与中国史前稻作农业.农业考古,1989,(2):102－108

陈成斌,黄娟,徐志健等.广西药用野生稻遗传多样性的分子评价.中国农学通报,2002,18(3):13－16,29

陈成斌,庞汉华.广西普通野生稻资源遗传多样性初探.Ⅰ.普通野生稻资源生态系统多样性探讨.植物遗传资源学报,2001,2:16－21

陈成斌,庞汉华.中国野生稻资源.南宁:广西科学技术出版社,2002,101

中国农业百科全书编辑部.中国农业百科全书·农作物卷(下),北京:农业出版社,1991
陈大洲,邓仁根,肖叶青等.东乡野生稻抗寒基因的利用与前景展望.江西农业学报,1998,10:65－68
陈大洲,钟平安,肖叶青等.利用SSR标记定位东乡野生稻苗期耐冷性基因.江西农业大学学报(自然科学版),2002,24:753－756
陈飞鹏,吴万春.中国三种野生稻根状茎解剖的比较研究.华南农业大学学报,1994,15:81－84
陈峰,谭玉娟,帅应垣.广东野生稻种质资源对褐稻虱的抗性鉴定.植物保护学报,1989,(1):12,26
陈锦华,宋运淳,王明全等.普通野生稻G-显带核型多态性研究.植物学报,1993,35:844－848
陈瑞阳,宋文芹,李季兰等.中国三种野生稻染色体组型的研究.植物学报,1982,2:226－231
陈叔平.西藏稻种资源.见:应存山,中国稻种资源.北京:中国农业科技出版社,1993.525－529
陈勇,廖新华,戴陆园.云南稻种资源.见:应存山.中国稻种资源.北京:中国农业科技出版社,1993,186－200
程祝宽,杨学明,于恒秀等.水稻随体染色体的研究.遗传学报,1998,25:225－231
戴陆园,吴丽华,王琳等.云南野生稻资源考察及分布现状分析.中国水稻科学,2004,18:104－108
刁立平,王建飞,邵汉池等.部分太湖流域粳稻品种的AFLP分析.中国水稻科学,2001,15:60－62
丁颖.广东野生稻及由野生稻育成之新种.中华农会会报,1933,114:13
丁颖.中国古来粳籼稻种栽培及分布之探讨与现在栽培稻种分类法预报.农艺专刊,1949,6
丁颖.中国栽培稻种的起源及其演变.农业学报,1957,8:243－260
丁颖.中国水稻栽培学.北京:农业出版社,1961.13－16
丁颖.中国稻作之起源.见:丁颖稻作论文选集.北京:农业出版社,1983.19
方海维,倪社教,张国友等.沿江地区稻蓟马重发原因浅析.安徽农业科学,2004,32(1):58
方继朝,郭慧芳,程遐年等.不同水稻品种对三化螟抗性差异的机理.昆虫学报,2002,45(1):91－95
冈彦一.水稻进化遗传学.杭州:中国水稻研究所,1985
高立志,周毅,葛颂等.广西普通野生稻(*Oryza rufipogon* Griff.)的遗传资源现状及其保护对策.中国农业科学,1998,31:32－39
高立志,葛颂,洪德元.普通野生稻 *Oryza rufipogon* Griff.生态分化的初探.作物学报,2000,26:210－216
龚志莲,郭辉军,盛才余等.西双版纳地区旱稻品种多样性与就地保护初探.生物多样性,2004,12(4):427－434
顾正远,肖英方,王益民.水稻品种对二化螟抗性的研究.植物保护学报,1989,(4):245－249
广东农林学院农学系.我国野生稻的种类及其地理分布.遗传学报,1975,2:31－36
广东省农科院水稻野生稻研究组,广东省农科院植保所病虫抗性研究室.普通野生稻种质资源抗性鉴定.广东农业科学,1989,(2):3－7
广西野生稻普查考察协作组.广西野生稻的地理分布及其特征特性.作物品种资源,1983,(1):12－17
广西农科院植保所稻虫组,广西农科院品资所野生稻组.广西普通野生稻种质资源抗褐稻虱鉴定.广西植保,1994,(1):1－4
郭辉军,Christine Padoch,付永能等.农业生物多样性评价与就地保护.云南植物研究,2000,7(增刊):27－41
韩惠珍,徐雪宾.中国三种野生稻胚的形态学观察.中国水稻科学,1994,8:73－78
何光存,舒理慧,容兰杰等.疣粒野生稻体细胞超低温保藏与原生质体培养体系的确立.中国科学(C辑),1998,28:449
洪德元.抢救野生稻种质资源.中国科学院院刊,1995,4:325－326
霍超斌,李秀容,刘智英等.广东野生稻种质资源对稻瘟病的抗性鉴定.广东农业科学,1987,(6):38－40
胡国文.中国栽培稻种资源对主要害虫的抗性鉴定研究.见:应存山.中国稻种资源.北京:中国农业科技出版社,1993.63－70
黄超武.水稻品种种性研究.广州:广东科技出版社,1995.197－221
黄巧云.普通野生稻种质资源苗期根系泌氧能力测定.广东农业科学,1988,(1):48－49
黄燕红,才宏伟,王象坤.亚洲栽培稻分散起源的研究.见:王象坤,孙传清.中国栽培稻起源与演化研究专集.北京:中国农业大学出版社,1996.92－100
黄艳兰,舒理慧,祝莉莉等.栽培稻×中国疣粒野生稻种间杂种的获得与分析.武汉大学学报(自然科学版),2000,46:739－744
黄英金,李桂花,陈大洲等.东乡野生稻等位酶位点遗传多样性的初步研究.江西农业大学学报,2002,24:1－5

蒋文烈,金梅松,刘大雄等.浙江省地方稻种资源对纹枯病抗性的鉴定.浙江农业学报,1993,5:129-132
姜文正,陈武.江西稻种资源.见:应存山.中国稻种资源.北京:中国农业科技出版社,1993.350-359
姜文正,涂英文,丁忠华等.东乡野生稻研究.作物品种资源,1988,(3):1-4
李道远,陈成斌.中国普通野生稻两大生态型特征及生态考察.广西农业科学,1993,(1):6-11
李德军,孙传清,付永彩等.利用AB-QTL法定位江西东乡野生稻中的高产基因.科学通报,2002,11:854-858
李迪,周勇军,刘小川等.中国部分稻种资源的化感控制杂草潜力评价.中国水稻科学,2004,18(4):309-314
李青,罗善昱,黄润清等.广西药用野生稻抗褐稻虱研究.见:吴妙燊.野生稻资源研究论文选编.北京:中国科学技术出版社,1990.49-50
李勤修.宿根杂交稻选育的过去、现在和未来.西南农业学报,1998,11(院庆专刊):55-57
李容柏.普通野生稻和药用野生稻群体性状研究.广西农业科学,1991,(2):49-54
李容柏.普通野生稻抽穗特性的调查研究.作物品种资源,1994,(4):12-15
李容柏,秦学毅.广西野生稻抗病虫性鉴定研究的主要进展.广西科学,1994,(1):83-85
李容柏,秦学毅,韦素美等.普通野生稻稻褐飞虱抗性在水稻改良中的利用研究.广西农业生物科学,2003,22:75-83
李小湘,孙桂芝,黎用朝等.普通野生稻对褐飞虱的抗性鉴定初报.湖南农业科学,1995,(3):32-33
李友荣,侯小华,魏子生.水稻品种对细菌性条斑病的抗性研究.湖南农业科学,1994,(1):39-40
李云海,钱前,曾大力等.我国主要杂交水稻亲本的RAPD鉴定及遗传关系研究.作物学报,2000,26(2):171-176
李植良.云南勐腊县发现疣粒野生稻.作物品种资源,1995,(2):22
李子先,刘国平,余文金.中国东乡野生稻遗传异质性的研究.西南农业大学学报,1989,11:285-287
李子先,刘国平,陈忠友.中国东乡野生稻遗传因子转移的研究.遗传学报,1994,21:133-146
黎华寿,聂呈荣,黄坤德.水面浮床种植普通野生稻作为饲草作物的初步研究.见:第一届全国野生稻大会论文集,江西南昌,2003年9月.270-274
黎杰强,罗葆兴,潘大建.广东、海南普通野生稻酯酶同工酶的研究.华南师范大学学报(自然科学版),1994,(4):78-84
黎祖强,廖世模,王国昌.栽培稻与普通野生稻遗传距离估测和聚类初报.华南农业大学学报,1995,16:93-97
梁斌,肖放华,黄费元等.云南野生稻对稻瘟病的抗性评价.中国水稻科学,1999,13(3):183-185
梁能,吴惟瑞.广东和海南的野生稻资源.见:应存山.中国稻种资源.北京:中国农业科技出版社,1993.285-301
梁耀懋.广西栽培稻资源.见:应存山.中国稻种资源.北京:中国农业科技出版社,1993.223-240
梁耀懋,黎坤爱,陆岗等.广西稻种系统分类研究.Ⅱ.广西稻种酯酶同工酶分析.西南农业学报,1994,7(4):20-26
林亨芳,王金英,江川.福建稻种资源.见:应存山.中国稻种资源.北京:中国农业科技出版社,1993.360-371
林世成,闵绍楷.中国水稻品种及其系谱.上海:上海科学技术出版社,1991.255-262
刘殊,程慧,王飞等.我国杂交水稻主要恢复系的DNA多态性研究.中国水稻科学,2002,16(1):1-5
刘宪虎,孙传清,王象坤.我国不同地区稻种资源的铁、锌、钙、硒四种元素的含量初析.北京农业大学学报,1995,21(2):138-142
刘雪贞.广东野生稻种质资源苗期耐寒性鉴定.广东农业科学,1988,(5):10-11
刘雪贞.普通野生稻种质资源苗期耐旱性鉴定.见:作物抗逆性鉴定原理与技术.北京:北京农业大学出版社,1989
卢新雄.国家种质库种子保存操作技术与标准.北京:中国农业科学院品种资源研究所,2002
卢新雄,崔聪淑,陈晓玲等.国家种质库部分作物种子生活力监测结果与分析.植物遗传资源学报,2001,2(2):1-5
卢新雄,陈晓玲.我国作物种质资源保存与研究进展.中国农业科学,2003,36:1125-1132
卢永根,万常炤,张桂权.我国三个野生稻种粗线期核型的研究.中国水稻科学,1990,4:97-105
潘大建,梁能,吴惟瑞等.广东普通野生稻遗传多样性研究.广东农业科学,1998,(增刊):8-11
潘熙淦,饶宪章.江西东乡野生稻考察及特性鉴定报告.江西农业科技,1982,(7):5-9
庞汉华.生物技术在野生稻资源研究中的应用.广东农业科学,1997,(2):4-5
庞汉华,戴陆园,赵永昌等.云南省野生稻资源现状考察.种子,2000,(1):39-40
彭绍裘,魏子生,毛昌祥等.野生稻多抗(病)性鉴定.湖南农业科学,1981,(5):47-48
彭绍裘,魏子生,毛昌祥等.云南疣粒野生稻、药用野生稻和普通野生稻多抗性鉴定.植物病理学报,1982,17(4):58-60
钱韦,谢中稳,葛颂等.中国疣粒野生稻的分布、濒危现状和保护前景.植物学报,2001,43:1279-1287
钱韦,葛颂,洪德元.采用RAPD和ISSR标记探讨中国疣粒野生稻的遗传多样性.植物学报,2000,42:741-750

钱泳文，刘钧赞，何昆明等.不同品种稻米维生素 B_1、B_2 品质分析初报.广东农业科学，1988，(3)：7－8

全国野生稻资源考察协作组.我国野生稻资源的普查与考察.中国农业科学，1984，(6)：27－34

全国野生稻资源考察协作组.我国野生稻资源的普查与考察.见：野生稻资源研究论文选编.北京：中国科学技术出版社，1990.3－10

石明松.对光照长度敏感的隐性雄性不育水稻的发现与初步研究.中国农业科学，1985，13(2)：44－48

石明松，邓景扬.湖北光敏感核不育水稻的发现、鉴定及其利用途径.遗传学报，1986，(2)：107－112

宋东海.利用含有野生稻血缘的桂野占培育水稻良种的研究.广东农业科学，1994，(5)：4－6

孙传清，王象坤，吉村淳等.普通野生稻和亚洲栽培稻叶绿体 DNA 的籼粳分化.农业生物技术学报，1997，5：319－324

孙传清，王象坤，Yoshimura A 等.普通野生稻和亚洲栽培稻核基因组的 RFLP 分析.中国农业科学，1997，30：39－44

孙传清，王象坤，吉村淳等.普通野生稻和亚洲栽培稻线粒体 DNA 的 RFLP 分析.遗传学报，1998，25：40－45

孙桂芝.湖南稻种资源.见：应存山.中国稻种资源.北京：中国农业科技出版社，1993.312－325

孙恢鸿，农秀美，黄福新等.广西普通野生稻抗白叶枯病研究.见：野生稻资源研究论文选编.北京：中国科学技术出版社，1991.56

孙新立，才宏伟，王象坤.水稻同工酶基因多样性及非随机组合现象的研究.遗传学报，1996，23(4)：276－285

台德卫，张效忠，王元垒.全球水稻分子育种计划核心种质苗期耐低磷资源的鉴评与筛选.安徽农业科学，2003，31(6)：914－916

覃瑞，魏文辉，宁顺斌等.利用水稻 BAC 克隆对 *GM*-2 和 *GM*-6 在药用野生稻中的 FISH 定位.中国农业科学，2001，34：1－4

谭玉娟，潘英，莫禹诗等.抗稻瘿蚊水稻品种的筛选鉴定.广东农业科学，1982，(6)：32－33

谭玉娟，潘英.广东野生稻种质资源对稻瘿蚊的抗性鉴定初报.昆虫知识，1988，(6)：321－323

汤陵华，孙加祥.水稻种质资源的化感作用.江苏农业科学，2002，(1)：13－14

汤圣祥，张文绪.中国三种野生稻谷粒外稃乳突结构的电镜观察.植物遗传资源学报，2003，4：134－136

田自强，朱凤绥.水稻染色体的带型研究.Ⅰ.籼、粳、陆、野生稻染色体 Giemsa 带型的分析比较.湖南农学院学报，1980，(2)：79－88

王布娜，黄臻，舒理慧等.两个来源于野生稻的抗褐飞虱新基因的分子定位.科学通报，2001，46：46－49

王汉荣，谢关林，冯仲民等.水稻品种(系)对水稻细菌性条斑病的抗性评价.中国农学通报，1995，11(3)：17－19

王金英，江川，叶新福.福建省地方稻种优异种质评价.福建农林科技，1998，(增刊)：86－90

王金生，姚革，方中达.水稻品种对细菌性茎基腐病的抗性及病原细菌致病力分化的研究.植物保护学报，1989，(3)：180－185

王述民.中国农作物种质资源保护与利用现状.中国种业，2002，(10)：8－11

王文明.水稻超高产育种的现状与展望.西南农业学报，1998，11(育种和栽培专辑)：7－11

王象坤，孙传清，才宏伟等.中国稻作起源与演化.科学通报，1998，43：2354－2363

王艳红，王辉，高立志.普通野生稻(*Oryza rufipogon* Griff.)的 SSR 遗传多样性研究.西北植物学报，2003，23：1750－1754

王亦菲，黄剑华，叶鸣明等.普通野生稻和疣粒野生稻离体无性系的建立(简报).上海农业学报，1999，15：10－12

王亦菲，黄剑华，郝峥嵘等.普通野生稻凝集素基因的克隆及序列分析.上海农业学报，2000，16：13－16

王振山，陈洪，朱立煌等.中国普通野生稻遗传分化的 RAPD 研究.植物学报，1996，38：749－752

王振山，朱立煌，刘志勇等.野生稻天然群体限制性酶切片段长度(RFLP)多态性研究.农业生物技术学报，1996，4：111－117

韦素美，黄凤宽，师翱翔等.外引水稻品种抗稻瘿蚊鉴定.广西农业科学，1994，(1)：26－29

韦素美，黄凤宽，罗善昱.广西水稻新品种(系)及稻种资源对稻瘿蚊的抗性分析.广西农业科学，2003，(3)：47－48

魏兴华.中国栽培稻地方种资源等位基因地理分布及遗传多样性保护研究[博士论文].杭州：浙江大学，2002

魏兴华，汤圣祥，江云珠等.中国栽培稻选育品种等位酶多样性及其与形态学性状的相关分析.中国水稻科学，2003，17(2)：123－128

魏兴华，杨致荣，董岚等.稆稻分类地位的 SSR 证据.中国农业科学，2004，37(7)：937－942

邬柏梁，何国成，白国章等.我国东乡一带发现野生稻.江西农业科技，1979，(2)：6－7

吴妙燊.广西野生稻资源.见：应存山.中国稻种资源.北京：中国农业科技出版社，1993.241－260

吴妙燊，陈成斌.广西野生稻酯酶同工酶研究报告.作物学报，1986，12(2)：87－94

吴妙燊,李道远.野生稻遗传利用展望.见:吴妙燊.野生稻资源研究论文选编.北京:中国科学技术出版社,1990.97-102
吴强,廖兰杰,杨代常等.野生稻基因组随机扩增多态性DNA(RAPD)分析.热带亚热带植物学报,1998,3:260-266
吴荣生,蒋海芹.水稻苗期耐低钾种质资源筛选.江苏农业科学,1997,(3):4-6
伍绍云,游承俐,戴陆园等.云南澜沧县陆稻品种资源多样性和原生境保护.植物资源与环境学报,2000,9(4):39-43
伍世平,曾庆平,张锡炎等.海南野生稻胰蛋白酶抑制因子基因的分子克隆与表达.热带作物学报,1995,16(增刊):65-70
吴惟瑞,陈燕伟.普通野生稻种质资源苗期耐涝性鉴定.广东农业科学,1987,(1):8-9,25
夏怡厚,林维英,陈藕英.水稻品种(系)对稻细菌性条斑病的抗性鉴定和抗性筛选.福建农学院学报,1992,21(1):32-36
肖放华,黄费元,刘二明等.水稻新品系96Z-330持久多抗性研究初报.湖南农业科学,1998,(3):12-13,31
肖晗,应存山.东乡野生稻自然群体内的形态性状变异调查.中国水稻科学,1996,10:207-212
肖晗,应存山,黄大年.中国栽培稻及其近缘野生种叶绿体DNA的限制性片断长度多态性分析.中国水稻科学,1996,10:121-124
谢建坤,陈庆隆,肖叶青等.东乡野生稻核基因组SSLP分析.江西农业学报,2002,14(3):1-6
徐羡明,曾列先,伍尚志.广东野生稻种质资源对白叶枯病的抗性鉴定.广东农业科学,1986,(3):29-31
徐新宇,庞汉华,陈权平.东乡普通野生稻酯酶同工酶分析.作物品种资源,1984,(1):37-38
徐正浩,余柳青,赵明等.水稻与无芒稗的竞争和化感作用.中国水稻科学,2003,17(1):67-72
颜辉煌,胡慧英,傅强等.栽培稻与药用野生稻杂种后代的形态学和细胞遗传学研究.中国水稻科学,1996,10(3):138-142
严文明.中国稻作农业的起源.农业考古,1982,(2):50-61
杨长举,杨志慧,舒理慧等.野生稻转育后代对褐飞虱抗性的研究.植物保护学报,1999,26:197-202
杨庆文,戴陆园,时津霞等.云南元江普通野生稻(*Oryza rufipogon* Griff.)遗传多样性分析及保护策略研究.植物遗传资源学报,2004,5(1):1-5
殷晓辉,舒理慧,郑丛义.野生稻愈伤组织的超低温保存和冻后再生植株的形成.武汉植物学研究,1996,14:247-252
应存山.中国栽培稻种质资源的收集整理与编目.见:应存山.中国稻种资源.北京:中国农业科技出版社,1993.36-37
游修龄.从河姆渡遗址出土稻谷试论我国栽培稻的起源、分化与传播.作物学报,1979,5(3):1-10
游修龄.中国古书中记载的野生稻探讨.古今农业,1987,(1):1-6
俞履圻.中国栽培稻种分类.北京:中国农业出版社,1996
余文金,罗科,郭学兴.以水稻雄性不育系为母本不经幼胚培养获得 *Oryza sativa* × *Oryza officinalis* 杂种的研究.遗传学报,1993,20:348-353
袁隆平.杂交水稻的育种战略设想.杂交水稻,1987,(1):1-3
袁隆平.超级杂交水稻的现状与展望.粮食科技与经济,2003,(1):2-3
袁平荣,卢义宣,黄迺威等.云南元江普通野生稻的分化研究:Ⅰ.形态及酯酶、过氧化氢酶同工酶分析.北京农业大学学报,1995,21:133-137
云南省稻种资源考察组.云南省稻种资源考察总结报告(1978-1981).云南农业科技,1982,(特刊)
曾令祥,邓光辉,戴继跃.贵州省稻种资源抗纹枯病性鉴定.贵州农业科学,1987,(2):1-5
曾亚文,陈勇,徐福荣等.云南三种野生稻的濒危现状与研究利用.云南农业科技,1999,(2):10-12
曾亚文,刘家富,汪禄祥等.云南稻核心种质矿质元素含量及其变种类型.中国水稻科学,2003,17(1):25-30
章琦,王春莲,施爱农等.野生稻抗稻白叶枯病(*Xanthomonas oryzae* pv. *oryzae*)性的评价.中国农业科学,1994,27(5):1-9
章琦,赵炳宇,赵开军等.普通野生稻的抗水稻白叶枯病(*Xanthomonas oryzae* pv. *oryzae*)新基因Xa-23[(t)]的鉴定和分子标记定位.作物学报,2000,26:536-542
赵志军.吊桶环遗址稻属植硅石研究.中国文物报,2000年7月5日
张兰民,潘国君,张淑华等.寒地粳稻耐低磷品种的筛选方法研究.中国农学通报,1999,(6):38-41
张文绪,裴安平.澧县八十垱出土稻谷的研究.见:王象坤,孙传清.中国栽培稻起源与演化研究专集.北京:中国农业大学出版社,1996.47-53
张晓葵,肖利人,黄河清等.稻种资源抗水稻细菌性条斑病鉴定.湖南农业科学,1992,(2):33-35
张尧忠,程侃声,周汇等.水稻酯酶酶谱定量分析.西南农业学报,1989,2(3):43-50
张尧忠,程侃声,贺庆瑞.从酯酶同工酶看亚洲稻的地理起源及亚种演化.西南农业学报,1989,2(4):1-6
张尧忠,程侃声,才宏伟等.栽培稻和普通野生稻酯酶同工酶带的初步研究.西南农业学报,1994,7(4):1-6

张良佑,萧整玉,吴洪基等.野生稻与栽培稻的杂种后代对褐飞虱的抗性机制初探.植物保护学报,1998,25:321-324
甄海,黄炽林,陈奕等.野生稻资源蛋白质含量评价.华南农业大学学报,1997,18(4):16-20
郑康乐,庄杰云,陆军等.籼稻骨干亲本的STS多态性.农业生物技术学报,1997,5(4):325-330
郑康乐,庄杰云.我国水稻推广品种的遗传变异性和种质资源的开发利用.中国农业科技导报,2000,2(3):69-72
郑景生,黄育民.中国稻作超高产的追求与实践.分子植物育种,2003,1:585-596
钟代彬,罗利军,郭龙彪等.栽野杂交转移药用野生稻抗褐飞虱基因.西南农业学报,1997,10(2):5-9
周季维.长江中下游出土古稻考察报告.云南农业科技,1981,(6):1-6
周进,汪向明,钟扬.湖南、江西普通野生稻居群变异的数量分类研究.武汉植物学研究,1992,10:234-242
周祖铭.水稻品种抗二化螟鉴定初步研究.植物保护学报,1985,(3):159-164
朱红莲,孔垂华,胡飞等.水稻种质资源的化感潜力评价方法.中国农业科学,2003,36(7):788-792
褚启人,章振华.中国东乡野生稻的粗线期分析及其与普通栽培稻的亲和性.遗传学报,1984,11:466-471
朱世华,汪向明,王明全.中国普通野生稻线粒体DNA的限制性片段长度多态性.宁波大学学报(理工版),1998,11(4):11-16
朱世华,张启发,王明全.中国普通野生稻核糖体基因限制性片段长度多态性.遗传学报,1998b,25:531-537
朱世华,王明全,汪向明.稻属叶绿体DNA限制性片段长度多态性.中国水稻科学,1999,13(3):139-142
朱世华.稻属核糖体DNA的限制性片段长度多态性.宁波大学学报(理工版),1999,12(2):56-60
朱英国,冯新华,梅继华等.我国水稻农家品种酯酶同工酶地理分布研究.中国农业科学,1985,(1):32-39
朱有勇,Leung Hei,陈海如等.利用抗病基因多样性持续控制水稻病害.中国农业科学,2004,37(6):832-839
祝兆麒,顾正远,李宜慰等.稻种资源对稻蓟马抗性鉴定研究.中国农业科学,1987,(2):63-66
朱作峰,孙传清,付永彩等.用SSR标记比较亚洲栽培稻与普通野生稻的遗传多样性.中国农业科学,2002,35:1437-1441
庄杰云,钱惠荣,陆军等.籼稻品种遗传变异性初探.中国农业科学,1996,29(2):17-22
Aggarwal R K, Brar D S, Khush G S. Two new genomes in the *Oryza* complex identified on the basis of molecular divergence analysis using total genomic DNA hybridization. *Mol Gen Genet*, 1997, 254:1-12
Cai H W, Wang X K, Morishima H. Genetic diversity of wild rice population. *In*: Wang X K, Sun C Q. Origin and Differentiation of Chinese Cultivated Rice. Beijing: China Agricultural University Press, 1996. 154-156
Cai H W, Wang X K, Pang H H. Isozyme studies on the *Hsien-Keng* differentiation of the common wild rice (*Oryza rufipogon* Griff.) in China. *In*: Wang X K, Sun C Q. Origin and Differentiation of Chinesee Cultivated Rice. Beijing: China Agricultural University Press, 1996. 147-153
Chang T T(张德慈). Manual on genetic conservation of rice germplasm evaluation and utilization. Manila: IRRI, 1976
Dally A, Second G. Chloroplast DNA diversity in the wild and cultivated species of rice (Genus *Oryza*, Section *Oryza*). Cladistic-mutation and genetic-distance analysis. *Theor Appl Genet*, 1990, 80:209-222
Gao L Z. Population structure and conservation genetics of wild rice *Oryza rufipogon* (Poaceae): a region-wide perspective from microsatellite variation. *Mol Ecol* 2004, 13:1009-1024
Gao L Z, Ge S, Hong D Y, *et al*. A study on population genetic structure of *Oryza meyeriana* (Zoll. et Merr. ex Steud.) Baill. from Yunnan and its in situ conservation significance. *Sci China* (*Ser C*), 1999, 42:102-108
Gao LZ, Ge S, Hong D Y. Allozyme variation and population genetic structure of common wild rice *Oryza rufipogon* Griff. in China. *Theor Appl Genet*, 2000, 101:494-502
Gao L Z, Ge S, Hong D Y. Low levels of genetic diversity with in populations and high differentiation among populations of a wild rice, *Oryza granulata* Nees et Arn. ex Watt., from China. *Intl J Plant Sci*, 2000, 161:691-697
Gao L Z, Ge S, Hong D Y. High levels of genetic differentiation of *Oryza officinalis* Wall. et Watt. from China. *J Heredity*, 2001, 92:511-516
Huang J, Rozelle S, Pray C, *et al*. Plant biotechnology in China. *Science*, 2002, 295:674-677
Huang Z, He G, Shu L, *et al*. Identification and mapping of two brown planthopper resistance genes in rice. *Theor Appl Genet*, 2001, 102:929-934
IBPGI. Strategies for Globel Biodiversity. Rome, Italy: IBPGI, 1992
James C. A. Global Review of Commercialized Transgenic Crops, 2001, ISAAA Briefs No. 24. Ithaca, NY: ISAAA, 2001

Kiang Y T, Antonovics J, Wu L. The extinction of wild rice (*Oryza perennis* formosana) in Taiwan. *J Asian Ecol*, 1979, 1:1–10

Kimura. The neutral theory of molecular evolution. Cambridge, UK: Cambridge Univ Press, 1983

Khush G S, Bacalangco E, Ogawa T. A new gene for resistance to baterial blight from *O. longistaminata*. *Rice Genetics Newsletter*, 1990, 7:21–22

Merrill E D. *Oryza sativa* L. *Philip J Sci*, 1917, 12:2

Merrill E D. A sixth supplementary list of Hainan plants. *Lingnan Sci J*, 1935, 14:1–2

Moncada P, Martinez C P, Borrero J, *et al*. Quantitative trait loci for yield and yield components in an *Oryza sativa* × *Oryza rufipogon* BC_2F_2 population evaluated in an upland environment. *Theor Appl Genet*, 2001, 102:41–52

Nakagahra M, Akihama T, Hayashi K. Genetic variation and geographic cline of esterase isozymes in native rice varieties. *Japan J Genetics*, 1975, 50(5):373–382

Nakagabra M. Geographical Distribution of Esterase Genotypes of Rice in Asia. *Rice Genetics Newsletter*, 1984, 1:118–119

Normile D. Archaeology-Yangtze seen as earliest rice site. *Science*, 1997, 275:309

Ogihara Y, Tsunewaki K. Diversity and evolution of chloroplast DNA in *Triticum* and *Aegilops* as revealed by restriction fragment analysis. *Theor Appl Genet*, 1988, 76:321–332

Oka H I. Origin of Cultivated Rice. Tokyo: Japanese Science Societies Press, 1988

Qian W, Ge S, Hong D Y. Genetic variation with in and among populations of a wild rice *Oryza granulata* from China detected by RAPD and ISSR markers. *Theor Appl Genet*, 2001, 102:440–449

Shahi B B, Morishima H, Oka H I. A survey of variations in perxoidase and phosphatase esterase isozymes of wild rice and cultivated *Oryza species*. *J pn J Genet*, 1967, 444:303–319

Singh R B, Williams J T. Maintenance and multiplication of plant genetic resources. *In*: Crop Genetic Resources: Conservation and Evaluation. London: Georye Allen and Unwin, 1984. 120–130

Soltis P S, Soltis D E, Doyle J J. Molecular systematics of plants. New York: Chapman & Hall, 1992

Song W Y, Wang G L, Ronald P, *et al*. A receptor kinase-like protein encoded by the rice disease resistance gene, *Xa*21. *Science*, 1995, 270:1804–1806

Specht C E, Keller E R J, Freytag U, *et al*. Survey of seed germinability after long-term storage in the Gatersleben genebank. *Plant Genetic Newsletter*, 1997, 111:64–68

Sun C Q, Wang X K, Li Z C, *et al*. Comparison of the genetic diversity of common wild rice (*Oryza rufipogon* Griff.) and cultivated rice (*O. sativa* L.) using RFLP markers. *Theor Appl Genet*, 2001, 102:157–162

Tateoka T. Taxonomic studies of *Oryza*. Ⅱ. Key to the species and their enumeration. *Bot Mag*, 1963, 76:165–173

Vaughan D A. The Wild Relatives of Rice. Manila: IRRI, 1994. 13

Xiao J H, Li J M, Grandillo S, *et al*. Genes from wild rice improve yield. *Nature*, 1996, 384:223–224

Xiao J H, Li J M, Grandillo S, *et al*. Identification of trait-improving quantitative trait loci alleles from a wild rice relative, *Oryza rufipogon*. *Genetics*, 1998, 150:899–909

Yang G P, Saghai-Maroof M A, Xu C G, *et al*. Comparative analysis of microsatellite DNA polymorphism in landraces and cultivars of rice. *Mol Gen Genet*, 1994, 245:187–194

Yuan L P. Advantages of and constraints to the use of hybrid rice varieties. International Workshop on Apomixis in Rice. Changsha: Hunan Hybrid Rice Research Center, 1993

Zhu Y Y, Chen H R, Fan J H, *et al*. Genetic diversity and disease control in rice. *Nature*, 2000, 406:118–122

Zhuang J Y, Qian H R, Lu J, *et al*. RFLP variation among commercial rice germplasms in China. *J Genet & Breed*, 1997, 51:263–268

第四章　稻田生态环境与水稻种植区划

我国的稻作分布区域辽阔，除了青藏高原外，都有水(陆)稻种植。稻作区域由南向北跨越热带、亚热带、暖温带、中温带、寒温带5个温度带，而降水存在着地区分布和时间分配的不均匀，且年际变化较大。如此复杂多变的自然条件和多种多样的气候类型，形成了我国复杂而多样的稻田生态环境。

第一节　稻田生态环境

一、日照时数与辐射

根据我国主要稻区1982～1985年太阳辐射量和1988～2003年日照时数资料分析，不同稻作区和水稻生长季节，太阳辐射和日照时数不同(表4-1)。各稻作区中，中稻的太阳辐射以银川为最高，达20.7 MJ/(m²·d)；成都最低，为11.9 MJ/(m²·d)；北京、哈尔滨、沈阳、长沙、福州、信阳和昆明均较高，在17.8～16.4 MJ/(m²·d)之间；杭州和合肥较低，分别为14.9 MJ/(m²·d)和14.3 MJ/(m²·d)。平均每天日照时数以银川为最高，达8.6 h；成都较低，为3.8 h；北京、哈尔滨和沈阳较高，在7.8～7.3 h之间；其他地区均在5.8～5.1 h之间。

不同水稻季节的太阳辐射和日照时数均以中稻为最高，连作晚稻次之，早稻最低。我国中稻产量最高，其次是连作晚稻，早稻最低，与此有一定关系。中稻较长的生育期和较充足的光照条件为水稻生长提供了相对较多的光合作用的能量。

表4-1　各稻区水稻生长季节主要城市日照时数和辐射

地　点	太阳辐射[MJ/(m²·d)]			日照时数(h/d)		
	早稻	中稻	晚稻	早稻	中稻	晚稻
福　州	12.6	16.9	15.8	4.3	5.1	5.2
广　州	10.0		14.3	3.4		5.5
南　宁	11.9		16.0	3.5		5.4
长　沙	13.4	17.0	15.2	4.3	5.6	5.4
杭　州	12.5	14.9	13.2	5.3	5.6	5.5
合　肥	12.6	14.3	12.7	5.6	5.8	5.6
南　昌	13.0		16.7	4.9		5.8
信　阳		16.7			5.8	
北　京		17.8			7.5	
成　都		11.9			3.8	
昆　明		16.4			5.5	
哈尔滨		17.4			7.8	
沈　阳		17.1			7.3	
银　川		20.7			8.6	

不同地区各月份的日平均太阳辐射量存在较大差异。广州、长沙和杭州最大日辐射量出现在 7～8 月份，以长沙为最高，达 20 MJ/(m^2·d)），杭州和广州分别为 17 MJ/(m^2·d)和 16 MJ/(m^2·d)）。而北方的银川和北京最大值出现在 5～6 月份，分别达到 23 MJ/(m^2·d)和 20 MJ/(m^2·d)）。昆明和成都最大值出现在 5 月份。成都最大值较小，约 13 MJ/(m^2·d)；昆明的日均辐射量 5 月份较高，而水稻生长的季节 6～9 月份较低(图 4-1)。

日照时数与日辐射量的差异类似，以银川为最高，最大值为 9 h/d，成都为 4 h/d。杭州、长沙和广州的最大值均出现在 7 月份，杭州和长沙为 7 h/d，广州为 6 h/d(图 4-2)。

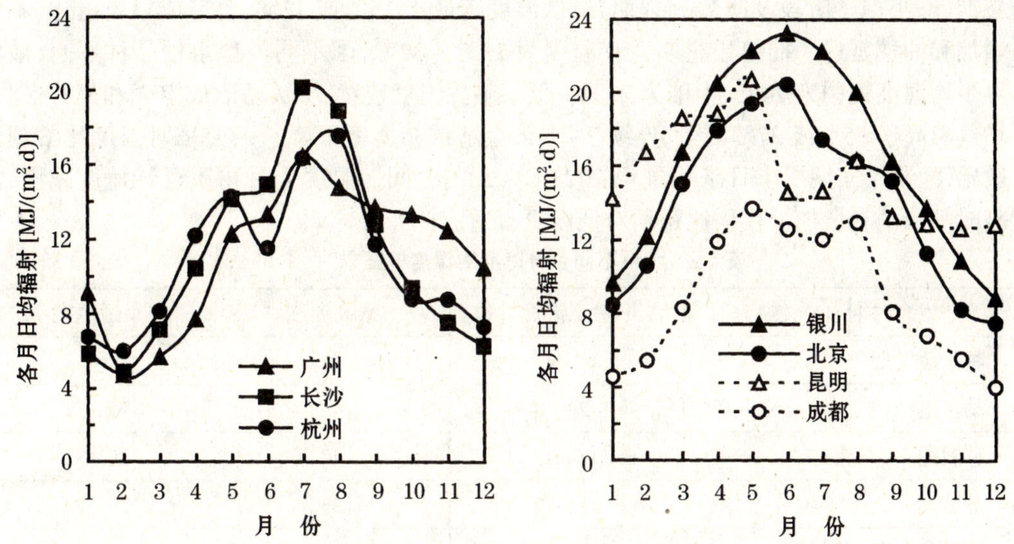

图 4-1　不同地区各月日平均辐射量

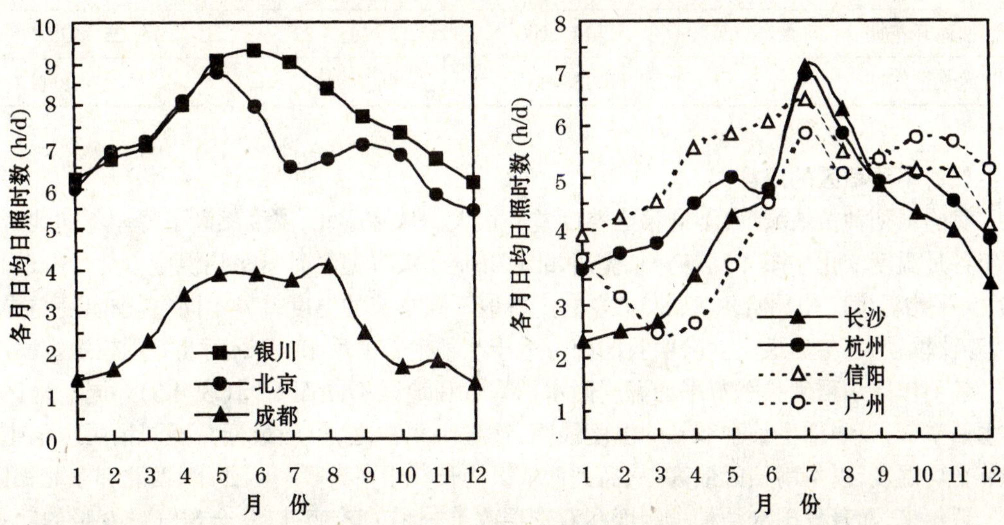

图 4-2　不同地区各月日均日照时数

二、温　度

(一)水稻生长对温度的要求

水稻为喜温作物,在不同生长阶段对温度的要求不一,各生长阶段的最低温度、最高温度和最适温度如表4-2。水稻秧苗期特别是早稻3叶期以前,日平均气温低于12℃连续3天以上时,易染病,出现烂秧、死苗。晚季稻秧苗期间苗温度较高时,如高于40℃,秧苗易被灼伤。分蘖期间日平均气温低于15℃或17℃时,分蘖停止,造成僵苗不发。花粉母细胞减数分裂期(幼小孢子阶段及减数分裂期)最低温度若低于15℃或17℃,会造成颖花退化、不实粒增加和抽穗延迟。抽穗开花期适宜温度为25℃~32℃,因不同类型水稻品种不同,最低临界平均温度粳稻为20℃、籼稻为22℃。低于临界温度连续3天,易形成空壳和瘪谷;但日平均气温高于35℃或37℃以上、连续3~5天会造成结实率下降。杂交稻对温度比常规稻更敏感,灌浆结实期要求日平均气温在23℃~28℃之间。温度低时物质运转速度减慢,温度高时呼吸消耗增加。粳稻比籼稻对低温更有适应性。

表4-2　水稻不同生育时期对温度的要求　(℃)

生育时期	最低温度	最高温度	最适温度
种子萌发期	10~12	45	18~33
幼苗生长期	12~14	40	20~32
移栽期	13~15	40	25~32
分蘖期	15~17	33	25~30
幼穗分化期	15~20	40	25~32
花粉母细胞减数分蘖期	15~17	40	25~32
抽穗开花期	18~20	35~37	25~32
灌浆结实期	13~15	35	23~28

(二)不同稻区的温度

我国水稻种植地域广,不同稻区温度差异很大。从南到北,温度逐渐下降。不同地区的全年各月温度变化如图4-3。广州、杭州、北京和哈尔滨等地各月日平均温度以7月份最高。7月份平均温度广州比哈尔滨高8℃左右。各地不同季节的温度差异不同,夏季温度差异较小,春秋季较大,冬季最大。表明我国南方适于水稻生长的季节较长,而北方则较短。

各稻作区水稻生长季节平均温度因水稻季节和地区不同而不同(表4-3)。同一地区不同水稻季节,以中稻生长季节平均温度最高,连作晚稻次之,早稻最低。不同稻区水稻生长季节平均温度,以华南稻区最高,从高到低依次为长江中下游、华北、西南、西北和东北稻区。

近年来,随着我国水稻种植制度和双季稻改单季稻的转变,以及全球气候变暖的趋势,主要稻区气温上升。杭州、哈尔滨、广州从1988年至2003年,日平均温度每年分别提高0.08℃、0.06℃和0.04℃。长江中下游水稻季节温度上升,极易造成水稻开花期高温伤害,引起颖花结实率下降,造成减产。高温诱导颖花不育的临界温度一般为35℃~37℃。我国稻区各地水稻生长季节日最高温度≥35℃的天数,长江中下游稻区的杭州、长沙、南昌、合肥

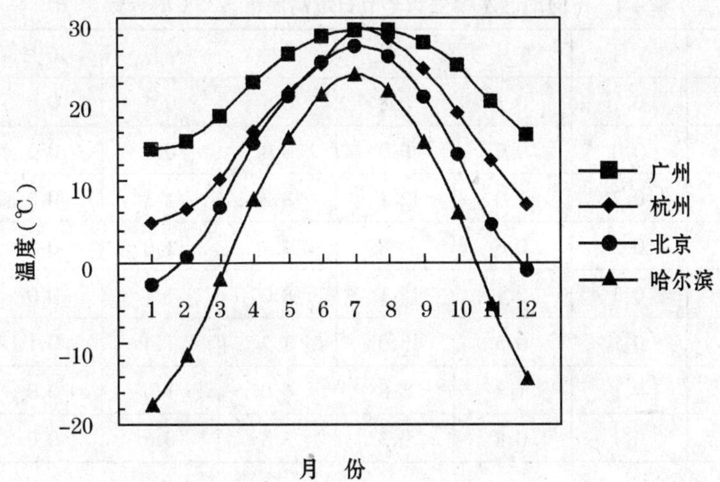

图 4-3　不同纬度地区月平均温度

均在 15 天以上,南京和广州在 15 天左右(表 4-4)。广东地区以连作稻为主,水稻开花期避开了高温季节。而长江中下游地区近年单季稻发展较快,需要根据品种生育期选择适宜播种期,以避免开花期出现在 7 月底至 8 月初的高温季节。

表 4-3　各稻作区水稻生长季节平均温度　(℃)

稻　区	地　点	早　稻	中　稻	晚　稻
长江中下游稻区	长　沙	20.9	26.1	24.9
	杭　州	22.7	25.6	24.8
	合　肥	23.0	25.8	24.5
	南　昌	21.3		25.7
华南稻区	福　州	22.2	26.6	24.8
	广　州	23.1		25.9
	南　宁	22.8		25.3
西南稻区	成　都		22.6	
	昆　明		16.6	
东北稻区	哈尔滨		17.3	
	沈　阳		19.5	
华北稻区	信　阳		23.0	
	北　京		22.2	
西北稻区	银　川		18.9	

表 4-4　不同地区水稻生长季节日最高温度≥35℃的天数　(d)

地　点	5月	6月	7月	8月	9月	10月	合计
成　都	0.1	0.1	0.8	0.5	0.4	0.0	1.9
丽　江	0.0	0.0	0.0	0.0	0.0	0.0	0.0
长　沙	0.2	1.0	12.1	8.2	1.3	0.0	22.8
合　肥	0.2	0.6	9.8	4.4	1.0	0.0	15.9
杭　州	0.3	2.1	15.1	8.0	1.4	0.0	26.8
南　昌	0.1	0.5	13.0	7.7	1.4	0.1	22.8
广　州	0.1	1.2	5.8	6.0	1.6	0.0	14.6
南　京	0.1	0.8	9.3	3.8	0.6	0.0	14.6

三、水　分

根据对 1988 ~ 2003 年我国主要稻区年平均降水量和不同水稻季节降水量的分析，年平均降水量以华南稻区和长江中下游稻区最高，为 1 000 ~ 1 800 mm，西南为 840 ~ 1 030 mm，华北为 540 ~ 1 060 mm，东北为 520 ~ 670 mm，以西北的银川最低，仅 200 mm 左右(表 4-5)。

表 4-5　各稻作区水稻生长季节平均降水量及年均降水量　(单位：mm)

区　域	地　点	早　稻	中　稻	晚　稻	年均降水量
长江中下游稻区	长　沙	957.4	818.0	694.8	1520.4
	杭　州	676.6	866.6	792.9	1478.0
	合　肥	476.7	583.3	540.0	990.3
	南　昌	1127.9		740.6	1700.7
华南稻区	福　州	774.1	855.2	543.2	1401.5
	广　州	1228.0		783.6	1786.5
	南　宁	831.3		632.3	1284.5
西南稻区	成　都		650.9		843.6
	丽　江		917.0		1032.8
东北稻区	哈尔滨		458.8		522.3
	沈　阳		569.7		665.0
华北稻区	信　阳		745.7		1059.1
	北　京		482.4		540.6
西北稻区	银　川		160.4		196.8

不同稻区各地中稻季节的降水量因水稻生长期的差异，总降水量无法比较。早稻季节降水量大多在 500 ~ 1 200 mm 之间，连作晚稻在 540 ~ 800 mm 之间，中稻季节的降水量除西

北的银川仅 160 mm 外,其他地区均在 500 ~ 900 mm 之间。总体来说,我国主要稻区水稻季节雨热同步,降水量充沛。

从各地降水量在不同月份的分配来看,不论是降水量充沛的华南、长江中下游地区,还是降水量较少的华北和西北地区,年降水量的多数均集中在 6 ~ 8 月份的水稻生长季节(图 4-4)。

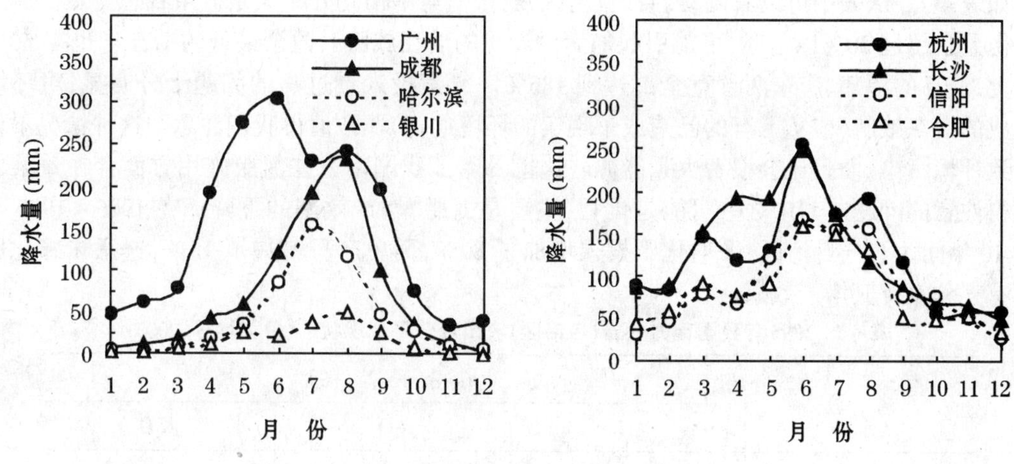

图 4-4　不同稻作区各月降水量

四、稻田养分状况

(一)稻田施肥结构的变化

我国在 20 世纪 50 年代末 60 年代初,实现了水稻矮秆育种的突破,水稻矮秆品种在生产上开始应用。与高秆品种相比,矮秆品种表现耐肥抗倒,适于密植。同时,随着化肥工业的发展,在单产水平逐年提高的同时,施肥水平也发生了重大变化,特别是肥料结构和氮磷钾的投入比例发生了十分显著的变化。以苏南为例,20 世纪 60 年代氮肥以有机肥(猪灰与草塘泥)为主,占 97%,化学氮肥投入量仅占 3%。80 年代,有机氮肥和化肥氮比例分别占 13%和 87%,化学氮肥投入量提高。90 年代,有机氮肥的投入量几乎降为零,即使稻草还田,其量亦微,几乎所有氮均为化学氮肥。氮磷钾的投入比例发生了十分显著的变化。磷、钾的投入量,60 年代分别为氮的 87%和 97%,80 年代分别为氮的 32%和 54%,90 年代分别为氮的 16%和 28%,投入磷钾相对比例逐年下降(表 4-6)。

表 4-6　20 世纪不同年代有机肥和化肥 N、P、K 投入量与比例　(董元华等,2000)

年　代	种　类	N	P_2O_5	K_2O	$N:P_2O_5:K_2O$
60	有机肥(%)	97	100	100	1:0.87:0.97
	化　肥(%)	3	0	0	
80	有机肥(%)	13	83	88	1:0.32:0.54
	化　肥(%)	87	17	12	
90	有机肥(%)	0	0	0	1:0.16:0.28
	化　肥(%)	100	100	100	

(二)农田氮磷钾的状况和平衡

农田养分平衡是养分被作为消耗(生物退化)和施肥投入(养分重建)之间的平衡。因此,农田养分平衡状况可以使人们了解农田养分退化和重建过程的时间变化和可能存在的问题。

1995年南方六省、自治区(包括浙江、福建、江西、湖南、广东、广西)的农田养分平衡状况如表4-7。从表中可以看到,六省(自治区)农田氮素平衡均处于大量盈余状态。农田氮素平衡盈余超过20%以上时,可能引起氮素对环境的潜在威胁。盈余最低的浙江省也在50%以上,最高的福建、广东两省竟全部达到185%。氮素投入量过高的问题十分明显,对环境造成的潜在威胁(事实上有的已造成了现实的环境危害)非常值得我们注意。这种情况不仅导致环境污染,而且还会浪费大量能源。这也暴露了我国南方在氮肥施用方面存在着某些值得注意的问题。其中之一可能是化肥(主要是氮肥)增产效率的下降。在1986~1995年的10年间,六省(自治区)平均化肥投入增加了80%,而单产只增加了15%,这意味着化肥没有充分发挥其增产效果。

表4-7 1995年我国南方六省(自治区)农田养分平衡现状 (鲁如坤等,2000)

省 份	养分平衡(%)		
	N	P_2O_5	K_2O
浙 江	52	47	-48
福 建	185	333	80
江 西	108	112	-10
湖 南	104	72	-14
广 东	185	312	93
广 西	70	162	50

注:养分平衡(%)=(输入/输出-1)×100%

由于磷肥的利用率比氮低,在磷素水平较低的红壤区,特别是红壤旱地上,磷的平衡可以允许有100%~150%的盈余,在红壤性水田上则应低一些。但是,若长期处在这种有较大磷素盈余的情况下,必然会导致土壤磷素的积累,也会引起磷对地表水源污染的威胁。

福建、广东农田1995年的磷素平衡均达到300%以上,显然是不合理的。即使磷素平衡在<100%的情况下,由于这一地区施肥历史较长,因此,大部分土壤,特别是水稻土都可能出现磷素积累的情况。在典型地区的研究表明,农田磷素积累趋向十分明显。

南方六省(自治区)农田钾素平衡情况比较复杂。从表4-7中可以看出,福建、广东、广西钾素处于盈余状态,而浙江、湖南、江西则处于亏缺状态。在我国农田钾素平衡达到盈余状态的并不多见,而处于亏缺状态的则是普遍现象。在农田缺钾显著的情况下,钾素平衡盈余30%~50%尚可,但是像福建、广东等省,特别在钾肥几乎全部依靠进口的情况下,钾素平衡盈余超过50%可能是不合理的。

苏南地区在20世纪60年代初期,施肥制度以农家肥为主,尽管肥效慢,而且不能被当季作物充分利用,但氮、磷、钾都是盈余的,这正是长期以来传统农业的良好作用,虽然生产水平较低,从养分输入输出比来看一般都大于2.0。进入80年代后,情况发生了明显变化,除氮量有盈余外,磷、钾均呈亏缺,输入输出比除氮大于1外,磷、钾都小于1。90年代,养分平衡状况比80年代更为严峻,除氮盈余外,磷和钾亏缺量更大,磷、钾输入输出比进一步缩小(表4-8)。过去营养元素呈盈余状态,稻田环境状况良好。而今氮盈余量增多,磷与钾均呈亏缺状态,从而农田和水体(河道、湖泊)多出现富营养化,这不能不说是肥料结构失衡带来的不良后果。

表4-8 苏南20世纪60~90年代农田养分平衡与输入输出比 (董元华等,2000)

年代	平衡状况(%)			输入/输出		
	N	P_2O_5	K_2O	N	P_2O_5	K_2O
60	59.5	49.7	33.6	46.50	5.74	2.00
80	7.0	-4.1	-14.6	1.47	0.63	0.45
90	16.1	-7.7	-33.4	1.85	0.42	0.23

第二节 水稻光温反应特点及其应用

一、水稻的“三性”

水稻的三性指感温性、感光性和基本营养生长性。

(一)水稻的感温性

水稻因受温度高低影响而改变其生育期的特性,称感温性。感温性强意味着高温促进抽穗程度大,感温性弱则高温促进抽穗程度小。在相同光长条件下,可用公式计算水稻抽穗促进率:抽穗促进率=[(低温下抽穗日数-高温下抽穗日数)/低温下抽穗日数]×100%。抽穗日数指播种到抽穗的天数。试验表明,所有品种均是感温的。晚稻的感温性比早、中稻强,而早稻又比中稻强些。温度和光照对水稻生育期的影响是互为作用的,不能离开光照长短来研究水稻的感温性,也不能离开温度的高低来研究水稻的感光性。如将不同类型的水稻品种引至同一地区,同在每天10~11 h短光条件下布置试验,由于这些短光照有利于晚稻的发育,因此提高温度可以明显地使晚稻生育期缩短;早稻对短光照反应不敏感,因而生育期缩短的比例较晚稻为小。不同地区的水稻对高温的反应也有差别,东北、西北地区的早粳比长江流域和华南地区的早籼对高温的反应敏感,对低温的抵抗力也较强。

所有籼、粳和晚、中、早稻品种都喜高温,在最高温的晚稻栽培季节播种的稻株生长发育特别快,生育期都明显地缩短,其中晚稻类型品种又比早稻类型品种生育期缩短得更多。

(二)水稻的感光性

水稻因受日照长短的影响而改变其生育期的特性,称为感光性。水稻感光性强弱可用日长对抽穗促进率表示。日长对抽穗促进率可用不同日长条件下的抽穗日数计算:抽穗促进率=[(长日下抽穗日数-短日下抽穗日数)/长日下抽穗日数]×100%。抽穗促进率为正值时,表明短日促进抽穗,播种到抽穗期天数缩短;抽穗促进率为负值时,表明短日延迟抽穗。一般随日照长度的延长抽穗延迟。当日长达到一定长度时,水稻就不能抽穗,这一日长称为抽穗临界日长。

光周期诱导水稻植株营养生长点分化出穗的反应器是叶片,光周期诱导的时期是从4~

5 叶期开始到分化出幼穗为止。一般低纬度的晚稻品种,在一年中不论任何时候播种,都要经过一段短日期间才能抽穗成熟,缩短光照可以明显地使幼穗分化期提早,属于对日长条件反应敏感的类型。几乎所有的早稻品种在春季或日照最长的夏至前后播种,均能正常抽穗,对日长没有严格的要求,属于对日长条件钝感或无感的类型。

水稻品种幼穗分化的日长最高限从南到北也形成连续变异。各地晚稻抽穗的日长条件,在海南崖县(今三亚市)约为 11 h,广州约为 12 h,南京约为 13.5 h,黄河以北约为 14 h。一年中各季节的日长是由短到长、再由长到短的规律性变化(图 4-5),从而也就形成了晚、中、早稻及其迟、中、早熟品种的幼穗分化日长的连续性变异。以广州为例,当地的早稻约在 5 月份每天日照 13 h 左右的条件下完成光周期诱导,在由短日照向长日照变化的情况下抽穗;中稻约在夏至后日长 13.5 h 完成光周期诱导,在最长日照后抽穗;晚稻则在 9 月份每天日照 12.5 h 以下完成光周期诱导,在由长日照向短日照显著变化后抽穗。

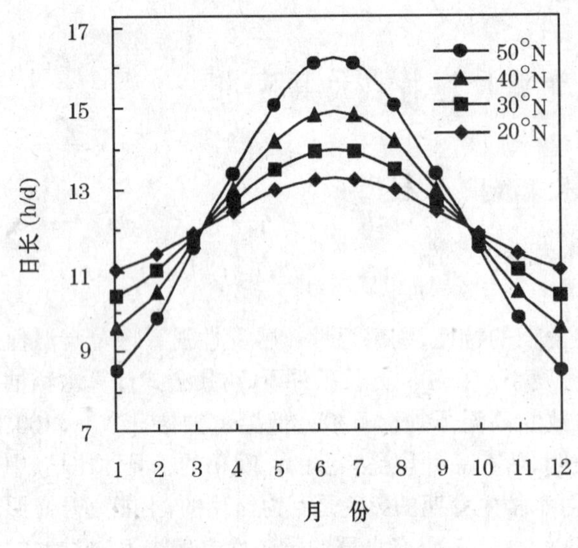

图 4-5　不同纬度日长变化

前华东农业科学研究所 1957 年对全国各地 831 个水稻品种的研究结果,把我国水稻品种的感光性划分为 5 个类型(表 4-9)。

从各品种的地理分布可以看出水稻品种感光性的差别,其主要外因是由于不同原产地和不同季节日长条件的影响。原产地的纬度是影响水稻品种感光性的主要因素之一。我国稻作区在水稻主要生长期的夏季,纬度越低,光照时间越短。因而,越是感光性强的品种,越只能在纬度较低的地方存在。感光性极强的第Ⅴ类品种,主要分布在 28°N 以南的广东、广西、福建等地,此外,浙江的东南部、江西的南部和云南南部有少数这类品种的分布。感光性强的第Ⅳ类品种主要分布在长江流域 35°N 以南各省。感光性中等的第Ⅲ类品种分布在 40°N 以下河北省中部以南的地区。感光性弱的第Ⅱ类品种分布在 45°N 以下吉林省中部以南的地区。原产地的生育季节对品种感光性也有巨大影响。品种原产地相同,生育季节不同,愈是早熟的品种一般感光性愈弱,晚熟品种感光性强。感光性强的品种只分布在南方,感光性弱的品种却并不只分布在北方,华南和华中都有许多感光性极弱的第Ⅰ类品种和感光性弱的第Ⅱ类品种。在华南和华中同时形成感光性极强的第Ⅴ类、强的第Ⅳ类、极弱的第Ⅰ类、弱的第Ⅱ类品种,是由于即使在同一地区,一年之中日照长度的变化也较大。如我国南部日长变化小的位于 20°N 的海口市,夏季最长日照 13.37 h(6 月 21 日),冬季最短日照 10.90 h,两者相差也有 2.47 h。华南的早季稻在 2 ~ 3 月份播种,6 ~ 7 月份成熟,生育期间日照逐渐增长;晚季稻 5 ~ 6 月份播种,11 ~ 12 月份成熟,生育期间日照逐渐缩短。因此,在同一地区不同季节种植水稻,事实上是使它们在不同的生态条件下生长发育,因而所形成的感光性也就不同。原产地的海拔也是影响品种感光性的重要因素之一。高原品种比同纬度的平原品种感光性较弱。云南省(21° ~

29°N）和华南各省（18°～28°N）的纬度相近，但海拔较高，原产云南省的大部分晚熟籼稻品种感光性属第Ⅲ类，晚熟粳稻属第Ⅳ类，而华南各省的晚季稻品种感光性都属第Ⅴ类。高原上原产的品种感光性较弱，是因为海拔愈高气温愈低，生育期愈短，水稻成熟期必须提早，与同纬度平原地区的品种相比，光周期诱导是在较长日照下完成的。

综合来看，总的趋势是：晚稻的感光性均强；中稻的感光性则有中有弱，比较复杂；早稻的感光性均弱。以籼粳来说，早、中粳稻的感光性强于早、中籼稻，但晚籼稻的感光性则强于晚粳稻。这些均同品种原产地的自然生态条件和栽培制度有密切关系。

表 4-9　中国水稻品种对不同日照长度的反应特性

类　别	籼粳类型	对日长反应的程度	对不同日长反应的特点			主要分布地区
			在 9.5～18 h 范围内抽穗期差异天数	开始延迟抽穗的临界日长范围(h)	抽穗期有差异的日照长度范围(h)	
第Ⅰ类	粳	极弱	0～12	—	—	黑龙江、台湾（双季早稻兼用品种）
	籼	极弱	0～12	—	—	华南各省（第一季稻），华中各省（单季早中稻），云贵高原（第一季稻或单季早稻）
第Ⅱ类	粳	弱	13～30	13.5～18.0	13.5～18.0	吉林、新疆、甘肃、河北北部、江苏、江西（极早粳稻）
	籼	弱	13～30	—	9.5～13.5	华南各省（第一季稻），华中各省（早中稻），云贵高原（第一季稻或单季早稻）
第Ⅲ类	粳	中	＞30	13.5～18.0	13.5～18.0	河北中部、江苏（早熟的中粳稻）
	籼	中	＞30	—	9.5～18.0	四川、云南、贵州三省（单季早中稻或双季稻的早季稻）
第Ⅳ类	粳	强	＞30	12.5～13.5	12.5～18.0	江苏、浙江两省的太湖地区（单季晚稻）
	籼	强	＞30	12.5～13.5	12.5～18.0	华中各省（单季晚稻），云贵高原（单季晚稻）
第Ⅴ类	粳	极强	＞30	11.5～12.5	11.5～18.0	华南各省和云南（第二季稻的粳糯品种）
	籼	极强	＞30	11.5～12.5	11.5～18.0	华南和云南（第二季稻品种）

（三）水稻的基本营养生长性

在最适于水稻发育的短日照、高温条件下，水稻品种也要经过一个必不可少的最低限度的营养生长期才能进入生殖生长，开始幼穗分化。这个不受短日、高温影响而缩短的营养生长期，称为基本营养生长期或短日高温生育期。基本营养生长期的长短因品种而不同，称为品种的基本营养生长性。可以认为，水稻在幼穗分化前的营养生长可分为可消营养生长期和基本营养生长期。前者是通过高温短日处理能消除的，而后者是光温处理不能消除的。

表4-10初步反映了早、中、晚稻在高温、短日综合影响下对营养生长期的缩短。它说明:①晚稻品种可被缩短的营养生长期最长(达74.2天),基本营养生长期最短,因此基本营养生长性小。中稻品种可被缩短的营养生长期较长(达53.5天),但基本营养生长期也较长,因此基本营养生长性较强。早稻品种可被缩短的营养生长期较短(只有23天),基本营养生长期虽不长,但基本营养生长性则较晚稻稍大。然而,原产热带的早稻却具有较长的基本营养生长期,基本营养生长性较强。②晚稻是由野生稻演变形成的基本类型,感光性强,短日照和高温都可使生育期缩短,但两者比较,短日照对可变营养生长期的缩短比高温为大。自然条件下影响其生育期的变化的主要因素是日长条件,故晚稻感光性强,且越是起源于低纬度地区的迟熟品种感光性越强。长江中下游的早稻感光性弱,但高温对早稻可变营养生长期的缩短显著比短日照为大。可见,早稻的感温性比感光性强,温度是影响其生育期变化的决定因素,故称早稻为感温型作物,且越是起源于高纬度地区的早熟品种感温性越明显。中稻的感光性居于早、晚稻之间,早熟中稻偏近于早稻,迟熟中稻偏近于晚稻,但中稻对增温的反应仍比缩短光照稍敏感,这是其近于早稻而有别于晚稻的一个特点。

表4-10 不同类型品种的基本营养生长期 (d)

类型	品种	播种到抽穗天数		可变营养生长期	在基本营养生长期中	
		常温、自然日照	高温、短日照		为高温所缩短	为短日照所缩短
早稻	二九南2号	61	44	17	18	-1
	矮南早1号	65	43	22	23	-1
	二九青	67	45	22	24	-1
	矮南早39号	70	44	26	25	-1
	广陆矮4号	79	51	28	28	0
	平均	68.4	45.4	23	23.6	-0.8
中稻	IR8	110	76	34	11	23
	农垦57	102	53	49	30	19
	京引15	105	46	59	35	24
	桂花黄	111	39	72	38	34
	平均	107.0	53.5	53.5	28.5	25.0
晚稻	沪选19	109	44	65	34	31
	嘉农482	112	46	66	38	28
	苏粳2号	120	43	77	32	45
	农虎6号	122	45	77	30	47
	农垦58号	122	45	77	32	45
	宇红1号	126	43	83	38	45
	平均	118.5	44.3	74.2	34	40.2

二、早、中、晚水稻的“三性”特点

(一)早　稻

早稻是由晚稻演变而来的对短日照不再敏感的变异类型。一般早稻品种都具有基本营养生长性较小、感光性较弱、感温性较强的特点。因此,早稻生育期的长短(主要是营养生长期)主要取决于温度的高低。由于早稻感光性弱,不仅对短光照反应钝感,即使在 18 h 长日照下也能正常抽穗,所以早稻在长江中下游地区 3 月底 4 月初播种,均能在 5～6 月份较长日照条件下开始幼穗分化,完成稻穗发育。

(二)中　稻

中稻品种在“三性”特点上属晚稻和早稻的过渡类型。中稻的早、中熟品种,其“三性”特点偏近于早稻,迟熟品种则偏近于晚稻。但即使迟熟中稻品种,对增高温度的反应仍比缩短光照稍敏感,这是其近于早稻而有别于晚稻的一个特点。中稻的基本营养生长期都比早稻长。中籼和中粳的“三性”特点也有差别,中籼的基本营养生长性较大,为高温或短日所缩短的生育天数显著较中粳为少。

迟熟中粳的基本营养生长期短,与晚粳近似,但感光性仍比晚粳稍弱。所以在长江中下游种植迟熟中粳,抽穗期比晚粳早。

早熟中稻品种感光性较弱,在 10 h 短日照下从播种到抽穗只缩短 11～12 天,在 18 h 长日照下仅比自然日照抽穗延迟 5～14 天。迟熟中稻感光性较强,如迟熟中粳桂花黄,在 18 h 长日照条件下甚至不能抽穗,这一点与迟熟中籼是不同的。

(三)晚　稻

晚稻品种一般都具有基本营养生长性小而感光性、感温性都强的特点。长江中下游和华南栽培的单季晚稻,不论播种迟早,温度多高,都要在短日照条件下才能抽穗。因此,晚稻品种生育期的长短,主要受日照长短的制约。长江中下游的晚粳,每天光照超过 13.5 h 即表现生育期延迟,超过 18 h 即不能抽穗。华南的迟熟晚籼对光照长度的反应更为敏感,每天光长超过 12.5 h 生育期即有所延长,超过 13 h 即不能抽穗。

晚稻品种虽然感光性强,但不同品种之间感光性也有差别,这就决定了品种间生育期长短的不同。因此,晚稻品种可分为早、中、迟熟 3 个类型。一般来说,感光性越强,为短日照所缩短的营养生长期也越长,幼穗分化期所需的临界光长也越短,因而生育期也越长,如长江中下游的农垦 58、农虎 6 号,即属于迟熟晚粳。相反,感光性稍弱,为短日照缩短的营养生长期较短,幼穗分化期所需的临界光长也稍长,因而生育期也较短,属于早熟晚粳,如沪选 19 等。感光性和生育期介于上述两者之间的属于中熟晚粳,如嘉农 15 等。

三、水稻“三性”在生产中的应用

(一)在育种上的应用

在选择杂交亲本时,应考虑不同品种的温、光反应特性。对日长敏感型为显性,迟钝型为隐性。在采用地理上远距离、生态型不同的品种进行杂交时,为了使花期相遇,应根据温、光反应特性加以调控。为利用低纬度地区的晚稻与当地早稻杂交,就应根据晚稻的感光特性采用适当遮光处理以促使抽穗开花,或将亲本之一的早稻适当延迟播种,使早、晚稻能在有利于杂交的季节正常抽穗,花期相遇。

(二)在引种上的应用

从外地引种,要首先考虑品种的温、光反应特性。凡对温、光反应钝感而适应性广的品种,只要生育季节能够保证,可以满足品种所要求的有效积温,引种比较容易成功。

不同纬度的地区引种,北种南引,生育期一般有所缩短。特别是长春以北的早粳,全生育期所需有效积温较少,对高温反应较敏感,引至南方种植,要适当早播,秧龄不宜太长,注意延长营养生长期,这样才能获得高产。南种北引,生育期延长,早稻容易成功,晚稻比较困难。国际水稻研究所育成的IR8等系列,对光照反应钝感,在菲律宾等低纬度地区种植,全生育期120天左右。由于该类品种对温度要求高,引到中纬度长江中下游地区种植,生育期延长到145~150天。广东原产的早稻广陆矮4号等品种感光性弱,引至长江流域,因温度较低,生育期稍有延长,但变动不太大,普遍取得了成功。广东晚稻品种溪南矮引至湖南,福建晚稻品种景春糯引至湖北,由于这类晚稻品种感温、感光性都强,结果都不能抽穗。

纬度相近、海拔不同的地区之间引种,一般高向低引,生育期缩短;低向高引,生育期延长。长江中下游北纬30°左右平原地区栽培的水稻品种,引至海拔1 070 m的湖北省利川县种植,生育期一般延长30天左右。

纬度和海拔相近的地区,由于温度、光照条件都比较接近,相互引种容易成功。

(三)在栽培上的应用

双季稻地区,季节很紧,感光性弱、全生育期要求有效积温较多的迟熟早稻,就比较能耐迟播,秧龄可以稍长。全生育期要求有效积温较少、对光照反应不敏感的早熟早稻,秧龄稍长就容易在秧田满足其有效积温,以致造成早穗减产。早熟早稻推迟播种,由于温度增高,生育期缩短,如栽培管理不当,也会造成株矮、叶片数减少、穗小,产量不高。晚稻类型感光性强,对生育期长短起主导作用的是光照,因此,晚稻不能用作早季稻栽培,早播也不可能明显早熟,而可以适当早播培育老壮秧。但晚稻类型的生育期长,全生育期要求有效积温多,迟播容易出现"翘稻头",用晚稻类型作连晚栽培,要特别重视安全齐穗期。

随着经济的发展,农村地区高速公路等基础设施日益完善,而诸如高速公路两旁的路灯,由于开灯时间长,其光强也会影响水稻的感光反应。近年来,由于路灯造成晚粳抽穗推迟导致减产的现象经常发生,应引起重视。

第三节　中国水稻种植区划

水稻属喜温好湿的短日照作物。可以根据不同地区热量、水分、日照、安全生长期、海拔、土壤等生态环境条件和生产条件、稻作特点,划分水稻种植区域,进行水稻生产布局。其中热量资源是影响水稻布局的最重要因素。根据热量资源状况,可以确定水稻的种植制度。热量资源(年≥10℃积温)为2 000℃~4 500℃的地区适于种一季稻;4 500℃~7 000℃的地区适于种双季稻,5 300℃是双季稻的安全界限;7 000℃以上的地区可以种三季稻。根据稻作区划可将全国水稻生产区划分为6个稻作区和16个亚区。

一、华南双季稻稻作区

该区位于南岭以南,是我国最南部的水稻生产区。包括闽、粤、桂、滇的南部以及台湾省、海南省全部,计194个县。水稻面积占全国的约18%。可分为3个亚区。

(一)闽粤桂台平原丘陵双季稻亚区

东起福建的长乐县和台湾省,西迄云南的广南县,南至广东的吴川县,包括131个县(市)。年≥10℃积温6 500℃～8 000℃,大部分地方无明显的冬季特征。水稻生长期日照时数1 200～1 500 h,降水量1 000～2 000 mm。籼稻安全生育期(日平均气温稳定通过10℃始现期至≥22℃终现期的间隔天数) 212～253天,粳稻安全生育期(日平均气温稳定通过≥10℃始现期至≥20℃终现期的间隔天数) 235～273天。稻田主要分布在江河平原和丘陵谷地,适合双季稻生长。常年双季稻占水稻面积的94%左右。稻田实行以双季稻为主的一年多熟制,品种以籼稻为主。主要病虫害是稻瘟病和三化螟。

(二)滇南河谷盆地单季稻亚区

北界东起麻栗坡县,经马关、开远至盈江县,包括滇南41个县(市)。地形复杂,气候多样。最南部的低热河谷接近热带气候特征。年≥10℃积温5 800℃～7 000℃。生长季日照时数1 000～1 300 h,降水量700～1 600 mm。安全生育期:籼稻180天以上,粳稻235天以上。稻田主要分布在河谷地带,种植高度上限为海拔1 800～2 400 m。多数地方一年只种一季稻。白叶枯病、二化螟等为主要病虫害。

(三)琼雷台地平原双季稻多熟亚区

包括海南省和雷州半岛,共22个县(市)。年≥10℃积温8 000℃～9 300℃,水稻生长季达300天,其南部可达365天,一年能种三季稻。生长季内日照1 400～1 800 h,降水量800～1 600 mm。籼稻安全生育期253天以上,粳稻273天以上。受台风影响最大,土地生产力较低。双季稻占稻田面积较大,以籼稻为主。主要病虫害有稻瘟病、三化螟等。

二、华中单双季稻稻作区

该区东起东海之滨,西至成都平原西缘,南接南岭,北毗秦岭、淮河。包括苏、沪、浙、皖、赣、湘、鄂、川八省、直辖市的全部或大部和陕、豫两省南部,是我国最大的稻作区,占全国水稻面积约68%。可分为3个亚区。

(一)长江中下游平原双单季稻亚区

年≥10℃积温5 300℃等值线以北,淮河以南,鄂西山地以东至东海之滨。包括苏、浙、皖、沪、湘、鄂、豫的235个县(市)。年≥10℃积温4 500℃～5 500℃,大部分地区种稻一季有余,两季不足。籼稻安全生育期159～170天,粳稻170～185天。生长季降水量700～1 300 mm,日照1 300～1 500 h。春季低温多雨,早稻易烂秧死苗,但秋季温、光条件好,生产水平高。前几年双季稻仍占40%～67%,长江以南部分平原高达80%以上。一般实行“早籼晚粳”复种。稻瘟病、稻蓟马等是主要病虫害。近几年,随种植结构调整,双季稻面积下降,而单季稻面积上升。

(二)川陕盆地单季稻两熟亚区

以四川盆地和陕南川道平原为主体,包括川、陕、豫、鄂、甘五省的194个县(市)。年≥10℃ 积温4 500℃～6 000℃,籼稻安全生育期156～198天,粳稻166～203天。生长季降水量800～1 600 mm,日照7 000～1 000 h。盆地春温回升早于东部两亚区,秋温下降快。以籼稻为主,少量粳稻分布在山区。病虫害主要有稻瘟病和稻飞虱。

(三)江南丘陵平原双季稻亚区

年≥10℃积温5 300℃等值线以南,南岭以北,湘鄂西山地东坡至东海之滨,共294个县

(市)。年≥10℃积温 5 300℃ ~ 6 500℃,籼稻安全生育期 176 ~ 212 天,粳稻 206 ~ 220 天。双季稻面积较大。生长季降水量 900 ~ 1 500 mm,日照 1 200 ~ 1 400 h。春夏温暖有利于水稻生长,但“梅雨”后接伏旱,造成早稻高温逼熟,晚稻栽插困难。稻田主要在滨湖平原和丘陵谷地,以籼稻为主。稻瘟病、三化螟等为主要病虫害。

三、西南高原单季稻稻作区

该区地处云贵高原和青藏高原,共 391 个县(市)。水稻面积占全国约 8%。可分为 3 个亚区。

(一)黔东湘西高原山地单双季稻亚区

包括黔中、东,湘西,鄂西南,川东南,共 94 个县(市)。气候四季不甚分明。年≥10℃积温 3 500℃ ~ 5 500℃,籼稻安全生育期 158 ~ 178 天,粳稻 178 ~ 184 天。生长季日照 800 ~ 1 100 h,降水量 800 ~ 1 400 mm。北部常有春旱接伏旱,影响插秧以及水稻抽穗、灌浆。大部分为一熟中稻或晚稻,多以油菜—稻两熟为主。水稻垂直分布,高海拔地区种粳稻,低海拔地区种籼稻。稻瘟病、二化螟等为主要病虫害。

(二)滇川高原岭谷单季稻两熟亚区

包括滇中北、川西南、桂西北和黔中西部的 162 个县(市)。区内大小“坝子”星罗棋布,垂直差异明显。年≥10℃积温 3 500℃ ~ 8000℃,籼稻安全生育期 158 ~ 189 天,粳稻 178 ~ 187 天。生长季日照 1 100 ~ 1 500 h,降水量 530 ~ 1 000 mm,冬春旱季长。稻田最高高度为海拔 2 710 m,也是世界稻田最高限。多为抗寒的中粳或早中粳类型。稻瘟病、三化螟等危害较重。

(三)青藏高寒河谷单季稻亚区

适种水稻区域极小,稻田分布在有限的海拔低的河谷地带,其中云南的中甸、德钦和西藏东部的芒康、墨脱等 7 个县有水稻种植。

四、华北单季稻稻作区

该区位于秦岭、淮河以北,长城以南,关中平原以东,包括京、津、冀、鲁、豫和晋、陕、苏、皖的部分地区,共 457 个县(市)。水稻面积仅占全国约 3%。本区包括 2 个亚区,即华北北部平原中早熟亚区和黄淮平原丘陵中晚熟亚区。

年≥10℃积温 3 500℃ ~ 4 500℃,水稻安全生育期 130 ~ 140 天。生长期间日照1 200 ~ 1 600 h,降水量 400 ~ 800 mm。冬春干旱,夏秋雨多而集中。北部海河、京津稻区多为一季中熟粳稻,黄淮区多为麦稻两熟,多为籼稻。稻瘟病、二化螟等危害较重。

五、东北早熟单季稻稻作区

该区位于辽东半岛和长城以北,大兴安岭以东,包括黑、吉全部和辽宁大部及内蒙古东北部,共 184 个县(旗、市)。水稻面积仅占全国约 10%。本区包括 2 个亚区,即黑吉平原河谷特早熟亚区和辽河沿海平原早熟亚区。

年≥10℃积温少于 3 500℃,北部地区常出现低温冷害,水稻安全生育期 100 ~ 120 天。生长期间日照 1 000 ~ 1 300 h,降水量 300 ~ 600 mm。品种为特早熟或中、迟熟早粳。稻瘟病和稻潜叶蝇等危害较重。

六、西北干燥区单季稻稻作区

该区位于大兴安岭以西，长城、祁连山与青藏高原以北。银川平原、河套平原、天山南北盆地的边缘地带是主要稻区。水稻面积仅占全国的0.5%。可划分3个亚区，包括北疆盆地早熟亚区、南疆盆地中熟亚区和甘宁晋蒙高原早中熟亚区。

年≥10℃积温2 000℃～5 400℃，水稻安全生育期100～120天。生长期间日照1 400～1 600 h，降水量30～350 mm。种稻基本依靠灌溉。为一年一熟的早、中熟耐旱粳稻，产量较高。稻瘟病和水蝇蛆危害较重。旱、沙、碱是本区水稻生产的三大障碍。

第四节　气象灾害对水稻生产的影响

一、高　温

在热带地区，水稻时常受高温伤害。高温伤害因生育时期而异：发芽期导致发芽率低；营养生长期造成分蘖下降；穗发育期导致白穗，粒数减少和抽穗延迟；孕穗期和开花期引起颖花不育；成熟期出现充实度差(Nishiyama 等，1981)。在高温伤害中，以颖花不充实造成的产量损失最为严重。高温对于柬埔寨、泰国和印度的旱季稻，巴基斯坦的头一季稻，中国南方的早稻和单季稻，以及伊朗和热带非洲国家的常规水稻，都会诱发严重的颖花不育。水稻不同生育时期对高温的耐性有明显的品种间差异。一个品种可能在一个生育时期很耐高温，而在另一个生育时期则对高温敏感。

(一)高温敏感时期

水稻在抽穗时对高温最为敏感，第二个敏感时期在抽穗前9天左右(Satake 等，1978)。开花时1～2 h之内是诱导籽粒不育的关键时期。而开花之后的高温对不育的影响要小得多(Yoshida，1981)。

Satake 等(1978)研究了不同抽穗期的穗、不同开花时期的颖花及不同开花时间的颖花的不育率，结果表明，对高温最敏感的时期是开花日期而不是抽穗期，更准确地说是一天中颖花的开花时间。

(二)诱导颖花不育的临界温度

诱导开花期颖花不育的临界温度因品种、栽培条件和高温时间长短而异。诱导不育的临界温度往往以空气温度表示。水稻颖花内外温差因空气温度而异。据 Nishiyama(1981)对田间、人工气候箱、温室和生长箱的试验结果分析，当环境温度低于30℃时，颖花内的温度稍高于花外；当环境温度高于30℃时，则相反。

水稻品种间对高温诱发不育的耐性存在着明显的差异。Satake 等(1978)研究发现，在35℃时，来自印度的陆稻品种 N22 的颖花结实率在80%以上，而来自泰国的水稻品系 BKN6624-46-2 的颖花结实率仅为10%左右。如果把颖花结实率80%的温度定为临界温度，耐热品种 N22 的临界温度为37℃，中度耐热品种 IR747 为35℃，不耐热品种 BKN6624-46-2 为32℃。由此可见，耐热品种 N22 与不耐热品种 BKN6624-46-2 之间临界高温的差异达5℃。

谭中和等(1982)研究表明，水稻开花时在35℃～37℃温度下颖花结实率显著下降，组合间耐高温性不同(表4-11)。

表 4-11 两个杂交稻组合不同温度下颖花结实率 (谭中和等,1982)

组 合	处 理 温 度			
	29℃	33℃	35℃	37℃
矮优 2 号(%)	91.4	76.5	38.4	8.6
汕优 2 号(%)	91.4	95.7	71.2	12.6

注:高温处理 6 h

(三)高温诱导不育的机制

Satake 和 Yoshida(1978)通过人工授粉证实,在 35℃和 38℃温度处理 8 h 的高温下,颖花不育主要是由花粉的散落受阻和花粉粒失活引起,而雌蕊正常。但 41℃连续 4 h 的高温处理,雌蕊也受到影响。

2003 年,我国长江中下游地区发生严重的高温诱导水稻颖花不育,导致水稻大面积减产。其主要原因由于气候变暖的趋势和单季稻播种过早,水稻抽穗期与高温期相遇。不过,品种间也存在颖花结实对高温的敏感性差异(王才林等,2004)。

在研究颖花结实耐热性不同的水稻品种时发现,在高温条件下,耐热品种 N22 颖花张开时,花药就开始开裂。由于其花丝短,花药还在颖片中就能完成花药开裂,花粉粒能顺利地散落在柱头上。而不耐热品种 BKN6624-46-2 只有当花药完全从颖片中抽出,花药才开始开裂,甚至当颖片关闭后,许多花药还未开裂,这就导致花粉粒不能散落。花粉粒散落的能力与开花时花药在颖花中的位置有关,还与开裂程度有关,这种特性在选育耐热品种中有重要意义。

水稻通常在上午 10 时至 12 时开花,但也依品种、气候、土壤和栽培条件而异。一般在上午 10 时气温已可达到 35℃的临界温度。因此,如果把水稻开颖时间调节到上午更早时间出现,可说是避开高温诱导不育的一条途径。

二、低 温

低温危害一般是指由低温造成的水稻生长不良和产量下降。Matsuo 等(1995)认为,当低温没有造成产量损失时,称低温伤害;当低温引起产量下降时,称低温危害。大气低温和水低温直接或间接地引起低温危害。

低温对水稻危害的时期和原因多种多样,不同国家出现的类型也不同,但以低温引起不育导致减产影响最大。世界上大多数产稻国家均受到过低温危害,只有极少数国家如越南、缅甸、埃及、马达加斯加和马来西亚等不常受到低温危害。在受低温危害的国家中,尤以日本受害较为严重。如日本北海道地区从 1883 ~ 1986 年的 104 年中,受害 27 次,几乎每 3.7 年出现一次冷害。低温年和正常年的产量相差约 100 g/m^2。按平均计算,低温年的产量仅为正常年的 50% ~ 80%(Matsuo 等,1995)。根据日本农林水产省统计资料表明,受低温危害较重的 1980 年,日本全国水稻产量因低温损失 143.8 万 t。

(一)低温诱导颖花不育的环境因素

水稻不同生育时期对温度的反应不一致。普遍认为开花期是引起不孕的关键时期,因此对开花期的低温危害进行了大量的研究。

低温出现在花粉母细胞减数分裂期导致的不育率最高,开花期及穗分化早期的低温同样导致较严重的不育。Kakizaki 等(1938)研究发现,在抽穗前 11 天低温引起的不育率最高。

导致不育的临界温度依低温时间长短、昼夜温差、关键时期前后的环境、施肥量及方法和品种等因素而异。通常短期低温不会导致不育,如夜间 5℃的温度。抗低温品种 Hayayuki 在 12℃～14℃下处理 5 天,其结实率为对照的 80%。而对低温敏感的品种农林 20,当在 17℃～20℃温度下处理 4 天后,结实率仅为对照的 80%。用冷水灌溉的地区,低温危害也常出现。在抽穗前约 11 天,用 15℃的凉水处理 10 天,不育率竟高达 90%(Kido,1941)。

太阳辐射可以缓解低温的影响。太阳辐射不足,导致光合作用下降,且使土壤的灌溉水的温度无法上升,因此间接增强低温危害。

目前对施肥与低温危害的关系已有较深的认识。调查表明,追施氮肥使生育推迟,低温导致产量下降幅度更大。不育率随氮肥用量增加而提高。然而,增施磷肥可缓解低温下因施氮引起的不育。钾对颖花不育的影响相对较小。

(二)低温诱导籽粒不育的敏感期

孕穗期是颖花和穗对低温最敏感的时期。孕穗期耐低温性,品种间存在很大差异。总体来说,籼稻抗性低于粳稻。已发现一些对低温高抗的品种如 Somewake 和 Silewah,以及一些敏感品种如农林 20(Maekawa 等,1987)。

在低温条件下,颖花在穗上的位置也影响结实率,穗上部颖花的结实率比下部的低(Nishiyama,1982)。Nishiyama 研究了引起颖花对低温反应差异的机制后指出,低温下结实率差异可以用花药中的花粉粒数量差异来解释。据研究,要保证 90%或更高的结实率,每个花药最低需有 640 个花粉粒(Nishiyama,1983)。

(三)低温诱导颖花不育的机制

Satake 和 Hayase(1983)认为,小孢子形成期是低温诱导颖花不育的关键时期。孕穗期不育的主要原因是花药不能开裂,这是由于花粉粒未完全成熟的缘故。

Nishiyama(1982)发现,低温处理后,开花期花药长度缩短 15%,而内颖的长度不受影响,花药中蛋白质含量和呼吸活性下降 50%以上,但 pH 值和呼吸商不变。

水稻在花粉母细胞减数分裂期时处于 20℃以下的低温,一般会诱发高的颖花不育率。水稻品种间在这一时期对低温的反应有明显的差异。敏感品种农林 20,在 15℃低温条件下 4 天,有 51%的颖花不育;而耐低温品种早雪,在同样条件下的颖花不育率仅为 5%。

开花期低温不育的敏感器官为花药。Satake 等(1983)指出,颖花临近开花时对低温较为敏感。12℃的低温如果仅延续 2 天,不会诱发不育,但如延续 6 天之久,则会诱发近 100%的不育。低温诱发的不育一般归因于夜间的低温。不过,白天的高温似乎能减轻夜间低温的影响。当水稻在花粉母细胞减数分裂期处于固定的夜间温度 14℃中 9 天时,白天温度为 14℃,不育率达 41%;可是,白天温度提高到 26℃时,不育率降到 12%。

在我国,一般认为低温诱导籽粒不育的温度,籼稻为 20℃,粳稻为 22℃。开花期遇到低温,造成花粉粒的萌发与花粉管的发育受到障碍,致使颖花不育。据中国农业科学院农业气象研究室(1979)观察,白天温度为 19℃～23℃时,开花后 2 h 柱头萌发的花粉粒很少,每朵颖花不足 5 个,花粉管伸长速度缓慢,开花后 24～48 h 花粉管才伸入子房;而白天温度在 23℃以上时,柱头上萌发的花粉粒较多,开花后 20 h 花粉管就伸入子房,不育率下降(表 4-12)。

表 4-12　水稻开花期低温对颖花育性的影响　(胡芬等,1980)

温度(℃)	花粉萌发数(个)	开花至受精时间(h)	颖花结实率(%)
15	0.50	–	0.0
19	2.50	28	50.0
23	4.13	24	78.3
27	6.40	18	83.8
31	7.60	10	90.0

(四)低温障碍

苗期的低温不仅伤害幼苗,还影响种植季节。在温带北部,夏季短,农民利用塑料薄膜保护秧田育秧,膜内温度可比膜外高 3℃ ~ 10℃。采用这种方法可以在早春气温还低于发芽和生根临界限度时即开始播种,秧苗在气温达到 13℃ ~ 15℃即可移栽。我国自 20 世纪 70 年代推广水稻塑料薄膜保护育秧,促进了水稻稳产、高产。

旱地培育的水稻秧苗其淀粉和蛋白质含量较高,因而生根能力比水田培育的秧苗强。因此,旱地保护苗床中培育的水稻秧苗,当日平均温度大致在 13.0℃ ~ 13.5℃时即可移栽;而水田秧田中培育的秧苗,只有当日平均温度上升到 15.0℃ ~ 15.5℃时才能移栽(Yatsuyanagi,1960)。

当日平均温度降到 20℃以下时,处于某些生育时期的水稻可能会发生冷害。冷害不仅发生于温带地区,而且发生于热带高海拔地区和旱季稻上。报道水稻发生冷害的国家有澳大利亚、孟加拉国、中国、哥伦比亚、古巴、印度、印度尼西亚、伊朗、日本、朝鲜、尼泊尔、巴基斯坦、秘鲁、斯里兰卡、美国和苏联。

冷害因生育时期而不同,主要表现为稻谷不能发芽,延迟出苗,植株矮化,叶片褪色,穗尖退化,稻穗抽出不完全(包茎现象),开花延迟,高度的颖花不育,以及成熟不整齐等。

第五节　气候变化对水稻生产的影响

由于社会经济发展和人类活动,全球 CO_2 等温室气体浓度提高,温室气体浓度提高将引起全球温度升高。根据大气环境模型预测,到 21 世纪末,温室气体将导致全球平均温度提高 2℃ ~ 8℃。CO_2 浓度和温度的提高对全球水稻生产带来深刻的影响。CO_2 浓度提高促进水稻光合作用,有利于水稻生长。温度提高在某些稻作区会带来对水稻生长和产量的不利影响,如使生育期缩短,颖花结实率下降。如果 CO_2 浓度提高伴随温度上升,CO_2 浓度提高对水稻生长的促进作用将会消失。国际水稻研究所和中国水稻研究所等单位分析了 CO_2 倍增和相应温度提高对东南亚水稻生长和生产的影响。在 CO_2 倍增情景下,以美国普林斯顿大学物理流体动力学实验模式(GFDL)、美国戈达德空间研究所模式(GISS)、英国气象局模式(UKMO)用 ORYZ1 水稻生长模型估计亚洲地区水稻生产变化分别为 +6.5%、-4.4%和 -5.6%,用 SIMRIW 模型估计分别为 +4.2%、-10.4%和 -12.8%。根据这些估计计算,亚洲水稻生产将平均下降 3.8%。

在中国 CO_2 倍增情景下,由于不同地区当前水稻生长季节温度差异大,产量有增有减。一般在温度较高的地区,由于进一步增温,使颖花结实率下降,引起水稻减产。在颖花结实率稳定的情景下,水稻产量反而提高。因此,在品种选育上应该重视选育耐高温的品种,以避免高温引起颖花结实率下降而导致减产。

参 考 文 献

董元华,徐琪.江苏省稻田养分循环的时空变异.见:周建民.农田养分平衡与管理.南京:河海大学出版社,2000.146-150

鲁如坤,时正元,施建平.我国南方六省农田养分平衡现状评价和动态变化研究.中国农业科学,2000,33(2):63-67

闵绍楷,吴宪章,姚长溪等.中国水稻种植区划.杭州:浙江科学技术出版社,1988

王才林,仲维功.高温对水稻结实率的影响及其防御对策.江苏农业科学,2004,(1):15-18

谭中和,蓝泰源,任昌福.杂交籼稻开花期高温危害及其对策的研究.作物学报,1985,11(2):103-108

Maekawa M, Kariya K, Satake T, *et al*. Gene analyses on cold resistance in foreign rice cultivars. *Jap J Breeding*, 1987, 37(Suppl 1): 184-185

Matsuo T, Kumazawa K, Ishii R, *et al*. Environmental factors affecting photosynthesis and respiration. *In*: Matsuo T, Kumazawa K, Ishii R, *et al*. Science of the Rice Plant. Tokyo: Food and Agriculture Policy Research Center, 1995.597-649

Matsuo T, Kumazawa K, Ishii R, *et al*. Water Use and Drought Resistance. *In*: Matsuo T, Kumazawa K, Ishii R, *et al*. Science of the Rice Plant. Tokyo: Food and Agriculture Policy Research Center, 1995.461-483

Matsuo T, Kumazawa K, Ishii R, *et al*. Damage due to extreme temperature. *In*: Matsuo T, Kumazawa K, Ishii R, *et al*. Science of the Rice Plant. Tokyo: Food and Agriculture Policy Research Center, 1995.769-812

Murata Y. Atmospheric carbon dioxide concentration and crop growth. *Agri & Hort*, 1962, 37:6-10

Nishiyama I, Satake T. High temperature damage to rice plants. *Japan J Trop Agriic*, 1981, 25:14-19

Nishiyama I, Blamo L. Avoidance of high temperature sterility by flower opening in the morning. *JARQ*, 1980, 14:116-117

Nishiyama I. Male sterility caused by cooling treatment at the young microspore stage in rice plants. 23. Anther length, Pollen number and the difference in susceptibility to coolness among spikelets on the panicle. *Japan J Crop Sci*, 1982, 51:462-469

Nishiyama I. Male sterility caused by cooling treatment at the young microspore stage in rice plants. 26. The number of ripened pollen grains and the difference in susceptibility to coolness among spikelets on the panicle. *Japan J Crop Sci*, 1983, 52:307-313

O'Toole J C, Moya T B. Water deficits and yield in upland rice. *Fields Crops Res*, 1981, 4:247-259

Satake T, Koike S. Sterility caused by cooling treatment at the flowering stage in rice plants. 1. The stage and organ susceptible to cool temperatures. *Japan J Crop Sci*, 1983, 52:207-241

Satake T, Yoshida S. High temperature-induced sterility in Indica rice at flowing. *Japan. J Crop Sci*, 1978, 47:6-17

Steponkus P L, Cutler J C, O'Toole J C. Adaptation to water deficits on rice. *In*: Turner N C, Kramer P J. Adaptation of plants to water and high temperature stress. New York: Wiley Intersciecnce, 1980. 401-418

Sugimoto K. Comparative studies on transpiration and water requirement among indica and japonica rice cultivars. 1. Relationships between the transpiration and the leaf area and meteorological factors. *Japan J Trop Agriic*, 1973, 16:260-264

Takeda T, Oka M, Agata W. Studies on the dry matter and grain production of rice cultivars in the warm area of Japan. 1. Comparisons of the dry matter production between old and new types of rice cultivars. *Japan J Crop Sci*, 1983, 52:299-306

Uchijima T. Some aspect of the relation between low air temperature and sterile spikelet number in rice plants. *J Agric Meteorol*, 1976, 31:199-202

Xie J C, Du C L. Characteristics of potassium supply in paddy soils and effective applications of potassium fertilizer in China. *In*: Proceedings of the First International Symposium on Paddy Soil Fertility, 6-13th. Dec. 1988, chiang Mai, Thailand

第五章　水稻生物技术

水稻生物技术包括细胞工程和基因工程两部分。我国细胞工程自20世纪70年代初开始兴起，在随后的20多年间得到了极大的发展，其主要内容包括花药培养、体细胞无性系变异、体细胞杂交等多个方面。通过采用花药培养和体细胞突变体筛选技术，育成了一大批水稻新品种和新组合并应用于生产。20世纪90年代，随着分子生物学的发展和基因的克隆，我国的基因工程技术也有了长足的进步，基因转化技术不断完善，具有自主知识产权的新基因被克隆，随之产生了分子标记辅助选择的方法，水稻的生物技术已经步入到实用的阶段。

第一节　水稻花药培养

水稻花药培养指离体培养水稻花药或花粉粒，诱导小孢子形成愈伤组织进而分化成完整的水稻植株。Niizeki和Oono(1968)首次通过花药培养诱导获得水稻的小孢子再生植株，开辟了水稻单倍体育种的新途径。我国于1970年开始了水稻花药培养的研究及其在育种上的应用，不久便跃居该领域的国际领先地位延续至今。

一、花药培养的发展史

水稻花药培养已经经历30多年的历史，随着花培效率的不断提高，它已成为水稻杂交育种计划中重要的组成部分。孙宗修等(1999)将我国水稻花药培养研究历史分为启动、调整和发展3个阶段。

(一)启动阶段(20世纪70年代初至80年代初)

1970年，中国科学院的科学家们开始了水稻花药培养研究，他们的研究报告和有关译文使花药培养成为当时科学研究的热点。据估计，仅20世纪70年代末到80年代初，全国参加水稻花药培养研究的人员超过200人。但在国外，包括在粳稻花药培养方面首先获得成功的日本在内，参加这方面研究的人很少，有关花培育种方面的研究文献和研究成果也很少。

启动阶段的研究重点是探索组织培养技术与方法，提高花培效率。朱至清等(1975)研制出适合于粳稻花培的N_6培养基，陈英等(1977)研制出马铃薯简化培养基，大大提高了花培效率，加快了花药培养的步伐。因此，N_6培养基的提出是这一阶段研究进展的重要标志。1975年，天津市农业科学研究所(现天津市作物研究所前身)与中国科学院遗传研究所合作，用单倍体育种法育出了两个花培品种——花育1号和花育2号。1977年，在日本召开的国际作物育种方法研讨会上，日本学者大野清春指出，花育1号和花育2号是花药培养最早育成的品种。1974年在广东花县、1977年在广州市分别召开了花药培养学术讨论会。会上指出，我国首批应用花药培养育成的水稻新品种(系)如牡花1号、单丰1号、花育1号、新秀及珍南等共计100多个，其中经各省、自治区、直辖市农作物品种审定委员会命名的有11个，这些成就引起了国内外水稻育种家的极大重视。全国各省、自治区、直辖市许多科研人员和研究机构争相开展组培育种、倍数性育种等。1980年11月的扬州花药培养会议上，确定了“花培育种”这一术语，讨论和总结了花培技术在改良品种上的经验及其潜在的价值，为花培育种的发展提供了技术基础。

（二）调整阶段（20世纪80年代中期）

在这一阶段，研究重点和研究队伍都发生了变化。从总体上说，研究人员明显减少，育种家开始介入，水稻花培研究的主体由中国科学院过渡到农业科研单位，研究重点也从提高花培效率转变为应用花培技术培育新品种方面。1982年，在南昌召开的全国水稻花培育种会议上，就如何发展我国水稻花培育种制定了协作计划，并初步总结了10年来我国水稻花药育种的进展及成就。20世纪80年代，一批粳稻品种通过正规的育种程序而被审定。中国农业科学院李梅芳等成功地选育出中花系列粳稻品种，如中花8号、中花9号等，是这一阶段的标志。在国外，由于受中国第一阶段研究成果的影响，日本的北海道上川农业试验场（1980）和宫城县古川农业试验场（1982）、国际水稻研究所（1981）、美国（Rush，1982）、韩国（Chung，1982）等相继开展了花培育种研究，并育成了一批品种，如日本利用花药培养技术于1984年育成上育394号，1985年育成上育糯399号。

（三）发展阶段（20世纪80年代末至今）

经过近20年的调整及研究，研究队伍已基本稳定，培养基、培养技术等应用基础研究得到较大进展，花培育种成为独立的育种体系。自20世纪90年代以来，由于水稻基因组计划和转基因水稻的崛起，水稻花培技术得到更广泛的重视，研究力量得到加强。研究重点主要是：积极探索花培技术与基因工程相结合、花培技术与传统育种相结合综合育种的新途径。这一阶段相继得到一大批新品种，如中花系列、龙粳系列、京花系列等。国外如日本等育成“心待”、“彩”等16个新品种（系）。这一阶段，我国通过审定的花培育成的品种数和应用面积逐年增加，尤其是粳稻品种。据统计，1975～1995年的20年间，花培育种选育的品种应用面积总共为91万hm^2，而1996～1998年的3年间，应用面积总共为95万hm^2，超过了前20年的总和。在这一阶段，还在我国举办了国际水稻花药培养技术培训班，进一步扩大了我国花药培养成就在世界的影响。

二、花药培养的影响因素

我国水稻花药培养研究在探讨雄核发育、细胞分化、形态建成及花粉植株的细胞遗传学等基础理论和改进培养技术等方面，做了大量的工作。同时，紧密与育种应用相结合，不仅研制出较适应水稻各类型材料的培养基，建立了较为完善的培养体系，而且还选育成功一大批大面积生产应用的水稻品种。然而，由于水稻花粉绿苗的生产率普遍较低，尤其是籼稻，至今还停留在0.5%～1.0%的水平，严重阻碍了花药培养在水稻育种中的自如运用。水稻花药培养的效率主要受基因型以及培养基、植物生长调节剂配比、低温预处理、花粉发育时期、光照处理等众多因素的影响。

（一）基 因 型

不同水稻品种花培绿苗的再生率可分为高、中、低3种类型。韦鹏霄等（1999）取358个品种的花药做基因型筛选，其培养力顺序依次为：粳/粳杂种＞粳稻品种＞粳/籼杂种＞糯稻品种＞籼/粳杂种＞籼/籼杂种＞籼稻品种＞栽培稻/野生稻杂种＞野生稻。何涛等（2002）对水稻不同亚种间（籼型、粳型和爪哇型）杂交低世代材料花药培养力进行了比较，其差异趋势为：籼粳交＞籼爪交＞籼籼交。由此可见，粳稻血缘的组合有较高的培养力。在育种上也常以粳稻为桥梁亲本，以获得较大量的花培绿苗，但桥梁亲本重复使用会使外植体的遗传基础逐渐狭窄。

(二)供体植株

供体植株的花粉育性和生育状况，取材的方式、部位、时间等，都可能对水稻花药培养力产生影响。Sun 等(1992)和邹礼平等(1995)研究发现，光敏核不育水稻花培能力长日照下比短日照下低，暗示花培力与花粉育性状态有关。光温敏不育系在不同育性时期接种也能诱导出愈伤组织，并不因不育基因的表达而导致失败。肖翊华等(1987)、张能义等(1995)和陆燕鹏等(1997)研究表明，在培养基中添加适量的脯氨酸有利于不育花药出愈率的提高，而对可育材料则无明显效果。赵成章等(1991)利用化学杀雄剂杀死 95%以上的花药粒，致使余下的花粉细胞一旦启动就可获得充足的营养条件，促进细胞分裂，形成愈伤组织，还能改变水稻花粉细胞中过氧化物酶的活性和种类。

供体植株取材时间一般在晴天中午(颜昌敬，1990)。但高温季节可在傍晚取穗，以免稻穗干枯失水而影响花药的生理活性和培养力。Guzman 等(2000)研究发现，取材部位(主穗和分蘖穗)对培养力也有影响，分蘖穗比主穗有更多处于有丝分裂前期的花粉粒。台北 309 稻穗基部的花药出愈率为 20%，中部为 12%，顶部为 8%，其中基部花药内包含了早、中、晚期单核靠边期的花粉；三个部位的绿苗分化率则相同，均为 18%左右(Ałza 等，2000)。

(三)预 处 理

在花药接种前和愈伤组织转移前，可对培养物进行物理或化学预处理，如 γ 射线、低温、热激发、添加甘露醇以及常温饥饿等。

水稻花药培养从接种到启动孢子体途径的分裂，其间有 5 天的发育停滞期(陈英等，1990)。低温预处理后，培养时便不存在这段停滞期，有利于花粉囊中的小孢子发育达到同步。低温预处理的作用主要是改善花粉的生理状态、延缓花粉的退化、提高内源激素的水平、启动雄核发育等。添加甘露醇可为小孢子提供更适宜的渗透环境，促进小孢子对环境营养物的摄取和代谢(李文泽等，1995)。

(四)培 养 基

培养基与基因型之间存在互作效应，不同基因型可能对培养基有选择偏好(葛台明，1996)。因此，同一个材料至少应采用 3 种不同的培养基接种，诱导愈伤组织或分化培养，以增加绿苗总量(罗琼等，2000)。

现已筛选出适于水稻不同亚种的诱导培养基和分化培养基。如：粳稻品种广泛适用的 N_6 培养基，籼稻或偏籼材料以合 5 和 M_8 培养基较为适合，也可用改良的 N_6 培养基(罗琼等，1995)；籼粳交组合可用 SK_3 培养基(陈英等，1990)。此外，还有对材料适应性较广的通用培养基(杨学荣等，1983)。

水稻花药可经过愈伤组织途径，也可由胚状体直接发育为小植株，这主要决定于培养基中植物生长调节剂的水平、配比和培养方法等。目前通过愈伤组织途径的成苗率较高，直接从愈伤组织中获得的纯合二倍体植株较多。我国花培育种均采用这一途径。

1. 培养方法 根据培养的过程分一步培养法、二步培养法和三步培养法。一步培养法是在同一培养基上诱导形成愈伤组织，继而再生小植株。孙宗修等(1997)从 1978 年起开展了在不降低花培效率的前提下简化培养程序的研究，结果表明在经改良的培养基上，花药可以一步成苗，即诱导的愈伤组织不经过转移而直接分化成苗。在这些研究中，改良的重点都在植物生长调节剂的种类及配比上，其配方及效果见表 5-1。二步培养法则先诱导出愈伤组织，然后移植到再分化培养基上培养，使之有效的分化。三步培养法则除了诱导愈伤组织、再分化绿苗以外，还要在基本培养基中进行壮苗培养。

表 5-1　一次成苗培养基植物生长调节剂的组合及成苗率

年份	学者	植物生长调节剂(mg/L)					供试材料	成苗率(%)
		NAA	2,4-D	KT	6-BA	PAA		
1984	林恭松等	3	0.01	3～4.5			粳稻 籼/粳	1.84～4.49 0.52
1986	Song	3	0.01	4.5			籼/粳 F_1	
1994	江树业	2.5	0.02	4～6			籼/粳 粳稻	1.55 2.51
1995	Yamamoto 等	10			1		粳稻	11.00
1996	卓丽圣等	4			0.5	20	籼/粳	1.50

注：NAA 为萘乙酸(Naphthalene acetic acid)，PAA 为苯乙酸(Phenylacetic acid)，2，4-D 为 2，4-二氯苯氧乙酸(2,4-Dichlorophenoxy acetic acid)，KT 为激动素(Kinetin)，6-BA 为 6-苄基氨基嘌呤(6-Benzylaminopurine)

根据培养基的形态可分为固体培养和液体培养。多数学者常用固体培养的方法，其诱导和分化的效果较稳定。液体培养则明显提高愈伤组织诱导率，但绿苗分化率低。潘国君等(1999)研究表明，固体培养基中的琼脂对水稻花药愈伤组织的诱导有抑制作用，液体培养的愈伤组织诱导率是固体培养的 6.1 倍，但绿苗分化率比固体培养低 73.68%。

2. 碳源和氮源　蔗糖是主要的碳源，且具有渗透调节作用。在培养基中，蔗糖用量对愈伤组织诱导率、绿苗分化率和白苗分化率均有影响。邹礼平等(1995)发现，低浓度(3%)有利于绿苗分化，适当提高浓度(6%)能促进愈伤组织的诱导，在高浓度(9%)下白苗分化有增加倾向。孙宗修等(1993)、Scott 等(1994)和 Xie 等(1995)研究表明，用麦芽糖代替蔗糖可提高花培绿苗率。不过，不同研究者的结果并不一致。如罗琼等(2000)用 6%的蔗糖与用 3%的蔗糖加 3%的麦芽糖作糖源比较，其培养效果没有显著差别。有人认为，麦芽糖起作用必须存在 NAA(Gabriela 等，2002)，暗示碳源与植物生长调节剂类型相关(Raquin，1983；李友勇等，1993；Rihova 等，1996)。孙宗修等(1997)则指出，在分化培养基中还可考虑加入适当浓度的山梨醇或甘露醇，部分取代蔗糖，保持渗透势相当，以利于根和茎的形成。

水稻愈伤组织诱导培养基中的氮源，不仅决定水稻植株的再生能力，而且决定再生苗的数目。朱根发等(1995)认为，NH_4^+-N/NO_3^--N 及总无机态氮含量对水稻愈伤组织具有调控作用；不同亚种的水稻对 NH_4^+ 水平的需求以及 NH_4^+/NO_3^- 的配比有明显的差别。研究表明，籼稻以 3.5 mmol/L 为好，NH_4^+/NO_3^- 以 3.5/31.5 为宜(广东植物所，1975)。粳稻以 7 mmol/L 为好(朱至清等，1975)，而粳/籼杂交组合则居中，为 4.67 mmol/L；最适 NH_4^+/NO_3^- 浓度配比以 3.5～5.26/28 为宜(陈英等，1977)。Khanna 等(1997)研究发现，氮源为 $KNO_3+(NH_4)_2SO_4$ 时，水稻愈伤组织的再生频率为 95%～100%，而氮源为 $KNO_3+NH_4NO_3$ 时，再生频率明显下降，仅为 65%～69%；每一愈伤组织再生苗的数目，前者为 6～7 株，后者为 2～3 株。

3. 植物生长调节剂　水稻花培一般包括两个培养阶段,即高生长素培养基上的脱分化阶段和高细胞分裂素培养基上的再分化阶段。培养基中,适宜的植物生长调节剂种类和恰当配比,对提高水稻花药培养力有利(张志雄等,1992)。李欣等(2001)研究表明,在籼粳交组合 F_1 代花药培养中,含 2,4-D、NAA、KT 的诱导培养基上生长的愈伤组织,其绿苗分化率高于仅含 2,4-D 的诱导培养基上的愈伤组织,以 2 mg/L 的 6-BA 代替 KT 组成的分化培养基可提高该组合的绿苗分化率。卓丽圣等(1996)发现,天然的弱活性植物生长调节剂苯乙酸(PAA)能显著提高愈伤组织分化率,尤其对籼稻品种效果较好,并且促进花药愈伤组织直接在诱导培养基上分化成苗。

4. 微量元素　Yang 等(1999)发现 Cu 能够提高水稻愈伤组织植株再生频率,而其他元素 B、Mn、Zn、Co 对植株再生频率的影响与对照相比差异不明显。Eskew 等(1983)在 MS 培养基中添加不同浓度的硫酸镍($NiSO_4$),发现外植体脲酶活性随 Ni 离子的增加而提高,因为 Ni 离子可以激活脲酶活力;脲酶的缺乏会导致尿素的累积,引起植物组织的坏死。Witte 等(2002)研究表明,Co 和 Ni 离子同时存在时会竞争脲酶激活中心位点;当培养基中 Co 离子的含量从原来的 110 nmol/L 提高到 1 210 nmol/L 时,脲酶活力受到抑制。

5. 有机物　Pius 等(1993)和 Bajaj 等(1995)发现,在愈伤组织分化培养过程中添加外源 SPD(亚精胺),可降低 PUT(丁二胺)/SPD 的比率,有助于提高愈伤组织的再生频率。冯英等(2001)在水稻花药愈伤组织诱导和分化培养基中添加低浓度(≤1 mg/L)的烯效唑(S-3307),愈伤组织的诱导率和绿苗分化率得到提高。

6. 凝固剂　琼脂因具有良好的凝固性、稳定性且不参与代谢等优点,在植物组织培养中被广泛用作培养基的凝固剂;但它含有的杂质对培养组织可能产生不利影响。严菊强等(1991)比较了不同类型的凝固剂对水稻花药培养愈伤组织形成的影响,发现用 Gelrite、马铃薯淀粉、甘薯淀粉、可溶性淀粉代替琼脂,可明显促进水稻花药培养愈伤组织的产生,其中尤以 5.0%的马铃薯淀粉为最佳。

7. 吸附剂　培养基高压灭菌后或水稻花药培养过程中会积累一些有毒物质,对外植体或愈伤组织有一定的毒害作用,对此可考虑在培养基中添加 0.1%活性炭(季彪俊等,1998)等物质,吸附培养基中的某些毒性物质,从而促进再生绿苗的生长。

(五)培养条件

水稻花培分为暗培养和光培养。据孙维根等(1991)报道,稀土植物生长灯(以稀土发光材料制成的 40W 荧光灯)对水稻花药培养愈伤组织分化绿苗比普通日光灯效果好。在水稻花药培养中,愈伤组织的诱导和分化所需温度为 24℃~30℃之间,相对湿度为 60%~80%,pH 值以 5.8~6.2 为宜。

(六)试管苗的移栽

在分化培养过程中,具有分化能力的愈伤组织不断增殖,陆续分化出幼苗,致使在同一器皿内的幼苗大小不一,易于徒长。为增加实际成苗数,培养壮苗,采用分管壮苗再培养的方法。壮苗培养基以半量 MS 大量元素、微量元素及铁盐全量,15 g/L 蔗糖,pH 值调至 6,附加 4 mg/L 秋水仙碱,促使单倍体加倍。当试管内幼苗长至 3 cm 左右高时可分苗转管,小苗留下继续培养。当试管苗长至高 15 cm 左右、真叶 3 片以上、根系发达时,揭开管口封闭物炼苗 3~5 天,洗净根部后直接或在清水中养根炼苗数日,待新根新叶伸出时移栽于大田或温室盆土内,注意保温(25℃左右)、保湿(相对湿度 85%以上)。炼苗后可与一般稻苗同样管理。

三、花药培养的操作技术

(一)花药的采集和接种

花培材料应为水稻孕穗期处于单核靠边期的水稻幼穗,用70%酒精表面消毒,并用湿纱布包裹,置于7℃～8℃低温预处理3天。整穗后用10% NaClO消毒10～15 min,再于超净工作台上用无菌水冲洗3～4次,用剪颖法将花药接种于试管中。一般每试管接种花药约100枚。

(二)培养基的选择

根据不同水稻材料,一般粳稻诱导培养基为N_6培养基(+2 mg/L 2,4-D),分化培养基为MS培养基(+NAA 0.5 mg/L+KT 2 mg/L);籼稻用M_8培养基(+2 mg/L 2,4-D)诱导,分化培养基也为MS培养基。

(三)培养过程

脱分化在温度26℃～27℃暗培养30～40天,愈伤组织长至直径2～3 mm后转移到MS分化培养基上,并置于光照培养室,温度为26℃～27℃,光照14 h/d,照度为2 000 lx。约20天后,绿苗转入壮苗培养基,适当修剪过长的叶子,以减少蒸发。待苗长壮,可揭开试管盖并加少许水放置室温下炼苗2～3天,再移植入大田。

(四)数据统计

在经过诱导培养40天、分化培养20天后,可根据以下公式统计愈伤组织诱导率、绿苗分化率。

愈伤组织诱导率=(产生愈伤组织的花药数/接种花药数)×100%

绿苗分化率=(分化绿苗的愈伤组织块数/接种花药愈伤组织块数)×100%

四、花培再生植株的加倍

花粉单倍体植株染色体加倍技术是花培育种的重要环节。进行花药培养时,在愈伤组织增殖过程中,有些通过核内有丝分裂使水稻染色体加倍。其自然加倍率仅为40%左右,其余的单倍体植株必须进行人工加倍。

(一)秋水仙碱处理

秋水仙碱是一种抗有丝分裂物质,用它处理正在生长的植物组织,能够抑制细胞有丝分裂时形成纺锤体,染色体完成复制后不能形成两个子细胞,因而使染色体数获得加倍。在多种作物如玉米、小麦、烟草上,不同的培养时期用秋水仙碱溶液处理可获得较高的二倍体比例。赵成章等(1998)以500 mg/L秋水仙碱溶液振荡处理籼稻单倍体绿芽48 h,二倍化率达60%～75%。

在对多种作物的研究中发现,单倍体植株加倍处理时还受温度的影响。秋水仙碱处理不同细胞生长阶段的植株部位,其效果也不尽相同。

(二)除草剂处理

1.Oryzalin处理　Oryzalin中文名为磺草硝,商品名为安磺灵、虏草灵或磺胺乐灵,是一种除草剂。它也能抗有丝分裂。因其具有低毒、安全、副作用小等优点而受到关注。如在二倍体*Alocasia*、单倍体大丁草(*Gerbera jamesonii*)和马铃薯离体培养的过程中,均有不少用

Oryzalin 处理的报道。另外，Oryzalin 处理植株不同阶段的材料会引起不同的加倍效果。

2. APM(胺草磷)、氟乐灵处理 Hansen 等(1996)比较了秋水仙碱、Oryzalin、APM 和氟乐灵等对甘蓝型油菜(*Brassica napus*)的加倍效应。其中秋水仙碱最佳加倍条件为 1 mmol/L 浓度处理 24h，加倍率达 94%；三种除草剂处理 12 h，加倍率都达 65%左右，且它们的处理浓度为秋水仙碱的 1%。用这些化合物中毒性最低的 APM 延长处理至 20 ~ 24 h，可得到95% ~ 100%的二倍体再生苗。另外，氟乐灵处理产生的不正常胚率低于秋水仙碱的效应。在甘蓝型油菜小孢子培养最初的 18 h 用 1 μmol/L 或 10 μmol/L 氟乐灵处理，是获取双单倍体的最佳方法(Zhao 等，1995)。

(三)生长素、细胞分裂素处理

黄慧君等(1992)研究表明，籼爪杂交稻 F_2 单倍体幼穗在附加 1 ~ 4 mg/L 的 2,4-D、20 ~ 80 g/L 山梨醇的无蔗糖的 N_6 培养基中培养，大大提高了离体苗的加倍率。而赵成章等(1998)在籼稻单倍体绿芽无性系分化培养的培养基中附加 2.5 mg/L 多效唑，籼稻植株染色体加倍率由原来的 3.3%提高到 6.6%，而且幼苗生长得粗壮。另外，植物生长调节剂浓度的高低诱导影响再生植株的加倍效果，不同植物生长调节剂配比的培养基，在诱使再生植株染色体倍性变异方面存在明显差异。

五、花药培养在育种中的应用

花药培养育种，是将花粉培育成单倍体植株，再经染色体自然或人工加倍得到纯合二倍体的一种育种方法。这种染色体加倍产生的纯合二倍体，在遗传上非常稳定，不发生性状分离。因此，花培育种能极早稳定分离后代、缩短育种年限，是生物技术领域中最早在水稻方面进入实用化阶段的一种育种方法。

(一)在杂交稻育种中的应用

花培育种的效率有赖于正确制定育种程序，特别是籼稻花粉植株产生率较低，更需进行有效的选择。

利用杂交稻进行花培育种，能选育出纯合的优良基因重组体和优良突变体。例如，Zhu 等(1990)从汕优 2 号(珍汕 97A/IR24)F_1 花培后代选育出了早熟、高产、抗病、苗期耐寒性强的双季稻品种汕花 369。该品种 1985 年通过江西省双季稻早稻区域适应性试验，1990 年通过省级审定，定名为赣早籼 11 号，1994 年获联合国 TIPS“发明创新科技之星”奖。丁效华等(1995)从珍汕 97A//36 天恢/IR24/F_1 花培后代中选育出丰产性好、抗逆性强的双季早稻早中熟品种赣早籼 31 号。该品种 1993 年通过江西省农作物品种审定委员会审定，1994 年被农业部和江西省列为重点推广品种，1995 年被江西省科委列为重点成果推广项目，1996 年获农业部丰收奖。累积应用面积超过 67 万 hm^2。

利用杂交稻进行花培育种还可以改良杂交稻的品质。如 Zhu 等(1990)用汕优 2 号的优质花培选系与 IR661 杂交(汕优 2 号 H2/IR661)，选育出优质迟熟早稻品种观 18。其品质性状达到出口优质米标准。

(二)在远缘杂交育种中的应用

通过远缘杂交，可以向现有的作物品种输入新的性状，因而在品种改良上有较大的潜力。然而，远缘杂种后代往往存在分离年限长且不育的问题。如果在花粉败育阶段之前进行花药培养，则可不受其败育性的影响，仍能诱导出花粉植株，从而使远缘杂种后代性状迅速得以稳定,克服远缘杂种的不育性和分离性。

籼粳杂交后代存在分离世代长、不稳定、高不育性等问题,选用单核期的花粉进行花药培养,诱导出大量花粉植株,可显著提高籼粳交杂交育种的效率(金逸民等,1983)。籼粳杂交 F_2 代结实率只有 26%～36%(回交后代的结实率也仅为 45%～50%),而花培 H_1 代的结实率就可达 80%以上(李梅芳等,1983)。

(三)在诱变育种中的应用

结合花药培养,可大大缩短诱变育种的年限。在花粉植株二倍化之前进行诱变,不论是显性突变还是隐性突变,得到的突变体在二倍化以后都是纯合的。因而,突变性状在当代就得以表现和稳定。对水稻离体花药及其花粉植株进行化学诱变或辐射诱变,可获得早熟、矮秆突变系。

花药培养中获得变异体的频率较高,可应用各种选择压进行诱变并筛选抗寒、抗盐碱等变异系。如郑祖玲等(1984)用稻瘟病病原菌粗提毒素作为选择压,将不抗稻瘟病的水稻品种花寒早、桂农 12 等的花药,接种在有稻瘟病生理小种 F_1、E_3 粗毒素的培养基上培养,获得了能抗这两个稻瘟病生理小种的花粉植株株系。

第二节　水稻体细胞无性系变异及突变体筛选

水稻的叶鞘和枝梗、叶、胚囊、幼穗、幼胚、根、成熟胚等均能诱导出愈伤组织,并能产生再生植株。Larkin 等(1981)提议,由任何形式的细胞培养所再生的植株统称为体细胞无性系,将这些植株所表现出来的变异称为体细胞无性系变异。体细胞无性系变异现象在植物界比较普遍,水稻也不例外。Oono(1978)首次报道了栽培水稻体细胞无性系的性状变异,在种子愈伤组织再生的 1 121 个无性系中,发现有株高、小穗育性、抽穗性、叶片形态和叶绿体缺失等表型变异。赵成章等(1982)以栽培水稻的幼穗为材料,对 23 个品种的 4 282 株再生植株进行了调查分析,发现不同类型再生植株当代的主要性状均有降低的趋势,同一类水稻品种再生植株的当代也出现矮秆、早熟、大粒等性状的变异。Sun 等(1983)以幼穗和成熟胚为材料研究籼稻和粳稻的体细胞无性系变异,发现 9 个籼稻品种组培后代出现 0～13.3%的多倍体植株,而粳稻无此现象。在 4 个品种的 950 个 R_2 代株系中,有 75.6%的株系出现变异,单个性状变异的频率从 11.5%至 39.5%不等,植株变矮,有效穗增加及千粒重降低是主要趋势。Zheng 等(1989)用 4 个品种的成熟胚为材料研究了谷粒形态及品质性状的无性系变异,发现无性系后代的谷粒变短,粒重减轻,胶稠度增加,而谷粒的宽度和厚度无明显变化。范树国等(1995)对 5 个不育系和保持系进行了幼穗培养,共获得 50 株雄性不育变异株,其中 R_1 代 48 株,R_2 代 2 株。在 5 268 株 R_1 代中,雄性不育变异的频率为 0.91%,在 R_2 代(珍汕 97B)发生雄性不育变异的频率为 2%,并发现多种花粉败育类型之间可以相互转换。此外,不育和可育之间也可以相互转变。

总之,通过愈伤组织诱导、绿苗分化等一系列组织培养过程,可产生各种性状的变异,包括质量性状变异和数量性状变异。随着研究的深入,水稻体细胞无性系变异的范围在扩大,变异的深度在增加,特别是进入 20 世纪 90 年代以来,水稻体细胞无性系变异的育种应用取得了突破性进展,黑珍米、中组 1 号、组培 2 号、组培 7 号、汕优 371 等一批品种或组合相继通过国家或省级农作物品种审定委员会审定,并在生产上大面积推广应用。

一、水稻体细胞无性系变异的特点

(一)基本保持原有品种特性

水稻体细胞无性系变异的最大特点是产生个别性状的纯合变异,如以单一性状计算,水稻体细胞无性系变异率在70%以上,多数为显性变异。为此,可以根据育种目标,针对供体材料的个别缺点进行选育,以期在短期内筛选出所需的性状,特别是缩短熟期、降低株高。赵成章等(1989)育成的品系中组300,与供体亲本四喜占相比,主要是缩短了熟期,使原来的中籼可改良成在浙江作早稻栽培的优质米品系。

(二)有益性状的突变频率较高

在育种实践中,降低株高可防倒伏,缩短熟期可提高复种指数或减轻劳动强度,产生新的不育系可避免细胞质源的单一化而导致病害的毁灭性打击。水稻体细胞无性系变异中降低株高、缩短熟期是其一般趋势。早熟、矮秆、雄性不育株的突变频率在5%左右,明显高于其他育种方法的突变频率。

(三)供试材料起点高,育种目标明确

由于体细胞无性系变异育种一般是针对原品种的个别性状缺点进行改良的,因此需要综合性状好的供体材料,一旦个别性状得到改良后,即可进行生产性试验,明显提高选育的准确性和实用性。

(四)取材方便,绿苗得率高

水稻的叶鞘、枝梗、叶片、胚囊、原生质体、幼穗、幼胚、根、成熟胚、花药均能诱导出愈伤组织和植株再生。特别是成熟胚,不受季节的限制,能大量培养,白化苗极少,可以在一个季节里获得成千上万份再生植株,为品种改良提供丰富的基础材料。

(五)结合离体筛选,定向获得突变体

一般的离体筛选是将胁迫因子加在培养基上,然后在再生植株中定向选择稳定遗传的变异体。为了增加选择的效率,提高变异率,常常在组织培养过程中进行理化处理。离体筛选主要应用于耐盐、抗病、耐冷、抗氨基酸类似物等选择上。

在耐盐筛选中,一般情况下,1.5% NaCl就能抑制愈伤组织的生长。Yamada等(1983)报道,海水也可以作为筛选剂。Chen等(1988)用EMS诱变处理花药,再在含0.5%、0.8%和1% NaCl的培养基上筛选出耐盐愈伤组织及其再生植株,经逐代在含0.5% NaCl条件下重复选择,获得了耐盐性比原始亲本显著增强的株系,其第六代植株在含0.5% NaCl的土壤中全部能抽穗,而其原始亲本则基本上不能抽穗结实。吴荣生等(1991)报道,水稻无性系变异后代的耐盐性与所选用的品种有关。耐盐品种诱导出耐盐变异体的频率高,反之则低。R_2和R_3代的鉴定表明,在解除盐逆境后的恢复期耐盐性变异幅度较大,有利于鉴定出变异体的耐盐性。对168个耐盐变异体后代的耐盐性分析表明,一般在含0.5% NaCl的培养基中继代1~2次,就能提高变异体的耐盐性。对一些耐盐性强的品种,如80-85,继代培养时的盐浓度可适当提高,但不宜超过1%。另据刘燕等(1991)报道,通过筛选抗羟脯氨酸(Hyp)的抗性系也可以提高水稻耐盐性,Hyp的最适浓度为3 mmol/L。

在抗病筛选中,孙立华等(1986)用水稻白叶枯病病原菌直接侵染水稻的愈伤组织。由于病原菌及其分泌物抑制了愈伤组织细胞的生长,只有部分具有抗性或耐性的细胞才能得以正常增殖,并形成再生植株。通过接种侵染试验,筛选出能遗传的具有抗白叶枯病的再生

植株。郑康乐等(1991)报道,用稻瘟病粗毒素作为筛选剂,从两个感病品种中各获得1个抗性可稳定遗传的株系。陈启峰等(1993)用同样方法筛选了29个品种的25 000多个外植体,在已鉴定的349个R_1代个体中,有183株表现抗病。经多次接种鉴定与选择,获得12个高抗稻瘟病的株系和1个抗病丰产的品系。凌定厚等(1986)利用植物毒素离体筛选抗胡麻叶斑病的水稻,毒素对愈伤组织的生长有抑制作用,其抑制程度随浓度的增加而加重。在976块被处理的水稻愈伤组织中,12块愈伤组织形成了再生植株,其中2株显示出抗性。

通过筛选抗氨基酸类似物可以改良水稻品质。Scaleff等(1983)筛选出抗s-氨基甲基半胱氨酸(S-AEC),即赖氨酸类似物的水稻愈伤组织,以及具有抗S-AEC愈伤组织形成的再生植株。具体的过程是:在含1 mmol/L S-AEC的培养基上诱导出抗性愈伤组织,再在含2 mmol/L S-AEC的愈伤继代培养基上连续继代3次,获得的抗性愈伤组织在分化培养基上分化出植株。通过连续筛选获得的抗S-AEC再生植株,其种子中的蛋白质含量高于对照。孟征等(1987)也以S-AEC为筛选剂,从水稻花药培养中筛选出一个抗性突变体RAEC,突变体愈伤组织经过6个月继代培养后仍保持抗性稳定。RAEC突变体再生植株的根尖诱导的愈伤组织,经过3个月继代培养也保持稳定的抗性。RAEC细胞内赖氨酸含量比供体提高了近2倍,苏氨酸提高了5倍多,其他氨基酸如蛋氨酸、缬氨酸、丝氨酸等都有较大的提高。RAEC愈伤组织对赖氨酸加苏氨酸混合物也具有抗性。突变体植株较供体亲本略矮小,但能正常结实。

在耐冷性筛选方面,金润洲等(1991)以20个水稻品种的成熟胚诱导愈伤组织,愈伤组织在15℃下继代培养3个月后分化出再生植株,共获得90份再生植株,其中有26份的耐冷性明显超过供体亲本。

另外,应用离体筛选还可获得耐旱、耐镉、抗除草剂等突变体。

(六)潜在隐性性状活化

在体细胞无性系后代中,常出现一些供体植株所没有的隐性性状变异。赵成章等(1983)从台中育39的无性系后代中,发现1株株高仅20 cm的突变体,定名为武林矮。倪丕冲等(1992)在中花8号、中花10号的幼穗体细胞无性系后代中,发现了许多矮秆突变体,其中S-107的株高比供体中花8号降低了28.3 cm。孙立华等(1994)则从02428体细胞无性系后代中,发现1株高秆变异体02428h,其株高比02428高43.4 cm,02428h与02428杂交,其F_2代的矮秆与高秆符合3:1的分离比,说明02428h是受隐性单基因控制的高秆突变体。梁承邺等(1991)通过组织培养,发现起源于正常育性的水稻品种IR54的1个体细胞无性系(54257),在其R_2代中分离出雄性不育突变体,初步证明其细胞质与野败型相似。

二、水稻体细胞无性系变异应用的育种程序

根据20多年来水稻体细胞无性系变异应用于育种的研究与实践,结合品种育成的经验,建立了水稻体细胞无性系应用于育种的程序(图5-1)。

(一)供体的选择

1. 基因型的选择　基因型的选择是试验能否成功的主要因素。选择时,必须考虑育种目标以及体细胞无性系的变异特点。一般选择那些抗性强、米质好且具有潜在丰产性的基因型作为起始材料,然后在R_2代选择所需的综合性状。

2. 外植体的选择　外植体的不同,导致组织培养力的差异。为了获得足够数量的变异

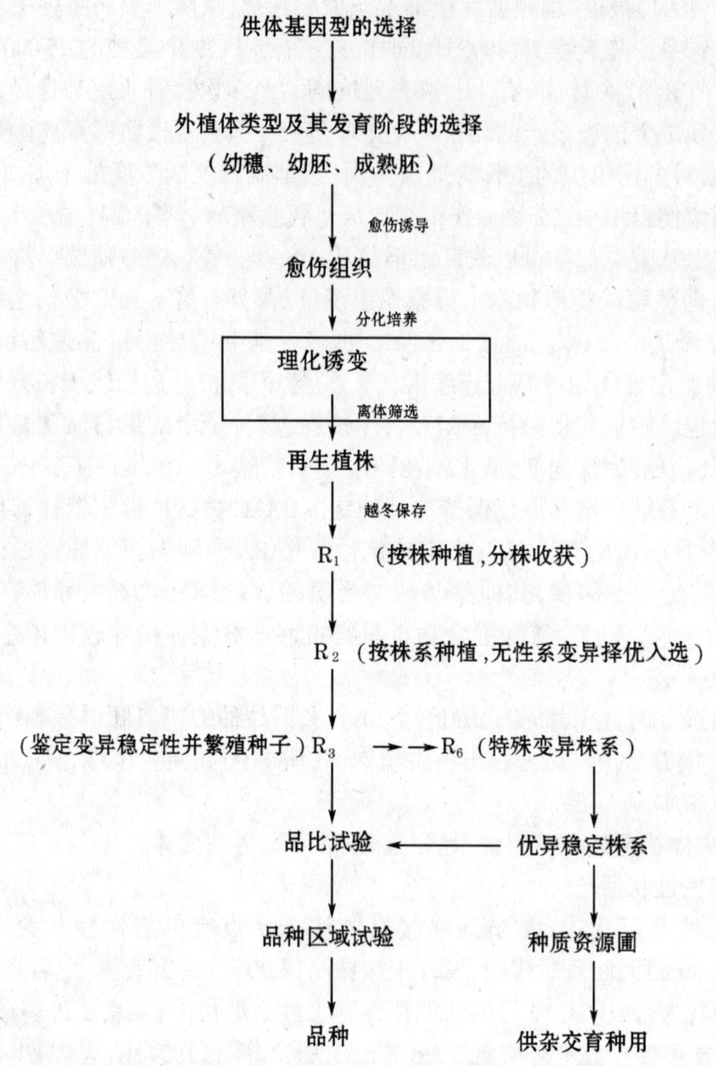

图 5-1　水稻体变育种程序

群体应用于育种实践，必须考虑影响组织培养力的所有因素，但就外植体来说，其培养力依次为幼穗＞幼胚＞成熟胚。

(二)不同外植体的组织培养程序

1. 幼穗组织培养　①取剑叶与倒 2 叶的叶枕距 1 ~ 5 cm(因材料而异)的穗子，去掉叶片和叶鞘，观察幼穗长度，一般以 0.5 ~ 1.5 cm 长的幼穗为宜。根据剑叶与倒 2 叶的叶枕距跟幼穗长度的相应关系进行取样。②取样材料带回实验室后，去掉叶片，一般只保留 1 ~ 2 张叶鞘，连幼穗上下各留 1 cm 左右，剪去多余的茎和叶鞘，然后用橡皮筋把幼穗捆扎好。③捆扎好的幼穗先用 75%酒精浸泡 1 min，再放入经过灭菌的烧杯中用 0.1%升汞或饱和漂白粉液灭菌 15 ~ 20 min。④用无菌水冲洗 3 次。⑤用剪刀去掉叶鞘，把幼穗分段接在诱导培养基上，暗培养，培养温度为 26℃ ± 1℃。⑥ 2 ~ 3 周后，挑选胚性愈伤组织进行分化培养。培养温度为 26℃ ± 1℃，每天光照 9 ~ 10 h，照度为 2 000 lx。

2. 幼胚组织培养　①取授粉后 7 ~ 10 天处于乳熟期的穗子。②取下小花，先用 75%酒精浸泡 1 min，然后用 25% 次氯酸钠溶液灭菌 90 min（最好放在摇床上振荡灭菌）。③用无菌水冲洗 3 次后用吸水纸吸干多余的水。④用解剖刀切去小花基部的内外稃。⑤用解剖刀钝的一面轻轻挤压小花的中部，以便使幼胚从切口滑出。⑥将幼胚放在诱导培养基中，暗培养，培养温度为 26℃ ± 1℃。⑦1 ~ 2 周后，挑选米粒大小的愈伤组织进行分化培养。培养温度为 26℃ ± 1℃，每天光照 9 ~ 10 h，照度为 2 000 lx。

3. 成熟胚的组织培养　①取成熟种子，脱壳。②脱壳种子先在 75% 酒精中浸泡 1 min，再在 0.1% 升汞或饱和漂白粉液中灭菌 15 ~ 20 min。③用无菌水冲洗 3 次后用吸水纸吸去多余的水。④接种在诱导培养基上，暗培养，培养温度为 26 ± 1℃。⑤2 ~ 3 周后，当愈伤组织长到米粒大时进行分化培养，培养温度为 26 ± 1℃，每天光照 9 ~ 10 h，照度为 2 000 lx。

（三）培养基

1. 诱导培养基　基本培养基种类很多，但通常选用 N_6 和 MS。基本培养基对愈伤组织诱导的影响不是很大，影响愈伤组织质量的主要是诱导培养基中的植物生长调节剂。2,4-D 是诱导胚性愈伤组织不可缺少的植物生长调节剂，一般 2,4-D 浓度以 2 mg/L 为宜。胚性愈伤组织在形态上的特点是呈白色或米黄色，结构致密，具有各种程度的折叠结构。

2. 分化培养基　所谓分化培养基，是指诱导的愈伤组织能分化成植株的培养基。质地好、易分化成植株的愈伤组织对分化培养基的要求不是很高，只要去除生长素，用哪种培养基都可以分化出植株。而对不容易分化特别是继代过几次的愈伤组织，应利用多种植物生长调节剂的协同作用，并采取降低渗透压、干燥处理等。常用的植物生长调节剂配比为 0.25 ~ 0.5 mg/L 的 NAA 和 2 mg/L 的 6-BA。

（四）试管苗的离体调控技术

1. 提高移栽成活率　通常再生苗较弱，根系不发达，移栽后成活率不高，有时甚至全军覆灭。因此，提高再生苗移栽成活率是直接影响培养效率的关键环节。赵成章（1992）研究证明，在分化培养基中以多效唑（2.5 mg/L）、NAA（0.5 mg/L）、6-BA（2 mg/L）配合使用，可以培育壮苗，增加单位长度干物重，根系发达、粗壮，叶片加厚，叶表皮细胞密度增加，维管束加粗。移栽成活率最高可达 95%。

2. 调节再生苗的生长进程　由于再生苗的培养时间与正常生长季节不同步，致使许多再生苗成苗后遇到冬季不能及时移栽而死亡，严重影响培养效果。虽可去海南岛或利用温室种植，但成本高，效果不理想。在 N_6 壮苗培养基中附加多效唑 2.5 mg/L 和 NAA 0.5 mg/L 调控培养，培养温度为 20℃，可使再生苗在试管中保存 160 天左右，可推迟到次年移栽（赵成章，1992）。

（五）水稻体细胞无性系变异后代的选育

水稻试管苗经过 2 ~ 3 天的炼苗后，移栽至大田，单本种植，按株收获，获得 R_2 代种子。第二年，R_2 代种子按株系种植，每株系 12 ~ 24 株，每 20 个株系设一对照。每株系在成熟后取 5 ~ 10 株调查株高、穗数、穗长、每穗总粒数、实粒数、结实率；生育期间调查单株抽穗期。

R_1 代由于受培养环境的影响，多数性状是不能遗传的，只有芒性、抗性能稳定遗传。因此，R_1 代无需选择。

对 R_2 代的变异及其后代的遗传研究表明，其熟性、株高、穗数、每穗粒数、千粒重等性状都产生变异，变异率在 70% 以上，且在 90% 以上的株系中，变异性状在 R_2 代表现出遗传的稳定性。因此，R_2 代可作为选育的关键世代，其中以熟性、株高的变异较明显。在选育时，根据育种目标,先选株系,再选单株;既要注意变异株系的性状稳定性,又要注意特殊性状的选择,如紫米性状、抗性等。

三、提高水稻组织培养力的一些方法

水稻组织培养力受很多因素的影响。首先是基因型影响,不同的基因型有不同的组织培养力。赵成章等(1981)以7个籼稻品种、7个粳稻品种、2个糯稻品种的幼穗外植体为材料,研究其组织培养力的差异。不论试验材料的来源如何,水稻幼穗外植体的愈伤组织诱导率的趋势为糯稻>粳稻>籼稻,分别为84.5%、72.3%和55.3%。其中糯稻的愈伤组织生长旺盛,呈乳白色。但它们的愈伤组织绿苗分化率趋势正好与愈伤组织诱导率相反,为籼稻>粳稻>糯稻,分别为54.7%、47.6%和18.5%。朱育英等(1990)报道,不论以成熟胚还是未成熟胚为外植体建立体细胞无性系,基因型都是重要因素。以L8附加2 mg/L 2,4-D培养基为例,基因型间差异显著,愈伤组织诱导率最高的达73.3%(金早6号),最低的为0(密阳23),绿苗分化率最高达67.6%(73-07),最低的为0(密阳23、808、金早12号)。陈璋等(1993)采用1/2P(P+1)半双列杂交法,研究了水稻成熟胚离体培养的遗传表现。水稻成熟胚离体培养的胚性愈伤组织诱导率主要受亲本基因型的影响,不仅存在基因的加性效应,也表现非等位基因的互作效应,其遗传模型为加性-显性-上位性模型。胚性愈伤组织分化率与绿苗再生率的遗传表现符合加性-显性模型,表现为部分显性。组织培养力是一个可遗传的性状。

其次,外植体的不同也导致组织培养力的显著差异。有些品种的成熟胚组织培养力很低,其愈伤组织诱导率和绿苗分化率接近0,而幼穗或幼胚的组织培养力却很高,其愈伤组织诱导率和绿苗分化率超过50%。陈以峰等(1998)在广陆矮4号成熟胚和幼穗组成的外植体差异性实验系统中,曾经观察到该品种的幼穗、成熟胚外植体在相同的正常诱导培养基上培养15天时的愈伤组织,其植株再生率有非常明显的差异,分别为73.9%和1.3%。朱秀英等(1990)观察到金晚3号幼胚与成熟胚的愈伤组织诱导率分别为42.2%和1.0%,绿苗分化率分别为53.7%和17.0%。

再次就是培养条件。培养条件中包括培养基的配方、培养温度、培养时间等。徐刚等(1990)用MS基本培养基附加1.5 mg/L 2,4-D、1 mg/L KT,其愈伤组织诱导率为95.33%,诱导培养60天其愈伤组织仍具有较高的分化能力。田文忠等(1994)在NB(N_6大量、B_5微量及有机成分)培养基中附加2 mg/L 2,4-D、1 mg/L KT和1 mg/L NAA,其再生植株频率比仅附加2 mg/L 2,4-D的对照大大提高,变幅为10.0%~38.1%,而对照为0~1.05%。朱秀英等(1990)研究表明,金早4号在不同培养基之间愈伤组织诱导率变幅为8.4%~73.3%,绿苗分化率变幅为0~52.9%。

总之,水稻组织培养力是受基因型、外植体、培养基配方及培养环境诸多因素互作的性状。虽然有关提高水稻组织培养力的方法很多,但大多无普遍意义。下面是几个可普遍采用的方法。

(一)干燥处理

Tsukahara等(1992)以粳稻成熟胚为材料,在分化前将愈伤组织放在吸水纸上干燥处理24 h,其绿苗分化率达47%,而对照的绿苗分化率不到5%。梅传生等(1993)通过提高分化培养基中琼脂浓度,使愈伤组织含水量降低,当琼脂浓度增加到1%时,愈伤组织含水量为

88%，比 0.5%琼脂浓度的含水量极显著降低，而分化率则提高 1 倍。田文忠等(1994)以籼稻成熟胚为材料，将愈伤组织放在 1 ~ 2 层滤纸的培养皿中保持 2 ~ 6 天，使愈伤组织失水 50%左右，然后再转移到分化培养基中，结果表明，TN1 的再生频率提高 1 倍多，IR72、IR64 的再生频率提高 3 倍。赵成章等(1997)采用滤纸和硅胶干燥法预处理水稻愈伤组织，能明显提高愈伤组织的绿苗分化率，其中以滤纸干燥处理 4 天、愈伤组织失水量在 50%以上的培养效果较好。干燥处理能促进愈伤组织对矿物质元素的吸收，影响过氧化物同工酶的表达，降低脯氨酸的含量，而对细胞透性影响不大。

(二)脱落酸(ABA)的作用

ABA 对体细胞胚胎发生的作用曾一度被忽视，后来才发现其对体细胞胚胎的发生及保持有很重要的作用。凌定厚等(1987)认为，胚性愈伤组织能够在含有低浓度 ABA 的培养基中保持较长的时间，分化出苗的能力能够维持半年，0.132 mg/L 的 ABA 适于保持胚性的双层结构。赵成章等(1989)在诱导培养基中附加不同浓度的 ABA 时，成熟胚愈伤组织诱导率均有不同程度的提高，且随诱导培养基中 ABA 浓度的提高而增加。ABA 浓度在 2.5 ~ 5 mg/L 时，愈伤组织诱导率较高，但随着 ABA 浓度的进一步提高，愈伤组织诱导率反而略下降，愈伤组织变小，但均比对照高，而且愈伤组织分化率也较高。

然而，ABA 对体细胞胚胎发生的促进作用的机制至今尚不清楚。Sala 等(1983)指出，50 mg/L 的 ABA 处理离体水稻叶子 24 h，使离体叶子中细胞分裂素的含量下降，内源细胞分裂素的降低可能有利于愈伤组织的诱导。He 等(1986)和彭艳华等(1989)认为，高水平的内源 ABA 与胚性能力的启动或表达有关，并且推测 ABA 通过影响胚发育中淀粉合成、碳水化合物吸收，影响渗透胁迫、水分代谢，通过直接调节或启动蛋白质、DNA、mRNA 的合成，在调节体细胞胚发育方面扮演特定的角色。赵成章等(1989)则认为，水稻种子是一种"竞争性"外植体，高浓度的 ABA 能有效地抑制胚芽和胚根的生长，而对水稻盾片愈伤组织的生长影响较小，从而促进盾片愈伤组织的同步健壮生长。这些愈伤组织结构致密，呈乳白色，且分化率高。

四、影响水稻体细胞无性系变异的因素

(一)外 植 体

不同的外植体对水稻体细胞无性系变异的影响差别非常明显，水稻的变异率高低依次为幼穗 > 未成熟胚 > 成熟胚。

(二)基 因 型

基因型被认为是影响变异的主要因素。例如，凌定厚等(1987)在 IR54 的无性系后代中连续 2 年获得相互易位杂合子，而 IR36 无性系后代中无此现象；Sun 等(1983)在籼稻无性系后代中获得多倍体变异，而粳稻中没有发现。

(三)植物生长调节剂水平

2,4-D 是诱导胚性愈伤组织不可缺少的植物生长调节剂，但同时也是引起无性系变异的主要植物生长调节剂。一般认为，2,4-D 含量高的培养基再生植株比含量低的更容易发生无性系变异。

(四)愈伤组织继代及培养时间

愈伤组织的继代及培养时间的长短，既影响分化率，也影响性状的变异率。一般来说，

愈伤组织继代次数越多,培养时间越长,其绿苗分化率越低,性状变异也越大。

(五)辐射处理

利用γ射线处理供体,可引起供体的性状变异。戚秀芳等(1989)以 Basmati 370 的带绿点愈伤组织为供体材料,用^{137}Cs-γ 射线处理,剂量为 0.645 C/kg(2 500 伦琴)。结果表明,离体辐射使早熟效果显著增加,出现 3.8%的早熟株系(7 天以上),其中早熟 15 天左右的株系占 0.5%。并获得 2 个柱头外露、矮秆、分蘖力强、优质的籼型雄性不育系。

五、水稻体细胞无性系变异的可能机制

随着水稻体细胞无性系变异技术的迅速发展与广泛应用,关于体细胞无性系变异机制的报道也逐年增多。一般认为,既有细胞水平的变异,也有分子水平的变异。

(一)细胞水平的变异

由组织培养引起的再分化植株的遗传变异中,各种类型的染色体变异最为常见,这包括多倍体及非整倍体等染色体数目的变异、易位等染色体结构的变异及减数分裂或有丝分裂的变异等。Bayliss 曾统计了 53 篇由组织培养引起的再生植株发生变异的报道,发现除了 4 篇以外,其他报道均涉及染色体的变异。在水稻上,组织培养再生植株中有关染色体变异的报道并不很多。Sun(1983)等报道,在籼稻幼穗组织培养产生的再生植株后代中,出现了 0~13.3%不等的多倍体变异。凌定厚等(1987)以 IR36 及 IR53 等品种的成熟胚及幼穗为外植体,获得籼稻体细胞培养再生植株,在 319 株再生植株中有四倍体 10 株,占总数的 3.1%。在二倍体中发现不育株 7 株(占 2.2%),其中经细胞学分析发现 2 株为多染色体相互易位杂合子。减数分裂的研究表明,多染色体易位植株终变期时染色体构型呈十分复杂的情况,除正常的 12Ⅱ外,还呈现出一系列的多价体。配对最高价为十价体,7Ⅱ+1X 的构型占各种染色体构型总数的 50.7%,分布最广。在这类染色体构型中,十价染色体或呈环形,或呈链形。这表明,该植株 12 对染色体有 5 条非同源染色体发生了相互易位。

(二)分子水平的变异

在体细胞无性系变异中,分子水平的变异涉及基因突变、碱基修饰、基因扩增和丢失、基因重排及转座子激活等。在水稻体细胞无性系变异中,基因突变及基因扩增与丢失是最常见的。

所谓基因突变是指 DNA 序列中碱基发生了改变,导致一种遗传状态转变为另一种遗传状态。陈受宜等(1991)对经 EMS 诱变和盐胁迫,反复选择得到的已稳定了 9 代的粳稻耐盐突变体进行了分子生物学鉴定。用分布于整个水稻连锁图上的 130 个标记作探针,对对照和突变体进行了 RFLP 分析,结果表明,在耐盐突变体第 7 染色体上两个连锁位点 RG711 和 RG4 发生了突变。杨长登等(1996)应用分布于 12 条水稻染色体的 121 个 DNA 探针分析体细胞无性系变异品种黑珍米与其亲本的 RFLP,发现有 24.8%的探针检测到多态性,分布于 10 条染色体。结合 4 种限制性内切酶(*Eco*RⅠ、*Bam*HⅠ、*Hin*dⅢ和 *Xba*Ⅰ)分析的 67 个 DNA 探针中,18 个探针检测到多态性,其中 14 个只能在一种酶检测到多态性,是由点突变引起;而其他 4 个能在 3 种或 4 种酶同时检测到多态性,是由插入或缺失引起。说明组织培养产生的无性系变异主要来源于点突变。

基因扩增是指细胞内某些特定基因的拷贝数专一性地大量增加的现象,是细胞在短期内为满足某种需要而产生足够的基因产物的一种调控手段。在正常的组织培养条件下,植

物基因组就会发生扩增。Kikuchi 等(1987)从水稻胚基因组获得了经内切酶 *Bam*H Ⅰ消化后的 2 个克隆片段 PRB301 和 PRB401,Southern 杂交实验表明,在愈伤组织形成过程中克隆 PRB301 扩增了大约 50 倍,在植株再生过程中拷贝数又降低到胚胎水平,而克隆 PRB401 在愈伤组织形成过程中其拷贝数仅为原来的 0.01%。DNA 测序发现,核 DNA 中 PRB401 片段中稻叶绿体 DNA 3'-rps 12-rps7 区域存在,PRB301 片段具有开放阅读框架和重复序列。

六、体细胞无性系变异技术在水稻品种选育中的应用

(一)在水稻新品种选育中的应用

育种家们可以根据当地的水稻生产实际,结合体细胞无性系变异的特点,以高世代材料或定型品种为起点,选育出能在生产上推广应用的水稻新品种。赵成章等以 Basmati 370 的成熟胚为起始材料,将脱壳的种子在 75%酒精中浸泡 1 min,在 0.1%升汞溶液中灭菌 20 min,用无菌水冲洗 3~5 次,然后放入三角瓶中,振荡培养 1~2 天。当种胚萌动露白时,接种在含 2 mg/L 2,4-D 的 N_6 固体培养基上暗培养。当萌动幼胚的愈伤组织长至绿豆粒大小时,转移到 N_6 分化培养基上进行分化培养。待再生绿苗长到 4~5 叶时,经炼苗后直接移植大田。获得的紫黑米突变体进行五代连续培育和选择,将农艺性状基本稳定的 10 个优良品系进行田间适应性和产量对比试验,并对各种营养成分进行系统分析,最后从中选出营养成分好、色素含量高、米质优、产量较高的优良品系,定名为"黑珍米",1993 年 4 月通过浙江省农作物品种审定委员会审定。这是第一个由体细胞无性系变异选育通过审定的品种。迄今,已通过审定的水稻新品种有黑珍米、中组 1 号、组培 2 号、组培 7 号、组培 11 号等。

(二)在杂交稻新恢复系选育中的应用

在杂交稻三系选育中,新恢复系的选育相对来说容易成功,但大部分是采用常规选恢获得的。舒庆尧等以韩国偏籼品种 Iri 371 的幼穗为材料,先用 10Gy γ 射线处理,再在 N_6 固体培养基上诱导出愈和 1 次继代培养,然后在 MS 固体培养基上进行分化成苗。在 M_2R_2 代,入选单株产量、株型、穗型、熟期等方面优于对照的变异单株共 29 株。用珍汕 97A 与其中 3 个早熟大穗优异株配组,并经 M_3R_3 及 M_4R_4 的连续成对测交,最后决选田间编号为 10-2-#46 的株系(当时定名为组恢 371,简称 371)。所配组合汕优 371 于 1998 年通过浙江省农作物品种审定委员会审定。这是第一个利用体细胞无性系变异技术选育的新恢复系。

第三节　水稻遗传转化

植物遗传转化技术(plant genetic transformation technology)是应用 DNA 重组技术,将外源基因通过生物、物理或化学等手段导入植物基因组,以获得外源基因稳定遗传和表达的植物遗传改良的一门技术。它是植物基因工程和分子生物学研究中的一个重要环节。近年来,随着植物遗传转化技术的迅速发展,各国育种家愈来愈广泛地应用基因工程等现代技术手段于育种研究中,试图将一些控制优良性状的外源基因导入水稻,以培育高产、优质、抗性强的水稻新品种。

一、水稻遗传转化的历史

水稻的遗传转化始于原生质体培养。Ou-Lee (1986)和 Uchimiya 等(1986)利用原生质体

作为转化受体材料，分别在原生质体和原生质体来源的愈伤组织中获得了外源基因的瞬间表达或稳定表达，但没有再生植株。直到 1988 年，才获得第一批转基因水稻植株。Toriyama 等(1988)和 Zhang 等(1988)相继报道，用原生质体为受体，采用 PEG 法、电融合法等在粳稻品种中获得完整的转基因水稻植株。而第一例以原生质体为受体的转基因籼稻植株，是 Datta 等(1993)从籼稻品种 Chinsurah Boro Ⅱ中获得的。总的来说，由于原生质体的培养成功率很低，基因型的依赖性很强，虽然得到了一些转化植株，但转化效率太低。1991 年，Christou 等以水稻幼胚作为受体材料，用基因枪轰击法获得转基因植株，并且转化效率明显提高。从此，以幼胚作为理想受体材料的基因枪法得到了广泛的研究应用。20 世纪 90 年代初，由于农杆菌被认为不适用于大多数单子叶植物的转化，因此在早期的水稻转基因成功的实例中，都以基因枪法、PEG 法、电融合法、花粉管通道法、激光介导法和 DNA 吸收法等直接转化法为主。

1990 年，李宝健等和 Raineri 等先后用农杆菌感染水稻组织获得转化愈伤组织。1993 年，Chan 等用农杆菌介导法获得转基因水稻植株。这些研究为用农杆菌转化提供了一些启示。但由于这些报道缺乏必要的分子生物学证据以及转化效率较低，人们尚存有疑问。到了 1994 年，Hiei 等用农杆菌转化法在粳稻品种上获得了大量转基因植株，并提供了详细的分子生物学和遗传学证据。

目前，水稻遗传转化以农杆菌介导法为主，并形成了较稳定的转化体系，转基因已进入实用化时代。

二、农杆菌介导的遗传转化

(一)根癌农杆菌介导的遗传转化机制

农杆菌是一种革兰阴性土壤杆菌。与植物基因转化相关的有两种类型：一种为根癌农杆菌，含有 Ti 质粒；另一种为发根农杆菌，含有 Ri 质粒。Ti 质粒是根癌农杆菌细胞核外存在的一种双链 DNA 分子，其长度为 150 ~ 230 kb。Ti 质粒有 4 个同源区，其中 T-DNA 区和 Vir 区与瘤的形成有关。在 Opine 的形成过程中，T-DNA 转移到植物细胞并整合到染色体基因组。Ti 质粒上有一段转移 DNA(T-DNA)，其长度为 12 ~ 24 kb，两端各有一个含 25 bp 重复序列的边界序列。在农杆菌侵染植物时，这段 DNA 可以插入到植物基因组中。插入位置是随机的，可以是单拷贝，也可以是多拷贝，使其携带基因在植物中得以表达。由于 T-DNA 能够进行高频率的转移，而且 Ti 质粒上可插入 50 kb 的外源基因，因此 Ti 质粒也就成为植物基因转化的理想载体系统。

农杆菌侵染导致 T-DNA 转移整合入植物基因组中的过程非常复杂。该过程包括：农杆菌附着植物细胞壁，随着 VirA 蛋白感受植物受伤细胞产生的信号(酚类化合物，如乙酰丁香酮)，自身发生磷酸化。磷酸化的 VirA 蛋白将其磷酸基转移到 VirG 蛋白保守的天冬氨酸残基上，使 VirG 蛋白活化。VirG 蛋白是一种 DNA 转录活化因子，被激活后可以特异性结合到其他 Vir 基因启动子区上游的一个叫 Vir 框的序列，启动这些基因的转录。其中，VirD 基因产物具有内切酶活性，加工剪切 T-DNA，产生 T-DNA 单链，然后以类似于细菌接合转移过程的方式将 T-DNA 与 VirD2 组成的复合物转入植物细胞，在那里与许多 VirE2 蛋白分子相结合，形成 T-链复合物。在此过程中，VirEl 作为 VirE2 的一个特殊的分子伴侣，具有协助 VirE2 转运和阻止它与 T-DNA 链结合的功能，转基因植物产生的 VirE2 蛋白分子也能在植物细胞内与 VirD2-T-DNA 形成 T 链复合物，随后这一复合物在 VirD2 和 VirE2 核定位信号引导下以 VirD2 为先导被转运进入细胞核，转入细胞核的 T-DNA 以单拷贝或多拷贝的形式整合到植物染色体上。研究表明，T-DNA 优先整合到转录活跃区，而且在 T-DNA 的同源区与 DNA 的高度重复区 T-DNA 的整合频率比较高。

(二)农杆菌介导的水稻转化技术的特点

一是转化频率高。T-DNA 链在转移过程中受蛋白（VirE2、VirD2 ）的保护及定向作用，使得 T-DNA 免受核酸的降解，而完整、准确地进入细胞核，转化效率较高。

二是导入植物细胞的片段确切，且能导入大片段的 DNA。

三是导入基因的拷贝数低，表达效果好。农杆菌介导的转化向植物细胞导入的外源基因拷贝大多只有 1～3 个。

四是农杆菌转化方法使用的技术、仪器简单。

(三)影响农杆菌介导的水稻遗传转化效率的因素

自农杆菌介导遗传转化获得成功以来，这种转化技术在双子叶植物中得到了广泛的应用。但直至 20 世纪 90 年代中期才在水稻中获得成功。目前，水稻的三个亚种（籼稻、粳稻和爪哇稻）都已建立了农杆菌遗传转化体系。农杆菌介导的外源基因转化是农杆菌与植物细胞之间相互作用的结果，凡是能够影响植物细胞转化应答能力和农杆菌侵染能力以及转化子再生能力的各种因素，都会对转化效果产生影响。

1. 农杆菌菌株和载体　菌株和载体的组合与选择，在水稻的转化中至关重要。不同的根癌农杆菌菌株具有不同的宿主范围，因而不同菌株对同一受体的转化效率存在差别。刘巧泉等（1998）比较了同一质粒不同菌株对同一水稻受体组织的转化能力，发现超毒力菌株 EHA 105 对中花受体组织的敏感性高于普通型宿主菌 LBA4404。Hiei 等人（1994）测试了 2 个菌株（LBA4404 和 EHA101）和 3 个双元载体质粒（Pig121Hm、pBIN19 和 pTOK233）在水稻转化中的效率。结果表明，LBA4404（pTOK233）的转化效率较 LBA4404（Pig121Hm）和 EHA101（Pig121Hm）均高，而 EHA101（pTOK233）甚至比普通农杆菌与双元载体组合对水稻的转化率还低。可见菌株与质粒的组合与选择在特定的单子叶植物转化中至关重要。普通农杆菌菌株 LBA4404 和超毒力菌株 EHA101、EHA105 和 AGLI 等常被用于水稻转化。在单子叶植物中应用超毒力农杆菌菌株和超双元载体能增强农杆菌的侵染能力和 T-DNA 的整合能力，较好地解决了单子叶植物对农杆菌转化敏感性差的问题。此外，在载体构建过程中，可考虑应用农杆碱型质粒、超驱动序列、内含子和核基质附着区（MAR）等来增加单子叶植物对农杆菌的敏感性，提高转化效率。

2. 水稻基因型　水稻品种的遗传背景是影响农杆菌介导成功的关键因素之一。这主要是由于不同水稻品种在愈伤组织诱导和分化能力之间存在着差异，而且对农杆菌侵染和筛选剂反应敏感性等方面也存在着较大差异。一般而言，粳稻品种的转化效率明显高于籼稻品种，不同的粳稻、籼稻品种间也有很大区别（刘巧泉等，1998）。因此，在水稻遗传转化过程中，必须针对所使用的水稻基因型，建立与之相适应的农杆菌介导的高效遗传转化体系。

3. 转化受体　大量研究表明，生长和分裂旺盛的胚性愈伤组织，是获得水稻转化成功的关键因素。其中，幼胚及来自成熟或未成熟胚经诱导产生的胚性愈伤组织，是农杆菌转化和再生的良好外植体来源。一般成熟胚的转化率略低于幼胚，但由于取材不受时令限制而被广泛采用。另外，幼穗（王世全等，1999）、微不定芽（杨长登等，1998）、花药（傅亚萍等，

2001)和茎尖(Park 等,1996)也可用作水稻基因转化的受体。

4. 酚类化合物 Stachel 等于 1985 年,首先从烟草的受伤细胞和活跃生长细胞的渗出液中,分离出两种农杆菌侵染诱导化合物乙酰丁香酮(AS)和羟基乙酰丁香酮(HO-AS)。AS 能与 Vir 蛋白结合,激活 VirG 表达,然后通过 VirA 和 VirG 蛋白组成的信号级联放大系统共同调控其他 Vir 基因的表达,因此 AS 被认为是活化及促进 T-DNA 向植物细胞转移、整合和表达所必需的。后来发现,邻苯二酚、没食子酸、对羟基苯甲酸、香草醛等 40 多种酚类物质都有类似 AS 的作用,对 Vir 基因都有诱导作用。Roberta 等(1995)认为,单子叶植物难以被农杆菌转化,可能是不产生酚类化合物或产生的量不足以作为信号诱导分子。许东晖等(1999)研究表明,单子叶植物能够产生诱导信号分子,但仅在植物特定发育时期的特定部位产生,因而在内源信号分子相对不足的情况下添加外源信号物质如 AS 等,可大大提高转化效率。Hiei 等(1994)在用农杆菌介导转化水稻时添加了 100 μmol/L 的 AS,获得较高的转化频率。陈秀花等(2001)的研究表明,在共培养过程中添加 300~400 μmol/L 较高浓度的 AS,GUS 瞬间表达率提高到 30%~50%,甚至达到 76.1%,提高了籼稻转化频率。在根癌农杆菌介导转化水稻的研究中,认为共培养阶段加入活化 Vir 区基因的酚类化合物是转化成功的因素之一。另一些研究者如刘巧泉等(1998)和陈屹等(2000)则认为,AS 诱导并不是农杆菌介导转化所必需的,但可提高转化效率。Rashid 等(1996)和王力等(1999)发现,在 AS 浓度很低和缺少 AS 的情况下,小分子量的糖类如葡萄糖和半乳糖等,也可促进 Vir 区基因的表达,葡萄糖与 AS 或没食子酸的混用在一定程度上提高了农杆菌的转化效率。

5. 农杆菌菌液浓度 在共培养过程中,农杆菌的状态和浓度对转化效率的影响很大。如果菌液浓度过高,菌体本身易相互聚结而影响其在外植体上的附着;浓度过低,则不利于基因的转入。一般情况下,农杆菌振荡培养至对数期,OD 值为 0.6~0.8,然后以 3 000 r/min 离心 4 min,弃上清,将沉淀在受体培养基中稀释 10 倍用于感染愈伤组织。

6. 农杆菌悬浮培养基 在农杆菌转化中,常用的共培养缓冲介质有农杆菌培养基和植物组织培养基。在共培养阶段,用农杆菌培养基悬浮的农杆菌感染愈伤组织时,农杆菌生长过旺,其形成的菌落将愈伤组织完全浸没,影响了愈伤组织的正常代谢,因此在农杆菌培养基中培养的农杆菌不宜用于转化实验。农杆菌需经离心收集并用植物组织培养基重新悬浮,这样不仅可除去培养物中残存的抗生素和农杆菌代谢物,而且由于在培养过程中保持了培养成分的基本稳定从而有利于细胞的旺盛生长,可富集更多的感受态细胞,进而提高转化频率。考虑到对于功能正常的农杆菌,限制它与植物细胞相互作用的因素主要是由植物细胞本身引起的,在兼顾农杆菌生长的同时,主要考虑了水稻愈伤组织感受态的保持,用(2/3 MS+1/3 YEB)重悬农杆菌,抗潮霉素愈伤组织达到 49.44%,大大提高了转化频率(陈屹等,2000)。

7. 共培养时间 以 3 天作为受体材料与农杆菌共培养的时间,可能是较为适宜的。时间过短,T-DNA 转移过程不能完成;延长共培养时间,农杆菌在培养基及受体材料表面会过分生长,不利于随后抗性愈伤筛选时对农杆菌的抑制。

8. 共培养温度 Willy 等(1997)发现,在较低的共培养温度(22℃)条件下,农杆菌对愈伤组织的转化率最高;农杆菌介导转化过程中最适共培养温度,可能因基因型而异。农杆菌具有最强侵染力的生长温度并不是其最适生长温度,而是在较缓慢生长温度条件下,因而共培养温度多控制在 19℃~25℃(林拥军,2002)。

(四)选择标记基因

为了加快遗传改良的进程,将外源目的基因导入植物体,并筛选出极少量的转化细胞,一套高效安全的选择方法极为重要。选择标记基因常与目的基因共同转化,可以区分转化和非转化细胞。到目前为止,被广泛用于选择的标记基因主要有两大类:一类是抗生素类,包括潮霉素磷酸转移酶基因(*hpt*)、新霉素磷酸转移酶基因(*npt*)、卡那霉素抗性基因(*npt* Ⅱ)等;另一类是抗除草剂类,包括草丁膦(glufosinate)抗性基因(*bar*)、草甘膦(glyposate)抗性基因(*epsps*)等。这些存在于转基因植物中的具有抗生素或除草剂抗性的标记基因,是否会对环境及人类健康有不良影响和损害引起了广泛关注。关注的焦点主要集中在:①抗生素抗性基因会不会转移到微生物中,使病原菌获得抗性,从而导致目前临床使用的抗生素失效;②标记基因会不会传播到野生亲缘种中,使杂草获得这种抗性,变成现有除草剂无法杀灭的"超级杂草";③具有抗生素或除草剂抗性的标记基因的应用,会不会破坏生态平衡。然而,目前的试验水平还不能对这些方面进行准确的估计和评价。当前,最为有效的办法就是利用无争议的生物安全标记基因。近年来发现的生物安全标记基因,主要有绿色荧光蛋白基因(*GFP*)、核糖醇操纵子(rtl)、6-磷酸甘露糖异构酶基因(*pmi*)、木糖异构酶基因(*xylA*)和谷氨酸-1-半醛转氨酶基因(*hemL*)等。与常规标记基因不同,这些标记基因没有抗生素或除草剂抗性,相对来说对生物是安全的,因此被称为生物安全标记基因。

1. 绿色荧光蛋白基因(*GFP*)　1962年,Shimomura等首次从多管水母属(*Aequorea victoria*)中分离纯化出一种荧光物质,并将其定性为蛋白质,称之为绿色荧光蛋白(green fluorescent proteins, GFPs)。目前研究得较为深入的是来自多管水母科(Aequorea)的GFP即A-GFP,它是由238个氨基酸组成的单体,分子量约为27 kD。该GFP在395 nm和470 nm处具有吸收高峰。目前有关GFP发光的机制还不太清楚,较普遍的说法是GFP在荧光酶的参与下被Ca^{2+}所激活,使蛋白质的共价键发生一定的变化从而形成不稳定的中间体,中间体分解后,释放能量,产生荧光。

与其他报告基因,如β-半乳糖苷酶基因、氯霉素乙酰转移酶基因以及源于细菌及萤火虫的荧光素酶基因相比,GFP的检测具有不需要添加任何底物或辅助因子,不使用同位素,也不需要测定酶的活性等优点。同时,GFP生色基团的形成无种属特异性,在原核和真核细胞中都能表达,其表达产物对细胞基本上没有毒害作用,并且不影响细胞的正常生长和功能。

尽管GFP基因作为报告基因有许多无可比拟的优点,但野生型GFP发光较弱,甚至在某些植物细胞中并不表达。为此,许多人进行了深入研究。Heim等(1994)发现,当以Thr取代65位的Ser时,其激发和发射光波更长(490 nm和510 nm),且生色基的形成速度比野生型快4倍,可以更快地在受体细胞中表达,能更好地应用于实验研究。Ma等(2001)在GFP序列中插入一内含子,以增强其表达,然后将其置于甘油醛-p-脱氢酶(gpd)基因的启动子和过氧化锰同工酶Ⅰ(mnpⅠ)基因的启动子的双重控制之下,并插入到pUGGM3和pU-GiGM3两个载体中,高效地表达了GFP。

GFP特有的生物化学性质使其在细菌、酵母、粘菌、果蝇、烟草和水稻等生物中都得到了广泛应用。

2. 核糖醇操纵子(rtl)　由于离体培养的外植体不能进行光合作用,因此必须在培养基中添加一定浓度的碳源,如蔗糖、麦芽糖、葡萄糖等,外植体才能进行正常的生长分化。近年来,正是利用这一点产生了3种非抗生素标记基因,即核糖醇操纵子、6-磷酸甘露糖异构酶基因、木糖异构酶基因。它们能分别使转化细胞利用核糖醇、6-磷酸甘露糖、木糖为碳源，而非转化细胞由于不具有这些基因，产生碳饥饿而不能正常生长，从而达到高效选择的目的。

核糖醇是自然界中广泛存在的五碳醇之一。一般生物细胞不能利用它作为碳源，而大肠杆菌C菌株却能在以核糖醇为碳源的培养基上生长。这是因为C菌株中有2个紧密串联的操纵子，即atl和rtl。大肠杆菌B菌株和K-12菌株是生物工程中最常用的菌株，但由于缺少这2个操纵子，而不能分解代谢核糖醇。早在1975年Reiner就发现，当把atl和rtl从C菌株分别转到B菌株和K-12菌株中，两菌株都能在以核糖醇为碳源的培养基上正常生长。LaFayette等(2001)克隆了一个ClaI片段，该片段含有rtl操纵子中的激酶、脱氢酶和转运蛋白3个组件。然后用该片段替换掉pBluscript载体和pMECA载体中的氨苄青霉素抗性基因，构建成pBluscript-R和pMECA-R。最后用这两种质粒分别转化大肠杆菌K-12菌株DH10B，转化菌株能够在以核糖醇为碳源的培养基上生长。因此，作为一种非抗生素选择标记，rtl操纵子完全可以代替*bla*基因应用于植物遗传转化中。

3. 6-磷酸甘露糖异构酶基因(*pmi*) 早在1967年Malca等就发现，在以甘露糖为碳源的培养基上培养的所有细胞，都不能正常生长分化。这是由于甘露糖在果糖激酶的催化下转化成6-磷酸甘露糖，6-磷酸甘露糖不仅不能被细胞进一步代谢利用，而且当其积累到一定浓度时就会对细胞的正常生长代谢产生抑制作用。1996年，Weisser等从重组有*frk*基因的大肠杆菌中纯化得到具有活性的果糖激酶，但是没有检测到磷酸甘露糖异构酶活性，这可能是由于不是生长在甘露糖培养基上的缘故。为此，他们将大肠杆菌的*pmi*(*manA*)基因构建到pZY507质粒，并转化到*Zymomonas mobilis*中，成功地表达了磷酸甘露糖异构酶。在该酶的催化下，6-磷酸甘露糖转变成细胞能够利用的6-磷酸果糖，使重组细胞能够在以甘露糖为碳源的培养基上正常生长。*pmi*(*manA*)基因的表达，使甘露糖能够作为细胞生长的碳源，从而成为一种新的选择标记基因。

不同生物细胞对甘露糖毒害的忍耐能力不同，对一种细胞安全的甘露糖浓度，可能对另一种细胞产生毒害作用。Joersbo等研究了转基因甜菜中与选择剂甘露糖相互作用的因素，结果表明，在选择培养基中甘露糖可以与少量葡萄糖配合使用，10倍的葡萄糖能完全消除甘露糖的毒害作用。其他糖类如蔗糖、麦芽糖、果糖也能显著地缓解甘露糖的毒害作用，但效果不如葡萄糖，分别比葡萄糖减少80%、83.3%和87.5%。

与卡那霉素选择系统相比，甘露糖选择系统不仅对生物安全，而且转化效率更高。甘露糖选择系统已在许多重要农作物如甜菜、玉米、小麦等的遗传转化中得到了广泛应用。

4. 木糖异构酶基因(*xylA*) 同甘露糖一样，木糖也是许多植物细胞不能代谢利用的糖类。然而在木糖异构酶的催化下，它能转变成木酮糖，然后再经过磷酸戊糖途径分解代谢，为细胞生长所利用。Vieille等成功地克隆并表达了木糖异构酶基因(*xylA*)。*xylA*编码一个444个氨基酸残基的多肽，该多肽的分子量为50 892。该酶最适pH值为7.1，但在较宽的pH值范围内都具有相当高的活性。

Haldrup等(1998)将木糖异构酶基因(*xylA*)分别转到马铃薯、烟草和番茄愈伤组织中，然后将愈伤组织置于含有木糖的培养基上进行筛选，得到了能够在该培养基上正常生长的转基因植株。实验证明，以木糖异构酶基因为选择标记，具有更高的转化效率，比卡那霉素选择系统高10倍左右。

5. 谷氨酸-1-半醛转氨酶基因(*hemL*) 叶绿素是植物光合作用的物质基础。如果植物中缺少叶绿素,那么植物将失绿,不能正常地进行光合作用,从而影响植株的正常生长发育甚至导致植物死亡。

植物体内叶绿素生物合成途径现已经清楚。叶绿素生物合成的第一个中间产物是δ-氨基-γ-酮戊酸(Aminolaevulinic acid,ALA),它是由谷氨酸-1-半醛在谷氨酸-1-半醛转氨酶(GSA-AT)的催化下形成的。然后,2 个 ALA 分子在 ALA 脱氢酶的催化下生成胆色素原(3-丙酸基-4-乙酸基-5-氨甲基吡咯),4 个胆色素原分子再聚合在一起,最终在镁离子的参与下形成叶绿素。只要该途径的任何一步发生中断,都会影响叶绿素的正常合成。最近,正是利用这一原理发明了一种基于叶绿素合成的生物安全标记——谷氨酸-1-半醛转氨酶基因。

3-氨基-2,3-二氢苯甲酸(3-amino-2,3-dihydrobenzoic acid,Gabaculine)是一种植物毒素,它能强烈地抑制 GSA-AT 的活性使 ALA 不能合成,从而导致叶绿素的生物合成发生中断。然而,若在培养基中加入 ALA,叶绿素的生物合成就可以正常进行。到目前为止,已经分离出了许多抗 Gabaculine 的突变体。其中有一个被命名为 GR6 的突变体携带有 *hemL* 基因。与野生型相比,该基因所编码的 GSA-AT 分别在 5 位、6 位和 7 位上缺失了丝氨酸、脯氨酸和苯丙氨酸,并且 248 位上的甲硫氨酸被异亮氨酸所取代。进一步的研究表明,这两处突变都是 Gabaculine 抗性所必需的。

作为一种选择标记基因,*hemL* 与抗生素或除草剂抗性基因的选择原理相似,都是利用一种抗性基因使转化细胞具有某种抗性,从而能够在含有该选择剂的的培养基上正常生长,而非转化细胞由于缺少该抗性,生长受到抑制甚至死亡。所不同的是,GR6 *hemL* 不具有抗生素或除草剂抗性,从而避免了由于抗生素或抗除草剂基因在转基因植物中存在而引起的争论。

三、转基因技术在水稻遗传改良上的应用

(一)抗虫性改良

害虫是危害我国农业生产的主要限制因素之一。大量化学杀虫剂的使用不但污染环境,而且也使得有益昆虫的数量锐减,害虫的抗药性不断加强。此外,化学杀虫剂施用后的残留,对人畜会有严重的危害。因而,植物抗虫基因工程成为科学家的研究热点领域之一。目前应用于水稻抗虫性改良的外源基因,主要有编码苏云金杆菌毒蛋白的基因(*Bt*)、蛋白酶抑制剂基因和某些植物凝集素基因等。其中苏云金杆菌是当今农业上利用最广的一种杀虫细菌,其杀虫的原因在于能合成一种对昆虫有毒的内毒素蛋白。编码这种蛋白的各种基因现已被分离出来,并进行了基因改造被广泛用于水稻抗虫改良方面的研究。早在 1991 年,我国谢道昕等利用花粉管途径法成功地将 *cryIA*(*b*)基因导入水稻中获得转基因植株,但一直未见抗虫性报道。Fujimoto 等(1993)成功地利用电击法将 *cryIA*(*b*)基因导入粳稻获得转基因植株,他们对转基因植株 R1、R2 代进行化学检测表明,转基因植株中存在高水平的转录体,并首次对 Bt 内毒素蛋白和抗虫性进行了测定。他们检测的毒蛋白含量约占可溶性总蛋白的 0.05%。喂虫试验表明,转基因植株对二化螟幼虫的致死率为 10% ~ 50%,对稻纵卷叶螟二龄幼虫的致死率最高(55%)。Wunn 等(1996)利用基因枪法成功地将 *cryIA*(*b*)基因导入籼稻中获得转基因植株,经抗虫性测试表明,转基因植株对二化螟、三化螟初孵幼虫致死率均达 100%,对稻纵卷叶螟为 50% ~ 60%。Ghareyazie 等(1997)也利用基因枪法将 *cryIA*(*b*)基因导入香稻中获得转基因植株,经喂虫试验表明,转基因植株对二化螟、三化螟

初孵幼虫致死率为70%～90%。Wu 等利用基因枪法成功地将 *cryIA*(*b*)基因导入台北 309 中获得转基因植株,经抗虫性测试表明,转基因植株对三化螟初孵幼虫致死率达 100%。Datta 等(1993)利用基因枪法成功地将 *cryIA*(*b*)基因导入各种籼稻和粳稻中获得一系列转基因植株,经抗虫性测试表明,转基因植株对三化螟幼虫致死率达 100%。Nayak 等(1997)利用基因枪法成功地将 *cryIA*(*c*)基因导入 IR64 籼稻中获得转基因植株,蛋白检测表明,毒蛋白占总可溶性蛋白的 0.0095%～0.024%;喂虫试验表明,这些转基因植株对三化螟幼虫的致死率为 76%～92%。成雄鹰等(1998)利用农杆菌介导法成功地将 *cryIA*(*b*)和 *cryIA*(*c*)基因导入各种水稻中,已获得许多转基因植株,他们用 Southern blotting、Northern blotting、Western blotting 对 R_0、R_1 代植株进行检测证明,这些抗虫基因在水稻中可稳定遗传和表达。经蛋白检测,有些转基因植株的毒蛋白占总可溶性蛋白的比重可达 3%;喂虫试验表明,转基因植株对二化螟、三化螟幼虫致死率为 97%～100%。1995 年,浙江农业大学原子核农业科学研究所与加拿大渥太华大学合作,利用农杆菌介导法成功地将 *cryIA*(*b*)和 *cryIA*(*c*)基因导入粳稻品种秀水 11 中获得转基因植株。经 PCR 和 Southern blotting 检测证明,抗虫基因已整合进水稻基因组中并可稳定地遗传和表达;经喂虫试验表明,转基因植株对二化螟、三化螟、大螟、稻纵卷叶螟等具有 100%的致死率。2000 年,王忠华等将已获得的转基因 BT 水稻克螟稻株系与常规水稻品种杂交,结果表明,应用杂交常规育种方法,将转基因抗虫水稻的抗虫基因导入到新推广水稻品种是可行的。

其他应用于水稻抗虫性改良的基因还有蛋白酶抑制剂基因和植物凝集素基因等。美国康奈尔大学早在 1993 年就成功地用直接转化法将豇豆胰蛋白酶抑制剂基因(*CPTI*)导入水稻中获得转基因植株,经喂虫试验,发现其对二化螟、三化螟具有一定的抗虫性。Vain 等(1998)用基因枪法将半胱氨酸蛋白酶抑制剂基因导入水稻 ITA212、IDSA6、LAC23 和 WAB56-104 中获得许多转基因植株。这些植株经 PCR 和 Southern blotting 检测证明,半胱氨酸蛋白酶抑制剂基因已整合进水稻基因组中。25 株转基因植株经 Western blotting 检测发现,有 12 株外源基因蛋白的表达量占总可溶性蛋白的 0.2%,如此高的表达量使线虫的孵化率显著下降 55%。Gatehouse 等(1992)则报道了雪花莲凝集素(*GNA*)在水稻抗褐飞虱的改良中的应用研究情况。不过,有人报道 *GNA* 基因对人体的免疫系统有较大的副作用。

(二)抗病性改良

病害是影响水稻稳产的重要因素之一。在我国,大面积发生且危害严重的水稻病害有稻瘟病、纹枯病、白叶枯病和病毒病。

Wang 等(1999)基于图位克隆策略,成功地分离出一个对日本大多数稻瘟病菌生理小种具有高抗表现的 *Pib* 基因,分析了其结构和标记片段;同时用 PEG 法转化感病品种 Nipponbare,得到 496 株转基因水稻植株,其中有 112 株对生理小种 003 表现抗性,进一步分析表明,获得"c23"的转化植株具有对稻瘟病的抗性。冯道荣等(2001)将含有串联的碱性几丁质酶基因(*RC24*)和 β-1,3 葡萄糖酶基因(*β-1,3-Glu*)的 PGB 12 质粒与含有 *hpt* 基因的 p35H 质粒,用基因枪法同时导入品种七丝软占中,获得的转基因植株对广东省稻瘟病菌中的 5 个代表菌株表现出不同程度的抗性提高,其中 18 株抗性提高的 R_1 代转基因植株的 R_2 代,对广东省稻瘟病菌优势生理小种中的 3 个代表菌株表现出一致的抗性提高,而且这些转基因纯系植株的离体叶片对纹枯病菌的抗性也明显提高。Stark 等(1997)利用 PEG 直接导入法,成功地将 1,2-二苯乙烯合成酶基因导入水稻中获得转基因植株。经 Southern blotting 检测证明,1,2-二苯乙烯合成酶基因整合进水稻基因组中并在后代中稳定遗传;接种试验表明,转基因植株对稻瘟病具有一定抗性。

简玉瑜等(1997)用基因枪法将 CecropinB 基因导入粳稻和籼稻品种,获得了白叶枯病抗性水平显著提高的转基因植株。Tu 等(1998)通过基因枪法将 *Xa21* 基因导入 IR72,获得了抗白叶枯病的转基因植株。

日本国家农业环境研究所,早在 1991 年就成功地将水稻条纹叶枯病毒外壳蛋白基因(RSVCP)导入水稻中获得转基因植株,接种后 2 ~ 3 周发现转基因植株只有 2% ~ 3% 发病,而对照则 95% ~ 100% 发病。在对 RSVCP 基因进行氨基酸组成、cDNA 合成、克隆、产物表达和全序列分析的基础上,将 RSVCP 基因插入植物表达载体 pROKⅡ,然后用基因枪法转化水稻悬浮培养系获得转基因植株。经 Southern blotting 检测证明,RSVCP 基因已整合进水稻基因组中。Western blotting 结果表明,转基因植株有 CP 的表达。Hodges 等(1995)分别将大麦黄矮病毒外壳蛋白基因(BYSVCP)和水稻黄矮病毒外壳蛋白基因(RYSVCP)导入水稻中,都获得了转基因植株。朱祯等(1992)利用脂质体转化法,成功地将含有人 α-干扰素(Hu-α-IFN)的 cDNA 导入籼稻中获得转基因植株。经 Southern blotting 证明,外源人 α-干扰素(Hu-α-IFN)cDNA 已整合进水稻基因组中;RNA 条带杂交结果显示,外源人 α-干扰素(Hu-α-IFN)cDNA 导入籼稻中获得转基因植株。经 RNA 条带杂交(RNA slot blot)证明,外源人 α-干扰素(Hu-α-IFN)cDNA 能有效地进行转录;体外生物活性检测表明,转化组织含有干扰素特有的抗病毒活性,说明人 α-干扰素(Hu-α-IFN)cDNA 可在水稻细胞内表达。

(三)抗逆性改良

不利的天气和土壤等环境条件,是影响稻谷产量和稻米品质的重要因素。抗逆基因的分离、克隆、转化,一直受到科学家们的高度重视。目前已分离出大量的抗逆相关基因,并在抗逆基因的遗传转化中取得了明显的成绩。

Hossan 等(1995)分离克隆出了 3 个与水稻耐淹能力有关的基因 *pdc* Ⅰ、*pdc* Ⅱ和 *pdcl* Ⅲ,并采用不同的启动子转入水稻基因组中获得部分转基因植株。Rathinasabathi 等将烟草中的 CMO 基因导入水稻中,CMO 基因是合成乙酰-甜菜碱的第一步反应酶基因,具有很强的抗旱性。许德平等将来源于大麦的胚胎发生后期丰富的蛋白基因,用基因枪法导入水稻悬浮细胞系,获得了大量的转基因植株,第二代表现出明显的抵抗干旱和盐渍的能力。郭岩等(1997)用基因枪法,将来源于含盐生植物甜菜的 *BADH* 基因导入水稻品种中花 8 号等,提高其耐盐性。高倍铁子等成功地将编码大肠杆菌的甜菜碱生物合成酶基因 *betA* 导入水稻中,获得耐盐性的转基因植株。村田纪夫等于 1997 年在世界上首次成功地将甜菜碱生物合成酶基因 *codA* 导入水稻中,获得耐碱性的转基因植株。

(四)品质性状改良

随着人民生活水平的提高及稻米对外贸易的开拓,稻米品质日益引起人们的关注。在品质改良方面,我国开展的遗传工程包括提高蛋白质含量、优化氨基酸组成、提高必需氨基酸含量、改变淀粉结构等。Meijer 等将分离克隆出的富脯氨酸基因,成功地导入水稻基因组中获得转基因植株。Eunpyo 将人工改造的水稻贮藏蛋白基因 Glutelin (富含甲硫氨酸和赖氨酸)导入水稻中获得再生植株,并发现其能表达 Glutelin 蛋白。现在豆科植物中一些富含硫氨基酸的蛋白质基因,已被分离出并已转入其他植物。如果这些蛋白质基因能在水稻中得以应用,将较大地提高稻米的蛋白质含量。另外,Barkharddt 等将单子叶植物中八氢番茄红素合成酶及其脱氢酶基因导入水稻基因组中,获得富含类胡萝卜素稻米的再生植株。Ye等(2000)利用农杆菌介导法,成功地将来自其他物种的 *psy*、*cntl* 和 *Icy* 基因整合到水稻基因组中,并使它们在水稻胚乳中稳定表达而生成维生素A——生物合成所必需的酶,从而解决了水稻胚乳不能合成维生素 A 的难题。在水稻种子蛋白基因表达方面,我国的范云六等(1992)进行了开拓性研究。他们发现了水稻 Prolamin4a 基因的上游 680 至 18 区域调控基因的胚乳组织特异性,进一步研究发现,Prolamin4a 基因的胚乳组织特异性表达是由 2 个串联启动子调控的。利用这种启动子,可以在植物种子中表达人体必需的营养物质如维生素 A 等。

(五)产量性状改良

在提高水稻产量方面,三系杂交稻的成功应用作出了重大贡献。但在杂交种的制种过程中,由于多种原因而使种子纯度不够,使水稻生产受到损失。为了解决这个问题,中国水稻研究所利用转基因技术,将抗除草剂基因导入水稻恢复系中,这样通过喷施除草剂就在苗期将假杂种杀死,从而保证了种子的纯度。

Agarie 等(1998)利用农杆菌介导法,将完整的 C_3 植物玉米 *PEPC* 基因导入到了水稻的基因组中,结果表明,多数转基因水稻植株均水平地表达玉米的 *PEPC* 基因,一些转基因植株叶片中的 PEPC 酶蛋白含量占叶片总可溶性蛋白的 12%以上,其活性甚至比玉米本身的还高 2~3 倍。Northern 和 Southern 分析结果表明,*PEPC* 基因在转基因水稻植株中不存在基因沉默现象。这为利用基因工程技术快速改良水稻等作物的光合作用效率,提高粮食产量,开辟了新路子。

由中国水稻研究所和辽宁省农业科学院稻作研究所合作,成功地将只受 3-PGA 上位调控、不受 Pi 负调控的淀粉合成的关键酶(ADPG 焦磷酸化酶)的突变基因(*glgc*-TM)转入水稻,获得转基因水稻植株。*glgc*-TM 转基因水稻植株的稻穗灌浆速度加快,灌浆时间比对照缩短 3~6 天;*glgc*-TM 转基因水稻植株的穗部性状得到了改善,表现为每穗实粒数增加,秕粒数减少,种子饱满度提高,千粒重增加。

第四节 水稻原生质体培养和体细胞杂交

植物种间生殖隔离在一定程度上限制了有益基因的交流。体细胞杂交技术是克服这种生殖隔离的一种途径。体细胞杂交又称原生质体融合,是指双亲的细胞(原生质体)在特定的物理或化学因子处理下,合并为一个细胞,形成杂种愈伤,并再生出植株。因此可以认为,原生质体培养、融合及植株再生技术体系的建立与完善是进行体细胞杂交的基础。

一、水稻原生质体培养和体细胞融合的历史与现状

水稻原生质体的培养可以追溯到 20 世纪 70 年代。1975 年,中国科学院植物研究所获得了粳稻原生质体形成的细胞团,随后,用同一材料获得了愈伤组织;1976 年,Deka 从水稻叶鞘中分离出来的原生质体诱导出愈伤组织,并分化出根;蔡起贵(1978)应用水稻花药愈伤组织,经一次悬浮培养得到的细胞分离原生质体,培养后形成了直径 0.5~2.0 mm 的愈伤组织。不过,水稻原生质体培养的真正飞跃是 1984 年以后。Wakasa 等(1984)首先发现 AA 培养基有利于水稻细胞悬浮物的建立,并由其游离的原生质体形成愈伤组织;其后,英国诺丁

汉大学 Cocking 实验室建立了一套水稻原生质体培养程序,采用热击处理和琼脂糖包埋等方法提高了原生质体的活力和植板率,为这一领域的发展作出了贡献。由原生质体再生成植株是日本学者 Fujimura 等(1985)首先报道的。迄今,大部分从事组织培养的实验室均能从原生质体培养获得再生植株。

随着原生质体培养的成功和迅速发展,植物属间、种间的体细胞杂交也相继取得成功。日本学者 Terada 等于 1987 年将稗草与水稻的原生质体融合,首次获得了体细胞杂种植株。另外,还获得水稻与胡萝卜的杂种,它是世界首例成功的单子叶植物与双子叶植物间的体细胞杂种植株。

二、原生质体培养技术

(一)悬浮细胞系的建立

外植体诱导的愈伤组织,在固体诱导培养基中继代培养 1~2 次,挑选生长旺盛、颜色淡黄又呈现颗粒状的愈伤组织,转入 AA 液体培养基中进行悬浮培养。培养温度为 26℃,振荡速度为 120 r/min。悬浮培养初期每隔 5~7 天换液 1 次,短的 1 个月、长的 3~6 个月时,悬浮培养物中游离出小细胞团,当即把这些小细胞团移到另一只装有新鲜 AA 培养液的三角瓶中,形成分裂旺盛的胚性悬浮细胞系后,每 3~5 天继代 1 次。悬浮细胞系建成与否参照向太和等(1993)的标准,即建成的胚性悬浮细胞系与前、中期悬浮细胞系相比较,细胞团内细胞结合紧凑,细胞壁薄,细胞质浓厚,颗粒状内含物丰富,细胞活力强,质膜凹陷较浅、较平整,质膜强度高。

(二)原生质体的分离和培养

取继代培养 3~4 天的悬浮细胞材料 1 g 左右,置于 10 ml CPW 盐配制的混合酶液中(酶液组成为:2% Cellulase Onozuka RS,0.1% Pectolyase Y-23,5 mmol/L MES,13%甘露醇,pH 值 5.6),在 26℃下保温振荡(40~60 r/min)3 h,静置 1 h,经 400 目尼龙网过滤后,以 400 r/min 低速离心收集原生质体,并用含 13%甘露醇的 CPW 溶液清洗 2 次,KPR 培养液洗 1 次,纯化后的原生质体以 5×10^5 个/ml 的密度在 KPR 培养液中用 1.2%低熔点琼脂糖等量混合包埋培养,2 次重复。每个直径为 3.5 cm 的培养皿放 0.1~0.2 ml 琼脂糖原生质体混合培养物,并使其形成直径 2 cm 的薄圆片。2~3 天后分割成 6 块,并加 0.5 ml KPR 培养液,11 天后其中一个培养皿加 0.3 ml KR 培养液,另一个培养皿不加,20 天时统计植板率,并把小细胞团(0.1 mm)转移到含 0.5 mg/L 2,4-D、1 mg/L 6-BA、1 mg/L KT、0.3 mg/L ZT、3%蔗糖的 N_6 培养基中进行增殖培养。

(三)原生质体培养的影响因素

1. 基因型 基因型对原生质体培养的影响最大,不仅影响悬浮细胞建立的时间,更重要的是影响培养的成功率。一般来说,粳稻比籼稻容易培养。吴家道等(1994)用 16 份基因型材料,不论是籼型还是粳型,接入诱导培养基 15~20 天后均能出愈,但只有 9 种基因型建成了悬浮细胞系。不同基因型之间建成悬浮细胞系所需的时间差异很大,籼稻 81-3 和粳稻 ACH、02428 仅需 3 个月左右便能建成生长迅速、分散良好的悬浮细胞系,而籼稻材料密阳 23 则需经过半年多时间。从建成的悬浮细胞系游离原生质体看,只有来自 81-3、90AL4、90AL10、ACH 和 02428 悬浮细胞系的原生质体通过培养再生了愈伤组织,最终 3 种基因型材料完成了由原生质体再生植株的全过程,其中 2 种是粳稻。张尧忠等(2001)发现,粳稻品种日本晴对培养基的选择性不强，表现了相当高的绿苗再生率，而另外一些材料，如 R8、Y1、Y4、Y5、Y6 等，用各种培养基都不能成功地再生出绿苗来。

2. 培养基 最初蔡起贵等(1978)所用的 LB 培养基培养水稻原生质体只形成了愈伤组织。到 1985 年，Toriyama 建立了 NO_3 和 B5-3 培养基。在以硝态氮为氮源的 NO_3 培养基中，原生质体的植板率较高，为 0.14%；以 NH_4^+ 为氮源的 B5-3 培养基植板率较低，为 0.012%，但原生质体第一次分裂的时间提前 2 天。Toriyama 确定了水稻原生质体培养的可行性体系。包括 3 个步骤：①用在以氨基酸为氮源的 AA 培养基中生长的愈伤组织分离原生质体；②在 NO_3 培养基中培养原生质体；③用 N_6 培养基进行植株分化。

3. 渗透压 渗透压是原生质体培养的重要因素之一。KPR 培养基中要求低浓度的葡萄糖。孙宝林等(1989)用 0.35 mol/L 的葡萄糖成功地获得大谷早(籼)原生质体再生植株；Kyozuka 等(1988)、Lee 等(1989)、杨世湖等(1991)也采用 0.4 mol/L 左右的葡萄糖培养籼稻原生质体；朱根发等(1995)以 Java14 为材料，对渗透压要求也在 0.45 mol/L 以下。

三、体细胞杂交技术

(一)原生质体的钝化处理

体细胞杂交的融合方式，主要有对称融合与不对称融合两种。对称融合是体细胞杂交最初采用的融合方法，并由之实现了许多有性杂交不亲和的种属间的基因交流。但一般来说，对称融合在导入有利基因的同时，也带入新的全部不利基因，同时在体细胞水平上，也往往表现出一定程度的种间不亲和性。为了克服这些缺点而引入了不对称融合法。不对称融合法需要对杂交亲本双方或一方的原生质体进行钝化处理。钝化处理可分为物理方法与化学方法。

物理方法主要利用射线、紫外线等。其作用主要是打断或破坏亲本一方完整的染色体结构，使染色体部分被破坏后用于体细胞杂交，形成不对称体细胞杂种。化学方法主要包括代谢抑制剂如碘乙酸(IA)、碘乙酰胺(IOA)、罗丹明-6G(R-6G)等。其中碘乙酸和碘乙酰胺都能与磷酸甘油醛脱氢酶上的-SH 发生不可逆的结合，从而阻止 32 磷酸甘油醛氧化生成 32 磷酸甘油酸，使糖酵解不能进行，细胞生长发育的能量得不到供应。罗丹明-6G 抑制线粒体氧化磷酸化。以罗丹明-6G 为抑制剂的处理步骤是：收集经混合酶液游离制备的原生质体，在室温条件下将含 2 倍浓度罗丹明-6G 的 CPW10 溶液与原生质体悬浮液等体积混合进行钝化处理，无抑制剂的为对照。罗丹明-6G 的浓度为 50 μg/ml，处理时间为 0.5 h。

(二)原生质体融合

为了提高原生质体的融合频率，需要进行诱导融合。原生质体的融合方法经历了一个逐步改进和完善的过程。早期使用的有 $NaNO_3$ 法、高钙高 pH 值法、PEG 法等，后来相继发展了 PEG 与高 Ca^{2+}、高 pH 值相结合的方法(也简称 PEG 法)、电融合、激光融合和电刺激法。目前，广泛使用的是 PEG 法和电融合法。

PEG 法是采用聚乙二醇为融合剂的一种化学方法，操作简便、经济，可重复性强。PEG 法诱导原生质体融合时，一般所用分子量为 1 500 ~ 6 000，浓度为 15% ~ 45%。PEG 法的缺点是处理时间、PEG 分子量、诱导液的浓度等不易掌握，且易形成多元融合物。电融合是目前最流行的物理诱导融合法，它是 20 世纪 80 年代初迅速崛起的一种细胞融合技术。迄今，通过电融合反复实验，已测出了数十种植物原生质体的电融合参数。原生质体在融合液中的接触和融合，受到外电场的作用强度、融合液的组成（如渗透剂种类，Ca^{2+}、Mg^{2+}浓度，添加的化学物质，pH值等）的影响。电场融合的最适条件，需要按照具体材料，在实验中不断加以探索，但电融合法操作简便、快速，融合同步性好，将会是非常有前途的技术体系。PEG法和电融合法获得成功的融合过程和参数如下。

王凌健等（1998）用PEG法体获得了普通栽培稻P339和特种稻苏御糯选的体细胞杂种，其融合过程为：将钝化处理过的原生质体用CPW10洗2次，原生质体密度调整至1×10^6个/ml左右，各取1 ml悬浮液加入到10 ml的玻璃离心管中混匀，沿管壁逐滴加入2 ml聚乙二醇（PEG）诱导融合液（每100 ml含PEG-6000 45 g，$CaCl_2\cdot2H_2O$ 150 mg，$KH_2PO_4$10 mg），边加边转动试管，使PEG与悬浮液混合。于25℃，30 r/min水平恒温摇床中垂直放置12 min后，加入2 ml高Ca^{2+}、高pH值洗涤液［每100 ml含G1y 750 mg，$Ca(NO_3)_2$ 4.72 g，甘露醇3 g，pH值10.5］，轻轻混匀，10 min后再加入2 ml高Ca^{2+}、高pH值洗涤液，10 min后以500 r/min离心5 min。诱导融合后的原生质体经CPW10溶液洗涤2次，KPR培养基洗涤1次，调整密度至$1\times10^6\sim2\times10^6$个/ml，使用直径为3 cm的培养皿，每皿接种量为0.5 ml，于温度26℃±1℃、黑暗条件下进行液体浅层培养。

胡家金等（2001）优化了电融合法的适宜参数，使水稻与空心莲子草的原生质体融合频率达到24.6%。具体过程和参数为：将钝化处理过的两种原生质体以等体积混合后，吸取此混合液均匀分布于电融合仪（日本岛津公司产，型号SHIMADZU SSH-2，融合室为FTC-03或FTC-04，电极间距分别为0.2 cm和0.4 cm，融合槽容量分别为0.8 ml和1.6 ml）的环形槽中，槽中央加几滴融合液保湿，静置15 min后选择融合参数进行融合实验。其参数为交流电场100 V/cm，直流脉冲电场1.5 kV/cm，脉冲幅宽为40 μs，脉冲间隔为0.5 s，脉冲次数为2次，电融合液组成为10%甘露醇和0.4 mmol/L $CaCl_2$。融合过程中用倒置显微镜观察和照相，并统计原生质体的融合频率（原生质体融合频率=视野中融合的原生质体数/视野中原生质体的总数×100%）。融合过程结束后，先静置15 min，然后小心地吸出融合产物于离心管中，在100×g下离心5 min，去上清，用含13%甘露醇的CPW溶液洗涤2次，KPR培养基洗涤1次，调整密度至1×10^5个/ml左右，在KPR培养液中用1.2%低熔点琼脂糖等量混合包埋培养，2次重复，以后过程同原生质体培养。

（三）杂种细胞的筛选

原生质体相互融合后，融合液的细胞类型有杂种融合细胞、同核融合细胞、多核融合体及未融合的亲本原生质体等，需将杂种细胞与这些细胞区分开。杂种细胞的选择方法按其各自的基本原理可分为3类：①利用或创造各种缺陷型或抗性互补细胞系，用选择培养基将互补的杂种细胞选择出来。细胞系互补包括叶绿素缺失互补、营养缺陷互补及抗性互补。②利用或人为地造成两亲本原生质的物理特性如大小、颜色与漂浮密度等的差异进行选择。如Sundber等根据融合和未融合原生质体物理特性的差异，利用倒置显微镜成功挑选出油菜融合原生质体；Chuong等用荧光激活细胞分拣机FACS实现了大量挑选杂种细胞。③利用或人为地造成亲本双方细胞生长或分化能力的差异进行选择。Kisaka等（1998）利用水稻与大麦在原生质体培养基上反应不同（大麦原生质体不能再生），将水稻与大麦在原生质体分开，再利用水稻愈伤不能分化生根的特性，获得杂种细胞的再生植株。

（四）体细胞杂种的鉴定

在体细胞杂交研究中，再生植株是否是由杂种细胞发育而来必须进行鉴定。常用的鉴定方法有表型鉴定、细胞学鉴定、同工酶鉴定及分子生物学鉴定。表型鉴定是最常用的方法。杂种植株由于结合了双亲的遗传物质，它们在外部形态上往往与两亲本不同，有些性状表现双亲的中间状态或与亲本之一相似。如水稻与大黍杂种植株可以抽穗、开花，穗形与水稻相近，大多植株颖花形态发生变异，有不同程度花柱和柱头增生。细胞学鉴定依据对染色体核型（染色体数目、大小、随体、着丝点位置等）和带型（C带、N带、G带等）的分析，鉴定远缘杂种。如在水稻与大麦的杂交中，大麦染色体大，水稻染色体小，体细胞杂种植株的染色体可以很直观地看到来自于大麦和水稻的染色体。

杂种的同工酶可以同时表现出双亲特有的谱带，有时也会出现双亲所没有的新带，因而可以用同工酶进行体细胞杂种植株的鉴定。滕胜（1997）等对栽培稻02428与药用野生稻的原生质体融合再生植株进行了酯酶和过氧化物酶同工酶鉴定，pf 9252和pf 9279的同工酶具有双亲条带，表现出明显的杂合性，pf 9279还表现出新的谱带，从而表明它们的确是体细胞杂种，而且它们当中包含的药用野生稻的基因各不相同。

近年来，随着分子生物学的发展，对融合杂种植株进行分子生物学鉴定已成为最有力的手段。常用的鉴定体细胞杂种的分子生物学方法有限制性片段长度多态性（RFLP）、聚合酶链式反应（PCR）、随机扩增多态性DNA（RAPD）、序列标签位点（STS）、简单序列重复（SSR）、扩增片段长度多态性（AFLP）、酶切扩增序列多态性（CAPS）及单核苷酸多态性（SNP）标记。

四、水稻原生质体和体细胞杂交在水稻遗传育种中的应用

（一）水稻原生质体培养后代的无性系变异

水稻原生质体，由于多次的继代培养和植物生长调节剂的作用而产生无性系变异。Ogvra等（1987）分析了4个水稻品种原生质体再生植株自交一代的农艺性状，其中越光后代植株的抽穗期晚了5天，株高降低了10 cm，其他品种与亲本没有明显差异。后代穗长、株高的变异系数比对照亲本小，表现整齐度高。Ramaswam等（1995）报道，籼稻品种IR50和CO45原生质体培养后代再生植株第三代，发现大部分植株的株高降低、生育期缩短20天，少部分植株的株高和对照一样而生育期也缩短20天。陈秀华等（1998）以粳稻品种日本晴为材料，发现原生质体培养后代的植株比对照早熟，植株稻桩再发新苗的能力提高，有效穗普遍增加，分蘖能力提高和平均结实率增高。日本已从水稻品种越光原生质体植株后代培育出了抗白叶枯病、抗倒伏、品质优良的水稻新品种“初梦”。

（二）体细胞杂交在水稻遗传育种中的应用

1. 快速创制细胞质雄性不育系　用常规回交技术获得一个新的细胞质雄性不育系需要几年时间。如果通过不对称原生质体融合，只需经过一次操作就可得到胞质杂种。不对称原生质体融合技术最为常用的是通过辐射处理原生质体，使一方的核失活，辐射后的原生质体作为细胞质基因组的供体，与正常的或经碘乙酸处理的原生质体融合，从而造成一方的核不参与融合。这一方法在水稻上有很多成功的实例。Yang等（1988）用^{60}Co辐射细胞质雄性不育系A-58CMS原生质体，用碘乙酰处理可育品种Fujiminori的原生质体，通过原生质体融合，获得雄性不育的胞质杂种；Akagi等（1994）用3 mmol/L碘乙酰处理受体原生质体15 min，用^{125}Kr X射线照射供体亲本，从而将籼稻的细胞质雄性不育性转入到35个粳稻品种中，获得新的胞质杂种雄性不育系。

2. 培育新的种质　将异源有利基因导入水稻以获得新的种质，是水稻体细胞杂交的主

要目的。Murty(1988)进行了水稻与高粱的原生质体融合,其目的是将高粱的无融合生殖特性转入水稻。辛化伟等(1997)从水稻与大黍的体细胞杂交中获得不对称体细胞杂种植株。对这些再生植株进行初步检查发现,在花器官形态、结构及生殖特性上与对照亲本水稻植株有显著的差异,出现多花药(一朵颖花具7~11枚甚至13枚花药)、多胚叶珠(一个子房内有2~3个胚珠)及"多胚囊"等现象。大麦具有耐冷、耐盐等优良性状,这些特性对水稻育种非常有用。水稻与大麦的体细胞杂交植株也已获得,只是杂种植株不能结实。水稻的一些性状可通过体细胞杂交方法导入异源物种中,改良其某些遗传特性。如Kisaka等(1994)将对5-甲基色氨酸(5-MT)具有抗性的水稻与对5-MT敏感的胡萝卜进行原生质体融合,得到水稻与胡萝卜的不对称的胞质杂种植株,杂种植株形态像胡萝卜,但植株叶片窄,无叶裂,对5-MT具有抗性,分子检测表明,杂种植株含有水稻的抗5-MT基因。

第五节 水稻分子标记辅助选择

分子育种是随着基因组研究进展发展起来的新兴学科,其核心是通过现代生物技术和经典育种方法的综合运用,实现目标基因的有效转移与选择。植物分子育种研究的开展为植物育种技术的重大变革提供了契机。目前从世界范围看,分子育种技术已成为植物育种领域的技术核心和新的生长点。

分子育种主要包括基因工程育种和分子标记辅助选择这两个领域。其技术发展均日新月异,应用范围也越来越广。在粮食作物上,尤以分子标记辅助选择的应用更为普遍。得益于10多年来水稻基因组研究积累的技术和成果,水稻分子标记辅助选择已有效地整合于水稻育种进程中,育成品种已在生产上大面积应用。

一、分子标记辅助选择基本原理和方法

(一)分子标记辅助选择的遗传学基础

在基因定位基础上,借助与有利基因紧密连锁的DNA标记,在群体中选择具有某些理想基因型和基因型组合的个体,结合经典育种手段,培育新品种,称为分子标记辅助选择(marker-assisted selection,MAS)。

分子标记辅助选择的遗传学基础,是所检测的标记与目标基因的共分离。目标基因和与之相连锁标记的远近,直接影响到标记辅助选择的可靠程度。遗传距离越小,可靠性越高;遗传距离越大,可靠性越低。下面以BC_1F_1群体为例作一简要说明(图5-2)。

假设要将供体材料中控制抗病性的等位基因R通过回交育种转育到受体材料中,如果在目标基因一侧有一个连锁的标记M,那么,在BC_1F_1群体中,根据标记M的带型选择杂合型个体,入选植株中出错的比例约为该标记与目标基因的遗传距离r。当$r=5$ cM时,选择准确率约为95%;当$r=1$ cM时,选择准确率约为99%。如果在目标基因两侧各有一个标记可以同时应用,则选择可靠性可得到更好的保证。设两标记与目标基因的遗传距离分别为r_1和r_2,则选错的概率约为$r_1\times r_2$;设r_1和r_2各为5 cM,则选择准确率约为99.75%。

上述的分子标记辅助选择只针对目标基因,称为正向选择。在部分有利基因转育研究中,特别是当有利基因供体的农艺性状较差时,供体中的有利基因可能与其他基因存在不利连锁,在有利等位基因得到转育的同时,可能也转入了控制其他性状的不利等位基因(Zeven

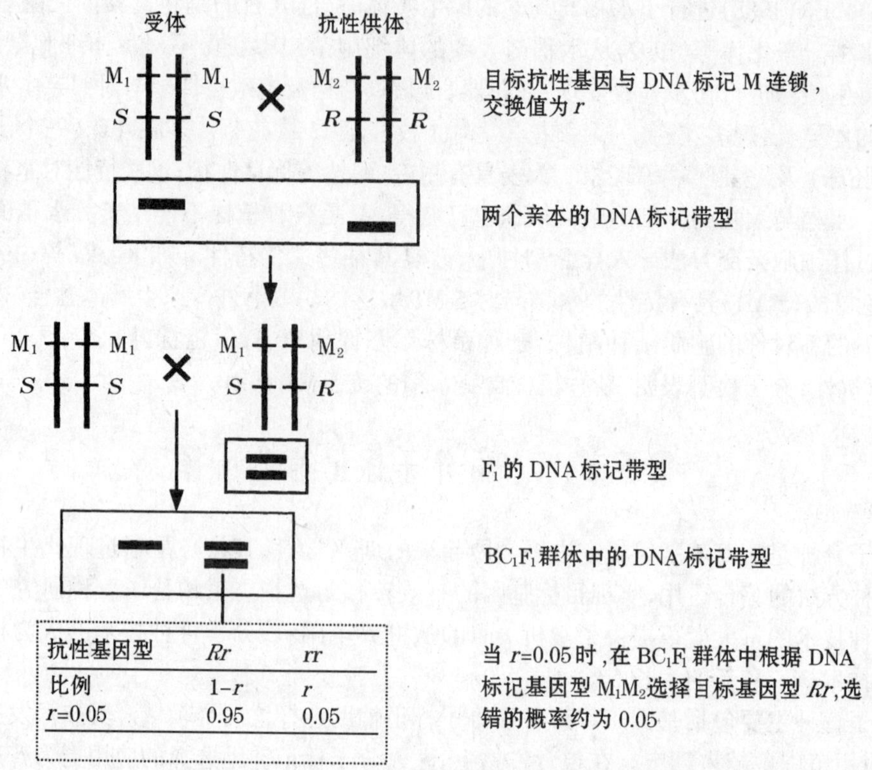

图 5-2　应用共显性 DNA 标记进行分子标记辅助选择的遗传学基础

R 为抗病等位基因，S 为感病等位基因，M_1 和 M_2 为标记座位上不同的等位基因

等，1983)，这种现象称为遗传累赘(genetic drag)或连锁累赘(linkage drag)。要降低遗传累赘对育成材料综合性状的不利影响，就需要对遗传背景进行反向筛选，以保证原来优良材料的遗传背景得到最高程度的保持，这种选择称为负向选择。在常规回交转育研究中，多代回交后目标基因区间仍将保留了供体亲本较大的片段。回交 6 代后，按目标基因所处染色体的长度为 100 cM 计，保留片段的长度预测值为 32 cM(Stam 和 Zeven，1981)；在番茄抗病基因回交转育中，发现其长度可高达 51 cM(Young 和 Tanksley，1989)。如果在目标基因一侧 10 cM 处应用标记进行负向选择，则在 BC_1F_1 群体中，该侧保留的供体染色体片段约为 5 cM；不借助标记筛选，即使回交次数高达 15 次，保留的供体片段仍降低不到这个水平(Frisch 和 Melchinger，2001)。

(二)分子标记辅助选择的基本方案

从分子标记辅助选择这一名称可以看出，分子标记辅助选择与常规育种的主要差别在于引入了分子标记这一要素，同时，分子标记检测手段所起的作用是辅助性质的。众所周知，任一作物的育种目标都涉及大量的性状，而各个性状又可能涉及大量的基因，在研究群体中控制性状变异的基因中，分子标记检测一般只涉及极少的一部分；同时，育种目标又是动态发展的，需要根据所在国家和地区生产的需求变化而作出调整。因此，分子标记辅助选择仍是以育种家为主导、应用传统技术为主的育种方法。但由于分子标记的应用，在一定程度上实现了对目标基因基因型的直接鉴定，提高了选择效率和准确性。

分子标记辅助选择的基本程序与常规育种一样，需要在制定育种目标的基础上，进行亲本选择、组合配制、群体加代与鉴定、筛选等工作。由于应用分子标记开展目标基因的基因型筛选，需要确定分子标记检测和常规表型鉴定的分工，并针对目标基因及其连锁标记制定合适的研究方案。

1. 总体方案设计　根据所在物种基因组研究，特别是基因定位和分子标记发展的现状，针对特定育种目标，确定应用分子标记选择的目标基因，选择亲本材料，设计构建的群体类型和分子标记检测的基本方案。

2. 目标基因选择　常规育种从亲本选择始，至新品种育成止，其选择依据为表现型鉴定，且世代筛选是在育种群体既有的遗传背景下，以各基因的综合表现为基础进行的，对目标基因并不一定具有明确要求。在分子标记辅助选择中，目标基因的选配和筛选基础是基因型，其选择依据是前人的研究结果，一般未经所应用的育种群体直接验证。要保证选择结果符合预期目标，目标基因必须达到下述 2 个条件：①已较精细定位。除了目标基因已定位于分子标记紧密连锁之区段外，最好其基因组位置亦明确，并具有发展分子标记的良好条件。②遗传效应及其表达稳定性明确。要么目标基因可在不同遗传背景下稳定表达，要么可以确定目标基因可在什么样的遗传背景下发挥正常效应。

3. 亲本选配　与常规育种一样，亲本选配主要考虑亲本之间的互补性，只不过常规育种考虑的是性状互补，而分子标记辅助选择还要考虑目标基因的基因型互补。一个群体的诸亲本需要具有以下关系：①一个以上亲本在目标基因座位上携带目标等位基因；②不同亲本在目标基因座位上具基因型差异。最简单的情况为，一个亲本(供体亲本)携带目标等位基因，另一个亲本(受体亲本)无。在实际育种研究中，两个亲本可能在不同基因座位上分别携带有利等位基因；有时候还会应用复交组合或以未完全稳定的育种材料为亲本，各个原始亲本在控制不同性状的基因座位上或控制同一性状的不同基因座位上携带有利等位基因。

4. 多态性标记筛选　要在育种群体中根据分子标记检测结果筛选目标基因，所应用的分子标记除了必须与目标基因紧密连锁外，还必须在基因供体亲本与其他亲本之间呈多态性。在绝大多数情况下，育种群体的亲本与基因定位时所应用的材料不一致，需要进行亲本多态性检测。在很多时候，原来定位的标记在亲本间呈单态，需要在目标基因区间筛选其他标记，这也是为什么要求目标基因最好基因组位置明确并具有发展分子标记的良好条件。同时，育种研究所针对的是综合性目标，所分析的群体一般样本量较大，又必须在一定生长阶段前分别完成对各个目标性状的筛选，因此，适合于育种研究的分子标记检测方法，需要具有快速、简便、低费的特点。

5. 育种群体构建　与常规育种无明显差别。一般而言，如供体亲本综合性状较差，则以受体亲本为轮回亲本，经多代回交后将供体的有利等位基因转育到受体的背景中；如果各个亲本各有所长，一般只进行 1 ~ 3 次回交后自交加代筛选，甚至 F_1 后直接自交加代。

6. 世代材料筛选　在育种群体世代繁殖过程中，逐步开展表现型和基因型鉴定，选择符合预期目标的候选材料，这是所有育种研究的核心工作。在实施选择之前，需要制定明确的技术路线：①确定常规技术和分子标记检测的分工，包括哪些性状应用表型鉴定、哪些应用基因型鉴定、哪些同时应用两种方法，以及哪些性状为先、哪种方法为先。②根据目标基因的数目及其效应大小，确定分子标记检测的总体方案。一般而言，如仅涉及个别主效基因，则标记鉴定应从低代开始；如果涉及的基因数较多，则首先筛选主要的基因，即不同性状中的首要目标性状或同一性状不同基因中效应大者。需要注意的是,增加分子标记检测的基因组区间,意味着群体的样本量需要大幅度增加,否则,即使获得了有利基因聚合材料,也可能因材料数太少而难以筛选到综合性状优良的材料。在实际育种过程中,受群体规模的限制,一般只能针对少数几个基因组区间开展分子标记检测。

简而言之,分子标记辅助选择是常规育种研究的发展,需要有机整合基因型鉴定和表现型鉴定。在其应用中,要特别注意分子标记辅助选择育种应用的3个主要条件:①育种群体的部分亲本携带已较精确定位且遗传效应较为明确的目标基因;②具有与目标基因紧密连锁且检测简便的标记;③连锁标记在育种群体的亲本之间呈多态性。

(三)分子标记辅助选择的主要应用类型

从理论上讲,分子标记辅助选择可以应用于任何已定位的基因,但是否开展分子标记辅助选择及分子标记检测的规模(标记数、样本数),主要受经济效益和选择效率两方面的影响。除了单基因转育外,分子标记辅助选择更多地应用于基因聚合研究中。根据目标基因定位时的一般分类,可将基因聚合研究分为主效基因聚合、主效基因和微效基因聚合以及数量性状基因(QTL)聚合。

1. 主效基因聚合 聚合针对某一种病原菌的不同抗性基因,有助于提高农作物品种对该病原菌抗性的广谱性和持久性(McClung 等,1997;Tabien 等,2000)。由于不同主效抗性基因可能具有相似的表型效应,应用经典方法,并不总是能辨别不同的抗性基因,更难以辨别抗性是来源于单个基因还是来源于多个基因。应用分子标记辅助选择,由于各个基因分别与不同的标记连锁,而不同标记的检测又互不干扰,使经典育种的技术难题得以解决。

不过,主效抗性基因聚合品种的大规模应用存在一个潜在的风险,即在主栽品种同时携带多个抗性基因的压力下,病原菌有可能形成可以克服所有这些抗性基因的超级小种。一旦这种情况发生,发掘新基因的难度将会比原来任何时候都大。因此,在主效基因聚合品种的选育和应用上,需要考虑规避风险的措施,如选育携带不同抗性基因或不同基因聚合物的近等基因系,在生产上应用合成品种(Witcombe 和 Hash,2000)。

2. 主效基因和微效基因聚合 对于农作物的某些病原菌,携带抗病主基因的新品种常常在推广后数年内失去抗病性,一般认为,微效多基因的利用有助于保持持久抗性。不过,主效抗性基因不仅有利于植株获得高抗能力,即使在其被新型病原菌小种克服后,仍有可能保持一定程度的抗性(Scott 等,1980;Li 等,1999),且这种抗性可保持相当长的时期。由此可见,抗性育种的合理技术途径是同时聚合抗性主效基因和微效基因。不过,在主效抗性基因发挥效应的情况下,无论微效抗性基因是否存在,其表现型不出现明显差异,难以根据抗性鉴定来选择微效基因,必须借助分子标记辅助选择。

有些重要农艺性状在遗传分离群体中表现为双峰连续分布,其遗传一般同时受到1~2个主效基因和若干微效基因的控制,这类性状称为质量-数量性状。其中一个典型的性状是水稻野败型细胞质雄性不育的育性恢复能力,在第10染色体上主效基因存在的情况下,几个微效基因仍对结实率的提高具有作用,但这种作用受到较大削弱(庄杰云等,2001)。应用常规鉴定时,由于受到环境条件和试验误差的影响,难以有效判断是否聚合了各个微效基因;借助分子标记辅助选择,则可以明确地将各个微效基因聚合于主效基因的遗传背景中。

3. QTL 聚合 农作物的农艺性状大多表现为数量性状,其遗传受到大量基因的控制。一般将应用分子数量遗传学研究方法定位的基因区间称为 QTL。它们分布于基因组的各个区域，遗传作用模式、效应值和对性状变异的贡献率存在多种变异，不同 QTL 之间存在各种基因型×基因型互作，QTL 及其上位性又与环境因子之间存在广泛的相互作用。育种群体中各个体的性状表现是所有 QTL 在特定环境条件下的综合表现，其选择有效性受到性状遗传率的极大影响，而共显性标记的遗传率为 1，基因型选择在农作物品种数量性状改良上具有极强的应用潜力(Moreau 等，2000；Lange 和 Whittaker，2001；van Berloo 和 Stam，2001)。

由于 QTL 检测具有明显的组合特异性特点(Mackill，1999)，即应用某一个组合获得的 QTL 研究结果往往难以在其他组合中得到重复，所以 QTL 的分子标记辅助选择一般采用的策略是将 QTL 分析与品种选育直接结合。当研究目标是从栽培种的野生近缘种中导入新的有利 QTL 时，一般应用高代回交群体 QTL 分析法，即应用高代回交群体检测 QTL，然后直接在其后代材料中筛选目的基因型(Tanksley 和 Nelson，1996；Tanksley 等，1997)；当研究目标为聚合不同优良现代品种的有利 QTL 时，则应用通常的定位群体检测 QTL，然后应用同一群体或相关群体筛选目的基因型(Stuber，1995)。

4. 特殊性状的分子标记辅助选择　不管是哪种类型的基因转育和聚合，应用分子标记辅助选择的主要目的是提高研究效率、降低研究成本。因此，常规鉴定方法成本较高、操作程序较复杂的性状，更需要应用分子标记辅助选择。

品质性状是这类性状的主要类型之一。小麦的面包品质、水稻的蒸煮品质都是重要的食用品质，其特性是由多个参数组成的综合体系，各参数的常规鉴定方法又较烦琐。从遗传控制上看，品质性状远比产量性状简单，群体主要遗传变异仅涉及少数几个基因，且一般具有个别的关键基因，同时对多个参数具有重要作用。通过分子标记辅助选择，可以将这种复杂性状的筛选转变为简单的检测，取得了良好的效果(Ahmad，2000；Zhou 等，2003)。

另一类应用潜力极大的性状是 F_1 性状。在水稻和玉米等主要农作物上，杂种优势的利用已成为现代植物育种和生产应用的一个重要组成部分。F_1 杂种的表现需要通过配置测交组合来鉴定，如能通过分子标记辅助选择来直接筛选亲本的基因型，则可大大提高研究效率。由于杂种优势的遗传基础目前还很不明确，尚难以应用分子标记检测来取代配合力的测定。尽管如此，在杂交水稻育种中，随着育性恢复基因精细定位研究的发展，分子标记辅助选择已开始应用于育性恢复基因的筛选中，减少了大量的常规测恢工作。

除此以外，如根部性状、物质含量、抗逆性等性状，常规鉴定都存在工作量大、鉴定结果的准确性难以保证等缺点，分子标记辅助选择在这方面也具有良好的应用前景。但是，基因定位是分子标记辅助选择的前提，这些性状的基因定位受到性状鉴定复杂性的影响而进展较为缓慢，其分子标记辅助选择的大规模开展尚有待时日。

二、水稻分子标记辅助选择研究进展

(一)水稻分子标记的发展

不同生物个体之间存在 DNA 核苷酸排列顺序的差异。应用一定的方法，将这种差异检测出来，就成了 DNA 分子标记。这种差异包括单个核苷酸差异、较长 DNA 片段的插入或缺失以及其他重新排列的变异，一般将其分成单核苷酸多态性(SNP)和插入/缺失(Indel)两种类型。DNA 核苷酸排列顺序的差异除了应用测序方法直接测定外，还可以应用一般检测技术而表现为片段的有无或长度差异。如果检测到片段的有无，则为显性标记；如果检测到长度差异，则为共显性标记。共显性标记可以将杂合型、母本纯合型和父本纯合型这三种基因型完全分开，应用价值比显性标记高。在应用上，一般根据检测技术将 DNA 标记分类，其中除了限制性片段长度多态性（RFLP）以分子杂交为基础外，其他标记的核心技术为聚合酶链式反应（polymerase chain reaction，PCR）。

RFLP 是最早应用的 DNA 分子标记，水稻的第一张分子连锁图谱就是 McCouch 等（1988）以 RFLP 标记为基础构建的。由于 RFLP 对 DNA 的浓度和质量要求较高，且需要使用同位素或较复杂的生化试剂，整个过程花费时间较长而且较复杂，不适合于育种大规模应用。PCR 技术则具有灵敏、简便和低费的特点。它利用极微量的 DNA 为模板，经变性双链变单链，在复性温度下，寡核苷酸引物与单链 DNA 上的互补碱基结合，在延伸温度下经聚合酶的作用，以引物为起始合成互补的 DNA 链，经过变性—复性—延伸多次循环，当一对引物结合部位间的距离在一定范围内时，能扩增出若干以引物序列为两端的 DNA 片段，整个反应过程早已实现自动化，一般 2 h 左右即可完成。

以 PCR 为基础的水稻分子标记有不少种，其基本类型包括随机扩增多态性 DNA（randomly amplified polymorphic DNA，RAPD）、序标位（sequence tagged site，STS）、简单序列长度多态性（simple sequence length polymorphism，SSLP）、扩增片段长度多态性（amplified fragment length polymorphism，AFLP）和抗病基因同源序列（resistance gene analog）。与 STS 相似的有表达序列位点（EST，expressed sequence tag）和特征序列扩增区间（sequence characterized amplified region，SCAR），并进而发展出扩增片段酶切多态性（cleaved amplified polymorphic sequence，CAPS）和次生扩增片段酶切多态性（derived cleaved amplified polymorphic sequence，dCAPS）；与 SSLP 标记相关的衍生标记包括随机扩增微卫星多态性（random amplified microsatellite polymorphism，RAMP）和简单序列重复间多态性（inter simple sequence repeat，ISSR）。在此不对所有标记一一详细叙述，仅介绍分子标记辅助选择中常用的标记。

1.STS 及其类似标记　根据 RFLP 探针两端的序列设计引物，应用 PCR 扩增，可因引物序列变异而形成 DNA 片段有无的差异，或因引物间 DNA 片段的插入或缺失形成扩增片段长度的差异，这种标记称为 STS，它是基因组内经 PCR 能检测的短序列。如果其来源为 cDNA 克隆，亦可称 EST 标记；如果来源于 RAPD 片段，则一般称为 SCAR 标记。这类标记具有以 PCR 为基础的分子标记的所有优点，且因其应用专一性引物而重演性高。不过，由于 RFLP 检测的与探针同源的片段可以较长，而常规 PCR 检测的 DNA 片段较短，STS 的多态性检测能力低于 RFLP。当 STS 标记无法在亲本之间检测到多态性时，可以应用不同的限制性内切酶酶解 PCR 扩增产物，筛选和应用可产生多态性的酶，建立 CAPS 标记（图 5-3）；在扩增产物不具有限制性内切酶识别位点的情况下，还可通过在引物 3'端设计 1 个非配对核苷酸而获得酶切位点，这种标记称为 dCAPS。

籼稻和粳稻全基因组序列精细图谱的建立，为水稻全基因组序列变异的研究提供了基础，揭示出大量的 SNP 变异。建立以 PCR 方法为基础的 SNP 检测技术，成为目前的一个研究热点。其中，最主要的方法为等位基因特异性 PCR（allele specific PCR，asPCR）。其原理为，DNA 片段在 *Taq* 酶作用下的合成可在一定程度上忍受 3'端一个碱基错配，但在该情况下其效率明显下降。如果根据 SNP 位点的单碱基差异设计引物，则可优先扩增完全配对的 DNA 模板；如果在 3'端增加一个错配的碱基，则只能扩增原来完全配对的 DNA 模板。通过两种不同 AS 引物和一种共用反向引物的运用，还可将显性 AS 标记转化为共显性 AS 标记（Hayashi 等，2004）。除了引物设计上的差异外，asPCR 的检测与 STS 或 CAPS 一样。

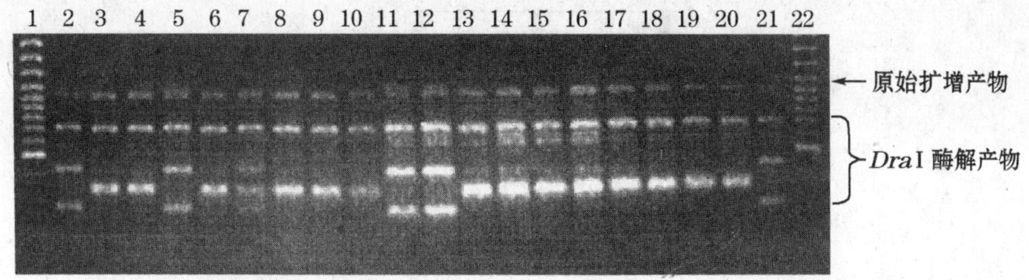

图 5-3　检测抗白叶枯病基因 *xa5* 的 STS 标记 STS556 扩增产物的带型表现

泳道 1 和 22 为 100bp plus DNA 分子量标记，泳道 2 为 IRBB59，

泳道 3 为特青，泳道 4～21 为特青/IRBB59 F_6 单株

STS 及其类似标记的建立，需要测序、设计引物并经实验室验证，这些工作大多由专门从事基因组研究的实验室完成。与重要农艺性状连锁的 STS 一旦建立起来，只要它们能检测到育种群体双亲的多态性，就可应用于分子标记辅助选择。而且，很多 STS 标记是针对目标基因区间建立的，近年来更是集中于针对目标基因或候选基因序列（Fjellstrom 等，2004；Jia 等、Liu 等，2004；Yamanaka 等，2004），因此，它们是应用于目标基因基因型筛选的一种主要标记。

2.SSLP 标记　SSLP 标记又称简单序列重复标记（simple sequence repeat，SSR）和微卫星标记，指以少数几个碱基为重复单位组成的、长度为几十至几百个核苷酸的串联重复序列。水稻中目前主要应用重复子为 2～4 bp 的标记。在不同个体上，由于同一座位上串联重复子拷贝数不同，构成不同的等位基因，应用与串联重复两侧单拷贝序列互补的引物进行 PCR 扩增，不同等位基因之间的差异就表现为扩增产物的长度差异。

水稻微卫星标记除了具有检测简便和重演性高等微卫星标记的共有优点外，还具有两个突出的优点。其一是已定位的标记数目大，基因组覆盖面基本完整。仅 gramene 网站上（www.gramene.org）微卫星连锁图上定位的微卫星标记就有 2 000 多个，公开发表的新微卫星标记仍持续增加。其二是多态性高。据 McCouch 等（2002）报道，应用普通琼脂糖凝胶电泳检测，水稻籼粳材料之间的微卫星标记多态性可高达 86%。由于这两个优点，无论目标基因位于基因组的哪个区域，一般都能筛选到在育种亲本间呈多态性的微卫星标记。因此，尽管很多微卫星标记可能位于基因序列之外（Temnykh 等，2001），这种标记也是应用于目标基因基因型筛选的一种主要标记。

3.AFLP 标记　AFLP 是一种将 RFLP 与 PCR 相结合的分子标记（Vos 等，1995），其基本原理是对基因组 DNA 限制性酶切片段进行选择性扩增（图 5-4）。AFLP 所应用的 DNA 模板为连接双链人工接头的酶切片段，引物的结合部位是接头以及与之相连的酶切片段中的几个碱基序列。引物由 3 部分组成：①核心碱基序列，它与人工接头互补；②限制性内切酶识别序列；③引物 3'端的选择性碱基。只有那些两端序列能与选择性碱基配对的限制性片段才能被扩增。由于接头和引物是人工合成的，因此不需要在事先知道 DNA 序列的前提下便可以扩增酶切片段。通过筛选选择性碱基，一次扩增一般可控制在 50～100 条带，需要应用变性聚丙烯酰胺凝胶电泳或自动化仪器检测。由于 AFLP 每次检测的标记座位多，且基因组分布较随机，可应用于分子标记辅助选择中的背景筛选。

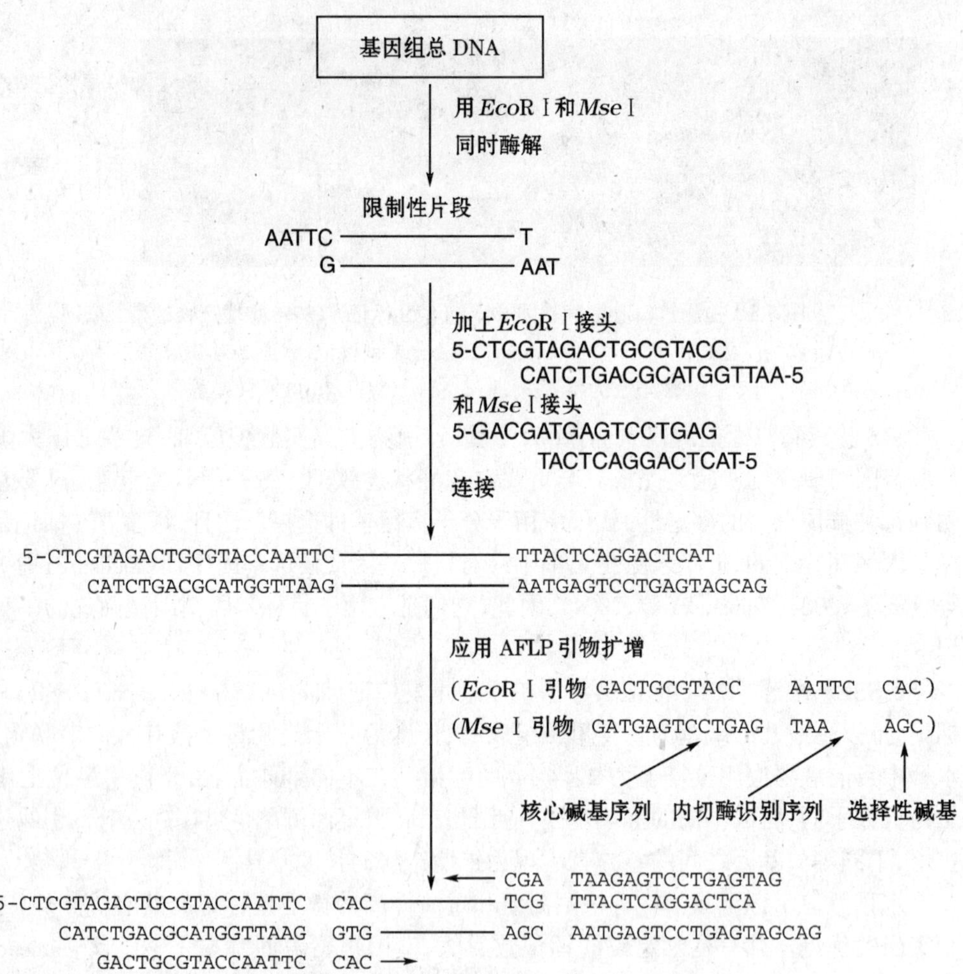

图 5-4　AFLP 原理示意图　（以酶组合 *Eco*R Ⅰ/*Mse* Ⅰ为例）

（二）水稻分子标记辅助选择主要进展

在过去的 10 多年中，水稻基因组研究取得了突飞猛进的进展，建立了致密的分子连锁图，定位了大量控制重要性状的主效基因和微效基因，克隆了控制白叶枯病抗性、稻瘟病抗性、株高、生育期、分蘖力等重要性状的功能基因，完成了全基因组 DNA 序列的精细测定，功能基因组研究也已全面展开。在这些研究的促进下，分子标记辅助选择不仅已有效地整合于水稻育种进程中，还成为基因工程育种的一个重要组成部分。按水稻育种中通常采用的抗性、品质和产量三大类性状划分，各领域的主要进展如下。

1. 水稻抗性性状的分子标记辅助选择　与很多作物一样，主效抗病基因聚合是水稻分子标记辅助选择进展最快的领域，其中的经典范例是国际水稻研究所开展的水稻抗白叶枯病基因聚合研究以及基因聚合材料的育种应用。IRRI 以 IR24 为轮回亲本，获得分别携带 *Xa4*、*xa5*、*xa13* 和 *Xa21* 的近等基因系，通过几轮杂交和分子标记辅助选择后，获得分别携带 1 个、2 个、3 个和 4 个抗性等位基因的一整套近等基因系，并分析了它们对 6 个菲律宾白叶枯病菌小种的抗性，发现抗性基因聚合具有提高抗性水平和扩大抗谱两方面的作用（Huang 等，1997）。其主要表现为：①两个抗同一小种的基因聚合后表现高抗；②两个对同一小种均为中感的基因聚合后表现抗；③对同一小种的一个抗性基因和一个感病基因的聚合表现为抗。第一、二种情况提高了抗性，第三种情况在两个以上基因分别对不同小种表现抗时扩大了抗谱。在多抗性基因聚合品系中，则可能同时出现两种以上情况而提高抗性和扩大抗谱。从这些材料对浙江省 4 个主要流行小种的抗性看，单抗性基因材料的抗白叶枯病表现均不理想，而基因聚合材料中则有相当一部分对 4 个小种均表现为抗或高抗（表 5-2）。

表 5-2　抗白叶枯病水稻近等基因系及抗性基因聚合品系对浙江省主要白叶枯病菌小种的抗性表现

（郑康乐等，1988）

品系名称	基　因	对各小种的抗感反应[a]			
		Ⅲ (94－17)	Ⅳ (95－3)	Ⅴ (94－30)	Ⅵ (94－52)
IR24	－	5.0	7.0	5.0	9.0
IRBB4	*Xa4*	4.3	4.1	3.0	5.0
IRBB5	*xa5*	3.0	5.0	2.1	6.0
IRBB13	*xa13*	5.4	5.0	7.0	9.0
IRBB21	*Xa21*	5.0	8.2	5.3	9.0
IRBB50	*Xa4* + *xa5*	1.0	1.0	2.0	2.3
IRBB51	*Xa4* + *xa13*	3.0	3.0	4.6	5.2
IRBB52	*Xa4* + *Xa21*	2.8	1.7	3.0	1.6
IRBB53	*xa5* + *xa13*	4.5	4.2	4.3	5.0
IRBB54	*xa5* + *Xa21*	1.0	1.0	1.0	4.9
IRBB55	*xa13* + *Xa21*	5.0	5.0	3.8	5.0
IRBB56	*Xa4* + *xa5* + *xa13*	1.5	5.0	4.1	4.3
IRBB57	*Xa4* + *xa5* + *Xa21*	1.0	1.0	1.0	1.0
IRBB58	*Xa4* + *xa13* + *Xa21*	1.7	1.5	4.5	4.7
IRBB59	*xa5* + *xa13* + *Xa21*	1.0	1.0	1.0	1.0
IRBB60	*Xa4* + *xa5* + *xa13* + *Xa21*	1.0	1.0	1.3	1.5

a 病斑面积：1 = 0 ~ 3%，2 = 4% ~ 6%，3 = 7% ~ 12%，4 = 13% ~ 25%，5 = 26% ~ 50%，6 = 51% ~ 75%，7 = 76% ~ 87%，8 = 88% ~ 94%，9 = 95% ~ 100%

IRRI 的这套抗白叶枯病材料，已在中国杂交水稻育种中发挥了重要的作用。如薛庆中等（1998）、曹立勇等（2003）、黄廷友等（2003）、彭应财等（2003）和 Chen 等（2000，2001），均利用此材料成功地进行了水稻抗白叶枯病的分子标记辅助育种。仅中国水稻研究所利用这套材料应用分子标记辅助选择育成的审定组合就有 7 个。在实际应用中，可以灵活运用抗白叶枯病基因聚合品系，以达到有效而经济的效果。例如，很多中国杂交稻恢复系本身就携带了 *Xa4* 基因，应用这种恢复系与携带 *Xa4* 和 *Xa21* 聚合品系杂交，只要筛选 *Xa21* 就可获得携带了这两个抗性基因的恢复系。即使在尚难以应用分子标记检测的育种单位，应用具有一部分抗性基因的优良恢复系与携带更多抗性基因的品系杂交，也可提高获得抗白叶枯病恢复系的概率。

稻瘟病是水稻的另一种主要病害。抗稻瘟病基因的分子标记辅助育种应用也已具有良好基础。目前已定位的主效抗稻瘟病基因已超过20个，还应用 *Pib* 和 *Pita* 等抗病基因的序列建立了 PCR 标记（Fjellstrom 等，2004；Jia 等，2004）。IRRI 在建立了以 CO39 为背景、分别携带 *Pi1*、*Piz-5* 和 *Pita* 的近等基因系后，应用分子标记辅助选择，获得分别携带 2 个和 3 个抗性等位基因的一整套近等基因系，并鉴定了这些材料对稻瘟病的抗性（Hittalmani 等，2000）。应用 6 个菲律宾稻瘟病菌小种分别接种，表明抗性基因聚合品系的抗谱均比任一个单抗性基因材料广，但抗性基因聚合品系对小种 C9240-5 的抗性反而不如 *Pi1* 和 *Pita* 单抗性基因材料。在 IRRI 和印度稻瘟病圃的自然诱发鉴定也表明，多基因聚合品系一般具有较强的抗性，但 *Piz-5* 和 *Pita* 抗性基因聚合品系的抗性反而不如 *Piz-5* 单抗性基因品系。在 Lemont/特青的重组自交系群体中，Tabien 等（2000）也发现增加抗性基因数并不总是有利于提高抗性。从这些结果看，稻瘟病抗性基因聚合产物的表现可能比抗白叶枯病复杂，其育种应用策略尚需进一步细化。

在抗性主效基因聚合研究中，另一个重要的内容是综合运用转基因技术和分子标记辅助选择，获得抗两种以上病虫害的材料。国际水稻研究所应用分子标记辅助选择将抗稻瘟病基因 *Piz-5* 转入 IR50 的遗传背景后，再应用转基因技术导入抗白叶枯病基因 *Xa21*，获得了兼抗白叶枯病和稻瘟病的优良品系（Narayanan 等，2002）。他们还应用转 *Bt* 基因、转 *Xa21* 基因和转激酶基因的 IR72 为亲本配置杂交组合，应用分子标记辅助选择获得了兼具抗病和抗虫特性的新型水稻品系（Datta 等，2002）。我国研究者分别应用分子标记辅助选择和转基因获得 *Xa21* 明恢 63 和转 *Bt* 明恢 63 后，常规杂交建立群体并应用分子标记辅助选择获得了抗病虫明恢 63（Jiang 等，2004）。

2. 水稻稻米品质性状的分子标记辅助选择 水稻的稻米品质包括外观品质、食用和蒸煮品质、营养品质等多方面的内容，目前食用优质米主要针对前两方面作出评价。由于每一方面内容包含多个性状，育种群体中又存在成熟期的极大变异，难以在世代繁殖过程中有效鉴定各个体的性状表现。直链淀粉含量、胶稠度、糊化温度等指标对稻米的食用和蒸煮品质起关键作用，而位于水稻第 6 染色体短臂的蜡质基因 *Wx* 对这 3 个性状的遗传控制具有主效作用，Ramalingam 等（2002）和 Zhou 等（2003）应用鉴定 *Wx* 基因型的微卫星标记改良这些性状，取得了良好的效果。

直链淀粉含量太高曾经是籼稻品种的一个主要米质问题，优质米育种受重视后却又走向另一极端，即选育的优质新品种或新材料大多直链淀粉含量偏低，米饭软但黏性不强，不符合消费者习惯和国家及行业标准对优质米品质的要求。与 *Wx* 基因相关的标记主要将不同材料区分为低直链淀粉含量和中高直链淀粉含量两种（舒庆尧等，1999；蔡秀玲等，2002；Ayres 等，1997；Tan 等，2001），其筛选效果尚不能满足优质稻品种对稻米品质性状的要求。近来，以其他一些淀粉合成关键酶基因序列为基础开发的标记（Liu 等，2004），以及开展主效基因和微效基因的筛选，将成为稻米品质性状分子标记辅助育种的重要发展趋势。

3. 水稻产量性状的分子标记辅助选择 正如前述，数量性状的分子标记辅助选择，目前一般采取将 QTL 分析与品种选育直接结合的策略。我国研究者如庄杰云和郑康乐（1998）和武小金（2000），也提出了分子标记辅助高产育种的可能技术途径，但在实际应用中尚未取得明显效果。

数量性状分子标记辅助选择的基础是 QTL 定位研究。计算机模拟研究和育种探索都表明，对于涉及大量 QTL 的目标性状，要较好地达到预期目标，其首要基础是较准确地确定了 QTL 的染色体位置（包括两侧连锁标记）及其效应。目前，国际上在玉米、番茄、水稻等作物的 QTL 精细定位研究上已有所突破，而我国尚未取得明显进展，其主要原因之一在于材料积累的连续性和系统性较为薄弱，需要奋起直追；在复杂性状分子标记辅助选择效果预测等理论探索方面，我国的研究也较为薄弱，需要加强。

4. 水稻分子标记辅助选择的基本现状和前景 水稻分子标记辅助选择已在水稻育种中占有一席之地，但主要集中在主效抗病基因的转育和基因聚合上。目前，虽然水稻主效基因分子标记辅助选择的技术途径已甚成熟，但在实际应用上尚存在明显瓶颈。

其一，可直接开展分子标记辅助选择的基因尚较少。基因定位研究仅应用少数有利基因供体，大量育种材料中的有利等位基因分布及其与定位基因的等位性情况，甚不清楚。除了进一步加强基因定位研究外，应用候选基因标记分析骨干亲本材料，从系谱上分析育种骨干亲本与原始有利基因供体的亲缘关系，并追踪有利基因在现（近）代水稻育种历史上的流程，被认为是解决该问题的一个有效途径。

其二，亲本之间在目标区间的多态性情况不清楚。亲本之间在检测的标记座位上存在差异，是开展分子标记辅助选择的前提之一。应用与有利基因紧密连锁的标记，特别是应用基因序列开发的标记，鉴定有利基因供体和育种骨干亲本，建立骨干亲本、有利基因供体及检测其差异性的 DNA 标记数据库，将促进分子标记辅助选择的扩大应用。

在 QTL 的分子标记辅助选择研究上，目前尚处于遗传机制研究和技术途径探索的阶段。需要通过 QTL 的精细定位，确定各单个基因的准确位置和作用，挑选效应较大、表达较稳定的基因，通过育种应用，促使数量性状遗传学研究直接为育种服务。可以预见，随着水稻功能基因组研究和分子遗传学的发展，水稻分子标记辅助选择的理论基础和技术手段将越来越完善，水稻分子标记辅助选择具有广阔的应用前景，并将逐步发展成为水稻育种的一种经典技术。

参考文献

蔡起贵，钱迎倩，周云罗等．水稻原生质体分离与培养的进一步研究．植物学报，1978，20(2)：97－102

蔡秀玲，刘巧泉，汤述翥等．用于筛选直链淀粉含量为中等的籼稻品种的分子标记．植物生理与分子生物学学报，2002，28(2)：137－144

曹立勇，庄杰云，占小登等．抗白叶枯病杂交水稻的分子标记辅助育种．中国水稻科学，2003，17(2)：184－186

陈秀花，刘巧泉，王宗阳等．根癌农杆菌介导转化籼稻影响因素的研究．江苏农业研究，2001，22(1)：1－6

陈秀华，张尧忠，徐宁生．水稻原生质体培养与品种改良．西南农业学报，1998，11(4)：123－125

陈屹，张云孙，王力等．农杆菌介导的 *Glgc*-(*TM*)基因在水稻中的遗传转化．西南农业学报，2000，13(1)：1－7

陈英，左秋仙，王瑞丰．应用正交试验法筛选籼粳稻杂种花药培养基．见：胡合．花药培养学术讨论会文集．北京：科学出版社，1997

广东植物研究所遗传室花药培养组．籼稻花药培养的研究．遗传学报，1975，2(1)：81－89

陈英，王瑞丰，左秋仙等．粳稻花药培养马铃薯简化培养基的研究．见：胡含．花药培养学术讨论会文集．北京：科学出版社，1977

陈英．籼稻花药培养基的筛选．见：植物细胞工程与育种．北京：北京工业大学出版社，1990．25－30

陈璋，朱秀英．水稻种胚离体培养若干性状的遗传分析．遗传，1993，15(4)：23－27

项友斌，梁竹青，高明尉等．农杆菌介导的苏云金芽孢杆菌抗虫基因在水稻中的遗传转化及蛋白表达．生物工程学报，1998，15(4)：494－500

丁效华，朱德瑶，尹建华等．花培赣早籼 31 号的选育与鉴定．江西农业学报，1995，7(1)：1－6

范树国，梁承邺．水稻体细胞无性系 R1、R2 代中的雄性育性变异观察．遗传学报，1995，22(4)：293－301

范云六,周先锦.水稻种子贮存蛋白 Prolamin4a 基因的组织特异性.中国科学,1992,(11):1176-1181
冯道荣,许新萍,李宝健等.获得抗稻瘟病和纹枯病的转多基因水稻.作物学报,2001,27(3):293-300
冯英,薛庆中.直接产生抗除草剂转基因水稻纯系的新方法.农业生物技术学报,2001,9(4):330-333
傅亚萍,朱正歌,肖晗等.抗除草剂基因导入培矮 64S 实现杂交水稻制种机械化的初步研究.中国水稻科学,2001,15(2):97-100
葛台明,余毓君.小麦花药培养的基因型和培养基效应研究.华中农业大学学报,1996,15(5):400-413
郭岩,张莉,肖岗等.甜菜碱醛脱氢酶基因在水稻中的表达及转基因植株的耐盐性研究.中国科学,1997,27(2):151-155
何涛,罗科,韩思怀等.水稻花药培养中培养力相关因素的研究.西南农业学报,2002,15(4):15-18
胡家金,萧浪涛,洪亚辉等.水稻与空心莲子草原生质体电融合条件的研究.中国农学通报,2001,17(3):24-27
黄慧君.水稻单倍体离体自然加倍因素的研究.广东农业科学,1992,(2):9-11
黄廷友,李仕贵,王玉平等.分子标记辅助选择改良蜀恢 527 对白叶枯病的抗性.生物工程学报,2003,19(2):153-157
季彪俊,江树业,陈启锋等.活性炭在水稻花药培养中的作用.福建农业大学学报,1998,27(1):16-19
简玉瑜,吴新荣,莫豪葵等.应用基因枪将蚕抗菌肽基因导入水稻获抗白叶枯病株系.华南农业大学学报,1997,18(4):1-7
金润洲,吴长明,王景余.粳稻体细胞无性系后代的耐冷性变异.中国水稻科学,1991,5(1):37-40
金逸民,游树鹏,李振唐.水稻花培育种在籼粳杂交应用的问题与展望.见:沈锦骅等.水稻花培育种研究.北京:农业出版社,1983,46-49
李宝健,曾庆平.植物生物技术原理与方法.长沙:湖南科学技术出版社,1990
李梅芳,陈银全,沈锦骅.水稻花培后代性状遗传规律的初步研究.见:沈锦骅等.水稻花培育种研究.北京:农业出版社,1983,147-153
李文泽,胡含.在花药培养中预处理的作用机理.遗传,1995,17(增刊):13-18
李欣,于恒秀,杨成根等.生根粉与植物激素在粳籼杂交花药培养中的应用研究.江苏农业研究,2001,22(2):1-6
李友勇,刘用生.植物花药愈伤组织诱导培养中 2,4-D 与蔗糖浓度的关系.河南职技师范学报,1993,21(1):5-10
林拥军,陈浩,曹应龙等.农杆菌介导的牡丹江 8 号高效转基因体系的建立.作物学报,2002,28(3):294-300
凌定厚,陈琬瑛,陈梅芳等.籼稻体细胞培养再生植株染色体变异的研究.遗传学报,1987,14(4):249-254
凌定厚,吉田昌一.影响籼稻体细胞胚胎发生几个因素的研究.植物学报,1987,29(1):1-8
刘巧泉,张景六,王宗阳等.根癌农杆菌介导的水稻高效转化系统的建立.植物生理学报,1998,24(3):259-271
刘燕,郭岩,张耕耘等.提高水稻耐盐性新途径的研究,见:陈英.植物体细胞无性系变异与育种.南京:江苏科学技术出版社,1991,329-334
陆燕鹏,万邦惠.脯氨酸与丙氨酸对光温敏核不育水稻花药培养愈伤组织诱导的影响.华南农业大学学报,1997,18(4):12-15
罗琼,胡延玉,李平等.提高水稻花药培养效果的研究.四川农业大学学报,1995,13(4):487-491
罗琼,曾千春,周开达等.水稻花药培养及其在育种中的应用.杂交水稻,2000,15(3):1-2
梅传生,张金渝,汤日圣等.琼脂浓度对水稻愈伤组织植株再生率和内源激素含量的影响.中国水稻科学,1993,7(3):148-152
孟征,陈英.水稻抗氨基酸类似物突变体的筛选.遗传学报,1987,14(2):100-106
倪丕冲,李梅芳,李国甫.矮秆体细胞变异体及其在水稻育种中的应用.中国农业科学,1992,25(5):6-10
潘国君,刘传雪,张云江.双态双层培养法提高水稻花药培养力的研究.见:白新盛等.生物技术在水稻育种中的应用研究.北京:中国农业科技出版社,1999,55-60
彭应财,李文宏,樊叶扬等.利用分子标记辅助选择技术育成抗白叶枯病杂交稻协优 218.杂交水稻,2003,18(5):5-7
戚秀芳,赵成章,郑康乐等.水稻离体辐射技术的应用研究.中国水稻科学,1989,3(3):102-105
舒庆尧,吴殿星,夏英武等.籼稻和粳稻中蜡质基因座位上微卫星标记的多态性及其与直链淀粉含量的关系.遗传学报,1999,26(4): 350-358
舒庆尧,许德信,高明尉等.育成国际首例体细胞无性系变异杂交水稻组合汕优 371.中国农业科学,1999,32(1):108-109
孙宝林.籼稻原生质体高频分裂及植株再生.科学通报,1989,34:1177-1179
孙立华,王月芳,蒋宁等.具广亲和性的水稻隐性高秆细胞突变体.遗传学报,1994,21(1):67-73
孙维根,王惠琴,黄京根.稀土植物生长灯对水稻花药培养愈伤组织分化绿苗的效应.上海农业学报,1991,7(3):85-88

孙宗修,斯华敏,程式华等.麦芽糖提高水稻花药培养效率的研究.中国水稻科学,1993,7(4):227-231
孙宗修,卓丽圣,程式华.水稻花培技术的改进及杂交水稻育种中的应用.农业生物技术学报,1997,5(3):244-251
孙宗修,斯华敏,付亚萍等.中国水稻花药培养研究进展及其应用.见:中国农学会等.21世纪水稻遗传育种展望——水稻遗传育种国际学术讨论会文集.北京:中国农业科技出版社,1999,46-52
滕胜,胡张华,张雪琴等.栽培稻与野生稻体细胞杂种的同工酶鉴定.浙江农业学报,1997,9(5):225-228
田文忠.提高籼稻愈伤组织再生频率的研究,遗传学报,1994,21(3):215-221
王力,张云孙,陈屹等.影响根癌农杆菌转化水稻频率的因素研究.云南大学学报(自然科学版),1999,21(2):116-119
王凌健,倪迪安.水稻(*Oryza sativa*)原生质体经钝化后诱导融合再生可育体细胞杂种.实验生物学报,1998,31(4):413-421
王世全,李平,刘熔山.农杆菌介导的水稻基因转化.西南农业学报,1999,12:86-90
王忠华,舒庆尧,崔海瑞等.Bt转基因水稻克螟稻杂交后代二化螟抗性研究初报.作物学报,2000,26(3):310-314
韦鹏霄,岑秀芬,陈兆贵等.水稻花药培养及育种应用研究.广西农业生物科学,1999,18(1):88-93
吴家道,杨剑波,向太和等.水稻原生质体高效培养技术的研究.安徽农业科学,1994,22(4):305-309
吴荣生,汤邦根,王月芳等.水稻体细胞耐盐变异体筛选及后代的耐盐性鉴定.见:陈英.植物体细胞无性系变异与育种.南京:江苏科学技术出版社,1991,287-293
武小金.提高水稻杂种优势水平的可能途径.中国水稻科学,2000,14(1):61-64
向太和,杨剑波,吴李君等,水稻胚性悬浮细胞系建立的细胞学研究.安徽农业科学,1993,21(1):1-6
肖翊华,陈平,刘文芳.光敏感核不育水稻花药败育过程中游离氨基酸的比较分析.武汉大学学报,1987,(HPGMR专刊):7-16
谢道昕,范云六,倪丕冲.苏云金芽胞杆菌杀虫基因导入中国栽培水稻品种中花11号获得转基因植株.中国科学B辑,1991,(8):830-834
辛化伟.水稻与大黍不对称体细胞杂交再生植株.植物学报,1997,39(8):717-824
徐刚,王彩莲,赵孔南等.培养基和培养时间对水稻成熟种胚培养力的影响.种子,1990,(4):21-24
许东晖,许实波,李宝健等.抑制根癌农杆菌生长和转移的水稻信号因子的鉴定.植物学报,1999,41(12):1283-1286
薛庆中,张能义,熊兆飞等.应用分子标记辅助选择培育抗白叶枯病水稻恢复系.浙江农业大学学报,1998,24(6):581-582
严菊强,薛庆中,王以秀等.凝固剂对水稻花药愈伤组织诱导的影响.植物学通报,1991,(4):32-35
颜昌敬.植物组织培养手册.上海:上海科学技术出版社,1990. 209-214
杨长登,庄杰云,赵成章等.组培品种黑珍米与供体的形态差异及其RFLP分析.作物学报,1996,22(6):688-692
杨长登,唐克轩,吴连斌等.农杆菌介导雪莲凝集素(GNA)基因转入籼稻单倍体微芽的初步研究.中国水稻科学,1998,12(3):129-133
杨世湖.籼稻原生质体培养和植株再生.实验生物学报,1991,24(2):127-132
杨学荣.水稻花培育种研究.北京:农业出版社,1983.61-69
张能义,薛庆中.日照长短和脯氨酸处理对光敏核不育水稻花药培养的影响.生物技术,1995,5(6):19-22
张尧忠,徐宁生,曾黎琼等,云南水稻品种原生质体培养研究.西南农业学报,2001,14(1):16-20
张志雄,向跃武,王家银等.激素对水稻花药培养力的影响研究.西南农业大学学报,1992,14(4):351-355
赵成章,戚秀芳,杨长登等.应用细胞工程技术培育黑珍米的研究.农业生物技术学报,1993,1(1):100-105
赵成章,戚秀芳,于飞.休眠与水稻成熟胚细胞脱分化间的关系.中国水稻科学,1989,3(2):73-76
赵成章,戚秀芳,郑康乐等.多效唑连用其他植物激素对水稻试管苗生长的影响.遗传学报,1992,19(5):453-458
赵成章,戚秀芳.化学杀雄对籼稻花药培养力的影响.作物学报,1991,17(3):228-232
赵成章,吴连斌,杨长登.干燥处理对水稻愈伤组织绿苗再生和若干生理生化特性的影响.作物学报,1997,23(1):39-43
赵成章,杨长登,吴连斌等.籼稻单倍体绿芽无性系二倍化的研究.应用与环境生物学报,1998,4(3):232-234
赵成章,郑康乐,戚秀芳等.水稻再生植株及后代的性状表现.遗传学报,1982,9(4):320-324
赵成章,郑康乐,戚秀芳等.不同类型水稻的组织培养和悬浮培养.植物生理学报,1981,7(3):287-289
赵成章.特异资源——粳稻矮秆突变体武林矮.作物品种资源,1983,(3):43
郑康乐,庄杰云,王汉荣.基因聚合提高了水稻对白叶枯病的抗性.遗传,1988,20(4):4-6
朱根发,余毓君,爪哇稻(Java 14)原生质体培养与植株再生.遗传,1995,17(4):21-24

朱根发,余毓君.水稻愈伤组织状态的调控.华中农业大学学报,1995,14(3):213 - 219

朱秀英,陈璋,卢勤.水稻体细胞无性系的建立及其遗传变异的研究,1990,12(6):1 - 4

朱祯,李向辉,孙勇如等.转基因水稻植株再生及外源人 α-干扰素 cDNA 的表达.中国科学(B 辑),1992,22(2):149 - 155

朱至清,王敬驹,孙敬三等.通过氮源比较试验建立一种较好的水稻花药培养基.中国科学,1975,(5):484 - 490

庄杰云,樊叶杨,吴建利等.水稻 CMS-WA 育性恢复基因的定位.遗传学报,2001,28(2):129 - 134

庄杰云,杨长登,钱惠荣等.紫米基因与 RFLP 标记的连锁分析.遗传学报,1996,23(5):372 - 375

卓丽圣,斯华敏,程式华等.苯乙酸促进水稻花药培养愈伤组织的再分化和直接成苗.中国水稻科学,1996,10(1):37 - 42

邹礼平,张端品,林兴华等.光敏核不育水稻花药培养能力的影响因素研究.华中农业大学学报,1995,14(5):415 - 419

Afza R, Shen M, Zapata-Arias F J, *et al*. Effect of spikelet position on rice anther culture efficiency. *Plant Sci*, 2000, 153: 155 - 159

Agarie S, Tsuchida H, Ku M S B, *et al*. High level expression of C_4 enzymes in transgenic rice plant. *In*: Garab G. Photosynethesis: mechanism and effect. Dordrecht, Netherlands: Kluwer, 1998. 3423 - 3426

Ahmad A. Molecular marker-assisted selection of HMW glutenin alleles related to wheat bread quality by PCR-generated DNA markers. *Theor Appl Genet*, 2000, 101: 892 - 896

Akagi H. Sakamoto M., Shinjyo C, *et al*. A unique sequence located downstream from the rice mitochondrial atp6 may cause male sterility. *Curr Genet*, 1994, 25: 52 - 58

Ayres N M, McClung A M, Larkin P D, *et al*. Microsatellites and a single-nucleotide polymorphism differentiate apparent amylose classes in an extended pedigree of US rice germ plasm. *Theor Appl Genet*, 1997, 94: 773 - 781

Bajaj S, Rajam M V. Efficient plant regeneration from long term callus cultures of rice by spermidine. *Plant Cell Rep*, 1995, 14: 717 - 720

Bayliss M W. Chromosomal variation in plant tissues in culture. *In*: Vasil I K. Intl Rev Cytol Suppl 11A. New York: Academic Press, 1980. 113

Chan M T, Chang H H, Ho S L, *et al*. Agrobactedum-mediated production of transgenetic rice plants expressing a chimeric a-amylase promoter β-glucronidaase gene. *Plant Mol Biol*, 1993, 22: 491 - 506

Chen S, Lin X H, Xu C G, *et al*. Improvement of bacterial blight resistance of 'Minghui 63', an elite restorer line of hybrid rice, by marker assisted selection. *Crop Sci*, 2000, 40: 239 - 244

Chen S, Xu C G, Lin X H, *et al*. Improvement bacterial blight resistance of '6078', an elite restorer line of hybrid rice, by marker assisted selection. *Plant Breeding*, 2001, 120: 133 - 137

Christou P, Fordel L, Kofron M. Production of transgenic rice(*Oryza sativa* L.)plant from agronmically important indica and japonica varieties via electric discharge particle acceleration of exogenous DNA into immature zygotic embryos. *Bio/Technology*, 1991, (9): 957 - 962

Datta K, Baisakh N, Thet K M, *et al*. Pyramiding transgenes for multiple resistance in rice against bacterial blight, yellow stem borer and sheath blight. *Theor Appl Genet*, 2002, 106: 1 - 8

Datta S K, Datta K, Kloti A, *et al*. Genetic transformation system and transfer of gene of agronomic importance to IRRI breeding lines. *In*: Sixth Annual Meeting of the International Prigram on Rice Biotechnology, Feb. 1st to 5th, 1993. Chiang Mai, Thailand. 459 - 463

Deka P C, Sen S K. Differentiation in calli originated from isolated protoplasts of rice through plating technique. *Mol Gen Genet*, 1976, 145: 239 - 243

Eskew D L, Welch R M, Cary E E, *et al*. An essential micronutrient for legumes and possibly all higher plants. *Science*, 1983, 222: 621 - 623

Fjellstrom R, Conaway-Bormans C A, McClung A M, *et al*. Development of DNA markers suitable for marker assisted selection of three Pi genes conferring resistance to multiple *Pyricularia grisea* pathotypes. *Crop Sci*, 2004, 44: 1790 - 1798

Frisch M, Melchinger A E. The length of the intact donor chromosome segment around a target gene in marker-assisted backcrossing. *Genetics*, 2001, 157: 1343 - 1356

Fujimoto H, Itoh K, Yamamoto M, *et al*. Insect resistant rice generated by introduction of a modified endotoxin gene from *Bacillus thuringiensis Bio/Technology*, 1993, 11(10): 1151 - 1155

Fujimura T, Sakurai M, Akagi H, *et al*. Regeneration of rice plants from protoplast. *Plant Tiss Cul Lett*, 1985, 2(2): 74 - 75

Gabriela T T, Uriel M A, Guadalupe S M, *et al*. The effects of cold-pretreatment, auxins and carbon source on anther culture of rice. *Plant Cell, Tiss & Organ Cul*, 2002, 71: 41 - 46

Gatehouse A M R, Hinder V A, Boulter D. Plant Genetic Manipulation for Crop Protection. Wallingford: CAB International, 1992. 155 – 181

Ghareyazie B, Alinia F, Menguito C A, *et al*. Enhanced resistance to two stem borers in an aromatic rice containing a sythetic *cry1A*(*b*) *gene*. *Mol Breeding*, 1997, (3): 401 – 414

Guzman M, Arias F J Z. Increasing anther culture efficiency in rice(*Oryza sativa* L.)using anthers from rationed plants. *Plant Sci*, 2000, 151: 107 – 114

Haldrup A, Petersen S G, Okkels F T. Positive selection: a plant selection principle based on xylose isomerase, an enzyme used in the food industry. *Plant Cell Rep*, 1998, 18: 76 – 81

Hansen N J P, Andersen S B. In vitro chromosome doubling potential of colchicines, oryzalin, trifluralin, and APM in Brassica napus microspore culture. *Euphytica*, 1996, 88: 159 – 164

Hayashi K, Hashimoto N, Daigen M, *et al*. Development of PCR-based SNP markers for rice blast resistance genes at the Piz locus. *Theor Appl Genet*, 2004, 1212 – 1220

He D G, Tanner G, Scott K J. Somatic embryogenesis and morphogenesis in callus derived from the epiblast of immature embryos of vvwheat(*Triticum aestivum*). *Plant Sci*, 1986, 45: 119 – 124

Heim R, Tsein R Y, *et al*. Wavelength mutations and posttranslational autoxidation of green fluorescent protein. *PNAS USA*, 1994, 91 (26): 12501 – 12504

Hiei Y, Ohta S, Toshihiro K, *et al*. Efficient transformation of rice(*Oryza sativa* L.)mediated by Agrobacterium and sequence analysis of the boudaries of the T – DNA. *Plant J*, 1994, (6): 271 – 282

Hittalmani S, Parco A, Mew T W, *et al*. Fine mapping and DNA marker-assisted pyramiding of the three major genes for blast resistance in rice. *Theor Appl Genet*, 2000, 100: 1121 – 1128

Huang N, Angeles E R, Domingo J, *et al*. Pyramiding of bacterial blight resistance genes in rice: marker-assisted selection using RFLP and PCR. *Theor Appl Genet*, 1997, 95: 313 – 320

Jia Y, Redus M, Wang Z, *et al*. Development of a SNLP marker from the Pi-ta blast resistance gene by tri-primer PCR. *Euphytica*, 2004, 138: 97 – 105

Jiang G H, Xu C G, Tu J M, *et al*. Pyramiding of insect – and disease – resistance genes into an elite indica, cytoplasm male sterile restorer line of rice, 'Minghui 63'. *Plant Breeding*, 2004, 123: 112 – 116

Joersbo M, Donaldson I, Kreiberg J, *et al*. Analysis of mannose selection used for transformation of sugar beet. *Mol Breeding*, 1998, 4: 111 – 117

Khanna H K, Raina S K. Enhanced in vitro plantlet regeneration from mature embryo-derived primary callus of a basmati rice cultuvar through modification of nitrate-nitrogen and ammonium-nitrogen concentrations. *J Plant Biochem & Biotech*, 1997, 6(2): 85 – 89

Kisaka H, Kisaka M, Kanno A, *et al*. Intergeneric somatic hybridization of rice(*Oryza sativa* L.)and barley(*Hordeum vulgare* L.)by protoplast fusion. *Plant Cell Rep*, 1998, 17: 362 – 367

Kyozuka J, Otoo E, Shimamoto K. Plant regeneration from protoplasts of indica rice: genotypic differences in culture response. *Theor Appl Genet*, 1988, 76: 887 – 890

LaFayette P R, Parrott W A. A non – antibiotic marker for amplification of plant transformation vectors in E. coli. *Plant Cell Rep*, 2001, 20: 338 – 342

Lange C, Whittaker J C. On prediction of genetic values in marker-assisted selection. *Genetics*, 2001, 159: 1375 – 1381

Larkin P J, Scowcroft W R. Somaclonal variation-a novel souce of variability from cell cultures for plant improvement. *Theor Appl Genet*, 1981, 60: 197 – 214

Lee L, Schroll R E, Grimes H D, *et al*. Plant regeneration from indica rice(*Oryza sativa* L.)protoplasts. *Planta*, 1989, 178: 325 – 333

Li Z K, Luo L J, Mei H W, *et al*. A defeated rice resistance gene acts as a QTL against a virulent strain of *Xanthomonas oryzae* pv. *oryzae*. *Mol Gen Genet*, 1999, 261: 58 – 63

Liu X, Gu M, Han Y, Ji Q, *et al*. Developing gene-tagged molecular markers for functional analysis of starch-synthesizing genes in rice(*Oryza sativa* L.). *Euphytica*, 2004, 135: 345 – 353

Ma B, Mayfield M B. The green fluorescent protein gene functions as a reporter of gene expression in phanerochaete chrysosporium. *Appl Environ Microbiol*, 2001, 67(2): 948 – 955

Mackill D J. Genome analysis and breeding. *In*: Shimamoto ed. Molecular Biology of Rice. Tokyo: Springer-Verlag, 1999. 17 – 41

McClung A M, Marchetti M A, Webb B D, *et al*. Registration of 'Jefferson' rice. *Crop Sci*, 1997, 37(2): 629 – 630

McCouch S R, Kochert G, Yu Z H, *et al*. Molecular mapping of rice chromosomes. *Theor Appl Genet*, 1988, 76: 815 – 829

McCouch S R, Teytelman L, Xu Y, *et al*. Development and mapping of 2240 new SSR markers for rice (*Oryza sativa* L.). *DNA Res*, 2002, 9: 199 – 207

Moreau L, Lemarie S, Charcosset A, *et al*. Economic efficiency of one cycle marker-assisted selection. *Crop Sci*, 2000, 40: 329 – 337

Murty U R, Cocking E C. Somatic hybridization attempts between *Sorghun bicolor* (L.) Moench and *Oryza sativa* L. *Curr Sci*, 1988, 57: 668 – 670

Narayanan N, Baisakh N, Cruz CM, *et al*. Molecular breeding for the development of blast and bacterial blight resistance in rice cv. IR50. *Crop Sci*, 2002, 42(6): 2072 – 2079

Nayak. Transgenic elite indica rice plants expressing Cry Ⅰ A(c) delta-endotoxin of *Bacillus thuringiensis* are resistant against yellow stem borer (*Scirphage incertulas*). *PNAS USA*, 1997, 97: 2111 – 2116

Niizeki H, Oono K. Inductin of haploid rice plants from anther culture. *Crop Jap Acad*, 1968, 44: 554 – 557

Oono K. Test tube breeding of rice by tissue culture. Trop Agric Res Series, 1978, 11: 109

Ou-lee T M, Turgeon R, Wu R. Expression of a foreign gene linked to either a plant virus or a Drosophila promoter after electroporation of protoplasts of rice, wheat and sorghum. *PNAS USA*, 1986, 83: 6815 – 6819

Park Y D, Moscone E A, Iglesias V A, *et al*. Gene silencing mediated by promoter homology occurs at level of transcription and results in meiotically heritable alterations in methylation and gene activity. *Plant Cell*, 1996, 9(2): 183 – 194

Pius J, Ceorge L, Eapen S. Enhanced plant regeneration in pearl millet by ethylene inhibitors and cetotaxime. *Plant Cell Rep*, 1993, 32: 91 – 96

Ramalingam J, Basharat H S, Zhang G. STS and microsatellite marker-assisted selection for bacterial blight resistance and waxy genes in rice, *Oryza sativa* L. *Euphytica*, 2002, 127: 255 – 260

Raquin C. Utilization of different sugars as carbon source for in vitro anther culture of Petunia. *Plant Physiology*, 1983, 111: 453 – 457

Reiner A M. Genes for ribitol and D-arabitol catabolism in *Escherichia coli*: their loci in C strains and absence in K212 and B strains. *J Bacteriol*, 1975, 123: 530 – 536

Rihova L, Tupi J. Influence of 2,4-D and lactose on pollen embryogenesis in anther culture of potato. *Plant Cell, Tiss & Organ Cul*, 1996, 45: 259 – 264

Smith R H, Hood E E. *Agrobacterium tumefaciens* transformation of monocotyledons. *Crop Sci*, 1995, 35: 301 – 309

Scott P, Lyne R L. Initiation of embryogenesis from cultured barley microspores: a further investigation into the toxic effects of sucrose and glucose. *Plant Cell, Tiss & Organ Cul*, 1994, 37: 61 – 65

Scott P R, Johnson R, Wolfe M S, *et al*. Host-specificity in cereal parasites in relation to their control. *Appl Biol*, 1980, 5: 350 – 393

Shimomura O, Johson F H, Saiga Y, *et al*. Extraction, purification and properties of aequorin, a bioluminescent protein from the luminous hydromedusan, *Aequorea*. *J Cell Comp Physiol*, 1962, 59: 223 – 239

Stachel S, Messens E, Montagu M, *et al*. Identification of the signal molecules-produced by wounded plat cells that activate T-DNA transfer in *Agrobacterium tumefaciens*. *Nature*, 1985, 318: 624 – 629

Stam P, Zeven A C. The theoretical proportion of the donor genome in near-isogenic lines of self-fertilizers bred by backcrossing. *Euphytica*, 1981, 30: 227 – 238

Stuber C W. Mapping and manipulating quantitative traits in maize. *Trends Genet*, 1995, 11: 477 – 481

Sun Z X, Si H M, Zhan X Y. The effect of thermo-photo period for donor plant growth on anther culture of indica rice. *In*: Agricultural Biotechnology. Beijing: China Scientific and Technical Press, 1992. 456 – 460

Sun Z X, Zhao C Z, Zheng K L, et al. Somaclonal genetics of rice, *Oryza sativa* L. *Theor Appl Genet*, 1983, 67: 67 – 73

Tabien R E, Li Z, Paterson A H, et al. Mapping of four major rice blast resistance genes from 'Lemont' and 'Teqing' and evaluation of their combinational effects for field resistance. Theor Appl Genet, 2000, 101: 1215 – 1225

Tan Y F, Zhang Q F. Correlation of simple sequence repeat (SSR) variants in the leader sequence of the waxy gene with amylose content of the grain in rice. *Acta Bot Sin*, 2001, 43(2): 146 – 150

Tanksley S D, McCouch S R. Seed banks and molecular maps: unlocking genetic potential from the wild. *Science*, 1997, 277: 1063 – 1066

Tanksley S D, Nelson J C. Advanced backcross QTL analysis: a method for simultaneous discovery and transfer of valuable QTLs from unadapted germplasm into elite breeding lines. *Theor Appl Genet*, 1996, 92: 191 – 203

Temnykh S, DeClerck G, Lukashova A, *et al*. Computational and experimental analysis of microsatellites in rice (*Oryza sativa* L.): frequency, length variation, transposon associations, and genetic marker potential. *Genome Res*, 2001, 11: 1441 – 1452

Terada R, Kyozuka J, Nishibayashi S, *et al*. Plantlet regeneration from somatic hybrids of rice (*Oryza sativa* L.) and barnyard grass (*Echinochloa oryzicola* Vasing). Mol. Gen. Genet. 210: 39 – 43

Toriyama K, Hinata K. Panicle culture in liquid media for obtaining anther calli and protoplasts in rice. *Japan J Breeding*, 1985, 35: 449 – 452

ToriyamaK, Arimoto Y, Uchimiya H, *et al*. Transgenic rice plants after direct gene transfer into protplasts. *Bio/Technology* 1988, 6: 1072 – 1074

Tsukahara M, Hirosawa T. Simple dehydration treatment promotes plantlet regeneration of rice (*Oryza sativa* L.) callus. *Plant Cell Rep*, 1992, 11: 550 – 553

Tu J, Ona I, Mew T W, *et al*. Transgenic rice variety IR72 with *Xa21* is resistant to bacterial blight. *Theor Appl Genet*, 1998, 97(1/2): 31 – 36

Uchimiya H, Fushimi T, Harada H, *et al*. Expression of a foreign gene in callus derived from DNA-treated protoplasts of rice (*Oryza sativa* L.). *Mol Gen Genet*, 1986, 204: 204 – 206

Vain P. Expressing of an engineered cysteine proteinase inhibitor (Oryzsacystain-IND86) for nematode resistance in transgenic rice plants. *Theor Appl Genet*, 1998, 96: 266 – 271

van Berloo R, Stam P. Simultaneous marker-assisted selection for multiple traits in autogamous crops. *Theor Appl Genet*, 2001, 102: 1107 – 1112

Vieille C, Hess J M, Kelly R M, *et al*. Xyla cloning and sequencing and biochemical characterization of xylose isomerase from *Thermotoga neapolitana*. *Appl Environ Microbiol*, 1995, 61(5): 1867 – 1875

Vos P, Hogers R, Bleeker M, *et al*. AFLP: a new technique for DNA fingerprinting. *Nucl Acids Res*, 1995, 23: 4407 – 4414

Wakasa K, Kobayashi M, Kamada H. Colony formation from protoplasts of nitrate reductase different rice lines. *J Plant Physiol*, 1984, 117: 223 – 231

Wang Z X. The *pib* gene for rice blast resistance belongs to the nucleotide binding and leucine-rice repeat class of plant disease resistance genes. *Plant J*, 1999, 19(1): 55 – 64

Weisser P, Kramer R, Sprenger G A. Expression of the Escherichia coli pmi gene, encoding phosphomannose2isomerase in *Zymomonas mobilis*, leads to utilization of mannose as a novel growth substrate, which can be used as a selective marker. *Appl Environ Microbiol*, 1996, 62(11): 4155 – 4161

Willy K, Janniek D C, Jyoti K, *et al*. The effect of temperature on Agrobacterium tumefaciens-mediated gene transfer to plants. *Plant J*, 1997, 12(6): 1459 – 1463

Witcombe J R, Hash C T. Resistance gene deployment strategies in cereal hybrids using marker-assisted selection: gene pyramiding, three-way hybrids, and synthetic parent populations. *Euphytica*, 2000, 112: 175 – 186

Wunn J, Kloti A, Burkhardt P K, *et al*. Transgenic indica rice breeding ling IR58 expressing a synthetic *cryIA*(*b*) gene from Bacillus thuringiensis provides effective insect pest control. *Bio/Technology*, 1996, 14(2): 171 – 176

Xie J H, Gao M, Cai Q, *et al*. Improved isolated microspore culture efficiency in medium with maltose and optimized growth regulator combination in japonica rice (*Oryza sativa* L.). *Plant Cell, Tiss & Organ Cul*, 1995, 42: 245 – 250

Yamada Y. *In*: Cell and Tissue Culture Techniques for Cereal Crop Improvement. Beijing: Science Press and IRRI, 1983. 229 – 233

Yamanaka S, Nakamura I, Watanabe K N, *et al*. Identification of SNPs in the waxy gene among glutinous rice cultivars and their evolutionary significance during the domestication process of rice. *Theor Appl Genet*, 2004, 108: 1200 – 1204

Yang Y S, Jian Y Y, Zheng G Z. Copper enhances plant regeneration in callus culture of rice. *Chinese J Rice Sci*, 1999, 13(2): 95 – 98

Yang Z Q. Asymmetric hybridization between cytoplasmic male-sterile (CMS) and fertile rice (*Oryza sativa* L.) protoplasts. *Theor Appl Genet*, 1988, 76: 801 – 808

Ye X, Babili S, Kloti A, *et al*. Engineering the provitamin in a biosynthetic pathway into rice endosperm. *Science*, 2000, 287(2): 303 – 305

Young N D, Tanksley S D. RFLP analysis of the size of chromosomal segments retained around Tm-2 locus of tomato during backcross breeding. *Theor Appl Genet*, 1989, 77: 353 – 359

Zeven A C, Knott D R, Johnson R. Investigation of linkage drag in near isogenic lines of wheat by testing for seedling reaction to races of the stem rust, leaf rust and yellow rust. *Euphytica*, 1983, 32: 319 – 327

Zhang W, Wu R. Efficient regeneration of transgenic plants from rice protoplasts and correctly regulated expression of the foreign gene in the plants. *Theor Appl Genet*, 1988, 76: 835 – 840

Zhao J P, Simmonds D S. Application of trifluralin to embryogenic microspore cultures to generate doubled haploid plants in Brassica napus. *Physiol Plant*, 1995, 95: 304 – 309

Zheng K L, Zhou Z M, Wang G L, *et al*. Somatic cell culture of rice cultivars with different grain types: Somaclonal variation in some grain and quality characters. *Plant Cell, Tiss & Organ Cult*, 1989, 18: 201 – 208

Zhou P H, Tan Y F, He Y Q, *et al*. Simultaneous improvement for four quality traits of Zhenshan 97, an elite parent of hybrid rice, by molecular marker-assisted selection. *Theor Appl Genet*, 2003, 106: 326 – 331

Zhu D Y, Chen C Y, Pan X G. The development and evaluation of a new variety Shan Hua 369 through anther culture in indica rice. *Genet Manipul Plants*, 1990, 6(2): 7 – 14

Zhu D Y, Pan X G. Rice(*O. sativa*): Guan18-An improved variety through anther culture in indica rice. *In*: Bajaj Y P S. Biotechnology in Agriculture and Forestry. Vol. 12. New York, Berlin: Springer-Verlag, 1990. 204 – 211

第六章　水稻基因组

基因组(genome)是指单个生物细胞遗传物质的总和,其大小通常以全部DNA碱基对数(bp)来表示。植物的基因组包括叶绿体、线粒体和细胞核染色体三个遗传系统。叶绿体和线粒体在细胞质中,各自含有一些基因,它们能独立地或与核基因共同地控制一些性状。但就这三个遗传系统比较,最主要的是核基因组,即染色体DNA。20世纪80年代以来,随着分子生物学的发展,首先在一些经典遗传研究比较深入的作物上,如番茄和玉米,展开了基因组的研究,同时,对一些经典遗传研究相对滞后的作物,也进行了基因组研究并取得了很大进展,水稻就是一个典型的例子。

水稻是自花授粉的二倍体作物,有丰富的种质资源(120 000份以上),已积累大量经典遗传学研究的材料。它的基因组在禾谷类作物中最小,单倍体基因组为430 Mb(百万碱基对),仅为拟南芥的3倍、玉米的20%和小麦的3%(表6-1)。其基因组中重复序列的含量相对较低(约50%),已建立完善的外源DNA转化再生系统,已构建高密度分子连锁图谱及大插入片段的文库,与其他禾谷类作物有广泛的共线性。水稻成为禾本科作物的研究模型,已是国际科学家的共识,水稻基因组的研究已超越其自身的意义(Havukkala,1996)。

基因组学(genomics)最初的内容是指基因组作图(mapping)和测序(sequencing)。近年来,这个概念有新的发展。现在人们倾向于将基因组学分为结构基因组学(structural genomics)和功能基因组学(functional genomics)。结构基因组学的目标是构建高分辨率的遗传图谱(genetic map)和物理图谱(physical map)。基因组DNA序列就是最高分辨率的物理图谱,其分辨率为1个核苷酸。功能基因组学则利用结构基因组学所获得的大量数据及信息系统来研究包括生化功能、细胞功能、发育功能及适应功能等在内的基因功能,其研究必须结合统计学和计算机科学,并应用高产出和大规模的实验技术。水稻的结构基因组研究,以国际水稻基因组计划(International Rice Genome Sequencing Project,IRGSP)宣布水稻基因组序列的高质量草图的完成而基本完成。水稻的功能基因组研究目前正在进行。

表6-1　水稻与其他禾谷类作物基因组的比较　(Shields,1993)

作物种类	染色体数(2n)	单倍体基因组DNA含量(pg)	单倍体基因组bp数($\times 10^8$)	总遗传图距(cM)	千碱基对数(kb/cM)
水　稻	24	0.45	4.3	2300	189
高　粱	20	0.80	7.7	1530	504
玉　米	20	2.60	25.0	2200	1136
大　麦	14	5.50	53.0	1430	3782
黑　麦	14	7.90	76.0	>1000	
小麦(2n=6x)	42	16.55	160.0	6300	2539

第一节　细胞质基因组

一、叶绿体基因组

水稻的叶绿体基因组是一个环状 DNA 分子。它包括一个大的单拷贝区域和一个小的单拷贝区域。这两个区域由两个倒位重复子连接,因此形成环状。用粳稻日本晴的叶绿体测序,全序列总长 134 525 bp(Hiratsuka 等,1989),从中鉴定出 91 个基因、3 个假基因和 36 个开放读码,包括编码 30 种 tRNA 和 4 种 rRNA 的基因,其中有些基因为内含子所间断。大的倒位重复子的长度为 20 799 bp。比较籼粳稻间 11 个叶绿体基因的相似百分率、同义替换和非同义替换,这些基因编码区的核苷酸序列变化甚小,有 4 个基因完全相同,其他基因编码区的相似性大于 98.2%,大部分为非同义替换。

水稻叶绿体 DNA 的转录图谱也已完成(Kanno 等,1991)。大部分的叶绿体基因在幼叶中转录,但转录的情况不一,有的一个基因只产生一种稳定的 mRNA,有的一个基因能产生大小不同的多个转录本。

二、线粒体基因组

高等植物的线粒体基因组较其他真核生物大而复杂。水稻的线粒体基因组由 5 种基本的环状 DNA 所组成,每一种环状 DNA 内均含有与至少一种其他环状 DNA 的一部分或几部分同源的序列,将同源序列作为重组重复子考虑,就能构建一个主环,其分子量为 492 kb,为人类线粒体基因组的 30 倍。高等植物线粒体基因组中含有很多叶绿体基因组的序列,被认为是线粒体基因组复杂的原因之一(Nakazono 等,1996)。在水稻线粒体基因组中发现了 16 个叶绿体片段,长度为 32 bp 至 6.8 kb。这些片段中有 2 个为基因间隔区域,其余片段上均含 1 个至几个基因。这些片段源于叶绿体基因组多个区域,插入于线粒体基因组多个区域。水稻线粒体基因组中有 22 kb(6%)是叶绿体序列。

水稻的一些线粒体基因已被克隆。水稻线粒体脱辅基细胞色素蛋白 B 基因(*cob*)与玉米 *cob* 基因 98.9%同源,与小麦 *cob* 基因 99.2%同源,根据它的序列推测水稻中该蛋白的分子量为 44.49 kD(Kaleikau 等,1990a)。细胞色素氧化酶亚基 III 基因(*cox*)的序列与玉米 *cox* 基因 99.0%同源(Kaleikau 等,1990b)。F_0-ATP 酶蛋白脂质基因(*atp9*)的序列与玉米同一基因 95.6% 同源,96.4% 与小麦 *atp9* 基因同源,推测的水稻中该蛋白脂质分子量为 8.95kD(Kaleikau 等,1990c)。水稻线粒体 F1-ATP 酶亚基基因为含有 1 530 个核苷酸的连续开放读码,编码区与玉米线粒体 *atpA* 基因 97.5%同源(Kadowaki 等,1990)。

已经注意到线粒体 DNA 的重新排列与细胞质雄性不育和组织培养中再生能力的丧失有关。Wang 等(1994)在 BT 型雄性不育细胞质水稻的线粒体中发现 2 个线形的质粒样 DNA,即 PLMR1 和 PLMR4,它们的分子量分别约为 19 kb 和 1.6 kb。它们在育性正常的品种中不存在。同时,在 BT 型雄性不育系中,Li 等(1989)发现线粒体上的 *atpA* 基因有 2 个拷贝,而在对应保持系中,该基因只有 1 个拷贝。Nakazono 等(1996)对水稻线粒体基因转录起始位点附近的核苷酸序列进行比较,发现一个保守的模体,可以认为是水稻线粒体基因的启动子。这个水稻线粒体基因中的共有序列,与禾谷类其他作物有很高的同源性,特别是启动子中的被称为 CRTA 模体的 C(G/A)TA 序列,在其他植物中都有报道,推测 CRTA 模体对于水稻线粒体基因转录的激活是必要的。

第二节　结构基因组

一、分子标记和遗传图谱

(一)DNA 分子标记

生物的遗传物质是脱氧核糖核酸(DNA)。它是携带和传递遗传信息的复杂的生物聚合体。它的基本结构是 4 种不同碱基的核苷酸,它们以一定的顺序排列成长链。DNA 分子双链上的碱基是互补的。不同的生物、同一种生物不同的个体,DNA 核苷酸排列的顺序存在差异,包括核苷酸的替换、DNA 片段的插入/缺失和重复子串联的长度不同,这是 DNA 本身可以成为遗传标记的基础。这种根据基因型差别可以检测到的 DNA 分子上的线性界标,就是 DNA 分子标记。应用检测核苷酸排列顺序差异的不同方法,发展了各种类型的分子标记。

1. 根据 Southern 杂交检测的标记　限制性片段长度多态性(restriction fragment length polymorphism,RFLP)是最早应用的 DNA 分子标记。将经过限制性内切酶酶解的 DNA 片段转移到尼龙膜上,与经过同位素或者非同位素标记的 DNA 探针进行分子杂交,DNA 中与该探针同源的片段长度不同,表现出限制性片段长度的多态性,这个探针就是一个分子标记。RFLP 是由于基因组 DNA 上碱基对的突变引起限制性内切酶专一性识别位点的增减,或者是识别位点间发生插入、缺失以及其他重新排列而造成限制性片段数目和长度的变异。由于 DNA 中碱基对的突变及重新排列是很普遍的,因此 RFLP 的数量很大,而且还会随内切酶数量增加而不断增加;在同一个 RFLP 座位上,等位基因的数目较多,不同等位基因在杂合体中呈共显性,能确定分离群体中各个体的基因型;在不同座位之间无上位效应及其他相互作用;RFLP 的检测不受植株发育阶段和环境条件的影响;RFLP 能检测编码区和非编码区的变异。由于具有这些特点,利用一个杂交组合的分离能同时定位很多 RFLP 标记,从而能构建遗传连锁图谱。RFLP 检测的灵敏度及可靠性,使它在各种生物遗传图谱构建中得到广泛应用。但是 RFLP 也有一定局限性,如需要的 DNA 量较大,需要同位素或较复杂的生化试剂进行检测,整个过程花费时间较长而且较复杂,因此只能在经过正规技术培训、装备良好而且科研经费较充足的实验室才能正常开展分析;然而,在亲缘关系较近的亲本(如籼稻品种)之间多态性还不够高。

2. 根据 PCR 检测的标记　聚合酶链式反应(polymerase chain reaction,PCR)是利用极微量的 DNA 为模板,经变性双链为单链,在复性温度下,寡核苷酸引物与单链 DNA 上的互补碱基结合,在延伸温度下经聚合酶的作用,以引物为起始合成互补的 DNA 链。经过变性—复性—延伸多次循环,当一对引物结合部位间的距离在一定范围内时,能扩增出以引物序列为两端的 DNA 片段。由于不同生物个体基因组 DNA 碱基突变,寡核苷酸引物与它结合的部位改变,或者一对引物相邻两个结合部位之间发生插入、缺失和其他重新排列,则同一对引物扩增产物的长度发生变异,因此,用这一对引物经 PCR 扩增的 DNA 片段就是分子标记。以 PCR 为基础的分子标记发展很快,包括随机扩增的多态性 DNA(randomly amplified polymorphic DNA,RAPD)、扩增片段长度多态性(amplified fragment length polymorphism,AFLP)、序位标(sequence tagged site,STS)、酶切扩增多态性序列(cleaved amplified polymorphicsequence,CAPS)、简单序列长度多态性(simple sequence length polymorphism,SSLP)。下面介绍其中的两种。

(1)简单序列长度多态性　基因组中存在大量的以1~5个核苷酸为重复单位的串联重复序列,被称为微卫星或简单序列重复子(simple sequence repeat,SSR)。在一个给定的SSR座位上,不同个体中重复单位的数目不同,根据SSR两侧特定的单拷贝DNA序列设计引物,在不同的个体扩增出长度不同的简单重复序列片段,检测到SSLP。SSLP具有RFLP的优点,在基因组中非常丰富,据估算,水稻基因组内平均每157 kb就有一个SSR,在水稻中经实验验证的SSLP标记已超过2 500个(McCouch等,2002),研究人员还可以根据序列发展新的SSLP。SSR的多态性很高,水稻中SSR的等位基因数远高于RFLP。已发现在基因内存在SSR,如在蜡质(waxy)基因内就有一个SSR(Armstead等,2004)。该SSR的不同等位基因与直链淀粉含量的差异有关,这样的SSR标记可用于直接鉴定有用的等位基因。

(2)酶切扩增多态性序列　序标位是经PCR能检测到的基因组中的单拷贝序列,根据该DNA片段两端的序列设计一对特异引物扩增基因组DNA获得该序列,成为能够界定基因组特定位点的标记,这种共显性标记可以用作遗传图谱与物理图谱整合的共同位标。但由于STS的检测范围限于1对引物间的序列,多态性的检测能力低于RFLP。为了提高STS检测多态性的能力,可以用限制性内切酶酶解特异引物扩增的片段,不同材料中碱基的变异引起酶切位点的改变,造成酶解产物的长度不同,检测到不同材料的多态性,这种多态性被称为CAPS。CAPS标记在图位克隆中发挥重要作用,在染色体步巡(chromosome walking)中,根据目的基因所在区域的序列,发展CAPS标记,可以将目的基因界定在较小的区域,有利于进行生物信息学的分析和基因功能的验证,最终克隆基因。

(二)遗传图谱

第一张水稻分子标记遗传图谱发表于1988年,是美国康乃尔大学McCouch等构建的。所用的标记为RFLP,主要是籼稻品种IR36总DNA的*Pst* Ⅰ随机基因组文库中的单拷贝(或低拷贝)克隆,所用群体为籼稻/爪哇稻杂交F_2代,双亲的多态性达78%,建成的图谱包括135个克隆的座位,分布在12条染色体上,覆盖水稻基因组的1 389 cM。这张图谱上座位间的平均距离接近10 cM,但由于分布不均匀,有些区域内座位很稀疏,特别在有些染色体,几个小的连锁群定位于同一染色体,对这些小的连锁群的排列及距离尚不明确,有些染色体的标记总数很少。因此,这张遗传图谱是初级的,然而它为水稻基因组研究奠定了很好的基础。康乃尔大学接着构建了第二张图谱(Causse等,1994),构图群体为(非洲籼型陆稻×长雄蕊野生稻)×籼型陆稻的回交群体,双亲多态性相当高,只需用3种内切酶,多态性接近100%。除了第一张图谱定位的基因组克隆,还大量应用水稻和其他禾谷类作物的cDNA克隆,这些cDNA的单拷贝比例达85%。在这张图谱中,已在第一张图谱中定位的克隆的线性排列得到了证实。新图谱共含722个标记,包括:238个水稻基因组克隆,250个水稻cDNA克隆,112个燕麦cDNA克隆,20个大麦cDNA克隆,11个SSLP标记,3个端粒及其他一些标记。覆盖水稻基因组1 491 cM,使平均图距缩小至2.0 cM。

日本的水稻基因组计划(RGP)也构建了水稻分子标记遗传图谱,所用群体为粳稻/籼稻杂交的F_2代,探针主要用cDNA克隆。1994年日本Kurata等发表的图谱已经有1 383个标记,其中465个为水稻愈伤组织的cDNA克隆,418个为根的cDNA,165个为基因组克隆,147

个 RAPD 标记,覆盖了水稻基因组 1 575 cM,平均图距达到 1.14 cM。这张图谱的最大特点是所有的 cDNA 克隆均已经测序,实际上已成为表达序列标记(expressed sequence tag,EST),大多数基因组克隆、RAPD 也已测序,成为 STS 标记。因此,这张图谱对于基因定位和克隆以及物理图谱构建均有重要意义。根据 1998 年的报道,利用同一个 F_2 群体,已将图谱上的标记数扩大到 2 275 个,包括 1 455 个 EST 标记,其中 615 个与已知基因有显著相似性(Harushima 等,1998)。

为了使康乃尔大学的遗传图谱与 RGP 的遗传图谱所用的探针能起到互补的作用,将一套公共探针在双方的群体中定位,这些公共探针在两个图谱中的定位基本一致。也就是说,这两张图谱已得到整合。

水稻遗传图谱的新发展还包括中心粒的定位。以 IR36 为背景建立了代表所有 12 条染色体的初级三体、次级三体或末端三体,将他们与热带粳稻品系 Ma Hae 杂交,产生的 F_1 中,包括正常二体、初级三体或末端三体。F_1 加上双亲构成一套材料:初级三体中含一额外的完整染色体,次级三体中额外染色体由两个相同的染色体臂组成,末端三体含一个额外的染色体臂,F_1 二体植株含双亲的等位基因各 1 个拷贝,这两个等位基因杂交带放射自显影的强度相同;F_1 初级三体额外染色体含有 IR36 等位基因 2 个拷贝,其杂交带的强度为 Ma Hae 等位基因的 2 倍。倘若一个标记位于某一染色体臂上,那么该臂次级三体含有 IR36 等位基因 3 个拷贝,杂交带的强度为 3 倍,在末端三体,则为 2 倍。因此,应用次级三体或末端三体,可以根据剂量效应将标记定位于染色体臂上。除了个别探针不能在双亲间检测到多态性而无法定位于染色体臂上以外,170 多个探针被定位于染色体臂上,同一染色体不同臂之间距离最近的 2 个探针,就成为中心粒两侧的标记(Singh 等,1996)。中心粒的定位可以明确标记在染色体上的分布,可以研究中心粒对重组频率的干扰,探讨根据图谱进行基因克隆的可行性,有利于根据图谱进行中心粒的克隆,更有利于进一步明确水稻与其他禾谷类作物基因组的共线性。中心粒的定位,明确了每条染色体的长、短臂,根据惯例,遗传图谱中染色体的短臂在上面,短臂上最末端的标记位于 0 cM,中心粒的定位使遗传图谱更符合规范。

(三)物理图谱

以重组值标明遗传座位之间距离的图谱,称为遗传图谱。重组值与两个座位间的物理距离(核苷酸数)有关。但是,物理距离相同的两个座位,在不同物种间、在同一物种不同染色体间、在同一染色体的不同区间,遗传重组值是不相同的。遗传座位之间的距离直接以核苷酸数表示的图谱,称为物理图谱。直接连续测定一条完整的染色体序列,在技术上目前还难以做到。为了进行水稻基因组全序列测定及基因克隆,有必要建立一套水稻染色体的克隆库,其克隆能按照对应于染色体上的位置,有序地、部分重叠地排列起来,覆盖整个基因组,克隆库的排列图谱也就是物理图谱。只要完成物理图谱上各个片段的序列测定,也就完成了整个基因组的 DNA 测序。

以下简单描述水稻基因组物理图谱的构建,所采用的是"BAC(bacterial artificial chromosome,细菌人工染色体)-指纹-锚标"的方法(钱跃民等,1999)。选择 BAC 为克隆载体,是由于 BAC 的转化效率较高,DNA 分离相对容易,而它本身的重组率很低。将水稻基因组 DNA 切割成许多片段,连接到载体上,建成 BAC 库,总共包括约 22 000 个 DNA 片段。每一片段的平均长度为 12 万个核苷酸,这些片段的总长度为水稻基因组长度的 6 倍多。

BAC 库中的克隆经酶解产生小的片段。这些片段经电泳可以按长度大小排列,称为指纹。比较两个克隆的限制性酶切片段,如果相同的片段比较多,则这两个克隆部分重叠。对一个基因组的全部克隆都进行这种比较,便组装出基因组的连续重叠群物理图谱。锚标指的是用上千个覆盖整个基因组的分子标记与全部 22 000 个 DNA 片段杂交以确定阳性片段,验证应用指纹法构建的水稻基因组重叠群的可靠性。一旦将分子标记定位在重叠群上,不仅可以确定重叠群位于哪条染色体上,还可以确定重叠群在染色体上的相对位置,单个分子标记分别与库杂交后,获得一组组阳性克隆,将每组阳性克隆在重叠群上定位后即构建了水稻基因组的物理图谱。经过测序,物理图谱上分子标记间的距离可以用碱基对数表示,如比较遗传图谱上的 3 对分子标记 RG810/RG222、RZ449/RG170 和 C161/ R687,它们分别定位在 3 个不同的座位上,而同一对的 2 个标记在分离群体中没有发生重组,定位于同一座位。但在物理图谱上,同一对的 2 个标记均被分开而定位于重叠群的不同座位上,这 3 对分子标记间的实际物理距离被测定出来了,它们分别是 103 kb、164 kb 和 103 kb。这样精确的距离,在遗传图谱上无法测出是可以理解的。

水稻基因组的测序,需要建立覆盖整个基因组的物理图谱。在进行基因图位克隆时,根据目的基因的精细遗传定位,建立覆盖目的基因区域的物理图谱,就能找到含有目的基因的克隆。建立局部的物理图谱,已成为克隆基因的常规手段。

二、质量性状基因的定位和克隆

(一)质量性状基因的定位

生物的性状都是由基因控制的。性状可以被分为质量性状和数量性状,控制这些性状的基因也相应地被称为质量性状基因(qualitative trait locus)和数量性状基因(quantitative trait locus,QTL)。基因定位就是通过建立目的基因与遗传图谱上标记座位之间的连锁,确定该基因在染色体上的位置。

在分离群体中呈不连续分布的性状为质量性状,可以根据其特性进行分类,以代表其特性的文字来表示其表现型。水稻中相当一部分性状为质量性状,如胚乳的糯性、半矮生性、广亲和性和对病虫的抗性等。质量性状由主效基因控制,基因定位就是确定基因在染色体上的位置及与之相连锁的标记。由分子标记定位的控制水稻重要性状的主效基因已经很多(Mohan 等,1997),以抗病虫害的基因最多(表 6-2),特别是抗稻瘟病和白叶枯病的基因,甚至还包括从菰(*Zizania caduciflora*)经遗传转化导入水稻的抗纹枯病显性基因 *Rsb1*(Che 等,2003)。这有利于将抗同一病害的不同基因聚合到同一品种中,以帮助该品种建立持续抗性,也为克隆这些基因奠定基础。除此以外,已经定位的主效基因还包括恢复基因(庄杰云等,2001)、广亲和基因(郑康乐等,1992)和光敏雄性不育基因(Zhang 等,1994)。这些基因控制的性状在我国当前的水稻育种工作中很重要,但由于田间试验费时费力,而且这些性状受环境的影响也大,所以利用标记进行辅助选择具有现实意义。

表 6-2　分子标记定位的水稻抗病虫基因

基　因	性状与供体	染色体	连锁的标记及距离		参考文献
Bph 10(t)	抗褐飞虱,*O. australiensis*	12	RG457	3.68 cM	Ishii 等(2004)
Gm2	抗瘿蚊,Phalguna	4	RG329	1.3 cM	Mew 等(1994)
Gm	抗瘿蚊,Duokang 1	4	Mb-1400	5 ~ 10 cM	Katiyar 等(1994)

续表 6-2

基　因	性状与供体	染色体	连锁的标记及距离		参考文献
Pi1	抗稻瘟病,LAC23	11	Npb181	3.5 cM	Mew 等(1994)
Piz[5]	抗稻瘟病,5173	6	RG64	2.1 cM	Mew 等(1994)
Pita	抗稻瘟病,Tetep	12	RZ397	3.3 cM	Mew 等(1994)
Pi5(t)	抗稻瘟病,Moroberekan	4	RG498	5～10 cM	Wang 等(1994)
Pi7(t)	抗稻瘟病,Moroberekan	11	RG103	5～10 cM	Wang 等(1994)
Pi11(t)	抗稻瘟病,窄叶青 8 号	8	BP127A	14.9 cM	朱立煌等(1994)
Pi12(t)	抗稻瘟病,红脚占	12	RG869	5.1 cM	郑康乐等(1995)
Pi25(t)	抗稻瘟病,谷梅 2 号	6	RGA7	2.0 cM	Zhuang 等(2002)
Xa1	抗白叶枯病,Kogyoku	4	Npb235	3.3 cM	Yoshimura(1995)
Xa2	抗白叶枯病,Tetep	4	Npb235	3.4 cM	Yoshimura(1995)
Xa3	抗白叶枯病,Chugoku	11	Npb181	2.3 cM	Yoshimura(1995)
Xa4	抗白叶枯病,IR20	11	Npb181	1.7 cM	Yoshimura(1995)
xa5	抗白叶枯病,IR1545-339	5	RG556	0～1 cM	McCouch 等(1991)
xa13	抗白叶枯病,Long grain	8	RZ28	5.1 cM	Zhang 等(1994)
Xa21	抗白叶枯病,*O. longistaminata*	11	RG103	0.1～1 cM	Ronald 等(1992)
Xa23	抗白叶枯病,WBB 1	11	OSR06	5.3 cM	章琦等(2000)
Rsb1	抗纹枯病,4011	5	RM39	1.6 cM	Che 等(2003)

为了提高标记辅助选择的准确性和克隆目的基因,有必要在目的基因两侧找到紧密连锁的标记,即进行基因的精细定位。这可以通过扩大作图群体,并在目的基因区域应用和建立更多的分子标记,特别是便于操作的 CAPS 标记,达到精细定位的目的。

(二)质量性状基因的克隆

克隆基因最经典的方法就是图位克隆法(map-based cloning, positional cloning)。它是基于遗传作图和物理作图的一种克隆基因的方法。它的原理是根据功能基因在基因组中都有稳定的座位,在利用分子标记技术对目的基因进行精细定位的基础上,用与目的基因紧密连锁的分子标记筛选基因组文库,从而构建目的基因区域的物理图谱,再利用此物理图谱通过染色体步巡来逐步逼近目的基因或利用染色体登陆(chromosome landing)等方法,最终找到包含目的基因的克隆,并通过遗传转化试验来验证目的基因的功能。

图位克隆法无须预先知道目的基因的 DNA 序列和其表达产物的有关信息,但是应具备 2 个基本条件：一是构建遗传群体,且群体一定要大;二是具有包含目的基因的遗传图谱和物理图谱。图位克隆法主要包括 4 个基本技术环节：①目的基因的初步定位；②目的基因的精细定位；③目的基因所在区域物理图谱的构建；④筛选 cDNA 文库或基因组文库,并进行功能互补实验。其中目的基因的精细定位是图位克隆策略中最艰苦和最耗时的限速步骤。随着水稻高精密遗传图谱和物理图谱的相继构建成功,尤其是全基因组测序结果的公布，为水稻基因的精细定位以及后续的图位克隆创造了优越的条件。早期在水稻中克隆的2个抗白叶枯病基因和2个抗稻瘟病基因均是利用图位克隆战略完成的(表6-3)。水稻中第一个通过图位法克隆的基因是 *Xa21*(Song 等，1995)。它的克隆是在获得了一个与抗病基因共分离的分子标记进行染色体登陆实现的。近年来报道的一些水稻基因的图位克隆，则是以突变体为材料，如矮秆基因 *d1*(Ashikari 等，1999)、单分蘖基因 *Moc1*(Li 等，2003a)和脆秆基因 *BC1*(Li 等，2003b)。

表 6-3　图位法克隆的水稻基因

基因	性　状	等位基因供体	编码蛋白	作图群体大小	基因分离过程	参考文献
Xa21	对白叶枯病抗性	*Oryza longistaminata*	具有 LRR 的受体激酶	386	以共分离的 RFLP 标记 RG103 检测 BAC 亚克隆，转化台北 309	Song 等(1995)
Xa1	对白叶枯病抗性	IRBB1，Kogyoku	NBS-LRR	4 225	从与 *Xa1* 共分离的 7 个 cDNA 序列根据同源性选择	Yoshimura 等(1998)
D1	矮生	FL 2(突变体)	GTP 结合蛋白 α 亚基	13 000	从与 *d1* 共分离的cDNA 片段中检出	Ashikari 等(1999)
Pib	对稻瘟病抗性	Tohoku IL9	NBS-LRR	3 305	根据重组在 80 kb 区域中发现的含有 NBS 的转录基因	Wang 等(1999)
Hd1	光周期敏感性	日本晴-Kasalath	与 *CONSTANS* 同源的转录因子	>9 000	在 12 kb 区域中发现的 CONSTANS 同源序列	Yano 等(2000)
Pi-ta	对稻瘟病抗性	Tadukan	细胞质受体，NBS		在跨度为 850 kb 的 BAC 克隆中发现的含 NBS 的后选基因	Bryan 等(2000)
Hd6	抽穗期 QTL	日本晴-Kasalath	激酶 CK2 蛋白 α 亚基	2 807	根据重组界定的 26.4 kb 区域内惟一 EST	Takahashi 等(2001)
Sp17	假病斑	KL210(突变体)	热胁迫转录因子，HSF	2 944	重组界定的 3 kb 区域内基因预测	Yamanouch 等(2002)
Sd1	半矮生	低脚乌尖	赤霉素 20 氧化酶	3 477	在 6 kb 区间检出的 1 个 ORF	Monna 等(2002)
Hd3	抽穗期 QTL	日本晴-Kasalath	与 FT 相似的蛋白	2 207	重组界定的 20 kb 区域中发现的与 FT 相似的基因	Kojima 等(2002)
Moc1	分蘖数	moc 1(突变体)	GRAS 家族核蛋白	2 010	重组界定的 20 kb 区域中发现的与番茄 LS 基因高度同源的基因	Li(2003a)
BC1	脆茎	bc1(突变体)	COBRA 类蛋白	7 068	重组界定的 3.3 kb 区域中发现的与 COBRA 类蛋白高度同源的惟一 ORF	Li(2003b)

现以 *Pib* 基因的克隆为例，简单描述图位克隆的具体过程(Wang 等，1999)。*Pib* 是在 BC_2F_2 群体中初步定位的，定位于水稻第 2 染色体长臂的端部 G7018 和 R2511 之间，与它们

的遗传距离分别为 0.4 cM 和 0.1 cM。为了进行该基因的精细定位,取 *Pib* 区域杂合的植株自交得 BC_2F_3 约 20 000 株,在 3 305 个感病株中 R2511 座位发生重组的个体有 7 个,在 G7018 座位发生重组的个体有 25 个。根据这 32 个重组个体的基因型,应用 5 个新建立的标记对 *Pib* 精密定位[1 个交换相当于 1/(3 305 × 2) = 0.015 cM]。这 5 个标记中有 3 个与 *Pib* 共分离,与近中心粒一侧的标记 S1916 之间发生 1 个重组,与端粒一侧的标记 G7030 之间发生 3 个重组。应用这 5 个标记与大片段 DNA 文库杂交,筛选阳性克隆,构建 S1916 和 G7030 之间的覆盖 *Pib* 的重叠群,跨度约为 80 kb,将这些片段的亚克隆经两段部分测序,比较推测的氨基酸序列和已知抗病基因的保守序列发现与 NBS 的基序高度同源的亚克隆,定位候选基因组区域,根据候选克隆设计专一性引物,通过逆转录-PCR(reverse transcription-PCR,RT-PCR),扩增抗源供体 Tohoku IL9 接种后的 mRNA,确定发生转录的亚克隆区域,并进一步找到候选 cDNA 克隆,将完整覆盖该克隆的基因组片段转化感病品种日本晴。在 469 株抗潮霉素的转化植株中,112 株表现对稻瘟病的专一抗性,两个独立的抗性转化植株的自交后代中有 3:1 的抗感分离,所有抗病植株均含转基因,而感病植株均不含。*Pib* 的 cDNA 含一个 3 753 bp 的开放阅读框(ORF),5'和 3'端非编码区分别为 306 bp 和 229 bp,*Pib* 基因编码 1 251 个氨基酸,在氨基端有 NBS 和激酶保守序列,在羧基端有 17 个不完全 LRR,说明 *Pib* 基因产物蛋白与防卫反应信号传导系统中其他蛋白会发生相互作用。

三、数量性状基因的定位和克隆

显示数量的和连续变异类型的性状为数量性状。农作物的很多重要性状,如产量、株高、生育期和籽粒品质等均为数量性状。这些数量性状的遗传基础,是当前生命科学研究的热点之一。以水稻为例,自从有关数量性状基因(QTL)定位的首篇论文(Ahn 等,1993)发表以来,至 2000 年就已有 80 多篇论文发表,定位的 QTL 超过 1 000 个(Xu 等,2002),涉及几乎所有重要性状,对每一性状检测到数目不等的 QTL,估算了单个 QTL 的效应、QTL 间的上位性效应以及 QTL 与环境的互作效应,取得了可喜的进展。但是,在这些定位的 QTL 中,得到验证的结果还很少,多数研究还需要进一步深入。其中包括对目的性状定位到更多的 QTL;通过精细定位,确定检测到的 QTL 为孟德尔因子;确定同一区间检测到的 QTL 是一因多效或紧密连锁,以便为标记辅助选择的实施创造条件,也为 QTL 的克隆以及研究 QTL 的表达和调控奠定基础。

质量性状由单个主效基因控制,基因组研究提高了定位主效基因的效率,并克隆了一批主效基因。数量性状由多个 QTL 控制,每个 QTL 的效应较低,QTL 之间有相互作用,并且还受环境的影响,基因组研究使 QTL 的分解以及在相同遗传背景下研究单个 QTL 的效应成为可能,也就是说,使 QTL 的研究达到主效基因的水平。水稻的抽穗期决定品种对地区和季节的适应性,是重要的数量性状。水稻抽穗期 QTL 研究取得了突破性的进展,在这里将介绍水稻抽穗期 QTL 的精细定位和分解,QTL 的克隆和表达调控,水稻抽穗期 QTL 及其表达调控与拟南芥同源基因的比较,使我们对水稻抽穗期的遗传机制有更深的认识,也为水稻其他数量性状和其他作物 QTL 的深入研究提供参考。

(一)QTL 定位

1. 在 F_2 群体中定位 Yano 等(1997)应用一个由对光周期敏感的粳稻品种日本晴与籼稻品种 Kasalath 杂交所得的 F_2 群体,构建了含 837 个分子标记的遗传图谱。1990 年在日本新潟上越正常季节自然光照条件下，日本晴和 Kasalath 的平均抽穗期分别为 122 天和 117 天，F_2 群体抽穗期的变异很大(104～164 天)，并且是连续的，抽穗期的频率表现出双峰分布及超亲分离，说明该组合中存在控制抽穗期的具有较大效应的基因和效应方向相反的基因。区间作图定位了 2 个主效 QTL(*Hd1* 和 *Hd2*)和 3 个微效 QTL(*Hd3*、*Hd4* 和 *Hd5*)。在 *Hd1* 和 *Hd2* 座位上，Kasalath 等位基因均促进抽穗，分别使抽穗期减少 14.5 天和 7 天；而在 *Hd3*、*Hd4* 和 *Hd5* 座位上，Kasalath 等位基因均推迟抽穗，分别使抽穗期增加 2.1 天、2.9 天和 3.4 天。这 5 个检测到的 QTL 解释了该 F_2 群体中总表型变异的约 84%。通过双因子方差分析，检测到 *Hd1* 和 *Hd2* 座间有显著性互作。

2. 在回交后代群体中定位 从(日本晴/Kasalath//日本晴)发展了 85 个株系组成的 BC_1F_5群体，Lin 等(2000)定位了 5 个抽穗期 QTL，其中 2 个效应较大，分别与 *Hd1* 和 *Hd2* 处于同一区间，另外 3 个 QTL 的阈值较低，在 F_2 群体中未能检测到，这 3 个 QTL 后来被命名为 *Hd7*、*Hd8* 和 *Hd11*(Yano 等，2001)。在上述 2 个群体检测到不同的抽穗期 QTL，可能是因为群体遗传结构的不同及基因型与环境互作，同时，在粳籼交分离群体中，有些染色体区间出现偏态分离，在 BC_1F_5 群体检测到第 3 染色体的 *Hd8* 所在区域含会引起偏态分离的 ga-2 因子，在 186 个 F_2 个体中，只有 3.2%的个体在该区域为日本晴等位基因纯合型，大大低于孟德尔定律 25%的比例，个体数少，表型比较不可靠，未能测到 *Hd8*；而在 BC_1F_5 群体中，ga-2 区域 2 种基因型比例为 55∶34，也不符合理论上日本晴∶Kasalath 等位基因纯合型为 3∶1 的比例，但更接近 1∶1 的分离比显然有利于 QTL 的检测。

3. 在高回交世代群体的定位 以日本晴为轮回亲本，对日本晴/Kasalath 组合进行多次回交和筛选，得到 1 株植株 BC_4F_1-37-7，其基因组中上述 8 个抽穗期 QTL 中 7 个所在的区间均为日本晴等位基因纯合，只有少数区间包括第 2 染色体上 *Hd7* 所在区间为杂合。在该植株自交后代中，抽穗期表现出 22 天的连续变异，对杂合区域的基因型数据进行 QTL 分析，定位了 2 个 QTL，一个为 *Hd7*，另一个定位于第 3 染色体的长臂，效应较大，是新定位到的 QTL，定名为 *Hd6*，Kasalath 等位基因推迟抽穗(Yamamoto 等，2000)。

在另一植株 BC_4F_1-77-2 的基因组内第 3 染色体短臂上有一小段为杂合，其余绝大部分，包括已知上述 9 个抽穗期 QTL 所在的区间，均为日本晴等位基因纯合。该植株自交后代抽穗期表现出 10 天差异的连续分布，经分析找到 1 个 QTL，定名为 *Hd9*，Kasalath 等位基因推迟抽穗。根据 BC_4F_3 株系抽穗期的表现可清楚区分 F_2 植株中 *Hd9* 三种基因型，Lin 等(2002)将 *Hd9* 精细地定位于第 3 染色体短臂上分子标记 C721 和 R1468B 之间，与 RFLP 标记 S12021 共分离。

Hd6 和 *Hd9* 本身均具有一定效应，在原始分离群体中未被检测到，在 186 个植株构成的 F_2 群体中，*Hd6* 连锁标记的 LOD 值仅为 0.75，远低于经验的阈值。在这样的群体中，有多个主效 QTL 同时在分离，*Hd6* 基因型不同所产生的变异无法与其他 QTL 的分离及环境误差所引起的变异区别。因此，如果一个具有较大效应的 QTL 在一个群体内分离，那么在该群体内进行 QTL 定位时，另一个上位性 QTL 被检测到的效应值会很低，即使后者的实际效应值是大的。在高世代回交后代中，主效 QTL 如 *Hd1* 和 *Hd2* 不发生分离，在原始分离群体中未能检测到的 QTL 如 *Hd6* 和 *Hd9* 才有可能原形重现。

(二)QTL 的精细定位

为了验证在上述群体中的 QTL 定位是否可靠，所检测到的 QTL 是一个含有由遗传效应较小的单个基因组成的基因簇的染色体区域，还是单个孟德尔因子？这就需要对单个QTL进行精细定位。在原始分离群体内，整个基因组内多个遗传因子同时发生分离，因此不能在这些群体内对多个QTL中的单个QTL进行精细定位。为了对*Hd1*、*Hd2*和*Hd3*进行精细定位，以日本晴为轮回亲本与(日本晴/Kasalath)的后代进行回交，对BC_1F_2代的个体，以均匀分布在水稻12条染色体上的50个RFLP标记筛选这3个目的基因座位上分别为Kasalath等位基因纯合型的单株，与日本晴回交，经筛选和再回交，得到3株合适的BC_3F_1植株，经128个RFLP标记的筛选，它们分别在3个目的基因区域为杂合型，而在几乎所有其他区域(包括目的基因以外的其他抽穗期QTL)均为日本晴等位基因纯合型，这3个单株就被分别用作进行*Hd1*、*Hd2*或*Hd3*的精细定位的F_1植株，在它们自交所得F_2群体中，只有单个QTL发生分离。在以*Hd1*为目的基因的F_2群体中，抽穗期频率为双峰分布，以103天为界，早抽穗和迟抽穗的分离符合孟德尔单基因分离的比例(1:3)，经连锁分析，将*Hd1*定位于第6染色体RFLP标记R1679和P130之间，*Hd1*与R1679和P130的遗传距离均为0.3 cM，与C235共分离。在以*Hd2*或*Hd3*为目的基因的F_2群体中，抽穗期的分离均符合孟德尔单基因分离的比例。*Hd2*定位于第7染色体，与4个RFLP标记共分离；*Hd3*定位于第6染色体RFLP标记R1952和C1032之间，*Hd3*与R1952和C1032的遗传距离均为0.5 cM，与4个RFLP标记共分离(Yamamoto等，1998)。精细定位的结果表明，这些QTL是单个孟德尔因子，上述F_2群体中检测到的QTL是可靠的。

应用高世代回交后代，对在F_2代群体中定位到的*Hd4*和*Hd5*，Lin等(2003)也进行了精细定位，将*Hd4*定位于第7染色体短臂上R46和C39之间，与Y2707L等4个RFLP标记共分离；将*Hd5*定位于第8染色体C166和R902之间，与R2976共分离。在BC_4F_2代定位的*Hd6*(Yamamoto等，2000)和*Hd9*(Lin等，2002)，经BC_4F_3代的测试，均表现为单个孟德尔因子，实现了精细定位。

(三)QTL的效应和上位性互作

1. 效应分析　为了鉴定QTL的效应，对上述回交后代通过标记辅助选择，选出了单个抽穗期QTL的近等基因系(QTL-NIL)。这些近等基因系的遗传背景基本为日本晴基因组，只有特定单个QTL所在染色体区域来自Kasalath。检测QTL-NIL在不同日长处理下的抽穗期，确定*Hd1*、*Hd2*和*Hd3*均控制对光周期的敏感性。NIL(*Hd1*)和NIL(*Hd2*)在10.0h短日照的抽穗期分别比日本晴长9.1天和3.4天，而在13.5 h长日照的抽穗期分别比日本晴短9.4天和4.0天；而NIL(*Hd3*)在短日的抽穗期比日本晴短5.7天，在长日则比日本晴长4.6天。在不同日长条件下抽穗期的差异反映了对光周期敏感性的程度。日本晴在短日的抽穗期为54.8天，在长日为89天，相差34.2天，而NIL(*Hd1*)、NIL(*Hd2*)和NIL(*Hd3*)在短日和长日分别相差15.7天、26.8天和44.5天，NIL(*Hd1*)和NIL(*Hd2*)的光周期敏感性小于日本晴，而NIL(*Hd3*)的光周期敏感性则大于日本晴。表明*Hd1*、*Hd2*和*Hd3*均参与调控光周期敏感性，*Hd1*和*Hd2*上日本晴等位基因和*Hd3*上Kasalath等位基因均有增强光周期敏感性的功能，这些等位基因在短日促进抽穗，在长日抑制抽穗(Lin等，2002)。NIL(*Hd4*)和NIL(*Hd5*)在短日的抽穗期与日本晴无显著差异，而在长日的抽穗期比日本晴显著增加，说明这2个座位上Kasalath等位基因在长日条件下推迟抽穗(Lin等，2003)。为了鉴定*Hd6*的效应，选出NIL(*Hd6*)，它与日本晴在10.5 h短日照的抽穗期相近(分别为45.3天和44.3天)，而在13.5 h长日的抽穗期分别为98.7天和75.4天，差别显著，说明*Hd6*是一个控制光周期敏感性的座位，*Kasalath* 等位基因提高这种敏感性（Yamamoto 等，2000）。NIL（*Hd9*）的抽穗期在长日条件下比日本晴要长，说明 *Hd9* 也是一个控制光周期敏感性的座位，Kasalath 等位基因提高这种敏感性（Lin 等，2002）。

2. 上位性互作 为了研究成对 QTL 之间的上位性互作，对单个 QTL-NIL 之间杂交后代，通过标记辅助选出具有不同组合 QTL 的 NIL，检测这些 NIL 在不同日长处理下的抽穗期。NIL（*Hd1*）和 NIL（*Hd1*/*Hd2*）在长日的抽穗期分别为 79.6 天和 80.6 天，没有明显差异，在长日条件下没能看到 *Hd2* 上日本晴等位基因的效应，表明 *Hd1* 对 *Hd2* 的表型表达存在上位性互作；而在短日条件下，NIL（*Hd1*）和 NIL（*Hd1*/*Hd2*）的抽穗期分别为 63.9 天和 79.4 天，有明显差异，在短日下 *Hd2* 上日本晴等位基因表现出明显的表型效应，说明 *Hd1* 只有在长日条件下对 *Hd2* 上位。在短日条件下，NIL（*Hd1*/*Hd3*）和 NIL（*Hd2*/*Hd3*）的抽穗期分别为 54.9 天和 53.6 天，明显短于 NIL（*Hd1*）的抽穗期 63.9 天和 NIL（*Hd2*）的 58.2 天，另一方面，NIL（*Hd1*/*Hd2*）和 NIL（*Hd1*/*Hd2*/*Hd3*）在短日的抽穗期分别为 79.4 天和 80.7 天，长日下的抽穗期分别为 80.6 天和 82.0 天，均没有明显差异。可见，只有当 *Hd1* 或 *Hd2* 座位上为日本晴等位基因时，*Hd3* 上 Kasalath 等位基因的效应才得以表现；而当 *Hd1* 和 *Hd2* 座位上不是日本晴等位基因时，*Hd3* 上 Kasalath 等位基因并不增加对光周期的敏感性。也就是说，*Hd1* 和 *Hd2* 座位上的日本晴等位基因对 *Hd3* 上 Kasalath 等位基因具有上位性，暗示 *Hd3* 上 Kasalath 等位基因本身并不对光周期敏感性起作用，而是对 *Hd1* 和 *Hd2* 座位上的日本晴等位基因对光周期敏感性的反应起作用（Lin 等，2000）。

在 NIL（*Hd4*）和 NIL（*Hd1*）或 NIL（*Hd2*）杂交的 F_2 群体中，对 *Hd1* 或 *Hd2* 的所有基因型类别，*Hd4* 上 Kasalath 等位基因均表现效应，说明 *Hd4* 对 *Hd1* 和 *Hd2* 的遗传效应均为加性。在 NIL（*Hd5*）与 NIL（*Hd1*）的 F_2 群体中，只有当 *Hd1* 为日本晴等位基因纯合或杂合时，*Hd5* 上 Kasalath 等位基因才表现出延迟抽穗的效应，说明 *Hd1* 与 *Hd5* 间有上位性，*Hd5* 包括在光周期敏感性中，可能在同一光周期途径中 *Hd1* 的下游或上游起作用。在 NIL（*Hd5*）与 NIL（*Hd2*）杂交的 F_2 群体中，*Hd5* 上 Kasalath 等位基因在 *Hd2* 所有基因型类别时均能表现效应，说明 *Hd2* 与 *Hd5* 之间无上位性（Lin 等，2003）。

比较 NIL（*Hd2*）和 NIL（*Hd6*）杂交所得 F_2 群体中长日下 *Hd2* 和 *Hd6* 这两个座位上 9 种基因型组合的平均抽穗期，当 *Hd2* 为日本晴等位基因纯合或杂合时，*Hd6* 上 Kasalath 等位基因推迟抽穗 9 天，而当 *Hd2* 为 Kasalath 等位基因纯合时，*Hd6* 基因型的差异不表现出来。直接比较 NIL（*Hd2*）、NIL（*Hd2*/*Hd6*）和 NIL（*Hd6*）在长日下的抽穗期分别为 100.3 天、104.7 天和大于 120 天。当 *Hd2* 为 Kasalath 等位基因纯合时，*Hd6* 上 Kasalath 等位基因延迟抽穗作用不表现出来，说明 *Hd2* 对 *Hd6* 上位（Yamamoto 等，2000）。

分别比较 NIL（*Hd9*）/NIL（*Hd1*）、NIL（*Hd9*）/NIL（*Hd2*）2 个 F_2 群体中 2 个座位上 9 种基因型组合在长日抽穗期的变异，对 *Hd1* 或 *Hd2* 的 3 种基因型，*Hd9* 的 Kasalath 等位基因均延长抽穗期，其表型效应对 *Hd1* 和 *Hd2* 均为加性，看不到 *Hd9* 与 *Hd1* 或 *Hd2* 间的上位性互作。推测 *Hd9* 可能为包含于光周期敏感性的基因，但这种敏感性的遗传控制途径不同于 *Hd1* 或 *Hd2* 参与的敏感性控制途径（Lin 等，2002）。

（四）QTL 的分解

1. 具有不同功能的座位的分解 在上述 BC_1F_5 群体中，在第 3 染色体的同一区间同时检测到一个效应较大的控制种子休眠期的 QTL（*Sdr1*）和一个抽穗期 QTL（*Hd8*）。同时，在该群体中,种子休眠性和抽穗期之间存在显著的表型相关,这可以归咎于一因多效或 QTL 紧密连锁,但要明确这种相关的遗传基础,需要对这 2 个基因进行精细定位。在 BC_4F_1 中,选出一个单株,它的基因组在 *Sdr1/Hd8* 所在区间为杂合,其余部分均为日本晴基因组。在该单株自交后代 96 个 BC_4F_2 植株中,有 10 株在 *Sdr1/Hd8* 所在区间(第 3 染色体上靠近短臂末端的标记 C68 与靠近中心粒的 C606 之间)发生重组,这 10 株的抽穗期表现出 8 天的差别。根据这些单株自交后代株系的抽穗期表现,可以将 10 个单株的抽穗期分成早熟、迟熟或杂合 3 个类型,分别代表了 *Hd8* 的 3 种基因型:日本晴等位基因纯合、Kasalath 等位基因纯合或杂合。比较该区域分子标记基因型和 *Hd8* 基因型,将 *Hd8* 定位于该区域内 C12534S 和 R10942 之间;同样,根据这 10 个重组植株该区域分子标记基因型和 *Sdr1* 基因型,将 *Sdr1* 定位于该区域内 R10942 和 C2045 之间,与 C1488 共分离,*Hd8* 和 *Sdr1* 之间发生 6 个重组,说明 *Hd8* 和 *Sdr1* 是紧密连锁的不同座位。为进一步验证这两个基因分别决定休眠性和抽穗期,建立了近等基因系 NIL(*Sdr1*)、NIL(*Hd8*)和 NIL(*Sdr1/Hd8*)。NIL(*Sdr1*)的休眠性明显高于日本晴和 NIL(*Hd8*),与 NIL(*Sdr1/Hd8*)无显著差异;NIL(*Hd8*)的抽穗期比日本晴和 NIL(*Sdr1*)要长,与 NIL(*Sdr1/Hd8*)无显著差异(Takeuchi 等,2003)。

2. 具有相关功能的座位的分解　精细定位已表明 *Hd3* 是单个孟德尔因子,NIL(*Hd3*)的抽穗期在短日下缩短,在长日下延长,说明 *Hd3* 上 Kasalath 等位基因可能具有双重功能。在上述 BC_4F_2 中选出 2 个单株,它们在 *Hd3* 所在区间为杂合,自交得后代 595 株,对 12 个与 *Hd3* 连锁的分子标记基因型检测表明,有 20 株在该基因所在区域(第 6 染色体上靠近短臂末端的标记 R1952 与靠近中心粒的 C1032 之间)发生重组,有些在精细定位中共分离的标记也发生重组,该区域遗传图谱的分辨力大大提高。根据这 20 株自交后代在不同日长下抽穗期的表现确定它们抽穗期的基因型,比较单株的标记基因型与抽穗期基因型,在短日下,将 *Hd3* 定位于靠近 C1032 的区域,与标记 B174 共分离,而 B174 与 C1032 只在一个植株中发生重组;在长日下,将 *Hd3* 定位于该区域的近中心粒端,与 R1952 共分离。在短日和长日下的定位结果表明,在精细定位的 *Hd3* 区域内,有 2 个与抽穗期相关的基因,定名为 *Hd3a* 和 *Hd3b*。*Hd3a* 的 Kasalath 等位基因在短日下促进抽穗,而 *Hd3b* 的 Kasalath 等位基因在长日下延迟抽穗。在 595 植株中,两个基因间发生 19 次重组,推算遗传距离为 1.6 cM(Monna 等,2002)。*Hd3* 最初是在长日下检测到的,在 93 个高世代回交后代植株中精细定位,确定为单个因子,最后在两种日长条件下,应用较大的分离群体,在 *Hd3* 所在区域鉴定出 2 个基因,说明通过高分辨力作图,可以将原先认为可能具有双重功能的 1 个座位分解为 2 个紧密连锁的具有相关功能的座位。

(五)QTL 的克隆和生物学功能分析

精细定位为应用图位克隆法克隆基因奠定了良好的基础。水稻中第一个被克隆的抽穗期 QTL 是 *Hd1*(见表 6-3)。

将 9 000 多株 BC_3F_3 植株种植在自然长日条件下,选出 1 505 个极端早熟的植株,它们在 *Hd1* 上为 Kasalath 等位基因纯合,应用 *Hd1* 两侧的标记 R1697 和 P130,发现有 9 株在 R1679 和 *Hd1* 之间发生重组,2 株在 P130 和 *Hd1* 间重组,在 R1679 与 P130 之间又建立了 3 个标记,将 *Hd1* 定位于 S20481 与 P130 之间,与 S2539 共分离,S20481 与 *Hd1* 发生重组的植株只有 1 株。以这 3 个标记筛选日本晴基因组 YAC(yeast artificial chromosome)和 PAC(Pi-derived artificial chromosome)克隆,找到一个包含这 3 个标记而且又是最短的 PAC 克隆,经测序,在

S20481 与 P130 之间又发展了 9 个标记，根据标记间的重组，将 *Hd1* 界定于 12 kb 的区域内。应用 Genscan 分析候选基因组序列，预测到 2 个假定的基因，一个与拟南芥 *CONSTANS*(*CO*) 基因相似，以日本晴基因组只含有 *CO* 基因的 7.1 kb 片段转化 NIL(*Hd1*/*Hd2*)，该近等基因系内 *Hd1* 和 *Hd2* 上均为 Kasalath 等位基因，对光周期不敏感，而部分转化植株对光周期敏感，对一个在短日照早熟的只含单拷贝的转基因植株的自交后代进行分析，在短日照转基因纯合或杂合植株的抽穗期比不含转基因的植株要早，说明 7.1 kb 基因组区域内的 *Hd1* 序列具有光周期反应的功能(Yano 等,2000)。

水稻 *Hd1* 基因含 2 个外显子，编码一个 395 个氨基酸的蛋白，是拟南芥带有锌指结构域的 *CO* 家族中的一员。*Hd1* 上日本晴和 Kasalath 等位基因之间有许多结构上的不同。Kasalath 等位基因第二个外显子有一个 2 bp 的缺失，产生一个提前的终止子，Kasalath 的 *Hd1* 蛋白就缺少 C 末段区域而短于日本晴的蛋白。*Hd1* 可能具有双重功能：在短日照条件下促进抽穗和在长日照条件下抑制抽穗。由于锌指结构的存在，*Hd1* 会与转录活性有关，但由于 *Hd1* 本身的转录并不受日长的影响，Yano 等(2000)推测转录受它影响的基因的表达受光周期变化的控制。

接着，通过大分离群体进行高分辨力精细定位和构建目的基因区域的克隆重叠群，*Hd6* (Takahashi 等,2001)和 *Hd3a*(Kojima 等,2002)也先后被克隆。*Hd6* 编码蛋白激酶 CK2 的 α 亚基(CK2α)，在编码区内，日本晴和 Kasalath 的等位基因只有一个核苷酸的替换，在日本晴是一个提前的终止子(TAG)，在 Kasalath 是一个赖氨酸编码子(AAG)，Kasalath 的等位基因编码一个具有功能的 CK2α，而日本晴的等位基因可以看作是一个自然发生的 *Hd6* 座位上的 CK2α 无效突变体。遗传互补试验将含 CK2α 基因的 Kasalath 基因组片段导入日本晴，转基因植株自交后代在自然长日条件下出现早、迟抽穗的分离，早抽穗的与日本晴相同，迟抽穗的与 NIL(*Hd6*)相同(Takahashi 等,2001)。

Hd3a 为一个与拟南芥中促进开花的 *FLOWERING LOCUS T*(*FT*)基因高度相似的基因。该基因在植株从长日照转变为短日照时诱导表达。互补试验表明，低拷贝转基因植株自交后代的抽穗期出现分离，含转基因(包括 Kasalath 等位基因和日本晴等位基因)的植株比不含转基因的植株早抽穗，含 Kasalath 等位基因的转基因植株比含日本晴等位基因的植株更早。根据表达分析，在短日条件下，Kasalath 等位基因表达的 mRNA 比日本晴等位基因表达要早，表达水平也较高；将反义的 *Hd3a* 的 Kasalath 等位基因导入 NIL(*Hd3a*)，*Hd3a* 转录本的水平下降，抽穗推迟，说明 *Hd3a* 转录本的水平影响抽穗期。Kasalath 和日本晴等位基因在编码区内有一个单碱基同义替换和一个 2 碱基替换，引起该蛋白羧基端的氨基酸改变，在日本晴是脯氨酸，在 Kasalath 是天冬氨酸编码子。但这两种等位基因均具有功能(Botstein 等,1980)。将 *Hd3a* 的 Kasalath 等位基因转入拟南芥，能促进开花，与过量表达 *FT* 基因的拟南芥相似，进一步说明 *Hd3a* 与 *FT* 的同源性；在拟南芥中，*FT* 在 *CO* 下游起作用，是 *CO* 的直接目标，*Hd1* 是 *CO* 的同源基因，在 NIL(*Hd1*)中，*Hd1* 上的 Kasalath 等位基因的产物由于缺失 C 末端而丧失功能，NIL(*Hd1*)的抽穗期迟于日本晴，经检测，NIL(*Hd1*)中 *Hd3a* 的表达水平下降，表明 *Hd1* 的功能性等位基因能上调 *Hd3a* 的 mRNA，也就是说，*Hd3a* 促进抽穗是受控于 *Hd1*，在调节水稻抽穗期的遗传网络中，*Hd3a* 在 *Hd1* 的下游起作用(Kojima 等,2002)。在拟南芥，*CO* 和 *FT* 转录本水平随昼夜节律而变化；在水稻，*Hd1* 和 *Hd3a* 的转录本水平也随昼夜节律而变化。说明 *Hd1* 和 *CO*、*Hd3a* 和 *FT* 分别为同源基因。但 *Hd1* 和 *Hd3a* 在短日

被诱导，而 *CO* 和 *FT* 在长日被诱导，它们的功能及调节关系在短日照植物水稻和长日照植物拟南芥中得到保留。

有证据表明，QTL 与主效基因可以看作是同一座位上的不同等位基因（Robertson 等，1985）。QTL 的特点就是多个基因决定同一性状，QTL 研究的困难就在分解多个基因（毛传澡等，1999）。对同一性状作贡献的 QTL 越多，单个 QTL 就越难区别。基因组研究与经典遗传学研究一样，依靠的是变异。在进行基因精细定位、克隆和功能分析的时候，一方面必须将材料中的变异由繁而简，即保持目的基因座位上的变异，整个基因组背景尽量一致，以避免基因组其他变异产生的干扰；另一方面，在进行基因精细定位时，目的基因所在基因组区域的分子标记则应由简而繁，即发展大量标记，将目的基因定位在尽可能小的区间，通过标记辅助选择可以得到比较精确的近等基因系。这些近等基因系在 QTL 研究中的重要作用，在上述工作中得到了充分的体现。

四、基因组测序

基因组 DNA 测序的策略，大致可分为全基因组霰弹法（whole-genome shotgun sequencing）和根据物理图谱测序（physical map-based sequencing）两大类。其实在后一种策略中，当测定物理图谱中每个特定的克隆时，还是使用霰弹法测定序列。霰弹法测序一般先是采用物理方法打断 DNA，构建必要容量的随机测序的亚克隆库，然后，随机地测定这个亚克隆库的 DNA 序列，使测出的总序列长度达到基因组 6 ~ 8 倍的覆盖率。以物理图谱为依据的测序策略，必须先建立基因组的物理图谱，从该图谱中选出完全覆盖了基因组并且是彼此重叠最小的克隆，对这些克隆进行测序后，便完成对整个基因组 DNA 的测序。迄今，水稻基因组的测序应用了这两种方法。

2002 年 4 月，《科学》杂志同时发表了我国华大基因研究中心和先正达（Syngenta）公司测定的水稻全基因组框架序列，他们均采用全基因组霰弹方法测序。华大测定的品种是籼稻 93-11，整合序列覆盖基因组的 92%，估算的基因总数为 46 022 ~ 55 615 个，基因组的约 42.2%是 20 个核苷酸为单位的重复序列，大部分转座子位于基因间区，拟南芥中预测基因的 80.6%能在水稻中找到同源基因，而只有 49.4%的水稻预测基因能在拟南芥找到同源基因。先正达公司测定的品种是粳稻日本晴，整合序列覆盖基因组的 93%，估算的基因总数为32 000 ~ 50 000 个，玉米、小麦和大麦中已知蛋白的 92%能在水稻中找到同源基因，水稻与其他禾谷类作物基因组之间的共线性和同源性广泛存在，与拟南芥的共线性程度较低。

由日本科学家主持的国际水稻基因组测序计划（IRGSP）测定的品种也是日本晴，采用以物理图谱为依据的测序策略，完成了水稻基因组序列的高质量草图（http://rgp.dna.affrc.go.jp/rgp/Dec18 NEWS.html）。在 2002 年 11 月 21 日出版的《自然》杂志发表了日本和我国科学家完成的水稻第 1 和第 4 染色体全长序列的精确测定。

水稻中最长的染色体就是第 1 染色体。用该染色体 390 个重叠的 PAC 和 BAC 克隆，组装成 9 个重叠群，最长的重叠群为 14.4 Mb，留下 8 个缺口，其中第 4 个缺口位于 73.4 cM 处，相应于该染色体中心粒的部位，估计为 1 400 kb。第 1 染色体序列的统计资料列于表 6-4。非重叠的序列总共覆盖 43 276 883 个核苷酸，从中鉴定或预测出 6 756 个基因。基因在该染色体两个臂上的分布表明，在端粒端的基因密度（每 100 kb 有 18 ~ 19 个基因）高于中心区域（每 100 kb 有 10 ~ 12 个基因）。在 6 756 个预测的基因中，根据与已知蛋白的同源性，对约

30%的基因进行了功能分类(表 6-5)。该表中的Ⅰ类,是指与一个水稻蛋白完全匹配的基因;Ⅱ类是指与一个已知蛋白从氨基端到羧基端的序列高度相似的基因;Ⅲ类是指与一个目的蛋白全长序列的相似率低于 50%的基因;Ⅳ类是指与经测序预测的未知功能蛋白相似的基因;Ⅴ类是指与一个 EST 核苷酸序列匹配,但不是与已知蛋白匹配的基因;Ⅵ类是指概率阈值为 10~20 的条件下找不到任何对象的基因。还对第 1 染色体上预测基因进行了家族分类,最丰富的基因家族为丝氨酸/苏氨酸受体激酶家族,有 132 个成员分布在该染色体上。在 6 756 个蛋白编码基因中,有 3 161 个与拟南芥的蛋白同源(Sasaki 等,2002)。

表 6-4　水稻不同染色体和拟南芥基因组全序列的结构分析

指　标	水稻基因组			拟南芥基因组
	第 1 染色体	第 4 染色体	第 10 染色体	
总物理长度(bp)	45 745 883			
短臂(bp)	17 081 313		7 600 000	
长臂(bp)	27 264 570		14 800 000	
8 个缺口的总长度(bp)	2 469 000			
非重叠序列(bp)	43 276 883	34 689 786	22 422 563	117 300 000
碱基构成(%GC)				
总体(%)	43.8		43.5	35.9
编码区(%)	58.2	47.2	53.6	43.8
非编码区(%)	40.7	42.3	39.4	32.6
预测基因数	6 756	4 658	3 471	29 084
基因密度(bp/基因)	6 400	7 441	6 464	4 008
平均基因大小(bp)	3 400	2 779	2 556	1 975
外显子				
外显子平均大小(bp)	229	340	344	275
每个基因的外显子数	4.8	4.4	4.0	4.9
内含子				
内含子平均大小(bp)	605	376	389	163
每个基因中的内含子数	3.8			
转运 RNA 基因数		70	67	611
重复序列				
逆转录转座子(Ⅰ类)数	3 235			
DNA 转座子(Ⅱ类)数				
自主型	6 985			
非自主型(MITEs)	14 106			
重复子总数	24 326			

表 6-5　水稻第 1 染色体编码蛋白的功能分类

分　　类	蛋 白 数
总蛋白数	6756
Ⅰ类	40
Ⅱ类	799
Ⅲ类	1234
Ⅳ类	870
Ⅴ类	213
Ⅵ类	3600
功能分类	
细胞代谢	421（6.23%）
信号转导	365（5.40%）
转录	255（3.77%）
细胞拯救，防卫	215（3.18%）
转运促进	172（2.55%）
细胞结构	132（1.95%）
蛋白质定位	108（1.60%）
蛋白质合成	85（1.26%）
能量	83（1.23%）
细胞生长	62（0.92%）
发育	35（0.52%）
细胞转运	28（0.41%）
细胞生物发生	16（0.24%）
分类尚不清楚	13（0.19%）
离子稳态	9（0.13%）
生物专一性	3（0.04%）
未分类	4754（70.37%）

我国国家基因研究中心完成了第 4 染色体的测序（Fen 等，2002），拼接后总长为 34.6 Mb，精确度为 99.99%，覆盖染色体全长序列 97.3%，仅留下 7 个小的缺口，达到了国际公认的基因组测序完成图的标准。第 4 染色体的结构特点列于表 6-4。建立了对应于第 4 染色体中心粒区域的重叠群，跨度达 1.16 Mb，进行了测序，这是迄今报道的最长的植物中心粒序列。除了预测有 4 658 个蛋白编码基因之外，还预测了 70 个转运 RNA 基因。除了完成 IRGSP 统一布置的日本晴第 4 染色体的测序以外，还进行了籼稻品种广陆矮 4 号第 4 染色体的测序，比较两个亚种间同一染色体 2.3 Mb 同源区域间的序列，在基因内容和排列上有广

泛的共线性。但是，总共发现了 9 056 个单核苷酸多态性（single nucleiotide polymorphism, SNPs），平均每 268 bp 中就有 1 个 SNP；同时，插入/缺失也较普遍，在籼稻序列中检出 63 个插入/缺失，而在粳稻序列中则检出了 138 个插入/缺失。

水稻第 10 染色体的测序也已完成（The Rice Chromosome 10 Sequencing Consortium, 2003），它的遗传长度只有 83.7 cM，估算的物理长度只有 23 Mb，占整个基因组的 5.2%，在水稻 12 条染色体中最小。第 10 染色体序列的结构特点列于表 6-4。同时在该表中还列出了双子叶模式植物拟南芥基因组的相应参数。在第 10 染色体上共预测到 3 471 个基因，基因密度与第 1 和第 4 染色体相仿，但低于拟南芥。对 51.4% 的预测基因进行了功能注释。发现有分别含 28 个和 11 个基因的转运 RNA（tRNA）基因簇（10.2 Mb 和 19.7 Mb）来源于叶绿体的插入。第 10 染色体异染色质的含量较高，重复序列相对集中于短臂，而表达基因则集中于长臂上。在水稻第 10 染色体基因编码的蛋白中，有 29% 的蛋白可以指定一种功能，26% 的蛋白可以指定一种过程。功能中占前三位的为酶、核苷酸结合和配体结合，过程中居前三位的为细胞生长和维持、细胞通信以及发育。

水稻第 10 染色体含有 43 个候选的抗病基因（R-gene），包括植物抗病基因的四大类型，没有发现迄今仅在双子叶植物中报道的 TIR-NBS-LRR 类型。这些候选基因中以 NBS 家族为主，包括 16 个 CC-NBS-LRR、4 个 NBS-LRR 和 3 个 CC-NBS 成员，还有 9 个类似于 *cf* 的基因、9 个类似于 *Xa21* 的基因。与其他植物中一样，34 个 R-gene 分布在 3 个基因簇中。在第 10 染色体上共发现 48 个内源逆转录转座子 *Tos17*，其中有 17 个插入在基因间隔区。在被 *Tos17* 插入的基因中，有 4 个基因被多处插入，因此被 *Tos17* 插入的基因数为 24 个。这个数目比预想的低，可能与 *Tos17* 的插入偏好于低拷贝序列区域有关。在该染色体上，一共鉴定出 186 个染色体内的重复区段，其中大部分均比较小，只有 14 个区段含有 8 个或 8 个以上基因。比较第 1、第 4 和第 10 染色体的序列，也没有看到这 3 条染色体间在近期发生大规模的复制。第 10 染色体上有 28 个叶绿体 DNA 片段（80 bp 以上），其序列与植物叶绿体 DNA 有 95% 以上的一致性，有 2 个插入较大，分别为 131 kb 和 33 kb。这个 131 kb 片段的插入几乎包括了整个叶绿体基因组的序列。与之相反，同一染色体上所含线粒体 DNA 片段就比较少（57 个片段，大小为 80 ~ 2 552 bp）。叶绿体序列的插入主要在长臂上，而线粒体序列则随机插入在整条染色体上。

比较水稻基因组框架序列和已发表的 3 条染色体的高质量完成序列，可以看出水稻基因组高质量完成序列的必要性。对第 1 染色体全序列的分析，已经获得了一些只有通过物理图谱中逐个克隆测序的策略才能获得的发现，如该染色体含有由活性和无活性成员组成的基因家族以及串联重复基因，这种冗余性可能是这条染色体上含有这么多预测基因的原因，对基因组内的基因间重复序列并没有很好了解，通常被称为“无功能的”。在应用霰弹法对基因组测序，将序列组装之前，通常要除去重复序列或将重复序列与其他序列分开，否则的话，这些重复序列会引起全局性的错误组装。我们知道可以在重复序列中发现功能基因，埋伏在重复序列中的转座因子能够重建基因组，控制基因活性，甚至关系到植物中产生某些等位性变异而获得选择。只有在高质量完成的序列中，才有可能检测到这些基因（Sasaki 等，2002）。

在框架图序列中，第 10 染色体的一个 1-Mb 区域中，一般只有 4% 没有覆盖，也就是说，96% 的覆盖率与高质量完成序列的差别不大；但是对第 10 染色体序列编码区的分析表明，籼稻基因组框架图中大部分基因序列被打断,框架图上很多 1-Mb 区域中,半数甚至半数以上的基因序列被打断。模拟试验表明,当序列被缺口打断后,预测基因数会增加,这与根据框架图序列和高质量完成序列估算的平均基因大小等一些参数的变化是一致的。如根据高质量完成序列,第 10 染色体上预测的普通蛋白大小为 333 个氨基酸,而根据籼稻框架图序列预测的同一染色体的普通蛋白大小为 232 个氨基酸,说明籼稻框架图预测的基因中一部分代表的是基因片段,这将大大影响基因数目的估算及基因功能的注释。概括起来,对于水稻基因组而言,至少有三大理由必须获得高质量完成的序列:第一,高度准确的序列是准确确定基因功能的支柱;第二,作为禾谷类的模式植物,水稻基因组全序列将直接影响其他禾谷类作物基因组研究的完成指标;第三,鉴定重要经济性状的基因,需要以图谱为根据的高质量的序列。一个完全、准确的基因组序列是有效进行功能基因组研究的基础。

第三节　功能基因组

对水稻基因功能的研究,在基因组全序列的完成和公布之前早已开始。在基因组 DNA 全序列被测定出来以后,根据计算机生物信息推断出大量功能未知的候选基因,需发展和应用整体的(基因组或系统水平)实验方法分析基因组序列信息及阐明基因功能,即应用高通量的实验方法结合大规模的数据计算方法,从研究单一基因或蛋白质上升到从系统角度研究基因组所有基因或蛋白质的功能,这就是功能基因组研究。

功能基因组是一个新的研究领域,其研究方法正在不断改进和完善。根据研究基因功能方法的原理,可分为两大类:正向遗传学(Forward genetics,从一个突变体的表型出发,研究控制该表型的基因)和反向遗传学(Reverse genetics,从一个突变基因的序列出发,研究该基因控制的表型)。功能基因组研究可以在不同层面进行,包括基因组、转录组和蛋白质组等。目前,主要利用基因表达系列分析技术、转座子标签技术、T-DNA 插入标签技术和基因芯片等。

一、基因表达系列分析

基因表达系列分析(serial analysis of gene expression,SAGE)是根据 DNA 序列直接进行基因功能系统分析的方法之一。这是一种高通量且快捷有效的基因表达研究技术,可用于研究任何一种由细胞转录变化引起的生物现象,而无须了解基因性质和生物系统。其工作原理就是分离出对应于 mRNA 3'末端的 15 bp 序列,称为 SAGE 标签。然后将这些标签连成许多串联复合体,将其克隆和测序。一般一个克隆的标签数为 10 ~ 50 个。分析在这个集合中每个标签的相对丰度。由于 mRNA 3'不翻译区的 15 bp 序列能代表独特的 mRNA,所以标签的丰度也就代表了不同基因的相对转录拷贝数,也就是说,通过 SAGE 可获得基因组中基因表达的模式,定量地比较不同状态下的基因表达,寻找新的表达基因。

应用 SAGE 对水稻成熟叶片和未成熟种子组织中的基因表达进行了分析,总共获得 50 519 个 SAGE 标签,相应于 15 131 个独立的转录本,其中大部分转录本(约 70%)在叶片和种子两个文库中只出现一次。在叶片文库中,占总数约 3% 的最为丰富的转录本来源于一个 3 型的金属硫蛋白基因。两种组织中冗余标签种类的频率分布差别很大。在根组织的文库中,有少量编码贮藏蛋白的转录本出现高丰度,大部分(约 80%)冗余标签(出现次数在 9

次以上)与水稻 EST 数据库匹配,而低丰度标签的匹配较少。两种组织中公共的转录本,均可视为水稻组织中组成型表达的低丰度转录本。同时,在研究中发现相当数量的标签是编码反义转录本的,暗示基因调控的新机制(Gibbings 等,2003)。

二、插入突变

在利用突变体进行功能基因的研究中,基因标签技术(Gene tagging)是一种高效快速鉴定和分离基因的手段。基因标签技术具有双重特性。首先,插入的 DNA 片段的序列是已知的,在插入的同时能导致目标基因失活或激活等功能性变化;其次,已知的 DNA 片段可作为插入位点的 DNA 标记。通过适当的设计,这种标记还可以用作遗传作图、基因转录或翻译调节的选择标记。插入突变能同时产生很多突变体,诱导的变异能够用简单的分子生物学的实验方法检测到。近年来,基因标签技术在控制植物生长发育等重要农艺性状基因的研究中已经得到了广泛的应用,并成为基因克隆研究的主要手段之一。以转座子(transposon)和 T-DNA 作为植物基因标签技术的插入元件,在许多植物如拟南芥、金鱼草、水稻和玉米等重要基因的分离研究中,已得到成功的应用。

(一)转座子标签技术

转座子首先是在玉米中发现的,是基因组中一段可自我复制和位移的 DNA 序列,可以通过切割、重新整合等一系列过程从基因组的一个位置“跳跃”到另一个位置。转座子标签(transposon tagging)的原理是利用转座子的插入造成基因突变失去活性,而转座子割离后又可使原先被插入基因恢复活性。以转座子序列为基础,从突变株的基因文库中筛选出带有此转座子的克隆,它必定含有与转座子序列相邻的突变基因的部分序列,再利用这部分序列从野生型基因文库中获得完整的基因。以往的研究表明,转座子的插入是随机的,由转座子插入引起的表型变异频率是 1% ~ 5%。第一个用转座子标签法克隆到的是玉米的 bronze 基因。该基因编码玉米花色素合成途径的关键酶——UDP-类黄酮葡萄糖基转移酶。利用玉米和金鱼草的转座子,迄今已从这两种植物的突变体克隆了 20 余种新基因。随着植物组织培养和遗传转化技术的发展,一种植物中的转座子可以被引入到异源植物体内,并已证明转座子在异源植物体内也可以发生转座,从而大大拓宽了转座子标签法的应用范围。

水稻的插入突变研究也应用了玉米的转座子。Enoki(1999)应用玉米的自主转座子 *Ac*(自主转座子自身编码一种转位酶可促使其发生转位作用)转化水稻,对 4 个转基因株系 R5、R6 和 R7 三代共 559 个植株研究了 *Ac* 在水稻中的转座和遗传。所有株系均表现出 *Ac* 的转座活性。有 103 株含有转座的 *Ac* 插入,在这 3 个世代的转座频率分别为 33.3%、17.3%和 15.9%,表明 *Ac* 转座活性能稳定遗传。对 99 个 *Ac* 旁侧序列的部分测序表明,有 21 个克隆与蛋白编码基因有显著的同源性,其中有 4 个与水稻 cDNA 序列匹配,表明 *Ac* 转座对蛋白编码区有一定偏好。应用 PCR 筛选水稻 *Ac* 植株中的基因敲除,从 14 个随机选择的基因中,鉴定出 2 个基因敲除,其中有一个为编码水稻细胞色素 P450 的基因。这些结果说明,玉米的自主转座子 *Ac* 能有效地用于水稻基因组的功能分析。

在水稻中发现了逆转录转座子 *Tos17*(Hirochika 等,2003)。逆转录转座子是通过 RNA 的转录实现转座的,因此,它们诱导的变异相对稳定。*Tos17* 在水稻存在的拷贝数较低,为 1 ~ 5 个,在粳稻品种日本晴的基因组中,只含有 2 个拷贝。其转座由组织培养而激活,在再生植株中又失活,其转录本只有在组培条件下检测到,说明 *Tos17* 的转座作用主要是在转录水平上调节。在组培再生植株中发现有 5 ~ 30 个拷贝。其拷贝数目和组织培养的持续时间相关。适当延长组织培养的时间,可以减少所需的突变体株系数目。一般采用组织培养 5 个月左右,大量生产突变体株系,至今已获得约 50 000 个水稻再生植株,产生 500 000 个插入,每个株系内的转座拷贝数平均为 10 个。*Tos17* 的转座往往发生在不连锁的位点,分布于整个基因组,对于重复序列拷贝数低的富含基因的区域有所偏好。

传统的转座子标签法,即正向遗传学的方法来克隆基因进行功能分析是可行的。利用这种方法,已经克隆了与 20 余种突变有关的基因。根据对再生植株第二代田间表型观察,约 40%的再生植株株系出现可见的突变体表型,如矮化、不育、黄化、白化、淡绿、穗发芽和脆茎等。为了分离与对盐胁迫耐性和根生长发育有关的基因,还在离体条件下进行了突变体筛选。遗传分析表明,所有突变均为隐性。引起突变的基因,可以通过反向聚合酶链式反应(iPCR)或热不对称交织 PCR(TAIL-PCR)进行分离,然后经互补试验验证。由于组织培养本身会引起较高频率的变异,因此 *Tos17* 标签的最大问题是标签频率相对较低(5% ~ 10%)。在 3 500 个突变株系中,已经发现了 5 个脆茎突变体,它们均由 *Tos17* 插入引起,相关基因为纤维素合成酶催化亚基(*CesA*)基因 *OsCesA4*、*OsCesA7* 和 *OsCesA11*。这 5 个变异中有 2 对是互为等位的,说明 *CesA* 可能是 *Tos17* 插入的一个偏好目标。

有两种策略可用来进行反向遗传学研究。一种为突变体的 PCR 筛选,另一种为插入旁侧序列的随机测序。在突变体的 PCR 筛选中,应用 2 个基因专一性引物和 2 个插入专一性引物,一共有 4 种正反向的引物组合,分别进行 PCR,检测目的基因中的插入。应用 *Tos17* 进行 PCR 筛选成功的第一个例子是筛选到同源异型框基因(*OSH15*)的突变体(Sato 等,1999)。它是在 *Tos17* 诱导的 52 个突变体株系中发现的。在含 31 000 株系的突变体群体中筛选出 53 个基因突变体,其中 17 个基因的突变体已得到鉴定。在 10 个促分裂原活化蛋白激酶(MAPK)基因中已有 5 个被检出突变体,但只有一个基因的突变体有清楚的表型。看不到突变体表型变异的原因可能主要是基因冗余。某些基因中多个等位基因突变,表明 *Tos17* 的插入有热点。这既有利于发现和证实相关的基因和表型,也是饱和突变产生的限制因素。为了使该系统能应用到更多的目的基因,*Tos17* 插入突变必须饱和,根据 PCR 筛选的成功率(17/53)以及筛选的突变体群体大小,至少需要 90 000 个株系才能产生饱和突变,考虑到插入热点,甚至还要更多。

对于插入突变体中插入旁侧序列的测序被认为是对大量基因进行分析的系统方法。采用 TAIL-PCR 和抑制-PCR(suppression-PCR),可以扩增到 95%的旁侧序列。至 2002 年 6 月,在 3 700 个株系中已经确定了 14 300 个独立的旁侧序列,对这些序列进行比对,有可能搜索到目的基因的突变体。随着水稻基因组序列的快速发展,大部分旁侧序列能电子定位于染色体上。由于 *Tos17* 转座拷贝的末端是完整的,检测到的插入能稳定遗传,因此旁侧序列分析最适合于 *Tos17* 体系。

(二)T-DNA 插入标签技术

土壤根癌农杆菌可将自身携带的 Ti 质粒上的一段 T-DNA,通过侵染植物伤口而转移到植物基因组中。T-DNA 标签技术是以农杆菌介导的遗传转化为基础的一种插入突变研究方法。由于农杆菌的寄主范围较广,转化技术成熟,是产生插入突变体的有效途径。与转座子标签技术相比,该法的最大特点是插入后较稳定。在获得稳定的突变表型后,可用报告基因为探针在突变体文库中克隆相应的功能基因。若插入的片段内包括大肠杆菌的复制起点,则可通过质粒挽救的方法克隆插入序列两翼的植物基因片段。T-DNA 插入的另一特点是，如果插入的是无启动子的抗生素抗性等报告基因，则一旦 T-DNA 插入植物启动子附近，就可导致外源报告基因的表达，从而可在细胞或组织水平上进行筛选。在拟南芥基因组中，T-DNA 的插入事件是近似随机的，T-DNA 可插入到一个基因的任何部位，既可发生于内含子，也可插入到启动子，并可随机地插入染色体上的任何部位。对水稻而言，T-DNA 的插入热点大多集中在基因组的活跃转录或具有转录潜力的区域，是理想的基因标签工具。利用 T-DNA 插入法，已经获得了 22 090 个水稻转基因植株，其中 18 358 个株系为可育。通过 DNA 印迹杂交和 PCR 检测，表明约 65%的株系中 T-DNA 插入的拷贝数在 1 个以上，潮霉素鉴定结果表明其平均插入的位点数为 1.4 个，进而估算总共获得 25 700 个标签。对 5 353 个株系的叶和根、7 026 个株系的成熟花和 1 948 个株系的发育中种子进行了 GUS 组织化学的测定，1.6%～2.1%被测器官为 GUS 阳性。插入突变系的表型突变主要包括：开花提早，株高减少或增加，斑点叶，叶绿素减少，内稃弱小，丝状花和额外颖片等。这个由 T-DNA 标签株系组成的大群体，对于鉴定各种基因的插入突变体以及发现水稻中的新基因，极为有利（Jeon 等，2000）。

诱导 T-DNA 插入突变具体研究策略为：将 *NPTII*、*GUS* 等报告基因克隆到 T-DNA 区段上，根据不同的实验目的可分别设计不同的载体，用这些载体转化植物，分析转基因后代的遗传表现，从而发现新的基因或获得生物体基因的多种信息。插入突变载体的类型有以下 3 种：

一是基因敲除（knock-out）。基因敲除或无效突变（null mutation）是一种确定基因产物功能的直接方法，倘若发现了目的基因的无效突变体，那么就能直接检测到缺失该基因后对生物体功能的影响。在现已研究清楚的遗传性状中，多数是通过功能缺失得到的。但也有许多敲除突变体没有可见的表型改变，其原因之一可能是一个基因家族中的多个成员有功能冗余，另一个原因是基因家族的单个成员仅在特定的生理状态下才表现功能。

二是基因功能捕获（entrapment）。以报告基因的表达来发现突变的基因，并不完全依赖于突变体的表型。用该技术可发现两类基因，即功能重复的基因和在多个发育阶段均有功能的基因。基因捕获有 3 种基本类型：①增强子捕获（enhancer trap）。报告基因与最小启动子融合，典型的最小启动子含 TATA 框及转录起始位点，但不能单独驱动报告基因的表达，若被插入位点附近的增强元件激活，则可导致报告基因的表达。②启动子捕获（promoter trap）。报告基因前没有启动子，只有当插在一个转录单位之内而且方向正确时才能表达，报告基因必须插在一个外显子中，导致转录融合。③基因捕获（gene trap）。报告基因前也没有启动子，只有当插入一个转录单位之内且方向正确时才能表达，在这类载体的报告基因之前含一个或多个剪接受体序列（splice acceptor sequence），若插在内含子中便能表达，染色体基因中的剪接供体位点（splice donor site）至报告基因中的剪接受体位点被剪接，即产生上游外显子序列至报告基因的融合。除了转录融合以外，启动子捕获及基因捕获插入还能创造翻译融合，可以提供有关蛋白质定位的信息。

三是激活标签（activation tagging）。通过随机插入含有增强子的片段，产生功能获得性突变，获得基因功能的超量表达。在拟南芥中，已通过转座子激活标签法鉴定出多个不同表型的显性突变体，分析表明，与外源增强子相邻的基因获得过量表达。

在水稻中，发展了一种激活 T-DNA 标签载体 pGA2715，它既包含了不含启动子的 *GUS*

报告基因,也包括了多个串联的 *CaMV 35* 启动子的转录增强子,因此这种载体既能用于基因捕获,又能用于激活标签。利用该载体,共获得了 13 450 个 T-DNA 插入株系,组织化学检测表明,这些株系的 *GUS* 染色频率较高,为不含增强子载体转化株系的 2 倍,说明 T-DNA 中的增强子改善了 *GUS* 标签的效率。RT-PCR 的分析表明,与插入的增强子直接邻接的基因的表达显著增加,所以,这个 T-DNA 标签的群体能利用 *GUS* 报告基因分离获得功能的突变体,捕获基因(An 等,2003)。

三、基因芯片

生物芯片(biochip)广义上包括基因芯片和蛋白芯片两大类型。生物芯片技术的原理最初是由核酸的分子杂交衍生而来,即应用已知序列的核酸探针,对未知的核酸序列进行杂交检测。基因芯片是利用微点阵技术将寡核苷酸 cDNA 或基因组 DNA 固着于尼龙膜等固相介质所形成的基因阵列。基因芯片又可分为 DNA 芯片(DNA chip)和微点阵。DNA 芯片是利用原位合成法或将一系列寡核苷酸以预先设定的排列方式固定在固相支持介质表面(硅片、玻片或尼龙膜等),形成高密度的寡核苷酸阵列,以用于杂交。由于链内互补序列及解链温度(Tm)值等因素的限制,寡核苷酸的长度一般为 25 ~ 60 bp。此种芯片可用于 DNA 的序列测定、突变的检测及基因表达转录分析。微点阵是指通过点样法制备的中低密度点阵芯片,所用支持物一般是玻片或尼龙膜等,点样于其上的探针可以是 cDNA 片段或基因组 DNA 片段等。微点阵数据分析的一个主要用途,是在特定的组织和代谢过程中鉴定有相关作用的基因。

水稻籽粒在发育过程中通过不同代谢途径积累碳水化合物,贮藏蛋白质和脂肪酸,已经发现有很多基因参与籽粒灌浆过程中的营养分配,影响籽粒的淀粉品质。为了了解在籽粒发育过程中这些基因的表达是如何协调的,有必要在基因组水平检测所有参与的代谢途径及其相互作用。根据已发表的日本晴基因组框架图序列,设计了覆盖半个水稻基因组的 DNA 芯片,检测 21 000 个基因的表达,鉴定出包括在籽粒灌浆过程中的基因,有 491 个基因与 3 个营养分配的主要代谢途径——碳水化合物、蛋白质和脂肪酸的合成和转运有关。发现不同代谢途径中基因的表达受同步方式的协调控制。分析灌浆过程中表达明显升高的 269 个基因,它们包括在具有不同功能的不同代谢途径中,发现一个种子贮藏蛋白基因中的已知启动子元件——AACC 在这 269 个基因中的出现频率出奇地高,经表达类型的比对,鉴定出一组具有与该启动子元件相互作用潜能的转录因子。同时,还发现淀粉生物合成中的大部分基因表现出多种不同的时空表达类型,说明一个酶的不同同工酶形式在不同组织和不同发育阶段表达。这一 DNA 芯片分析揭示了与籽粒品质形成有关的关键调节机制(Zhu 等,2003)。

四、转录组和蛋白质组

(一)转 录 组

cDNA 代表了基因的转录产物,因此,除了基因组序列以外,全长 cDNA 克隆对于鉴定基因组中外显子-内含子的界线和基因编码区,在转录和翻译水平进行基因功能分析,是十分必要的。

对从粳稻品种日本晴收集到的 28 496 个全长 cDNA 克隆,应用基本局部序列比对软件

(BLASTN, BLASTX),将这些克隆的序列与基因库数据比对,发现有 2 603 个 cDNA 克隆与已知水稻基因完全一致,5 607 个 cDNA 克隆为已知水稻基因共生同源基因的产物,12 527 个克隆与其他植物已知基因同源,859 个与非植物生物的已知基因同源。经过同源搜索,就能对 21 596 个全长 cDNA 克隆进行功能注释。同源比对还能发现某些物种中特定存在的一些基因,对于植物和动物之间钙信号传导蛋白的同源比较分析,表明一些重要的家族,如电压依赖的钙通道蛋白,在植物中就不存在。

将这 28 496 个全长 cDNA 克隆在籼稻和粳稻基因组序列草图和粳稻 BAC/PAC 克隆中定位,94%以上的全长 cDNA 克隆能定位于基因组序列,源于粳稻的 cDNA 克隆在籼稻基因组的定位表明两个亚种间编码区的核苷酸序列非常相似。单凭基因组序列并不能准确地鉴定基因结构,而水稻全长 cDNA 克隆不仅有利于决定基因结构,还可以利用禾谷类其他作物的 EST 通过综合分析来了解这些作物中的基因结构。在 18 933 个定位于 Syngenta 基因组序列的转录单位(transcription units, TUs)中,5 045 个是含有 2 个以上转录本的多个外显子转录单位。在这 5 045 个座位中,根据定位于同一座位转录本的比较,鉴定出可变的 5'或 3'端、隐蔽外显子(在一个转录本中存在,在另一个中完全不存在)以及两侧为可变的供体/受体位点的外显子。在 2 471 个座位中发现可变转录本,在 1 671 个座位上表现可变起始位点,在 853 个座位上终止位点发生变异,表明水稻基因组中转录本起始位点的变异频率高于终止位点。

经与水稻基因组序列的比较,在每个定位的全长 cDNA 克隆 5'端上游 1 000 个碱基的基因组序列中发现顺式作用元件,鉴定出 20 403 个潜在的启动子。转录因子是重要的蛋白质,发现了与 1 336 个转录因子有关的 18 种 DNA 结合结构域,锌指型转录因子为数最多,其次为 Myb 型因子,这与拟南芥的情况相似。

为了剖析水稻蛋白质的复杂性,将这些 cDNA 克隆中 28 444 个 ORF 序列与拟南芥基因组 27 288 个预测的编码序列(coding sequences, CDs)进行比较,在期望值 $E < 10^{-7}$的严谨度下,18 900 个全长 cDNA 克隆(12 996 个转录单位)与拟南芥中预测的 CDs 同源,占 64%,而 9 544 个不表现同源性,有 20 473 个拟南芥基因(占 75%)找到同源的水稻 cDNA 克隆。根据假定的功能进行基因分类,在这些 cDNA 克隆中,有 21 708 个与生物学过程有关,根据具体的功能可以分成 12 大类(Kikuchi 等, 2003)。

(二)蛋白质组

估计高等植物中蛋白质总数在 21 000 ~ 25 000,叶绿体蛋白占 10% ~ 25%。蛋白质组学是在蛋白质水平大规模地研究基因的功能,主要研究蛋白质的表达模式、翻译后修饰、结构及其功能模式。蛋白的结构是其功能的基础,翻译后修饰是蛋白质调节功能的重要方式,蛋白质与 DNA、蛋白质与蛋白质的相互作用及其调节是细胞中信号传导及其所有代谢活动的基础。蛋白质组学的主要技术包括二维聚丙烯酰胺凝胶电泳、质谱分析、蛋白芯片、酵母双杂交系统和噬菌体展示技术。已有一系列有关水稻不同组织、器官中蛋白质组研究的报道。

从水稻的根、茎、叶片、种子、芽、糠和愈伤组织中分离蛋白质,经二维聚丙烯酰胺凝胶电泳总共分辨出 4 892 个蛋白斑点,其中约 3%蛋白的氨基端序列已被测定;从根的蛋白中检测到 292 个蛋白斑点,其中 76 种蛋白的氨基端及内部序列已经测定。根据氨基酸序列,在水稻 cDNA 文库中经同源性搜索找到编码 42 种蛋白的 cDNA 克隆,如果文库足够大,那么编码蛋白的所有 cDNA 均能较容易地通过计算机搜索鉴定出来(Tsugita 等, 1994)。Komatsu 等

(1999)对水稻的绿叶和黄化叶片中的蛋白质进行比较，在绿叶中检测到与光合作用有关的蛋白，而在黄化叶片中只有这些蛋白的前体，在黄化叶片中检测到 *L*-抗坏血酸氧化酶，而且只在黄化芽中存在，表现出黄化芽中对这种酶的细胞保卫功能。蛋白质组分析能揭示植物在胁迫下大量蛋白质在质和量上的变化。水稻幼苗在盐胁迫下，Ramani 等(1997)发现有 35 种多肽被诱导，有 17 种多肽被抑制。通过对植物在环境胁迫下的蛋白质组分析，还分离到了新的 cDNA。Moons 等(1997)在水稻根中鉴定出由 ABA 诱导的 3 种蛋白，其中 2 种是已知的，分属胚胎发生晚期丰富的蛋白质的第二组和第三组，第三种是未知的，通过筛选经 ABA 处理的根的 cDNA 文库，找到相应的 cDNA，发现了一个新的基因家族，它有重复的结构域，编码高度亲水性的蛋白，在不同组织中对 ABA 反应而表达。

为了研究蛋白质之间的相互作用，可以建立酵母双杂交系统。表达抗稻瘟病基因 *Pi-ta* 的水稻品种，对表达无毒基因 *AVR-Pita* 的稻瘟病菌株具有抗性，这种抗性符合基因对基因模式。*Pi-ta* 编码一个假定的细胞质受体，它含有一个位于中央的核苷酸结合位点，在 C-端有富亮氨酸结构域(leucine-rich domain，LRD)；经预测，*AVR-Pita* 编码一个金属蛋白酶，它有 N-端的分泌信号和原蛋白序列，AVR-$Pita_{176}$是该蛋白酶的一种成熟形式，它含有 C-端 176 个氨基酸而不含分泌和原蛋白序列，试验表明，*AVR-Pita*$_{176}$在植物细胞中的瞬间表达能导致依赖于 *Pi-ta* 的抗性反应，在酵母双杂交系统中，AVR-$Pita_{176}$蛋白表现出特异性地结合于 Pi-ta 蛋白的 LRD 区域。Pi-ta 的 LRD 或 AVR-$Pita_{176}$蛋白酶基序中的单个氨基酸替换都会阻止这种蛋白质之间的物理的相互作用，导致抗性丧失。该结果说明，AVR-$Pita_{176}$蛋白直接与植物细胞内 Pi-ta 的 LRD 区域结合，启动一个 *Pi-ta* 介导的防卫反应(Kaleikau 等，1990c)。使我们进一步理解寄主和病原菌分子水平识别的模式。

五、生物信息学

生物信息学的主要研究内容是生物数据库及生物信息分析，它把数学和计算机科学用于核酸和蛋白质等生物大分子信息的采集、处理、存储、分类、检索和分析，以阐明和解释这些信息数据的生物学意义。随着各种模式生物基因组计划的实施，生物数据库的数据数量持续增长，数据库结构更复杂，而且各种应用软件及注释工具不断改进，使各种数据库中具有生物联系的内容能连接到一起，实现生物信息资源共享。DNA 序列数据库是公共生物数据库中最大的一类数据库，包含大量已知功能和未知功能的 DNA 序列。这些数据库相互协作，接受和登记新的核酸数据，并对接受的数据进行转换分析和信息分类。在核酸序列数据库中，EST 的量最大，以 EST 为标记的染色体物理图谱有利于候选基因的连锁分析，将所获得的 EST 应用生物信息学工具与公共数据库已知序列比较，可迅速准确地确定基因功能。对已收集的大量 EST，在全基因组水平根据基因的表达方式进行聚类，不同组织和器官中行使相同功能的基因具有相同的表达模式，利用该表达模式可以进行水稻中类似结构未知基因的鉴别和注释。目前，蛋白质数据库中的数据较少，但大量的蛋白质序列有完整的注释，可为进一步研究新基因的功能提供更多有价值的信息。还有一些蛋白质序列数据库提供蛋白质序列的高级注释，如蛋白质的功能、结构域和转录后修饰等。

利用生物信息学提供的技术平台及分析技术对已测定序列进行比较，并为特定序列进行基因的结构预测及功能注释，可大大加速水稻功能基因组的研究进程。如在酵母中首先发现的一个编码磷酸盐转运蛋白的基因网络，通过序列比较，在水稻基因组中也发现了类似的基因网络,预测它们对从土壤吸收磷素有重要关系。利用这一性状有变异的水稻群体,检测该网络与磷素吸收效率的相关性,可以验证这些候选基因所编码蛋白在水稻中的功能。应用生物信息学,可以在基因(包括 QTL)精细定位甚至是初步定位的基础上,提取众多的预测基因,并通过对性状及生理生化等的分析,确定候选基因,最终克隆基因。通过这种方法,Ishimaru 等(2004)利用日本晴及其一个近等基因系 NIL-6,在 QTL 初步定位的基础上分离和鉴定了一个控制株高的基因,位于第 1 染色体长臂上,为一个编码蔗糖磷酸合酶(sucrose phosphate synthase, *SPS*)的淀粉合成相关基因。根据突变体的表型,利用生物信息学可以查找模式植物拟南芥以及其他作物中已经克隆到的基因,通过序列的比对,在水稻中找到一些同源基因,继而进行基因的克隆与功能研究。最新报道的一些水稻基因就是通过这种策略完成克隆的。如 *OsBR6ox* 基因,Mori 等(2002)在获得一个单隐性矮秆突变体后,通过对表型的观察、外源激素的处理以及内源激素含量的测定,发现矮秆是由于油菜素类固醇(BR)合成的一个关键酶 BR-6-氧化酶缺失引起的,通过数据库的查找,发现了一个与番茄中编码 BR-6-氧化酶的 *Dwarf* 基因以及拟南芥中 *BR6ox* 基因同源的 EST,野生型和 T_2 代突变体 DNA 序列的测定验证了缺失和插入引起了移码并造成了的 *OsBR6ox* 的功能缺失。

第四节　比较基因组

禾谷类作物在倍数性、染色体数和 DNA 含量上的差异均较明显,难以进行基因组间的直接比较。cDNA 克隆源于基因转录产物的编码序列,在二倍体作物多数表现为单拷贝,编码序列在有亲缘关系的种之间应该是相对保守的,只要这些克隆能与被研究作物的 DNA 杂交,就能将它们定位在后者的染色体上。因此,如果能用一套公共的 cDNA 克隆(包括单拷贝的基因组克隆)构建不同作物的连锁图谱,就能比较这些克隆所对应的座位在不同作物基因组中的位置及排列顺序。

一、禾谷类作物基因组的共线性

普通小麦是六倍体,由 3 个古老的二倍体基因组(A、B 和 D)组成,每个基因组的染色体数 n = 7,3 个基因组中的部分同源染色体组成一个部分同源组,因此在一个部分同源组内就能比较 3 个基因组。将 4 个已知功能及 14 个未知功能的小麦 cDNA 克隆定位于小麦的第 7 部分同源组,在染色体 7A 和 7D 的定位完全一致,9 个定位在第 7 染色体的长臂,其他 9 个在短臂;14 个克隆在 7A、7B 和 7D 上的定位完全一致,只有 4 个在 7A 和 7D 短臂上的克隆定位到第四部分同源组 4A 的长臂上,说明 7B 短臂与 4A 长臂之间发生易位,这是与细胞学证据相吻合的。除了这一易位以外,所有克隆座位在 3 个基因组内得到保留,说明它们有很强的共线性(Chao 等,1989)。

水稻的单拷贝克隆在小麦各基因组中大多为单拷贝,从小麦和水稻的分子图谱分别挑选 110 个和 194 个均匀分布的标记,相互定位到对方的图谱上,45 个小麦克隆定位到水稻,56 个水稻克隆定位到小麦图谱。在大多数情况,水稻同一染色体上的克隆不仅定位到同一小麦染色体上,而且排列顺序基本相同。例如,7 个小麦克隆和 4 个水稻克隆相互定位在水稻第 1 染色体和小麦第 3 组的染色体,所有这 11 个座位在水稻和小麦间完全共显性(Kurata 等,1994)。

根据250个水稻图谱上的cDNA克隆在玉米图谱上的定位,发现玉米和水稻的基因组之间有很多保留的连锁区段,如玉米第9染色体的短臂有源于水稻第6染色体短臂的6个连续的座位(总图距为27 cM)组成,而玉米该染色体长臂中的一段则由水稻第6染色体另外4个连续的座位(8 cM)组成。两种作物中保留的连锁区段总共为32个,每区段含2个以上的座位。这些保留的区段占玉米遗传图谱的62%,占水稻的70%。玉米基因组的DNA含量为水稻的6倍,但玉米减数分裂中的重组并未随之而增加。Ahn等(1993)比较了两者保留的连锁区段中14个相应区间的遗传距离,在水稻为137 cM,玉米为122 cM,无显著差异。

禾谷类作物根据重组单位构建的遗传图谱表明,它们的基因组均在1 500 ~ 2 300 cM(小麦单个基因组平均为2 100 cM),在保留区段内相应紧密连锁标记间的图距也相似。比较基因组研究揭示禾谷类作物之间有广泛的相似性,有些种之间整个染色体臂上的基因内容和排列顺序几乎完全一致,但更普遍的是基因排列顺序在染色体区段上的保留;不同作物之间染色体的重新排列主要表现在区段间的易位、区段的倒位、基因缺失和重复。

二、水稻染色体连锁区段是禾谷类作物基因组的保留单位

水稻的基因组是迄今研究的禾谷类作物中最小的,仔细比较上述作物与水稻的遗传图谱,可以清楚地看到基因排列顺序在禾谷类的保留主要局限于水稻的连锁区段。Moore等(1995)提出可以将这些区段看作禾谷类作物基因组的保留单位,水稻可以作为禾谷类作物基因组分析的核心。他们将水稻染色体分成20个区段(图6-1,a),由于第11染色体的一个区段R11b和第12染色体的一个区段是重复的,所以水稻基因组含有19个不同的区段。根据公共DNA探针的交叉作图,以水稻连锁区段构建了各种作物每条染色体的框架图(图6-1,b ~ f)。小麦的单个基因组包括所有19个区段;玉米的染色体可分为两组,每组含18个区段(无R11b),两组间所有区段重复,但无完全重复的染色体;高粱连锁群的命名至今尚不统一,图中的命名(S1 ~ S10)是根据组成这些连锁群的水稻区段在原始染色体的顺序而暂定的,高粱和粟(谷子)也只含18个区段(无R11b)(Moore,1995)。在六倍体燕麦(x = 7)和黑麦草(x = 7)基因组也有类似情况(van Deynze等,1995)。

三、微共线性

基于分子标记的比较基因组研究揭示了禾谷类作物基因组间的共线性,但基因组之间的共线性均是通过重组作图的方法确定的,共线性区域以cM为单位。随着人工染色体技术和DNA测序技术的发展,对YAC或BAC克隆进行限制性图谱比较或直接对DNA区段测序,使比较基因组学的研究取得了新的进展。在玉米中,*sh2*座位和*a1*座位被克隆在单个YAC上,这两个座位的遗传距离为0.1 ~ 0.2 cM,物理距离约为140 kb,*sh2*和*a1*以相同的方向转录,*sh2*在*a1*的上游。对含有与玉米*sh2*座位同源的水稻和高粱BAC克隆进行限制性图谱分析和DNA测序,发现与*a1*基因同源的座位也在这些BAC上,而且*sh2*和*a1*的排列方向也与玉米一致,只是在高粱和水稻中两个座位间的距离为19 kb;在高粱中,在*a1*基因下游约10 kb处,还有一个重复的*a1*基因。说明玉米、高粱和水稻在*sh2-a1*区域的基因序列和组成在总体上得到保留(Chen等,1997)。这种在基因水平上的共线性,被称为微共线性(microcolinearity)。

将水稻第10染色体的序列与高粱和玉米的遗传图谱比较,鉴定出与这两个作物STSs

标记匹配的序列。在高粱的 1 347 个 STSs 中,有 74 个与水稻第 10 染色体最为匹配,其中有 46 个(占 62%)定位于高粱连锁群 C;在玉米的 1 362 个 STSs 中,有 83 个与水稻第 10 染色体最为匹配,其中分别有 34 个、24 个和 8 个定位于玉米第 1、第 5 和第 9 染色体,基因排序多数情况下在三种作物中得到保留,可见测序的结果也支持禾谷类基因组的共线性(The Rice Chromosome 10 Sequencing Consortium,2003)。

四、比较基因组研究的应用

(一)禾谷类作物染色体的结构及基因组进化

在小麦连锁图上,染色体近中心粒区域座位成簇,而水稻染色体上相应的座位分散分布,暗示小麦染色体近中心粒处可能有大量重复顺序而重组受抑制,也可能正是这些扩增的重复顺序导致这两种作物基因组 DNA 含量有如此大的差异。

玉米中有不少基因是重复的,在水稻为单拷贝的座位,在玉米中大多有 2 个拷贝,如水稻第 4 染色体上的座位在玉米第 2 和第 10 染色体出现(Ahn 等,1993)。但不清楚是玉米基因组内的部分重复,还是它本来就是四倍体。经与一个部分同源的二倍体种(水稻)的比较,可以看到,尽管玉米基因组内两个重复的组之间有重新排列,但它是完全的四倍体,由较长的 5 条染色体(第 1、2、3、4 和第 6 染色体)组成一组,较短的 5 条(第 5、7、8、9 和第 10 染色体)组成另一组。水稻单拷贝克隆中约 72%在现代玉米中表现加倍,28%仍为单拷贝,暗示玉米祖先中加倍以后,有一份丢失或发生变异,这些单拷贝座位在基因组内随机分布,暗示它们的存在主要是小区段的局部缺失所致。另一方面,根据与水稻比较以及本身 2 个重复组的比较,在玉米基因组的不少区域,倒位和易位较普遍,暗示在玉米祖先中发生加倍以后,染色体的重新排列不仅造成了一些加倍座位的丢失,而且对基因组的二倍体化作出贡献。

比较基因组研究还解决了对于高粱倍数性的疑问,它是由 10 条染色体组成的完全二倍体。

水稻、小麦和玉米等禾谷类作物是在 6 000 万年前分化隔离的,但基因组内基因内容和排列顺序得到保留。根据水稻连锁区段在各个基因组的排列,可以将这些区段以特定的顺序排列(图 6-1,g),它代表原始的禾谷类作物基因组。在进化过程中,原始染色体在不同的区段连接处断裂并发生一些区段的倒位,使同一套连锁区段,产生出玉米的两组染色体和小麦、谷子、高粱和甘蔗的染色体。如果将单根原始染色体画成头尾相连的环形,将图 6-1 中其他 5 种作物的基因组也画成环形(包括玉米的两个基因组),按照对应水稻连锁区段的位置排成 7 个同心圆,基因组的比较可以更直观。从中心出发的同一辐射状线与每种基因组相交的区域可看作是共线性区域。因此,这样一条假设的原始染色体为以往研究分析各种作物分别积累的遗传资料提供了公共的框架。除了水稻第 3 染色体的 3 个区段 3a、3b 和 3c 在原始染色体中的排列为 3c、3a 和 3b 以外,构成水稻所有染色体的连锁区段在原始染色体中的排列顺序与水稻完全一致,说明水稻是禾谷类作物基因组的核心。

除了倍数性以外,基因组大小的差异主要取决于基因间重复顺序的含量。cDNA 和一些单拷贝基因组克隆在禾谷类各作物间能相互杂交,说明一些大基因组作物在进化过程中这些 DNA 序列未发生明显扩增。基因内容和排列顺序在这些作物部分同源的连锁区段内得到保留,但基因间重复顺序的扩增和积累不仅在同一个种的不同区段内不同,而且在不同种的部分同源区段间也不同,小基因组作物基因间重复顺序的积累要比大基因组作物小得多

(a)水稻

R1a	R2	R3a	R4a	R5a	R6a	R7	R8	R9	R10	R11a	R12a
R1b		R3b	R4b	R5b	R6b					R11b	R12b
		R3c									

(b)小麦

W1	W2	W3	W4	W5	W6	W7
R5a	R4a	R1a	R3b	R12a	R2	R6a
R10	R7	R1b	R3c	R11a		R8
R5b	R4b			R11b		R6b
				R9		
				R3a		

(C)玉米

M3	M6	M1	M4	M2	M8	M9	M5	M7	M10
R12a	R6a	R3c	R11a	R4a	R1a	R6a	R2	R11a	R4a
R1a	R6b	R8	R2	R4b	R5a	R6b	R10	R9	R4b
R1b	R5a	R10		R9	R5b	R8?	R3b	R7	R12a
	R5b	R3b		R7	R1b	R3c	R3a		
		R3a							

(d)粟

F	H	B	C	G	A	D	I	E
R1a	R6a	R8	R3c	R2	R12a	R11a	R9	R4a
R1b	R6b		R10				R7	R4b
R5a			R3b					
R5b			R3a					

(e)甘蔗

F	I	H		A	C	G		D	B
R1a	R5a	R6a	R8	R3c	R10	R2	R12a	R11a	R4a
R1b	R5b	R6b			R3b		R12b	R9	R4b
					R3a		R11b	R7	

(f)高粱

S1	S2	S3	S4	S5	S6	S7	S8	S9	S10
R1a	R5a	R6a	R8	R3c	R2	R12a	R11a	R9	R4a
R1b	R6b	R6b		R10				R7	R4b
				R3b					
				R3a					

(g)祖先

(g)祖先
R1a
R1b
R5a
R5b
R6a
R6b
R8
R3c
R3a
R3b
R10
R2
R11a
R11b
R9
R7
R4a
R4b
R12a

图 6-1　根据水稻连锁区段的禾谷类作物基因组进化的比较　(Moore 等,1995)

(a) 水稻染色体被划分成连锁区段　(b)~(f) 根据同源性或基因排列顺序的保留,以水稻连锁区段构建的(b)小麦、(c)玉米、(d)粟、(e)甘蔗和(f)高粱的染色体;粟 R5a 和 R5b 区段中连锁资料有限,甘蔗 R8 及 R12a、R12b、R11b 区段无连锁资料　(g) 以连锁区段构建的禾谷类原始单根染色体

(Moore,1995)。

(二)水稻基因组的模式作用

禾谷类作物不同种之间基因内容与排列顺序的相似性,扩大了基因组研究的探针来源,有利于构建饱和图谱。目前在有些作物中已经用分子标记定位了农艺性状基因,根据共线性可以预测这些相似性状在尚未定位作物中的座位。根据已知资料,小麦对赤霉酸不敏感的半矮生基因 *Rht1* 及 *Rht2* 和玉米对赤霉酸不敏感的矮生基因 *d9* 和 *d8* 均位于区段 3b;大麦、玉米和水稻的无叶舌基因均位于 4a。即使是控制禾谷类作物与进化有关的复杂性状如籽粒大小和开花时间的 QTL,也定位在相同的区段(Paterson 等,1995)。

大麦抗秆锈病基因(*Rpg1*)已定位于 1P 染色体的端粒区域,距近端粒的标记仅 0.3 cM,但距近中心粒一侧的标记较远。将 9 个位于水稻第 6 染色体末端 2.7 cM 区域的探针定位于大麦 1P 染色体末端 6.5 cM 区域,其中 8 个探针在两种作物间保持共线性。可见应用水稻克隆,可以饱和大麦基因组区段的图谱。Kilian 等(1995)找到了与 *Rpg1* 近中心粒一侧紧密连锁的水稻探针,相距 0.3 cM,为借助水稻基因组克隆大麦抗病基因奠定了基础。

对多年生黑麦草抽穗期的 QTL 进行分析,在 L7 连锁群定位到一个主效 QTL,其贡献率高达 70%,根据公共分子标记的比较,该 QTL 所在区域与水稻第 6 染色体上 *Hd3* 座位(*Hd3a* 和 *Hd3b* 座位)所在区域表现共线性。水稻的 *Hd3a* 基因已被克隆,共线性的存在,将使水稻抽穗期 QTL 的序列和功能注释直接有助于黑麦草抽穗期控制的研究(Armstead 等,2004)。

第五节 结 语

基因组的 DNA 序列不是天书!但要读懂基因组内所有的基因和调控元件也决不是易事!作为重要的粮食作物和单子叶植物的模式生物,水稻基因组的研究在近 20 年内取得了飞速的发展,但一切仍在发展之中。基因组的研究是本世纪生命科学的核心,随着基因组研究的深入,更多的生命规律会被揭示出来,相应的生物技术也会不断出现,人类改善自身生存质量的前景比以往任何时候更好,水稻基因组的研究成果一定会给人类丰厚的回报。

参 考 文 献

钱跃民,张显亮,洪国藩.水稻基因组物理图的构建.见:洪国藩.水稻基因组工程.上海:上海科学技术出版社,1999.118 – 149

庄杰云,樊叶杨,吴建利等.水稻 CMS-WA 育性恢复基因的定位.遗传学报,2001,28:129 – 134

郑康乐,沈波,钱惠荣等.应用 RFLP 标记研究水稻的广亲和基因.中国水稻科学,1992,6:145 – 150

朱立煌,徐吉臣,陈英等.用分子标记定位一个未知的抗稻瘟病基因.中国科学,1994,24:1048 – 1052

郑康乐,钱惠荣,庄杰云等.应用 DNA 标记定位水稻的抗稻瘟病基因.植物病理学报,1995,25:307 – 313

章琦,赵炳宇,赵开军等.普通野生稻的抗水稻白叶枯病新基因 *Xa-23*(*t*)的鉴定和分子标记定位.作物学报,2000,26:536 – 542

毛传澡,程式华.水稻农艺性状 QTL 定位精确性及其影响因素的分析.农业生物技术学报,1999,7:386 – 393

Ahn S, Tanksley S D. Comparative linkage maps of the rice and maize genomes. *Proc Natl Acad Sci USA*, 1993, 90:7980 – 7984

Ahn S N, Bolich C N, McClung A M, *et al*. RFLP analysis of genomic regions associated with cooked-kernal elongation in rice. *Theor Appl Genet*, 1993, 87:27 – 32

Akopyanz N, Bukanov N O, Westblom T U, *et al*. PCR-based RFLP analysis of DNA sequence diversity in the gastric pathogen *Helicobacter pyroli*. *Nucl Acids Res*, 1992, 20:6221 – 6225

An G, Jeong D, An S, *et al*. Activation tagged mutants to discover novel rice genes. *In*: Mew T W, Brar D S, Peng S, *et al*. Rice Science: innovations and impact for livelihood. Beijing: International Rice Research Institute, Chinese Academy of Engineering, and Chinese Academy of Agricultural Sciences, 2003. 195 – 204

Armstead I P, Turner L B, Farrell M, *et al*. Synteny between a major heading-date QTL in perennial ryegrass(*Lolium perenne* L.) and the *Hd3a* heading-date locus in rice. *Theor Appl Genet*, 2004, 108: 822 – 828

Ashikari M, Wu J Z, Yano M, *et al*. Rice gibberellin-insensitive dwarf mutant gene *Dwarf 1* encodes the alpha-subunit of GTP-binding protein. *Proc Natl Acad Sci USA*, 1999, 96: 10284 – 10289

Ayres N M, McClung A M, Larkin P D, *et al*. Microsatellites and a single-nucleotide polymorphism differentiate apparent amylose classes in an extended pedigree of US rice germplasm. *Theor Appl Genet*, 1997, 94: 773 – 781

Botstein D, White R L, Skolnick M, *et al*. Construction of a genetic linkage map in man using restriction fragment length polymorphisms. *Am J Hum Genet*. 1980, 32: 314 – 331

Bryan G T, Wu K S, Farrall L, *et al*. A single amino acid difference distinquishes resistant and susceptible alleles of the rice blast resistance gene *Pi-ta*. *Plant Cell*, 2000, 12: 2033 – 2045

Causse M A, Fulton T M, Cho Y G, *et al*. Saturated molecular map of the rice genome based on an interspecific backcross population. *Genetics*, 1994, 138: 1251 – 1274

Chao S, Sharp P J, Worland A J, *et al*. RFLP-based genetic maps of the wheat homoeologous group 7 chromosomes. *Theor Appl Genet*, 1989, 78: 495 – 504

Che K P, Zhan Q C, Xing Q H, *et al*. Tagging and mapping of rice sheath blight resistance gene. *Theor Appl Genet*, 2003, 106: 293 – 297

Chen M, Presting G, Barbazuk W B, *et al*. An integrated physical and genetic map of the rice genome. *Plant Cell*, 2002, 14: 521 – 523

Chen M, Sanmiguel P, de Oliveira A C, *et al*. Microcolinearity in *sh2*-homologous regions of the maize, rice, and sorghum genomes. *Proc Natl Acad Sci USA*, 1997, 94: 3431 – 3435

Enoki H, Izawa T, Kawahara M, *et al*. Ac as a tool for the functional genomics of rice. *Plant J*, 1999, 19: 605 – 613

Fen Q, Zhang Y, Hao P, *et al*. Sequence and analysis of rice chromosome 4. *Nature*, 2002, 420: 316 – 320

Gibbings J G, Cook B P, Dufault M R, *et al*. Global transcript analysis of rice leaf and seed using SAGE technology. *Plant Biotech J*, 2003, 1: 271 – 285

Goff S A, Ricke D, Lan T H, *et al*. A draft sequence of the rice genome(*Oryza sativa* L. ssp. *japonica*). *Science*, 2002, 296: 92 – 100

Harushima Y, Yano M, Shomura A, *et al*. A high-density rice genetic linkage map with 2,275 markers using a single F2 populaton. *Genetics*, 1998, 148: 479 – 494

Havukkala I J. Cereal genome analysis using rice as a model. *Curr Opin Genet Develop*, 1996, 6: 711 – 714

Hiratsuka J, Shimada H, Whittier R, *et al*. The complete sequence of the rice (*Oryza sativa* L.) chloroplast genome: Intermolecular recombination between distinct tRNA genes accounts for a major plastid DNA inversion during the evolution of cereals. *Mol Genl Genet*, 1989, 217: 185 – 194

Hirochika H. Insertional mntagenesis in rice using the endogenous retrotransposon. *In*: Mew T W, Brar D S, Peng S, *et al*. Rice Science: innovations and impact for livelihood. Beijing: International Rice Research Institute, Chinese Academy of Engineering, and Chinese Academy of Agricultural Sciences, 2003. 205 – 212

Ishii T, Brar D S, Multani D S, *et al*. Molecular tagging of genes for brown planthopper resistance and earliness introgressed from *Oryza* australiensis into cultivated rice, *O. sativa*. *Genome*, 1994, 37: 217 – 221

Ishimaru K, Ono K, Kashiwagi T. Identification of a new gene controlling plant height in rice using the candidate-gene strategy. *Planta*, 2004, 218: 388 – 395

Jeon J, Lee S, Jung K, *et al*. T-DNA insertional mutagenesis for functional genomics in rice. *Plant J*, 2000, 23: 1 – 11

Jia Y, McAdams S A, Bryan G T, *et al*. Direct interaction of resistance gene and avirulence gene products confers rice blast resistance. *EMBO J*, 2000, 19: 4004 – 4014

Kadowaki K I, Kazama S, Suzuki T, *et al*. Nuceotide sequence of the F_1-ATP ase α subunit gene from rice mitochondria. *Nucl Acids Res*, 1990, 18: 1302

Kaleikau E K, Andre C P, Doshi B, *et al*. Sequence of the rice mitocondrial gene for apocytochrome b. *NuclAcids Res*, 1990, 18: 372

Kaleikau E K, Andre C P, Walbot V. Sequence of the F_0-atpase proteolipid (*atp9*) gene from rice mitochondria. *Nucl Acids Res*, 1990a,

18:371

Kaleikau E K, Andre C P, Walbot V. Sequence of the rice mitocondrial gene for cytochrome oxidase subunit 3. *Nucl Acids Res*, 1990b, 18: 370

Kanno A, Hirai A. The nucleotide sequence and expression of the gene for the 32 kd quinone-binding protein from rice. *Plant Sci*. 1991, 59:95 – 99

Katiyar S K, Tan Y, Zhang Y, *et al*. Identification of RAPD marker linked to the gene controlling gall midge resistance against all biotypes in China. *Rice Genet Newsl*, 1994, 11:128 – 131

Kikuchi S, Satoh K, Nagata, T, *et al*. Collection, mapping and annotation of over 28,000 cDNA clones from japonica rice. *Science*, 2003, 301:376 – 379

Kilian A, Kudrna D A, Kleinhofs A, *et al*. Rice-barley synteny and its application to saturation mapping of the barley Rpg 1 region. *Nucl Acids Res*, 1995, 23:2729 – 2733

Kojima S, Takahashi Y, Kobayashi Y, *et al*. *Hd3a*, a rice ortholog of the Arabidopsis FT gene, promotes transition to flowering downstream of *Hd1* under short day conditions. *Plant Cell Physiol*, 2002, 43:1096 – 1105

Komatsu S, Muhammad A, Rakwal R. Seperation and chracterization of proteins from green and etiolated shoots of rice(*Oryza sativa* L): towards a rice proteome. *Electrphoresis*, 1999, 20:630 – 636

Kurata N, Moore G, Nagamura Y, *et al*. Conservation of genome structure between rice and wheat. *Bio/technology*, 1994, 12:276 – 278

Kurata N, Nagamura Y, Yamamoto K, *et al*. A 300 kilobase interval genetic map of rice including 883 expressed sequences. *Nat Genet*, 1994, 8:365 – 372

Li D D, Wang B. Cloning and comparison of the *atp A* gene in mtDNA between male-sterile and normal rice lines. *Rice Genet Newsl*, 1989, 6:161 – 163

Li X, Qian Q, Fu Z, *et al*. Control of tillering in rice. *Nature*, 2003a, 402:618 – 621

Li Y, Qian Q, Zhou Y, *et al*. *BRITTLE CULM 1*, which encodes a COBRA-like protein, affects the mechanical properties of rice plant. *Plant Cell*, 2003b, 15:2020 – 2031

Lin H, Liang Z, Sasaki T, *et al*. Fine mapping and characterization of quantitative trait loci *Hd4* and *Hd5* controlling heading date in rice. *Breeding Sci*, 2003, 53:51 – 59

Lin H X, Ashikari M, Yamanouchi U, *et al*. Identification and characterization of a quantitative trait locus, *Hd9*, controlling heading date in rice. *Breeding Sci*, 2002, 52:35 – 41

Lin H X, Yamamoto T, Sasaki T, *et al*. Characterization and detection of epistatic interactions of three QTLs, *Hd1*, *Hd2* and *Hd3*, controlling heading date in rice using nearly isogenic lines. *Theor Appl Genet*, 2000, 101:1021 – 1028

Lin S Y, Sasaki T, Yano M. Mapping quantitative trait loci controlling seed dormancy and heading date in rice, *Oryza sativa* L., using backcross inbred lines. *Theor Appl Genet*, 1998, 96:997 – 1003

Litt M, Luty J A. A hypervariable microsatellite revealed by *in vitro* amplification of a dinucleotide repeat within the cardiac muscle actin gene. *Am J hum Genet*, 1989, 44:397 – 401

McCouch S R, Abenes M L, Angeles R, *et al*. Molecular tagging of a recessive gene, *xa-5*, for resistance to bacterial blight of rice. *Rice Genet Newsl*, 1991, 8:143 – 145

McCouch S R, Kochert G, Yu Z H, *et al*. Molecular mapping of rice chromosomes. *Theor Appl Genet*, 1988, 76:815 – 829

McCouch S R, Teytelman L, Xu Y, *et al*. Development and mapping of 2,240 new SSR markers for rice(*Oryza sativa* L.). *DNA Res*, 2002, 9:199 – 207

Mew T W, Parco A S, Hittalmani S, *et al*. Fine mapping of major genes for blast resistance in rice. *Rice Genet. Newsl*, 1994, 11:128 – 131

Mohan M, Nair S, Bentur J S, *et al*. RFLP and RAPD mapping of the rice *GM 2* gee thet confers resistance to biotype 1 of gall midge (*Orseolia oryzae*). *Theor Appl Genet*, 1994, 87:782 – 788

Mohan M, Nair S, Bhagwat A, *et al*. Genome mapping, molecular markers and marker-assisted selection in crop plants. *Mol Breeding*, 1997, 3:87 – 103

Monna L, Kitazawa N, Yoshino R, *et al*. Positional cloning of rice semidwarfing gene, *sd-1*: "rice green revolution gene" encodes a mutant enzyme involved in gibberellin synthesis. *DNA Res*, 2002, 9:11 – 17

Monna L, Lin H X, Kojima S, *et al*. Genetic dissection of a genomic region for a quantitative trait locus, *Hd3*, into two loci, *Hd3a* and

Hd3b, controlling heading date in rice. *Theor Appl Genet*, 2002 104:772 – 778

Moons A, Gielen J, Vandekerckhove J, *et al*. An abscisic-acid and salt stress-responsive rice cDNA from a novel plant gene family. *Planta*, 1997, 202:443 – 454

Mori M, Nomura T, Ooka H. *et al*. Isolation and characterization of a rice dwarf mutant with a defect in brassinosteroid biosynthesis. *Plant Physiol*, 2002, 130:1152 – 1161

Moore G. Cereal genome evolution: pastoral pursuits with Lego' genomes. *Curr Opin Genet Develop*, 1995, 5:717 – 724

Moore G, Devos K M, Wang Z, *et al*. Cereal genome evolution: grasses, line up and form a circle. *Current Biology*, 1995, 5:737 – 739

Nakazono M, Tsutsumi N, Hirai A. Structure and gene expression of the mitochondrial genome of rice. *In*: Khush G. Rice Genetcs Ⅲ. Proceedings of Third International Rice Genetics Symposium, 16-20 Oct 1995. Manila: IRRI, 1996. 105 – 115

Olson M, Hood L, Cantor C, *et al*. A common language for physical mapping of the human genome. *Science*, 1989, 245:1434 – 1435

Paterson A H, Lin Y R, Li Z K, *et al*. Convergent domestication of cereal crops by independent mutations at coresponding genetic loci. *Science*, 1995, 269:1714 – 1718

Ramani S, Apte S K. Transient expression of multiple genes in salinity-stressed young seedlings of rice(*Oryza sativa* L.) cv. Bura Rata. *Biochem Biophys Res Comm*, 1997, 233:663 – 667

Robertson D S. A possible technique for isolating genic DNA for quantitative traits in plants. *J Theor Biol*. 1985, 117:1 – 10

Ronald P C, Albano B, Tabien R, *et al*. Genetic and physical analysis of the rice bacterial blight disease resistance locus, *Xa 21*. *Mol Gen Genet*, 1992, 236:113 – 120

Sasaki T, Matsumoto T, Yamamoto K, *et al*. The genome sequence and structure of rice chromosome 1. *Nature*, 2002, 420:312 – 316

Sato Y, Sentoku N, Miura Y, *et al*. Loss-of-function mutations in the rice homeobox gene *OSH 15* affect the architecture of internodes resulting in dwarf plants. *EMBO J*, 1999, 18:992 – 1002

Shields R. Plant genetics: Pastoral synteny. *Nature*, 1993, 365:297 – 298

Singh K, Ishii T, Parco A, *et al*. Centromere mapping and orientation of the molecular linkage map of rice(*Oryza sativa* L.). *Proc Natl Acad Sci USA*, 1996, 93:6163 – 6168

Song W Y, Wang G L, Chen L L, *et al*. A receptor kinase-like protein encoded by the rice disease resistance gene, *Xa21*. *Science*, 1995, 270:1804 – 1806

Takahashi Y, Shomura A, Sasaki T, *et al*. *Hd-6*, a rice quantitative trait locus involved in photoperiod sensitivity, encodes the alpha subunit of protein kinase CK2. *Proc Natl Acad Sci USA*, 2001, 98:7922 – 7927

Takeuchi Y, Lin SY, Sasaki T, *et al*. Fine linkage mapping enables dissection of closely linked quantitative trait loci for seed dormancy and heading in rice. *Theor Appl Genet*, 2003, 107:1174 – 1180

The Rice Chromosome 10 Sequencing Consortium. In-depth view of structure, activity, and evolution of rice chromosome 10. *Science*, 2003, 300:1566 – 1569

Tsugita A, Kawakami T, UchiyamaY, *et al*. Seperation and characterization of rice preotein. *Electrophoresis*, 1994, 15:708 – 720

van Deynze A E, Dubcovsky J, Gill K S, *et al*. Molecular genetic maps for group 1 chromosomes of triticeae species and their relation to chromosomes in rice and oat. *Genome*, 1995, 38:45 – 59

Vos P, Hogers R, Bleeker M, et al. AFLP: a new technique for DNA fingerprinting. *NucleAcids Res*, 1995, 23:4407 – 4414

Wang B, Chen W, Li Y N, *et al*. Organization of rice mitochondrial DNA. *Rice Genet Newsl*, 1987, 4:117 – 118

Wang G L, Mackill D J, Bonman J M, *et al*. RFLP mapping of genes conferring complete and partial resistance to blast in a durably resistant rice cultivar. *Genetics*, 1994, 136:1421 – 1434

Wang Z X, Yano M, Yamanouchi U, *et al*. The *Pib* gene for rice blast resistance belongs to the nucleotide binding and leucine-rich repeat class of plant disease resistance genes. *Plant J*, 1999, 19:55 – 64

Williams J G K, Kubelik A R, Livak K J, *et al*. DNA polymorphisms amplified by arbitrary primers are useful as genetic markers. *Nucl Acids Res*, 1990, 18:6531 – 6535

Xu Y B. Global view of QTL: rice as a model. *In*: Kang M S. Quantitative Genetics, Genomics and Plant Breeding. Wallingford, Oxon: CAB International, 2002. 109 – 134

Yamamoto T, Kuboki Y, Lin S Y, *et al*. Fine mapping of quantitative trait loci *Hd-1*, *Hd-2* and *Hd-3*, controlling heading date of rice, as single Mendelian factors. *Theor Appl Genet*, 1998, 97:37 – 44

Yamamoto T, Lin H X, Sasaki T, *et al*. Identification of heading date quantitative trait locus *Hd6* and characterization of its epistatic interactions with *Hd2* in rice using advanced backcross progeny. *Genetics*, 2000, 154: 885 – 891

Yamanouch U, Yano M, Lin H, *et al*. A rice spotted leaf gene, Spl 7, encodes a heat stress transcription factor protein. *Proc Natl Acad Sci USA*, 2002, 99: 7530 – 7533

Yang D, Parco A, Nandi S, *et al*. Construction of a bacterial artificial chromosome (BAC) library and identification of overlapping BAC clones with chromosome 4-specific RFLP markers in rice. *Theor Appl Genet*, 1997, 95: 1147 – 1154

Yano M, Harushima Y, Nagamura Y, *et al*. Identification of quantitative trait loci controlling heading date in rice using a high-density linkage map. *Theor Appl Genet*, 1997, 95: 1025 – 1032

Yano M, Katayose Y, Ashikari M. *et al*. *Hd1*, a major photoperiod sensitivity quantitative trait locus in rice, is closely related to the *Arabidopsis* flowering time gene *CONSTANS*. *Plant Cell*, 2000, 12: 2473 – 2483

Yano M, Kojima S, Takahashi Y, *et al*. Genetic control of flowering time in rice, a short day plant. *Plant Physiol*, 2001, 127: 1425 – 1429

Yoshimura S, Yamanouchi U, Katayose Y. *et al*. Expression of *Xa 1*, a bacterial blight resistance gene in rice, is induced by bacterial inoculation. *Proc Natl Acad Sci USA*, 1998, 95: 1663 – 1668

Yoshimura S, Yoshimura A, Iwata N. *et al*. Tagging and combining bacterial blight resistance genes in rice using RAPD and RFLP markers. *Mol Breeding*, 1995, 1: 375 – 387

Yu J, Hu S N, Wang J, *et al*. A draft sequence of the rice genome (*Oryza sativa* L. ssp. *indica*). *Science*, 2002, 296: 79 – 92

Zhang G, Angeles E R, Abenes M L P, *et al*. Molecular mapping of a bacterial blight resistance gene on chromosome 8 in rice. *Rice Genet. Newslett*. 1994, 11: 142 – 144

Zhang Q F, Shen B Z, Dai X K, *et al*. Using bulked extremes and recessive class to map genes for photoperiod-sensitive gene male sterility in rice. *Proc Natl Acad Sci USA*, 1994, 91: 8675 – 8679

Zhu T, Budworth P, Chen W, *et al*. Transcriptional control of nutrient partitioning during rice grain filling. *Plant Biotech J*, 2003, 1: 59 – 70

Zhuang J Y, Ma W B, Wu J L, *et al*. Mapping of leaf and neck blast resistance genes with resistance analog, RAPD and RFLP in rice. *Euphytica*, 2002, 128: 363 – 370

第七章 常规水稻育种

常规水稻是相对于杂交水稻而言的,是指遗传特性稳定、当代和后代性状一致的品种,正常情况下可以留种,生产上不需要每年制种的水稻。常规育种则是基于育种方法和手段的新颖性而言的。狭义的常规育种通常指的是利用系统选育、杂交育种和诱变(物理、化学和航天诱变)育种选育水稻新品种的方法;而广义的常规育种则包括除转基因等方法以外,利用包括分子标记辅助育种在内的一切方法选育水稻新品种,特别是当一种新的育种方法被越来越多的科研人员所掌握或成为育种者必不可少的工具时,这种育种方法也就成为了常规育种方法。本章主要介绍利用狭义的常规育种方法选育常规水稻。

第一节 我国常规水稻育种概况

一、常规水稻育种的历程

20世纪初,我国种植的水稻大多为经过多年种植的地方品种,由于自然突变和天然杂交等影响,往往导致地方品种种性变异或退化。种植这些地方品种使水稻生长参差不齐,成熟时间不一致,对产量产生严重影响,这也是当时水稻单产低下、徘徊不前的主要原因。为进行水稻品种改良,20世纪20年代我国的一些研究机构开始了水稻的纯系育种,育成的品种增产效果极为显著,一般单产可比当地的品种或原来的品种增产20%以上。如1924年东南大学农科从安徽当涂地方品种帽子头中选育的中大帽子头,产量比当地品种增产幅度达到25%以上。

20世纪30年代后,随着西方现代科学技术和孟德尔的经典遗传定律传入中国,中国开始了植物的杂交育种。1926年,丁颖利用广州附近的野生稻与当地的栽培稻杂交,选育成中山1号,开启了我国水稻杂交育种的先河。随着二战结束后科学技术的发展,其他的育种方法也随之出现。50~60年代,随着原子能科学的进一步发展,辐射诱变技术在农业中开始应用,我国陆续在全国建立起一批辐射源和在相关的农业科学研究机构及部分农业院校里成立原子能农业应用研究所,开展了广泛的水稻辐射育种研究,并于70年代末至80年代初取得了显著的育种成果;60年代开始利用化学诱变选育水稻新品种,并获得了一定的进展。1970年我国开始进行水稻花药培养研究及其育种应用研究,并形成了相对独立的细胞工程育种体系。80年代,随着我国航天事业的发展和卫星、飞船回收技术的成熟,于1987年起开始利用卫星搭载植物种子,开创了植物育种的新途径——航天育种(太空育种)。90年代初,随着分子生物学技术的发展,水稻功能基因的定位和克隆,出现了另一种高技术的育种手段——分子标记辅助选择育种(MAS),这种方法对改良单一性状极为有效。90年代末,随着越来越多的功能基因被克隆,通过基因枪、农杆菌介导等方法将分离得到的外源基因导入到水稻中,开始了分子生物学与细胞工程相结合的新技术育种——转基因育种。转基因育种是一种全新的育种方法,通过导入外源基因,使水稻能获得本身未曾有的性状,改变了水稻的遗传物质组成。

随着科学发展步伐的加快和生物信息学的发展,出现了基因设计育种、分子育种、虚拟育种等越来越多的育种概念,育种方法和技术正朝着多样化方向发展。

二、水稻常规稻育种的目标与方向

(一)我国各稻作区的育种方向

我国水稻种植历史悠久,种植地域广泛。由于各地的生态条件不一,对品种的要求也不一样。我国现有6个稻作区域,育种方向存在显著差异。

1. 华南湿热双季稻作带 以种植双季连作籼稻为主,也发展一年三熟和一年两熟轮作制。早稻生育期一般为110~130天,品种的感温性强;晚稻生育期一般为130~150天,品种的感光性强。但近年也有对光照不敏感的早、中、晚稻兼用型品种。主要的自然灾害是早稻的苗期低温、孕穗期的低温和高温、台风引起的倒伏,晚稻的抽穗期低温寒露风等。主要的病虫害有稻瘟病、白叶枯病、纹枯病、白背飞虱、褐飞虱和三化螟等。育种的主要目标是在高产的基础上,根据各地区的不同病虫危害情况,培育优质多抗的水稻品种。

2. 华中湿润单双季稻作带 包括秦岭以南、南岭以北的广大地区,涵盖籼、粳、糯,早、中、晚各种类型。种植制度以冬作与单季稻复种或绿肥与双季稻复种为主要形式,近年来单季杂交稻面积大有增加。由于北半部晚稻生育后期的气温较低,双季稻一般采用早籼与早熟晚粳的搭配方式。农民基本上将早稻谷作为商品粮出售,而将晚稻(杂交稻、晚粳稻)作为口粮。因此,早晚双季稻地区基本上将晚稻作为主季。为避免晚稻品种出穗灌浆期受低温危害,获取晚季高产,要求早稻品种生育期尽可能短。近年来,对早稻生育期的要求已从原来的110~120天缩短到105~115天,对生育期超过115天的早稻品种需求极少,同时要求水稻品种有较广的适应性和较高的耐肥抗倒能力。此外,该稻作带病虫害较为严重,稻瘟病、白叶枯病和纹枯病均普遍发生,近年来条纹叶枯病、白背飞虱、褐飞虱、纵卷叶螟和螟虫的危害在不断加剧。因此,育种目标是在高产的基础上,早稻的主要目标是早熟,晚稻的目标是优质,品种要有好的抗性和广适应性。

3. 华北半湿润单季稻作带 为纯粳稻区,主要为单季中粳,生育期150~170天。气候特点是春旱、生育前期缺水,部分地区为盐碱地,要求选育耐旱、耐盐碱、根系发达、地上部繁茂性好的水稻品种,同时要兼顾对稻瘟病、白叶枯病、纹枯病和条纹叶枯病等主要病虫害的抗性。

4. 东北半湿润早熟单季稻作带 主要为东北平原,是我国水稻主产区之一,种植单季早熟粳稻,包括少量陆稻,从北到南生育期为100~160天。由于水稻生育前后期均有低温危害,要求选育早熟、苗期及穗期耐寒性强的品种,兼抗稻瘟病和白叶枯病,并适应机械化收割。

5. 西北干燥单季稻作带 为纯一季稻区,种植早熟粳稻,生长期短,稻田土壤盐碱含量较高,要求选育耐盐碱、耐旱、耐寒,根系发达,植株繁茂快的品种。本区域气候干燥,病虫害相对较轻,局部地区对稻瘟病和白叶枯病抗性有要求。

6. 西南高原湿润单季稻作带 水稻品种类型呈垂直的地理分布,云南、贵州高海拔地区适种粳稻,低海拔地区多种籼稻。陆稻栽培地很普遍。以单季稻为主,少量与冬作复种。该区域生态条件呈现多样化,要求水稻品种抗病虫性和抗逆性兼顾。

(二)水稻育种目标的演变

根据水稻产业发展需要和各稻作带的特殊要求制订育种目标是育种工作的关键。总体来说,水稻的育种目标包括丰(丰产)、抗(抗病虫性、抗逆性)、早(早熟)、优(优质)四个方面。新育成品种必须具备丰产性和稳产性,即不仅单产要高而且对当地经常出现的自然灾害要具有抗性或耐性,以免年度间产量出现较大波动。早熟性是品种稳产和提高单位面积年产量的基础。优质包括两重含义:一是食用优质,即外观品质和适口性好;二是专用优质,即加工品质好。

为满足我国不同时期对水稻生产的要求,水稻育种的主要方向不断地进行调整。20世纪50年代中期以前,生产上应用的水稻品种基本上都是高秆品种,针对高秆品种存在着的不耐肥、不抗倒、收获指数低、生育期长等缺点,育种者制定了通过增强茎秆强度从而增强抗倒性的育种目标,取得了一定的进展,但仍不能解决高秆品种在台风暴雨下倒伏的问题,从而开始了被称为绿色革命的矮化育种,取得了举世瞩目的成就,实现了抗倒、高产等主要目标。60年代后,为了进一步提高水稻的单产,我国开展了杂交水稻育种,常规水稻育种除为生产直接服务外,还承担起为"三系配套"提供保持系、恢复系的任务,此时,育种的主要目标仍然是"高产、优质、多抗"。

20世纪80年代后期至90年代初,我国的粮食生产已基本满足了人们的生活需求,特别是粮食产量在1984年达到了创纪录的4.07亿t后,人们不再满足于吃得饱,还要求吃得好。因此,对水稻育种工作者又提出了新的育种目标,即"优质、高产和多抗",为此,除了国家科技部、农业部的育种攻关目标由"高产、优质、多抗"转变为"优质、高产和多抗"外,各省、自治区、直辖市都相继提出了自己的育种目标。如浙江省提出了名为"9410工程"的"食用早籼优质米新品种选育"的常规早稻育种目标,并相继育成了舟903、嘉育948、中优早81和中鉴100等一批早籼优质米新品种,为早籼稻品质的提高起到了积极的推动作用。

(三)现阶段水稻育种的主要目标

20世纪90年代末至本世纪初,随着我国经济的进一步发展,人们生活水平的进一步提高,尤其是粮食深加工工业的快速发展,对各种稻米及其制品的需求变得多种多样,如生产味精、米粉干和红曲米等粮食加工企业要求高总淀粉含量的早籼米,黄酒生产企业要求糯性好的晚粳稻及价格便宜的早籼糯,八宝粥生产企业需要紫黑糯,营养米粉生产企业需要易消化的稻米,等等。因此,对育种工作者来说,此时的育种目标更加细化、更加具体。仅从优质来分,就可以分为食用优质、专用优质(饲料用优质、加工用优质)、功能优质等几方面;而从环境友好来说,则要求氮、磷、钾高效,以达到少施化肥而实现高产的目标,从而减少大量施用化肥对生态环境的负面影响;从食用安全的角度,要求新育成的品种抗稻瘟病、白叶枯病、纹枯病等主要病害和白背飞虱、褐飞虱、螟虫等主要虫害,以期减少农药的施用量,降低农药对环境的污染和产品的农药残留。

现阶段我国"863"高科技计划和科技攻关对水稻提出的育种目标有以下要求。

1. 一级优质米新品种选育目标　长江流域稻区和华南稻区品质达国家一级优质稻谷标准、可供出口和替代进口的"超泰米"籼稻新品种,北方稻区和长江流域稻区的品质达国家一级优质稻谷标准粳稻新品种。产量比同等品质对照品种增产5%以上,抗稻瘟病、白叶枯病和稻飞虱等2种以上主要病虫害,熟期适中。

2. 广适应性二级优质米品种选育目标　长江流域稻区和华南稻区品质达国家二级优

质稻谷标准的广适性优质籼稻新品种，北方稻区和长江流域稻区品质达国家二级优质稻谷标准的广适性粳稻新品种。产量比同等品质对照品种增产 8%以上，抗稻瘟病或具有稻瘟病持久抗性，中抗白叶枯病，抗稻飞虱，熟期适中，适应性广。

3. 超高产专用型优质米品种选育目标 产量比同熟期对照品种增产15%以上，中抗稻瘟病、白叶枯病、稻飞虱等病虫害的 2 种以上，稻米蛋白质含量在 10%以上或直链淀粉含量在 24%以上，熟期适中。

4. 水分或养分高效利用(耐旱或耐低磷、低钾)品种选育目标 米质达国标二级，产量与对照品种相仿，中抗稻瘟病、白叶枯病、稻飞虱等 2 种以上主要病虫害，熟期适中。

5. 环境友好新品种的选育目标 抗稻瘟病、白叶枯病和白背飞虱、褐飞虱和螟虫等主要病虫害的 2 ~ 3 种及以上，生育期适中，产量超过当地主栽品种或相仿，米质达到国标三级或以上。

三、水稻新品种的选育指标

(一)植株形态的选育指标

株形是指在群体条件下，植株个体的茎、蘖、叶、穗、根在不同生育阶段的整体形态特征、变化和发展，及其与群体的关系。植株形态的改良或株形育种是通过改良株形达到改善群体受光姿态，提高光能利用率并最终提高产量的一种理论和实践。即通过塑造株形来调节个体的几何构型和空间排列方式，协调个体之间的形态与功能，使个体在群体条件下能更好地适应自然环境和人工环境，改善群体结构和受光态势，最大限度地降低消光系数，延长冠层光合作用的时间，尽可能地提高群体干物质生产能力。

(二)高产株型的选育指标

株形遗传改良在经过矮化育种解决了不耐肥、不抗倒的问题后，进入了现在以更高的产量为目标的理想株型塑造阶段。

1. 茎秆性状与抗倒性 株高提高到 95 ~ 110 cm，籼稻的株高可高达 105 ~ 120 cm。选育基部节间短、茎粗壁厚、穗下节间较长、叶鞘包茎紧、茎鞘充实坚韧、根系发达的品种，它是解决株高与抗倒性之间矛盾的有效途径。

2. 分蘖性状与群体透光性 分蘖性状包括分蘖力、分蘖成穗能力、分蘖角度和植株松紧度等理想株型育种中的重要性状。特别是植株松紧度，它是分蘖角与单株茎蘖数或有效穗数的比值，它将植株分为束集型、紧凑型、松散型 3 类。束集型品种分蘖力弱，生长量小，光合面积小，群体光合效率低，虽行间通风透光好，但株内通风透光不畅，湿度大，易感染病虫害。松散型易于披叶，前期可以较快覆盖地面，接收更多的太阳光能，但中后期行间郁闭严重，通风透光不良，消光系数大。从光能利用和病虫害防治角度看，理想株型要求前期较为松散，后期适当紧凑。因此，目前普遍认为分蘖力必须适度，分蘖成穗率必须较高，这样比较容易协调穗数与大穗的矛盾而获得高产。

3. 叶片性状与群体繁茂性 据松岛省三研究，直立叶片的同化量比弯垂叶片多 11% ~ 17%。研究认为，上部叶片如剑叶茎叶夹角以 10° ~ 20°为宜，中下部叶角应依次增大一些；或生育前期叶角可大些，后期叶角宜小些。在叶片长、宽和姿态方面，一般认为，以短、厚、挺为好，瓦片状卷曲是解决叶长与叶挺之间矛盾的有效形式。

4. 穗部性状与不同生态环境下的理想株型 穗部性状主要包括穗形、穗层整齐度和着粒密度等。穗层整齐度好，有利于群体下部通风透光，也有利于成熟一致。一次枝梗发达而着粒密度适中有利于缩短穗长，降低植株重心，也有利于籽粒间成熟的一致性。对于穗型，一般分为直立、半直立、弯曲3种类型。可根据籼、粳稻分布的自然生态环境差异选择不同的穗型，一般粳稻较多选择直立穗或半直立穗型，籼稻基本上都是下垂穗型（弯曲型）。

（三）经济性状的选育指标

1. 南方稻区籼稻品种选育指标　据杨仕华等（1991，2004）对"七五"至"九五"期间参加南方稻区区试的籼稻高产品种的分析研究，"九五"期间长江流域的早、中和晚籼产量比"七五"和"八五"期间均提高了12%以上。相关分析表明，在有效穗达到一定数量的基础上，早、中和晚籼的产量与有效穗呈极显著负相关，而与植株高度、每穗粒数、结实率和千粒重呈极显著正相关。

根据"九五"育成的高产品种情况，对南方稻区的籼稻选育基本上可将以下指标作为育种的参考：①株高。早籼 > 85 cm，中籼 > 110 cm，晚籼 > 95 cm。②有效穗。早籼 < 370 个/m^2（24.5万个/亩），中籼 < 260 个/m^2（17.5万个/亩），晚籼 < 290 个/m^2（19.5万个/亩）。③每穗粒数。早籼 > 100 粒/穗，中籼 > 150 粒/穗，晚籼 > 120 粒/穗；结实率80%左右。④千粒重。早籼 > 25 g，中籼 > 28 g，晚籼 > 27 g。

2. 北方稻区粳稻品种选育指标　根据对近年来华北、东北稻区审定通过的粳稻品种分析，北方粳稻大致上可以将以下指标作为品种选育时的参考：①株高。早熟粳稻80～90 cm，迟熟粳稻100～120 cm。②穗型。直立穗或半直立穗。③每穗总粒数。早熟粳稻80～100粒/穗，迟熟粳稻120～160粒/穗。④结实率80%以上。⑤千粒重26 g以上。

以上的选育指标仅供育种者在选育水稻新品种时参考，针对各地的实际生态条件，还需要考虑品种的生育期、抗病抗虫性以及抗逆性等。

第二节　系统育种

系统育种又称纯系育种。指的是从品种原始群体中选择优异单株或单穗，并进而对其后代株系或穗系进行鉴定比较，而后择优繁殖推广的方法。也就是从现有种植的品种中选择优异单穗，通过穗行、小面积等种植，考察其农艺性状和进行产量比较，从而育成新品种的方法。系统育种包含两层意思：一是从现有品种中选择性状完全不同的新品种；二是通过对现有品种的提纯复壮，提高品种的整齐度和一致性，从而提高产量。1924年我国开始采用穗行纯系育种法，1925年应用于水稻。纯系育种的程序从采选单穗开始，经过穗行、二秆行、五秆行、十秆行乃至高级试验，需要8～9年才能育成一个新品种。1936年丁颖对水稻纯系育种法提出了改进，使育种周期由8～9年缩短为4～5年，引起水稻育种界的重视。20世纪20年代中期到40年代末，是我国系统（纯系）育种法最为盛行的时期。在当时，系统育种法发挥了较好的作用，育成品种平均比原品种增产18%以上，增产效果极为显著。这主要是由于当时地方品种栽培历时很长，已成为遗传性十分混杂的良莠不齐的群体，因而纯系育种能取得明显的成就。随着杂交育种的开展和对提纯复壮工作的重视，系统育种在我国新品种选育过程中的地位随之下降，育成的品种数量也越来越少，至今仅作为新品种选育中的补充手段。

一、系统育种的原理

水稻育成品种在生产上长期推广种植，有可能与周围种植的其他品种产生天然杂交，即串粉，从而导致相当于杂交育种的基因重组；也有可能在长期种植过程中，因为不同年份的气候、肥水等不同的选择压而使部分对环境敏感的数量性状基因或修饰基因产生渐变，导致农艺性状发生可遗传的改变；再一种可能是随着工业的发展，水质污染越来越严重，稻田灌溉使用的工业废水中所含有的少许放射性元素、重金属等而导致染色体突变和基因突变。这些因素造成的田间变异是系统育种成功的遗传基础。

二、系统育种的方法与步骤

(一)变异株的发现

由于在纯系品种中真正的天然突变率非常低，通常只有0.05%或更低，因此，要发现变异株，必须从苗期开始，在大面积种植的田间进行非常仔细的观察，从中发现与原始品种不一样的单株，并进行挂牌标记，直至成熟。变异材料的收获，多本插的可选择收取单穗，单本插的可以收取单株。

(二)变异株后代的处理

根据收取的单株或单穗的情况，单本种植原始品种和变异株的穗系或株系。一般原始品种种植2行，每行12株；变异株穗系种植2～5行，每行12株；株系则相应增加种植行数。从苗期开始详细比较并记载变异株和原始亲本的各种性状，尤其是农艺性状的异同点。通过记载和目测各性状基本稳定的株(穗)系，以原始品种为对照，进行性状比较。收取收获性状稳定、优良的目标株(穗)系，并各取样5株进行室内考种。淘汰由于环境差异引起的非遗传性变异株和不符合育种目标的变异株(穗)系。对尚存在性状分离的株(穗)系，选择优异单株(穗)后，继续加代选择，直至性状稳定。

(三)优异变异株的处理

对于经各种性状比较后确实优于原始亲本(品种)的性状稳定的株(穗)系后代，进行命名或编号，形成新品系，进入产量鉴定试验。产量鉴定试验通常可以采用间比法，即每隔5～10个品系种植对照。对照为当地主推的当家品种或当地区域试验的对照品种，同时以原始亲本(品种)作为第二对照。小区面积为6.67～13.34 m^2，根据当地常规行株距种植和田间管理，防虫不治病；另外，在分蘖盛期接种稻瘟病鉴定叶瘟抗性、孕穗期至始穗期接种鉴定穗瘟和白叶枯病抗性，有条件的地区可同时接种白背飞虱、褐飞虱和螟虫等当地主要虫害鉴定抗性。田间生长期间，注意观察记载生长势、农艺性状和整齐度，淘汰生长势明显差于对照、生育期过长、整齐度差和不抗主要病虫害的品系。

(四)品种比较试验

经产量鉴定试验表现比对照增产的品系，可进入下一年的品种比较试验。一般采用随机区组设计方法，3个重复，小区面积为6.67～13.34 m^2，其余步骤同上。收获后计算品系产量和测定与对照的显著性差异，比对照增产显著或抗性、米质明显优于对照而产量比对照增减不显著的材料可以作为育种中间材料保留，或推荐进入各级试验。

在产量鉴定试验和品种比较试验中，收获前均需进行田间取样，每品系取5～10株进行室内考种。主要考查新品系的株高、穗长、有效穗、穗粒数、结实率、千粒重、粒型、稻米外观品质等经济性状。

第三节　杂交育种

杂交育种是指通过不同亲本间的有性杂交而产生遗传基因的重组，再经过若干世代的性状分离、选择和鉴定，以获得符合育种目标要求新品种的育种方法。即应用具有不同农艺性状或具有互补性农艺性状的亲本，通过温汤去雄或真空泵去雄等方法，获得杂交种子，并通过 F_2 以后的分离世代的选择，育成符合育种目标，农艺性状普遍或某些主要性状如抗性、米质、产量等明显超过双亲的新品种。杂交育种的主要原理是孟德尔和摩尔根的三大经典遗传定律，即独立分配、自由组合和连锁遗传定律，也就是双亲的各个优异农艺性状通过独立分配和自由组合，在足够大的群体中打破不良连锁性状，经过选择获得将不同的优异性状聚合在一起的个体，从而获得性状优于双亲的新品种。

一、杂交亲本选择

根据育种目标选择合适的亲本是育成新品种的关键。而亲本选择得是否合适，关键在于对亲本是否充分熟悉、了解和亲本的选择范围是否足够大。育种者需要掌握足够多的亲本，亲本的获得通常来自育种者之间的交换和引种。通常，不同的亲本即使形态相似且具有亲缘关系的若干品种或品系与另一共同亲本杂交，其配合力也往往相差悬殊。因此，育种者往往会对从各地引种而来的亲本进行 1～2 年的生育期、农艺性状观察，并对抗逆性、抗病抗虫性进行鉴定，以及测配少量的组合。每年淘汰轮换一批农艺性状、抗病抗虫抗逆性差或配合力差的亲本，选择综合性状较好的材料作为育种的骨干亲本。

目前杂交育种选用的亲本基本上来自同一稻作带的品种或材料，育种组合为品种间杂交。选用亚种内的地理远缘品种(系)及亚种间或种间差异亲本配制育种组合，通常用来创制育种中间材料或用于遗传研究、分子生物学研究等的基础材料。

关于品种间杂交亲本的选配，应选择拟应用稻作带的当家优良品种或根据育种经验得到的骨干亲本作为亲本的一方，针对其对稻瘟病、白叶枯病和稻飞虱等的抗性差，以及稻米品质和生育期等方面的缺点，选择高抗稻瘟病、白叶枯病及抗虫、优质和早熟性等具有互补性状的亲本作为杂交亲本的另一方。

适当采用遗传或地理远距、生态差异大的品种作为杂交亲本，可以避免育成品种的遗传基础过于狭窄。

二、杂交组合的配组形式

亲本选定后，要考虑杂交组合的方式。根据过去的研究资料和对近 10 年来审定通过的品种的统计分析表明，单交育成的品种占 95%，三交和双交育成的品种各占 2%，回交育成的品种占 1%。说明单交是水稻杂交育种取得成效的主要方式。

三交和双交是指先用两个亲本配置单交组合，然后用该单交组合的 F_1 或分离世代单株与另一亲本(另一单交组合分离世代材料)杂交，以期获得 3 个或 4 个亲本的优良性状。20 世纪 80 年代前，三交或双交配组育成的品种数量约占总育成品种数的 10%，而单交组合育成的品种约占 85% 以上。由于三交或双交组合增加了亲本之间的差异，导致遗传性状更加复杂,分离世代往往需要更多的面积和更多的世代才能获得稳定的株系,增加了育种费用和时间,近年来较少被采用。少数双交或三交育成的品种实际上大多为单交育成的稳定中间材料间的杂交,仅是名义上的双交或三交,实际上仍是单交育成的。

回交是指利用单交组合的 F_1 为母本,以具有优良性状的单交亲本之一为父本再次进行杂交产生的育种组合。回交育种对于转移单基因或少数几个基因控制的性状非常有效。在回交育种中,轮回亲本的选择是关键。通常,轮回亲本可选择目前大面积推广的但有某些弱点或因如高感稻瘟病等致命缺点而无法推广的优异品种(系)。如我国极大多数籼稻品种携带单一抗白叶枯病基因 *Xa4*,极易由于白叶枯病菌株的变化而导致白叶枯病毁灭性暴发。针对这种情况,可通过选择推广品种作为轮回亲本,携带其他抗白叶枯病新基因的材料作为供体亲本,经过 1~2 次回交和选择,能收到事半功倍的效果。因此,回交育种方法常被用于改良品种的稻瘟病、白叶枯病和稻飞虱等抗性。

在现阶段,国家对品种等知识产权加强了保护,回交育种育成的品种特别是在回交次数偏多的情况下,可能会因育成品种与原始品种极度相似而引起质疑,因此对转育的基因或性状需要充分了解,最好是通过分子标记辅助育种,这样既能减少育种的盲目性,又能在发生争议时可通过分子标记的检测,判别两者的不同。

在水稻杂交育种中经常需要转移由多基因控制的性状,例如对螟虫的抗性,为此国际水稻研究所的育种者主张应用 Jensen(1970)提出的双列选配法。其内容为:①在大量中抗亲本间进行互交以产生所有的杂交组合;②筛选所有 F_1 的抗性,并选择比任一亲本抗性较强的植株间进行互交;③继续在后代中进行上述筛选及互交工作,直到来自不同亲本的微效基因积累起来为止。此外,早期杂交世代选株间的互交是增加基因重组的另一有效途径,其后的轮回选择将对改良多基因控制的遗传率小的性状具有较好效果。

三、杂种后代的处理

杂交育种的后代处理方法主要有系谱育种法、混合育种法和组合筛选法等几种。对这几种育种方法在《中国稻作学》一书中已有详细的介绍,本书仅介绍根据我们多年来采用而比较有效的混系育种法。

(一)亲 本 圃

亲本圃种植育种核心亲本和新引进的育种材料(品种),以供杂交配组用。单本稀植,株行距一般为 16.5 cm×26.4 cm,种植 12 株。日常管理,治虫不防病。分蘖盛期用针注法接种稻瘟病。根据育种目标,通过对亲本圃种植材料的农艺性状观察及稻瘟病、白叶枯病、纹枯病的抗性鉴定和观察结果,选择合适的亲本作为杂交育种的目标材料。制定杂交计划,并按计划产生杂交组合。对于生育期相差过多的材料,可采用分期播种或抽穗后拔穗、再生等方法调节花期。

(二)杂交配组

按照制定的杂交计划,详细记载各亲本的生育期和花期是否相遇等情况。待所需亲本抽穗后,选择合适的单株作为母本,经整穗、去雄、套袋授粉、收获脱粒后获得杂交种子。整穗即去除已开过花的颖花和近 1~2 天不会开花的颖花,通常在去雄前完成,少数温汤去雄的可在温汤后去除不张开的颖花。去雄有温汤去雄和剪颖去雄两种。温汤去雄是将稻穗浸泡于 45℃的温水中 5 min,基本上可杀死雄配子,取出后间隔适当时间,去除未开花的颖花,保留开花的颖花，在大量杂交配组时也剪去开花颖花的上半部，以保证授粉时颖花不会闭合；剪颖去雄则是整穗后斜剪去颖花上部 1/3，然后用剪尖或镊子挑去花药，也有用真空泵抽吸花药的。温汤去雄比较适合于籼稻，剪颖去雄多用于粳稻。樊龙江等(2003)研究表明，籼稻在授粉前 1 天整穗后剪去花颖上部的 2/3，过夜后在授粉当天上午 9 时前套袋，由于花粉对露水的吸胀作用，套袋的自交结实率为 2.1%，而异交结实率为 34.2%，基本可满足有明显差异的亲本之间杂交需要。用于籼稻时需注意去雄的时间，以避免自花授粉而产生假杂种。授粉是在父本的盛花时间剪取父本正在开花的穗子，人工抖到去雄后套袋的母本穗子上，授粉后在套袋上注明母本、父本名称和授粉日期。一般授粉后 15 天种子就有发芽力，但经常在成熟后收获脱粒。

(三)杂种后代圃

杂种后代圃亦称育种圃或选种圃，F_1 ~ F_3 为低世代圃，F_4 以上称高世代圃。育种圃的世代高低决定于后代株系性状稳定的速度，一般最高为 F_8 代。当选株系的基因型纯合、性状稳定一致时，该组合的育种圃结束。可以按以下方法编号：F_1 代编号为 F1-001、F1-002……，F_2 代编号为 F2-001、F2-002……，以此类推到各世代。F_3 以上需注明该组合的入选株系数。

1. F_1 代　按组合编号，在同一母本的组合前种植母本，以供鉴别真假杂种。单本稀植 F_1 植株，一般单交组合种植 2 行，每行 6 株，复交和回交组合则根据种子量适当增加。生育期间注意淘汰假杂种和农艺性状差、无杂种优势的杂交组合。按组合混收单交种子；复交和回交组合子一代性状已有分离，应按记载观察结果选择优良单株分收或选优混收种子。

2. F_2 代　按组合单本种植 F_2 群体，一般每组合种植 1 000 ~ 2 000 株，亲本之间性状差异大、遗传距离较远的单交组合适当增加种植株数。有条件的最好种植于病区，及早淘汰感病个体，并观察、记载群体和特异个体的田间表现。根据育种目标选择优异单株，并收取主穗，按组合升代编号。对遗传率高的性状可进行严格选择，对遗传率低的性状应放宽中选标准。通常，当选组合的选择株数以占群体的 5%左右为宜。

3. F_3 至稳定世代　将当选的 F_2 单株按组合种植成 F_3 株系。每株系种植 12 ~ 36 株，在 F_3 株系圃内每隔一定间距插入对照品种，并创造必要的鉴定条件如诱发病害等环境以利筛选。选择应按先选系后选株的原则进行，一般从每个中选系选择 3 ~ 5 个优良单株。选择重点仍为遗传率高的性状，如生育期、株高、粒型和粒重、抗病虫性等；对分蘖力、单株产量等性状应放宽要求，可在以后世代再进行较严格的选择。

F_3 及以后世代中选的单株仍按组合顺序编号，并于次季种植成 F_4 及 F_5、F_6 株系圃。一般选择至 F_6 或 F_7 代，多数经选择的株系各种性状趋于稳定。可通过对高世代株系生育期的记载和农艺性状的观察、考查，选择优异株系挂牌收割——是谓定型。定型株系性状应稳定一致，综合性状良好，并在记载本上注明，以利查证。对于少数低世代时表现稳定、农艺性状优异的特殊株系，可在低世代时从优异株系中选择 2 ~ 3 株(穗)单独编为鉴定繁殖材料或品比繁殖材料，进行单独仔细观察。另外，还应从各定型系统中选拔若干单株，以供今后原原种繁殖之用。

(四)鉴 定 圃

对定型的优异株系需要进行产量和农艺性状的鉴定考察，同时进一步考察其他主要性状的优劣和一致性。通常产量鉴定试验不设小区重复,以当地主推品种为对照,采用间比法,对新定型的品系作出综合评价。产量鉴定试验一般记载考察分蘖力、成穗率、总粒数、实粒数、结实率、千粒重、生育期、抗病抗逆性等各个项目,必要时辅以人工接种诱发病害等手段或病区诱发鉴定抗性水平。

(五)品系产量比较试验

对通过产量鉴定获得的产量高、生育期合适、抗病抗逆性强等综合性状优异的品系进行有重复的产量品比试验,小区的面积也适当扩大。在设计上要致力于降低试验误差,提高试验准确性,生长期间辅以病害诱发等各种鉴定手段,以便决选出明显优于对照品种的目标新品系。

(六)区域试验

对在品比试验中明显优于对照的品系,可以向类似生态区小范围发放种子,提供各地试验种植。区域试验是确定品种地区适应性的重要环节,可为因地制宜推广良种提供科学依据。国内目前有市(地区)级区试、省级区试和国家级区试三种,部分省、市进入正式区试前还需经过省级联合品比或区试预试阶段。

国家级区试由全国农业技术推广服务中心主持,省、市(地区)级区试由农业厅(局)所属的种子管理站主持。区试一般 2 年。通过区试后,种子管理部门认为值得在该地区推广的品系,将安排生产试验和小面积示范,并将生产试验表现优异的品系推荐到同级农作物品种审定委员会予以审定,或推荐进入上一级区试。部分省、市如江西省在通过 2 年区试后可直接推荐审定。少数极优异品系在区试第一年表现突出的,可在第二年进行区试的同时,安排生产试验或直接推荐进入上一级区试。

(七)品种审定后的推广及良种繁育

经农作物品种审定委员会审定合格后的品系才能称之为品种。根据《种子法》规定,审定前只允许小面积示范试种,审定后才能在适宜生态区大面积推广。对通过审定的新品种应进行大面积生产示范试验,研究其高产栽培技术,并加速良种的繁殖与推广。在良种繁育的过程中,要注意原种的繁殖,防止推广后种性的退化。

第四节　诱变育种

自然界中植物的自发突变产生的可遗传的变异是物种进化的基础,也是纯系育种的依据。不过,自然界中植物的自发突变频率极低,一般只有 10^{-6}。因此,为提高植物发生突变的频率,诱发各种突变并创制新的材料,加快育种速度,在原子能农业应用技术和化学工业发展的基础上产生了一种育种方法——诱变育种。

诱变育种是指利用物理、化学因素诱发作物产生性状突变,并从中鉴定、选拔优良品种的方法。利用诱变创制突变体早在 1934 年就有报道,但利用诱变技术育成品种的报道出现在 1957 年的我国台湾省,我国大陆最早于 1964 年通过 γ 射线诱变育成了水稻品种。迄今为止,已育成了约 100 个水稻新品种,其中包括 20 世纪 70 ~ 80 年代我国南方稻区推广面积最大的早稻品种原丰早和浙辐 802(累计均达 667 万 hm^2 即 1 亿亩以上),为我国水稻产量的提高作出了极大的贡献。

一、诱变育种的原理

性状是由基因决定的，组成基因的是一定DNA的序列和与之相关的调控序列。而决定这些DNA功能的是组成这些DNA序列的脱氧核糖核酸上结合着的A、T、G和C四种碱基的排列顺序。DNA通过与组蛋白结合成核小体等结构成为染色体。而诱变育种正是通过诱发染色体和DNA的A、T、G和C四种碱基的变异而导致植物性状的变异。一般来说，诱变育种产生的变异不外乎染色体畸变和基因突变(包括核基因和细胞质基因)。

染色体畸变：指诱变处理后导致水稻染色体数目或结构发生变化。染色体数目的变化包括倍数性变化和非整倍性变化。倍数性变化如双倍体成为单倍体、三倍体或四倍体等，非整倍性变化则为单体、双体、双单体、三体、缺体等几种。染色体结构变异多指染色体的易位、倒位、重复、缺失等。物理诱变如高剂量的X、γ射线辐照、电离辐射等较易诱发染色体畸变。对水稻这种双倍体植物来说，染色体畸变基本上是致死的，少数不致死的也因为生长迟缓、发育不良等而无法与正常植株竞争，在水稻育种过程中利用价值不大，而仅用于创制特殊材料和进行遗传研究。

基因突变：指通过物理或化学诱变处理所导致的DNA顺序和结构的变化，如DNA单链的断裂、DNA的交联、碱基氢键的断裂或碱基与糖的结合键断裂，DNA片断丢失、扩增、插入或碱基丢失、替换(包括转换和颠换)或插入，引起顺序的变化。DNA片断的丢失等变化通常严重影响水稻植株的正常发育与生存；而碱基的插入或丢失则会导致某些基因的过量表达或沉默，也可能导致新基因的产生，从而影响水稻的性状表达而产生变异。这是诱变育种的主要基础。

二、常用的诱变育种方法

(一)物理方法

水稻育种中应用较多的物理诱变方法有γ射线、X射线、中子、激光、电子束、离子束等方法，其中γ射线应用最为广泛。辐射育种中，选择合适的辐射剂量是最为关键的，在一定范围内，辐射剂量与突变频率呈正相关，但随着辐射剂量的增加，种子或组织的死亡率会大大增加，植株不育等有害突变频率增加。因此，较高剂量的辐照仅用于创制特殊材料，较少应用于育种。不同的物理诱变方法合适的剂量选择，可参考《植物诱变育种学》等书。

γ射线：是放射性核素作γ衰变时产生的一种高能电磁波，波长很短，为$10^{-8}\sim10^{-11}$ cm，通过γ射线与原子碰撞产生的次级电子引起生物体的电离，导致突变。水稻诱变育种中常用的为^{60}Co和^{137}Cs。根据国内外利用辐射育成的品种调查表明，最适合的辐照处理剂量为7.74 C/kg(30千伦)左右，粳稻剂量比籼稻略低。

X射线：是X射线机内高速运行的电子撞击阳极靶面所产生的一种高能电磁波，分硬X射线和软X射线。硬X射线用钨等高原子序数元素作靶材料，以高电压发射而产生的射线，波长短、能量大、穿透力强；软X射线用钼等低原子序数元素作靶材料，以低电压发射而产生的射线，波长较长、能量较小、穿透力较弱。

中子：分快中子和热中子等，由核反应堆或加速器产生。其诱变效率高，但成本大，效率不稳定。

离子束：我国自20世纪80年代末起在合肥、北京等多地开展用N或Ar离子束诱变育种。通过应用高能和低能离子束诱变水稻，其 M_2 突变频率高达 6.83% ~ 12.0%，比 γ 射线高，且 90%以上的突变体有 2 种性状以上的变异。但其作用原理、诱变技术和使用方法尚不完善，需要进一步研究。

(二)化学诱变

在可以作为诱变剂的化学物质中，最常用的是烷化剂和叠氮化物。最常用的烷化剂为甲基磺酸乙酯(EMS)、乙烯亚胺(EI)、硫酸二乙酯(dES)等，常用的叠氮化物为叠氮化钠(SA, NaN_3)。

烷化剂和叠氮化物主要通过烷化功能基团与 DNA 上某些碱基起反应，改变氢键结合能力，造成碱基缺失与替换，甚至导致 DNA 链的断裂或 DNA 发生交联，从而引起碱基配对的错误，产生突变。

三、诱变育种的生物学效应

无论物理诱变或化学诱变，都是不定向的，经诱变的材料产生类型众多的各种突变，其中许多是致死突变，这也是诱变后的材料发芽力和成苗率偏低的主要原因。由于物理诱变和化学诱变突变的类型多样，尤其是物理诱变，已成为构建水稻饱和突变体库的主要方法之一。但从诱变的频率来说，物理诱变和化学诱变后最主要的生物学效应有以下几种。

(一)矮化突变

矮化突变是诱变育种中较易出现和方便统计的主要突变。据统计，在 M_2 代中出现矮化株的频率最高可达 7.6%。在通过诱变育成或利用诱变产生的中间材料育成的品种中，矮化突变(包括矮秆和半矮秆)占总数的 16.3%，利用矮化突变直接育成的品种则占 11.9%，这与矮生和半矮生基因普遍存在于水稻各染色体上有关。诱变育种也成为创制新矮秆基因的主要手段，自 1934 年 Ichijima 首先报道了利用 X 射线诱导一个粳稻品种产生矮秆突变以来，利用 X 射线、γ 射线辐射或化学诱变剂诱导获得了 *sd6* ~ *sd9* 等多个半矮生基因。据报道，迄今为止从水稻中发现的矮生和半矮生基因已达 70 余个，其中矮生基因 60 余个，半矮生基因 14 个。对不同诱变剂效率的研究发现，化学诱变剂中以 NaN_3 效果最好，M_2 代产生的矮秆突变频率在 2.44%左右；利用 ^{60}Co 或激光与 NaN_3 同时处理，则能提高诱变效率；产生矮秆突变最为有效的方法是花药培养与辐射技术结合，产生矮秆突变的频率可高达 21.5%。

(二)早熟突变

早熟突变是诱变育种的另一个主要生物学效应。据统计，在 M_2 代中出现早熟株的频率在 1.0% ~ 2.6%，平均约 1.7%。早熟突变往往伴随着育成品种的推广区域的扩大，即属于有利性状突变，通常易被育种者选择。早熟突变品种在统计的诱变育成品种中高居榜首，占所有直接或间接育成品种的 19.8%，在我国则占直接育成品种的 24.7%。如浙江省农业科学院原子能利用研究所利用 ^{60}Co 处理生育期 155 天的 IR8，获得了提早 45 天成熟的原丰早。

(三)品质突变

品质突变是仅次于早熟突变和矮化突变的第三类变异，包括粒型(圆粒和长粒、大和小)、外观(垩白率、透明度)和理化指标(直链淀粉含量等)。品质突变变异率高主要与品质性状相关的指标多样有关，就常用的米质指标来说，有出糙率、精米率、整精米率、粒长、粒宽、长宽比、垩白率、垩白度、胶稠度、糊化温度、直链淀粉含量、蛋白质含量、各种氨基酸组成和必需氨基酸含量等多种理化指标和食味等感官指标，而且据现有的研究表明，极大多数的品质性状在主效基因以外还由微效多基因控制，并且与环境、气候等又密不可分。因此，物理或化学方法诱变后，无论任何一个与品质相关的基因或与气候、环境相关的基因发生变异，均会导致品质的突变。据统计，诱变育成的品种中在籽粒形态、理化品质等方面改进的约占总育成品种数的18.6%。

(四)抗性突变

水稻的抗虫、抗病和抗逆性是获得高产稳产和降低生产成本的关键，因此，抗性突变体的选择在诱变育种中占有极重要的地位。据日本和我国科学家的研究，发现诱变育种在M_2代出现抗性突变体的频率在$5\times10^{-3}\sim7\times10^{-5}$之间。由于抗性突变出现的频率较小，往往需要较大的$M_2$代群体，且抗性的改良常伴有其他不良农艺性状的出现，近年来直接利用诱变育成的抗性改良品种越来越少。

除以上常见的主要突变类型外，诱变后代中还能发现如株型、落粒性、叶色、分蘖力等农艺性状发生变异的突变体，这些突变体通常被用作中间材料应用于育种实践。

四、诱变育种的步骤

(一)亲本选择

诱变育种亲本选择的原则与其他育种方法基本相同，主要是选择综合性状良好但在抗性、熟期或米质等方面有明显缺陷的品种，尤其是熟期偏长而影响种植区域的品种(系)，通过诱变育种较易获得满意的结果。

(二)材料的选择

诱变育种的材料可以选择干种子、萌动的种子、生长中的植株、减数分裂期的植株和组织培养的材料等各种材料。一般来说，干种子对诱变剂较不敏感，剂量可略大；而对组织培养的愈伤组织和减数分裂期的材料，对诱变剂较为敏感，剂量可适当小一些。主要根据准备采用的诱变方法和工作方便等选择合适的材料。

(三)诱变处理和诱变剂量的选择

物理诱变由于采用的主要是γ射线等辐射诱变，通常只需在确定诱变剂量后交给相关的机构(如各省农业科学院的原子能应用研究所)即可。剂量的确定可参照前人的研究，在《水稻育种学》等书中也有详细的介绍。化学诱变根据不同的诱变剂，有不同的诱变浓度，一般用EMS的诱变浓度为0.05～0.30 mol/L，NaN_3的浓度为1～4 mmol/L。

(四)诱变育种后代的处理

种子经诱变处理后长出的植株称为M_1。M_1代通常会出现发芽率、成苗率降低等现象，另外也有生长迟缓、生育期延长和结实率降低等报道，这主要是由于诱变所造成的生理损伤引起的，一般不是可遗传的变异。

M_1的种植规模与处理材料的数量、育种的目标和成本等有关，一般种植处理的全部材料，并种植对照。由于M_1出现不育、半不育的比例较高，为防串粉，最好采取空间或时间隔离。

M_1的收获原则是尽可能多地保留个体。对M_1代通常采取收种的方法有一穗一(少)粒法、穗系法和混收法等几种。利用各种方法均有育成品种的报道，如利用一穗一粒法育成了最著名的原丰早，利用混收法育成了浙辐 802 等。

中国水稻研究所的早稻育种课题组对诱变育种后代采取的选择方法如下：

①一般种植全部的诱变种子，成苗后按正常方式移栽，并记录发芽势、发芽率和成苗率。在 M_1 代生长期间，详细记载和比较 M_1 各单株与对照之间的农艺性状，成熟后每单株采收一个穗子构成 M_2 代，并收获对照。

②M_2 是诱变育种中变异最大的一个世代，需要对 M_2 进行严格的观察。将收获的 M_2 代和对照按穗子播种，成苗后观察记载秧苗生长状况和与对照的异同，对秧苗期表现出与对照不同的株系进行详细观察，并在移栽时尽可能多种；对一般的株系随机种植 12 ~ 24 株。大田生长期间详细记载农艺性状和生长状况，对出现的如生长势、叶型、叶色、株高等与对照不同的株系或单株及时挂牌标记；尤其需要注意的是在始穗期详细记载各株系的始穗和齐穗情况，对株系中表现早熟的单株及时挂牌。对于以提高抗性为主要目的的诱变育种，则可采取在病区种植 M_2 或在适当时期进行人工接种的方法提高选择压。

M_2 的田间选择是根据育种目标选择优异单株。与原始亲本比较，在表现性状变异的优良株系中各选择收取 2 ~ 3 株的单穗，淘汰其余株系。

③M_3 及 M_n 的种植与选择方法基本与 M_2 相同。通常情况下，M_4 或 M_5 就能选择获得完全稳定的株系。对性状稳定一致的株系，挂牌作为定型株系，收获全部种子升格为品系，参加后续的各级鉴定试验和种子繁殖。

第五节 航天育种

航天育种又叫空间诱变育种、太空育种，是在系统选育、杂交育种、诱变育种等植物新品种选育方法的基础上随着科技进步而发展起来的一种新的育种方法。航天育种指的是利用返回式卫星或宇宙飞船将农作物种子或无性繁殖材料带到离地球 200 ~ 400 km 的太空环境，利用外太空的微重力、宇宙射线、高真空、弱磁场和太阳粒子等诱导植物种子或材料发生可遗传的变异，经选育或选配育成植物新品种。广义上的航天育种还包括利用高空气球携带植物材料诱导变异的诱变育种。

农业空间诱变育种技术是农作物诱变育种的新兴领域和重要手段，可以加速农作物新种质资源的塑造和突破性优良品种的选育。空间诱变育种技术的核心内容是利用空间环境的综合物理因素对植物遗传性的强烈动摇和诱变，获得地面常规方法较难得到的罕见突变种质材料和资源，选育突破性新品种。诱变育种技术包括卫星、宇宙飞船、高空气球搭载，以及地面模拟空间因素诱变等途径。空间诱变育种技术方法可广泛应用于各种植物的遗传操作改良过程，实现高效益的遗传改进。

航天育种源自卫星技术的发展和载人航天技术的发展，自 20 世纪 60 年代初前苏联利用返回式卫星研究植物的生长发育和遗传变异以来，具有返回式卫星回收技术的三个国家前苏联、美国和中国已在卫星上进行空间生命科学实验上百次，搭载的植物材料也达到了 50 余次之多。根据航天器的不同，航天育种的载具有返回式卫星、宇宙飞船（如我国的神州号飞船）和空间站等，植物种子在太空停留的时间也从数天至数年不等，如美国曾将番茄种子送上太空达 6 年之久。

中国是目前世界上掌握航天器返地技术的三个国家（中、美、俄）之一，也是少数利用航天技术进行诱变育种的国家。我国自1987年起利用返回式卫星搭载了60种以上植物种子。在新品种选育获得成功以后，对航天育种的投入进一步加大。迄今为止，已进行了13次植物种子搭载(包括9次返回式卫星，4次试验飞船)，另外还有4次利用高空气球。最近的几次是2002年12月30日发射的“神州四号”宇宙飞船和2003年的第十八颗返回式卫星。共有25个左右省、市的近80家单位搭载了65种以上作物的550余个品种，卫星搭载的总重量超过40 kg，已育成了水稻航育1号、番茄宇番1号等13个作物新品种。

一、航天育种的步骤

(一)卫星的研制

迄今为止，我国的航天育种都是利用返回式卫星和神州一号至四号无人飞船搭载的，先后13次的搭载总重量不超过50 kg，零星搭载历时长且搭载的种子材料零散不成系统。因此，鉴于航天育种潜在的巨大的社会效益和经济效益，研制航天育种的专用卫星已被提到日程上。

发射育种专用卫星1次可装载种子200 kg以上，是过去15年总搭载量的4倍以上。因此，发射育种专用卫星能有效地保证搭载种子数量规模，有利于系统性地开展基础性的研究工作。

航天专用卫星的研制包括运载火箭的加工制造、总装和测试，以及卫星的发射、飞行测控和回收。育种卫星采用类似于资源卫星的返回式专用卫星，不同之处是回收舱壳体材料除具备有效隔热和耐摩擦功能以外，还要利于空间高能粒子的贯穿，以满足诱发种子高频率突变的需要。对卫星回收舱，要确保种子的温度始终处于5℃ ~ 34℃范围内，保证各种振动不致于造成种子破损，回收舱不变形、不渗水。为了提高种子的装载量拟将回收舱设计成容器形式，以便将种子直接放在舱内。此外，在回收舱内还需安装辐射测量仪器、微重力测量装置、微重力消除装置和可屏蔽宇宙射线容器等，以便对种子在空间环境所接收的辐射剂量和微重力量级等进行测量并开展相关的对比性试验。

(二)航天育种材料的选择

根据国家“863”航天育种课题组和2002年5月“航天育种宁波研讨会”达成的共识，航天育种要选择稳定的材料，不能选择分离世代，以免后代的优异材料产生后，无法识别是由于航天育种引起的变异还是本身性状分离所致。近年来，对提供的航天育种材料在包装提交给航天部门以前需要通过北京市公证处的公证。

航天育种在一定程度上与物理诱变育种相同，除了更多的变异类型和更高的变异频率外，许多在物理诱变中的主要变异如早熟性、株高、品质和抗性等，通常也是航天育种的主要变异类型。因此，在航天育种材料选择过程中，最好选择综合性状优异但存在某些单一缺点的稳定品种(品系)，如大规模推广后因病原菌变异而丧失抗性的品种。

选定航天育种的材料后，需要准备种子。由于航天育种成本高，一般在280 ~ 400元/g，所以应选择当季收获的发芽率高的饱满种子，这样可节省成本。水稻种子一般提供5 g以上。

(三)航天育种后代的种植与选择

经航天处理的种子返回后，一般1个月内能收到种子，如季节合适，应及时播种。航天育种材料的世代编号一般采用$SP_1 \sim SP_n$。

SP_1：水稻种子经浸种催芽后播种，并记载发芽率和成苗率。SP_1 分单株种植，成熟后分单株收获种子。一般 SP_1 除发芽力和成苗率降低以外，较少能发现变异。

SP_2：对收获后的 SP_1 种子，根据育种规模分单株种植，每株系种植 200 株以上，生育全程观察种植的材料有无变异株出现。如出现变异单株，则及时挂牌或分单株记载生育期等性状。成熟后分株系混收，对表现出变异性状的株系可在收获变异单株外，另收 5～10 株不等。SP_2 会有部分变异单株出现。

SP_3：根据中国水稻研究所早稻育种课题组对神州四号宇宙飞船和第十八颗返回式科学试验卫星携带的水稻种子后代观察结果表明，SP_3 是出现变异最多的世代，应尽量多种 SP_3。一般 SP_3 按 SP_2 收获的株系种植，从秧田期起详细观察记载有无变异株的出现，对感兴趣性状的变异株及时挂牌标记，或选择与合适材料杂交，以分析其遗传规律。分类型、分单株收获编目变异株，如矮秆类型 -1，-2…… - n 等。

SP_4 及高世代：对变异单株按类型、编号种植成株系，观察记载各种性状，并进行相关的遗传等研究，成熟时选择符合目标性状的单株收获，继续于下季种植。由于航天育种的变异多为点突变，一般变异出现后 1～2 代即可稳定，并作为定型株系参加产量、抗性等试验。

二、航天育种的机制研究

航天育种具有鲜明的独特性。尽管航天育种成绩显著，但迄今为止对航天育种多侧重于实践，而对诱变机制研究得不够，一是空间诱变主要环境因子不详，二是对引起诱变的生物化学、细胞学及分子遗传学的机制不清楚。

卫星从起飞到返地可分为动力飞行阶段（又称主动段）、轨道运行阶段和返回飞行阶段。在主动段有强烈的振动和冲击力，但这一阶段只有几分钟。在轨道运行阶段，卫星高度近地点为 200 km，远地点在 300 km 左右，飞行时间为 8～15 天。宇宙空间的物理环境与地面有很大的差异，其主要特征是：长期微重力状态、空间辐射、超真空和超净环境等。空间辐射的主要来源有地球磁场捕获高能粒子产生的地磁俘获带辐射（简称 GTPR）、太阳外突发性事件产生的银河宇宙辐射（简称 GCR）及太阳爆发产生的太阳粒子辐射（简称 SPR）。由于来源不同，粒子的能谱范围也不同。如 GTPR 粒子和 SPR 粒子的能量最高为数百兆电子伏特/核子，而 GCR 粒子的能量则可高达数千亿电子伏特/核子。在空间辐射所包括的多种高能带电粒子中，质子的比例最大，其次是电子、氦核及更重的离子等。在返地阶段，振动及冲击力，特别是着陆时遇到硬击，虽然时间很短，却常常是造成生物体死亡的重要因素之一。目前发放的高空气球高度在 30～40 km 之间，停留时间为 10 h 左右。该高度大气结构、气温、空气密度、压力、地磁强度、辐射流均与地面有很大的差异，并有强烈的紫外线照射，这些条件都有可能引起植物产生遗传性变异。

沈桂芳等（2001）总结了对航天育种诱变机制研究的相关进展，认为有以下 3 种可能：①卫星和飞船飞行的空间存在着各种质子、电子、离子、α 粒子、高空重离子等高能粒子以及 X 射线、γ 射线和其他宇宙射线，它们都能穿透宇宙飞行器的外壁而作用于飞行器中的生物，有很高的相对生物效益，是有效的变异源。如当植物种子被宇宙射线中的高能重粒子击中，会发生多重染色体畸变。而且高能重粒子击中的部位不同，畸变的频率亦不同。根尖分生组织和胚性细胞被击中时畸变频率最高。也有研究指出，DNA 和生物膜（尤其是核膜）是射线作用的靶子,DNA 被击中后引起的断裂或其他损伤能引起细胞的一系列修复活动,若损伤未被修复或被错误修复(如染色体缺失、倒置、异位和重复等)就可能引起遗传性状变异。②卫星在近地高空条件下,各种物质都处于微重力状态。许多研究表明,微重力对植物的向性、生理代谢、激素分布、Ca^{2+} 含量分布和细胞结构等均有明显影响。尤其能观察到植物在微重力条件下细胞核畸变、分裂紊乱、浓缩的染色体增加、核小体数目减少等现象,这就更能说明与遗传有关的物质受到微重力的强力影响,从而引起植物形态和生理代谢的变化。也有人认为,微重力对空间植物材料引起的诱变作用,是通过提高生物对诱变因素的敏感性和抑制 DNA 的修复,从而加剧了生物损伤,并提高变异频率。③太空环境使潜伏的转座子激活,活化的转座子通过移位、插入或丢失,可以导致基因和染色体的变异。这些,在中国科学院遗传研究所专家对卫星搭载的植物进行了细胞学、生理学和分子生物学的检测后得以验证。基因组序列测定表明,植物中存在大量转座子序列和逆转座子序列,太空环境激活了这些转座子。

三、航天育种的生物学效应和特点

航天育种与一般的物理诱变相同,其生物学效应主要是通过诱变明显提高作物品种的产量、改善作物的品质、提高作物的抗逆性等,尤其是改良作物的株型(如高秆变矮秆)、增强作物的抗逆性(如提高作物的抗病性、耐盐、耐热)等。在缩短作物的生育期和改良品质等方面有较好的诱变效果。运用 RAPD 等分子标记和同工酶谱检测分析,航天育种的 DNA 变异率在 15%左右,而同工酶谱的检测表明,酶带和酶带的粗细方面有所变化。

航天育种与常规诱变相比还有以下特点:

其一,诱变频率高。研究表明,航天育种变异率要比传统的物理辐射手段的诱变率高出一个数量级,一般为 5%～10%,最高的诱变率可超出 10%以上,其中有益突变率为 2%～3%,一般比常规诱变频率高 10～20 倍,甚至 100 倍以上。

其二,突变谱广。突变的种类是通常的辐射诱变难以得到的。如水稻籼、粳亚种种性的变异及品质性状的广幅分离等,是迄今其他理化因素诱变所少见的现象。

其三,诱变的当代(SP_1)与 ^{60}Co γ 射线诱变相比损伤率低,不易致死,SP_2 分离大,容易选择。

其四,可以得到一般诱变无法得到的新类型和其他罕见的突变,如粒长 1 cm 的稻谷及每穗粒数超过 600 粒的特大稻穗等变异材料。

其五,有利变异相对较多。水稻在产量、植株高度、抗病性、蛋白质含量等方面的有利变异较多。据报道,航天育种的诱变后代产量比原始亲本提高 8%～20%,蛋白质含量可提高 8.7%～12%,符合育种目标的变异达 2.2%～11.11%。

第六节　加速育种进程的途径

水稻新品种的选育与推广应用是提高水稻单产的最主要途径。然而,水稻的新品种选育是一个长期而复杂的系统工程,不仅涉及到遗传学、作物栽培学、水稻生物学等各个学科,也是水稻育种者个人审美观的一种体现,这也是不同的育种者选育的品种带有明显个人特色的一种原因。

我国的水稻生产从新中国建立至今,已经历了高产(20 世纪 80 年代前)—优质(1984 年左右)—高产(20 世纪 80 年代后期)—优质食用(20 世纪 90 年代初期)—食用、专用优质并重(20 世纪 90 年代后期起)—多目标、多用途、超高产(2000 年后)等多种目标的变迁,而对育种者来说,育成的水稻品种必须符合生产的需求,即要求育种者不仅要有与时俱进的育种目标,还需要有超前的意识和育种材料的储备。

水稻新品种选育的进程除与亲本选择、配组方式、杂交后代性状稳定速度有密切关系外,还与后代推进的速度和后代处理的方法与技术有着密切的关系。一个新品种的育成,若采用常规手段,一般从配制杂交组合到株系定型(获得性状稳定的品系)需要经历 5~8 个世代选择,历时 5~10 年。因此,如何加速水稻育种进程,提高育种速度和效率显得尤为重要。目前,加速育种进程的方法主要有异地加代法、回交育种法、组织培养法等。

一、异地加代法

这是迄今为止应用最广泛和最有效的方法。即针对水稻喜温感光的特性,采取人工环境控制栽培或利用华南高温短日自然条件进行异地增代的技术,使水稻在一年内能完成多个世代。我国各个育种单位现在在海南省基本上都建有南繁基地。采用这个方法,南方稻区早籼稻基本上可从 1 年 1~2 季提高到 1 年 3 季,即早稻正季—翻秋(包括异地翻秋)—海南;单季稻或北方粳稻可从 1 年 1 季提高到 1 年 2 季,即正季和海南。异地加代技术可提高育种效率 50%以上。

异地加代存在着种子休眠性和材料的光温反应等障碍。对于破除种子休眠性和克服光温障碍等方面的内容在《中国稻作学》上有专门的介绍。

异地加代或翻秋,由于育种材料生长的季节、土地的肥力、病原菌的生理小种、光温环境等不同,在生育期、株高、植株的叶片大小、一些自然发生的病害、分蘖力、每穗粒数、结实率和稻米品质等方面有所不同,因此在翻秋或异地加代的情况下,通常不作选择或降低选择压,收获时尽可能多地保留育种群体和个体。

异地加代需要注意的是,育种群体中不抗穗发芽材料增加。据中国水稻研究所早稻育种课题组在育种过程中,对近几年来早稻穗发芽比较严重的现象研究发现,翻秋是引起早稻容易穗发芽的一个主要原因。早稻在正季收获后立即播种,休眠期短的材料在发芽率、成苗率和秧苗的粗壮程度上有明显的优势,在移栽时容易选择粗壮的秧苗即休眠期短的秧苗移栽,最终导致在灌浆成熟后期遇到高温高湿的条件下容易产生穗发芽,这是育种者容易忽略而值得注意的问题。

二、回交育种法

回交育种法,是指通过引入需要的基因而最大限度地保持原有优良性状的一种育种方法。如一个综合性状优良但不抗白叶枯病的 A 品种,可以通过与抗白叶枯病材料 B 杂交,在 F_1 以 A 为轮回亲本回交,获得 BC_1F_1,通过成株期接种白叶枯病菌的方法从中选择抗白叶枯病的单株与 A 再次回交,最终育成以 A 品种为背景的抗白叶枯病新品种。理论上,回交 3 次后即可获得 93.75%的轮换亲本带有的性状,再加上人工选择,所以一般情况下回交 3 次即可达到育种目标。回交育种的优点是目标明确,有效地缩短育种时间。

三、组织培养法

组织培养法是指利用 F_1 或其他世代材料上的花药或幼胚为材料，通过组织培养成单倍体植株，再通过染色体加倍获得遗传性稳定的群体，从中选择农艺性状优良的单株进行繁殖并育成品种的方法。利用 F_1 植株上的花药(代表 F_2)培养可获得最大的遗传变异群体；也可从初步稳定的综合性状较优的材料中选择作为组织培养的外植体，以期通过组织培养中产生的体细胞无性系变异获得更为优异的个体。理论上通过组织培养获得的正常水稻植株是稳定的，因此 2～4 年就能育成新品种。

2003 年，杨长登等利用抗稻瘟病、抗白背飞虱和褐飞虱、米质中等的五丰占 2 号为母本，与高抗白叶枯病的优质米品种 IRBB5 配制杂交组合，并以五丰占 2 号回交一次，辅以分子标记筛选携带抗白叶枯病 *xa5* 基因的回交后代单株进行花药培养，在 2 年内育成了米质达国标一级并抗稻瘟病、白叶枯病、白背飞虱和褐飞虱的中组 14，表明通过不饱和回交、分子标记辅助选择和花药培养相结合的方法是选育水稻新品种的一条快速育种途径。

第七节　常规水稻育种的成就

一、常规育成品种在我国水稻生产中的地位

根据来自《中国农业统计年鉴》(2003 年)和全国农业技术推广服务中心《2003 年全国农作物主要品种推广情况统计表》的信息表明，2003 年全国粮食作物播种面积 10 389.1 万 hm^2，总产量 45 706.0 万 t，单产 4 399 kg/hm^2。2003 年我国水稻播种面积 2 820.13 万 hm^2，总产量17 454.0 万 t，单产 6 189 kg/hm^2。其中早稻播种面积 587.27 万 hm^2(杂交早稻 296.423 万 hm^2)，总产量 3 028.9 万 t，单产 5 158 kg/hm^2(杂交早稻 6 225.3 kg/hm^2)；中稻和一季稻播种面积 1 576.41 万 hm^2(杂交稻 860.563 万 hm^2)，总产量 10 900.7 万 t，单产 6 915 kg/hm^2(杂交稻7 022.4 kg/hm^2)；双季晚稻播种面积 656.45 万 hm^2(杂交晚稻 387.613 万 hm^2)，总产量 3 524.4万 t，单产 5 369 kg/hm^2(杂交晚稻 6 463.95 kg/hm^2)。

2003 年，在我国水稻生产中种植面积为 6 667 hm^2(10 万亩)以上的主要品种(组合)有 488 个，推广面积为 2 010.467 万 hm^2，占水稻种植总面积的约 71.29%。其中常规稻品种为 245 个，种植面积为 688.1 万 hm^2，约占 24%。常规稻中种植面积最大的是黑龙江省农业科学院水稻研究所育成的北方粳稻品种空育 131(引自日本)，2003 年在黑龙江省推广 68.33 万 hm^2；其次是武育粳 3 号和武香粳 14，分别为 30.93 万 hm^2 和 21.6 万 hm^2；而同期推广面积最大的杂交稻组合为两优培九，面积为 73.07 万 hm^2。

从上述信息中各省、自治区、直辖市水稻种植面积和产量推算，以常规早稻为主的浙江省和安徽省平均单产为 4 709～5 298 kg/hm^2，而杂交早稻平均单产为 5 220～6 000 kg/hm^2，常规和杂交早稻混栽区江西省、湖南省的早稻单产为 4 818～5 127 kg/hm^2(杂交早稻为 6 135～6 450 kg/hm^2)，表明杂交早稻产量比常规稻增产 10%～20%，但由于杂交早稻全生育期较长，应用范围受到一定的限制，在季节宽松的两广、赣、湘地区杂交早稻有明显的优势，而在浙、皖一带则因为大量推广杂交早稻会影响双季晚稻的产量而采用短生育期的杂交早稻组合，产量优势也就不明显。

实际上，常规稻和杂交稻在产量上互相赶超的局面在20世纪80年代就已出现，如中国水稻研究所育成的高产早籼品种中83-49，在南方稻区区试中产量比当时的对照广陆矮4号增产15%以上，也比同熟期的杂交早稻组合增产5%～10%。林海等(2004)曾分析了1995～2004年浙江省审定的139个水稻品种(其中常规稻94个，杂交稻45个)，发现审定品种中常规稻的产量变幅为5 329.5～8 982.0 kg/hm^2，而杂交稻的产量变幅为6 282.0～8 958 kg/hm^2，杂交稻比常规稻平均增产5.38%，最小为1997年的0.33%，最大为2003年的13.41%。而以每667 m^{2}日产量计算，常规早籼稻为3.95 kg，杂交早稻为4.04 kg，杂交早稻比常规稻增产2.43%。从2003年南方稻区早籼早中熟组区试的结果也可证明，现在的常规育种与杂交育种在产量等方面基本上处于同一水平：2003年南方稻区早籼早中熟组区试中常规早稻品种20257产量居首位，比居第二、三位的杂交早稻组合625S/505、株两优120产量分别高3.35%和4.08%，而这两个杂交早稻组合比居第四、五位的常规早籼嘉育21和中早22最多只增产了1.44%，并且比常规稻对照浙733减产的只有早优134和蓉优9号两个杂交组合。2002～2004年江西省的水稻区试验结果也反映了常规稻与杂交稻在产量性状上基本处于同一水平。

以上这些数据表明了中国水稻育种的现状和水平。常规稻和杂交稻育种经过近30年的你追我赶，产量水平均得到了较大的提高，这体现在常规稻的最高产量与杂交稻的最高产量相当，甚至略高(8 982 kg/hm^{2}与8 958 kg/hm^2)，平均产量基本相当。

常规品种的大面积推广应用是粮食生产稳定的前提，尤其是在我国现阶段南方稻区杂交早稻育种和北方稻区杂交粳稻育种水平还满足不了生产实际之时。在南方稻区两熟制和三熟制地区，由于杂交早籼生育期较长，与双季杂交晚稻或晚粳之间存在争季节之矛盾，为保证作为口粮的晚籼(晚粳)稻的产量，农民喜欢种植熟期早而产量稳的常规早稻。在北方粳稻区，由于光温等条件限制，无法种植杂交籼稻，而杂交粳稻则在产量、抗性等杂种优势等方面与常规品种相差更小，且杂交粳稻有许多为粳不籼恢或籼不粳恢等亚种间杂交，在米质理化指标和适口性等方面无法与现有的常规优质粳米相比，限制了杂交粳稻的推广应用。

因此，常规品种的推广应用不仅现阶段是我国粮食生产的基本保证，而且在可预见的将来也是无法替代的。

二、常规育种在我国水稻科研中的作用

常规的杂交育种和系统选育方法是水稻各类育种的基础方法，也是所有水稻遗传、分子技术等相关研究的基础。

(一)在杂交水稻育种中的作用

1. 在不育系和保持系选育中的作用　从《中国水稻品种及其系谱》对我国杂交水稻的系谱研究表明，目前生产上应用的主要不育系和保持系均来自我国的南方稻区早籼稻品种。究其原因，一是我国现有的早籼稻常规品种的育性基因型多为$N(rr)$，即细胞质为可育的(N)，细胞核为不育的(rr)，从早籼稻中容易筛选保持系；二是雄性不育系开花要求的气温较高，开花期要求日平均气温≥24℃，最适宜开花的穗部气温是28℃～32℃，低于28℃或高于32℃时开花较少，这个条件只有早籼品种为保持系转育的不育系才能得到满足；三是早籼品种的株高普遍较低，转育的不育系株高也相应较低，即使在调节花期等喷洒赤霉素后株高也低于父本，有利于制种获得高产。

我国育成的应用面积较大的杂交水稻主要不育系中,所有的原始亲本均有早籼稻的影子存在,如利用浙江省温州市农业科学研究所育成的珍汕97(珍珠矮11/汕矮选4号)及其衍生品系育成了野败型不育系的代表珍汕97A、D型不育系代表D珍汕97A和印水型不育系代表Ⅱ-32A;矮败型不育系协青早A、冈型不育系和红莲型不育系同样分别有华南早籼协青早、朝阳1号和青四矮2号的血缘。

鉴于我国早籼稻存在的多为保持系、株矮、产量高等诸多优点,迄今仍是我国不育系尤其是籼型不育系转育的主要来源。在籼型不育系转育过程中要注意的是,在回交2~3次后,可能会出现部分半恢半保的单株,要注意严格镜检;同时选择转育不育系时,尽量选择谷粒细长的材料,以利于提高柱头外露率和异交结实率。

2. 在恢复系选育中的作用　研究表明,恢复基因大多数存在于低纬度地区的品种中。我国长江流域的品种携带有恢复基因的不到7%,华南稻区的约为20%,而35%以上的恢复系来自东南亚地区。从水稻系谱分析,则2对主要的恢复基因分别来自我国的晚籼品种Cina(R_1R_1)和印度品种Slo(R_2R_2)。这2对恢复基因分别通过印尼品种Peta和CPSLO传递到IR8和IR127,并在IR24上得到结合,成为强恢复系。此后育成的恢复系如桂33、明恢63、测64等基本上均来自IR系列及其衍生品系,包括IR24、IR661、IR26、IR28、IR30和IR36,少数来自国内地方品种携带的育性恢复基因转育,如特青。

以上这些恢复系均来自杂交育种的后代,现有的恢复系选育是在保留恢复基因的基础上,改良恢复系的抗病性、抗虫性和产量、米质等方面。近来也有利用分子标记辅助选择选择恢复系等报道,但分子标记辅助选择主要针对单一性状的改良。

(二)在水稻突变体库构建和分子生物学研究中的作用

20世纪80年代后,随着分子生物学的发展,水稻由于其在粮食生产中的重要地位,且其基因组较小(430 Mb),成为分子遗传学和基因组学研究的模式植物。无论是经典的遗传研究还是现代的分子生物学研究,都需要通过构建F_2群体、重组自交系群体、近等基因系群体和加倍单倍体(DH)群体等群体获得各种数据、构建连锁图谱等,而常规杂交育种和诱变育种正是构建这些群体的主要手段。

F_2群体的构建:F_2群体是经典遗传学和分子生物学最为常用的群体,水稻的第一张分子连锁图谱就是在1988年McCouch等利用IR34583(籼)/Bulu Dalam(爪哇)组合的F_2获得的。F_2是一种暂时性群体,易于在较短时间内获得,信息量大,适于物种初次构建连锁图谱时使用;现在也有通过种植大量(几万株至十几万株)的F_2个体,进行基因的精确定位和基因克隆研究。F_2群体的获得比较简单,通过两个亲本的杂交,收获杂交种子,种植F_1,去除假杂种后收获即可得到F_2种子(籼粳交或亲缘关系较远时注意在F_1抽穗后套袋自交,以免串粉),种植F_2种子就可获得F_2群体。

BCF_1群体的构建:在栽培稻和野生稻之间或其他亲缘关系较远的亲本之间,由于杂交后获得的F_1代通常自交不育,所以通常利用性状较好的亲本对F_1代进行一次回交,回交获得的种子即为BCF_1种子,种植BCF_1种子即获得BCF_1群体。它也是一种暂时性群体,常用来构建连锁图和检测某些特殊性状。

重组自交系群体的构建:重组自交系是分子生物学研究中最为常用的群体。我国在水稻基因定位、多种性状的QTL分析中最为常用的群体有中156/谷梅2号、珍汕97B/密阳46、协青早B/密阳46、特青/Lemont和珍汕97B/明恢63等几个群体。构建方法是通过两个亲本杂交,获得 F_1,种植 F_1 并收获 F_2 种子,然后采用"单粒传"的方法一直种植,通过不断自交直至稳定。该群体各株系的遗传组成相对稳定,可以通过种子繁殖代代相传,可不断增加新的遗传标记和对性状进行重复鉴定,是一种永久性群体。

近等基因系群体的构建：近等基因系群体是研究控制同一性状的不同等位基因效应的主要群体,也被用来进行基因的精细定位和基因图位克隆等。近等基因系群体的构建需要一系列的回交,一般是杂交获得种子,种植 F_1 和 F_2,从中选择符合目标性状的单株与轮回亲本回交,直至基本性状与轮回亲本一致。对显性性状,每一代均可回交,隐性性状则在每一次回交后需自交一代,才能再次回交。

研究水稻的不同性状和不同基因的功能,需要不同的特异材料。自然界中由于自然突变会产生一小部分,而常规的杂交育种等方法也能产生部分特异的变异株,但这些特异材料远不能满足研究的需要。因此,构建突变体库,发掘和创制特异材料是遗传学家和分子生物学家的工作基础。现有的突变体库构建方法主要有 T-DNA 插入突变和诱变两种方法。诱变中又以辐射诱变最为常用,且辐射诱变的突变体突变类型众多,分布于染色体的各个部位,理论上只要有足够大的群体,通过辐射诱变能获得饱和突变体库,这是 T-DNA 插入突变等方法无法比拟的,因为 T-DNA 的插入有选择性。如 IRRI 利用 IR64 通过 γ-射线、快中子、离子注入等方法创制了一批突变体,突变的总频率约为 6%;我国的朱旭东等利用 γ-射线辐射诱变粳稻品种中花 11,获得了侧向生长、大粒矮生、短颈穗、易穗芽、白叶鞘等一批国内外未曾报道的新突变体,突变的总频率为 5.1%。这些突变体为进一步研究不同的基因功能和改良水稻新品种提供了新的资源。

三、常规育种的展望

随着我国经济的进一步发展和人们生活水平的进一步提高,人们对水稻品种的要求越来越多样化,如对稻米品质的要求从原来的温饱型提高到优质、安全等,而对稻农来说,要求降低生产成本,省工、省力、省肥及适应直播等轻型栽培。对品种需求的多样化,必然导致育种目标的多样化,但利用诱变育种和航天育种等常规育种方法所创制的有利变异有限,不能满足多目标的育种需要,而作为常规育种的主体——杂交育种又由于育成品种所需较长年限,不能及时提供合适的品种满足生产需要。尽管分子标记辅助育种、生物工程育种和转基因育种等新的育种方法的出现,呈现了较好的应用前景,但也仅限于改良单一性状或少数几个性状,而不能有突破性的进展。因此,在以杂交育种为主体的常规育种基础上,广泛开展多学科协作,通过发掘更多的有利种质资源和有利新基因,明确有利基因的遗传规律,通过分子定位和分子标记辅助选择提高育种效率或通过基因克隆、转基因等手段加快有利基因的利用,即结合包括常规育种、分子育种和生物工程育种等各种育种方法选育水稻新品种是今后水稻育种的发展方向。

当今科学技术的快速发展,越来越多的育种新方法、新技术开始出现,且随着越来越多的科学家、育种者掌握包括分子标记辅助育种和生物工程育种的技术,现今的新育种技术也必将成为常规育种技术。

参 考 文 献

樊龙江,吴建国,石春海等.籼稻露水和喷水去雄方法研究.浙江大学学报(农业与生命科学版),2003,29(3):271－274

葛榜军.航天育种:中国居世界第三.现代农业,2001,(12):42

蒋兴村.空间诱变育种研究.见:中国高科技产业化研究会暨航天育种研讨会论文.宁波:中国高科技产业化研究会,2002

李忠娴.航天育种研究动态与展望.江西农业科技,2000,3:43-44

林海,庞乾林,阮刘青等.近10年浙江省审定水稻品种及其产量分析.中国稻米,2004,(6):22-23

林世成,闵绍楷.中国水稻品种及其系谱.上海:上海科学技术出版社,1991

刘敏,薛淮,张纯花等.空间诱变机理研究进展.见:中国高科技产业化研究会暨航天育种研讨会论文.宁波:中国高科技产业化研究会,2002

闵绍楷,申宗坦,熊振民等.水稻育种学.北京:中国农业出版社,1996

沈桂芳,倪丕冲,孙丙耀.中国的航天育种.世界农业,2002,(1):37-40

唐掌雄,龚胤昕.关于航天育种进一步生涯研究的思考.见:中国高科技产业化研究会暨航天育种研讨会论文.宁波:中国高科技产业化研究会,2002

王琳清.诱发突变与作物改良.北京:原子能出版社,1995

温贤芳,刘录祥.我国农业空间诱变育种研究进展.见:中国高科技产业化研究会暨航天育种研讨会论文.宁波:中国高科技产业化研究会,2002

熊振民,蔡洪法.中国水稻.北京:中国农业出版社,1992

徐冠仁.植物诱变育种学.北京:中国农业出版社,1996

杨长登,王兴春,李西明等.水稻品种五丰占2号的白叶枯病抗性遗传分析.中国水稻科学,2004,18(2):99-103

中国农业科学院.中国稻作学.北京:农业出版社,1986

朱旭东,陈红旗,罗达.水稻中花11辐射突变体的分离与鉴定.中国水稻科学,2003,17(3):205-210

第八章　杂交水稻育种

杂种优势是生物界普遍存在的一种现象。我国是世界上第一个成功地利用水稻杂种优势的国家。杂交水稻培育成功,标志着我国水稻育种在继20世纪50年代系统选育、60年代矮化育种之后的又一次重大突破,开创了水稻生产的新局面。同时,杂交水稻作为我国具有自主知识产权的重大成果,已被世界主要产稻国广为应用,杂交水稻被公认为是世界农业发展史上的一次伟大创举。

第一节　水稻杂种优势的理论

一、水稻杂种优势的概念与表现及衡量指标

(一)水稻杂种优势的概念与表现

两个遗传组成不同的亲本杂交,产生的杂种一代优于双亲的现象称为杂种优势。广义的杂种优势是指杂种一代在生长势、生活力、繁殖力、抗逆性、适应性、产量和品质诸方面均超过双亲的现象;而狭义的杂种优势主要是指杂种一代的产量超过双亲。利用杂种一代的优越性以获得经济效益的方法称为杂种优势利用。

杂种优势(heterosis)一词最早是由Shull(1908)提出来的,意指增加异质性所产生的刺激作用。德国学者Kolreuter(1763)最早进行植物的杂交研究,他发现了烟草中一些杂种生活力增强的现象。此后孟德尔(1865)和达尔文(1877)在各自的实验中都观察到了一些植物的杂种具有杂种优势的现象。达尔文认为杂交通常是有益的,而自交有害。水稻的杂种优势研究始于19世纪。Jones(1926)首先报道了水稻的杂种优势,他发现一些杂种 F_1 与其亲本相比分蘖数更多,产量更高。在以后的30多年,许多研究者也证实了水稻这一典型自花授粉作物也存在杂种优势现象。

在植物杂种优势的利用方面,1910年Shull和其他研究者最早提出了玉米杂种优势生产应用的基本方案,但由于当时缺乏合适的自交系,同时对杂交种商品化生产的可行性持怀疑态度,使得玉米杂种优势的利用推迟了20多年。

在发现水稻也存在杂种优势现象后,20世纪60年代印度(Richharia,1962)、美国(Stansel和Craigmile,1966)、日本(Shinjyo和Oumura,1966)和中国(袁隆平,1966)都提出了水稻杂种优势生产应用的设想。其中日本新城长友在1968年育成了具有“钦苏拉包罗Ⅱ”细胞质的“台中65”不育系后,首先实现了粳型杂交水稻的三系配套,但由于优势等问题,未能在生产上利用。

1973年,我国成功地实现了籼型杂交水稻的三系配套,1975年又实现杂交粳稻三系配套。选育出的不同类型的杂交水稻组合在生产上大面积推广,成为世界上第一个成功进行水稻杂种优势商品化利用的国家。在大面积应用三系杂交稻的基础上,我国于80年代末又成功地选育出两系杂交稻并应用于生产。

(二)杂种优势的衡量指标

杂种优势既是生物界中的普遍现象,又是一种复杂的生物现象,其表现形式是多种多样的,有正向优势,也有负向优势。杂种一代性状超过亲本时称为正向优势,低于亲本则称负向优势。由于人类的要求与植物本身的需求不完全相同,有些性状对植物来讲是正向的优势,对人类要求来讲却是负向优势,例如株高、生育期等。因此,在育种中,不仅需要利用正向优势,有时还需要利用负向优势。

为了便于研究、评价和利用杂种优势,需要对杂种优势的大小进行测定。杂种优势可以从不同的角度进行评价,常用的杂种优势衡量指标有以下几种。

1. 平均优势　杂种第一代某一经济性状测定值偏离双亲平均值的比例。计算公式为:平均优势(%) = $(F_1 - MP)/MP \times 100\%$。$F_1$ 为杂种一代平均值,MP 代表双亲平均值,即 $MP = (P_1 + P_2)/2$。F_1 与平均数差异越大,优势越强。

2. 超亲优势　杂种一代某一经济性状值偏离最高亲本同一性状值的比例。计算公式为:超亲优势(%) = $(F_1 - HP)/HP \times 100\%$。$F_1$ 为杂种一代平均值,HP 为高亲本值。

3. 竞争优势(对照优势)　杂种一代某一经济性状值偏离对照品种或当地推广品种同一性状值的比例。计算公式为:竞争优势 = $(F_1 - CK)/CK \times 100\%$。$F_1$ 为杂种一代平均值,CK 为对照品种值。

4. 相对优势(Hp)　计算公式为:$Hp = (F_1 - MP)/[(P_1 - P_2)/2]$。$F_1$ 为杂种一代平均值,P_1、P_2 为两亲本值,MP 为双亲平均值。$Hp = 0$,无显性(无优势);$Hp = \pm 1$,正、负向完全显性;$Hp > 1$,正向超亲优势;$Hp < -1$,负向超亲优势;$1 > Hp > 0$,正向部分显性;$-1 < Hp < 0$,负向部分显性。

5. 优势指数　计算公式为:$a_1 = F_1/P_1$;$a_2 = F_1/P_2$。a_1、a_2 分别代表某一性状两亲的优势指数。优势指数高,说明杂种优势大,反之则优势小。a_1、a_2 差异大时,互补后杂种出现的杂种优势亦可能较大。

上述各种指标对分析杂种优势都有一定的价值。但是要使杂种优势应用于大田生产,不仅杂种一代要比其亲本具有优势,更重要的是必须优于当地推广的良种(对照品种)。因此,对竞争优势的衡量更具有育种意义。

二、杂种优势的遗传基础

(一)显性效应

Bruce(1910)首先提出显性基因互补假说,后来,Jones(1917)又进一步补充为显性连锁基因假说,简称显性假说。该假说认为,杂种优势是由于双亲的显性基因全部聚集在杂种中所引起的互补作用。在大多数情况下,显性性状往往是有利的,而隐性性状是有害的;杂种 F_1 综合了双亲的显性有利基因和隐性不利基因,隐性不利基因的效应被显性有利基因的效应所掩盖,从而表现出杂种优势;在杂交组合中,隐性不利基因被遮盖得越多,其杂种优势越强(图 8-1)。但是,这一假说仅考虑到基因的显性作用,而没有考虑到非等位基因作用到杂种优势的性状大多属数量性状,受多基因控制,没有显隐关系而有累加作用。

(二)超显性效应

East(1936)提出超显性假说,认为杂种优势来源于双亲基因型的异质结合而引起等位基因 间的互作,故又称等位基因异质结合假说。根据这一假说,等位基因没有显隐性关系,同

P　　$AAbbCCDDee$　×　$aaBBccddEE$

↓

F_1　　$AaBbCcDdEe$(出现杂种优势)

图 8-1　显性假说的说明

位点的等位基因可分化出许多不同的异质性的等位基因,异质的等位基因间的相互作用大于同质(纯合)的等位基因间的作用。假定 a_1 和 a_2 是等位基因,则 $a_1a_2 > a_2a_2$(图 8-2)。

P　　$a_1a_1b_1b_1c_1c_1d_1d_1e_1e_1$　×　$a_2a_2b_2b_2c_2c_2d_2d_2e_2e_2$

↓

F_1　　$a_1a_2b_1b_2c_1c_2d_1d_2e_1e_2$(出现杂种优势)

图 8-2　超显性假说的说明

超显性可以使杂种远远优于最优亲本的现象,得到了越来越多的研究结果的证明。但是,这个假说完全排除了等位基因间显隐性的差别,否定了显性基因在杂种优势中的作用。众所周知,杂种优势并不和等位基因的杂合性始终一致,例如在水稻中,有一些杂种的某些性状不一定比它的纯合亲本更优越。

近年来,中国水稻研究所在利用分子技术研究水稻杂种优势机制方面取得了新突破。在应用汕优 10 号 F_2 群体开展的研究中,为降低遗传背景对杂种优势遗传机制分析的干扰,提出亚群体分析法,在 2 个 F_2 群体中,挑选均匀分布于连锁图谱的 DNA 标记作为固定因子,分别根据每个固定因子的基因型将 F_2 群体分成 3 类亚群体:母本型(Ⅰ型)、父本型(Ⅱ型)和杂合型(Ⅲ型)。在大量Ⅲ型亚群体中,发现杂合度与产量和穗数呈显著正相关。相关 QTL 分析结果表明,在这些Ⅲ型亚群体中,检测到的产量 QTL 和穗数 QTL 往往表现出超显性作用。由此说明,杂种优势相关基因可能包括 2 种主要类型,一类可以在某些遗传背景下表现出超显性效应;另一类难以检测到超显性效应,但其杂合型状态是超显性 QTL 发挥效应的基础。因而提出,特定遗传背景下的超显性效应是水稻杂种优势的重要基础之一。

(三)上位性效应

上位性效应即双基因互作现象,包括加性基因之间、加性基因与显性基因之间以及显性基因之间的互作。上位性效应在杂种优势形成中也有重要的作用。

杂种优势是一种极其复杂的遗传性状和生理现象,它的表现涉及很多内在因素和环境因素。已有证据表明,显性效应、超显性效应和上位性效应都是作物杂种优势的重要遗传基础。Xiao 等用 RFLP 标记进行水稻数量性状杂种优势遗传基础研究,认为水稻杂种优势主要决定于亲本基因的显性互补。Stuber 等利用 RFLP 分子标记对玉米杂种优势的遗传基础进行分析,发现玉米中决定产量的数量性状杂种优势与位点杂合性呈正相关(相关系数为 0.68),单一位点控制性状的表型与杂合性相关较小,随着性状涉及位点数的增加,表型与位点杂合性的相关系数也增大,认为超显性效应是杂种优势的重要遗传基础。Yu 等利用覆盖整个水稻基因组、具有 150 个分离位点的分子连锁图,研究水稻优良杂交种的杂种优势机制,发现双基因互作现象,包括加性基因之间、加性基因与显性基因之间以及显性基因之间,都普遍存在,认为上位性效应在杂种优势形成中起决定性作用;熊立仲等应用分子标记研究水稻杂种优势的基础也得到了相似的结果(武小金,2000)。

三、水稻杂种优势的预测方法

水稻杂种优势利用最主要的是籽粒产量优势的利用。产量的形成，涉及一系列的生理生化过程。为此，人们对杂交水稻及其亲本的同工酶，光合作用特性，呼吸作用和光呼吸，根系活力及吸肥特性，干物质积累、运转和分配，以及对逆境的抗性等方面，进行了大量的遗传学和生理生化研究。这些研究主要用于揭示杂种优势的本质和对杂种优势的预测，对科学地选配亲本和提高组配效率具有重要意义(段发平等，2000)。

(一)数量遗传学方法

1. 配合力法　Griffing 提出用配合力预测作物杂种优势的线性模型。现在配合力法已成为预测杂种优势的主要方法之一。在亲本选配之前都要进行配合力测定。

2. 遗传距离法　遗传距离(D^2)是生物群体间遗传差异的一种度量。徐静斐等指出 D^2 可以作为预测杂种优势的一个参数。

3. 杂种优势群法　从亲缘关系较远的原始群体中选育出来的自交系间杂交，容易获得具有强优势表现的 F_1 代，这两种群体称做杂种优势群。刘仲齐等发现，与遗传距离法相比，杂种优势群法能更好地预测 F_1 的优势表现。

(二)生理生化遗传学方法

1. 叶绿体互补法　李良壁等发现水稻不育系和恢复系的混合叶绿体的希尔反应活性提高。

2. 线粒体互补法　浙江农业大学发现水稻亲本幼苗的氧化活性具有“线粒体互补”作用。中国科学院华南植物研究所提出父母本的氧化活性既显示线粒体互补的作用，也有不具线粒体互补的杂种一代，其谷粒产量优势仍然存在。

3. 细胞匀浆法与 ATP 含量水平法　杨福愉等首先应用匀浆互补法测试了 8 个水稻组合的杂种优势获得理想的结果，准确率达 85% 以上。中国科学院生物物理研究所还探索了水稻亲本黄化苗幼芽能源物质 ATP 含量水平与杂种优势的相关性，15 个组合的测试结果表明，预测准确率达 90% 以上。朱鹏等认为，采用细胞匀浆互补法预测水稻杂种优势比叶绿体互补法结果可靠、易行。

4. 同工酶法　许多研究表明，植物体内某些同工酶状态与杂种优势大小有一定的相关性。如曾有发现酯酶同工酶酶谱与水稻杂种优势关系密切，可作为预测杂种优势的一个指标，但也有另外的试验证明，酯酶同工酶酶谱不能完全确切地代表杂种优势。亦有研究表明，杂种与双亲相比，有新的过氧化物酶谱带出现，认为这是杂种优势的一个特征。朱鹏等认为，苹果酸脱氢酶(MDH)活性是早期预测杂种后期生长和产量优势表现的一个有意义的生理参数，而谷氨酸脱氢酶(GDH)不适于作为优势预测的生理指标。朱英国等指出，同工酶差异指数与水稻杂种优势存在明显的相关性。但杨太兴等试验表明，用酯酶差异指数方法来预测遗传背景复杂的杂种产量优势，在统计学上差异不太显著。

5. 同位素示踪法　王永锐研究发现，预测杂种优势(或劣势)应在水稻分蘖期和乳熟期结合进行才会得到比较准确的判断结果。

此外，还有硝酸还原酶活性法、核组蛋白的组成、组织培养形成愈伤速率法、匀浆互补电泳法和超氧化物歧化酶(SOD)法等也可用来预测水稻的杂种优势。

(三)分子遗传学方法

1. DNA分子标记差异法　基因组研究的最新进展引起了研究工作者对利用分子标记来预测杂种优势的极大兴趣。预测杂种优势的一个最基本的假说,就是杂种表现与遗传杂合度的强线性关系。利用DNA分子标记差异性预测作物杂种优势的研究也取得了可喜的进展。许多实验结果表明,杂种优势与分子标记位点的杂合度相关显著,但相关的程度随不同的资料得出的结果不一致。Melchinger等和Boppenmaier等指出,亲本间RFLP的遗传距离和F_1表现的关系取决于研究中所用的亲本来源。亲本来源于相同的杂种优势组时,相关性高;亲本来源于不同的杂种优势组时,相关性低。Hlroshi等研究表明,水稻地上部生物学产量与亲本分子标记差异性程度显著正相关,同时指出用亲本差异性程度来预测杂种优势的可靠程度不高。Zhang等(1997)就分子标记位点杂合度与杂种表现或杂种优势关系在很多性状上进行了全面分析,提出了两种评价亲本异质性的方法,即一般异质性和特殊异质性。他们发现,一般杂合度与F_1表现或杂种优势的相关程度很低,但是中亲优势与特异杂合度在包括产量和生物学产量等性状上高度相关。在统计上,这种高度相关达到了可以实际用于杂种优势预测的程度。进一步扩大材料范围的研究表明,这种分子标记杂合度(包括一般杂合度和特异杂合度)与杂种优势的关系不是不可变的,它取决于研究所用材料以及水稻资源的多样性和杂种优势遗传基础的复杂性。Saghai等发现F_1杂种分子标记的杂合性同F_1的稻谷产量和完整米产量及其杂种优势均呈显著正相关,这种相关应归功于组合亲本间的高水平杂合性。

2. mRNA差异显示法　程宁辉等应用mRNA差异显示法分析水稻杂种一代和亲本幼苗期基因表达差异。结果表明,亲本和杂种一代基因表达差异明显。这就为在分子水平上深入研究和揭示杂种优势形成的机制与其预测原理提供了有价值的途径。

四、水稻杂种优势利用的途径和方法

杂种优势利用已经成为提高农作物产量和品质的重要措施之一。袁隆平(1987)认为,杂交水稻还蕴藏着巨大的潜力,有着广阔的发展前景。就提高杂种优势的程度看,杂交水稻的发展可分为品种间杂种优势、亚种间杂种优势和远缘杂种优势3个阶段。就育种方法来讲,杂交水稻的发展亦可分为三系法、两系法和一系法3个步骤。从育种目标看,需要从单纯追求产量优势向综合产量、品质、抗性优势发展(孙宗修等,1994)。

(一)水稻杂种优势利用的途径

1. 品种间杂种优势　目前生产上利用的杂交水稻大多属品种间杂种优势利用。20世纪70年代,我国就是利用此类杂种优势使我国水稻在矮化育种后又取得重大突破,水稻产量普遍可增产20%以上。然而,由于品种间亲本的亲缘关系较近,遗传物质差异不大,故杂种优势有较大的局限性,近年来育成的品种间杂交组合增产幅度较小,从而使杂交水稻单产水平处于徘徊状态。

2. 亚种间杂种优势　由于籼粳亚种间遗传距离较大,因此籼粳杂交种具有巨大的优势。不少优势组合库大源足,有人推测产量可超过现有高产品种间杂交稻30%~50%。然而,籼粳杂交存在较大的负优势,主要问题是杂种结实率偏低,籽粒不饱满,熟期偏迟,植株过高(王建军等,1991)。广亲和基因的发现、研究和利用,为解决结实率低的问题带来了希望。

3. 远缘杂种优势　远缘杂交可在一定程度上打破稻种之间的界限,促使不同稻种的基因交流。作为一种育种手段,目前主要用于引进不同种属的有用基因,从而改良现有的品种。我国不少研究者取用玉米、高粱,小麦、稗草、薏苡,芦苇、竹等植物为父本与水稻杂交,有的杂种后代具有较优良的经济性状并在生产上试种。近年来,转基因技术的发展为外源基因的导入提供了新途径。如章善庆等(1998)通过转基因技术把抗除草剂基因 *Bar* 转移到杂交水稻恢复系中,就是一个成功的例子。

(二)水稻杂种优势利用的方法

1. 三系法　这是行之有效的经典方法。目前大面积推广的品种间杂交水稻,大多是三系法品种间组合。现不少育种家致力于三系法亚种间组合选育,即将水稻广亲和基因导入现有不育系、保持系或恢复系,育成广亲和性"三系",然后利用广亲和籼、粳不育系和现有粳、籼恢复系配组,或用广亲和籼、粳恢复系和现有粳、籼不育系配组,育成强优组合直接用于生产。

2. 两系法　包括化学杀雄法和光(温)敏不育系利用法。

(1)化学杀雄法　20 世纪 50 年代初,国外就有化学杀雄的报道。国内自 1970 年开始了水稻的化学杀雄研究,曾育成一些组合在生产上应用,如赣化 2 号等。化学杀雄不受遗传因素影响,配组较自由,利用杂种优势的广度大于三系法。但是目前还没有真正优良的杀雄剂,且杀雄后往往造成不同程度的雌性器官损伤和开花不良,影响制种产量和纯度,导致化杀法研究进展不大。

(2)光(温)敏不育系利用法　光(温)敏感核不育系是核基因控制的雄性不育系,可一系两用,根据不同的日照长度和温度,既可自身繁种,又可用于制种。利用光(温)敏不育系进行两系杂种优势利用,不但可使种子生产程序减少一个环节,从而降低种子成本,而且配组自由,凡正常品种都可作为恢复系,选到强优组合的概率高于三系法。更为重要的是可避免不育胞质的负效应,防止遗传基础的单一化。两系法既可进行品种间杂种优势利用,又可进行亚种间杂种优势利用,目前国内很多育种单位在这方面的研究已取得较大进展。如近年种植面积居首位的两优培九就是两系法育成的杂交水稻。但不育系对环境因素的敏感性制约了此类两系法以更快速度的发展。

3. 一系法　即培育不分离的 F_1 杂种,将杂种优势固定下来,从而不需要年年制种。这是利用杂种优势的最好方式。赵世绪(1977)和袁隆平(1987)等相继提出用无融合生殖的原理固定水稻杂种优势的设想,一些科研单位和大专院校对水稻无融合生殖进行了不少研究。无融合生殖固定水稻杂种优势曾一度成为研究的热点,但由于进展不大,或证据不足,目前仅作为一种探索性研究。

第二节　水稻雄性不育机制

水稻是典型的自花授粉作物,为圆锥花序,在一个小穗中着生一朵花。颖花主要由护颖、内颖、外颖、雌蕊和 6 枚雄蕊构成。6 枚雄蕊分布在雌蕊的四周,每个雄蕊由一根花丝和花丝顶部的花药组成。所谓雄性不育,是指雄性器官退化,不能形成正常花药花粉或仅能形成无生活力的败育花粉,但雌蕊正常可育的特性。雄性不育可分为 2 类:一类为生理性不育,它是生长发育过程中受外因影响而导致的,如不良气候条件、各种理化因素当季影响造成的雄性不育,这种雄性不育是非遗传性的,在育种上不能连续利用;另一类是在育种上能利用的,主要是细胞质雄性不育系和光温敏核不育系。

一、水稻雄性不育系的特征

(一)雄性不育系的形态特征

细胞质雄性不育系的外部形态与保持系极为相似,在抽穗前一般难以区别。抽穗后,不育系的花药特别瘦小,细长干瘪,呈乳白色、黄白色或浅黄色,花粉粒干瘦,没有授粉能力,而保持系的花药肥大、饱满,呈金黄色。除花药形态外,花药的开裂、花粉的染色情况等在不育系与保持系间也有明显的差别(表 8-1)。光敏核不育系、化杀不育系和一些辐射后代中产生的核不育系,一般也表现出上述这些较为典型的不育形态特征。

表 8-1　不育系和保持系的形态区别

性　　状	孢子体籼型不育系	配子体粳型不育系	保　持　系
花药形态	干瘪、瘦小	比保持系较瘦小	肥大、饱满
花药色泽	水渍状或乳白色	浅黄色或黄色	黄色
花药开裂	不开裂,开花后呈线状	一般不开裂,开花后呈棒状	开裂,开花后呈薄片状
花粉形态	畸形,皱缩不规则	圆形,稍小	饱满圆球形
花粉内淀粉	无或极少	充实不够	多
花粉数量	少,不撒出	一般不撒粉	多,撒粉明显
碘液染色	不染色或浅色	蓝色或浅蓝色	蓝黑色
开颖角度	较大	同保持系	一般
开花时间	较长,开花分散	开花集中,同保持系相近	有明显高峰
分蘖力	较强,分蘖期长	一般	一般
出穗期	比保持系迟 3~5 天	正常	正常
穗　颈	较短,多包颈	稍短,不包颈	正常
育　性	自交不结实	自交不结实	自交结实正常
株　高	偏矮	比保持系稍矮	正常

(二)雄性不育的生理生化特征

农作物雄性不育的生理生化特征已有很多学者进行了研究,其中对水稻细胞质雄性不育和光敏核不育的生理生化特征已有较为详细的研究。这方面的研究涉及物质运输与能量代谢、蛋白质和酶的变化、激素的变化以及基因产物等方面。不同类型的雄性不育水稻具有相似的生理生化特征,但与可育品种不同。总的来说,不育系的生理代谢水平要比可育水稻低,这突出表现在花粉发育过程中淀粉、蛋白质和酶活性的变化上。由于细胞质雄性不育与母性遗传有关,所以线粒体和叶绿体基因及其产物的代谢的研究引起人们的普遍关注,这方面的报道也日益增多。而困难相对较大的核基因及其产物的研究,目前在别的植物如矮牵牛中利用转基因的方法已取得较大的进展。相信随着生命科学理论水平的提高和基因工程技术的发展,对水稻雄性不育将会有更深刻的了解。

(三)雄性不育的细胞学特征

1. 花粉败育过程的细胞学 水稻花粉的发育过程如图8-3所示。花粉败育的途径有多种。据观察,不育系花粉的败育,一般出现在4个时期,即造孢细胞至花粉母细胞增殖时期、减数分裂期、单核晚期、双核和三核花粉期。根据败育时期的迟早,分为无花粉型、单核败育型、双核败育型和三核败育型4种类型,相应的花粉形态表现为无花粉、典败、圆败和染败4种。

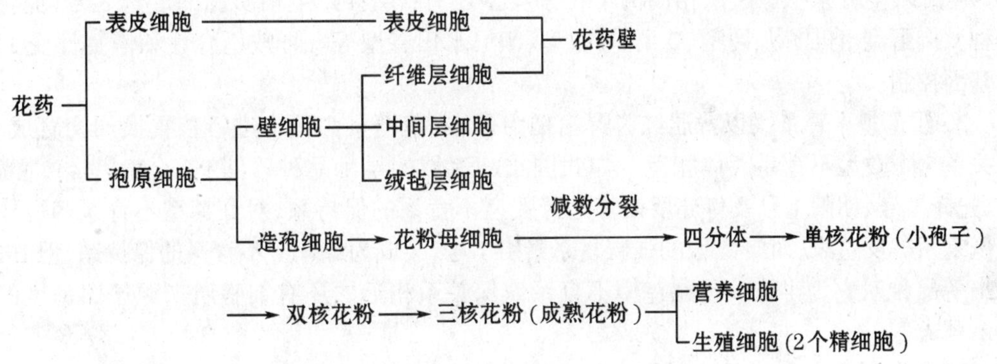

图 8-3 水稻花粉发育和形成示意图

(1)无花粉型 单核期之前发生的败育,相应的花粉形态表现为无花粉型,如低温敏核不育系安农S-1等。

(2)单核败育型 单核期败育主要发生在单核晚期,但不排除少数在此前后发生的败育花粉,如农垦58S。单核期败育花粉因内容物消失以及收缩后不能恢复等原因,形状极不规则,在显微镜下经常看到花粉呈三角形、菱形等典型的败育形状。因此,单核期败育型又称为典败型。

(3)双核败育型 单核花粉发育到双核期时形成了营养核和生殖核这样两个细胞核。双核期败育即指进入双核期以后,生殖核和营养核先后解体而败育。这种类型以红莲型不育系为代表。由于双核期败育的花粉形态呈圆形,所以又称为圆败型。

(4)三核败育型 三核期末期花粉在正常可育植株中已发育成熟,所以花粉的败育发生在发育成熟之前。因此时花粉中已有少量淀粉形成,故I_2-KI溶液染色反应呈蓝色,只不过比正常花粉粒染色浅一些,故三核期败育又称为染败型。

以上4种类型败育的划分更主要的是考虑到实际应用的方便。花粉败育极为复杂,从造孢细胞甚至孢原细胞至三核期的整个连续过程中均可发生,同时不仅不育系之间不同,同一朵花甚至同一药室中都可能并存有不同的败育类型。

2. 不育系的雄蕊组织结构 不同学者在观察不育系的花粉败育过程中,同时发现不育系的雄蕊组织结构如花药壁、中间层和绒毡层细胞、花丝和药隔往往也表现不同程度的发育异常现象。

二、水稻雄性不育的分类

对于水稻雄性不育的分类,我国学者如李泽炳(1980)、袁隆平(1988)、朱英国(1979)和万邦惠等(1986)进行了详尽的研究。归结起来主要有以下几种分类方法。

(一)按恢保关系分类

如按恢保系来分,可分为3类。

1. 野败型不育系 用野生稻花粉败育株为母本,早籼品种二九南1号、珍汕97、威20、威41等为父本进行核置换回交育成。国内的早籼矮秆品种极大部分具有保持或部分保持能力,可以成为该类不育系的保持系。而来自东南亚低纬度的中晚籼品种或带有皮泰和印尼水田谷亲缘的品种,往往对野败不育系具有恢复能力,如IR24、IR26、IR30、泰引1号、密阳46。与野败不育系恢保关系相同的不育系类型还有:崖县野生稻质源的广选3号(简称崖野型)、柳野型、印野型、冈型、D型、矮败型、印尼水田谷型等。野败不育性和恢复性受1~2对基因控制。

2. 红莲型不育系 以普通红芒野生稻为母本、莲塘早为父本进行核置换回交育成,恢保关系与野败型不育系大体相反。如我国长江流域的早籼品种珍汕97、金南特43、龙紫1号、先锋1号、朝阳1号及肯苏罗斯等是野败型不育系的保持系,对红莲型不育系却可作为强恢复系。反过来,对野败型的强恢复系泰引1号,又成为红莲型不育系的保持系,但IR24、IR26等品种对它为半恢。与红莲型不育系恢保关系相近的还有细胞质来源于田基度的辐育1号A等。

3. 包台型不育系 由日本包台不育系转育的黎明A、秀岭A等包台型粳稻不育系,以及滇一型、滇三型不育系均属此类。大部分粳稻品种为其保持系,目前成功的办法是将籼稻恢复基因导入粳稻,从而育成粳型恢复系。

(二)按花粉发育形态分类

不育系根据花粉发育的形态可划分为无花粉型、典败型、圆败型和染败型4种。

1. 无花粉型 败育发生在单核期之前,表现为无花粉型,如低温敏核不育系安农S-1等。

2. 典败型 花粉败育主要发生在单核期,花粉粒形状不规则,呈畸形,对I_2-KI溶液反应不染色。此类型以野败不育系为代表,包括冈型、D型、野栽型及有些籼籼型不育系。

3. 圆败型 圆败型花粉大部分是在双核期败育,花粉粒呈圆形,对I_2-KI溶液反应为不染色或染色很浅。红莲型、田基度型及籼粳型不育系多属此类。

4. 染败型 花粉粒也呈圆形,由于花粉败育发生在三核期阶段,因此对I_2-KI溶液呈染色或浅染色反应。此类型以包台型不育系为代表,包括滇一型、滇三型和里德型。

(三)按遗传特点分类

已经育成的质核互作型水稻雄性不育系,按其不育基因在植物生活周期中发生作用的时期不同,可分为孢子体雄性不育和配子体雄性不育2类。

1. 孢子体不育 孢子体不育是指花粉的育性受孢子体的基因型所控制,其不育性发生在孢子体时期,只有当孢子体世代1对(或数对)隐性不育核基因呈纯合状态$S(ff)$时,其花粉粒$S(f)$才表现为不育。基因型为$S(FF)$时,其花粉可育;基因型为$S(Ff)$杂合时,产生$S(F)$和$S(f)$两种雄配子,虽然花粉$S(f)$核内带有不育基因,由于受孢子体显性可育核基因(F)的作用,两种花粉都表现可育。所以孢子体不育系与恢复系配制的F_1杂种,花粉育性基因正常,F_2群体分离出一定比例的不育株。目前生产上应用的野败型等籼稻不育系均属此类。孢子体不育的花粉败育较早,多数在单核期开始,花粉粒皱缩呈不规则形;少数在双核或三核期败育,花粉呈圆形。对 I_2-KI 无染色反应,花药呈乳白色。孢子体不育系受环境条件影响较小,育性稳定。

2. 配子体不育　配子体不育是指花粉育性直接由雄配子(花粉)本身的基因型所决定,与孢子体基因型无关。当花粉粒的基因为 $S(f)$时,此花粉粒即为不育花粉。配子体不育系与恢复系配制的 F_1 杂种,其花粉有 50%的基因为 $S(f)$,故只有半数花粉育性正常。但这半数的可育花粉能满足自交授粉结实的需要,所以杂种一代结实正常。由于半数 $S(f)$不育花粉无授精能力而被淘汰,故 F_1 群体中不会分离出不育株。粳稻不育系 BT 型、滇一型及籼稻红莲型都属于此类。配子体不育的花粉败育时期较晚,多数发生在双核期或三核期。花粉粒呈圆形。对 I_2-KI 的反应为浅着色,以圆败和染败为主。花药多为细小,乳黄色,不开裂。在较高气温条件下有部分裂药撒粉,少量自交结实。

三、水稻雄性不育的遗传理论

关于雄性不育遗传的理论有大量的报道,主要有三型学说、二型学说、多种核质基因对应性学说、通路学说、亲缘学说、Ca^{2+}-CaM 系统调控假说、生理调控假说等,但我国三系法和两系法杂交水稻的成功,有力支持了二型学说的真实性。

二型学说是 Edwardson(1956)对希尔斯三型学说的改进。因自然界中纯属细胞质控制的雄性不育是不存在的,他把希尔斯三型学说中的质不育与核质互作不育归为一类,因此把水稻雄性不育划分为细胞质和细胞核共同控制的雄性不育(简称核质互作型)和核控制的雄性不育(简称核不育型)两种类型。

(一)核不育型

雄性不育性由细胞核的一对不育基因控制,与细胞质无关。如果是隐性核不育,它有恢复系,但找不到保持系,不能实现三系配套。假设这一隐性基因为 r,显性基因为 R,则不育系为 rr,而正常株(恢复系)为 RR,那么杂种一代(F_1)为 Rr 可育,F_1 自交后代可育与不育分离比为 3:1,F_1 和不育系杂交后代分离为 1:1(图 8-4)。如果是显性核不育,它有保持系,但没有恢复系,同样不能实现三系配套。

(二)核质互作型

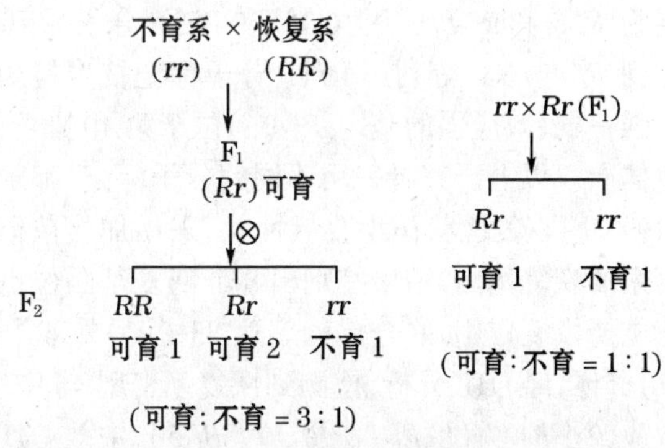

图 8-4　核不育型的遗传

细胞质和细胞核共同控制的雄性不育类型简称核质互作型。当用一类可育株与不育系杂交时,F_1 仍然是雄性不育;而用另一类可育株与不育系杂交时,F_1 表现可育。仍设 S 为细胞质雄性不育基因,N 为细胞质可育基因,r 为核内隐性不育基因,R 为核内显性可育基因,则不育系与可育系杂交有 5 种遗传方式(图 8-5)。细胞质是通过母体传递的,所以不育系与可育株杂交后代的细胞质都是 S,也即后代细胞质皆不育,故只有 F_1 细胞核内有可育基因者才可育,即 $S(Rr)$和 $S(RR)$个体可育。$S(rr)$个体与 $N(rr)$个体杂交,F_1 的基因型仍为 $S(rr)$,保持雄性不育性,后者称为雄性不育保持系;而 $S(RR)$和 $N(RR)$能使所有杂交后代完全可育,所以称之为雄性不育恢复系。由此可知,只有核质互作雄性不育型可同时找到保持系和恢复系,能够实现三系配套。

a) $S(rr) \times N(rr) \rightarrow S(rr)$
不育 可育 不育

b) $S(rr) \times N(RR) \rightarrow S(Rr)$
可育 可育

c) $S(rr) \times N(Rr) \rightarrow S(Rr) + S(rr)$
可育 可育 不育

d) $S(rr) \times S(RR) \rightarrow S(Rr)$
可育 可育

e) $S(rr) \times S(Rr) \rightarrow S(Rr) + S(rr)$
可育 可育 不育

图 8-5 多种核质基因对应性示意图

四、水稻细胞质雄性不育性的遗传基础

有关水稻细胞质雄性不育育性恢复和遗传机制研究较多,主要集中在野败型、BT 型和滇型上。

(一)野败型雄性不育的育性及恢复基因的遗传定位分析

对野败型杂交水稻的不育系和恢复系的育性遗传研究表明,野败型雄性不育主要受 2 对基因控制(高明尉,1981;杨仁崔等,1984;雷捷成,1984;胡锦国等,1985)。但王三良(1980)以结实率为衡量育性的指标,研究认为 IR26 等恢复系只具有 1 对恢复基因。朱英国等(1983)通过酯酶遗传分析,也指出籼稻三系的遗传是受单基因控制的。周天理(1993)研究表明,雄性不育受细胞质中的不育基因和细胞核中可育基因控制,细胞核受 1 对部分不育基因和 1 对育性恢复基因控制,育性恢复基因对部分不育基因表现为显性上位。杨德华(1990)研究表明,野败型杂交水稻的雄性不育表现呈连续变异,认为不育系大多数是受多基因控制的数量性状。

对于野败型恢复基因的定位,国内外报道都很多。Baharaj 等(1991)用水稻初级三体发现对野败型雄性不育起主要恢复作用的基因位于第 7 染色体,另一个起微效作用的恢复基因位于第 10 染色体。谭学林等(1998)运用 RFLP 分子标记技术分析回交一代群体(BC_1),发现了一个野败型雄性不育的主要恢复基因位于第 10 染色体长臂中部,在该染色体的短臂也存在一个控制育性的 QTL 位点。Zhang 等(1997)通过遗传分析确认 IR24 有 2 对恢复基因,命名为 *Rf-3* 和 *Rf-4*,还用 RAPD 和 RFLP 分子标记技术将 *Rf-3* 定位于第 1 染色体上,但未能定位到 *Rf-4*。Yao 等利用 RFLP 分子标记技术检测到了明恢 63 的 2 个恢复基因,两基因效应一强一弱,效应强的基因 *Rf-*(*u*)位于第 10 染色体长臂中部,效应小的基因 *Rf-3* 位于第 1 染色体上。以上研究者采用不同的分子标记,都未检测出第 7 染色体上的恢复基因。李平等(1996)将恢复性状作为数量性状,采用加倍单倍体(DH)群体,通过 QTL 分析定位野败型不育系的恢复基因,结果鉴别出 8 个恢复基因位点。其中位于第 3 和第 4 染色体的 2 个基因起主要恢复作用,联合贡献率达 85%,另外 6 个起微效作用。谢建坤等采用重组自交系(RIL)群体,经 QTL 分析,检测到恢复系密阳 46 中控制野败型育性恢复的 1 个主效基因和 3 个效应较小的 QTL(*qRf 1*、*qRf 10*、*qRf 5*),主效 QTL 位于第 10 染色体,3 个微效 QTL 分别位于第 1、7、11 染色体上,4 个恢复基因之间表现累加效应。另外,还检测到 2 个控制结实率的 QTL,分别位于第 1、7 染色体上,该 QTL 与恢复基因之间可能存在着互作。李广贤等(2005)应用大样本量的珍汕 97B/密阳 46 重组自交系群体(704 个株系),建立了恢复基因 *Rf 4*、*Rf 3*、*qRf 10* 和 *qRf 11* 与微卫星标记的紧密连锁关系。主效基因 *Rf 4* 位于第 10 染色体长臂中下部,与标记 RM 6100 和 RM 171 分别相距 0 cM 和 1.3 cM;*Rf 3* 位于第 1 染色体短臂 RM

1195 和 RM 5359 之间，与 RM 1195 相距 1.0 cM；微效基因 *qRf 10* 和 *qRf 11* 分别位于第 10 和第 11 染色体近着丝粒处，前者与两侧标记 RM244 和 RM5358 分别相距 2.0 cM 和 3.5 cM，后者与两侧标记 RM202 和 RM287 分别相距 1.0 cM 和 4.1 cM。张群宇等(2002)以 *Rf-4* 恢复基因近等基因系为实验材料，利用对水稻酵母人工染色体（YAC）克隆进行了亚克隆并筛查 RFLP 的方法对 *Rf-4* 进行了分子标记精细定位，结果从 YAC4892 获得的亚克隆 Y3-8 与 *Rf-4* 座位的连锁距离为 0.9 cM，从 YAC4630 获得的亚克隆 Y1-10 与 *Rf-4* 座位的连锁距离为 3.2 cM，从而把 *Rf-4* 定位于第 10 染色体的特定位置。杨存义等(2002)采用 2 个 F_2 群体，以花粉育性为育性指标，研究新恢复系 ZSP-1 的遗传机制，结果表明其恢复基因由 2 对独立遗传基因控制。通过用与野败型雄性不育恢复基因 *Rf-3* 和 *Rf-4* 紧密连锁的 RFLP 标记对 2 个 F_2 群体进行连锁分析，发现 ZSP-1 具有 2 个恢复基因与这些标记紧密连锁，初步把 ZSP-1 的恢复基因定位于 *Rf-3* 和 *Rf-4* 区域。

（二）BT 型雄性不育的育性及恢复基因的遗传定位分析

20 世纪 70 年代日本学者 Shinjyo 等研究认为，BT 型细胞质雄性不育属配子体不育，是受 1 对基因控制的核质互作型。他们用初级三体分析和遗传连锁技术，将 BT 型细胞质雄性不育的显性恢复基因 *Rf-1* 定位于第 10 染色体上，与 *fgl*（faded green leaf）和 *pgl*（pale green leaf）连锁。国内的一些研究也都认为，BT 型不育系是受 1 对隐性核基因和不育胞质共同控制的。Ichikawa(1997)等用 RFLP 分子标记对 2 个近等基因系研究表明，*Rf-1* 基因位于第 10 染色体长臂的中部。梁国华等(2001)用 RFLP 和微卫星标记对 BT 型恢复基因进行定位，结果认为 2 个 RFLP 标记与恢复系 C9083 的恢复基因连锁，其中标记 C16 和 G291 与恢复基因的交换值分别为 19.3% 和 14.0%，该基因也位于第 10 染色体，可能与 *Rf-1* 等位。

（三）滇型雄性不育的育性及恢复基因的遗传定位分析

胡锦国等(1985)研究认为，滇型不育系和恢复系的育性受 1 对基因控制，在不同的杂交组合中表现出完全不同的育性分离，属于配子体不育。但贺和初(1988)认为，滇型杂交水稻是孢子体和配子体基因共同控制育性的，基因型因组合不同而不尽相同，同一不育系和恢复系在同一组合中可能表现不同育性的基因型，如滇红 A 和南 29 杂交，表现 1 对育性基因控制的遗传，而滇红 A 与南 28 杂交，表现 2 对育性基因控制的遗传。对滇一型杂交稻的不育性和恢复基因的研究较少，赵银河等（2003）对滇一型细胞质雄性不育的恢复基因做了初步定位，将该恢复基因定位在第 10 染色体长臂的中部。

第三节　杂交水稻雄性不育系及保持系的选育

一、三系法杂交水稻细胞质雄性不育系及保持系的选育

（一）水稻雄性不育株的来源及鉴定

水稻雄性不育株主要来源于田间的自然不育株和通过远缘杂交产生的不育株。自然产生的不育株可以分为 2 类：一类是由理化因素引起的不育，另一类是自然异交所产生的不育。后者往往是由核基因控制的，难以实现三系配套。利用远缘杂交所产生的不育株，大多数是核质互作型的，容易转育成其他新的不育系，实现三系配套，如生产上应用的野败型、印水型、矮败型和 D 型等不育系均属此类。

上述不育系可根据花粉遇碘的显色反应和田间套袋自交情况进行育性鉴定。一般发育正常的花粉呈圆球形,内为淀粉所充实,遇 I_2-KI 呈蓝黑色反应。败育的花粉则反应异常。其中,典败型不育系花粉发育畸形,遇 I_2-KI 不染色;圆败型不育系的花粉呈圆球形,内无淀粉或只有少量淀粉,遇 I_2-KI 不染色;染败型不育系的花粉能够积累淀粉,在显微镜下能见到被 I_2-KI 溶液所染色或浅染色的反应。

(二)水稻雄性不育系及保持系的选育标准

一个优良的雄性不育系应具备以下条件:不育性稳定,不因多代回交而恢复自交结实,也不因环境条件变化而影响不育性;可恢复性好,恢复品种多,杂种结实正常,受不良环境条件影响小;异交结实率高,具备适应于异花授粉的一些特征特性,如包颈程度轻,花时与保持系或恢复系吻合,开颖时间长、角度大,柱头外露率高,剑叶短而窄等。除此以外,还须具备优良的丰产性状、较好的米质和抗病性。

在转育优良不育系的同时,必须重视保持系的选择。保持系是不育系的同核异质体,用不育系在众多的常规稻中测交筛选,是选育保持系的一个重要途径。一个优良的保持系,虽然对水稻优质、高产、多抗的特性不需要面面俱到,但在不育性的稳定、异交结实率的高低、配合力和可恢复性等方面不育系应有的特性,必须从保持系获得。

(三)水稻雄性不育系转育的基本方法

水稻雄性不育系转育的基本方法,是采用有性杂交和连续成对回交,其基本原理是细胞核置换(图 8-6),也就是染色体代换过程。当两品种杂交以后,若发现其后代有不育株出现,则选不育性好的单株继续与父本成对回交。每回交一代,可获得父本染色体增加 50% 的个体,连续回交到第四代就有可能获得 24 条染色体全部为父本的个体。实践证明,很多不育系如 BT 型和野败型,只要农艺性状稳定,回交 4~5 代后就可达到完全稳定的目的,其中 BT 型甚至回交 3~4 代即可。

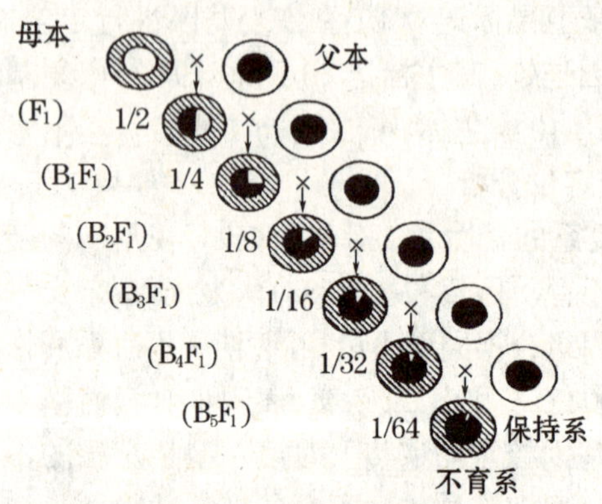

图 8-6 核置换示意图

不育系选育步骤如下:①测交筛选。选用性状符合育种要求的优良品种(系)为父本,分别与野败型雄性不育株进行杂交,其 F_1 就能出现不育株。实践表明,与野败细胞质亲缘关系较远的品种容易保持其不育性,如长江流域一带的早籼品种大部分为野败的保持系。有人认为,我国的粳稻品种是由籼稻演变而来的,故粳稻品种大多也是野败的保持系。②成对回交。在测交 F_1 出现的不育株中,选择不育度高、花粉典败为主并具有父本品种性状的单株作母本,与父本连续回交数代,即可转育成新的不育系,其轮回亲本就是保持系。

回交选育不育系的原则如下:回交 1 代的群体一般要求 50~100 株;回交 2 代可建立 5~10 个株系,每个株系种植数十株;在回交 3 代中可选最优株系扩大回交 4 代的群体,一般在 1 000 株,并对各性状的整齐度和育性进行鉴定,如各项指标均符合不育系要求,即可投入生产试验。

(四)几个主要不同质源不育系的选育

1. 野败型不育系 湖南、江西等省利用海南崖城野生稻花粉败育株与 V20、珍汕 97 等品种杂交和连续回交培育成野败二九南 1 号 A、珍汕 97A 等不育系。这类不育系是目前生产上应用最广、面积最大的不育系。近年来,在培育野败型不育系时注重品质的改良,如优质野败不育系金 23A 等得到了大面积应用。

2. 矮败型不育系 安徽省广德县农业科学研究所吴让祥 1979 年在从江西引进的矮秆野生稻中发现一株雄性不育株,其株型矮、匍匐,分蘖中等,柱头外露,花药瘦小而不开裂,呈水浸状乳白色,内含畸形败育花粉,套袋自交 100%不育,故称其为"矮败"。1980 年用矮败不育株/竹军//协珍 1 号的不育株为母本与协青早[(军协/温选青)//矮塘早 5 号]测配,表现出柱头双外露率高,开花习性好,株高适中,生长清秀抗病。经过连续择优回交,于 1982 年夏季 B_4F_1 基本定型,并命名为矮败型协青早 A。

3. 印水型不育系 印水型不育系是采用印尼水田谷 6 号质源用复式杂交法育成的优质高异交率水稻不育系,其恢保关系与野败型不育系类似,主要特征为分蘖力强,茎细叶窄,谷粒细长,柱头发达、外露,花药瘦小呈淡黄色,花药不开裂,自交不结实,异交结实率高。Ⅱ-32A、优ⅠA、中 9A、中 8A 就是这一类型的不育系。印水型不育系育成以后,发放到全国各育种单位,得到了广泛应用。配组形成的印水型杂交水稻,自 1998 年后就成为我国应用面积仅次于野败的第二大类型杂交水稻。到 2004 年,全国已有印水型杂交水稻 146 个组合 206 次通过国家和省级农作物品种审定委员会审定,累计推广面积 2 433 万 hm^2,增产稻谷 64 亿 kg,创造经济效益 95 亿元。2003 年种植面积已达 300 万 hm^2 以上,市场占有率从 1998 年的 9.8%提高到现在的 23%以上。

4. 冈型不育系 前四川农学院水稻研究室用来自西非籼稻品种冈比亚卡与矮脚南特杂交,利用其后代分离的不育株育成的一批籼、粳型不育系,总称为冈型不育系。在不育株稳定过程中,有的采用地理远距离籼籼交,也有的采用籼粳交,由于稳定途径和保持系不同,同是利用冈比亚卡细胞质,所转育的不育系在花粉败育时期上有差别,如朝阳 1 号 A 属于典败,青小金早 A 属于染败。冈型不育系中以冈 46A 的应用最为广泛。

5. D 型不育系 四川农业大学 1972 年从 Dish D52/37//矮脚南特 F_1 的一个早熟株系中发现一株不育株,当年用籼稻品种意大利等测交,并发现意大利具有保持作用,随后又用珍汕 97 一选株与之杂交和连续回交转育成 D 汕 A 不育系。此后又转育成 D297A、D62A 等不育系。

6. 红莲型不育系 武汉大学遗传室用红芒野生稻为母本、早籼莲塘早为父本杂交选育而成。1974 年稳定并定名为红莲 A。随后经转育的同型不育系有华矮 15A、泰引 1 号 A 等。红莲型不育系花粉发育大多在双核期败育,以圆败花粉为主,经 I_2-KI 染色,有少量染色花粉。红莲型不育系的恢复面比"野败"广,长江流域早、中稻品种大部分对其能恢复,且大部分组合 F_2 无育性分离,表明该不育系属配子体不育类型。近几年通过转育,已育成粤丰 A、粤泰 A 等红莲型不育系,选育出红莲优 2 号及粤优 938 等组合,推动了红莲型不育系的大面积应用。

7. BT 型不育系 BT 型不育系是粳型不育系中较重要的一类,在我国较早得到应用。这一类型的不育系最初由日本的新城长友等于 1966 年选育成功。1972 年 9 月,中国农业科学院从日本引进台中 65A、保持系台中 65 和 TB-2 以及恢复系 BT-A 和 TB-X。1973 年开始,我国许多科研机构利用台中 65A 进行杂交转育,先后育成大批 BT 型不育系。比较有代表性的有上海市农业科学院的寒丰 A、浙江省宁波农业科学研究院的甬粳 2 号 A 等。BT 型不育系属于配子体不育类型，花粉能被 I_2-KI 液染色，一般不裂药撒粉，高温时部分撒粉，但自交率一般都在 0.1%以下。不育系不包颈，开花习性好，异交率高，如甬粳 2 号 A 制种产量可达 3 000 ~ 3 750 kg/hm^2 及以上。

8. 滇一、滇三型不育系 1965 年，云南农业大学李铮友等在台北 8 号品种中发现雄性不育株，后用红帽缨等品种测交，保持不育，然后继续回交育成滇一型不育系。经杂交验证，滇一型不育系是高海拔籼稻与低海拔粳稻杂交产生，因此，李铮友等用峨山大白谷为母本与科情 3 号杂交，然后再用红帽缨杂交，经多代选择和回交育成滇三型不育系。此后，云南农业大学还利用粳稻细胞质培育成滇二、滇四、滇六、滇八型不育系。1970 年以后，各地从云南引进滇一型不育系，先后转育出一批适应当地条件的新不育系。目前生产上应用的主要有黎榆 A、黎密 1 号 A、甬粳 2 号 A 和宁 67A 等。

二、光温敏核不育系的选育、鉴定

中国光敏核不育水稻的发现为世界所瞩目，是水稻杂种优势利用的又一个突破，并由此而产生了两系法杂交水稻。

（一）光敏核不育水稻的发现及其意义

1. 光敏核不育水稻农垦 58S 的发现 光敏核不育水稻农垦 58S 是石明松 1973 年秋在湖北沔阳县（现名仙桃市）沙湖原种场一季晚粳农垦 58 大田中发现的不育株选育而成的。经初步研究，农垦 58S 具有长日诱导不育，短日诱导可育，光敏雄性不育特性的遗传受一对隐性核不育基因控制，不受细胞质的影响以及光敏雄性不育特性易于转育的特点（石明松，1981，1985；元生朝等，1988），石明松（1981）由此提出了利用自然两用系的设想，即在夏季长日高温下制种，在秋季短日低温下繁种，一系两用。因为在此种子生产系统中不需要“保持系”，故称之为两系法杂交水稻。

2. 光敏核不育水稻发现的意义 以农垦 58S 为代表的光敏核不育水稻是一类新的种质材料，其研究在理论上与实践上均具有重要意义。第一，为我国杂交水稻的研究开辟了新领域，为杂交水稻生产改“三系法”为“两系法”提供了种质基础。第二，恢复源广，不受“三系法”所需的恢复基因的制约，配组自由。据不完全统计，有 96.6%的粳稻品种是农垦 58S 的恢复系，有 97.6%的籼稻品种是 W6154S 的恢复系。第三，避免了三系法的雄性不育细胞质对 F_1 代杂种某些经济性状的负效应和不育细胞质单一化的潜在危险。第四，与三系法相比，两系法杂交稻种子生产的程序简化，种子生产成本降低，有利于推广应用。此外，对光敏不育系来说，由于不存在恢复系的困难，只需在杂交组合的一方引入广亲和基因就可配组籼粳杂种，从而为籼粳亚种间杂种优势的利用提供了极为有效的遗传工具。

农垦 58S 的发现和光敏核不育水稻在生产上应用的巨大潜力引起了中国各级政府部门的高度重视，通过水稻科研人员的努力，以光敏核不育系配制的两系法杂交稻在我国已经取得成功，有关光敏核不育水稻的基础理论研究也取得了令人瞩目的进展，这为积极稳妥地推广两系法杂交稻提供了珍贵的参考依据。

光温敏核不育水稻的发现还为世界各国的水稻遗传育种家和其他作物的育种家们提供了启示。美国、日本、越南、印度等国家的科学家积极开展了光敏核不育水稻的诱变、筛选和鉴定工作，并取得了一定的成效，育成了一些具育性转换特性的不育系。在中国，光敏核不育大豆（卫保国，1991）、小麦（何觉民，1992）也有报道。

(二)光(温)敏核不育系与环境的关系

1. 光(温)敏核不育系光温反应的基本特点　光(温)敏核不育系是两系法杂交稻的基础,而育性转换机制等基础研究是光敏不育系生产利用的关键。为了充分揭示光温条件对光敏不育水稻育性转换的作用,中国科学家利用人工气候箱(室),结合自然条件下的观察,开展了光敏不育水稻光温生态的研究,获得了光温条件与光敏核不育水稻育性表达关系的新认识(孙宗修等,1989;张自国等,1992)。

(1)*粳型光敏不育系对光温条件的反应*　光温条件对粳型光敏不育系育性转变具有双重影响。从目前测定结果来看,大多数粳型材料育性的表达既受光周期的影响,也受温度的影响,但以光周期的影响为主(贺浩华等,1987;李丁民等,1989;孙宗修等,1991;唐锡华等,1992)。具体表现为长光照高温条件下,自交结实率为0或接近于0,在短光照低温下自交结实率较高,有些甚至趋于正常。但在长光照低温或短光照高温条件下,育性会出现不同程度的转变,即在长光照低温下出现少量结实,在短光照高温下结实率不同程度地下降。至今,尚未发现一份单纯为"光周期敏感"的雄性不育材料。

(2)*籼型光敏不育系对光温条件的反应*　孙宗修等(1989)在人工控制条件下研究了籼型不育材料5460S的育性转换条件,结果表明5460S不是光敏而是温敏不育系。具体表现为在高温处理中,不论光周期长短,自交结实率都很低或为0,表现温敏不育特性;在低温处理中,不论光照长短,育性普遍提高。在相同光照长度下,不同温度处理间的自交结实率差异极其显著。但是,深入的研究表明,籼型光敏不育系的育性虽然主要受温度的影响,但在特定的温度范围内也具有光敏不育的特性。以后的研究也表明这种现象不是特殊现象,而具一定的普遍性。

随着对光敏不育系光温反应认识的深化,为研究的方便,经过协商,在以后的研究中统一把"光敏"、"温敏"、"光(温)敏"、"两用核不育系"和"性转换稻"等多种名称,以"光温敏核不育系"加以表示。

2. 光敏核不育水稻育性转换的光温作用模式　张自国等(1992)综合农垦58S及其衍生系的育性转换资料,提出了比较完整的光温作用模式(图8-7)。其要点为:在温度高于生物学上限温度或低于生物学下限温度时,水稻不能形成正常花粉,属生理致害作用;当温度低于生物学上限温度而高于不育高温临界温度时,高温作用掩盖了光周期的作用,光敏不育系在任何光长下均表现为不育,而常规品种在这一温度范围内可以正常开花结实;温度在生物学下限温度至可育低温临界温度时,较低温度可掩饰日长的作用,光敏不育系在任何光周期下均表现为半不育或可育;不育高温临界温度至可育低温临界温度之间为光敏温度范围,只有在这一范围内光敏不育水稻的育性才能为光周期所诱导,表现为长日光周期诱导花粉败育,短日光周期诱导正常可育。在光敏温度范围内,光周期诱导花粉育性转换的作用与温度存在着正向互补效应,即温度升高,临界光长可缩短;反之,温

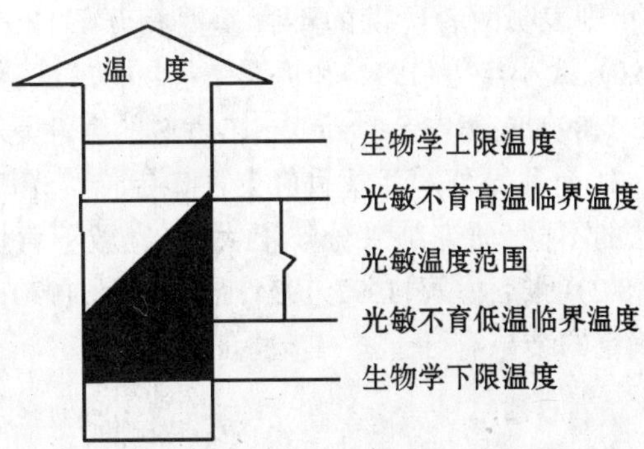

图8-7　光敏核不育水稻育性转换的光温作用模式　(黑色表示可育)

度下降，临界光长可延长。该模式将光敏与温敏统一在同一模式中，基本理顺了光温因子对育性转换的关系。

3. 育性转换的敏感期 朱英国等(1987)认为，农垦 58S 育性转换的敏感期在第二次枝梗原基分化期至花粉母细胞形成期。元生朝等(1988)则认为，最敏感的时期为雌雄蕊形成期，不同基因型之间存在差异。程式华等(1992)对 5460S 育性转换期的研究表明，其育性对温度的敏感期在花粉母细胞形成期—单核后期，育性与处理的温度和处理温度的持续时间都有关，温度越低，育性发生转换所需的天数越少。

4. 遗传背景对育性转换的影响 早期的研究者认为，光敏不育系的一个显著特点是光敏不育的遗传行为简单，受控于 1～2 对隐性基因，因而易于转育。其后，发现遗传背景对光敏不育特性表达的影响十分复杂，集中表现在：①不同亲本与农垦 58S 杂交的遗传分离规律并不总是符合 1 对或 2 对基因控制的理论假设；按此假设开展的光敏不育基因的染色体定位研究，互相不能印证(孙宗修等，1993)。②将农垦 58S 与典型晚粳杂交，在其后代中较易育成光敏不育系；与早粳杂交，则尚未有成功的正式报道；与中籼杂交，后代中出现不同程度的温敏特性；与早籼杂交，则育性转换特性主要受温度的影响。

(三)光敏核不育水稻不育性的遗传

自石明松(1985)报道认为水稻光敏雄性不育性的遗传是受 1 对隐性基因控制后，各地对光敏雄性不育性在不同遗传背景下的遗传表达做了大量的研究，以期揭示光敏雄性不育性的遗传本质并为选育新的多种类型的光敏不育系提供理论基础。

1. 育性分离模式 利用杂交分离世代群体中各单株的性状表现来推算该性状的遗传分离模式，是经典遗传学研究的基本方法。应用这一研究方法研究水稻的光敏雄性不育性遗传取得了大量的结果。石明松(1981)、杨仁崔等(1993)、雷建勋等(1989)、胡应学等(1992)、李新奇(1990)和武小金等(1992)的试验表明，同一或相同来源的光敏不育系与不同的常规品种组配，后代可表现出光敏雄性不育性受 1 对、2 对甚至 3 对基因控制的遗传分离模式或质量-数量基因模式，这表明光敏雄性不育性的遗传并不一定是简单的遗传性状，可能涉及复杂的遗传机制，同时也与研究年度间温度的差异有关。

2. 光敏雄性不育基因的等位关系 依据光敏雄性不育性是 1 对或少数几对主效基因控制的设想，考查两个光敏不育系杂交 F_1 的育性是测定不育基因间等位关系的基本方法。即两个光敏不育系互交 F_1 在长日下如可育，表明两者所携的不育基因不等位；如 F_1 仍表现不育，则表明两者所携的不育基因相互等位。雷建勋等(1989)、胡应学等(1992)、李新奇(1990)、武小金等(1992)和梅明华等(1992)试验结果表明，原始光温敏核不育系农垦 58S、安农 S-1、8902S、衡农 S-1、新光 S、5460S 的育性是不等位的。

3. 光敏雄性不育基因的染色体定位 光敏雄性不育基因的染色体定位由于所用材料、方法的不同，研究结果分歧很大，对光敏不育性基因的定位涉及第 3、5、6、7、11、12 染色体(表 8-2)(张启发等，1992，1994；张端品等，1990；胡应学等，1991，梅明华等，1999)。但这项研究确定的结果有待于进一步验证。

表 8-2　不同方法定位光敏不育性基因的结果

不育系	定位方法	连锁标记	连锁值(%)	染色体编号
农垦 58S	形态标记	大黑矮生(*d-1*)	28.41 ± 3.94	5
农垦 58S	同工酶	乙醇脱氢酶(*Adl-1*)	0 ± 16.4	6
		过氧化氢酶(*Cat-1*)	29 ± 4.0	11
农垦 58S	RFLP			7,12
32001S	RFLP			3,7

(四)光敏不育系的选育

1. 选育概况　1973年石明松发现农垦 58S 光敏核不育株后,尤其是 1986 年,袁隆平根据国内外水稻光温敏不育系和无融合生殖的研究进展,提出了杂交水稻育种由三系法—两系法— 一系法,由品种间—亚种间—远缘杂种优势利用的战略设想后,两系法杂交水稻育种研究得到各级政府部门的极大重视,光温敏核不育系的选育有了巨大的突破,选育了以培矮 64S、7001S、N5088S、香 125S、810S、广占 63S 等一批实用光温敏核不育系,组配了两优培九、丰两优 1 号、培两优 288 等一批产量高、米质优、抗性强的两系杂交稻组合。

2. 不同类型光敏不育系的应用价值　根据育性对光温反应的不同,可将具有育性转换特点的不育系分为长光高温不育型(光敏型或光温互作型)、高温不育型(温敏型)、短光低温不育型(反光温敏型)、低温不育型(反温敏型)4 大类。在现有的光敏核不育水稻中,严格地讲,还没有纯粹的光敏不育系,而只能称为光温互作型或温光互作型。前者的育性转换以光长为主,温度起协调作用;后者的育性转换以温度为主,光长起协调作用。

长光高温不育型在一定温度范围内,育性主要受控于光照长短,长光照安全雄性不育的下限温度较低,短光照可育的上限温度较高,适用于长江流域、华南地区或华北地区;高温不育型不育系育性变化主要受温度影响,在较高温度下表现完全雄性不育,在较低温度下表现可育,光照长度对育性变化基本不起作用或作用很小,适用于长江流域;短光低温不育型在一定温度范围内,育性转换主要受光照长短的控制,短光照较低温度可导致雄性不育,而长光照较高温度可导致可育,这类不育系可育起点温度太低,生产上制种风险较大;低温不育型在较低温度下表现完全雄性不育,在较高温度或高温下表现可育,光照长度对这类不育系育性的变化基本不起作用或作用很小,这类不育系实用价值不大。

3. 选用实用光敏不育系育性转换的理想模式　纯粹的光敏不育系是用来配制两系法杂交稻最安全的不育系,但育成纯粹的光敏不育系,尤其是早、中籼型光敏不育系有较大困难。

在现有的不育系中,应用价值最小的是高温不育(高温敏)型。有关 30℃ ~ 32℃的较高温度导致某些水稻品种雄性败育的现象,国内外早有报道(唐锡华,1978)。在较低温度下(如 > 23℃)仍保持不育的温敏不育系(即"低温敏不育系"),其不育性受温度变化的影响较小,制种风险小,但由于结实温度与生物学下限温度较接近,结实的温度范围很小,高产繁种有一定的困难。相对理想的是光敏不育下限温度低、光敏可育上限温度高即光敏不育温度范围宽的光温互作不育类型。这类不育系在长日条件下时,只有在异常低温下才使育性有所恢复,在短日条件下,只有异常高温才会影响繁种产量,生产上利用时风险较小。但长江中下游地区 1989 年和 1993 年盛夏异常低温导致制种纯度低下的问题,已使人们不得不正视应用这类光温互作型的风险。

限制光敏不育系应用的最大问题是不育系在长日下对低温的敏感性。既然要选育纯粹的光敏型不育系的可能性很小,因此有必要选育出光温协调良好的不育系。程式华等(1991)从生物的进化角度出发,根据对现有光敏不育系光温反应的认识,提出了选育新的早、中籼光敏不育系育性转换的理想模式——长日和高温不育型。其内涵是: ①在长日下无论高温还是低温均保持不育; ②短日下高温不育或育性较低,而在低温下育性恢复。具有这种光温反应的不育系,其自交繁殖虽可能会受秋季异常高温的影响,但最大限度地保证了在不育期制种的纯度。

4. 实用光敏不育系的选育指标 包括: ①不育起点温度低。北方不高于 22.5℃;华中地区不高于 23.5℃,华南地区不高于 24℃。②光敏温度范围宽,介于 22.5℃ ~ 29.0℃。③临界光长短。诱导不育的临界光长宜短于 13 h。④长光对低温、短光对高温的补偿作用强。⑤遗传性稳定,群体 1 000 株以上,性状整齐一致,不育期不育株率 100%,花粉不育度和颖花自交不育度 99.5%以上;育时期连续 30 天以上,可育期的结实率 30%以上;异交结实率不低于 V20A 或珍汕 97A。⑥配合力好,品质符合市场要求。⑦适应性广,抗当地主要病虫害。除此以外,实用光敏不育系还须有优良的综合性状、强的配合力。

5. 光敏不育系的选育方法 现有的资料表明,凡用来选育常规新品种的育种方法,如系统选育、杂交、辐射及组培、花培等方法均可用来选育光敏不育系。

(1)*系统选育法* 是从自然界寻找新的光敏不育系的有效方法。最初石明松就是从晚粳农垦 58 的自然群体中发现 3 株天然败育株后,经进一步选育而成光敏不育系农垦 58S。1986 年福建农学院杨仁崔等在三系恢复系 5460 中发现的 5460S 和 1988 年安江农校在人工制保的材料中发现的安农 S,都是较典型的例子。

(2)*杂交选育法* 杂交除了使农垦 58S 的光敏雄性不育基因实现转移外,还产生了一些与农垦 58S 不同源的新的不育材料。杂交的方式有单交、复交和回交等。已报道的多数粳型光敏不育系是以农垦 58S 为母本通过单交法育成的,如 N5047S、31111S、WD1S 和 7001S 等。单交法方法简便,一次杂交,从 F_2 起采用单株系谱选择至不育株定型。以农垦 58S 为基因源转育籼型光敏不育系由于涉及籼粳交,而籼粳交一般后代分离较大,性状难以稳定,因此籼型光敏不育系的选育一般多用复交或回交的方法。如 W6154S 是由农垦 58S 与两个籼稻品种通过三交法(农垦 58S/CS253-2-3-2//珍汕 97)选育而成的;而 8902S 则是用农垦 58S 衍生的粳型光敏不育系双 8-14S 与珍汕 97 杂交,在 F_3 再用珍汕 97 回交一次后育成的。培矮 64S 是以农垦 58S 作母本、爪哇稻品种培矮 64 作父本杂交,经多代定向选择培育而成的籼爪型低温敏核不育系。株 1S 是湖南省株洲市农业科学研究所与亚华种业科学院联合利用抗罗早//4342/02428 的后代中具有温敏核不育特性的材料选育而成的籼型水稻温敏核不育系。香 125S 由湖南杂交水稻研究中心用安农 S 作母本、6711(IR9761-19-1/Lemont)作父本杂交,在其后代中选雄性不育株作母本与香 2B 杂交选育而成的籼爪型低温敏核不育系。通过籼粳交或野栽交可获得不同类型的光敏不育系,如衡农 S 是从野栽杂交组合(长芒野生稻 × R0183)中选育的,籼型光敏不育系新光 S 是从籼粳复交的 F_2 中选得 1 株不育株后育成的。

(3)*诱变选育法* 包括辐射诱变和化学诱变选育。如武汉大学通过 ^{60}Co-γ 射线 9.03 C/kg(3.5 万伦琴)剂量照射 105S 干种子后,在 M_n 代获得了育性转换特性好于 105S 的 M105S。

在国外,日本 Kato 等(1990)用 5.16 C/kg(2 万伦琴)剂量的 γ 射线辐照黎明种子,于 1989 年育成了温敏不育系 H89-1。该不育系在高温下不育,在低温下转为可育,不育性受 1 对隐性基因控制。美国 Rutger(1990)等则通过 EMS 化学诱变 M201 种子,育成了以光长影响为主的环境敏感雄性不育系,其不育性受 2 对隐性基因控制。

(4)离体培养选育法　包括花药培养和组织培养。美国 Rutger 等(1990)从水稻品种 Calrose 76 的花培后代中获得了一环境敏感雄性不育突变体。该突变体在加利福尼亚长日条件下表现为隐性雄性不育,而在夏威夷短日下多数不育株的育性恢复,光周期是控制该不育突变体不育性的主要因子。我国黄国寿等(1992)用 D 汕 B 的成熟胚为外植体作组织培养,从再生植株后代中育成温敏不育系 T 汕 S。T 汕 S 的不育性主要受温度控制,>26℃时不育,<24℃时为可育,其间的温度区域 24℃~26℃下表现为部分可育。

6. 提高选择效率的技术措施

(1)供体、受体亲本的选择　目前这方面的研究,基本上是涉及如何提高籼型光敏不育系的选择效率。育种实践表明,以粳稻光敏不育基因作供体与籼稻品种杂交转育籼型光敏核不育系,其分离世代籼型光敏核不育株的出现率和入选率均较低。卢兴桂等(1990)指出,在研究的 31 个单交组合的 F_2 群体中,籼型不育株的入选频率为 0.0064%,在 70 个复交(回交)组合的 F_2 群体中,仅 8 个组合分离出数量不等的籼型不育株,入选频率也仅 0.0155%。朱英国等(1987)的研究表明,粳型光敏不育系双 8-14S 与籼稻杂交,在 F_3 代出现籼型光敏不育系的频率比双 8-14S 与粳稻杂交 F_3 代中粳型光敏不育株出现的频率要低得多,籼稻平均为 0.8%,而粳稻达 6.5%。以不同类型籼稻受体比较,长江流域的早籼出现的频率最低,仅为 0.1%,而国际稻系统出现的频率最高,达 1.5%。靳德明等(1990)认为,以籼型光敏不育系(籼 S)代替粳型光敏不育系(粳 S)作不育基因的供体亲本,可在一定程度上提高杂交组合分离世代籼型光敏不育株的出现频率。其中以籼 S//籼 S/籼、爪哇或粳广亲和品种的后代中光敏不育株的入选率为最高。卢兴桂等(1992)认为,受体亲本的类型对选育优良光敏不育系的影响很大,以选择对光温钝感或弱感的亲本为宜,此外还需考虑受体亲本的丰产性、米质和抗逆性等。

(2)加强后代选择压　早期选育的多数光敏不育系育性的不稳定性,在 1989 年夏季长江流域发生异常低温下暴露无遗。这与育种家们在选育时过分考虑光周期对育性的作用而忽视温度对育性的影响是有关系的。因为 F_2 通常是种植在当地长日高温季节中进行不育株的选择,在当地短日和相对低温下进行入选不育株的可育转换鉴定。由于长日和高温的重叠作用,因此在所选的不育株中也就包括了光敏型、温敏型或光温互作型。即使在同一株系中,不同的单株也表现出了对低温敏感性的极大差异(程式华等,1993)。以 N5088S 为例,在 1992 年的人工气候箱鉴定中,在 15 h/24.1℃下鉴定 12 个单株,其中有 9 株结实率为 0,还出现了 3 株自交结实率分别为 9.42%、14.78% 和 24.08% 的可育株。因此在该光温处理下的平均自交结实率达 4.01%。在 15 h/23.1℃处理下,也出现了类似的情况(程式华等,1992)。针对这一情况,福建省农业科学院稻麦研究所以 W6111S 为母本与澳粘 88 杂交,获选系 164S,再以 164S 与 192 份优良亲本自由串粉,其后代在生态压力下定向选育成籼型光温敏核不育系 SE21,在低温下育性表现相对较稳定。

袁隆平(1992)依据对光敏核不育水稻光温反应的认识,提出选育实用的光敏不育系,首先要考虑的是育性对温度的反应而不是光长。对温度的反应包括了对长日低温的反应和对短日高温的反应，即理想的不育系应是不育期对低温、可育期对高温的敏感性小，这样的不育系既能保证制种纯度，也容易繁殖。为达到这一目标，必须改变过去在单一环境下选择的方法。

利用我国地域广阔及生态条件多样化的优势进行的穿梭育种法，是选育实用性光敏不育系的有效方法。通过穿梭育种，可强化选择压力，即在长日低温环境下对不育性进行选择与鉴定，在短日高温环境下对可育性进行选择与鉴定。目前，贵州、四川、湖北、福建等省育种单位均开展了这方面的研究，取得了初步成效。

(五)光敏不育系的鉴定

各育种单位育成的光敏不育系，其光温反应属性必须进行严格的技术鉴定，以明确其适用范围，达到安全使用的目的。

一般初步育成的两系不育系，先通过人工气候箱(室)的光温鉴定，再通过2年或2年以上多点分期播种鉴定，重点观察不育系在自然条件下的育性变化规律、异交性表现。在进行多点分期播种试验的第二年，选育单位设置光温敏核不育系1000株以上群体以及制种和组合比较3个现场，组织专家进行现场评议。此外，还要进行抗性和米质分析。通过这些鉴定和考查，为不育系的技术鉴定或审定提供科学依据，同时为通过技术鉴定后不育系的推广应用做好技术储备。

(六)选择性标记在培育光温敏核不育系中的应用

由于光温敏核不育系的育性转换受温度的影响，即使其起点温度很低，但还是有小概率的风险，在这种情况下就可以应用选择性标记基因来防范这一风险(袁隆平,2002)。

1. 水稻选择性致死基因在培育光温敏核不育系中的应用

(1)*利用水稻选择致死基因的设想* 栽培稻中品种繁多，不同品种受某些外界环境条件的影响程度不同。在某一特定的环境中，有些品种可能会很快受害致死，而另一些品种则可以保持正常，这就是环境选择致死(environmental selective lethality)，控制这一特性的基因就是环境选择致死基因(environmental selective lethal gene)。例如，不同品种对高温或低温反应不同，有些品种在一定的高温或低温条件下能正常存活，而另一些品种则很容易受害致死，死亡的品种所具备的对高温或对低温反应敏感的基因，就可以称为高温或低温选择致死基因。

如果能够找到在某一特定环境中选择致死的隐性基因 *sl* 的话，则可以将该基因转移到光温敏核不育系中去，而将其对应的正常基因 *SL* 转移到恢复系中。如果在制种时，光温敏核不育系出现了育性反复，存在一定数量的自交种子，则可以用这一特定的环境条件进行处理，让不育系自交种子死亡，而杂种因为是杂合体(*SLsl*)，可以正常存活(图8-8)。

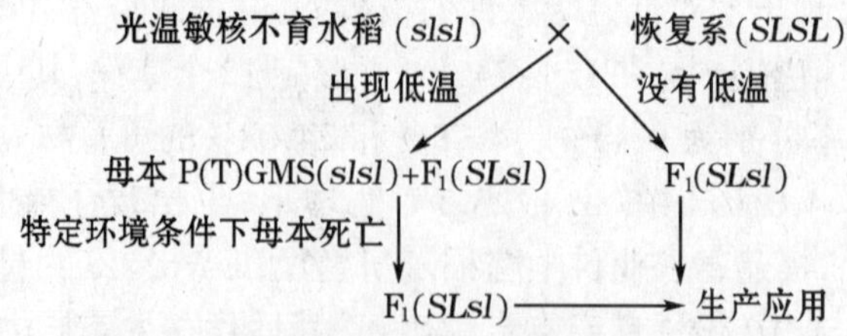

图8-8 水稻隐性选择致死基因的利用模式

(2)*寻找水稻选择致死基因的途径* 目前寻找水稻选择致死基因至少有下面两种可能途径。

①药剂选择致死基因(chemical selective lethal gene):应用水稻品种对某些药剂反应的敏感性差异,寻找隐性药剂选择致死基因。筛选办法是:用各种浓度的药剂溶液,浸泡破胸萌动的水稻品种种子一定时间,然后用清水洗干净,用培养皿发芽,能够正常生长的品种则不具备该药剂选择致死基因,不能正常生长的品种则具备该药剂选择致死基因。筛选出这些材料后,用这两类材料配成正反交,具有药剂选择致死基因的品种作母本为正交 F_1,反之则为反交 F_1'。将亲本、F_1、F_1'浸泡在一定浓度的药剂溶液内一定时间。如果 F_1、F_1'种子能正常存活,则表示所筛选到的药剂选择致死基因为隐性;如果 F_1、F_1'种子皆不能存活,则表示所筛选到的药剂选择致死基因为显性;如果 F_1 不能存活而 F_1'可以存活,则表示所筛选到的药剂选择致死基因属于细胞质基因(图 8-9)。

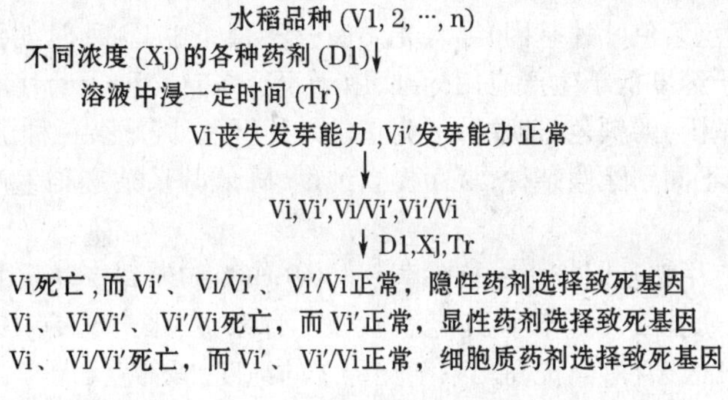

水稻品种 (V1, 2, ···, n)
不同浓度 (Xj) 的各种药剂 (D1)↓
溶液中浸一定时间 (Tr)
Vi丧失发芽能力 ,Vi′发芽能力正常
↓
Vi,Vi′,Vi/Vi′,Vi′/Vi
↓ D1,Xj,Tr
Vi死亡 ,而 Vi′、 Vi/Vi′、 Vi′/Vi正常,隐性药剂选择致死基因
Vi、 Vi/Vi′、 Vi′/Vi死亡,而 Vi′正常,显性药剂选择致死基因
Vi、 Vi/Vi′死亡,而 Vi′、 Vi′/Vi正常,细胞质药剂选择致死基因

图 8-9　隐性药剂选择致死基因的筛选程序

此外,还可以筛选药剂选择幼苗致死基因,其程序与筛选药剂选择胚致死基因的程序大致相同,只是将种子萌动期用药剂浸种改为苗期用药剂喷雾。药剂选择致死基因有可能是存在的,如 133S 和 133S/明恢 63 对草甘膦的反应很不相同(朱英国,2000)。进一步扩大筛选的药剂种类,并分别给予不同时间和浓度的处理,则有可能筛选出隐性药剂选择致死基因。

②寻找温度选择致死基因(temperature selective lethal gene):一般说来,水稻品种种子在低温条件下贮藏可以在较长时间内保持正常发芽能力,而在高温条件下贮藏则容易丧失发芽能力,不过不同水稻品种在高温条件下的贮藏寿命不同,有些品种短期贮藏即可致死,而另一些品种则能维持一段较长的时间。如果在高温条件下短期贮藏致死是由隐性基因控制的话,则可以将该基因转移到光温敏核不育水稻中去,而将对应的显性基因转移到恢复系中。制种期间,如光温敏核不育水稻出现育性反复,则可将杂种在高温条件下短期贮藏,不育系自交种子死亡,杂种则可以正常存活,从而保证了杂种的纯度。筛选的办法是用不同温度(30℃ ~ 50℃)的恒温箱贮藏众多水稻品种种子一段时间(10 天一个间隔),如果在某一温度条件下某一品种短期贮藏就丧失了发芽能力,则表明该品种具有温度选择致死基因(图 8-10)。

值得指出的是,运用选择致死基因控制致死并不要求致死率达到 100%,而是有 80%以上的致死率即可。因为一般制种时出现育性反复的频率较低,而且即使出现也只不过 3 天左右的时间,只要花期相遇,纯度可以达到 80%以上,这样,不到 20%的不育系自交种子中,如果有 80%的死亡,制种纯度即可达到 96%以上,符合生产应用的标准。

2. 水稻叶片颜色基因在培育光温敏核不育系中的应用　利用区别于正常叶片颜色的

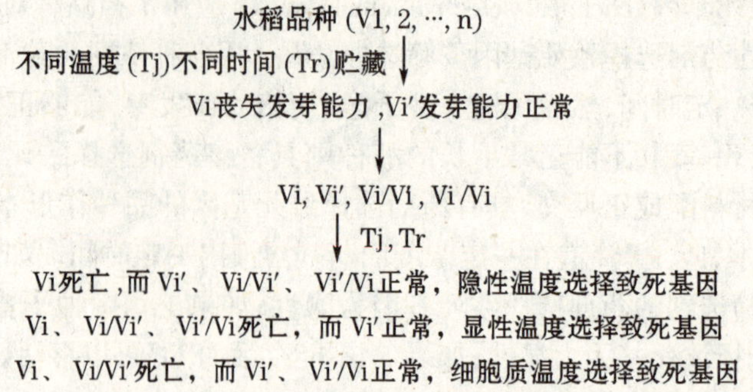

水稻品种 (V1, 2, ···, n)
不同温度 (Tj) 不同时间 (Tr) 贮藏 ↓
Vi丧失发芽能力，Vi′发芽能力正常
↓
Vi, Vi′, Vi/Vi, Vi /Vi
↓ Tj, Tr
Vi死亡，而 Vi′、Vi/Vi′、Vi′/Vi正常，隐性温度选择致死基因
Vi、Vi/Vi′、Vi′/Vi死亡，而 Vi′正常，显性温度选择致死基因
Vi、Vi/Vi′死亡，而 Vi′、Vi′/Vi正常，细胞质温度选择致死基因

图 8-10 温度选择致死基因的筛选程序

隐性基因(如淡绿色、紫色叶片基因)导入光温敏核不育系中,制种时如果遇到低温,不育系育性出现反复,种子纯度低于生产应用标准,由于不育系自交种子叶片颜色为隐性基因(如淡绿色、紫色叶片基因)的颜色,杂种种子为正常叶片颜色,因此杂种种子播种后可在秧田苗期依据叶片颜色的不同剔除假杂种,从而提高纯度,降低两系杂交稻生产应用的风险(曹立勇等,1999)。

此外,还可以应用转基因技术将抗除草剂基因(如 *bar*)转到恢复系中(黄大年等,1998),或将隐性苯达松致死基因(*bel*)转移到光温敏核不育系中(张集文等,1999),制种后可在秧田苗期喷药剂,杀死假杂种,以提高两系杂交种子的纯度的研究。

第四节 杂交水稻恢复系的选育

有了优良的不育系和保持系,还必须有优良的恢复系才能配制出高产、优质、多抗的组合供生产推广应用。水稻恢复系的发现和选育是杂交水稻最重要的研究方面之一。

一、优良恢复系的标准

一个优良的恢复系,必须具有下列特点:①恢复能力强。与不育系杂交,F_1 花药开裂撒粉正常,结实率达到大面积生产要求,而且受环境条件的影响很小。②配合能力好。与不育系配组应有较好的一般配合力,用目前生产上推广应用的不育系配组能配出强优势杂交组合。③花粉量充足。恢复系单株花期长,花粉充足,与不育系制种时能获得高产。④农艺性状优。恢复系的丰产性对于选配强优势组合最为重要。一般来说,一个强优势组合,亲本之一往往为高产亲本,恢复系的农艺性状要接近高产的常规品种,使主要经济性状如分蘖力、每穗总粒数、千粒重能与不育系的性状互补,达到“水涨船高”之功效。⑤与不育系的遗传差异大。杂种优势的强弱与双亲细胞核内遗传差异大小有一定关系。在一定的范围内,双亲差异大,杂种一代优势就强;反之,优势不明显。除了这些主要特点以外,还应考虑恢复系的抗病性、米质等特性。

二、水稻恢复基因的分布

在野败恢复系选育的研究中,发现恢复基因的分布具有一定的规律性。

(一)地理分布

浙江省农业科学院 1978 ~ 1982 年对不同来源的 1 500 个品种(系)进行测交筛选的结果

表明,凡是对野败具有恢复能力的品种均来源于低纬度地带的东南亚地区,约占总数的55.5%,我国华南及韩国的籼稻品种约占20.5%;长江流域的早籼品种几乎没有强恢复能力,我国的常规粳稻及日本、朝鲜的粳稻品种均无育性恢复能力。

(二)品种系谱

生产上广泛应用的IR24和IR26恢复系都具有Peta的血缘,而Peta对野败不育系具有强恢复能力,通过杂交可以把恢复基因转到另一品种中去,从而获得新的恢复材料。如Peta/台中本地1号育成IR1110-78,统一/IR24//IRl317/IR24育成密阳46。

(三)稻种进化

水稻品种的恢复性与稻种起源有一定的关系。凡是与野生稻亲缘较近的品种,具有对野败恢复能力的品种也较多。按经典的稻种起源学说,先有籼稻,后有粳稻;先有晚籼,后有中、早籼。所以在广泛的测交筛选中,籼稻尤其是晚籼中具有较多恢复基因的品种。

三、恢复系选育的方法

恢复系选育一般可以分为测交筛选法和杂交选育法2种。测交筛选法曾为配制强优组合、发展我国的杂交水稻作出过重大贡献。但实践证明,仅靠测交方法选育恢复系还不能满足杂交水稻研究的需要。如早熟恢复系的选育、抗病恢复系的选育和粳稻恢复系的选育等,还需要通过杂交来扩大恢源,重组优良性状,从而获得新的恢复系,育种工作者称之为"人工制恢"。

(一)测交筛选法

充分利用现有品种资源对不育系进行广泛测交,从中筛选恢复系,是一个简单而行之有效的方法。目前在生产上应用的恢复系,多数是利用这种方法选得的,如IR24、IR26、IR30和密阳46等。测交筛选恢复系的具体步骤可分为3步:①初测。用现有优良的品种(系)对不育系授粉,根据其杂交一代的结实率、经济性状、抗性表现等进行初评。初测时每组合F_1应保证有10株以上。②复测。经初测鉴定有恢复力且其他性状无分离的品种再进行复测,验证初测的结果。复测的组合要求种植杂种50~100株,并对主要性状做好考种和初步的产量鉴定。③鉴定。根据复测结果进行严格淘汰,入选少数优良的组合重新配制一定数量的杂交种子,供大田生产鉴定或多点鉴定。

(二)杂交选育法

1. 一次杂交法　通过一次杂交把强恢复系的恢复因子导入新品种(系),再在后代的分离群体中采用系谱法进行选育。一次杂交法又有恢复系/恢复系、保持系/恢复系和不育系/恢复系3种方式。

(1)恢复系/恢复系　选用2个均具有恢复因子且性状间能互补的品种杂交,在杂种后代中选育符合育种目标的新恢复系。如广西农业科学院选育的桂33(IR36/IR24),福建省三明市农业科学研究所育成的明恢63(IR30/圭630)。恢复系/恢复系是我国当前选育恢复系应用最广也是最有成效的方法。由于恢复系/恢复系两个亲本都含有恢复基因,在杂种的各世代中恢复株出现的频率很高,低世代可以不进行测恢工作,只要选择与产量有关的一些性状,待这些性状相对稳定即可从中测恢。

(2)保持系/恢复系　某些品种的抗性和丰产性都较为理想,却缺少具有恢复育性的能力而无法直接应用时,一般需要采用这种选育方法。如中国水稻研究所从台雄2号/IR28

后代中选出台 8-5 恢复系,中国农业科学院从 3373/IR24 后代中选出粳稻恢复系 300 号。采用保持系/恢复系或恢复系/保持系的选育方法,由于其各世代单株的表现型均有可恢和不恢之分,无法用肉眼来判别,只能进行大量测交筛选,从中选出基因型是可恢的单株。

(3)不育系/恢复系　雄性不育系与恢复系杂交后,从 F_2 起就有性状和育性分离,其中可能会出现一些符合育种目标的优良单株。把这类结实率高的单株连续加代,就能选出性状一致的新恢复系。如广西的同恢 603 系列、湖北的 20862 就是用此法育成的。由于不育系/恢复系所选的新恢复系遗传差异小,杂种优势会有所减弱,如加大恢复系与不育系核之间的遗传差异,有可能获得优良的同质恢复系。中国水稻研究所采用汕优 10 号/02428、Ⅱ优 46/轮回 422 等配组方式,在杂交后代的自交群体中选择结实率高的单株,经初步测交鉴定,获得一批优势较强的苗头组合。利用不育系/恢复系方式育成的恢复系,由于其细胞质来源与不育系相同,一般称之为同质恢复系。同质恢复系的优点是方法简便,比较容易选育出恢复系,且在恢复特性方面有利于消除因核质矛盾所造成的生理不协调。但如选择不当,所配制组合的杂种优势往往难如人意。

2. 多次杂交选育法　此法可把多个品种(系)的有利基因综合到一个新品系中。如甲品种抗性强,恢复性好,但优势不大;而乙品种具有高产经济性状,配组后优势强,而恢复性不够;丙品种具有熟期早、恢复性好的优点,等等。可以通过多次杂交把有利基因综合在一起,从而达到选育新恢复系的目的。湖南省的早熟恢复系二六窄早(R26/窄叶青 8 号//早恢 1 号)即是用此法育成的。辽宁省农业科学院的粳稻恢复系 C57 也是从 IR8/科情 3 号//京引 35 组合后代选得的。

(三)分子标记辅助选育法

通过分子标记辅助选育可以快速育成综合农艺性状好、抗病性强的水稻恢复系。如中国水稻研究所以多系 1 号/明恢 63 的后代为母本,以国际水稻研究所的抗白叶枯病品种 IRBB60 为父本,通过分子标记辅助育种选择,经多代选育育成恢复系中恢 8006(R8006)。该不育系株型优,综合农艺性状好,抗病性强,配组出了国稻 1 号、国稻 3 号、Ⅱ优 8006 等一系列优良组合。

四、光温敏核不育类型育性恢复特性

水稻光温敏不育系如农垦 58S、培矮 64S、株 1S、衡农 S 和 5460S 等的育性由核不育基因控制,属核不育类型,因此现有的水稻品种都是其恢复系。但在育种实践中,还有少数品种没有完全恢复能力和个别品种只对部分光温敏不育系具有恢复能力的育性遗传现象,这可能与双亲的遗传组成不同、杂交不亲和有关。

第五节　三系法品种间杂交稻选育

三系法水稻杂种优势利用的主要途径是通过培育雄性不育系(A)、雄性不育保持系(B)、雄性不育恢复系(R)(简称三系),从而达到强优势组合选育的目的。

一、三系选育的历史

水稻杂种优势利用研究最早是日本东北大学胜尾清于 1958 年开展的。1966 年,日本琉

球大学新城长友以钦苏拉-包罗Ⅱ为母本与台中65杂交,育成BT型台中65不育系,同时把台中65不育系中的部分可育株经自交稳定育成了BT型不育系的同质恢复系。1968年实现三系配套。随后,日本农业技术研究所以缅甸籼稻品种里德稻与藤坂5号杂交,经连续回交育成了具有里德细胞质的藤坂5号不育系,并找到了日本品种福山具有较强恢复能力。BT型和里德型不育系配制的组合,因优势不强均未能应用于生产。

我国杂交水稻始于袁隆平于1964年开展的研究。1970年11月,湖南省安江农校袁隆平的助手李必湖与海南崖县(今三亚市)南红农场的冯克珊在南红农场的水沟边发现一株花粉败育的野生稻(简称"野败")。次年春季用广场矮3784、6044、京引66和二九南等品种测交,发现这些品种(系)对野败不育株有保持能力。江西省萍乡市农业科学研究所用二九矮、珍汕97,广西农业科学院用广选3号等品种测交和回交,结果也均表明这些品种具有较好的保持能力,而且获得了不育株率和不育度达到100%的群体。从此各地育成了多个稳定的三系不育系。

水稻雄性不育系育成以后,1973年广西农学院等单位先后筛选出一批强恢复系,其中以分布于东南亚的籼稻品种泰引1号、IR24、IR26及IR661具有较强的恢复能力,并选配出一批强优势组合。从此,实现了我国籼型杂交水稻的三系配套,并宣告我国杂交水稻选育成功。

我国粳型三系杂交水稻的选育研究几乎是与籼型三系同时起步的。1965年秋,云南农业大学(原昆明农林学院)的李铮友在云南省保山县的粳稻品种台北8号大田中发现了一些半不育以及低不育稻株,从此揭开了粳型杂交稻研究的序幕。他们用当地种植面积较大的粳稻品种红帽缨为父本,经3次回交后,于1969年育成细胞质为台北8号的红帽缨不育系,并定名为滇一型不育系。这是我国最早选育的粳型雄性不育系。此后,云南省又相继育成滇二、滇四、滇六和滇八型不育系。1972年,野败型粳型不育系京引66A在湖南选育成功。其他细胞质类型的粳型不育系也在全国各地相继育成。例如北京的黄金A(毫干达歪)和江苏的农虎6号A(印度野禾)等。此外,自从1972年日本的BT型三系引入我国后,各单位纷纷利用该不育资源进行大量改造和转育,选育出大批新BT型不育系,如黎明A、秀岭A、秋光A、六千辛A及寒丰A等。

粳型不育系选育成功后,全国各地进行了粳型恢复系的筛选。1973年,辽宁省农业科学院提出"籼粳架桥制恢"技术,采用这一技术产生的著名的C系统(IR8/科情2号//京引35)衍生出了10多个恢复系,使我国粳型杂交稻在1975年实现了三系配套,并为北方粳三系的发展奠定了基础,同时也对南方杂交粳稻研究的开展、恢复系的选育作出了贡献。

二、杂交水稻强优组合选配的原则

育成优良杂交组合的关键在于选配亲本,优良的亲本是选配强优组合的基础。杂交水稻新组合的育成往往是建立在常规水稻育种的基础上,人们称这一关系为"水涨船高"。强优组合的选配必须以产生杂种优势为依据。具体应考虑以下几个方面。

(一)选择遗传基础差异大的双亲配组

遗传差异是产生杂种优势的基础,在一定的范围内,差异越大优势越强。亲本间因亲缘关系、地理来源和生态类型的不同而存在各种遗传差异。当前在生产上应用的杂交水稻组合,就是利用这些差异使营养优势与生殖优势得到有机统一。如杂交稻汕优63是利用生态类型和地理来源不同的双亲配组;汕优 10 号和协优 46 的双亲除了生态类型和地理来源存在不同,还存在籼粳亲缘的差异。

(二)选择性状明显互补的双亲配组

目前生产上使用的杂交稻组合,都具有双亲优良性状的互补,使杂交稻的综合性状优于双亲。如汕优 63 和汕优 10 号、协优 46 等均综合了双亲特点:抗病,中熟偏迟,分蘖力强,千粒重高,表现出性状间较好的互补作用。其中汕优 63 的父母本在生育期、株型、抗性和穗粒结构方面有较大差异,不同程度起着互补和促进作用,表现出较强的杂种优势。

(三)选择农艺性状优良的亲本配组

具备了优良农艺性状的双亲,才有可能配出优良的杂交组合,使产量提高。杂交水稻主要性状遗传规律研究表明,杂种 F_1 的一些性状表现与双亲平均值存在一定的相关关系,如每穗总粒数、每穗实粒数、千粒重、有效穗、生育期、株高等性状与双亲平均值存在极显著的相关。根据这一关系,选择上述性状表现优良的双亲配组,可望得到优良的杂交组合。

(四)选择配合力好的亲本配组

所谓配合力是指一个亲本与其他若干品系杂交,遗传给子一代的性状的平均表现。它由亲本有利基因的多少和基因的功能大小决定,即由加性效应所决定。特殊配合力是指某特定的杂交组合中,使其后代某性状偏离其平均表现的能力。它受亲本基因非加性效应控制。一个外观长势好、产量高的亲本,其杂种的产量不一定高,只有配合力也好的亲本才能配出高产的杂种。由于配合力等原因,尽管我国各地新转育成功了数以百计的不育系,但真正能应用于生产的只有珍汕 97A、威 20A、协青早 A、Ⅱ-32A 及中 9A 等少数几个不育系。

第六节　两系法杂交水稻选育

两系法杂交水稻由于育种程序和生产环节较简单、配组自由度大等优势,自 1989 年进入生产试验以来,其应用进入了快速发展阶段,2002 年种植面积已达 150 万 hm^2 以上。目前主要的组合为两优培九、培杂双七、培两优 288、香两优 288、丰两优 1 号等组合。

一、两系法品种间杂交水稻选配原则

高产、优质、多抗是作物育种的永恒目标,两系法杂交水稻的育种目标主要应考虑产量、抗性、品质、熟期等。由于光(温)敏核不育系是孢子体隐性核不育,配组自由,因此可以利用三系杂交水稻育种和常规育种的品种作为恢复系进行配组。其父本尽管不存在恢复与保持的关系,但还是需要具备配合力好、农艺性状优、与不育系亲缘关系较远、所配组合结实率高等条件,因此两系法品种间杂交稻组合的选配原则与三系杂交水稻一样,也应注意对双亲遗传差异大、双亲主要优良性状能够互补、双亲农艺性状优良、配合力强等的要求。

二、两系法品种间杂交水稻育种

(一)不育系的选用

目前国内应用于生产的光温敏核不育系主要是来自于光敏感核不育水稻农垦 58S 和温敏核不育水稻安农 S 的衍生系。光温敏核不育系的选用有如下几个基本原则(卢兴桂等,2000)。

1. 安全制种　由于光温敏核不育系的育性受光长和温度的调节,因而在选用不育系时必须考虑在本地区能否安全制种,即稳定不育期能否在30天以上。而稳定不育期的长短主要取决于被选用不育系的育性转换的临界温度和临界光长。在华南地区,由于周年光照变化较小而温度变化明显,一般多选用温敏型为主的不育系,育性转换的临界温度以在24℃～25℃之间为宜。在华中地区,光敏、温敏以及光温互作型的不育系都可选用,但育性转换的临界温度要在23℃～24℃之间,不得高于24℃,临界光长在13.5 h左右。华北和东北稻区,光照长而温度相对较低,因而宜选用光敏性较强、育性转换临界温度较低的不育系。

2. 容易繁殖　为使繁殖获得高产稳产,光温敏核不育系应有较强的抗寒性,以保证在冷水串灌时受害程度轻,繁殖产量高。

3. 高配合力　不育系的配合力高低直接决定杂种的优势水平。一般配合力的高低常与其综合性状的优劣呈高度相关,故一般配合力高的不育系易选配到高产的组合。

4. 制种产量高　两系法杂交水稻在不育系的选用上,除了安全性、可繁性和高配合力外,必须易于制种,否则就不能发挥两系杂交稻种子成本低的优势。因此,不育系首先要考虑优良的花器构造,柱头大而外露率高,绒毛发达,生活力强,颖花张颖角度大,花时早且与父本同步,开花集中,受精后能及时闭颖;其次,不易感稻粒黑粉病和稻曲病,对其他病害也较耐抗;第三,对赤霉素敏感,可减少九二〇的用量,从而降低制种成本;第四,易脱粒而不易落粒;第五,生长繁茂,分蘖力强。

(二)恢复系和新组合的选育及栽培技术

1. 恢复系和新组合的选育　优良恢复系是选配强优势组合的关键。两系法品种间杂交稻最大的优点是不受三系杂交稻恢保关系的制约,同一亚种内的绝大部分品种(系)都能正常恢复光温敏核不育系的育性。在恢复系和新组合的选育上,通常采取下列3种途径。

(1)利用常规稻品种(系)测配筛选强优组合　中国水稻栽培的历史非常悠久,有成千上万个品种在生产上应用过,这些品种都可用作恢复系进行新组合的测配。特别是近几年育成的一些常规品种,产量高、抗性好、品质优,容易配制出强优组合。目前生产上大面积应用的两系杂交稻组合,多数是利用常规品种(系)配制出来的,如两优培特、培杂山青、培两优余红、两优培九等组合的父本分别是特青、山青11、余红、9311(扬稻6号)等。

(2)利用细胞质雄性不育恢复系测配筛选强优组合　我国三系杂交稻育种技术处在世界前列,20多年来已育成了一大批一般配合力强、抗性好、米质优的恢复系。这些恢复系都可用作两系杂交稻的父本进行组合测配。如生产上已大面积应用的培两优288、70优9号(皖稻24)、两优2163和福两优63等组合,就是利用三系恢复系R288、皖恢9号和明恢63等配制出来的两系杂交稻组合。

(3)选育新恢复系用于组合测配　两系杂交稻要在产量优势、品质性状和抗性等方面超过三系杂交稻,还必须扩大双亲遗传差异,针对不育系的缺点,有目的地进行杂交选育新的恢复系,以达到双亲优缺点互补的目的。例如,湖南亚华种业科学院针对不育系株1S米质差、熟期长、配合力差的问题,通过杂交有目的地选育了米质好、生育期稳定、抗性强、配合力好的恢复系ZR02,所配组合株两优02解决了长江流域双季杂交早稻熟期不早、产量不高不稳、品质低劣的问题,成为长江流域有良好发展前景的两系杂交早稻组合。

2. 两系杂交水稻的栽培技术　两系法杂交水稻的栽培也应根据组合的特性,围绕培育壮秧、宽行稀植、精确施肥、定量控蘖、化学调节、好气灌溉、病虫草综合防治等技术,通过改善根系生长和活力，提高后期物质生产能力，取得大面积均衡高产。

第七节 水稻杂种优势利用的现状与进展

杂交水稻的育成，是水稻育种史上的一次重大突破。它打破了水稻等“自花授粉作物没有杂种优势”的传统观念，大大丰富了作物遗传育种的理论和实践，具有很高的学术价值。特别是这一重大科技成果的应用，给我国的水稻生产带来了一次飞跃，使水稻单产在矮秆良种的基础上提高20%左右，取得了巨大的社会、经济效益。1976~1997年，全国累计种植杂交水稻2.2亿 hm^2，共增产稻谷3亿t。近几年，全国年种植杂交水稻1 533万~1 600万 hm^2，约占水稻总面积的一半，产量则占水稻总产量的57%；全国杂交水稻平均单产6.75 t/hm^2，常规稻平均单产5.3 t/hm^2。种植杂交水稻年增产的稻谷相当于一个中等产粮省份的粮食年产量。

“九五”以来，随着水稻育种目标、育种材料和技术方法的创新，以及种子和稻米产业发展的推动，我国杂交水稻育种呈现多元化加速发展的趋势，主要表现在多种胞质不育质源在杂交水稻中得到广泛应用，新组合大量涌现，产量水平不断提高，稻米品质明显改善，优质高产初步协调，两系组合稳步发展，粳型杂交组合有突破。

一、多种胞质不育质源在杂交水稻中得到广泛应用

为了减轻单一胞质不育基因所引起的水稻病害的潜在危害，我国科学家利用多种胞质不育质源，转育了多种三系杂交稻胞质雄性不育系，形成了以野败胞质质源为主，逐步形成冈·D型、印尼水田谷型等胞质杂交组合比重增加的发展趋势，尤其是四川重穗型杂交稻选育成功并在生产上大面积推广应用，野败胞质垄断三系杂交稻的局面已经被打破。2000~2002年，冈·D型杂交组合占12.77%~14.58%，印尼水田谷型杂交组合占18.30%~21.93%；在播种面积居前10位的杂交组合中，各年度冈·D型杂交组合分别占1个、2个、3个，印尼水田谷型杂交组合分别占2个、1个、1个，形成了多种胞质不育组合共存的局面(表8-3，表8-4)。

表8-3 2000~2002年不同胞质类型杂交水稻主要组合播种面积

年份	项目	不育胞质类型								小计
		野败	冈·D	ID	DA	光温敏不育	红莲	K	BT	
2000	面积(万 hm^2)	652.80	177.47	284.87	133.00	88.40	1.87	12.67	6.27	1357.35
	比例(%)	48.09	13.07	20.99	9.81	6.51	0.14	0.93	0.46	
2001	面积(万 hm^2)	700.80	176.33	252.67	79.33	140.07	2.20	22.20	7.40	1381.00
	比例(%)	50.75	12.77	18.30	5.74	10.14	0.16	1.61	0.53	
2002	面积(万 hm^2)	602.47	221.40	332.93	70.33	274.53	4.67	11.27	10.60	1528.20
	比例(%)	39.42	14.49	21.79	4.60	17.96	0.31	0.74	0.69	

表 8-4　2000～2002 年播种面积居前 10 位的杂交稻　（单位：万 hm^2）

序　号	2000 年		2001 年		2002 年	
	组合名称	面　积	组合名称	面　积	组合名称	面　积
1	汕优 63	115.87	汕优 63	76.13	两优培九	82.53
2	Ⅱ优 838	79.7	Ⅱ优 838	66.07	Ⅱ优 838	65.13
3	冈优 22	74.33	金优 207	65.13	冈优 725	64.20
4	协优 63	40.33	两优培九	58.27	汕优 63	55.27
5	Ⅱ优 501	35.73	冈优 725	55.80	金优 207	54.27
6	协优 46	35.00	冈优 22	54.13	冈优 22	48.27
7	两优培九	32.47	金优桂 99	40.40	冈优 527	44.60
8	汕优 46	27.60	培两优 288	39.87	金优 402	44.00
9	威优 46	25.07	金优 402	38.60	金优桂 99	35.33
10	金优 402	23.47	汕优 46	31.73	新香优 80	32.27

二、优质、高异交率不育系的开发利用

近几年，我国科学家在注重新细胞质源的同时，对不育系的米质、异交率等方面的改进也有了很大的进展。如中国水稻研究所培育的印尼水田谷胞质不育系中 9A，将米质与高异交率结合起来，不仅米质优，而且异交率高达 80%。四川省宜宾市农业科学研究所培育的不育系宜香 1A，广东省农业科学院培育的不育系粤丰 A 等，米质达国标一级优质米标准。这些不育系的选育成功，改进了杂交水稻的稻米品质，尤其是整精米率、垩白度和直链淀粉含量有了显著改善。根据对 1998～2003 年南方区试杂交稻组合的稻米品质分析（表 8-5），直链淀粉含量各类型的平均值均在国标优质一级范围内，优质达标率早籼和华南早籼超过 60%，中籼和华南晚籼超过 70%，晚籼和单季晚粳分别超过 80% 和 90%；整精米率除早籼和华南早籼外，其他各类型的平均值均达到国标优质一至二级，优质达标率均在 70% 以上，其中单季晚粳和华南晚籼优质达标率分别达到 80% 和 90% 以上。虽然外观品质相对不够理想，以及早籼和华南早籼稻米品质相对较差，但与“七五”和“八五”时期相比，也已有明显改善（杨仕华等，2004），如国稻 1 号、宜香优 1 号、粤优 938 等组合，不仅米质优、产量高，而且制种产量也能高达 4.5～5.0 t/hm^2，这极大地促进了杂交水稻的发展。

表 8-5　1998～2003 年南方区试中杂交稻组合的稻米品质表现

类　型	整精米率（%）		垩白度（%）		直链淀粉（%）		达到国标优质三级以上	
	平均值	达标率	平均值	达标率	平均值	达标率	组合数	占%
早　籼	40.6	17.2	15.6	6.9	19.8	62.1	0	0.0
中　籼	55.9	74.3	11.2	21.4	20.4	78.6	20	14.3
晚　籼	54.9	70.6	11.0	24.5	20.4	83.3	16	15.7

续表 8-5

类　型	整精米率(%)		垩白度(%)		直链淀粉(%)		达到国标优质三级以上	
	平均值	达标率	平均值	达标率	平均值	达标率	组合数	占%
单季晚粳	66.5	81.8	7.2	45.5	16.3	90.9	5	45.5
华南早籼	48.1	39.0	16.3	2.4	20.0	61.0	0	0.0
华南晚籼	62.4	95.8	6.8	37.5	21.0	70.8	7	29.2
总　体		61.4		20.7		76.4	48	13.8

三、两系法育种技术取得突破

两系法杂交水稻研究是我国独创，并于 1995 年获得成功。育成的光温敏不育系培矮 64S、广占 63S 等在生产上表现出配组自由度大、产量高、米质好、抗性有所提高等优势，由此育成的两系法杂交稻组合比三系对照杂交稻增产，同时抗性和米质均有改进，其繁殖、制种和栽培技术也已成熟配套，进入生产应用阶段，表现出较好的稻米品质和抗病性，如两优培九、丰两优 1 号、准两优 527、扬两优 6 号、两优 288、株两优 02、株两优 120 等。2002 年，中国两系杂交稻种植面积已达 150 万 hm^2，总产达 1.093 亿 t，平均产量 7 287 kg/hm^2，比三系杂交水稻平均增产 4.16%。两系组合在生产上得到快速推广应用，展示了两系杂交稻超三系杂交稻的诱人前景。

四、超级杂交稻育种的成功实践

为了实现中国水稻单产的再次飞跃，解决粮食安全问题，我国科学家在总结国内外经验和教训的基础上，于 1996 年提出了实施我国超级稻育种设想：即采用理想株型塑造与籼粳杂种优势利用相结合的技术路线，大幅度提高水稻单产，并兼顾米质和抗性。经过联合攻关，目前已育成多个通过省级以上审定并在百亩示范片验收中达到 12 t/hm^2 的超级稻新品种(表 8-6)。超级稻自 1998～2004 年已累计示范推广 1 000 万 hm^2。实践证明，发展超级稻是我国提高水稻单产、稳定水稻总产、提高稻作效益、确保粮食安全的必然选择。

表 8-6　中国超级稻产量验收一览表

品种名称	选育单位	验收地点	年　份	平均产量(t/hm^2)	面　积(hm^2)	最高产量(t/hm^2)	面　积(hm^2)
协优 9308	中国水稻研究所	浙江新昌	2000	11.84	6.80	12.23	0.07
		浙江诸暨	2000	11.42	10.00		
		浙江新昌	2003	11.54	82.53	12.03	28.87
Ⅱ优 7 号	四川省农业科学院	四川南江	2000	11.40	7.33		
Ⅱ优 162	四川农业大学	四川凉山	2000			12.12	0.09
汕优明 86	福建省农业科学院	福建尤溪	2000	12.42	13.47		
两优培九	江苏省农业科学院 湖南杂交水稻研究中心	湖南龙山	2000	10.64	66.67		
		湖南郴州	2000	11.67	7.67		
		河南息县	2000	10.62	6.67		
P88S/0293	湖南杂交水稻研究中心	湖南湘潭	2003			12.09	0.08

五、展　望

三系杂交水稻的大面积应用表明,杂交水稻技术使水稻产量更接近其生理产量潜力水平。杂交稻由于有发达的根系以及前期秧苗和营养的优势,除了灌溉地区外,在低洼田、天水田和旱地的应用前景也很光明。围绕降低种子成本的技术措施,如超高产制种技术和省力制种技术及杂交稻种子的贮藏新方法的研究,对于以丰补歉、减少浪费也很有意义。为了使杂交水稻的生产走向世界,杂交水稻制种的机械化研究也将成为杂交稻研究中一项重要的内容。

在过去的十几年中,水稻基因组研究取得了突飞猛进的进展,建立了致密的分子连锁图,定位了大量控制重要性状的主效和微效基因,克隆了控制白叶枯病抗性、稻瘟病抗性、株高、生育期、分蘖等重要性状的功能基因,完成了全基因组 DNA 序列的精细测定,功能基因组研究也已全面展开。随着水稻基因组研究的发展,一种新型的育种技术——结合表现型和基因型筛选培育优良新品种的技术——分子育种技术,在水稻育种应用中逐步得到发展和完善。目前,水稻分子育种研究主要包括基因工程育种和分子标记辅助选择,其核心仍然是经典育种手段和方法;同时,由于分子生物学研究方法及其技术的应用,研究目的性和研究效率得到提高,原有的种间生殖隔离得到一定程度的打破,显示了明显的优越性。

综上可见,我国的杂交水稻育种研究与应用已经发展到较高的阶段。而杂交水稻育种更高层次的发展是通过现代生物技术利用远缘杂种优势,如利用野生稻和其他近缘种属的有利基因、C_4 植物的高光合效率基因等,特别是培育一系法远缘杂交稻。一系法杂交稻是不再分离并固定了杂种优势的杂交稻,因而不需要年年制种。这项研究现仍处于探索阶段,其技术上的难度很大,要育成一系法杂交稻,将是一个较长远的奋斗目标。

参 考 文 献

白书农,肖翊华.对杂种优势机理研究的一点看法.杂交水稻,1989,(1):44－47

曹立勇,钱前.紫叶标记籼型光(温)敏核不育系中紫 S 的选育及其配组的优势表现.作物学报,1999,25(1):44－49

陈立云.两系杂交水稻的原理与技术.上海:上海科学技术出版社,2001

程式华,孙宗修,闵绍楷等.光敏核不育水稻的光温反应研究Ⅰ.光敏核不育水稻在杭州(30°05′N)自然条件下的育性表现.中国水稻科学,1990,4(4):157－161

程式华,孙宗修,斯华敏等.幼穗发育期温度对温敏核不育水稻 5460S 育性变化的影响.见:中国科协首后青年学术年会论文集(农科分册).北京:中国科技出版社,1992.114－120

程式华,孙宗修,斯华敏.光敏核不育水稻研究与利用中的若干基本问题.水稻文摘,1991,10(4):1－5

程式华,孙宗修,斯华敏.农垦 58S/农垦 58F2 育性分离的年度间差异.中国水稻科学,1994,8(2):97－131

程式华,孙宗修,斯华敏.人工控制条件下水稻光(温)敏核不育系育性转换的整齐度分析.浙江农业学报,1993,5(3):133－137

程式华,孙宗修.国外光(温)敏核不育水稻的研究进展.种子世界,1993,(3):35

储长树,卢显富,姚克敏等.低温敏不育系水稻"冷灌繁种"技术微气象效应的数值试验.南京气象学院学报,1998,21(1):95－103

储长树,卢显富,姚克敏等.水稻低温敏不育系培矮 64S"冷灌繁种"适用技术研究.南京气象学院学报,1997,(4):425－433

段发平,梁承邺,黎垣庆.水稻杂种优势预测方法的现状、问题与对策.杂交水稻,2000,15(2):1－3

冯瑞光,孟令启,宁文书等.粳型光敏核不育系主要农艺性状的配合力及杂种优势.华北农学报,1997,12(4):7－12

傅爱军,王晖.水稻雄性不育的遗传研究.湖南农学院学报,1988,14(1):1－6

高明尉.野败型杂交水稻基因型的初步分析.遗传学报,1981,8(1):66－74

龚光明,周国峰,尹楚球等.籼型两用核不育系主要农艺性状的配合力分析.中国水稻科学,1993,7(3):137－142

何觉民,藏君惕,邹应斌等.两系杂交小麦研究Ⅰ.生态雄性不育小麦的发现、培育.湖南农业科学,1992,(5):1-3

贺浩华,张自国,元生朝.温度对光照诱导光敏感核不育水稻的发育与育性转变的影响初步研究.武汉大学学报,1987,(HPGMR专刊):87-93

贺和初.滇一型和BT型杂交稻育性遗传和不育机理研究.云南农业大学学报,1988,3(1):54-68

胡锦国,李泽炳.四种水稻细胞质雄性不育性遗传的初步研究.华中农学院学报,1985,2(1):15-22

胡学应,万邦惠.水稻光(温)敏核不育基因的遗传分析.见:两系法杂交水稻研究论文集.北京:农业出版社,1992.123-129

黄国寿,胡延玉,李平.籼稻体细胞培养选育温敏感核不育系的初步研究.四川农业大学学报,1992,10(1):1-6

黄群策,向茂茂,刘文海.水稻核雄性不育系CIS28-10育性遗传的研究.杂交水稻,1992,(6):19-21

靳德明,李泽炳,刘良军等.不同杂交方式选育籼型光敏核不育系效果探讨.华中农业大学学报,1990,9(4):440-445

雷建勋,李泽炳.湖北光敏核不育水稻遗传规律研究.I.原始光敏核不育水稻与中粳杂交后代育性分析.杂交水稻,1989.(2):39-43

雷捷成,游年顺,郑秀萍.野败水稻雄性不育保持系选育的遗传分析.中国农业科学,1984,(5):30-32

李成荃,昂盛福.粳稻的杂种优势与遗传距离的研究.见:杂交水稻国际学术讨论会论文集.北京:学术期刊出版社,1986.379-384

李丁民,梁世荣,禤绮林等.湖北光敏核不育水稻在华南的利用研究.杂交水稻,1989,(1):27-31

李广贤,杜国庆,庄杰云等.应用微卫星标记定位水稻恢复系密阳46的主效和微效恢复基因.中国水稻科学,2005,19(6):506-510

李平,周开达,陈英等.利用分子标记定位水稻野败型质核互作雄性不育恢复基因.遗传学报,1996,23(5):357-362

李祥义,邓景杨.太谷核不育小麦雄性败育过程的细胞形态学研究.作物学报,1983,9(3):151-156

李新奇.四个水稻核不育材料育性转换特征的遗传分析.湖南农业科学,1990,(1):10-13

李行润,黄清阳,华琳.粳型光敏核不育系的配合力分析.华中农业大学学报,1990,9(4):429-434

李泽炳,肖翊华,朱英国.杂交水稻的研究与实践.上海:上海科学技术出版社,1982

李泽炳.对我国水稻雄性不育分类的初步探讨.作物学报,1980,6(1):17-26

李泽福,夏加发,唐光勇.植物雄性不育类型及其遗传机制的研究进展.安徽农业科学,2000,(1):5-10

梁国华,严长杰,汤述翥等.BT型细胞质雄性不育恢复基因的基因定位.中国农业科学,2001,15(2):89-92

刘宜柏,孙义伟,蔡秋萍.杂交水稻蛋白质含量的优势分析.江西农业大学学报,1990,(水稻米质育种专集):9-19

卢兴桂,顾铭洪,李成荃等.两系杂交水稻理论与技术.北京:科学出版社,2000

卢兴桂,牟同敏.籼型光敏感雄性不育系的选育与利用研究.I.光敏感核不育基因导入籼稻背景的效果.杂交水稻,1989,(5):29-32

卢兴桂,姚克敏,袁潜华等.水稻低温敏不育系育性转换的光温特性分析.中国农业科学,1999,32(4):6-13

卢兴桂.对水稻光-温敏雄性不育系选育中的一些问题的思考.高技术通讯,1992,(5):1-4

卢兴桂.对水稻光温敏雄性不育系选育中一些问题的思考.高技术通讯,1992,(6):1-2

卢兴桂.我国水稻光温敏不育系选育的回顾.杂交水稻,1994,(3-4):27-31

陆作楣.论我国杂交水稻亲本繁殖技术演变.杂交水稻,1993,(2):1-4

骆炳山,李德鸿,屈映兰等.乙烯与光敏核不育水稻育性转换关系.中国水稻科学,1993,7(1):1-6

梅明华,李泽炳,雷建勋等.光敏核不育水稻农垦58S与31111S不育性遗传的比较研究.湖北农业科学,1992,(1):2-13

梅明华,李泽炳,谢园生.农垦58S及其转育的光(温)敏感不育系的等位性测验.湖北农业科学,1992,(7):3-6

沈福成,陈文强.关于水稻两系法杂种优势利用的讨论.Ⅰ.光敏不育系的选育.种子,1992,(1):29-32

石明松.对光照长度敏感的隐性雄性不育水稻的发现与初步研究.中国农业科学,1985,(2):44-48

石明松.晚粳自然两用系的选育及应用初报.湖北农业科学,1981,(7):1-3

孙宗修,程式华,闵绍楷等.光敏核不育水稻的光温反应研究.Ⅳ.减数分裂期温度对两个籼稻光敏不育系育性转换的影响.作物学报,1993,19(1):82-87

孙宗修,程式华,闵绍楷等.光敏核不育水稻的光温反应研究.Ⅱ.人工控制条件下粳型光敏核不育系的育性鉴定.中国水稻科学,1991,5(2):56-60

孙宗修,程式华,斯华敏等.在人工控制光温条件下早籼光敏不育系的育性反应.浙江农业学报,1991,3(3):101-105

孙宗修,程式华.杂交水稻育种——从三系、两系到一系.北京:中国农业科技出版社,1994

孙宗修,熊振民,闵绍楷等.温度敏感型雄性不育水稻的鉴定.中国水稻科学,1989,3(2):49-55

汤圣祥.我国杂交水稻蒸煮与食用品质的研究.中国农业科学,1987,20(5):15-22

唐锡华,倪袁寿,章本仙等.在控制条件下对不同稻种日长和温度反应发育特性的研究.植物生理学报,1978,4(2):153-168

唐锡华,陶余敏,潘国桢等.籼稻光(温)敏核不育系抽穗与结实对光周期和温度的反应特性.植物生理学报,1992,18(2):207-212

万邦惠,李丁民,稠绮林.水稻质核互作雄性不育细胞质的分类.见:杂交水稻国际学术讨论会论文集.北京:学术期刊出版社,1986.345-351

万文举,彭克勒,邹冬生.遗传工程水稻研究(一).湖南农业科技,1993,(1):12-13

王熹,俞美玉,陶龙兴等.CRMS 诱导水稻雄性不育的研究.I.CRMS 诱导水稻雄性不育的效果.中国水稻科学,1991,5(2):49-55

王丰,彭惠普,廖亦龙等.高产优质两系杂交稻培杂双七的选育与应用.杂交水稻,1999,(3):3-4

王建军,徐云碧,申宗坦.利用籼粳杂种一代若干问题的探讨.中国农业科学,1991,24(1):27-33

王三良.水稻恢复因子的遗传及选育新恢复品种方法的探讨.湖北农业科技,1980,(1):1-4

卫保国.大豆温敏雄性不育系的发现和研究初报.作物品种资源,1991,(3):12

吴让祥.矮败型早籼协青早不育系选育及其利用研究.见:杂交水稻国际学术讨论会论文集.北京:学术出版社,1986.75-77

武小金,尹华奇.温敏核不育水稻的遗传稳定性研究.中国水稻科学,1992,6(2):63-69

武小金.提高杂交水稻优势水平的可能途径.中国水稻科学,2000,14(1):61-64

谢建坤,庄杰云,樊叶杨等.水稻 CMS-DA 育性恢复基因定位及其互作分析.遗传学报,2002,29(7):616-621

徐静斐,汪路应.水稻优势和遗传距离.安徽农业科学,1981,(水稻数量遗传论文专辑):65-77

徐孟亮,刘文芳,肖翊华.湖北光敏核不育水稻幼穗发育中 IAA 的变化.华中农业大学学报,1990,9(4):381-386

徐树华.水稻雄性不育系及其保持系颖花输导组织的比较观察.中国农业科学,1984,(2):14-18

杨存义,陈乐天,陈芳远等.水稻细胞质雄性不育恢复系 ZSP-1 恢复基因的初步定位.华南农业大学学报(自然科学版),2002,(4):30-33

杨代常,朱英国,唐珞珈.四种内源激素在 HPGMR 叶片中的含量与育性转换.华中农业大学学报,1990,9(4):394-399

杨代常,朱英国.光敏感核不育水稻-农垦 58S 扫描电镜 X 射线能谱成分分析.武汉大学学报(自然科学版),1987,(HPGMR 专刊):94-100

杨德华.野败型杂交水稻不育性及恢复性的遗传研究.广西农学院学报,1990,9(2):61-69

杨福愉,邢菁如,陈文雯等.匀浆互补法测试杂种优势的研究(Ⅳ):对水稻杂种优势的预测.见:水稻育种技术基础研究论文集.北京:中国科学技术出版社,1991.251-255

杨仁崔,李维明,王乃元.籼稻光敏核不育种质 5460PS 的表现和初步研究.中国水稻科学,1989,3(1):47-48

杨仁崔,刘抗美,卢浩然.水稻冈型不育胞质对杂种一代的影响.中国农业科学,1984,(3):1-5

杨仁崔,刘抗美,卢浩然.水稻野败不育胞质对杂种一代的影响.福建农学院学报,1980,1(2):1-8

杨仁崔,王乃元,梁康迳等.籼稻温敏核不育系 5460S 的研究.福建农学院学报,1993,22(2):135-140

杨仁崔.水稻恢复系 IR24 恢复基因的初步分析.作物学报,1984,10(2):81-86

杨仕华,程本义,沈伟峰.我国南方稻区杂交水稻育种进展.杂交水稻,2004,19(5):1-5

杨仕华,沈希宏.南方稻区粳型杂交组合与常规品种的比较分析.种子,1999,(1):38-39

杨仕华,余常水,程本义.孕穗期自然低温对籼型杂交水稻的影响分析.杂交水稻,2003,18(6):51-54

杨守仁.籼粳杂交问题之研究.农业学报,1959,10(4):3-6

杨振玉.不同类型籼粳亚种间杂种 F_1 可利用和非可利用杂种优势的评价和利用.中国水稻科学,1990,4(2):49-55

姚克敏,唐世豪,李继明等.培矮 64S 的育性鉴定及其南繁的气候决策.作物学报,1997,23(2):208-213

姚克敏.对水稻光温敏核不育系育性模型研究的思考.杂交水稻,1996,(2):31-33

叶大华.籼型三系杂交水稻制种技术.北京:农业出版社,1980.76-78

元生朝,张自国,许传桢等.光照诱导湖北光敏感核不育水稻育性转变的敏感期及其发育阶段的探讨.作物学报,1988,14

(1):7－13

袁隆平，陈洪新．杂交水稻育种栽培学．长沙：湖南科学技术出版社，1988

袁隆平．水稻光温敏不育系的提纯和原种生产．杂交水稻，1994，(6)：1－3

袁隆平．选育水稻光温敏核不育系的技术策略．杂交水稻．1992，(1)：1－4

袁隆平．杂交水稻学．北京：中国农业出版社，2002

袁隆平．杂交水稻的育种战略设想．杂交水稻，1987，(1)：1－315

张群宇，刘耀光，张桂权等．野败型水稻细胞质雄性不育恢复基因 Rf-4 的分子标记定位．遗传学报，2002，29(11)：1001－1004

张廷璧．湖北光敏感核不育水稻的遗传研究．中国水稻科学，1988，2(3)：123－128

张晓国，刘军，朱英国．湖北光敏感核不育水稻不育性的遗传规律．武汉大学学报(自然科学版)，1990，(4)：98－101

张自国，元生朝，曾汉来．光敏核不育水稻两个光周期反应的遗传研究．华中农业大学学报，1992，1(1)：7－14

张自国，曾汉来，李玉珍等．籼型光敏核不育水稻营养生长期光温条件对育性转换的影响．杂交水稻，1992，(5)：34－36

张自国，曾汉来，元生朝等．再论光敏核不育水稻育性转换的光温作用模式．华中农业大学学报，1992，11(1)：1－6

章善庆，童汉华，薛锐等，利用 bar 基因导入恢复系提高杂交稻纯度的尝试．中国农业科学，1998，31(6)：33－37

赵银河，谭学林，邹薇等．滇 1 型杂交水稻质核雄性不育恢复基因的研究．种子，2003，(3)：12－14

中国农业科学院，湖南省农业科学院．中国杂交水稻的发展．北京：中国农业出版社，1991

中华人民共和国国家标准——优质稻谷．GB/T 17891－1999．北京：中国标准出版社，1999

周天理，陈金泉，郑秀萍等．水稻不育系遗传提纯效果研究．中国农业科学，1992，(3)：22－27

周天理，沈锦骅，叶复初．野败型杂交籼稻的育性基因分析．作物学报，1983，9(4)：241－247

周天理．水稻不育系杂株来源及遗传分析．作物学报，1992，(1)：9－16

朱鹏，刘文芳，肖翊华．杂交水稻苗期生长优势与希尔反应活性的关系．见：水稻育种技术基础研究论文集．北京：中国科学技术出版社，1991．215－222

朱英国，陈卫红．杂交水稻酯酶同工酶遗传的初步分析．中国农业科学，1983，(15)：7－12

朱英国，杨代常，傅彬英等．湖北光敏感核不育水稻光周期诱导研究．武汉大学学报，1987，(HPGMR 专刊)：53－60

朱英国，杨代常．光周期敏感不育水稻研究与利用．武汉：武汉大学出版社，1992．162－166

朱英国，余金洪．湖北光敏感核不育水稻育性稳定性及其遗传行为研究．武汉大学学报，1987，(HPGMR 专刊)：61－67

朱英国，余金洪．籼型光敏核不育水稻选育的探讨．武汉大学学报，1987，(HPGMR 专刊)：139－144

朱英国．水稻雄性不育生物学．武汉：武汉大学出版社，2000

朱英国．水稻不同细胞质类型细胞质雄性不育的研究．作物学报，1979，5(4)：29－38

Huang D, Li J, Zhang S, *et al*. New technology to examine and improve the purity of hybrid rice with herbicide resistant gene. *Chinese Sci Bull*, 1998, 43(9): 784－787

Karo H, Muruyama K, Araki H. Temperature response and inheritance of thermosensitive genic male sterility in rice. *Jpn J Breeding*, 1990, 40(suppl 1): 352－369

Kaul M L H. Male Sterility in Higher Plants. New York: Springer-Verlag Press, 1988. 3－13

Oard J H, Hu J, Rutger J N. Genetic analysis of male sterility in rice mutants with environmentally influenced levels of fertility. *Euphytica*, 1991, 55(2): 179－186

Peng J Y, Virmani S S, Julfiquar A. W. Relationship between heterosis and genetic divergence in rice. *Oryza*, 1991, 28: 129－133

Sarathe M L, Perraju P. Genetic divergence and hybrid performance in rice. *Oryza*, 1990, 27: 227－231

Sarawgi A K, Shrivastana M N. Heterosis in rice under irrigated and rainfed situations. *Oryza*, 1987, 25: 10－15

Sheng X B. Genetic effects of cytoplasm on agronomic characteristics in hybrid rice. *Chinese J Rice Sci*, 1987, 1(3): 155－170

Sheng X B. Genetics of photoperiod sensitive genie male sterility of Nongken 58S(*Oryza sativa*). *Chinese J Rice Sci*, 1992, 6(4): 47－189

Shinjyo C. Genetic studies of cytoplasmic male sterility and fertility restoration in rice. *Sci Bull Agri Univ Ryukyus*, 1975, 22: 1－57

Trees S C, Rutger J N. Inheritance of four genetic male sterile rice. *J Hered*, 1978, 69: 270－272

Virmani S S, Chandhsry R C, Khush G S. Current outlook on hybrid rice. *Oryza*, 1981, 18: 67－84

Virmani S S. Heterosis and Hybrid Rice Breeding. Manila, Philippines: International Rice Research Institute, 1994. 20－26

Young J, Virmani S S. Heterosis in rice over environments. *Euphytica*, 1990, 51(1): 87－93

Yuan L P. Hybrid rice breeding in China. *In*: Virmani S S, Sidig E A. Proceedings of the 3rd International Symposium on Hybrid Rice. Manila, Philippines: IRRI, 1998. 14 – 16

Zhang G, Bharaj T S, Lu Y, *et al*. Mapping of the Rf nuclear fertility-restoring gene for WA cytoplasmic male sterility in rice using RAPD and RFLP markers. *Theor Appl Genet*, 1997, 94: 27 – 33

第九章　超级稻育种

水稻是全世界最重要的粮食作物之一,有着保障世界粮食安全的重任。联合国粮农组织指出,2000 年全世界有 826 万人仍然处于饥饿和寒冷之中,解决温饱问题仍然是十分严峻的挑战,并且预计到 2010 年发展中国家谷物缺口将从目前的 1 亿 t 增加到 1.6 亿 t 以上。20 世纪 50 年代,我国实现了水稻品种矮秆化,70 年代,又在世界上成功育成和推广三系法杂交水稻,从而使我国的水稻单产先后实现了两次飞跃。然而,80 年代以后,水稻品种产量始终徘徊,并有下降的趋势,粮食安全问题受到了广泛的关注。

水稻高产育种是世界性的永恒课题,各产稻国纷纷实施了水稻超高产育种计划。为争取早日实现我国水稻单产第三次飞跃,我国科学家在总结国内外经验和教训的基础上,于 1996 年提出了超级稻育种设想:即采用理想株型塑造与籼粳杂种优势利用相结合的技术路线,大幅度提高水稻单产。经多年努力,中国超级稻尤其是超级杂交稻育种取得了重大突破,同时对超级稻超高产的生理、遗传基础也进行了较为深刻的阐述。

第一节　水稻产量潜力

水稻产量潜力是单位土地面积上的稻株在其生育期内形成稻谷产量的潜在能力。在充分理想条件下所能形成的稻谷产量,称为潜在生产力或理论生产力,在某一特定生产条件下所形成的稻谷产量称为现实生产力。

一、水稻产量潜力的理论估算

水稻一生中所积累的干物质约有 90%来自叶片光合产物。因此,通过光能利用率估算光合产量潜力是产量潜力估算的主要方法。按水稻全生育期太阳辐射能量估算法为:

大田理论光能利用率(%)= 可见光占太阳总辐射能量的百分率 × 同化器官的光能吸收率 × 光能转化率 × 净光合作用占总光合作用的百分率

水稻理论产量(kg/hm^2)=(大田理论光能利用率 × 水稻生长期间每公顷太阳辐射能量 × 经济系数)/形成 1 kg 碳水化合物所需要的能量

稻谷的主要成分中碳水化合物占 90%,其中约 90%来自抽穗后光合产物,因此有人提出了按稻谷形成期太阳辐射量估算产量潜力的方法,也有专家提出按照水稻全生育期或产量形成期的光能资源进行水稻光合产量潜力的估算。然而,他们都没有考虑不同生育阶段光合反应和对稻谷产量贡献程度的差异,进而产生了按水稻全生育期不同生育阶段的气候生态模式估算法。

由于估算方法的不同,应用的参数有异,所以不同学者提出的水稻产量潜力不尽相同。如日本学者吉田昌一认为水稻在热带的极限产量为 15.9 t/hm^2,在温带的产量最高可以达到 18 t/hm^2。水稻强化栽培技术的创始人马达加斯加的劳兰来神父预计,水稻的最高产量可以达到 30 t/hm^2。一般估计,目前水稻平均光能利用率只有 1%,而水稻生产过程中光能利用率极限可以达到 5%。根据袁隆平先生估计,认为光能利用率在 2.5%时,早稻产量可以达到 15 t/hm^2，晚稻产量可以达到 17 t/hm^2，中稻产量可以达到 22～23 t/hm^2。表 9-1 列出了不同学者对不同地区估算的水稻最高理论产量。总的情况是，理论上的光能利用率比实际偏高而导致了理论产量比实际产量要高出许多。

表 9-1　按光能利用率估算的水稻最高理论产量　（张旭等，1998）

光能利用率（%）	水稻最高理论产量估算	学　者
3.0	长江下游、华南地区单季稻 21.24 t/hm^2	竺可桢（1964）
4.0	26.595 t/hm^2	松岛（1975）
4.4	广州地区早稻 16.29 t/hm^2，中稻 17.13 t/hm^2，晚稻 23.67 t/hm^2	薛德榕（1977）
4.9	贵阳地区中稻 23.295 t/hm^2	刘振业（1978）
5.0	京、津地区 18.75 t/hm^2	汤佩松（1963）
5.5	30 t/hm^2	村田（1965）
6.7	45 t/hm^2	武田（1973）
8.3	广州地区早稻 24.564 t/hm^2	李明启（1980）

中国是水稻生产大国，南至海南省三亚，北至黑龙江省漠河，都有水稻分布。由于各稻区的光能资源分布差异较大，因而估算出的潜在生产力也变化较大。高亮之（1984）基于我国不同地区对光能利用的可能性，计算出我国稻谷产量可达到 16.125～26.625 t/hm^2（表 9-2）。

表 9-2　中国各稻区水稻光能利用率与生产力　（高亮之，1984）

稻　区	华　南	西　南	华　中	华　北	西　北	东　北
单季稻潜在光能利用率（%）	3.5～3.7	2.9～3.7	2.7～3.3	2.9～3.9	3.5～4.3	2.9～3.5
双季稻潜在光能利用率（%）	3.7～4.1	4.1～4.5	4.1～4.5	-	-	-
单季早稻现实生产力（t/hm^2）	9.0～9.75	8.25～9.0	8.625～9.375	-	-	-
单季早稻潜在生产力（t/hm^2）	16.875～18.375	15.375～16.875	16.125～17.625	-	-	-
双季稻现实生产力（t/hm^2）	9.0～11.25	7.875～8.625	8.25～9.0	-	-	-
双季稻潜在生产力（t/hm^2）	16.875～18.375	15.0～16.125	15.375～16.875	-	-	-
单季稻现实生产力（t/hm^2）	10.5～11.25	8.625～11.25	10.5～11.25	10.125～12.75	10.5～14.25	10.125～12.0
单季稻潜在生产力（t/hm^2）	19.5～21.0	16.125～21.0	19.5～21.0	18.75～24.0	19.5～26.625	19.2～22.5

二、世界各国水稻现实生产力

根据美国农业部公布的2002年各国水稻单产和收获面积(表9-3),稻谷产量世界平均水平是3.8 t/hm^2,中国单产为6.29 t/hm^2,比世界平均单产高65.5%。如不考虑种植面积极小的摩洛哥和欧盟国家,则中国水稻单产排在埃及(9.04 t/hm^2)、澳大利亚(8.94 t/hm^2)、美国(7.3 t/hm^2)、秘鲁(6.94 t/hm^2)、韩国(6.87 t/hm^2)和日本(6.8 t/hm^2)之后,列世界第七位。仅就水稻单产而言,中国与世界先进水平仍有2.65~2.75 t/hm^{2}的差距。

中国稻谷单产在亚洲仅次于韩国和日本。全世界水稻种植面积大于中国的国家只有印度,种植面积比中国多1 000多万hm^2,其单产仅为2.9 t/hm^2,不及中国的一半。泰国和越南都是水稻生产和出口大国,但单产远低于中国。

表9-3 2002年世界各国水稻单产和收获面积

单产排序	国家或地区	平均产量(t/hm^2)	收获面积(万hm^2)
1	埃 及	9.04	60
2	澳大利亚	8.94	12
3	美 国	7.3	129.8
4	摩洛哥	7.14	0.8
5	秘 鲁	6.94	31.5
6	韩 国	6.87	104
7	日 本	6.8	170
8	欧盟国家	6.51	39.3
9	中 国	6.29	2 800
10	阿根廷	4.83	13
11	土耳其	4.37	8.5
12	印度尼西亚	4.04	1 150
13	越 南	4.01	730
14	世界平均	3.8	14 465
15	孟加拉国	3.4	1 090
16	印 度	2.9	4 000
17	泰 国	2.37	992
18	柬埔寨	1.9	150

三、中国各省水稻现实生产力

由于生态条件各异,种植制度不同和生产技术水平不齐,我国各省、自治区、直辖市的水稻单产差异也很大。据2002年资料(表9-4),在不考虑种植面积的情况下,全国水稻平均单产列前5位的省份分别为甘肃、宁夏、江苏、上海和新疆,除新疆外,平均单产均超过8 t/

hm^2，相当于海南单产的2倍。在水稻种植面积大于100万hm^2的省份中，单产列前5位的分别为江苏、湖北、四川、浙江和安徽，单产水平为8.627～6.494 t/hm^2。

表9-4 2002年中国不同地区水稻单产、总产和播种面积

单产排序	地 区	单产(t/hm^2)	总产量(万 t)	播种面积(万 hm^2)
	全 国	6.189	17 453.9	2 820.16
1	甘 肃	8.770	5.6	0.63
2	宁 夏	8.730	66.7	7.64
3	江 苏	8.627	1 709.9	198.21
4	上 海	8.206	109.2	13.31
5	新 疆	7.914	59.3	7.50
6	湖 北	7.608	1 469.8	193.20
7	天 津	7.515	11.2	1.49
8	辽 宁	7.301	406.2	55.64
9	四 川	7.243	1 503.7	207.61
10	河 南	7.168	336.5	46.94
11	山 东	7.041	109.4	15.53
12	浙 江	6.650	779.6	117.23
13	安 徽	6.494	1 327.5	204.41
14	重 庆	6.491	490.2	75.52
15	北 京	6.444	2.9	0.45
16	内蒙古	6.238	56.0	8.98
17	陕 西	6.153	80.3	13.05
18	湖 南	5.984	2 119.2	354.15
19	黑龙江	5.887	921.0	156.44
20	山 西	5.687	2.0	0.35
21	吉 林	5.555	370.0	66.61
22	广 东	5.478	1 202.8	219.55
23	江 西	5.209	1 451.6	278.56
24	福 建	5.148	557.5	108.29
25	广 西	5.054	1 219.3	241.26
26	河 北	5.019	55.7	11.10
27	云 南	5.016	543.2	108.30
28	贵 州	4.734	347.8	73.46
29	海 南	4.043	139.3	34.45
30	西 藏	3.515	0.6	0.17

由于各地区种植的水稻熟制不同，单纯比较平均单产还说明不了真正的产量潜力，因为

在统计面积时，以播种面积为准，如早稻收获后种植晚稻，在一定面积下实际上是种植了两季，播种面积按 2 倍计算，这样计算，平均单产就低了。另一方面，由于中稻生产季节长，单产肯定高于早稻和晚稻。表 9-5 列出了全国和南方 15 个省、自治区、直辖市分熟制的水稻单产情况，可以看出，全国水稻单产总趋势是中稻 > 晚稻 > 早稻。早稻播种面积超 6.67 万 hm^2 的省份中，广东以单产 5.568 t/hm^2 高居榜首，紧随其后的分别是广西(5.384 t/hm^2)、浙江(5.301 t/hm^2)和湖南(5.127 t/hm^2)；晚稻播种面积超 6.67 万 hm^2 的省份中，湖北以单产 6.155 t/hm^2 高居榜首，紧随其后的分别是浙江(6.135 t/hm^2)、湖南(5.986 t/hm^2)和安徽(5.480 t/hm^2)；中稻播种面积超 6.67 万 hm^2 的省份中，湖北以单产 8.732 t/hm^2 高居榜首，紧随其后的分别是江苏(8.632 t/hm^2)、上海(8.077 t/hm^2)和浙江(7.280 t/hm^2)。因此，水稻的综合生产能力以江、浙、鄂、湘四省为强。

表 9-5　2002 年中国南方 15 省不同熟制水稻播种面积和单产

省　份	早　稻		中　稻		晚　稻	
	播种面积（万 hm^2）	单　产（t/hm^2）	播种面积（万 hm^2）	单　产（t/hm^2）	播种面积（万 hm^2）	单　产（t/hm^2）
全　国	587.27	5.158	1576.42	6.915	656.46	5.368
上　海			12.71	8.077	0.61	10.926
江　苏			197.77	8.632	0.43	6.357
浙　江	21.51	5.301	68.42	7.280	27.31	6.135
安　徽	27.61	4.709	14.30	7.032	29.51	5.480
福　建	32.71	4.876	44.23	5.535	31.35	4.887
江　西	111.05	4.818	41.05	6.398	126.57	5.167
湖　北	31.21	5.116	121.47	8.732	405.2	6.155
湖　南	122.45	5.127	81.25	7.271	150.45	5.986
广　东	105.05	5.568			114.49	5.396
海　南	16.15	4.429			18.31	3.701
广　西	113.03	5.384	14.03	5.609	114.20	4.659
四　川	0.38	6.579	207.07	7.246	0.16	4.375
重　庆	0.06	5.456	75.41	6.494	0.06	3.448
贵　州	0.08	5.000	73.31	4.734	0.08	5.195
云　南	6.00	5.801	99.88	4.995	2.43	3.904

四、水稻小面积的最高产量及产量差距

目前，在水稻小面积超高产研究方面，非洲国家马达加斯加采用强化栽培技术，水稻单产达到 21 t/hm^2，为世界之最，比目前世界最高水平埃及的平均单产 9.04 t/hm^2 高出 1.3 倍。日本报道的最高记录为 12.2 t/hm^2。我国报道的最高记录为在云南永胜创造的 18.47 t/

hm^2。我国小面积水稻超高产记录见表 9-6。

表 9-6 云南永胜县创造的小面积超高产记录

年 份	类 型	品 种	产量(t/hm^2)
1983	常规稻	桂朝 2 号	16.13
1982	常规稻	滇榆 1 号	15.21
2003	三系法杂交稻	Ⅱ优 084	18.47
2001	三系法杂交稻	Ⅱ优明 86	17.94
2001	三系法杂交稻	特优 175	17.78
2004	三系法杂交稻	Ⅱ优 7954	17.93
2004	三系法杂交稻	Ⅱ优 6 号	18.30
2004	两系法杂交稻	培矮 64S/E32	16.54

上述高产记录都是在云南省永胜县涛源乡获得的。据初步研究,该地区具有独特的生态条件,表现为太阳辐射强,昼夜温差大,非常适合水稻的结实和灌浆,一般水稻品种都能在这里获得高产。因此,该地的试验结果只能作为生态条件最适宜时的产量潜力,而不能代表现实生产力。

水稻新品种区域试验是评价新品种利用价值的有效方法。区试的产量表现介于现实生产力与产量潜力之间。对 1999 ~ 2003 年全国水稻产量表现分析表明,无论是在南方稻区还是北方稻区,早稻还是晚稻,现实生产力与区试产量均存在明显的差距,其中南方稻区晚稻生产平均单产与区试平均单产差距最小,为 1 260 kg/hm^2,北方一季稻的单产差距最大,达 1 890 kg/hm^2(表 9-7)。

表 9-7 1999 ~ 2003 年水稻生产与全国区试平均产量对比

区 域	类 型	生产平均单产(kg/hm^2)	区试平均单产(kg/hm^2)	单产差距(kg/hm^2)
南方稻区	早 稻	5325	6750	1425
	中 稻	7020	8580	1560
	晚 稻	5580	6840	1260
北方稻区	中 稻	6855	8745	1890

五、育种对水稻产量提高的贡献

(一)中国水稻育种概况

从 1949 ~ 2002 年,我国水稻在播种面积增加不多(9.7%)的情况下,总产增加了 2.6 倍。在诸多科技贡献中,水稻育种成就对我国乃至全世界的水稻生产发展起了至关重要的作用。马忠玉等(2000)对 5 个省份水稻单产提高的科技进步因素分析表明,品种改良的贡献率平均达 30.6%,最高省份湖南省达到 44%(表 9-8)。

表 9-8　1985～1994 年不同省份水稻遗传改良对产量的贡献　(马忠玉,2000)

省　份	科技进步产量(kg/hm²)	品种改良产量(kg/hm²)	品种改良的产量贡献率(%)
贵　州	825	225	27
广　西	1110	165	15
湖　南	1278	567	44
安　徽	750	281	37
辽　宁	1270	380	30
平　均	1046.6	323.3	30.6

我国于 20 世纪 50 年代后期就选育出矮秆水稻良种,比国际稻 IR8 的育成早了 10 年,是世界范围内"绿色革命"的发源地。70 年代中期,我国率先在世界上实现了杂交水稻三系配套,并建立了种子生产体系。90 年代中后期,我国又启动超级稻育种计划,在世界上首先育成超级稻品种并大面积推广。程式华等(1986)对华南稻区自 20 世纪 40 年代至 80 年代应用的代表性品种的产量演变研究结果表明,在当时的肥力水平下,从高秆品种到矮秆品种再到杂交水稻,每个过程单产均以 750 kg/hm²(50 kg/667 m²)的台阶跃升(图 9-1)。

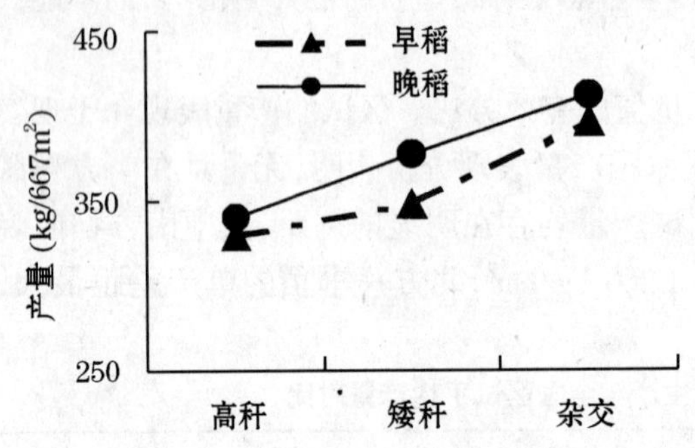

图 9-1　华南稻区水稻品种演化过程中的产量变化　(程式华,1986)

1. 矮化育种　水稻栽培品种由高秆演变为矮秆是水稻育种史上的第一次重大突破。以矮秆水稻作为育种目标是在中国首先提出并获得划时代成就的。20 世纪 50 年代中后期台中在来 1 号、广场矮和矮脚南特 3 个矮杆稻种的首先育成,不仅标志着水稻矮化育种的新纪元,而且也引导了世界性水稻育种方向的转变。深入研究表明,籼稻矮源的半矮生基因主要由隐性单一基因 *sd1* 所控制。

与高秆品种相比,矮秆品种表现为耐肥抗倒、叶挺穗多、收获指数高,单位面积产量增加 30%以上,从而深受稻农喜爱。其推广速度之快和普及范围之广是前所未有的。矮秆品种从 20 世纪 50 年代末开始推广,60 年代中期已基本实现矮秆化。1956 年水稻总面积 3 333 万 hm²,平均单产 2 475 kg/hm²,总产 825 亿 kg;至 1966 年,单产已突破 3 525 kg/hm²,总产达 954 亿 kg;矮秆品种的不断改良,使水稻单产不断提高,至 1978 年,全国水稻单产达到 3 975 kg/hm²,总产达到 1 369 亿 kg。即水稻矮秆良种化促成了我国水稻单产从 50～60 年代的 2 250～3 000 kg/hm² 水平跃上 70 年代的 3 750 kg/hm² 的台阶。粗略估算,矮秆品种迄今累计种植面积超过 10 亿 hm²,平均比高秆品种增产 2 250 kg/hm²,累计增产稻谷 22 500 亿 kg。

2. 杂种优势利用　三系杂交稻 1976 年开始推广,1983 年全国播种面积突破了 667 万 hm²,1991 年为鼎盛时期,全国播种面积达 1 733 hm²。三系杂交稻的推广促成了我国水稻单产在 80 年代中期跃上了 5 250 kg/hm² 的台阶,1995 年突破 6 000 kg/hm²,1998 年达 6 360 kg/hm²,为历史最高水平。据不完全统计,截至 2005 年,我国杂交水稻已累计推广 3.7 亿 hm²,

单产比常规品种提高10%以上,累计增产稻谷4 500亿kg。90年代后期,我国又在世界上最早育成两系法杂交稻,至2002年,两系杂交稻组合两优培九种植面积突破80万hm^2,成为当年我国种植面积最大的水稻品种。

3. 超级稻育种　"中国超级稻研究"是农业部从1996年开始组织实施的农业部重大科技项目。1998年和1999年又被列入总理基金项目和农业科技跨越计划项目,2001年被科技部列入国家"863"计划。超级稻是通过理想株型塑造与杂种优势利用相结合的技术路线选育的单产大幅度提高、品质优良、抗性较强的新型水稻品种。超级稻应具有分蘖适中、剑叶挺直、植株矮中求高、茎秆坚韧抗倒、穗大粒多的形态特征,光合效率高、根系活力强、库源流协调的生理功能,具备高产、优质、抗逆、抗病性状聚合的遗传基础。开展超级稻研究,就是要促成水稻单产的第三次飞跃,力争为2010年达到全国水稻平均单产6 900 kg/hm^2左右,并为在2030年水稻产量跃上7 500 kg/hm^2的新台阶做好技术储备。

(二)国际水稻研究所(IRRI)的水稻育种

国际水稻研究所自1960年建所以来,一直重视水稻育种,在水稻高产育种中取得了非凡的成就。1966年,IRRI推出适合在热带灌溉地区种植的第一个高产品种IR8,被称为"奇迹稻"。此后,IRRI水稻改良的主要重点放在了导入抗病和抗虫性、缩短生长期和提高稻米品质上,总共育成42个IR系列籼稻品种。这些品种在南亚及东南亚被广泛种植,占这些地区水稻总面积的80%。在20世纪60年代末70年代初,IR8及其他IRRI品种在良好的灌溉条件下产量高达9~10 t/hm^2。在灌溉条件下,当前高产水稻品种在热带低地的产量潜力是10 t/hm^2。因此,水稻产量潜力在热带地区几乎保持不变。根据在生长季节中的太阳入射的总辐射量,水稻在这些地区的理论产量潜力为15.9 t/hm^2。这个估计值表明,最好的水稻品种的产量潜力与最大理论产量存在很大的差异。

为了进一步说明水稻单产潜力的变化,Peng等(2000)设计了新的比较试验。他们选用了11个IRRI培育的品种和1个由菲律宾农业部植物工业局培育的品种。这些品种包括在过去30年间不同时期大面积种植的老品种和最近的在IRRI和菲律宾国家联合试验中表现优良的品种和品系。这些品种和品系在1996年旱季种在两个一致的大田实验中:IRRI农场和菲律宾水稻研究所(PhilRice)试验场。产量与推广年份的回归统计表明,年平均产量增加75 kg/hm^2,大约每年比IR8增产1%。最新发放的品种的最高产量为9~10 t/hm^2,相当于IR8和其他的IRRI品种在20世纪60年代末和70年代初在这相同地区的最高产量。

由于新品种比早期品种的生长期短,尽管总的产量潜力没有变化,但日产量还是增加的,并且对抗病抗虫性和稳产作出了重要贡献。如果IR8仍然在南亚和东南亚的主要水稻生产区种植,由于病虫害的影响,这些地区的水稻产量将会降低20%。

第二节　水稻超高产育种计划

面对着人口迅速增长而耕地不断减少的局面,世界上各产稻国包括中国始终将高产育种作为水稻育种的重要计划。其中以日本的"逆7.5.3"育种计划、韩国的"统一型"育种计划、国际水稻研究所的新株型育种计划和中国的超级稻育种计划最为著名。

一、国外超高产水稻育种计划

(一)日本水稻超高产育种计划

1981 年,日本农林水产省组织全国主要国立育种机构,开始了历时 15 年的大型合作研究项目“超高产作物的开发及栽培技术的确立”,在水稻上简称“水稻超高产育种计划”或“逆 7.5.3 计划”的研究。该计划以选育产量潜力高的品种为主,辅之相应的栽培技术,分 3 个阶段实施。第一阶段为 1981～1983 年 3 年,主要从各地正在选育过程中的系统中,选择虽然品质稍差但高产稳产、增产 10%的新品种。第二阶段是 1984～1988 年 5 年,以现有高产品种、韩国等国外高产品种及大粒品种等为育种材料,以早熟、抗寒及抗倒伏等为主要育种目标,育成增产 30%的新品种,即低产地区 6.5 t/hm^2(以糙米计,下同),高产地区 8.5 t/hm^2。1989～1995 年的 7 年为第三阶段,以第二阶段育成的品种(系)为育种材料,进一步强化早熟、抗病虫、抗寒和抗倒伏等特性及改善株型,最终实现低、中产地区 7.5～9.8 t/hm^2 以上,高产地区 10 t/hm^2 以上,15 年时间单产增加 50%的超高产目标。即在原糙米产量 5.0～6.0 t/hm^2 的基础上提高到 7.5～9.75 t/hm^2(折合稻谷为 9.38～12.19 t/hm^2)。主要工作涉及超高产常规育种技术与育种材料选择、超高产杂种优势利用研究、超高产品种选育、超高产品种的生理生态特性与栽培技术研究、超高产品种病虫害防治技术研究等。日本的水稻超高产育种其实就是籼粳交育种,其典型性是研究中大量利用了中国、韩国的籼稻品种与日本粳稻品种杂交。

1981～1988 年的 8 年间,6 个育种单位共做了 4 457 个杂交组合,经加代和早期选择后,从其中 1 473 个组合群体中选择 41 209 株,累计种植 54 624 个系统,选择 5 395 个系统,组合入选率约为 1/3,系统入选率约为 1/10。共育成 54 个超高产系统,其中 7 个经农林水产省审定命名,即明星(1984,中国 91 号)、秋力(1986,北陆 125 号)、星丰(1987,中国 96 号)、翔(1989,北陆 129 号)、大力(1989,北陆 130 号)、高鸣(1990,关东 146 号)和福响(1993,奥羽 331 号)。这些超高产品种的产量潜力一般较对照品种增产 10%～20%,除产量水平非常高的东北北部和稻作北界北海道外,已经基本达到了超高产育种计划第二阶段增产 30%的目标。

近几年,日本根据水稻育种技术的进步,并着眼于未来水稻发展的战略,启动了“新世纪稻作计划”。这个计划包括了从水稻育种方法、育种材料的开发到加工、贮藏各个环节。在育种方法中强调了分子标记辅助选择技术的应用,在新材料的开发中强调了光、温敏核不育水稻和广亲和材料的应用。

(二)韩国超高产水稻育种计划

1965 年,在国际水稻研究所的协助下,韩国原汉城大学校农科大学将日本品种 Yukara 和我国台湾籼稻品种台中在来 1 号进行了杂交,于第二年将其杂交一代和 IR8 再次杂交育出矮秆高产的 IR667,将其中最好的品种定名为“统一”(Tongil),其具有 75%的籼型遗传基因。从 1972 年开始向全国推广。该新品种的特点为高产,极矮秆,耐多肥,抗倒伏,光合作用强,叶片直立,比一般品种增产 20%～30%。统一新品种虽然产量很高,但还有一些缺点。于是,韩国育种家通过吸收 IR1317、IR24、KC1 的抗病虫害、优质等优良性状,继续培育新品种,于 1975 年育出了晚熟、食味好的维新和密阳 22;1976 年育出比统一早熟 12～13 天、优质、落粒性中等的密阳 21,比统一增产 10%以上且株型好的密阳 23 和水原 258。从遗传组分看，密阳只剩 12.5% 粳稻血统。

韩国将籼粳杂交新品种称为“统一系列品种”或“新品种”，称粳稻为“一般系列品种”或“一般品种”。韩国每年的新品种栽培面积变化很大，有的品种从前一年的 2 万 hm^2 一跃增到 20 万 hm^2。韩国在菲律宾将“统一”繁种后空运到国内，通过举办冬季技术培训、广播宣传、现场会等多种形式积极向农户推广，大大加快了推广速度，1978 年达到最高面积 93 万 hm^2，占韩国水稻种植面积的 76.2%。

(三)国际水稻研究所超高产育种计划

为了大幅度提高水稻的产量以满足人口不断增长对稻米的需求，国际水稻研究所以 Khush 博士为首的一些科学家于 1989 年召集了该所的育种家、农艺学家、植物生理学家和生物技术科学家等，总结过去 30 年的育种经验和商讨今后育种的策略，特别是进一步提高产量的措施。他们认为，现有的水稻品种可能已达到产量的极限，要进一步大幅度提高产量，需要改变现有品种的株型。通过深入细致地分析了水稻产量各限制因素及与之有关的形态特征，并从玉米、高粱等禾本科作物从多蘖小穗到少蘖大穗的进化途径中得到启示，1989 年正式启动水稻“新株型育种”项目。1994 年，国际水稻研究所在国际农业研究磋商小组(CGIAR)召开的会议上，通报了该所育成的“新株型稻”，其产量在热带旱季小区试种可达 12.5t/hm^2，从而被新闻媒体以“新‘超级稻’将有助于多养活 5 亿人口”为题进行报道，欧洲、亚洲媒体广泛转载，引起了世界各产稻国政府和科学家的关注，从而“超级稻”这一名称广为传播。

国际水稻研究所设计的新株型模型基本特征为：

·低分蘖，直播条件下 3～4 穗；

·没有无效分蘖；

·株高 90～100 cm；

·每穗 200～250 粒；

·茎秆粗壮；

·叶片直立、深绿、较厚；

·根系发达；

·综合抗病性好；

·高收获指数(0.6)；

·全生育期 110～130 天；

·产量潜力 13～15 t/hm^2。

新株型水稻的最大特点是少蘖、大穗和高收获指数。国际水稻研究所的科学家认为，现代禾谷类作物主要是通过增加库容来提高产量潜力，而选择大库往往伴随着低分蘖和无效分蘖的发生，减少分蘖能避免叶面积指数过大造成田间环境恶化和无效分蘖产生导致生物学产量的浪费，同时对促进水稻同步开花和成熟、提高穗型整齐性和有效利用水平空间、增加籽粒容重、提高收获指数等都有利；直立、深绿、较厚的叶片能明显改善冠层结构，增加最适叶面积指数，提高光合效率，从而提高水稻的生物学产量，最终实现超高产的目标。

基于这种设想，该所的育种家先从大量种质资源中筛选出具有目标性状的供体亲本，其中矮源亲本包括了我国沈阳农业大学的沈农 89-366。以热带粳稻与温带粳稻杂交，于 1994 年挑选多个优良的定型株系进行多点多重复的产量潜力评价试验，结果表明多数品系株型接近于原设计,但极大多数因谷粒灌浆差而产量低,同时也观察到诸如生育后期生长率小、冠层光合效率较低、感病虫害、品质不佳等缺点。如果单纯从品种的现实生产力来比较,无论是在产量比较试验中,还是在云南的高产示范点,国际水稻研究所育成的超级稻均难以和我国育成的生产对照种(如桂朝 2 号和汕优 63)相匹敌,离生产利用还有相当的距离。因此,根据存在的问题,国际水稻研究所近来已对原超级稻育种的设计进行了必要的修正(表 9-9)。包括:①引入籼稻有利基因,通过热带粳稻与籼稻间的杂交来获得中间类型,同时也保留原有纯粳背景的材料,以进一步用于配制粳型杂交稻和籼粳亚种间杂交稻。②注意筛选和利用谷粒充实度好的亲本,并重视在野生稻中发掘高产基因。③适当增强分蘖能力,适当增加植株高度和生育期天数,适当减少每穗粒数,并避免密穗型。④除谷粒产量外,把谷粒充实度、开花期的生物学产量和茎秆大维管束数目作为重要选择目标。⑤不再一味强调提高收获指数,因为 IRRI 在我国云南永胜县桃源乡试验中发现,在单产 13.6 t/hm^2 水平下收获指数也仅为 0.46。

表 9-9 国际水稻研究所超级稻育种目标的设计及调整

原设计目标	调整后目标
直播用	直播与移栽兼顾
弱分蘖力(没有无效分蘖)	分蘖力适当提高
200~250 粒/穗	粒数适当减少,避免密穗;选育谷粒充实度好的亲本
极强茎秆(株高 90~100cm)	适当增加植株高度,强调叶鞘紧包茎秆
深绿、厚和直立叶	同原来设计,强调叶下禾
根系活力强	同原来设计
生育期 100~130 天	适当延长
提高收获指数	不再强调
抗病虫害和米质好	同原来设计
热带粳稻/温带粳稻杂交方式	热带粳稻/籼稻;同时保持纯粳背景材料;杂种优势利用 选择目标:谷粒充实度、开花期生物学产量、茎秆大维管束的数目

二、中国超高产水稻育种计划

(一)丛生快长型育种

广东省农业科学院黄耀祥于 1973 年根据广东省水稻栽培地区的生态条件设计提出水稻丛生快长类型品种选育的设想,1974 年系统地论述了"创造新的水稻高产群体生态类型——丛化育种"观点。水稻丛生快长高产群体的模式是:生长前期分蘖旺盛、丛生、矮生、满苗而少荫蔽、长相玲珑均整,为发展成为穗数多、穗头齐的类型打好物质基础;拔节后长粗长高快,为形成粒多粒重的矮秆重穗类型创造条件;出穗成熟期间保持旺盛的光合势,茎叶转色好,营养物质转运顺调,经济系数高。

根据以上模式,经过系统观察,在广秋矮群体中找到一个丛生快长类型的变异株,定名为向阳矮。向阳矮分蘖发生早、快、旺,有效穗多,但茎秆不粗、穗小,因而虽与高秆品种华南

15 杂交育成了丛生快长类型的龙阳矮，但茎秆偏高、抗倒性差。于是再与矮秆品种宋甲早杂交，经选择，育成了桂阳矮系列品种。其中桂阳矮 1 号属典型的丛生快长类型，但易感纹枯病，并且后期转色不够顺调。继而，从中选择了一株茎叶形态甚佳的丛生快长类型桂阳矮 C-17，表现分蘖力强、秆矮、叶片窄厚且上举、叶色浓绿、耐肥耐密、较抗白叶枯病和稻瘟病、穗多，但穗小迟熟。因此，再用桂阳矮 C-17 与桂阳矮 49 杂交，于 1976 年育成了早、晚稻兼用型的穗数和穗重结合得较好的高产品种桂朝 2 号。这是第一个大面积推广应用的丛生早长型品种，1980 年推广面积达到 133 万 hm^2 以上，但因稻米品质和抗病性差，种植面积很快下降。在桂朝 2 号的基础上，于 1979 年育成了双桂 1 号，1986 年育成了高产品种特青 2 号。特青的超高产潜力曾引起美国水稻育种家的惊叹。

(二)籼粳杂交理想株型育种

从水稻高产育种理论与实践的发展角度来看，20 世纪 50 年代水稻矮化育种的兴起和 60 年代国际水稻研究所“奇迹稻”IR8 的培育成功，标志着水稻株型育种进入了一个新的历史阶段。沈阳农业大学杨守仁等，从 20 世纪 50 年代开始进行籼粳交创造水稻理想株型的研究。经过多年的研究，从理论和实践两方面概括了水稻株型育种的研究成果，明确提出矮秆稻种有耐肥抗倒、适于密植和谷草比大等优点，但也常常有生长量不足的缺点。因此，70 年代以后从水稻高产实际出发，全面考虑高产的要求，进一步提出以耐肥抗倒为高产的保证、以生长量大为高产的物质基础、在生长量大的前提下注意保持适宜的经济系数的综合性观点。并且认为“理想株形”概念不仅注意形态结构，而且注意到与生理功能有关的其他性状，因此比“理想株型”概念更具实用价值。在此基础上，进一步从理论和实践两方面证明了实现上述综合性指标的可能性。

就选育理想株型水稻品种的方法而论，应该确定能够产生这些株型的适宜手段。认为籼粳稻杂交后代变异幅度特大是产生理想株型的源泉，并且可以在后代中选择结合籼粳稻两方面优点的材料，容易育成株型好而且单叶光合效率也比较高的理想型品种。利用这种方法先后育成的辽粳 5 号、沈农 1033、辽粳 326 号以及沈农 515 等，都具有株型好、产量潜力高等特点，经大面积推广，比同熟期的日本引进品种增产 25%左右，对北方粳稻生产的发展起到了重要的促进作用。

(三)重穗型杂交稻育种

四川农业大学周开达教授分析了四川省地方品种具有穗大粒多、单位面积穗数较少的特点的成因，认为这一特点可能与四川盆地长年光照不足、空气湿度大等特殊生态条件有关，是自然生态条件与生物长期相互作用、相互适应的结果。针对四川盆地的光温生态条件，认为多穗型水稻品种和组合，由于群体密度大、叶片之间相互遮蔽、呼吸消耗增加、净光合效率降低，在生产上已很难突破汕优 63 的产量水平。从单位功能叶面积的光合生产率与穗重关系分析入手，确定四川盆地的超高产育种的重点是走亚种间重穗型杂交稻之路，在 20 世纪 80 年代末期成功育成了亚种间重穗型杂交稻组合Ⅱ优 6078。重穗型杂交稻的主要特征是单穗重 5 g 以上。

(四)两系法亚种间杂交稻育种

袁隆平指出，杂交水稻育种无论是在育种方法上还是在杂种优势利用水平上，都具有 3 个战略发展阶段。从育种方法上说，杂交水稻育种可分为三系法、两系法、一系法；在杂种优势利用上，水稻杂种优势可分为品种间、亚种间和远缘杂种优势利用 3 个发展阶段。把杂交水稻育种概括地分为3个战略发展阶段,即以三系法为主的品种间杂种优势利用,以两系法为主的亚种间杂种优势利用,利用无融合生殖特性固定远缘杂种优势,即一系法远缘杂种优势利用。

水稻亚种间杂种优势明显强于品种间杂种优势,亚种间杂交稻具有比品种间杂交稻高20%以上的产量潜力。理论上,两系法具有不受恢保关系制约等优点。在总结多年来选育两系法亚种间强优势组合成败经验的基础上,袁隆平提出八项技术策略。

①矮中求高。即在不倒伏的前提下,适当增加株高,借以提高生物学产量,为高产奠定基础。

②远中求近。即以部分利用亚种间的杂种优势选配亚亚种组合,以减少典型亚种间组合存在的不利杂种优势表达。

③显超兼顾。即注意利用双亲优良性状的显性互补作用,又特别重视保持双亲有较大的遗传距离,以发挥超显性作用。

④穗求中大。以选育每穗颖花数180粒左右、每公顷300万穗左右的中大穗型组合为主,以利于协调库源关系。

⑤高粒叶比。把凭经验的形态选择与定性和定量的生理功能选择结合起来,提高选择的准确性和效果。

⑥以饱攻饱。针对亚种间杂交稻籽粒不饱满的问题,选择籽粒充实饱满的品种作为亲本。

⑦爪中求质。选用爪哇稻长粒优质材料与籼稻配组,选育优质偏籼型杂交稻;选用优质短粒型爪哇稻与粳稻配组,选育优质偏粳型杂交稻。

⑧生态适应。即籼稻区以籼爪交为主,兼顾籼粳交;粳稻区以粳爪交为主,兼顾籼粳交。

两系杂交组合培矮64S/E32的育成,被认为是两系法亚种间杂交稻选育的成功典范。

第三节　水稻超高产的生理基础

一、水稻产量形成的生物学基础

(一)水稻品种演化的生物学基础

水稻籽粒产量为生物学产量和收获指数的乘积。因此,生物学产量是水稻籽粒产量的基础,收获指数大小表示了干物质在营养器官和生殖器官中的分配比例。综观现代水稻育种进程,其实质就是提高生物学产量和收获指数。

从收获指数与生物学产量对产量进步贡献的分析可见,中国水稻品种由高秆变矮秆,收获指数从0.385提高到0.545,提高了41.5%,而生物学产量从11 045 kg/hm^{2}提高到11 816 kg/hm^2,仅提高了7%。因此,高秆变矮秆的增产贡献主要依靠收获指数的提高来实现;杂交水稻的收获指数与矮秆常规水稻相仿,而生物学产量提高了27.2%,杂交水稻引起的产量增加主要是由于提高了生物学产量(表9-10)。

表 9-10 20 世纪不同年代不同类型水稻品种增产的生物学基础

年 代	类 型	经济产量(kg/hm^2)	生物学产量(kg/hm^2)	收获指数
40～60	高秆品种	4 224	11 045	0.385
60～80	矮秆品种	6 417	11 816	0.545
70～90	杂交稻	8 202	15 027	0.545

程式华等(1988)对华南稻区水稻品种演化过程中产量与产量构成因子进行了逐步回归分析。结果表明,无论是早季还是晚季,水稻品种产量变化与生物学产量、收获指数及结实率的提高关系最为密切(表 9-11)。

表 9-11 产量与产量构成因子间逐步回归 (程式华,1986)

季 别	最优回归方程	F 值	复相关系数 R	偏相关系数 R_i	决定系数 R^2
早 季	$Y = -391.1915 + 0.6246X_5 + 0.5249X_8 + 621.1983X_9$	487.42	0.9833**	$R_5 = 0.4530$** $R_8 = 0.9638$** $R_9 = 0.9483$**	0.9708
晚 季	$Y = -480.4628 + 0.8337X_5 + 0.5461X_8 + 727.675X_9$	766.66	0.9898**	$R_5 = 0.6300$** $R_8 = 0.9874$** $R_9 = 0.9756$**	0.9797

注:X_5 为结实率,X_8 为生物学产量,X_9 为收获指数;** 表示 $P < 0.01$

(二)高产水稻品种生物学产量特性

协优 9308 是中国水稻研究所通过籼粳交育成的超级杂交稻组合,具有株型挺拔、后期青秆黄熟的形态特征和超高产潜力。翟虎渠等(2002)从物质生产特性分析了协优 9308 的超高产基础(表 9-12)。结果表明,协优 9308 的生物学产量较协优 63 高 42.7%($P < 0.01$),而其收获指数较协优 63 略低 3.9%($P > 0.05$),说明协优 9308 的产量提高是通过生物学产量的提高来达到的。分析两者抽穗前后生物学产量构成,发现协优 9308 抽穗前后的生物学产量分别较协优 63 高 29.5%和 48.3%,且其抽穗后的物质生产对产量的贡献率较协优 63 高 9.7%,这表明抽穗后的光合碳同化对协优 9308 的产量形成甚为重要。测定两者日干物质生产量的结果(表 9-13)表明,协优 9308 整个生育期平均日干物质生产量较协优 63 高 32.2%,但以抽穗后日干物质生产量的优势更为明显(高 35.3%)。由此可见,生物学产量尤其是抽穗后的生物学产量是协优 9308 超高产形成的基础。

表 9-12 协优 9308 和协优 63 抽穗前后干物质生产特性 (翟虎渠等,2002)

品 种	每株抽穗前干物质生产量(g)	每株干物质生产量(g)		每株生物量(g)	经济系数
		抽 穗 后	占经济产量(%)		
协优 63	49.6	36.5	80.0	86.1	0.53
协优 9308	66.7**	56.2**	89.7**	122.9**	0.51

** $P < 0.01$

表 9-13　协优 9308 和协优 63 日干物质生产量　[单位：$g/(m^2·d)$]
（翟虎渠等，2002）

品　　种	播种至抽穗	抽穗至成熟	播种至成熟
协优 63	9.5	15.6	11.5
协优 9308	12.4**	21.1**	15.2**

** $P<0.01$

王熹等(2002)同时期也进行了类似的研究，发现协优 9308 比协优 63 表现出较为显著的生物产量生产的优势（图 9-2）。协优 9308 黄熟期每丛干物质达 115 g，比协优 63 每丛 81 g 高 41.9%。抽穗期之前，协优 9308 每丛干物重为 68.5 g，是干物生产总量的 60%；而协优 63 每丛干物重为 56 g，是干物质生产总量的 70%。也就是说，两组合在抽穗后还要分别生产 40%和 30%的干物质。

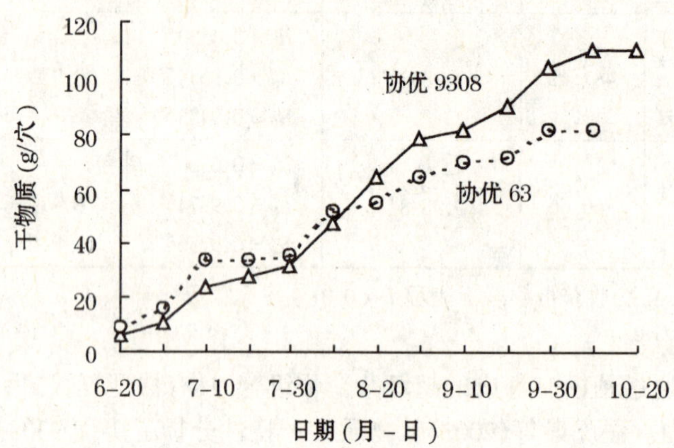

图 9-2　协优 9308 和协优 63 全生育期干物质积累
（王熹等，2002）

用单茎（蘖）株干重表示更显示协优 9308 生物产量的优势。从图 9-3 可以看出，在全生育期，协优 9308 的单蘖（茎）干物重均高于协优 63。尤其值得注意的是，有两个时期两组合的单蘖（茎）干物质重差异较大。第一个时期在幼穗分化阶段，由于协优 63 的一些无效分蘖尚未完全消亡，协优 9308 的单茎（蘖）干物质重是协优 63 的 2.5 倍；第二个时期是在黄熟期，协优 9308 青秆黄熟，而协优 63 黄枯的叶及叶鞘增加，稻株趋于枯黄，协优 9308 单茎（蘖）干重是协优 63 的 142.3%。通过研究，提出了超级杂交稻协优 9308 的“生理模型”是以单茎（蘖）干物质生产优势为基础的观点。

（三）在云南超高产的水稻生物学产量特性

近年来，我国水稻品种在云南某些地区屡创产量世界记录。杨从党(2002)对其高产原因从生理学角度进行了分析，发现云南涛源和宾川水稻产量分别比杭州高 80%和 66%的主要原因是生物学产量较高。生物学产量差异主要在幼穗分化期以后，尤其是灌浆结实期。在云南生态条件下，中后期能容纳较高的叶面积指数，使花后物质生产量大，同时花后物质运转率较高。

杨惠杰等(2001)分析了超高产水稻的产量与生物产量和收获指数的关系（表 9-14），发现超高产水稻稻谷产量与干物质积累量呈高度正相关，福建龙海和云南涛源两地两者的相关系数分别为 0.8867 和 0.8847，达极显著水平；但产量与收获指数的关系不密切，两者相关系数分别为 0.1832 和 0.4152。生物产量对稻谷产量的贡献率，福建和云南两地分别为 91%和 78%，而收获指数对稻谷产量的贡献率，分别仅占 9%和 22%。超高产水稻在福建和云南

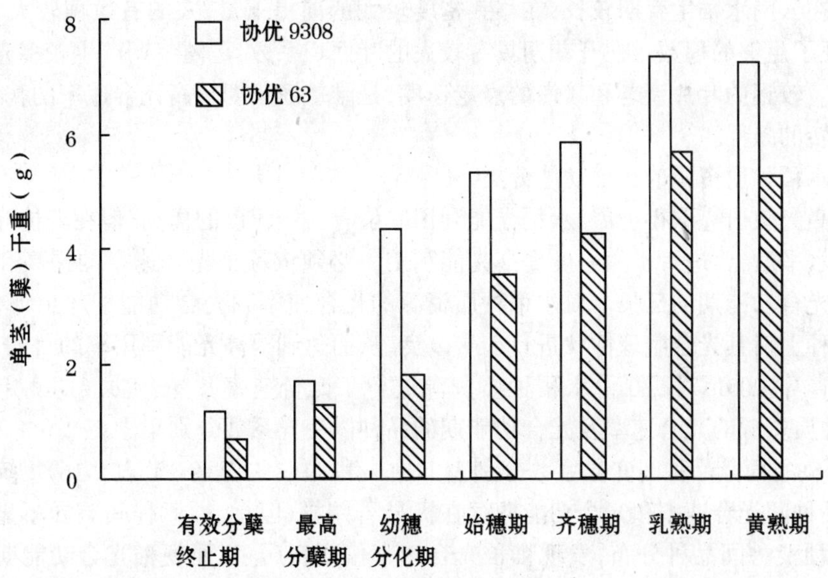

图 9-3 协优 9308 和协优 63 的单蘖(茎)干重　(王熹等,2002)

栽培,其收获指数分别变动于 0.490～0.551 和 0.496～0.553,品种间差异较小,两地的收获指数也相近。云南稻谷产量比福建高 73.8%,主要是由于云南有较高的生物学产量(云南比福建高 71.2%)。由此看来,超高产水稻产量潜力的进一步提高,可能更多地依靠增加生物产量而不是依靠提高收获指数。

表 9-14　干物质总积累量和收获指数对产量的作用　(杨惠杰等,2001)

地点(季别)	影响因素	相关系数 r		通径系数($P_{i\text{-}y}$)		贡献率
		y	W	$W\rightarrow y$	$I\rightarrow y$	($P_{i\text{-}y}\cdot r_{iy}$)
福建(早季)	干物质总积累量 W	0.8867**		1.0273	－0.1406	0.9109
	收获指数 I	0.1832	－0.2914	－0.2994	0.4826	0.0884
云南(中季)	干物质总积累量 W	0.8847**		0.8861	－0.0014	0.7839
	收获指数 I	0.4629	－0.0031	－0.0027	0.4656	0.2155

** $P<0.01$

二、水稻产量形成的光合生产基础

(一)产量形成与光合效率的关系

水稻的光能利用率目前仅为 1%左右。育种上与其说是增加光合面积,不如说是提高光合效率。叶片光合速率和光合功能期是影响光合生产力的两个重要因素,而作物产量的高低则主要取决于光合生产力。提高光合生产力是进一步提高作物光能利用率的主要途径。水稻的光合效率与光合面积参数(大小、指数、时间)和叶面积系数等有关,这些参数基本与籽粒产量呈正相关。株型紧凑有利于光线透入基部,使基部光合作用不至于降低过多。

在云南生态条件下,生长前期通过延长生育期来增加光合作用的时间,达到增加光合产量的作用;生长后期,则是通过延缓叶片的衰老,维持较高的叶面积系数,提高群体生长速率。由于在云南水稻生育期较长，在移栽密度较大的前提下，每穴的有效穗较大，无效分蘖较少，保证了足够的穗数。在开花期具有较大的叶面积系数，是灌浆期产生较多光合产物的有力保证。较迟的叶片衰老和较慢的衰老速度，是维持灌浆期较高光合速率的基础，也是物质充分运转的条件。

（二）水稻种质资源的光合功能分类

随着高光效研究取得进展，水稻光能利用率虽有一定程度的提高，但在群体叶面积指数达到一定水平后，要进一步大幅度提高光能利用率必须依赖于光合速率的提高和在一定叶片寿命内光合功能期的延长。对水稻种质资源的光合速率和光合功能期作出评价，无疑有助于在育种上对其光合生理性状进行遗传改良，从而达到提高光能利用率的目的。

曹树青等（2001）对 230 份水稻种质资源进行了光合速率及光合功能期测定。结果表明，水稻种质资源的光合速率及光合功能期的品种内变异系数分别集中在 2.0%～11.0%和 3.5%～9.5%，而其品种间变异系数分别为 11.1%和 11.2%（表 9-15，表 9-16）。统计分析表明，水稻品种间光合速率和光合功能期存在极显著差异，但籼、粳亚种间差异不显著。进一步分析籼粳亚种间品种分布，发现籼稻光合速率偏高者居多，而粳稻光合功能期偏长者居多，且其变异幅度大于籼稻。根据聚类结果，42 个水稻品种可分别划分为光合速率高、中、低类和光合功能期长、中、短类 3 个类群，对供试水稻种质资源光合速率及光合功能期进行二维排序并将坐标分成 4 个象限（图 9-4），籼稻和粳稻分别在象限Ⅱ和象限Ⅰ的分布频率最大，分别为 33.4%和 33.3%。从 4 个象限中选出一些具有特异光合性状的典型材料，如协优 9308、轮回 422、武育粳 8 号、NPT、汕优 129 等，可用于优化水稻杂交配组及光合遗传改良研究。

表 9-15　42 份水稻种质资源的光合速率　（曹树青等，2001）

籼稻品种	光合速率 [μmol/(m²·s)]	变异系数 (%)	粳稻品种	光合速率 [μmol/(m²·s)]	变异系数 (%)
特青	23.8±2.4	10.1	金南风	20.8±1.1	5.3
桂朝 2 号	21.9±1.2	5.5	镇稻 1 号	21.9±0.4	1.9
明恢 63	22.7±1.8	7.9	苏协粳	21.1±1.4	6.6
来敬	21.9±0.3	1.4	巴西陆稻	21.1±1.5	7.1
泰引 1 号	21.7±1.9	8.8	NPT	17.9±0.9	5.0
盐恢 559	22.8±2.5	10.9	盐粳 2 号	21.8±1.8	8.3
镇恢 129	23.9±3.2	13.4	武育粳 3 号	23.6±2.2	9.3
R437	23.5±2.6	11.1	镇稻 88	26.9±3.9	14.5
汕优 129	21.3±1.5	7.0	镇稻 4 号	21.2±2.4	11.3
汕优 559	23.0±2.7	11.3	镇香粳 5 号	21.6±2.7	12.5
汕优 084	23.5±1.9	8.1	船桂 4 号	18.9±1.7	8.9
协优 129	24.0±2.7	11.3	泗稻 9 号	23.6±3.7	15.7
协优 9308	26.5±5.1	19.2	武育粳 8 号	28.0±3.7	13.2

续表 9-15

籼稻品种	光合速率 [μmol/(m^2·s)]	变异系数 (%)	粳稻品种	光合速率 [μmol/(m^2·s)]	变异系数 (%)
Ⅱ优 162	24.9 ± 2.7	10.8	奥羽 326	28.6 ± 1.1	3.8
协优 419	25.2 ± 3.3	9.1	418	25.3 ± 3.5	13.8
Ⅱ优 129	26.6 ± 2.5	9.4	123	21.9 ± 4.0	18.3
汕优 63	23.5 ± 2.1	8.9	合系 3 号	19.9 ± 1.2	6.0
249 绿叶	25.6 ± 1.7	6.6	轮回 422	29.6 ± 1.1	3.7
扬稻 4 号	21.9 ± 3.8	17.4	97-7	25.9 ± 2.8	10.8
镇籼 96	22.6 ± 2.4	10.6	泗优 418	26.3 ± 3.3	12.5
IR8	20.3 ± 1.9	9.4	C418	25.4 ± 2.8	11.0
籼稻平均	23.4 ± 1.7	7.3	粳稻平均	23.4 ± 3.3	14.1
总体平均				23.4 ± 2.6	11.1

表 9-16　42 份水稻种质资源的光合功能期　(曹树青等,2001)

籼稻品种	光合功能期(d)	变异系数(%)	粳稻品种	光合功能期(d)	变异系数(%)
特青	39.3 ± 2.5	6.4	金南风	30.9 ± 2.1	6.8
桂朝 2 号	35.6 ± 1.8	5.1	镇稻 1 号	29.5 ± 1.1	3.7
明恢 63	36.1 ± 3.2	8.9	苏协粳	30.7 ± 3.5	11.4
来敬	35.3 ± 1.9	5.4	巴西陆稻	30.1 ± 1.8	5.9
泰引 1 号	36.9 ± 2.7	7.3	NPT	28.3 ± 1.9	6.7
盐恢 559	36.5 ± 3.5	9.6	盐粳 2 号	39.6 ± 3.5	8.8
镇恢 129	35.7 ± 2.1	5.9	武育粳 3 号	35.3 ± 2.2	6.2
R437	42.2 ± 1.4	3.4	镇稻 88	39.9 ± 3.4	8.5
汕优 129	40.1 ± 2.7	6.7	镇稻 4 号	37.4 ± 2.8	7.5
汕优 559	32.4 ± 1.7	5.2	镇香粳 5 号	39.2 ± 4.3	10.7
汕优 084	33.5 ± 1.5	4.5	船桂 4 号	34.5 ± 2.0	5.7
协优 129	32.8 ± 2.6	7.9	泗稻 9 号	40.1 ± 2.6	6.5
协优 9308	32.8 ± 2.4	7.5	武育粳 8 号	37.6 ± 2.5	6.6
Ⅱ优 162	34.4 ± 2.1	6.1	奥羽 326	35.4 ± 2.3	6.5
协优 419	31.9 ± 1.8	5.6	418	39.1 ± 2.6	6.6
Ⅱ优 129	39.0 ± 2.4	6.2	123	36.9 ± 1.9	5.1
汕优 63	34.9 ± 1.5	4.3	合系 3 号	33.7 ± 1.8	5.3

续表 9-16

籼稻品种	光合功能期(d)	变异系数(%)	粳稻品种	光合功能期(d)	变异系数(%)
249 绿叶	35.5±1.4	3.9	轮回 422	44.6±2.5	5.6
扬稻 4 号	29.5±2.7	9.2	97-7	42.5±3.8	8.9
镇籼 96	30.6±2.4	7.9	泗优 418	40.1±2.4	5.9
IR8	30.5±3.7	12.1	C418	38.9±1.9	4.9
籼稻平均	34.9±3.3	9.5	粳稻平均	36.3±4.5	12.4
总体平均				35.7±4.0	11.2

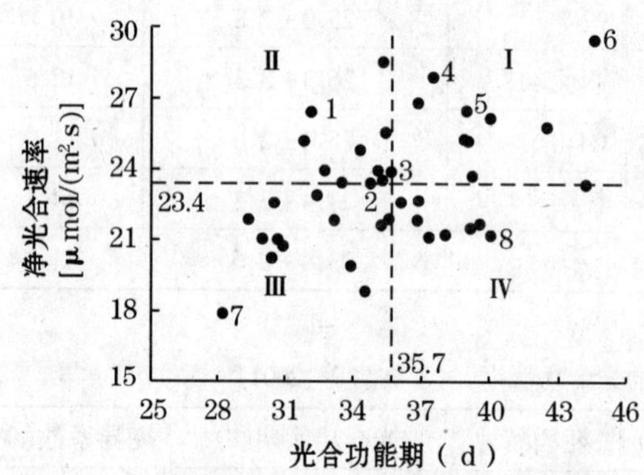

图 9-4　水稻种质资源光合速率及光合功能期的二维排序　(曹树青等,2001)

1. 协优 9308　2. 汕优 63　3. 武育粳 3 号　4. 武育粳 8 号　5. Ⅱ优 129　6. 轮回 422　7. NPT　8. 汕优 129

(三)光合同化与籽粒灌浆的关系

水稻籽粒产量主要来自于花后叶片的光合作用,尤以剑叶对产量的贡献最大。超级杂交稻组合协优 9308 剑叶最高瞬时光合速率、光合功能期及叶面积分别较协优 63 高 17.6%、24.3%和 17.2%,其光合作用速率高值也显著比协优 63 高(18.5%),因而协优 9308 剑叶的光合碳同化能力(叶源量)极显著较协优 63 高(51%)(表 9-17)。为明确剑叶光合作用与籽粒灌浆的关系,翟虎渠等(2002)对剑叶发育过程中的瞬时光合速率与抽穗后穗增重速率的变化进行了测定(图 9-5)。结果表明,协优 9308 和协优 63 剑叶瞬时光合速率和穗增重速率的变化均呈单峰曲线。随着叶片的发育,瞬时光合速率逐渐升高,至抽穗后 7 天达最高值,然后逐渐下降,而穗增重速率抽穗后逐渐升高,至抽穗后 14 天左右达最高值,然后逐渐下降。抽穗后 21 天,协优 63 的瞬时光合速率已快速下降,但其籽粒尚处高值期,此时光合碳同化开始不能满足籽粒灌浆需求,且随时间进程这种差异表现更为明显。相比之下,协优 9308 的瞬时光合速率与穗增重速率的变化同步进行,说明协优 9308 的光合作用比协优 63 更切合籽粒灌浆需求。抽穗后叶片碳同化能力强并同步满足籽粒灌浆需求,是超高产水稻的主要光合生理特性之一。

表 9-17　协优 9308 和协优 63 剑叶光合功能参数　(翟虎渠等,2002)

参　数	协优 63	协优 9308
叶源量(mmol CO_2)	131.4	198.4**
瞬时光合速率最高值[μmol CO_2/(m^2·s)]	23.8	28.0**
光合速率高值持续期(d)	35.0	43.5**
叶片寿命(d)	63.0	68.0*
光合速率高值指数	0.54	0.64**
叶面积(cm^2)	51.3	60.1*

* $P<0.05$; ** $P<0.01$

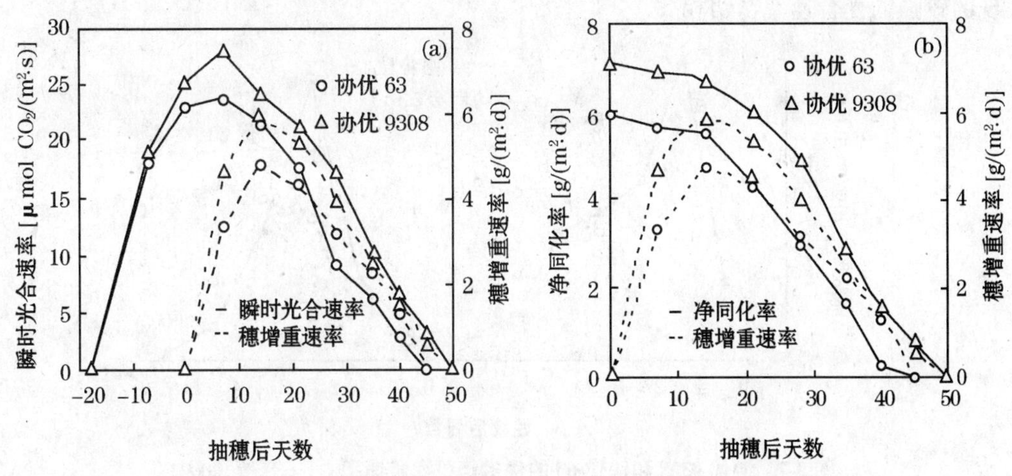

图 9-5　协优 9308 和协优 63 抽穗后剑叶瞬时光合速率(a)、净同化率(b)与穗增重速率的变化　(翟虎渠等,2002)

王熹等(2002)研究认为,协优 9308 生育后期较强的叶片光合效率是籽粒灌浆尤其是弱势粒灌浆的保障。协优 9308 稻株"青秆黄熟",剑叶及倒 2、3 叶叶绿素降解缓慢。光合速率测定表明,齐穗后灌浆全程中协优 9308 的剑叶光合效率高于协优 63,齐穗期协优 9308 剑叶光合效率比协优 63 约高 30%,两组合齐穗期后剑叶光合效率逐渐下降,至黄熟期间协优 9308 的剑叶光合效率仍高于协优 63,且协优 9308 至黄熟期仍保持相对稳定的光合速率(图 9-6)。

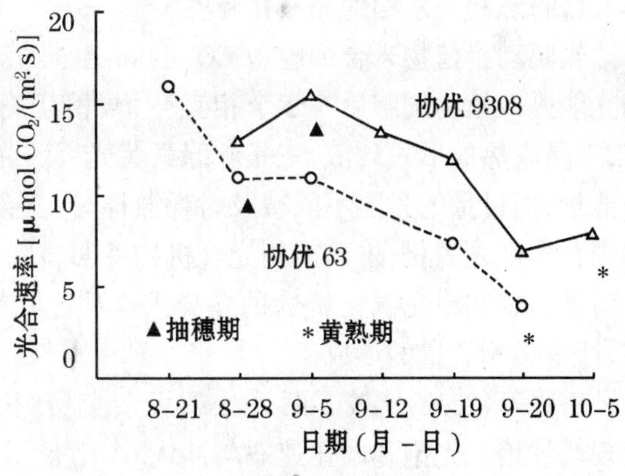

图 9-6　齐穗后协优 9308 和协优 63 剑叶的光合速率
(王熹等,2002)

杂交水稻粒间的有序、异步灌浆通常被研究者称为"阶段灌浆"、"两段灌浆",王熹等(2002)解释这种现象为"粒间顶端优势"。从图 9-7 可以看出:①协优 9308 和协优 63 的优势粒灌浆速率峰值均比弱势粒的灌浆速率峰值早现。协优 9308 优势粒灌浆速率峰值出现在 1～2 周,协优 63 出现在 2～3 周。②协优 63 优势粒的灌浆速率下降时,劣势粒开始加快灌浆,并出现灌浆速率峰值。其劣势粒的峰值约落后于优势粒峰值 1 周。③协优 9308 优势粒灌浆速度比之协优 63 优势粒下降缓慢。当优势粒灌浆速度下降时,协优 9308 的劣势粒灌浆速率急剧上升,表现良好的灌浆势直至始穗后 7 周,在成熟期间未出现峰值;而协优 63 的劣势粒灌浆速率上升不久又开始下降。综上可见,协优 9308 的粒间顶端优势比协优 63 更明显。人们曾认为粒间顶端优势是亚种杂交稻弱势粒灌浆结实的障碍,是亚种杂交稻结实率低下的主要原因。但是协优 9308 结实率很高(近 90%),劣势粒的结实率也达 80.0%。协优 63 的优势粒、劣势粒的结实率分别为 84.6%与 65.7%(表 9-18)。协优 9308 的劣势粒有较高的结实率,与上述分析的协优 9308 在灌浆充实过程中所表现的较强的光合速率密切相关。

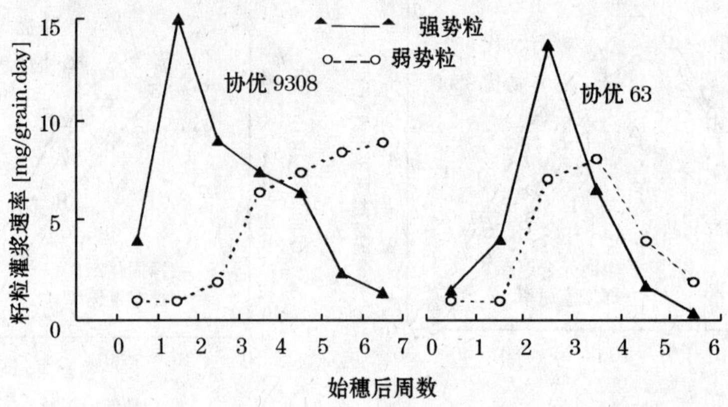

图 9-7 协优 9308 和协优 63 的优劣势粒灌浆速率 (王熹等,2002)

表 9-18 协优 9308 与协优 63 优劣势粒结实率差异 (王熹等,2002)

组合	优势粒		劣势粒	
	结实率(%)	千粒重(g)	结实率(%)	千粒重(g)
协优 9308	89.6	27.8	80.0	27.8
协优 63	84.6	30.2	65.7	25.5

(四)超高产水稻的光氧化特性

光驱动了植物光合细胞中 CO_2 的固定,是植物生长必不可少的外界条件。被叶片吸收的光能进入植物细胞后有 3 个相互竞争、相互关联的途径:一是通过光化学反应参与碳固定,二是以热的形式耗散,三是叶绿素荧光释放光子。当植物捕获的光能超过光合作用所需的能量,而过量的光能不能被及时耗散掉时,就会发生光合作用光抑制现象。长时间的光抑制则会出现光氧化,进而损伤光合机构并明显降低叶片的光能转化效率。不同水稻品种存在耐光抑制和耐光氧化特性的差异。水稻生长在自然条件下也会发生光抑制和光氧化伤害,严重影响产量的形成。

王强等(2002)比较了两系法超级杂交稻组合两优培九和对照汕优 63 的光抑制特性。发现两优培九光饱和同化速率与汕优 63 相差无几,但荧光动力学参数的测定结果表明,两个杂交稻组合剑叶的 PSⅡ光化学最大效率和有效光化学量子效率,即 F_v/F_m 和 F_v'/F_m' 在光抑制处理过程中逐步下降,但是汕优 63 的下降幅度要明显高于两优培九。例如,当光抑制处理 4 h 后,汕优 63 的 F_v/F_m 和 F_v'/F_m' 分别下降了 51.8%和 56.3%,而两优培九则分别下降 29.5%和 23.9%。4 h 的光抑制处理结束后,将叶片转移至弱光下进行恢复。在整个恢复过程中,两优培九的 F_v/F_m 和 F_v'/F_m' 的恢复速率和恢复程度均高于汕优 63。

在强光胁迫过程中,随着紫黄素含量的急剧下降,两个杂交稻组合剑叶的玉米黄素和环氧玉米黄素均迅速积累,但其中两优培九环氧玉米黄素和玉米黄素的积累速率和积累量均远远高于汕优 63。同样,在恢复过程中,两优培九环氧玉米黄素和玉米黄素的恢复速率及恢复程度要高于汕优 63。

除了表观量子效率外，两优培九的羧化效率和 CO_2 同化的量子效率都远远高于汕优63。此外，两优培九的剑叶和稃片中的 C_4 途径酶活性均高于汕优 63。这些结果表明，较高的光能和 CO_2 利用效率，较强的抗光抑制能力，以及剑叶和稃片中的 C_4 途径的较高表达，可能是两优培九超高产的重要生理保证。

第四节 水稻超高产的遗传基础

一、水稻籼粳杂种优势利用的遗传基础

(一)水稻籼粳属性的鉴定

籼稻和粳稻是亚洲栽培稻的两个亚种。通过籼粳交能提高杂种的产量潜力。超级杂交稻育种亲本选配理论研究表明，籼粳中间型亲本能最大限度地协调杂种产量潜力的提高与株型配置的统一。因此，籼粳属性是超级杂交稻育种亲本选配的重要依据之一。早期籼粳属性的鉴别主要应用形态指标，其中以云南省农业科学院程侃声提出的程氏指数应用最广泛。另外，DNA 标记的发展，为水稻籼粳属性的鉴别提供了一种更为高效、准确的技术。

籼粳属性鉴别的形态指标，也就是程氏指数，通过对稃毛、叶毛、抽穗时的壳色、粒形、第一穗节长、酚反应等 6 个性状分别评分，把各性状得分之和定为“指数”，以指数作为分类的尺度，将水稻分为籼(H)、偏籼(H′)、偏粳(K′)、粳(K)4 类。其突出优点是简便快速，能在现场对单个样本的归属作出较准确的判断，且准确率可达 95%。但此法在某种程度上是属于经验的分类方法，难免在某些性状分界处带有或多或少的主观性，且不易数量化。

在几种常用的 DNA 标记中，RFLP(限制性片段长度多态性)和 SSLP 标记(简单序列长度多态性，又称微卫星标记)均具有重演性高、一般呈共显性遗传等优点。但 RFLP 标记检测技术较复杂、费用高、花时长，难以满足一般育种研究的需求；而微卫星标记则检测快速、简便。在应用 RFLP 标记分析水稻材料遗传多样性的研究中，发现部分 RFLP 标记具有特殊的籼粳分化表现，各籼稻材料具有一种带型，各粳稻材料具有另一种带型。这种类型的标记称之为籼粳特异性标记，可有效地鉴别水稻材料的籼粳属性。Qian 等(1995)最初的研究筛选出 13 个籼粳特异性探针，并参考前人方法建立了计算籼粳指数的方法。这套探针对水稻材料籼粳属性的鉴别能力，在多个研究中得到验证。此后，Zhuang 等(1998)基于 95 个对水稻品种间差异具有较高检测能力的 RFLP 探针，应用 85 份水稻品种(其中籼 54 份、粳 31 份)进一步分析，选得 28 个分布于 12 条水稻染色体的籼粳特异性探针(表 9-19)。程式华(2000)以籼粳交加倍单倍体(DH)和重组自交系(RIL)群体为材料，分析了形态分类法与分子标记分类法对籼粳属性判别的典型相关性。结果显示，形态指数与标记座位有着非常密切的关系，前 4 对典型变量的典型相关系数均达到极显著水平(表 9-20)，表明籼粳特异性分子标记能为超级杂交稻育种中亲本籼粳属性的检测提供简便、快速和可信的技术。为适应水稻育种应用的需求，樊叶杨等(2000)又进一步筛选出 21 个分布于 12 条水稻染色体上的籼粳特异性微卫星标记，并应用于超级杂交稻亲本籼粳属性的检测。

表 9-19 水稻籼粳特异性分子标记及其染色体分布 (Zhuang 等,1998;樊叶杨等,2000)

染色体序号	RFLP 标记	微卫星标记
1	RG101,RG345,RG462,RG472	RM23,RM259
2	RG171,RG256,RG322	RM29,RM250
3	RG482,RG96	RM16,RM251
4	RG214,RG620	RM226
5	RG207,RG474	RM13
6	RG64,RZ828	RM217
7	RG351,RG511	RM18,RM234,RM248
8	RG978,RZ562	RM25
9	RG553,RG570,RG667	RM245,RM205
10	RG752,RZ811	RM258,RM228
11	RG167	RM202
12	RG81,RG543,RG958	RM4,RM20,RM247

表 9-20 籼粳形态指数与特异探针座位的典型相关系数 (程式华,2000)

典型变量	典型相关系数	卡平方值(χ^2)	自由度	显著水平(P)
1	0.8744	399.02	162	<0.001
2	0.7255	249.02	130	<0.001
3	0.6629	171.83	100	<0.001
4	0.5909	112.81	72	0.002
5	0.5727	69.58	46	0.014
6	0.5180	30.31	22	0.111

(二)籼粳杂种不育性遗传

籼粳杂交后代高度不育的原因,国内外学者做过许多研究,提出了一些遗传解释。近30多年来的研究认为,籼粳稻杂种一代配子不育主要是核基因差异所造成的,并有6种不同的遗传解释。

①质核不协调。由杜尔宾提出。籼稻与粳稻的细胞质和细胞核相互间不协调,籼粳杂种所产生的配子和合子不能正常发育,导致败育。

②染色体畸变。Yao(1958)提出,在籼粳杂种 F_1 的配子发育过程中,有部分同源染色体一方带有畸变,导致花粉败育。

③重复隐性配子体致死。冈彦一(1953)提出了籼粳杂种不育的重复隐性配子体致死模型。该模型假设两个亲本 A 和 B 的配子致死基因型分别是 $X/X \cdot y/y$ 和 $x/x \cdot Y/Y$,杂种 F_1 的基因型便是 $X/x \cdot Y/y$,带有重复的致死基因,导致配子发育受阻而败育。而亲本 C 的基

因型为 $XX \cdot YY$,与亲本 A 或 B 杂交后产生可育杂种。在 A/C//B 的三交中,后代的可育($X/x \cdot Y/Y$)和半不育($X/x \cdot y/Y$)分离比为 1:1。

④等位基因互作。Kitamura(1961,1962)认为籼粳杂种的雌雄配子致死是分别由各自的等位基因互作造成的。该模式假设籼稻和粳稻品种在同一位点上分别携有 F_s^i/F_s^i 和 F_s^j/F_s^j 雌性半不育等位基因,在基因型为 F_s^i/F_s^j 的 F_1 中,凡携带有 F_s^j 的配子败育。基因型 F_s^n/F_s^n 与 F_s^i/F_s^i 和 F_s^j/F_s^j 杂交均可育。该模式可称为单位点孢子体-配子体互作模式。该模式后被池桥宏等用标记基因三交法所证实,其中的 F_5^n 相当于 S_5^n。

⑤多基因遗传。张桂权(1989)认为籼粳杂种的育性从根本上讲是由多基因决定的性状。他以冈彦一提供的 5 个育性等基因系为基础,发现至少有 6 个位点与杂种的育性有关。申宗坦等(1992)也认为籼粳亚种间 F_1 的不育性是由多基因控制的,基因的加性和上位性效应可分别用于解释两种类型的亲和性,即一般(广谱)亲和性和特殊(狭谱)亲和性。

⑥籼粳遗传成分重组。T984 是籼粳杂交后代,具有广谱的广亲和性。熊振民等(1993)对 T984 的一级和次级亲本共 7 个(4 粳 3 籼)的亲和性做了测定,发现受测的 7 个亲本均不具有广亲和性,因此认为籼粳稻杂交后代中广亲和性类型的产生可能是由于籼粳稻遗传成分的重组所致,这种重组产生了亲缘关系介于籼粳之间的新类型。但这种遗传成分的重组是涉及少量基因还是多基因还不明了。

在上述假设中,广亲和基因模式最为受到关注,研究也最深入。池桥宏(1982)在回顾前人对籼粳不育性的研究后,强调应系统筛选和应用广亲和性品种(WCV)来克服远缘杂交的生殖障碍。如果广亲和性的遗传是简单的,那么广亲和性基因便可用于籼粳杂种优势的利用。研究发现广亲和性的遗传符合等位基因互作模式,由于前人已报道了 $S_1 \sim S_4$ 基因位点,他们把涉及籼粳育性的位点定为 S_5。池桥宏认为在 S_5 位点中,存在着一组复等位基因,广亲和性品种具有 S_5^n,籼稻品种具有 S_5^i,而粳稻品种具有 S_5^j。S_5^n 对 S_5^i 和 S_5^j 为显性,S_5^n 与 S_5^i 或 S_5^j 结合或处于纯合状态时,均表现可育,但当 S_5^i 与 S_5^j 结合时,则带有 S_5^j 的雌配子败育,出现半不育现象。这种不育性的产生既不同于通常的孢子体不育,也不同于配子体不育,因为携带有 S_5^j 的雌配子在孢子体基因型为 S_5^n/S_5^j 或 S_5^j/S_5^j 时均可育,但在孢子体基因型为 S_5^i/S_5^j 时表现不育。

池桥宏等(1986)利用三交法对广亲和基因进行了形态标记,结果表明广亲和基因 S_5^n 与色素原基因 C 和蜡质基因 wx 之间紧密连锁(图 9-8)。

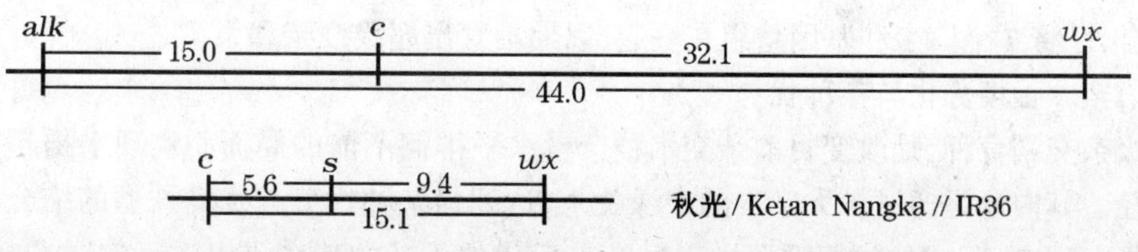

图 9-8 S_5 基因位点与 C 和 wx 位点的连锁图 (Ikehashi 等,1986)

(图中数字为交换值%)

进一步应用 RFLP 等分子标记对广亲和基因进行了定位研究。刘蔼明等(1992)利用 RFLP 对 02428/巴里拉//南京 11 三交群体分析,发现广亲和基因与定位于第 6 染色体上的探针 RG213、RG138、Est-C 基因具有极显著的连锁关系。Qian 等(1992)对 Pecos/南京 11 //秋光三交群体进行类似的研究,发现第 6 染色体的探针 RG64、RG456 与广亲和基因及 *C* 基因连锁,并初步确定广亲和基因位于 RG138 及 RG64 之间。郑康乐等(1992)用 RFLP 标记广亲和品种 Pecos 及三交群体(Pecos/南京//秋光),结果表明第 6 染色体上的 RFLP 标记 RG138、RG64、RG456 以及色素原基因 *C* 与籼粳杂交亲和性有显著连锁关系(图 9-9)。严长杰等(2000)用 RFLP 分析秋稻品种 Dular 广亲和基因,发现第 6 染色体上 RFLP 标记 RG213、G200、RG64 以及第 12 染色体上 RG651 和 RG901 所在的两个染色体片段与育性基因连锁(图 9-10)。

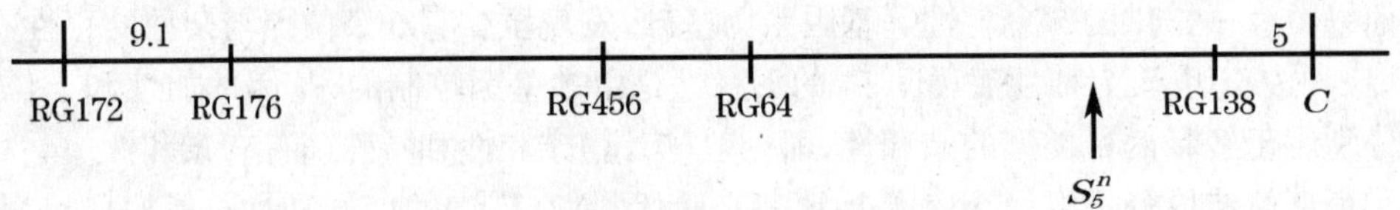

图 9-9　第六染色体的 RFLP 图谱　(郑康乐等,1992)

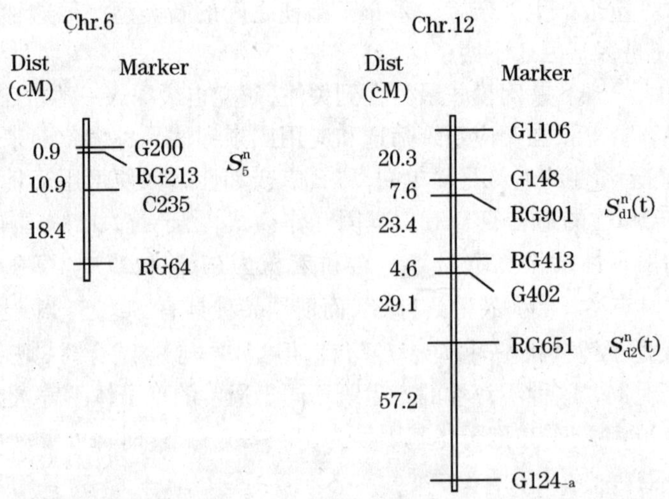

图 9-10　Dular 广亲和基因在染色体上的分布　(严长杰等,2000)

随着研究的不断深入,发现籼粳杂种不育不仅仅限于 S_5 位点,万建民等的研究把广亲和位点增加到 7 个,除了 S_5 之外,还有 S_7、S_8、S_9、S_{15}、S_{16}、S_{17}。通过常规杂交与分子标记检测相结合,已将 7 个广亲和基因重组在一起,以期培育出超级广亲和系。

(三)亲本籼粳分化与杂种优势

超级杂交稻育种,是改变目前杂交水稻产量水平徘徊不前的局面而实现水稻超高产的重要途径。其内涵是通过扩大亲本的亲缘关系,达到强杂种优势与优良株型的结合。由于杂交稻是杂种 F_1,很难像常规稻那样通过杂交后代的不断的遗传重组进行定向选择,因此亲本的选配至关重要。在亲本的籼粳分化程度检测和提高杂交稻产量潜力的亲本选配理论方面,已有一些研究。杨振玉等(1992)分析了亲本程氏指数差异和籼粳交 F_1 杂种优势的关系。李任华等(1998)从分子水平研究了亲本遗传分化与杂种优势的关系。

孙传清等(2000)研究了杂种优势与亲本遗传分化的关系,以培矮 64S、108S、N422S、LS2S

等4个两系不育系为母本，以韩国籼稻、中国南方的早中籼(简称中国籼)、东北粳(分东北普通粳和杂交粳稻恢复系)、华北粳、非洲粳、美国粳等6个生态型的47个育成品种为父本，按照NC-Ⅱ设计，配制188个组合。在所配的组合类型中N422S/中国籼单株粒重最高，其次是N422S/韩国籼、培矮64S/东北粳、108S/中国籼，这些组合类型均为籼粳亚种间的组合，说明亚种间具有巨大的杂种优势。不同组合类型的产量构成因素分析表明，与中国南方的早中籼和韩国育成籼稻品种配组的 F_1 在穗数上具有明显的优势，与东北粳杂恢复系、美国稻配组的 F_1 在穗粒数上具有明显的优势，而与非洲粳配组的 F_1 在千粒重上具有明显的优势，华北粳在穗数和穗粒数上处于中间型，推测中国籼稻和韩国籼稻可能具有穗数上的优势基因，美国稻和东北粳具有粒数的优势基因，非洲粳具有粒重上的优势基因。

杂种优势与双亲籼粳分化的相关关系分析表明，超亲优势与双亲的籼粳分化关系明显，且DNA上的差异与超亲优势的相关系数明显大于形态指数的差异与超亲优势间的相关系数，说明以双亲在基因组上的差异来研究或预测杂种优势要优于表型性状。分析优势组合类型和强优势组合双亲的形态指数和DNA籼粳 TD_j 值的差异发现，双亲要么在形态上籼粳分化差异较大，要么是在DNA上的籼粳分化的差异较大，要么是在形态和DNA上差异均大，说明无论是形态上籼粳分化的差异，还是基因组上籼粳分化的差异，都是杂种优势产生的重要基础。

程式华等(2000)通过用较为典型的籼型保持系协青早B和籼粳中间型保持系064B与株型各异、籼粳分化程度不一的籼粳交DH群体的不同株系配组，分析杂种一代的优势和株型的变化，以明确亲本籼粳分化度对杂种 F_1 产量及产量性状的影响。结果表明，无论是用协青早B还是064B作测交母本，测交杂种并未显示出单纯随父本的粳型成分增加而单株籽粒产量提高。协青早B的籼粳形态指数为6，表现为典型的籼型属性，当父本的籼粳形态指数在7～13(籼至偏籼)时，测交杂种的单株籽粒产量呈递增趋势，在15～19(偏粳至粳)时产量呈递减趋势，其中12～16(偏籼至偏粳)间呈现较高的产量水平。064B的形态指数为11，表现为中间偏籼型，其测交杂种的单株籽粒产量呈双峰分布，峰值分别出现在父本形态指数为11(偏籼)和15(偏粳)时。父本粳型分子标记指数与单株籽粒产量的关系与籼粳形态指数表达的有所差异，但协青早B的测交杂种和064B的测交杂种在父本的粳型分子标记指数分别大于0.6(形态指数大于15)和0.5(形态指数大于14)时，单株籽粒产量呈递减趋势(图9-11)。

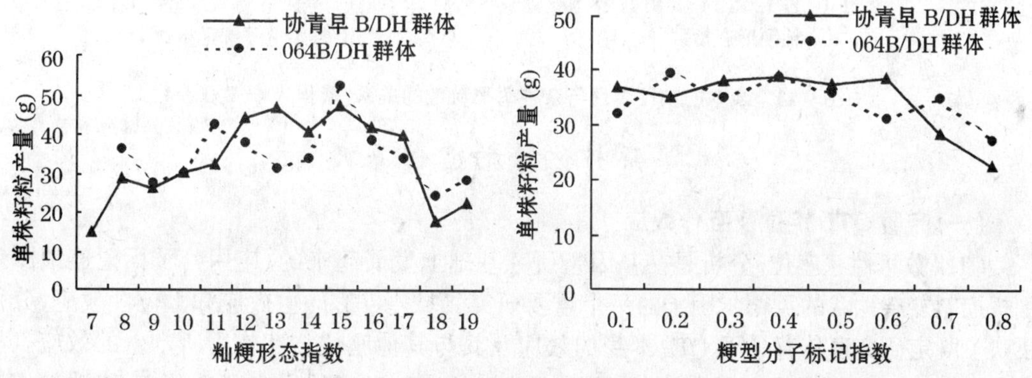

图9-11　亲本的籼粳属性与杂种 F_1 单株籽粒产量的关系　(程式华，2000)

进一步对产量构成因子的分析表明,两类测交组合的单株有效穗数的峰值均出现在籼粳形态指数为 15 处,随后急剧下降;协青早 B/DH 群体测交组合和 064B/DH 群体测交组合在粳型分子标记指数分别大于 0.4 和 0.2 时,单株穗数呈逐步下降趋势(图 9-12)。测交母本对测交杂种的每穗粒数有影响,但两类测交组合每穗粒数基本上均随父本的籼粳形态指数和粳型分子标记指数的提高而增加(图 9-13)。而两类测交组合的千粒重差异由母本引起,父本的籼粳分化对杂种的千粒重几乎没有影响,在籼粳形态指数为 12 ~ 15 时,结实率较高;当粳型分子标记指数大于 0.6 时,结实率开始明显下降。由此可知,两类测交杂种在父本籼粳形态指数为 11 ~ 15 或粳型分子标记小于 0.6 时具有较高的单株产量水平,与这些杂种具有较多的单株穗数、适中的每穗粒数和较高的结实率密切相关。

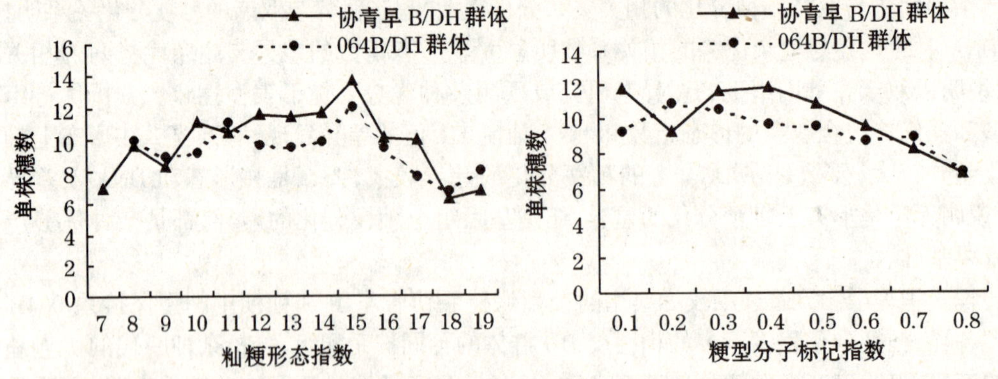

图 9-12　亲本的籼粳属性与单株穗数的关系　(程式华,2000)

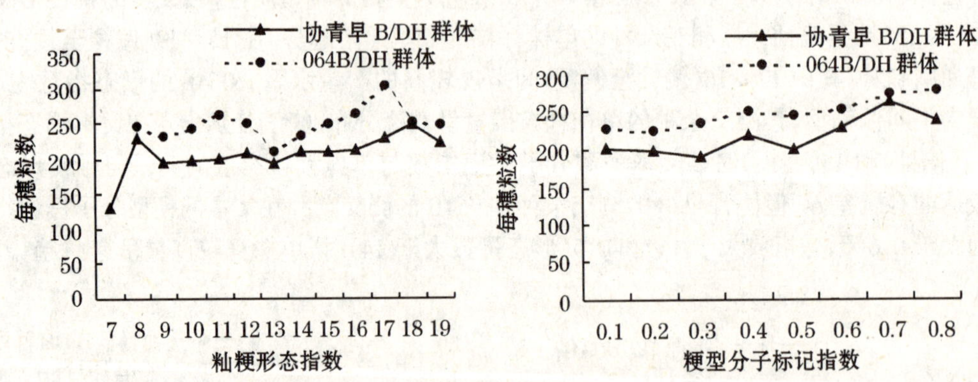

图 9-13　亲本的籼粳属性与杂种每穗粒数的关系　(程式华,2000)

二、杂种优势的遗传基础

(一)产量 QTL 定位及互作效应

QTL(数量性状座位)分析是在基因组研究基础上发展起来的、应用分子标记连锁图谱剖析控制复杂性状的孟德尔因子的一个重要研究领域。QTL 的主效应和上位性效应,分别反映了既定研究遗传背景下 QTL 本身的效应及其与其他座位相互作用所产生的效应。早期 QTL 研究受分析方法所限,很少检测到上位性效应。近年的研究则显示,上位性效应对产量等复杂性状的遗传控制具有重要的作用。

Zhuang 等(2002)应用珍汕 97B/密阳 46 和协青早 B/密阳 46 衍生群体开展的研究中,涉及产量性状、形态性状(株高、叶片性状等)、抗逆性(耐旱性、抗倒性等)、物质含量(叶绿素含量、硅含量等)等多方面性状,主效应和上位性效应对研究性状均具有重要的作用,两类效应相互影响,其相对重要性依不同性状而异,但总体上以主效应为主。一般而言,QTL 的主效应对研究群体产量性状的遗传控制具有最重要的作用,上位性作用较弱,上位性作用与环境的互作效应最弱(表 9-21)。比较 QTL 的两类遗传效应(即主效应对上位性效应),以及具有不同亲本遗传差异性群体的 QTL 研究报道,可以发现控制产量性状的 QTL 本身可能同时兼备两种效应。在一个具体的研究中,是同时显示两种效应还是显示其中的一种效应,是显示主效应还是显示上位性效应,与遗传背景和环境条件有关,特别是遗传背景。一般而言,遗传背景越复杂,越倾向于表现上位性作用;遗传背景越一致,越倾向于表现主效应。

表 9-21 珍汕 97B/密阳 46 RIL 群体中产量性状 QTL 的检测结果 (Zhuang 等,2002)

性 状	主效应 QTL				双基因互作			
	总 数	贡献率(%)	显著 G×E 数	贡献率(%)	总 数	贡献率(%)	显著 G×E 数	贡献率(%)
产量/株	6	16.9	2	21.0	3	5.5	0	0
有效穗数/株	1	1.7	1	3.5	4	3.9	1	2.2
总粒数/穗	6	31.2	2	13.6	3	5.0	0	0
实粒数/穗	8	22.5	1	9.7	2	6.4	0	0
结实率	2	6.7	0	0	0	0	0	0
千粒重	8	53.2	0	0	4	10.1	0	

注:G×E 表示基因型和环境的互作效应

曹立勇等(2003)采用 QTL Mapper1.01 统计软件对中 156(高产)×谷梅 2 号(低产)的重组自交系(RIL)群体进行 QTL 定位、上位性分析及其与环境(季别)的互作效应分析,共检测到产量构成性状的 30 个主效应 QTL,分别位于除第 5、9 染色体以外的 10 条染色体上,另有 2 个 QTL 表现出与环境之间存在显著互作。共检测到 31 对显著影响产量构成性状的加性×加性上位性互作效应。其中,穗长 2 对,其亲本型大于重组型;有效穗数 2 对,既有亲本型大于重组型又有重组型大于亲本型的上位性互作效应;每穗颖花数 9 对,既有亲本型大于重组型又有重组型大于亲本型的上位性互作效应;每穗实粒数 9 对,大部分为亲本型大于重组型的上位性互作效应;结实率 6 对,大部分为重组型大于亲本型的上位性互作效应;千粒重 3 对,大部分为亲本型大于重组型的上位性互作效应:它们分别解释这些性状总变异的 3.76%、5.00%、10.24%、20.50%、16.31%和 4.48%。在所有的上位性互作效应中,多数加性×加性上位性互作效应的贡献率及效应值均较小,少数例外,如影响结实率的 *qGF5-1* 与 *qGF11-3* 的上位性互作效应和其贡献率分别为 2.16%和 4.24%,分别比其加性效应高。在 31 对上位性互作中,2 对发生在 2 个 QTL 之间(称为Ⅰ型),6 对发生在 1 个 QTL 和 1 个互作位点之间(称为Ⅱ型),其余 23 对发生在 2 个非连锁的互作位点之间(称为Ⅲ型)。没有检测到上位性效应与环境的显著互作(表 9-22)。

表 9-22　中 156/谷梅 2 号重组自交系群体中检测到的产量构成性状的加性 × 加性上位性互作效应　(曹立勇等,2003)

性状	数量性状座位	标记区间	遗传距离①	数量性状座位	标记区间	遗传距离	LOD 值	上位性效应②	贡献率(%)
穗长	*qPL1-1*	PK34-3-RM1	0	*qPL6*	RM253-RZ588	4	4.71	0.40**	2.57
	qPL7	RM214-RM2	0	*qPL10*	RG241B-S2A1-4	3	34.90	0.27**	1.19
有效穗数	*qPN1*	PK34-3-RM1	0	*qPN2-2*	RG120-AS13-1	0	44.42	0.44**	2.60
	qPN6-1	RM253-RZ588	4	*qPN7-2*	PK12-2-RM214	2	4.73	-0.42**	2.40
每穗颖花数	*qSN1*	RM23-RM24	18	*qSN4-2*	RZ675-RM252	6	10.80	-5.20**	1.77
	qSN2-1	D3-RG509	0	*qSN4-3*	RM252-RM241	5	4.21	3.17**	0.66
	qSN2-2	S2A3-7-RM27	0	*qSN5-2*	Clrr-1-RM39	3	4.49	-4.47**	1.31
	qSN4-1	RM119-RM273	4	*qSN11*	RM224-Xlrr-2	1	4.94	5.03**	1.66
	qSN4-3	RM252-RM241	3	*qSN5-1*	PK34-9-Clrr-1	3	5.95	-5.12**	1.71
	qSN6-1	PK34-5-RG456	0	*qSN6-2*	RZ682-RZ828	0	4.03	-3.20**	0.67
	qSN7-2	RM182-RM10	0	*qSN9*	RM242-RM201	0	4.69	-3.99**	1.04
	qSN7-3	RZ626-RG650	0	*qSN10*	RG241B-S2A1-4	4	24.00	4.40**	1.26
	qSN9	RM242-RM201	8	*qSN10*	RG241B-S2A1-4	4	22.20	4.21**	1.16
每穗实粒数	*qFG1*	RM9-RM5	1	*qFG11-3*	R12-XN-6	6	4.45	3.12**	1.11
	qFG2-1	S2A3-7-RM27	0	*qFG5-1*	Clrr-1-RM39	2	4.43	-4.56**	2.37
	qFG2-1	S2A3-7-RM27	0	*qFG11-2*	Clrr-4-R6b	7	5.66	4.47**	2.29
	qFG2-2	AS13-1-Clrr-3	7	*qFG3-1*	S2A1-3-RM251	4	7.58	3.85**	1.69
	qFG2-3	PK34-4-Xlrr-5	0	*qFG5-2*	Clrr-1-RM39	15	5.01	-4.64**	2.46
	qFG2-4	Xlrr-5-RZ401	5	*qFG8*	RG978-G104	4	7.70	4.94**	2.79
	qFG4	RM252-RM241	0	*qFG5-1*	S2A1-6-Pk34-9	0	5.51	-4.71**	2.54
	qFG7	PK12-2-RM214	1	*qFG10*	RG241B-S2A1-4	4	34.90	4.53**	2.34
	qFG10	RG241B-S2A1-4	4	*qFG11-1*	D10b-RZ525	0	12.40	5.05**	2.91
结实率	*qGF1*	Xlrr-7-RM259	0	*qGF3-2*	PK34-10-S2A1-3	3	4.51	-1.71**	2.66
	qGF2	Xlrr-5-RZ401	5	*qGF5-2*	RM39-RM164	0	6.76	-1.32**	1.57
	qGF5-1	RM169-AS13-4	0	*qGF9*	RM242-RM201	5	5.37	-1.42**	1.83
	qGF5 - 2	RM169-AS13-4	8	*qGF11-2*	Nlrr-2-RG167	0	4.92	1.48**	1.99
	qGF5-3	RM169-AS13-4	21	*qGF11-3*	S2A1-8-D2	0	7.46	-2.16**	4.24
	qGF7	S2A3-6-RZ471	2	*qGF8-2*	RM210-RG136	29	5.70	2.11**	4.02
千粒重	*qKW2*	RM110-RM233	9	*qKW2*	RZ717-RG252	3	8.01	-0.51**	1.93
	qKW2	RG171-RG120	0	*qKW11*	Pk12-1-Clrr-4	16	4.95	0.51**	1.94
	qKW3-3	RZ403-A72	0	*qKW4*	RM252-RM241	8	6.75	0.29**	0.61

① QTL 最高 LOD 值处与左侧标记的距离

② 效应方向。正值,亲本型 > 重组型;负值,重组型 > 亲本型

(二)产量杂种优势遗传机制

水稻杂种优势遗传机制研究是水稻 QTL 分析的重要应用领域之一。继 Xiao 等(1995)提出显性作用是水稻杂种优势的主要遗传基础之后，Yu 等(1997)发现基因型×基因型互作是水稻杂种优势的重要遗传基础，Li 等(2001)进一步提出上位性座位的超显性作用是水稻杂种优势的首要遗传基础。

庄杰云等(2000，2001)应用珍汕 97B/密阳 46 和协青早 B/密阳 46 F_2 群体开展的研究中，为降低遗传背景对杂种优势遗传机制分析的干扰，提出亚群体分析法，在 2 个 F_2 群体中，挑选均匀分布于连锁图谱的 DNA 标记作为固定因子，分别根据每个固定因子的基因型将 F_2 群体分成 3 类亚群体：母本型(Ⅰ型)、父本型(Ⅱ型)和杂合型(Ⅲ型)。在大量Ⅲ型亚群体中，发现杂合度与产量和穗数呈显著正相关(表 9-23)。相关 QTL 分析结果表明，在这些Ⅲ型亚群体中，检测到的产量 QTL 和穗数 QTL 往往表现出超显性作用。由此说明，杂种优势相关基因可能包括 2 种主要类型：一类可以在某些遗传背景下表现出超显性效应；另一类难以检测到超显性效应，但其杂合型状态是超显性 QTL 发挥效应的基础。因而提出，特定遗传背景下的超显性效应是水稻杂种优势的重要基础之一。

表 9-23　在Ⅲ型亚群体得到稳定检测的 QTL　(庄杰云等，2000)

区　间	QTL	亚群体数	
		(珍汕 97/密阳 46)F_2	(协青早/密阳 46)F_2
RG236 – RZ538	*qGYD-1-1*	1(0)	10(9)
	qNP-1	2(2)	10(9)
RG472 – RG447	*qGYD-1-2*	13(13)	
RG96 – RG482	*qNP-3*	10(10)	
RG480 – RG573	*qGYD-5*	10(10)	16(15)
	qNP-5	1(1)	13(9)
RG653 – RZ140	*qGYD-6-1*	13(9)	2(2)
RZ140 – RG424	*qNP-6-1*	1(1)	9(0)
RG138 – RZ450	*qGYD-6-2*	5(0)	15(4)
	qNP-6-2	11(4)	
RZ395 – RG404	*qGYD-7*	5(5)	8(7)
	qNP-7	8(8)	
RG667 – RG570	*qNP-9*	14(14)	
RG901 – RG543	*qGYD-12*	8(2)	
	qNP-12	12(7)	3(3)

注：括号前的数字代表检测到对应 QTL 的Ⅲ型亚群体总数，括号内的数字代表该 QTL 表现出超显性作用的Ⅲ型亚群体数

在杂种优势利用中，恢复系起了重要作用。比较杂种优势相关基因与育性恢复基因的基因组分布，发现两者具有极高的基因组位置一致性(表 9-24)，表明与恢复基因紧密连锁的

产量性状基因或恢复基因本身，对水稻产量杂种优势的形成具有重要作用；比较株高性状和产量性状的田间表现和 QTL 定位结果，发现两类性状具有显著正相关，且其 QTL 在基因组位置、基因作用模式和效应方向诸方面具有较强的一致性，为“矮中求高”的高产育种策略提供了理论依据。

表 9-24 在 3 个主要恢复基因区间为杂合型状态下检测到的超显性产量 QTL （程式华等，2004）

恢复基因	杂合座位	QTL 区间					
		RG472 – RG447			RG901 – RG543		
		加性效应	显性效应	显性度	加性效应	显性效应	显性度
Rf3	RG532	– 10.2	12.4	1.2	– 8.6	11.9	1.4
qRf10-1	RZ649B				– 9.5	10.0	1.1
	RG257	– 0.3	17.7	52.1			
主效恢复基因	RZ811	– 6.0	17.9	3.0			
	RZ861	– 6.2	15.9	2.6	– 8.5	21.9	2.6

三、高光效的遗传基础

（一）光合性状的配合力

光合作用是作物产量形成的基础，阐明光合功能参数的遗传效应有助于水稻高光效品种（组合）的选育及高光效生理育种理论体系的形成。

翟虎渠等（2002）利用籼型水稻 4 个不育系和 4 个恢复系配组的 4 × 4 NCII 交配设计，对其光合性状的配合力及遗传力进行了分析。研究的光合参数包括光合速率、光合功能期、叶绿素含量、饱和光强、量子效率、蒸腾速率、CO_2 补偿点、气孔导度和叶片寿命等 9 个。试验结果表明，9 个光合性状一般配合力（GCA）和特殊配合力（SCA）差异均达极显著水平，说明这些性状的遗传是由加性和非加性基因共同控制的。进一步的分析表明，一般配合力基因型方差在叶绿素含量、饱和光强、量子效率、CO_2 补偿点、光合功能期、叶片寿命及蒸腾速率等性状中所占的比重较大，说明在这些性状中，亲本的基因加性效应对杂种一代性状形成起主导作用。特殊配合力基因型方差在光合速率和气孔导度等性状中比重较大，说明这些性状中，遗传变异主要来自基因的非加性效应。杂种优势主要来自于基因的非加性效应，因此光合速率等光合性状存在杂种优势。

对父本、母本及其互作对 F_1 贡献率进行分析，发现光合速率、光合功能期、CO_2 补偿点及饱和光强等性状受不育系的影响要比恢复系的影响大，而叶绿素含量、叶片寿命和量子效率等性状受恢复系的影响要比不育系大。因此，在高光效育种中，重视不育系光合性状的选育的同时，恢复系的光合性状也不能忽视。

广义遗传力大体反映了遗传变异和环境变异的作用，狭义遗传力度量加性遗传效应。研究表明，除气孔导度外，其余光合参数的广义遗传力较高，说明这些光合参数具有较大的遗传能力，光合速率、光合功能期、叶片寿命、蒸腾速率等性状的广义遗传力和狭义遗传力相差很大，表明这些性状非加性遗传的作用较突出。这些性状由不育系、恢复系直接传给杂种的能力较弱，而受环境及栽培条件的影响较大。研究还发现，GCA 与 SCA 之间没有明显的对应关系，由 2 个 GCA 高的亲本所配的杂种中，其 SCA 不一定高。因此，在杂交组合选配时，广泛测交是一项必不可少的工作。只有在选择一般配合力较高的亲本的基础上，通过广泛测交，才能获得特殊配合力也高的强优势组合。杂种一代的 9 个性状小区均数与亲本一般配合力效应之和的相关性达到极显著水平，说明可运用亲本一般配合力效应之和预测杂种一代光合性状的表现。这可减少盲目配组，提高配组效率。一般配合力效应分析表明，不育系协青早 A 在光合速率、光合功能期、CO_2 补偿点和饱和光强等性状上的 GCA 值较大，而恢复系明恢 63 在光合速率、蒸腾速率、CO_2 补偿点（越小越好）和量子效率等性状上 GCA 值较大，且其不利性状配合力弱。这两个亲本在生产上有较大的应用价值，通过大量测交可选育特殊配合力好的强优势组合，如单产超过 12 t/hm^2 的协优 9308 和具有广泛适应性的汕优 63 等组合的选育，可能分别与其母本和父本的良好光合性状有关。

上述结果说明，由于上述光合性状遗传的多样性和不同步性，会导致上述光合性状的遗传改良不能同步进行。因此，在对这些光合性状进行遗传改良时，应逐步进行，同时还应针对不同生态环境，对相应的光合性状进行逐个改良。例如，在光照充分的生态区，主要改良的光合性状应为光合速率、光合功能期、饱和光强及蒸腾速率等；而在光照不充分的生态区，则应该为光合速率、光合功能期、量子效率等光合性状。

（二）光合生理性状的 QTL 定位

近年来，水稻光合生理性状的遗传改良研究获得了广泛的关注。滕胜等（2002）利用籼粳交（窄叶青 8 号/京系 17）DH 群体对有关光合生理性状进行了 QTL 分析。窄叶青 8 号是叶青伦的亲本之一，而叶青伦是一个有名的高光效品种，经典遗传研究表明，窄叶青 8 号可能存在高光效基因，因此该籼粳交 DH 群体非常适合进行光合生理性状的遗传分析。

表 9-25 列出了对该 DH 群体光合性状的 QTL 分析结果。在第 4 和第 6 染色体上检测到与净光合速率有关的 2 个 QTL，贡献率达 32.2%；在第 1、第 3 和第 8 染色体上检测到 3 个控制叶绿素含量的 QTL，贡献率总和为 37.1%；在第 4 染色体上检测到 1 个与气孔阻力有关的 QTL 和在第 4、7 染色体上的 2 个与蒸腾速率相关的 QTL。进一步对该 DH 群体的耐光氧化特性进行 QTL 定位，在第 1、第 3 和第 12 染色体上检测到 4 个耐光氧化特性的 QTL，其总贡献率达到 39.4%（表 9-26）。将高光合作用与强耐氧化能力结合在一起是水稻高光效育种的目标之一。

表 9-25　水稻 DH 群体（窄叶青 8 号/京系 17）光合性状的 QTLs 定位　（滕胜等，2002）

性　状	QTL	染色体序号	标记区间	LOD 值	贡献率（%）	加性效应
净光合率	*qNPR-4*	4	C975 – RG449	3.67	17.4	– 2.5056
	qNPR-6	6	G122 – G1314B	3.35	14.8	2.3908
叶绿素含量	*qCC-1*	1	RG541 – RG101	2.61	11.2	1.7234
	qCC-3	3	G62 – G144	2.77	12.1	1.7860
	qCC-8	8	RG598 – RG418B	3.46	13.8	1.9119
气孔阻力	*qSR-4*	4	Y34L – CDO456	2.78	10.7	0.2700
蒸腾速率	*qTR-4*	4	G177 – CT206	2.64	13.6	– 0.9671
	qTR-7	7	TCT122 – RG769	2.92	12.1	1.1054

表 9-26 水稻 DH 群体(窄叶青 8 号/京系 17)耐光氧化特性的 QTLs 定位 (滕胜等,2002)

QTL	染色体序号	标记区间	LOD 值	贡献率(%)	加性效应
qPOT-1	1	TCT125-RG400	2.26	8.5	-0.5279
qPOT-3a	3	RG450-RG266	2.35	8.8	-0.5073
qPOT-3b	3	C746-GA505	2.25	10.4	0.5518
qPOT-12	12	Y12817R-G1391	3.15	11.7	-0.7946

(三)C_4 作物的高光效特性的转移

20 世纪水稻品种改良后单产增加了 2 倍多,但单位叶面积的光合速率没有任何增加,水稻单位面积产量大幅度提高得益于群体光能利用率的改善,即叶面积增加、叶片受光势态改善、叶面积光合持续时间延长。可以说,现代水稻品种的改良主体上属于株型育种,通过增大叶面积进一步提高单产已相当困难,目前寄希望于以改良水稻光能转化效率为核心的生理育种的理论和技术重大创新,来实现水稻产量潜力的突破。

植物的光合作用过程最大的限制酶是 Rubisco。它的反应速度每秒只有 2~3 次,与一般的酶促反应速度(每秒 25 000 次左右)相比,效率极低。Rubisco 除了固定 CO_2 外,还亲和 O_2,在进行光合作用的同时,也发生光呼吸作用,由光合作用固定的碳的 20%~50%又被光呼吸浪费。Matsuoka 等(2001)采取基因工程技术,成功地把 C_4 植物玉米的光合作用相关的 3 种酶(PEPC、PPDK、NADP-ME)的基因分别转入 C_3 植物水稻细胞中,培育出 3 种转基因水稻新材料。

焦德茂等(2002)以转 PEPC、PPDK、NADP-ME、PEPC + PPDK 基因水稻为材料,比较了 C_4 途径有关光合酶活性、叶绿素荧光参数、CO_2 交换等指标,重点研究了转 PEPC 基因水稻的生理特性,观察到转 PEPC 基因水稻 PEPC 活性比原种高 20 倍,光饱和光合速率比原种高 55%,羧化效率提高 50%,CO_2 补偿点降低 27%。在高光强(3 h)或光氧化剂甲基紫精处理后,与原种相比,转 PEPC 基因水稻的 PSII 光化学效率(F_v/F_m)、光化学(q_p)下降较少,证明其耐光抑制和耐光氧化能力增强。在高光强田间下,转 PEPC 基因水稻种 RuBPCase 活性变化不明显,但碳酸酐酶(CA)诱导活性增加了 1.8 倍。这些研究结果令人振奋,预示着水稻光合生理育种新领域即将来临,将为实现水稻超高产育种的目标提供新的技术手段。

第五节 超级稻育种策略与成效

一、超级稻育种目标

1996 年,农业部组织有关专家对超级稻的育种目标进行了论证和讨论,初步形成了如下超级稻育种目标。

其一,通过各种途径的品种改良,到 2000 年在较大面积(百亩连片)上水稻单产稳定地实现 9.0~10.5 t/hm^2,到 2005 年突破 12.0 t/hm^2,到 2015 年跃上 13.5 t/hm^2 的台阶,并形成超级稻良种配套栽培技术体系。

其二,在试验和示范中,培育的超级稻材料最高单产,到 2000 年达到 12.0 t/hm^2,到 2005

年达到 13.5 t/hm²,到 2015 年达到 15.0 t/hm²,并在特殊的生态地区创造 17.25 t/hm² 的高产记录。

其三,通过推广应用"中国超级稻研究"育成品种,推动我国水稻平均单产水平到 2010 年达到 6.9 t/hm²,并为在 2030 年跃上 7.5 t/hm² 的新台阶做好技术储备。

除了上述的绝对产量指标外,"中国超级稻"的产量相对指标是比当时的生产对照种增产 10%以上。应该说,上述目标具有阶段性明确、生产实用性强的特点。除了产量指标外,还要求北方粳稻和南方籼稻米质分别达到部颁一二级优质米标准,抗当地 1~2 种主要病虫害。具体类型产量指标见表 9-27。

袁隆平在综合分析日本超高产水稻育种、IRRI 新株型育种和中国农业部的超级稻计划的产量指标后,认为超高产水稻的指标应随时代、生态区和种植季别的不同而异,在育种计划中应以单位面积的日产量而不用绝对产量作指标比较合理。根据当前我国杂交水稻的产量情况、育种水平,他提出 2000 年超高产杂交水稻的产量指标是:每公顷每天的稻谷产量为 100 kg。这个指标相当于 IRRI 提出的 120 天生育期单产潜力 12 t/hm² 的指标。

表 9-27　不同类型和阶段的超级稻的产量指标

年　份	常规稻(t/hm²)			杂交水稻(t/hm²)			增幅(%)
	早　籼	南方单季稻	北方单季稻	早　籼	单季稻	晚　稻	
2000	9.00	9.75	10.50	9.75	10.50	9.75	15
2005	10.50	11.25	12.00	11.25	12.00	11.25	30

注:表中数据为连续两年在本生态区内 2 个生产点,每点 6.67 hm² 面积上表现的平均产量

二、超级稻理想株型

(一)农业部新曙光计划制订的理想株型

1996 年,农业部组织专家分别制订了北方、长江流域和华南的超级稻理想株型(表 9-28)。

表 9-28　不同生态区超级稻理想株型

性　　状	北方粳稻	长江流域中籼稻	华南早中晚兼用稻
分蘖力(穗/丛)	10~15	10~12	9~13
每穗粒数	150~200	180~220	150~250
株高(cm)	95~105	110~115	105~115
根系活力	强	强	强
对病虫抗性	抗	抗	抗
生育期(d)	150~160	135~140	115~140
收获指数	0.5~0.55	0.55	0.6
设计产量潜力(t/hm²)	11.25~13.50	12.00~15.00	13.50~15.00

(二)因地制宜提出的超级稻理想株型

由于我国幅员辽阔,气候生态各异,各地在实施超级稻育种计划时,因地制宜地提出了

理想株型模式(表 9-29)。

表 9-29 国内有关科研单位提出的理想株型模式 (程式华等,2000)

单　位	理想株型	主 要 特 点	代表品种
沈阳农业大学	直立大穗型	穗型直立,300 穗/m^2,穗重约 4 g	沈农 265
广东省农业科学院	早长根深型	大穗,260 穗/m^2,穗重约 4.5 g	胜泰 1 号
四川农业大学	稀植重穗型	重穗,225 穗/m^2,穗重大于 5 g	Ⅱ优 162
湖南杂交水稻研究中心	功能叶挺长型	功能叶长,240 穗/m^2,穗重约 5 g	两优培九
中国水稻研究所	后期功能型	青秆黄熟,240 穗/m^2,穗重约 5 g	协优 9308

1. 直立大穗型 沈阳农业大学于 20 世纪 80 年代初育成了直立穗型品种辽粳 5 号,在东北稻区表现产量高、适应性好,推广面积迅速扩大。辽粳 5 号在株型上的一个重要特点是,其稻穗像小麦一样,从抽穗到成熟都保持直立状态。沈阳农业大学提出的水稻直立穗型品种的主要株型特征是:穗颈直立,穗直立或略弯,颈穗弯曲度小于 40°(剑叶叶枕到穗尖的连线与茎秆延长线的夹角)。

从 1986 年开始,沈阳农业大学就粳稻穗型对水稻群体的结构、冠层光分布、产量结构与物质生产,以及病虫害、品质的关系,进行了系统的研究。研究结果表明,直立穗有利于改善群体结构和受光态势,群体温度升高、湿度降低,有利于 CO_2 扩散;直立穗品种抽穗后物质生产能力较强,生物产量高,抽穗前积累在茎秆中的光合产物抽穗后向籽粒的转移率较低,抽穗后叶面积衰减慢,群体生长率高,生产的光合产物占籽粒产量的比率高,品种产量潜力大;直立穗品种穗数与穗大的矛盾协调,抗倒伏性能强。所设计的超级稻理想株型模式为:

· 株高 95 ~ 105 cm;

· 千粒重 25 ~ 30 g;

· 直穗型;

· 根系活力强;

· 综合抗性好;

· 全生育期 155 ~ 160 天。

上述模式在农业部 1996 年提出的北方稻区理想株型模式的基础上强调了直立穗,代表性品种为沈农 265。

2. 早长根深型 在进一步分析、总结超高产育种实践经验的基础上,广东省农业科学院黄耀祥又提出"根深、早长"为主导的华南特优质超级水稻育种模式。所谓"根深",即指根群健旺,分布深广,活力强,不早衰。理想的根系能保持营养物质吸收合成正常,叶色青翠,提高光合效率,保持后劲,提高结实率和饱满度,保持植株粗生粗长和耐肥抗倒。早长根深型的主要特点为:

· 籼/籼//籼/粳复合杂交,通过常规育种技术与生物技术相结合选育而成。

· 强秆大穗、重穗。每公顷有效穗 225 万个左右,主穗粒数可达 400 ~ 450 粒,平均每穗粒数 250 粒左右,平均单穗重超过 5 g。

· 结实率高,一般达 90%以上。

· 产量潜力突出,双季稻一造产量 10.5 t/hm^2 以上。

· 米质较优，米质主要指标达部颁优质米一、二级标准。

以"根深、早长"为特征的超级稻育种理论的提出及其育种实践，育成的根深、早长、超高产特优质的品种有胜泰1号、广超6号等综合性状优异的超级稻品种，推动了中国南方超级稻育种研究的发展。

3. 稀植重穗型　通过对水稻光合效率、株叶形态和产量构成因素的分析，结合四川的生态条件，四川农业大学周开达提出从单位功能叶面积的光合生产率与穗重关系分析入手，确定四川盆地的超高产育种的重点是走亚种间重穗型杂交稻之路。重穗型超级杂交稻的株型模式为：

· 株高120～125 cm，茎秆坚韧弹性好，抗倒力强。

· 根系发达，后期活力好。

· 穗长26～30 cm，每穗平均着粒200粒左右，单穗重5 g左右。

· 生长势旺，前期叶角大，后期叶角小，叶片厚而挺直，剑叶长40～50 cm。

· 生育期150天的中迟熟为主体，实现中迟、中熟、中早熟熟期配套。

· 抗稻瘟病和白叶枯病。

· 米质较优，多数指标达到部颁二级优质米标准。

· 熟色好，转色顺调，籽粒厚度好。

· 再生力强。

· 产量。第一阶段为9.75～10.05 t/hm^2，最高产量13.5～14.25 t/hm^2；第二阶段为11.25～12 t/hm^2，最高产量15 t/hm^2。

据此理论，采用常规育种技术与生物技术相结合的技术路线成功选育出Ⅱ优6078、Ⅱ优162、D优527等亚种间重穗型杂交水稻，均比大面积主栽组合汕优63增产10%以上。

4. 功能叶挺长型　袁隆平总结了近40年的育种实践，认为通过育种提高作物产量，只有2条途径：一是形态改良，二是杂种优势利用。单纯的形态改良，潜力有限，而杂种优势不与形态改良结合，效果必差。其他育种途径和技术，包括分子育种在内的高技术，最终都必须落实到优良的形态和强大的杂种优势上，才能获得良好的效果。超级杂交稻的主要指标是超高产，优良的植株形态是超高产的骨架。袁隆平在仔细分析了两系法亚种间杂交稻组合培矮64S/E32的植株形态后，提出了超高产杂交水稻的植株形态模式如下。

· 株高100 cm左右，秆长70 cm左右，穗长25 cm左右。

· 上部3叶的形态特点如下：①修长。剑叶长50 cm左右，高出穗尖20 cm以上；倒2叶比剑叶长10%以上，并高过穗尖；倒3叶叶尖达到穗中部。②挺直。剑叶、倒2叶和倒3叶的角度分别为5°、10°和20°左右，且直立状态经久不倾斜，直到成熟。③窄凹。叶片向内微卷，表现较窄，但展开的宽度为2 cm左右。④较厚。培矮64S/E32上部3叶100 cm^{2}的干重为0.98 g，而产量为8.25 t/hm^{2}的一般高产组合312S/桂云粘为0.73 g。

· 株型适度紧凑，分蘖力中等，灌浆后稻穗下垂，穗尖离地面60 cm左右，冠层只见挺立的稻叶而不见稻穗，即典型的"叶下禾"或"叶里藏金"稻。

· 单穗重5 g左右，每公顷穗数270万个左右。

· 叶面积指数和叶粒比以上部3叶为基础计算，叶面积指数为6.5左右，叶面积和粒重之比为100∶2.3左右，即生产2.3 g稻谷上部3叶的面积要有100 cm^2。

· 收获指数为0.55以上。

5. 后期功能型 中国水稻研究所程式华等(2000)通过对超高产组合株型因子的分析，发现不同组合间的株型因子存在许多共同之处，从而可综合出单产水平在 12 t/hm^2 以上的超高产杂交水稻的理想株型因子配置：

· 穗粒兼顾型。单株有效穗 12～15 个，每穗粒数 190～220 粒，千粒重 25 g 以上。

· 偏高秆抗倒型。株高 115～125 cm，茎秆坚韧。

· 功能叶长卷挺立型。叶片挺立、微内卷，剑叶、倒 2 叶和倒 3 叶的叶角分别小于 10°、20°和 30°，长度分别达到 45 cm、55 cm 和 60 cm，宽度分别达到 2.5 cm、2.1 cm 和 2.1 cm，上 3 叶总面积达到 250 cm^2。

· 长穗叶下禾型。穗长 26～28 cm，着粒密度中等。

· 后期活熟功能型。后期根系活力强，上 3 叶光合能力强，青秆黄熟不早衰。

过去对株型的研究，对植株的形态性状考虑多于对生理性状的考虑，对地上部的考虑强于对地下部的考虑。许多研究表明，水稻的籽粒产量与干物质的积累密切相关，尽管前人对抽穗前干物质积累重要还是抽穗后干物质积累重要有过不少争论，但就杂交稻组合协优 9308 来说，整个生育期的干物质积累对产量的形成都很重要，而生育后期的干物质生产尤为重要。叶片光合功能是干物质生产的基础，叶片光合功能的早衰会显著影响最终的产量。另一方面，水稻根系的干物质占整个水稻植株的 60%，近年来，许多学者已注意到水稻根系与地上部存在密切关系并对产量具有重要影响。鉴于此，程式华等(2000)在实施的中国超级稻育种计划中，将叶片光合功能和根系活力引入株型，使株型的含义更为完善与全面，强调抽穗后的叶片光合功能和根系活力，从而形成了“后期功能型”超级稻概念。

后期功能型可以理解为是一种新的水稻生理模式。这种生理模式表现为在具有良好的形态构成基础上，在生育后期同时在干物质生产、光合效率、根系生长等生理特征特性上表现出明显的优势，这集中体现在协优 9308 上。

①干物质生产：全生育期尤其是生育后期具有较高的生物产量和在籽粒中较高的淀粉积累量。对比试验结果表明，全生育期协优 9308 比对照组合协优 63 干物质产量高 35%，其中在始穗期后协优 9308 的生物产量占全生育期的 40%，而协优 63 约为 30%。协优 9308 与协优 63 均随籽粒灌浆而叶鞘部分的淀粉与可溶性糖逐渐下降。虽然协优 9308 叶鞘中非结构性碳水化合物在始穗期高于协优 63，但是当稻谷黄熟时，叶鞘部分的可溶性糖量和淀粉含量均低于协优 63，最终的籽粒淀粉含量略高于对照组合协优 63。

②光合速率：功能叶片光合速率高值持续期长，下降缓慢，强、弱势粒灌浆均具有较高的物质供应量。协优 9308 稻株在田间表现为“青秆黄熟”，剑叶及倒 2、3 叶叶绿素降解缓慢。光合速率测定结果表明，始穗后灌浆全程中协优 9308 的剑叶光合速率高于协优 63，其中在齐穗期协优 9308 剑叶光合速率比协优 63 约高 30%，两组合齐穗期后剑叶光合速率逐渐下降，但至黄熟期间协优 9308 的剑叶光合速率仍高于协优 63。无论是瞬时光合速率最高值还是光合速率高值持续期，协优 9308 均比协优 63 要高，协优 9308 为 28 $\mu mol\ CO_2/(m^2 \cdot s)$ 和 43.5 天，而协优 63 为 23.8 $\mu mol\ CO_2/(m^2 \cdot s)$ 和 35 天。籽粒灌浆速率的变化与光合速率的变化基本同步。协优 9308 优势粒比协优 63 的优势粒灌浆速度下降缓慢。当优势粒灌浆速度下降时，协优 9308 的劣势粒灌浆速率急剧上升，表现良好的灌浆势直至成熟期，而协优 63 的劣势粒灌浆速率上升不久又开始下降。最终协优 9308 优势粒的结实率达 89.6%，劣势粒的结实率仍达 80.0%；而协优 63 优势粒的结实率为 84.6%，劣势粒的结实率仅 65.7%。

③根系生长：根量大，根系活力强，下降缓慢。根系发达、深层根系数量比例高和根系活力强对水稻产量形成具有重要作用。测定表明，协优 9308 的根重、根密度和根平均深度分别为 18.81 g/丛、1.33 mg/cm 和 16.9 cm，而协优 63 则分别为 12.72 g/丛、0.90 mg/cm 和 13.9 cm，两者差异非常明显。两组合根系伤流强度高峰均在始穗期，此后稻株渐成熟，根系伤流强度渐弱，协优 63 从齐穗期的 28.5 g/丛下降至黄熟期的 4.6 g/丛，下降了 73.3%，同期协优 9308 的根系伤强度下降了 38.3%，仍有 17.5 g/丛。亦即黄熟时协优 63 根系几乎生理失活，而协优 9308 仍保持较高的单株根系生理活性。

三、超级稻育种策略

(一)扩大双亲的遗传多样性

在中国栽培的大多数水稻品种(组合)，从系谱分析来看均源自少数的原始亲本。从中国主要籼稻推广品种及其原始亲本 RFLP 变异来看，也证明其遗传背景是比较单一的。进入 20 世纪 80 年代后，我国杂交稻的产量出现了徘徊局面，其主要原因可能也与遗传多样性不够有关。

自从籼稻实现矮秆化以来，由于国际种质交流的频繁，品种间的遗传多样性已日趋狭窄，单凭籼稻之间的交配已难以取得超强的杂种优势。就粳稻而言，温带粳稻资源已被较充分地开发利用，不同品种间的遗传距离小，品种间杂交也难望获得更强的优势；而热带粳稻(爪哇稻)和光壳稻(粳)则因其栽培地域局限，而且以往在育种上也未重视应用，因而仍保持着各自特有的性状，是有待充分开发利用的遗传资源。近年来，从热带粳稻和光壳稻中发掘出广亲和种质已引起育种家的兴趣。因此，扩大双亲遗传距离，特别是袁隆平(1987)正式提出籼粳亚种间杂种优势利用的策略后，通过广亲和性的利用来配制超高产籼粳亚种间杂交稻新组合，就成为大多数育种家的共识。有鉴于典型籼稻与典型粳稻之间的杂交组合甚难形成生产适应性强的超高产潜力，南方籼稻主要采取了向籼型恢复系中掺粳的方法，而北方粳稻主要采取了掺籼的方法，并开始取得进展。例如，中国水稻研究所育成的 3 个籼型新恢复系——中 413、R9308 和 T2070 都在其遗传背景中含有 25%左右的粳型成分，用它们所配组成的组合具有超高产特性。

(二)提高水稻生物学产量

对理想株型应理解为在特定生态环境下作物高产综合生物学性状的一种最佳组合形式及其整体表达，它不仅包含形态特征而且还涉及生理特性，最终还必须与优质、抗性相结合，不然也难以应用。要从改良作物复杂的基因系统并研究其与环境的互作效应入手来逐步实现。

从对水稻高产具有理想生态环境的云南省永胜县涛源乡来看，籼型杂交稻汕优 63 的小区稻谷产量达到 15.27 t/hm^2，而其最高生物学产量可达到 28.29 t/hm^2，收获指数为 0.54，与在通常条件下的杂交稻产量相比，收获指数没有变化，可见增加生物学产量是提高稻谷单产的基础。

今后期望进一步提高收获指数来提高谷粒产量已十分困难。要进一步大幅度提高籽粒产量，必须提高生物学产量。在阳光充足和高水平氮素营养条件下，较易获得高的生物学产量，但通过提高生物学产量来提高谷粒产量，还需以强韧的茎秆、挺立的叶片和光合产物的合理运转和分配为前提，否则将出现倒伏和叶片荫蔽，使病虫害加重，稻谷产量不仅不增反而会下降。

在保持高产矮秆稻种现有的收获指数前提下，增加生物学产量是进一步提高水稻产量潜力的关键。适当增加株高无疑地对增加生物学产量是有利的，但必须同时增强植株的抗倒伏能力，单位面积上的颖花数量要多。从目前各地高产田块看，产量 7.5 t/hm^2 的田块，每平方米颖花数为 4 万左右；产量 11.25 t/hm^2 的田块，每平方米颖花数为 5 万 ~ 6 万；产量 15 t/hm^2 的田块，每平方米颖花数为 6 万 ~ 7 万。但穗数与每穗粒数的合理构成是因生态条件而异的，其共同特点是要求保持较高的结实率(80%以上)。另外，目前一些高产田块的叶面积指数已达到 8 ~ 10，这一值似乎已达到极限，因此必须致力于改善叶姿和叶质，以增加单位叶面积的颖花生产量。与此同时，根系活力强、茎叶不早衰、光合作用持续时间长，茎穗粗维管束数目多，对保持籽粒充实都是十分重要的。

(三)改善叶姿和叶质

水稻生育前期稻株早生快发、叶姿展开，而后期转向直立且能维持较多绿叶数，对于提高光能利用率是十分重要的。叶片较厚和叶片含氮量较高，在强光、足肥、集约栽培条件下可充分发挥其较高光合效能的优势。较厚的叶片除易于保持叶片挺立外，其单位面积叶肉细胞多、细胞间隙大，有利于 CO_2 在体内扩散，且叶绿素含量和叶片含氮量均有增加。叶色深浅与叶绿素含量有一定的相关性，一般叶色深，叶绿素含量高，有利于光合作用。但在生育后期，叶色应缓慢下降，以避免早衰和贪青晚熟。叶片含氮量增加可提高水稻的光饱和点，从而使强光得以高效利用。叶片表现卷曲，即凹叶有助于叶片挺立、增加受光面、提高透光率，并适应强光条件。但并非越卷越好，应适度卷曲。此外，气孔是 CO_2 进入叶片的通道，其大小、多少和开闭规律与光合作用有一定的关系。

叶片卷曲度是超级稻育种的重要的叶姿指标之一。叶片卷曲以后，对群体透光十分有利，特别是叶片下表面的受光特性明显改善。但由于向内卷曲，叶片的上表面受光面积减少，同时叶片上表面受叶片本身遮光，因而光合作用受到影响。朱德峰等(2001)的研究表明，剑叶卷曲度高的组合叶片卷曲度达 44 ~ 47，中等的组合为 15 ~ 16，低的组合为 10 ~ 11，高叶片卷曲度组合的剑叶上表面由于受自身叶片遮光的影响而使光合强度低于下表面，下表面与上表面光合强度比为 1.19 ~ 1.32，中等叶片卷曲度组为 0.90 ~ 1.02，低叶片卷曲度组合为 0.82 ~ 0.85。与叶片卷曲度低的组合相比，叶片卷曲度高和中等的组合具有较小的叶片角度、较高的叶片挺直度和较低的消光系数。叶片下表面与上表面光合强度比值的差异，显然与叶片上、下表面的受光状况有关。对于卷曲度高的叶片，下表面大多在较强光照下，其光合作用相对较高，而上表面受到遮光，光合强度受到影响，相对较低。对于卷曲度低的叶片，下表面大多在弱光下，因此光合作用相对较低。对于叶片卷曲度中等的协优 9308 和两优培九，叶片上、下表面均能正常受光，故上、下表面的光合强度均较高。

(四)改良根系

水稻根系形态对稻谷产量的影响很早就引起人们的注意。Nagai 在 1957 年就曾提出过“根型”的概念。凌启鸿等(1984)曾研究了根系伸展方向与叶角的密切关系，并提出在栽培上培育有利于塑造理想株型的根型是水稻高产栽培的新要求。这些可以认为是水稻根型的早期概念。根系活力，尤其是灌浆期间的根系活力是水稻超高产的保证，根系早衰无疑是亚种间杂交稻籽粒充实度差最为根本的原因。然而，到目前为止，在水稻的育种计划中对根系性状的改良未能得到具体体现。因此，亟需从鉴定方法、生理特性、与地上部关系、育种材料间差异、遗传利用途径等方面对根系活力开展深入研究，塑造“理想根型”。

四、超级稻育种新进展

(一)取得一批重大成果

经过全国联合攻关，我国已育成一批达到产量指标的超级稻新品种，如协优 9308、Ⅱ优明 86、Ⅱ优航 1 号、Ⅱ优 162、D 优 527、Ⅱ优 7 号、Ⅱ优 602、Ⅲ优 98 等三系超级杂交稻新组合，两优培九、准两优 527 等两系超级杂交稻新组合及沈农 265、沈农 606 等超级常规稻新品种。这些新品种均通过了省级以上农作物品种审定委员会审定，经相关部门组织专家验收，达到了百亩示范片验收平均单产超过 10.5 t/hm^2、小面积高产田块单产 12 t/hm^2 的高产水平(表 9-30)。据不完全统计，超级稻新品种 1999～2005 年已在生产上累计推广种植 1 333 万 hm^2。根据对比调查，超级稻新品种大面积单产一般能达到 9 t/hm^2，比普通品种增产 750 kg/hm^2。部分超级稻品种，除了产量高外，在米质和抗性方面也表现良好，深受农民欢迎。

2004 年，中国超级稻选育与试验示范项目组共有 10 项成果获奖。其中国家奖 2 项，省级奖 8 项。中国超级稻研究经过 8 年的艰苦攻关，终于取得公认的成就。由中国水稻研究所主持完成的“超级稻协优 9308 的选育、超高产生理研究及生产集成技术示范推广”成果荣获 2004 年度国家科技进步奖二等奖；由江苏省农业科学院主持完成的“两系法超级杂交稻两优培九的育成与应用技术体系”成果荣获 2004 年度国家技术发明奖二等奖。而且两项成果的关键技术均获得了国家发明专利。

表 9-30　中国超级稻小面积超高产记录

稻　区	地　点	类　型	品　种	产量(t/hm^2)
东北	辽宁沈阳	单季稻	沈农 265	12.14
东北	辽宁沈阳	单季稻	沈农 606	12.23
东北	辽宁沈阳	单季稻	沈农 016	12.08
东北	辽宁沈阳	单季稻	沈农 6014	12.45
东北	辽宁辽阳	单季稻	辽优 1052	11.88
东北	辽宁辽阳	单季稻	辽优 1052	11.88
华中	湖南湘潭	单季稻	P88S/0293	12.11
华东	浙江新昌	单季稻	协优 9308	12.27
华东	浙江天台	单季稻	国稻 6 号	12.39
华东	浙江嵊州	单季稻	中浙优 1 号	12.51
华南	福建尤溪	单季稻	汕优明 86	12.77
华南	福建尤溪	单季稻	Ⅱ优航 1 号	13.92
华南	广东揭东	早　稻	广超 6 号	11.06
华南	海南三亚	单季稻	P88S/0293	12.50
西南	四川汉源	单季稻	D 优 527	13.27
西南	四川汉源	单季稻	Ⅱ优 7 号	13.86

续表 9-30

稻 区	地 点	类 型	品 种	产量(t/hm²)
西南	四川泸县	单季稻	Ⅱ优 602	11.06
西南	云南永胜	单季稻	65396	17.07
西南	云南永胜	单季稻	Ⅱ优 084	18.47
西南	云南永胜	单季稻	Ⅱ优明 86	17.94
西南	云南永胜	单季稻	特优 175	17.78
西南	云南永胜	单季稻	Ⅱ优 7954	17.93
西南	云南永胜	单季稻	Ⅱ优 6 号	18.30

(二)育成一批新品种

2004 年,中国超级稻选育与试验示范项目组加强原始创新,变革育种技术,育成一批产量高、米质优、抗性强、株型优的新品种,共有 30 个新品种通过国家(6 个)和省级(24 个)农作物品种审定委员会审定,其中三系杂交稻 27 个,两系杂交稻 1 个,常规稻 2 个。在审定品种中,多数在区试或示范中表现优异,且米质、抗性和株型良好兼顾。如由中国水稻研究所育成的三系法杂交稻国稻 3 号(中 8A 优 6 号),在江西省连作晚稻区试中两年平均比对照增产 14.0%,抗白叶枯病,米质达国标三级,作连作晚稻种植,大面积单产达 9 t/hm² 以上;由湖南杂交水稻研究中心育成的两系法杂交稻准两优 527,在湖南省单季稻区试中两年平均比对照增产 13.45%,百亩示范单产超 12 t/hm²;由沈阳农业大学育成的常规粳稻沈农 016,在辽宁省区试中比对照增产 9.2%,百亩示范单产超 12 t/hm²。此外,北方杂交粳稻也取得喜人成绩,2004 年共有 4 个组合通过国家或辽宁省农作物品种审定委员会审定,在区试中比对照增产幅度达 11.4%~18.2%。这些品种的育成,为超级稻下一步的大面积推广奠定了丰富的材料基础。

为了加强超级稻的推广,农业部科教司向全国推荐了近年来育成的达到或基本符合超级稻标准的新品种 28 个(表 9-31)。2006 年,农业部又组织专家认定了 21 个超级稻品种,使超级稻品种达到了 49 个。

表 9-31 农业部科教司推荐的超级稻品种一览表

品种类型	品种名称	选育单位
籼型三系杂交稻(17 个)	协优 9308	中国水稻研究所
	国稻 1 号	中国水稻研究所
	国稻 3 号	中国水稻研究所
	中浙优 1 号	中国水稻研究所
	丰优 299	湖南杂交水稻研究中心
	金优 299	湖南杂交水稻研究中心
	Ⅱ优明 86	福建省农业科学院

续表 9-31

品种类型	品种名称	选育单位
籼型三系杂交稻(17个)	Ⅱ优航1号	福建省农业科学院
	特优航1号	福建省农业科学院
	D优527	四川农业大学
	协优527	四川农业大学
	Ⅱ优162	四川农业大学
	Ⅱ优7号	四川省农业科学院
	Ⅱ优602	四川省农业科学院
	天优998	广东省农业科学院
	Ⅱ优084	江苏省农业科学院
	Ⅱ优7954	浙江省农业科学院
籼型两系杂交稻(2个)	两优培九	江苏省农业科学院、湖南杂交水稻研究中心
	准两优527	湖南杂交水稻研究中心、四川农业大学
粳型三系杂交稻(3个)	辽优5218	辽宁省农业科学院
	辽优1052	辽宁省农业科学院
	Ⅲ优98	安徽省农业科学院
籼型常规稻(1个)	胜泰1号	广东省农业科学院
粳型常规稻(5个)	沈农265	沈阳农业大学
	沈农606	沈阳农业大学
	沈农016	沈阳农业大学
	吉粳88	吉林省农业科学院
	吉粳83	吉林省农业科学院

(三)加强育种技术创新

近年来,中国超级稻选育与试验示范项目组一方面积极采用常规杂交技术进行超级稻新品种选育,另一方面加强育种技术创新,将分子育种技术结合到常规育种技术中,已取得突出进展。中国水稻研究所利用分子标记辅助选择技术,将水稻白叶枯病广谱抗性基因 *Xa-21* 导入到恢复系中,育成抗病、优质、高配合力的恢复系 R8006,成功组配出 6 号系列组合国稻 1 号、国稻 3 号、Ⅱ优 8006 和国稻 6 号。其中,国稻 6 号株型挺拔,高产特性明显,破格进入国家南方区试,表现优异,2004 年百亩示范即获平均单产 12.08 t/hm^2,2006 年通过国家农作物品种审定委员会审定。四川农业大学水稻研究所同样利用分子标记辅助选择技术,将水稻白叶枯病抗性基因 *Xa-4* 和 *Xa*-21 导入到恢复系中,育成抗病、高配合力恢复系蜀恢 527,配制出强优势的两系杂交稻组合准两优 527 和三系杂交稻 D 优 527、冈优 527、协优 527、谷优 527 等 527 系列组合,并屡创高产记录。中国水稻研究所科研人员在《中国水稻科学》上发表的前瞻性论文“超级杂交稻分子育种研究”，在中国水稻信息网上发布 2 年，点击和下载数超过 1 万次，其影响力可见一斑。

五、超级稻研究的发展前景

2005 年中共中央 1 号文件明确提出启动超级稻推广项目，超级稻的推广被认为是提高水稻生产综合能力的有效措施。

为落实中共中央 1 号文件，农业部组织有关专家制订了《中国超级稻研究与推广规划(2005 – 2010)》。规划提出中国超级稻研究与推广将按照科学发展观的要求，大幅度提高水稻单产，确保中国超级稻研究水平持续世界领先。围绕粮食安全战略目标，按照“主推一期、深化二期、探索三期”的发展思路，加快超级稻新品种选育，加强栽培技术集成，扩大示范推广，聚合外源有利基因，创新育种方法，不断提高单产，确保超级稻有为有位，为粮食综合生产能力持续提高提供科技支撑。大力实施超级稻发展战略，即经过 6 年的努力，培育并形成 20 个超级稻主导品种，推广面积达到全国水稻总面积的 30%(约 800 万 hm^2)，每亩平均增产 60 kg(即每公顷增产 900 kg)(简称“6236 工程”)，带动全国水稻单产水平明显提高，保证水稻育种水平国际持续领先。

参考文献

陈温福，徐正进，张龙步．水稻超高产育种生理基础．沈阳：辽宁科技出版社，2003．156 – 162
程侃声．亚洲稻籼粳亚种的鉴别．昆明：云南科技出版社，1993．6 – 15
焦德茂．运用光合机理揭示生理育种途径．北京：中国农业出版社，2002．15 – 23
孙宗修，程式华．杂交水稻育种——从三系、两系到一系．北京：中国农业科技出版社，1994．220 – 246
张旭．作物生态育种学．北京：中国农业出版社，1998．3 – 27
程式华．华南地区水稻品种发展中产量及有关性状的演变研究[硕士论文]．广州：华南农业大学，1986
程式华．水稻环境敏感核不育系的分类、遗传及亚种间杂交稻亲本选配研究[博士论文]．南京：南京农业大学，2000
杨从党．不同生态环境下水稻产量差异的生物学基础[硕士论文]．北京：中国农业科学院，2002
张文忠．水稻直立穗型遗传及生理生态特性的研究[博士论文]．沈阳：沈阳农业大学，2001
曹立勇，庄杰云，占小登等．抗白叶枯病杂交水稻的分子标记辅助育种．中国水稻科学，2003，17(2)：184 – 186
曹立勇，占小登，庄杰云等．水稻产量性状的 QTLs 定位与上位性分析．中国农业科学，2003，36(11)：1241 – 1247
曹树青，翟虎渠，杨图南．水稻种质资源光合速率及光合功能期的研究．中国水稻科学，2001，15(1)：29 – 34
程式华，廖西元，闵绍楷．中国超级稻研究：背景、目标和有关问题的思考．中国稻米，1998，(1)：3 – 5
程式华，翟虎渠．水稻亚种间超高产组合的若干株型因子的比较．作物学报，2000，26(6)：713 – 718
程式华，翟虎渠．杂交水稻超高产育种策略．农业现代化研究，2000，21(3)：147 – 150
程式华，庄杰云，曹立勇等．超级杂交稻分子育种研究．中国水稻科学，2004，18(5)：377 – 383
樊叶杨，庄杰云，吴建利等．应用微卫星标记鉴别水稻籼粳亚种．遗传，2000，22(6)：392 – 394
高亮之，郭鹏，张立中等．中国水稻的光温资源与生产力．中国农业科学，1984，17(1)：17 – 22
黄耀祥．水稻丛化育种．广东农业科学，1983，(1)：1 – 5
李任华，徐才国，何予卿等．水稻亲本遗传分化程度与籼粳杂种优势的关系．作物学报，1998，24(5)：564 – 576
凌启鸿，陆卫平，蔡建中．水稻根系分布与叶角关系的研究初报．作物学报，1989，15(2)：123 – 131
刘蔼明，李和标，张启发等．水稻广亲和基因在 RFLP 图谱上的初步定位．华中农业大学学报，1992，11(3)：213 – 219
马忠玉，吴永常．我国水稻品种遗传改进在增产中的贡献分析．中国水稻科学，2000，14(2)：112 – 114
孙传清，姜廷波，陈亮等．水稻杂种优势与遗传分化关系的研究．作物学报，2000，26(6)：5 – 7
王强，卢从明，张其德等．超高产杂交稻两优培九的光合作用、光抑制和 C_4 途径酶特性．中国科学(C 辑)，2002，32(6)：481 – 487
滕胜．水稻产量相关生理性状的遗传分析[博士论文]．杭州：浙江大学，2002

王熹,陶龙兴,俞美玉等.超级杂交稻协优 9308 生理模型的研究.中国水稻科学,2002,16(1):38-44

吴伟明,程式华.水稻根系育种的意义与前景.中国水稻科学,2005,19(2):174-180

熊振民,闵绍楷,朱旭东等.利用系谱分析探讨水稻广亲和性的遗传.中国水稻科学,1993,7(2):101-104

徐正进,陈温福,张龙步.日本水稻育种的现状与展望.水稻文摘,1990,9(5):1-6

徐正进,陈温福,张龙步等.水稻直立穗性状的遗传与其他性状的关系.沈阳农业大学学报,1995,26(1):1-7

严长杰,梁国华,朱立煌等.秋稻品种 Dular 广亲和基因的 RFLP 分析.遗传学报,2000,27(5):409-417

杨惠杰,李义珍,杨仁崔等.超高产水稻的干物质生产特性研究.中国水稻科学,2001,15(4):265-270

杨守仁.水稻株型研究的进展.作物学报,1982,8(3):205-209

杨守仁,张龙步,王进民.水稻理想株型育种的理想和方法初论.中国农业科学,1984,17(3):6-13

杨守仁.水稻超高产育种新动向——理想株型与优势利用相结合.沈阳农业大学学报,1987,18(1):1-5

杨守仁.籼粳稻杂交问题之研究.见:杨守仁水稻文选.沈阳:辽宁科学技术出版社,1998.195-215

杨振玉,刘万友,华泽田等.籼粳亚种间杂种 F_1 的分类与杂种优势关系的研究.见:两系法杂交水稻研究论文集.北京:农业出版社,1992.319-325

杨振玉.北方杂交粳稻发展的思考与展望.作物学报,1998,24(6):840-846

袁隆平.杂交水稻的育种战略设想.杂交水稻,1987,(1):1-3

袁隆平.选育水稻亚种间杂交组合的策略.杂交水稻,1996,(2):1-3

袁隆平.杂交水稻超高产育种.杂交水稻,1997,12(6):1-6

翟虎渠,曹树青,万建民等.超高产杂交稻灌浆期光合功能与产量的关系.中国科学(C 辑),2002,32(3):211-217

翟虎渠,曹树青,唐运来等.籼型杂交水稻光合性状的配合力及遗传力分析.作物学报,2002,28(2):154-160

张桂权,卢永根.栽培稻(*Oryza sativa* L.)杂种不育性的遗传研究.I.等基因 F_1 不育系杂种不育性的双列分析.中国水稻科学,1989,3(3):97-101

郑康乐,沈波,钱惠荣等.应用 RFLP 标记研究水稻广亲和基因.中国水稻科学,1992,6(4):145- 150

周开达. 杂交水稻亚种间重穗型组合选育.四川农业大学学报,1995,3(4):403-407

周开达,汪旭东,李士贵等.亚种间重穗型杂交稻研究.中国农业科学,1997,30(5):91-93

朱德峰,林贤青;曹卫星.不同叶片卷曲度杂交水稻的光合特性比较.作物学报,2001,27(3):329-333

庄杰云,樊叶杨,吴建利等.杂交水稻中超显性效应的分析.遗传,2000,22(4):205-208

庄杰云,樊叶杨,吴建利等.超显性效应对水稻杂种优势的重要作用.中国科学(C 辑),2001,31(2):106-113

Cheng S H, Cao L Y, Yang S H, *et al*. Forty Years' Development of Hybrid Rice: China's Experience. *Rice Science*, 2004, 11 (5-6): 225 230

Chung G S, Heu M H. Status of japonica-indica hybrid rice in Korea innovative approaches to rice breeding. *In*: Selected Papers from International Rice Research Conference. Manila: IRRI, 1979. 135-152

Ikehashi H, Araki H. Genetics of F_1 sterility in remote cross of rice(*Oryza sativa* L.). In: IRRI. Rice Genetics. Manila: IRRI, 1986. 119-130

Ikehashi H, Araki H. Multiple alleles controlling F_1 sterility in remote cross of rice(*Oryza sativa* L.). *Japan J Breeding*, 1988, 38: 283-291

Li Z K, Luo L J, Mei H W, *et al*. Overdominant epistatic loci are the primary genetic basis of inbreeding depression and heterosis in rice. I. Biomass and grain yield. *Genetics*, 2001, 158: 1737-1753

Panda H K, Seetharaman R. Rice research and testing program in India. *In*: Rice Improvement in China and Other Asian Countries. Manila: IRRI, 1980. 37-49

Peng S, Cassman K G, Virmani S S, *et al*. Yield potential trends of tropical rice since the release of IR8 and the challenge of increasing rice yield potential. *Crop Sci*, 2000, 39: 1552-1559

Peng S, Khush G S, Cassman K G. Evolution of new plant ideotype for increased yield potential, *In*: Cassman K G. Breaking the Yield Barrier. Manila: IRRI, 1994. 5-20

Qian H R, Zhuang J Y, Lin H X, *et al*. Identification of a set of RFLP probes for subspecies differentiation in *Oryza sativa* L. *Theor Appl Genet*, 1995, 90: 878-884

Wan J, Yanagihara S, Kato H, *et al*. Multiple alleles at a new locus causing hybrid sterility between a Korean indica variety and a javanica variety in rice(*Oryza sativa* L.). *Japan J Breeding*, 1992, 42: 793 – 801

Wan J, Yanagihara S, Kato H, *et al*. Two new loci for hybrid sterility in rice(*Oryza sativa* L.). *Thero Appl Genet*, 1996, 92: 183 – 190

Xiao J, Li J, Yuan L, *et al*. Dominance is the major genetic basis of heterosis in rice as revealed by QTL analysis using molecular markers. *Genetics*, 1995, 140: 745 – 754

Yu S B, Li J X, Tan Y F, *et al*. Importance of epistasis as the genetic basis of heterosis in an elite rice hybrid. *Proc Natl Acad Sci USA*, 1997, 94: 9226 – 9231

Zhuang J Y, Fan Y Y, Rao Z M, *et al*. Analysis on additive effects and additive-by-additive epistatic effects of QTLs for yield traits in a recombinant inbred line population of rice. *Theor Appl Genet*, 2002, 105: 1137 – 1145

Zhuang J Y, Qian H R, Zheng K L. Screening of highly-polymorphic RFLP probes in *Oryza sativa* L. *J Genet & Breeding*, 1998, 52: 39 – 48

第十章　稻米品质改良

近年来,稻米的国际贸易量不断攀升,已从1991年的1300余万t(占产量3.6%)增加到2000年的3 000万t左右(占产量的7.8%)。一般质量的籼米占稻米国际市场贸易量的30%~35%,长粒优质的籼米占50%~55%,优质粳米占10%~15%(黄季焜,1999)。从发展趋势分析,长粒型优质籼米与优质粳米市场潜力较大。我国曾是世界第三大稻米出口国。进入20世纪90年代,我国优质米生产有较大发展,中等品质品种种植面积迅速扩大,至2000年已占种植总面积的44%,占总产量的45%,稻米品质基本能满足大众消费需求。然而,达到国家标准品种种植率不足10%,中低档优质米又缺乏市场竞争力。因稻米品质问题,我国稻米出口在国际市场的地位每况愈下,内地销往香港的稻米占香港进口量由20年前的52%下降到目前的3%左右,而泰国大米在香港的市场占有率却由20年前的32%上升到现在的65%左右。

我国已于2001年底加入世界贸易组织(WTO),而稻米是目前我国大宗粮食中具有相对价格优势的农产品。提高稻米品质,增强稻米市场竞争力,已成为水稻研究的热点。

总结过去几十年国内外稻米品质的研究,大体可分为4个方面:①稻米品质的测定与评价;②稻米品质性状的遗传研究及其育种实践;③稻米品质性状的生理、生化及生态方面研究,主要涉及到稻米品质性状生理生化基础及其所受环境条件的影响;④加工方法及贮藏条件对稻米品质的影响。根据以上方面研究结果,一般认为稻米品质的优劣主要是品质遗传特性与环境条件综合作用的结果。

第一节　食用稻米的化学成分、结构与品质评价

一、食用稻米的化学成分

胚乳是人们食用的最主要部分,由众多薄型细胞构成,细胞内含有大量复合状球形的淀粉粒。在14%含水量的精米中,淀粉(starch)占76.7%~78.4%,蛋白质(protein)占6.3%~7.8%,粗脂肪(rough fattiness)占0.3%~0.5%,灰分(ash)占0.3%左右。

淀粉粒是淀粉的贮藏形态。单个淀粉粒为多角形,直径3~9 μm。20~60个单个淀粉粒聚合成复合淀粉粒,其形态多种,并有淀粉晶体存在,直径7~39 μm。淀粉是由许多葡萄糖聚合而成的高分子聚合体,分子式为$(C_6H_{10}O_5)_n$。以分子大小和结构不同,淀粉可分为直链淀粉(amylose)和支链淀粉(amylopectin)。直链淀粉为α-D葡萄糖直链聚合体,以α-1,4葡萄糖苷键连结,分子量为$1\times10^4\sim25\times10^4$;支链淀粉由α-D葡萄糖通过α-1,4键连结而成主链,并由α-1,6键连结的葡萄糖支链共同构成分枝的多聚体,平均单位链长20~25个葡萄糖单位,分子量为$5\times10^4\sim1\times10^8$。籼稻的直链淀粉含量变幅较大,从籼糯的2%左右到30%,而粳稻直链淀粉含量一般低于20%。稻米淀粉提供大量的热量,还参与人和动物体内的其他物质合成。直链淀粉含量与分子量是决定稻米食味品质优劣的重要因素。

蛋白质含量居稻米成分第二位,其范围在5%~12%,其中80%的蛋白质存在于胚乳

中。蛋白质以蛋白体的形态贮藏于细胞中。水稻蛋白质的质量比其他禾谷类作物蛋白质的质量高。大部分禾谷类作物中以醇溶性蛋白为主,而稻米蛋白体组成中谷蛋白(glutelins)、球蛋白(globulins)、白蛋白(albumins)和醇溶性蛋白(prolamines)分别约占蛋白含量的80%、10%、5%和3%,同时谷蛋白中易消化PB-Ⅱ含量高,必需氨基酸均衡性好,赖氨酸含量超过3.5%,居谷类作物之首。分布于胚乳中的蛋白以谷蛋白和醇溶性蛋白为主,而球蛋白和白蛋白主要分布于糊粉层等组织,多为活性(如酶)分子。蛋白质虽和营养有关,但一般认为,蛋白质含量超过9%可能造成食味不良。Matsue(1995)研究表明,粳稻的醇溶性蛋白与食味呈负相关。

稻米中还含有3%左右的脂肪,其中70%以上分布在胚中。精米中脂肪含量较低,但多为优质的不饱和脂肪酸和直链淀粉脂肪复合物,由于不饱和脂肪酸容易被氧化,在一定程度上影响米饭的光泽、滋味及适口性。

此外,稻米中还含有多种与气味相关的挥发性物质和钾、镁、钙、铁、锌、磷等无机质,其中钾、镁、钙含量与稻米食味有关。

二、食用稻米品质评价

稻米品质的评价指标具有一定的历史发展性和较大的文化关联性。此外,由于稻米的最终用途不同,人们感兴趣的内容和知识背景的差异,都可导致对稻米品质意义的不同理解。在市场上,外观是最重要的品质性状;生产商与加工商强调的是碾米品质;食品制造商则坚持其加工品质,营养学家需要的是营养品质;而消费者要求不同的蒸煮与食用品质。因此,稻米品质的优与劣很大程度上是由人们的偏爱与嗜好所决定的,同样的稻米其评价结果往往与参与评价的人有关。

总体而言,国内外评价稻米品质的项目基本相同,如Juliano(1985)、Webb(1990)所罗列的项目与我国农业部部颁标准NY122—1986类似,即食用优质稻米均要求具备3个基本的特征:高整精米率(碾磨品质)、籽粒透明无垩白(外观品质)和食味好(蒸煮食用品质)。就品质特性而言,可以分为以下4类。

(一)碾磨品质(milling quality)

主要包括糙米(brown rice)率、精米(milled rice)率、整精米(head milled rice)率,依次指净稻谷生产糙米、精米、整精米的比率,用百分率表示,其中整精米率与籽粒长度密切相关,如农业部部颁标准NY122—1986中一级籼稻整精米率达58%。因整精米率与籽粒长度密切相关,不分籽粒长短的统一标准已不适宜于市场要求,不同粒型稻米市场价格相差很大。有鉴于此,农业部在新颁布的NY/T 593－2002标准中,对碾磨品质根据粒型制定了不同的标准。

(二)外观品质(appearance quality)

1. 粒型(Grain shape) 通常以整米的长度/宽度(长/宽比)比表示。国际水稻研究所将长/宽比>3.0者称细长型(slender),<2.0者称粗短型(bold),2.0～3.0之间的称中间型。美国则按米粒的长、宽、厚分成3种粒型(Grain type),长/宽比>3.0的称长粒型,<2.1的称短粒型,之间的为中间型。在我国农业部部颁优质食用稻米标准中,对籼、粳稻提出不同的要求,如一级籼米的长/宽比的要求达到3.0以上,而粳米只要求2.5以上。

2. 垩白米率和垩白度 垩白(chalkiness)是胚乳的淀粉和蛋白质颗粒积累不够密实所

致,可分为腹白、背白和心白。垩白米率指米粒中有垩白的米粒的百分比,垩白度指的是垩白米率与垩白大小乘积。垩白不但影响米粒的外观,而且与整精米率呈显著负相关(莫惠栋等,1990;Webb,1990)。我国要求国标一级食用优质米的垩白米率≤10%,垩白度<1%;二级米垩白米率≤20%,垩白度≤3%。国际水稻研究所在评价稻米品质时进一步分为无垩白为0级,<10%为一级。

3. 透明度(translucency)　指整米在电光透视下的晶亮程度。米的垩白区是不透明的。除糯米外,优质籼、粳米均要求透明或半透明。

(三)蒸煮和食用品质(cooking and eating quality)

1. 糊化温度(gelatinization temperature, GT)　指米的淀粉粒在加热的水中开始发生不可逆的膨胀,丧失其双折射性(birefringence)、结晶性(crystallinity)的临界温度,为稻米蒸煮品质的重要影响因素。不同品种的GT变异于50℃~80℃,可用差分扫描热卡测定。但在育种与加工上,一般仅分成为低(<70℃)、中(70℃~74℃)和高(>74℃)3级,或以米的碱消值(Alkali-spreading value, ASV,又称碱扩值)间接测定GT。ASV的6~7级对应于低GT,3~5级对应于中GT,1~2级对应于高GT。

2. 直链淀粉含量(amylose content, AC)　指直链淀粉占精米粉干重的百分率,为稻谷食用品质的最重要影响因素。除糯米的AC<2%外,一般稻米的直链淀粉含量变异于6%~34%,可再分为极低(<9%)、低(9%~20%)、中(20.1%~25%)和高(>25%)。我国一级籼米要求AC在17%~22%。

3. 胶稠度(gel consistency, GC)　指米粒糊化后,4.4%米胶在平板上的流淌长度。一般分3级。胶流长度<40mm为硬,40~60mm为中,>60mm为软(Cagampang,1973)。

以上是我国现行标准中关于蒸煮与食用品质主要理化指标。在印度、美国、澳大利亚等一些国家,还要进一步测定稻米延伸性、香味、米粉的粘滞性、米饭质地等指标。

4. 米粒延伸性(grain elongation)　米粒在蒸煮时长度的延伸也是蒸煮与食味品质的重要性状。巴基斯坦与印度的Basmati、阿富汗的Bahra、伊朗的Domasia、缅甸的D25-4等优质品种在蒸煮时米粒长度延伸而不增长周长,其延伸率可达到100%。

5. 香味(aroma)　香稻是栽培稻中的珍贵品种,食用时清香可口,不但在印度、泰国等原产地一直深受消费者欢迎,而且在中东、欧洲及美国等市场也变得越来越流行。目前国际上最著名品种如KDML105、Basmati 370等均为香稻品种,国际稻米贸易量50%以上是香米。

(四)营养品质(nutritional quality)

主要指精米的粗蛋白质含量(crude protein content, PC)和赖氨酸含量。不同品种稻米的粗蛋白质含量变异于5%~16%,籼米比粳米平均高2~3个百分点(莫惠栋,1993)。高粗蛋白质含量的米较硬,呈浅黄色,贮藏时易变质(蛋白质的-S-H基氧化形成-S-S),饭呈黄褐色,有时还有令人厌恶的气味,使外观和食用品质皆降低。国外优质籼米粗蛋白质含量一般在8%左右,粳米在6%左右。

第二节　稻米蒸煮与食用品质指标间的关系

稻米主要以籽粒的形式供人食用,近两年来,尽管稻米的消费已呈现多样化态势,在我国此类消费仍占85%以上。在日本、美国等食品工业高度发达的国家,稻米的直接食用也是主要的消费形式。因此,稻米的蒸煮与食用品质是一项十分重要的指标。

直链淀粉含量、糊化温度和胶稠度是目前国内外评价稻米蒸煮与食用品质最常用的3项指标。尽管稻米的食味优劣因人的偏爱有所差异,但有其共同特性,因此了解三者之间及3项指标与食味关系便于育种有的放矢。

现有的研究表明,高直链淀粉含量的品种,其糊化温度一般为中等或较低,胶稠度可表现为硬、中和软3种类型;中等直链淀粉含量的品种,糊化温度可表现为高、中和低,胶稠度以中和软为主,少数品种表现为硬;低直链淀粉含量的品种,糊化温度也可表现为高、中和低3类,但胶稠度多为软。由此可见,直链淀粉含量、糊化温度和胶稠度的组合比较丰富,从而为选育不同类型的品种提供了可能。相关性分析结果也因研究材料不同而结果不一致。Hussain 等(1987)报道直链淀粉含量与糊化温度呈显著正相关,但 Juliano 等(1964)、郭益全等(1985)和刘宜柏等(1990)认为两者呈显著负相关。除郭益全等(1985)认为直链淀粉含量与胶稠度呈正相关外,多数报道认为两者呈负相关。

一、淀粉组成及淀粉分子结构与稻米食用品质关系

根据淀粉的分子结构特征和70℃~80℃水中的溶解性,将易溶成分定义为直链淀粉,难溶成分为支链淀粉。直链淀粉分支少,易与碘分子等形成络合物,呈深蓝色,最大吸收峰在644 nm;支链淀粉分支多,不与碘结合,碘染呈紫色,最大吸收峰在554~556 nm。大量的研究表明,两类淀粉的含量、分子量、空间结构及其相互关系是影响稻米食味品质优劣的重要因素,因此在国内外都将直链淀粉含量作为衡量稻米品质的一个重要指标。直链淀粉含量高,米饭往往表现硬、黏性小、粗糙蓬松干燥,并缺乏光泽;而直链淀粉含量过低(<13%),米饭表现虽柔软但黏结成团,也不符合消费者的消费习惯。一般籼稻直链淀粉含量以17%~22%最为适宜,而粳稻直链淀粉含量以16%~18%为宜。

随着研究的不断深入,直链淀粉含量对米饭质地的决定关系已被打破,Juliano(1990)和Blakeney(1992)就报道相似直链淀粉含量品种之间(尤其是中等和高直链淀粉含量品种之间)米饭质地出现明显差异。Kasemsuwan(1994)研究表明,淀粉并不完全由直链淀粉和支链淀粉这两种极端的结构组成,淀粉分子链是连续地从一种状态过渡到另一种状态,其中还包括了一系列轻度分支的直链淀粉、轻度分支的支链淀粉和链长极短的直链淀粉。为了与直链淀粉的真实含义区别,Takeda 等(1989)将用碘比色法测定的直链淀粉含量称为表观直链淀粉含量(apparent amylose content)。印度中央食物研究所谷物科学和技术系 Bhattachaya 小组,在20世纪70年代就发现表观直链淀粉含量较高的品种中,真正决定米饭质地的是热水不溶性直链淀粉,用凝胶渗透色谱(Gel-permeation Chromatography,GPC)可分离出直链淀粉 FrⅡ与支链淀粉 FrⅠ。支链淀粉 FrⅠ经脱支(debranch)又可得到3种 GPC 组分:Fr1、Fr2 和 Fr3,分别代表支链淀粉长链 B、中间链 B 及 A 链和短链 B,其平均多聚化程度分别为55~75、40~55和10~25(Hizukuri,1985;Hizukuri 等,1989;Manner,1989);表观直链淀粉含量实际上是真正的直链淀粉含量 FrⅡ和支链淀粉的长链 Fr1(B 链)所组成,长链 Fr1 通过淀粉粒精细结构影响米饭的质地。表观直链淀粉含量越高,支链淀粉的长链 Fr1 越多,短链越少,米饭就越硬。Takeda(1989)、Ong 等(1995a,1995b)、Lu(1996)和 Villareal(1997)的研究表明,长链的长度和数量与米饭质地显著相关。

稻米的淀粉黏滞特性与米饭质地也有密切关系。舒庆尧等(1998)的研究认为,米饭黏

性与消减值、回复值、直链淀粉含量和蛋白质含量呈负相关,与崩解值呈正相关;米饭硬度与消减值呈正相关,而与崩解值呈负相关。食味好的品种崩解值在100黏度单位以上,而且消减值小于25个黏度单位;食味差的品种崩解值小于35黏度单位,而且消减值大于80黏度单位。

胡培松(2004)对71份粳稻和68份籼稻代表稻米淀粉黏滞特性的淀粉RVA谱特征值与直链淀粉含量、胶稠度进行相关分析,RVA谱特征值与直链淀粉含量、胶稠度均有较高的相关系数。其中,最高黏度(PKV)、崩解值(BDV)与直链淀粉含量的相关系数分别达-0.760和-0.736,呈极显著负相关;与胶稠度相关系数分别为0.740和0.715,呈极显著正相关。通过分析直链淀粉含量、胶稠度和RVA谱6个参数的3D曲面图,揭示出BDV、PKV特别是BDV与胶稠度的关系最密切,接近直线相关。用BDV进行胶稠度间接鉴定是可靠的,且快速有效。进一步用分段线性回归分析建立定量模型,说明利用RVA谱可以定量分析稻米蒸煮食用品质,特别是直链淀粉含量和胶稠度与RVA谱特征值相关系数分别高达0.919和0.905,RVA谱预测值与分析值十分接近。

二、蛋白质含量和结构与稻米食用品质关系

在含水14%的精米中,一般蛋白质含量为6.3%~7.8%。与淀粉研究相比,对蛋白质研究较少,目前对蛋白质研究主要局限在粗蛋白质含量的研究上,而对蛋白质组成、形态等研究较少。蛋白质含量超过9%的品种其食味往往较差。除了特殊的功能性稻米(如适宜糖尿病、肾病患者食用)和专用稻米外,目前世界范围内稻米消费都以提供热量为目的。稻米最重要商品特征是要求食味佳,对其营养要求不宜过高,这一点,很多同行认识不一致,导致研究也走了不少弯路。如我国农业部部颁标准NY122—1986规定一级食用优质稻米要求蛋白质含量超过8%,如此稻米食味往往较差。日本食用优质稻米则要求蛋白质含量以低为好。

蛋白质按颗粒大小可分为两类,为谷蛋白和醇溶蛋白。谷蛋白主要贮藏在不规则的蛋白体PB-Ⅱ内,颗粒大小为2~3 μm及以上,以晶体形态存在,有20 kDa和40 kDa以上的多肽;醇溶性蛋白主要贮藏在圆形球蛋白体PB-Ⅰ内(Krishnan,1986),颗粒大小为1~2 μm,呈球形,以13kDa多态为主。谷蛋白中含有较多赖氨酸(Lysine)、精氨酸(Arginine)和甘氨酸(Glycine)等必需氨基酸,其营养价值高且易消化,因此对食味负面效应较小(简佩如等,1997);而醇溶性蛋白系疏水性蛋白,不易被胃蛋白酶消化,其内不仅因甘氨酸等含量低而表现价值低,同时因阻碍淀粉网眼状结构的形成而影响食味品质,与食味呈显著负相关(Mastue,1995)。Kumamuru等(1988)已成功筛选出谷蛋白提高、醇溶蛋白减少的突变体,为选育具有较高营养价值同时食味好的水稻品种提供了种质资源。Krishnan(1999)筛选出高赖氨酸含量突变体。

蛋白质是由氨基酸组成的,有关氨基酸含量与稻米食味关系的研究已引起重视。IRRI研究表明,蛋白质与赖氨酸含量呈负相关,尤其在蛋白质含量高于12%时。黄超武(1990)认为,食味与稻米游离氨基酸含量与组成,特别是谷氨酸的含量有关。王得仁等(1995)研究发现,游离氨基酸与稻米食味呈现正相关。

第三节　淀粉测定技术演变

一、碘蓝测定法技术演变与快速实用测定方法的建立

(一)经典碘蓝测定法技术演变

稻米蒸煮与食用品质中糊化温度与胶稠度的测定相对比较容易且简便,而作为最重要指标直链淀粉含量的测定方法,一直受到谷物化学与遗传育种家的重视。Halick 和 Keneaster(1956)用 77℃热水提取米粉,与碘反应后测得样品的蓝染值(Blue value)。蓝染值实际代表部分直链淀粉含量。

1958 年,Wiliams 等提出了一项后来被广泛应用的直链淀粉含量测定法。其要点是:用 95%的冷乙醇对精米粉进行部分脱脂,然后将米粉在 1 mol/L NaOH 中、温度 4℃处理 1~2 天,使之胶化,再用 HCl 将 pH 值调到 10,最后用碘比色法进行测定。该方法的优点是支链淀粉与碘复合物的干扰降到最低,但由于碘在碱性溶液中不稳定,结果重演性差。Juliano(1971)认为,由于精米中脂肪含量(0.3%~0.6%)相对稳定,特别是酸性条件下碘比色,因此脱脂过程可以省去,将米粉在 1mol/L NaOH 中、温度 4℃处理 1~2 天改为在沸水中处理 10 分钟,采用 pH 值为 4.5~4.8 的醋酸/醋酸钠缓冲液进行碘比色测定。目前该改良方法已成为许多国家标准的蓝本(如我国的农业部标准,美国的 AACC 标准)和国际标准。Juliano 的简化法省略了用冷乙醇回流脱脂的过程,因此测得的直链淀粉含量要比用 Wiliams 方法低约 2%。

(二)小样及单粒碘蓝测定法应用

鉴于直链淀粉含量的重要性,而标准的测定方法过程烦琐,仅限于定型品种,为便于开展遗传研究与育种实践,国内外谷物化学与遗传育种家对简便快速测定方法进行了不少研究。如 Juliano(1979)和 Kumar(1986)提出了小样分析法和单粒测定法,申岳正(1990)提出单粒精米测定法,类似的单粒测定法有大量报道。尽管此类方法有所简化,但仍存在样品前处理较复杂或测定的准确性及重复性差的问题。后来,王长发等(1996)提出了单粒精米先冷碱糊化,继而煮沸的改良简易单粒(半粒)测定法,其准确性好且简便易行,而剩余半粒仍可种植,对育种十分有效。吴殿星(2000)通过太阳曝晒等处理后,通过辨别胚乳色泽的方法,可鉴别低直链淀粉含量材料。

胡培松(2003)参照直链淀粉含量的标准测定方法,完善了一套结合糊化温度与直链淀粉含量同时测定的简便方法,即选择直链淀粉含量分别约为 2%(糯米)、10%、13%、15%、17%、19%、21%、23%、25%已知样品为对照,将 6 粒糙米在糊化盒经 KOH(2 mol/L)糊化,在培养箱中温度 28℃糊化 23~24 h,可检测其糊化温度,倒干碱液,设立空白对照,待检样品、对照经 I_2-KI 充分染色,进行比较判断,染色可重复进行 2~3 次,检测结果与标准方法测定相吻合,其糊化温度与标准方法测定结果相关系数为 0.932,样品直链淀粉含量与标准方法测定结果相关系数为 0.915,达极显著相关。每次以 50 个样品为宜,每天一人可测定 300~500 份材料。该方法十分简便、快速、低廉,对早代单株选择与大量定型株系初步筛选有特殊意义。

二、现代仪器设备在稻米淀粉测定中的应用

(一)近红外反射(透射)光谱分析技术

近红外反射(透射)光谱分析[Near Infrared Reflectance (Transmittance) Spectroscopy, NIRS (NITS)]技术应用始于20世纪60年代。自1971年第一次出现商用谷物分析计算机以来, NIRS(NITS)已成为欧洲国家及美国谷物品质的重要分析手段(Osborne, 1995)。谷物等有机物分子由C、H、O、N、S、P和少量其他元素通过共价键和电价键组成。这些分子的振动频率处于电磁谱的近红外到红外区段,近红外光的波长介于可见光(300 ~ 750 nm)和红外光(2 600 ~ 25 000 nm)之间,为750 ~ 2 600 nm。因此,不同物质对近红外辐射可产生特征性吸收,不同波段的吸收强度与该物质的分子结构和浓度存在对应关系,分析被测物中某种成分的含量,利用定量分析软件,根据多组分混合物中每一种物质的含量与该混合物光谱的相关性计算出相关模型,利用该模型对未知混合物的光谱进行预测,根据光谱特点可得到混合物中该组分的含量。NIRS技术的最大优点在于快速、简便,一旦建立起有效的回归方程,可在样品扫描几秒钟内显示结果;另外一份样品可同时进行多项指标测定,而且无损测定样品。该技术非常适合在遗传育种中利用。早在1983年,日本就利用NIRS测定稻米的直链淀粉与蛋白质含量等品质性状。20世纪90年代后,国外已广泛利用NIRS进行稻米品质研究。我国在20世纪80年代大批引进近红外设备,由于受当时硬件、软件技术条件的限制和缺少强有力的技术支持,大量设备未得到很好应用,加上该仪器设备价格较高,近红外设备在农业上应用较少。90年代初在谷物、蔬菜、饲料品质分析中开始利用。舒庆尧等(1999)采用NIRSystem 6400型近红外分析仪,进行精米粉样品表观直链淀粉含量测定研究,取得较好效果。唐绍清等(2004)利用近红外反射光谱技术测定了稻米脂肪含量。

(二)食味分析仪应用

日本佐竹制作所(Satake)根据近红外仪原理,20世纪90年代研制开发出一种稻米食味分析仪(Taste analyzer)。受佐竹制作所启发,日本Shizuoka、Kett、Toyo、Yamamoto等公司也相继研制出类似的食味分析仪或味度计。众多食味分析仪可分为2大类:一类是以糙米或精米为分析对象,仪器可快速显示食味分数(总分以100分计),根据分数可划分A、B、C等级,并可测定直链淀粉、蛋白质、脂肪及水分含量,如佐竹研制的食味分析仪;另一类以米饭为分析对象,如Toyo公司根据精米煮成米饭表面粘附着的水分越厚米饭的光泽度越好的特点,利用电磁波来测定米饭表面水分厚度,由此测定的值来推断品种品质优劣,进而判断直链淀粉含量与食味关系,以100分为满分计算各品种味度相对值,仪器由水浴池、电磁波测定器和分析用计算机3部分组成。食味分析仪分析结果与稻米品质感官鉴定结果显著相关。由于鉴定快速有效,食味分析仪在日本已广泛应用于品质研究,日本食品协会与仪器制造商及政府研究组织还成立了相关委员会。目前国内已有品质鉴定实验室开始利用该设备。由于日本种植的水稻均是粳稻,而粳稻的直链淀粉含量变幅较小,一般低于20%,中国水稻研究所优质多抗研究室的研究发现,该仪器进行籼稻快速测定时,结果与实际测定有较大偏差,尤其是高直链淀粉含量的材料。

(三)利用黏度速测仪进行淀粉黏滞特性研究

淀粉黏滞特性与米饭质地的关系密切,是影响稻米食用品质的重要因素(Iwasaki, 1993)。以淀粉黏滞谱表示淀粉的糊化特性。早期德国开发的Brabender黏滞淀粉谱仪在一

些发达国家的稻米品质研究上得到了有效利用,但由于分析过程复杂,在我国未得到广泛应用。澳大利亚 Newport Scientific 仪器公司自行开发的一套黏度速测仪 RVA(Rapid Visco Analyzer),用 TCW(Thermal Cycle for Windows)配套软件进行分析。在加热、高温和冷却过程中,米粉浆发生一系列变化形成特征性的黏滞性淀粉谱(viscosity amylograph),与早期开发的 Brabender 黏滞淀粉谱仪相比,测定时样品用量小,分析时间短,而测得淀粉谱与用 Brabender 粘滞淀粉谱仪测得的结果相似。测定时,按照 AACC(美国谷物化学协会)规定(1995 61-02)要求,含水量为 14.0%时,样品量 3.00 g,蒸馏水 25.00 ml。过程中,罐内温度变化如下:50℃保持 1 min,以 12℃/min 的速度上升到 95℃(需 3.75 min)并保持 2.5 min,之后以上升时的速度下降到 50℃(仍需 3.75 min),50℃保持 1.4 min。搅拌器起始 10 秒转动速度为 960 r/min,之后维持在 160 r/min。黏滞值用"Rapid Visco Units"(RVU)作单位。RVA 特征值主要用最高黏度 PKV(peak viscosity)、热浆黏度 HPV(hot viscosity)、冷胶黏度 CPV(cool viscosity)、崩解值 BDV(breakdown,最高黏度 - 热浆黏度)、消减值 SBV(setback,冷胶黏度 - 最高黏度)等表示。崩解值越大,稻米食味越好。舒庆尧(2001)曾分析了中等直链淀粉含量水稻品种间 RVA 谱的差异,优质品种崩解值大;进一步研究发现,RVA 谱的崩解值与品种的胶稠度明显相关,相关系数达 0.71,崩解值大,胶稠度较软,米饭质地柔软可口。鉴于 RVA 谱的崩解值与品种胶稠度存在明显的相关特性,对于辅助选择中等直链淀粉含量与胶稠度品种十分有效。

除了黏度速测仪 RVA 广泛应用于品质育种外,美国生产的 Brookfield 数字流变仪,可对淀粉的物理与化学动力学性状进行快速测定,通过计算机软件处理,可更准确地鉴定淀粉品质,但所需时间比 RVA 长 3 倍左右,目前中国水稻研究所优质多抗研究室正利用该仪器进行淀粉品质的研究。

(四)利用差示扫描量热法进行淀粉质地研究

差示扫描量热法(Differential Scanning Calrorimetry,DSC)自 20 世纪 60 年代诞生以来,在生物大分子构象、生命体系中自由水和结合水、低温生物学、生物膜及其功能等领域得到广泛利用。通过对试样进行温度扫描(升温或降温)来测量试样的热效应,即当试样与热惰性参比以同一个温度扫描时,测量试样在某个温度或某个时刻所发生的热流变化速率。DSC 法直接研究生命体系自身所固有的热力学过程,不需添加任何试剂而引入干扰生命体系正常活动的因素,并可直接对离析组织或悬浮液进行测定。大量研究表明,DSC 是分析淀粉糊化过程中热力学性状最理想的仪器,它能准确、迅速测量出淀粉糊化及老化过程中的质量和数量变化。

(五)色谱仪在淀粉结构研究中的应用

自 1969 年 Waters 公司首次推出液相色谱仪(LC)后,高效液相色谱仪(High Performance Liquid Chromatography,HPLC)技术迅速发展,它可广泛适用于淀粉、脂肪酸、维生素等成分的分离和分析。据 Hizukwri(1985,1989)和 Manner(1989)报道,用凝胶渗透色谱(Gel-permeation Chromatography,GPC)可分离出直链淀粉 FrⅡ与支链淀粉 FrⅠ,支链淀粉 FrⅠ经脱支(Debranch)又可得到 3 种 GPC 组分:Fr1、Fr2 和 Fr3,分别代表支链淀粉长链 B、中间链 B 及 A 链和短链 B,其平均多聚化程度分别为 55~75、40~55 和 10~25。

(六)质地分析仪的应用

在统一的条件下烹调不同的整精米,然后用质地分析仪(Texture Analyser)测定样品的弹性、硬度、韧性和黏性等，比较不同米饭的质地，同时配合感官评价小组的感官评价，确定稻米食味品质的好坏。Sowbhagya(1987)研究了仪器测定黏滞参数（硬度和弹性回复值）与感官评价结果的关系，认为仪器测定硬度和弹性回复值与感官的适口性、水分和黏性呈高度负相关，黏滞参数与总直链淀粉和水不溶性直链淀粉呈高度正相关。Park(2001)研究认为，感官评价比质地分析仪在测定硬度、黏度和附着性时更具可辨别性。感官评价的甜度、结块度、黏性和团块附着性与水分(-0.90)、蛋白质(-0.895)和油分(-0.88)含量存在高度的负相关，仪器测定硬度与感官硬度达正相关(0.8)。Ogawa(2001)还研究出一种三维可视技术，使水稻谷粒内化合物（蛋白质、淀粉或油分）可以"观察"到。其技术核心是通过连续的切割、染色、数据模拟过程，先在每个切割面上获得不同物质染色度和分布的二维数据，再使每个切割面的数据通过综合模拟产生第三维数据，获得三维可视的结果。

除以上所述的6种分析技术外，X射线衍射法可测定淀粉中结晶淀粉的比例，而核磁共振法可测定稻米胚乳的水分及其他各成分的结合状态。随着专用软件得到不断开发，现有仪器设备，对于进一步阐明淀粉品质内在本质将会发挥越来越重要作用。

第四节　影响稻米食用品质的环境条件及生化基础

稻米品质受遗传因素与环境因素和栽培调控综合作用的影响。环境因素涉及地域环境、气候、土壤类型和农田小气候等方面。其中水稻灌浆结实期温度对稻米蒸煮食用品质影响最大。

一、水稻灌浆结实期温度对稻米垩白形成影响及生理基础

稻米垩白是多基因控制的数量性状，受水稻灌浆结实期温度的显著影响。一般认为高温导致垩白的增加。程方民(1996)利用人工气候箱研究4个典型温度处理（极端高温35℃、高温33℃、适温23℃和极端低温18℃）下稻米垩白的变化，结果表明，极端高温和高温处理的稻米垩白度较适温下大幅度增加，极端低温对稻米垩白变化影响幅度虽不及高温明显，但仍导致垩白度增加，而且籼稻比粳稻更明显。垩白受温度影响的特性在育种上是十分不利的，如南方尤其是长江中下游地区，早籼稻品质低劣、品质改良突破难度大等与气候特征有关。该地区早籼一般6月中下旬抽穗开花，此时恰好处于梅雨季节，气温偏低；出梅后，气温快速上升，进入"三伏"天气，而此时正值水稻灌浆结实期，气温跳跃式上升直接导致水稻生理不协调，垩白形成在所难免。为了突破早籼稻品质改良技术难关，中国水稻研究所优质多抗研究室从大量资源中筛选出3份垩白形成温度钝感型材料并用于育种实践，已选育出品质达晚籼优质米标准的新品种中佳早2号，其米质主要指标达到部颁一级米标准。

近年来，对稻米垩白形成的内在生理基础研究引起重视，其内容涉及到胚乳细胞形态、淀粉粒结构、源库类型、"库、源、流"特征和淀粉形成相关酶活性变化等。形成稻米垩白的基础是胚乳细胞中的扁平细胞群。高垩白品种的扁平细胞群一般呈放射状整齐排列，而低垩白品种则排列不整齐（伏军，1987）。垩白形成是其中的复合淀粉粒没有充分发育的结果（伍时照等，1993），而这种胚乳淀粉粒的异常，可能与水稻灌浆过程中籽粒物质分配的不合理及有关酶生理活性的变化有关（沈波等，1997；李太贵等，1997）。

迄今为止，有关稻米垩白与水稻灌浆结实期温度关系的研究，主要集中在温度与水稻成

熟时最终垩白的关系，而对不同温度条件下水稻灌浆过程中稻米垩白的动态变化特征及有关关键酶活性的变化规律仍缺乏必要的了解，因此有必要针对这些问题对稻米垩白形成变化的生理生态特性加以深入研究。

二、水稻灌浆结实期温度对稻米蒸煮食用品质影响的生理基础

水稻灌浆结实期的温度对稻米品质有显著影响，此方面的研究主要集中在灌浆结实期直链淀粉含量在不同温度条件下的变化规律，研究结果不一。不同条件下可使同一品种的直链淀粉含量相差6%～9%（Juliano等，1980），但温度具体对直链淀粉含量影响作用却依品种本身直链淀粉含量和温度敏感性而有所差异（Paule，1977；Resurrection等，1977）。结果主要可归纳为以下3种：一是温度与直链淀粉含量关系因品种而异，高直链淀粉含量品种同灌浆结实期温度呈正相关或相关不明显，低直链淀粉含量品种同温度呈负相关。Resurrection等（1977）报道，灌浆结实期温度在18℃～28℃范围内，粳稻品种藤坂5号的直链淀粉含量随温度升高而呈明显的下降趋势，而籼稻品种IR20的直链淀粉含量在平均温度29℃以下时与温度呈正相关，高于29℃时呈负相关，说明直链淀粉含量对温度的反应与籼粳类型和品种直链淀粉含量水平有一定的联系。二是水稻灌浆结实期温度与稻米直链淀粉含量呈负相关，即直链淀粉含量随温度的升高呈下降趋势，温度越高直链淀粉含量下降越快（Takeda等，1988；Normita，1989；Taira，1998；包劲松等，2000）。三是温度对直链淀粉含量的影响存在时段效应。贾志宽等（1991）认为灌浆期前18天的高温不利于直链淀粉含量的积累，两者呈负效应，18天以后，高温有利于直链淀粉含量的积累，两者呈正效应；程方民等（1996，1998）也得出类似结果，认为温度影响直链淀粉含量的关键期在灌浆期的20天内，此后阶段只是温度的后效应作用。水稻品种的直链淀粉合成由 *Wx* 座位上的等位基因（Wx^a、Wx^b、*wx*）控制（Sano，1984，1985），Villareal和Juliano（1989、1993）就籼粳稻 *Wx* 蛋白（颗粒结合淀粉合成酶GBSS）含量等进行了研究。Wang（1995，1998）对水稻直链淀粉含量的分子调控机制研究发现，籽粒灌浆期间，*Wx* 基因有2种mRNA转录产物，长度分别为2.3 kb和3.3 kb，高直链淀粉含量品种和糯稻品种分别只有2.3 kb和3.3 kb。进一步研究发现，3.3 kb的mRNA是 *Wx* 基因转录的总mRNA，而2.3 kb的是3.3 kb的 *Wx* mRNA切除前导内含子后的翻译mRNA。Hirano等（1991）和Wang（1995）的研究表明，温度的调控是通过影响mRNA转录或转录后的加工实现的。Mikami（1999）利用近等基因系研究了 *Wx* 复等位基因在同一遗传背景下表达与 *Wx* 蛋白的关系。Hiranno等（1995）发现，在较低温度（18℃）下与正常温度（28℃）相比，*Wx* 基因的转录水平稳定在较高水平，并随低温处理时间的延长，*Wx* 蛋白含量提高，直链淀粉含量积累也越多。

另外，一些学者对水稻抽穗后20天平均气温的高低对支链淀粉的分支链含量和分布作了比较。Asaoka（1985）报道，高平均气温（30℃）与低平均气温（25℃）相比，支链淀粉长B链含量升高，短B链含量降低，而A链略有下降；对两种温度下支链淀粉的分支链的组分分析发现，高温条件下（Fr2＋Fr3）/Fr1的比例比低温条件下要低。

除了研究温度对直链淀粉的影响外，李欣等（1989）和唐湘如等（1991）对糊化温度与胶稠度的研究表明，水稻成熟期遇高温，稻米糊化温度将升高，胶稠度变硬，食味品质变差。李欣等（1989）认为糊化温度一般与水稻灌浆期的日均温、平均光照时数和相对湿度呈正相关。赵式英（1983）和李欣等（1989）认为，温度与胶稠度的关系与温度与糊化温度的关系相同。

光照是另一个显著影响稻米食用品质的气候因素。一般认为,水稻灌浆期的光照不足,光合作用能力下降,导致因糖源的不足而引起稻米直链淀粉和淀粉总量的减少,糊化温度降低,胶稠度变硬(屠曾平,1996)。此外,卢荣禾等(1997)发现不同类型水稻如籼稻和爪哇稻因本身对光的适应性差异,在强光下出现的光抑制和光氧化现象常会直接影响稻米的食用品质。

高如嵩等(1994)认为,地域差异不仅与稻种起源和分化有关,也表现与直链淀粉含量和胶稠度相关。另外,海拔对籼、粳稻食用品质影响差异明显。籼稻随海拔的升高,直链淀粉含量、糊化温度和胶稠度,依次降低、下降和变软;但粳稻随海拔的升高,上述 3 个性状相应地表现出增加、提高和基本无影响(马国辉,1998)。在籼稻优质米生产上,存在所谓的"黄金海拔带"。

土壤类型及农艺措施对稻米品质有明显影响,表现在土壤类型、肥力水平、施肥方法、除草剂的使用、水环境变化和耕层深浅,对不同品种、不同季节稻米的直链淀粉含量和胶稠度有影响。

三、淀粉生物合成过程关键酶及酶基因

水稻叶片与贮藏器官中都可合成淀粉,分别以转运淀粉(transitory starch)和贮藏淀粉(storage starch)的形式存在于叶绿体和淀粉体中。白天,叶片进行光合作用时,转运淀粉在叶绿体中合成,夜间则又分解成蔗糖转运到其他器官。转运淀粉颗粒较小,几乎全由支链淀粉组成。贮藏淀粉是淀粉的主要存在形式,多贮藏于淀粉粒中,具有一定的形状。下面主要讨论贮藏淀粉。

淀粉的生物合成包括起始、延长、分支和淀粉粒形成 4 个步骤。淀粉合成的 3 个关键酶即最后 3 个酶为腺嘌呤-葡萄糖焦磷酸化酶(ADP-glucose pyrophosphorylase, AGPase)、淀粉合成酶(starch synthase, SS)和淀粉分支酶(starch branching enzyme, SBE),在调节淀粉合成和代谢中起重要作用。另外,淀粉去分支酶(starch debranching enzyme, DBE)和可溶性淀粉合成酶(soluble starch synthase, SSS)在淀粉生物合成中也起重要作用。每一个酶分别又有不同的同工型,这些同工型在淀粉的合成中功能也不同。淀粉合成的基本过程为:在 AGP 的作用下,葡萄糖-1-磷酸(Glu-1-P)与 ATP 作用生成 ADP-葡萄糖(ADP-Glu),随后 ADP-Glu 在 SS 的作用下进行链的延伸。当链达到一定长度后,在 SBE 作用下于线性链之间引入 α-1,6-糖苷键形成分支,并进一步在 SS 催化下延长分支,DBE 对分支进行修饰,最后合成具有一定结构特性的淀粉结晶体(Nakamura,2002)。

在水稻叶片中,通过卡尔文循环(Calvin cycle)固定的碳,以磷酸丙糖(Triose phosphate)形式从叶绿体中输出,在细胞质中经磷酸丙糖异构酶(phosphotriose isomerase)与醛缩酶、果糖1,6 二磷酸酯酶、蔗糖磷酸合成酶、UDPG 焦磷酸化酶、蔗糖磷酸酯酶等一系列酶的作用下合成蔗糖(Sonnewald,1992)。蔗糖是叶片光合作用向籽粒运输的主要形式。在叶片合成过程中,蔗糖磷酸合成酶(Sucrose-P synthase, SPS)和果糖 1,6-二磷酸酯酶(Fructose-1,6-diphosphatase, FBPase)是两个关键性的调节酶,对控制磷酸丙糖转化速率起着重要作用(Smith,1995)。由叶片合成的蔗糖运输到籽粒后,首先通过蔗糖合成酶(Sucrose synthase, SS)途径,将蔗糖转化为果糖 1,6 二磷酸(F-1,6-P_2),继而在果糖磷酸化酶(fructose phosphorylase, FB)、果糖磷酸异构酶(fructo-phospho-isomerase, FBI)、葡萄糖磷酸变位酶(gluco-phosphomutase,

GPM)等酶的催化下分别转化成果糖-6-磷酸(fructose-6-phosphate)、葡萄糖-6-磷酸(glucose-1-phosphate)和葡萄糖-1-磷酸(glucose-1-phosphate)。最后以葡萄糖-1-磷酸(glucose-1-phosphate)形式进入淀粉体(amyloplast)合成各类淀粉(Preise,1991; Sonnewald,1992; Smith,1995)(图10-1)。

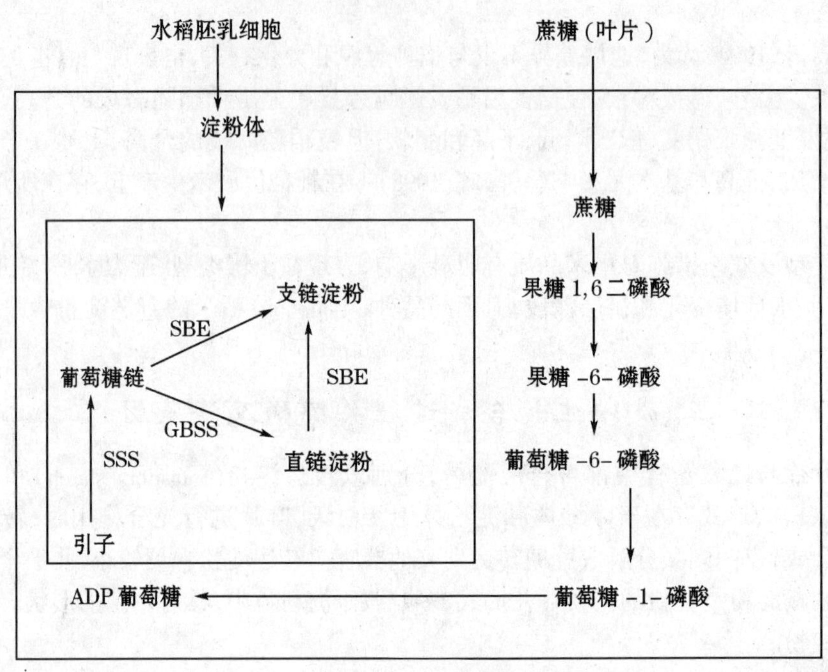

图10-1　淀粉的生物合成图

淀粉的合成和积累发生在种子发育的特定阶段。淀粉合成是在淀粉粒中进行的,蔗糖被认为是主要的反应底物。在合成过程中,受关键酶的调控(彭桔松等,1997),有ADP葡萄糖焦磷酸化酶(ADPase,起始阶段)、颗粒结合淀粉合成酶(granule-bound starch synthase,GBSS,延长和淀粉粒形成阶段)、淀粉分支酶(SBE,又称Q酶,分支和淀粉粒形成阶段)和可溶性淀粉合成酶(SSS),其中SSS和SBE在水稻淀粉合成中起关键作用。Keeling(1993)、Jenner(1993)对温度影响SSS活性的研究表明,该酶的最适温度为20℃~25℃,温度升高,酶活性降低,这种现象被称为"knock down"现象,而温度适当升高,其他酶活性则上升,形成整个淀粉合成过程酶的不协调性,因此可溶性淀粉合成酶是淀粉合成的温度调节位点。SBE变化动态与支链淀粉聚合度DP(degree of polymorization)、链的长度CL(chain lengths)、链数NC(number of chain)有关,而这些结构都与食味紧密相关,程方民等(2001)研究指出Q酶可能是温度对稻米淀粉品质变化产生影响作用的酶调节位点之一。另外,淀粉去分支酶(starch debranching enzyme,DBE)和α-淀粉酶(α-amylase)在淀粉生物合成中也起重要作用。

近年来,人们对参与淀粉生物合成有关酶的基因特征方面的研究也取得重大的进展,已经证实参与水稻籽粒淀粉合成的几个关键酶都是核基因编码控制的(Tanaka,1995),这些基因都是单拷贝基因,其编码区均被不同数量的内含子隔开,在水稻开花后5~15天可检测到其mRNA表达。有关酶基本结构和表达特征见表10-1。

表 10-1　淀粉合成代谢酶基因基本结构特征

酶基因	酶基因结构特征				基因表达特征			
	拷贝数	基因总长度（kb）	内含子	外显子	mRNA（kb）	酶蛋白分子量（kDa）	转运肽	表达时间（d）
AGPP	1	6	10	9	5400	54	28	5 ~ 15
SSS	1	7.4	14	15	2.7	55 ~ 57	113 ~ 121	5 ~ 20
GBSS	1	5.5	13	14	2.4	60	77	5 ~ 15
SBE	1	8.5	13	14	1.6 ~ 3.0	82 ~ 87	64 ~ 65	5 ~ 15

注：表达时间为水稻开花后天数

（一）AGP 合成酶

AGP 合成酶（EC 2.7.7.27）全称 Glu-1-P 腺基转移酶（Glucose-1-phosphate adenylytrasferase），又称 ADP 葡萄糖合成酶（ADP-glucose synthase）、ADP 葡萄糖焦磷酸化酶（ADP-glucose pyrophosphorylase）或 ADP 葡萄糖二磷酸化酶（ADP-glucose diphosphorylase）。它催化淀粉合成的第一步，是淀粉生物合成的限速酶，因此直接决定贮藏组织中淀粉的水平从而最终决定作物的产量，但对淀粉的结构和组成并无影响。在高等植物中，AGP 合成酶是由两种相关但不同的多肽——大小亚基组成的异源四聚体，这与细菌中的同源四聚体完全不同，但两者的催化功能是一致的。另外，AGP 合成酶可被 3-磷酸甘油酸和二价阳离子变构激活，而被磷酸基（Pi）抑制。AGP 合成酶两种亚基的基本氨基酸序列不同，大亚基主要起调控作用，而小亚基与底物结合，起催化作用（Ballicora 等，1995）。Anderson 等于 1991 年首次从水稻中克隆了该酶的大小亚基基因，而 Anderson 等（1991）和 Nakamura 等（2002）研究表明在水稻中至少存在一个小亚基和两个大亚基。

（二）颗粒结合淀粉合成酶

颗粒结合淀粉合成酶 GBSS（E.C 2.4.1.21），又名 ADP-Glu-淀粉葡萄糖基转移酶（ADP-glucose-starch glucosyltransferase），或 Waxy 蛋白。该基因编码结合于淀粉粒上的淀粉合成酶，它控制水稻花粉、胚乳和胚囊中直链淀粉的合成，是一个组织和发育特异性表达的基因，也是影响水稻淀粉组成的一个最关键酶基因，分子量在 60 kD 左右。自 1990 年 Wang 等从水稻中克隆该基因后，现已获得了多种植物的 GBSS 基因的克隆。当植物体内缺乏 GBSSⅠ蛋白时，合成淀粉中缺乏直链淀粉。利用反义 RNA 技术特异地抑制 GBSSⅠ基因的表达，降低 GBSSⅠ酶的活性，则导致直链锭粉含量下降（Visser 等，1991；刘巧泉等，2002；Liu 等，2003），这说明 GBSSⅠ主要负责直链淀粉的合成，但在离体实验中发现该酶对支链淀粉的合成也起作用，而在一些不含 Waxy 蛋白的突变体中，也有少量直链淀粉的合成。同时，还在植物中发现了另一种颗粒凝结型淀粉合成酶 GBSSⅡ，它不仅以附着于颗粒的方式存在，还以游离的方式存在。GBSSⅡ分子量大于 GBSSⅠ，有一个额外的 N 末端区域，并以 3 个连续的脯氨酸结尾。在功能上 GBSSⅡ对支链淀粉的亲和性更高，主要参与支链淀粉的合成。水稻 *Wx* 基因位于第 6 染色体上，主要负责胚乳、胚囊和花粉中直链淀粉的合成（Vandeputte 等，2004）。王宗阳等（1991）通过对 2 个水稻基因组克隆 *λWx2* 和 *λWx5* 进行 RFLP 分析和 Southern 分析，发现 *Wx* 基因的编码区位于 2 个克隆的重叠区。将这 2 个克隆的一些限制性片段亚克隆构建成一系列的缺失亚克隆，经测序得出了全长为 5 499 bp 的水稻 *Wx* 基因全序列。

进一步将水稻与大麦和玉米的 *Wx* 基因比较后，发现水稻 *Wx* 基因有 14 个外显子和 13 个内含子，5'端有 TATA 盒和增强子序列，在 4900 和 5017 处有 polyA 化信号 AATAA 序列，这 3 种作物 *Wx* 基因的外显子长度十分相似，且具很高的序列同源性，但内含子的长度不同，序列同源程度也很低，其中水稻 *Wx* 基因有 2 个较大的内含子（Wang 等，1990；王宗阳等，1991）。王宗阳等（1993）又从籼稻 232 和东乡野生稻中分别克隆了它们的 *Wx* 基因（*Wx*-R-id 与 *Wx*-R-sp），并测定了它们的核苷酸序列。比较这 3 种 *Wx* 基因的核苷酸序列后发现，两种栽培稻的 *Wx* 基因中都含有类似转座子的结构，而在 *Wx*-R-sp 基因的相应位置上则没有这两种类似转座子序列的存在。

由水稻 *Wx* 基因推测的氨基酸序列表明其多肽由 77 个氨基酸的转运多肽和 532 个氨基酸的成熟蛋白组成。Waxy 蛋白主要分为 Wx^a 和 Wx^b 两种等位形式。具体表现为在籼稻（包括野生稻）中以 Wx^b 为主，在粳稻中以 Wx^a 为主，Wx^b 被认为起源于 Wx^a（Sano，1984）。1998 年 Isshiki 等发现 Wx^b 是 GBSSⅠ5'端第一个内含子剪切处由 G 至 T 的单核苷酸突变而来。Bligh 等（1995）在 Wang 等发表的 *Wx* 核苷酸序列中发现一段位于第一个内含子剪切点上游 55 bp 处一段 CT 简单重复序列，他们设计一套引物"484/485"，对该 CT 重复序列进行 PCR 扩增，在不同水稻品种中发现 6 种 $(CT)_n$ 多态性。Ayres 对美国 92 个品种用该引物进行扩增，发现 8 种 $(CT)_n$ 多态性，并发现 $(CT)_n$ 标记可解释其中 89 个非糯品种中 82.9% 的直链淀粉含量变异。舒庆尧等（1999）利用该标记对 74 个非糯水稻品种扩增，共发现 7 种多态性，$(CT)_n$ 标记可解释这些材料中直链淀粉含量变异的 91.2%。Fitzgerald（2003）综合了前人关于水稻 CT 重复序列数与直链淀粉含量的关系后得出结论：①18～19 次 CT 重复多为低直链淀粉含量类型的粳稻；②重复数为 14～20 次的为中间直链淀粉含量的粳稻；③重复数为 8 次、10 次或 11 次的为中间或高直链淀粉含量的籼稻。Masuyuk 等（1999）在栽培品种 *Wx* 位点发现了 2 个野生型等位基因 Wx^a 和 Wx^b。其中，Wx^a 比 Wx^b 活性高 10 倍，并证明 Wx^b 活性低是由于 Wx^b 基因第一个内元的 5'边界处有一个 G 至 T 的单核酸突变。Larkin 等（1999）发现直链淀粉含量高于 18% 的品种在第一个内元的序列为 AGGTATA，低直链淀粉含量品种则为 AGTTATA。这种 G→T 的突变性在谷粒形成期对温度敏感。含 AGTTATA 的品种在 18℃时 GBSS 的转录活性最强，且剪切位点也受位点影响。

在研究中还发现，糯稻中并没有很长的支链淀粉分支，而在一些高直链淀粉的品种中聚合度更大的支链淀粉比例明显高于低直链淀粉品种。基于上述证据，人们认为 GBSS 除了主要负责直链淀粉的合成，还参与长支链淀粉的合成（Vandeputte 等，2004）。

除了 Wx^a 和 Wx^b 两种主要的等位形式外，科学家们还从低直链淀粉含量的自然突变的水稻野生种和人工诱变的材料中鉴定了直链淀粉合成相关的包括 Wx^{-mp}、Wx^{-op}等与 *Wx* 等位的基因，以及 *du*、*ae*、*lam*（*t*）等 10 余个与 *Wx* 不等位的基因（Isshiki 等，2000；Yano 等，1988；朱昌兰等，2004）。

①暗胚乳 *du* 突变基因：半糯性（*dull*）突变体的直链淀粉含量低，介于糯稻与粳米之间。*dull* 胚乳由独立于 *Wx* 的单隐性基因 *du* 控制，目前已发现至少 8 个不同的 *du* 基因，其中 *du-1*、*du-4*、*du*（*EM47*）、*du*（2120）和 *du*（2035）分别定位于第 7、4、6、9、6 染色体上。另外新发现的基因 *du*（*t*）也与 *Wx* 不等位，但与其他几个 *du* 基因的等位关系则不清楚（朱昌兰等，2004）。Isshiki（2000）发现，在 Wx^b 型的 *dull* 突变体胚乳中，成熟的 GBSS mRNA 比野生型少，而 RBE1 和 AGPP 则不受影响，因而推测 *du* 基因可能是通过影响 *Wx* 基因转录产物 mRNA

前体的有效剪接来降低直链淀粉含量。

②直链淀粉延伸基因 *ae*：延伸基因 *ae* 突变，显著增加直链淀粉含量(高达 40% ~ 42%)，降低支链淀粉中分级度为 17 或小于 17 的短链，极显著地降低分级度为 8 ~ 12 的短链，同时使支链淀粉中长链 B 的比率和长度增加(Yano 等，1985)，目前已发现至少 3 个不同的突变位点。Mizuno(1993)报道，*ae* 突变体中缺乏支链淀粉合成酶 RBE3，突变体中产生一种异常的分支 D-葡聚糖，导致支链淀粉含量下降，研究发现，*ae* 突变就是 RBE3 酶基因的启动子区发生变异。进一步研究还发现，*ae* 突变体中与支链淀粉合成相关的可溶性淀粉合成酶 SSI 活性显著下降，而其他的酶活性没有明显变化(Aiko 等，2001)。

③*lam*(*t*)基因：低直链淀粉含量 *lam*(*t*)基因是在粳稻 SM-1 突变体中发现的，其表型为胚乳透明，直链淀粉含量降为 14%，为野生型的 80%。遗传表明，SM-1 的低直链淀粉含量由 1 个与 *Wx* 不等位的隐性基因控制，定位于第 9 染色体上(Yano 等，1985)。

④*flo* 基因：Satoh(1990)发现高直链淀粉含量突变体，分别由粉质隐性基因 *flo-1*、*flo-2*、*flo-3*(*t*)控制，分别位于第 5、4、3 染色体上。Kawasaki 等(1993)进一步研究表明，*flo-2* 可能是通过反式作用调控位于第 6 染色体上的 RBE1 基因，使得水稻开花后 10 天未成熟种子中，RBE1 酶含量大为下降，导致直链淀粉含量下降。

⑤Wx^{-mp} 与 Wx^{-op} 低直链淀粉含量突变体基因：Sato(1996)以 N-甲基-N-亚硝基脲(MNU)处理越光的受精卵，获得了低直链淀粉含量突变体“Milky Queen”，直链淀粉含量 9% ~ 12%。Sato(2001)研究表明，Milky Queen 的低直链淀粉含量由 1 个 *Wx* 等位基因控制，并命名为 Wx^{-mp}。Heu(1986，1989)在尼泊尔水稻品种中发现的不透明(opaque)胚乳自然突变体，籽粒外观与糯稻相似，直链淀粉含量在 10%左右。将突变体与糯稻品种杂交，F_2 种子均为不透明，高直链淀粉含量与低直链淀粉含量种子呈 3∶1 分离，表明其低直链淀粉含量由 1 个隐性单基因控制，与 *Wx* 基因等位，将其命名为 Wx^{-op}。

(三)可溶性淀粉合成酶

可溶性淀粉合成酶 SSS 比 GBSS 对 ADP-G 有更高的亲和力，主要参与支链淀粉的合成。由于其提取、纯化较为困难，所以研究进度滞后于 GBSS 和其他淀粉合成相关酶，直到 1993 年才从水稻胚乳中首次获得这类基因的克隆(Baba 等，1993；Jiang 等，2004)。

对于玉米和马铃薯来说，有部分 SSS 既是可溶的，又是与淀粉粒相结合的。SSS 各同工酶对底物的亲和与催化有长度特异性。在水稻中，SSSⅠ主要负责合成支链淀粉的短链。Nakamura(2002)对 SSSⅠ缺失突变体的研究发现，野生型中支链淀粉聚合度以 8 ~ 12 为主，而突变体中则降为以 6 ~ 7 为主。水稻 *ae* 突变体中 SSSⅠ活性比野生型显著降低，也导致支链淀粉短链的显著减少(Nishi，2001)。Umemoto 等(2002)对籼稻和粳稻淀粉差异的遗传研究后发现，SSⅡa 基因与控制糊化温度的 *alk*(*t*)、控制胶稠度的 *gel*(*t*)和控制支链淀粉链长度分布的 *acl*(*t*)基因位于第 6 染色体的同一个位点，因此认为 SSⅡa 基因可能是影响支链淀粉结构与特性的主要基因。Nakamura(2002)把粳稻的支链淀粉分为 L 型和 S 型，L 型比 S 型的支链淀粉聚合度要小，而正是 SSⅡa 决定了这些链长度的比例。豌豆胚乳中编码 SSⅡ的基因位于 *rug* 位点，该位点的突变对淀粉的结构与含量都有显著影响。研究发现，野生型淀粉粒中支链淀粉分支长度的分布峰在 15 个葡萄糖单位处，11 ~ 20 个单位处含量也较为丰富；而 *rug* 突变体分布峰在 10 个葡萄糖单位处，没有较长的分支链，说明 SSⅡ是负责延长短分支的链。马铃薯也有一个 SS 同工型序列与豌豆的相类似，免疫沉淀法研究表明，SSⅡ只占块茎中 SSS 活性的 10%左右。在 SSⅡ的反义 RNA 转基因植株中,SSⅡ蛋白减少到很低水平,而 SSS 活性未受影响。迄今还没有 SSⅢ缺失突变体的报道,据估计,该酶在 B_1 和 B_2 支链淀粉形成过程中起重要作用(Nakamura,2002)。Marshall 等(1996)从马铃薯块茎中又分离到一个大小为 140kDa 的 SSS(SSⅢ),与 SSⅡ同源性很小,但其占了 SSS 中活性的 85%,导入反义 SSⅢRNA 的的马铃薯块茎中 SSⅢ活性对比下降了 80%,并且影响到淀粉粒形态结构,呈深裂状,有时呈葡萄串状(Vandeputte 等,2004)。但支链淀粉分支链长度在 6~20 个葡萄糖单位处并未改变。这些表明,马铃薯的 SSⅡ和 SSⅢ与豌豆的 SSⅡ和 SSⅢ作用并不一致。综上所述,目前普遍认为 SSSⅠ的功能可能主要是负责起始支链淀粉链的延长,合成短链,链长延伸至一定的长度,不再适合 SSSⅠ催化时,由 SSSⅡ来负责合成中等长度链,而 SSSⅢ则负责合成支链淀粉的长链。因此,单一 SSS 同工酶的缺失不会终止淀粉的合成,但能改变支链淀粉的分子结构和淀粉粒形态。但对于不同的作物而言,其淀粉合成酶对支链淀粉的合成作用方式可能不同(Vandeputte 等,2004)。

(四)淀粉分支酶

淀粉分支酶 SBE(EC 2.4.1.18)水解链中的 α-1,4-糖苷键,再通过 α-1,6-糖苷键将断裂的部分重新连接起来,产生分支结构。在很多植物中已发现多种不同形式的 SBE,自然界中至少存在 3 种等位形式:BEⅠ、BEⅡa 和 BEⅡb。其中 BEⅠ主要分支直链淀粉,BEⅡ主要分支支链淀粉。依据其基本氨基酸序列的不同,可分为 2 个家族:家族 A 包括豌豆淀粉分支酶Ⅰ(pSBEⅠ)、玉米淀粉分支酶Ⅱ(mSBEⅡ)和水稻淀粉分支酶Ⅲ(rSBEⅢ),而 mSBEⅠ、rSBEⅠ及 pSBEⅡ则属于 B 家族。通过对水稻 SBEⅠ和 SBEⅡ的氨基酸序列比较分析发现,两者的成熟蛋白大小相近,分别由 756 个氨基酸和 760 个氨基酸构成,两者的蛋白前体均含类似 Gly-Ala-Val-Arg 四残基重复顺序的转运肽,但在蛋白分子的中心区,SBEⅡN 端具有约 70 残基的特殊序列并缺少近 50 残基的 C 端序列(James 等,2003)。

在水稻 *sbe1* 缺失突变体中人们发现,聚合度为 12~21 和大于 37 的支链淀粉含量减少,聚合度小于 10 的支链淀粉比例明显增加,聚合度为 24~34 的支链淀粉比例有少量增加(Satoh 等,2003)。上述结果显示 BEⅠ在 B_1、B_2 和 B_3 型支链淀粉的合成中起到重要作用。而水稻 BEⅡa 缺失突变体中支链淀粉的长度没有显著变化,暗示着水稻支链淀粉合成中 BEⅡa可能主要起着协助 BEⅠ或者(和)BEⅡb 的功能(Nakamura,2002)。

直链淀粉含量增效突变体(amylose extender, *ae*)是 BEⅡb 缺失突变体。在 *ae* 突变体中,不仅直链淀粉含量成倍提高,支链淀粉的性质也发生较大变化,长链的比例和长度增加,短链减少(Mizuno 等,1993;Nishi,2001),而且 SSⅠ的活性也明显降低。这些结果表明,BEⅡb 可能起着转移短链的作用。目前发现 3 对非等位基因 *ae-1*、*ae-2*、*ae-3* 可导致该类突变,其中 *ae-3* 已定位于第 2 染色体上(Asaoka 等,1993)。

(五)淀粉脱分支酶

淀粉脱分支酶 DBE 可分为两种,即直接的脱分支酶和非直接的脱分支酶。直接的 DBE 存在于细菌及植物体中,可直接水解 α-1,6-分支;而非直接的脱分支酶主要存在于动物及酵母中,通过与 4-α-葡萄糖转移酶及淀粉-1,6-葡萄糖转移酶的共同作用除去 α-1,6-连接。直接的脱分支酶又可分为两种,即 α-限制糊精酶或限糊精酶(RE, pullulanase, EC.3.2.1.41)或支链淀粉酶及异淀粉酶(ISA, isoamylase, EC.3.2.1.68)。DBE 的活性对于淀粉颗粒的形成起着修饰作用,支链淀粉的合成及其整合到淀粉颗粒中均是由于 DBE 对高分支葡聚糖进行修饰的结果(Nakamura,1996)。

过去人们一直以为淀粉脱分支酶主要是在淀粉的降解过程中起作用,近年来才逐渐认识到,其在支链淀粉生物合成中也有很大作用。DBE在淀粉合成中的作用是通过研究Sugary和异淀粉酶突变体确定的。研究发现水稻Sugary突变体和玉米Sugary 1突变体胚乳中淀粉合成显著下降,植物糖原大量积累,直链淀粉含量也大大减少,且多为短链(DP<12),两种DBE的活性均减弱,其中支链淀粉酶活性下降尤为显著,表明DBE在决定支链淀粉精细结构中起着重要作用(Nakamura等,1996; Kubo等,1999; Wong等,2003)。另外,玉米Sugary 1位点的基因已用转座子标签法克隆出来,证明是编码一个去分支酶的活性,绿藻的一个突变体也积累植物糖原,突变在*Sta7*位点,缺乏一个去分支酶活性。因此,人们普遍认为植物糖原是SBE单独作用的结果,而DBE对支链淀粉最终形成簇或树结构起重要作用,SBE和DBE的平衡决定了支链淀粉的最终分支程度。异淀粉酶突变体是异淀粉酶缺失突变体,但限糊精酶活性与对照没有变化。该突变体包含84%不溶性支链淀粉和16%的水溶性葡聚糖(WSP),其中短链支链淀粉(DP5-12)含量比野生型对照显著增多(Fujita等,2003)。在综合了自己和他人的研究之后,Fujita等(2003)认为脱分支酶在支链淀粉合成中以异淀粉酶为主,限糊精酶起着辅助作用。

第五节　稻米品质主要性状的遗传

对稻米品质性状的遗传研究,以对外观与蒸煮及食用品质等的研究居多,但因研究材料、分析方法和遗传模型的不同,所得结果相似或经常有较大差异(表10-2)。

表10-2　稻米品质主要性状的主要遗传机制

性　状	遗 传 模 式	主要参考文献
垩　白	单显性基因控制	Nagai,1958
	Wa、*Wb*单基因控制	USDA,1963; Chang,1980,1981
	多基因控制	Chang,1979;祁祖白,1983;郭益全,1988
直链淀粉含量	一个主基因和若干微效基因	Kumar等,1987;何平,1998
	高AC对低AC为不完全显性	Kahlon,1965; Bollich等,1973
	由一主基因和少数修饰基因控制	Chang等,1979,Mckenzie等,1983
	高AC对低AC完全显性	李欣等,1990;黄武超等,1990
	复等位主基因Wx^a、Wx^b和*wx*和微效基因控制	Sano(1984,1985)
	多基因控制	Puri,1980;徐辰武等,1990
	两对显性互补基因控制	Stansel,1966; Mckenzie等,1983
胶稠度	单显性基因控制	Chang,1981;武小金,1989; Tang,1998,1999
	一对主效基因和若干微效基因控制	Tang,1989; 汤圣祥,1993
糊化温度	单基因控制	Heu等,1973; Mckenzie等,1 1983
	一个主基因和若干微效基因控制	Mckenzie等,1983; He,1999
	一组复等位基因控制	李欣,1995
香　气	单隐性基因控制	Sood等,1980; Berner等,1986
	系列显性互补基因控制	Nagaraju,1975; Tripathi等,1979

一、稻米外观品质的遗传

关于稻谷形状的遗传研究，最早见于赵连芳(1928)的报道，他认为粒长受1对基因控制。Ikeda(1952)认为粒长受制于基因Gr，该基因表现显性并有多效性。泷田正(1987)利用28个杂交组合研究，认为粒长属数量性状，但基因数量不多，而粒宽为部分显性，粒厚也是受制于多基因。芮重庆等(1983)估算其狭义遗传率为95.3%。祁祖白(1983)指出，粒长、粒宽和粒重正反交的平均值、标准差、方差、变异系数均近似，表明上述性状主要受核基因控制，细胞质的影响很小。Chang等(1979)认为短粗粒与细长粒品种杂交，F_2中细长粒要多于短粗粒。谷粒重量是一个由谷粒长、宽、厚综合起来的性状指标，一般认为粒重性状的遗传以加性效应或显性效应为主。

综合前人对粒形的研究结果，米粒长度和形状主要受遗传基因控制，受环境影响甚微。许多研究表明，粒长和粒宽的遗传是单基因、双基因或多基因控制。但近年来国内外研究多认为粒长和粒宽受多基因控制，属于数量遗传性状。稻米长宽比性状中加性和非加性基因效应都很显著，尤以非加性效应为主。

心白和腹白分别为隐性单基因 *Wc*、*Wb* 控制(USDA，1963)，但也有人认为腹白为显性性状。祁祖白(1983)用籼稻红400与中秆华泉杂交，发现垩白是一种多基因控制的性状，无腹白对有腹白表现部分显性效应，非等位基因间对腹白的作用是相等的。郭益全(1988)认为垩白受多基因加性效应的控制，并存在细胞质效应。虽然垩白的变异较大，但广义遗传力较高，为78.0%~89.0%。

二、稻米蒸煮与食用品质的遗传

(一)直链淀粉含量的遗传

直链淀粉含量的遗传控制一直是研究的重点。大多数研究认为，直链淀粉含量由1个主基因和少数微效基因控制，这与直链淀粉是由 *Wx* 基因编码的GBSS合成的事实相一致，糯与非糯品种之间在直链淀粉含量的差异受一主效基因控制，非糯对糯为显性(Kumar等，1987)。何平(1998)也认为直链淀粉含量受微效基因和主效基因共同控制，并分别将主效基因和微效基因定位在第5、6染色体上。高直链淀粉含量对低直链淀粉含量表现为不完全显性，由一主基因和少数修饰基因控制(Kahlon，1965；Bollich等，1973；Chang等，1981；Mckenzie等，1983；郭益全等，1985)。也有研究表明，高直链淀粉含量对低直链淀粉含量完全显性(李欣等，1990；黄超武等，1990)。Stansel(1966)在低直链淀粉含量与糯稻杂交组合中发现了高直链淀粉含量分离株，认为直链淀粉含量的遗传受上位性、细胞质效应和胚乳效应等多种复杂因素的影响。也有研究者报道直链淀粉含量的遗传受两个显性互补基因控制。徐辰武等(1990)认为直链淀粉含量为数量性状，受多基因控制或其遗传可能既有主基因效应又有微效基因效应作用。

除开展核基因遗传调控研究外，也有少量细胞质基因对品质影响的报道。因为水稻胚乳为三倍体组织，故既不同于母体，又不同于植株的新世代，但又属于二倍体母体植株提供营养物质，采用二倍体遗传模型研究认为，直链淀粉含量有细胞质作用、母体遗传或直感现象。但应用莫惠栋(1995a，1995b)的胚乳遗传模型，证实直链淀粉含量是个受三倍体核基因控制的胚乳性状，其遗传不存在细胞质效应。Deivedi等(1979)、Singh(1982)、Puri等(1983)、

Kumar 等(1986)、徐辰武(1990)和 Pooni 等(1993)认为,直链淀粉含量主要以加性效应为主,显性效应也很重要。石春海等(1994,1997)研究表明,直链淀粉含量主要受制于种子直接显性效应为主。在部分研究中,还发现显著的细胞质效应(武小金,1989;易小平等,1992;Pooni 等,1993)和核质互作效应(易小平等,1992)。徐辰武等(1998)认为籼粳交直链淀粉含量同时受胚乳基因型和母体基因型的控制,但总体上胚乳基因型起主要作用。

Sano(1986)用 RFLP 检测到 2 个 *Wx* 等位基因:Wx^b 主要存在于籼稻中,Wx^a 主要存在粳稻中。但这 2 个等位基因还难以解释不同水稻种质直链淀粉含量的连续分布。Blligh 等(1995)、Ayres 等(1997)和舒庆尧(1999)发现蜡质基因(*Wx*)的微卫星标记在水稻亚种及不同品种之间至少存在 8 种着多态性(8 种复等位基因),不同复等位基因的品种间直链淀粉含量不同,相同等位基因的品种间直链淀粉含量相近,这在分子水平上推导出 AC 受 *Wx* 基因上的一组复等位基因控制。

何平等(1998)及 He 等(1999)用窄叶青 8 号和京系 17 为亲本构建的 DH 群体及其分子连锁图谱,认为直链淀粉含量受 1 个主效基因 *Wx* 和 1 个微效 QTL 作用,分别位于第 6 和第 5 染色体上。Tan(1998,1999)利用汕优 63 的 F_1 杂种、F_2 群体及 F_9 的 RIL 对稻米品质进行研究,认为直链淀粉含量、糊化温度、胶稠度均受 1 个主效基因 *Wx* 控制。Bao 等(2000)发现 RVA 谱的 5 项参数主要受 *Wx* 控制。黄祖六等(2000)用泰国香米 KDML105 与 CT9993(陆稻)RIL 对直链淀粉含量基因定位,认为直链淀粉含量主要受 2 个主效 QTL 和 5 个微效 QTL 的共同控制,2 个主效 QTL 分别位于第 3 染色体和第 6 染色体上。

稻米的直链淀粉含量主要受遗传控制。除了上述研究外,迄今已发现了 14 个可影响直链淀粉含量的座位的突变体(表 10-3)。

表 10-3 影响直链淀粉含量的基因座位及其染色体定位

类 型	基因定位	突变体	直链淀粉含量(%)	染色体定位	参考文献
waxy	*wx* $Wx^a = Wx^b$		<2.0	6	Satoh 等,1986
Amylose extender	*ae*-1	EM109			Yano 等,1985
	ae-2(*t*)	EM129	26.2~35.4		Kikuchi 等,1987
	ae-3(*t*)	EM16 2064		2	Haushik 等,1991
High amylose	*Am*(*t*)				Hsieh 等,1989
Low amylose	*lam*(*t*)	SM1	下降 20%	9	Kikuchi 等,1987
Dull endosperm	*du*-1	EM-12 EM-57	3.8~4.1	10	Satoh 等,1986 Yano 等,1988
	du-2	EM-15 EM-85	3.7~4.4		Satoh 等,1986
	du-3	E-69 EM-79	2.0~3.9		Satoh 等,1986
	du-4	EM-98	1.5	12	Satoh 等,1990
	du-5	EM-140	5.7		Yano 等,1988
	du-2035		4.6	6	Haushik 等,1991
	du(2120)		5.9	9	Haushik 等,1991
	du(EM47)		1.9	6	Haushik 等,1991

(二)胶稠度的遗传

胶稠度(GC)最初被认为是由 1 对主基因控制的,长(软)胶稠度对短(硬)胶稠度表现为完全显性,还认为直链淀粉含量与胶稠度呈显著负相关(Chang 等,1981)。在硬 GC 与软 GC 的组合中,武小金(1989)研究表明,硬 GC 为显性,F_2 世代呈 3:1 分离。Tang 等(1989)、汤圣祥等(1993)发现籼稻的 GC 受主效基因的控制和若干微效基因的修饰,硬 GC 对中 GC 或软 GC,中 GC 或软 GC 均表现显性,遗传力高,可以在早世代选择。对籼粳杂交组合研究发现,GC 遗传也受主效基因控制,主效基因为复等位基因,表现硬对中,中对软为显性,但同时还存在基因剂量效应和质量-数量性状的特征(汤圣祥等,1996)。采用数量遗传的研究,郭益全等(1985)研究认为 GC 遗传存在极显著的加性效应和显性效应,其中显性效应作用更大,硬 GC 为显性,此外也存在细胞质效应作用。易小平等(1992)指出,GC 的遗传受细胞质影响最大,同时也明显受核质互作效应影响。石春海等(1994)研究表明,GC 同时受种子直接遗传效应和母体遗传效应的影响,其中尤以母体遗传效应作用明显。李欣(1989)认为,GC 的遗传主要受胚乳基因型控制,基因型的作用以加性效应为主。包劲松等(2000)研究认为,GC 主要受基因型和环境互作效应控制。

何平等(1998)及 He 等(1999)认为,控制 GC 的 2 个 QTL 分别位于第 2、7 染色体上。Tan (1998,1999)认为,GC 也受 1 个主效基因 *Wx* 控制。黄祖六等(2000)认为,GC 主要受第 3 染色体的 2 个位点控制。

(三)糊化温度的遗传

糊化温度(GT)的遗传比较复杂,不同类型品种杂交,后代的分离模式各不相同。Stansel (1966)在中等 GT 与高 GT 杂交后代仅得到亲本类型,而高 GT 品种与低 GT 品种杂交可产生高、中、低 3 种类型的分离体。Heu 等(1973)认为糊化温度由 1 个主基因控制。Puri(1980)在中等 GT 与高 GT 杂交 F_2 代出现双峰,而在中 GT 杂交组合中,超亲分离的方向因组合而异,因采用亲本的差异有较大的出入。Tomar 等(1984)认为,糊化温度是两对基因互作结果。同直链淀粉含量一样,糊化温度为一典型的受三倍体遗传控制的质量-数量性状,由一主基因和若干微效基因共同控制。徐辰武等(1998)认为,控制高、中和低 GT 的主基因为一组复等位基因。李欣(1989)、徐辰武等(1990)和包劲松等(2000)认为,GT 主要受胚乳基因控制,主基因以加性效应为主,显性效应为次。Shi 等(1997)研究表明,GT 的遗传受种子直接效应和母体效应的双重控制。

分子标记显示与常规遗传相似的结果。何平等(1998)及 He 等(1999)认为,GT 受 1 个主效基因 *alk* 和 1 个微效 QTL 作用,均位于第 6 染色体上。Tan(1998)认为,GT 与 AC 一样,受主效基因 *Wx* 控制。严长杰等(2001)利用 SSR 标记对 GT 的分析,检测到 6 个 QTL,其中位于第 6 染色体的主效基因贡献率达 87.6%,可能就是 *alk* 基因。

(四)香味的遗传

国内外学者对水稻香味(aroma)性状的遗传学研究认为,香味是一个受细胞核基因控制的遗传性状。但不同研究者用不同的材料、方法研究所得结论可能不同,有报道称香味是多基因控制的性状,也有人认为香味是单基因控制的隐性性状。

对于国际著名的香稻品种 KDML105 和 Basmati 系列,Pinson(1994)对香稻品种 Jasmine 85 (来源于 KDML105)进行了研究,结果表明香味性状由单隐性基因控制。金庆生等(1995)研究也认为,KDML105 的香味是由单隐性基因控制的性状。任光俊等(1999)认为,Jasmine 85

的香味受2对独立遗传的隐性基因控制。Reddy(1980)用热水鉴定香味的方法对Basmati 370进行研究,结果表明Basmati 370香味是由3对互补的显性基因控制的。Ali等(1993)用KOH法对Basmati 370和Basmati198进行研究,认为香味性状是由1对隐性基因控制的。

对于其他香稻材料,Richharia(1965)认为香味是多基因控制的性状。Dhulappanavar(1976)报道,香味是由4个互补基因所控制,无香味对有香味分离比例为175:81。Nagaraju等(1975)、Reddy和Sathyaraynaiah(1980)报道,无香味对有香味的分离比例为37:27,为3对基因控制。Kadam等(1980)报道,香稻C.I.3794的香味由4对基因控制。Reddy(1980)报道,香稻HR22、HR47、HR59香味的遗传模式为3对显性基因互补作用。Berner等(1985)对美国香稻品种Della进行研究,认为香味是由1对隐性基因控制的。Sahu等(1989)认为,香稻Kalimooch 64香味是由1对隐性基因控制的。Tsuzuki等(1990)认为,Brimful香味的遗传模式是2对基因互作。Dong等(1987,1992)认为,Shang bai A、Kabashiko、Shiroikichi、Henroyorid四个品种的香味是由1对隐性基因控制的。Pinson(1994)认为,Amber、Dragon Eyeball 100的香味是由2对隐性基因控制的。Geetha等(1994)对香稻Badshabhog研究后认为,香味是由2对隐性基因控制的性状。Katare等(1995)认为,印度香稻Kasturi和Ambemohor 157的香味是由1对隐性基因控制的。

我国从20世纪80年代开始重视稻米的品质,才开展对水稻香味遗传的研究。宋文昌等(1980,1989)报道,早香17、京香1号、香籽、香芒糯的香味由1对隐性基因控制。周坤炉等(1989)认为,MR365、湘香2A的香味由2对隐性基因控制。黄河清等(1989)认为,金龙稻、80-66的香味由1对隐性基因所控制。任光俊等(1994,1999)认为,Scented Lemont、香稻1号、香丝苗2号、香28A、赣香糯等香稻的香味由2对隐性基因所控制。张元虎等(1996)报道,香引1号、2号、4号、5号、6号、9号和大粒香香味由1对隐性基因控制。游晴如等(2003)认为,A04香味是由1对隐性基因控制的性状。任鄄胜等(2004)认为,D香1B、内香2B、绵香3B、D香2B、内香4R的香味是由1对基因控制的。

在香味的分子标记方面,Ahn等(1992)将香味基因(*fgr1*)定位在第8染色体上,与单拷贝标记RG-28的距离为4.5 cM。李欣等(1995)利用籼型和粳型标记基因系分别对武进香籼和武进香粳进行香味基因染色体定位,发现香味基因与分属水稻11个染色体的39个标记基因表现独立遗传,而与第8染色体上的标记基因*v*-8表现连锁,估算两个基因之间的重组值为38.03%±3.84%,推定水稻香味基因位于第8染色体上。金庆生等(1995)将KDML105的香味基因初步定位在第8染色体上,1996年将香味基因标记在RFLP标记jas500和C222之间,遗传图距分别为15.8 cM和27.8 cM。Lorieux等(1996)利用RFLP、RAPD、STS和同工酶4种分子检测方法,检测出控制水稻香味的1对主效基因和2对微效基因(QTLs),并将其定位在第8染色体RFLP标记RG1和RG28之间。Garland等(2001)对14个香稻栽培品种利用SSR进行香味基因定位,发现第8染色体上SSR引物RM42、RM223与香味基因有紧密连锁关系。Dong等(2003)利用初级三体对3个日本地方香稻品种(Kabashiko、Shiroikichi、Henroyori)进行了香味基因染色体定位,将单隐性香味基因定位在第8染色体上。Bradbury等(2005)克隆了位于第8染色体上的*fgr*基因。

(五)米粒延伸性的遗传

米粒延伸性(kernel elongation)受遗传和环境共同作用(Dela Cruz,1989),有关遗传研究较少。Sood(1983)利用双列杂交对其进行研究,指出米粒延伸性为基因非加性与加性效应共同作用，以前者为主。

Ahn 等（1993）利用 B8462T3-710（Basmati 37 后代）/Dellmont 的 F_3 群体进行 RFLP 分析，发现位于第 8 染色体的 QTL 与米粒延伸性有关，进一步研究表明该位点与控制香味基因连锁不紧密。

（六）淀粉黏滞谱的遗传

近年来，人们越来越重视淀粉黏滞谱的遗传研究。Bao（1999）用双单倍体群体研究认为，在两种环境下都检测到第 6 染色体的 *Wx* 基因位点控制黏滞谱的 5 个参数，即热浆黏度、冷浆黏度（最终黏度）、崩解值、回复值和消减值，该位点解释 19.5%～63.7%的总方差，同时这些特性也受 QTL 效应影响，还在两个实验地点检测到最高黏度受 2 个 QTLs 影响，表明淀粉黏滞谱特性受到环境影响。Kenneth 等的研究也认为，淀粉黏滞谱特性受单基因加性效应控制。

稻米营养品质的遗传研究主要集中在蛋白质含量上，对稻谷脂肪含量、游离氨基酸和无机质含量的遗传研究报道很少。稻米蛋白质的遗传相当复杂。迄今，没有发现大幅度增加水稻个别氨基酸水平的单一基因，再加上环境的影响，增加了遗传分析鉴定的困难。初步研究认为，稻米蛋白质含量是受多基因控制的数量遗传性状，包括加性效应、某些位点上的显性作用以及基因互作出现的超亲现象。国际水稻研究所（1979）分析了高/高、高/低、低/低等 12 个蛋白质含量不同的杂交组合，发现 12 个 F_2 群体中有 9 个表现正向的偏斜分布，高低组合一般要比高/高或低/低显示更大的偏斜，未分离出比亲本含量更低的类型，说明蛋白质含量的遗传存在加性及显性效应。祁祖白等（1983）研究表明，脂肪含量是数量性状，其遗传力较大，经过多代筛选，较易得到高脂肪含量且性状稳定的优质品种。

稻米中的主要蛋白质可以分为谷蛋白和醇溶蛋白 2 大类。其中，谷蛋白占整个蛋白质含量的 80%，是稻米中可为人体吸收蛋白的主要成分；醇溶蛋白则不能被人体所吸收。目前已经知道，水稻谷蛋白的编码基因是一个多基因家族，分为 *GluA* 和 *GluB* 两个亚家族，并且都在种子胚乳中以专一性的形式表达。迄今为止，这两个亚家族中的许多基因都已经被克隆。

第六节　分子技术改良稻米品质

一、分子标记辅助选择改良稻米品质

与产量、抗性一样，近年有关稻米品质性状分子标记研究受到重视。Ahn 等（1993）对 Basmati 370 米饭特有的延伸性进行研究发现，有 2 个 QTL 位点与其延伸性有关。金庆生等（1995，1996）就 KDML105 香味基因进行了定位。何平等（1998）及 He 等（1999）用窄叶青 8 号和京系 17 为亲本构建的 DH 群体及其分子连锁图谱，对影响稻米蒸煮品质关键指标直链淀粉含量（AC）、糊化温度（GT）、胶稠度（GC）及垩白的 QTL 进行定位，认为 AC 受 1 个主效基因 *Wx* 和 1 个微效 QTL 作用，分别位于第 6 和第 5 染色体上；控制 GC 的 2 个 QTL 分别位于第 2 和第 7 染色体上；GT 受 1 个主效基因 *alk* 和 1 个微效 QTL 作用，均位于第 6 染色体上；控制垩白米率的 2 个 QTL 位于第 8 和第 12 染色体上；控制垩白大小的只有 1 个微效 QTL，位于第 3 染色体上。Tan（1998，1999）利用汕优 63 的 F_1 杂种、F_2 群体及 F_9 的 RIL 对稻米品质进

行研究,认为 AC、GT、GC 受 1 个主效基因 *Wx* 控制,腹白与心白分别受 2 个 QTL 控制,其中位于第 5 染色体的 QTL 对腹白与心白起主要作用。Bao 等(2000)发现 RVA 谱的 5 项参数主要受 *Wx* 控制;黄祖六等(2000)用泰国香米 KDML105 与 CT9993(陆稻)的重组自交系对 AC 与 GC 进行基因定位,认为 AC 主要受 2 个主效 QTL 和 5 个微效 QTL 的共同控制,2 个主效 QTL 分别位于第 3 染色体和第 6 染色体上,而 GC 主要受第 3 染色体的两个位点控制。综上分析,国内外学者已经对稻米食用品质性状的遗传有了较深入的研究,但由于水稻种质资源存在遗传多样性,基于某一个组合的 QTL 分析得到的结果在育种的可利用性是非常有限的。对育种目标群体的精细定位,是分子标记辅助选择的必要前提。幸运的是,以上分析可以看出许多位点具有多效特性,不同组合具有相似的 QTL 研究结果,如很多研究者发现稻米 AC、GT 和 GC 性状受 1 个主基因控制,而且该主基因位点存在一系列复等位基因。Blligh 等(1995)和 Ayres 等(1997)发现,蜡质基因(*Wx*)的微卫星标记在水稻亚种及不同品种之间存在 8 种着多态性(8 种复等位基因),不同复等位基因的品种间 AC 不同,相同等位基因的品种间 AC 相近,这在分子水平上推导出 AC 受 *Wx* 基因上的一组复等位基因控制。若能鉴定控制其他性状的基因位点所存在的系列复等位,并对水稻种质资源进行筛选,估计出复等位基因的数量,这样可以避免每个育种群体需要重新对目标性状 QTL 定位限制因子。蔡秀玲(2002)指出 *Wx* 基因第一内含子剪接供体 +1 位碱基 G 或 T 与 AC 含量高低共分离,可以用 PCR-*Acc* Ⅰ分子标记进行中等直链淀粉含量直接选择。

直链淀粉含量、糊化温度、胶稠度等稻米蒸煮食用品质已建立相关标记,而实际上这些性状是由淀粉品质决定的。随着淀粉生物合成过程关键酶基因克隆成功,直接利用以上基因为标记开展辅助选择可显著提高育种效率。如 GBSSⅠ在第 6 染色体上,在籽粒起作用;GBSSⅡ在第 7 染色体,主要在叶片起作用;SSSⅠ在第 6 染色体,催化合成起始支链淀粉(短链);SSSⅡ-1、SSSⅡ-2、SSSⅡ-3 分别位于第 10、2、6 染色体,催化合成中等链;SSSⅢ-1、SSSⅢ-2 分别位于第 4、8 染色体,催化合成支链淀粉长链;SSSⅣ-1、SSSⅣ-2 分别位于第 1、5 染色体,SSSⅣ-1 在胚乳中起作用,SSSⅣ-2 主要在叶片起作用。根据蒸煮食用品质标记与淀粉生物合成过程关键酶基因所在染色体位置推断,直链淀粉含量和胶稠度与 GBSSⅠ、SSSⅠ关系密切,糊化温度除了与 ALK、GBSSⅠ、SSSⅠ关系密切外,还可能与 SSSⅢ-1 有关,食味与 SSSⅢ-2 有关。

二、基因工程改良稻米淀粉品质与营养品质

(一)基因工程改良稻米淀粉品质

通过基因工程方法进行淀粉品质的改良已取得较大进展。目前已成功克隆了至少 1 种以上参与淀粉合成的 AGDP、GBSS、SBE 和 DBE 等关键酶,为遗传操作奠定了基础。Okita 等(1996)将细菌 AGDP 基因导入水稻,在种子发育过程中表达,促使更多的糖源转向淀粉合成;Shimada 等(1993)将编码 GBSS 的 *Wx* 基因外显子 4 和外显子 9 之间 1.0 kb 的克隆片段与 CaMV35S 启动子和 *gus* 基因反向连接,导入到粳稻品种 Nipponbare,获得表观直链淀粉含量明显降低的水稻转基因株。刘巧泉等(1999)利用农杆菌介导法,将 *wx* 基因反义 RNA 导入水稻,结果该基因在胚乳中高效表达,直链淀粉含量降低至 2%左右并可稳定遗传到下一代。胡昌泉(2003)和苏军等(2004)将控制支链淀粉合成的淀粉分支酶基因 RBE1、可溶性淀粉合成酶基因 SSS 导入籼稻的恢复系和保持系中,获得了稳定遗传的淀粉含量有较大改变

的转基因籼稻。

(二)基因工程改良稻米营养品质

1. 改善蛋白质贮藏蛋白的氨基酸组成 Zheng(1995)等通过 PEG 诱导法分别将菜豆和豌豆的球蛋白基因导入水稻中,再生植株的种子中菜豆球蛋白约占内胚乳蛋白质总量的 4%。Momma 等通过电击法将大豆球蛋白基因(*AlaBlb*)导入水稻中,检测结果表明,大豆球蛋白基因已在转基因水稻种子中表达,大豆球蛋白的量占种子蛋白质量的 4%~5%,转基因水稻种子中蛋白质含量(0.08 g/g)比对照(0.065 g/g)高约 20%,转基因水稻种子中几乎所有的氨基酸(包括赖氨酸)均比对照高出 20%,通过转谷蛋白 A 反义基因可以降低谷蛋白含量。Yoshiyuki(2002)等检测了两个转基因品系 H39-59 和 H75-3 的 T_2、T_4 代。在大田生长的两个品系,其 T_4 代均表现出种子的谷蛋白含量降低了 20%~40%,而醇溶谷蛋白含量提高。Gao(2001)用基因枪法将来源于四棱豆的高赖氨酸蛋白质基因导入水稻中,经检测表明该基因已整合到水稻的基因组中。但由于驱动目的基因表达的启动子是非种子特异性启动子,结果仅提高了转基因水稻叶片中的赖氨酸含量,未能达到改良水稻营养品质的目的。Lee(2001)等将玉米赖氨酸反应不敏感基因 *dhps* 全长 cDNA 分别连上 CaMV35S 启动子(超表达)和水稻种子专一性谷蛋白 GluB-1 启动子(种子特异性表达)构建载体,进一步转化水稻。用 CaMV35S 作启动子的转基因品系(简称 TC),其 DHPS 转录水平高于以 GluB-1 为启动子品系(简称 TS)10~100 倍。TC 和 TS 未成熟种子的自由赖氨酸含量均高于野生型植株。种子成熟以后,TC 的自由赖氨酸含量仍高于野生型,但 TS 则和野生型很接近。

2. 人体必需营养成分的改良 Goto(1999)成功地将大豆铁蛋白基因的编码序列转入水稻,获得富含铁蛋白的转基因水稻,其铁含量比一般的籽粒高 3 倍。Lucca(2001)通过转基因等途径显著提高了水稻铁吸收能力,增加了含铁量。

转基因水稻研究中具有标志性成果是金稻(Golden rice)的培育。维生素 A 缺乏症每年导致不少人失明和死亡。水稻未成熟胚乳能够合成 β-胡萝卜素的早期中间产物牻牛儿二磷酸(GGPP),它能在八氢番茄红素合成酶(psy)的作用下形成无色的八氢番茄红素,在八氢番茄红素脱饱和酶(crt Ⅰ)的作用下形成番茄红素,经番茄红素 13 环化酶(lcy)的作用产生 β-胡萝卜素及其他类胡萝卜素。因此,要使水稻胚乳能够合成 β-胡萝卜素,就需要将外源的 *psy* 基因、*crt* Ⅰ和 *lcy* 基因以相应的启动子和其他调控序列转化到水稻中去。利用源于细菌的 *crt* Ⅰ,以及源于黄水仙的 *psy* 和 *lcy*,以不同的基因组合插入 3 种载体中,*crt* Ⅰ受 CaMV35S 启动子的控制,*psy* 和 *lcy* 则受胚乳专一性的水稻谷蛋白启动子控制,同时,这些载体中的功能性转运肽序列能引导基因产物进入胚乳质体,确保最终产物在胚乳中形成。Ye(2000)成功将 3 个外源基因(*psy*、*crt* Ⅰ、*lcy*)转到水稻中,转基因水稻(金稻,Golden rice)显著提高 β-胡萝卜素(维生素 A 前体)含量,初步分析表明,胚乳中的类胡萝卜素含量达 1.6 μg/g,其中以 β-胡萝卜素为主。目前,第二代金稻已培育成功,类胡萝卜素含量比第一代高 20 倍。

第七节　稻米品质改良研究进展

一、国外稻米品质改良研究概述

美国是国际上开展稻米品质研究较早的国家。在20世纪50年代中期即育成了农艺性状极为优良的长粒型品种Century Patna 231(CP231),但在大面积推广后,由于其蒸煮(高糊化温度)和加工与传统的长粒型品种相差甚远,最后未能被消费者与水稻工业界所接受。受CP231事件影响,1955年,美国农业部在Texas Beaumont试验站建立了一个国家区域性稻米品质评价实验室(Regional Rice Quality Laboratory)。稻米品质一直是美国水稻育种的第一目标。美国稻米按长粒与中粒划分。中粒品种其米质相当于我国粳稻,米饭有黏性,在California、Arkansas、Mississippi等地种植。南部Texas、Louisiana和中部Arkansas以长粒型品种为主,其品质要求外观好,整精米率高,中等直链淀粉含量(20%~24%),中等糊化温度,米饭柔软但不粘结,育成品种的品质十分优良。其中在1983年发放的长粒优质品种Lemont一度占美国长粒优质品种60%以上,其基本无垩白,精米长7.6 mm,长宽比达3.6,整精米率达67%,直链淀粉含量22%~23%。进入20世纪90年代,美国稻作兴起再生稻,因此极早熟品种受欢迎,1996~1998年发放Jefferson、Cypress、CCDR等品种,其品质与Lemont相似,但比Lemont早熟1~2周,目前Cypress已占美国长粒优质品种50%以上。为了迎合不同国家、民族对稻米品质要求的差异,近几年,培育并发放了如Jasmine 85等优质长粒型黏性香型品种(Bollich,1992)。除了直接食用外,应美国食品企业要求,特用罐头稻米、方便稻米应运而生,如Dixibble。

稻米出口第一大国泰国,自从Sala Dasananda、Krui Punyasing和H.H.Love博士创建水稻育种计划以来,稻米的物理品质(外观品质、碾磨品质)成为育种的主要目标,到20世纪60年代末,开始注重稻米的化学特征。鉴于优质稻米可售得高价,泰国政府十分重视米质优良的水稻品种。1968年,当RD品种正在培育过程时,泰国农业部就建立了稻米品质检测实验室,为育种家提供服务。优质稻米定义为:米粒细长,半透明,整精米率高,米饭柔软。1945年,泰国一农民发现Kao Dawk Mali品种,后经过系统选育获得著名的泰国香米品种KDML105。其精米长达7.8mm,长宽比3.5,籽粒半透明,垩白米粒极低(5%以下),整精米率65%左右,米粒延长比率达100%,低直链淀粉含量(18%左右),胶稠度85 mm,米饭既柔软又芳香可口,食用品质特佳。该品种属高秆地方品种,生育期达180天,单产3 t/hm^2,主要在泰国东北部地区种植。泰国政府为了维护泰国香米(THAI HOM MALI RICE)在国际市场的声誉,1997年泰国商业部明确规定,凡出口泰国香米须用KDML105或RD15品种的稻谷精加工而成。KDML105年种植面积210万hm^{2}左右;RD15年种植面积28万hm^2,是育成的早熟品种,具有与KDML105相似品质与香味。KDML105与RD15均属于感光型品种,不但生育期长,且抗性较弱。泰国筛选与培育的KPM148、PN43、RD系统等优质稻品种,其稻米品质指标多数达我国农业部部颁一级标准,但与KDML105有一定差距。经过努力,1997年发放2个香稻品种Kawm Klong Luang和Hawm Supanburi,其品质已与KDML105相当,携带矮秆基因,抗倒伏,且不感光,每年任何时间都可种植,都中抗稻瘟病、白叶枯病及稻飞虱,已在泰国各地推广种植。泰国香米标准有2种:精米与糙米(便于运输与贮藏),每种类型按碎米率分 8 个等级。

国际水稻研究所建所之初的工作重点放在如何大幅度提高水稻单产上,20 世纪 60 年代发放了高产水稻矮秆品种 IR8,以避免亚洲地区可能出现的大面积饥荒现象。但 IR8 的高产特性是与劣质齐名的,其外观品质及蒸煮食用品质都很差,心白、腹白大,籽粒短,米饭粗糙。从 70 年代开始,国际水稻研究所加强了对稻米品质的评价、优质稻新品种选育研究(Khush,1979,1991)。其中,Juliano 博士及其领导的研究小组在稻米品质研究中做了大量卓有成效的工作,取得了很多成果,建立了一套稻米品质评价系统方法;Khush 博士及其领导的研究小组重点以稻米品质性状遗传及育种应用为研究主要内容,其遗传研究结果指导后人育种实践,而育成的优质、多抗品种 IR26、IR64、IR72、IR841 等成为水稻育种亲本材料为人广泛利用。进入 90 年代,国际水稻研究所十分重视香型优质稻研究与开发,每年收集近 50 余份香型优质稻进行观察,并分发各国开展香稻选育。

与上述国家相比,日本居民喜食粳米,粳稻品质一直是育种的首要目标,其品质居领先地位。1956 年育成的品种越光以其优异的品质著名,一直居日本栽培水稻面积之首,1997 年仍占日本水稻栽培面积的 31.3%,栽培面积居前 10 位品种中有 8 个是越光的后代。从 20 世纪 60 年代起,先后育成笹锦、富士光、星之梦、娟光、火光、一见钟情、大家都来等优质品种。从 80 年代中后期起,日本农林水产省农业研究中心开展新型稻米品种研究,先后育成了大胚米、低蛋白米等特用稻米水稻品种。目前我国北方仍有许多地方大量种植越光、富士光、星之梦。当前我国常规优质稻种植面积最大的品种空育 131 即来自日本。

除了泰国、美国、国际水稻研究所、日本等十分注重稻米品质研究外,巴基斯坦、澳大利亚、印度也是传统优质稻米研究强国。1933 年育成的 Basmati 370 就如巴基斯坦名片,其品质与 KDML105 相当,但其秆高、产量低。从 20 世纪 70 年代开始巴基斯坦政府注重 Basmati 香稻品种改良,育成 BR4384、Basmati 385、超级 Basmati、PK50010、PK4048-3 等品种,其品质指标多数达我国农业部部颁一级标准,且产量比原来品种增加近 1 倍,可达 4 t/hm^2(Baqui,1997)。澳大利亚、印度近几年发放的 Goolarah、Jaymati、Kasturi、Haryana Basmati-1 等品种,品质优良,表现为米粒细长,半透明,少垩白,整精米率高(65%以上),中等直链淀粉含量,软胶稠度(Singh,1997)。进入 20 世纪 90 年代,越南稻米在国际市场上的销售量逐年上升,1997 年居第二位,该国也十分重视优质稻米的研究与开发。

二、我国稻米品质改良研究的发展

(一)常规优质稻品种选育取得长足进步

我国是世界水稻生产与消费大国,在过去相当长一段时间,为解决粮食不足,偏重提高产量而忽视品质的现象比较突出,有关稻米品质研究与优质稻品种选育比美国、日本、澳大利亚、印度等国家都晚。到 20 世纪 80 年代中期,稻米品质低劣的问题日益显现,水稻生产与消费矛盾变得越来越突出。1985 年 1 月农牧渔业部在长沙召开首届优质稻米座谈会,指出发展优质稻米的重要性,“七五”期间在全国育种攻关中确实把优质放到了首位,在提法上为“优质、高产、多抗”。随后还评选我国首届优质稻米品种与产品,为我国优质稻品种选育提供了丰富的资源。1986 年与 1988 年,中国水稻研究所闵绍楷等起草了农业部部颁食用稻米标准及其测定方法(NY122 - 86,1986;NY147 - 88,1988),有力推动了我国优质稻米的生产和研究。“七五”期间农业部还专门设立有关稻米品质主要性状的遗传研究的重点科研项目,为稻米品质改良提供了有益的理论指导(莫惠栋等,1990)。尤其进入20世纪90年代以来,我国稻米品质改良研究取得了长足的进步,如湖南软米、中优早3号两个早籼品种分别获得第一、第二届全国农业博览会金奖。中国水稻研究所、广东省农业科学院水稻研究所、湖南省水稻研究所、江西省农业科学院水稻研究所等单位相继育成一批品质符合市场需求的早、晚稻优质品种,如早籼优质稻中鉴100、中优早5号、南集3号、中优早81、绿黄占、赣早籼37等。这些早籼优质稻品种品质主要指标达部颁二级米标准,表现垩白少,垩白米率10%~20%,整精米率50%以上,米粒细长,直链淀粉含量15%~23%,米饭柔软可口,具有一定的商品开发价值,一些稻米开发企业定点、定基地进行合同收购。特别是90年代中后期,以可供出口的一级优质籼稻中香1号、北方优质粳稻龙粳8号等品种成功实现产业化开发为标志,我国优质稻育种研究已进入国际先进行列。中香1号为湖南常德金健米业公司所利用,开发出"金健牌强身米"等名牌大米,畅销深圳、香港市场,该公司因此成为我国首家上市的粮食股份有限公司。近年来,品质主要指标达部颁一级米标准的晚籼优质稻品种如中健2号、丰矮占、粤香占、湘晚籼5号、湘晚籼10号、湘晚籼11号、赣晚籼19、923、伍农晚3号等,品质已接近或达到国际名牌大米泰国香米KDML105的水平,以此开发出了"珍珠强身米"、"龙凤牌中国香米"、"聚福香米"、"秀龙香丝米"、"碧云大米"等。目前我国优质食用稻品种品质(国标三级以上)达标率为28.5%(籼稻品种达标率为18.3%,粳稻品种达标率为49.7%),2003年种植面积在3.3万hm^2以上的常规稻品种优质化率近50%。但与国外优质米相比仍有较大的差距(表10-4)。我国优质稻新品种(系)籽粒长、千粒重均小于国外名牌大米。直链淀粉含量是影响稻米蒸煮及食味品质的重要因素。国外名牌大米直链淀粉含量平均值为20.1%,变幅为18.6%~21.8%,位于中、低直链淀粉含量的临界值附近,我国上述9个优质稻直链淀粉含量平均值为17.5%,变幅为10.1%~18.8%,都属于低直链淀粉含量类型,其米饭松散性往往较差。以往研究表明,籼稻的直链淀粉含量与胶稠度呈负相关,即胶稠度长,直链淀粉含量则低,米饭虽柔软但松散性往往较差,但国外名牌大米胶稠度(82.5 mm)和直链淀粉含量(20.1%)均大于我国的优质稻米,米饭柔软而松散,更受消费者欢迎。

表10-4 我国优质稻米与国际品牌稻米品质比较

品名		来源	籽粒		千粒重(g)	胶稠度(mm)	直链淀粉含量(%)
			长(mm)	长/宽			
国际名牌大米	泰和牌水晶香米	泰国	7.3	3.5	17.9	74.0	18.6
	金龙牌香米王	泰国	7.2	3.6	17.9	91.0	19.3
	美家牌美国米	美国	7.4	3.4	17.6	76.0	20.9
	澳洲牌袋鼠米	澳大利亚	6.8	3.2	16.8	93.0	21.8
	平均值		7.2	3.4	17.6	82.5	20.1

续表 10-4

	品　名	来　源	籽　粒		千粒重 (g)	胶稠度 (mm)	直链淀粉含量 (%)
			长(mm)	长/宽			
国内优质米品种	湖南软米		7.1	3.4	16.2	60.0	10.1
	湖南丝苗		6.7	3.5	15.9	60.0	16.1
	长丝占		6.3	3.4	15.6	77.0	17.0
	晚罗占		6.4	3.1	15.8	44.0	18.1
	中优晚 1 号		7.2	3.5	17.1	91.0	18.1
	鉴 105		7.1	3.2	17.2	88.0	18.8
	鉴 106		6.8	3.4	16.0	89.0	18.4
	中香 1 号		6.9	3.2	16.8	88.0	17.8
	中健 2 号		7.6	3.7	17.6	62.0	18.1
	中香丝苗		6.8	3.2	16.8	80.0	15.8
	平均值		6.8	3.3	16.3	75.2	17.5

(二)杂交水稻品质改良亟待提高

杂交水稻亲本的米质状况影响着其配组杂种的米质状况。廖伏明(1999)对当时杂交水稻应用面积最大的 15 个三系杂交水稻亲本的米质进行了分析,结果发现,无一不育系的垩白粒率、垩白大小及胶稠度达部颁一级优质米标准,也无一恢复系的垩白粒率达部颁一级优质米标准。杂交稻组合的米质状况与其亲本的米质状况完全一样,都是存在垩白和胶稠度不达标的问题,说明当前杂交水稻的米质差完全是由其亲本造成的。要选配优质的杂交稻组合,优质不育系的创制是主要技术难点,因不育系的米质存在垩白粒率高、垩白度大和胶稠度低(硬)3 个问题,目前大面积生产应用的三系不育系如 D62A、V20A、珍汕 97A、金 23A、龙特甫 A、冈 46A、Ⅱ-32A、优ⅠA 等胶稠度均较低(硬)。从 2003 年种植面积在 6 667 hm^2 以上组合分析(表 10-5),Ⅱ优、汕优、冈优、金优(多数组合米饭硬,垩白高)、威优、特优系列等米质低劣的组合占 80%以上。近年来,国内一些育种单位采用复式杂交法和连续回交技术转育成一批优质高异交率不育系,如中国水稻研究所育成的印水型不育系中 9A,四川省农业科学院育成的川香 28A、川香 29A,配制出了一批米质指标尤其是透明度大有改观的杂交稻新组合。根据对 1998~2003 年南方区试杂交稻组合的稻米品质分析(表 10-6),直链淀粉含量各类型的平均值均在国标优质米一级范围内,优质达标率早籼和华南早籼超过 60%,中籼和华南晚籼超过 70%,晚籼和单季晚粳分别超过 80%和 90%;整精米率除早籼和华南早籼外,其他各类型的平均值均达到国标优质米一至二级,优质达标率均在 70%以上,其中单季晚粳和华南晚籼优质达标率分别达到 80%和 90%以上。虽然外观品质相对不够理想,以及早籼和华南早籼稻米品质相对较差,但与“七五”和“八五”时期相比,已有明显改善。另外,在 347 个各类型杂交稻组合中,有 48 个达到国标优质米三级以上,其中的 41 个出现在 2001~2003 年间。

表 10-5　2003 年杂交稻种植组合情况

不育系名称	组合数（个）	推广面积（万 hm^2）	不育系名称	组合数（个）	推广面积（万 hm^2）
金 23A	24	235.2	D62A	3	46.2
Ⅱ-32A	25	225.3	V20A	9	45.3
冈 46A	8	138.3	新香 A	5	28.9
培矮 64S	7	104.2	优 1A	11	26.1
珍汕 97A	18	86.8	宜香 1A	1	10.0
协青早 A	18	61.4	川香 29A	1	10.0
龙特甫 A	14	60.4	广占 63S	1	9.8
中 9A	10	52.9	丰源 A	4	9.6
博 A	16	52.4			

表 10-6　1998～2003 年南方区试中杂交稻组合的稻米品质　（杨仕华，2004）

类　型	整精米率（%）		垩白度（%）		直链淀粉（%）		达到国标优质三级以上	
	平均值	达标率	平均值	达标率	平均值	达标率	组合数	占%
早　籼	40.6	17.2	15.6	6.9	19.8	62.1	0	0.0
中　籼	55.9	74.3	11.2	21.4	20.4	78.6	20	14.3
晚　籼	54.9	70.6	11.0	24.5	20.4	83.3	16	15.7
单季晚粳	66.5	81.8	7.2	45.5	16.3	90.9	5	45.5
华南早籼	48.1	39.0	16.3	2.4	20.0	61.0	0	0.0
华南晚籼	62.4	95.8	6.8	37.5	21.0	70.8	7	29.2
总　体		61.4		20.7		76.4	48	13.8

三、我国水稻食用稻米品质改良技术难点与对策

我国主栽水稻品种与正在参加区域试验新品系稻米品质存在的主要问题较为相似，突出表现在：①外观品质较差，尤其是南方晚粳稻、早籼及杂交稻。②直链淀粉含量与胶稠度协同性差。20 世纪 90 年代以前，早籼稻米饭太硬是普遍存在的缺陷。为解决这一问题，人们期望通过降低直链淀粉含量培育优质早籼。然而，经过 10 余年的研究，结果又从一个极端走向另一个极端，对优质稻米在认识上出现了偏差，一时间凡是米饭软的类型均被看成优质稻。其主要问题是：直链淀粉含量普遍偏低，如浙江省“9410”计划优质早籼育种计划执行 3 年后，150 余份材料近 85%直链淀粉含量在 8%～14%之间，现有大面积推广的优质早籼直链淀粉含量多在 14%以下，此类稻米很难为喜食软硬适中的人们所接受。

随着杂交稻育种技术的不断提高，常规稻育种的推波助澜，杂交稻产业化的不断成熟，杂交稻种植面积已有较大的发展，种植面积占水稻总面积的比例已从 1990 年的 41.2%增加

到2002年的54.9%，常规稻与杂交稻的均态将被打破。杂交稻如果在杂交早稻和品质上再有新的突破，其种植面积大大超过常规稻将是不争的事实。如何加强杂交稻品质改良显得十分重要，其中培育低垩白、长胶稠度的优质不育系成为首要任务。

稻米品质是品种遗传特性和环境因素综合作用的结果。深入分析优质稻米改良中存在的问题，可发现优质稻育种未取得突破的主要原因，具体体现在：①由于稻米品质存在复杂遗传多样性，如现已知12个主基因控制直链淀粉含量，其中 *Wx* 主基因有多达8种以上，导致大量的遗传研究结果难以相互验证，对品种选育指导作用不明显；②米质的多数性状受多基因控制，最重要的性状如整精米率、垩白米率、胶稠度及直链淀粉含量受环境影响很大；③稻米品质指标多，稻米食味鉴定尚无统一科学方法，现有的稻米品质主要性状的测定方法烦琐，无法满足低世代大量育种材料快速鉴定的要求，育种家迫切需要建立一套品质主要性状快速简便、高效实用的鉴别体系。鉴于稻米品质改良存在技术难点，中国水稻研究所优质多抗研究室提出了"明确品质改良重点，创制特异育种材料，建立高效鉴定方法，借助分子标记选择"的育种策略。

好加工、好看、好吃是食用优质稻基本要素，与之相关的整精米率、垩白米率、胶稠度及直链淀粉含量是水稻品质最重要指标，国家标准《国家优质稻谷》将此四项指标作为强制性指标执行，也是目前品质改良中达标率最低的指标，而整精米率与垩白米率、胶稠度与直链淀粉含量有着显著相关性，因此就整精米率、垩白米率、胶稠度及直链淀粉含量进行协同改良是重中之重。

由于整精米率、垩白米率、胶稠度及直链淀粉含量受温度影响大，故在不同年份、季节、地点变化大。从1996年起，中国水稻研究所优质多抗研究室对国内外共205份优质材料进行了异地、异季种植结合人工气候箱试验并进行品质鉴定，从中发现D50、CPS、CCDR 3份品质稳定表现特异优质材料，在D50、嘉935等组合后代中获得与D50具有相似特性特优质中间材料，为稻米品质改良提供了优良的基础材料。

现有的稻米品质主要性状的标准鉴定方法要求样品用量大且烦琐，不适宜进行早世代育种选择，目前中国水稻研究所优质多抗研究室已初步开发出一套少样、快速的稻米品质主要性状鉴定方法，结合食味仪、近红外分析仪（Near Infrared Reflectance Spectroscopy，NIRS）及黏度速测仪（Rapid Visco Analyzer，RVA）等现代先进仪器，可进一步完善稻米品质主要性状快速鉴定方法。

近年来，水稻分子生物学研究技术日趋成熟，各种分子标记已成为米质分析的有利工具。随着研究不断深入，分子标记辅助选择在稻米品质改良，特别是优良食味选择上将起到显著作用。

第八节　稻米品质研究热点

一、功能食品兴起与功能性稻米研究

功能食品（Functional Food）是指具有调节人体生理功能、适宜特定人群食用，又不以治疗疾病为目的的一类食品。这类食品除了具有一般食品皆具有的营养和感官功能外，还具有一般食品所没有的或不强调的食品第三种功能，即调节人体生理活动的功能。综观食品

的发展历史，大体可分为三阶段。20 世纪 80 年代末至 90 年代中期，第一代强化食品、第二代功能食品必须经过人体和动物试验，证明该产品具有某项保健功能。第三代功能食品，不仅需要经过人体和动物实验证明具有某种保健功能，还需要查明具有该项保健功能的功能因子的结构、含量及其作用机制，功能因子在食品中应有稳定形态。

食物与人体的关系是自然生态的一部分。从食物链的角度看，通过漫长的进化过程，每种生物物种都形成了相对稳定的、适合于自己生存的独特的饮食结构。在从猿到人的进化过程中，食物的构成以及对食物的处理方式（如由生食到熟食）的变化，深刻地影响了人类的进化过程。除自然环境外，不同人种在体质、行为特点和疾病类型方面都或多或少地与其饮食特点相关联。东西方饮食结构上的明显差异对疾病易感性的影响有时是非常直接和明显的。研究表明，西方人的前列腺癌和乳腺癌的发病率都明显高于东方人，而移居美国的亚裔第二代人中，这两种肿瘤的发病率与当地人就没有明显的区别。显然，食物对人类的重要性，仅从营养学的角度来认识是不够的。20 世纪 90 年代的西方，尤其是美国对功能食品的研究与开发，出现了“爆发式” 的发展，开辟了人类认识食物与人体健康与疾病关系的新领域，并迅速发展成为一种新兴的功能食品产业。日本从 20 世纪 90 年代开始重视功能保健食品研究，1991 年制定了特定的保健功能食品制度，开发了一批防贫血、防高血压、防糖尿病、防肾病等功能性食品，2001 年市场规模已达 4 121 亿日元。

由于功能性食品具有天然、安全、有效的特性，已成为中国 21 世纪发展的重点。

（一）功能性稻米研究现状与趋势

1. 稻米富集许多功能明确的生理活性物质　稻米由皮层、胚乳和胚三部分组成，皮层包围在胚和胚乳外面。稻米中除了大量淀粉、蛋白质外，在米胚和种皮中富集许多生理功能物质。研究表明，皮层富含维生素、铁（改善贫血症）、锌（提高免疫能力）等微营养元素等；胚乳富含淀粉，是食用部分及功能性食品的重要原料或配料，为发展低热量、低脂肪等专用食品提供基础；胚富集多种功能性的生理活性成分，如 γ-氨基丁酸、肌醇（属于维生素药物及降血脂药物，对肝硬化、血管硬化、脂肪肝、胆固醇过高等有明显疗效）、谷维素（降低胆固醇，预防皮肤衰老，缓解更年期出现的各种身体不舒服和自律神经失调症）、V_E（抗衰老）、谷胱甘肽（防止溶血出现，具抗艾滋病毒和消除疲劳的功能）、膳食纤维（促进肠道蠕动，预防肠癌发生）、N-去氢神经酰胺（抑制黑色素生成，美化皮肤）、γ-阿魏酸（抗血栓形成，抗紫外线辐射，抗自由基）、角鲨烯（强化肝功能）等。此外，黑米和红米还富含黄酮类生化物、生物碱等功能成分。因此，稻米中功能成分的发掘利用潜力巨大，可望在增强人体功能和代谢平衡上发挥重要作用，从而达到提高稻米的附加值，扩大稻米的利用范围，使稻米不仅作为人的食物，同时也是新型功能保健品和食品工业的一种重要原材料。

2. 国际上已投入巨资开展相关研究，功能性稻米研究已成为水稻研究的热点与发展方向　1992 年，联合国粮农组织（FAO）和世界卫生组织（WHO）开始关注东南亚地区水稻主食人群的营养缺乏状况（资料表明，东南亚 48%哺乳妇女、42%孕妇、40%婴儿、36%未孕未哺妇女及 26%学龄儿童患有缺铁性贫血，肾脏病和糖尿病患者估计超过 1.5 亿人，维生素 A 缺乏病患者估计超过 2 亿人），并在亚洲发展银行（ADB）和联合国基金会（UNICEF）资助下开展相关研究。1994 年起，在国际农业研究政策咨询机构（CGIAR）和国际粮食政策研究所（IFPRI）的倡导和主持下，在世界银行及亚洲发展银行等资助下，开展富铁、锌稻米遗传育种研究，并培育了铁含量高于 25 mg/kg 的富铁水稻（比普通水稻高 60%以上）的高产品种

IR164。特别值得注意的是，稻米中富含的植酸（一种普遍存在的有机酸），多与铁、钙和锌以络合物的形式存在。络合形成的植酸盐不能被人体消化吸收利用，致使稻米中可为人利用的铁、钙和锌很低。另外，摄入体内的植酸也还会和其他来源的铁、钙和锌结合形成植酸盐，进一步造成这些营养元素的生物有效性下降，从而加剧铁、钙和锌等微营养缺乏症。由于上述原因，通过转基因和诱发选育的富铁、钙和锌稻米（单纯的绝对含量增加、非有效利用态），以及目前市场中琳琅满目的高铁、高钙类功能保健品的铁、钙、锌实际并不能被有效利用。2002年由CGIAR发起的全球功能性水稻开发的大型国际合作项目获得通过。该项目2003年8月获得盖茨基金资助。国际原子能机构（IAEA）和亚洲发展银行（ADB）共同发起了一项旨在“消除亚洲地区微营养缺素症”的技术合作项目。

与此同时，包括先正达、孟山多等在内的国际跨国公司开始关注功能性稻米研究，并投巨资开展相关研究。Goto（1999）成功地将大豆铁蛋白基因的编码序列转入水稻，获得富含铁蛋白的转基因水稻，其含铁量比一般的籽粒高3倍。Lucca（2001）通过转基因等途径显著提高了水稻对铁的吸收，增加了含铁量。Ye（2000）成功将3个外源基因（*psy*、*crt* Ⅰ、*lcy*）转到水稻中，育成被称为“金稻”（Golden rice）的转基因水稻，显著提高了β-胡萝卜素（维生素A前体）的含量。

我国一向有药食同源的传统认识，如香稻米、黑米含有丰富的蛋白质、多种氨基酸、生物碱、B族维生素、维生素C等多种人体需要的营养成分。据李时珍《本草纲目》记载，香米能“润心肺、和百药，久服轻身延年”；孕妇通过补食黑米食品可有效减轻贫血等症状。据研究，各种有色稻米（黑米、紫米、红米等）除含有上述重要功能因子外，还富含有维生素C、黄酮类化合物、花青素、生物碱、强心苷、天然色素、木酚素等，这些为一般水稻品种所缺乏。由此可见，极为丰富的稻种资源犹如一只聚宝盆，蕴藏着取之不尽的各种生理活性因子的宝藏，此前都没有引起重视。利用丰富稻种资源筛选不同功能水稻品种，既可满足不同人群的保健需要，又可提高稻米的经济价值。我国对功能稻米的理念先于国外，自古就应用功能米，黑米历来就被视为重要保健益智食品之一，有明显药用价值，长期以来在民间少量应用，但没有提升到科学评价水平上深入开发利用。

总体上说，功能稻米的研究与开发比较落后，国内仍停留在稻米营养品质的分析上，对其内含生理活性物质没有引起足够重视。这正是可以大力发展功能米的良机。

（二）功能性稻米研究的主要内容

1. 必需微量元素与物质的研究 日本九州大学和农业生物资源研究所先后从水稻越光中选育出富含铁的突变体。该突变体含有可被人体吸收的水溶性有机铁比普通品种高出3～6倍，适合于贫血病人食用。用此突变体杂交选育出的富含铁的水稻新品种GCN4、和系026，于2000年3月在日本通过审定，并进行大面积推广应用。1997～1999年由日本医学会组织的3年临床试验结果表明，贫血患者食用富含铁稻米，具有显著的补血效果。另外，高钙、高锌类等稻米研究日益受到重视。

2. 保健专用稻米品质的研究 自20世纪80年代起，日本生物资源研究所放射育种场和农研中心水稻育种研究室合作，以日本的优质水稻品种日本优（Nihonmasari）为材料，通过放射性诱变，得到了低谷蛋白的突变品系，并育成了低水溶性蛋白稻米品种LGC-1。其谷蛋白含量低，稻米中总的可吸收蛋白明显减少，可供肾脏病和糖尿病患者食用。20世纪80年代末期至90年代初，日本九州大学和农业生物资源研究所先后利用化学诱变的方法，从越光中选育出巨大胚和低过敏反应的稻米突变体。巨大胚稻米浸水后，γ-氨基丁酸（GABA）会急剧增加并累积，而GABA具有显著降低动物血压的功效，食用GABA含量高的稻米对高血压患者具有较好的辅助治疗作用。

3. 转基因功能稻米的研究　在转基因功能稻米的研究中，最具有代表性的就是金稻的选育。另外，在蛋白质、氨基酸等改良方面也取得显著进展。日本东京理科大学千叶丈教授成功地用转基因水稻生产出预防乙肝病毒的球蛋白。据估计，每0.1 hm^2 的转基因水稻可制取10 g球蛋白，足够数万名新生儿注射用。这可望为肝炎预防药物的廉价、安全生产提供新思路。

二、稻米抗性淀粉研究

随着社会经济的迅速发展和人们生活水平的日益提高，一个不容忽视的现象是糖尿病、心血管疾病和部分癌症的发病率逐年上升，成为人类死亡的“第一杀手”。青少年的肥胖现象也引起了人们的高度警觉。科学合理的膳食结构，是预防此类疾病发生的关键。人要维持基本的生命活动和活力，需要能量供应。淀粉为人类最重要的碳水化合物来源和首要的能量来源，约占人类所消耗食品组成的30%和能源的60%～70%。抗性淀粉（Resistant starch，RS）系健康者小肠中不吸收的淀粉及其降解产物。由于RS具有重要的生理功能，所以联合国粮农组织和世界卫生组织在1998年联合国出版的《人类营养中碳水化合物专家论坛》一书中指出：“抗性淀粉的发现及其研究进展，是近年来碳水化合物与健康关系的研究中一项最重要的成果。”高度评价了抗性淀粉对人类健康的重要意义。

（一）抗性淀粉的分类与检测

目前，尚无抗性淀粉化学上的精确分类。多数学者按淀粉来源和抗酶解性的不同，将抗性淀粉分成4类，即RS1、RS2、RS3和RS4（Englyst，1993）。RS1指物理难接近淀粉（Physically inaccessible starch），即被锁在植物细胞壁上或机械加工包埋而淀粉酶无法接近的淀粉，常见于轻度碾磨的谷类、豆类等籽粒或种子中。RS2指抗性淀粉颗粒（Resistant granules），主要指一些生的未经糊化的淀粉，如生的薯类、香蕉、生米、生面等中的淀粉。RS2具有特殊的构象或结晶结构，对酶具有高度抗性。RS1和RS2经过适当的加工方法处理后仍可被淀粉酶消化吸收。RS3指回生淀粉（Retrograded starch）或老化淀粉，是凝沉的淀粉聚合物，主要由糊化淀粉冷却后形成。RS3可分为RS3a和RS3b两部分，其中RS3a为凝沉的支链淀粉，RS3b为凝沉的直链淀粉。RS3b的抗酶解性最强，而RS3a可经过再加热而被淀粉酶降解。RS4是化学修饰淀粉（Chemically modified starch），主要由基因改造或化学方法引起的分子结构变化产生，如乙酰基、热变性淀粉及磷酸化的淀粉等。上述各类型中，RS3具有很大的商业价值，是最主要的抗性淀粉，也是国内外研究的重点。RS3溶解于2 mol/L KOH溶液或二甲亚砜（MDSO）后，能被淀粉酶水解，说明RS3是一种物理变性淀粉。

抗性淀粉的定量分析主要采用2种方法：直接法和间接法。直接法最早由Englyst（1993）提出，是先通过α-淀粉酶水解淀粉将食物中的可水解淀粉（DS）除去，测定残留部分所含的淀粉；间接法由Bjock等（1987）提出，是通过测定食物中的总淀粉量和DS，以两者之差表示。由于RS的定义指小肠中不能被吸收的淀粉的总和，而目前的分析方法只是体外测定抗α-淀粉酶水解的淀粉，所以Champ（1992）认为，即便是直接法也不能全面地测定一种食物中4种RS的含量。另外，无论是直接法还是间接法均存在不足，因为RS的定义是以活体为背景的,而现有方法只是在体外条件下分析测定了抗酶解的部分,测定结果严格意义上是酶抗性淀粉的含量。由于抗性淀粉中的抗性一词是针对人体消化系统而言的,所以要在体外条件下准确测定 RS,必须尽可能地模拟健康成年人消化系统的环境条件。

(二)抗性淀粉的生理功能

抗性淀粉具有重要的生理功能,主要表现在:①降低血糖。食用富含 RS 的食品后,血糖的升高和血糖总量均显著低于食用其他碳水化合物,这对改善Ⅱ型糖尿病的代谢控制具有良好的作用(Ranhotra,1996)。②降血脂和控制体重。主要的作用来自两个方面:一是增加脂肪的排出,减少热能摄入,减少了脂肪的生成;二是 RS 本身能量远低于淀粉的能量。因此,RS 作为减肥保健食品添加剂,对预防心血管疾病和节制饮食、减肥、通便十分有益(Rashmi,2003)。③有利于肠道健康。RS 比膳食纤维更易被大肠中的微生物所发酵或部分发酵,产生较多挥发性的有益短链脂肪酸,如乙酸、丙酸和丁酸,它们能抑制癌细胞的生长,有利于肠道健康。同时,RS 对增加粪便排泄量,减少排泄物中氨气和酚的浓度,削弱高蛋白食品对肠道 DNA 的损伤从而对保持胃和肠道的通畅与健康,防止便秘,预防胃和肠道疾病尤其是结肠癌等,具有重要的生理功能(Brouns,2002; Topping,2001; Andoh,2003)。另外,RS 还具有促进人体对矿物质的吸收和增加营养等功能(Lopez,2000;Yonekura,2004)。

(三)富含抗性淀粉稻米的研究进展

三大粮食作物中,稻米中淀粉含量最高。稻米淀粉适口性好,易消化,是我国的传统主食。抗性淀粉的开发,是淀粉研究领域的崭新课题。当应用抗性淀粉作为食物原、配料时,除提供多种健康功能外,因其不像一般纤维成分会吸收大量水分,当添加于低水分产品时不影响其口感,也不改变食物风味,且可作为低热量的食物添加剂。

美国农业部研究与开发改性的米淀粉新产品 Ricemic 是以大米粉为原料,先经过分离蛋白质,然后再用加热和酶处理工艺加工成 100% 延缓消化以及 50% 加快消化和 50% 延迟消化的改性淀粉制品。经医学临床试验证实,改性淀粉可有效改善糖负荷,可望成为一种糖尿病患者的新食品。我国江南大学对籼米淀粉的抗性淀粉的制备方法、形成机制、功能特性进行了研究,表明当淀粉浓度达到 50% 时,抗性淀粉的获得最高。用酶法生产抗性淀粉的工艺,抗性淀粉含量达 16.9%。由金健米业股份有限公司应用现代科技和装备生产的"小背篓"鲜湿米粉即将上市,其抗性淀粉含量为 5% ~ 10%。

稻米中抗性淀粉含量很低,尤其是人们日常食用的热米饭,抗性淀粉含量低于 1%,即便冷米饭中抗性淀粉含量也仅为 1% ~ 2.1%。浙江大学对我国常规籼稻、粳稻和杂交水稻等 200 个以上的不同类型水稻品种热米饭中抗性淀粉含量做了测定(Hu,2004)。结果表明,与以往研究结果相类似,绝大多数水稻品种抗性淀粉含量均在 1% 左右,极个别水稻品种抗性淀粉含量接近 3%。进一步以我国正在推广应用的杂交水稻恢复系 R7954 为起始材料,经航天搭载诱变,从 15 000 个单株筛选创造了 1 个富含抗性淀粉的突变体,命名为 RS111(杨朝柱,2005)。初步研究表明,突变体 RS111 热米饭中抗性淀粉的含量是一般普通品种的 3 ~ 5 倍。优化蒸煮方式后,其热米饭中抗性淀粉含量为 10% 左右,与普通玉米中的 RS 含量相仿。

参 考 文 献

包劲松,舒庆尧,吴殿星等.水稻 *Wx* 基因$(CT)_n$ 微卫星标记与稻米淀粉品质的相关研究.农业生物技术学报,2000,8(3):241 - 244

陈能，罗玉坤，朱智伟等．食用稻米米饭质地及适口性的研究．中国水稻科学，1999，13(3)：152－156
程方民，蒋德安，吴平等．早籼稻籽粒灌浆过程中淀粉合成酶的变化及温度效应特征．作物学报，2001，27(2)201－206
程方民，张嵩午，吴永常．灌浆结实期温度对稻米垩白形成的影响．西北农业学报，1996，5(2)：31－34
程方民，朱碧岩．气象生态因子对稻米品质影响的研究进展．中国农业气象，1998，19(5)：39－45
伏军．稻米垩白发生的机理与改良．湖南农业科学，1987，(2)：15－18
高如嵩，张嵩午．稻米品质气候生态基础研究．西安：陕西科学技术出版社，1994
郭益全，刘清，张德梅等．籼稻烹调与食用品质及谷粒性状之遗传．中华农业研究，1985，34(3)：243－257
何平，李仕贵，李晶诏等．影响稻米品质几个性状的基因座位分析．科学通报，1998，43(16)：1747－1750
胡培松，唐绍清，焦桂爱等．稻米直链淀粉和胶稠度简易测定方法．中国水稻科学，2003，17(3)：184－186
胡培松，唐绍清，焦桂爱．利用 RVA 快速鉴定稻米蒸煮食用品质研究．作物学报，2004，30(6)：519－524
胡培松，万建民，翟虎渠．中国水稻生产新特点与稻米品质改良．中国农业科技导报，2002，4(4)：33－39
胡培松．功能性稻米研究与开发．中国稻米，2003，(5)3－5
黄超武，李锐．水稻杂种直链淀粉含量的遗传分析．华南农业大学学报，1990，11(1)：23－29
黄发松，孙宗修，胡培松等．食用稻米品质形成研究的现状与展望．中国水稻科学，1998，12(3)：172－176
黄季焜．优质稻米产业发展：机遇、问题和对策．中国稻米，1999，(6)：13－16
黄祖六，谭学林，Tragoonrung S．稻米直链淀粉含量基因座位的分子标记定位．作物学报，2000，26(6)：777－782
贾志宽，高如嵩，张嵩午等．水稻齐穗后温度对稻米垩白影响途径研究．西北农业大学学报，1991，19(3)：27－30
简佩如，卢虎生，朱钧．稻米储藏性蛋白质性质与品质改进．科学农业，1997，45(7－8)：200－206
金庆生．用 RAPD 和 RFLP 定位水稻香味基因(Ⅰ)．浙江农业学报，1995，7(6)：439－442
金庆生．用 RAPD 和 RFLP 定位水稻香味基因(Ⅱ)．浙江农业学报，1996，8(1)：19－23
李太贵，沈波，陈能等．Q 酶在水稻籽粒垩白形成中作用的研究．作物学报，1997，23(3)：338－344
李欣，顾铭洪，潘学彪．稻米品质研究．Ⅱ．灌浆期间环境条件对稻米品质影响．江苏农学院学报，1989，10(1)：7－12
李欣，顾铭洪，潘学彪等．稻米直链淀粉含量的遗传及选择效应的研究．见：谷类作物品质性状遗传研究进展．南京：江苏科学技术出版社，1990．68－74
李欣．粳稻米糊化温度的遗传研究．江苏农学院学报，1995，16(1)：15－20
刘巧泉，王兴稳，陈秀花等．转反义 Waxy 基因糯稻的显性遗传及对稻米粒重的效应分析．中国农业科学，2002，35(2)：117－120
刘宜柏，黄英金．稻米食味品质相关性研究．江西农业大学学报，1990，12(2)：55－59
闵绍楷，申宗坦，熊振民等．水稻育种学．北京：中国农业出版社，1996．322－323
莫惠栋．我国稻米品质改良．中国农业科学，1993，26(4)：8－14
莫惠栋．谷类作物胚乳品质性状的遗传研究．中国农业科学，1995a，28(2)，1－7
莫惠栋．谷类作物胚乳性状遗传控制的鉴别．遗传学报，1995b，22(2)：126－132
彭桔松，郑志仁，刘涤等．淀粉的生物合成及其关键酶．植物生理学通讯，1997，33(4)：297－303
祁祖白，李宝健．水稻籽粒外观品质及脂肪的遗传研究．遗传学报，1983，10(6)：452－458
任光俊，陆贤军，张翅等．水稻香味的遗传分析．西南农业学报，1999(2)：24－27
申岳正，闵绍楷，熊振民等．稻米直链淀粉含量的遗传和测定方法的改进．中国农业科学，1990，23(1)：680－687
沈波，陈能，李太贵等．温度对早籼稻米垩白发生与胚乳物质形成之研究．中国水稻科学，1997，11(3)：183－186
石春海，朱军，杨肖娥等．籼型杂交稻稻米赖氨酸性状的基因型×环境互作效应分析．中国农业科学，1999，32(1)：8－14
石春海，朱军．籼稻稻米蒸煮品质的种子和母体遗传分析．中国水稻科学，1994，8(3)：129－134
舒庆尧，吴殿星，夏英武．稻米淀粉 RVA 谱特征的亚种间差异分析．作物学报，1999，25(3)：25－29
舒庆尧，吴殿星，夏英武等．稻米淀粉 RVA 谱特征与食用品质的关系．中国农业科学，1998，31(3)：25－29
舒庆尧，吴殿星，夏英武等．水稻杂交后代表观直链淀粉质量分数与蜡质基因$(CT)_n$微卫星多态性的相关性．应用与环境生物学报，1999，5(5)：464－467
舒庆尧，吴殿星，夏英武等．籼稻和粳稻中蜡质基因座位上微卫星标记的多态性及其与表观直链淀粉含量的关系．遗传学报，1999，26(4)：350－358
舒庆尧，吴殿星，夏英武等．用近红外反射光谱技术测定精米粉样品表观直链淀粉含量的研究．中国水稻科学，1999a，13

(3):189 - 192
宋文昌,陈志勇,张玉华.同源四倍体和二倍体水稻香味的遗传分析.作物学报,1989,15(3):173 - 277
汤圣祥,Khush G S.籼稻胶稠度的遗传.作物学报,1993,19(2):119 - 123
汤圣祥,Khush G S,Juliano B O.稻米胶稠度单籽粒分析法.中国水稻科学,1990,4(2):55
汤圣祥,张云康,余汉勇.籼粳杂交稻米胶稠度遗传.中国农业科学,1996,29(5):51 - 55
唐绍清,石春海,焦桂爱.利用近红外反射光谱技术测定稻米中脂肪含量的研究初报,中国水稻科学,2004,18(6):563 - 566
唐湘如,余铁桥.灌浆成熟期温度对稻米品质及有关生理生化特性的影响.湖南农学院学报,1991,17(1):1 - 9
屠曾平.水稻光合特性研究与高光效育种.中国农业科学,1996,30(3):28 - 35
王长发,高如嵩.单粒稻米直链淀粉含量测定方法研究.西北农业学报,1996,5(2):35 - 39
王宗阳,武志亮,邢彦彦等.水稻蜡质基因分子特性的研究.中国科学(B辑),1991,8:824 - 829
王宗阳,郑霏琴,高继平等.水稻蜡质基因中两种类似转座因子的顺序.中国科学(B辑),1993,23(6):595 - 603
吴殿星,舒庆尧,夏英武.低表观直链淀粉含量早籼稻的胚乳外观快速识别及品质改良应用分析.作物学报,2000,26(6):763 - 768
伍时照,黄超武,欧烈才.水稻籼型品种胚乳淀粉性状的扫描电镜观察.植物学报,1986,28(2):145 - 149
武小金.稻米蒸煮品质性状的遗传研究.湖南农学院学报,1989,15(4):6 - 9
徐辰武,莫惠栋,顾铭洪等.谷类作物品质遗传研究进展.南京:江苏科学技术出版社,1990
徐辰武,莫惠栋.籼稻糊化温度的质量 - 数量遗传研究.作物学报,1998,22(4):385 - 391
严长杰,徐辰武,裔传灯等.利用 SSR 标记定位水稻糊化温度的 QTLs.遗传学报,2001,28(1)1006 - 1011
杨朝柱,李春寿,张磊等.富含抗性淀粉水稻突变体的淀粉特性研究.中国水稻科学,2005,19(6):516 - 520
杨仕华,程本义,沈伟峰等.我国长江流域籼稻品种选育进展及改良策略.中国水稻科学,2004,18(2):89 - 93
易小平,陈芳远.籼型杂交水稻稻米蒸煮品质、碾米品质及营养品质的细胞质遗传效应.中国水稻科学,1992,6(4):187 - 189
张元虎,姜萍,张晓芳等.水稻香味的遗传及其利用.贵州农业科学,1996(6):16 - 19
赵式英.灌浆期气温对稻米品质影响.浙江农业科学,1983,(4):178 - 181
中国水稻研究所.稻米品质及其理化分析.杭州:中国水稻研究所,1985
中华人民共和国科技部.中国-东盟功能食品技术合作研讨会论文集.北京:中华人民共和国科技部,2002
中华人民共和国农业部部标准 NY122-86.优质食用稻米.北京:中国标准出版社,1986.1 - 4
中华人民共和国农业部部标准 NY147-8.米质测定方法.北京:中国标准出版社,1988.4 - 6
周坤炉,白德郎,阳和华.杂交香稻香味的遗传与应用.湖南农业科学,1989,(5):43
朱昌兰,沈文飚,万建民等.水稻低直链淀粉含量基因育种利用的研究进展.中国农业科学,2004,37(2):157 - 162
ACC/SCN(United Nations Administrative Committee on Rice Coordination Sub-committee on Nutrition).The 4th report on the world nutrition situation.Geneva:ACC/SCN,2000
ACC/SCN (United Nations Committee on Coordination/Sub-Committee on Nutrition).The second report on the world nutrition situation. Vol.I.Global and regional results.Geneva:ACC/SCN,1992
Ahn S N,Bollich C N,Tanksley S D.RFLP tagging of a gene for aroma in rice. *TAG*,1992,84:825 - 828
Ahn S N,Bollich C N,McClung A M, *et al*. RFLP analysis of genomic regions associated with cooked kernel elongation in rice. *TAG*, 1993,87:27 - 32
Ali S S,Jafri S J H,Khan M J, *et al*. Inheritance studies on aromain two aromatic varieties of Pakistan. *IRRN*,1993,18(2):6
America Association of Cereal Chemists (AACC). AACC Approved Methods of the AACC.9th ed.Method (61 - 02) for RVA.St Paul MN:AACC,1995
Anderson J M,Larsen R,Laudencia D, *et al*. Molecular characterizations of the gene encoding a rice endosperm-specific ADP glucose pyrophosphorylase subunit and its developmental pattern of transcription. *Gene*,1991,97:199 - 205
Andoh A,Tsujikawa T,Fujiyama Y.Role of dietary and short - chain fatty acids in the colon. *Curr Pharm Design*,2003,9:347 - 358
Asaoka M,Okuno K,Fuma H.Effect of environmental temperature at milky stage on amylose content and fine structure of amylopectin on waxy rice nonwaxy endosperm starches of rice. *Agric Bio Chem*,1985,49:373 - 379
Ayres N M,McClung A M,Larkin P D, *et al*. Microsatellites and a single nucleotide polymorphism differentiate apparent amylose classes in

an extended pedigree of US rice germplasm. *TAG*, 1997, 94:773 – 781

Baba T, Nishihara M, Mizuno K M. Identification cDNA cloning and gene expression of soluble starch synthase in rice(*Oryza sativa* L.) immature seeds. *Plant Physiol*, 1993, 103:565 – 570

Ballicora M A, Laughlin M J, Fu Y, *et al*. Adenosine 50-diphosphate-glucose pyrophosphorylase from potato tuber. Significance of the N terminus of the small subunit for catalytic properties and heat stability. *Plant Physiol*, 1995, 109:245 – 251

Bao J S, Zheng X W, Xia Y W, *et al*. QTL mapping for the pasting viscosity characteristics in rice. *TAG*, 2000, 100(2):280 – 284

Baqui M A, Harun M E, Jones D, et al. The export potential of traditional varieties of rice from Bandladesh. Gazipur: Bangladesh Rice Research Institute, 1997

Berner D K, Hoff B J. Inheritance of scent in American long grain rice. *Crop Sci*, 1986, 26:876 – 878

Bjock I, Nyman M, Pedersen B, *et al*. Formation of enzyme resistant starch during antocaving of wheat starch: Studies *in vitro* and *in vivo*. *J Cereal Sci*, 1987, 6:159 – 172

Bligh H F J, Hill R I, Jones C A. A macrosatellite sequence closely linked to the waxy gene of *Oryza sativa*. *Euphytica*, 1995, 86:83 – 85

Bollich C N, Webb B D. Inheritance of amylose content in two hybrid populations of rice. *Cereal Chem*, 1973, 50:631 – 636

Bollich C N, Rutger J N, Webb B D. Development in rice research in United states. *IRRN*, 1992, 41:32 – 34

Brouns F, KettlitzB, Arrigon E. Resistant starch and"the butyrate revolution". *Trends Food Sci Tech*, 2002, 13:251 – 261

Cagampang G B, Perez C M, Juliano B O. A gel consistency test for eating quality of rice. *J Sci Food Agri*, 1973, 24:1589 – 1594

Champ M. Determination of resistant starch in foods and foods products: interlaboratory study. *Eur J Clin Nutr*, 1992, 46(2):51 – 62

Chang T T, Somirth B. Genetic studies on the grain quality of rice. *In*: Chemical aspects of rice grain quality. Manila: IRRI, 1979. 49 – 58

Chang T T. Rice: Production and utilization. AVI Publishing Co INC, 1980

Chang W L, Li W Y. Inheritance of amylose content and gel consistency in rice. *Bot Bull Acad Sin*, 1981, 22:35 – 47

Chinnaswamy R, Bhattachara K R. Characteristics of gel-chromatographic fractions of starch in relation to rice and expand rice product qualities. *Staerk*, 1986, 38:51 – 55

Deffenbaugh L B, Walker C E. Comparison of starch pasting properties in the Brabender Visco-amylograph and the Rapid Visco Analyzer. *Cereal Chem*, 1989, 66:393 – 399

Deivedi J L, Nanda J S. Inheritance of amylose content in three crosses of rice. *Indian J Agric Sci*, 1979, 49(10):753 – 755

Dela Cruz N, Kumar I, Kaushik R P, *et al*. Effect of temperature during grain development on the performance and stability of cooking quality components of rice. *Jpn J Breed*, 1989, 39:299 – 306

Delwiche S R, Mckenzie K S, Webb B D. Quality characteristics in rice by near-infrared reflectance analysis of whole grain milled sample. *Cereal Chem*, 1994, 73:257

Dhulappanavar C V. Inheritance of scent in rice. *Euphytica*, 1976, 25:659 – 662

Englyst H N, Anderson V, Cummings J. Classification and measurement of nutritionally important starch fractions. *Eur J Clin Nutri*, 1993, 45:533 – 550

Englyst H N, Anderson V, Cummings J. Starch and non – starch polysaccharides in some cereal foods. *J Sci Food Agric*, 1983, 34:1434 – 1440

Fitzgerald M. Rice Chemistry and Technology. *In*: Champagne E T. Starch. 3rd ed. St Paul, Minnesota, USA: American Association of Cereal Chemists, 2003. 109 – 141

Fujita N, Kubo A, Suh D S, *et al*. Antisense inhibition of isoamylase alters the structure of amylopectin and the physicochemical properties of starch in rice endosperm. *Plant Cell Physiol*, 2003, 44(6):607 – 618

Gao Y, Jing Y, Shen S, *et al*. Transfer of lysine-rich protein gene into rice and production of fertile transgenic plants. *Acta Bot Sin*, 2001, 48(5):506 – 511

Geetha S. Inheritance of aroma in two rice crosses. *IRRN*, 1994, 19(2):5

Goto F, Yoshiara T, Shigemoto N, *et al*. Iron fortification of rice seed by the soybean ferritin gene. Nature Biotech, 1999, 17:282 – 286

Halick J K, Keneaster K K. The use of starch – iodine – blue test as a quality indication of white milled rice. *Cereal Chem*, 1956, 33: 315 – 319

Harrington S E, Bligh H F J, Park W D, *et al*. Linkage mapping of starch branching enzyme Ⅲ in rice and prediction of location of orthologous genes in other grasses. *TAG*, 1997, 94(5):564 – 568

He P, Li SG, Qian Q, *et al*. Genetic analysis of rice grain quality. *TAG*, 1999, 98: 502 – 508

Heu M H, Choe Z R. Inheritance of alkali gigestibility of rice in indica – japonica crosses. *Korean J Breed*, 1973, 5(1): 32 – 36

Hiranno H Y, Tabayashi N, Matsumura T, *et al*. Tissue-dependent expression of the rice *wx* + gene promoter in transgenic rice and petunia. *Plant Cell Physiol*, 1995, 36: 37 – 44

Hirano H Y, Sano Y. Molecular characterization of the waxy locus of rice(*Oryza sativa* L.). *Plant Cell Physiol*, 1991, 32(7): 989 – 997

Hizukuri S, Takeda Y, Maruta N, *et al*. Molecular structures of rice starch. *Carbohydr Res*, 1989, 189: 227 – 235

Hizukuri S. Relationship between the distribution of the chain length of amylopectin and the crystalline structure of starch granules. *Carbohydr Res*, 1985, 141: 295 – 299

Hsieh S C, Wang L M. Genetical studies on physio-chemical properties of rice grains. *In*: Iyama S, Takeda G. Proceedings of the 6th International Congress of SABRAO. Tsukuba, Japan: 1989. 325 – 328

Hu P S, Zhao H J, Duan Z J, *et al*. Starch digestibility and the estimated glycemic score of different types of rice differing amylose contents. *J Cereal Sci*, 2004, 40, 231 – 237

Hu P S, Wan J M, Zhai H Q. Rice quality improvement in China. *CRRN*, 2002, 10(1): 13 – 15

Huang N, Parco A, Mew T W, *et al*. Pyramiding of bacterial blight resistance genes in rice: marker – assisted selection using RFLP and PCR. *TAG*, 1997, 95: 313 – 320

Hussaia A A, Maurya D M, Vaish C P. Studies on quality status of indigenous upland rice. *Indian J Genet*, 1987, 47(2): 145 – 152

Isshiki M, Morino K, Nakajima M, *et al*. A naturally occurring functional allele of the rice waxy locus has a GT to TT mutation at the 50 splice site of the first intron. *Plant J*, 1998, 15(1): 133 – 138

Isshiki M, Nakajima M, Satoh H, *et al*. Dull: rice mutants with tissue – specific effects on the splicing of the waxy pre-mRNA. *Plant J*, 2000, 23(4): 451 460

Iwamoto M, Suzuki T, UozumiJ. Analysis of protein and amino acid contents in rice flour by near-infrared spectroscopy. *Nippon Shokuhin Kogyo Gakkai-Shi*, 1986, 33: 846 – 854

Iwasaki T. Eating quality of the cooked rice. *In*: Matsuo T, Hoshikawa K. Science of the Rice Plant. Tokyo: Japanese Ministry of Agricultures, Forestry and Fisheries, 1993. 398 – 404

James M G, Denyer K, Myers A M. Starch synthesis in the cereal endosperm. *Curr Opi Plant Biol*, 2003, 6: 1 – 8

Jenner C F, Siwek K, Hawker J S. The synthesis of [^{14}C] starch from [^{14}C] sucrose in isolated wheat grains is dependent upon the activity of soluble starch synthase. *Aust J Plant Physiol*, 1993, 20: 329 – 335

Jiang H W, Dian W M, Liu F Y, *et al*. Molecular cloning and expression analysis of three genes encoding starch synthase Ⅱ in rice. *Planta*, 2004, 218: 1062 – 1070

Jin Q S, Vanavichit A, Tragoonrung S. Identification and potential use of RAPD marker for aroma in rice. J Genet Breed, 1996, 50(4): 367 – 370

Juliano B O, Bautista G M, Lugay J C. Studies on the physicochemical properties of rice. *Agric Food Chem*, 1964, 12(2): 131 – 138

Juliano B O, Pascula C G. Quality characteristics of milled rice grown in different countries. IRRI Research Paper Series. No. 48. Manila: IRRI, 1980. 25

Juliano B O, Perez C M, Kaosaard M. Grain quality charecteristics of export rices in selected markets. *Cereal Chem*, 1990, 67: 192 – 197

Juliano B O. Rice Chemistry and Technology. 2nd ed. Manila: IRRI, 1985

Juliano B O. Physicochemical properties of starch and protein in relation to grain quality and nutritional value of rice. *In*: Rice Breeding. Manila: IRRI, 1972. 389 – 405

Juliano B O. A simplified assay for milled rice amylose. *Cereal Sci Today*, 1971, 16: 334 – 336

Kahlon P S. Inheritance of alkali digestion index and iodine value in rice. *Diss Abstr*, 1965, 25: 512

Keeling P L, Bacon P J, Holt J S. Elevated temperature reduces starch deposition in wheat endosperm by reducing the activity of soluble starch synthases. *Planta*, 1993, 191: 342 – 348

Khush G S, Juliano B O. Research priorities for improving rice quality. *In*: Rice Quality Marketing and Quality Issues. Manila: IRRI, 1991. 55 – 66

Kikuchi H, Kinoshita T. Genetical study on amylose content in rice endosperm starch? Genetical studies on rice plant. *XCVI Mem Fac Agr Hokkaido Univ*, 1987, 6(3): 299 – 319

Krishnan H B, Okita T W. Structural relationship among the rice glutelin polypeptides. *Plant Physiol*, 1986, 81(3): 748 – 753

Krishnan H B. Characterization of high-lysine mutants of rice. *Crop Sci*, 1999, 39: 825 – 831

Kubo A, Fujita N, Harada K, *et al*. The starch-debranching enzymes isoamylase and pullulanase are both involved in amylopectin biosynthesis in rice endosperm. *Plant Physiol*, 1999, 121: 399 – 409

Kumamuru T, Satoh H, Iwata N, *et al*. Mutants of rice storage proteins. 1. Screening of mutants for rice storage proteins of proteins bodies in the starchy endosperm. *TAG*, 1988, 76: 11 – 16

Kumar I, Khush G S. Genetics of amylose content in rice(*Oryza sativa* L.). *J Genet*, 1986, 65: 1 – 11

Kumar I, Khush G S. Genetics analysis of different amylose content levels in rice. *Crop Sci*, 1987, 27: 1167 – 1172

Kuo B J, Hong M C, Thseng F S. The relationship between the amylographic characteristics and eating quality of japonica rice in Taiwan. *Plant Prod Sci*, 2001, 4(2): 112 – 117

Lander E S, Botstein D. Mapping Mendelian factors underlying quantitative traits using RFLP linkage maps. *Genetics*, 1989, 121: 185 – 199

Larkin P D, Park W D. Transcript accumulation and utilization of alternative and non-consensus splice sites in rice granule-bound starch synthase are temperature-sensitive and controlled by a singlenucleotide-polymorphism. *Plant Mol Biol*, 1999, 40(4): 719 – 727

Lee S I, Kim H U, Lee Y H, *et al*. Constitutive and seed – specific expression of a maize lysine-feedback-insensitive dihydrodipioolinate synthase gene leads to increased free lysine levels in rice seeds. *Mol Breeding*, 2001, 8(1): 75 84

Li X, Gu M, Cheng Z, *et al*. Chromosome location of a gene for aroma in rice. *Chinese J Rice Res*, 1995, 4(2): 5 – 6

Li Z. Molecular analysis of epistasis affecting complex traits. *In*: Paterson A H. Molecular Dissection of Complex Traits. Boca Raton, Florida: CRC Press, 1998. 119 – 130

Liu Q Q, Wang Z Y, Chen X H. Stable inheritance of the antisense waxy gene in transgenic rice with reduced amylose level and improved quality. *Transgenic Res*, 2003, 12: 71 – 82

Lopez H, Coudray C, Bellanger J, *et al*. Resistant starch improves mineral assimilation in rats adapted to a wheat bran diet. *Nutr Res*, 2000, 20: 141 – 155

Lucca P R, Hurrell R F, Potrykus I. Genetic engineering approaches to improvethe bioavailability and the level of iron in rice grains, TAG, 2001, 102: 392 – 397

Manner D J. Recent development in our understanding of amylopectin structure. *Carbohydr Polmers*, 1989, 11: 87 – 91

Masuyuk I, Morino K, Nakajima M. Rice Biotechnology Quarterly, 1999, 37: 32

Matsue Y, Ogata T. Studies on the palatability of rice in northern Kyushu. The relationship between the culm and ear length of productive tillers and the palatability and physicochemical properties of rice. *Japan J Crop Sci*, 1999, 68(2): 206 – 210

Matsue Y, Odahara K, Hiramatsu M. Studies on relationship between the palatability of rice and protein content. *Japan J Crop Sci*, 1995, 64(3): 601 – 606

Mazur B, Krebbers E, Tingey S. Gene discovery and product development for grain quality traits. *Science*, 1999, 285: 372 – 375

Mckenzie K S, Brandon D M, Bollich C N. A new rice variety named Lemont. *Louisiana Agric*, 1983, 26(4)

Mizuno K, Kawasaki T, Shimada H, *et al*. Alteration of the structural properties of starch components by the lack of an isoform of starch branching enzyme in rice seeds. *J Biol Chem*, 1993, 268(25): 19084 – 19091

Morrison W R, Milligan T P, Azudin M N. A relation between the amylose and lipid contents of starches from diploid cereals. *J Cereal Sci*, 1984, 2: 257 – 271

Nagaraju M, Chowdhary D, Rao M J B K. A simple technique to identify scent in rice and inheritance patternof scent. *Curr Sci*, 1975, 44 (16): 599

Nakamura Y, Kawaguchi K. Multiple forms of ADP glucose pyrophosphorylase of rice endosperm. *Physiol Plant*, 1992, 84: 336 – 342

Nakamura Y. Some properties of starch debranching enzymes and their possible role in amylopectin biosynthesis. *Plant Sci*, 1996, 121: 1 – 18

Nakamura Y. Towards a better understanding of the metabolic system for amylopectin biosynthesis in plants: Rice endosperm as a model tissue. *Plant Cell Physiol*, 2002, 43(7): 718 – 725

Nishi A, Nakamura Y, Tanaka N, *et al*. Biochemical and genetic analysis of the effects of amylose-extender mutation in rice endosperm. *Plant Physiol*, 2001, 127: 459 – 472

Nishi A, Nakamura Y, Tanaka N, *et al*. Biochemical and genetic analysis of the effects of amylose-extender mutation in rice endosperm.

Plant Physiol,2001,127:459 – 472

Ogawa Y,Sugiyama J,Kuensting H,*et al*. Advanced technique for dimensional visualization of compound distributions in a rice kemel. *J Agric Food Chem*,2001,49:736 – 740

Ohtsubo K,Toyoshima H,Okadome H. Quality assay of rice using traditional and novel tools. *Cereal Foods World*,1998,43(4):203 – 206

Okuno K and Yano M. New endosperm mutants modifying starch characteristics of rice. *JARQ*,1984,18:73 – 84

Okuno K,Fuwa H,Yano M. A new mutant gene lowering amylose content in endosperm starch of rice,*Oryza sativa* L. *Japan J Breed*,1983,33:387 – 394

Ong M H,Blanshard J M V. Texture determinants in cooked,parboiled rice. Ⅰ. Rice Starch amylose and the fine structure of amylopectin. *J Cereal Sci*,1995a,21:251 – 260

Ong M H,Blanshard J M V. Texture determinants in cooked,parboiled rice. Ⅱ. Physicochemical properties and leaching behavior of rice. *J Cereal Sci*,1995b,21:261 – 269

Osborne B G. NIR analysis of grain:past,present and future. *In*:Batten G D. Leaping Ahead with Near-infrared Spectroscopy. NSW,Australian:Yanco,1995. 133 – 135

Park I K,Kim S S,Kim K. Effect of milling ratio on sensory propertiesof cooked riceand on physicochemical properties of milled and cooked rice. *Cereal Chem*,2001,78(2):151 – 156

Paule C M. Variability in amylose content of rice. MS thesis. Los Banos,Philippines:University of Philippines,1977

Pooni H S,Kumar I,Khush G S. Genetical control of amylose content in selected crosses of indica rice. *Heredity*,1993,70(3):269 – 280

Preiss J. Biology and molecular biology of starch synthesis and its regulation. *Plant Mol Cell Biol*,1991,7:59 – 114

Puri R P,Siddeq E A. Inheritance of geletinization temperature in rice. *Indian J Genet Pl Breeding*,1980,40(2):450 – 455

Puri R P,Siddeq E A. Studies on cooking and nutritive qualities of cultivated rice. I. Qualitative genetic characterization of amylose content. *Genet Agrar*,1983,34(1 – 2):1 – 14

Ranhotra G,Gelroth J,Glaser B. Effect of resistant starch on blood and liver lipids in hamsters. *Cereal Chem*,1996,73:176 – 180

Rashmi S,Urooj A. Effect of processing on nutritionally important starch fraction in rice varieties. *Intl J Food Sci Nutr*,2003,54:27 – 36

Ray J D,Yu l,McCouch S R. Mapping quantitative trait loci associated with root penetration ability in rice(*Oryza sativa* L.). *TAG*,1996,92:627 – 636

Reddy P R,Sathyanarayanaiah K. Inheritance of aroma in rice. *Indian J Genet Pl Breed*,1980,40:327 – 329

Resurrection A P. Effect of temperature during ripening on grain quality of rice. *Soil Sci Plant Nutri*,1977,23(1):109 – 112

Sano Y. Differential regulation of waxy gene expression in rice endosperm. *TAG*,1984,68:467 – 473

Sano Y,Katsumata M,Okuno K. Genetics studies of speciation in cultivated rice. 5. Inter-and intra-specific differentiation in the waxy gene expression of rice. *Euphytica*,1986,35:1 – 9

Sano Y,Makekawa M,Kikuchi H. Temperature effects on *Wx* protein level and amylose content in the endosperm of rice. *Heredity*,1985,76:221 – 222

Sarkarung S,Somrith B,Chitrakorn S. Aromatic rices of Thailand. *In*:Aromatic Rice. Oxford & IBH Publishing Co. Pvt. Ltd,2000. 180 – 183

Sato H,Suzuki Y,Okuno K,*et al*. Genetic analysis of low-amylose contentin a rice variety,"Milky Queen". *Japan Breeding Res*,2001,3:13 – 19

Satoh H,Iwata N. Linkage analysis in rice on three mutant loci for endosperm properties,*ge*(giant embryo),*du-4*(dull endosperm-4)and *flo-1*(floury endosperm-1). *Japan J Breed*,1990,31:316 – 326

Satoh H,Nishi A,Yamashita K,*et al*. Starch-branching enzyme I-deficient mutation specifically affects the structure and properties of starch in rice endosperm. *Plant Physiol*,2003,133:1111-1121

Satoh H,Omura T. Mutagenesis in rice by treating fertilized egg cells with nitroso compounds. *In*:IRRI. Rice Genetics. Manila:IRRI,1986. 707 – 728

Satoh H. Genetic mutations affecting endosperm properties in rice. *Gamma Field Symp*,1985,24:17 – 37

Shi C H,Zhu J,Zang R C,*et al*. Genetic and heterosis analysis for cooking quality traits of indica rice in different environment. *TAG*,1997,94(1 – 2):294 – 300

Shimada H,Tada Y. Antisense regulation of rice waxy gene expression using PCR-amplified fragement of rice genome reduced the amylose content in grain starch. *TAG*, 1993, 86: 665 – 672

Sikka V K, Choi S B, Kavakli I H, *et al*. Subcellar compartimentation and allosteric regulation of the rice endosperm ADP glucose pyrophosphorylase. *Plant Sci*, 2001, 161: 461 – 468

Singh N B, Sing H G. Gene action for quality components in rice. *Indian J Agric Sci*, 1982, 52(8): 485 – 488

Singh R K, Singh U S, Khush G S. Indigenous aromatic rices of India: Present scenario and needs. *Agric Situ Ind*, 1997, (8): 491 – 496

Smith A M, Denyer K, Martine C R. What controls the amount and structure of starch in storage organs. *Plant Physiol*, 1995, 107: 673 – 677

Sood B C, Siddiq E A. Studies on component quality attributes of basmati rice. *Z Planzenzuecht*, 1980, 84: 299 – 301

Sood B C, Siddiq E A. Genetic analysis of kernel elongation in rice. *Indian J Genet*, 1983, 43: 40 – 43

Sowbhagya C M, Ramesh B S, Bhattacharya K R. The relationship between cooked-rice texture and the physiochemical characteristics of rice. *J Cereal Sci*, 1987, 5: 287 – 297

Stansel J W. The influence of heredity and environment on the endosperm characteristics of rice(*Oryza sativa* L.). *Diss Abstr*, 1966, 27: 488

Suto M, Ando I, Numaguchi K, *et al*. Breeding of low amylose content paddy rice variety "Milky Queen" with good eating quality. *Japan J Breeding*, 1996, 46(Suppl 1): 221

Suzuki Y, Sano Y, Hirano H Y. Isolation of a rice mutant insensitive to cool temperature in relation to amylose content. *RGN*, 1998, 15: 113 – 114

Taira H, Nakagaha M, Nagamine T. Fatty acid composition of indica, sinica, japonica and japonica groups of nonglutinous brown rice. *J Agric Food Chem*, 1988, 36: 45 – 47

Taira T. Influence of low air temperature in 1993 and high air temperature in 1994 on palatability and physiochemical characteristics of rice varieties in Fukushima prefecture. Japan *J Crop Sci*, 1998, 67(1): 26 – 29

Takada Y, Guan H P, Preiss J. Branching of amylose by the branching isoenzymes of maize endospermand. *Carbohyd Res*, 240: 253 – 263

Takeda Y, Maruta N, Hizukar S, *et al*. Structures of indica rice starches(IR8 and IR64)having inter mediate affinities for iodine. *Carbohyd Res*, 1989, 187(2): 287 – 290

Takeda Y, Sasaki T. Temperature response of amylose content in rice varieties of Hokkaido. *Jpn J Breeding*, 1988, 38: 357 – 362

Tan Y F, Xing Y Z, Li J X, *et al*. Genetic bases of appearance quality of rice grains in Shanyou 63, an elite rice hybrid. *TAG*, 2000, 101: 823 – 829

Tan Y F, Xing Y Z, Li J X, *et al*. The three important traits for cooking and eating quality of rice grains are controlled by a single locus in an elite rice hybrid, Shanyou 63. *TAG*, 1999, 99: 642 – 648

Tanaka K. Structure, organization, and chromosomal location of the gene encoding a form of rice soluble starch synthase. *Plant Physiol*, 1995, 108(2): 677 – 683

Tang K, Tinjuangjun P, Xu Y. Particle bombardment-mediated co-transformation of elite Chinese rice cultivars with genes conferring resistance to bacterial blight and sap sucking insect pests. *Planta*, 1999, 208: 552 – 563

Tang S X, Khush G S, Juliano B O. Diallel analysis of gel consistency in rice. *SABRAO J*, 1989, 21: 135 – 142

Tanksley S D, Nelson J C. Advanced backcross QTL analysis: a method for simultaneous discovery and transfer of valuable QTLs from unadapted germplasm into elite breeding lines. *TAG*, 1996, 92: 191 – 203

Tanksley S D. Mapping polygenes. *Ann Rev Genet*, 1993, 27: 205 – 233

Tomar J B, Nanda J S. Genetics of gelatization temperature and its association with protein content in rice. *Indian J Genet*, 1984, 44: 84 – 87

Topping D L, Clifton P M. Short-chain fatty acids and human colonic function: role of resistant starch and nonstarch polysaccharides. *Physiol Rev*, 2001, 81: 1031 ~ 1064

Tripathi R S, Rao M J B K. Inheritance and linkage relationship of scent in rice. *Euphytica*, 1979, 28: 319 – 323

Tsuzuki E, Shimokawa E. Inheritance of aroma in rice. *Euphytica*, 1990, 46: 157 – 159

Umemoto T, Yano M, Satoh H, *et al*. Mapping of a gene responsible for the difference in amylopectin structure between japonica-type and indica-type rice varieties. TAG, 2002, 104: 1 – 8

Vandeputte G E, Delcour J A. From sucrose to starch granule to starch physical behaviour: a focus on rice starch. *Carbohydrate Polymers*,

2004,58:245 – 266

Visser R G F, Somhorst I, Kuipers G J. Inhibition of the expression of the gene for granule-bound starch synthase in potato by antisense constructs. *Mol Gen Genet*, 1991, 225:289 – 296

Wang Z, Zheng F, Guo X. Nucleotide sequence of rice waxy gene. *Nucl Acids Res*, 1990, 18(19):5898

Wang Z, Zheng F, Shen G, *et al*. The amylose content in rice endosperms is related to the post-transcriptional regulation of the waxy gene. *Plant J*, 1995:7(4):613 – 622

WHO. National Strategies for Overcoming Micronutrient Malnutrition. Geneva: WHO, 1992

Williams J V, Wu W T, Tsai H Y, *et al*. Varietal differences in amylose content of rice starch. *J Agri Food Chem*, 1958, 6:47

Wong K S, Kubo A, Jane J L, *et al*. Structures and properties of amylopectin and phytoglycogen in the endosperm of sugary-1 mutants of rice. *J Cereal Sci*, 2003, 37:139 – 149

Yano M, Okuno K, Kawakami J, *et al*. High amylose mutants of rice, *Oryza sativa* L. *TAG*, 1985, 69:253 – 257

Yano M, Okuno K, Satoh H. Chromosomal location of genes conditioning low amylase content of endosperm starches in rice *Oryza sativa* L. *TAG*, 1988, 76:183 – 189

Yano M. Genetic and plant breeding studies on the mutant of amylose content in endosperm starch of rice. Ph. D. Thesis. Kyushu University, 1985

Ye X, Al-Babili S, Kloti A. Engineering the pro-vitamin A (b-carotene) biosynthetic pathway into (carotenoid-free) rice endosperm. *Science*, 2000, 287:303 – 305

Yonekura L, Tamura H, Suzuki H. Chitosn and resistant starch restore zinc bioavailability mechanism in marginally zinc-deficient rats. *Nutr Res*, 2004, 24:121 – 132

Yoshiyuki M, Ueki J, Saito H, *et al*. Transgenic rice with reduced glutelin content by transformation with glutelin A antisense gene. *Mol Breeding*, 2002, 8(4):273 – 284

Zheng Z, Sumi K, Tanaka K, *et al*. The bean seed storage protein beta-phaseolin is synthesized, processed, and accumulated in the vacuolar type-Ⅱ protein bodies of transgenic rice endosperm. *Plant Physiol*, 1995, 109(3):777 – 786

第十一章　水稻新品种评价体系

水稻新品种评价体系包括对新品种的认定及其生产利用价值评价。品种的特异性(Distinctness)、一致性(Uniformity)和稳定性(Stability)测试即DUS测试是新品种认定的基础，也是授予新品种权的依据；而新品种的生产利用价值评价是在新品种认定的基础上，通过区域试验及生产试验进一步对新品种的丰产性、稳产性、适应性、抗性、米质等进行鉴定，为品种审定及推广应用提供科学依据。

我国从20世纪60年代起，随着水稻品种选育的进步，国家和有关省、自治区、直辖市陆续开展了水稻品种区域试验及生产试验，至80年代国家和各省、自治区、直辖市又相继成立了农作物品种审定委员会。特别是"九五"期间国家实施种子工程以来，水稻品种区域试验、生产试验及审定工作不断得到加强和完善，取得了显著成绩。1996～2006年，通过区域试验及生产试验，国家农作物品种审定委员会审定水稻品种347个，各省、自治区、直辖市农作物品种审定委员会审定水稻品种2 000多个，在我国水稻生产中发挥了巨大作用。同时，水稻品种区域试验、生产试验及审定工作，在科学化、规范化方面也迈向了一个新的台阶，并制定了《水稻品种试验技术规程》、《稻品种审定标准》等行业标准及技术规范。

与水稻品种区域试验、生产试验及审定工作相比，我国水稻新品种DUS测试及保护工作尚处于起步阶段，大量新品种的认定工作实际上是结合在区域试验中进行的。1997年3月国务院颁布《中华人民共和国植物新品种保护条例》，标志着我国包括水稻在内的植物新品种保护及DUS测试工作正式开展。农业部于1999年4月颁布施行了《中华人民共和国植物新品种保护条例实施细则(农业部分)》，先后成立了植物新品种保护办公室、植物新品种复审委员会、植物新品种繁殖材料保藏中心、植物新品种测试中心及分中心等组织机构，并制定了《水稻DUS测试指南》等技术规范，水稻新品种DUS测试及保护工作逐步加强和完善。自1999年4月首次受理新品种权申请以来，至2006年9月已有274个水稻新品种权被保护。

第一节　水稻新品种特异性、一致性和稳定性测试

一、基本概念

水稻品种是水稻新品种权保护的客体，对于水稻品种的解释，因不同国家有不同的法律规定而各不相同。根据《水稻DUS测试指南》(2002)，我国将水稻品种定义为：在同一地区、相同季节多次繁殖时，水稻植株的基本形态及主要特征在群体上能够达到稳定、一致，不同的水稻品种间应具有能明显区别的特征，即须具有品种的特异性。因此，品种权保护的水稻品种有别于通常(主要指品种审定)所谓的水稻品种，它并不特别要求产量、品质、抗性等生产应用价值。

水稻品种权类似于专利，是知识产权的一种形式。根据《中华人民共和国植物新品种保护条例》的规定，申请水稻新品种权必须通过特异性、一致性和稳定性测试。其中，特异性是

指申请品种权的水稻品种应当明显区别于在递交申请以前已知的水稻品种；一致性是指申请品种权的水稻品种经过繁殖，除可以预见的变异外，其相关的特征或特性一致；稳定性是指申请品种权的水稻品种经过反复繁殖后或者在特定繁殖周期结束时，其相关的特征或特性保持不变。特异性、一致性和稳定性是授予新品种权的实质性条件，也是品种权实质审查的主要内容。

已知品种是指已被收入品种目录的、在出版物上有详细说明的、众所周知已栽培的或者众所周知已收入的参考样品，或者其繁殖材料或者收获物已经有了商业目的的销售品种。如果有一个品种已在申请日前提出了品种权申请，并已受理，无论该品种是否公布，该品种均被视为自申请日起是已知的；若品种权被拒绝，则该品种不应被视为已知品种（UPOV，2002）。

二、测试方法

水稻品种具有群体性、周期性的特点，品种某一特征特性是通过一个群体表现出来的，并与其基因型和环境因素密切相关，了解水稻品种特征特性的表达和变化规律是新品种DUS测试准确性的重要保证。

水稻新品种DUS测试，是国家植物新品种保护审批机关委托指定的测试机构将申请品种权的新品种与对照品种（近似品种）、标准品种一起种植栽培，在生长发育的全过程根据《水稻DUS测试指南》观察、测量和分析申请品种的特征特性，通过对观测数据的统计与分析，评价申请品种特异性、一致性和稳定性的过程。《水稻DUS测试指南》是对申请品种权的水稻新品种进行技术审查和描述的标准。在测试中所采用的对照品种（近似品种）是指与申请品种形态特征与特性最为相似的已知品种，标准品种则是用于性状分级的参照标准以及辅助判断测试可靠性的已知品种。

水稻DUS测试规定递交测试的水稻种子如未经受理部门同意，不得进行任何影响水稻植株生长的处理。种子质量至少达到国家标准《粮食作物种子　禾谷类》（GB 4404.1）中对水稻原种或一级种子的要求，种子数量为2 kg。申请的水稻新品种如具有特殊的用途，则可根据其特点及应用领域，视具体情况确定递交种子的质量和数量。对于选择性测试项目，递交种子的数量和质量要求如表11-1所示。

表11-1　选择性测试项目递交种子的数量与质量要求

测试项目	种子数量(g)	种子质量
育性鉴定	60	严格套袋自交或隔离繁殖的高纯度种子，发芽率>80%
其他性状鉴定	100	发芽率>85%

水稻DUS测试条件应能满足测试品种植株的正常生长及对其性状的正常测试。测试地应在气候条件、土壤类型、土地肥力等方面基本能保证水稻正常生长的一般田块上，选择地势平坦、形状整齐、土地肥力均匀、排灌良好的田块，以确保测试品种生长发育所必需的条件。为避免自然或人为因素的影响，测试田四周应设置一定面积的保护行。测试持续时间至少为连续2个相同季节的生长周期，第二相同生长季节的测试所使用的种子，常规稻、保持系、恢复系为第一生长季节收获的种子，不育系和杂交种为前一季所配制的种子，以鉴定

测试品种的稳定性。一般一个测试品种安排在一个测试点进行测试,如有特殊要求可进行多点测试。测试点测试品种的安排根据方便测试的原则进行,测试品种与对照品种相邻排列,并根据测试品种与对照品种的性状描述(申请书描述),邻近安排存在差异性状的标准品种。测试小区面积约 8.16 m^2,长方形,长宽比以 2~3∶1 为宜,若小区过于狭长,边际效应增加,误差相应增大。测试品种采用育秧移栽法,秧龄 4 叶 1 心时移栽,单本插,行株距为 20 cm×17 cm,即每小区 240 株左右。每个测试品种至少设 2 个重复,采用顺序排列法。田间管理与测试点原有的大田生产管理措施基本相同,以保证水稻生长的正常进程。遵循"最适"和"一致"的原则,对测试品种和对照品种的田间管理严格一致,并制定实施细则,排灌、施肥、施药应由专人在同一天内完成。

测试性状是水稻新品种 DUS 测试的依据,也是测试指南的核心内容。测试性状不要求具有任何内在的产量或经济价值,以易于操作、费用低、可靠性与重复性强的可标准化测试的性状为主,以达到鉴定申请品种是否定型,是否有别于对照品种(近似品种)为目的。为此,国际植物新品种保护联盟(UPOV)规定测试性状的选择应符合以下 4 条原则:①性状表达源于某一特定基因型或基因型组合;②具有充分的一致性,可在重复繁殖或某一特定环境下可重现;③能充分显示品种间的变异,以确定特异性;④可被明确定义、准确识别和清晰描述的。

根据上述原则,目前我国水稻新品种 DUS 测试性状包括植物形态特征、农艺性状、品质性状及抗病虫性状等 4 类共 76 个,按其性质可分为质量性状、假质量性状和数量性状。其中,质量性状指一类在群体内表现为不连续性变异的性状,表明独立、间断的状态,不受环境条件的影响,如芒的有无、色泽的有无、茸毛的有无等;假质量性状不符合质量性状的确切定义,但当不考虑连续变异时可作为质量性状,如颜色的深浅、茸毛的多少、花青苷显色强度等;数量性状是指一类在群体内表现为连续性变异的性状,如植株高度、叶长、叶宽、穗长、叶片数、穗粒数等,此类性状用模糊概念来描述,将其分为几个状态,如长度分为"极短、短、中、长、极长",植株高度用"极矮、矮、中、高、极高",而不用具体的数值描述。组合性状实际上是数量性状的一种,由可单独评价的性状组合而成,如长/宽比等。

为便于测试的实施,测试性状根据受环境影响的大小,分为必选性状和补充性状(表 11-2)。必选性状是每个申请品种必须进行测试的性状;补充性状是在重要性状不能区别申请品种和对照品种(近似品种)时,仍需进一步测试而选用的性状。

表 11-2　水稻 DUS 测试性状分类　(引自《水稻 DUS 测试指南》)

性状类别	适用品种类型	测试性状
必选性状	常规品种、杂交品种、保持系、恢复系	叶鞘色(基部)、叶片颜色、倒 2 叶叶片茸毛、倒 2 叶叶耳色、倒 2 叶叶舌长度、倒 2 叶叶舌形状、倒 2 叶叶舌色、剑叶叶片卷曲度、茎秆长度、茎秆粗细、茎秆角度、茎秆基部茎节包露、剑叶叶片长度、剑叶叶片宽度、剑叶叶片角度、穗长度、穗粒形状、颖壳茸毛、颖尖色、最长芒的长度、每穗粒数、护颖色、颖壳色、谷粒形状、谷粒千粒重
	不育系	除常规品种、杂交品种、保持系及恢复系必选 25 个性状外,增加花粉不育度、不育花粉类型和柱头总外露率

续表 11-2

性状类别	适用品种类型	测试性状
补充性状		芽鞘色、倒2叶叶片长度、倒2叶叶片宽度、倒2叶叶尖与主茎的角度、倒2叶叶枕色、茎秆茎数、茎秆节的颜色、茎秆节间色、主茎叶片数、穗伸出度、穗类型、二次枝梗数、茎秆潜伏芽活力、芒色、芒的分布、结实率、落粒性、护颖长度、谷粒长度、谷粒宽度、糙米长度、糙米宽度、糙米形状、种皮色、开颖角度、开颖时间、花时范围、花时高峰、花药形状、花药颜色、柱头颜色、柱头单外露率、柱头双外露率、不育株率、不育系的可恢性、恢复系的恢复力、不育系的异交结实率、亲和性、亲和谱、连续不育期、不育性、可繁性、抗稻瘟病苗瘟、抗稻瘟病叶瘟、抗稻瘟病穗瘟、抗纹枯病(成株期)、抗二化螟、抗三化螟

测试品种的田间种植可分成几个组,以利于特异性的评价。适于分组的性状应是能反映品种最基本属性的、表达稳定并有利于特异性比较及田间操作的性状。我国目前将品种类型(籼稻、爪哇稻、粳稻)、水分反应类型(陆稻、水稻、深水稻)、光温反应类型(早稻、中稻、晚稻)、茎秆长度共4个基本性状作为测试品种的分组性状。

测试性状的观察记载应严格按照《水稻DUS测试指南》进行,并宜由同一组人员完成,以避免人为影响。对于大多数性状而言,测试样本数为20个单株,并分成2个重复。规定一项测试性状一张记录表,根据测试指南中"性状的解释"及对照各性状标准品种进行记录,包括观察时间、地点、方法、生长时期和测试结果,并签署观测者姓名,以保障测试的质量。

测试性状的观察方法一般有目测法、度量法、称重法、计数法、计时法、接种法等几种。目测法应用于颜色类(如基部叶鞘色、叶色、颖尖色)、形状类(如倒2叶叶舌形状、茎秆角度、穗形状)性状,一些性状需要借助于放大镜、解剖镜或显微镜进行观测,如倒2叶叶片茸毛、花药形状、花粉不育度等。度量法主要针对长宽、粗细、角度类性状的测试。称重法是对谷粒千粒重的测定。计数法包括标记计数法,如对叶片数的测试。计时法主要应用于杂交稻中,如对开颖时间、花时范围、花时高峰的测定。而接种法则应用于对抗病虫性的鉴定。

性状的表达受一定环境因素的影响,如胚芽鞘颜色,弱光和高温会使花青素的颜色变浅,而鉴定前1~2 h的紫外线处理会使花青素的表达更加充分。性状的观察还应特别注意观察时期和观察部位,如颜色类的性状在不同生长时期会有不同的性状表现,剑叶的宽度是指最宽的部位。非度量类数量性状的定级应根据标准品种而定。度量类的数量性状在不同生长期或生长地会有不同的表现值,这类性状的定级根据"指南性状解释"而定。另有一类性状的记载应对个体的全部或群体的每一个体作一综合评估,如叶茸毛、叶舌形状和剑叶角度等。

测试数据是否真实反映测试品种的本质特性,应采用统计学的理论进行分析。重复间测试结果的误差应控制在允许差距范围之内。如每穗粒数,可参考平均数为58~63粒的最大允许差距为22粒、96~102粒的最大允许差距则为28粒这一标准(表11-3);又如谷粒千粒重,两重复间允许差距为5%,若超过该值,应逐一增加重复,直至达到规定允许差距范围之内。

测试报告的撰写按照《水稻DUS测试指南》中的"水稻特异性、一致性和稳定性测试性状表"格式完成,并附相关彩色照片与文字说明。

表 11-3　每穗粒数计数的允许差距参考值

平均粒数	最大允许差距	平均粒数	最大允许差距	平均粒数	最大允许差距
48 ~ 52	20	118 ~ 125	31	210 ~ 219	41
53 ~ 57	21	126 ~ 133	32	220 ~ 230	42
58 ~ 63	22	134 ~ 142	33	231 ~ 241	43
64 ~ 69	23	143 ~ 151	34	242 ~ 252	44
70 ~ 75	24	152 ~ 160	35	253 ~ 264	45
76 ~ 81	25	161 ~ 169	36	265 ~ 276	46
82 ~ 88	26	170 ~ 178	37	277 ~ 288	47
89 ~ 102	28	179 ~ 188	38	289 ~ 300	48
103 ~ 110	29	189 ~ 198	39	301 ~ 313	49
111 ~ 117	30	199 ~ 209	40	314 ~ 326	50

三、评价标准

(一)特 异 性

新品种特异性是指申请品种权的新品种应当明显区别于在递交申请以前已知的品种。换言之,新品种的特异性是指该品种至少应当有一个特征明显的区别于申请日前所有的已知品种。特异性测试是评价申请品种与对照品种的区别,以两品种的性状表现有明显差异并且差异是持续表现的为判定依据。

在判定特异性时,当测试品种和对照品种在某一性状的表达都表现一致时,该性状才能用于评价特异性。如果测试品种与对照品种在某一性状上,连续 2 个生长季节都表现出明显差异或 3 个生长季节中有 2 个季节表现出明显差异,那么判定差异是持续的。对于质量性状,如果申请品种和对照品种的性状表现为两种不同的状态,则判定两个品种具有明显的差异。对于假质量性状,特异性的判定必须考虑性状可能会发生的状态变化,一个变化的状态不能用于判定特异性。当申请品种与对照品种在某一性状表现为不同的状态,即可判定两品种在该性状上存在差异,差异是否明显需视具体性状而定。对于数量性状,申请品种与对照品种特异性的判定应通过统计分析得出(如最小显著差数法,LSD),差异必须达到显著水平。为了考虑不同年份之间的变异,数量性状可采用 UPOV 设计的多年特异性综合分析(Combined-over-Years Distinctness,COYD)方法来判定特异性。

现行《水稻 DUS 测试指南》规定测试品种与对照品种(近似品种)的同一性状在同一代码内,表示测试品种在该性状上与对照品种(近似品种)无差异;反之,有差异。测试品种须有 2 个以上性状与对照品种(近似品种)达到差异,方可判定与对照品种(近似品种)差异明显,具有特异性。

(二)一 致 性

一致性是指申请品种权的新品种经过繁殖,除可以预见的变异外,其相关的特征或者特性一致。所谓可以预见的变异,主要是指受外界环境因素的影响,有的特征特性有一定的变异,如植株高度、叶片长度、生育期等。对新品种一致性的评价是通过田间测试申请品种的特征特性作出评价判断的过程,以品种的变异株和异型株不超过一定范围作为判定依据。这里的异型株是指一个品种内植株表现或植株部分性状的表达与该品种绝大多数植株有明显区别的植株。

评价新品种一致性应考虑繁殖方式和育种方式两个因素。繁殖方式或育种方式的不同,申请品种表现出的变异株数量不一样,因混杂、突变、诱变或者其他原因,所产生异型株的数量也不同。对于大多数无性繁殖品种和自花授粉品种,可接受的异型株数是群体的1%。对于常异花授粉品种,最大异型株数的群体标准可为自花授粉品种的1倍。对于异花授粉品种,其表现出的变异比无性繁殖或自花授粉的品种大,有时难以区别异型株,因此可通过与已知的近似品种作对照,以测试品种的一致性不能明显低于已知近似品种为依据。

水稻新品种以测试性状的代码为分析单元,根据变异度进行一致性的观测与判断。不能进行个体测试的性状,不进行一致性鉴定。规定常规稻、保持系、恢复系的允许变异度不超过2%,不育系的允许变异度不超过0.1%,杂交种的允许变异度不超过4%。另外,测试品种的变异度不超过对照品种(近似品种)在该性状上的变异度,也可判定测试品种在该性状表现一致。

(三)稳 定 性

稳定性是指申请品种权的新品种经过反复繁殖后或者在特定繁殖周期结束时,其相关的特征或者特性保持不变。稳定性也只有通过田间测试来判定。但对稳定性的测试一般不可能像特异性和一致性那样在2~3年(季)内就能得到肯定的结果。

水稻新品种稳定性判定主要依据一致性,同时也可考虑不同年份(季)的性状表现。一般认为品种具备了一致性,同时也具备了稳定性。但在有疑问的情况下,可再种植一季或种植新的种子来证实该材料表现出的性状与原先所提供材料的表现是否一致。《水稻DUS测试指南》规定在2个相同生长季节的测试结果中,测试品种同一性状的表现在同一代码内,或第二次测试的变异度与第一次测试的变异度无显著变化,判定该品种在此性状上具备稳定性;反之,判定不具备稳定性。

第二节　水稻新品种保护

一、法规保障

根据《中华人民共和国植物新品种保护条例》,农业部、国家林业局按照职责分工分别制定配套的实施细则和保护名录,其中农业部是负责包括粮食、棉花、油料、麻类、糖料、蔬菜、烟草、桑树、茶树、果树(干果除外)、观赏植物(木本除外)、草类、绿肥、草本药材、食用菌以及橡胶等热带作物的农业植物新品种权的审批和授权机关,成立农业部植物新品种保护办公室,承担品种权申请的受理和审查任务,以及管理其他事务。1999年3月23日,我国政府向国际植物新品种保护联盟(UPOV)递交了中华人民共和国加入《国际植物新品种保护公约(1978年文本)》的加入书,1999年4月23日正式成为UPOV第三十九个成员国,同时启动实施《中华人民共和国植物新品种保护条例》,并从1999年4月23日开始接受国内外植物新品种权申请。水稻作为我国第一大农作物,被列入第一批植物新品种保护名录。

自《中华人民共和国植物新品种保护条例》实施以来，农业部先后制定了《中华人民共和国植物新品种保护条例实施细则(农业部分)》、《农业部植物新品种复审委员会审理规定》、《农业植物新品种权侵权案件处理规定》、《农业植物新品种权代理规定》等规章制度，在植物新品种保护办公室内部还制定有《审查指南》，从而使品种权审批、品种权案件的查处以及品种权中介服务等工作更具可操作性。2000 年，最高人民法院发布《关于审理植物新品种纠纷案件若干问题的解释》，明确了人民法院受理植物新品种案件的种类、管辖范围等。2000 年 12 月 1 日起实施的《中华人民共和国种子法》也明确规定了对植物新品种给予保护。这一系列法律、法规的制定与实施为新品种保护工作(包括行政保护、行政诉讼保护、民事诉讼保护和刑事诉讼保护)提供了坚实的法规保障。

二、组织体系

(一)农业部植物新品种保护办公室

根据《中华人民共和国植物新品种保护条例》第三条、《中华人民共和国植物新品种保护条例实施细则(农业部分)》第三条规定，农业部设立植物新品种保护办公室。办公室为管理农业植物新品种保护的行政机构，下设审查处和测试处，由审查处承担品种权申请的受理、审查、品种权保护公告的发布、保护目录制定等相关事务，测试处负责申请品种 DUS 测试、测试指南的研制和修订以及繁殖材料保藏中心和测试机构的管理等各项任务。

办公室还可根据植物新品种复审委员会的授权办理复审的相关事宜。

(二)农业部植物新品种复审委员会

为了避免因审批机关审查失误而造成申请人不能获得品种权，以维护品种权申请人的合法权益，依据《中华人民共和国植物新品种保护条例》第三十二条相关规定，农业部聘请植物育种专家、栽培专家、法律专家和有关行政管理人员组成植物新品种复审委员会，复审委员会主任由农业部负责人兼任。

复审委员会是负责处理品种权申请复审程序和品种权无效宣告程序的部门。其中，品种权申请复审程序是指品种权申请人对审批机关驳回其品种权申请决定不服时请求再审查而启动的程序，独立于审批程序的各个阶段。品种权无效宣告程序指任何某个或数个单位或个人，认为审批机关授予的某项品种权，不符合《中华人民共和国植物新品种保护条例》的有关规定，依法向复审委员会提出宣告该品种权无效的请求。无效宣告是独立于审查、复审之外的一种法律程序。

(三)农业部植物新品种繁殖材料保藏中心

农业部植物新品种繁殖材料保藏中心受农业部植物新品种保护办公室的委托，负责申请品种的保藏，用于审查和检测。保藏中心对新品种申请人送交的繁殖材料负有保密的责任，在品种权申请的审查期间和授权后品种权的有效期限内有责任防止丢失、被盗等事故的发生。

(四)农业部植物新品种测试中心及分中心

根据《中华人民共和国植物新品种保护条例》第三十条、《中华人民共和国植物新品种保护条例实施细则(农业部分)》第二十六条、二十七条、二十八条、二十九条、三十条相关规定，自 1999 年始，农业部组建农业部植物新品种测试中心，同时按生态区特点建立哈尔滨、公主岭、北京、乌鲁木齐、西宁、杨陵、济南、成都、南京、上海、杭州、昆明、广州和儋州共 14 个测试分中心。测试中心、分中心依照农业部DUS测试指南独立开展工作,不受社会任何单位或个人干扰,接受司法和社会的监督。

测试中心、分中心只从事新品种的DUS测试试验以及测试技术与方法的研究,不进行任何新品种的选育和开发工作。测试分中心接受测试中心的业务领导,并依据各生态区农业植物分布特点和技术支撑力量,各有侧重,负责本生态区农业植物新品种的DUS测试。就水稻而言,东北寒地水稻新品种由哈尔滨和公主岭分中心负责测试,华北水稻新品种由济南分中心负责测试,长江上游地区水稻新品种由成都分中心负责测试,长江中下游地区水稻新品种由杭州分中心负责测试,云贵地区水稻新品种由昆明分中心负责测试,华南地区水稻新品种由广州分中心负责测试。

(五)农业植物新品种权代理人及代理机构

品种权代理人是品种权申请人与品种权审批机关之间的桥梁,可代理申请、审批、复审、无效程序中的有关事宜及其他事项。品种权代理机构是经营或者开展品种权代理业务的服务机构。《中华人民共和国植物新品种保护条例》第十九条规定"中国的单位和个人申请品种权的,可以直接或者委托代理机构向审批机关提出申请",《中华人民共和国植物新品种保护条例实施细则(农业部分)》第十七条规定"在中国没有经常居所的外国人、外国企业或者其他外国组织向农业植物新品种保护办公室提出品种权申请的,应当委托农业植物新品种保护办公室指定的涉外代理机构办理"。据此,农业部制定《农业植物新品种权代理规定》,通过组织培训和考试,发放《品种权代理人资格证书》,培养品种权代理人,代理人在接受品种权代理机构的聘任后,以代理人身份从事有关的品种权代理业务。目前,我国已有农业植物新品种权申请代理机构1家(北京中农恒达植物品种权代理事务所有限公司),代理人107名,遍布全国各农业研究机构以及主要涉农企业。

(六)农业植物新品种保护执法机构

县级以上人民政府农业行政部门根据《中华人民共和国植物新品种保护条例》第四十条、《中华人民共和国植物新品种保护条例实施细则(农业部分)》第七十五条规定,监督和查处假冒授权品种案件。

省级以上人民政府农业行政部门根据《中华人民共和国植物新品种保护条例》第三十九条、《中华人民共和国植物新品种保护条例实施细则(农业部分)》第七十二条规定,查处品种权侵权案件。

人民法院受理品种权保护的行政诉讼、民事诉讼和刑事诉讼。行政诉讼指当事人对县级以上农业行政部门作出的假冒授权品种的决定和省级以上农业行政部门作出的侵权决定,以及对植物新品种复审委员会作出的复审决定和无效决定,审批机关所作出的强制许可决定和强制许可使用费裁决不服时,通过行政诉讼程序向人民法院提起诉讼。当侵犯品种权的行为是民事侵权行为时,当事人除可以请求行政处理外,还可直接向被告所在地人民法院提起民事诉讼。刑事诉讼主要针对假冒他人的授权品种和徇私舞弊两种情况。

三、工作流程

品种权是新品种保护的核心,整个新品种保护工作都是围绕品种权的获得而展开的。一项水稻新品种权的获得包括品种权申请、品种权申请的受理以及品种权审批等工作程序。

(一)品种权申请

品种权不能自动取得,即使是符合新颖性、特异性、一致性和稳定性的新品种,也必须履行《中华人民共和国植物新品种保护条例》所规定的申请程序。水稻品种权申请向农业部植物新品种保护办公室提出,提交规定格式的品种权申请请求书、说明书(包括说明书摘要、技术问卷)、照片各一式两份。申请请求书包括新品种的暂定名称;所属的属或种的中文名称和拉丁文名称;培育人姓名,申请人姓名或者名称、地址、邮政编码、联系人、电话、传真;申请人国籍;申请人是外国企业或者其他组织的,其总部所在的国家;以及新品种的培育起止日期和主要培育地。说明书包括新品种的暂定名称;所属的属或种的中文名称和拉丁文名称;有关该新品种与国内外同类品种对比的背景材料的说明;育种过程和育种方法,包括系谱、培育过程和所使用的亲本的说明;有关销售情况的说明;对该新品种特异性、一致性和稳定性的详细说明;适于生长的区域或者环境以及栽培技术的详细说明。说明书摘要是对说明书内容的简要说明,主要供办公室公布公告时参考,字数在200~500字之间。技术问卷是一种问答式表格。照片应有利于说明申请品种的特异性;一种性状的对比应在同一张照片上;照片应为彩色,必要时,植物新品种保护办公室可以要求申请人提供黑白照片;照片规格为8.5 cm×12.5 cm或者10 cm×15 cm;以及照片应有简要文字说明。品种权申请请求书、说明书(包括说明书摘要、技术问卷)和照片所提交的主要文件,必要时,还需提交一些附加文件,如代理人委托书、要求优先权声明等。

(二)品种权申请的受理

农业部植物新品种保护办公室收到品种权申请文件后,对符合要求的申请文件予以受理。申请文件是面交的,直接发给受理通知书。申请文件是邮寄的,受理通知书以挂号邮件寄给申请人。受理通知书包括申请人、申请日、申请号、品种暂定名称和文件清单。对于不予受理的申请书发给不受理通知书,并说明不受理原因,申请书加盖"不受理"章后随不受理通知书一起邮寄回申请人。

(三)品种权申请的审批

水稻品种权申请的审批经过初步审查、申请公告、实质审查和授权公告4个程序。

1. 初步审查 申请人缴纳申请费后,农业部植物新品种保护办公室对品种权申请进行初步审查。内容包括是否属于植物新品种保护名录列举的植物属或者种的范围,是否符合《中华人民共和国植物新品种保护条例》第二十条规定(有关外国人、外国企业、外国组织在中国申请品种权的相关规定),是否符合新颖性的规定,品种命名是否适当。初步审查为形式审查,并在自受理品种权申请之日起6个月内完成。

2. 申请公告 对经初步审查合格的水稻品种权申请,农业部植物新品种保护办公室在《植物新品种保护公报》上予以公告,并通知申请人送交水稻种子,并在3个月内缴纳审查费。公告内容包括申请品种的特征特性、适应范围以及申请人、申请日、申请号等相关信息。对初步审查不合格的品种权申请,办公室将通知申请人在3个月内补正。申请人无正当理由不补正或者补正后申请仍不符合要求,办公室将予以驳回申请。

3. 实质审查 申请人缴纳审查费、送交种子等相关事宜后,办公室对该品种权申请进行特异性、一致性和稳定性实质审查。申请人未按规定缴纳审查费和办理有关手续的,品种权申请视为撤回。办公室收到申请人的审查费后,按品种类型和适应生态区,分别送交DUS测试中心或分中心进行特异性、一致性和稳定性田间测试,提出测试结果。办公室根据申请说明书和田间测试报告,判断品种权申请是否具有特异性、一致性和稳定性。通过实质审查的,办公室将授予品种权。对于实质审查不合格的,办公室通知申请人或者代理人,要求其在指定期限内陈述意见,或者对其申请进行修改。无正当理由逾期不答复的,该申请即被视为撤回。对于经申请人陈述意见或者进行修改后,办公室认为仍然不符合规定的,将驳回品种权申请,并通知申请人或者其代理人。申请人在收到办公室驳回申请的通知后,如对此决定不服,可以在收到通知之日起3个月内,向植物新品种复审委员会请求复审。

4. 授权公告　经过实质审查后,对不符合授权条件的品种权申请,办公室发出驳回决定通知书,并在《植物新品种保护公报》上登记公告。对符合授权条件的品种权申请,办公室发给授予品种权通知书和缴纳第一年年费通知书。申请人在收到通知之日起2个月内办理缴费手续的,办公室颁布品种权证书,并予以登记和在《植物新品种保护公报》上公告。申请人在规定期限内未办理缴费手续的,视为放弃取得品种权的权利,并通知申请人或代理人,同时指明恢复权利的法律程序。办公室自该通知发出之日起3个月期满,未收到恢复权利请求的,该决定将在《植物新品种保护公报》上公告。

第三节　水稻品种区域试验及生产试验

人工选育或发现并经过改良的一水稻群体,通过鉴定测试表明与现有品种有明显区别,形态特征和生物学特性一致,遗传性状相对稳定,即具有特异性、一致性和稳定性,而成为一个新的水稻品种。但从生产利用角度而言,新品种仅具有特异性、一致性和稳定性是不够的,还必须具有实用性。水稻新品种的实用性通过区域试验及生产试验进行评价。

一、水稻品种区域试验及生产试验的内容

区域试验是指在同一生态类型区的不同自然区域,选择能代表该地区土壤特点、气候条件、耕作制度、生产水平的地点,按照统一的试验方案和技术规程鉴定评价品种的丰产性、稳产性、适应性、抗性、品质及其他重要特征特性,从而确定品种的利用价值和适宜种植区域的试验。生产试验是在区域试验的基础上,在接近大田生产的条件下,对品种的丰产性、适应性、抗性等进一步验证的试验。

二、水稻品种区域试验及生产试验的方法

(一)试验组的设置

水稻品种区域试验及生产试验按生态区域、种植季别、品种类型、生育期分组进行,以合理评价品种、便于栽培管理和减少试验误差。我国水稻品种区域试验及生产试验分国家和省两级进行。国家级试验按生态区域分为南方稻区、北方稻区两个大区,大区内又进一步细分若干个次级生态区域,如南方稻区的华南稻区、长江上游稻区、长江中下游稻区等。种植季别分为双季早稻、双季晚稻和一季稻(包括中稻和一季晚稻)。品种类型分为籼、粳、籼糯、粳糯,必要时再按用途如食用、饲料用、酿造用等进一步细分。生育期分为早熟、早中熟、中熟、中迟熟、迟熟等。

目前我国国家级水稻品种区域试验及生产试验共设置了14个类型26个试验组。其中,南方稻区有华南双季早籼、华南双季感光晚籼、长江上游一季迟熟中籼、武陵山一季迟熟

中籼以及长江中下游双季早中熟早籼、双季迟熟早籼、双季早熟晚籼、双季中迟熟晚籼、一季迟熟中籼、一季晚粳9个类型21个试验组，北方稻区有中熟中粳、迟熟中早粳、中熟中早粳、迟熟早粳、中熟早粳5个(类型)试验组。

(二)试验点的设置

试验点的选择主要考虑3个方面：①所选试验点应有生态和生产代表性，以保证试验结果能反映生产实际；②所选试验点应有良好的试验条件和技术力量，以确保试验结果的准确性，一般设在县级以上农业科研单位、原(良)种场、种子管理站、种子公司；③试验点一经选定应保持相对稳定，以保证试验的连续性和可比性，但试验点也不是一成不变的，随着生产的发展变化，试验点应及时进行合理调整。

试验点应涵盖稻区内主要生态和生产类型，其数量应满足试验设计要求。一组区域试验的试验点一般不少于6个，一组生产试验的试验点一般不少于5个。

(三)试验品种

试验品种包括参试品种和对照品种。

参试品种首先由选育单位或个人向品种试验主管部门提出申请，经审查符合条件后安排参加合适试验组的品种试验。

对照品种是在生产上或特征特性上具有代表性，用于与试验品种比较的品种。一个试验组一般设置一个对照品种，必要时可以加设一个辅助对照品种。对照品种应选用通过国家级或省级农作物品种审定委员会审定、稳定性好、适应性广、在相应生态类型区内当前生产上推广面积较大的同类型同熟期主栽品种。对照品种一经选定，一段时期内应保持相对稳定。

一个试验组的品种数量根据试验设计方法、有效控制试验误差和提高试验效率综合确定。区域试验为单因子试验，为获得统计结果的可靠性，试验方差分析时误差项自由度应不小于12。如处理数(品种数)等于或少于6个，则至少设4次重复；处理数(品种数)等于或多于7个，可设3次重复。为兼顾试验精确度和试验效率，一个试验组的品种数量一般控制在7~12个，品种偏少时暂停试验，品种较多时分组进行。

(四)试验周期

为了反映参试品种对年度间气候波动的适应性能，区域试验需要做一定生产周期的重复试验。试验周期根据不同作物、生态区气候波动状况以及期望试验效率综合考虑确定，我国水稻品种一般进行两个正季生产周期的区域试验和一个正季生产周期的生产试验。为了加快试验进程，生产试验可以与后一个生产周期的区域试验同时进行，但经过1~2个生产周期的区域试验证明综合表现差或存在明显的种性缺陷的参试品种，可以中止继续进行区域试验和(或)生产试验。

(五)田间试验

1. 试验设计方法　品种区域试验及生产试验亦即是多点品种比较试验。具体到单个试验点的试验，试验目的是鉴定评价一组品种在当地气候、土壤和栽培条件下的一般生产性能，也就是只有品种不同而其他试验条件一致的单因子试验。常用的单因子试验设计方法主要有完全随机设计、完全随机区组设计、拉丁方设计等。其中区域试验一般采用完全随机区组设计或拉丁方设计，生产试验一般采用完全随机设计，但处理不设重复。

(1)完全随机设计　这是最简单形式的单因子试验设计方法。其特点是不划分区组，所有处理完全随机排列，每一个试验单元（小区）都有同样的机会接受任何一个处理。

例如，一个有5个处理设4次重复的试验，进行一次完全随机设计，其排列如图11-1所示。

T4	T5	T3	T2
T3	T1	T4	T5
T5	T2	T3	T1
T2	T5	T1	T3
T4	T2	T4	T1

图11-1　完全随机设计示意图

但完全随机设计由于不划分区组，如果试验单元条件不是高度同质，或者当处理数较多时，往往会增加处理间的变异，使试验误差增大。因此，通常仅适用于处理数目较少和试验单元条件高度同质的试验，或是对试验精确度要求不太高的试验。

（2）完全随机区组设计　这种设计的特点是依据一定的规则划分区组，各区组大小一致，每一区组都包含一套所有的处理而构成一个重复，同时每一个区组内的所有处理均完全随机排列。在整个试验过程中，对同一区组内的所有试验单元施以一致的条件或技术，任何可能影响试验结果的条件或技术改变应当在区组间进行。

例如，一个有5个处理设4次重复的试验，进行一次完全随机区组设计，其排列如图11-2所示。

完全随机区组设计方法只要区组划分正确，区组内的试验单元条件将比区组间更相似，从而有效地实施误差控制。同时，重复数可以任意，而不受处理数的限制，但至少需要2次重复，以便进行显著性检验。此外，任何处理比较的误差均可分离，且在出现处理差异异常或试验误差异质等特殊情形时可忽略任意数量的处理，而不会使分析复杂化。因此，完全随机区组设计方法具有精确、灵活、高效等优点，是水稻等农作物品种比较试验最常采用的试验设计方法。

区组Ⅰ	区组Ⅱ	区组Ⅲ	区组Ⅳ
T2	T5	T1	T2
T3	T1	T4	T5
T5	T4	T3	T1
T4	T2	T5	T3
T1	T3	T2	T4

图11-2　完全随机区组设计示意图

完全随机区组设计的主要缺点是不适宜处理数太多和区组内存在较大变异的试验。

（3）拉丁方设计　这种设计的特点是将处理按行、列两个方向排列成区组，每个处理在每一行和每一列都出现1次，使每一行和每一列都成为一个完全区组。

例如，一个有4个处理的试验，进行一次拉丁方设计，其排列如图11-3所示。

拉丁方设计具有两个方向的区组，比单一方向区组的完全随机区组设计能够控制更多变异，通过变异的双向消除获得更小的误差均方，使试验精确度更高。

拉丁方设计的主要缺点是处理数目必须和重复数相等，如果处理数多，则试验规模变得庞大，成本费用高，往往不切合实际。因此，拉丁方设计仅适用于处理数较少的试验，通常以4～8个为宜。

	列区组Ⅰ	列区组Ⅱ	列区组Ⅲ	列区组Ⅳ
行区组Ⅰ	T1	T4	T3	T2
行区组Ⅱ	T3	T1	T2	T4
行区组Ⅲ	T2	T3	T4	T1
行区组Ⅳ	T4	T2	T1	T3

图 11-3　拉丁方设计示意图

2. 田间设计技术　试验设计方法确定后，依据试验田土壤异质性差异（包括土壤质地、土壤肥力等差异）进行具体的田间设计。田间设计的内容包括区组和小区的大小、形状及方位等。

（1）区组的设置　设置区组的目的是通过把试验单元分成区组，使每一区组内单元间的土壤异质性差异减小，而将试验田的土壤异质性差异尽可能分配在区组间，从而达到控制和减少试验误差的目的。

当试验田土壤异质性差异呈单一梯度变化方向时，采用长方形的区组，并且使区组长的方向与土壤异质性（如肥力水平）差异梯度方向垂直（图 11-4）。当土壤异质性差异存在一强一弱两个梯度方向时，忽视弱的梯度，区组长的方向与强的土壤异质性差异梯度方向垂直。

当试验田土壤异质性差异呈两个方向同等强度的梯度变化且互相垂直时，采用正方形的区组，或采用拉丁方设计，行、列区组各适应一个梯度方向。

当试验田土壤异质性差异变异模式不明或不可预测时，也应采用正方形的区组。

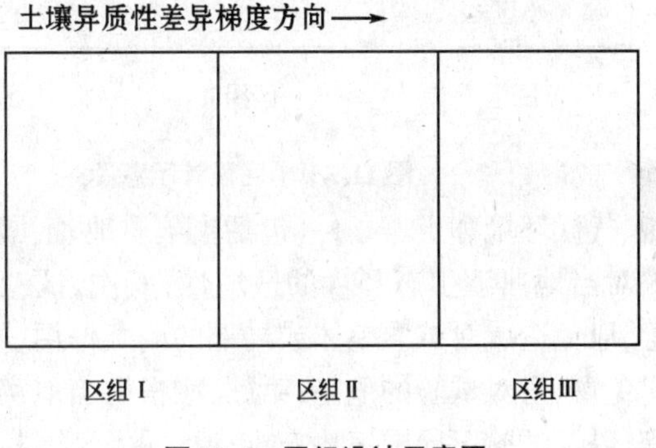

图 11-4　区组设计示意图

（2）小区的设置　在品种比较试验中，小区是基本的试验单元。根据试验地土壤异质性差异状况确定区组的形状和排列方向后，还需要进一步确定小区的大小、形状和方位。

①小区的大小：主要根据试验地土壤异质性差异程度及拟设重复次数而定。土壤异质性差异较大，应适当增大小区，重复次数较少，也应适当增大小区；反之，则可以适当缩小小区。但小区的大小应适度，过小则会产生较大的试验误差；过大则不但降低了试验效率，还会因为区组的增大而使局部控制能力相对下降。

根据国际水稻研究所所做的试验，水稻田间试验小区面积小于 8 m^2，产量变异系数相对较大且差异明显；小区面积大于 8 m^2，则产量变异系数相对较小且差异不明显。可见，在水稻田间试验中，小区面积应不小于 8 m^2，但也不必要采用过大的小区。我国水稻品种区域试验中，小区面积一般要求为 13.33 m^2。

②小区的形状：田间试验采用的小区形状一般有长方形和正方形两种，采用哪一种形状的小区主要取决于试验田土壤异质性差异状况。当试验田土壤异质性差异呈现单一梯度

方向变化时，应采用长方形小区；当试验田土壤异质性差异呈现两个方向同样强度的梯度变化且互相垂直时，应采用正方形小区；当土壤异质性差异方向不明或不可预测时，则采用正方形小区比较稳妥。此外，如果认为试验中的边际效应是明显而主要的，则采用正方形的小区比较合适，因为它有最小的周边长。

在采用长方形小区时，对长与宽的比例没有严格的限定，长宽比一般以 2:1 至 3:1 为宜，小区过于狭长则增加了边行植株数量而使边际效应增大。

③小区的方位：在采用长方形小区情况下，存在小区的排列方位问题。根据区组内小区间土壤异质性差异尽可能一致的原则，小区长边方向应与试验田土壤异质性差异梯度方向一致(图 11-5)。

土壤异质性差异梯度方向 ——→

区组Ⅰ	区组Ⅱ	区组Ⅲ
小区 1	小区 1	小区 1
小区 2	小区 2	小区 2
小区 3	小区 3	小区 3
小区 4	小区 4	小区 4
小区 5	小区 5	小区 5
小区 6	小区 6	小区 6

图 11-5　小区设计示意图

另外，在不设重复的大区品种比较试验中，如区域试验后续的生产试验，大区如是长方形，其长边方向也应与试验田土壤异质性差异梯度方向一致。

3. 试验田的选择　试验田是水稻品种比较试验的载体和平台，选择合适的试验田对保证试验的安全性、代表性和有效性以及提高试验的准确性、精确度和效率具有十分重要的意义。

(1)试验田的位置和设施　首先，应考虑试验田所处的地形、地貌、气候环境和土壤条件(包括土壤质地、土壤肥力等)在当地具有代表性，使参试品种能反映对当地典型生态环境的适应性；其次，试验田应选择在开阔地，不靠近树林、高大建筑物等，以免造成对试验整体或局部的荫蔽作用，同时试验田也应远离农舍和动物放养场所，以避免禽、畜对试验的危害；第三，应根据当地实际情况设置防鼠、防鸟设施如防鼠墙、防鸟网等，以及试验田周围田块安排种植同类型同熟期品种，以避免鼠、鸟等对试验的危害；第四，试验田应具有良好的排灌设施，确保排灌顺畅。

(2)试验田的大小和形状　我国水稻品种区域试验一般采用完全随机区组设计，3 次重复，小区面积统一为 13.33 m^2，一组试验品种为 7～12 个，同时要求试验田块年度间相对固定。因此，试验田块大小的选择应考虑一组试验品种最多时所需要的面积。通常，连同保护区及小区间的操作走道，一组试验的试验田面积应不小于 666.67 m^2(1 亩)。另外，在同类型同熟期的参试品种较多时，往往分若干个试验组进行，不同组别但类型熟期相同的试验可以安排在同一田块中进行，有利于观察比较和节省试验成本。因此，试验田最好选择数倍于 666.67 m^2 如 1 333.33 m^2(2 亩)、2 000 m^2(3 亩)大小的田块。当然，试验田块不宜过大，一般以不大于 2 000 m^2 为宜，否则不但会增加试验田土壤的异质性，还会造成田间操作管理的不便。

试验田块的形状是由区组数、参试品种数以及小区的大小和形状决定的。根据我国水稻品种区域试验的一般设计要求，试验田块的形状应为长方形，宽度以 20～25 m 为宜。

(3)试验田的土壤肥力　试验田的土壤肥力涉及肥力水平及其均匀程度。水稻品种区域试验要求肥力水平中等偏上,肥力水平偏低将影响品种产量潜力的正常发挥,肥力水平偏高会导致部分品种长势过旺贪青、病虫害严重发生及非正常倒伏等。

在田间试验中,土壤肥力差异性是引起试验误差的一个重要因素。采用合适、科学的试验设计可以有效地控制区组间土壤肥力差异产生的试验误差,但并不能控制区组内土壤肥力差异产生的试验误差。实际上,在一块试验田中,土壤肥力差异呈均匀梯度变化并在试验规划设计中做到区组内无差异是困难的。因此,应尽可能选择土壤肥力均匀一致的田块,这是控制因土壤肥力差异产生的试验误差的最有效的手段。

土壤肥力差异形成的原因可以是单一的,也可能是综合的,不同的土壤基础、各类田间试验、不均匀的农事操作、灌溉方向等都会形成土壤肥力差异。

土壤肥力差异的判别方法主要有 2 种: ①目测法。即整块试验田种植同一品种,在所有栽培管理措施均匀一致的情况下,目测其生长的一致性情况,如植株高度、长势繁茂性、叶色浓淡、丰产势等方面的差异作出大致判断。②空白试验法。即整块试验田种植同一品种,并划分为面积相同的若干单元,在所有栽培管理措施均匀一致的情况下,成熟时分单元收获,并对获取的产量数据进行统计分析,根据不同单元的产量差异性判断土壤肥力差异状况。在使用空白试验法时,最好同时结合使用目测法。无论是使用目测法还是使用空白试验法,都应注意区分生长差异及产量差异原因是来源于土壤还是非土壤因素。对非土壤因素引起的差异应区别看待,如因病害或虫害不均匀发生引起的差异。

(4)试验田的肥力养护　试验田的肥力差异和肥力水平不是一成不变的。肥力不均匀的田块经过匀地种植(种植某种作物的同一个品种),土壤肥力会趋于均匀;肥力均匀的田块经过试验种植后会产生新的肥力差异。因此,选作试验的田块其前作应经过匀地种植。前作为试验的田块不宜继续作试验田,如早稻品种试验田不宜继续作当年晚稻品种试验田。在实际工作中,应尽可能安排两组试验田,以便在年度间或季别间进行轮作或试验与生产的轮换使用,以均匀土壤肥力、提高土壤肥力水平和改善土壤物理结构。

4. 栽培管理技术　品种比较试验的技术过程,实质上是试验误差的控制过程。有效控制试验误差除了采用科学的试验设计方法和选择合适的试验田外,科学、严谨的栽培管理也是一个重要的技术关键。

品种比较试验属于单因子试验,在一个试验点,应在试验条件和技术一致的情况下比较品种之间的差异。由于田间试验周期长、环节多、技术因素复杂,尤其在栽培管理过程中有时难以满足完全一致的试验条件和技术,所以栽培管理的总体要求是: 能控制的试验条件和技术应整体均匀一致,难以控制的试验条件和技术应严格遵循局部控制的原则,尽可能使区组内的试验条件和技术均匀一致,而把实际或可能存在的试验条件和技术差异分配在区组间。

(1)育秧　水稻品种比较试验要求采用先育秧后移栽的种植方式。在育秧过程中,除了应根据当地生产季节适时播种和按照当地生产习惯确定适当的播种量及播种密度外,还应确保品种间及品种内秧苗素质的相对一致性。为此,除要求同组试验所有品种育秧程序、育秧条件和育秧技术一致外,还应注意以下几点: ①根据各品种的千粒重和发芽率确定播种量(常规稻与杂交稻播种量应有区别),使各品种具有相同的出苗密度; ②一组试验育秧的各个技术环节如播种、施肥等,避免同时由两人或多人操作; ③不使用植物生长调节剂,以避免因不同品种对植物生长调节剂反应程度不同而引起秧苗素质差异；④拔秧移栽时，不选用秧畦边缘的秧苗。

(2)移栽　移栽是品种试验从秧田过渡到本田的重要技术环节，除了应根据当地生产习惯选择适当的秧龄、行株距和穴苗数外，还应保证品种再生长起点的一致性。同组试验应同时移栽，如遇特殊情况不能同时移栽，则至少同一区组应同时移栽。此外，同组试验行株距以及穴苗数应相同(但常规稻与杂交稻穴苗数应有区别)，栽插状况应一致。但在实际操作中，由于需要较多的移栽人员，其技术熟练程度和栽插习惯往往不尽相同，反映在栽插深浅、行株距、穴苗数等方面存在较大差异。为此，除了应采取拉绳移栽外，还应采取科学的移栽人员布局及操作方位，使同一区组内的不同小区的行株距、穴苗数以及栽插状况在总体分布上一致。

在拉绳多人(如12人)移栽中，可以有图11-6中的A和B两种形式进行。显然在A形式中，每一个区组内的各个小区的栽插状况在总体分布上是一致的，而在B形式中，则同一个区组内的各个小区的栽插状况是不一致的。因而，A形式是正确的，B形式是错误的。

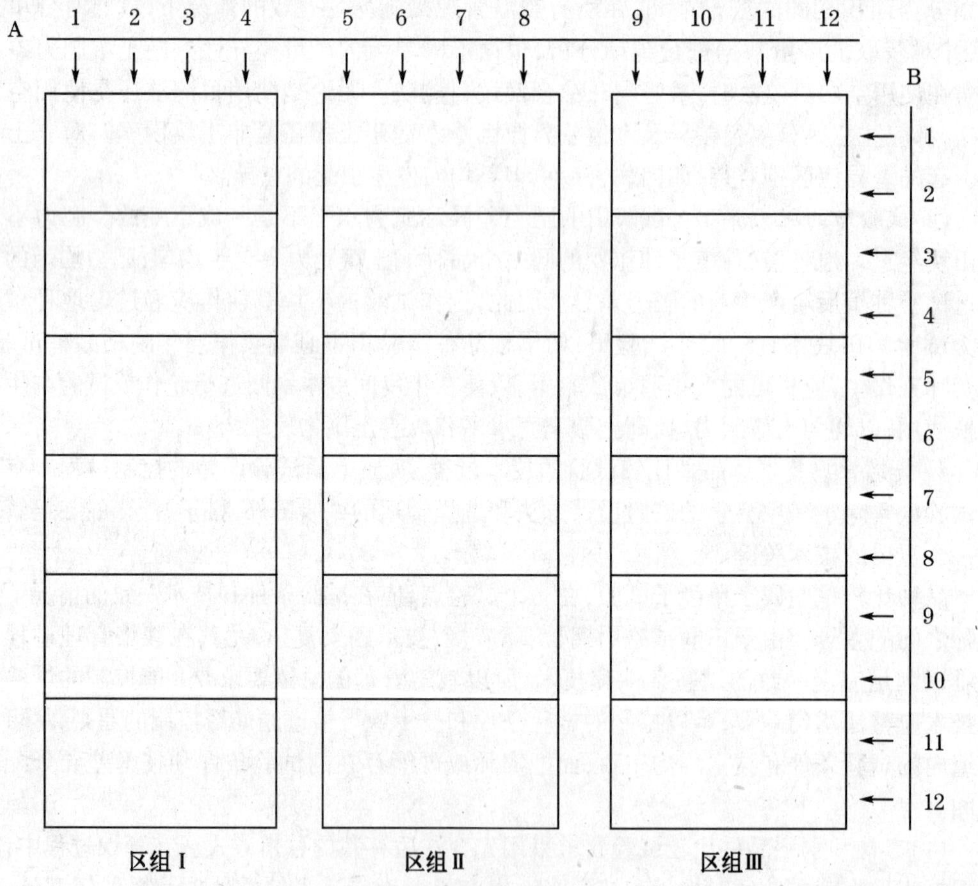

图11-6　拉绳多人移栽形式

(A正确，B错误)

(3)保护行的设置　区域试验和生产试验均应设置保护行。保护行的作用一是保证试验的安全性，二是消除或减小边际效应的影响。

边际效应是指小区边际与小区中部的植株有不同的表现。影响边际效应的因素主要有两方面：一是边际植株在生长空间、环境和肥力方面与非边际植株的差异，二是相邻小区间不同品种植株生长竞争力的差异。据研究，边际效应会影响包括产量在内的许多性状，并且具有显著的品种间差异性，一般情况下，边际效应只是在边 1 行表现明显，但如果相邻小区品种间性状差异大，则其品种的生长竞争效应可涉及到外 3 行或边至内 40 cm 的距离。

在实际操作中，应采取如下措施消除或减少边际效应对试验的影响：①限制小区间及小区与保护行之间的间距（<40 cm）；②在试验田四周设置不少于 3 行的保护行，并种植对应小区的品种（图 11-7）。

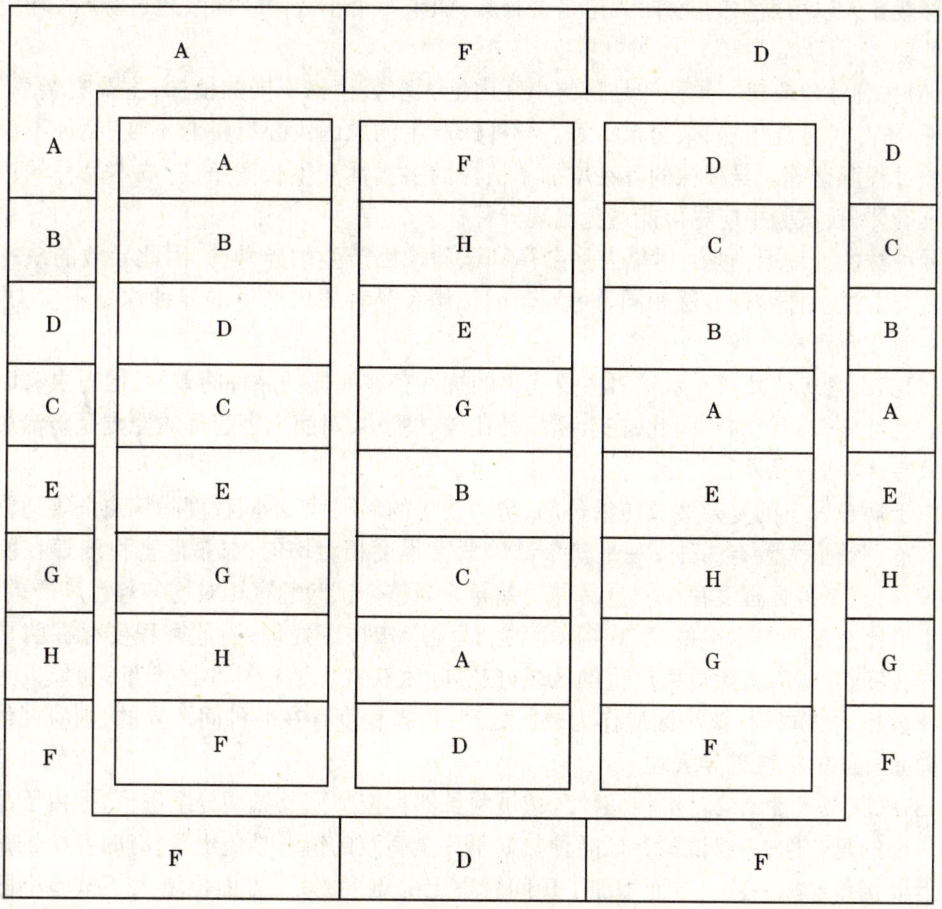

	A	F	D	
A	A	F	D	D
B	B	H	C	C
D	D	E	B	B
C	C	G	A	A
E	E	B	E	E
G	G	C	H	H
H	H	A	G	G
F	F	D	F	F
	F	D	F	

图 11-7　试验田保护行设置示意图

(4)施肥　施肥除了应当按照当地大田生产的中等偏上水平确定施肥量、肥料种类搭配以及适当适量分次施用外，还应确保施用均匀和每个小区等量，以避免产生新的土壤肥力差异。

在施肥过程中应注意如下几点：①所用有机肥应腐熟粒细，固体无机肥应干松不结块；②采取分小区起码是分区组分别称取等量肥料施用的办法；③选用技术熟练、施用均匀度好的人员施肥，并且一组试验同一次施肥应由同一人操作；④不能对长势不良的小区或区域额外增加施肥量或施肥次数。

(5)缺株(穴)的处理　造成缺株(穴)的原因很多,如栽插断苗、栽插不稳浮苗、栽插太深死苗、田面不平枯死、病虫危害致死等。缺株不但使所在小区基本苗数减少,也影响其相邻植株的正常生长。

在试验过程中首先应注意避免发生缺株,如确保田面平整、拔秧格外小心、使用熟练移栽人员、及时防治病虫害等。其次是移栽后应及时进行查苗补缺。补苗越早越好。一般在移栽后 5 天内正确补栽的植株,与正常植株差异不明显。移栽后 5 ~ 20 天发生的缺株也应补栽,并做好标记,在收获时应予以剔除,根据所收获的正常株数的产量折算小区产量。移栽 20 天后发生的缺株可不必补栽,但应计算缺株数量,收获后按实际收获株数折算小区产量。移栽 5 天以后发生的缺株,无论是否补栽,如果一个小区中缺株数超过 20%,均应作为缺区处理。

(6)异种株的处理　异种株是指与小区内绝大多数植株不同的植株,主要有杂草、异品种植株、本品种分离植株、杂交亲本等。异种株产生的原因主要有种源不纯、品种不稳定以及试验过程混杂等。异种株的存在增加了植株的多样性和生长竞争,影响本品种的正常表现和准确评价,试验中应尽可能避免出现异种株。

异种株的处理原则是:尽早去除杂草和试验原因产生的异种株,因此导致的缺株的处理方法与上述缺株处理方法相同。但对于因种源和品种原因产生的异种株则不应去除,在试验中应注意观察记载。

(7)病虫危害的处理　水稻对主要病害的抗性存在明显的品种间差异,但对虫害以及纹枯病的抗性则普遍较弱。因此,在水稻品种比较试验中,对病虫害管理的原则是防治虫害不防治病害(纹枯病除外)。

由于病虫发生的复杂性及防治药剂、防治技术的局限性,不同程度的病虫危害通常难以避免。危害情形大致有 3 种:一是整个试验危害程度相对均匀;二是危害程度存在明显区域性差异;三是危害程度存在明显品种间差异。当整个试验危害相对均匀且程度严重,平均产量水平比正常产量水平偏低 20% 以上时,试验应作报废处理;当危害程度存在明显区域性差异,在收获时应去除危害严重的区域,按实际收获穴株数折算小区产量,如果去除的危害穴株数超过 20% 时,该小区应作为缺区处理;危害程度存在品种间差异的,则应视作正常的不同品种间的抗性差异表现。

(8)收获与产量测定　水稻品种区域试验虽然都按类型及熟期分组进行,但由于品种生育期表现的复杂性,一组试验参试品种熟期不完全一致的情形难免出现,有时在个别试验点甚至迟早相差悬殊。这一方面增加了田间管理上的难度,另一方面也增大了试验小区间的生长竞争,带来试验误差,此外也给品种间的比较增加了难度。因此,在制定试验方案时应使同一组试验参试品种的熟期尽可能一致。如果试验实施中出现参试品种间熟期相差悬殊的情况,则应按成熟先后及时收获。这虽然会给相邻偏迟熟小区留下边际空间优势,但在后期这种空间优势所带来的边际效应已不明显,而成熟后未及时收获造成穗发芽、籽粒的呼吸作用消耗、倒伏、鸟害和鼠害等会明显影响产量,带来较大的试验误差。

产量比较是品种比较试验的中心内容。产量测定是田间试验部分的最后一个环节,也是最重要、最容易发生误差的环节。收获、脱粒、清理、贮运、晾晒、扬净、称量等如操作不当,不但会带来系统或偶然误差,也极容易造成过失误差。这一过程的每个环节除要求使用适当的机具设备和格外认真细心外,还应特别注意如下几点:①收获应采用人工分小区收获,在一组试验收获过程中,应固定 1～2 人脱粒,以保证每个小区的脱粒干净程度一致; ②在一组试验小区稻谷清理和扬净过程中,操作人员也不宜多,最好由 1 人完成,以保证每个小区清理和扬净程度一致; ③产量测定前应保证各小区晒干至一定的含水量,称重后应立即测定各小区的实际含水量,再按籼稻 13.5%、粳稻 14.5%的标准含水量折算小区稻谷产量。

5. 田间调查和室内考种　田间调查和室内考种是品种比较试验的一项重要内容。其关键是要做到: 样本的代表性、观测的同时性、差异的准确性和尺度的一致性。

样本的代表性主要指基本苗、最高苗、有效穗调查的样点以及株高测量、考种的样本要有群体代表性。除按照一般的取样方法外,还应注意如下几点: 一是要避开边际;二是样点尽可能平均分配在每一位移栽人员所在的位置;三是要避开无群体代表性的植株(如杂株、补栽植株、病虫危害植株、生长太旺或太弱植株等)。当然,还要考虑方便操作,并做好标识。

观测的同时性主要指一组试验某些性状的观察记载应在同一时期、同一天或同一天的同一时间进行。如株叶形态、繁茂性应在分蘖盛期观察记载,始穗期、齐穗期、成熟期应在期间的每天同一时间或时段观察记载。

差异的准确性是指某些性状的精确值难以准确确定时,一组试验应准确界定品种间的差异。如始穗期、齐穗期、成熟期等生育期性状,株叶形态、繁茂性、整齐度、熟期转色、落粒性等农艺性状,病虫危害程度等。

尺度的一致性主要是指在一组试验中性状的观察记载必须由同一人完成。

水稻品种区域试验及生产试验观察记载项目与标准见本章附录 11A。

(六)抗病性鉴定

水稻品种的抗病性是水稻品种区域试验的重要内容之一。为了提高抗病性鉴定结果的准确性、公正性和权威性,除了各试验点在田间试验中观察记载外,还应由专业单位同步进行专门鉴定。鉴定用种子由指定的试验点统一提供。

我国水稻的主要病害有稻瘟病、白叶枯病、纹枯病等。纹枯病由于抗源少、品种抗性普遍较弱、药剂防治效果较好,一般不做专门鉴定。抗病性鉴定的重点是稻瘟病和白叶枯病。鉴定采用稻区内有代表性的菌株进行人工接种鉴定,并在稻区内选择若干个有代表性的病区进行自然诱发鉴定。根据两年人工接种和多点自然诱发鉴定结果对品种的抗病性作出综合评价。

对主要病害的抗性鉴定方法与标准见本章附录 11B。

(七)稻米品质检测

稻米品质亦是水稻品种区域试验的重要内容之一。与抗病性鉴定类似,品种的稻米品质除各试验点作出一般评价外,还应由专业单位同步进行专门检测,检测用样品由 1～2 个有代表性的试验点专门种植生产并统一提供,以保证评价结果的准确性、公正性和权威性。

为了反映品种品质的真实情况,提供的检测样品,试验点应在正季安排专门田块单独种植生产,种植管理要求中等肥力、防治病虫、及时收获、手工脱粒、自然室温晾晒,确保样品黄熟饱满、无病虫害、无穗发芽、无霉变、含水量正常。

检测指标包括出糙率、整精米率、粒型(长宽比)、垩白粒率、垩白度、胶稠度、直链淀粉含量、食味等。根据两年多点品质检测结果对品种的稻米品质作出综合评价。

检测方法与评价标准按照中华人民共和国国家标准 GB/T17891《优质稻谷》实施。

三、水稻品种区域试验及生产试验结果的统计分析

(一)数据质量控制

水稻品种区域试验及生产试验结束后,为了保证所取得的原始试验数据的可靠性和准确性,应当对数据质量进行有效控制,重点是小区产量数据。

1. 异常数据的处理 在试验数据中有时会发现某个或某些数据与其他同类数据相差较大,成为异常数据。异常数据形成的原因一般有2种:一是由于工作过失造成的,二是由于某种试验因素造成偏差过大。如果能确定属于第一种原因,这些异常数据当然应该舍弃,但如果不能确定属于哪一种情况,通常根据以标准差为单位所表示的可疑值与平均值间的离差决定其取舍。步骤如下:

第一,选定危险率。危险率是指决定舍弃的数据而实际上不应该舍弃它所犯错误的概率,一般可取5%。

第二,计算 D 值。D 值是以标准差(S)为单位所表示的异常数据(X)与平均数间的离差,计算公式为:$D = |X - \bar{X}|/S$。这里 $\bar{X}$ 与 S 的计算均应包含可疑数据在内。

第三,按照样本含量(N)和选定的危险率查出舍弃异常数据的界限值,并与 D 值比较。如果 D 值大于或等于界限值,应舍弃该异常数据,否则予以保留。

例如,A品种3个重复的小区产量分别为9.8 kg、11.4 kg、8.9 kg,现怀疑11.4为异常数据。计算得到:

$$\bar{X} = (9.8 + 11.4 + 8.9)/3 = 10.03$$

$$S = \sqrt{(9.8 - 10.03)^2 + (11.4 - 10.03)^2 + (8.9 - 10.03)^2/(3 - 1)} = 1.2662$$

$$D = |11.4 - 10.03|/1.2662 = 1.08$$

查《舍弃可疑数据界限值表》,以5%的危险概率,按 $N = 3$ 查出舍去异常数据的界限值为1.15,现 D 值小于此界限值,故异常数据11.4应予以保留。

2. 缺区值的估算 异常数据的舍弃和试验中造成的缺区,使试验结果丧失平衡性,造成方差分析不能按原定系统进行。对此,可根据一定的统计原理,估算出"缺区值"的最可能值。

随机区组设计的缺区值估算公式为:

$$X = (vB + bV - T)/(v - 1)(b - 1)$$

式中,X 为缺区估算值,v 为处理数,b 为区组数,B 为缺区所属处理其他区组数据总和,V 为缺区所属区组其他处理数据总和,T 为除缺区外所有数据总和。

例如,一随机区组设计品种比较试验,第Ⅱ区组D处理缺区数据见表11-4。

表11-4 随机区组设计试验缺区数据表

区　组	A处理	B处理	C处理	D处理	E处理	F处理	总　和
Ⅰ	9.8	7.8	6.6	8.5	9.1	9.7	51.5
Ⅱ	8.9	7.6	6.4	X	9.0	9.3	(41.2)
Ⅲ	9.4	7.7	7.0	8.0	9.0	9.5	50.6
总　和	28.1	23.1	20.0	(16.5)	27.1	28.5	(143.3)

根据缺区值估算公式计算:

$$X=(6\times16.5+3\times41.2-143.3)/(6-1)(3-1)=7.93$$

如果缺区值有2个(X,Y),则先计算其中1个缺区值Y的暂代值y,将这个暂代值暂时代替这个缺区值的估算值,以计算另一缺区值X。假如上例中第Ⅱ区组D处理(X)和第Ⅲ区组B处理(Y)缺失,则:

$$\text{暂代值}y=[(9.4+7.0+8.0+9.0+9.5)/5+(7.8+7.6)/2]/2=8.14$$

$$X=(6\times16.5+3\times41.2-143.74)/(6-1)(3-1)=7.89$$

$$Y=(6\times15.4+3\times42.9-143.486)/(6-1)(3-1)=7.76$$

缺区值越多,估算值越不可靠。当一个随机区组设计试验数据缺区值达到3个或3个以上,或有一个处理缺区值达到2个或2个以上,可考虑部分采用试验结果。

3. 试验误差控制　理论上,如果品种比较试验田土壤肥力等试验条件均匀一致,所得到的产量数据区组间应一致;如果试验田土壤肥力等试验条件区组方向存在梯度差异,则所得到的产量数据区组间应呈现梯度差异,也是完全随机区组试验设计所允许的。但如果区组间小区产量呈现明显无规律差异,则可能存在较大的试验误差,可根据试验对精确度的要求决定试验结果的取舍。衡量一个试验点试验误差最简单的方法,是计算该试验点各处理区组间产量变异系数,再根据多年多点区组间产量变异系数的分布,以舍弃一定频率的试验误差较大的试验点为原则确定取舍临界值。大于一定临界值,说明该试验点试验误差较大,不适宜纳入汇总。试验点试验误差偏大的临界值可掌握在各处理区组间产量平均变异系数大于5%以上。

4. 产量水平控制　在多点品种区域试验中,试验点间产量水平存在差异是完全正常的。但如果个别试验点整体产量水平异常偏低,则往往是由于异常原因如病虫害严重发生、气候异常等造成的。这样的异常产量水平缺乏代表性,对汇总平均值及准确性有明显影响,因此对此类试验结果的采用应进行控制。试验点产量水平异常偏低的临界值可掌握在比该组试验各试验点平均产量水平低30%以上。

此外,还应对对照品种的产量水平进行控制。无论何种原因,对照品种产量水平异常偏低,都对试验品种的相对产量水平即比对照增减产水平的真实性、代表性和准确性带来明显影响。对照品种产量水平异常偏低的临界值可掌握在比该试验点试验品种平均产量水平低30%以上。

(二)丰产性分析

衡量试验品种丰产性的指标主要有两个:绝对产量水平和相对于对照品种的产量水平。绝对产量水平是品种丰产性的基础,相对产量水平是品种丰产性的关键。在多年多点试验中,应计算各年平均产量、比对照品种增减产百分率及差异显著性、多年加权平均产量及比对照品种增减产百分率等。

品种间产量差异显著性检验是在方差分析的基础上进行的。一年多点完全随机区组设计的品种比较试验可用下列线性模型表示:

$$y_{ijk}=\mu+g_i+e_j+(ge)_{ij}+\delta_{jk}+\varepsilon_{ijk}$$

式中,y_{ijk}表示第i品种在试点j的第k次重复的观察值,μ是总体均值,g_i是第i品种与总体均值的离差(品种效应值),e_j是第j试点与总体均值的离差(试点效应值),$(ge)_{ij}$是品种与试点互作效应值,δ_{jk}是试点内的区组效应值,ε_{ijk}是试验误差。

由此得到的方差分析模型有固定模型(品种、地点均为固定因子)和混合(品种为固定因子,地点为随机因子)模型两种,一般采用混合模型。当方差分析处理(品种)效应 F 测验达到显著水平($P<0.05$)时,表明品种间存在显著差异,可以进一步采用最小显著差异法(简称 LSD 法)或新复极差法(简称 SSR 法)进行每对品种间特别是试验品种与对照品种间的产量差异显著性检验。当品种间差异达到显著水平时,说明该两个品种间存在真实差异(而实际上没有真实差异的概率小于 5%),否则说明该两个品种间不存在真实差异。

丰产性好的品种应具有绝对产量高、比对照品种增产幅度大并经统计检验达到显著($P<0.05$)或极显著($P<0.01$)水平以及年度间表现稳定一致。

实例分析:2003 年南方稻区国家水稻品种区域试验单季晚粳组试验点 11 个,即 L1—湖北宜昌,L2—湖北武汉,L3—湖北荆州,L4—安徽合肥,L5—安徽安庆,L6—浙江富阳,L7—浙江宁波,L8—江苏武进,L9—江苏常熟,L10—上海市,L11—浙江诸暨;参试品种 8 个,即 V1—常优 00-8,V2—秀水 994,V3—甬优 4 号,V4—两优 8828,V5—Z2401,V6—996022,V7—科优湘晴,V8(CK)—秀水 63。小区产量数据见表 11-5。

基于混合模型的联合方差分析结果(表 11-6)表明,试点间、品种间及试点与品种互作间的产量差异均达到极显著水平。由于品种间的差异达到了显著水平,应用 LSD 法进一步做品种间差异显著性多重比较,结果表明(表 11-7),V3、V1 分别比对照 V8 增产 12.78%、8.36%,达到极显著和显著水平,说明 V3 和 V1 的丰产性好;V2、V4 和 V5 比对照 V8 增产,但未达到显著水平,说明其产量水平与对照相当,丰产性中等;V6 比对照 V8 减产 7.05%,虽未达到显著水平,但幅度较大,且与 V3、V1、V2、V4、V5 差异极显著或显著,说明其丰产性一般。而 V7 比对照 V8 减产达 15.66%,达到极显著水平,说明其丰产性较差。

表 11-5　2003 年南方稻区国家水稻品种区域试验单季晚粳组小区产量

试点	品种	小区产量(kg/13.3 m²)			试点	品种	小区产量(kg/13.3 m²)		
		Ⅰ	Ⅱ	Ⅲ			Ⅰ	Ⅱ	Ⅲ
L1	V1	10.35	10.55	10.60	L3	V1	8.58	8.43	8.10
L1	V2	9.20	9.25	9.30	L3	V2	10.35	10.15	9.96
L1	V3	10.95	10.90	10.85	L3	V3	9.61	8.89	9.21
L1	V4	9.65	9.60	9.65	L3	V4	9.60	10.26	9.77
L1	V5	9.45	9.60	9.60	L3	V5	9.95	9.02	8.79
L1	V6	8.55	8.50	8.60	L3	V6	8.32	7.68	7.55
L1	V7	8.20	8.10	8.25	L3	V7	8.93	8.68	8.60
L1	V8(CK)	9.05	9.15	9.10	L3	V8(CK)	8.97	9.66	9.02
L2	V1	9.87	9.56	9.84	L4	V1	11.50	11.50	11.75
L2	V2	9.20	9.17	9.45	L4	V2	9.70	9.70	9.65
L2	V3	10.56	10.75	10.69	L4	V3	10.40	10.60	10.30
L2	V4	8.54	8.56	9.19	L4	V4	10.50	10.55	10.85
L2	V5	8.66	8.35	8.96	L4	V5	9.30	9.40	9.30
L2	V6	8.69	8.77	8.02	L4	V6	8.55	8.60	8.40
L2	V7	8.02	7.93	7.94	L4	V7	8.85	8.90	8.80
L2	V8(CK)	8.72	8.98	8.23	L4	V8(CK)	9.05	9.10	9.20

续表 11-5

试 点	品 种	小区产量(kg/13.3 m²)			试 点	品 种	小区产量(kg/13.3 m²)		
		Ⅰ	Ⅱ	Ⅲ			Ⅰ	Ⅱ	Ⅲ
L5	V1	11.75	10.85	11.35	L8	V5	11.68	11.86	11.92
L5	V2	10.44	10.00	9.92	L8	V6	11.54	11.44	11.78
L5	V3	10.85	11.09	10.91	L8	V7	10.11	10.20	10.22
L5	V4	11.25	10.75	10.15	L8	V8(CK)	11.87	11.97	11.85
L5	V5	10.75	10.25	9.96	L9	V1	12.73	12.91	12.60
L5	V6	9.95	10.70	10.85	L9	V2	11.53	12.01	11.94
L5	V7	12.33	11.97	12.55	L9	V3	12.95	12.92	12.41
L5	V8(CK)	9.36	9.64	9.98	L9	V4	11.95	11.67	11.88
L6	V1	11.12	10.98	11.40	L9	V5	11.32	12.21	11.69
L6	V2	11.59	11.99	11.51	L9	V6	11.46	10.94	10.75
L6	V3	12.80	13.29	12.94	L9	V7	9.16	9.33	9.36
L6	V4	11.12	12.43	11.40	L9	V8(CK)	12.00	12.28	12.30
L6	V5	10.65	11.25	11.59	L10	V1	10.80	6.90	11.40
L6	V6	9.86	9.99	9.94	L10	V2	10.50	9.60	11.50
L6	V7	6.73	6.79	7.11	L10	V3	7.50	9.70	9.80
L6	V8(CK)	11.12	11.13	11.01	L10	V4	8.00	6.60	8.50
L7	V1	12.94	12.29	12.49	L10	V5	10.40	11.00	10.20
L7	V2	10.92	11.49	10.62	L10	V6	9.70	8.80	9.50
L7	V3	13.85	13.63	14.42	L10	V7	6.50	6.00	8.20
L7	V4	12.25	12.70	12.13	L10	V8(CK)	11.00	8.50	9.20
L7	V5	11.24	11.63	11.87	L11	V1	14.60	15.07	15.00
L7	V6	10.29	10.31	10.35	L11	V2	13.32	13.28	13.50
L7	V7	9.72	8.06	9.63	L11	V3	15.55	15.43	15.89
L7	V8(CK)	11.42	11.67	11.06	L11	V4	13.20	13.00	13.43
L8	V1	12.14	12.19	12.14	L11	V5	12.59	12.66	13.04
L8	V2	11.66	11.78	11.69	L11	V6	10.87	10.70	11.09
L8	V3	13.37	13.26	13.28	L11	V7	8.69	8.02	9.40
L8	V4	11.47	11.26	11.56	L11	V8(CK)	13.46	12.93	13.42

表 11-6 区试结果的联合方差分析(混合模型)

变异来源	df	SS	MS	F	P
试点内区组间	22	10.57	0.481		
试点间	10	414.35	41.435	216.971	0.0000
品种间	7	195.79	27.970	11.111	0.0000
品种×试点	70	176.21	2.517	13.181	0.0000
试验误差	154	29.41	0.191		
总变异	263	826.34	3.142		

表 11-7 参试品种的平均产量及多重比较结果(LSD 法)

品 种	小区平均产量(kg/13.3 m^2)	比对照增减(%)	差异显著性水平	
			0.05	0.01
V3	11.80	12.78	a	A
V1	11.34	8.36	ab	AB
V2	10.78	3.04	bc	AB
V4	10.71	2.32	bc	BC
V5	10.61	1.38	bc	BC
V8(CK)	10.47	0.00	cd	BC
V6	9.73	-7.05	d	CD
V7	8.83	-15.66	e	D

(三)稳产性与适应性分析

品种的稳产性是指品种在不同的环境条件下能够保持一定产量水平的稳定状态,可分为静态稳产性和动态稳产性。静态稳产性是指品种在不同环境条件下绝对表现的一致程度,如某品种在各试点的产量都在一个较小的范围波动,说明该品种具有较好的静态稳产性;动态稳产性是指品种在不同环境条件下相对表现的一致程度,如某品种在各试点的绝对产量尽管有较大变化,但其在同组试验品种中的产量排列位次特别是与对照品种的相对产量位次变化不大,说明该品种具有较好的动态稳产性。

在多点品种区域试验中,若联合方差分析时品种与试点的互作效应显著,说明各品种在不同试点的表现差异不一致,应进一步分析各品种的稳产性。稳产性分析方法有线性回归模型分析法、主效可加互作可乘模型(AMMI)分析法、互作方差分解法等。下面结合表 11-5 实例介绍通常采用的线性回归模型分析法和 AMMI 模型分析法。

1. 线性回归模型分析法 将每个试点所有参试品种产量的平均值作为自变量 x(环境指数),将设为检测对象的特定品种的产量作为应变量 y,建立线性回归方程 $\hat{y}_i = a + bx_i$。利用回归系数 b(即回归方程的斜率)分析品种的稳产性:①当回归系数 $b = 1$ 时,说明该品种具有平均稳产性;②当回归系数 $b > 1$ 时,说明该品种的稳产性低于平均水平,即稳产性较差,但在有利的环境条件下具有较大的增产潜力;③当回归系数 $b<1$ 时,说明该品种的稳产性高于平均水平,即稳产性较好,在不利的环境条件下也能获得较高的产量。此外,可以用线性回归决定系数 R^2(相关系数 r 的平方,$0\leqslant R^2\leqslant 1$)来判定用直线关系表达品种产量随环境变化状况的拟合程度,即品种产量随环境的变化在多大程度上可用直线关系来说明。R^2 值越大,说明拟合程度越好。

表 11-5 实例的线性回归分析结果(表 11-8)表明,各参试品种的稳产性大致可分成 3 种类型:第一种类型是 V7、V6 和 V2,回归系数 $b<0.85$,稳产性较好;第二种类型是 V8、V4 和 V5,回归系数 b 在 1.125~0.924 之间,稳产性中等;第三种类型是 V3 和 V1,回归系数 $b>1.25$,稳产性较差。但绝大多数参试品种的决定系数 R^2 偏小,说明其稳产性用线性关系表达不够可靠,特别是 V7 的决定系数 R^2 仅为 0.128,不宜用线性回归模型分析其稳产性。

表 11-8　稳定性分析结果(线性回归模型)

品　种	小区平均产量($kg/13.3m^2$)	比对照增减(%)	回归系数 b	决定系数 R^2
V1	11.34	8.37	1.253	0.859
V2	10.78	3.04	0.850	0.767
V3	11.80	12.79	1.471	0.868
V4	10.71	2.33	1.121	0.824
V5	10.61	1.38	0.924	0.860
V6	9.73	−7.05	0.845	0.790
V7	8.83	−15.66	0.411	0.128
V8(CK)	10.47	0.00	1.125	0.906

2. 主效可加互作可乘模型(AMMI)分析法　线型回归模型往往只能部分解释品种与环境互作平方和,而 AMMI 模型则能更多地解释。该模型的表达式为:

$$y_{ijk}=\mu+g_i+e_j+\sum_{r=1}^{N}\lambda_r u_{ir}\nu_{jr}+\delta_{ij}+\varepsilon_{ijk}$$

式中,y_{ijk}表示第 i 品种在试点 j 的第 k 次重复的观察值,μ 是总体均值,g_i 是第 i 品种与总体均值的离差(品种主效应);e_j 是第 j 试点与总体均值的离差(试点主效应),λ_r 是第 r 个品种与环境互作效应主成分轴(IPCA)的差异值,u_{ir}、ν_{jr}分别是第 r 个主成分轴上的品种特征向量值和试点特征向量值;δ_{ij}是提取 N 个 IPCA 轴后留下的残差,ε_{ijk}是试验误差。将表达式中的 $\lambda_r u_{ir}\nu_{jr}$分解成$\sqrt{\lambda_r}u_{ir}$和$\sqrt{\lambda_r}\nu_{jr}$的乘积,则这两个因子分别被定义为品种 i 和试点 j 的第 r 个互作主成分分量,记作 $IPCA_i$ 和 $IPCA_j$。品种 IPCA 绝对值越大,说明该品种与环境的互作越大,稳产性越差。

表 11-5 实例的品种与试点互作效应的 AMMI 模型分解结果(表 11-9)表明,其前三个乘积项互作主成分平方和均达极显著水平,并且前两项合计解释了 82.4% 的品种 × 试点互作平方和,因此可以用 IPCA1 和 IPCA2 来评价参试品种的稳产性。各品种与试点的前三项互作主成分值见表 11-10。为直观起见,以表中的 IPCA1 和 IPCA2 作稳产性双标图(图 11-8),结果表明,各参试品种在坐标原点四周较为分散,说明品种间稳产性存在较大的差异,其中

V8、V6、V1、V5 和 V4 距原点稍近，稳产性较好或中等，其余品种稳产性一般或较差。

表 11-9　品种与试点互作效应的 AMMI 模型分解结果

变异来源	df	SS	MS	F	P
品种×试点	70	176.207	2.517		
AMMI 1	16	104.530	6.533	12.048	0.000
AMMI 2	14	40.620	2.901	5.351	0.000
AMMI 3	12	15.873	1.323	2.439	0.006
残　差	28	15.184	0.542		

表 11-10　品种与试点的前三项互作主成分值

品种	IPCA1	IPCA2	IPCA3	试点	IPCA1	IPCA2	IPCA3
V1	-0.408	-0.623	0.947	L3	0.668	0.375	-1.217
V2	-0.251	0.854	-0.463	L4	0.330	-0.606	0.090
V3	-0.997	-0.801	0.072	L5	1.504	-0.408	0.242
V4	-0.186	-0.794	-0.935	L6	-0.990	0.227	-0.539
V5	-0.153	0.733	0.059	L7	-0.461	-0.614	-0.052
V6	0.396	0.585	0.529	L8	0.082	0.160	0.234
V7	2.062	-0.429	-0.051	L9	-0.255	0.158	0.146
V8(CK)	-0.463	0.475	-0.158	L10	0.066	1.510	0.522
L1	0.141	-0.285	0.181	L11	-1.320	-0.383	0.176
L2	0.236	-0.135	0.217				

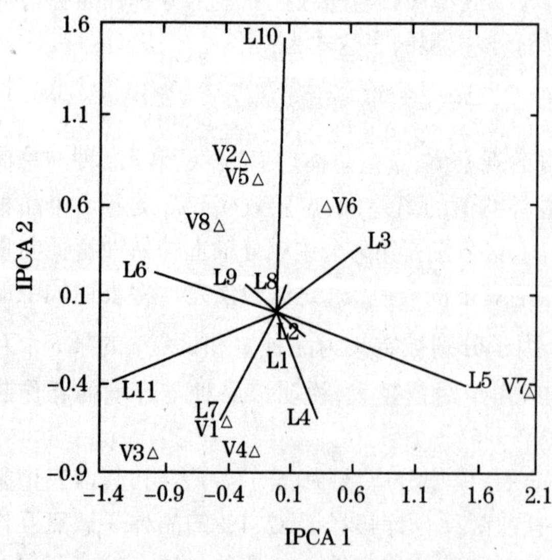

图 11-8　AMMI 模型稳产性分析双标图

在多点品种区域试验中，若品种与试点的互作效应显著，则除了品种稳定性分析之外，还需进一步分析参试品种的适应性，以确定每个品种的适宜种植区域。品种适应性反映了参试品种与各试点上最佳适应品种的接近程度。若在较多试点上与最佳适应品种接近，说明该品种的适应性较好；反之，则较差。表 11-5 实例中，根据表 11-10 的 AMMI 模型中地点的 IPCA1 和 IPCA2 作出品种最佳适应图（图 11-9），结果表明，品种 V3 在试验区域内具有较为广泛的适应性，在试点 L1、L2、L4、L6、L8、L9、L11 中均表现出最佳适应性；品种 V2 在 IPCA2 为正的环境条件下表现出最佳适应性，如试点

L3;此外,V1 和 V7 在 IPCA1 为正的环境条件下虽没有最佳适应试点,但有其框定的最适应种植区域。

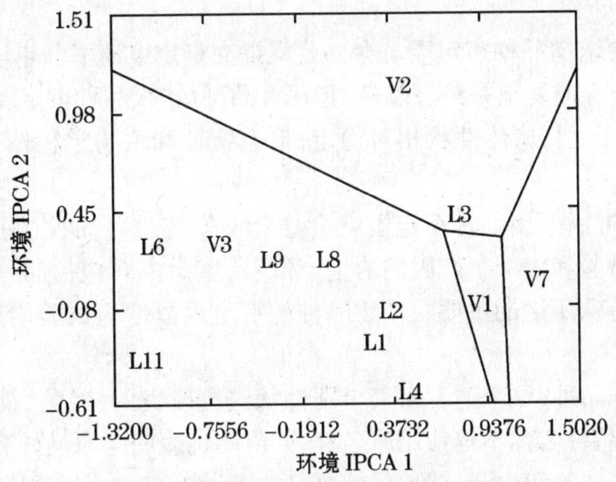

图 11-9 AMMI 模型最佳适应性分析图

第四节 水稻品种审定

按照《中华人民共和国种子法》,包括水稻在内的主要农作物品种在推广应用前应当通过国家级或者省级审定。农业部根据《中华人民共和国种子法》的有关规定,于2001年 2 月 13 日发布施行了《主要农作物品种审定办法》,用于具体指导国家级和省级主要农作物品种审定工作。

一、组织与职责

农业部设立国家农作物品种审定委员会,省级农业行政主管部门设立省级农作物品种审定委员会,分别负责国家级和省级农作物品种审定。品种审定委员会由科研、教学、生产、推广、管理、使用等方面的专业人员组成。

品种审定委员会设立办公室,负责品种审定委员会的日常工作。并按作物种类设立专业委员会,承担各主要农作物品种初审工作。在具有生态多样性的地区,省级品种审定委员会可以在设区的市、自治州设立审定小组,承担适宜于在特定生态区域内推广应用的主要农作物品种初审工作。

品种审定委员会设立主任委员会,由品种审定委员会主任、副主任,各专业委员会主任,各审定小组组长,办公室主任组成,负责对通过初审品种的初审意见及推荐种植区域意见进行审核,完成品种的终审工作。

二、程序与标准

(一)审定申请

国家级审定与省级审定属于平行关系,申请者可以直接申请省级审定或者国家级审定,也可以同时申请国家级审定和省级审定,还可以同时向几个省(直辖市、自治区)申请审定。

申请者可以是单位,也可以是个人,但在中国没有经常居所或者营业场所的外国人、外国企业或者其他组织在中国申请品种审定的,应当委托具有法人资格的中国种子科研、生产或经营机构代理。

申请者应当按要求向品种审定委员会办公室提交审定申请书。申请审定的品种应当具备下列条件:人工选育或发现并经过改良;与现有品种(本级品种审定委员会已受理或审定通过的品种)有明显区别;遗传性状相对稳定;形态特征和生物学特性一致;具有适当的名称。

符合申请条件的品种,由品种审定委员会办公室安排进行品种试验。品种试验包括2个生产周期的区域试验和1个生产周期的生产试验,鉴定内容包括品种的丰产性、适应性、抗逆性和品质等。特殊用途的主要农作物品种的审定可以缩短试验周期、减少试验点数和重复次数。

已经审定通过的品种,原申请者对其个别性状进行改良的,经营、推广前应当报经原品种审定委员会审定,品种名称不得使用原名称,并应明确表明与原品种有关。品种审定委员会可不另行安排区域试验和生产试验,仅就改良性状做1~2个生产周期的试验进行验证。

(二)审定标准

申请审定品种在完成品种试验程序后,由品种审定委员会办公室将试验汇总结果提交品种审定委员会专业委员会或者审定小组初审。专业委员会(审定小组)召开品种初审会议,对品种试验汇总结果进行审核,根据审定标准,采用无记名投票表决,赞成票数超过该专业委员会(审定小组)委员总数一半以上的品种,通过初审。

我国水稻品种审定标准在不同时期、不同省份及不同生态区有所不同。早期的审定标准侧重于品种的丰产性表现。"九五"以来,随着种植业结构调整的发展和对品种推广应用安全性的重视,水稻品种审定标准不断完善。目前试行的水稻品种审定标准的主要内容有下列3条:①区域试验产量比对照增产3%以上并达到显著水平,抗性、米质与对照相当,生产试验表现与区域试验表现一致;②稻米品质达到国标《优质稻谷》三级以上并比对照优3个、2个、1个等级,区域试验产量比对照减产不大于15%、10%、5%,抗性与对照相当,生产试验表现与区域试验表现一致;③对稻瘟病、白叶枯病等主要病虫害之一达到抗以上,产量、米质与对照相当,生产试验表现与区域试验表现一致。

达到上述条件之一的品种,可以通过审定。但北方稻区、武陵山区稻区品种应不感稻瘟病(不高于7级),杂交稻组合其不育系应通过省级以上科技或农业行政主管部门组织的鉴定或审定。

由于品种表现的多样性和复杂性,上述标准难免过于简单、定性和笼统,而影响品种评价和审定的准确性。为此,农业部组织制定了农业行业标准《农作物品种审定规范》。该规范中的水稻品种审定标准采用定量与定性相结合的办法。其中,定量部分采用分类百分制加权评分,占70%,定性部分占30%。其报批稿的主要内容如下。

1. 品种的评价分类 根据稻米品质分为优质和普通两种基本评价类型。达到国家《优质稻谷》标准的品种为优质类型,否则为普通类型。

2. 一级性状指标与权重分配 以丰产性、适应性、抗逆性和稻米品质4大项为一级性状指标。一级权重分配见表11-11。

表 11-11　一级性状指标权重分配　(%)

评价类型	丰产性	适应性	抗逆性	稻米品质
优　质	25	5	20	50
普　通	40	10	25	25

3. 丰产性评分　以在品种试验中比对照增、减产的百分率及差异显著性为衡量指标。与对照平产及比对照增、减产不显著，计 60 分；增、减产达到显著水平，每增、减产 1%，加、减 4 分。评分规则见表 11-12。

表 11-12　丰产性评分规则

表　　现	计　　分	最高分值	最低分值
与对照产量差异不显著	60		
比对照增产显著，每增产 1%	4	100	
比对照减产显著，每减产 1%	－4		0

丰产性计算公式为：丰产性＝(60±增减产百分点数×4)×一级权重。

4. 适应性评分　以在品种试验中比对照增产的试验点的比例为衡量指标。增产(含平产)的试验点比例达到 80%以上为 100 分；30%以下为 0 分；30%以上至 80%，每增加 1%计 2 分。

增产试验点比例为 30%～80%时评分计算公式为：适应性＝(增产试验点比例百分点数－30)×2×一级权重。

5. 抗逆性评分　北方稻区、武陵山区稻区和西南稻区的主要逆境为稻瘟病，其他稻区的主要逆境为稻瘟病和白叶枯病。早籼、晚粳稻瘟病相对重要，中籼、晚籼白叶枯病相对重要。二级权重分配见表 11-13。

表 11-13　抗逆性评分二级权重分配

<table>
<tr><th colspan="2">稻　区(类)</th><th>主 要 逆 境</th><th>二 级 权 重(%)</th></tr>
<tr><td colspan="2">北方稻区
武陵山区稻区
西南稻区</td><td>稻瘟病</td><td>100</td></tr>
<tr><td rowspan="6">其他稻区</td><td rowspan="2">早籼</td><td>稻瘟病</td><td>70</td></tr>
<tr><td>白叶枯病</td><td>30</td></tr>
<tr><td rowspan="2">中、晚籼</td><td>稻瘟病</td><td>40</td></tr>
<tr><td>白叶枯病</td><td>60</td></tr>
<tr><td rowspan="2">晚粳</td><td>稻瘟病</td><td>80</td></tr>
<tr><td>白叶枯病</td><td>20</td></tr>
</table>

在评分规则上，按抗逆性由强至弱分为 1、3、5、7、9 共 5 个等级，分别计 100 分、90 分、60

分、30分、0分。

6. 稻米品质评价　达到国家《优质稻谷》标准一级、二级、三级，分别计100分、80分、70分，优质糯稻和普通糯稻分别计100分和50分。未完全达到国家《优质稻谷》标准的普通类型品种，以整精米率、垩白粒率、垩白度和直链淀粉含量4项主要米质指标分别评分。评分规则及二级权重分配见表11-14。

表11-14　稻米品质评分规则及二级权重分配

项　　目		整精米率	垩白粒率	垩 白 度	直链淀粉含量
国标优质一级		100分	100分	100分	100分
国标优质二级		80分	80分	80分	80分
国标优质三级		70分	70分	70分	70分
国标优质级外		50分	50分	50分	50分
二级权重	籼	30%	20%	20%	30%
	粳	20%	25%	25%	30%

7. 定性评分　品种的稳产性、生育期、其他病害抗性、抗虫性、抗倒性、耐寒性、耐热性、耐盐碱性、生产试验表现、繁制种技术、栽培技术等定量评价未涉及到的审定内容，总得分不超过30分。

8. 综合评判　品种定量总得分和定性总得分合计达到60分以上，可以通过审定。另外还规定了3个前提条件：一是北方稻区、武陵山区稻区、西南稻区及其他稻瘟病重发区品种对稻瘟病抗性级别不高于7级；二是在区域试验和生产试验中不存在有严重的种性缺陷；三是杂交稻组合的不育系应通过省级以上农业或科技行政主管部门组织的鉴定(审定)。

(三)审定公告

审定通过的品种，由同级农业行政主管部门公告。公告内容包括：品种审定编号，由审定委员会简称、作物种类简称、年号、序号组成，如"国审稻2003032"；品种名称；选育单位；品种来源；国家级和省级审定情况；特征特性，包括生育期、主要农艺性状、抗逆性、稻米品质等；产量表现，包括2个生产周期区域试验和1个生产周期生产试验产量汇总分析结果；栽培技术要点；适宜种植区域。

审定通过的品种，在使用过程中如发现有不可克服的缺点，由原专业委员会或者审定小组提出停止推广建议，经主任委员会审核同意后，由同级农业行政主管部门公告。

附录11A　水稻品种区域试验及生产试验观察记载项目与标准(试行)

A1　试验概况

A1.1 试验田土壤状况

A1.1.1 土壤质地：按我国土壤质地分类标准填写。

A1.1.2 土壤肥力：分肥沃、中等、差三级。

A1.2 秧田

A1.2.1 种子处理：种子翻晒、清选、药剂处理等措施或药剂名称与浓度。

A1.2.2 育秧方式：水育、半旱、旱育等及防护措施。

A1.2.3 播种量：秧田净面积播种量，以 kg/hm^2 表示(下同)。

A1.2.4 施肥：日期(以月-日表示，下同)及肥料名称、数量。

A1.2.5 田间管理：除草、病虫防治等日期及药剂名称与浓度。

A1.3 本田

A1.3.1 前作：作物名称及种植方式等。

A1.3.2 耕整情况：机耕、畜耕、耙田等日期及耕整状况。

A1.3.3 试验设计：设计方法及重复次数。

A1.3.4 小区(大区)面积：实栽面积，以 m^2 表示，保留 1 位小数。

A1.3.5 行株距：以 cm × cm 表示。

A1.3.6 小区行数：实栽行数。

A1.3.7 小区穴数：实栽穴数。

A1.3.8 每穴苗数：计划每穴栽苗数。

A1.3.9 保护行设置：品种及行数。

A1.3.10 基肥：肥料名称及数量。

A1.3.11 追肥：日期及肥料名称、数量。

A1.3.12 病、虫、鼠、鸟等防治：日期、农药名称与浓度(或措施)及防治对象。

A1.3.13 其他田间管理：除草、耘田、搁田等措施及日期。

A1.4 气象条件：试验期间气候概况及特殊气候因素对试验的影响。

A2　试验结果

A2.1 生育期

A2.1.1 播种期：实际播种日期。

A2.1.2 移栽期：实际移栽日期。

A2.1.3 始穗期：10%稻穗露出剑叶鞘的日期。

A2.1.4 齐穗期：80%稻穗露出剑叶鞘的日期。

A2.1.5 成熟期：籼稻 85%以上、粳稻 95%以上实粒黄熟的日期。

A2.1.6 全生育期：播种次日至成熟之日的天数。

A2.2 主要农艺性状

A2.2.1 基本苗：区域试验移栽返青后在第Ⅰ、Ⅲ重复小区相同方位的第 3 纵行第 3 穴起连续调查 10 穴(定点)，包括主苗与分蘖苗，取 2 个重复的平均值；生产试验分品种调查 2 个有代表性的查苗单元(定点)，每个单元 20 穴，包括主苗与分蘖苗，取 2 个单元的平均值。折算成万/hm^2 表示，保留 1 位小数(下同)。

A2.2.2 最高苗：分蘖盛期在调查基本苗的定点处每隔 3 天调查一次苗数，直至苗数不再增加为止，取 2 个重复(单元)最大值的平均值。

A2.2.3 分蘖率：(最高苗 - 基本苗)/基本苗 × 100%，以%表示，保留 1 位小数(下同)。

A2.2.4 有效穗：成熟期在调查基本苗的定点处调查有效穗，抽穗结实少于 5 粒的穗不算有效穗，但白穗应算有效穗。取 2 个重复(单元)的平均值。

A2.2.5 成穗率：有效穗/最高苗 × 100%。

A2.2.6 株高：在成熟期选有代表性的植株 10 穴(生产试验 20 穴)，测量每穴之最高穗，从茎基部至穗顶(不连芒)，取其平均值，以 cm 表示，保留 1 位小数(下同)。

A2.2.7 群体整齐度：根据长势、长相、抽穗情况目测，分整齐、中等、不齐三级。

A2.2.8 杂株率：试验全程调查明显不同于正常群体植株的比例。

A2.2.9 株型：分蘖盛期目测，分紧束、适中、松散三级。

A2.2.10 长势：分蘖盛期目测，分繁茂、中等、差三级。

A2.2.11 叶色：分蘖盛期目测，分浓绿、绿、淡绿三级。

A2.2.12 叶姿：分蘖盛期目测，分挺直、中等、披垂三级。

A2.2.13 熟期转色：成熟期目测，根据叶片、茎秆、谷粒色泽，分好、中、差三级。

A2.2.14 耐寒性：早稻在苗期遇寒后根据叶色、叶形变化记载苗期耐寒性，中、晚稻在孕穗-成熟期间遇寒后根据叶色、叶形、谷色变化及结实情况记载中后期耐寒性，分强、中、弱三级。

A2.2.15 倒伏性：分直、斜、倒、伏四级。直—茎秆直立或基本直立；斜—茎秆倾斜角度小于45°；倒—茎秆倾斜角度大于45°；伏—茎穗完全伏贴于地。

A2.2.16 落粒性：成熟期用手轻捻稻穗，视脱粒难易程度，分难、中、易三级。难—不掉粒或极少掉粒；中—部分掉粒；易—掉粒多或有一定的田间落粒。

收获前1～2天，在同一重复的保护行内第三行中每品种取有代表性的植株5穴，作为室内考查穗部性状的样本。

A2.2.17 穗长：穗节至穗顶(不连芒)的长度，取5穴全部稻穗的平均数。

A2.2.18 每穗总粒数：5穴总粒数/5穴总穗数，保留1位小数(下同)。

A2.2.19 每穗实粒数：5穴充实度1/3以上的谷粒数及落粒数之和/5穴总穗数。

A2.2.20 结实率：每穗实粒数/每穗总粒数×100%。

A2.2.21 千粒重：在考种后晒干的实粒中，每品种各随机取两个1000粒分别称重，其差值不大于其平均值的3%，取两个重复的平均值，以g表示，保留1位小数。

A2.3 抗病性：记录各品种叶瘟、穗瘟、白叶枯病、纹枯病的田间发生情况，分无、轻、中、重四级记载。分级标准见表A。

表A　抗病性评价分级标准

病类	级别	病情
叶瘟	无	全部没有发病
	轻	全试区1%～5%面积发病，病斑数量不多或个别叶片发病
	中	全试区20%左右面积叶片发病，每叶病斑数量5～10个
	重	全试区50%以上面积叶片发病，每叶病斑数量超过10个
穗颈瘟	无	全部没有发病
	轻	全试区1%～5%稻穗及茎节发病，有个别植株白穗及断节
	中	全试区20%左右稻穗及茎节发病，植株白穗及断节较多
	重	全试区50%以上稻穗及茎节发病
白叶枯病	无	全部没有发病
	轻	全试区1%～5%面积发病，站在田边可见若干病斑
	中	全试区10%～20%面积发病，部分病斑枯白
	重	全试区一片枯白，发病面积在50%以上

续表 A

病 类	级 别	病　　　情
纹枯病	无	全部没有发病
	轻	病区病株基部叶片部分发病,病势开始向上蔓延,个别稻株通顶
	中	病区病株基部叶片发病普遍,病势部分蔓延至顶叶,10% ~ 15%稻株通顶
	重	病区病株病势大部蔓延至顶叶,30%以上稻株通顶

A2.4 稻谷产量测定

A2.4.1 产量测定：分区单收、晒干、扬净、称重后,测定含水量,并按籼稻 13.5%、粳稻 14.5%的标准含水量折算小区(大区)产量,以 kg 表示,保留 2 位小数。按品种折算每公顷产量,以 kg/hm^2 表示,保留 1 位小数。

A2.4.2 产量分析：计算各试验品种比对照品种的增产百分率。并在方差分析比较品种间的差异显著性。

A2.5 米质：从产量测定后的稻谷中,每品种在同一区组取样品 500 g,对主要米质指标如整精米率、垩白率、垩白度、胶稠度、直链淀粉含量等进行检测,方法与标准按 GB/T17891 执行。

A3　品种评价

根据品种在本试验点的产量、生育期、抗性、米质及其他主要农艺性状的表现,对品种作出综合评价。

A4　特殊情况说明

指试验执行过程中出现的意外事故或异常试验数据产生的原因等。

附录 11B　水稻品种区域试验主要病害抗性鉴定方法与标准(试行)

B1　稻瘟病

B1.1 鉴定方法

B1.1.1 苗叶瘟

(1)人工接种鉴定：播种时间在 5 月中下旬,每一供试品种播 10 ~ 15 粒,待幼苗扎根后,酌施氮肥,保持嫩绿;鉴定接种时间在秧苗 3 ~ 4 叶期,接种用的菌株选择当地致病性较强和致病频率较高菌株分别喷雾(混合)接种,每毫升孢子量 20 万 ~ 30 万个,接种量以所有叶片上布满孢子液为限,接种后第 2 天起定时喷雾保湿,7 天后按 0 ~ 9 级制标准对供试品种逐株调查每个材料的发病等级,然后加权平均每一供试品种的平均发病等级。苗叶瘟人工接种鉴定可采用盆播育苗或旱地育苗。

1)盆播育苗：供试品种经浸种、催芽后,按顺序分别播种在有孔、装好细土、每一材料相隔 3 cm 的塑料盘中,3 ~ 4 叶期接种后置于 26℃ ~ 28℃的恒温室内,覆盖湿布保湿 24 小时,然后取出,定时喷雾保湿。

2)旱地育苗：供试品种经浸种、催芽后,按顺序分别播于旱地。供试品种周围播感病品种作为诱发行。诱发品种需选用当地高度感病的籼、粳稻品种各 1 个。适当浇水,3 ~ 4 叶期在傍晚进行接种,并用塑料薄膜覆盖保湿,至翌日上午揭膜(揭膜时间视天气而定,晴天早揭,阴天迟揭)。

(2)自然诱发鉴定：鉴定圃设置在雾多结露时间长的常发病稻区，播种、育苗方法和管理与旱地育苗相同。

B1.1.2 穗瘟

(1)人工接种鉴定：鉴定圃宜土质肥沃，施肥水平略高于当地的生产水平。供试品种经浸种、催芽后，条播或移栽，地面宽 100 cm，每行播种 20～30 粒(杂交稻减半)或每行移栽 6 丛，每品种播种或移栽 5 行，行与行之间相隔 25 cm。供试品种四周种植感病品种籼、粳稻各 1 个各种 2 行。接种用的菌株选择当地致病性较强和致病频率较高的菌株，每毫升孢子量 20 万～30 万个，于水稻分蘖中期在感病品种心叶上注射接种，至孢子液从心叶中流出止，并增施一次氮肥，以保持稻株嫩绿，有利于发病。鉴定圃治虫不治病(纹枯病严重田块需进行防治)，要求感病对照品种损失率必须达 50% 以上，并且重复间一致。穗瘟调查在收割前 4～5 天进行，不少于 100 穗。

(2)自然诱发鉴定：鉴定圃设置在雾多结露时间长的常发病稻区，播种、移植方法和田间管理与人工诱发相同。

B1.1.3 病情分级标准　见表 B1～B5。

表 B1　苗叶瘟抗性评价分级标准

病　级	受　害　情　况
0	叶片上无病斑
1	病斑为针头状大小褐点
2	病斑为稍大褐点
3	圆形至椭圆形的灰色病斑，边缘褐色，病斑直径 1～2 mm
4	典型纺锤形病斑，长 1～2 cm，局限于两叶脉之间，受害面积不超过叶面积的 2%
5	典型纺锤形病斑，受害面积不超过叶面积的 10%
6	典型纺锤形病斑，受害面积为叶面积的 11%～25%
7	典型纺锤形病斑，受害面积为叶面积的 26%～50%
8	典型纺锤形病斑，受害面积为叶面积的 51%～75%
9	受害面积大于叶面积的 75%

表 B2　穗瘟发病率分级标准

病　级	受　害　情　况
0	病穗率低于 1%
1	病穗率为 1%～5%
3	病穗率为 5.1%～10%
5	病穗率为 10.1%～25%
7	病穗率为 25.1%～50%
9	病穗率≥50.1%

表 B3　穗瘟损失率单穗分级标准

病　级	受 害 情 况
0	无病
1	每穗损失 5%左右(个别小枝梗发病)
2	每穗损失 20%左右(1/3 左右枝梗发病)
3	每穗损失 50%左右(穗颈或主轴发病,谷粒半瘪)
4	每穗损失 70%左右(穗颈发病,大部分瘪谷)
5	每穗损失 100%(穗颈发病,造成白穗)

$$损失指数 = \frac{\sum(各级发病数 \times 各级损失率)}{考查总数 \times 分级标准最高级损失率} \times 100\%$$

表 B4　穗瘟抗性评价分级标准

病　级	受 害 情 况
0	无病
1	损失率低于 5%
3	损失率为 5.1%~15%
5	损失率为 15.1%~30%
7	损失率为 30.1%~50%
9	损失率≥50.1%

表 B5　稻瘟病抗性评价综合指数

病　级	抗性评价综合指数	抗 性 水 平
0	<0.1	高抗(HR)
1	0.1~2.0	抗(R)
3	2.1~4.0	中抗(MR)
5	4.1~6.0	中感(MS)
7	6.1~7.5	感(S)
9	7.6~9.0	高感(HS)

稻瘟病抗性评价综合指数 =(苗叶瘟病级 × 25% + 穗瘟发病率病级 × 25% + 穗瘟损失指数 × 50%)/100%

注：1. 感病对照品种的发病程度必须达 7 级以上方可认为鉴定有效；2. 综合评价指数以各鉴定点的苗叶瘟、穗瘟发病率、穗瘟损失指数的平均发病等级作为统计依据

B2　白叶枯病

B2.1 鉴定方法

供试品种编号后,按正常季节播种育秧,秧龄期早稻为 30 天,中、晚稻在 25 天以内。按编号顺序,每个品种插 1 行,单本,每行 6 丛,株行距 17 cm × 23 cm,每隔 10 个品种插抗病和感病品种各 1 个作为对照。供试品种周围种植感病品种。鉴定圃施肥水平高于一般大田,并及时防治纹枯病和虫害。接种用的菌株选用当地具有代表性的优势菌株,在胁本哲氏马铃薯半合成培养基上培养 48~72 h,用麦花伦氏比浊法配成 3 亿个/毫升菌液。在水稻分蘖盛期,用手术剪刀蘸菌液剪去其中一行植株叶片顶部 2 cm 长,每丛接 5 片叶。发病后用竹

竿(前端用粗棕绳 60 cm 长),在早晨露水未干时,连续 4~5 天往返赶动植株顶部,以利于病菌侵入、扩展、传播。

B2.2 调查时期和分级标准

接种后早稻 20 天、晚稻 25 天调查病情,并按表 B6 所列标准分级评价。

表 B6 白叶枯病人工接种抗性评价分级标准

病级	抗性反应	抗性评价
0	病斑面积小于叶面积的 5%,或病斑长度纵向扩展小于 1 cm	高抗(HR)
1	病斑面积占叶面积 6%~12%,或病斑长度 1.1~3 cm	抗(R)
3	病斑面积占叶面积 13%~25%,或病斑长度 3.1~5 cm	中抗(MR)
5	病斑面积占叶面积 26%~50%,或病斑长度 5.1~12 cm	中感(MS)
7	病斑面积占叶面积 51%~75%,或病斑长度 12.1~20 cm	感(S)
9	病斑面积等于大于叶面积 76%,或病斑长度大于 21 cm	高感(HS)

参考文献

国际植物新品种保护公约.1991

莫惠栋.农业试验统计.上海:上海科学技术出版社,1984

孙世贤.中国农作物品种管理与推广.北京:中国农业科学技术出版社,2003

唐启义,冯明光.实用统计分析及其计算机处理平台.北京:中国农业出版社,1997

王磊,杨仕华,Mclaren G C. AMMI 模型及其在作物区试数据分析中的应用.应用基础与工程科学学报,1997,11(4):198-204

杨仕华,沈希宏,王磊等.水稻品种区域试验的 AMMI 模型分析.江西农业大学学报,1998,20(4):422-426

中华人民共和国国家标准.水稻 DUS 测试指南.2002

中华人民共和国国家标准 GB/T17891—1999 优质稻谷.北京:中国标准出版社,1999

中华人民共和国农业部.主要农作物品种审定办法.2001

中华人民共和国植物新品种保护条例.1997

中华人民共和国植物新品种保护条例实施细则(农业部分).1999

中华人民共和国种子法.2000

中华人民共和国专利法.1985,1993

Jr Gauch H G.产量区域试验统计分析——因子设计的 AMMI 分析.北京:中国农业科技出版社,2001.王磊,张群远,张冬晓译

Crossa J, Gauch H G, Zobel R W. Additive main effects and multiplicative interaction analysis of two international maize cultivar trials. *Crop Sci*, 1990, 30:493-500

Eberhart S A, Russell W A. Stability parameters for comparing varieties. *Crop Sci*, 1966, 6(1):36-40

Gomez K A. Techniques for Field Experiments with Rice. Manila: IRRI, 1972

Kempton R A. The use of biplots in interpreting variety by environment interactions. *J Agric Sci*, *Camb*, 1984, 104:123-130

UPOV. General Introduction to the Examination of Distinctness, Uniformity and Stability and the Development of Harmonized Descriptions of New Varieties of Plants(TG/1/3). 2002

Zobel R W. A Powerful statistical model for understanding genotype-by-environment interaction. *In*: Kang M S. Genotype-by-Environment Interaction and Plant Breeding. Baton Rouge, Louisiana: Louisiana State University, 1990. 126-140

第十二章　稻田农作制度与水稻栽培

水稻在我国已有5 000多年的栽培历史，多熟种植与精细耕作的栽培经验享誉世界。1949年中华人民共和国成立后，水稻栽培作为研究水稻生长发育规律及其与外界环境条件关系，探讨水稻高产、优质、高效生产理论和措施的应用科学，被列入国家农业科研、教育及推广的重要内容。我国广大的水稻农艺学家和农技推广工作者在农民长期稻作实践与经验的基础上，通过改革稻田种植制度和发展多熟制生产，通过总结"南陈（陈永康）北崔（崔竹松）"的水稻丰产栽培经验，通过围绕矮秆水稻的合理密植栽培和围绕杂交水稻的稀播少本栽培，并逐渐融入植物形态解剖、生理生态、土壤肥料与植物营养以及生物化学等现代生物科学理论和技术，应用生物统计和计算机摸拟等研究方法和手段，在为实现我国水稻产量大幅度提高和解决人民温饱问题作出历史性贡献的同时，建立和发展起来了一门具有自身科学理论和技术体系的创新与配套相结合的水稻栽培科学。

第一节　新时期中国水稻栽培科学的发展概况

20世纪90年代以来，随着我国国民经济的不断发展，人民生活水平不断提高，特别是由计划经济向社会主义市场经济体制的转变，农业劳动力大量向二、三产业转移，农业生产正在从单纯追求数量型增长逐步向数量与质量、效益并重和以质量、效益为主转变。1992年9月25日，国务院发布了《关于发展高产优质高效农业的决定》，明确指出，我国农业正处在调整结构和发展高产优质高效农业的新阶段，这是我国农业发展史上的一个重大转折，提出在全国要大力发展高产、优质、高效农业，农业生产不仅要保障我国粮食的数量安全，而且要讲究粮食的品质和质量，提高生产效益，增加农民收入。在此时代背景下，全国水稻科技工作者在继续重视和致力于水稻高产研究的同时，把稻米品质和稻作生产效益提到了科学研究的议事日程，强调开展优质水稻和高效生产技术的研究与示范推广。水稻栽培科学，在进一步调整稻田种植结构和发展多元化农作制度的基础上，围绕简化水稻生产作业程序、减轻劳动强度和省工、节本、增效，开展了以旱育秧、抛秧、直播稻及免耕栽培为主的水稻轻简高效栽培技术研究与推广；围绕稻米品质形成、品质优化与质量提高，开展了以保优栽培、无公害栽培为主的水稻优质栽培技术研究；围绕水稻产量"源"与"库"、个体与群体、地上部与地下部等主要生育关系，开展了以稀植栽培、群体质量栽培、超级稻栽培等为主的水稻高产超高产技术研究和应用；围绕节约资源和改善生态环境，开展了以节水、节肥栽培及秸秆还田等为主的资源高效利用技术研究与开发。同时，随着生物技术、信息技术等高新技术的不断发展以及各学科的相互交叉与渗透，生理与遗传、栽培与育种、栽培与信息系统的学科结合更加密切，水稻栽培科学在因种、因茬栽培的基础上，由定性的模式化指标型研究开始出现向定量的动态化精准型研究发展的趋势。

近年来，针对大量施用化肥、农药等化学品使生态环境遭到严重破坏，环境污染加剧，农产品质量明显下降，农产品安全性得不到保障，以至造成了对人类健康损害的严峻现实，特别是我国加入WTO以后，为提高我国农产品在国际市场的竞争力，我国政府及有关部门愈加强调要高度重视农产品质量安全和保护生态环境，于是在“一优两高”农业的基础上，又提出了发展优质、高产、高效、安全、生态“十字农业”，以实现农业增效、农民增收和农村的可持续发展。稻米作为我国主要大宗农产品之一，其生产分布范围广、面积大，用水量和用肥、用药量大，对环境污染的加剧作用尤为明显，同时其质量安全又最受环境制约。因此，围绕如何减少重金属、化学农药、植物生长调节剂等在稻米中的残留、富集，如何减轻稻作生产中化肥、农药对环境的面源污染，各地纷纷开展了有关提高稻米质量与安全性和改善生态环境的水稻栽培课题研究与成果推广，如无公害食品、绿色食品及有机食品稻米栽培，稻米重金属污染修复与降解，生态施肥，生物农药，稻田清洁管理等，还陆续制定了有关“有机食品稻米”、“绿色食品稻米”、“无公害食品稻米”等不同质量安全层次的国家、行业及地方稻米生产技术规程与质量标准，并相继发布实施，同时也开发和培育出了不少具有地方特色的优质无公害食品大米、绿色食品大米、有机食品大米等安全稻米产品及相应的生产基地。

第二节　稻田种植结构调整和多元化农作制度

一、稻田种植结构调整

种植结构是指在某个地区或一定区城内各种作物生产的面积、品种、产量之间的比例。种植结构调整就是根据当前农业、种植业的发展形势和市场需求，按照社会经济条件、生产条件和自然资源状况，对上述比例关系进行优化，以获得较好的经济效益、社会效益和生态效益。

以提高效益和优化品质为中心的稻田种植结构调整，主要包括以下3点。

第一，改过去水稻单一种植的平面结构为由粮、经、饲、肥、菜等多种作物组成的多元、立体、复合种植结构，以提高生产效益和农产品品质为中心来合理安排作物布局和品种布局。主要是通过打破传统的“稻—稻”、“肥—稻—稻”、“油—稻—稻”、“麦—稻—稻”为主的种植模式，在发展优质高产水稻生产的基础上，适当减少早稻种植，调出一部分稻田或生产季节来种植瓜果、蔬菜、饲料、中药材、食用菌等高产高效的经济作物，大力推行“玉米—稻”、“大豆—稻”、“菜—稻”、“瓜—稻”、“瓜—稻—油”、“烟—稻—菜”等多种高效种植模式，逐步形成以优质晚稻(或中稻)为核心、多种作物合理配置的多样性的优质高效稻田种植结构。

第二，改绿肥、麦类、油菜等传统冬作物单纯种植模式为蔬菜、瓜果、饲料、绿肥、大小麦、油菜等多种冬作物综合开发模式。肥、麦、油等传统冬作物的长期单纯种植，不仅作物生产率低，不利于稻田冬季光温、水土资源的综合利用，而且这几种冬作物长期连作，也容易造成稻田土壤板结，土壤理化性状变差，不利于改善土壤结构和培肥地力。从20世纪90年代初开始，稻田冬季农业开发得到了广泛重视，人们纷纷对传统冬作物的种植进行调整，在作物种类上引进了各种冬季蔬、瓜、果、饲、肥等作物，在种植方式上发展了各种间套作、混播混种，形成了我国南方稻田所特有的冬季农业综合开发模式，大大提高了稻田冬季农业的经济效益、社会效益和生态效益。如稻田冬季种马铃薯、大白菜、榨菜，冬季种草莓、金针菇，麦类与蚕(豌)豆间作，冬季紫云英、油菜、肥田萝卜、黑麦草等间作套种和混播混种等。

第三，大力发展稻田养殖业。稻田种养结合是20世纪90年代以来我国发展起来的一类具有强大经济活力和生态功效的新型稻田立体农业模式。从在稻田沟渠中饲养鱼、蟹、虾等，到稻田中水稻与鱼、虾、蟹、贝等共生共育；从在水稻收获季节稻田放鸭，到稻田水稻生育时期的全天候稻鸭共育；从稻田水稻单季的一种一养结合模式，到稻田周年多种多养结合模式；从稻田种养结合二元生产模式，到种养加三元产业化开发模式。如稻鸭共育、稻鸡轮养、稻饲鹅轮作、稻(茭)鱼(螺)共育，以及两种(水稻、黑麦草)三养(两季鸭、一季鸡)、三种(水稻、绿萍、黑麦草)五养(三季鸭、两季鸡)等。这些种养结合模式的开发和应用，不仅进一步促进了养殖业的发展，而且大大增加了稻田生物(植物、动物、微生物)的种类，丰富了稻田生态系统的食物链和产业内涵，使稻田生产的经济效益显著提高，有利于增加农民收入和提升农产品质量以及改善稻田生态环境。

二、稻田多元化农作制度的发展概况与特征

农作制度是指一个地区或生产单位农田栽培生物(包括作物、动物和微生物等)的组成、配置、生产熟制与农作方式所构成的一套相互联系，并与当地农业资源、生产条件及养殖业、加工业生产相适应的农作技术体系，它是农业生产系统的核心内容。农作制度的发展和变革是与自然资源、技术条件、社会需求及经济状况分不开的。如果从农田栽培生物的主体是作物这个意义上讲，狭义的农作制度亦即种植制度。

我国稻田种植制度的显著特征是在以水稻为主体的基础上的多熟种植和精耕细作，不仅在作物组成上表现出种类多样性和品种多样性，而且在种植方式上呈现出复种、轮作、间作、套作、混种等接茬模式的多样化。

20世纪90年代以来，随着我国农业新品种、新技术、新材料的广泛运用和市场经济的建立与不断完善，我国稻田种植制度迎来了中华人民共和国成立后第二个改革与发展时期。如果说，20世纪50年代至80年代的我国稻田种植制度第一个改革时期，主要是提高复种指数和强化多熟种植，为我国增加粮食产量和解决人民温饱问题作出了巨大贡献，那么这第二个时期的稻田种植制度改革，则是在稳定稻田复种指数和多熟种植的基础上，重点发展以提高效益和品质为核心的多元化农作制度及生产模式，这既是增加农民收入和发展社会经济的需要，也是提高人民生活质量和实现农业可持续发展的要求。

新时期我国稻田种植制度改革，主要包括两个方面：一方面，在确保粮食稳定增长的同时，适当减少粮食作物的播种面积，以市场需求为导向，把经济、饲料、蔬菜、瓜果等作物纳入到稻田种植制度中去，运用间套作等复种模式和配套技术，通过作物的合理接茬，建立起以水稻为主体的、以提高经济效益和作物品质为重点的多元化高产高效多熟种植制度，不断提高光、热、水及土地等自然资源的利用率和利用效率，实现土地生产率与劳动生产率的同步提高。例如，明显减少了稻田传统的麦类(或绿肥、油菜)—单季稻(或双季稻)等“老二熟”、“老三熟”的比例，大力发展了冬季蔬菜(或瓜果、食用菌、中药材、饲料)—单季稻(或双季稻)等“新二熟”、“新三熟”种植制度。另一方面，在过去稻田养鱼、稻田放鸭等种养业的基础上，为满足新时期人们对经济效益、农产品质量和生态环境的更高要求，根据农田生态系统理论和种养结合原理，充分利用栽培作物与养殖生物之间相互依存、相互促进的互利共生关系，开发和推行了一批以水稻为基础的、种植业与养殖业有机结合、自然与人工干预有机结合的稻田种养复合型立体农业生产模式，典型的如“稻鸭共育”、“稻鸡轮养”、“稻饲鹅轮作”、“稻+萍+鱼”、“稻+虾”、“稻+鳖”等。与过去比较，现代的稻田种养结合，不管是共生共育期、食物链，还是养殖种类、产业链，都表现出更高的结合度、更广的结合空间和更深的结合内

涵。

现代稻田多元化农作制度,在保持传统稻田种植制度基本特征的基础上,还具有以下主要特征:①在栽培生物组成及布局上,具有明显的适应市场化的产业特征。在新的历史条件和时代背景下形成的农作制度,其生产和经营的生物是遵循"市场需要什么,农民就种什么"的原则。一种农作制度的形成和推广,往往能带动某个地区一种产业的发展。如近年浙江省建德、富阳等地的"大棚草莓—早中稻"种植模式就培育了一个规模化的草莓产业市场。②在接茬模式及田间配置上,具有更加立体化的复合特征。这个特征非常明显地体现在稻田种养结合生产模式上,如"稻/鸭/萍—黑麦草/鹅"既有种稻与养鸭的结合,又有种草与养鹅的结合,还有种稻与养萍、种稻与种草的结合,形成了高度复合的农田生态系统。③在生物品种选择上,具有显著的优质、专用特征。选用优质和专用品种,是我国农业由数量型向质量效益型转变的客观要求,也是农业产业化发展的要求。过去选择作物品种,高产是第一位,而现在首推的是优质,强调优质高产。一个优质或专用品种可以促进和加速一种新型种植制度的推广。④在配套技术上,具有轻简化的高效特征。由于劳动力价格上涨和新技术、新农机的广泛运用,使简化田间作业程序和降低劳动强度、提高劳动效率变得非常必要,同时又有实现的可能。在现代稻田种植制度中,诸如免耕、直播、抛秧等轻简化配套栽培技术的推广应用,大大提高了生产效率和经济效益。

三、稻田主要农作制度类型及生产模式

现阶段我国稻田多元化农作制度,由于各地生态条件和社会经济条件的不同,而呈现出类型和模式的多种多样。过去大多根据其熟制来划分种植制度类型,分为一年一熟制、一年二熟制、一年三熟制、一年四熟制或二年三熟制、二年五熟制等。从稻田生产系统的生产功能与农业产业化角度划分,可将稻田农作制度分为以下若干种类型(关于水稻与麦类、油菜等传统冬作物复种的种植制度及模式,过去已有较多介绍,这里不再赘述)。

(一)水稻-蔬菜型

它是由水稻和多种蔬菜组成的高效种植类型。这种类型农作制度,已从开始时的南方大城市郊区逐渐向中小城市郊区延伸,从近郊区向远郊区延伸,并广为流行。如马铃薯—早稻—晚稻、马铃薯—中稻—大蒜、花椰菜—早稻—晚稻、青花菜—早稻—晚稻、小白菜—早稻—晚稻、西生菜—早稻—晚稻、大蒜(马铃薯)/早辣椒—晚稻、大麦/鲜玉米(或鲜大豆)—晚稻、榨菜—小黄瓜—晚稻、蒲瓜—晚稻、小辣椒—晚稻、茄子—晚稻等多种种植模式。

在新型的水稻-蔬菜型种植制度中,马铃薯—中稻—大蒜是一种较典型的种植模式。这种模式主要是利用马铃薯和大蒜生长季灵活、马铃薯亦蔬亦粮等特点,既可确保一季中稻的充足生长期和优质、高产稳产,又能通过种植马铃薯和大蒜来大幅度提高经济收入。可采用一年三熟或两年五熟。其栽培技术要点如下:①春马铃薯栽培。选用高产早熟马铃薯品种,播前一次施足基肥,翻耕做畦。1月上中旬采用地膜覆盖播种,出苗后2~3天刺破地膜,使薯苗伸出膜外,并用细泥将地膜破口封住。生育期间根据田间长势酌情补肥或进行根外追肥,促进薯块生长和防止早衰,4月底至5月初收获。②中稻栽培。可以选用生育期较长的杂交稻组合,于4月上中旬播种,稀播育壮秧,5月上中旬移栽,采用宽窄行或宽行窄株,每公顷落田苗为120万~150万苗,要求最高苗数在600万苗/hm^2以内,有效穗270万~330万穗/hm^2。每公顷总施肥量折纯氮180~240 kg,配施氯化钾120~150 kg,过磷酸钙

375～450 kg。做好田间肥水管理、化学除草和病虫综合防治。9月底至10月初收获。③大蒜栽培。选用早熟良种，在9月底至10月初播种，播前施足基肥，条直播，行距25 cm，每公顷用种量525～600 kg，开浅沟播种，覆土盖种。出苗后进行化学除草。喷药时要求土壤湿润，喷后用稻草覆盖。出苗后1周施壮苗肥。11月底间苗，株距4～5 cm。12月底施抽薹肥，当薹心长到高5 cm左右时，喷施“九二〇”，促进抽薹。一般翌年2月底至3月初，蒜薹心可以采收上市。薹心收获结束，再收蒜蒲。

(二)水稻-瓜果型

主要有大棚草莓—早稻—晚稻、大棚草莓—中稻、油菜/西瓜—晚稻、麦类/西瓜—晚稻、大蒜/西瓜—晚稻、马铃薯/瓜类(包括西瓜、南瓜、黄瓜、冬瓜等)—晚稻、大棚小番茄—晚稻、番茄—晚稻等种植模式。通过种植价格较高的瓜类、果类作物，不仅提高了稻田经济效益，而且补充和丰富了水果市场。

大棚草莓—中稻，是近年在南方稻区较流行的稻田种植模式，促进了当地草莓产业的发展。这种种植模式的关键栽培技术包括：①草莓栽培。选用休眠性浅的优质丰产品种，在3～4月间种植母苗，每1.5 m^2 种1株。7月15日前后进行假植，密度为15 cm×(15～20) cm，活棵后施追肥2～3次，到8月15日终止施用氮肥并控制水分，保持土壤适度干燥。9月上旬移栽，以50%以上苗株花芽分化为移栽适期，株距20～22 cm，每公顷栽9.0万～10.5万株。草莓栽培时基肥用量要足，而且要以农家肥为主，追肥一般用复合肥和尿素。一般在10月上旬先盖黑色地膜以防杂草旺长，10月下旬开始盖大棚，以增加积温，促使开花。注意对草莓灰霉病、白粉病和蚜虫、螨类、斜纹夜蛾等常见病虫害的防治。草莓采收一般采用顶花序的盛期采收和各花序的分期采收，5月底至6月初采收结束。②中稻栽培。选用早熟优质高产杂交稻组合，于4月底至5月初播种，旱育秧培育壮秧。在草莓采收结束后及时整地移栽。因草莓田施农家肥较足，中稻一般不要施用基肥，但可用草莓茎叶翻耕作绿肥。可宽窄行单本移栽。追肥每公顷用尿素112.5 kg，钾肥75～150 kg，于移栽返青后施用，剑叶露尖时看苗酌情施穗肥。以浅水灌溉和干湿交替为主，适时适度搁田，并及时防病治虫。

(三)水稻-饲肥型

在稻田中扩种饲料作物，实行农牧结合，是稻田农作制度发展的重要方向之一。它对解决饲料短缺问题和促进农村畜牧业的发展起到了积极作用。如麦类—玉米(或大豆)—晚稻、麦类—早稻—玉米(或大豆)、马铃薯/玉米＋大豆—晚稻、紫云英(青饲料)—春玉米—晚稻、油菜—早稻—玉米(或甘薯、大豆＋甘薯)、黑麦草—早稻—晚稻等。

大麦/玉米(或大豆)—晚稻，是在过去的双季稻稻田上，于20世纪80～90年代为增加饲料同时又改良土壤和培肥地力而进行改制后形成的一种水旱轮作型种植模式。主要是利用玉米、大豆生长季灵活，籽粒和秸秆都可作饲料，既可收老玉米、老大豆，又可收青玉米、青大豆，大豆还是固氮作物等优点，以此来发展农牧结合，促进稻田用地养地。这种种植模式的关键栽培技术包括：①大麦栽培。11月上中旬播种，畦宽2.6 m，沟宽20 cm，沟深30 cm，畦中间播麦，麦幅宽1 m，畦两边各留出70 cm空幅，套种玉米或大豆。②玉米或大豆栽培。选用优质高产玉米或大豆品种。玉米在2月初播种育苗，采用地膜小拱棚保温，4月初移栽，在移栽前20天开沟深施基肥，基肥以农家肥为主。大豆一般是直接播种在麦行间的空幅上。要特别注意防治地下害虫和防除玉米、大豆地杂草。玉米移栽后，用地膜剪洞覆盖，以保温保肥。大麦收割后，要及时进行中耕和施肥。③晚稻栽培。选用生育期较短、抗性好、产量高的优质品种，适时播种移栽，一般在6月下旬播种，7月上旬移栽，移栽后进行科学的肥水管理，并抓好病虫害防治。

（四）水稻-食用菌型

在稻田中进行食用菌的培育，可大幅度提高稻田的经济和社会效益。如金针菇—早稻—晚稻、袋料香菇—早稻—晚稻、袋料香菇—晚稻、小麦/西瓜—晚稻＋平菇、小麦/西瓜＋辣椒—晚稻＋平菇等种植模式。

应用较普遍的种植模式，如金针菇—早稻—晚稻。其关键栽培技术如下：①金针菇栽培。可选用耐低温品种（如851），适于早放袋入田，冬、春低温期产量较高；或者选用耐高温品种（如苏金6号），可适当推迟发菌和放袋，在春季较高气温下产量较高。制备母菇种和栽培菇种时，先由菇种专业户在室内集中发好母菇种菌丝，于10月上旬分别接种到栽培菇种袋（以比晚稻收割期提前1个月左右为宜）。选用优质棉壳作为栽培菇种材料，每吨可分装5 000袋栽培菇种，再加入玉米粉、麸皮、大豆粉、石膏粉及多菌灵等辅料，按比例和适宜湿度混匀，袋袋消毒。晚稻收获后，抓紧在田内开出围沟和直沟，并用草帘搭棚。一般11月上旬将栽培菇种袋移入田内，每公顷排栽培菇种袋37.5万～45万个，11月下旬开始采菇，12月份进入每一期采菇盛期。采收的金针菇应分级进行小包装，以提高商品档次。②早、晚稻栽培。早稻选用中熟品种，连作晚稻选用特早熟晚粳稻品种。适期播种，稀播育壮秧。早稻于4月初播种，棚膜育秧，5月上旬移栽；连作晚稻于6月底播种，7月底移栽。要注意有机肥与化肥的合理搭配，施足基肥，及时追施蘖肥和穗肥。要浅水勤灌，多次轻搁，后期保持田面湿润。

（五）水稻-中药材型

近年在我国南方地区，将一些药用植物种植在稻田中，与水稻等作物构成新型的种植模式，不仅增加了农民的经济收入，而且促进了某些丘陵山区的中药材产业市场的发展。如元胡—早稻—晚稻、元胡/玉米—晚稻、贝母/玉米—晚稻、西红花—早稻—晚稻、百合＋萝卜—西瓜—晚稻、车前—晚稻等。

以浙江省磐安县广泛采用的元胡—早稻—晚稻种植模式为例，其栽培技术要点包括：①元胡栽培。宜选用大叶型品种，一般在前作收获后，10月中下旬至11月上旬抢时播种，采用免耕稻板田分畦点播。播种前要施足基肥，用量为每公顷施钙镁磷肥1 500 kg、畜栏肥30 000 kg或复合肥375～450 kg。播种时，先撒施磷肥，再摆放元胡籽，后盖复合肥或畜栏肥，最后敲细沟泥，均匀覆土，同时清沟，保证排水通畅。在元胡出苗前杂草大量出土时采用化学除草剂除草。幼苗出土后呈淡红色时施红头肥。立冬前后，元胡地下茎开始形成，要重施腊肥。要及时防治元胡的霜霉病、菌核病和锈病，同时注意对地下害虫的防治。一般在4月下旬至5月上旬，元胡植株完全枯萎后5天左右为最适收获期，过早或过迟收获都会影响产量和质量。②早、晚稻栽培。选用高产、生育期适宜的优质品种，培育壮秧，适时移栽。早稻一般在4月5日左右播种，5月上旬元胡收获后移栽。晚稻6月中旬播种，7月中下旬移栽。田间肥水管理及病虫害综合防治同于一般水稻种植。

（六）水稻-工业原料型

在我国南方产烟区，将高效的工业原料作物烟草纳入稻田种植，与水稻组成烟草—晚稻等水旱轮作复种，具有显著的增产增收效果。另外，在一些传统的席草产区，实行席草—晚稻种植模式，有利于当地草席产业的发展，有的地区已成为草席的出口贸易基地。

烟草—晚稻种植模式的关键栽培技术如下：①烟草栽培。选用早熟、高产、品质优良而抗病性较强的品种。采用育苗移栽。育苗分母床和假植床两个阶段。11月中下旬薄膜覆盖播种，幼苗长至4~5片叶时进行假植，采用营养钵假植育苗。3月下旬至4月上旬移栽到大田。烟草移栽前要施足基肥，移栽后早施苗肥，适施氮肥，增施磷、钾肥。移栽后采用地膜覆盖，注意保温、保湿和防治杂草，田间及时清沟培土。要适时打顶抹枝，施用抑芽敏或氟节胺等抑芽剂，抑制烟芽生长，减少无效养分消耗。及时做好蚜虫和黑颈病、烟草花叶病、霜霉病等病虫害防治。叶片成熟时叶色由绿变黄，应做到成熟一片采收一片。②晚稻栽培。选用耐迟播迟栽的早熟、高产、优质品种，一般6月中旬播种，7月中下旬插秧。晚稻施肥时要控制氮肥用量，防止后期贪青倒伏。加强田间肥水管理和病虫草害防治工作。

(七)水稻-鱼类型

稻田养鱼在我国有着悠久历史，20世纪90年代后作为一种充分利用稻田资源的生态种养结合模式，得到了广泛应用。稻鱼种养结合，主要包括稻鱼共生和稻鱼轮作两种模式，前者主要用于增殖鱼苗，后者用于饲养成鱼或大规格鱼苗。另外，还有稻田养泥鳅、稻田养虾、稻田养蟹、稻田养螺、稻田养蛙等多种形式的种养结合。在稻田中饲养鱼类，除了为市场提供淡水鱼产品外，鱼还可以吃草吃虫，鱼的粪便又是水稻的优质肥料，同时，水稻田可为鱼类提供遮阴和一些有机与生物饵料。稻田养鱼不仅能够促进水稻增产，增加农民经济收入，而且有利于无公害优质大米生产，并可以改良土壤，改善生态环境，改善人们的食物与营养结构，丰富农产品市场。

稻鱼种养结合模式，宜选择水源充足、保水性好的粘土田，或利用低洼积水田、烂糊田等低产稻田进行。其关键技术包括：①水稻垄畦式栽培。在水稻移栽前做成宽2~2.5 m的垄畦，畦沟宽25~30 cm，鱼沟宽1.0~1.5 m、深50~80 cm，每667 m^2稻田在进水口处留8~15 m^2、深1.0~1.5 m的大小不等的"鱼凼"，为鱼的生长创造良好的水体环境。水稻4月下旬至5月初播种，5月底至6月初移栽。按水稻无公害栽培的要求进行田间管理，特别要避免施用任何对鱼类生长有害的农药或其他化学试剂。②加高加固田埂，做到畦沟、鱼沟、鱼凼配套。进出水口处都要筑拦鱼栅，挖好鱼沟、鱼坑，并做到垄畦沟、鱼沟和鱼坑相通，增加鱼的活动范围。③选择多种适宜鱼种，进行混养。根据稻田的实际情况和产量目标，每667m^2总投放量为1 000~2 500尾，要选择大规格健壮的冬片鱼种，用3%~5%食盐水浸浴后投放。④投放鱼饲料。在稻田水面放养绿萍，定点定时投放麦麸、米糠等饲料。⑤精养重管，分批捕捞，捕大留小。根据天气变化、水质肥瘦、鱼苗大小及其活动等情况投喂精饲料和青饲料。根据水稻生育情况，保持适当水层，关键是灌活水，保持田水清洁。第一次捕捞在水稻移栽前进行，最后一次捕捞在12月份进行，没有达到商品鱼标准的留下继续喂养。

(八)水稻-家禽型

近年来，稻鸭种养结合在过去稻田放鸭的基础上有了很大的发展，已从以前仅利用水稻收获季节稻田放鸭，发展到稻田水稻生育时期的全天候稻鸭共育。同时，也从开始的稻鸭种养结合，逐渐扩展到稻鸡轮养、稻饲鹅轮作等，从稻田水稻单季的一种一养结合模式，到稻田周年多种多养结合模式，从稻田种养结合二元生产模式，发展到种养加三元产业化开发模式。如稻田两种(水稻、黑麦草)三养(两季鸭、一季鸡)、三种(水稻、绿萍、黑麦草)五养(三季鸭、两季鸡)等。

稻鸭种养结合，目前在全国已形成了推广热潮，深受广大稻区农民的欢迎。浙江、江苏、湖南、湖北、安徽、江西、四川、广东、广西、云南以及辽宁、吉林、黑龙江等省、自治区都相继开展了不同形式和各具特色的稻鸭种养结合试验与示范推广。

中国水稻研究所自1998年以来,在查阅国内外有关研究资料和吸收日本稻田养鸭技术经验的基础上,通过深入试验示范和自主创新,研究提出了一套以水田为基础、种优质稻为中心、家鸭稻间野养为特色,以生产无公害高效益稻、鸭产品为目标的大田畈、小群体、壮个体、少饲喂、不污染、低成本的稻鸭共育种养复合生态技术。在稻鸭共育种养复合生态系统(图12-1)中,生长着水稻的水田为鸭子提供了适于生存的活动空间和庇荫场所,鸭子在稻间不断捕食害虫,吃(踩)杂草,耕耘浊水和刺激水稻生长,能显著减轻稻田虫、草、病的危害,同时排泄物又是水稻的优良有机肥,使水稻健壮生育。

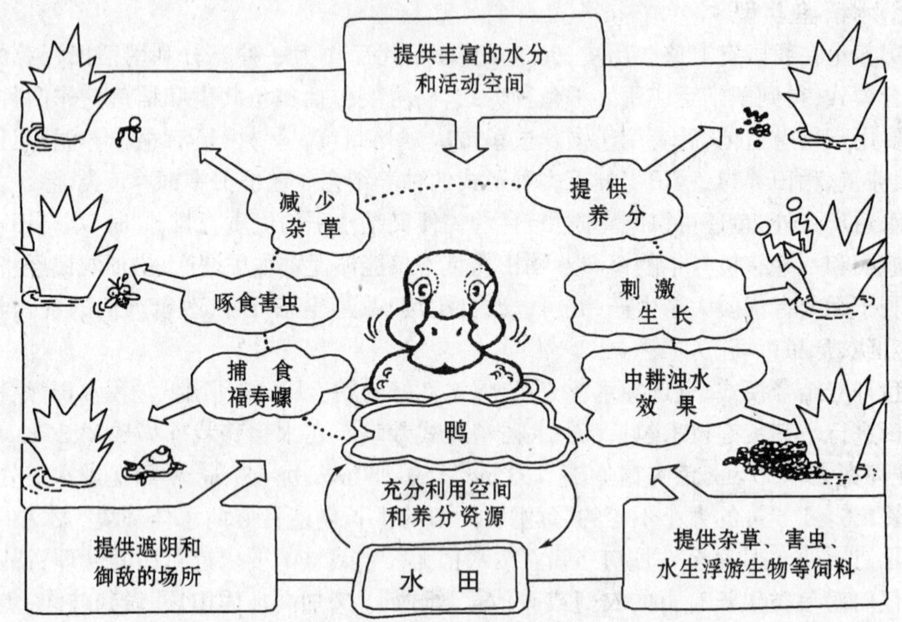

图12-1 稻鸭共育种养复合生态系统模式图

此项技术具有明显的省肥省药省工、节本增收和保护环境的多重功效,生产出的稻米和鸭肉产品符合优质、无公害食品要求。结合浙江省种植业结构调整和生产安全无公害食品的迫切要求,稻鸭共育技术在浙江省的示范与推广取得了显著成效。2001~2004年已在浙江省累计推广近15万 hm^2。据在各市(地区)布置的1.5万 hm^2 中心示范方统计,稻鸭共育可使每公顷稻田比单纯种稻增产稻谷297 kg,再加上养鸭收入和无公害食品稻米产品加价收购的收入以及省药、省肥、省工等减少的支出,每公顷净收入增加3 402元。以其增产增收效果计算,4年合计为稻农增产稻谷3 900多万kg,增加收入4.5亿元。

稻鸭共育种养结合模式的关键技术包括:①选用适宜的水稻和鸭子品种。水稻品种应选择株高中上等,株型集散适中,基部有一定开张度、叶角小、茎粗叶挺,分蘖力较强,抗逆性好的优质稻品种。鸭子品种以中小体型、活动量大、育肥快的较适合,如绍兴麻鸭、湖南攸县麻鸭、高邮鸭等。②培育水稻壮秧和鸭子健雏。稀播旱育水稻壮秧,适时起孵鸭苗。一般掌握在水稻浸种时鸭蛋起孵,即所谓的"谷浸种,蛋起孵",以便于水稻移(抛)栽返青后或直播后3叶期能及时把雏鸭放入稻田共育。为此,要与孵坊预先联系并落实好需要的苗鸭品种和数量及起孵时间。③准备好稻鸭共育的有关材料和场所。按放养鸭子规模准备育雏场所、饲料、防疫药品以及搭棚、围网(以 0.7 ~ 0.8 hm^2、120 ~ 150 只鸭为一分隔群)的材料,并在进鸭前做好育雏场所和用具的消毒工作。④掌握好水稻移栽和鸭子放养期。要根据品种、育秧方式、播种量、茬口等因素来合理确定水稻移栽的适宜秧龄。在水稻移栽后 7 ~ 10 天扎根返青、开始分蘖时,将室内培育 15 ~ 20 天的雏鸭放入稻田,实行稻鸭共育。⑤合理确定水稻密度和放鸭数量。水稻密度以方型行株距、比单一种稻稀一些为宜。放鸭多少,既要考虑稻间饲料能否保证鸭的生育需要,又要考虑能取得较好的经济和生态效益。一般提倡以每公顷稻田放养 225 ~ 300 只鸭为宜。⑥合理肥料运筹,科学管水。水稻移栽前一次性施足肥料,以腐熟长效的有机肥、复合肥为主,施肥量视土质优劣而定。追肥要少施,对缺肥田块要看苗补施氮肥和钾肥,一般田块以鸭排泄物和腐烂绿萍作为中后期追肥。田面以鸭脚能踩到表土的浅水层和利于鸭脚踩泥搅混田水为最适宜。大田丰产沟要挖得深些,并在沟内始终保持水层,供鸭洗澡之需。另外,可通过分片搁田的办法,满足鸭在田内饮水和觅食需要,或者把鸭赶到田边的河、塘内过渡 3 ~ 4 天,或者在补饲棚田边挖适宜大小的储水凼,以供鸭临时饮水洗澡。水凼以平均每 5 ~ 6 只鸭有 1 m^2 面积、0.5 m 深为宜。⑦科学添饲,适时育肥。主要掌握放养前期适当添饲、中期少喂饲、后期增饲的补饲原则。特别是刚放养 10 天左右的雏鸭觅食能力差,早、晚要添补一些易消化而且营养丰富的饲料。⑧做好病虫草害的无公害防治。稻间害虫主要靠鸭捕食灭除,同时辅助施用一些低毒、高效的生物农药。对螟虫和纵卷叶螟,也可在喷药治虫前,将鸭赶到另一方暂不治虫的稻田,或赶到池塘、沟渠,过渡2 ~ 3 天后再赶回到治过虫的稻田。⑨防止对鸭子的意外伤害。稻间放养的鸭群,除了空中的鹰、乌鸦等飞鸟有时袭击幼鸭外,地面的黄鼠狼、蛇、鼠、野猫、狐狸和狗等也会伤害鸭子,要注意防护。⑩根据市场价格,"应市"及时捕鸭和上市销售,并注意做好捕鸭后的水稻后期田间管理。

第三节　水稻优质、高产、高效、安全和生态栽培技术

一、我国水稻高产栽培的历史回顾

在旧中国,作物栽培在农学学科中只是作为稻作学、麦作学等大学课程的一个生产技术部分。新中国成立时,百废待兴,当时摆在面前的首要任务是解决粮食短缺问题。水稻作为我国人民的主食之一,必须要增加种植面积,提高产量。我国水稻栽培科技工作者与广大人民群众紧密结合,经过 50 多年的不懈努力,从生产调查到经验总结,从高产实践到理论探索,从田间试验到示范推广,在为我国增加粮食产量和促进农业生产发展作出重要贡献的同时,逐步建立和形成了一套符合我国国情的水稻高产栽培理论和技术体系。

在新中国建立之初,主要是通过在全国各稻区对群众生产经验的调查总结,发掘出一批以"南陈(陈永康)北崔(崔竹松)"为代表的劳动模范的水稻丰产经验,概括性地提出了"好种壮秧、小株密植、合理施肥、浅水勤灌"等水稻高产的技术措施,并在全国范围内示范推广,这对水稻栽培技术的发展起到了积极的推动作用。到了 20 世纪 50 年代后期至 60 年代,矮脚南特、广陆矮 4 号等水稻矮秆品种的育成,不仅在水稻育种上是一个重大突破,也给水稻高产栽培提出了新的课题。研究表明,通过适当扩大群体、增加穗数和采用壮秧、足肥、早发、

旱控等技术途径与措施，不仅大大发挥了矮秆品种在生产上的增产潜力，而且突破了高秆品种因单位面积穗数较少、不耐肥、易倒伏所造成的产量限制，促进了水稻高产栽培理论与技术的发展，也第一次总结提出了"良种良法配套"实现水稻高产的农学概念。至20世纪70年代，矮秆品种在全国各地水稻生产中得到了广泛应用，取得了巨大的经济效益和社会效益。70年代末期我国在世界上首创杂交水稻，实现了水稻育种的又一个巨大突破，同时也对水稻栽培学提出了新的挑战。围绕杂交水稻，各地纷纷开展了一系列栽培技术试验示范。主要有：通过大幅度减少用种量和播种量，培育壮秧以充分发挥杂交稻的根系优势；通过稳定穴数和减少本数，合理密植以适当利用杂交稻的分蘖优势；通过调整肥料结构、平衡施肥和合理灌溉，科学运筹肥水以积极促成杂交稻的穗粒优势，最后确保杂交水稻的高产稳产。稀播少本栽培在全国范围的推广应用，不仅使杂交水稻得到迅速发展，实现了大面积平衡高产，也同时促进了常规水稻单产的进一步提高。在大力推行杂交稻品种与高产栽培的基础上，于20世纪80年代后期我国又先后开展了全国性的综合配套模式栽培技术研究推广和吨粮田工程的建设。在总结矮秆品种、杂交稻品种的"因种栽培"的基础上，用"图、文、数"并茂的模式图形式来阐述和表达水稻高产栽培的理念、途径与措施，并将其放在治水、改土、养地等良田建设这个系统工程中进行统筹设计，在研究和应用手段上尝试运用计算机技术，开展初步的水稻生育预测和调控，使我国水稻高产栽培技术日臻成熟，并开始逐步向指标化、规范化、模式化的方向发展。

二、新时期水稻多目标栽培的发展现状

(一)水稻轻简高效栽培

20世纪90年代以后，随着我国改革开放的不断深入和社会主义市场经济体制的初步建立，农村经济迅速发展，农业和农村面貌发生了深刻变化，大量农村劳动力向二、三产业转移，劳动力价格不断上涨，农业产业结构和种植结构逐步得到调整，农田集约化、规模化经营也相应得到了发展，广大稻农从以追求水稻高产为主开始转向在取得高产的同时更注重的是如何增加水稻生产的经济效益。在此时代背景下，简化生产作业程序、减轻劳动强度和省工、节本的轻简高效稻作技术的研究与推广，日趋成为水稻科技工作者和农民群众关注的热点。

经过广大水稻农艺学家和基层农技人员的共同探索和研究，目前我国已逐步形成和发展了一套以旱育秧、抛秧、直播稻及少免耕栽培为主要内容的、理论与实践相结合的水稻轻简实用栽培技术。

这些水稻轻简栽培技术，无论是旱育秧、抛秧、直播稻，还是少免耕栽培，其共同的特点是通过减少、简化或改变田间作业环节来减少水稻种植过程中的用工数量和减轻劳动强度。如旱育秧，在旱地或旱田做秧田、播种、盖膜、施肥用药以至拔秧等作业，改善了劳动环境，不仅比水田作业更方便操作，而且劳动强度也明显降低，特别是早稻育秧还可免受水田育秧的早春寒冷之苦。抛秧和直播稻更使传统的水稻人工"弯腰"插秧改变为"直腰"播种和移栽，大大地减轻了农民种稻的劳动强度，也减少了生产用工。

水稻轻简栽培的另一个共同特点是这些技术都具有丰富的科技含量和高产高效特征，这也是它们长期得到推广应用的原因之一。旱育秧就是根据水稻的生理生态特点，运用一定的水分胁迫并结合苗床培肥，通过水肥耦合效应，以水控肥，以肥调水，来达到培育水稻

“强根壮秧”的目的。直播稻、抛秧、少免耕栽培等，都是在我国农用化学工业、机械工业不断发展和新型除草剂、新型肥料、新型耕作机、新型播种机得到普遍应用的情况下，研究解决了这些栽培方法的技术瓶颈后开发出来的，因此在生产上能够发挥显著的增产增效作用。

目前，这些水稻轻简栽培技术在我国各稻区都得到了广泛推广，旱育秧、抛秧和直播稻的年应用面积均分别在100万 hm^2 以上。

(二)水稻优质无公害栽培

早在20世纪70年代，国内有关的科研院所和大学曾做过一些水稻优质栽培试验，是在研究稻米产量和品质形成过程中探讨光照、温度、水分、土壤、有害生物以及其他环境因素的影响，实际上还是主要围绕产量开展“良种良法”试验，既没有什么优质品种可供应用，也不可能通过科学合理的配置资源和栽培措施来有目的地改良稻米品质。90年代以来，由于水稻育种和栽培的目标逐渐由单纯地提高产量转变到产量和品质并重、以提高品质为主，水稻优质栽培才被真正提到稻作生产的议事日程上。在新的时代背景下，各地纷纷开展了赋予新意的“良种良法”，其目的是在稳定产量的同时不断地改善和提高品质。归纳起来，90年代主要是水稻保优栽培，在选用优良水稻品种(组合)的基础上，通过合理利用光温条件和科学用种、用水、用肥、用药等栽培措施充分发挥品种所固有的品质特长，生产出优质的稻米；进入21世纪以来，随着我国经济的不断增长和人民生活水平的进一步提高，对稻米品质的要求越来越高，赋予品质以新的内涵，不仅是指碾米、外观、蒸煮食味、营养等传统上的品质指标，还包括无公害食品、绿色食品、有机食品等方面的生态品质、安全品质，尤其是稻米中的重金属、化学农药、植物生长调节剂等化学物质的含量。因此，在继续推行水稻保优栽培的同时，应着重于开展无公害栽培、生态栽培、有机栽培以及标准化优质栽培技术的研究和应用，特别是通过创立优质稻米品牌和建立优质稻米生产基地来发展优质栽培，进一步提升稻米品质。

通过近年来的研究与实践，我国水稻优质栽培已从零散型向规模型发展，已在东北平原、长江流域和东南沿海等重点水稻产区建立了不少初具规模的优质稻米生产基地，初步形成了一个较为系统的水稻优质栽培技术体系的雏形。

(三)水稻高产超高产栽培

随着我国水稻从高秆到矮秆、从常规稻到杂交稻的品种改良和相应高产栽培技术的发展与应用，我国水稻单产实现了两次重大突破，水稻产量不断提高，并达到了一个较高的产量水平。但到90年代中后期，在我国农业产业结构和种植业结构调整中，由于一些众所周知的主客观原因，使水稻产量出现了近10年的徘徊不前。例如，2000年全国水稻总产为2.007亿t，2002年下降到1.745亿t，2003年仅为1.61亿t。单产也是连续5年下降，由1998年的6366 kg/hm^2 下降至2003年的6061 kg/hm^2。我国的稻谷年需求量为1.9亿～2.0亿t，已是连续4年产不足需。我国政府根据人口不断增加和可耕地面积逐渐减少的实际国情，针对我国粮食安全问题的严峻形势，早在1996年就提出开展“中国超级稻育种及栽培体系研究”的重大课题攻关。

经过近10年的科学研究和示范应用，我国超级稻研究取得了显著的成果与进展。各地在育成两优培九、协优9308、Ⅱ优明86、Ⅱ优602、国稻1号、中浙优1号、Ⅱ优航1号、准两优527、辽优5218、沈农265、沈农606、吉粳88、D优527、Ⅱ优7954等超级稻品种的同时，在过去水稻高产栽培的基础上，进一步研究提出了一系列与超级稻品种配套的超高产栽培集成技术，并取得了百亩、千亩连片种植产量 9 000 ~ 10 500 kg/hm^2、小面积田块产量 12 000 kg/hm^2 以上的示范效果。各地还把从美国康奈尔大学引进的在马达加斯加获得成功的水稻强化栽培技术体系（System of Rice Intensification，简称 SRI）结合到我国超级稻栽培研究与示范中去，并取得了明显的增产效果。如湖南省针对两优培九等两系超级杂交稻的生育特征，研究和集成了一套以"定位播种、软盘育秧、单本乳苗稀植、有机肥与化肥配套、湿润灌溉"等为特点的改良型强化栽培技术。中国水稻研究所围绕协优 9308 等超级稻品种，研究提出以"培育壮秧、中小苗移栽、单本稀植、好气灌溉、精确施肥、综合防治"为主要内容的超级稻超高产集成技术。四川省研究提出适合当地应用的以"小叶龄浅栽、单苗稀植、双三角形栽插、精确施肥、干干湿湿灌溉、综合防治病虫草"为关键措施的水稻"三围立体"强化栽培技术。福建、四川等省在开展超级稻配套栽培中，试验发现目前示范的超级杂交稻组合普遍具有较强的再生能力，提出在南方一季中稻季节有余的适宜地区开发超级稻再生稻技术。福建省利用Ⅱ优明 86、Ⅱ优航 1 号等再生能力强的超级杂交稻组合，在尤溪县等地研究开发出一套以"合理调整生育期、稀播壮秧、垄畦种植、头季平衡施肥、再生季重施芽肥"为主要内容的超级稻 + 再生稻配套技术集成，一种两收，小面积产量达到 15 000 kg/hm^2 以上。

（四）稻作资源高效利用技术

稻田资源利用研究是水稻栽培的重要内容，如何提高稻田资源利用率和利用效率一直是水稻农艺学家追求的目标。20 世纪 90 年代后，我国耕地不断减少，稻作面积持续下降，稻田生态环境污染加剧，一方面水、肥等自然资源越来越紧缺，而另一方面灌溉水和肥料等资源的浪费严重。因此，节约和高效利用自然资源，在水稻生产中的作用就显得更加重要。近 10 多年来，自然资源高效利用技术研究与开发应用主要在以下几方面取得了明显成效。

在水资源利用和节水技术方面，重点是在工程节水（即减少水源水输送到稻田过程中的水损耗）的基础上，通过有关耕作、栽培、灌溉、施肥等农艺措施，来节约水稻的生态用水和生理用水。如覆膜种稻技术，是将旱作物地膜覆盖栽培移植到水稻上，与水稻旱种或旱育秧结合起来，显著降低了水稻生产过程中的蒸发耗水量。据研究，覆膜稻可以节省灌溉用水 30% ~ 65%。间歇灌溉技术和无水层灌溉技术，均是利用水稻对水陆环境具有双重适应性的特点，在选用抗旱、耐旱水稻品种的基础上，减少灌水次数和灌水量，注重水稻移栽、孕穗抽穗和乳熟等关键需水期的灌水，大大减少了植株蒸腾和稻田蒸发、渗漏等耗水量，同时还有利于提高水稻根系活力和促进水稻根系深扎。

在节省用肥和施肥技术方面，着重是在探明不同地区不同稻田水稻需肥规律和土壤供肥规律的基础上，研究不同水稻类型、品种和不同土壤类别肥料成分配比、施用量、施用时期和施用方法，来减少化肥施用量，提高肥料当季利用率和利用效率，减轻因过量施用化肥而加剧的农业面源污染。近些年，在施肥技术上有两个发展趋势：一是减少基肥比例和增加追肥份额，以达到节省肥料用量，提高肥料利用效率；二是研究水稻一次性施肥方法，即根据水稻需肥和吸肥规律，研制和选用缓（控）释肥料，采取在水稻播种或插秧前一次性全层施肥，节约用肥量，节省施肥用工，特别是可以减少田间养分流失和控制面源污染。

在水稻副产品利用技术方面，主要是研究和推广稻草还田。20 世纪 90 年代后，随着我国稻区农村生活燃料的逐步解决，水稻收获后大量秸秆在田间焚烧一度成为社会关注的严重问题。近年来，在国家通过制定相应政策制约和杜绝秸秆焚烧的同时，各地纷纷根据不同地区的生产和生态条件，开展水稻秸秆还田的农艺技术和配套农机的试验与示范，包括整草还田，稻草腐熟还田，还有应用前景更广阔、更方便的联合收割机碎草还田。稻草还田不仅可以解决稻草田间焚烧造成的严重资源浪费和空气污染，而且正越来越成为我国稻田土壤有机质补充的主要来源，十分有利于减少化肥施用量和培肥地力。

三、水稻栽培的原理与理论研究进展

几十年来，我国水稻农艺学家和栽培工作者通过总结劳模高产经验和针对矮秆水稻、杂交水稻以及当前的新株型水稻（即超级稻）等开展水稻多目标栽培试验示范，在学习和借鉴国外相关研究成果的基础上，逐步研究和形成了一套围绕水稻生长发育过程、水稻与环境因素关系以及如何调控和协调这种关系的水稻栽培原理及其理论体系。

在水稻生长发育方面，主要研究了水稻各部器官的建成、器官与器官间的相互关系，水稻产量形成规律以及水稻高产群体各生育时期的形态、生理性状特征和指标。如凌启鸿等（1993）在水稻叶龄模式的基础上，围绕水稻群体的穗数与粒数粒重、叶面积与光合生产、源与库的关系，研究提出了水稻群体质量的栽培理论，认为水稻优质群体最本质的指标是培育开花至成熟（即经济器官充实期）的高光效群体，并提出了培育水稻高光效群体要提高抽穗期群体的6个方面的形态、生理质量指标：①适宜的群体叶面积指数（LAI）和与伸长节间数相等的绿叶数。这既是高光效群体的基本条件，又是解决库、源矛盾和协调各部器官矛盾的关键因素。②增加总颖花量（库）。这是在适宜的群体LAI下提高叶片光合生产力（源）的一个必要途径。③提高群体粒叶比。这是在有限的适宜LAI条件下实现总颖花量进一步提高的惟一途径，也是提高群体库、源协调水平的综合质量指标。④提高有效叶面积率（指着生于有效茎上叶片的叶面积比率）和高效叶面积率（指有效茎上上部3片叶的叶面积比率）。这是提高叶系质量进而提高群体粒叶比的最直观指标。⑤提高单茎茎鞘重。这是高产水稻群体支架系的主要指标，是壮秆大穗的基础。⑥提高颖花根活量（指根系活力的氧化萘胺量分配到每朵颖花的数量）。这是衡量水稻群体后期生活力的主要指标。

在水稻与环境因素关系方面，主要研究了水稻各生长时期温度、光照、水分、养分、氧气等环境条件对水稻生育、产量及品质形成的影响，水稻群体与个体之间的相互促进和制约的关系，水稻生长发育的器官诊断、营养诊断以及诊断原理与方法。如蒋彭炎等（1994）通过研究，初步明确了高产水稻的几个生物学规律：①由数量较少的大个体组成的群体，其经济系数大于由数量较多的小个体组成的群体；②产量物质中抽穗后新同化的光合产物所占的比例越大，产量越高；③穗数相同的群体中，分蘖穗比例较大的，其穗型较整齐，籽粒产量较高；④抽穗后植株能继续较多地从土壤中吸收氮素，有利于较长时间地保持较高的叶片光合功能，增加籽粒产量；⑤成穗率较高的群体，穗型较大。

在水稻生长发育调控和环境调控方面，主要是研究了各种栽培措施和调节技术对水稻的作用原理以及在不同群体生态条件下的调控效应。如在水稻生长发育的营养调控上，逐渐改变了过去重基蘖肥、轻穗粒肥的氮肥运筹，明确了基蘖肥与穗肥并重和更加注重穗粒肥的氮肥运筹更加符合高产超高产水稻生长发育对营养的要求；在水分调控上，通过研究水稻旱育秧栽培，逐渐摒弃了传统栽培淹水灌溉的水分管理观念，转而建立和采用无水层灌溉和水肥耦合的现代栽培水分管理理念，以达到在高产超高产栽培中以水调气、以水调肥、以水强根的目的。

四、水稻多目标栽培的主要技术介绍

(一)水稻旱育稀植栽培技术

水稻旱育稀植栽培,是一项将旱育秧和合理稀植相结合的水稻栽培技术。这项技术是20世纪80年代从日本引进到我国东北稻区进行试验,后来由北向南逐步发展起来的。各地在吸收日本寒地旱育稀植技术的基础上,根据当地的生态环境、生产条件和技术水平,进行了相应的改进和完善,形成了现在不同地区各具特色的旱育稀植技术体系。这项技术不仅适用于北方单季稻区应用,而且还适宜于南方双季稻地区推广。

旱育稀植栽培具有以下特点:一是秧苗矮健,白根多,根系活力强,抗寒性好;二是返青成活快,分蘖早、分蘖旺盛,成穗率高,穗大粒多结实好;三是保温、增温效果好,安全播期可比水田育秧提早7~10天,有利于早栽高产和躲避伏旱;四是利用旱地育秧,操作方便,工作人员可不受水田育秧的早春寒冷之苦,改善了劳动环境;五是增产节本效果好,一般可比常规栽培每公顷增产稻谷750 kg,同时省秧田、农膜,还可省工、省肥、省水。它对于解决两熟制早稻育秧期间遇到低温烂秧、栽后僵苗迟发问题,扩大迟熟品种面积,以及保证连作晚稻早插高产,具有十分重要的意义。

旱育稀植栽培的关键是旱育秧。它是指在接近旱地条件下培育水稻秧苗。旱地土壤中氧气充足,水热气肥容易协调,有利于培育壮秧。利用旱育壮秧的优势,再通过在本田里适当降低栽插密度,多利用分蘖成穗,加上科学的肥水调控方法,实现穗大粒多,稳产高产。

旱育秧的技术要点包括:①苗床的选择、规划和培肥。要求苗床土壤肥沃、疏松、深厚、偏酸,地下水位在50 cm以下,便于灌溉,苗床应相对固定,一床多用,多季培肥,床土厚度在18~20 cm。秧龄30~40天的,每667 m^2大田准备35 m^2苗床;秧龄25~30天的,每667 m^2大田准备25~30 m^2苗床;秧龄20天左右的,每667 m^2大田准备15~18 m^2苗床。秋收后采用干耕干整的第一次全层施肥(碎稻草),第二次于年前施肥(碎稻草)再耕翻,第三次于翌年春播前施杂肥和化肥后整地,使碎稻草、杂肥、化肥和土壤充分拌匀,总用肥量为碎稻草3~5 kg/m^2,家畜粪肥2~3 kg/m^2,过磷酸钙0.25 kg/m^2。如果培肥较晚,应施用腐熟肥料,在播前15~20天一次性施入,用量为3~5 kg/m^2。②苗床调酸。可先用试纸测定酸度,方法是取床土4~5块重0.5~0.75 kg,加水调匀成浆放试纸比色即可。一般红黄壤、青紫泥的pH值在6以下可以不调酸,若大于6应调酸。调酸方法是播前10~20天,每平方米用工业硫酸3 ml加水5 L混合浇施喷匀,或用100 g硫黄粉与5 kg熟土拌和,再均匀拌入10 cm深床土层中,并保持土壤湿润。③苗床做畦、除草与施肥。畦长随田块而定,一般长8~10 m、宽1.5 m。畦沟宽20~30 cm、深20 cm,外围沟宽30 cm、深50 cm。畦面要求平整、土碎,5 cm深土层中无直径大于1 cm的土块。畦做好后,如杂草较多,在播前5~7天,用旱秧田专用除草剂封草。每平方米施入尿素30~50 g、过磷酸钙150 g、氯化钾40 g,耖耙3次以上,使肥料均匀拌和在10~15 cm深土层中。要注意防治地下害虫。要求床土无病原菌,透水性好。床土含水量以手捏成团,泥不沾掌,落地即散为准。④准备盖种土。可收田土或焦泥灰过筛后盖种用,每平方米苗床需准备细土7.5 kg或等量的焦泥灰。⑤浸种、催芽与播种。选用高产优质、适应茬口需要的品种(组合),根据品种特性、移栽时的叶龄,确定适宜播种量和播种期。将芽谷均匀播在苗床上,用木板轻压入土,再用盖种土均匀覆盖,厚度1~1.5 cm,而后喷洒1次透水。为了保温保墒促苗齐,早稻要用薄膜覆盖。⑥苗床水肥管理和及时揭膜。

在覆膜期间一般不要洒水，但土壤干燥时应及时喷洒透水。揭膜后及起秧前，即使床面开裂，只要中午叶片不打卷，都不宜补水。遇雨要及时排水降渍。若遇特殊天气，叶片卷筒，要在傍晚补水，使表土湿润即可。在晴天气温过高时要及时揭膜，揭后立即喷洒 1 次透水，以弥补土壤水分的不足。小苗一般无须追肥，中、大苗可视苗情在起秧前 1 天傍晚，结合浇 1 次透水，施适量起身肥。

(二)水稻抛秧栽培技术

水稻抛秧栽培，是指采用纸筒、塑盘等育苗钵体培育出根部带有营养土块的相互易于分散的水稻秧苗，或采用常规育秧方法育出的带土秧苗，手工掰块分秧，然后将秧苗撒抛于空中，使其根部随重力自由落入田间定植的一种水稻栽培法。水稻抛秧最早始于日本。我国自 20 世纪 60 年代开展水稻带土小苗人工掰块抛秧试验，70 年代至 80 年代初期，在引进日本抛秧技术的基础上开始研究水稻钵体育秧抛栽技术，90 年代以来，由于水稻抛秧栽培非常符合广大稻农对省工、节本、高效技术的迫切要求，因而得到了较快的发展，应用面积逐年扩大，应用范围不断拓宽。

近年来，中国水稻研究所通过选用优质水稻新品种进行水稻双季抛秧技术研究，组装集成了一项水稻双季优质品种、双季抛秧、亩产稻谷双千斤的配套技术(简称“水稻双优双抛双千斤技术”)，在生产上推广应用，取得了显著的增产增收效果。试验示范结果表明，水稻抛秧栽培具有以下优点：一是省工、省力，有利于缓和季节矛盾。各地多年抛秧实践表明，与传统手工移栽稻相比，抛秧稻每公顷一般可节省用工 22.5 ~ 37.5 个，工效提高，劳动强度大大减轻，特别是在双季稻区，有利于争取季节，确保水稻适时栽插。二是省种子、省秧田，有利于集约化育秧。每公顷大田可节省秧田约 0.1 hm^2，且秧苗成秧率高，可节约用种 20% ~ 30%。抛秧栽培还有利于实现统一供种、统一育秧、统一管理、统一供秧的工厂化育秧。三是有利于水稻的稳产高产。抛秧秧苗素质好，根系发达，白根多，吸收能力强；起秧时不伤根，抛秧时秧苗带土带肥，“全”根下田，且入土浅，秧苗早生早发；抛秧可以保证达到预期的密度和实现高产所需要的合理苗穗粒结构。

水稻抛秧栽培的技术要点：①选用产量高、熟期适宜、米质较优、抗性好的品种。②根据当地气候条件、茬口安排和品种特性，确定播种期和抛秧日期。③培育秧龄短的健壮秧苗。早、晚稻塑盘秧采用湿播旱育方式，早稻覆膜保温，晚稻多用麦秸、稻草覆盖，避免高温强光照或阵雨冲刷，使出苗整齐。幼苗期做到保湿出苗，3 叶期开始排干秧沟水，以旱育为主。④抛秧田现耕现耙，平整后按 3 ~ 4 m(手抛)或 6 ~ 8 m(机抛)宽度，起沟做畦，清除杂草残茬，耥平，保持泥土软糊无水层。⑤秧苗要抛够、抛匀，提高抛秧质量。抛秧稻的田间基本苗数可与手插秧相当或高 5% ~ 15%。抛秧时要划块定量抛秧，可先抛 2/3 的秧苗，后点抛 1/3 的秧苗补空补稀。抛后要及时匀苗和清理田间操作行。⑥合理运筹肥料。前期促早发；中期适当控制分蘖盛期氮肥用量，促稳长；后期看苗补肥，防止早衰，提高成穗率和结实率。⑦搞好水分管理，使水稻协调生长，达到健根防倒效果。⑧综合防治病、虫、草害。要特别注意防治纹枯病、稻飞虱等。抛秧稻田间植株分布无规律，不便中耕除草，应十分重视前期的化学除草。

(三)水稻直播栽培技术

水稻直播栽培，是指将种子直接播于大田进行栽培的种植方式。20 世纪 50 ~ 60 年代，我国北方稻区的许多国营农场曾经采用直播种稻，因为草害重、产量低，不久又改为移栽。

70年代,北方稻区为了节水、抗旱,又研究和发展了一种水稻旱种式的直播稻生产,推广面积曾达到10多万 hm^2。90年代以来,蕴含现代科技的直播稻,以其省工、省力、节本、高产、高效的特征,在南方稻区受到越来越多稻农的欢迎和采纳,并在实践中显露成效,特别是在我国东南沿海经济较发达地区发展较快。据调查统计,目前全国直播稻的年种植面积在120万~150万 hm^2。

根据土壤水分状况以及播种前后的灌溉方法,又可将直播稻分为水直播、旱直播、湿直播和旱种稻等4种类型。中国水稻研究所于20世纪90年代初,在前人研究的基础上,针对我国南方稻区直播稻生产在全苗、倒伏、杂草、品种及农艺农机配套等方面存在的问题,通过多年研究,系统地提出了一套"带耙田、开沟、培土湿条播"和"带旋耕灭茬覆土旱条播"及其相适应的品种选择、全苗保苗、水肥调控、深根壮秆防倒伏、杂草综合防除、农机配套操作等6项关键技术在内的,适用于我国南方稻田的直播稻省工省力、优质、高产高效栽培技术体系。试验结果表明,采用"带耙田、开沟、培土湿条播"播种方法,与一般的人工湿撒播比较,在播种出苗后田间基本苗数大致相同的情况下,每平方米的最高茎蘖数降低了98.0个,使分蘖高峰期的田间群体得到了有效控制,群体矛盾明显缓和,虽然有效穗数略有减少,每平方米减少22.8个,但成穗率明显提高,提高了5.15个百分点,平均穗型增大,每穗实粒数增加9.8粒,结果每公顷产量增加492.45 kg,增幅6.68%(图12-2,表12-1)。

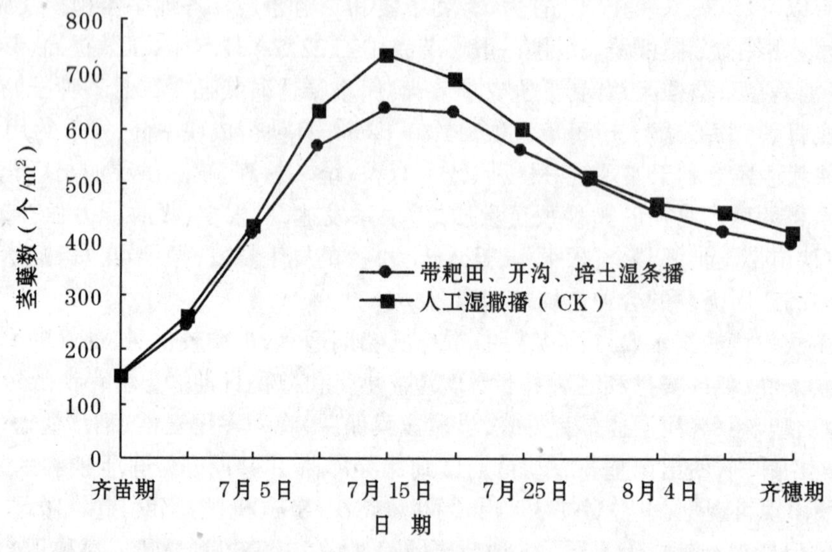

图12-2 不同播种方法直播稻田间茎蘖动态

表12-1 不同播种方法直播稻的苗、穗、粒构成

播种方法	基本苗(个/m²)	最高苗(个/m²)	有效穗(个/m²)	成穗率(%)	每穗粒数		千粒重(g)	产量(kg/hm²)
					总粒数	实粒数		
带耙田、开沟、培土湿条播	149.5	638.5	395.4	61.93	102.7	91.5	22.94	7863.90
人工湿撒播(CK)	153.5	736.5	418.2	56.78	90.2	81.7	23.12	7371.45

注:品种为武运粳7号;播种期6月8日;成熟期10月18日

目前,该项直播稻技术已在浙江省的湖州市、杭州市和江苏省的南通市等地示范推广了30多万 hm^2。实践表明,直播稻具有以下优点:①省工、省力,劳动生产率高。与手工插秧相比,平均每公顷省工45~60个,节省劳动成本1 200~1 500元,劳动生产率可提高1.5倍以上。②能缩短生育期。因为没有拔秧伤苗和移栽后返青过程,能提早分蘖,生育期比同期播种的移栽稻缩短5~7天。③不占用秧田,有利于扩大播种面积。④投入产出率高,经济效益好。据有关资料,直播稻单位面积投入产出比率比移栽稻高22.35%。⑤有利于发展规模经营。水稻直播可以缓解劳动力季节性紧张的矛盾,同时便于机械化作业和提高机械化程度,特别对种植大户和大、中型农场有重要的应用价值。

(四)水稻免耕栽培技术

水稻免耕栽培,是指在收获上一季作物或空闲后未经任何翻耕犁耙的稻田,先使用除草剂灭除杂草植株和落粒谷幼苗,催枯稻茬或绿肥作物后,灌水并施肥沤田,待水层自然落干或排水后,进行直播或移栽种植水稻,再根据免耕的生育特点,进行栽培管理的一项水稻耕作栽培技术。它改变了传统的翻耕栽培做法,直接整地播种或插秧,简便易行,既可以省工节本,减轻劳动强度,缓和季节矛盾,又能够提高产量和经济效益,还能减少水土流失,改良土壤,促进生态平衡。因此,近年来,在全国各地均得到了广泛应用。不同地区和不同类型稻田,因生态环境和生产条件不同,其免耕形式也不同。如板田直播栽培,适宜于疏松的稻田及秧田中推广;以旋代耕栽培,适宜于机械化程度高的地区及春花田和连作晚稻田;半旱式免耕栽培,主要用于冬水田、冷(烂)田及壤土地区的稻田综合利用(如垄稻沟鱼、萍、茭白);撬窝免耕栽培,适合于粘土地区推广应用。在当前种粮比较效益低和农民外出务工增多的新的农村形势下,免耕栽培具有很大的推广价值和应用前景。

水稻免耕栽培的关键技术包括:①根据温光资源和耕作制度,选用生育期适宜的品种。早稻直播品种还需注意苗期的耐寒性要强。②免耕抛秧栽培,与常规抛秧及插秧栽培比较,对秧苗素质的要求更高,需根据不同的应用模式采取相应配套的育秧技术。③水稻免耕抛秧或直播前的化学除草和灭茬是技术的核心环节之一,要选择灭生性除草剂。适用的除草剂要具备安全、快速、高效、低毒、残留期短、耐雨性强等优点。④施用除草剂后2~5天,免耕稻田要全面灌水,早稻田浸泡7~10天,晚稻田浸泡2~4天,中(单晚)稻田浸泡5~7天,待水层自然落干或排水后抛秧或直播。⑤免耕水稻抛秧密度和直播的播种量,要比常规翻耕整田的有所增加,一般增加10%左右。⑥要加强免耕田的肥水管理。在施肥技术上,采用免耕抛秧秸秆覆盖还田的,为了加速秸秆、稻桩和杂草植株腐烂,浸田时可施用适量的速效氮肥,以调节碳氮比。一般情况下全生育期总施氮量要比常规抛秧或直播田增加10%左右,宜采用勤施薄施方式。在水分管理上,要掌握勤灌浅灌、多露轻晒的原则。

(五)水稻优质无公害栽培技术

水稻优质无公害栽培也称稻米品质、质量优化栽培,是指在选用适合当地生态条件以及适应市场需求的优良水稻品种的基础上,合理配置和优化稻田的光、热、水、土等自然资源,采取科学的用种、用苗、用水、用肥、用药等栽培途径和栽培措施,扬长避短地发挥优良水稻品种的生产潜力和品质特长,生产出符合无公害食品要求的稻米产品。

水稻优质无公害栽培的技术内涵主要包括以下几点。

其一,选择、利用和创造适宜于稻米优异品质形成的相关必需条件,这是开展水稻优质栽培的前提。这些必需条件主要包括:①在水稻生长季节,充足的光照和适宜的温度、湿度条件。在优质水稻品种生育的中后期,不仅要有充足的光照,还要有较大的昼夜温差(一般为10℃~15℃);水稻孕穗抽穗至灌浆成熟阶段一定要安排在具有最佳的光照、温度、湿度时段,既能避高温,又能防低温,还要躲避干热风和寒冷风。②良好的水、肥、土、气及无污染的环境条件。如水源要有保证,并且是无污染的洁净水。生产优质稻米的基地应该是土壤无严重污染的水田,要求土层深厚、肥沃、通气透水且保肥供肥性能好等。③优质的水稻品种,并且还必须是高质量的种子,要求种子净度好、纯度高、发芽率高、发芽势强等。2004年初,农业部组织全国各地有关专家,经过几上几下的充分酝酿、反复讨论和集中评选,推荐出分别适合于我国东北平原、长江流域和东南沿海等主要稻区种植的水稻优质品种70个,可供各地选择使用。④优质水稻的生产者要有较高的科技素质,善于学习,能够掌握和应用优质栽培新技术。

其二,确立以优质水稻为主体的稻田复种轮作制度,这是实施水稻优质栽培的基础。由于优质稻米生育需要与之相适应的最佳光温资源,因此进行优质稻米生产,要与改革农作制度和调整作物、品种及品质结构相配套,要选好与优质水稻生产相适宜的前作和后茬。只有这样,才能确保优质水稻处在最合适的生长季节,才能处理好优质水稻最佳灌浆期与安全齐穗期的关系,使光、温、水、气等必需的生态条件真正落到实处。

其三,因地、因种建立和运用优质栽培关键技术。优质栽培,要针对各地水稻生产中存在的弱苗、弱蘖、弱穗、弱花、弱粒等生育薄弱环节和化肥、农药等化学物质施用过多与各种重金属污染等严重问题,通过采取行之有效的关键栽培途径和措施,来充分发挥水稻的品质特长和品质潜力,以生产出优质、无公害的稻米。

这些关键技术包括:①育足壮秧促壮苗。要选择适合当地具体生态与生产条件的育秧方法,适当降低秧田播种量。②稀植早发促壮蘖。要有机肥与无机肥相结合施足基肥,合理稀植和宽行窄株,早施分蘖肥。③水肥耦合攻壮穗。要着重科学运筹肥水,适时适量施用穗肥,看苗补施促花肥,根外追施保花肥,要实行干湿交替与湿润灌溉。④养根保叶增粒重。重点是实行间歇灌溉,保持干干湿湿,协调土壤水、气关系,以水养根,以根保叶,青秆黄熟。⑤全生育期综合防治病虫草害。主要是采取农业防治、生态防治和药剂防治相结合,选择低毒、低残留和无公害农药适时适量施用。⑥适时收获,保产保质。要看天看田看稻掌握最佳收割时间,减少产量损失,保证割晒质量和贮藏加工质量。

(六)水稻群体质量栽培技术

水稻群体质量栽培技术指通过优化群体结构、提高群体质量来获得高产的栽培技术。扬州大学农学院的水稻栽培专家们继研究提出"叶龄模式栽培"后,又开展了"高产群体质量指标"的研究,并于20世纪90年代初提出了"水稻高产群体质量指标概念及优化控制"的理论,在此理论基础上形成了水稻高产栽培技术(凌启鸿等,1994)。该理论认为,水稻群体质量的提高,最关键的是要提高抽穗至成熟期群体干物质的生产积累量,这是高产群体质量的最本质的指标,因为这一时期的群体干物质积累量与籽粒产量呈高度正相关。只有不断增加开花后干物质生产量,才能不断提高稻谷生产量。在实际应用该理论时,应在以合理基本苗获得适宜穗数前提下,通过前期大力控制无效分蘖,压缩高峰苗数(同时也降低了无效叶面积率和基部的低效叶面积率),提高茎、蘖成穗率(由生产上的60%左右提高到80%~90%),进而在中期攻取大穗(同时也促进了顶3叶生长,提高高效叶面积率),全面提高群体各项质量指标,建成后期高光效群体,实现产量的大幅度提高。

水稻群体质量栽培的技术关键如下：①根据最佳抽穗期安排适宜的播栽期。一般籼稻抽穗结实期适宜温度为26℃～28℃，粳稻为24℃～26℃，应以此作为确定高产群体最佳抽穗结实期的依据。②走"小群体、壮个体、高积累"的栽培途径，充分发挥个体生长潜力，促使群体适期够苗。用保持适宜穗数和主攻大穗的方法提高群体总颖花量，可以避免叶面积的过多增加，有利于增强有效生长，控制无效生长。③提早适度控制无效生长。按叶龄进程，在有效分蘖临界叶龄期以前，提早控制无效分蘖的发生，控制茎秆基部节间伸长和基部包茎叶片的生长，促进根系的生长。④肥、水结合，稳攻大穗。必须在分蘖停止的基础上，从倒3叶至剑叶长出为止，视群体和植株的生理状况，肥水兼施，稳攻大穗。⑤后期根叶互养互保。抽穗至成熟期必须控制绿叶面积下降速度，维护并充分发挥高光效群体的功能。主要是加强病虫害防治，灌好水（湿润间歇灌溉），养根保叶，辅以粒肥和根外追肥，延长根、叶的寿命。

（七）水稻"三高一稳"栽培技术

"三高一稳"栽培是指通过提高成穗率、提高实粒数、提高经济系数及稳定穗数来实现水稻高产。它是浙江省农业科学院等单位研究提出的水稻栽培技术，是在早发的基础上控制后期无效分蘖，降低苗峰，提高成穗率，在穗数大致相同的条件下，大幅度增加每穗粒数，提高稻谷产量（蒋彭炎等，1996）。水稻"三高一稳"栽培法不仅在理论上有自己独特的生物学基础，在技术上也自成体系，围绕"高成穗率"和"稳穗增粒"，对几个主要技术环节作了较大幅度的调整，取得了明显的综合效益。试验示范结果表明，采用"三高一稳"栽培比当地目前生产上采用的高产技术，最高苗明显减少，成穗率提高10～15个百分点，穗数持平，每穗实粒数增10%左右，千粒重提高0.4～0.8 g；水稻个体明显增大，齐穗期单茎干重增7%～9%，基部节间略有缩短，茎秆明显增粗（直径增8%～10%），穗层整齐度明显提高，纹枯病减轻（株发病率减少50%以上），成熟期单茎绿叶数增多，不早衰，高产稳产。

水稻"三高一稳"栽培法的主要技术环节包括：①壮秧少本密植。通过稀播、早施断奶肥、促蘖肥、喷用多效唑、勤除杂草等措施，在移栽时育成带蘖壮秧。在适宜行株距、插足基本苗的基础上，少本匀插。②按前促蘖、中壮苗、后攻粒的原则施肥。中等肥力以上的土壤，每公顷施11 250～15 000 kg腐熟农家肥，配施适量磷、钾肥，再施化学氮肥（纯N）165 kg左右，即可获较高产量。氮肥大致按下列比例分期施入：基、蘖肥50%～70%，保花肥（倒2叶露尖）20%～30%，粒肥（始穗至齐穗）10%～20%，少施或不施分蘖肥。③超前搁田或深灌水，控制后期无效分蘖。在田间总苗数达到计划穗数的80%左右时，开始搁田，搁到土壤含水量40%～50%（上层已硬实，脚踏有印而不陷）时，灌一次水，次日排水再搁，反复多次进行，直至倒2叶露出，这时再建立水层。在水源充足的条件下，或者搁田期遇长期阴雨天气无法搁田时，可超前深灌水。到达穗数苗的80%左右时，深灌水至最上位叶穗处，后随稻苗长高，水层加深。最深水层维持20 cm左右，直至倒2叶露尖时，排水露田。

（八）水稻旱育宽行增粒栽培技术

水稻旱育宽行增粒栽培技术，是水稻肥床旱育秧苗、宽行窄株移栽、控蘖促花增粒的技术体系，简称"旱、宽、增"高产高效栽培模式。它是中国水稻研究所在水稻旱育秧的基础上研究提出的一项节本、高产、高效栽培技术。其原理可以简要概括为"一个核心，三个支柱"。一个核心，是指通过激发水稻内在生理生态机制（内因），开发水稻个体生产潜力和提高群体生产协调度；三个支柱，是指创造三个良好的外在栽培环境（外因）来实现水稻优质高产。三个支柱的具体内容包括：一是通过肥床旱育，利用水分胁迫，塑造秧苗的强根优势，育足匀壮秧;二是通过宽行窄株,合理稀植,利用水稻自动调节功能,在触发根系爆发力的同时,引发分蘖爆发力,提高分蘖成穗率;三是通过科学施肥、管水,控蘖增粒,合理重施穗肥,促、保颖花,提高植株后期光合效率。这种栽培方法的特点在于,旱育与肥床配套,协调幼苗生长所需的水、肥、气、热供应,保证根旺苗壮;宽行与窄株配套,保证单位面积上有足够的穴数与落田苗数及田间良好的通风条件,缓解个体间相互争营养、争空间的矛盾,提高群体质量;促花与控蘖配套,运用肥水调控,及早达到穗数苗,控制苗峰,提高成穗率和结实率。

水稻"旱、宽、增"栽培模式的关键技术如下:①选用高产优质品种,肥床旱育匀壮秧苗。在原有旱育秧的基础上,强调肥床培育和控水胁迫,发挥肥水耦合效应,以肥控水,以水调气,以水调肥。②宽行窄株移栽。采取宽行窄株(25~30 cm×10~13 cm)方式移栽,合理稀植,保证落田苗数。插秧规格根据品种、土质、秧苗素质、季节等具体情况灵活掌握。插秧要求做到不插深水秧,不漂秧,不浮秧,不伤秧,不勾秧,株、行顺直。③控蘖增粒的肥水管理。移栽—拔节期采取促早发管理,包括水层护苗,浅灌勤灌,适当露田促使根系舒展下伸;在施足基面肥的基础上,一般少施或不施分蘖肥,对生长不平衡的田块,要及时补肥捉"黄塘"(指局部的缺肥现象),吊平稻面,并适量施用壮秆肥,注意防治杂草。拔节—见穗期采取控蘖促大穗管理,及时控制苗峰,在达到预定穗数苗的90%时即可排水分次轻搁田,防止苗峰过高,减少无效分蘖,改善群体基部通风透光条件,促进大蘖优势,提高成穗率;适时适量重施穗肥,主攻大穗,增加穗粒数和提高结实率,密切关注水稻常发病虫的预测预报,及时防治病虫害。见穗—成熟期进行减秕增重管理,包括加强水浆管理,养根保叶,防止脱肥早衰,延长功能叶寿命,强化增粒优势,协调强势花与弱势花的争养分矛盾。抽穗扬花期保持水层,齐穗后干湿交替,常灌跑马水,达到以水调气,以气养根,以根护叶,以叶增重。

(九)水稻"旺根、壮秆、重穗"栽培技术

水稻"旺根、壮秆、重穗"栽培技术,简称"旺壮重"栽培法,是湖南农业大学等单位研究提出的水稻高产超高产栽培技术。其主要技术内涵是:中秆大穗品种比矮秆多穗品种更具有高产潜力,提高个体质量比增加群体数量更具有高产潜力,主要通过培育壮秧、创造早发群体,以高光合产物积累、大穗、大粒和高结实率获得高产。发达的根系是水稻高产的基础,在生产上可以通过旱育秧、施用壮秧剂以及适当的肥水管理来促进旺根。通过肥水管理促"壮秆",前期争取群体早发,使植株尽可能多地积累光合产物;后期控制无效分蘖,提高成穗率,实现个体与群体的协调。在水稻灌浆结实期,采取适宜的栽培措施,延续根系和叶片的衰老,让它吸收更多的养分,制造更多的光合产物,同时让植株当中积累的光合产物顺利地向籽粒转移,把生物产量充分转变成经济产量,达到"重穗"的目的。

"旺壮重"栽培技术的关键措施包括:①选用分蘖力中等偏弱的中秆、大穗大粒型品种(组合);②通过旱育稀播或采用多功能壮秧营养剂培育壮秧;③采用宽窄行匀株移栽或抛栽,改进群体通风透光条件,提高光能利用率;④采用一次性全层施肥技术或稳前、攻中、促后施肥,促进前期群体的早发、中发和中后期根系生长;⑤及时晒田或采用分蘖调节剂控制无效分蘖;⑥采用化学除草,综合防治病虫害;⑦应用谷粒饱等物化产品防止后期根系、叶片早衰。

(十)超级稻栽培技术

在20世纪90年代中后期,我国开始进行超级稻的育种及栽培技术体系的研究。随着超级稻品种(组合)在生产上的应用以及相应配套的超高产栽培技术的完善,我国水稻生产由高产到更高产，产量水平上了一个新台阶。如中国水稻研究所等单位，通过多年的多学科、多专业协作研究和示范，形成了一套以精量播种、培育壮苗、宽行稀植、定量控苗、无水层灌溉、精确施肥、综合防治等为关键措施的水稻超高产栽培集成技术。通过实施，该技术实现了超级稻协优9308组合大面积产量超11 250 kg/hm^2、少数田块产量超12 000 kg/hm^{2}的超高产目标。

超级稻栽培的关键技术如下：①适时精量播种，培育壮苗。根据品种或组合生育特性安排适宜播种期和移栽期；在精量播种的基础上，配合浅水灌溉、早施分蘖肥、化学调控、病虫草防治等措施，达到苗匀、苗壮。②宽行稀植，定量控苗。超高产栽培密度为19～20丛/m^2，行距在28 cm左右，一般每丛插单本，如单株带蘖少可插双本，这样有利于提高成穗率，减少纹枯病的发病率。③无水层灌溉，发根促蘖。在整个水稻生长期间，除水分敏感期和用药施肥时采用间歇浅水灌溉外，一般以无水层或湿润灌溉为主，使土壤处于富氧状态，促进根系生长，增强根系活力。④精确施肥，提高肥料利用率。结合不同生长期植株的生长状况和气候状况进行施肥调节。肥料的施用与灌溉结合，以改善根系生长量和活力，提高肥料的利用率和生产率。⑤综合防治，降低病虫草害的发生。除了及时进行病虫害的化学防治外，一些超级稻组合还可以通过适当晚播避开一些病虫的侵害，或与其他作物的水、旱轮作、间作，能有效地减轻多种病虫害。

（十一）水稻节水栽培技术

水稻节水栽培，是指根据水稻生理生态需水规律，通过减少水稻生育期中水分的无效损耗来提高灌溉水的有效利用率和利用效率的水稻栽培技术。缺水是我国面临的最严重问题之一。我国农业用水占总用水量的80%。农业生产最受干旱缺水的困扰，而占农业用水65%以上的水稻生产更是首当其冲，每年均有一部分稻田因旱灾造成减产。研究和开发节水种稻技术，发展节水型稻作，对解决我国21世纪水危机和保障食物安全，具有重大的现实意义和长远意义。

近年来，中国水稻研究所等国内科研单位，在过去水稻旱种的基础上研究形成的水稻地膜覆盖栽培技术，是指水稻直播或育苗移栽在有地膜覆盖的旱田或湿润水田上，然后在非淹水条件下实行旱管或湿润管理的一种水稻覆盖栽培。它不仅能蓄水保墒，有效地节水，而且可以保持和提高地温，防御低温冷害，促进水稻早发快长，延长营养生长期，同时还能防止水土流失，减少土壤养分损失。研究结果表明，水稻地膜覆盖栽培具有明显的节水增产效果，比普通灌溉水稻可节省灌溉水35%～67%，比不覆膜水稻旱种增产18%～63%。

水稻覆膜栽培的关键技术包括：①选择适宜品种。可以选择比普通水栽稻生育期稍长、根系发达、耐旱耐瘠、分蘖能力强、个体生产潜力大的重穗型品种。②栽培方式和密度。覆膜种稻的方式主要有3种，第一种是覆膜后水稻旱育旱栽或水栽，第二种是先播种后覆膜的覆膜直播，第三种是先覆膜后播种的覆膜直播。可平作也可畦作。覆膜稻密度应根据不同地区、品种、地力、施肥水平和管理水平等确定。一般来说，可以比当地普通水田稻适当稀一些。③合理施用全层全价基肥。覆膜种稻，由于膜内温度较高，又不受雨水或灌溉水的淋溶、冲刷，因此土壤保肥、供肥性能都比较好。为保证覆膜稻全生育期对养分的需求，必须实行一次性全层全价施肥。应以有机肥为主，搭配适量化肥，进行复混，或利用市场上有的生物复合肥、专用缓释肥等。可采用耕作前后的二次全耕层施肥法。④节水灌溉技术。根据有关试验，覆膜稻的关键灌水期为移栽期、孕穗抽穗期和乳熟期。移栽期可实行湿润灌溉，土壤含水量以达到田间最大持水量标准为宜;孕穗期和抽穗期均可采取浅水至湿润灌溉,畦作时只需半沟水即可;乳熟期及以后保持干干湿湿即可。⑤除草与防治病虫害。根据各地的试验与观察,杂草防除主要是在覆膜前用化学除草剂封杀。另外,穴眼里长出的草,要及时拔除。覆膜稻的病害发生较轻,一般不用防治。虫害主要是前期地下害虫和生育中期的螟虫。地下害虫,可在覆膜前用相关药剂拌土撒施或拌基肥撒施。螟虫,主要是应用有关化学杀虫剂防治,要做到早调查、早发现、早施药。

(十二)水上种稻技术

水上种稻,是指在水面上种植水稻,亦即利用水面资源生产稻谷的栽培技术。在自然水域水面上种植水稻,将为进一步发展我国的农业生产、缓解我国粮食与人口的矛盾提供新的方法和思路。中国水稻研究所等单位的研究人员于20世纪90年代,研究和开发在自然水域表面种植水稻的技术获得成功。该项技术应用在污染水域上,不仅能收获稻谷,还可以通过水稻的吸收利用和根系的吸附作用,去除水体中的氮、磷等富营养元素及其他污染物,从而实现变废为宝,化害为利,使污染水域的水面和水体成为一种新的可利用资源。

水上种稻的关键技术如下:①培育秧苗。水上种稻一般采用移栽的方式,即在水田培育秧苗,在适宜的秧龄期将其移栽到水面上。②浮床准备。目前市场上没有专门用于水上种植的浮床材料,因此需要采用工业或建筑用的聚苯乙烯材料,然后根据水上种稻需要进行必要的加工。一般采用大小为100 cm×150 cm、厚5 cm的聚苯乙烯泡沫板,根据需要打孔种植。③基质准备。固定秧苗的基质为中泡海绵,基质要根据种植孔的大小而定,原则上是能固定秧苗即可。④水稻移栽。移栽作业一般在河(湖)岸上进行。其程序是先将秧苗根部的泥块洗净,再用浸透水的海绵包住水稻秧苗的根基部,然后插入种植孔中。⑤浮床连接与固定。移栽好秧苗的浮床重量很轻,放入水面后按照一定的规格进行连接(视水域大小而异)。可用自制的"U"形铁钉,或用竹片加绳子加以连接。⑥施肥。水上种稻的施肥数量和次数,视水域的水质情况而定。一般情况下,水体中总氮在5 mg/L以上时,无须施肥;在5 mg/L以下时,一般要施肥;在5 mg/L以下、2 mg/L以上时,仅需要在移栽当日或翌日每公顷施肥折合纯氮90 kg左右即可;在2 mg/L以下时,一般需在移栽后10天内分2次追肥,每次每公顷施肥折合纯氮80 kg左右,并在抽穗后根据生长情况喷施叶面肥。⑦病虫害防治。水上种稻病虫害发生相对比水田水稻轻,如有发生,其防治和用药量、方法与水田基本相同。⑧收获。水上种稻收获时可以直接利用作业船在固定点上收获,也可以将浮床拖到岸边,在浅水区或直接移到岸上收获。

第四节　水稻生产机械化和农机农艺配套栽培技术

一、推进我国水稻生产机械化的重要意义

水稻生产主要包括土地耕整、播种育秧、栽植、施肥、灌溉、植保、收割脱粒和干燥等8个田间作业环节。我国传统的水稻种植基本上采用人工播种育秧、插秧、收割的"三弯腰"方式,劳动强度大,用工多,劳动生产率低,在双季稻地区还带来茬口紧、季节矛盾突出等问题。根据调查资料,在南方连作稻地区,插秧用工占全部生产用工的15%~25%。使用机械插秧不仅可以减轻劳动强度,节省用工,提高劳动生产率,而且在农艺农机配套技术基本到位

的情况下，能增加产量 5%～10%，甚至更多；机械化收割及干燥，不仅能节省收获的劳动用工，还可以提高稻米质量和减少霉变损失。人工收获水稻可能导致稻谷的霉变损失率一般在 5%左右，按照我国 2003 年的稻谷总产量 16 065.5 万 t 计算，即大约损失 1 000 万 t 稻谷，换句话说，如果我国水稻生产全部应用机械收割与干燥，并按照人均年消费 250 kg 稻谷计，由于减少霉变损失而多收的稻谷可供 4 000 万人食用 1 年。

经过 20 多年的改革和发展，我国农民收入水平和生活水平不断提高。随着农业和农村经济的调整以及乡镇企业、小城镇建设的迅速发展，农民就业渠道不断拓展，劳动力向二、三产业转移，劳动力价格上涨。非机械化的水稻人工生产，因劳动强度大，用工多，农时季节劳力紧张，使得水稻生产的劳动成本大大提高，生产效益明显降低，严重影响了农民种植水稻的积极性。同时，我国农业正面临着从传统农业向现代农业转变的过程，农业机械化是农业现代化的重要内容和主要标志之一。没有农业机械化，就没有农业现代化。水稻生产机械化是农业机械化的重要组成部分，也可以说是农业现代化的基础。尤其是在我国南方水稻主产区，经济发展快，农民对发展水稻生产机械化的要求更为迫切。因此，发展水稻生产机械化，减轻劳动强度，提高水稻生产的土地生产率和劳动生产率，已成为我国农业生产中最紧迫的任务之一。

二、我国水稻生产机械化的历史进程

自 1949 年至 20 世纪 90 年代，我国水稻生产机械化的发展过程，大致分为以下 4 个阶段：①人、畜力农机具改良与示范阶段（1949～1957 年）。主要是在我国旧式农具的基础上仿制前苏联与东欧国家的新式犁耙、脱粒机等。适合于水稻生产作业的主要有水田犁和打稻机。同时开始积极研究水稻插秧机械，于 1956 年研制出了我国第一台畜力洗根苗插秧机。②中、大型农机具自行设计与制造阶段（1958～1970 年）。主要是通过在各地建立有关农机具研制的科教院所和农机制造厂，形成了我国自主设计与制造拖拉机、脱粒机、收割机、喷雾机、水泵等农机具的能力，在一定程度上提高了我国水田耕、灌、喷、收的机械化水平。③耕、灌机具系列产品生产与推广阶段（1971～1980 年）。主要是通过耕、灌机具从单项到系列产品的发展，使我国农机研制与生产能力显著提高，大大促进了农业机械在水稻生产上的推广应用。同时在水稻种植机械的研制上也有了较大进展，到 1976 年，我国水稻插秧机械保有量达 10 万余台，水稻机械化插秧种植面积约 35 万 hm^2，占水稻种植面积的 1.1%，水稻种植机械化达到了历史最高水平。④农机化稳定发展阶段（1981～1990 年）。主要是在我国农村实行家庭联产承包责任制后，土地经营规模缩小，大中型机械在水稻生产上的应用面积明显下降，而小型农机的使用大幅度增加，特别是研制和生产了一大批功能上灵活实用的小型机械，促进了一家一户式的水稻生产，在经济较发达的江浙地区，农机服务水平也有了一定提高。值得一提的是，这一阶段虽然我国水稻生产的机械应用尤其是大中型机械的推广受到某种程度的制约，但在水田小型机械配套及多种经营成套设备、加工机械研制应用上却有了明显提高。

通过 40 多年的发展，至 20 世纪 90 年代，我国水稻生产机械化取得了长足的进步，逐步建立了农机具产品门类比较齐全、大中小型相结合，从研究、制造、推广到维修、培训都相对较完善的体系，特别是在耕作整地、灌溉、植保、脱粒等作业环节上已基本实现了机械化或半机械化。但由于我国机械工业的相对滞后等各种主客观原因，加之我国水稻生长环境的特殊性和稻田熟制的复杂性,使水稻生产机械在产品品种及性能上存在着较大的差距,机械作业性质繁重,能耗较高,水稻生产各作业环节的机械化水平很不平衡,其中劳动强度大、技术要求高的种植、收获的机械作业仍属薄弱环节。种植机械,作为机械化难题,虽在20世纪60~70年代几次形成应用高潮,但几经反复,终因设计、制造、使用寿命和经济实力等方面的原因未能在生产上大面积推广;而在收获作业上,适用于小规模的、湿脱与分离性能好、水田通过性能强的收割机机型也是少之又少。

三、水稻生产机械化和农机农艺配套的发展现状

20世纪90年代以后,随着农村经济的迅速发展,农村劳动力逐渐向二、三产业转移,农民对减少水稻生产的作业程序、减轻劳动强度和实现机械化作业的要求愈来愈迫切。同时,水稻生产集约化和经营规模的不断扩大,也为机械化技术的发展提供了很好的机遇。特别是近几年,水稻生产机械化受到我国各级政府的高度重视,通过增加投入,加大了对先进适用农业机械的引进和自主创新力度,加强了新型水田农机具研制开发和农艺农机配套试验示范与推广,使水稻生产机械化水平有了很大提高。据统计,1998年同1991年相比:①水稻机械化栽植比例由1.98%提高到3.96%,提高了1倍。插秧机的拥有量从20 512台发展到38 859台,增加了89.4%;水稻机械化栽植及直播面积由53.3万hm^2增加到123.7万hm^2,增长了132%。②水稻机械化收获面积由29.5万hm^2扩大到315.1万hm^2,增加了10倍多。③工厂化育秧移栽面积也达到了42.2万hm^2。

新时期我国水稻机械化和农机农艺配套的发展,主要包括以下3个方面。

(一)水稻收获机械的技术进步较大,推广速度快,技术水平得到明显提高

水稻机械化收获主要有分段收获法和联合收获法两种方式。水稻割晒机由于机型简单,价格便宜,受到农民的广泛欢迎,特别是在水稻收获机械供不应求的地区和经济不发达的地区,更受农民欢迎。但是到20世纪90年代,由于水稻割晒机生产效率低,劳动强度较大,损失也比较多,已开始逐步被联合收割机取代。在我国最早发展起来的是背负式联合收割机,一般与大中型拖拉机配套,价格低廉,经济性较好。在南方市场上还出现了一种割幅不足1 m、与手扶拖拉机配套的袖珍型产品。后来有了我国自主研制和生产的全喂入式联合收割机,履带式行走,割幅1.6~2 m,经济性好,性能可靠,是我国现阶段市场上的主导产品,市场潜力较大。半喂入式联合收割机,是我国收割机市场上的高端产品,开始是引进推广日本久保田、洋马、三菱公司和韩国LG公司等生产的机型,现在已逐步转变为与这些企业的合作研制和生产,我国国内自主研制的工作也已开始起步。半喂入式联合收割机,由于能适应高产、高秆、高含水量及高湿烂田、倒伏田的作业,而且作业效率高,所以很受欢迎,但因价格高限制了它的推广。经过10多年的发展,我国已基本形成了适应不同经济水平、全喂入式和半喂入式机型并举、高低搭配、农机农艺配套较完善的收获机械化格局。据不完全统计,到2003年底,水稻机械收割面积达到了620.2万hm^2,是1995年的8倍;机械化收获比例达到24%,比1995年提高了21.6个百分点。

(二)水稻机械种植随着经济的发展正在兴起,工厂化育秧、机插秧、机直播及机抛(摆)秧呈现出区域化、不平衡的发展形势

到2003年底,我国的水稻机械化栽植面积达到了134.7万hm^2,比1995年翻了一番;机械化栽植水平达到了5.08%,比1995年提高了3个百分点。在插秧机方面,在继续推广

2ZT-935型等国产机动插秧机的同时，主要是走引进技术、合作开发的路子，这样既能保证先进的机械水平和较高的机械质量，又可以尽量降低机械研发与生产的成本投入。引进和合作开发的机型主要有洋马RR6型和久保田SPU-68型高速乘坐式插秧机、东洋PF455S型手扶式插秧机等。在直播机方面，用于水直播的主要有沪嘉J-2BD-10型直播机和昆山2BD-6D型带式精量直播机，用于旱直播的主要是稻麦两用的2BG-6A型旋耕条播机等。按种植制度把我国水稻产区分成3个类型区：第一类为北方单季稻区，第二类为南方稻麦两熟单季稻区，第三类为南方双季稻区。目前，第一、第二类型区水稻生产机械化的基本条件较好，种植机械化水平明显优于第三类型区。如东北三省特别是黑龙江省，水稻机械种植面积迅速扩大，机插秧面积从1995年的15.6万hm^2发展到1998年的51.4万hm^2，提高了229.5%。经济较发达的江苏省，2003年机插秧面积达到5.87万hm^2，是2002年的2.3倍，同时机直播和机抛秧面积分别达到7.93万hm^2和3.87万hm^2，全省水稻机械化种植面积已达17.67万hm^2，机械化种植水平达到近10%。浙江、广东等省的工厂化育秧和北方稻区的简易化工厂棚盘育秧等，近年来都有较快的发展。浙江省的绍兴—温岭一线的工厂化育秧近10年已形成了一个社会化、市场化的服务产业。但是，综观全国的发展现状，种植机械的总体水平较低，仍然是水稻机械化的薄弱环节。特别是南方双季稻区，不仅自然条件表现为田块小、泥脚深而烂、雨水多，田里长年积水，不利于种植机械田间操作，而且水稻的茬口紧、双季晚稻秧龄长、秧苗过高过粗，移栽时已分蘖等季节局限性和生育特征，也决定了很难找到实用性能好、效果好的移栽或直播机械。

(三)水田耕整地机械和水稻灌溉、植保机械不断完善，施肥机械化开始起步

水田耕整地机械和灌溉、植保等田间管理机械，主要是在过去已形成的机械化、半机械化格局的基础上，建立和逐渐完善了以不同类型、不同功率的拖拉机为动力机，配以各种相应的操作机，以其进行土壤耕翻、碎土、灭茬(包括秸秆还田)、平整、开沟、中耕、灌溉、喷药等作业的配套机械化系统，并呈现出机械大型化、功能综合化、作业复式化和一机多能、一机多用的发展趋势。另外，近年来在发展水稻生产机械化过程中，机械施肥技术开始受到越来越多的重视。水稻机械施肥主要有3种方式：一是结合水田耕整地机械作业，在耕整机具上装设肥料箱及其相应的排肥装置，在耕整地的同时，将装在肥料箱中的混配基肥施于前道犁沟内，随即翻垡深埋入土，整地作业后将肥料均匀混合于土壤中，达到深施肥目的。实行这种水田耕整施肥前要严格控制田间水量(水深1～2 cm)，使之既不影响耕整作业，又保证深施肥质量，施肥深度一般能达到6～10 cm，能做到排肥均匀连续，深浅一致。二是结合水田直播和插秧机械作业，在播种机或插秧机上配套排肥装置，在机械播种或插秧的同时，将肥料按事先制订的用量均匀地施于侧边距播种行或插秧行3～4 cm、深3～5 cm的土层中。这种机械侧条深施肥方式对播种(或插秧)与施肥两种作业的机械协调性和农机农艺配套的要求更高。三是在水稻生育期中的机械追肥。其操作难度较大，目前只能采用人力器械将颗粒状肥料点施或穴施于植株根部。水稻机械施肥，在提高田间作业效率的同时，更重要和更有意义的是能够显著提高肥料利用率和利用效率，减少稻田排水对环境的面源污染。

四、现代水稻机械化生产和农机农艺配套技术简介

(一)水田机械化耕作整地技术

耕作整地，是水稻生产田间作业的第一道环节。目前我国水稻生产的机耕比例已达到

了80%以上。在我国北方单季稻区和稻麦两熟区，水田耕整地主要是采用旱耕水整，即用与大中型拖拉机配套的铧式犁或驱动圆盘犁完成耕翻作业，耕翻的水田泡水后，再用手扶拖拉机配带水耙轮或用驱动耙完成碎土、耙浆、整平作业。南方稻区水田耕整地主要采用水耕水整，即用大中型拖拉机配套耕整机或旋耕机完成耕翻或旋耕作业，再配以水田耙完成耙浆、整平作业。我国目前应用的水田耕整机械，与传统耕作机具相比，具有配套农机具齐全、作业质量较好、作业效率较高、成本低及适应性广等优点。另外，在我国某些稻区还有一定面积的水稻旱直播和旱种，采用的是与旱地耕整类似的旱耕旱整，即用拖拉机与铧式犁或驱动圆盘犁配套进行耕翻作业，然后用缺口耙、圆盘耙、镇压器、平地机等完成碎土、整平作业。

(二)水稻工厂化育秧和机械插秧农机农艺配套技术

水稻工厂化育秧和机械插秧技术，是一套水稻生产中农机与农艺相结合的规范化、系列化的综合机械配套技术措施，只有将育秧和移栽完美地结合起来，才能真正发挥育秧设备和栽植机械的配套化功效，使其成为在生产上实用的机械化技术。

1. 水稻工厂化育秧技术 水稻工厂化育秧，即在室内采用机械化的方法，将水稻种子经催芽、播种、适温避光催苗及大棚育秧等过程，成批生产出适于机插（或机抛、手抛和机摆等）使用的水稻秧苗。它是集约化培育水稻壮秧的有效途径。

水稻工厂化育秧可分为盘式毯状育秧、软盘钵体育秧和无土育秧3大类。育秧机械的类型较多，主要有手动水稻穴盘精密播种机、手动水稻平盘播种机、工厂化穴盘育秧成套设备、工厂化平盘育秧成套设备等。育秧作业程序，因育秧设备和秧龄长短的不同而略有变化。目前，我国水稻工厂化育秧技术主要是在一些大型国营农场和经济较发达的广东、上海、江苏、浙江等水稻产区示范和推广。以在我国应用较多的田间简易工厂化育秧为例，主要包括秧田选择与整地、床土制作、种子处理、秧盘摆放与装土、播种盖种、苗床温湿管理、绿化与炼苗等7道作业程序。

水稻工厂化育秧技术的优点有：①能充分提供秧苗生长过程中所需的各种条件，有利于水稻适当早播和抢农时、抢积温，有利于保证育秧安全可靠和培育壮秧，为高产、稳产奠定良好的基础，一般可增产5%～10%。②可节省耕地和节约用水、用肥。育秧所需场地面积与大田面积之比为1∶600～800，比常规短秧龄育秧明显节约秧田用地。育秧中的水肥集约化管理有利于提高其利用率和利用效率。③该育秧工厂及有关设备除育秧外，平时可综合利用，可用于种植蔬菜、花卉等。④省力、省工、省种，效益高。工厂化育秧的出苗率和成秧率均高于常规育秧。⑤可促使适度规模经营、农艺农机社会化服务和集约化农业的发展。

2. 水稻机插秧农机农艺配套技术 水稻机械化插秧，是指工厂化育秧育出秧苗后利用插秧机进行插秧作业以代替手工插秧的一种水稻机械化种植技术。尽管近些年来在我国稻区特别是东南沿海经济较发达地区机插秧正呈兴起之势，但插秧的机械化水平仍然很低，机插秧面积也仅有4%～5%的比例，大部分水田仍靠手工插秧，生产工艺落后，作业条件艰苦。

我国的水稻插秧机，除继续推广2ZT-935型等国产机动插秧机外，主要是引进和合作开发了洋马RR6型和久保田SPU-68型高速乘坐式插秧机、东洋PF455S型手扶式插秧机等，同时一些小型的人力插秧机、步行机动插秧机也有应用。机插秧对配套农艺的技术要求很高，从秧苗的秧龄大小、均匀度、秧苗高度、串根情况等，到本田的耕整、灌水等，无不影响到机插秧的质量和作业效率。水稻机插秧的主要作业程序包括：①起秧。要特别注意起秧前的补苗和床土湿度调节。②本田整地。要求表土硬度适中、表层稍有泥浆、田面平整、无杂草、无残茬。③插秧机作业前准备和确定田间插秧行走和进出路线。④调整好取秧量和插秧深度,做到浅插、匀插和插足基本苗。

水稻机械插秧,能极大地提高生产效率,减轻农民田间的劳动强度,对我国稻区特别是东南沿海经济较发达地区率先实现农业现代化具有重要的推广应用价值。多年试验示范表明,水稻机械插秧,与人工移栽相比,产量基本持平或有一定的增产作用;机械插秧水稻病害较轻,虫口密度较低;机械插秧比人工移栽每公顷可少投入用工成本费用450～750元。

(三)水稻机械直播农机农艺配套技术

水稻机械化直播技术,是指在水稻栽培过程中省去育秧和移栽环节,将水稻种谷用机械直接播种于大田的一种栽培方式。综观国内外稻作技术发展,随着工业化、城市化和市场化经济的不断推进,机械化直播栽培将成为稻作生产增效和提高种植水平的重要举措之一。近年来我国的直播稻发展较快,但直播机械化水平仍较低,2000年全国水稻机播面积仅为40.98万 hm^2,大部分仍以手工撒播为主。

目前在我国南方稻区,生产上应用较多的国产直播机主要有:①沪嘉J-2BD-10型水稻水直播机。其行走部分采用专用底盘和独轮驱动,最大转向为左右各60°角;其播种操作部分采用10行播种作业和外槽轮式地轮被动排种,行距20 cm。②苏昆2BD-8型水直播机。与沪嘉J-2BD-10型直播机所不同的是,在行走部分采用多用底盘或插秧机底盘,在播种操作部分采用8行播种和外槽轮式主动排种,行距25 cm。③2BG-6A型稻麦条播机。其配套动力机为东风-12型手扶拖拉机,后带动旋耕刀、外槽轮式排种器、播种箱、镇压轮等装置,可一次性完成旋耕、灭茬、开沟、下种、覆土、镇压等多道工序,主要用于少(免)耕旱直播稻。④2BSD-1200型稻麦条播机。它是在2BG-6A型条播机的基础上增加了施肥装置,可在播种的同时进行颗粒肥或复合肥的施用。另外,还有江苏省农机推广总站和南京农业机械化研究所共同研制的2ZBQ-10型振动射流式水直播机、广西壮族自治区玉林市研制的金穗牌2BD-5型人力点播机以及一些地方利用施农药的喷粉器改装的喷直播机等。

1998年,中国水稻研究所从日本洋马(YANMAR)农机株式会社引进了一台新近研制的RR6-PWUTRR6型YANMAR水稻施肥直播机。该机采用四轮驱动,水田行走不打滑、不陷泥,转弯半径小,操作方便,适应各种田块作业,且节能、少污染,能量转换率高。其播种操作部分采用6行播种、施肥联合作业和圆盘变型孔间歇排种、排肥装置,能一次性同时完成播种和侧条施肥,播种与施肥精量、均匀,特别是能明显减少夹种、伤种现象,同时与开沟覆土装置相配套,使机械不论在晴天或雨天都能下田作业,增加了种子与土壤的密切接触,保持种子在适宜的播种深度和良好的水、气条件下发芽出苗;开沟覆土深施肥还可以明显提高肥料利用率,减少随稻田排水带来的化肥污染。该机播种行距30 cm,虽然在某些情况下略显偏大,但播种量和施肥量的调节档次多,因此基本能够适应不同生产水平和不同品种单季直播稻的要求。

近年来,中国水稻研究所针对上述国产及引进的直播机,开展直播稻农艺栽培技术和农机作业的配套研究与集成组装,形成了一套适合在我国南方稻田推广的水稻机械水直播农机农艺配套技术。试验示范结果表明,该项技术与目前人工撒直播比较,不仅较好地解决了全苗保苗、防倒伏、除杂草及农艺农机配套等方面的关键技术难题,使水稻产量每公顷增加375～600 kg,而且更省工节本,每公顷比人工移栽稻省工60～75个工日,节省生产成本

525～825元，增加经济收入1 050～1 650元。这项技术，对满足我国南方稻农的技术要求，实现水稻机械化集约种植，提高产量，优化品质，促进农民增产增收，都具有重要的意义。

（四）水稻机械化收获技术

在水稻机械分段收获中，主要作业机具为割晒机，其收获工艺程序为：割晒机收割放铺，晾晒后人工捆束、脱粒、清扬和晒场。分段收获的缺点是整个收获过程需要大量劳力配合，工效较低，谷粒的损失较大。随着引进国外收获技术和合资开发联合收割机步伐的加快，应用稻麦兼用的联合收割机一次性完成收割、脱粒、清选等作业的联合收获技术，以其高效率、低成本、损失少和适应性广受到了广大农民的欢迎和采用，尤其是使用半喂入式联合收割机来收获，将是水稻收获技术发展的大趋势。

所谓半喂入式联合收获，是指联合收割机的收割台在收割水稻后只将其穗部送入脱粒装置进行脱粒，茎秆部分能够保持完整状态，脱粒后的稻谷再输送到清选装置进行清选，然后输出打包。目前市场上半喂入式联合收割机主要有太湖牌TH-1450型、碧浪牌湖州一号4LB-150型、星光牌XG-450型等国产品牌以及日本洋马、久保田、韩国LG等农机公司在我国的合资产品。这种半喂入式联合收割机适合于需要保留完整茎秆的稻区和茎秆比较高的水稻品种以及单季稻地区。它对作物的适应性较好，无论田间与作物的潮湿度大小、茎秆高低和产量是多少，都能正常作业，且作业质量皆能满足要求，稻谷清洁度高，收获损失也很小。为了进一步提高联合收割机的收获质量和高效作业，在农艺配套上，要尽量做到田间水稻群体不倒伏，高矮一致，成熟适度，不易落粒；要求田块规整，田间土壤硬朗，沟渠路配套；并做好作业人员的科学合理配置。

第五节　21世纪中国稻作技术展望

进入21世纪，我国农业面临以下三大突出问题需要解决：一是如何满足未来16亿人口的优质粮食的安全供给；二是如何调整与优化农业产业结构，不断有效地提高农民收入；三是如何改善农业生态环境，实现可持续发展。同时，现代科学技术日新月异，尤其是高新技术引发的新的科技革命已形成一股不可逆转的历史潮流。在此社会大背景和大趋势下，我国农业必须加速向国际化、产业化方向发展，传统农业向集约化现代农业转变，农业科学技术要进行一场重大的技术革命。这些都对水稻栽培科学研究提出了新的更高要求，也使水稻栽培科学本身凸现出诸多亟待解决的问题。展望新世纪，我国水稻栽培科技工作者，将面临许多新的课题、新的挑战和新的机遇。寻求水稻栽培科学新思路和栽培技术创新势在必行，推进水稻栽培技术的高效化、精准化和现代化任重道远。

一、关于稻田产业结构、种植结构调整和多元化农作制度

为了适应今后我国发展优质、高产、高效、安全、生态农业的要求，要在稳定复种指数、稳步增加产量和确保我国粮食安全的基础上，更加重视调整稻田产业结构和种植结构，进一步发展以提高效益和提升品质、质量为核心的稻田多元化农作制度。

要根据不同农作区域现有稻田种植制度的现状，以建立良性循环的农田生态系统为出发点，以提高稻田经济效益（即增加农民收入）、社会效益（即确保水稻产量和质量安全）、生态效益（即改善和提高水域、空气等环境质量）并达到三者的有机统一为目标，研究和发展新

型农作制度的典型生产模式及其相应的标准化、集约化配置技术，研究各区域稻田多元化农作生态系统的物质循环与能量转换以及对稻米质量与环境质量的影响，注重研究新型农作制度稻田生产与当地特色优势产业的链接和多元化农作制度经济、社会、生态效益分析，以形成我国不同稻区各具特色的新型农作制度产业带。

在南方双季稻农作区域，主要利用冬季丰富的热量和水分资源，研究和开发双季早晚稻和马铃薯、花椰菜、西生菜、大蒜、荷兰豆、甜豌豆等多种蔬菜组成的稻-蔬型新农作制度，一方面可以开发冬季农业，避免抛荒，发展我国南方优势的蔬菜产业，另一方面冬季种植蔬菜有利于培肥土壤，同时蔬菜茬口灵活，可以为优质水稻生产提供接茬的空间优势和时间优势。

在长江中下游单双季籼粳稻农作区域，主要应该根据不同地区的生态、经济特征，把农作制度创新与农业特色产业有机地结合起来，如在传统养鸭及水网地区发展稻-禽（鸭、鹅、鸡等）型种养结合农作制度，在传统烟叶产区发展稻-烟型农作制度，在传统农牧结合地区发展稻-饲（肥）型农作制度，在食用菌产区发展稻-菌型农作制度，在大田瓜果产区发展稻-瓜果型农作制度。

在西南单季籼稻农作区域，主要利用本区域农业生产的立体特征和垂直分布特征，研究和开发以种植杂交籼稻为主体的稻-鱼型、稻-禽型以及主季稻-再生稻型农作制度，同时在特色产业烟草产区发展稻-烟型农作制度。

在东北、华北以及西北等北方单季粳稻农作区域，主要是在原有的稻麦两熟种植制度基础上，研究和开发以北方优质粳稻为主体的麦（或麦/肥、麦/牧草）—稻、肥—稻、牧草—稻等稻-牧型农作制度。

二、关于轻简型栽培和机械化栽培

简化作业程序、减少作业次数、改变作业方式、减轻劳动强度、提高作业质量的栽培技术改革，是21世纪现代水稻栽培学需要进一步研究的重要内容。由于依靠提高产品价格来促进稻作发展的余地越来越小，所以深层次矛盾的解决要靠适度规模经营和降低生产成本。推行轻简型和机械化栽培技术，尤其是实行全程机械化种植水稻，是现代化稻作生产要达到的基本目标。

以直播稻、旱育秧、抛秧和免耕栽培为代表的轻简栽培在我国已经得到了广泛推广，在降低稻作成本和提高农民收入中发挥了很大的作用。但由于我国目前水稻生产方式规模较小，轻简栽培与机械化作业在实际应用中没有实行有效的配套，特别是水稻的播栽、育苗农艺技术与相关机械均存在着较多的不匹配问题，这对轻简栽培技术效应的进一步发挥起到了阻碍作用。因此，要进一步研究水稻生产中简化农艺、省工省力、易于规模生产和适于机械化作业的低成本、高效的机械化轻简栽培技术体系，并特别要与农机部门协作，开发能满足优质、高产、高效、生态、安全栽培技术要求的种植环节适用农机具，研究与机械化相配套的标准化种植技术，最终实现水稻生产作业流程的指标化、规范化和全程机械化。

三、关于新株型水稻超高产栽培

随着我国新株型水稻（即超级稻）的育成和广泛推广，深入研究水稻超高产的生长发育、产量形成规律和栽培技术将是今后水稻栽培科学的一个非常重要的课题。新株型水稻生理生态和超高产栽培的研究重点，应主要放在以下几个方面：①进一步探讨超高产群体形成过程中在时间和空间上的形态结构定量指标，并结合各生态区特点和栽培特点，建立各地具体的群体发展定量指标，供当地生产者使用；②从光合、营养、水分、生育等方面加强水稻超高产生理研究，研究在控制合理叶面积条件下，能形成更多地截光且有利于光分布均匀的高光效群体，进一步提高光能利用率和光合运转效能，大幅度提高经济器官生长量、充实度，充分挖掘新株型品种的产量潜力；③研究不同品种类型的新株型水稻群体的逆境（旱、渍、低温、高温、盐、碱等）生理以及综合抗逆的技术途径和措施；④研究新株型水稻生育后期干物质生产、积累和运转的生理生态机制和提高超高产水稻结实率、充实度和防止新株型水稻早衰的技术关键及栽培措施，提高新株型水稻在不同地区和不同田块的技术可靠性与超高产重演率。

四、关于优化稻米品质、质量栽培和无公害、有机栽培

优化稻米品质、质量是提升我国农产品国际市场竞争力和提高人民生活水平的客观要求。优质品种，必须与优质栽培技术配套，才能生产出高品质、高质量的稻米。水稻品质、质量优化栽培和无公害栽培、有机栽培，将越来越成为现代水稻栽培学研究的主要课题。要在继续推行水稻保优栽培的基础上，系统研究稻米形成过程、品质形成机制以及生境因子、农艺措施对稻米品质的影响，特别要加强温、光、水、肥、气、土等对品质影响的研究，以确立优良品质形成的最适的生物学指标与相应的调控途径；要研究稻米中重金属、化学农药、植物生长调节剂等化学物质的吸收、积累规律，以及水稻生产过程中土壤环境、水域环境、大气环境中的各种污染物对稻米质量的影响；要加强水稻无公害栽培和有机栽培的产前生产环境、产中种植技术以及产后贮藏加工技术的一体化研究和无公害调控技术、检测技术研究，进而形成符合品质质量要求的标准化栽培技术，确保稻米产量与品质双重潜力的充分发挥。

五、关于节水节肥栽培和资源高效利用

作物生产属于资源约束型的初级产品生产。在水稻生产中如何节约用水、节省用肥和提高自然资源利用率，是现代水稻栽培学的重要内容之一。要进一步研究水稻不同生育时期对水分胁迫的敏感性和适应性以及在不同生态条件下不同栽培模式的水稻需水规律和抗旱生理机制，研究以节水灌溉技术和生物节水为核心的，包括旱稻、水稻旱种、地膜或秸秆覆盖蓄水保墒、水肥耦合、抗旱保水剂应用等关键技术在内的综合集成型生物、农艺节水技术，提高灌溉水和天然降水的水分利用率与水分生产效率；研究在不同生态条件下不同土壤的水稻需肥规律、土壤供肥规律以及提高肥料利用率的栽培途径，不同土壤、不同田块下提高水稻对肥料利用效率的施肥配比、施肥时期以及施肥方法，加强多元复混肥、控释肥、生物有机肥、生态肥等新型肥料的研制和生产，为改革施肥的方式、方法和实行精确施肥提供物质基础和技术支撑。

六、关于水稻生产智能化、信息化管理和精确栽培

应用遥感（RS）、地理信息系统（GIS）、全球定位系统（GPS）的“3S”技术进行精确栽培，是现代水稻栽培学的最高境界。要加强研究、搜集、积累有关水稻高产优质生长发育的各种信息资料和模拟模型，尽快建立水稻生长模型库、种植数据库；运用信息技术，利用电脑模拟和快速运算功能，对水稻优质、高产、高效、安全、生态的栽培技术方案进行系统分析和综合，建

立动态的模拟模型和人机对话的专家系统以及管理决策系统，实现水稻生产管理的定量决策，从而促进水稻栽培的规范化、信息化和智能化。水稻实用配套生产技术与现代化信息、电子、遥感技术在将来的成功结合，必将实现水稻栽培由传统栽培向精确栽培的跨越式发展。

参考文献

熊振民，蔡洪法．中国水稻．北京：中国农业科技出版社，1992

费槐林，王德仁，朱旭东等．水稻良种高产高效栽培．北京：金盾出版社，2000

马岳，费槐林．水稻优质高效栽培．北京：中国农业科学技术出版社，2002

蔡洪法，费槐林，封槐松．中国稻米品质区划及优质栽培．北京：中国农业出版社，2002

凌启鸿，张洪程．作物栽培科学的创新与发展．扬州大学学报（农业与生命科学版），2002，23(4)：66－69

张洪程，杨勇，杨海生．水稻栽培科学创新与发展的探讨．上海交通大学学报（农业科学版），2002，20(3)：190－195

凌启鸿，过益先，费槐林．水稻栽培理论与技术兼及作物栽培科学的发展述评（上）．中国稻米，1999，(1)：3－8

凌启鸿，过益先，费槐林．水稻栽培理论与技术兼及作物栽培科学的发展述评（下）．中国稻米，1999，(2)：3－8

黄发松．中国种植业优质高产技术丛书——水稻．武汉：湖北科学技术出版社，2003

卞正瑶．种植结构调整：我国世纪之交的一场粮食革命．中国粮食经济，2000，(1)：3－15

武兰芳，陈阜，欧阳竹．种植制度演变与研究进展．耕作与栽培，2002，(3)：1－3

黄国勤．中国南方稻田耕作制度的演变和发展．中国稻米，1997，(4)：3－5

黄国勤，张桃林．论南方稻田耕作制度的调整与改革．农业经济技术，1996，(1)：43－45

黄国勤．中国南方冬季农业的战略地位及开发模式．土壤，1998，(2)：70－75

蒋宗魁．关于进一步调整种植业结构的实践与认识．上海农村经济，2000，(5)：31－33

张伯平．改革开放以来我国稻田种植制度的变革．耕作与栽培，2002，(4)：4－6

汤少云，李逵吾．改革稻田耕作制度推进农业结构调整．湖南农业科学，2002，(3)：1－2

杨万成，李忠，孔令卜．调整优化种植业结构，实现农业经济跨越式发展．农业与技术，2001，(1)：1－3

沈雪林．加快高效作物品种引进，促进种植业结构深入调整．中国农学通报，2004，(2)：1－2

陈阜．我国多熟种植制度新进展．耕作与栽培，1997，(1)：9－11

杨光立，李林，刘海军．调整种植业结构，建立粮、经、饲三元种植结构技术体系．作物研究，2000，22：22－25

马岳，邹庆第，丁贤颉等．多熟高效种植模式180例．北京：金盾出版社，2000

许德海，葛乐辚，林贤青等．红壤稻田多元高产高效益复种模式的研究．江西农业大学学报，1996，18(2)：137－144

朱小发．中晚稻（稻鱼轮作）养鱼技术．渔业致富指南，2001，15：28

邹正华．稻鱼共生除害增效——稻田主养彭泽鲫技术模式．农村百事通，2000，(12)：37

郑祥品，陈首光．稻鱼萍菌立体农业种养技术探讨．中国食用菌，1996，15(6)：39－41

郑祥品，陈首光，郭曾肯．稻、鱼、耳立体农业种养技术模式小结．福建热作科技，1996，21(12)：9－10

禹盛苗，欧阳由男，金千瑜等．稻鸭共育复合系统对水稻生长与产量的影响．应用生态学报，2005，16(7)：1252－1256

禹盛苗，金千瑜，欧阳由男等．稻鸭共育对稻田杂草和病虫害的生物防治效应．中国生物防治，2004，20(2)：99－102

禹盛苗，金千瑜，欧阳由男等．无公害稻鸭共育的技术特色和技术关键．农业环境与发展，2004，(6)：8－9

金千瑜，禹盛苗，欧阳由男等．中国稻-鸭农作系统发展概况与稻鸭共育技术研究．中国稻米，2004，(增刊)：120－122

许德海，禹盛苗．无公害高效益稻鸭共育新技术．中国稻米，2002，(3)：36－38

禹盛苗，许德海．无公害高效益稻间家鸭野养新技术的探讨．江西农业科技，2002，(3)：38－41

余铁桥．水稻栽培技术的新发展．作物研究，1990，4(2)：1－3

郭新宇，郁明谏．现代作物栽培研究方法概况．耕作与栽培，2000，(2)：15－19

陈健．水稻栽培方式的演变与发展研究．沈阳农业大学学报，2003，34(5)：389－393

叶培根．水稻轻型栽培方式及其应用前景．浙江农村机电，1997，(4)：15－16

凌启鸿．关于水稻轻简栽培问题的探讨．作物杂志，1997，(6)：5－8

金千瑜．我国水稻抛秧栽培技术的应用与发展．中国稻米，1996，(1)：10－13

谢毓男，金千瑜，郎有忠．水稻旱育稀植直播抛秧技术．北京：中国农函大出版，2000

彭金波，田进山，盛正逵．水稻优质栽培技术探讨．垦殖与稻作，2000，(4)：17－18

邹应斌,周上游,唐启源.中国超级杂交水稻超高产栽培研究的现状与展望.中国农业科技导报,2003,5(1):31-35
蒋彭炎,洪晓富,徐志福.超级稻的栽培特性与调控途径.浙江农业学报,2001,13(3):117-124
林贤青,朱德峰,张玉平.水稻强化栽培(SRI)的起源及其栽培体系.中国农村科技,2004,(1):35-36
林贤青,朱德峰,张玉平.水稻强化栽培(SRI)的应用现状和发展.中国农村科技,2004,(2):26-27
凌启鸿,张洪程,蔡建中等.水稻高产群体质量及其优化控制探讨.中国农业科学,1993,26(6):1-11
蒋彭炎,倪竹如.从水稻个体间同化物的分配动态论分蘖利用.浙江农业学报,1994,6(4):209-213
蒋彭炎,倪竹如.水稻中期群体成穗率与后期群体光合效率的关系.中国农业科学,1994,27(6):8-14
徐磊.水稻旱育稀植新技术节本增效经济效益评价.农业技术经济,2001,(4):33-34
许德海,禹盛苗,林贤青.旱稻旱育苗增产早熟效应的研究.耕作与栽培,1995,(1):33-35,46
许德海,禹盛苗.水稻双优双抛公顷产量15吨的配套技术.中国稻米,1999,(3):17-19
禹盛苗,许德海.双优双抛晚稻及其高产栽培关键技术.江西农业科技,1999,(5):7-9
许德海,禹盛苗.水稻双优双抛产量15 t/hm^2 的品种搭配模式研究.中国稻米,1998,(3):14-17
金千瑜,欧阳由男,陆永良等.我国南方直播稻若干问题及其技术对策研究.中国农学通报,2001,17(5):44-48
欧阳由男,金千瑜,禹盛苗等.水稻带耙田开沟培土机械直播技术及应用效果.中国稻米,2003,(6):29-30
陆彩明,金千瑜,彭长青等.带旋耕灭茬机械旱直播水稻高效配套技术.中国稻米,2003,(3):27-28
禹盛苗,许德海,林贤青.双季直播水稻的生育特性及其高产关键技术的探讨.江西农业科技,1996,(2):2-5
周诗从.水稻免耕栽培技术.福建农业科技,2003,(5):5-6
杨晓兰.浅谈水稻免耕栽培技术应用.江西农业科技,2002,(6):1-2
张三元.无公害优质高产水稻栽培技术.吉林农业科学,2002,(4):8-12
赵国臣.无公害优质米栽培技术浅析.吉林农业科学,1997,(2):25-27
陈风梅.水稻群体质量优化栽培技术.福建农业,2001,(2):5-6
凌启鸿,苏祖芳.水稻成穗率与群体质量的关系及其影响因素的研究,作物学报,1995,21(4):463-469
苏祖芳,王辉斌.水稻生育中期群体质量与产量形成关系的研究.中国农业科学,1998,31(5):19-25
蒋彭炎,洪晓富.水稻三高一稳栽培法(Ⅰ).农技服务,1996,(9):10-12
蒋彭炎.水稻三高一稳栽培法(Ⅱ).农技服务,1996,(10):10-13
史济林,蒋彭炎.水稻"三高一稳"配套栽培技术的研究.浙江农业科学,1990,(2):63-66
屠乃美,邹应斌.水稻"旺壮重"超高产栽培技术.作物杂志,1998,(2):6-7
邹应斌,屠乃美,李合松等.双季稻旺壮重栽培法的理论与技术.湖南农业大学学报,2000,26(4):241-244
朱德峰,林贤青,张玉屏.超级稻生产集成技术示范及其效应.中国稻米,2002,(2):8-9
林贤青,朱德峰,张玉屏.超级稻高产栽培株型模式.中国稻米,2002,(2):10-12
金千瑜,欧阳由男.我国发展节水型稻作的若干问题探讨.中国稻米,1999,(1):9-12
金千瑜,欧阳由男,禹盛苗等.中国农业可持续发展中的水危机及其对策.农业现代化研究,2003,24(1):21-23
欧阳由男,金千瑜,陈进红等.我国西部地区节水型稻作的问题与对策.灌溉排水学报,2004,23(2):34-37
金千瑜,欧阳由男,张国平.覆膜旱栽水稻的产量与生育表现研究.浙江大学学报(农业与生命科学版),2002,28(4):362-368
张真,金千瑜,金子舟等.杂交早稻覆膜栽培技术研究初报.中国稻米,2001,(2):21-22
周超,张地.我国水稻种植机械化现状及发展趋势.农村机械化,1997,(6):9-10
孙仕明,韩宏宇,姜明海.我国水稻生产机械化现状及发展趋势.农机化研究,2004,(3):21-22
杨新春,张文毅,袁钊和.我国水稻生产机械化的现状与前景.中国农机化,2000,(1):20-21
袁钊和,杨新春.我国水稻种植机械化发展与前景.农机市场,2000,(6):5-8
杨林.我国水稻生产机械化的重点、难点及今后的发展思路.中国稻米,2000,(1):25-28
牛盾.我国农业机械化的新形势和水稻生产机械化问题.农业工程学报,2000,16(4):7-10
吴崇友,金诚谦,卢晏.我国水稻种植机械发展问题探讨.农业工程学报,2000,16(2):21-23
蒋耀.我国水稻种植机械化的发展趋向.农业工程学报,1989,5(1):76-85
谢洪钧.中国水稻生产机械化技术的推广研究.中国农机化,2002,(3):15-17
李海明,闵佳.现代农业机械装备.北京:中国农业科学技术出版社,2004

第十三章　水稻病害及其防治

水稻病害包括侵染性和非侵染性两大类。在侵染性病害中，约有真菌病 50 种、细菌病 4 种、病毒病 8 种和线虫病 10 种。在非侵染性病害中，主要有赤枯病、有毒气体（如二氧化硫和硫化氢等）、有毒污水、土壤盐碱含量过高、养分缺乏或过量，以及由冷害、缺氧所引起的生理性烂秧等。20 世纪 90 年代以来，我国水稻病虫害发生频率明显上升，年均发生面积超过 80 年代约 1/3，暴发的病虫种类和次数增多、防治难度加大、损失加重。水稻病害仍然以稻瘟病、纹枯病和白叶枯病三大病害为主，不论是发生面积、发生频率和造成的产量损失均居前列（表 13-1）。稻曲病、条纹叶枯病，在一些年份、一些稻区，频繁、大面积发生危害，已上升为重要病害，严重影响水稻高产、稳产和优质生产。

水稻病害发生后防治与否，对产量损失影响极大，水稻病害经综合防治后可挽回损失 80%以上（表 13-2）。过去，水稻病害的防治主要以化学防治为主。近年，由于对环境、农业可持续发展以及无公害农产品生产的重视，以抗性品种、农业措施、生物防治结合化学防治等水稻病害的综合防治措施得到重视。随着分子生物学、基因工程研究的进展以及在水稻育种上的应用，已将一些抗稻瘟病、抗白叶枯病基因转入杂交稻亲本及主栽品种，育出了一批转基因抗病品系。这一研究领域呈现出方兴未艾的大好形势，一旦转基因水稻获准商业化生产，将对水稻病害的控制具有划时代的意义，并将进一步促进该研究的发展。

表 13-1　1998～2004 年我国水稻主要病害发生面积　（单位：万 hm^2）

年　份	纹枯病	稻瘟病	白叶枯病
1998	1684.60	462.00	57.87
1999	1693.60	532.73	47.67
2000	1655.27	783.67	50.27
2001	1363.87	464.73	72.13
2002	1420.87	500.53	51.20
2003	1191.00	369.87	38.80
2004	1453.33	433.33	43.40

表 13-2　近年我国水稻病害发生、防治面积及挽回产量损失

年　份	类　型	发生面积（万 hm^2）	防治面积（万 hm^2）	挽回损失（万 t）	实际损失（万 t）
1999	病害小计	2884.46	4911.80	1289.12	280.93
	稻瘟病	523.73	1586.03	561.02	115.33
	纹枯病	1693.60	2385.67	550.92	136.74
	白叶枯病	47.67	103.29	18.37	7.67
	其他病害	619.46	836.81	158.81	21.19

续表 13-2

年　份	类　型	发生面积(万 hm^2)	防治面积(万 hm^2)	挽回损失(万 t)	实际损失(万 t)
2001	病害小计	2377.19	4080.24	891.41	188.41
	稻瘟病	464.73	852.91	222.41	66.47
	纹枯病	1363.87	1944.29	467.27	85.99
	白叶枯病	72.13	92.63	15.04	5.41
	其他病害	676.46	1190.41	186.69	30.54
2002	病害小计	2551.25	3717.65	821.18	169.08
	稻瘟病	500.53	876.25	200.76	53.58
	纹枯病	1420.87	1943.82	455.98	87.40
	白叶枯病	51.20	76.50	12.74	3.51
	其他病害	578.65	821.08	151.70	24.59

第一节　水稻真菌病害

一、水稻稻瘟病

稻瘟病又称“稻热病”。是世界性稻作病害,也是我国南北稻作区危害最严重的水稻病害之一。有关的记载可以追溯到很早时期,在中国明代崇祯十年(公元 1637 年)宋应星所著的《天工开物》一书“稻灾篇”中就有“发炎火”的有关稻瘟病的详细描述。任何大面积栽培水稻的地区都有稻瘟病发生的报道。该病一般造成减产 10% ~ 20%,重的可达 40% ~ 50%,甚至颗粒无收。历史上曾多次因该病的大面积发生流行造成巨大损失,如 1981 年福建省因“红 410”系列品种丧失抗性,造成早稻稻瘟病大发生,失收面积达 1.33 万 hm^2,损失稻谷 1.5 亿 kg;1993 年为我国稻瘟病特大发生年,发生面积达 543.2 万 hm^2,损失稻谷高达数十亿 kg。20 世纪 90 年代以来,我国稻瘟病的年发生面积均在 380 万 hm^2 以上,年损失稻谷达数亿 kg。

(一)病害症状

稻瘟病在水稻整个生育期均有发生,根据发病时间和部位不同,分别称做苗瘟、叶瘟、叶枕瘟、节瘟、穗颈瘟和谷粒瘟,其中以穗颈瘟对产量影响最大。详细症状可见孙漱源等编著的《水稻稻瘟病及其防治》。

(二)病原菌与侵染循环

1. 病原菌　无性阶段为稻梨孢菌 *Pyricularia grisea* (Cooke) Sacc.,有性阶段为灰巨座壳 *Magnaporthe grisea* (Hebert) Barr。

(1)形态特征　在培养基上菌丝初呈无色或白色,后变成灰色或淡褐色,也有些一直为白色。分生孢子洋梨形或倒棍棒形,无色,成熟后多为 2 个隔膜、淡褐色。分生孢子多从顶部或基部细胞萌发形成芽管,个别从中间细胞萌发。附着胞淡褐色,近圆形或卵形,壁厚而光滑,产生巨大膨压,再产生侵入栓侵入寄主组织。

(2)生理特征　病菌在6℃～34℃下生长,最适温度为26℃～28℃。高湿有利于分生孢子的产生和萌发。只有在水滴中分生孢子才会萌发,若无水滴,即使相对湿度达到100%,其萌发率也只有1.5%。这是因为分生孢子中含有吡啶羧酸毒素,在水滴中浸出后才能解除毒素对孢子萌发的抑制作用。分生孢子的形成需要光照和黑暗的交替,而直射阳光可抑制分生孢子萌发和芽管伸长。

(3)寄主范围　早期研究认为稻梨孢在自然条件下仅侵染水稻,后来日本报道还侵染苇状羊茅、秕壳草等。通过人工接种鉴定,发现其寄主范围很广,还能侵染大麦、小麦以及50多种禾本科杂草。另外,来自我国浙江省的报道表明草瘟菌可以侵染水稻,并导致穗颈瘟。

2. 侵染循环　稻瘟菌的侵染循环起始于分生孢子着落在寄主植物表面。分生孢子在水合作用下不久从顶端释放黏液,并以此紧紧粘贴在疏水组织表面,在有水滴的条件下很快便可以萌发,形成一短的芽管,然后便分化出附着胞。附着胞壁厚,有大量黑色素,而且有大量甘油积累。甘油的累积使附着胞产生巨大的膨压并生出侵入栓穿透很坚硬的表皮。一旦侵入成功,侵染菌丝就大量生长,分化出多胞的有分枝的菌丝体,在植物细胞内和细胞间延伸,最后出现病斑,产生分生孢子。一个病斑在一夜间可产生4 000～5 000个分生孢子。成熟分生孢子借风传播,可远达20 km,在2 300 m以上的高空亦能收集到稻瘟菌的分生孢子,于是新的循环又开始了。

(1)初侵染源　病菌以菌丝体或分生孢子在病谷、病稻草上越冬。在干燥条件下可存活半年至1年,而在潮湿条件下则只能存活2～3个月。用带菌种子播种,可能造成秧苗发病;堆积在田间的有病稻草上的病菌,可在翌年初春气候适宜条件下产生分生孢子,并靠气流传播到稻叶上造成侵染。

(2)传播途径　分生孢子主要通过气流传播到秧田和本田,水平传播距离在10 m以内,所以田间可见明显的发病中心。另外,孢子升空越高,风速越大,传播距离越远。

(3)侵入方式　在有水滴存在下,分生孢子萌发产生芽管、附着胞和侵入栓,穿透角质层侵入机动细胞或长形细胞,也有由伤口侵入,但一般不从气孔侵入;在穗颈部位,侵入栓多从鳞片状的苞叶侵入;在枝梗上则常从穗轴分枝点附近的长形细胞侵入。

(4)潜育期　潜育期长短主要受温度影响,叶瘟在24℃～28℃时为4～6天,17℃～18℃时为7～9天,9℃～11℃时为13～18天;穗颈瘟潜育期更长。此外,潜育期长短还与品种抗性和叶龄有关。

(三)稻瘟病菌的生理小种

1. 生理小种研究　稻瘟病菌在漫长的进化过程中,形成了遗传上的多样性和复杂性,在致病性方面表现多变性,小种繁多,推测这是引起水稻品种抗性丧失的主要原因。Sasaki早在1922年就发现了稻瘟病菌致病性变异,日本、美国、印度、菲律宾、朝鲜等国家先后于20世纪50～60年代就各自确定了一套鉴别品种。Alkins早在1967年就选择了一套水稻品种作为国际鉴别品种区分稻瘟病菌的生理小种,后来许多研究中的鉴别品种都由此而来。Yamada于1976年用一套鉴别品种区分日本的稻瘟病菌生理小种。

为了解我国稻瘟病菌的毒性组成及其变异趋势,我国于1976年开始,对稻瘟病菌的生理小种和鉴别寄主进行了大规模的研究,筛选出一套7个含有籼、粳品种适合全国各稻作区的生理鉴别品种。全国稻瘟病联合组于1980年用这7个鉴别品种测定了来自23个省、自治区、直辖市的1 197个稻瘟病菌株,将其划分为7群43个生理小种,到1987年,全国共测定了13 000 个单胞菌株,将其划分为 8 群 85 个生理小种。在此期间,全国各省也用不同的鉴别品种测定了当地的稻瘟病菌生理小种组成。如福建省于 1975 ~ 1985 年应用我国 7 个鉴别品种,鉴定了 1 760 个有效单胞菌株,共区分为 7 群 49 个小种,其中 ZB 群为优势小种群,ZB_{15}为优势小种;浙江省于 1981 ~ 1984 年应用我国 7 个鉴别品种测定了1 396个单胞菌株,从中鉴定出 7 群 21 个生理小种,其中 ZF_1 和 ZG_1 为优势小种。

水稻和稻瘟病菌之间的特异互作符合"基因对基因"假说,即水稻品种有一抗病基因 *R*,稻瘟病菌中必定有一个与之对应的无毒基因 *AVR-R*,它们之间的特异性互作才会导致品种的抗病反应。1980 年以来,全国统一的 7 个生理小种鉴别品种在我国的稻瘟病菌致病性监测、品种抗性鉴定方面发挥了重要作用。但因对其遗传背景不清楚,导致无法认识品种和小种间互作的基因型,使其所得结果在生产上的指导意义有限。为了更好地分析无毒基因与抗性基因的关系,人们已研究出一些基于单个抗病基因的水稻鉴别品种,如日本清泽的新 2 号系列鉴别品种,国际水稻研究所研制的 CO39 系列近等基因系。最近,国际水稻研究所又育成了一套以 IR24 和 IR49830-7-1-2-2 为背景的近等基因系。在国内,凌忠专等利用一个高度感病粳稻品种丽江新团黑谷为轮回亲本,以日本的稻瘟病鉴别品种为抗病基因供体,培育出一套携带 6 个抗病基因的近等基因系:F145-2(携带 *Pi-b*)、F80-1(*Pi-k*)、F98-7($Pi\text{-}k^m$)、F129-1($Pi\text{-}k^P$)、F124(*Pi-ta*)和 F28-1($Pi\text{-}ta^2$)。把这些近等基因系和更多已克隆抗病基因的品种应用于稻瘟病菌的毒性分析,将有利于更直接地了解稻瘟病菌的致病性或无毒基因在群体中的分布和变化动态,从而为抗病育种提供更直接的信息。

2. 稻瘟病菌群体遗传分析 研究植物病原真菌群体遗传结构及其动态,了解病原真菌的进化、基因漂变、生殖方式等基本群体生物学特征,可以揭示植物与病原物相互作用的群体遗传机制,为植物真菌性病害综合防治提供重要理论依据。

稻瘟病菌群体变异的主要动力包括自发突变、准性生殖和可能的有性生殖、基因的水平转移等。稻瘟病菌基因组中含有较多活跃的转座子、小染色体等,可能是其易变的主要原因。除了自发突变,准性生殖可能是稻瘟病菌变异的另一动力。Suzuki 在 1965 年就报道了稻瘟病菌的异核和菌丝融合现象。Zeigler 等(1997)以 MGR586 和 MAGGY 为探针,分析证明了所得到的变异重组后代是由准性生殖造成的。沈瑛等(1997)也报道了稻瘟病菌的菌丝融合并引起后代致病性发生变异的结果。有性生殖在稻瘟病菌群体变异中的作用尚无直接证据,Zeigler(1994)已证明采自水稻田间不同交配型的稻瘟病菌两性菌株可以互相交配。

对稻瘟病菌进行群体遗传分析必须依靠一定的遗传标记。迄今为止,已鉴定到稻瘟病菌的许多群体多态性标记,如毒性、营养亲和性、同工酶、dsRNA、线粒体 DNA、交配型、电泳核型、重复序列和基于重复序列的 PCR 多态性,以及随机扩增多态性(RAPD)等,为稻瘟病菌群体分析提供了重要手段,特别是毒性分析、交配型分析和重复序列多态性的分析。

前面所述的生理小种分析即为最常见的毒性分析。毒性分析作为最直接的特征,近年来已取得了较大进展。特别是几套近等基因系品种的育成,如 CO39 近等基因系、LTH(丽江新团黑谷)近等基因系以及 IR 系统的近等基因系等。随着这些近等基因系和已克隆抗病基因的品种用于稻瘟病菌的毒性分析,将有利于更直接地了解稻瘟病菌的致病性或无毒基因在群体中的分布和变化动态,从而为抗病育种提供更有用的信息。

交配型分析是群体分析中的另一重要标记。交配型的分布特点可能反映稻瘟病菌群体演化的过程及其可能的变异动力。自 Hebert 1971 年首次用马唐瘟菌株在培养基上交配成功，各国学者相继对稻瘟病菌有性生殖及其在群体演化中的作用进行了研究。Hayashi 等(1997)测定了中国云南省的 308 个菌株的交配型，结果发现 MAT1-2 占 23%，而 MAT1-1 只占 3%。李成云等(1991)进一步证实这一结果。这与沈瑛等(1994)、彭云良等(1995)、王宝华等(2000)、陆凡等(2001)所测中国其他地区的结果不同。分析其原因，可能是不同研究者所采用的标准菌株不同，或者云南省的是一个比较特殊的群体。

基于 DNA 指纹的重复序列多态性为近年广泛运用的群体遗传分析方法。Hamer 等(1989)鉴定到的稻瘟病菌重复序列(MGR)为群体分析提供了中性的稳定标记。Levy 等(1991)首先使用 MGR586 对美国部分跨越 30 年的稻瘟病菌株进行了指纹分析，结果发现可以依据 MGR586/*Eco*RⅠ的 DNA 指纹相似性将所测的菌株划分为若干个与致病型对应的遗传谱系。此后，该探针被广泛应用于世界各地稻瘟病菌群体的分析。在我国，沈瑛等(1997)对 16 年间采集于 144 个点的 473 个中国菌株进行了谱系鉴定，结果发现 54 个谱系，仅浙江和四川省就分别鉴定到 19 个和 24 个谱系。此后，王宗华等(1998)在福建鉴定到 28 个谱系，伍尚忠等(1999)在广东又鉴定到 15 个谱系。遗憾的是，这些结果均尚未进行系统比较。但可以肯定，中国的稻瘟病菌群体蕴藏了丰富的群体遗传多样性，有待进一步系统深入地研究。

(四)水稻抗稻瘟病性遗传及转基因抗病育种

1. 水稻抗稻瘟病性遗传　水稻品种对稻瘟病的抗性多数为单基因显性抗性，少数情况下为隐性基因和不完全显性基因控制。此外，还发现水平抗性和慢瘟性，这类抗性一般为数量性状遗传，受数量性状位点控制。在国际上，通过精确定位后的图位克隆方法，已有 *Pi-b* 和 *Pi-ta* 两个抗稻瘟病单基因得以克隆。

日本于 20 世纪 70 年代开始通过经典遗传学方法陆续从粳稻上鉴别出了 13 个抗性基因。80 年代后，从籼型品种尤其是中国品种上也发现了一批抗性基因，如 *Pi-h-1*(*t*)、*Pi-zh*、*Pi-8*、*Pi-13*(*t*)、*Pi-14*(*t*)、*Pi-15*(*t*)、*Pi-kg*(*t*)等。Mackill 等(1992)选育了一系列近等基因系来研究经典遗传图谱和分子标记图谱上的抗稻瘟病基因之间的等位性关系，培育出了一套以 CO39 为遗传背景的抗稻瘟病近等基因系。C101LAC、C101A51 和 C104PKT 分别携带 *Pi-1*、*Pi-2* 和 *Pi-3*，C101PKT 和 C105TTP-4 分别受另两个位点控制，即 *Pi-4a* 和 *Pi-4b*。

到目前为止，全世界已有超过 30 个抗稻瘟病主效基因得以鉴定。其中至少已经定位了 21 个主效基因和 10 多个与部分抗性有关的 QTLs 位点。从定位的结果来看，这些抗性基因并非均匀地分布在不同染色体中，而是形成一定的基因簇。如有 8 个抗性基因定位于第 11 染色体，其中在该染色体末端 *Pi-K* 位点上有 5 个不同的等位基因 *Pi-k*、*Pi-f*、*M-Pi-z*、*Pi-se-1* 和 *Pi-is-1*，同时还有一个非等位基因 *Pi-1*(*t*)与 *Pi-k* 紧密连锁。在第 6 染色体上也有 6 个抗病基因分布，其中 *Pi-z*、*Pi-9* 和 *Pi-2*(*t*)可能是等位基因，*Pi-3*(*t*)与 *Pi-i* 为非等位基因紧密连锁。同样各有 3 个基因定位于第 4 和第 12 染色体上，其中第 12 染色体上的 *Pi-ta*、*Pi-4*(*t*)、*Pi-6*(*t*)在同一位点。但是这些已定位的基因与分子标记在遗传连锁图上的位置仍有一定的距离(大都在 2 ~ 3 cM 及以上)，因此，要借助图谱克隆这些基因或利用分子标记进行辅助选择育种，尚需寻找离它们更近的标记。近年来，应用 PCR 技术对其中一些抗瘟性基因已找到了 RAPD 或 PCR 衍生标记，包括 *Pi-h-1*(*t*)、*Pi-ta*、*Pi-b*、*Pi-1*、*Pi-2*(*t*)、*Pi-6*(*t*)、*Pi-11*(*t*)、*Pi-10*(*t*)和 *Pi-12*(*t*)。如朱立煌等利用 RAPD 标记定位了抗稻瘟病基因(供体为窄叶青 8 号)*Pi-zh*，离 BP127 标记仅为 2.4 cM。吴金红等(2002)利用重组自交系群体对水稻稻瘟

病抗性基因 *Pi-2(t)* 进行精细定位，将 *Pi-2(t)* 定位于 RG64 和 AP22 之间，遗传距离分别为 0.9 cM 和 1.2 cM。

2. 水稻转基因抗病育种　冯道荣等(1999)将碱性几丁质酶基因(*RC24*)和β-1,3 葡聚糖基因(*β-1,3-GLU*)用基因枪法导入水稻品种七丝软占中，获得 17 个同时整合有 *RC24* 和 *β-1,3-GLU* 基因的植株。抗瘟性试验表明，部分 R1 代转基因植株苗对广东省稻瘟病菌中的 5 个代表菌株表现为不同程度的抗性提高。同时，这些转基因纯系植株的离体叶片对纹枯病菌的抗性也明显提高。杨祁云等(2003)采用苗期初筛、复筛、抗谱测定和田间自然诱发试验等不同鉴定方法，对经分子检测证明已整合有碱性几丁质酶基因和β-1,3 葡聚糖基因的 22 个转化系的转基因水稻植株进行对稻瘟病抗性鉴定研究，筛选出对稻瘟病的抗性比原种对照七丝软占有明显提高的一系列转基因水稻品系，其中表现高抗的来自 F4-9 转化株系的 7 个品系，成功将优质感病品种改良为高抗品系。

田文忠等(1998)采用基因枪法，将由葡萄中分离出的编码芪氏合成酶的植物抗毒素基因转化到水稻中，证明芪氏合成酶可以提高转基因水稻 T_0 代及 T_1 代对稻瘟病的抗性。Ming 等(2000)用农杆菌介导法将天花粉蛋白基因转化到一个粳稻品种中，采用 1 个稻瘟病菌株对 5 个转化系的 13 株 R_0 代转基因植株进行苗期抗性试验，结果表明转基因植株对稻瘟病的抗性增强或明显增强。许明辉等(2003)用来源于云南省各地属于 48 个稻瘟病菌生理小种的 63 个菌株，对受体品种南 29 及其转溶菌酶基因的 36 个 T_5 代品系进行温室接种鉴定。结果表明，受体品种南 29 对 38.1% 的菌株表现抗病，转基因品系对 72% 以上的菌株表现抗病，对稻瘟病的抗性比对照大幅度提高，证明溶菌酶基因对稻瘟病具有一定的广谱抗性。大田稻瘟病诱发鉴定结果证实，转基因水稻对叶瘟和穗瘟的抗性均比对照大幅度提高，但抗叶瘟的转基因品系不一定抗穗颈瘟，而抗穗颈瘟的品系一般高抗叶瘟。

(五)防治方法

防治水稻稻瘟病应采取以选育和种植抗病品种为基础，以改善耕作栽培方法、提高水稻抗病力为中心，以做好病情测报、及时喷药把病害消灭在初发阶段为保证的综合防治措施。因地制宜种植抗病品种，是一项防治稻瘟病的有效方法。目前各地都选出一些抗病丰产的品种供生产应用，但抗病品种一般应用 3～5 年便丧失抗性。因此，生产上应避免使用单一抗病基因的品种，不同抗病品种应该实行分区轮换种植，同时不断选育更新抗病品种，以达到持久防治稻瘟病的效果。

研究不同基因控制的抗性品种间作、混作或轮作来延缓抗性丧失具有实践意义。已有很多小区研究结果表明，抗性程度不同的品种混作，可减低病害发生程度。我国朱有勇等(2000)在云南省首次成功地进行了大规模的水稻品种混作的实践，主要是采取在抗病籼稻品种如汕优 63 等田块中，每 4 行插入 1 行感病的糯稻品种如黄壳糯或紫糯等，这样就有效地减少了稻瘟病的发生并增加了产量。这种通过增加遗传多样性控制稻瘟病的发生与流行，具有深远的生态意义，是农业可持续发展值得借鉴的经验。

管好肥水，提高水稻抗病力。采取适宜水稻生育规律的肥水管理，可以协调水稻本身的抗病功能。施肥时注意有机肥与化肥结合，基肥与追肥结合，氮肥与磷、钾肥结合。施足基肥，早施追肥，水稻生长中期适当控制氮肥，后期看苗补施氮肥，避免偏施过量氮肥。同时灌水和晒田相结合，使禾苗健壮，有利于水稻抗病力的增强。

做好病情测报，及时喷药防治。水稻的分蘖期、始穗期都是稻瘟病发生的危险期，要根据这两个生育时期的病情、苗情和天气情况，掌握好喷药适期和确定防治对象田。目前应用最广的农药有异稻瘟净、稻瘟净、克瘟散、多菌灵、三环唑和富士一号等。

另外，及时处理病稻草、病谷，尽可能减少菌源，可以减轻稻瘟病的发生与危害。

二、水稻纹枯病

水稻纹枯病是我国稻区的主要病害之一。目前发生面积、发生频率、造成产量损失等均居各病害之首。该病主要危害水稻叶鞘和叶片，严重时也危害茎秆和穗部，一般受害轻的减产5%～10%，重者可达50%～70%。随着水稻生产上种植密度增加，施肥水平提高，特别是缺乏抗源，该病有逐年加重的趋势。

（一）病 原 菌

水稻纹枯病的病原菌为立枯丝核菌（*Rhizoctonia solani* Kühn），其有性态为瓜王革菌［*Thanatephorus cuccumeris*（Frank）Donk］。该菌是土壤习居菌，寄主范围广，是典型的多寄主型病菌，人工接种条件下可危害43科263种植物。

对丝核菌的生物学和分类学的研究尚欠深入。通过配对培养观察营养体的亲和性，把不同的分离物归为不同的的融合群是目前常用的方法之一。根据菌丝融合特点可将立枯丝核菌分为14个融合群，每一融合群再根据其培养性状、寄主特点以及生理生化特性等分成不同的种内类群（Intraspecific group，ISG），其中AG-1融合群有IA、IB、IC 3个ISG，水稻纹枯病由AG-1IA引起。周而勋等研究了12种不同培养基对水稻纹枯病菌菌丝生长、菌核形成数量和质量的影响；沈会芳等研究了12种金属离子对水稻纹枯病菌菌丝生长和菌核形成的影响，发现不同金属离子在10～2 500 μg/ml浓度范围内可以不同程度地抑制菌丝生长和菌核形成，值得一提的是，他们发现Mg^{2+}在100～2 500 μg/ml范围内促进菌丝生长和增加菌核干质量以及除草剂对纹枯病菌的影响。

在水稻纹枯病菌的群体遗传结构研究上，易润华等（2002）利用随机扩增DNA多态性（RAPD）分子标记技术，分析了来自广东省7个县（市）的48个水稻纹枯病菌菌株的遗传多样性。以筛选出的10个随机引物对菌株进行RAPD扩增，共得到了98个RAPD分子标记，其中89.9%的片段具有多态性。RAPD遗传聚类组群的划分与菌株的地理来源有明显的相关性，但菌株的致病力差异与菌株的来源、遗传聚类组群的划分没有明显的相关性。

（二）发生与流行规律

水稻纹枯病一般从分蘖期开始发生，孕穗期前后达发病高峰，乳熟期后病情减轻。在水稻分蘖期，当温度和湿度适宜时，上一年掉落在田间的菌核长出菌丝，从稻株近水面叶鞘内侧气孔侵入或由内表皮直接侵入，2～3天后在叶鞘外表皮出现水渍状、暗绿色小斑点，以后逐渐扩大成椭圆形，许多椭圆形病斑继续扩大，并互相会合成云纹状大斑。病斑在田间先横向扩散蔓延，后垂直向上发展，由叶鞘向叶片乃至茎秆和穗子扩展。最后在病部又产生许多暗褐色似油菜籽大小的菌核散落于田间，成为当年反复再侵染源或下一年的初侵染源。

水稻纹枯病流行的条件是较高的温度和湿度、一定的初始菌核量、较大的氮肥施用量和较感病的水稻品种。根据水稻纹枯病发生与流行的生理生态特点，近年水稻纹枯病流行加快而危害严重的主要原因在于以下几个方面：①适宜纹枯病发生的气候条件长年存在。②水稻品种结构有利纹枯病的流行加重。大面积推广与应用的杂交稻，多为矮秆，分蘖性强，禾苗长势旺，稻田荫蔽，造就了有利于纹枯病水平扩展和垂直扩展的田间小气候。③用肥不当是加速纹枯病发生与危害的另一重要因素。随着化肥用量的增加，特别是氮素肥料比重的提高，使稻株游离氨基酸含量增高，稻株组织疏松，有利于纹枯病菌的侵入，造成危害加重。④抛秧与小苗移栽技术的推广也加速了纹枯病的流行。由于抛秧和小苗移栽禾苗发棵早，分蘖势强，水稻单丛株数多，增强了纹枯病菌核的耐附程度，为纹枯病的发生创造了有利条件。⑤防治不及时，田间菌核积集残存量的增多，更是造成纹枯病逐年加重的原因。

(三)纹枯病抗源挖掘及其利用

不同研究者的研究均表明水稻品种对纹枯病抗性虽然没有免疫材料，高抗材料亦很少，但品种间差异明显。国际水稻研究所病圃(IRBN)多年、多点累计鉴定了近 10 万份材料，国内湖南省农业科学院植物保护研究所 8 年签定了 2 400 份水稻材料，无一材料表现高抗，仅有少数中抗材料，且表现中抗材料产量损失差异较大，证明利用耐病品种防治此病有其实用价值。陈志谊等在 1992 ~ 1993 年鉴定了 3 901 份水稻品种，发现抗病(R)和高感(HS)纹枯病的品种均为极少数，部分居于中抗(MR)和感病(S)类型，大部分品种居于中感(MS)类型。蒋文烈等(1993)鉴定了浙江省地方稻种 1 188 份，筛选到粳稻和籼稻共 29 份中抗品种。宋成艳等(2001)鉴定了黑龙江省主要稻区的 222 份粳稻材料，没有发现免疫品种，表现高抗的材料 9 份，占总数的 4.05%，可利用抗源材料 9 份。

在采用传统方法筛选抗源的同时，近年已有研究者开始利用分子辅助标记的方法，寻找、定位及克隆抗性基因或抗性相关基因。国广泰史等(2002)对籼稻窄叶青 8 号和粳稻京系 17 以及由它们构建的加倍单倍体(DH)群体，分别在浙江省杭州市和海南省，采用注射器接种法进行纹枯病抗性鉴定，并使用该群体的分子连锁图谱进行数量性状座位(QTL)分析。共检测到 4 个抗纹枯病的 QTL(*qSBR-2*、*qSBR-3*、*qSBR-7* 和 *qSBR-11*)，分别位于第 2、第 3、第 7 和第 11 染色体。他们还检测到纹枯病病级与秆长和抽穗期呈显著负相关；在控制秆长和抽穗期的 QTL 中，控制秆长的 *qCL-3* 与 *qSBR-3* 位于同一染色体区域，其余 QTL 与抗纹枯病的 QTL 之间无连锁关系。Li 等(1995)检测到 6 个抗纹枯病的 QTL，有 4 个 QTL 与株高或抽穗期 QTL 在同一染色体区间。这些结果表明，还是存在与秆长(株高)和抽穗期无关的抗纹枯病 QTL，虽然这些 QTL 的抗病机制仍不清楚，然而这也正说明可以在不改变优良农艺性状的前提下，通过数量抗性基因的累加或转基因手段来提高作物对纹枯病的抗性。

通过人工转基因创造新的抗源可能是解决水稻纹枯病问题的潜在途径。国际水稻研究所率先开展了这方面的研究。在国内，刘梅等(2003)用农杆菌介导法将 CaMV35S 启动子调控下的外源基因 *ThEn-42* 转入粳稻品种台北 309 中，检测了 T_0 代和 T_1 代转基因植株对水稻纹枯病和稻瘟病的抗性，结果表明，30% 株系表现了对这两种病害抗性水平不同程度的提高。有 7 个株系的抗性与对照相比有显著的提高。何迎春等(2003)将一个 2.8 kb 的 CaMV35S 启动子/SchiA 编码区/Nos 终止区融合基因用花器介导法转化水稻，经 PCR 检测，证实已将目的基因整合到受体植物的基因组中。一部分转基因 T_3 代潮霉素抗性阳性植株对水稻纹枯病和稻瘟病的抗性较非转化对照增强。袁红旭等(2004)报道，导入 Act Ⅰ强启动子和几丁质酶 *RC24* 基因的水稻植株表现出显性或部分显性抗纹枯病的遗传特征。这些研究都是非常有意义的探索。但是，靠转基因能真正解决水稻纹枯病问题为时尚早。转基因工作最忌讳的是急功近利。对释放转基因材料的安全评价也是一项不可忽略的重要工作。

(四)防治方法

纹枯病的防治应坚持综合治理的原则,在尽可能选用耐病品种的同时,充分挖掘农业防治潜力,虽然药剂防治仍是目前主要的防治方法,但该病的生物防治技术也正在实验室中发展完善,大有呼之欲出之势。

减少菌源,合理密植,平衡施肥。在上一年就要抓好防治和清除病株残体,当年在水稻移栽前打捞清除田间菌核,减少菌源量,是减轻该病发生的有效措施。实行宽窄行栽培,做到合理密植。对纹枯病发生重的田块,实行水旱轮作,可减轻病害发生。注重多施有机肥,做到氮、磷、钾平衡施肥,后期不偏施、重施氮肥,以增强稻株对纹枯病的抵抗力和免疫力。

该病对国内的主要防治药剂井冈霉素已产生明显的抗药性,每季用药次数已从20年前的2次增加到现在的3~5次,用药量也从以前的1.5 kg/hm^2 增加到目前的4.5~6.0 kg/hm^2,这对该病的防治提出了挑战。要注意不同化学药剂的轮换使用,如23%满穗悬浮剂和10%纹枯宝水剂可以作为井冈霉素的替代品;以及生防制剂的应用,或是化学药剂和生物制剂混合使用。如陈志谊(2003)采用井冈霉素和枯草芽孢杆菌Bs-916协同防治水稻纹枯病,取得了较好的效果。用药应该掌握水稻生长过程中3个关键时期,坚持"压前、中控、后放"的防治对策,即:压前,在水稻拔节期,对长势旺及病丛率达5%以上的田块,施药以压低前期初始病情,减缓病害扩展速度;中控,集中抓孕穗期防治,抓住孕穗末破口前这一关键时期;后放,水稻齐穗后,基部叶片衰老病死,加之常年7月下旬至8月中旬高温少雨气候,不利于纹枯病的发展,到蜡熟期病害已停止扩展,因此不必防治。

近年来,应用拮抗细菌生物防治水稻纹枯病在国际水稻研究所及亚洲的一些国家进行了广泛的研究。在我国,谢关林等鉴定了1996~2002年间从浙江、江苏、福建和云南省等地稻区采集的稻种和稻株样本921份,从中分离出11 635个细菌菌株,用平板对峙培养法进行了对水稻纹枯病菌的拮抗测试。经致病性测定、菌落形态及部分细菌学特征测定后,选出代表菌株631个连同26个对照菌株用生物及脂肪酸分析法进行测试。鉴定出假单胞菌属11个种或型,其中8个种内测到拮抗菌株,平均抑菌率为24.3%;其他非致病细菌14属的25种中13个种内存在拮抗菌,平均抑菌率为14.3%,明显低于假单胞菌属。有报道芽孢杆菌属、青霉属、木霉属和放线菌(actinomycetes)等菌株对水稻纹枯病菌有一定的拮抗防治作用。

诱导抗病性的利用是值得重视的动态。张卫东等(2003)研究了苯并噻二唑(BIH)诱发水稻产生对纹枯病的抗性。用BTH叶面或灌根处理4叶1心期水稻幼苗,并将植株第二、第三和第四叶离体接种纹枯病菌,水稻叶片纹枯病病斑长度明显下降。BTH诱发苗期水稻产生抗性的最佳诱导期在处理后的3~5天,最佳浓度为0.1 mmol/L。BTH灌根处理诱发抗性的效果较好。用BTH溶液叶面喷雾处理成株期水稻后离体接种纹枯病菌,倒1叶、倒2叶和剑叶上病斑长度显著低于对照,最佳诱导期在处理后3~5天。

对于水稻纹枯病的防治,也正尝试着从生态角度来进行。黄世文(2003)报道,施用浮萍和稻糠可减轻水稻纹枯病病情,主要是因为抑制了杂草的生长,改善了稻株基部的生态小环境,利于透光和空气流通,不利于纹枯病菌的繁殖、侵染。稻田中有机酸含量的增加是否会抑制纹枯病菌的繁殖、侵染,需要进一步研究。朱凤姑(2004)和禹盛苗(2004)等发现,稻鸭共育生态对该病的控制效果明显。其原因是由于鸭子频繁活动,有利于稻行间通风透光,抑制了病害的水平和垂直发展,减轻了病害的危害程度;同时,由于养鸭田不施用化肥,以有机肥和鸭粪肥田,使水稻抗病性增强。

三、水稻稻曲病

稻曲病俗称假黑穗病、绿黑穗病和青黑穗病，又因稻曲病在水稻丰收年危害严重而被称为“丰收病”。我国明朝李时珍的《本草纲目》中即有关于稻曲病的记载，并把该菌子实体描述为“硬谷奴”。如今稻曲病已广泛分布于亚洲、非洲、南美洲、欧洲及澳洲各地的水稻主产区，包括澳大利亚、埃及、孟加拉国、印度尼西亚、巴西、中国、日本、菲律宾等 40 多个国家。20 世纪 90 年代以来，稻曲病在我国发生有加重的趋势。

（一）病 原 菌

稻曲病病原菌无性阶段为半知菌绿核菌属稻绿核菌[*Ustilaginoiden virens*（Cooke）Tak.]，有性阶段为子囊菌麦角菌属稻麦角菌（*Claviceps virens* Sakurai）。稻曲病菌在无性世代发育过程中可产生黄色、黄绿色和黑色 3 种不同颜色的厚垣孢子。厚垣孢子的萌发能力和保持时间往往影响病害的发生，但不同研究者的结果不一致。王国良(1998)报道，橘黄色的厚垣孢子保湿 24 h 后，在蒸馏水中萌发率达 99.3%，可以产生小孢子；老熟的厚垣孢子进入休眠状态不能萌发。在温度 26℃和高湿条件下处理老熟厚垣孢子 20 天能打破休眠，促进萌发，其萌发率可达 30%，萌发期可持续 35 天以上；处理约 60 天后，孢子球开始解体，萌发率急剧下降。王疏(1993)等报道，稻曲病菌黄色厚垣孢子，常规萌发试验，10 h 有少数萌发，20 h 萌发率可达 90%以上，而黑色厚垣孢子不萌发；黄色厚垣孢子在不同温度下随贮存时间的延长，萌发率逐渐下降，在 4℃和 25℃时，分别可保持 1 年和 3 个月，而黑色厚垣孢子经贮存后仍不萌发；黄色厚垣孢子萌发的最适温度为 25℃ ~ 30℃，最适 pH 值为 5 ~ 8。而吕建平等(1994)报道，黄色及黑色厚垣孢子在室内干燥条件下，存放 19 个月均有萌发力。贮存 185 天，黄色厚垣孢子的萌发率为 12.1%，黑色厚垣孢子为 1.17%；贮存 585 天，二者的萌发率分别为 1.14%和 1.29%。

稻曲病菌菌核在适宜条件下也能够萌发形成子实体，成为侵染源。缪巧明(1994)认为，在一定的湿度和光照条件下，菌核萌发产生子实体，主要取决于温度的高低，形成子实体的最适温度为 26℃ ~ 28℃，在土表或土表下 2 ~ 3 cm 深土层内的菌核均可萌发形成子实体。黑暗条件有利于稻曲病菌的生长，光照对稻曲病菌的生长有一定抑制作用。

（二）发生与流行规律

稻曲病在水稻开花后至乳熟期发生，只危害谷粒。病原菌在水稻受精前侵入时，不表现明显的侵染症状；如在受精后侵入，可形成典型的绿色、被绒毛的稻曲球。病菌在颖壳内生长，初时受侵害谷粒颖壳稍张开，露出黄绿色的小型块状突起，后逐渐膨大，稻曲球比健粒大 1 倍至数倍，包裹全颖，渐变为绿色后龟裂，散布出墨绿色粉末，即厚垣孢子。厚垣孢子略带黏性，不易飞散，但可借气流传播，在水稻开花时侵染花器和幼颖。

水稻稻曲病的发生与流行，主要受病原菌数量、气候条件、品种抗性及栽培技术等因素的影响。

1. 初侵染菌源　对于究竟是厚垣孢子还是菌核为稻曲病的主要初侵染源，还未有一致的结论。缪巧明(1994)等报道，一般当年稻曲病发病重的田块，第二年该田发病率也高。用上一年采集的病粒的厚垣孢子，在水稻插秧时撒于田间，可诱发稻曲病。因此，菌源多少是诱发稻曲病发病因素之一。王疏(1997)等调查发现，老稻区、重病区与新稻区相比，同样种植感病品种，老稻区、重病区的稻曲病发生重。因此认为，田间稻曲病菌的累积量与稻曲病的发生程度呈正相关。左广胜等(1996)在田间空中捕捉到厚垣孢子,证明稻曲病孢子在田间具有气流传播的能力。

2. 气候条件　人工接种试验表明,接种的菌源和接种后的温度是稻曲病菌人工接种能否成功的关键因素。较适合稻曲病发生的温度是25℃~30℃。在水稻孕穗至抽穗扬花期高温、多雨、日照少等均能促进该病的发生与流行。早开花的水稻品种一般可以避过侵染。在水稻开花前期高温而在开花后期低温,有利于病害的发生。同一品种不同年份发病程度不同。凡在水稻孕穗期至齐穗期雨日多,雨量大,日照时数少,相对湿度高,昼夜温差小的年份,发病就重;相反,发病就较轻。

3. 品种抗性　据黑龙江省调查发现,在生产中没有对稻曲病表现垂直抗性的品种,但品种间感病程度不同。迄今有关水稻品种对稻曲病抗性的专题报道较少,品种对稻曲病的抗性鉴定目前还没有鉴别寄主及统一的抗性分级标准,多是通过调查某地区、某一方田中所种植的不同品种感染稻曲病的轻重差异,以此判断品种的抗性。一般情况下稻曲病对水稻危害程度的差异是:粳稻重于籼稻,大穗型品种重于小穗型品种,晚稻重于早稻,杂交稻重于常规稻,迟熟稻重于早熟稻,山区重于平原。同一熟期的品种,抽穗期长的重于抽穗期短的,而抽穗期长的晚熟品种发病程度更重。陈嘉孚等(1992)报道,经2年试验,用自然诱发结合人工喷洒厚垣孢子接种,对502份材料进行抗病性鉴定,结果表明,不同品种(系)之间抗稻曲病差异十分明显。抗病材料均以早熟品种(系)为主,而感病材料则以晚熟品种(系)为主,其中抗性趋势为早熟>中熟>晚熟。稻曲病的发生与某些株型性状有关,其发病率与穗密度、剑叶角度和株高呈极显著或显著负相关,而与剑叶宽呈极显著正相关。

4. 栽培技术　施用氮肥过多、过迟,造成植株长势过嫩、过旺,密度过大等,均有利于稻曲病的发生。后期田块干湿交替要比有水层的田块稻曲病轻。稻田后期长期积水,田间湿度大的田块,发病加重。同一品种,插秧密度大的发病重于插秧密度低的。

(三)防治方法

防治稻曲病还应遵循“预防为主,综合防治”的原则。在尽可能选用抗病品种的同时,充分挖掘农业防治潜力,做到以农业防治为主,化学防治为辅。搞好种子处理和田间管理。对于发病重的田块,进行秋翻地或翌年春季深翻地。在水稻扬花前配施硫酸钾或叶面喷洒磷酸二氢钾,可以提高水稻的抗病性。国内外许多报道已经表明,不同水稻品种稻曲病发生程度有很大差异,因此选用抗病品种是防治稻曲病的一项重要措施。在病害发生的田块,应及时摘除病穗,以减少菌源而减轻病害。通过合理施用肥料、加强田间管理降低湿度、合理密植、适时播种等措施,控制或避过稻曲病的发生。

目前,药剂防治仍然是控制稻曲病的主要手段。鉴于不同熟性稻种的抗病性表现趋势依次为早熟>中熟>晚熟,在用药剂防治时,应以晚熟品种为主要对象。进行种子处理时,可用40%多菌灵胶悬液或70%甲基托布津,也可用敌克松、百坦天S粉剂、粉锈宁等。大田防治稻曲病的最佳时期是水稻孕穗末期至破口初期,一般施药1次即可,对上一年发病重的田块和地区,可以施药2次。较为有效的铜制剂包括50%DT杀菌剂、硫酸铜、多菌铜、波尔多液、胶氨铜、23%络氨铜、可杀得等。由于使用铜制剂易产生药害,限制了药剂的推广和应用。抗生素类为5%井冈霉素水剂单用或与多菌灵混用。有机杂环类包括20%粉锈宁乳油和速克灵。近10年来,我国对防治稻曲病的药剂筛选方面做了大量研究,并有许多新的农药问世。2002年用于防治稻曲病的农药登记品种有:14%~25%不同有效含量的络氨铜水剂、井冈霉素、三唑酮及 20%、35%苯乙锡·酮和 12%、2.5%枯草芽孢杆菌水剂等。

四、水稻恶苗病

水稻恶苗病又称徒长病，全国各稻区均有发生。病谷播种后常不发芽或不能出土。在秧田期，病秧苗往往徒长，比健康苗高 1/3，植株细弱；叶片和叶鞘狭长，呈淡黄绿色；根部发育不良，根毛少。重病苗多在移栽前或移栽后不久死去。在枯死苗上有淡红色或白色霉粉状物，即病原菌的分生孢子。在本田期，病株多在移栽 10～30 天后陆续出现，除具有与病秧苗相类似的症状外，还表现为节间明显伸长，节部常有弯曲露于叶鞘外，下部茎节逆生多数不定须根，分蘖少或不分蘖。剥开叶鞘，茎秆上有暗褐色条斑。剖开病茎，可见白色蛛丝状菌丝。病株逐渐枯死。湿度大时，枯死病株表面长满淡褐色或白色粉霉状物，后期生黑色小点即病菌子囊壳。病株一般不能抽穗，多在孕穗期枯死；少数病株可存活到成熟期，但剑叶早出，提早抽穗，穗小粒少或不结实，有的稻穗不能全部抽出。病株临近死亡时，在基部以及叶鞘、茎秆上产生淡红色或白色粉霉。在水稻抽穗期，谷粒也可受害。受害严重的颜色变褐，不结实，或在颖壳合缝处着生淡红色粉霉；受害轻的，仅基部或尖端变褐。有的虽受侵染，但菌丝潜伏其内，外表无症状。

（一）病原菌

水稻恶苗病的病原菌为串珠镰孢（*Fusarium moniliforme* Sheld.），属半知菌亚门真菌。分生孢子有大小两型。小分生孢子为卵形或扁椭圆形，无色单胞，呈链状着生，大小为 4～6 μm×2～5 μm；大分生孢子多为纺锤形或镰刀形，顶端较钝或粗细均匀，具 3～5 个隔膜，大小为 17～28 μm×2.5～4.5 μm。多数孢子聚集时呈淡红色，干燥时呈粉红色或白色。在马铃薯琼脂培养基上可形成白色绒毛状的菌丝型菌落，其中央呈粉状，培养 5 天后，菌落中央呈现红葡萄酒样红色。有性态为藤仓赤霉菌[*Gibberella fujikurio* (Saw.) Wr.]，属子囊菌亚门真菌。子囊壳蓝黑色，球形，表面粗糙，大小为 240～360 μm×220～420 μm。子囊呈圆筒形，基部细而上部圆，内生子囊孢子 4～8 个，排成 1～2 行。子囊孢子双胞，无色，长椭圆形，分隔处稍缢缩，大小为 5.5～11.5 μm×2.5～4.5 μm。

据报道，镰刀菌李瑟组（*Fusarium* Section Liseola）中的几个种与变种均能引起水稻恶苗病。这些在无性态形态上表现各异的病原体是否具有遗传本质上的多样性，尚不明确。藤仓赤霉是许多无性态属于镰刀菌李瑟组种的有性态，它至少包含 6 种不同的配合群（Mating populations，MP）。该菌还分化出多个营养体亲和群（Vegetative compatibility group，VCG）。章初龙等（1998）用生物学种（配合群）和营养体亲和群的方法分析了从浙江省、黑龙江省和上海市采集分离到的水稻恶苗病菌 37 个菌株的遗传多样性。结果表明，有 35 个菌株分属于 A、D、E、F 4 个配合群，其中以 D 配合群为主，另有 2 个菌株不能归属于已知的配合群，并首次在我国发现配合群 F 菌株。在 35 个测知配合群的菌株中，25 个菌株是异核体自身亲和的，可分为 20 个营养体亲和群。

对水稻恶苗病菌次生代谢产物的研究，部分揭示了该菌的致病机制。研究证明，该菌在代谢过程产生赤霉素、镰刀菌酸、去氢镰刀菌酸、赤霉酸和脉镰刀菌素等物质，其中主要是环状醇类结构的赤霉素 GA_3。赤霉素能引起稻苗徒长，镰刀菌酸与之相反，有抑制稻苗生长的作用。去氢镰刀菌酸的作用与镰刀菌酸相似。赤霉酸的理化性状与赤霉素相异，但生物性状相同，所以发病后会引起植株徒长或矮缩。李玮等（1994）报道，恶苗病菌产生的赤霉素可

以诱导 α-淀粉酶重新合成。产祝龙等(2003)对不同抗性品种感染水稻恶苗病后体内赤霉素含量和 α-淀粉酶的活性进行了测定,结果显示,抗病品种叶片及茎秆中赤霉素含量的增量均低于感病品种,同时随着品种抗病性的增强,接种后植株体内的 α-淀粉酶活性上升得也愈慢。

(二)发生与流行规律

郑镐燮等(1992)报道,恶苗病病菌在花期侵染,以种子传播。种子和病稻草是此病发生的初侵染源。水稻恶苗病属种传病害,种子内外的分生孢子或菌丝体是重要的初侵染源,种子萌发后,病菌从芽鞘、根和根冠侵入,引起秧苗发病。病株产生的分生孢子可从伤口侵入健苗,引起再侵染而使大田发病。水稻开花时,分生孢子传染到花器上产生病种子。脱粒时,病种子的分生孢子黏附在无病种子上再次引起病种子。因此,水稻一生都可能感染恶苗病菌而发病。

据产祝龙等(2004)研究,催芽阶段对于水稻恶苗病的发生最为有利。在 28℃~34℃温度范围内,发病率与催芽温度之间的正相关系数为 0.957,而最适的催芽温度为 34℃。最适于病原菌入侵的时期是"芽长一粒谷"的阶段。

朱桂梅等(2002)研究认为,若以病株数为指标,水稻恶苗病病苗的显症有 2 个主高峰和 1 个次高峰,即秧苗期和抽穗灌浆期为主高峰,分蘖末期至孕穗初期为次高峰;若以总病株率为指标,则水稻恶苗病的显症只有 2 个高峰,分别为秧苗期和抽穗至灌浆期。移栽时的病株率与成熟期的病株率呈显著的正相关。

研究表明,恶苗病的发生受环境条件、品种抗病性和栽培管理措施等因素的影响。秧苗移栽时如遇阳光强烈、温度高的天气,发病较多;如遇阴雨或冷凉天气,则发病较少。从品种抗病性来说,一般糯稻较粳稻抗病,粳稻较籼稻抗病。种苗受伤或栽培管理不良会降低稻株抗病力而容易表现症状。湿润育秧比水育秧的发病重,拔秧比铲秧的发病重。长时间深水灌溉或插老秧、深插秧或插隔夜秧的,发病也较重。收获后不立即脱粒,堆放时间久,谷粒受害和污染的机会增多,育出的秧苗发病也往往较多。增施氮肥会刺激病害发展,施用未腐熟的农家肥也会增加发病。

(三)防治方法

由于此病是以种子传病为主,故应采取选用无病种子和种子处理为主的综合防治措施。具体措施如下:①选用无病种子。不要在病田及其附近的稻田留种。在发病普遍的地区,可向无病区换种,并选用健种,清除秕谷。②进行种子处理。使用福尔马林、石灰水、多菌灵、浸种灵和强氯精等浸种。③及时拔除病株。由于田间枯死病株产生大量分生孢子,可在水稻开花期由气流传播到花器上,进行再侵染而使谷种带菌,或在收割后因病、健株混在一起脱粒而使谷种带菌,所以及时拔除病株是一个重要的防治手段,对于减少下一年的初侵染源有显著的效果。④药剂防治。我国水稻恶苗病防治药剂的筛选经过了不同的阶段。从最初的汞制剂,到后来克菌丹、多菌灵、恶苗灵、溴硝醇等,由于病菌抗药性的产生而导致防治效果下降。目前生产使用的药剂有施宝克、浸种灵、辉丰百克等。陈昌龙等(2000)试验结果表明,用 25%辉丰百克乳油浸种防治水稻恶苗病效果显著。用 25%辉丰百克 3 ml 对水 8 L,浸种 5 kg,在拔节期、灌浆期对恶苗病的防治效果达 100%,且对水稻安全。胡荣利等(2003)田间试验结果表明,参试的几种不同种子处理剂、不同浓度对水稻恶苗病均有较好的防治效果,平均株防治效果达 78.1%~100%,且对水稻安全。以 25%施保克乳油防治效果为最好,其次是25%使百克乳油。顾春燕等(2003)将咪鲜安、多菌灵和福美双按不同比例复配的种衣剂,分别对水稻恶苗病菌(*Fusarium moniliforme* sheld)及引起水稻苗期死苗的镰刀菌(*Fusarium* spp.)、立枯丝核菌(*Rhizoctonia solani* Kühn)进行室内毒力测定,结果表明,复配种衣剂对恶苗病菌、镰刀菌和立枯丝核菌表现为不同程度的增效和相加作用,其中多福咪种衣剂Ⅲ表现最突出。田间药效试验结果表明,多福咪种衣剂Ⅲ以药种比(克/克)1:100、1:80、1:50包衣水稻种子,苗期对恶苗病的病株率防治效果为94.6%~100%,穗期的病株率防治效果为88.8%~96.9%,并对苗期立枯病具有良好的兼治作用,相对防治效果均在70%左右,优于3种单剂对恶苗病及苗期死苗的防治效果。

除了围绕种子消毒的化学防治方法外,有不少研究探索生物防治途径的。水稻种子表面存在许多有益微生物,这些微生物有些对水稻病原菌有一定的抑制作用。陆凡等(1999)测定了5种拮抗细菌处理种子后的恶苗病防治效果,发现以拮抗细菌B-916、91-2、31-2、A-2和A-3浸种可有效地防治苗期恶苗病的发生,防治效果达84.55%~95.57%,其中A-3和31-2的处理在成株期仍有较高的防治效果,分别为81.57%和79.53%。5种拮抗菌处理种子均对水稻结实有明显的促进作用,其中A-2还具有显著的促进分蘖作用,91-2能明显增加千粒重。产祝龙等(2003)以PDA平板拮抗试验表明,哈茨木霉对水稻恶苗病菌有强烈的拮抗作用,其孢子悬浮液的含孢量为10^6~10^7个/ml时,对恶苗病菌的抑制力达92.33%。此外,壳聚糖等多糖类物质对水稻恶苗病菌具有抑制作用。

五、水稻烂秧

水稻烂秧是种子、幼芽和幼苗在秧田期发生的烂种、烂芽和死苗的总称。烂秧可分为生理性烂秧和传染性烂秧两大类。生理性烂秧是在低温阴雨或冷后骤晴造成水分供不应求时呈现急性的青枯,或长期低温,根系吸收能力差,久而久之造成黄枯。传染性烂秧则多指不良环境诱致腐霉菌、绵霉菌、镰刀菌、丝核菌等弱性寄生菌危害而引起的病害。大面积的烂芽和死苗多属传染性病害。

(一)传染性烂秧的病原菌、侵染循环及发病条件

传染性烂秧,一类是由禾谷镰刀菌(*Fusarium graminearum* Schw.)、尖孢镰刀菌(*F. oxysporum* Schlecht.)、立枯丝核菌(*Rhizoctonia sloani* Kühn)以及稻德氏霉[*Drechslera oryzae* (Breda de Haan) Subram. *et* Jain]等半知菌所引致,另一类是由层出绵霉[*Achlya prolifera* (Nees) de Bary]和稻腐霉(*Pythium oryzae* Ito *et* Tokun)等鞭毛菌所引致。

引致水稻烂秧造成立枯和绵腐的病原真菌,均能在土壤中长期营腐生生活。镰刀菌多以菌丝和厚垣孢子在多种寄主的残体上或土壤中越冬,条件适宜时产生分生孢子,借气流传播。丝核菌以菌丝和菌核在寄主病残体或土壤中越冬,靠菌丝在幼苗间蔓延传播。至于腐霉菌则普遍存在,以菌丝或卵孢子在土壤中越冬,条件适宜时产生游动孢子囊,游动孢子借水流传播。水稻绵腐病、腐霉病病菌寄生性弱,只在稻种有伤口如破损、催芽热伤及冻害情况下,病菌才能侵入种子或幼苗,后孢子随水流扩散传播,遇有寒潮可造成水稻毁灭性损失。低温缺氧易引致发病,寒流、低温阴雨、秧田水深、农家肥未腐熟等条件有利于发病。

(二)水稻烂秧的防治

生产上,防治水稻烂秧应考虑两个病因,即将外界环境条件和病原菌同时考虑,这样才能收到明显的防治效果。因此,应采取以提高育秧技术、改善环境条件、增强稻苗抗病力为

重点,适时进行药剂防治的综合措施。方法如下:①提高秧田质量。秧田应选择在肥力中等、避风向阳、排灌方便且地势较高的地方。②选用优良种谷。种谷要纯、净、健壮、成熟度高。浸种前晒种1~2天,以降低种子含水量。③提高浸种催芽技术。浸种要浸透,催芽过程中要使水分、温度、氧气三者关系协调。做到"高温(36℃~38℃)露白,适湿(25%~30%)催芽,降温(15℃~20℃)薄摊炼好芽",把谷芽催得齐、匀、短、壮。④保证播种质量。根据品种特性确定播种期、播种量和秧龄。⑤加强水肥管理。芽期以扎根立苗为主,保持畦面湿润即可,不能过早上水,但遇霜冻短时应灌水护芽。从2~3叶期起可灌"薄皮水",以后逐渐加深并及时更新水层。施肥要掌握基肥稳、追肥少而多次,先量少后量大,提高磷、钾比例。齐苗后施"破口"扎根肥,可用清稀粪水或硫酸铵掺水洒施,2叶展开后,早施"断奶肥"。⑥药剂防治。防治水稻旱育秧立枯病,首选新型植物生长调节剂——移栽灵混剂。该药是一类含硫烷基的叉丙烯化合物,具有植物生长调节剂和杀菌剂的双重功能,有促根、发苗、防衰和杀菌作用,能有效地防治立枯病。另外,15%立枯灵液剂、恶甲水剂(育苗灵)、广灭灵水剂等对立枯病也有一定的防治效果。对由绵腐病及水生藻类为主引起的烂秧,发现中心病株后,首选25%甲霜灵可湿性粉剂或65%敌克松可湿性粉剂;对立枯菌、绵腐菌混合侵染引起的烂秧,首选40%灭枯散可溶性粉剂(40%甲敌粉)。⑦提倡采用地膜覆盖栽培水稻新技术。

第二节　水稻细菌性病害

一、水稻白叶枯病

水稻白叶枯病是由细菌[*Xanthomonas oryzae* pv. *oryzae* (Ishiyama)]引起的世界性水稻病害。在亚洲、欧洲、非洲、南美洲以及美国、澳大利亚均有发生,以亚洲稻区发生为重。其中日本、印度和我国发生频繁,危害较重。

迄今,在我国除新疆、甘肃等地未见报道外,其余各省份均有发生,尤以华东、华中、华南稻区受害较重,其他稻区多属局部发生。此病主要引致叶片干枯,一般减产10%~30%,重者可达50%以上。在发生凋萎型症状的稻田,还可出现死丛现象,损失更为严重。

(一)病害症状

水稻白叶枯病又称白叶瘟、地火烧、茅草瘟。水稻整个生育期均可受害,以苗期、分蘖期受害最为严重,各个器官均可染病,主要感染叶片及叶鞘,是一种系统性侵染病害。其症状因病菌侵入部位、品种抗病性、环境条件不同而有较大差异。

本病初起在叶缘产生半透明黄色小斑,以后沿叶缘一侧或两侧或沿中脉发展成波纹状的黄绿或灰绿色病斑,病部与健部分界线明显;数日后病斑转为灰白色,并向内卷曲,远望一片枯槁色,故称白叶枯病。当空气潮湿时,在病叶新鲜病斑上,有时甚至在未表现病斑的叶缘上,分泌出混浊状的水珠或蜜黄色菌胶,干涸后结成硬粒,容易脱落。在籼稻上的白叶枯病斑多半呈黄色或黄绿色,在粳稻上则为灰绿色至灰白色。在感病品种上,初起病斑呈开水烫过似的灰绿色水渍状,很快向下发展为黄白色长条状。在我国南方稻区一些高感品种上,可发生凋萎型白叶枯病,主要发生在秧苗生长后期或本田移栽后1~4周内,其特征为"失水、青枯、卷曲、凋萎",形似螟害枯心。诊断方法:将枯心株拔起,切断茎基部,用手挤压,如切口处溢出涕状黄白色菌脓,即为本病。如为螟害枯心,可见有虫蛀孔。

病原菌 *Xanthomonas oryzae* 称水稻黄单胞杆菌,属细菌。包括白叶枯病菌和条斑病菌两个致病变种。引起白叶枯病的是稻生黄单胞菌 *Xanthomonas oryzae* pv. *oryzae*(Ishiyama),异名 *X. campestris* pv. *oryzae*(Ishiyama)Dye。黄单胞菌水稻致病变种 *Xanthomonas oryzae* pv. *oryzicola*(Fang et al.)引起细菌性条斑病。稻白叶枯病菌菌体短杆状,大小为 1.0~2.7 μm×0.5~1.0 μm;单鞭毛,单生、极生或亚极生,长约 8.7 μm,直径 30 nm。革兰氏染色阴性,无芽孢和荚膜,菌体外具黏质的胞外多糖包围。在人工培养基上菌落呈蜜黄色,产生非水溶性的黄色素,好气性呼吸型代谢,不同地区的菌株致病力不同。在自然条件下,病菌可侵染栽培稻、野生稻、李氏禾、菰等禾本科植物。病菌血清学鉴定分 3 个血清型:Ⅰ型是优势型,分布全国,Ⅱ、Ⅲ型仅存在于南方个别稻区。病菌生长适宜温度范围 17℃~33℃,最适为 25℃~30℃,最低为 5℃,最高为 40℃。病菌最适宜 pH 值 6.5~7.0。

(二)发病条件与传播途径

病菌进入水流中,秧苗接触带菌水,病菌从水孔、伤口侵入水稻植株。用病稻草覆盖催芽、覆盖秧苗、扎秧把等有利于病害传播。早、中稻秧田期由于温度低,菌量较少,一般看不到症状,直到孕穗前后才暴发出来。病斑上的溢脓可借人畜活动、风、雨、露水和叶片接触等进行再侵染。

流行动态:此病最适宜流行的温度为 26℃~30℃,雨水多、相对湿度在 85%以上时有利于病害的流行,20℃以下或 33℃以上病害停止发生发展。但决定病害流行与否的主要因素不是温度,而是大风和降水量。特别是台风暴雨造成稻叶大量伤口,会给病菌扩散提供极为有利的条件。秧苗淹水,本田深水灌溉、串灌、漫灌、施用过量氮肥等,均有利于发病。空气干燥,相对湿度低于 80%时,则不利于病菌繁殖。浅水勤灌,结合烤田有利于抑制病害的发生、流行。

水稻品种对白叶枯病抗性有明显差异。大面积种植感病品种,有利于病害流行。水稻在分蘖期、幼穗分化期和孕穗期是比较容易感染白叶枯病的时期,在此期间施化肥过多,稻株生长过于茂盛,浓绿披叶,则易严重发病。

在温度较低的早稻前期、中期,晚稻中、后期,一般不太适合白叶枯病发生。但遇上长期阴雨,稻叶上菌脓多,叶面保湿时间长,病害仍可流行。6 月下旬雨日达 8 天左右时,早稻发病可能严重。7 月至 8 月中旬阴雨天达 20 天以上、气温在 30℃以下时,中稻有大发病的危险。7~9 月份月降水量达 250~300 mm 时,病害将会暴发。

(三)白叶枯病菌系研究

白叶枯病菌之间致病力存在差异,这就是菌系(strain)或生理小种(race)。不同地区流行菌系是不一样的。为指导针对性抗病育种和品种的推广种植,研究并弄清水稻白叶枯病菌系是很有必要的。

水稻白叶枯病菌之间致病力存在差异最早在日本发现。经研究,1969 年 Kozaka 将日本白叶枯病菌分为 3 个群,其后加入 Java 品种群,又把日本菌系分为Ⅰ、Ⅱ、Ⅲ、Ⅳ和Ⅴ等 5 个菌群,其中Ⅳ菌群对全部鉴别品种都感染,为强致病力菌株。菌系动态分析显示Ⅰ、Ⅱ菌群在日本全国分布最广,占 80%~90%,是优势种群,Ⅴ菌群只占 1%。朝鲜半岛南部的菌系与日本基本相似,有 5 个菌群,以Ⅳ菌群致病力最强,能侵染全部鉴别品种。

国际水稻研究所欧世璜、苗东华从 1975 年开始研究菲律宾水稻白叶枯病菌的致病性分化。他们利用一套带抗性基因型的"IR"品种作为鉴别寄主,对菲律宾的菌系进行了鉴定,将其分为0、Ⅰ、Ⅱ及Ⅲ等4个不同致病型菌群。后来发现一个有很好鉴别性能的品种Cas209，将其加入鉴别品种后，可把第一群分为两群，并把这种致病力差异的菌称为“生理小种(race)”，将菲律宾菌系重新鉴定为Ⅰ(PXO61)、Ⅱ(PXO86)、Ⅲ(PXO79)及Ⅳ(PXO71)等4个菌系。

印度尼西亚、泰国、印度等国家采用不同的鉴别品种鉴定本国的白叶枯病菌系。由于所采用的鉴别品种不一致，鉴定的结果也不相同，难以比较。印度尼西亚有9个菌系；泰国有3个种群；印度国内研究结果多样，有的认为有2个菌群，有的认为有7个菌群，而印度中央水稻研究所则认为有12个致病型。

我国最早开展白叶枯病菌系研究的是广东省农业科学院伍尚忠(1979)、南京农业大学方中达(1981)和江苏省农业科学院，随后全国多个省、自治区如云南、湖南、浙江、福建、广西、湖北等的有关院校也相继开展了这项工作，初步鉴定国内白叶枯菌可分为4～5个菌系群。但是由于各地采用的鉴别品种不一，接种方法、调查标准不同，难以进行相互比较和了解我国白叶枯病菌系分化的全貌。自1985年起，南京农业大学、江苏省农业科学院、广东省农业科学院和中国农业科学院共同组成全国水稻白叶枯病菌致病型研究组开展对白叶枯病菌的研究。他们从国内各个病区征集、采集分离了800多个菌株，分别在北京、南京、扬州和广州在30个鉴别品种上按统一标准接种、调查来测试其致病性差异。根据在5个最基本的鉴别品种上的反应特征，将参试的菌株区分为7个致病型，即：Ⅰ型，RRRRS；Ⅱ型，RRRSS；Ⅲ型，RRSSS；Ⅳ型，RSSSS；Ⅴ型，SRRSS；Ⅵ型，RRSRS；Ⅶ型，RSSRS。其反应特征见表13-3。

表13-3　中国水稻白叶枯病菌的致病型

致病型	在鉴别品种上的反应				
	金刚30	Tetep	南粳15	Java 14	IR26
0	R	R	R	R	R
Ⅰ	S	R	R	R	R
Ⅱ	S	S	R	R	R
Ⅲ	S	S	S	R	R
Ⅳ	S	S	S	S	R
Ⅴ	S	S	R	R	S
Ⅵ	S	R	S	R	R
Ⅶ	S	R	S	S	R

病菌致病型分布的地理特点为：北方稻区菌株大多属致病型Ⅱ型和Ⅰ型，长江流域以北以Ⅰ型和Ⅱ型为主，长江流域以Ⅱ型和Ⅳ型为多，南方稻区则以Ⅳ型为最多，在广东和福建还有少量Ⅴ型出现。这一分布特征可能与不同稻区的生态特点、品种有关。如北方为粳稻区，气温低、发病期短，在粳稻上有粳稻专化型，这与日本的菌型较为接近；长江流域稻区为籼、粳稻混栽区，品种类型多，栽培条件复杂，菌株以Ⅱ型和Ⅳ型居多；而南方籼稻区则以Ⅳ型为最多，还有少量Ⅴ型存在，这与IRRI的Ⅰ群和Ⅱ群小种相仿。表13-4列出了我国白叶枯病菌不同致病型的代表菌株，可供各地育种、抗性鉴定时参考。

表 13-4　中国水稻白叶枯病菌不同致病型的代表菌株

致病型	代表菌株及来源		
	南方稻区	长江流域稻区	北方稻区
Ⅰ	GD1329(广东)	OS-200(云南),JS97-2(上海)	HLJ85-72(黑龙江)
Ⅱ	GZ1098(贵州)	OS-40,KS-6-6(江苏)	HB84-17(河北)
Ⅲ	FJ856(福建)	GX-274(广西),JS158-2(浙江)	NX85-42(宁夏)
Ⅳ	GX878(广西)	OS-86(广西),浙 173(浙江)	JL86-76(吉林)
Ⅴ	粤 1358(广东)	–	–
Ⅵ	–	OS-198(广西)	LN85-57(辽宁)
Ⅶ	–	OS-225(浙江),JS49-6(湖南)	–

对白叶枯病而言,目前栽培的水稻品种中还没有免疫的,只是不同的品种抗病性不同。一类是从苗期到穗期均有抗性;一类是苗期无抗病性,至 10 叶期以后才表现抗病性。

(四)抗白叶枯病遗传育种及转基因研究

水稻对白叶枯病的抗性遗传是由单基因完全或不完全的、显性或隐性的、独立或连锁的,或者是由两个互补基因或多基因所控制,或受少数基因以独立、互补、重叠和上位性等方式控制,并存在着微效基因的修饰作用。到目前为止,已发现并定位了 20 多个抗性基因。

水稻品种对白叶枯病的抗性机制主要从其形态和生理生化进行研究,不同品种、不同株型、叶片大小、光滑度、同一品种不同生育期等抗性是有差异的。研究已经证实,抗病品种细胞体内的多元酚含量比感病品种高,而游离氨基酸含量较少;抗病品种的 C/N 比值比感病品种高。抗病品种在接菌后,叶部维管束导管内的细菌大多数被胞壁附近的纤维素所封闭,阻碍了细菌在导管内移动和增殖。同时,伍尚忠(1983)在抗病品种中还发现有香兰醛、对羟基苯(甲)醛、丁香醛、乙酰丁香酮、松柏醛等多种抗菌活性物质。品种抗性遗传和抗性机制的研究,为从遗传和生理生化方面指导选择抗源材料,进行抗病育种提供了基础。

自 Wang 等(1995,1996)发现并克隆抗水稻白叶枯病基因 *Xa21* 以来,全世界在水稻抗白叶枯病转基因研究方面进行了大量卓有成效的工作,并取得了大量令人鼓舞的成果。测试结果表明,*Xa21* 基因已转移到水稻植株中,对 T_1 代稻株的抗性鉴定显示,可对来自 8 个国家的 32 个白叶枯病菌株表现抗性。中国水稻研究所自 1986 年以来一直开展植物分子生物学和植物转基因研究工作,国内首个抗细菌性病害的转基因水稻植株就是该所与中国科学院遗传研究所合作于 1995 年完成的。他们使用 PDS-1000/He 基因枪,将内含由水稻肌动蛋白基因启动子的抗菌肽 B 基因以及抗除草剂 Basta 的标记基因 *bar* 质粒 pCB1 导入水稻未成熟胚,得到 3 棵有希望的植株,其中 2 棵由京引 119 转化而来(京-B-3 和京-B-4)。接种试验表明,京-B-3 对水稻白叶枯病和细菌性条斑病的抗性均有较大提高,而京-B-4 则与对照植株一样,对两种菌表现为敏感,这说明抗菌肽 B 基因的表达水平因抗病基因植株的不同而异。

迄今为止,已经鉴定或命名了 20 多个白叶枯病抗性基因(*Xa1* 至 *Xa23*)。在这些基因中,*Xa21* 是经过充分鉴定已被公认的对白叶枯病生理小种抗性谱最广的显性抗性基因。该基因对国际上的白叶枯病的鉴别菌系和我国稻区的全部 7 个白叶枯病菌群表现抗病。在已分析的3711个我国水稻品种中,带有已知白叶枯病抗性基因的品种只有7.33%。目前我国抗性品种携带的抗源主要是 *Xa4* 和 *Xa3* 基因,抗谱窄,抗性水平低。

目前在抗水稻细菌性病害转基因研究方面比较成功的是抗菌肽基因、*Xa21* 基因的遗传转化。黄大年等、简玉瑜等分别用基因枪法将 Cecropin B 基因导入粳稻和籼稻品种,获得了抗白叶枯病和细菌性条斑病水平显著提高的转基因植株。对转 Cecropin B 基因水稻 T_0 ~ T_6 代共6个世代的不同株系进行抗白叶枯病分析,结果表明转基因水稻对白叶枯病的抗性在后代中得到遗传,抗性能传至高世代(T_4 代),单株之间抗性存在较大差异,并认为其原因可能与 Cecropin B 基因的分离、丢失或基因沉默有关。通过基因枪法有人将 *Xa21* 基因导入品种 IR72,获得抗白叶枯病的转基因植株,T_1 代获得抗性基因遗传并出现3:1的分离规律;进一步用病菌小种4和小种6接种鉴定,结果表明 T_1 代阳性植株抗白叶枯病。用花粉管通道法将含 *Xa21* 广谱抗白叶枯病的水稻品种1188(美国品种)外源 DNA 转入到1067等7个品种中,经检测,部分供体 DNA 已整合到受体品种(系)中。陈善葆等也用花粉管通道法将水稻白叶枯病抗性供体品种早生爱国3号的 DNA 导入高感受体水稻品种856403中,得到了高抗白叶枯病的植株,并且能遗传至2~4代。利用农杆菌介导的转化系统,成功地将克隆的 *Xa21* 基因转入我国8个水稻品种,并配制出转基因杂交稻。田间试验显示,转基因杂交稻不仅对白叶枯病具有高度抗性和广谱抗性,而且保留了原来的优良性状和杂种优势。中国农业科学院生物技术研究所与国外合作,成功定位和克隆到白叶枯病抗性基因 *Xa21*。转该基因的水稻明恢63株系已分别在安徽省和海南省进行环境释放。华中农业大学和中国科学院遗传研究所研制的转 *Xa21* 基因抗白叶枯病水稻也分别进入中试阶段。

此外,抗白叶枯病 *Xa4* 基因是我国水稻生产上利用的主要抗源之一,为控制白叶枯病的流行发挥了巨大作用。该抗性基因对我国白叶枯病多数致病型具有全生育期抗性,同其他抗白叶枯病基因构成的基因累加系在抗谱和抗性反应上均明显强于单个基因亲本的抗性之和。因此,克隆 *Xa4* 基因不仅可以帮助我们理解水稻抗白叶枯病的分子机制,而且对通过基因工程与已经克隆的 *Xa21* 和 *Xa1* 结合,培育抗病基因的累加品种具有重要意义。我国已通过图位克隆的方法克隆了 *Xa4* 基因,并构建了该基因的精细遗传图和物理图谱,将 *Xa4* 界定于标记56M22F和26D24R之间90kb的区域。

水稻抗白叶枯病隐性基因的克隆:虽然白叶枯病抗病基因主要以显性基因为主,但近年来已在水稻中鉴定了多个隐性抗白叶枯病基因,如 *xa5* 和 *xa13* 是其中具有重要育种价值的基因。研究利用图位克隆法和候选基因法相结合来分离这两个基因,目前已对目标基因进行了精细定位,将从定位区间筛选候选基因进行功能互补实验。隐性抗病基因的研究将有助于对植物抗病机制的全面理解。

中国农业科学院章琦通过对78个主体抗源的基因分析,发现我国籼稻单一利用了 *Xa4* 基因,粳稻单一利用了 *Xa3* 基因,从而揭示了我国利用的抗性基因单一的问题。她与广西农业科学院合作,从3000多份野生稻中发掘出1个普通野生稻抗源,该野生稻是能抵抗广致病菌系 P6 的新抗源。经野栽杂交、花培,获得抗病的纯合系 H4。又将该抗性基因转育到籼稻品种 JG30 中,以 JG30 为轮回亲本,经5次回交3次自交,育成携有该基因的近等基因系 WBB1。用19个国内外白叶枯病鉴别小种比较了 WBB1 与已命名的显性抗性基因的抗谱,再经遗传分析和分子标记检测,确认了 WBB1 携有新基因 *Xa23*,定位于第11染色体,于2001年被国际正式命名为 *Xa23*。该基因具有最广抗谱、完全显性、全生育期高度抗病和高效抗性传递性能,胜过目前负有国际盛誉的 *Xa21*。*Xa23* 是我国独立发现、鉴定和分子定位的重要功能基因,具有自主知识产权的、宝贵的优异种质基因源。它的生产应用,对于改变我国基因利用单一的局面、拓宽基因源具有十分重要的意义。已引起国内外瞩目,对拓宽水稻抗性遗传基础具有十分广阔的应用前景。

(五)防治方法

鉴于水稻白叶枯病是由细菌侵染引起的系统性病害,从苗期到成熟收获前均可发病,但以分蘖末期至抽穗灌浆期发病居多,一旦发病,很难防治,因此必须以预防为主,进行综合防治。

1. 选用抗病品种　选购稻种时,要把抗病性作为一个重要因素考虑。选择高抗病品种,特别在病区应尽量避免种植感病品种。发生过白叶枯病的田块和低洼易涝田都要种植抗病品种。

2. 加强水肥管理　平整稻田,防止串灌、漫灌而传播病害。适时适度晒田。施足基肥,并应以农家肥为主;多施磷、钾肥,不要过量过迟追施氮肥,分蘖末期以后应少施或不施氮肥。水的管理要浅水勤灌,严防深水淹苗。分蘖末期适度搁田,灌浆后期湿润维持至黄熟。

3. 种子消毒　种子处理用 85% 强氯精(三氯异氰脲酸)粉剂 500 倍液浸种 24 h,捞出后用清水冲洗干净,然后再进行催芽、播种。

4. 培育无病壮秧　选好秧田位置,加强灌溉水管理,防止淹苗。药剂防治可在秧苗 3 叶期及移栽前各喷 1 次药,药剂用 20%叶枯宁(川化 018)可湿性粉剂 600 倍液,或 50%退菌特可湿性粉剂 3 000 倍液。大田于发病初期对中心病团进行重点喷药封锁,同时对全田进行喷药防治。以后,每隔 5 ~ 7 天喷药 1 次,连续防治 2 ~ 3 次。药剂用 20%叶枯宁 500 倍液,或 50%退菌特 2 000 倍液。

5. 大田施药保护　水稻拔节后,对感病品种要及早检查,如发现发病中心,应立即施药防治。感病品种稻田在大风雨后要施药。

二、水稻细菌性条斑病

水稻细菌性条斑病简称细条病或条斑病。以热带稻区发生为主,如菲律宾、泰国、马来西亚、印度尼西亚、越南、印度、柬埔寨及西非国家等。我国主要在华南稻区发生。随着全球气候变暖,近年来该病在亚热带稻区也有发生,并日趋严重,如我国长江中下游、黄淮流域等。20 世纪 60 年代初,此病仅在华南局部地区发生流行,经采取换用无病种子等措施,基本控制其危害;但 80 年代以来,由于杂交稻的推广和稻种的南繁北调,此病不仅在华南稻区死灰复燃,而且迅速向华中、西南、华东稻区蔓延,目前病区已超过 11 个省份。此病在水稻整个生育期皆可发生,但以孕穗至抽穗始期发生危害最大,植株功能叶染病焦枯,严重影响结实。

水稻细菌性条斑病近年上升为一种多发性的水稻主要病害。水稻感病后,一般减产 10% ~ 20%,严重的减产 40% ~ 50%,甚至高达 70%或绝收,而且一旦发生,难以防治。该病侵染造成的产量损失大小决定于多种因素。感病品种发病后,如遇高温(28℃ ~ 30℃)、高湿(空气相对湿度 90%以上),产量损失较大,达 8.3% ~ 17.1%;相反,如侵染后温、湿度不能满足发病要求,损失相对较轻,为 1.5% ~ 5.9%。一般抗病品种不会造成大的产量损失。该病造成产量损失主要是降低稻谷的千粒重,不同抗病品种和感病品种相差较大,高的如

IR20 可达 32.3%。

(一)病害症状

细菌性条斑病主要危害水稻叶片。病斑初为暗绿色水浸状小斑,很快在叶脉间扩展为暗绿色至黄褐色或红褐色条斑,大小约 1 mm×10 mm,两端呈浸润型绿色。病斑上常溢出大量串珠状黄色菌脓,干后呈胶状小粒。白叶枯病的病斑上菌溢不多,不常见到,而细菌性条斑病的病斑上则常布满小珠状细菌液。发病严重时叶片卷曲,条斑融合成不规则黄褐色至枯白色大斑,与白叶枯病类似,但对光看可见许多半透明条斑。空气潮湿时病斑上分泌出大量蜜黄色球状菌脓。

(二)发病条件与传播途径

细菌性条斑病病原菌为 *Xanthomonas oryzae* pv. *oryzicola*（Fang, Ren, Chu, Faan, Wu）Swings,属黄单胞杆菌属细菌,称稻生黄单胞菌条斑致病变种。菌体单生,短杆状,大小为 1～2 μm×0.3～0.5 μm,极生鞭毛一根,革兰氏染色阴性,不形成芽孢荚膜,在肉汁胨琼脂培养基上菌落呈圆形,周边整齐,中部稍隆起,蜜黄色。生理生化反应与白叶枯菌相似,不同之处在于此菌能使明胶液化、牛乳胨化、阿拉伯糖产酸,对青霉素、葡萄糖反应钝感,生长适温为 28℃～30℃。此菌与水稻白叶枯病菌的致病性和表现性状虽有很大不同,但其遗传性及生理生化性状又有很大相似性,故此菌应作为水稻白叶枯病菌种内的一个变种。病菌亦存在致病力分化,不同地方菌系群不尽相同,广东省至少存在 6 个菌系群。

传播途径和发病条件：此病侵染来源广、传播途径多、再侵染频繁、传染性强、蔓延迅速,遇适温高湿天气极易发生流行。水稻整个生育期都可发生感染,但以分蘖期至抽穗期最易受感染。沿江、沿河的低洼易淹稻田往往发病较重。

病菌主要由稻种、稻草和自生稻带菌传染,成为初侵染源,也可能由野生稻、李氏禾等交叉传染。病菌主要从稻株伤口侵入,菌脓可借风、雨、露等传播后进行再侵染。高温、高湿环境有利于病害的发生。由于台风暴雨会造成水稻出现大量伤口,所以遇有这样的天气时,病害容易流行。偏施氮肥,灌水过深,均会加重发病。

水稻细菌性条斑病的发病规律与白叶枯病基本相同。

(三)关于水稻对细菌性条斑病的抗性、抗病遗传育种及转基因研究

国内外对水稻细菌性条斑病菌的致病力变异有不少研究。1985 年 Adhikari 和 Mew 根据 32 个菌株在 8 个 IR 系统品种上的致病力反应,将其分为致病力不同的 3 个菌系；1990 年向建国等根据 80 个菌株在 Dular、DV85、IR38、南粳 15、IR50、水原 290 和圭巴等 7 个品种上的致病力反应,将水稻细菌性条斑病菌分为 6 个致病力不同的菌群。1991 年,种藏文等根据 108 个菌株在龙广 4 号、010 和 V64 等 3 个品种上的致病力反应,亦将细菌性条斑病菌分为 3 个菌群。他们通过对来自 31 个县(市)的 145 个菌株致病力的测定,将其划分为 3 个菌群,以致病力中等的 R 群占优势,菌株与品种间存在一数量级差异,但尚未发现特异性反应。对国内外 1 481 份水稻品种(组合)的抗病性进行鉴定后,初筛出 14 个抗病良种可作为亲本利用。精选出的品种 A04 不但抗性强且农艺性状兼优,每公顷产量 5 250～6 000 kg,米质优、食味香,可在病区试种推广。夏怡厚等(1992)对福建省的 161 个菌株用针刺接种法,先后在 25 个水稻品种上进行了病菌致病力的测定。结果表明,细菌性条斑病菌间存在明显的致病力差异,这种差异是数量级的,他们根据 125 个菌株对 4 个籼稻鉴别品种(来自印度的 DZ60 和福建省品种 H304-23、135 及建农早 8 号)的侵染反应,将其划分为 4 个菌群。即：0 菌群,致病力退化；Ⅰ菌群，致病力弱；Ⅱ菌群，致病力中等；Ⅲ菌群，致病力最强。其中Ⅱ、Ⅲ菌群为优势群，在福建省34个县(市)已有分布。不同接种方法比较表明，针刺接种的结果比喷雾接种更能反映水稻的真实抗性。

水稻不同品种对细菌性条斑病的抗病性不同。用3套同核异质水稻不育系及其相应的保持系，在孕穗期接种具有不同致病力的4个水稻细菌性条斑病菌菌株，不同胞质类型的不育系之间抗病性表现差异明显，比同名保持系较易感病，其中野败不育胞质(W汕A、W协A)高感细菌性条斑病，T型胞质(T新A、T协A)等对细菌性条斑病抗性较好。江苏省对生产上推广的13个水稻主栽品种用4个不同致病力的细菌性条斑病菌菌株接种，结果显示，武育粳3号、镇稻88等6个粳稻品种表现为高抗，5个籼稻和1个粳稻品种高感细菌性条斑病。调查显示，一般病区种植抗病品种完全可以控制住水稻细菌性条斑病的发生。

水稻细菌性条斑病菌的寄主范围较广。种藏文等(1998)曾采集不同稻区的几十种杂草标样，经浓缩接种和单克隆抗体酶联免疫吸附试验测定，细菌性条斑病菌可寄生李氏禾、稗草、竹根草、看麦娘和菰等。

吴为人等(1998)用高感细菌性条斑病的H359和高抗细菌性条斑病的Acc 8558两个籼稻品种为亲本建立了一个重组自交系群体，利用它建立了一张包含225个分子标记的连锁图，连续2年对该群体进行细菌性条斑病抗性鉴定，经 t 测验法、复合区间定位法及多性状复合区间定位法对细菌性条斑病抗性基因(QTL)进行了定位分析，共检测出11个QTL，分别位于第1、2、3、4、5、7、8和第11染色体上。其中大多数等位抗病基因来自抗病亲本Acc 8558，只有位于第3和第4染色体上的2个QTL的等位抗病基因来源于感病亲本H359。

按照表13-5列出的水稻品种对白叶枯病和细菌性条斑病抗性的标准，杨杰等(1993)用白叶枯病Ⅳ群菌的强致病力菌株 Z_{173}、OS_{14} 和 P_{x86}，细菌性条斑病菌Ⅲ群强致病力菌株 RS_{68}、RS_{105} 接种供试的111份水稻材料，进行抗病性评价。结果表明，对两种病原细菌都表现抗性的品种(系)有19个，占17.1%；对两种菌都感病的有49个，占44.1%。其中对两种病菌高抗的品种有BJ1、DV85、DZ78、IR29、色江克等，占4.5%；对两种菌均高感的品种有8个(金刚30、南京11、珍珠矮、矮子占、低脚乌头、矮红B、汕优63、协优63)，占7.2%。参试的80个籼稻品种(系)中，抗两种菌的品种(系)有11个，占籼稻总数的13.7%；抗白叶枯病的34个，占42.5%；抗细菌性条斑病的19个，占23.75%；感两病的有38个，占47.5%。参试的31个粳稻品种(系)中，抗两病的8个，占25.8%；抗白叶枯病的14个，占45.1%；抗细菌性条斑病的12个，占38.7%；感两病的11个，占35.5%。粳稻对白叶枯病和细菌性条斑病的抗性均优于籼稻。值得注意的是，供试的恢复系有3个、保持系有7个，它们都是籼型杂交稻生产上主要采用的保持系和恢复系，试验结果表明，这些保持系和恢复系均高感两病，因此，以它们配制的杂交稻对两病的抗性不容乐观。另外也证实，汕优63、特优63、协优63和特优抗63等均对两种病害表现感病或高感。

表13-5　水稻白叶枯病和细菌性条斑病抗性鉴定等级病斑长度　(单位：cm)

病害名称	高抗	抗	感	高感
白叶枯病	0～4.0	4.1～8.0	8.1～20.0	>20.0
细菌性条斑病	0～0.5	0.51～1.0	1.1～2.0	>2.0

王汉荣等(1995)对3 343份水稻品种(系)进行苗期和成株期的水稻细菌性条斑病人工抗性鉴定结果表明,抗性品种占5.8%,中抗的占15.0%~55.0%,其余为中感以下。一般外引品种、野生稻及地方老品种抗性较好。水稻品种(系)对细菌性条斑病的抗性存在着全生育期抗病、成株期抗病和全生育期感病3种类型。DV85和Dular对水稻细菌性条斑病表现为广谱抗性。浙江省的水稻主栽品种对水稻细菌性条斑病大多表现为感病。江苏省用水稻白叶枯病菌和细菌性条斑病菌对206个水稻品种在成株期进行抗性鉴定,筛选出16个抗两病的品种,其中高抗的有BJ1、DV85、DZ78、武育粳、新丰香糯,中抗的有IR26、IR36、Zenith、南粳21、爱知78、双晴、苏御糯、合江18、六千辛和徐优3-2等。

(四)防治方法

水稻细菌性条斑病同白叶枯病类似,均为细菌引起的系统性病害,传染快,很难防治,应以预防为主。

1. 植物检疫 水稻细菌性条斑病目前仍属国内植物检疫对象,要严格实行植物检疫。无病区不宜从病区调种。病区应建立无病留种田,严格控制带菌种子外调,防止病种传播。

2. 处理带病稻草 带病稻草可用做燃料或工业原料。田间病残体应清除烧毁或沤制腐熟作肥料。不宜用带病稻草作浸种催芽覆盖物或扎秧把等。

3. 选用抗病品种 要因地制宜选用抗病品种,培育无病壮秧。可选用抗(耐)病的杂交稻,如桂31901、青华矮6号、双桂36、宁粳15号、珍桂矮1号、秋桂11、双朝25、广优、梅优、三培占1号、冀粳15号和博优等。在选用未发生过水稻细菌性条斑病的田块作秧田的基础上,采用旱育秧或湿润育秧,严防淹苗,并做好秧苗科学施肥,使秧苗生长健壮。

4. 加强本田管理 应采用"浅、薄、湿、晒"的科学排灌技术,避免深水灌溉和串灌、漫灌,防止涝害。暴风雨后要迅速排除稻田积水,感病品种每公顷撒施"黑白灰"(草木灰与生石灰按3:2混合)450~600 kg。严控发病稻田田水串流,以免病菌蔓延。施肥要适时适量,氮、磷、钾肥合理搭配,多施腐熟农家肥,以增强稻株抗病力。切忌中期过量施用氮肥。长势较弱的病稻田,施药后每公顷可适当施用尿素、氯化钾各45~60 kg,以利水稻恢复生机。对零星发病的新病田,早期可摘除病叶并烧毁,减少菌源。

5. 药剂防治 目前生产上使用的杀菌剂对控制病害流行作用不大,只能起防病保产辅助作用。

先将种子用清水预浸12~24 h,再用85%强氯精300~500倍液浸种12~24 h,捞起洗净后播种,可兼治稻瘟病。或用50%代森铵500倍液浸种12~24 h,洗净药液后催芽。

大田施药防治要根据品种或病情而定。感病品种和历史性病区应在暴风雨过后及时排水施药,其他稻田在发病初期施药。每公顷用20%叶青双可湿性粉剂1 500~1 875 g,或90%稻双净1 875 g,或1 000万IU农用链霉素150 g,或用高锰酸钾75 g加适量食盐,对水750 L喷雾。

也可每公顷用50%消菌灵750 g,或5%菌毒清1 500 ml,或50%杀菌王750 g,或25.9%植保灵1 500 ml,对水喷雾。以上药剂可任选一种,轮换使用,能有效防止大田水稻细条病的发生。每公顷用20%龙克菌1 500~1 875 ml防治细菌性条斑病2次,第一次在病害始发期,1周后再施1次,防治效果在90%以上,同时对白叶枯病也有一定效果。

第三节　水稻病毒病和水稻线虫病

一、水稻条纹叶枯病

水稻条纹叶枯病又名缟叶枯病，是由灰飞虱（*Laodelphax striatellus* Fallen）传播的一种病毒病。我国东南沿海和安徽、云南、河南、山东、北京、辽宁等地均有发生。一般减产30%～50%，严重的可达70%以上，甚至绝收。此病过去在我国各稻区零星发生，个别地区稍重。如1964年、1965年和1979年在江苏曾有较重发生。但近年来，此病在江苏、安徽、河南等省发生、流行，特别是江苏省发病较多，已成为影响水稻生产的主要病害之一。

病原体为Rice stripe virus（RSV），是纤细病毒属（*Tenuivirus*）的典型成员，称水稻条纹叶枯病毒。病毒粒子丝状，大小为400 nm×8 nm，分散于细胞质、液泡和核内，或成颗粒状、砂状等不定形集块，即内含体，似有许多丝状体纠缠而成团。病叶汁液稀释限点为1 000～10 000倍，钝化温度为55℃下3 min，－20℃体外保毒期（病稻）8个月。

（一）病害症状

水稻在苗期发病，心叶基部出现褪绿黄白斑，后扩展成与叶脉平行的黄色条纹，病叶叶片黄绿相间，条纹间仍保持绿色，或心叶黄白、柔软、卷曲下垂，成枯心状，分蘖少或无，病株提早枯死。分蘖期发病，先在心叶下一叶基部出现褪绿黄斑，后扩展形成不规则黄白色条斑，老叶不显病。籼稻品种不枯心，糯稻品种半数表现枯心。病株常枯孕穗或穗小、畸形不结实。拔节后发病，在剑叶下部出现黄绿色条纹，各类型稻均不枯心，但抽穗畸形，结实很少。植株感染此病后，心叶先褪绿，呈鲜黄白色，以后逐渐变柔软、细长，卷成纸捻状，下垂而成假枯心，部分老叶仍保持正常绿色。到抽穗期形成枯孕穗，穗头小，枝梗及颖壳扭曲畸形。

不同品种感病后症状不一。糯稻、粳稻和高秆籼稻心叶黄白、柔软、卷曲下垂，成枯心状；矮秆籼稻不呈枯心状，出现黄绿相间条纹，分蘖减少，病株提早枯死。该病引起的枯心苗与三化螟为害造成的枯心和缺锌僵苗易混淆。但该病引起的枯心无蛀孔，无虫粪，不易拔起，有别于蝼蛄为害和螟害造成的枯心。该病主要感染期为水稻分蘖期前，拔节后感染概率较小，潜伏期较长。粳稻、糯稻较感病，杂交稻、籼稻较抗此病。

传播途径和发病条件：该病病毒仅靠媒介昆虫传染，其他途径不传病。媒介昆虫主要为灰飞虱，白背飞虱在自然界虽可传毒，但作用不大。虫体一旦获得条纹叶枯病病毒可终身带毒传毒。病毒在虫体内增殖，且可通过卵传播给下一代，继续传毒。最短吸毒时间为10min，循回期4～23天，一般10～15天。病毒侵染禾本科的水稻、小麦、大麦、燕麦、玉米、粟、黍、看麦娘、狗尾草等50多种植物。但除水稻外，其他寄主在侵染循环中作用不大。

病毒在带毒灰飞虱体内越冬，成为主要初侵染源。在大麦或小麦田越冬的若虫，羽化后在原麦田繁殖，后迁飞至早稻秧田或本田传毒为害并繁殖，早稻收获后，再迁飞至晚稻上为害，晚稻收获后，迁回冬麦上越冬。水稻从苗期至分蘖期易感病。叶龄长潜育期也较长，水稻抗性随植株生长逐渐增强。条纹叶枯病的发生与灰飞虱发生量、带毒虫率有直接关系。春季气温偏高、降水少、虫口密度大，则发病重。稻、麦两熟区发病重，大麦、双季稻区病害轻。

据江苏省农业部门调查统计，2003年水稻条纹叶枯病在本省大发生，考察组所到之处，几乎每一田块都可见到条纹叶枯病的危害。一般田块病穴率为 5% ~ 30%，重病田为 50% ~ 60%，严重田块达 80%以上。重发市(县)几乎所有乡镇都有条纹叶枯病的发生，病穴率在 5%以上的病田随处可见。发病重的乡镇病田率达 85% ~ 93%，如东海全县水稻面积 5.13 万 hm^2，病穴率在 5%以上的田块达 60%。该病造成产量损失与发病严重度、发病时期、气候条件、防治效果等有关，一般可造成水稻损失 5% ~ 20%，严重田块损失可达 50%以上。据农技人员调查和农民反映，2002 年江苏省最严重病田稻谷产量仅为 1 500 kg/hm^2，一般重病田产量也只有 2 250 ~ 3 750 kg/hm^2，产量损失 50% ~ 90%。

目前国内对水稻条纹叶枯病的基础研究，如病原学、流行病学、抗性资源发掘、抗病育种等方面均比较薄弱，有待加强，在防治措施上主要是防治传毒媒介昆虫灰飞虱，以阻断传毒，防止扩大蔓延，而针对感染后的防治药剂几乎是一片空白。

(二)防治方法

由于水稻条纹叶枯病属病毒病，目前尚无特效药防治，故应以预防为主。在水稻秧田期用药防治灰飞虱，对控制此病的发生、发展，能收到事半功倍的效果，见病打药则为时已晚，无济于事。

总体防治对策：在一季中稻区，结合防治麦穗蚜，用吡虫啉等农药兼治灰飞虱，达到治麦田保水稻秧田的目的。在秧田于秧苗移栽前用吡虫啉等农药普遍防治灰飞虱 1 次，以通过治秧田来保本田。大田发病后再采取以下应急措施进行本田防治，阻止病害再扩展。应急防治对策为病田普遍用 5%高效大功臣 300 ~ 450 g/hm^2 防治灰飞虱 1 次。较重病田用病毒 A 或消菌灵、菌毒清等抗病毒药剂按推荐量施用 2 ~ 3 次，增强病株抗病能力。加强病田田间管理，增施氮、磷、钾肥，促进植株有效分蘖，增强水稻后期补偿作用，减少损失。

在农业防治和耕作制度上，主要采取以下措施：①调整稻田耕作制度和作物布局。要成片种植，防止灰飞虱在不同季节、不同熟期和早、晚季作物间迁移传播病毒。忌种插花田，秧田不要与麦田相间。②种植抗(耐)病品种。因地制宜选用中国 91、徐稻 2 号、宿辐 2 号、盐粳 20、铁桂丰等抗(耐)病品种。③调整播期，使移栽期避开灰飞虱迁飞期。收割麦子和早稻要背向秧田和大田稻苗，减少灰飞虱迁飞。加强管理促进分蘖。④治虫防病。抓住灰飞虱传毒迁飞前期集中防治。

化学防治主要以治虫防病、增强水稻植株抗逆能力和自我补偿能力为主。措施如下：①麦田。结合小麦穗期防治蚜虫，每公顷用 10%蚜虱净 300 g + 36%菌毒净 900 g + 治僵三天灵 750 g，对水 450 ~ 600 L 喷雾。②水稻秧田。抓住灰飞虱成虫、若虫高峰期全面用药防治，防治适期分别为 5 月下旬一代成虫迁入高峰期、6 月上旬卵孵高峰期。移栽前 2 ~ 3 天，每公顷秧田用 5%锐劲特悬浮剂 600 ~ 750 ml，或 10%吡虫啉可湿性粉剂 300 ~ 450 g，对水 600 ~ 750 L，分别在秧苗 3 叶期、6 月初进行喷雾。6 月上旬后抛秧、移栽的秧苗在起秧前1 ~ 2 天还要再用一次“送嫁药”。③水稻大田。水稻栽后 5 ~ 7 天，用氯溴异氰尿酸或三氯异氰尿酸 + 稻杀敌或锐杀或虱蚜唑等混合喷施，视病情连续喷 2 ~ 3 次，间隔期 7 ~ 10 天。④针对灰飞虱扩散性强的特点，要大力宣传和广泛发动农民，有条件的地方提倡由村、组牵头，组织千家万户连片统防统治。

二、水稻黄矮病

水稻黄矮病又称暂黄病(Rice yellow stunt virus，RYSV)。主要分布在长江以南的南方稻区。20世纪60年代在台湾、广东、广西等地曾大面积严重发生。在70年代末和80年代初全国发生较为普遍,生产上造成较大损失。其感染危害造成的水稻产量损失依感病时期的不同而不同:分蘖初期感病减产70%以上,分蘖盛期感病减产20%~58%,分蘖末期感病减产10%~20%。

(一)病害症状

水稻全生育期均可发生,苗期和返青分蘖期最易感病,分蘖前期感病的危害最重。苗期感病后常枯死,植株矮化,多数稻株从顶叶下1~2叶开始发病,病斑从叶尖向基部发展,叶肉鲜黄色,叶脉绿色,病叶与茎秆夹角增大,叶鞘仍为绿色,株型松散。分蘖期发病的不能正常抽穗或穗而不实。

(二)传毒媒介

病毒主要由黑尾叶蝉、二点黑尾叶蝉和二条黑尾叶蝉传播。长江流域以黑尾叶蝉为主,华南地区和云南省以二条黑尾叶蝉和二点黑尾叶蝉为主。病毒在虫体内循回期为6~24天,在稻株内的潜育期为7~39天,随气温升高而缩短。带毒虫可终身带毒,但不能经卵传毒。最短获毒时间为5~10 min,多数需饲毒12 h才能获毒。最短传毒时间为3~5 min,单个带毒虫最多传毒天数为12天。病毒在黑尾叶蝉若虫体内越冬。黑尾叶蝉若虫主要栖于紫云英田和看麦娘、李氏禾等杂草上,翌年春季羽化迁入秧田和早稻田成为初侵染源。二、三代成虫在早稻田取食传毒,早稻收割后迁入晚稻秧田和早插晚稻本田。一般早稻发病很轻或不发病,而晚稻受害严重。品种抗性有显著差异,晚稻早播早插的发病重。

(三)防治方法

水稻黄矮病防治方法如下:①因地制宜地选用抗病品种,淘汰感病品种。要特别注意晚稻早插品种(开门秧)的选择,应该选用抗性强的品种。②在传毒昆虫羽化前及时犁翻板田和紫云英长势差的田块,以减少传毒来源。③抓好秧田治虫防病。病害流行区的感病品种,秧田用叶蝉散、扑虱灵等杀虫剂防治传毒媒介害虫。采用速效性药剂速灭威、叶蝉散等氨基甲酸酯类或有机磷类药剂,在秧苗露青后每隔5~7天施药1次,共2~3次进行预防。④注意保护蜘蛛、褐腰赤眼蜂等天敌。

三、水稻干尖线虫病

水稻干尖线虫病又称白尖病、线虫枯死病。分布在国内各稻区。水稻干尖线虫病为水稻常发性种传病害,一般可造成10%~20%的产量损失,重者达50%以上。

(一)病害症状

苗期症状不明显,偶在4~5片真叶时出现叶尖灰白色干枯。病株孕穗后干尖更严重,剑叶或其下2~3叶自尖端以下长1~8 cm渐枯黄,半透明,扭曲干尖,变为灰白色或淡褐色,病、健部界限明显。湿度大、有雾露时,干尖叶片展平呈半透明水渍状,随风摆动,露干后又复卷曲。有的病株不显症,但稻穗带有线虫。大多数病株能正常抽穗,但植株矮小、病穗较小、秕粒多。感病早时多不孕,穗直立。谷壳内表面生有深褐色小点,这是休眠的线虫。颖壳松裂露出米粒。将稻谷颖壳用镊子捏碎,或将稻苗生长点剪碎,置于培养皿上并加少量水,其上游离出的线虫可用12~25倍解剖镜观察。

(二)病原线虫

水稻干尖线虫病是由贝西滑刃线虫(*Aphelenchoides besseyi* Christie)侵染引起的线虫病害。

此虫属线形动物门。雌虫蠕虫形，呈直线形或稍弯，体长 500～800 μm，尾部自阴门后变细，阴门角皮不突出。雄虫上部直线形，体长 458～600 μm，死后尾部呈直角弯曲成"7"字状；尾侧有 3 个乳状突起，交接刺新月形、刺状，无交合伞。线虫活跃时宛如蛇行水中，停止时常扭结或蜷曲成盘状。

（三）发病规律与传播途径

病原线虫主要以成虫、幼虫在谷粒的颖壳与米粒间越冬，是主要的初侵染源。当浸种催芽时，潜藏在稻种内的线虫开始活动，种子播下后线虫游离于水中，从秧苗的芽鞘或叶鞘缝隙处侵入，虫体附着在生长点或叶芽及新生嫩叶细胞外部，以吻针刺入细胞吸食汁液，致被害叶形成干尖。播种后半个月内如遇低温多雨天气，有利于发病。此虫营体外寄生，后随植株生长逐渐上移，侵入穗部，为害颖壳。结实期间，稻粒中的线虫多潜伏在谷壳内。线虫在种子内能存活 3 年，在土壤中或水里能生活 1 个月之久。其传播途径主要是种子带虫，借灌溉水扩大传播。线虫在稻株内繁殖 1～2 代。土壤不能传病。随稻种调运进行远距离传播。

（四）防治方法

干尖线虫病是种传病害，选用抗病品种和播前进行种子消毒是事半功倍和经济有效的防治方法，其关键是选择对口种子处理药剂和正确掌握其使用技术。

1. 选用抗病品种　应严格禁止从病区调运种子。选用无病种子，加强检疫。不同水稻品种抗病性差异较大，应选用抗性品种。如冀粳 8 号、冀粳 14 号、冀审稻 99001 号和中作 9128 较为感病，冀糯 1 号较为抗病。

2. 温水浸种　先将稻种在冷水中预浸24 h，然后放在 45℃～47℃温水中浸 5 min 升温，再放入 52℃～54℃温水中浸 10 min，取出立即冷却，催芽播种，防治效果可达 90%。

3. 药剂浸种　用 0.5%盐酸溶液浸种 72 h，浸种后用清水冲洗 5 次；或用 40%杀线酯（醋酸乙酯）乳油 500 倍液，浸 50 kg 种子，浸泡 24 h 后再用清水冲洗；或用 15 g 线菌清加水 8 L，浸 6 kg 种子，浸种 60 h 后用清水冲洗。药剂浸种后催芽播种。

或用 1.5%的确灵可湿性粉剂浸种。先将占种子重量 0.2%的药剂用少量水搅成糊状，然后加水搅匀配成 700～800 倍液（如处理水稻种子 5 kg，需用药剂 10 g，加水 7～8 L），再将种子浸入药液。早稻浸种时间不得少于 72 h，晚稻不得少于 48 h。浸种后直接催芽播种。该药是一种新型高效、广谱杀菌、杀线虫的保护性种子消毒剂，可杀灭种传真菌、细菌和线虫等。主要用于常规早稻和常规粳糯稻的种子消毒处理。

或用 18%稻种清可湿性粉剂浸种。按每 4.5 g 药剂加水 10 L，浸种 7.5 kg 的配比。先将药剂倒入定量清水中搅拌均匀，再将水稻种子倒入药液用力搅拌。常规早稻种子浸足 72 h、常规晚稻种子浸 48 h，然后用清水冲洗，催芽播种。此药对水稻主要种传病害恶苗病和干尖线虫病均有较好的防治效果，用于常规早稻和常规粳糯稻的种子消毒。由于此药剂的主要成分之一杀螟丹对家蚕高毒，在使用时需注意家蚕安全。为保证效果，必须严格掌握浸种药液浓度和浸种时间。

还可采用以下药剂处理：用 18%杀虫双 200 g，对水 50 L，浸种 40 kg，浸 48～72 h；或用 17%的菌虫清 20 g，对水 5 L，浸种 5～6 kg；或用 0.6%工业盐酸浸种 48 h。

用温水或药剂浸种时，发芽率有降低的趋势，如直播易引致烂种或烂秧，故需催好芽。

4. 秧苗处理　用 50%巴丹可湿性粉剂 1 000 倍液浸秧苗 1～5 min 后栽插。

参 考 文 献

产祝龙,丁克坚,檀根甲等.哈茨木霉对水稻恶苗病菌的拮抗作用.植物保护,2003,29(3):35-39

产祝龙,丁克坚,檀根甲等.水稻恶苗病发生规律的探讨.安徽农业大学学报,2004,31(2):139-142

产祝龙,丁克坚,檀根甲等.水稻恶苗病菌对不同抗性品种生理生化指标的影响.安徽农业科学,2003,31(1),29-30

陈昌龙,沈永山,韦春彬等.25%辉丰百克乳油浸种防治水稻恶苗病试验.安徽农业科学,2000,28(3):333

陈嘉孚,邓根生,杨治华等.稻种资源对稻曲病抗性鉴定研究.作物品种资源,1992,(2):35-36

陈嘉孚,邓根生,杨治年等.稻种资源对稻曲病抗性鉴定研究.作物品种资源,1992,(2):35-36

陈志谊,刘永锋,陆凡.井冈霉素和生防菌 Bs-916 协同控病作用及增效机理.植物保护学报,2003,30(4):429-434

陈志谊,殷尚智.稻种资源对水稻纹枯病抗性鉴定初报.植物保护,1994,20(6):23-23

董继新,董海涛,李德葆.水稻抗瘟性研究进展.农业生物技术学报,2000,8(1):99-102

董秋洪,张祥喜.壳聚糖对辣椒疫霉病菌和水稻恶苗病菌的抑制作用.江西农业学报,2003,15(2):58-60

方中达,过崇俭,伍尚忠等.中国水稻白叶枯病菌致病型的研究.植物病理学报,1990,20(2):81-88

方中达,许志刚,过崇俭等.水稻白叶枯病细菌致病性的变异.南京农学院学报,1981,(1):1-11

冯道荣,许新萍,卫剑文等.使用双抗真菌蛋白基因提高水稻抗病性的研究.植物学报,1999,41(11):1187-1191

顾春燕,宋益民,陈惠.多-福-咪种衣剂防治水稻恶苗病及苗期死苗研究.南京农业大学学报,2003,19(2):28-31

国广泰史,钱前.水稻纹枯病抗性 QTL 分析.遗传学报,2002,29(1):50-55

何迎春,李小湘,高必达.含粘质沙雷氏菌几丁质酶 SchiA 基因的植物转化质粒 pBGl12 构建和水稻遗传转化.农业生物技术学报,2003,11(2):121-126

何月秋,唐文华.水稻稻瘟病菌研究进展(一):水稻稻瘟病菌多样性及其变异机制.云南农业大学学报,2001,16(1):60-64

胡定汉,龚德祥,潘熙曙等.水稻纹枯病的发生流行与控制技术.湖北植保,2003,(2):6-7

胡荣利,鞠国钢.几种不同种子处理剂防治水稻恶苗病药效试验.现代农药,2003,2(2):39-40

黄大年,朱冰,杨炜等.抗菌肽 B 基因导入水稻及转基因植株的鉴定.中国科学(C 辑),1997,27(1):55-62

黄世文,余柳青,段桂芳等.稻糠与浮萍控制稻田杂草和稻纹枯病初步研究.植物保护,2003,29(6):22-26

黄世文,余柳青.国内稻曲病的研究现状.江西农业学报,2002,14(2):45-51

黄文坤,朱宏建,高必达.几种药剂在再生稻栽培方式下防治纹枯病的田间药效.农药,2003,42(5):31-32

姬广海,许志刚.水稻品种对细菌性条斑病的抗性研究.西南农业大学学报,2001,23(2):164-166

季宏平.国内外稻曲病研究进展.黑龙江农业科学,2002,(4):34-37

蒋文烈,金梅松.浙江省地方稻种资源对纹枯病抗性的鉴定.浙江农业学报,1993,5(3):177-178

金敏忠,柴荣耀.我国稻瘟病菌生理小种研究的进展.植物保护,1990,16(3):37-41

金敏忠.浙江省稻瘟病菌生理小种分布及其变化动态的研究.浙江农业科学,1986,(5):222-226

赖传雅.农业植物病理学(华南本).北京:科学出版社.2003

李成云,李家瑞,岩野正敬等.云南省稻瘟病菌的交配型:云南省稻瘟病菌的有性世代研究.西南农业学报,1991,4(4):84-89

李玮,朱广廉.GA 调控 α-淀粉酶基因表达的分子生物学.植物生理学通讯,1994,30(2):147-153

凌忠专,Mew T W.中国水稻近等基因系的育成及其稻瘟病菌生理小种鉴别能力.中国农业科学,2000,33(4):1-8

刘梅,覃宏涛,孙宗修等.转基因水稻中 ThEn-42 基因的稳定遗传及其抗病性的提高.农业生物技术学报,2003,11(5):444-449

鲁国东,彭云良,郑武等.稻瘟病研究进展.见:鲁国东.稻瘟病文摘补遗.厦门:厦门大学出版社,2001

鲁国东,郑武,阮志平等.福建稻瘟菌毒性类型组成及其对水稻几个 Pi 基因的毒性频率.植物病理学报,2003,33(3):248-253

陆凡,陈志谊,刘永锋等.拮抗细菌处理稻种对水稻恶苗病的防治效果及对水稻产量形成的影响.中国生物防治,1999,15(2):59-61

陆凡,郑小波,范永坚等.江苏省稻瘟病菌有性态的研究.菌物系统,2001,20(1):122-128

缪巧明,李化瑶.云南省稻曲病研究进展.云南农业科技,1994,(3):8-10

缪巧明.稻曲病菌核的研究.云南农业大学学报,1994,9(2):101-103

彭绍裘,曾昭瑞,张志光.水稻纹枯病及其防治.上海:上海科学技术出版社,1986.61
彭云良,沈瑛.四川稻瘟病菌有性世代初步研究.四川农业大学学报,1995,13(4):522-524
沈会芳,周而勋.金属离子对水稻纹枯病菌菌丝生长和菌核形成的影响.华南农业大学学报,2002,23(1):38-40
沈瑛,李成云,袁筱萍等.稻瘟病菌的菌丝融合现象及其后代的致病性变异.中国农业科学,1997,30(6):16-22
沈瑛,朱培良,袁筱萍等.我国稻瘟病菌有性态的研究.中国农业科学,1994,27(1):25-29
宋成艳,王桂玲.黑龙江省水稻纹枯病调查与研究.中国农学通报,2001,17(1):58-59
孙漱源,金敏忠.水稻稻瘟病及其防治.上海:上海科学技术出版社,1986
田文忠,丁力,曹守云等.植物抗毒素转化水稻和转基因植株的生物鉴定.植物学报,1998,40(9):803-808
王宝华,鲁国东,张学博等.福建省稻瘟菌的育性及其交配型.福建农业大学学报,2000,29(2):193-196
王大为,王疏,傅俊范.稻曲病研究进展.辽宁农业科学,2004,(1):21-24
王国良.影响稻曲病菌厚垣孢子萌发因素的研究.植物保护学报,1998,15(4):241-245
王汉荣,谢关林,冯仲民等.水稻品种(系)对水稻细菌性条斑病的抗性评价.中国农学通报,1995,11(3):17-19
王疏,杜毅.稻曲病菌生物学特性的研究.辽宁农业科学,1993,(3):34-35
王疏,弈彤,白元俊等.稻曲病综合防治探讨.辽宁农业科学,1997,(3):42-43
王疏,周永力,姚健民等.稻曲病菌白化菌株生物学特性研究.植物病理学报,1997,27(4):321-326
王宗华,鲁国东,赵志颖等.福建稻瘟菌群体遗传结构及其变异规律.中国农业科学,1998,31(5):7-12
文义泽.水稻纹枯病的发生新特点及防治对策.植物医生,2001,14(4):27-27
吴金红,蒋江松,陈惠兰等.水稻稻瘟病抗性基因 Pi-2(t)的精细定位.作物学报,2002,28(4):505-509
吴为人,唐定中,李维明等.水稻细菌性条斑病抗性基因定位.高技术通讯,1998,7:47-50
伍尚忠,罗林,张少红等.广东省稻瘟病菌 DNA 指纹分析及谱型结构.植物病理学报,1999,28(4):323-330
伍尚忠,徐羡明,陈坤福等.19个水稻品种对60个白叶枯病菌系的抗性测定.广东农业科学,1979,(2):49-52
伍尚忠.水稻白叶枯病及其防治.上海:上海科学技术出版社,1983
夏怡厚,林维英,陈藕英.水稻细菌性条斑病菌的致病力变异和菌系鉴别.福建农学院学报,1992,21(3):278-282
谢关林,金扬秀,徐传雨等.我国水稻纹枯病拮抗细菌种类研究.中国生物防治,2003,19(4):166-170
许明辉,李成云,李进斌等.转溶菌酶基因水稻稻瘟病抗谱分析.中国农业科学,2003,36(4):389-392
杨杰,周毓珍,付正擎等.水稻对白叶枯病和细菌性条斑病的抗性研究.福建稻麦科技,1993,17(2):36-38
杨杰,周毓珍,付正擎等.水稻对白叶枯病和细菌性条斑病的抗性研究.福建稻麦科技,1993,17(2):36-38
杨祁云,许新萍,朱小源等.转基因水稻对稻瘟病的抗性研究.植物病理学报,2003,33(2):162-166
易润华,周而勋.广东省水稻纹枯病菌遗传多样性与致病力分化的研究.热带亚热带植物学报,2002,10(2):161-170
于汉寿,陈永萱.壳聚糖对水稻恶苗病菌和油菜菌核病菌的作用.植物保护学报,2002,29(4):295-299
袁红旭,许新萍,张建中等.转几丁质酶基因(RC24)水稻中大2号抗纹枯病特性研究.中国水稻科学,2004,18(1):39-42
禹盛苗,金千瑜,欧阳由男等.稻鸭共育对稻田杂草和病虫害的生物防治效应.中国生物防治,2004,20(2):99-102
张红生,朱立宏.水稻抗纹枯病研究现状与展望.水稻文摘,1990,9(6):1-3
张平,金官植,李志丰.黑龙江省稻曲病研究进展.黑龙江农业科学,1997,(2):48-51
张汝通,陈飞跃.稻曲病发生规律及防治研究.湖南农学院学报,1989,15(1):69-76
张卫东,葛秀春,宋凤鸣等.苯并噻二唑诱发水稻对纹枯病的抗性.植物保护学报,2003,30(2):171-176
张学博.福建省稻瘟病菌生理小种研究的进展.福建农学院学报,1988,17(4):361-367
章初龙,郑重,王振展.水稻恶苗病菌的遗传多样性研究.浙江农业大学学报,1998,24(6):583-586
郑镐燮,吕彬,吴润植.水稻恶苗病病原菌及其生物学特性的研究现状.黑龙江农业科学,1992,(6):41-44
中国水稻研究所生物工程系.抗水稻细条病和白叶枯病转基因植株的获得.中国水稻科学,1995,9(2):127
种藏文、王长方、卢学松等.水稻细菌性条斑病和白叶枯病杂草寄主比较试验.福建稻麦科技,1998,13(增刊):152-157
周而勋,杨媚.培养基对水稻纹枯病菌菌丝生长和菌核形成的影响.华南农业大学学报,2002,23(3):33-35
朱凤姑,丰庆生,诸葛梓.稻鸭生态结构对稻田有害生物群落的控制作用.浙江农业学报,2004,16(1):37-41
朱桂梅,潘以楼,杨敬辉.水稻恶苗病的消长规律.安徽农业科学,2002,30(3):394-395
左广胜,冉西京,杜生茂等.稻曲病菌初侵染源研究.中国农学通报,1996,12(5):17-18
Du X F, Sun S Y, Tao R X, *et al*. Effects of weed-hosts of *Pyricularia* on incidence of rice blast diseases. *Acta Phytopath Sin*, 1997, 27

(4):327 – 332

Ezuka A, Horino O. Classification of rice varieties and Xanthomonas oryzae strains on the basis of their differential interactions. *Bull Tokai-kinki Natl Agric Exp Stn*, 1974, 27:1 – 19

Hamer J E, Farrall L, Orbach M J, *et al*. Host species-specific conservation of a family of repeated DNA sequences in the genome of a fungal plant pathogen. *Proc Natl Acad Sci USA*, 1989, 86(24):9981 – 9985

Hayashi N. Li C Y, Li J L, *et al*. In vitro production on rice plants of perithecia of Manaporthe grisea from Yunnan, China. *Mycol Res*, 1997, 101(11):1308 – 1310

Horino O. Distributions of pathogenic strains of *Xanthomonas oryzae* in Japan in 1973 – 1975. *Ann Phytopath Soc Japan*, 1978, 44:197 – 304

Imbe T, Tsunematsu H, Kato H, *et al*. Genetic analysis of blast resistance in IR varieties. *In*: Tharreau D, Lebrun M H, Talbot N J, *et al*. Advances in Rice Blast Research. Dordrecht, Netherlands: Kluwer Academic Publishers, 2000. 1 – 8

Levy M, Ramao J, Marchetti M A, *et al*. DNA fingerprinting with dispersed repeated sequence resolves pathotype diversity in the rice blast fungus. *Plant Cell*, 1991, 3:95 – 102

Li Z K, Pinson S R M, Marshetti M A, *et al*. Characterization of quantitative trait loci (QTLs) in cultivated rice contributing to field resistance to sheath blight (*Rhizoctonia solani*). *Theor Appl Genet*, 1995, 91:374 – 381

Mackill D J, Bonman J M. Inheritance of blast resistance in near-isogenic lines of rice. *Phytopathology*, 1992, 82:746 – 749

Mew T W, Vera Cruz C M, Reyes R C. Interaction of *Xanthomonas campestris* pv. *oryzae* and a resistance rice Cas 209. *Phytopathlogy*, 1981, 71:186 – 191

Mew T W, Vera Cruz C M. Variability of *Xanthomonas oryzae*: specificity in infection of rice differentials. *Phytopathlogy*, 1979, 69(2): 152 – 155

Mew T W, Wu S W, Horino O. Pathotypes of Xanthomonas campestris pv. oryzae in Asia. Paper presented at the International Rice Research Conference. Los Banos, Philippines: IRRI, 1981. 1 – 9

Ming X T, Wang L J, An C C, *et al*. Resistance to rice blast (*Pyricularia oryzae*) caused by the expression of trichosanthin gene in transgenic rice plants transferred through agtobacterium method. *Chinese Science Bulletin*, 2000, 45:1774 – 1778

Ou S H. Rice Diseases. 2nd edition. Wallingford, Oxon, UK: CAB International, 1985. 61 – 96

Song W Y, Wang G L, Chen L L, *et al*. A receptor kinase-like protein encoded by the rice disease resistance gene, *Xa21*. *Science*, 1995, 270:1804 – 1806

Wang G L, Song W, Rwan D, *et al*. The cloned gene, *Xa21*, confers resistance to multiple *Xanthomonas oryzae* pv. *oryzae* isolates in transgenic plants. *Mol Plant-Microbe Interaction*, 1996, 9:850 – 855

Zeigler R S, Leong S A, Teng P S. Rice blast disease. Wallingford, UK: CAB International, 1994

Zeigler R S, Scott R P, Leung H, *et al*. Evidence of parasexual exchange of DNA in the rice blast fungus challenges its exclusive clonality. *Phytopathology*, 1997, 87:284 – 294

Zhu Y, Chen H, Fan J, *et al*. Genetic diversity and disease control in rice. *Nature*, 2000, 406:681 – 682

第十四章　水稻虫害及其防治

虫害是制约我国稻作生产的最主要生物因素。近年来，我国稻虫总体上呈上升态势，钻蛀性害虫(二化螟、三化螟)迅速上升到第一位，迁飞性害虫(白背飞虱、褐飞虱、稻纵卷叶螟)居高不下，两者同时连年大发生，加之一些原本相对次要的害虫(如稻瘿蚊、稻蓟马、灰飞虱、稻秆蝇、稻蝗等)亦迅速上升，对水稻生产构成严重威胁。

在现有防治水平下，每年因虫害造成的稻谷产量损失通常为15%～25%，重发年份，防治不当时甚至绝收。据估计，近年全国仅稻螟虫的年防治代价(农药、人工、药械等方面)就高达约50亿元，残虫造成作物损失64.5亿元，总经济损失115亿元左右。同时，因稻农过分地依赖化学农药防治稻虫，所造成的农药环境污染、稻米农药残留及人畜农药中毒等损失巨大。我国稻田近年杀虫剂的年使用量约为10万t，其中甲胺磷等高毒有机磷杀虫剂的比例约50%。如此数量巨大的农药(尤其是高毒农药)对稻田土壤、水体及生态系统的负面影响难以估量；稻谷中残留的杀虫剂直接降低稻米品质和食用、饲用价值。据农业部稻米及制品品质质量监督检验测试中心资料，2003年稻谷平均农药残留超标率，甲胺磷3.0%，三唑磷2.6%，乐果0.3%，乙酰甲胺磷和敌敌畏均为0.1%。每年因使用农药而中毒的案例亦达4 000～5 000人次。

因水稻生产的重要地位，我国对稻虫控制的基础和应用基础方面的研究一直较为重视，在稻虫控制方面积累了丰富经验，已在较多的专著中作过系统的总结，如浙江农业大学(1982)、丁锦华等(1991)、张维球(1994)、程家安(1996)等，近年来还出版了总结稻纵卷叶螟(胡国文等，1993)、褐飞虱(李汝铎等，1996；程遐年等，2003)、白背飞虱(秦厚国等，2003)等单种害虫研究成果的专著或论文集。本章拟在此基础上，结合我国水稻害虫近年来一些新的发生情况，侧重对我国水稻主要害虫种类和分布、发生、演变规律与原因以及防治技术新进展进行介绍，并就稻虫防治面临的新形势、新任务进行讨论。

第一节　主要稻虫种类、分布及为害习性

水稻害虫种类众多，国内已知624种，但常见种类或仅局部地区造成损失的只有约65种昆虫、2种植食螨和9种鼠类，其中发生普遍、危害最为严重的仅二化螟、三化螟、白背飞虱、褐飞虱、稻纵卷叶螟5种，在部分地区或部分年份造成严重危害的有稻瘿蚊、稻蓟马、大螟、灰飞虱、稻秆蝇等30余种。

害虫作为稻田生态系统中的一个组成部分，在长期进化或演化过程中，各类害虫均占据一定的生态位，水稻的叶、茎、根、穗均有害虫为害。根据各类害虫为害习性的不同，可以大致将稻虫分成食叶类害虫、钻蛀类害虫、吸汁类害虫、食根类害虫4类。

近年来，不同习性害虫中，在我国稻作生产上普遍发生或局部地区为害严重的种类及其分布、为害区域归纳如表14-1。

表 14-1　我国重要的稻虫种类、类型及分布

	类型与种类	分布与为害区域
食叶类（12种）	稻纵卷叶螟 *Cnaphalocrocis medinalis* Guenee	各稻区均有，以华南、长江中下游稻区为重
	显纹纵卷叶螟 *Susumia exigua*（Butler）	川、桂、粤、琼、滇等长江以南地区
	直纹稻弄蝶 *Parnara guttata*（Bremer et Grey）	各稻区均有，南方稻区较普遍，局部地区发生严重
	隐纹谷弄蝶 *Pelopidas mathias*（Fabricius）	广布于各稻区
	稻三点水螟 *Nymphula depunctalis*（Guenee）	除新、青、甘等省（自治区）外均有发生，尤以南方较多
	稻螟蛉 *Naranga aenescens* Moore	各主要稻区均有分布
	稻眼蝶 *Mycalesis gotama* Moore 稻褐眼蝶 *Melanitis leda*（Linnaeus）	主要分布于长江流域及华南稻区，尤在山区、近山区发生较重
	东方粘虫 *Mythimna separata*（Walker）	除新、藏外均有，长江中下游及以南稻区发生重
	中华稻蝗 *Oxya chinensis*（Thunberg）	广布各稻区，中部和北部稻区回升迅速，局部（如东北）暴发成灾
	稻负泥甲 *Culema oryzae*（Kuwayama）	分布广，尤以中南部山区和东北三省发生重
	稻铁甲虫 *Dicladispa armigera*（Olivier）	辽宁以南各稻区，近年广东等地局部地区回升
钻蛀类（10种）	二化螟 *Chilo suppressalis*（Walker）	分布最广的螟虫，各稻区均有，尤以长江流域及以南发生较严重
	三化螟 *Scirpophaga incertulas*（Walker）	山东莱阳、烟台以南地区，长江流域及以南地区发生较重
	大螟 *Sesamia inferens*（Walker）	陕西周至、河南信阳、安徽合肥、江苏淮阴一线以南，长江流域及以南地区发生较重
	台湾稻螟 *Chilo auricilius* Dudgeon	南方稻区，以台、闽、琼、粤、桂、滇、川等地常见
	稻瘿蚊 *Orseclia oryzae*（Wood-Mason）	是粤、桂、滇、琼及闽、赣、湘、黔等地中、晚稻重要害虫，近年苏南亦见成灾
	稻秆潜蝇 *Chlorops oryzae* Matsumura	华南、长江流域，川、渝、黔、浙、苏等省近年迅猛上升，尤其在山区、丘陵等气候较凉地区暴发成灾
	稻叶毛眼水蝇 *Hydrellia sinica* Fan et Xia	是北方稻区秧田和本田早期重要害虫，南方在四五月份气温较低的年份才严重
	东方毛眼水蝇 *Hydrellia orientalis* Miyagi	闽、贵、桂等南方省（自治区）
	菲岛毛眼水蝇 *Hydrellia philippina* Ferino	桂、黔、湘、闽、台等省（自治区）
	稻茎毛眼水蝇 *Hydrellia sasakii* Yuasa et Ishitana	皖、鄂、湘、赣等省

续表 14-1

类型与种类		分布与为害区域
吸汁类（22种）	褐飞虱 *Nilaparvata lugens*（Stål）	黑、内蒙古、青、新以外诸省，尤以长江流域及以南稻区发生重
	白背飞虱 *Sogatella furcifera*（Horvath）	各稻区，长江流域及以南尤重，近年为害超过褐飞虱而居稻飞虱类第一位
	灰飞虱 *Laodelphax striatellus*（Fallén）	各稻区，以长江中下游及华北稻区较重，近年在苏、皖等地传播条纹叶枯病十分严重
	黑尾叶蝉 *Nephotettix çincticeps*（Uhler）	各稻区，尤以长江流域发生较多
	二点黑尾叶蝉 *Nephotettix viriscens*（Distant）	30°N 以南，尤以琼和粤、桂中南部发生较重
	二条黑尾叶蝉 *Nephotettix apicalis*（Motschulsky）	湘、赣和黔南部为北限，琼、粤、桂及滇南部发生较重
	白翅叶蝉 *Thaia rubiginosa* Kuoh	黄河以南，湘、川、黔少数山区、丘陵地常见
	电光叶蝉 *Deltocephalus dorsalis*（Motschulsky）	黄河以南各地
	稻蓟马 *Stenchaetothrips biformis*（Bagnall）	长江流域及华南等南方稻区
	稻管蓟马 *Haplothrips aculeatus*（Fabricius）	遍布全国各稻区
	花蓟马 *Frankliniella intonsa*（Trybom）	两广及闽、苏等地
	禾蓟马 *Frankliniella tenuicornis* Uzel	黔、湘、鄂、苏等长江流域稻区
	稻绿蝽 *Nezara viridula*（Linnaeus）	各地均有发生
	稻褐蝽 *Niphe elongata*（Dallas）	皖、赣等长江流域稻区局部成灾
	稻黑蝽 *Scotinophara lurida*（Burmeister）	长江流域与华南各省
	大稻缘蝽 *Leptocorisa acuta*（Thunberg）	长江流域与华南各省
	稻棘缘蝽 *Cletus punctiger*（Dallas）	长江流域与华南各省
	麦长管蚜 *Sitobion avenae*（Fabricius）	长江中下游稻区，近年浙江温岭等局部地区发生重
	稻赤斑沫蝉 *Callitettix versicolor*（Fabricius）	湘、皖、陕、川、渝、黔等地
	稻白粉虱 *Aleurocybotus indicus* David et Subramaniam	闽、湘、赣、浙等地
	稻裂爪螨 *Schizotetranychus yoshimekii* Ehara et Wongsiri	两广山区常有发生，局部地区受害较重
	斯氏狭跗线螨 *Steneotarsonemus spinki* Smiley	两广及湘、鄂、川、闽、浙、台等省

续表 14-1

类型与种类		分布与为害区域
食根类（7种）	稻象甲 *Echinocnemus squameus* Billberg	全国各稻区，近年来，赣、皖等省局部发生重
	稻水象甲 *Lissorhoptrus oryzophilus* Kuschel	检疫害虫，目前分布于冀、吉、辽、津、京、鲁、浙、闽、台、皖、湘等 11 个省（直辖市）的 60 余个县（市）
	长腿食根叶甲 *Donacia provosti* Fairmaire	多数稻区均有，长江中下游较普遍
	非洲蝼蛄 *Gryllotalpa africana* Palisot de Beauvois	各稻区均有分布，尤以南方发生较普遍
	红腹缢管蚜 *Rhopalosiphum rufiabdominalis*（Sasaki）	川、渝等地区发生重
	稻水蝇 *Ephydra macellaria* Egger	新、宁、甘、陕、冀、鲁、内蒙古、辽、吉等省（自治区）盐碱地
	稻摇蚊 *Tendipes oryzae* Matsumura	北方稻区

一、食叶类害虫

此类害虫主要取食、为害水稻叶片，有些种类也咬食叶鞘、幼穗。据害虫幼虫期结苞习性的不同又分为结苞类食叶害虫和非结苞类食叶害虫两类。前者的典型习性是幼虫吐丝缀叶结苞成虫巢，主要包括稻纵卷叶螟、稻苞虫（部分种类不结苞）、稻水螟等。后者则不结苞为害水稻，因取食方式不同又有两类情形：一类以稻螟蛉（化蛹前亦结苞，但幼虫为害期不结苞）、稻眼蝶、粘虫和稻蝗等害虫为代表，幼虫蚕食叶片（至少在高龄幼虫阶段），造成叶片缺口，为“暴食性”种类；另一类以稻负泥虫等为代表，取食叶片叶肉形成白斑，不造成叶片缺口。

（一）稻纵卷叶螟

稻纵卷叶螟是食叶类害虫中为害最为严重的种类和水稻常发性害虫。其幼虫通常是将单片叶子纵卷成苞，仅取食叶肉而叶片留下白斑，严重时田间虫苞累累，甚至植株枯死，一片枯白。稻纵卷叶螟具典型的迁飞习性，其发生取决于东亚季风，8 月底以前以偏南气流为主，蛾群由南往北逐代北迁，全年约发生 5 次，发生期由南至北依次推迟；以后以偏北气流为主，转而由北向南回迁，约有 3 次明显回迁过程，除在雷州半岛和海南岛可以终年繁殖外，其余地区均以迁入蛾群为每年主要初始虫源（北纬 30°以北是惟一虫源），在海南岛一年繁殖 9～11 代，在两广地区为 6～8 代，在长江中下游为 4～6 代，在东北、华北稻区为 1～3 代。

稻纵卷叶螟在 1965 年以前仅为我国次要害虫，但之后演变成我国常发性水稻害虫，近年来发生面积占水稻播种面积的 1/3～1/2。双季稻区的长江中下游，武夷山、南岭两侧，广西及广东大部分沿海区，单季稻区的武陵山苗岭两侧、苏南等地是长年为害区，常成为主治或兼治的靶标。某些年份，河南、陕南、四川等省及江淮地区的单季稻区也可能突发，造成相当大的危害。如 2003 年，安徽省沿淮稻区大发生，造成严重减产，局部地区颗粒无收。四川、广西、广东、海南、云南等地还有其近似种——显纹纵卷叶螟 *Susumia exigua*（Butler），不过除局部地区外，一般较稻纵卷叶螟发生轻。

(二)稻苞虫类

稻苞虫类是为害水稻的稻弄蝶类害虫的通称。幼虫将叶片纵卷、横向折卷或多叶缀合成苞,且蚕食叶片而造成缺口。属偶发性害虫,较重要的种类是直纹稻弄蝶,除新疆、宁夏地区未见报道外,广泛分布各稻区。在我国每年发生2~8代,北方代数少,南方代数多。其发生有年份间间歇发生和同一地区局部为害严重的现象。以新垦稻区、水旱混作区、山区、半山区及滨湖地区稻田发生较多,山区盆地边缘稻田受害最重。四川局部地区发生数量甚至超过稻纵卷叶螟。

除直纹稻弄蝶外,我国还有曲纹稻弄蝶 *Paranara ganga* Evans、幺纹稻弄蝶 *Paranara nasobada* Moore、隐纹谷弄蝶 *Pelopidas mathias* Fabricius 和南亚谷弄蝶 *Pelopidas agna* Moore 等4种稻弄蝶,虽然通称"稻苞虫",但仅前2种和直纹稻弄蝶取食稻叶时吐丝缀合稻叶成苞,后2种并不吐丝缀叶成苞。这几种稻苞虫分布及为害程度均不及直纹稻弄蝶,其中隐纹谷弄蝶仅次于直纹稻弄蝶,曲纹稻弄蝶则分布于华南、西南及湘、鄂、赣、辽等地,幺纹稻弄蝶和南亚谷弄蝶仅分布于华南及云、贵、湘、赣等地。

(三)稻水螟类

稻三点水螟系我国最为常见的稻水螟类害虫。幼虫吐丝将叶片卷成筒状虫苞,幼虫藏身苞中并负苞活动,只取食叶肉组织,叶片留下白斑。国内除新疆、青海、甘肃等地外均有发生,以华南发生较多,一般在低洼积水处或流水串灌的稻田发生较重。此外,田间还有稻水野螟 *Nymphula vittalis* (Bremer)、稻筒水螟 *N. fluctuosalis* Zeller 及黄纹水螟 *N. fengwhanalis* Pryer 等种类,分布于全国大部分稻区,局部地区偶发。

(四)稻 螟 蛉

稻螟蛉以幼虫取食稻叶,1~2龄幼虫沿叶脉间取食叶肉,将叶片食成白色条纹,3龄后蚕食叶片,将叶片食成缺口,严重时叶片仅剩中肋。其分布甚广,国内主要稻区均有分布。年发生代数,南方5~7代,北方3~4代。该虫在20世纪50年代局部为害严重,60年代多得到控制,70年代部分地区又有回升趋势,90年代以来局部地区发生进一步加重,尤以田边、路边、沟边杂草丛生的稻田发生量大。

(五)稻眼蝶类

幼虫沿叶缘取食叶片成不规则缺刻,严重时整丛水稻叶片被吃光。我国水稻上较常见的为稻眼蝶和稻褐眼蝶2种。两者主要分布于长江流域及华南稻区,年发生4~6代,尤在山区、近山区发生较重。稻眼蝶每年发生时间稍早,数量相对较多;稻褐眼蝶发生稍迟,数量相对较少。

(六)粘 虫 类

低龄幼虫仅食叶肉,3龄以后沿叶缘啃食水稻叶片成缺刻,严重时叶片被吃光;穗期可咬断穗子或咬食小枝梗,引起大量落粒。最常见的是东方粘虫,国内除新疆、西藏地区外,其他各省、市、自治区均有分布,是我国小麦等作物上的常发性害虫,但在稻作上为间歇性害虫,长江中下游及以南的水稻上相对较重。该虫属典型的迁飞性害虫,每年3月份至8月中旬顺气流由南往偏北方向迁飞,8月下旬至9月份随偏北气流南迁。国内由南到北每年依次发生8~2代,1月份等温线8℃(约27°N)以南可终年繁殖,其余地区每年均需外地虫源迁入才发生为害。

劳氏粘虫 *Mythimna loreyi* (Duponchel)、白脉粘虫 *M. compta* (Moore)等亦是我国较常见

粘虫类害虫,在南方与东方粘虫混合发生,但数量、为害一般不及东方粘虫,在北方各地虽有分布,但不常见。

(七)稻 蝗 类

成、若虫均从叶边缘开始取食,受害叶片呈缺刻状,严重时全叶被吃光。以中华稻蝗最常见,国内各稻区均有分布,长江流域及以北年生1代,以南2代。20世纪80年代中期以来在我国中部和北部稻区迅速回升,不少稻区(如东北稻区)暴发成灾。田间还可见为害水稻的其他蝗虫,如山稻蝗 *Oxya agavisa* Tsai、芋蝗 *Gesonula punctifrons* (Stål)等,为害程度相对较轻。

(八)稻负泥甲

幼虫取食叶肉组织,受害叶上出现白色条斑,植株发育迟缓,严重时全叶发白、枯焦,甚至整株枯死。在我国分布较广,各地均年发生1代,主要在中南部的山区稻田和东北稻区两个区域发生较重,系间歇性为害害虫。

二、钻蛀类害虫

以幼虫钻蛀潜入水稻茎秆、叶片中为害的一类害虫。其中钻蛀茎秆的害虫有稻螟虫(二化螟、三化螟、台湾稻螟、大螟)及稻瘿蚊、稻秆潜蝇、稻茎水蝇(菲岛毛眼水蝇、稻茎毛眼水蝇)等,钻蛀叶片的有稻小潜叶蝇类害虫(稻叶毛眼水蝇、东方毛眼水蝇)。

(一)稻 螟 虫

螟虫是我国水稻最为常见、为害最烈的常发性大害虫,俗称“钻心虫”或“蛀心虫”。其以幼虫钻蛀水稻叶鞘、茎秆甚至穗头等部位,造成枯鞘、枯心、死孕穗、白穗或虫伤株、花穗等症状,直接造成稻田基本苗和稻穗的损失,严重威胁水稻生产。二化螟、三化螟、大螟等3种螟虫是我国最重要的螟虫种类,20世纪50~60年代是我国最主要稻虫,70年代基本得到控制,但80年代开始回升,90年代达到历史最高水平,近几年迅速超过历史最高水平,年发生面积分别在1 230万 hm^2、530万 hm^2 和160万 hm^2 以上,总发生面积约占全国水稻播种面积的2/3。部分地区还分布有台湾稻螟、褐边螟等稻螟种类。

(二)稻 瘿 蚊

稻瘿蚊以幼虫钻蛀、破坏稻苗生长点,使稻苗心叶缩短,分蘖增多,后期形成“标葱”,是华南、西南及福建、湘南、赣南、浙南等地区中、晚稻的重要害虫,部分地区为害超过螟虫和稻纵卷叶螟。该虫原本仅在山区和半山区发生较多,20世纪70年代开始向平原地带扩展,尤其自90年代以来无论是发生区域还是发生程度均迅速回升,且向平原地区、向北扩展趋势明显,在多年不发生的区域(如闽北)回升,江苏省洪泽等一些纬度较高、原本不发生地区亦见成灾的报道。

(三)稻秆潜蝇

以幼虫钻入稻茎为害心叶、生长点及幼穗,造成具小洞或纵裂的破叶、“花白穗”或“雷打稻”。该虫过去为次要害虫,但近年来,四川、重庆、贵州、浙江、江苏等地稻区呈迅猛上升的趋势,特别是海拔较高的山区、丘陵等气候较凉的地区更是暴发成灾,在局部地区为害甚至超过螟虫和稻纵卷叶螟。

(四)稻毛眼水蝇

此虫有稻茎毛眼水蝇和稻叶毛眼水蝇两类。前者幼虫潜入苗期稻茎蛀食心叶,致叶片出现黄斑、条纹或呈弧形缺刻、条状枯裂，重者烂叶，侵害孕穗期嫩穗可致烂穗，在南方部分稻区为害较重。后者则以幼虫钻蛀水稻叶片，主要为害苗期、分蘖期或孕穗期水稻，是我国北方稻区主要害虫，低温年份南方稻区亦偶见发生。

三、吸汁类害虫

此类害虫以成、若虫吸食水稻汁液，包括稻飞虱、稻叶蝉、稻蝽、稻蓟马、稻蚜、稻赤斑沫蝉、稻白粉虱、稻螨类等。

(一)稻飞虱

自20世纪60年代末以来，稻飞虱已经上升为我国最主要的水稻害虫之一，年发生面积800万～1 000万 hm^2，80年代跃升至1 300万 hm^2 左右，90年代以来常在1 500万 hm^2 以上，重发年份达2 000万 hm^2，占水稻种植面积的1/2～2/3。重要种类有白背飞虱、褐飞虱、灰飞虱3种。长江流域稻区，一年中前期以灰飞虱为主，主要为害早稻分蘖期；中期以白背飞虱为主，主要为害早稻穗期，单季中、晚稻分蘖期；后期以褐飞虱为主，主要为害晚稻和单季中、晚稻穗期。总体上原本以褐飞虱的为害最大，但90年代以来白背飞虱数量迅速上升，长江流域大部分稻区的早稻、中稻、单季晚稻甚至双季晚稻上均发生严重危害，发生面积超过褐飞虱，居稻飞虱首位。2005年和2006年稻飞虱出现历史上罕见大暴发，又以褐飞虱为害为最。

褐飞虱和白背飞虱对水稻的为害主要为直接吸食，即由大量虫口吸食水稻汁液，造成稻株营养成分和水分的大量丧失，被害稻田常先在田间出现“黄塘”、“穿顶”、“虱烧”，逐渐扩大成片，甚至全田枯死。灰飞虱在我国一般不直接成灾，近年来局部地区晚稻穗期受害较重，但该虫最严重的危害在于传播多种水稻病毒病造成的间接危害，早在1965年前后江苏、浙江省的局部地区曾引起黑条矮缩病、条纹叶枯病大流行，近几年在江苏、安徽、浙江等地引起的条纹叶枯病大暴发，是这些地区严重威胁水稻生产的重大生物灾害。此外，各种稻飞虱吸食过程中还会排出大量的蜜露，沾满蜜露的叶片常发生烟煤病，影响叶片正常的生理功能；成虫产卵时刺穿组织，造成大量伤口，为小球菌的侵害提供了有利条件。

(二)稻叶蝉

自20世纪60年代后期以来，稻叶蝉已经成为我国的主要稻虫之一。黑尾叶蝉为优势种，广泛分布于各稻区，尤以南方稻区发生较重，同灰飞虱相似，该虫传播多种水稻病毒病造成的间接危害常超过直接吸食造成的危害。20世纪60年代以前白翅叶蝉是优势种，曾在浙、赣、湘、粤北河谷平原、滨湖、山地、丘陵地区有较大危害，近年仅在湘、川、黔部分山区、半山区发生较多。两广、琼、滇南等地二点黑尾叶蝉、二条黑尾叶蝉亦较常见。

(三)稻蓟马

有苗期蓟马和穗期蓟马两类。前者主要种类为稻蓟马，主要吸食苗期和分蘖期水稻幼嫩叶片，引起叶尖纵卷，严重时整块稻田一片焦黄，甚至只能毁苗重种，20世纪70年代开始由偶发性害虫上升为常发性害虫，是水稻生长前期的重要害虫。穗期蓟马主要在穗部颖花内取食为害，造成花壳和瘪谷，其种类因时因地而异，湘、黔、鄂等省以禾蓟马为主，江苏以花蓟马或禾蓟马为主，有时稻管蓟马亦有一定数量。

(四)稻　蝽

稻蝽属水稻穗期间歇性、局部为害害虫。虫口数量曾一度降至很低，20世纪80年代开始回升,近年来仍呈上升趋势。常见的有稻绿蝽、稻黑蝽、大稻缘蝽、稻棘缘蝽等,一般在稻田周边杂草较多的生境条件下发生较重,平时多以周边杂草等植物为食,水稻穗期大量迁入稻田,不但造成瘪粒、空粒而引起直接产量损失,还能引起受害稻谷米粒出现褐色斑点,在国际稻米市场上(如日本)这种斑点会导致稻米价格大幅下降,所造成的经济损失远大于直接产量损失。随着我国稻米走向国际市场,对该问题应予以充分重视。

(五)稻　蚜

我国局部地区、部分年份发生较重。常见的稻蚜虫是麦长管蚜,分布在全国各麦区及部分稻区,近年来在浙江省温岭等地上升成常发性重要害虫。该虫以成、若虫刺吸水稻茎叶、嫩穗,直接影响水稻生长发育,同时分泌蜜露引发霉病,导致全穗变黑,秕谷率上升,千粒重下降,严重影响水稻的产量和质量。

(六)稻赤斑沫蝉

近年来为害回升,湘、鄂、黔、皖、陕、川、渝等地都有该虫猖獗成灾的报道。其以成、若虫刺吸稻叶汁液,被害处开始隐约可见黄白色小斑点,后叶尖失水变黄,并逐渐向下延伸成条状黄褐色或红褐色斑,严重时全叶失水焦枯,似火烧状。苗期被害,分蘖减少;抽穗前被害,植株矮小;孕穗前被害,常不易抽穗;孕穗后受害造成空壳增多,千粒重下降,成熟期推迟。

(七)稻白粉虱

稻白粉虱是水稻新上升的害虫,1991 年在福建省闽中、闽东稻区发现,近年湖南、江西、浙江省局部地区稻田亦较常见。以成、若虫用口针插入叶肉吸食稻叶汁液,造成稻叶变黑、枯萎霉烂或诱发煤烟病。

(八)稻 螨 类

自 20 世纪 70 年代在两广地区发现稻裂爪螨、斯氏狭跗线螨等螨类害虫为害水稻以来,在南方稻区各地相继发现多种螨类为害水稻,近年在南方稻区或局部地区水稻上发生、危害相当严重。主要有叶螨、跗线螨、甲螨等不同类型。成、若螨均可取食叶片或叶鞘。叶螨类取食叶片造成失绿斑,严重时褪色斑点连成黄白色条斑,甚至稻叶干枯;狭跗线螨主要栖息于水稻叶鞘内壁并潜藏其内取食为害,常造成叶鞘褐色斑,严重时叶鞘呈紫褐色;甲螨一般在稻苗返青至分蘖初期为害,被害叶端部枯黄,叶缘内卷。较常见种类除上述种类外,还有叉毛狭跗线螨 *Steneotarsonemus furcatus* De Lon、燕麦狭跗线螨 *S. spirifex* (Marchal)、浙江狭跗线螨 *S. zhejiangensis* Ding et Yang、福州狭跗线螨 *Tarsonemus fuzhouensis* Lin et Zhang、真梶小爪螨 *Oligonychus shinkajii* Ehara、稻真前翼甲螨 *Eupelops* sp. 等。

四、食根类害虫

此类害虫包括稻象甲类、稻根叶甲类、蝼蛄类、稻水蝇等重要种类。主要为害水稻根系。甲虫类害虫的成虫为害稻叶,但以幼虫害根为主。

(一)稻 象 甲

成虫主要钻食稻苗基部,新叶抽出后呈现横排圆孔,遇风易折断浮于水面;幼虫则喜取食幼嫩须根,致稻株变黄,重则整株枯萎,受害株亦易患凋萎型白叶枯病。分布于全国各稻区,曾在局部地区暴发成灾,一度基本得到控制,但近年来在江西、安徽等地局部地区数量上升,又成为当地水稻常发性重要害虫。

(二)稻水象甲

稻水象甲是由国外传入我国的检疫性害虫。其成虫啃食秧苗叶肉,受害叶有透明白条斑,严重时全田叶片变白、下折;幼虫蛀食根稻基部,受害株易倒伏、漂浮。自1988年在河北唐山首次发现后,现已陆续扩散到沿渤海湾的吉林、辽宁、天津、北京、山东和东部沿海的浙江、福建、台湾及内陆的安徽、湖南等11个省、直辖市的60余个县(市),并有进一步向临近地区扩散的趋势,是我国值得注意的重要水稻新害虫。

(三)稻根叶甲类

此类害虫是为害水稻的叶甲类害虫的统称。以幼虫取食稻根,成虫取食叶片。其中最为重要的长腿食根叶甲为我国局部地区重要害虫,2000年在贵州省雷山县雷公山山腰地区暴发,每公顷损失稻谷高达3.00~3.75 t。

(四)非洲蝼蛄

成、若虫均钻入稻丛基部泥土中咬断水稻嫩茎和根系,受害稻株附近常有蝼蛄钻蛀的隧洞口,稻苗枯萎、倒伏、枯黄,造成枯死苗或白穗。我国各稻区均有分布,但尤以南方发生较普遍,局部地区对水稻造成危害,田边及落水晒田的水稻田或旱稻受害较重。

(五)稻 水 蝇

在水稻苗期为害,以幼虫咬食或钩断水稻初生根及次生根,造成漂秧缺苗。老熟幼虫在稻株根系等处化蛹,阻碍根系发育,导致秧苗生长不良。分布于我国新疆、宁夏、河北、辽宁、甘肃、陕西、山东、吉林、内蒙古等北方的盐碱地区,尤其是新垦盐碱稻田水稻苗期的重要害虫,可造成毁灭性灾害。

第二节　稻虫的地理分布特点

因害虫物种起源、自身生物学特性、扩散和适应能力大小及历史发展过程中的地质变迁、气候变化以及人类活动等各种因素的影响,害虫与环境协同进化,形成了各自的特定分布范围。

水稻起源于世界动物地理分布的东洋界内,稻虫相应的以东洋界种类为主。随着水稻北移进入动物地理分布的古北界,东洋界稻虫亦扩大到古北界,同时古北界稻虫的比例亦增加。据章士美等(1986)研究,我国的水稻害虫均属于东洋界、古北界或至少与这两界之一跨界的种类,其中纯粹为东洋界的种类占46.6%,加上与东洋界有关的跨界种总计约占88.3%,纯古北界害虫约10.7%,其他1.0%为与东洋界无关但与古北界共界种。

我国昆虫分布区系中的7个区(华南区、华中区、西南区、青藏区、华北区、东北区、蒙新区)中,除青藏区外,其余6个区基本上与稻作区划的6个稻作带相吻合,其中前3个区在东洋界内,对应于水稻南方稻区,后3个区在古北界,对应于北方稻区,两者的南北分界线基本以淮河、秦岭为界。

一、南方稻区——东洋界昆虫

(一)华南湿热双季稻作带——华南昆虫区

包括两广、滇南、闽东南沿海及台、琼、南海诸岛,属南亚热带及热带气候。稻虫发生较重,种类较多,85%以上属东洋界种,其余基本为与东洋界跨界的种。三化螟、二化螟、稻纵卷叶螟、褐飞虱、白背飞虱、稻瘿蚊是最主要害虫，常见的还有大螟、粘虫、稻苞虫、稻眼蝶、稻三点水螟、灰飞虱、黑尾叶蝉、二点黑尾叶蝉、二条黑尾叶蝉、电光叶蝉、大稻缘蝽、稻负泥虫、长腿水叶甲、稻裂爪螨、斯氏狭跗线螨等，其中二点黑尾叶蝉、二条黑尾叶蝉分布主要在本区，稻瘿蚊、稻裂爪螨、斯氏狭跗线螨亦以本区发生最为严重。本区害虫发生的又一重要特点是一些迁飞性昆虫如稻纵卷叶螟、褐飞虱、白背飞虱、粘虫可以在本区顺利越冬，是翌年虫源之一。本区害虫受天敌的自然控制作用大，尤其是寄生性天敌在本区最为丰富。

(二)华中湿润单、双季稻作带——华中昆虫区

包括四川盆地、长江中下游流域及福建北部，大致为南亚热带北界。稻虫种类繁多，约85%属东洋界种，其他不少亦为与东洋界跨界种，但与古北界有关的害虫种类较华南区多。近年来，二化螟、三化螟、稻纵卷叶螟、白背飞虱、褐飞虱、稻蓟马是本区最主要害虫，华南区的常见种除二点黑尾叶蝉、二条黑尾叶蝉、稻瘿蚊、稻裂爪螨、斯氏狭跗线螨外在本区亦较重要，此外，稻蚜虫、稻蝗、稻赤斑沫蝉、稻粉虱以及喜冷种类稻毛眼水蝇亦在局部为害较重。天敌绝大部分同华南区，其中多数种的北限在此区，甚至不过长江，对害虫的控制作用一般不及华南区。

(三)云贵高原湿润单季稻作带——西南昆虫区

主要为云贵高原。稻虫组成最复杂、最丰富，多为东洋界种，古北界种类多于华南区和华中区，这两个区的常见害虫在本区几乎均有分布，亦有一些特有种(如稻白脉夜蛾)。白背飞虱、褐飞虱、二化螟、三化螟、稻纵卷叶螟、稻瘿蚊、稻蓟马、稻秆蝇是本区最主要害虫，其他还有稻负泥虫、稻赤斑沫蝉、灰飞虱、稻蝗、稻蝽类、粘虫、稻铁甲、稻叶蝉、稻苞虫、稻白脉夜蛾等。

二、北方稻区——古北界昆虫

(一)华北半湿润单季稻作带——华北昆虫区

包括秦岭、淮河以北，长城以南地区。昆虫区系上属古北界，但稻虫以东洋界种类为主，约占70%，两界共有种20%，纯古北种10%，相当一些东洋界种类北限在此区(如三化螟、大螟)。二化螟、白背飞虱、褐飞虱、稻蓟马、稻苞虫是本区主要害虫，其他有稻螟蛉、灰飞虱、黑尾叶蝉、稻蝗、稻象甲、稻叶毛眼水蝇、稻摇蚊等。盐碱地区稻水蝇发生较重。当前，该区旱改水田或旱稻面积不断扩大，既可能加重原有虫害，也可能引发新的虫害，值得注意。

(二)东北半湿润单季稻作带——东北昆虫区

主要为东北平原。稻虫为害较轻，种类相对较少，仍以东洋界害虫为主，约占50%，古北界种30%，两界共有种20%。以稻叶毛眼水蝇、稻负泥虫、稻蝗发生较重，其他有稻水蝇、稻摇蚊、二化螟、稻纵卷叶螟、稻螟蛉、白背飞虱、灰飞虱等。

(三)西北干燥单季稻作带——蒙新昆虫区

包括内蒙古、甘肃省河西走廊、新疆等地。稻虫为害最轻，种类较少，以古北界种较多，超过40%，东洋界种小于40%，两界共有20%。稻水蝇是主要害虫。此外，东部还常见稻苞虫、稻螟蛉、稻蝗、稻摇蚊、灰飞虱、白背飞虱、二化螟、稻蓟马、黑尾叶蝉等，西部则常见稻摇蚊、灰飞虱、新疆谷粘虫等。

第三节　我国稻虫的演替及其原因

一、稻虫的演替

近几十年来,我国稻田害虫在不断的演替、变化之中,总体上大致可以分为3个阶段。第一阶段,20世纪60年代中期以前,以螟虫、稻蝗、稻蝽、稻铁甲、稻象甲等较大体型的本地害虫为优势种。第二阶段,自60年代中后期至80年代初期,害虫种类发生较大变化,以稻飞虱(褐飞虱、白背飞虱)、稻叶蝉、稻纵卷叶螟等小体型或迁飞性害虫为主。第三阶段,自80年代至今,稻飞虱(白背飞虱、褐飞虱)、稻纵卷叶螟(俗称"两迁害虫")等迁飞性害虫进一步上升,连年大发生;本地害虫——螟虫(二化螟、三化螟)回升,近年已成为优势害虫,形成本地害虫与迁飞性害虫混合严重发生的局面。同时,部分稻区稻瘿蚊、稻蝗、稻秆蝇、稻螟蛉、大螟、灰飞虱、稻蝽类、稻蚜虫、稻赤斑沫蝉、稻白粉虱、稻象甲等本地害虫呈上升态势,危害不断加剧。

二、稻虫演替原因分析

稻虫作为稻区农田生态系统的一个组成因子,其发生程度由自身生物学特性及其所处农田生态系统共同决定。稻虫的寄主范围、繁殖力、世代数、生活史周期、行为、天敌、药剂敏感性、温湿度要求等方面特性不但决定了自身的地理分布范围,还决定了它在具体农田生态系统中的繁衍程度,在特定的生态系统中常出现特定的优势害虫种类。但这种稻虫自身特性(药剂敏感性除外)在相当长一段时间内是相对稳定的,不足以在较短时间内引起稻虫的剧烈演替,人为的农事活动对农田生态系统的控制和干扰往往是引起这种演替的主要因素。

稻区农田生态系统以水稻为最主要初级生产者,常倾向于大面积单一种植水稻,形成了一个以水稻相关的营养链占绝对优势的生态结构,加之水稻生长季节较短,限制了一些生长缓慢物种的生长繁衍,群落多样性下降、物种数减少,而少数种类数量上升,因而,食物链极大简化,系统稳定性差,极易受到人为农事活动等因素的干扰而迅速演变。

人类在生产中所采用的耕作制度、水稻品种、水肥管理、害虫防治、播种与收割等活动均对稻田生态系统中水稻、害虫、天敌、土壤、田间小气候等生物的和非生物组成因子造成直接或间接的影响,因而在水稻虫害的演替过程中起决定性的作用。新中国建立以来,我国稻区耕作制度、栽培管理及技术、水稻品种、害虫防治技术与农药品种均经历了数次大的变化,是引起稻虫演替的主要因素。通常,一种农业措施的变化在抑制部分害虫发生的同时,又助长了另一部分害虫种群的发展。与这些变化及其引起的生态因子改变相适应的害虫种群数量上升,危害加剧;反之,不相适应的害虫数量减少,危害减轻。稻区农田生态系统主要组成因子及相互关系见图14-1。

(一)耕作制度改变的影响

耕作制度关系到害虫种群发生与寄主水稻在时间上的配合程度,直接影响到稻虫的食料条件和栖息环境,是引起稻虫演替的主导因素。我国稻区耕作制度经历了由单季为主到双季为主再到单双季并重的演变历程,与同期稻虫的演替高度一致。

1956年以前,我国多数稻区为比较简单的稻麦两熟制,种植单季中稻或单季晚稻,螟

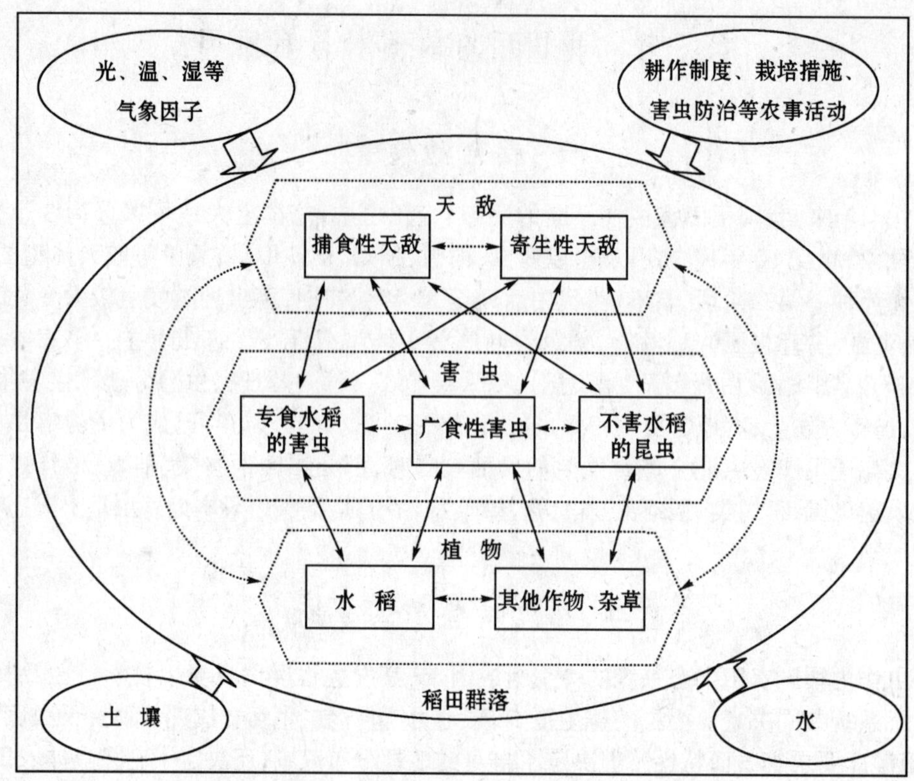

图 14-1　稻区农田生态系统主要组成因子及相互关系示意图

虫、稻蝽、稻象甲等体型相对较大的本地越冬昆虫为优势害虫。在不同螟虫种类中,因单季中、晚稻栽插迟,不利于食性单一的三化螟第一代取食和繁殖,以二化螟为优势种,少数双季间作稻地区单、双季稻并存,早稻栽插早,稻螟以三化螟为优势种。1956 年全国开始耕作改制,双季稻的面积不断扩大,初期出现的单、双季混栽,早、中、晚稻混栽,以及间作稻、连作稻并存的局面,水稻生长期显著延长。以长江中下游为例,每年双季早稻提早到 3 月底或 4 月初播种,晚稻收割推迟到 11 月中下旬,全年水稻生长季节延长近 2 个月,三化螟食料条件丰富,为该时期优势害虫。60 年代中期双季稻开始稳步上升,至 70 年代初占绝对比例,很多稻区成为纯双季稻区,为稻飞虱、稻纵卷叶螟、稻蓟马等的发生提供了连年大范围的丰富食料条件,是迁飞性害虫和小体型害虫迅速上升为主要害虫的重要原因;另一方面,因早、晚稻换茬时早稻的收割及翻耕,加大对害虫生长发育的人为干扰,并中断了害虫食料的连续性,造成早、晚稻间缺少"桥梁",尤其在纯双季稻地区,对螟虫等体型相对较大、世代历期较长、年发生代数较少的害虫,使其在早稻上大量幼虫夭折,种群数量很低。70 年代末、80 年代初,随着联产承包责任制的推行,单季稻的面积又开始扩大,90 年代后期长江流域单、双季稻混栽局面十分普遍,混栽区不但因种植双季稻,水稻生长季节长,且有混栽单季稻作为双季早、晚稻间的桥梁,保证了水稻食料的连续性,对迁飞性害虫和本地越冬害虫的发生均较为有利,两者同时大发生。

耕作制度的变迁对稻虫食料条件的影响还表现在害虫越冬寄主的改变。例如,二化螟可以在稻茬、稻草、春花作物、菰、杂草等多种场所或越冬寄主上越冬,越冬代羽化时间因此而有较大差异,随耕作制度改变,相关场所或寄主复杂化,造成该虫第一代发生峰次增多,发生期延长,增加了防治难度。春耕的迟早亦直接影响越冬螟虫的有效率,春耕栽种迟的稻苗可以避开大部分成虫的产卵,在浙江、江苏等地单季稻推迟到5月中下旬播种,可以在很大程度上控制螟虫的发生。不同春花作物因熟期不同对虫源的有效性有较大影响,油菜、小麦等作物收割期迟于大麦,收割时植株上残留的越冬代二化螟幼虫比例较低,有效虫率明显较高,油菜、小麦等迟熟春花作物面积的扩大,可提高越冬代有效虫率,有利于二化螟的发生。又如,种植制度复杂化,麦田大面积少耕或免耕,冬、春季在田作物类型多、面积大,田间地头杂草丛生,给灰飞虱提供了优越的越冬场所和丰富的食料条件,是近年江苏、安徽等省灰飞虱及其传播的条纹叶枯病大暴发的重要原因。免耕春花作物(如油菜田、小麦)面积增大,主要越冬寄主看麦娘等杂草丛生也是四川等地稻秆蝇上升的重要原因之一。

(二)水稻品种更换的影响

随着农业的发展和耕作制度的变化,主要水稻品种亦发生改变。新中国建立初期至20世纪60年代中期以高秆、生育期较长的地方品种为主。之后矮秆、高产品种逐渐成为当家品种,田间栽种的品种类型增多,品种更换速度加快,至20世纪70年代因双季稻加上春花作物的“三熟制”在长江中下游的推行,为保证各季作物的高产,中熟矮秆高产品种为主要类型;同期杂交稻大面积推广是南方稻区水稻品种的又一重要变化。20世纪80年代以来,杂交稻面积进一步发展,最高年份占全国水稻播种面积的53.8%,广东、广西、四川等地占60%~70%,同时,随单季稻面积的扩大或双季稻区春花作物面积的减少,对生育期要求放宽,同地区常有不同熟期品种种植。20世纪90年代中后期以来,长江中下游部分地区推广“压双(季稻)扩单(季稻)”,单季稻面积进一步扩大,加上人们对水稻从单纯追求产量开始转向同时追求产量和品质,品种优质化、多用化、专用化,新株型水稻的育成与推广,使得品种生育期长短不一、类型十分丰富,品种混栽的情况进一步突出。

不同类型品种通常具不同营养与株型特点,因此随着品种的更换,稻虫的营养和栖息环境条件发生改变。高秆变矮秆,稻茎直径变小,维管束间距变窄,不利于螟虫的钻蛀及钻入后的为害,20世纪60年代矮秆品种的大面积推广,加剧了因单季改双季对螟虫带来的不利影响,进一步压低了螟虫的虫口数量。杂交稻营养生长旺盛,植株相对高大,茎秆粗壮,营养丰富,维管束间距大,硅含量较低,不但为螟虫提供了良好的食料条件,还有利于螟虫的钻蛀及栖息环境的改善,是20世纪80年代以来螟虫回升的又一个重要原因。杂交稻同常规籼稻相比,虽然对三化螟的生长、发育和繁殖更为有利,但因其生育期提早7~10天,避开了三化螟的为害高峰,不利于该虫的发生,是长江中下游稻区螟虫中三化螟处于劣势的重要原因。杂交稻还为稻飞虱等害虫提供了较好的营养条件,在杂交水稻上生活的稻飞虱(尤其是白背飞虱)繁殖量、存活率均高于常规水稻;稻纵卷叶螟亦喜选择杂交稻产卵、繁殖,加剧了同期稻飞虱、稻纵卷叶螟的发生。近年来开始推广的新株型“超级稻”茎秆粗壮、维管束间距大,营养丰富,便于螟虫的钻蛀和生长发育,并吸引螟虫产卵,而且分蘖中等、穗型较大、总穗数较少,水稻的产量构成对螟虫的为害更为敏感,生育期较长亦利于害虫侵害,其大面积的推广可能对稻虫的进一步演变起重要作用,值得重视。

不同熟期品种的播种、移栽、收获时间常不相同,直接影响到稻虫与寄主植物在时间上的配合性,进而影响害虫的发生。如同样种植双季稻的地区,长江流域因季节较紧,早稻采用早、中熟品种,可在三化螟2代幼虫盛孵前齐穗,免受其害;加之“双抢”期短,早稻茬及时耕翻，早稻中三化螟2代幼虫能转化为3代的较少；连作晚稻也用熟期较早的杂交稻，齐穗早，又避过了4代幼虫盛孵期：因而三化螟种群凋落。华南地区热量较充足，季节相对宽松，早、晚稻均可采用生育期较长的晚熟品种，早稻破口期常与三化螟2代发生期相遇；“双抢”期较长，残留早稻茬或稻草中的2代幼虫能有较大比例顺利化蛹羽化；晚稻破口期又碰上4代发生期：因而三化螟种群长盛不衰。在华南稻区与长江流域间的过渡地带，早、晚稻只能有一季为晚熟品种，三化螟2代或4代只能有一个世代发生期与迟熟品种相遇，其发生程度低于华南稻区而高于长江流域稻区。另外，随品种的多样化，同一地区种植的品种熟期参差不齐，形成局部混栽，造成稻虫总能遇到生育期适宜的水稻为害，进一步加剧了近年来螟虫等稻虫的危害。

此外，不同品种可能有不同的抗、耐虫特性，对害虫发生有较大影响。感虫的杂交籼稻的大面积推广，是白背飞虱、稻纵卷叶螟、稻瘿蚊上升的一个重要原因。

(三)栽培管理变化的影响

随稻作改制、品种更换，我国稻田施肥量数十倍地提高，而且以氮肥为主的化学肥料比重显著提高，由新中国建立初期的几乎不施化肥，到20世纪70~80年代的以化肥为主，到90年代以来几乎只施化肥的情况亦较普遍。这些变化对水稻植株的生长条件和营养结构影响深刻，生产中普遍偏施氮肥的情况造成植株徒长鲜嫩，叶色浓绿，不但吸引稻飞虱、稻纵卷叶螟、稻螟虫等主要害虫趋之产卵、取食，还形成适合稻虫生长、发育、繁殖的营养状况，稻虫生长发育快、繁殖力大、寿命长，加上植株徒长改变田间郁蔽度，造成适合于多种稻虫发生的田间小气候，这些变化是近年来这些害虫暴发成灾的重要原因之一。

与品种更换和施肥水平相联系，稻田栽植密度自20世纪70年代开始亦逐步提高，由50年代的每平方米约20丛提高到约60丛，期间最高曾达到75丛。这种变化改变了水稻的生长环境以及田间通风透气状况，进而也改变了害虫栖息的田间小气候，影响害虫的发生。

近年来，稻作栽培技术的一个突出特点是抛秧、直播、免耕、机割等轻简型栽培技术在生产中得到大量的推广、应用，不但水稻的田间群体结构呈现新特点，而且还减少了以往收种、耕翻对稻田害虫的影响，田间及田边杂草较多，是稻螟、稻纵卷叶螟、稻秆蝇、稻蓟马等许多害虫上升的又一重要原因。据调查，抛秧田稻螟、稻纵卷叶螟的发生量比手栽田高约2倍；免耕田与耕翻田螟虫越冬代存活率可相差4~6倍；机耕田残留虫口亦较收割田高出数倍。直播稻田因减少了移栽对稻田的干扰，且大田生长期延长，稻虫的发生亦出现新规律。

水改旱或旱稻、陆稻面积的扩大改变了害虫的栖息环境，害虫种类和数量随之改变。在四川等省的部分稻区推广的旱育秧技术，稻蓟马、稻螟等稻虫对旱秧的危害比水秧重2~5倍，同时秧田蝼蛄、红腹缢管蚜等旱地害虫成为主要稻虫。

(四)农药品种更替的影响

化学农药自20世纪50年代以来逐渐演变成我国稻虫防治中的最主要手段，生产上过度依赖化学农药以及滥用、乱用农药的现象较为普遍。稻田化学杀虫剂在品种结构上从20世纪60年代中期以前的单纯使用剧毒、广谱的有机氯农药——六六六，过渡到60年代中期至80年代初期主要使用毒性稍小的高毒有机磷农药及其与有机氯的混配药剂。随着1983年我国对有机氯农药在农田的禁用，80年代以来以甲胺磷为代表的有机磷和以叶蝉散为代表的氨基甲酸类农药是主要农药品种，同时毒性较低、药效较高的沙蚕毒素类农药杀虫双/单以及昆虫生长调节剂农药扑虱灵(优乐得)开始大量使用。近年来，随着我国农业上的全面禁用甲胺磷、对硫磷、甲基对硫磷、久效磷和磷胺5种高毒有机磷农药的期限(2007年1月1日)的迫近,以及许多省、自治区、直辖市对氧化乐果、呋喃丹等高毒农药在水稻上的逐步禁用,高效、低毒、低残留、具选择性、环境友好杀虫剂的比重逐年提高,但高毒广谱性农药因价格低、国内生产能力、稻农使用习惯等诸多方面的因素,在生产上仍占据较大比例。直到2001年,在稻虫防治面积上,甲胺磷尚居于稻田杀虫剂的首位。

农药品种类型变更的直接后果就是对稻区农田生态系统干扰强度、靶标范围、天敌影响等方面的改变。广谱性杀虫剂的大量施用,致使害虫天敌被大量杀死,自然天敌的控制作用减弱,是稻飞虱等小体型昆虫20世纪60年代以来迅速上升为主要害虫的重要原因。防治螟虫的三唑磷等一些农药还对稻飞虱的发生有诱发作用,进一步导致稻飞虱种群数量的上升。稻象甲、稻铁甲等害虫对有机氯农药最为敏感,其他农药相对较差,有机氯农药的使用使该类害虫迅速得到控制,80年代初有机氯农药的禁用是其开始回升的重要原因。

值得指出的是,上述农事操作的影响不是单独的,一种因素的变化常与其他因素的变化同时发生,害虫的演变也是上述因素综合作用的结果。此外,除了人为农事操作方面的影响外,近年来出现的暖冬等异常气候也是稻虫发生普遍上升的重要原因之一。暖冬年份,稻螟虫越冬死亡率低,冬后基数大,发生期提早;暖冬亦有利于迁飞性害虫稻飞虱在华南等地冬季的繁殖,增加越冬基数,迁出为害期提前,这是1987年和1991年全国稻飞虱特大发生的主要原因。

第四节　我国稻虫的综合治理及防治技术

一、稻虫综合治理的发展

早在20世纪50年代初期,我国在农业害虫防治中就开始注意到了“综合防治”,在当时最主要水稻害虫——稻螟的防治方面,采取“防、避、治结合”控害策略,综合运用了耕翻稻茬、点灯诱蛾、人工采卵、拔除虫害株等多种人工措施。随着我国化学农药工业的发展,1954年开始采用农业防治与化学防治相结合的策略,化学农药在稻虫防治中的应用日趋广泛。因化学农药的速效性和有效性,稻农对化学防治的依赖程度迅速提高,一度出现滥用、乱用局面。随着化学农药引起的害虫抗药性、环境污染、人畜农药中毒等问题的日益突出,对化学农药的巨大负面效应的认识越来越深入。1975年,全国制定了“预防为主,综合防治”的植保方针,并从1980年开始在南方水稻主产区开展了大规模的稻虫综合治理策略和技术研究、示范和推广的协作攻关,改变生产上对化学农药尤其是高毒农药的依赖性,减少化学农药的使用量是其主要目标。1983年综防面积达133万 hm^2,1984年、1985年迅速扩大到458万 hm^2 和598万 hm^2,1990年又进一步发展到1 036万 hm^2,占同期水稻播种面积的1/3,成为稻虫综合治理的高峰时期。与非综合防治田相比,每公顷增加稻谷453 kg,减少农药及施药成本70元以上,直接经济效益超过37亿元。因农药减少使稻区生态环境效益亦较为明显。同时,还先后培训专业干部和农民技术员近100万人次,在全国范围内建立了一个由全国植保总站,省植保站,县、乡植保站或农技站,农民技术员,进而直达农户的综合治理技术服务体系,稻农综合治理意识得到较大的增强,使整个稻虫综合治理的理论与实践均发展到一个相当高的水平。

进入20世纪90年代以后,随着水稻生产比较效益的趋低,广大稻区很大一部分稻农(尤其是青壮年稻农)弃农务工、从商,使得水稻生产劳动力投入减少;同时,国家机构体制改革中一些机制一时没能理顺,一度出现县及乡镇的基层农技部门多依靠自己的经营(很大程度依靠农药销售)获得主要的日常维持和工资、奖金等方面的经费开支的局面,在害虫综合防治方面的技术服务功能几乎瘫痪,甚至出现为卖农药增收而在某种程度上加重虫情预报或乱推荐用药的现象。江苏省就曾出现农技站给农户一次用药开列多达七八种农药,造成数万公顷稻田严重受药害的事故。加之,以往多数综合治理有关的技术较费时、费力,远没有单纯使用化学农药那样简单而效果立竿见影,对技术服务部门的依赖性亦较高。在这种背景下,稻农在生产中实质上仍过多地依赖化学农药进行稻虫的防治。

随着国家经济的发展和人民生活水平的提高,广大民众对与健康休戚相关的食品安全日益重视,对无公害食品稻米及有机食品稻米等的需求日益迫切,对生态环境质量等方面日益关注。原有过多依赖化学农药的稻作生产体系显然不能满足这一需求,加之过多依赖化学农药使二化螟等主要稻虫产生严重的抗药性,防治效果降低,一些农药还因大量杀伤天敌而引发非靶标害虫的猖獗,以自然控制、生态控制为特色的稻虫综合治理又受到了各级政府部门和广大农户的高度重视,并将成为今后稻虫控制技术研究和应用的必然发展趋势。

二、我国稻作生产中稻虫综合治理策略与技术

1975年制定“预防为主,综合防治”的植保方针后,我国正式进入现代稻虫综合防治阶段,国家和科技研究人员对稻虫综合治理的理论和技术研究普遍较为重视。从“六五”开始,稻虫综合治理连续5个“五年计划”列入农业部和科技部组织的全国科技攻关计划,在稻虫综合治理方面形成了一套较为完整的理论及配套技术。目前的稻虫综合治理总策略是:从农田生态系统的整体出发,以农业防治为基础,有节制地、合理地使用化学农药,充分发挥自然控害因子的作用,将稻虫危害控制在经济允许水平以下,以获得最大的经济、生态和社会效益。而且,在体系结构上,农业害虫综合防治正在从以单一害虫、单一作物为对象,逐渐发展到以区域性农业生态系统为对象。

实践表明,综合防治技术在生产中的实际推广、应用程度,除了社会需求、农民收益、技术服务体系等方面的因素外,还取决于技术本身的易操作性。我国稻虫的综合治理技术在经历了开始发展阶段的由简到繁之后,近年已转入由繁到简的发展过程,以农民易于接受的形式,将各种技术(尤其是农业防治技术)集成到各地的稻作模式栽培技术中是其重要特征之一。在“九五”和“十五”两个五年计划的稻虫综合治理攻关中,尤其重视轻简性、可操作性实用技术的研究、组装与示范、推广,在许多方面取得了令世人瞩目的、并在生产中迅速推广应用的技术成果。近年来的主要综合治理配套技术包括以下几个方面。

(一)以农业防治为基础,寻求稻虫防治与优质高产、无公害栽培技术的一致性和一体化

在稻虫综合防治中,提倡选用抗虫品种、健身栽培等农业措施,将害虫防治与高产优质栽培技术统一协调起来,实现水稻高产、优质、无公害化生产。

第一,抗虫品种的选用,是稻虫防治中最为经济、安全的防治方法。我国稻种资源十分丰富,对各类主要稻虫抗性资源的筛选、鉴定和利用十分重视。抗螟虫材料的筛选从20世纪30年代即已开始,至70~80年代,抗虫性筛选对象扩展到褐飞虱、白背飞虱、稻纵卷叶螟、稻瘿蚊、稻蓟马等各主要水稻害虫,尤其以“七五”和“八五”期间全国组织20多家单位参

加的协作攻关规模最大，仅对褐飞虱、白背飞虱的抗虫性评价就收集和鉴定了10万份次以上的水稻材料，筛选出中抗至高抗褐飞虱或白背飞虱的材料6700多份次。这些抗虫资源在水稻品种选育中得到广泛应用，对稻飞虱的抗虫性是新品种选育、审定、推广的一个重要性状指标。迄今，抗褐飞虱、白背飞虱和稻瘿蚊的抗虫水稻品种已在生产上得到大面积推广，在对这些害虫的控制中发挥了重要作用。

对生产上连年大发生的稻螟虫(二化螟、三化螟)以及稻纵卷叶螟，虽然水稻品种资源中一直缺少可有效利用的高抗种质资源，但近10多年来通过转基因技术育成的抗性优异的抗螟虫和抗稻纵卷叶螟转基因水稻取得重要突破。迄今，国内外有10多个研究组采用农杆菌介导或基因枪等方法相继育成了抗上述害虫的转基因水稻品系，水稻类型涉及籼稻、粳稻，也包括常规稻和杂交稻，所导入的基因主要有Bt内毒素蛋白基因 *cry1Ab*、*cry1Ac* 和豇豆胰蛋白酶抑制剂基因 *cpti*(*SCK*)等。我国转基因水稻的研究现阶段在世界上居于领先水平，中国科学院遗传与发育研究所和福建省农业科学院合作培育的转 *cry1Ac* + *SCK* 双价基因明恢86(籼稻)及其杂交组合、浙江大学培育的转 *cry1Ab* 基因“克螟稻”(粳稻)、华中农业大学培育的转 *cry1Ab*/*cry1Ac* 融合基因汕优63(杂交稻)等抗虫转基因水稻均已进入生产性试验阶段，对螟虫和稻纵卷叶螟的防治效果均在90%以上，部分品系全水稻生育期防治效果甚至可达100%，即使在田间螟虫和稻纵卷叶螟大发生或特大发生的情况下亦完全免疫，无须化学防治；这些转基因水稻对稻苞虫、稻螟蛉等其他次要鳞翅目害虫亦有明显抗虫效果，在稻虫综合防治中展现出巨大应用前景。

然而，出于对转基因水稻的食用安全性和其潜在生态风险的担忧，目前我国尚无转基因水稻获准商品化生产。近年来，我国十分重视有关转基因水稻安全性方面的研究，通过国家“973”项目、“863”项目及转基因水稻专项等多类国家重大科学研究项目的资助，组织分子生物学、生态学、植物保护学和食品安全等各方面的科技人员进行协作攻关，就抗虫转基因水稻的食品安全性以及对害虫、天敌、野生稻资源保护、稻田生物多样性等方面的生态风险开展了较广泛、深入的研究，目前无论在食品安全还是生态风险方面尚未发现任何明显的负面效应，对抗虫转基因水稻的安全性有了一定的认识。然而，考虑到水稻是我国乃至世界上第一位的粮食作物，稻米是我国65%以上人口的主食，每日均需大量摄入，一旦长期食用转基因稻米存在食品安全问题，其对国家政治、经济、社会等各方面的负面影响难以预料，加之，大面积、长期种植转基因水稻亦可能引发靶标害虫抗性、野生稻资源受损和其他不良的生态效应，其中害虫抗性的产生直接关系到转基因水稻的使用寿命，仅依靠短期内的研究尚难以完全消除这些顾虑；另一方面，螟虫和稻纵卷叶螟连年大发生，化学农药是该类害虫的主要防治手段，而害虫对一些主要当家农药的抗药性较为严重，亦缺少其他有效防治手段，对以该类害虫为靶标的抗虫转基因水稻有强烈需求。因此，慎重地、有节制地分阶段、分区域批准抗虫转基因水稻的商品化生产应是一种可行的选择，在继续重视、加强有关安全性方面研究的同时，还需研究、建立对转基因水稻生产的生态与食品安全性长期、有效的监控、预警应急机制，保障水稻生产的可持续发展和我国的粮食安全。目前，我国农业主管部门对这项工作高度重视，对避免或减少转基因水稻潜在的风险具有重要意义。

抗虫品种利用中面临的首要问题是随害虫抗性种群(即新生物型或新致害性种群)的产生，品种抗性丧失，因此实现包括常规抗虫水稻、转基因抗虫水稻在内的水稻品种抗虫性的可持续利用十分重要。

国内外对抗褐飞虱、稻瘿蚊等生产上应用较早、推广面积较大的抗虫水稻品种的可持续利用及其相关基础研究相对较为深入。就褐飞虱而言，1973 年国际水稻研究所开始在东南亚大面积推广了含抗虫基因 *Bph1* 的水稻品种 IR26，曾一度基本控制了褐飞虱的危害，但 1975 年即发现该品种开始感虫、抗性下降。继而又推广了含主效基因 *bph2* 和微效抗虫基因的水稻品种 IR36，虽然其良好的抗虫效果维持了相对长的一段时间，但 8 年后亦开始丧失其抗虫性。抗虫品种大面积推广种植一段时间后，褐飞虱致害性发生变异(产生新"生物型")，是导致上述抗虫品种抗性相继丧失的直接原因。国内自 20 世纪 70 年代后期开始对我国稻飞虱的致害特性("生物型")进行研究，"八五"开始，又先后得到国家科技攻关、国家攀登计划、国家"973"项目等大型科技项目的资助，在我国田间褐飞虱致害特性变异的监测、致害特性变异规律及其机制等方面开展了较为深入、系统的研究。近 20 年的监测发现，我国田间褐飞虱种群致害性先后经历了两次较大的变异。以浙江省田间种群为例，1989 年开始，能致害含 *Bph1* 抗虫基因水稻品种的褐飞虱个体("生物型 2")比例迅速上升，至 2000 年，能致害含 *bph2* 抗虫基因的褐飞虱个体("生物型 3")比例又明显增加。褐飞虱致害性变异是一个渐进的积累过程，在含抗虫主效基因 *Bph1* 的 Mudgo 或 *bph2* 的 ASD7 等抗虫水稻品种上连续胁迫饲养，少则 3~4 代，多则 10 余代，褐飞虱即能从原本不能致害转变为能致害，具体代数因不同地区虫源、不同水稻抗虫品种、不同饲养方法而存在一定的差异。反过来，一旦强致害抗虫品种的褐飞虱种群回复到感虫品种上饲养，其对原抗虫品种的致害性力又能在数代之后迅速丧失。研究发现，褐飞虱对水稻抗虫品种的致害性属多基因控制的数量性状，其遗传效应包括明显的加性效应、显性效应及显性 × 环境(品种)的互作效应，致害性变异是褐飞虱自身遗传特性和抗虫品种综合作用的结果。在单一主效抗虫水稻品种上产生的褐飞虱致害性种群(生物型)在遗传上相对纯化，最近的分子生物学证据表明不同抗虫品种上的褐飞虱致害性种群间分化明显，依据 RAPD 多态性可以将不同致害性种群完全分开，已筛选到一些与种群致害特性相关的种群特异的分子标记，进一步研究可望实现褐飞虱致害性的分子检测。随着认识的深入，人们开始重视多基因育种策略、微效基因育种策略以及不同类型抗虫品种的合理布局等抗虫品种利用对策，对有效地延缓褐飞虱新致害性种群的产生，延长抗虫品种使用寿命有着极其重要的意义。

对抗虫转基因水稻品种的抗性治理，高剂量表达和"避难所"设置是两个最为重要的策略。杀虫毒蛋白基因的高剂量表达足以将抗性杂合子害虫个体杀死，"避难所"则为害虫田间种群保留一定数量的敏感基因，两者结合可以有效地延缓害虫种群中抗性基因的积累，进而延缓害虫抗性的产生。这种策略在国外批准商品化生产的抗虫转基因棉花、玉米(美国)的可持续利用中发挥了积极作用。

第二，采用科学肥水管理为主体的健身栽培技术，增强稻株抗、耐虫能力，创造不利于害虫发生繁衍的田间栖息环境。合理肥水管理对稻螟虫、稻飞虱、稻纵卷叶螟、稻飞虱等多种主要稻虫均有显著抑制效果。通过控制氮肥和增施磷、钾肥，近年来部分地区还推广精准施肥，提高了肥料的利用率，这有利于促进稻苗健康生长，增强稻株的抗、耐虫能力，对减轻害虫的危害有明显效果；反之，不合理的施肥(如偏施氮肥)常造成田间稻株徒长、叶色嫩绿宽厚，吸引多数稻虫产卵为害，同时因田间稻苗群体过大，田间郁蔽度高，为害虫的孳生繁衍提供了良好的小气候。

对水源较充足的稻田，通过适时落水"烤田"以控制无效分蘖、促进根系发育和稻苗生长老健，同时亦改善了稻田生态环境，起到控制害虫、稳定天敌类群的作用。

对稻蓟马、稻瘿蚊等水稻前期害虫，在采用药剂防治的同时，一般还通过适量、适时的追肥，可以充分发挥水稻自身对这些害虫的补偿能力，减轻害虫的危害。

第三，合理的耕作制度、作物及品种布局能恶化主要害虫的食料和栖息条件，避开稻虫发生高峰期，是一条十分有效的稻虫控制途径。我国广大水稻产区稻农的经营规模普遍较小，所采用的耕作制度、栽培方式复杂，水稻品种十分繁杂，是水稻害虫尤其是稻螟虫持续回升、连年大发生的主要原因之一。随着国民经济的发展，国家对农业投入的增大，粮食比较效益的增加，开始出现了一些地区或一些大的种业集团公司以创建产地品牌或公司品牌为目标、提高稻作生产效益的稻作生产模式，这为在一个乡镇或更大的区域采用少数几个品种和简化耕作制度提供了新的契机。

同一区域统一品种，统一耕作制度，对有效地切断或减少害虫食物来源甚至恶化栖息环境十分重要。20 世纪 70 年代稻螟虫在长江中下游稻区基本得到控制的主要原因就在于耕作制度较单一，双季稻占绝对地位，以生产队为单位的农业生产方式采用统一水稻品种亦较为容易(加之当时品种数量远较目前少，政府行政指令在品种选用方面的影响很大)，致使双季早、晚稻交替时桥梁田缺失，田间虫量逐年下降。近年来，通过调节水稻播种期错开水稻敏感期与害虫发生为害高峰期，已经纳入一些地区害虫综合治理体系中，如苏、皖等地单季直播稻区，利用直播稻生育期较短的特性，采用适当推迟播种以避开越冬代螟虫羽化、产卵高峰，是当地稻虫防治的一项关键技术，显著减轻了该虫的为害。闽西北双季稻区，则通过适当提早播种期，使早稻在二代稻瘿蚊成虫盛发前进入抗稻瘿蚊为害的幼穗分化期，从而避开三代稻瘿蚊幼虫为害；晚稻则推广再生稻，利用再生稻受害敏感期较短和株型结构不利于稻瘿蚊初孵幼虫侵入的特点，显著减轻了稻瘿蚊的为害。

实施水旱轮作也是重要的防治措施。在同一田块连年种植同一作物，容易使害虫种群数量逐年积累，而某些情况下，轮作起到切断食物链的作用，特别是对活动能力有限的土居害虫最为有效。如稻根叶甲主要生存在长年积水、水草孳生或背光阴冷的稻田中，实施水旱轮作是控制该虫的根本措施。

采用宽窄行栽培技术，改善通风透光条件，亦能创造不利于害虫发生的稻田小气候。

此外，在农业防治措施中，加强农田基本建设对稻虫的控制有重要意义。土地平整、排灌配套是进行害虫综合治理的重要前提条件。在此基础上，适时适度深灌是杀灭稻螟越冬代蛹的重要措施；施药期间田间保持 3 ~ 7 cm 深水层，可以显著提高稻虫化学防治的效果；换水洗碱降低稻田的 pH 值，是控制盐碱地稻水蝇的根本措施。冬闲田翻耕等农事操作既可改善土壤结构，又是减少稻螟等本地虫源害虫的越冬代数量的有效措施。

(二)开展生物防治，积极发挥生物因子的控害作用

随着人们对食品安全和生态环境质量要求的提高，生物控制因子在稻虫综合防治体系中发挥的作用越来越重要。

第一，保护利用自然天敌、充分发挥自然天敌的控害作用，是生物防治的主要途径。我国稻田天敌资源较丰富，对害虫的控制作用较强，不但对主要稻虫——稻螟、稻飞虱和稻纵卷叶螟种群数量的控制有着极其重要的作用，还是一些次要害虫(如稻苞虫、稻螟蛉等)难以上升为主要害虫的重要原因。稻虫综合防治实践表明，只要能充分地考虑到害虫天敌的控害作用，并能加以适当的保护，自然天敌就能对稻虫起到很好的控害作用。至于天敌的人工繁育及田间释放，仅释放赤眼蜂曾在局部地区得到应用并取得较好控制效果，但有待解决的问题较多，现阶段尚无合适技术在稻田应用。

影响田间自然天敌的因子较多。人为农事活动，诸如翻耕、灌溉、中耕、收割、施用农药等均可能直接或间接地影响天敌的生存和繁衍，尤其是目前对化学农药的过度依赖以及杀灭性杀虫剂的大量使用，对稻田天敌的影响最大。因此，合理使用化学农药，协调好化学农药和生物防治间矛盾是保护利用天敌的最主要途径。

收割、翻耕等农事操作常直接破坏天敌的正常栖息场所，因此人为提供一些隐蔽、避难场所对天敌的保护利用亦至关重要。如在双季稻区早稻收割和晚稻栽插前，保留田埂等周边环境杂草或其他作物，为田间逃出的天敌提供一定的避难场所；在放水翻耕前放置一些稻草把，可以收集大量的天敌，进而转移到田埂上。这些简单的做法，对保留一定的田间天敌基数，充分发挥自然天敌对晚稻害虫的控害作用，都具有显著意义。

近年还提出非稻田生境天敌调控技术，即通过非稻田生境的调节，充分发挥周边非稻田生境的"天敌库"作用，补充稻田天敌，增强其对稻虫的控制作用。在浙江等地的实践证明，该技术对稻飞虱天敌的保护利用有显著效果。当然，稻区非稻田生境在为稻田提供天敌的同时，亦可能有利于一些以稻田周边杂草为重要过渡寄主的稻蝽类、稻蝗等害虫的发生，成为"害虫库"，故协调解决好非稻田生境"天敌库"与"害虫库"间的矛盾，是今后该技术在自然天敌保护中发挥更大作用的关键。

第二，使用生物制剂防治害虫，是自然天敌控害作用的重要补充和生物防治的重要途径。目前在稻田使用的生物类制剂主要为苏云金杆菌，对稻螟虫有较好的控制作用，其使用面积约占到稻虫防治面积的1%。白僵菌防治越冬代三化螟及黑尾叶蝉亦有较好的效果。随着对生态农业的重视，无论是国家主管部门还是农药企业集团对新生物制剂的研究和开发力度的加大，一些新的制剂（如阿维菌素）亦开始应用于稻虫的防治中，但生物制剂成为稻虫综合治理中的关键技术尚需时日。

第三，"稻鸭共育、稻鱼蛙共育"是近年受到重视的害虫生物防治途径。近年来通过水稻与鸭、鱼共育方式的优化与改进，形成了有机结合的农业立体种植、养殖的新模式，一些地区还采用稻蛙共育或稻蟹共育等模式。在长江中下游流域水源较充足的稻区，稻鸭共育或稻鱼蛙蟹共养受到普遍的重视，湖南、浙江、江苏等地已将其正式作为害虫综合治理体系中的一种重要措施进行推广。

稻鸭共育或稻鱼共养主要对稻飞虱、稻叶蝉的发生有较明显的抑制作用，因而能减少农药施用，改善稻田生态环境，有利于无公害食品稻米、绿色食品稻米的生产，同时还能获得自然放养的优质鸭或鱼产品，大幅度提高稻田综合效益。

（三）合理使用化学农药，仍然是稻虫综合治理中的主要措施之一

鉴于化学农药的速效作用，即其立竿见影的杀虫效果（这一点对当前稻农选用防治措施影响较大）生产上尚没有其他防治手段能比拟，化学防治仍然是稻虫综合治理体系中目前及今后相当长一段时期内的主要手段之一。

合理使用化学农药的关键目标是解决好化学农药和生物防治间的矛盾。主要采取两条途径：一是尽量减少杀虫剂的使用量。主要措施包括加强虫情测报，确保适期用药，提高药剂防治的效率，减少无谓用药；放宽害虫防治指标，减少用药面积和用药次数；秧田集中防治或带药移栽，减少大田用药，直播稻田则采取种子带药下田防治早期害虫，减轻杀虫剂对早期天敌的直接伤害；充分利用水稻前期对稻纵卷叶螟等害虫的补偿能力，在大田移栽后一段时间(如1个月)尽量避免对该类害虫用药，减少大田药剂的使用；改进施药方法，采用颗粒剂或根区施药、深层施药、低剂量施药技术等，有效减少农药施用量和对天敌的直接毒害。二是开发、选用高效、低毒、药效长、具选择性的农药或剂型，减少所用农药对天敌的杀伤作用及其施用量。目前在对稻飞虱、稻叶蝉等刺吸式口器害虫的防治中，扑虱灵、吡虫啉等高效低毒、药效长的农药品种已成为应用最多的两种农药；在对稻螟虫的防治中，沙蚕毒素类农药杀虫双/单亦是最常用农药之一；高效低毒、长药效的锐劲特及其复配制剂近年在稻虫防治中亦得以迅速推广。这些农药均对减轻对天敌的杀害作用有较重要意义。

合理使用化学农药还是延长化学农药使用寿命的重要保障。避免长期使用同一种或同一类型的杀虫剂，通过不同作用机制且相互间不存在交互抗性的农药品种的轮换使用，或不同农药的合理混用，均是避免或延缓害虫抗药性产生、延长杀虫剂使用寿命的的重要途径。

(四)物理防治在稻虫综合治理防治中愈来愈受到重视

物理防治副作用小，在生态农业、无公害农业或绿色农业中受到越来越广泛的重视。近年来，利用害虫的趋光特性，以频振式杀虫灯为主要手段的物理防治技术，在广东、浙江、湖南、四川、安徽、广西、湖北等水稻主产区的稻虫综合治理中得到大力的示范、推广，并开始成为区域性农业害虫综合防治中的重要技术手段。

频振式杀虫灯对稻螟虫、稻飞虱、稻纵卷叶螟等主要水稻害虫均有较好的诱杀效果，用灯区害虫暴发数量和频率均显著降低，施药次数和用药量大幅减少，农田生态环境明显改善，田间蜘蛛等天敌增多。该灯对天敌昆虫亦有一定的诱杀作用，但一般认为利大于弊，在广东省贺州的试验发现诱杀昆虫的益害比为1:53。

第五节　稻虫防治研究展望

近年来，我国稻作生产出现了许多新变化、新趋势，对稻虫综合治理提出了新任务、新挑战。归纳起来主要有以下两个方面。

一、社会对食品安全、生态环境质量的关注，给稻虫综合防治提出了新任务

当前的稻虫防治中，稻农对化学农药过分依赖的现象十分普遍。然而，随着经济、社会的发展，害虫防治过程中使用的化学农药，尤其是剧毒、高毒化学农药所带来的农产品中农药残留对人体健康的危害以及生态环境污染等问题，越来越受到社会公众的关注。中央和地方政府亦开始采取措施禁用高毒化学农药，农业部已于2004年1月1日开始分阶段削减甲胺磷、对硫磷、甲基对硫磷、久效磷和磷胺5种高毒有机磷农药的使用，并从2007年1月1日起全面禁止这5种农药在农业上的使用，氧化乐果、呋喃丹等常用高毒农药亦列入许多省、自治区、直辖市水稻禁用范围。

在生产上，我国稻虫防治中使用的剧毒、高毒农药比例依然较高，尤其在稻螟虫和稻纵卷叶螟的防治中更为突出。如2001年仅前述5种高毒农药就约占1/3，若加上氧化乐果、呋喃丹等其他常用高毒农药，这一比例就更高，近年虽然随着这些剧毒农药禁用期的临近，比例有所降低，但问题依然较突出。除了生产上稻农习惯、农药价格、农药生产能力等方面因

素外,现阶段没有较好的替代农药品种或替代防治途径,是这些高毒农药退出稻作生产缓慢的一个主要因素。生产上能使用的毒性相对较低的杀虫单、杀虫双、三唑磷(这 3 种农药的防治面积占稻螟虫和纵卷叶螟防治面积的近 2/5)等农药品种面临较严重的害虫抗药性问题,主要稻区二化螟对杀虫单、杀虫双的抗药性已较普遍,浙江省南部一些地区抗性接近 600 倍,部分地区二化螟对三唑磷亦开始产生抗性,局部地区抗性倍数超过 100 倍。新农药锐劲特及其复配农药,虽对这些害虫有较好防效且药效期较长,但对虾蟹养殖的威胁较大,价格亦较昂贵。抗螟虫和稻纵卷叶螟的转基因水稻有很好的控虫效果,似是一条很好的替代化学农药的途径,但鉴于其潜在风险问题尚未完全掌握(例如,不能解答长期大量食用的食用安全问题),社会上、科学界均尚存在顾虑,其监控、应急预警管理机制还未完全建立,即使获准商品化生产,其使用也应该是循序渐进的、有控制的,不能迅速在各主要水稻产区大面积种植,如不加限制地滥用,严重后果之一可能就是害虫迅速产生适应性,进而导致转基因水稻抗性的丧失。

显然,缺乏有效控制虫害与生产无公害食品稻米相协调的技术,是当前水稻生产中虫害防治面临的突出问题。针对这一问题,在稻虫控制实践中,应该把食品安全放在首位,研究、组建以自然控制、生态调控为主要手段,辅之以无公害农药为特色的水稻重要虫害可持续控制技术体系,实现虫害防治与稻米无公害化、生态环境保护协调并重的目标。把传统上以单虫、单一作物为对象的水稻虫害综合防治上升为区域性综合治理体系,即涉及的对象扩大到水稻前、后茬作物和水稻生长期非稻田生境中多种虫害、天敌及生物多样性,结合不同稻区耕作栽培制度、农业经济发展水平、病虫害主要种类、发生危害特点等实际,创建与其相适应、以水稻为主的区域性重要虫害可持续治理技术体系,促进区域性农业和农村经济的可持续发展。同时,加强生物防治技术和微生物农药、植物源农药、植物外源抗性诱导制剂、天敌昆虫等无公害植保新产品的研制和开发,重点解决暴发性害虫的应急防治技术。

当然,目前稻虫防治中存在的问题也为迅速改变这种被动局面创造了有利条件。首先,随着甲胺磷、氧化乐果等高毒农药的禁用,所形成的农药市场缺口,为大量推广和使用高效、低毒、低残留的农药品种或剂型提供了契机,将有利于迅速改变我国稻虫防治中高毒杀虫剂比例居高不下的局面,促进高效、低毒、环境友好农药品种的使用。其次,二化螟等对杀虫双、杀虫单甚至三唑磷抗性的产生,防治效果下降,使稻农对过度依赖化学农药的巨大弊端(至少在抗药性问题上)有了较深的认识,若能正确引导,能让越来越多的稻农改变不良用药习惯,深化对综合治理体系的认识和认同,促进生产上害虫综合治理水平的提高。

二、稻作生产的新变化,使现有稻虫防治技术面临新的挑战

近年来,我国水稻生产呈现出新的发展趋势,包括稻区作物种植结构变更、水稻品种结构多样化、新株型育种、轻型栽培技术推广应用、稻作北扩、水资源紧缺等。这些变化或趋势将对害虫发生可能产生重大影响,进而致使水稻虫害的防治面临新的问题与挑战。

第一,在稻区作物结构的调整中,水稻与其他作物镶嵌、轮作种植的情况增多,稻田生境与非稻田生境间害虫和天敌的交流更为复杂、频繁,不同稻区作物结构可能有较大差异,主要害虫种类亦有所不同,因此,以往以单一害虫或单一作物为单元的综合防治技术已不适应新的生产条件,研究某一稻作区域主要虫害发生的新规律,迅速建立和完善适于该地区生态特点的区域性农业生产可持续害虫控制技术体系,已成为必然趋势。

第二,近年来,水稻品种从追求高产向追求优质、高产、专用等方向发展,面对新的育种目标,一时尚难以兼顾其对害虫的抗性,优质、丰产、多抗性选育相对滞后,势必带来害虫的新变化。一些优质、专用而抗性相对较差的品种的推广应用,已带来稻飞虱等虫害频繁发生、危害加重的问题。同时,因所针对的品种对象出现变化,使防治措施和技术难以适应生产需要。

第三,新株型——"超级稻"育种对我国水稻超高产育种产生了深刻的影响,在以种植超级稻为核心的水稻超高产栽培条件下,因超级稻有利于稻螟虫的生长、发育、繁殖,水稻产量构成对螟虫的危害更为敏感,加上超级稻生育期较长,螟害将进一步加重。同时,因超级稻后期植株一般较为高大,传统的背负式手压喷雾器下田打药操作不便,施药质量得不到保证,直接影响防效,这就对稻虫的防治技术提出了新的要求。新株型"超级稻"及其超高产栽培技术的推广应用,很可能与当年大面积推广种植半矮秆水稻品种和杂交稻时一样,将引发稻虫种类、发生规律和危害程度的重大演变,因此,迫切需要加强研究,制定出与之相适应的主要病虫害防治技术。

第四,抛秧、直播、免耕、稀植、旱育秧、再生稻等省工省力又节本增效的轻型栽培技术得到大面积推广应用,已引起水稻主要病虫害种类的变化。如旱育秧技术引起红腹缢管蚜、蝼蛄等虫害种类上升,四川省稻区目前大面积推广的小麦免耕 + 稻草覆盖技术导致稻螟危害逐年加重。而且,许多过去常规栽培条件下行之有效的防治技术和方法(如翻耕灭虫),显然已不再适应轻型栽培条件下稻作虫害防治的新形势,因此需加强新技术条件下虫害发生变化规律的研究,有针对性地制定相应的综合治理技术体系。

第五,因稻米的比较效益、出口前景较好,北方稻区水稻播种面积迅速扩大,由 10 年前的 253.3 万多 hm^2 扩大到目前的 380 万多 hm^2,面积增加了 50.8%。特别是东北稻区递增较快。这些稻区的稻虫综合防治过去一直没有受到足够的重视,防治技术研究和应用的水平相对落后。该稻区是典型的单季粳稻区,气候、生态环境、耕作制度和栽培技术以及病虫害种类、发生危害特点等都与南方稻区存在较大差异,随着稻作的发展,其稻虫防治问题将日显突出,需加强研究。

第六,水稻是需水最多的农作物,随着我国干旱问题的突出,水资源的紧缺,近年出现了水稻节水栽培、旱稻种植等稻作生产新技术,并显示出很好的发展势头。节水稻或旱稻田间小气候与灌溉稻田不同,虫害发生随之可能出现新变化,但目前这方面的研究尚属空白,开展前瞻性的相关虫害发生危害和防治技术方面的研究,是保障日后大面积推广应用水稻节水栽培或旱稻的关键技术储备之一。

第七,随着国内外经贸交流的迅猛增长,检疫性外来生物对水稻的影响越显突出,水稻上最为突出的是 1988 年在河北省唐山市首次发现的稻水象甲,现已经扩散到 11 个省、直辖市的 60 余个县(市),并呈从沿海向内陆扩散的势头。因此,迫切需要重视和加强对已经传入和有可能传入我国的水稻危险性病虫害灭治技术研究,为防止其在国内稻区的继续传播、蔓延建立相应的技术体系。

总之,稻作生产会不断地发展,新体制、新品种、新技术、新农药层出不穷,旧的矛盾解决了,新的问题又会产生,稻虫综合治理的理论与技术体系亦需要在与害虫作斗争的过程中不断适应新情况,不断地创新和发展。

参 考 文 献

陈惠祥,胡加如,冯新民等.水稻三化螟防治研究进展与现状.湖北农学院学报,2002,22:274-277

陈杰林.害虫综合治理.北京:农业出版社,1993

程家安.水稻害虫.北京:中国农业出版社,1996

程遐年,吴进才,马飞.褐飞虱研究与防治.北京:中国农业出版社,2003

丁锦华,尹楚道,林冠伦等.农业昆虫学.南京:江苏科学技术出版社,1991.159-215

范皑.水稻IPM技术与发展生态高效农业的有机结合.中国植保导刊,2004,24:37-38

关秀杰,傅强,王桂荣等.不同致害性褐飞虱种群的DNA多态性研究.昆虫学报,2004,47:152-158

何忠全,涂建华,廖华明等.四川稻秆潜蝇的发生规律、危害特点及防治研究.西南农业学报,2003,16:73-76

何忠全,张志涛,陈志谊.我国水稻病虫害防治技术研究现状及发展策略.西南农业大学学报,2004,17:110-114

何忠全,张志涛.我国水稻主要病虫害综合防治技术研究取得新进展.见:面向21世纪的植保发展战略.北京:中国科学技术出版社,2001.13-18

胡国文,郭玉杰,李绍石.中国稻纵卷叶螟的治理:稻纵卷叶螟防治指标国际学术讨论会论文集.中国农业出版社,1993

李冬虎,傅强,王锋等.转sck/cry1Ac双基因抗虫水稻对二化螟和稻纵卷叶螟的抗虫效果.中国水稻科学,2004,18:43-47

李汝铎,丁锦华,胡国文等.褐飞虱及其种群管理.上海:复旦大学出版社,1996

秦厚国,叶正襄,舒畅等.白背飞虱种群治理理论与实践.南昌:江西科学技术出版社,2003

盛承发,王红托,高留德等.我国水稻螟虫大发生现状、损失估计及防治对策.植物保护,2003,29:37-39

韦素美,黄凤宽,罗善昱等.广西稻瘿蚊生物型测定及抗源评价利用.广西农业生物科学,2003,22:10-15

严叔平,赵士熙,张冬松等.闽西北稻区双季稻改再生稻避蚊减害技术研究.福建稻麦科技,2003,21(3):39-42

俞晓平.中国无公害农业的发展策略和途径.北京:中国农业出版社,1998.168-172

张维球.农业昆虫学(第二版).北京:中国农业出版社,1994.145-293

张志涛.中国稻作虫害.见:熊振民.中国水稻.北京:中国农业出版社,1992.130-149

章士美,胡海藻.我国水稻害虫的分布区系和发生动态研究.中国农业科学,1986,(6):59-64

浙江农业大学.农业昆虫学(上册).上海:上海科学技术出版社,1982.1-106

Denno R F, Perfect J T. Planthoppers: Their Ecology and Management. New York: Chapman & Hall, 1994.599-614

Shepard B M, Barrion A T, Litsinger J A. Rice-feeding Insects of Tropical Asia. Manila: IRRI, 1995

第十五章　稻田杂草及其防治

稻田繁生的杂草,由于其挤占土地和空间,争夺水稻生长发育所需要的光、温、肥、水,传播病虫,恶化环境,降低稻米产量和品质,因而防除稻田杂草成为了水稻栽培管理的一个重要环节。

第一节　稻田杂草生物学

杂草生物学是研究杂草生长发育规律的科学,是杂草科学的重要组成部分。研究和了解杂草的生物学特性及其生长发育规律,对制定科学的杂草防治策略、发展杂草控制新技术、实现杂草可持续控制等都有着重要的意义。

①杂草种子和繁殖体的休眠特性。由于杂草种子和繁殖体内在原因导致的休眠称为原生体休眠。内在原因可分为种子或腋芽中存在生长抑制剂、胚未发育成熟、种皮透性差等。原生体休眠结束后,有的杂草还会有强迫休眠。强迫休眠是由于温度、湿度、光照、O_2/CO_2比例、埋土深度等的不适而被迫进行的休眠。

②杂草种子和繁殖体的萌发特性。杂草种子和繁殖体在解除休眠后,在适宜的温度、湿度、光照和 O_2/CO_2 比例条件下萌发。萌发是杂草生命周期的开始,也是控制杂草的关键时期,许多芽前处理除草剂就是在此时发挥杀草作用的。杂草种子和繁殖体在干旱条件下不易萌发,在较深土壤中也不易萌发;反之,水分高或耕翻土壤则促进萌发。

③杂草的出苗特性。已萌发的杂草能否出苗,在很大程度上取决于土壤紧实度、杂草在土壤中所处的深度及幼苗的顶土力。砂壤土比粘土更有利于杂草出苗,耕翻土壤比免耕土壤更有利于杂草出苗,表土层和浅土层的杂草比深土层的杂草更容易出苗。

④杂草的生长与发育。杂草出苗后随着其叶片内叶绿体及叶绿素的形成,开始进行光合作用,并进入其生命周期中的生长发育阶段。按叶片数分,杂草的生长发育阶段可分为1叶期、2叶期、3叶期、4叶期等。按生物节律分,可分为发芽期、分蘖期、拔节期或起身期、开花期、种子形成期和成熟期等。

杂草在3叶期前,叶片的光合作用能力和根系的吸水能力都很弱,其生长所需的养分主要来源于种子,这一时期杂草与作物间一般不存在显著竞争。3叶期至拔节期或起身期,根系是植株的生长中心,叶片的光合作用主要是促进根系生长,因而根的生长快于茎叶,杂草株丛对作物一般无遮荫作用。拔节或起身至开花期,杂草植株的生长中心很快由地下转到地上,此时杂草对作物的干扰力大,因其茎叶生长速度往往快于伴生作物,故很容易对作物产生遮荫作用。到了开花期,一年生杂草的营养生长和对作物的干扰危害基本上达到了高峰。之后开始转入以结实为目的的生殖生长阶段。

⑤杂草的繁殖特性。杂草的繁殖有营养繁殖和有性繁殖两种类型。营养繁殖是通过体细胞有丝分裂进行的,其产生的后代具有与母体相同的基因型,对环境条件的反应和要求也基本相同。因此,遇到适宜的环境条件时,个体生长迅速而一致,竞争力强,能在田间很快形成一个庞大的高度整齐的群体,多年生杂草都以此种方式繁殖。营养繁殖是通过营养繁殖

器官进行的,常见的营养繁殖器官有匍匐茎、根状茎直根、块茎、球茎和鳞茎等。有性繁殖是通过减数分裂形成的雌雄配子的融合和染色体的重组进行的,其产生的后代都具有不同的基因型,对环境条件的反应和要求千差万别,是经淘汰选择形成的抗逆性更强的种群。一年生杂草都是通过这种方式繁殖的。有些杂草既能营养繁殖又能有性繁殖,因而更难以防除。

⑥杂草的传播特性。杂草繁殖器官成熟后即开始传播。传播速度主要取决于种子源的高度、距离、种子密度、种子本身的传播能力及传播媒介的种类和强度,它随距离的增加和种子密度的下降而降低。靠有性繁殖的杂草的种子和果实一般都生有适于某种传播的附器,如冠毛、钩刺等。这类杂草通常通过风、水流和动物传播。靠营养繁殖的杂草,其传播途径有限,一般以人的活动传播为主,如作物种子夹带杂草种子,通过种子贸易流通而传播。

一、禾本科杂草

(一)稗[*Echinochloa crusgalli*(L.)Beauv.]

稗为一年生草本,高 50~130 cm。直立或基部膝曲。叶鞘光滑;无叶舌、叶耳;叶片条形,中脉灰白色,无毛。圆锥形总状花序,较开展,直立或微弯,常具斜上或贴生分枝;小穗含2朵花,密集于穗轴的一侧,卵圆形,长约 5 mm,有硬疣毛;颖具 3~5 脉;第一外稃具 5~7 脉,先端常有 0.5~3 cm 长的芒;第二外稃先端有尖毛,粗糙,边缘卷抱内稃。颖果,卵形,米黄色。幼苗胚芽鞘膜质,长 0.6~0.8 cm;第一叶条形,长 1~2 cm。自第二叶开始渐长,全体光滑无毛。

稗通过种子繁殖。种子萌发从 10℃开始,最适温度为 20℃~30℃;适宜的土层深度为1~5 cm,尤以 1~2 cm 深出苗率最高,埋入土壤深层未发芽的种子可存活 10 年以上;对土壤含水量要求不严,特别能耐高温。发生期早晚不一,但基本为晚春型出苗的杂草。正常出苗的植株,大致于 7 月上旬前后抽穗、开花,8 月初果实即渐次成熟。

稗草的生命力极强,不仅正常生长的植株大量结籽,就是前期、中期地上部分被割去之后还可萌发新蘖,即使长的很小也能抽穗结实。其种子具有多种传播途径与特点:一是同一个穗上的颖果成熟时期极不一致,而且边成熟边脱落,本能的协调时差,使后代得以较多的生存机会;二是可借风力、水流传播扩散;三是可随收获作物混入粮谷中带走;四是可经过草食动物吞入排出而转移。

长芒野稗[*E. caudata*(Roshev.)Kitag.]、旱稗[*E. hispidula*(Retz.)Honda.]、无芒稗[*E. mitis*(Pursh)Peterm.]、西来稗[*E. zelayensis*(H.B.K)Hitchc.]、芒稷(光头稗子)[*E. colonum*(L.)Link]等为稗草的变种或近似种。它们与稗的不同之处是:①长芒野稗(变种),外稃具 3~5 cm 的长芒,芒和小穗常紫红色。②旱稗(变种),花序较狭窄,软弱下弯;小穗淡绿或稍带紫色,脉上不具或稍具疣毛。③无芒稗(变种),花序直立;外稃无芒;幼苗基部扁平,叶鞘半抱茎,紫红色。④西来稗(变种),花序分枝不具小分枝;小穗无芒,脉上无疣毛。⑤芒稷(近似种),花序直立,在主轴上排列疏远,不具小分枝;小穗较短,先端急尖而无芒,并较规则地成 4 行排列于穗轴的一侧。主要分布在华东、华南和西南地区。

(二)千金子[*Leptochloa chinensis*(L.)Nees]

幼苗的形态特征为第一片真叶长椭圆形,长 3~7 mm,宽 1~2 mm,先端急尖,7 条直出平行叶脉。叶鞘甚短,边缘膜质。叶舌环状,顶端齿裂。第二片真叶带状披针形。全株光滑无毛。成株表现秆丛生,上部直立,基部膝曲,高 30~90 cm。具 3~6 节,茎节长出不定根和分枝。叶片条状披针形,长 5~25 cm,宽 2~6 mm。叶鞘无毛,大多短于节间。叶舌膜质,多撕裂,具小纤毛。圆锥花序,长 10~30 cm,分枝细长,多数;小穗多带紫色,含 3~7 朵小花,成 2 行着生于穗轴一侧;雄蕊 3 个,柱头 2 裂。颖果,长圆形,长 0.5~1 mm,紫褐色至灰白色。种子种皮肉色至土黄色。

千金子为夏季一年生湿生杂草。种子繁殖。一般 1 株可结种子上万粒。边成熟边脱落,借风力或自落向外传播。种子落地后,即进入越冬休眠。千金子最适发芽土层厚度为 0~1cm,最适发芽土壤湿度为 20%左右。稻田积水不利于千金子发生。

(三)双穗雀稗(*Paspalum distichum* L.)

幼苗的形态表现为第一片真叶带状披针形,长 2 cm,宽 1.2 mm,先端锐尖,12 条直出平行叶脉。叶鞘一边有长毛,另一边无毛。第二片真叶与第一片相似。成株表现为茎匍匐,略可直立,可在地上或在地下生长。地上部分的茎长 1~2 m。茎分枝,节上都可产生芽,并发育成新株。基部节上生不定根。叶带状至带状披针形,叶舌膜质,叶鞘具有长柔毛。总状花序 2 枚,长 2.5 mm,顶生,呈叉开状;小穗 2 行排列于穗轴之一侧;雄蕊 3 个,雌蕊 1 个,花柱 2 裂。颖果,椭圆形,长约 2 mm,宽 1~1.2 mm,灰色,顶端具少数细毛。种子种皮淡棕色。

双穗雀稗为夏季多年生杂草。匍匐茎和种子繁殖。旱田、水田里都能繁殖,生长迅速。6 月下旬至 10 月份开花,少部分能结实,但大多数种子不饱满。

(四)稻李氏禾[*Leersia oryzoides* (L.) Swartz]

稻李氏禾为多年生草本,具地下横走根茎和匍匐茎,高 30~90 cm。秆基部倾斜或伏地。叶片披针形。花序圆锥状,分枝细,粗糙,并可再分小枝,下部 1/3~1/2 无小穗;小穗含 1 朵花,矩圆形,长 6~8 mm,具 0.5~2 mm 长小柄;颖缺;外稃脊上和两侧都有刺毛,内稃具 3 脉。以根茎和种子繁殖。种子和根茎发芽,气温需要稳定至 12℃。在黑龙江省 5 月上旬出苗,6 月上旬分蘖,6 月中下旬拔节,7 月下旬至 8 月上旬抽穗、开花,8 月下旬至 9 月上旬颖果成熟。稻李氏禾繁殖力较强,每株可生 8~14 个蘖;每穗可结 150~250 粒种子。在水稻直播田与水稻种子同时发芽出土,进入 4 叶期后株高迅速超过水稻,因此直播水稻比移栽水稻受害更重。

李氏禾(假稻)(*L. hexandra* Swartz)与稻李氏禾近似。其主要不同点是:李氏禾花序较短,不再分小枝;小穗排列于穗轴的一侧;外稃两侧无毛。分布在华东、华中、西南地区及河北、福建、台湾、广东等地,常生于较湿润的稻田边或侵入稻田中为害。

(五)马唐[*Digitaria sanguinalis* (L.) Scop.]

马唐为一年生草本,高 40~100cm。秆基部倾斜,着地后易生根,光滑无毛。叶鞘大都短于节间,疏生疣基软毛;叶舌膜质,先端钝圆,叶片条状披针形,两面疏生软毛或无毛。总状花序 3~10 枚,在茎端指状排列或下部近于轮生;小穗通常孪生,一有柄,一近无柄;第一颖微小,第二颖长约为小穗的一半或稍短,边缘有纤毛;第一外稃与小穗等长,具 5~7 脉,脉间距离不均,无毛,第二外稃边缘膜质,覆盖内稃。颖果,椭圆形,有光泽。幼苗暗绿色,全体被毛;第一叶长 6~8 mm,常带暗紫色,自第二叶渐长。5~6 叶开始分蘖,分蘖数常因环境差异而不等。

马唐通过种子繁殖。种子发芽的适宜温度为 25℃~35℃,因此多在初夏发生;适宜的土层深度为 1~6 cm,以 1~3 cm 深发芽率最高。

马唐是旱稻田最重要的杂草之一。在华北地区 4 月末至 5 月初出苗,5~6 月份出现第一个出苗高峰,以后随降水、灌水或进入雨季还要出现 1 ~ 2 个高峰;在东北地区的发生期稍晚,是进入雨季后田间发生的主要杂草之一。早期出苗的植株 7 月份抽穗开花,8 ~ 10 月份颖果陆续成熟,随成熟随脱落,并可借风力、流水或动物活动传播扩散。

升马唐[*D. adscendens* (H. B. K.) Henvard]、止血马唐[*D. ischaemum* (Schreb.) Schreb.]、毛马唐[*D. ciliaris* (Retz.) Koeler]都与马唐近似。不同之处是:①升马唐植株稍矮(秆高 30 ~ 50 cm),第一外稃脉间距离均等。以我国南部发生较重。②止血马唐,总状花序 3 ~ 4 枚,第一外稃具 5 脉,脉间与边缘有棒状柔毛,第二外稃成熟后黑褐色。适生于湿润的河岸、田边和荒野。③毛马唐,第一外稃通常在两侧具丝状柔毛,且杂有具疣基的刺毛,其毛于成熟后张开。

(六)牛筋草[*Eleusine indica* (L.) Gaertn.]

牛筋草属一年生草本,高 15 ~ 90 cm。秆丛生,多铺散成盘状,斜生或偃卧,有时近直立,不易拔断。叶鞘压扁而具脊,鞘口具柔毛;叶舌短;叶片条形。花序穗状 2 ~ 7 枚,呈指状排列于秆顶,有时其中 1 枚或 2 枚单生于花序的下方;小穗含 3 ~ 6 花,成双行密集于穗轴的一侧;颖和稃均无芒,第一颖短于第二颖,第一外稃具 3 脉,有脊,脊上具狭翅,内稃短于外稃,脊上具小纤毛。颖果,长卵形。幼苗淡绿色,无毛或鞘口疏生长柔毛;第一叶短而略宽,长 7 ~ 8 mm,自第二叶渐长,中脉明显。

牛筋草通过种子繁殖。种子发芽的适宜温度为 20℃ ~ 40℃,适宜的土壤含水量为 10% ~ 40%,适宜的土层深度为 0 ~ 1 cm,而埋深 3 cm 以上则不发芽;同时要求有光照条件。

牛筋草是旱稻田最重要的杂草之一。在我国中北部地区 5 月初出苗,并很快形成第一次出苗高峰,而后于 9 月初出现第二次高峰。颖果于 7 ~ 10 月份陆续成熟,边成熟边脱落,有部分随风力、流水或动物传播。种子经冬眠后萌发。

二、莎草科杂草

(一)异型莎草(*Cyperus difformis* L.)

异型莎草为一年生草本,高 2 ~ 65cm。秆丛生,扁三棱形。叶基生,条形,短于秆。叶鞘稍长,淡褐色,有时带紫色。苞片叶状,2 枚或 3 枚,长于花序;花序长侧枝聚伞形简单,少有复出,具 3 ~ 9 条长短不等的辐射枝;小穗多数,集成球形,具 8 ~ 28 朵花;鳞片近扁圆形,长不及 1 mm,背部有淡黄色的龙骨状突起,两侧深紫红色或栗色,有 3 脉。小坚果倒卵状椭圆形,有三棱,淡黄色,与鳞片近等长。幼苗淡绿色至黄绿色,基部略带紫色,全体光滑无毛;第一至三叶条形,稍呈波状弯曲,长 5 ~ 20 mm;4 叶以后开始分蘖。叶鞘闭合。

异型莎草通过种子繁殖。适宜种子发芽的温度为 30℃ ~ 40℃,适宜的土层深度为 2 ~ 3 cm。北方地区 5 ~ 6 月份出苗,8 ~ 9 月份种子成熟落地或借风力、水流向外传播,经越冬休眠后萌发;长江中下游地区 5 月上旬出苗,6 月下旬开花结实,种子成熟后经 2 ~ 3 个月的休眠期即又萌发,一年可发生 2 代;热带地区周年均可生长、繁殖。异型莎草的种子繁殖量大,一株可结籽 5.9 万粒,60% 可发芽。因而在集中发生的田块,数量可高达 480 ~ 1 200株/m^2。又因其种子小而轻,故可随风散落,随水流移,或随动物活动、稻谷运输等向外传播。

(二)水莎草[*Juncellus serotinus* (Rottb.) C.B.Clarke.]

水莎草的幼苗为第一片真叶线状披针形,5 条平行叶脉,叶鞘膜质、透明,第二片真叶有 7 条平行叶脉。成株的根状茎细长,直径 0.5 ~ 1 cm,长 1 ~ 3 cm,白色,横走,其顶端数节膨大呈藕状,像藕节一样可 3～4 节连在一起,末端一节有顶芽,能产生幼苗。节上有退化的线状叶和不定芽,外表土黄色。当顶芽生长时下面连接块茎上的芽处于休眠状态。如顶芽除去,其他节上的芽即可产生幼苗,长出新枝。秆扁三棱形,散生,直立,较粗壮,高 30～100 cm 或以上。叶线状,长 10～20 cm,表面具蜡质层,有光泽。苞片 3～4 枚,长侧枝聚伞花序,有 4～17 个辐射枝,每株有 1～4 个穗状花序,每个穗状花序有 4～7 个小穗,小穗含小花多数,每小花有一阔卵形鳞片;雄蕊 3 个,花柱 2 歧。小坚果(种子)倒圆形,长约 1.5 mm,宽 1～1.2 mm,厚 0.5 mm,褐紫色。

水莎草为夏季多年生水田杂草。以块茎(藕状茎)繁殖为主。块茎休眠不明显。发芽温度为 4℃～45℃,以 20℃～30℃为最适。地下块茎能在 0～15 cm 深土层内出苗,并通过地下走茎向四周增生蔓延,至 8～9 月份形成一个稠密交错的地下走茎网,直径 1～1.5 m。一藕状茎可增生几十株至上百株成苗。9 月上旬至 10 月上中旬开花结果,同时走茎膨大形成繁殖力极强的块茎——藕状茎,11 月份地上部分死亡。

(三)萤蔺(*Scirpus juncoides* Roxb.)

萤蔺幼苗的第一片真叶针状,长 3～4 cm,直径 1～2 mm。第二片真叶同前叶。成株时,具短缩的根状茎。秆丛生,圆柱状,实心,坚挺,高 30～60 cm,光滑无毛;基部具 2～3 个膜质叶鞘,鞘口斜截形。苞片 1 片,为秆的延伸,长 3～15 cm。2～7 个小穗聚成头状,假侧生,卵形或长圆卵形,淡棕色;花多数,鳞片卵形、膜质;雄蕊 3 个,柱头 2 裂,下位刚毛 5～6 条。小坚果(种子)宽倒卵形,长约 2 mm,黑褐色。

萤蔺为夏季多年生水田杂草。以根茎和种子繁殖。

(四)野荸荠(*Eleocharis plantagineiformis* Tang et Wang.sp.nov.)

野荸荠表现为秆多数丛生,圆柱状,直立,高 30～100 cm,直径 4～7 mm,有横隔,干后现节和纵条纹。具长的匍匐根状茎(匐枝),可在末梢 1 个节上长芽生根而成新株,亦可在较短的根状茎的末端膨大而成球茎,形态与食用荸荠相同但甚小。叶缺,仅秆基有 2～3 个叶鞘,膜质,颜色淡棕色或带紫色,下端钝、急尖。秆顶变成圆柱状的穗状花序(实为一大型小穗),长 1.5～4.5 cm,直径 4～5 mm,微绿色(老时米棕色),顶端钝,含多数花,在小穗基部有 1～2 个不育鳞片,各抱小穗基部 1 周,余全有花,紧密地呈覆瓦状排列,宽长圆形,顶端圆形而成一边缘,中肋粗厚,下位刚毛 6～8 条,长于小坚果,具倒刺,柱头 3 个。小坚果宽倒卵形,扁双凸状,长 2～2.5 mm,黄色,平滑,表面细胞四至六角形,顶端不缢缩,花柱基从宽的基部向上渐狭,呈等边三角形,扁,不为海绵质。

主要分布在福建、广东、四川等省。生于水田或浅水水域中。

(五)扁秆藨草(*Scirpus planiculmis* Fr.Schmidt)

扁秆藨草为多年生杂草,具地下横走根茎,高 60～100 cm。根茎顶端膨大成块茎。秆直立而较细,三棱形,平滑。叶基生和秆生,条形,与秆近等长,基部具长叶鞘。苞片叶状 1～3 枚,长于花序;花序聚伞形短缩成头状,假侧生,有时具少数短辐射枝,有 1～6 个小穗;小穗卵形或长圆状卵形,具多数小花;鳞片矩圆形,褐色或深褐色,顶端具撕裂状缺刻,中脉延伸成芒状;下位刚毛 4～6 条,具倒刺,短于小坚果。小坚果倒卵形,扁而稍凹或稍凸,灰白色至褐色。幼苗第一叶呈锥形,叶鞘具有膜质缘。

扁秆藨草通过块茎和种子繁殖。块茎发芽最低温度为 10℃,最适温度为 20℃～25℃;适宜土层深度为 0～20 cm,最适为 5～8 cm。种子发芽最低温度为 16℃,最适温度 25℃左右;出土适宜深度为 0～5 cm,最适为 1～3 cm。块茎和种子无休眠期或无明显休眠期。

扁秆藨草适应性强。块茎和种子冬季在稻田土壤中经 -36℃的低温,翌年仍有生命力;块茎在夏季干燥条件下,曝晒 45 天后再置于保持浅水的土壤中,仍可恢复生机。而且,只要有 3 mm 大的小块茎遗留下来,就能发芽出苗。

在扁秆藨草发生区,块茎大致于 4～6 月份出苗,条件适宜时幼苗生长很快,平均 1 天可长高 2.5 cm,而且蔓延甚速,6～9 月份平均 3.3 天可生一新株。种子于 5～7 月份萌发出苗,3.5 叶后伸出地下走茎,4.5～5.5 叶发出再生苗。7～9 月份开花结果。种子成熟后可随水流或夹杂于稻谷中传播。

(六)日本藨草[*Scirpus nipponicum* L.]

日本藨草属于多年生草本,高 40～60cm,具细长地下横走根茎。根茎顶端膨大成块茎。秆直立单生,纤细,三棱形。叶基生 1～2 片,剑状条形,近直立,短于茎秆。花序聚伞形短缩成头状,假侧生,有时具短辐射枝,有 5～8 个小穗;苞叶 1 片顶生,长于花序;小穗长圆状尖卵形,具多数小花;鳞片长卵形,褐色;下位刚毛 4 条,密生倒刺,长于坚果 1 倍。小坚果倒卵形,扁,两面平凸状,褐色。幼苗叶片锥形,背部隆起,正面稍凹入,浓绿色;叶鞘具膜质缘。

日本藨草通过块茎和种子繁殖。繁殖体于晚春 5～6 月份发芽出土,仲夏抽穗、开花,秋季 8～9 月份种子成熟,并在块茎先端形成大量块茎。日本藨草抗寒耐热,适应性强,多生于水湿环境,但也相当耐旱。

(七)荆三棱(*Scirpus yagara* Ohwi)

荆三棱为多年生草本,高 70～150 cm,具长而粗壮的地下横走根茎。根茎顶端生球状块茎。秆粗壮,锐三棱形,平滑。叶基生和秆生,条形;叶鞘长;苞片叶状 3～4 枚,比花序长;花序长侧枝聚伞形简单,有 3～4 条辐射枝,每枝有 1～3 个小穗;小穗卵形或卵状矩圆形,长约 7 mm,被短柔毛,具一中脉,顶端具 2～3 mm 长的芒;下位刚毛 6 条,有倒刺,与小坚果近等长。小坚果倒卵形,有 3 棱,长 3～3.5 mm。幼苗第一叶呈锥形,长约 6 mm,横断面呈三角形;叶鞘闭合。

荆三棱表现为块茎和种子繁殖。种子与越冬块茎春季出苗,夏季开花结果。成熟种子脱落后,借流水传播。荆三棱繁殖力强,生长茂盛,在生育期间割去地上部,仍能从地下部再生。

(八)日照飘拂草[*Fimbristylis miliacea*(L.)Vahl]

日照飘拂草为一年生草本,高 10～60 cm。秆丛生,直立或斜上,扁四棱形。叶片狭条形,边缘粗糙;叶鞘侧扁,背部呈龙骨状;另外在秆基部还生有 1～3 枚无叶片的叶鞘,鞘口以上渐狭,有时延伸成刚毛状。苞叶 3～4 枚,刚毛状,短于花序;花序长侧枝聚伞形复出或多次复出,具辐射枝 3～6 条;小穗单生于枝顶,近球形;鳞片膜质,卵形,锈色,背部有龙骨状突起,具 3 脉。小坚果倒卵形,有 3 钝棱,具疣状突起和横长圆形网纹。幼苗第一叶条状,长 6 mm。

日照飘拂草通过种子繁殖。春季出苗,并常形成密集株丛;夏季开花;秋季结果。种子微小,极多,边熟边落。

(九)牛毛毡[*Eleocharis yokoscensis* (France. et Sav.)Tang et Wang]

牛毛毡属于多年生小草本,高 7～12 cm,具纤细地下横走根茎。秆密丛生,细如毛发。叶鳞片状。小穗单一顶生,卵形,稍扁,淡紫色,花少数;鳞片内全都有花,膜质,下部似 2 列,基部的一片矩圆形，具 3 脉，抱小穗轴 1 周，其余为卵形，具 1 脉，背部淡绿色，两侧紫色；下位刚毛 1～4 条，长约为坚果的 2 倍，有倒刺。小坚果狭矩圆形，表面具隆起的横长方形网纹。

牛毛毡通过根茎和种子繁殖。繁殖体发芽的适宜土层深度为 1～2 cm，深层未发芽的种子可存活 3 年以上。越冬根茎和种子 5～6 月份相继萌发出土，夏季开花结实，8～9 月份种子成熟，同时产生大量根茎与越冬芽。牛毛毡虽然体小，但繁殖力极强，蔓延迅速。通过无性和有性繁殖，常在稻田形成毡状群落，严重影响水稻生长。并有一部分种子借水流或风力向外传播。

（十）碎米莎草（*Cyperus iria* L.）

碎米莎草为一年生草本，高 8～25 cm。秆丛生，直立，扁三棱形。叶基生，短于秆；叶鞘红褐色。苞片叶状 3～5 枚，下部 2～3 枚长于花序；花序长侧枝聚伞形复出，具 4～9 条长短不等的辐射枝，每枝有(3)5～10 个小穗状花序，每个小穗序上具 5～22 个小穗；小穗长圆形，扁平，具 6～22 朵花；鳞片宽倒卵形，先端微缺，背部有绿色龙骨突起，具 3～5 脉，两侧黄色。小坚果三棱状倒卵形，黑褐色，与鳞片近等长。幼苗第一叶条状披针形，长 2 cm，横断面呈"U"字形。

通过种子繁殖。5～8 月份陆续有小苗出土，6～10 月份抽穗、开花、结果。成熟后全株枯死。碎米莎草是旱稻田重要杂草。

（十一）香附子（*Cyperus rotundus* L.）

香附子属多年生草本，高 20～95 cm。具地下横走根茎，顶端膨大成块茎，有香味。秆散生，直立，锐三棱形。叶基生，短于秆；叶鞘基部棕色。苞片叶状 3～5 枚，下部 2～3 枚长于花序；花序长侧枝聚伞形简单或复出，具 3～10 条长短不等的辐射枝，每枝有 3～10 个排列成伞形的小穗；小穗条形，具 6～26 朵花，穗轴有白色透明的翅；鳞片卵形或宽卵形，背部中间绿色，两侧紫红色。小坚果三棱状长圆形，暗褐色，具细点。幼苗第一叶条状披针形，长约 1.6 cm，横断面呈"V"字形。

香附子繁殖表现为块茎和种子繁殖。块茎发芽最低温度为 13℃，适宜温度为 30℃～35℃，最高温度为 40℃。较耐热而不耐寒，冬季温度低于 －5℃开始死亡，故不能在寒带地区生存。块茎在土壤中的分布深度因土壤条件而异，通常有一半以上集中于 0～10 cm 深土层中，个别的可深达 30～50 cm，但在 10 cm 以下，随深度的增加而发芽率和繁殖系数锐减。香附子较为喜光，遮荫能明显影响块茎的形成。

香附子是旱稻田重要杂草。在长江流域 4 月份发芽出苗，6～7 月份抽穗、开花，8～10 月份结籽、成熟。实生苗发生期较晚，当年只长叶不抽茎。

香附子块茎的生命力比较顽强。其存活的临界含水量为 11%～16%，通常从地下挖出单个块茎曝晒 3 天，仍有 50% 存活。块茎大小和成熟不同，其发芽率基本没有差异。块茎的繁殖力惊人，在适宜的条件下，1 个块茎 100 天可繁殖 100 多棵植株。种子可借风力、水流及人、畜活动传播。

三、阔叶杂草

（一）泽泻［*Alisma orientale*（Sam.）Juzepcz］

多年生草本，高 15～100 cm。根须状，具短缩根头。叶基生，具长柄，基部鞘状；叶片长圆形至宽卵形,全缘。花莛直立;花序大型圆锥状伞形复出,分枝轮生,通常 3~8 轮;花两性;萼片 3 枚,阔卵形,宿存;花瓣 3 枚,白色,倒卵形。瘦果倒卵形,扁平,背部有 1~2 沟槽。幼苗第一至第三叶为条状披针形,无柄,下部具肥厚的短叶鞘,边缘膜质;第四至第六叶为卵状披针形,羽脉明显,具长柄。

通过种子和根芽繁殖。在我国北方,种子于 5~6 月份发芽出土,当年只进行营养生长,8~9 月份从根颈处产生越冬芽。越冬芽翌年 5 月上旬出苗形成叶丛,6~7 月份抽出花茎,8 月份种子渐次成熟落地或漂浮于水面传播,经越冬休眠后萌发。

(二)矮慈姑(瓜皮草)(*Sagittaria pygmaea* Miq.)

多年生草本,高 4~20 cm。具地下横走根茎,先端膨大成球状块茎。叶基生,条形或条状披针形,顶端钝,基部渐狭,稍厚,网脉明显。花莛直立。花序圆锥状伞形简单,花少数,轮生,只 2~3 轮,单性,雌花生于下部,通常 1 朵,无梗;雄花生于上部,2~5 朵,有细长梗;苞片长椭圆形;萼片 3 枚,倒卵形,花瓣 3 枚,白色;心皮多数,集成圆球形。瘦果宽倒卵形,扁平,两侧具狭翅,翅缘有不整齐锯齿。矮慈姑平均每株生长 26~27 片叶,但由于老叶不断腐烂,通常只可见到 12 片左右。幼苗初生叶与后生叶相似。

矮慈姑通过块茎和种子繁殖。在长江中下游地区,越冬块茎于 5 月上旬发芽出苗;5~6 月份,最慢 3.9 天长 1 片叶,最快 0.83 天长 1 片叶;6 月中旬至 8 月下旬在地下部大量形成横走茎,并从 8 月上旬至 9 月上旬,横走茎先端陆续膨大成球状块茎,早期块茎当年可以萌发出苗。块茎苗于 6 月上旬开始抽莛、显蕾,7~8 月份开花,8~9 月份种子渐熟渐落,10 月上旬后植株渐枯。实生苗较越冬块茎苗发生期约晚半个月。

块茎在土壤中的分布与稻田的耕作层深度有关。浅耕则多分布在 3~6 cm 深土层中,深耕多分布在 3~9 cm 深土层中。其出苗时间与出苗率又与分布深度有关,一般埋得越浅出苗越早,出苗率亦越高。据测定,埋于 0~3 cm、3~6 cm、6~9 cm 深的出苗率分别占总出苗率的 54.5%、27.4%、12.1%。

矮慈姑有极强的无性繁殖力,1 株块茎苗 1 年可繁殖 300 株以上。但有性繁殖力较弱,在田间雌花受粉率约为 6%。在 0.5 cm 深表土层的种子出苗占总出苗量的 58%,1~2 cm 深的占 33.1%,3 cm 深的只占 8.9%,超此深度不能出苗。因而,种子繁殖不起主要作用。

(三)长瓣慈姑(野慈姑)(*Sagittaria sagittifolia* L. var. *longiloba* Turcz)

长瓣慈姑为多年生草本,高 10~50 cm,具细长地下横走根茎。根茎先端膨大成小球状块茎。叶基生,具长柄;叶片较窄狭,常呈箭头形,顶片稍短于戟片。花莛直立;总状花序,花多数,轮生,3~5 朵为一轮,单性,上部为雄花,下部为雌花;苞片披针形;萼片 3 枚;花瓣 3 枚,白色,长于萼片;心皮多数,密集成球形。瘦果斜打连厢,扁平,背腹两面有薄翅。幼苗子叶鞘条形,呈"U"字形弯曲,后渐斜立;第一至第五叶宽条形至条状披针形,第六至第八叶匙状倒披针形。

长瓣慈姑为块茎和种子繁殖。在我国北方,种子于 5~6 月份前发出苗;块茎芽 5 月份即可萌发出苗,6~7 月份间从叶丛中抽出花茎,7~8 月份开花,8 月份以后种子渐次成熟落地入土或随水流传播,经越冬休眠后萌发。

慈姑(*S. sagittifolia* L.)与长瓣慈姑相似。其不同点在于慈姑球茎较大,叶的顶片与戟片均较宽,顶片稍短或与戟片等长。

(四)鸭舌草[*Monochoria vaginalis*(Burm.f.)Presl ex Kunth]

一年生草本,高4～20 cm。全体光滑无毛。茎直立或斜上,有时成披散状。基生叶具长柄,茎生叶具短柄,基部成鞘;叶形及大小多变,通常为卵形或卵状披针形,基部圆形、截形或略成浅心形,全缘,具弧状脉。总状花序腋生,有花3～7朵;花被蓝紫色,裂片6枚,披针形或卵形;花梗较短。蒴果长圆形。幼苗初生叶片呈披针形,先端渐尖,全缘,叶基两侧有膜质鞘边。露出水面的后叶逐渐变成卵形。

通过种子繁殖。种子发芽温度为20℃～40℃,最适温度为30℃左右,并在变温和明暗光交替条件下最好;适宜土层深度为0～1 cm。

在长江流域,5月份出苗,5～6月份形成高峰,而后蔓延成群;8月份开花;9月份蒴果渐次成熟、开裂,种子落地入土,经越冬休眠后萌发。

雨久花(*M.korsakowii* Regel et Maack)与鸭舌草近似。其不同点是:雨久花株高20～40 cm;叶片卵状心形,较大;花序顶生,花多数,花梗较长。集中分布于东北地区及河北、山西、陕西、河南、江苏、安徽等地。

(五)眼子菜(*Potamogeton distinctus* A.Benn.)

多年生草本,具地下横走根茎。茎细长,可达50 cm。浮水叶互生,只花序下的叶对生,叶柄较大,叶片宽披针形至卵状椭圆形,长5～10 cm,宽2～4 cm,有光泽,全缘,叶脉弧形;沉水叶亦互生,叶片披针形或条状披针形,叶柄较短;托叶膜质,早落。花序穗状圆柱形,生于浮水叶的叶腋;花黄绿色。小坚果宽卵形,背面具3脊,基部有2突起。幼苗下胚轴较发达;初生叶1片,呈条状披针形,先端急尖,全缘,托叶成鞘。

眼子菜表现为根茎和种子繁殖。根茎发芽的最低温度为15℃左右,最适为20℃～25℃;适宜土层深度为5～10 cm,最深限为20 cm;水层最深限于1 m。种子发芽的最低温度为20℃,土层和水层宜浅不宜深。生长适宜温度与发芽同,达30℃受抑,40℃致死。

在我国北方,根茎5月份发芽,4～5叶始长根茎,同时叶片由红转绿,6月份速长,7～8月份抽穗开花,8～9月份种子成熟,同时在根茎顶端产生向一边弯曲的鸡爪状越冬芽。种子熟后可随水流传播,经越冬休眠后于翌年5～6月份萌发出苗。实生苗生长缓慢,2～3年后才能抽穗开花和结实。

鸡爪芽分布的深度和形成时期与水层深度、耕层深度及土质有关。水层深、耕层深、粘质土则分布深,反之则浅。

(六)陌上菜[*Lindernia procumbens*(Kroek.)Philcox]

一年生草本,高5～20 cm。全体光滑无毛。茎自基部分枝,直立或斜上。叶对生,无柄;叶片椭圆形至长圆形,全缘,叶面稍有光泽。花单生于叶腋,花梗细长;花萼5深裂,裂片条形;花冠淡红或淡紫色,唇形,上唇微2裂,下唇3裂,中裂片稍大,为侧片所包。蒴果卵圆形,与萼等长或略过之。种子长圆形,淡黄色。幼苗子叶狭椭圆形;初生叶2片,椭圆形,有1条较明显的中脉;后生叶有3条脉纹。

陌上菜通过种子繁殖。在我国北方,5～8月份陆续出苗,7～10月份开花结果,自8月份开始蒴果渐次成熟、裂开,种子脱落,借流水传播。

(七)节节菜[*Rotala indica*(Willd.)Koehne]

一年生草本,高10～15 cm。茎披散或近直立,有或无分枝,略显四棱形,无毛,有时下部伏地生根。叶对生,近无柄;叶片倒卵形或椭圆形,全缘,背脉突出,无毛。花较小;花序通常排列成长 6～12 mm 的穗状，腋生，较少单生；苞片长圆叶状倒卵形；小苞片 2 枚，狭披针形；花萼钟状，膜质，先端 4 齿；花瓣 4 枚，较小，淡红色，短于萼齿。蒴果椭圆形，种子狭长卵形或呈棒状。幼苗子叶匙状椭圆形，初生叶 2 片，匙状长椭圆形。

通过匍匐茎和种子繁殖。种子越冬后，春季萌发出苗，8～10 月份开花结果。果实边熟边裂，散出种子向外传播。

圆叶节节菜[*R. rotundifolia*（Buch. Ham.）Koehne]与节节菜相似。其主要区别在于圆形节节菜的水上叶片近圆形，沉水叶片为条形；花序穗状，1～5 个，顶生。分布长江以南地区。

(八)空心莲子草[*Alternanthera philoxeroides*（Mart.）Griseb.]

多年生草本。茎基部匍匐，上部上升，或全株偃卧，着地或水面生根，有分枝，中空。叶对生，具短柄；叶片长椭圆形或倒卵状披针形，先端圆钝，有尖头，基部渐狭，全缘，有睫毛。花序头状，单生于叶腋，具总花梗；苞片和小苞片干膜质；花被白色或粉红色，被片 5 枚，光亮。胞果；种子卵圆形，黑褐色。幼苗上、下胚轴发达；子叶椭圆形；初生叶 2 片，椭圆状披针形，全缘。

空心莲子草在有的地区不结籽，主要靠茎芽繁殖。早春发芽生长，5～7 月份现蕾开花，7～9 月份结果。

莲子草[*A. sessilis*（L.）DC.]与空心莲子草近似。其主要区别是：莲子草茎中髓腔甚小，有纵沟，沟内有柔毛，并在茎节处有 1 列横生柔毛；花序头状，1～4 个，无总花梗，花被白色。

(九)丁香蓼(*Ludwigia prostrata* Roxb.)

幼苗形态为子叶 1 对，阔卵形，长 2～4 mm，宽 1～2 mm，先端钝圆，叶基楔形，全缘，1 条中脉，具柄。初生叶对生，近菱形，叶尖钝尖，叶基楔形，全缘，1 条中脉，具柄。第一对后生叶出现羽状叶脉。成株时，茎直立，高 20～100 cm，基部倾斜，多分枝，有纵棱。下部叶对生，上部叶互生。叶片披针形，长 4～7 cm，宽 1～2 cm，先端渐尖，基部渐狭，全缘，叶柄短。秋后茎叶呈紫红色。花小，单生于叶腋，无柄；花萼 4 裂，花瓣 4 片，黄色；雄蕊 4 个，雌蕊子房 4 室，花柱短。蒴果长柱状，具 4 棱，长约 2 cm，宽 2～3 mm。成熟后纵裂，种子随弹势飞出去。种子多而细，纺锤形至长圆形，长约 1 mm，宽、厚各约 0.5 mm，褐色。

丁香蓼属于夏季一年生水田杂草。种子繁殖。1 株可结籽数万粒。受霜冻后死亡。

(十)鳢肠(*Eclipta prostrata* L.)

幼苗形态为子叶 1 对，阔卵形，长 3～4 mm，宽 2～2.5 mm，先端钝圆，叶基圆形，全缘。3 出脉。叶柄短。初生叶对生，卵形，叶尖钝尖，叶基圆形，全缘或具稀细齿，3 出脉。叶片长 7～8 mm，宽 4～5 mm，叶柄长 2～3 mm，略抱茎，无毛。后生叶和初生相似。第三对真叶开始叶背有白绒毛。叶揉碎后的汁液呈黑色。成株时，茎直立，高 15～60 cm，多分枝。单叶对生，阔披针形至长菱形，长 8～10 cm，宽 0.4～2.5 cm。叶基楔形，全缘或具细锯齿。头状花序，直径 1～1.5 cm，顶生或腋生；总苞片 5～6 片，绿色，苞片 2 裂；边花舌状白色，雌性不孕；心花筒状，淡绿色，聚药雄蕊，柱头 2 裂。瘦果(种子)三角形，长约 3 mm，宽约 1 mm，黑色。

鳢肠为夏季一年生湿生杂草。种子繁殖。1 株可结籽数千至上万粒。种子发芽温度以 15℃～20℃最为适宜，发芽土层深度为 0～3 cm，有光照才能萌发。

(十一)四叶萍(*Marsilea quadrifolia* L.)

成株时，根状茎细长，横走，分枝顶端有淡棕色毛。根茎上有节，节上生不定根和叶。叶柄长 10～20 cm,上有小叶 4 片,可挺出水或浮于水面。小叶扇形至倒三角形,长、宽各 1～2 cm,成“十”字形排列,似“田”字形。叶脉网状,表面有较厚蜡质层。叶柄基部生出有柄的孢子果,2～3 个丛生,黄绿色,长椭圆形,长约 1 mm,宽约 0.5 mm。果囊内分别产生大小孢子,多数。

四叶苹属于夏季多年生水生杂草。以根茎和孢子繁殖。冬季地上部分枯死。

(十二)水竹叶[*Murdannia triquetra* (Wall.) Bruckn]

一年生草本,全株无毛,茎长 30～80cm,分枝,匍匐生根,枝梢上升,茎和叶都较柔软。叶互生,无柄,狭披针形,先端狭尖,基部收缩而又扩展成闭合的短鞘;叶片长 4～8 cm,宽5～10 mm。花为 1～3 朵而有时常为 1 朵的小聚散花序,腋生和顶生,苞片甚小,狭披针形;花柄长 0.5～1.5 cm;萼片 3 枚,披针形,长 5～9 mm;花瓣蓝紫色或粉红色,倒卵形;能育雄蕊 3 枚和萼对生,不育雄蕊 3 枚,花丝具长毛。蒴果膜质,卵形至卵圆形,两端急尖,短粗,长 5～7 mm,宽 3～4 mm,3 室,各具 2 粒种子,上下相接可充满子室,种子不扁,胚盖位于种脐的背面一侧而呈半圆凹陷的疤痕。

第二节　稻田杂草生态学

杂草生态学是研究杂草的群体消长与作物、环境及其所在系统关系的科学,包括杂草群落组成、环境变化引起的种群演替、杂草生态控制等,是制定科学的杂草防治方案的理论依据和除草决策的指南,是杂草学的重要组成部分(李孙荣,1991)。

中国稻田杂草有 62 种,其中被列为中国十大害草的有稗草、扁秆藨草、眼子菜和鸭舌草等,被列为重要杂草的有稻稗、异型莎草等,被列为主要杂草的有萤蔺、牛毛草、水莎草、碎米莎草、野慈姑、矮慈姑、节节菜、空心莲子草和四叶萍等(全国农田杂草考察组,1987)。

一、中国稻田的杂草分布

水稻虽种植区域不同,但具有共同的生态环境,土壤水分充足,生长季节气候温暖(中国水稻研究所,1987)。与这种生态环境相适应的水稻共生杂草有 10 种,几乎分布在全国(全国农田杂草考察组,1988)。这类杂草有稗草、异型莎草、鸭舌草、眼子菜、牛毛草、水莎草、扁秆藨草、矮慈姑、节节菜和四叶萍。不同的稻作区域存在特有的生态环境,它们又决定着区域性杂草的种间差异。

(一)华南双季稻稻作区区域性杂草

在台湾省,有萤蔺球花蒿草、母草、红骨草、水苋菜等一年生杂草和野慈姑等多年生杂草。局部地区还有雲林莞草、姬萤蔺或野荸荠和芒稷。在广西,有圆叶节节菜、扁穗牛鞭草、畦畔莎草、胜红蓟、水龙和少花鸭舌草等。在福建有萤蔺、沼针蔺、水葱和谷精草等。

(二)华中双单季稻稻作区区域性杂草

在闽西有假稻、草龙和两栖蓼等。在湖南有长芒稗。在浙江、上海、江苏等地有无芒稗、千金子、水莎草、假稻、野荸荠和水竹叶等,局部有钻形紫苑、鬼针草等。在安徽旱稻发生小茨藻。在湖北、四川有野慈姑。

(三)西南单双季稻稻作区区域性杂草

在贵州有小茨藻和黑藻等。在云南北部有茨藻、过江藤、长瓣慈姑、罗氏草、无瓣花和圆叶节节菜等。

(四)华北单季稻稻作区区域性杂草

在河北有苦草、少花针蔺和槐叶萍等。

(五)东北单季稻稻作区区域性杂草

在黑龙江有稻稗、长芒野稗、雨久花、泽泻、野慈姑、灯心蔗草和长刺牛毛毡等。在辽宁有杂草稻、狼把草、羽叶鬼针草、莕草、聚穗莎草等。

(六)西北单季稻稻作区区域性杂草

在新疆有芦苇、毛鞘稗、褐稗、荆三棱、球穗莎草、水葱、菹草、角茨藻、轮藻和水绵等。在陕西有红鳞扁莎草、聚穗莎草和耳叶水苋等。

二、杂草群落

稻田杂草群落是在水稻生长环境中杂草种类的组成,表示在同一生长季中杂草种类的多少,并以排列先后表示各自的重要性,排列愈前表示愈重要。

福建省水稻杂草群落有如下 7 种:①水稻-鸭舌草 + 节节菜。该群落遍及福建各地各类稻田,尤以山垄稻田及北部洋面田为甚。在稻田土层深厚且肥水条件好的田块,群落中的鸭舌草占有优势;土层浅薄而地力较差的稻田,节节菜是群落的优势组合。②水稻-三棱草 + 异型莎草。该群落是海滨围垦田主要杂草组合。围垦年限短,土壤含盐尚高的田块,三棱草是优势成分;耕作年限长,土壤含盐逐渐减少,异型莎草上升为群落主体;稻田土充分淡化之后,则向平原稻田杂草群落演变。③水稻-稗草 + 鸭舌草。分布于平原稻田及江河两旁冲积地,在山区宽坦盆地或洋面田也常是主要群落。特别是在阳光足、水肥好的粘土田,该群落居明显优势。该群落中常混生节节菜与矮慈姑;淡化的埭田里则混生异型莎草。④水稻-矮慈姑 + 四叶萍。在较肥沃的浅足烂泥田、近村洋面田、垄口田常能见到这种群落。闽西南洋面田和闽东北盆谷地,本群落有时占很大优势,其他杂草难以混生。平原渍水洼地也有此群落分布,并伴有稗草和鸭舌草。⑤水稻-水葱 + 沼针蔺 + 谷精草。是山区冷浸型垄田常见组合,常混生萍类和眼子菜等杂草。在长年自流串灌梯田或浸冬田,也有这种群落。⑥水稻-飘拂草 + 陌上菜。在旱稻田占优势。实行水旱轮作、间歇灌溉的稻田和沙质稻田,水分变化较大,亦见到这一群落。这种群落与田埂杂草有密切联系,多由四周田埂向稻田延伸扩展;发生量大时充斥水稻行株际间,常呈草荒景象。⑦水稻-碎米莎草 + 牛毛毡。分布在灌溉水源不足而采用干干湿湿水分管理的稻田,常成片发生。在瘠瘦粘韧的黄泥型排田里,牛毛毡密集发生,呈毡状覆盖田面。平原稻田或山区洋面田,碎米莎草是群落主要成分。

江苏省水稻杂草群落有如下 7 种:①稗草群落。主要分布在淮北、沿海、里下河、沿江和太湖等稻区的部分稻田,其中夹棵稗危害严重。②扁秆藨草群落。主要分布在沿海稻区和淮北稻区的砂碱土地区,里下河、沿江稻区的一部分田也有发生。③眼子菜群落。主要分布在淮北稻区和沿海、里下河稻区的洼地积水处,沿江和太湖稻区的部分低洼田块也有发生。④牛毛草、球花碱草群落。主要分布在太湖、里下河、沿江三个稻区以及沿海、淮北稻区土壤肥沃经常保持湿润状态的部分稻田。⑤水莎草群落。主要分布在土壤较肥沃的太湖、里下河稻区和淮北稻区的部分稻田。⑥萤蔺群落。主要分布在淮北、太湖稻区及里下河稻区的部分田块,有些地区萤蔺常与稗草等组成群落。⑦千金子群落。主要分布在沿海稻区的水直播田和经常脱水落干的稻田。在太湖稻区的稻棉轮作田或双三熟改造为两熟制后的稻田，千金子也有所发展。

黑龙江省直播稻田杂草群落有如下 4 种：①水稻-稗草 + 日本藨草 + 雨久花 + 谷精草 + 牛毛草。分布在三江平原地区。②水稻-稗草 + 雨久花 + 萤蔺 + 日本藨草 + 蒲草。分布在嫩江平原。③水稻-稗草 + 雨久花 + 牛毛草 + 日本藨草。分布在松花江以北地区。④水稻-稗草 + 眼子菜 + 日本藨草 + 扁秆藨草 + 雨久花。分布在黑龙江省东南部地区。

三、杂草群落的演替

原始的植物群落会由于自然界的力量而被改变。水稻田杂草群落由于人类的生产活动而不断发生演替。了解这种演替过程有利于制订防治策略，有利于调控演替朝着有益于人类的方向发展。

（一）盐碱稻田改良伴随着杂草群落演替

河北省滦河下游稻区是渤海滨海盐土的典型地段。它是由滦河冲积物和海相沉积聚集而成的原生裸地，其生态环境条件有以下几个主要特点：①土壤含盐量大。为典型的以氯化钠为主的滨海盐渍化土，含盐量高达 0.6% ~ 4.0%。在春季盐分上升积聚于地表形成"盐霜"。②频刮大风。天气受季风影响很大，年平均风速 1.5 ~ 4 m/s，冬季多西北风，春季多东南风，以早春 3 ~ 5 月份风速最大，历史最高曾达蒲氏 10 级。③雨量稀少。该地区年降水量 550 ~ 650 mm，其中 65% 集中于 7 ~ 8 月份，多暴雨和连阴雨，而全年蒸发量高达 1 000 ~ 2 000 mm，为降水量的 3 倍。④受海潮和雨水的共同侵袭。由于同期性的海潮冲击，沉积下一些盐分、泥淤和海生物残骸，与降水形成交替影响，使该地面成为一个不稳定的环境。

垦地种稻，是人为改变生境干扰天然植被变化的过程。首先筑一阻挡海水入侵的高坝（称海挡），同时开挖水渠，引进河水灌地洗盐，再将渗出的咸水排入海中，形成完整配套的灌溉排水系统，再通过育苗移栽，创造了以水稻为优势层片的人工群落。从此，水稻-杂草群落开始形成、发展和演替。

裸地稻田杂草的典型群落有：水稻-扁秆藨草 + 少花针蔺 + 藨草 + 鳢肠 + 双稃草；水稻-稗草 + 扁秆藨草 + 藨草 + 少花针蔺 + 苦草 + 双稃草 + 泽泻 + 眼子菜 + 鳢肠；水稻-眼子菜 + 稗草 + 鳢肠 + 假稻 + 野慈姑 + 异型莎草 + 水莎草 + 浮萍 + 小茨藻 + 苦草；水稻-萤蔺 + 青萍 + 野慈姑 + 鳢肠 + 假稻 + 稗草 + 头状穗莎草 + 苦草 + 小茨藻 + 苘麻 + 槐叶萍；水稻-苦草 + 茨藻 + 野慈姑 + 稗草 + 眼子菜 + 雨久花 + 泽泻 + 萤蔺。

群落垂直分布由单层次向多层次发展，群落高度由低向高发展，群落种类组成结构由少的单纯结构向多的复合结构发展。大致经过以下 4 个演替阶段：①低等藻类阶段。开垦稻田的头几年，水稻土结构没有形成，土壤含盐量较高。稻苗成活率低，无分蘖，在稻田中覆盖度仅 0 ~ 40%，未形成优势层片。由于土壤含盐量高，从栽培措施上惟恐落干返盐而经常保持灌水层。在这种生境下，只有一些耐盐性很强的嫌气性低的植物生存，主要有蓝绿藻、念珠藻、颤藻等，形成水稻-藻类群落。②挺水生杂草阶段。种植几年水稻后，土壤有机质含量增加，盐分开始降低，透气状况改善，逐渐形成不宜藻类植物繁殖的环境，为半浸生性盐地杂草的迁入和定居创造了条件，最普遍的是扁秆藨草的发生，形成比较单一的水稻-扁秆藨草群落。由于扁秆藨草具有生长茂盛、繁殖力强等特点，稻田内一旦发生，几年即可布满全田，很快形成这一阶段的代表群落。这一阶段的持续时间长短，决定于排水条件、洗盐情况、整地、杂草防除等农业措施，一般 3 ~ 6 年。③湿生杂草阶段。在稻田继续洗盐和施肥的情况下,土壤含盐量已降低到0.1%以下,肥力提高,结构变好,开始不适于盐生杂草的生长。同时由于盐分降低,在农业措施上常采取间歇灌溉的方法,这就逐渐造成了湿生的环境,使浸生性禾本科杂草稗草迅速繁殖起来,在稻田形成水稻－稗草群落。由于稗草繁殖力极强,一旦防除失时,常会形成稗草-水稻群落,以致稻谷颗粒无收。此演替阶段持续时期最长,是渤海沿海稻田杂草群落演替的一个相对稳定的阶段,一般8~25年。④浸生杂草阶段。裸地稻田尽管连年洗盐脱盐,但要达到能种植旱作物的要求却需要一段很长的时间,况且一旦改旱作,土壤盐分会很快随地下水上升,危害旱作物,所以在开垦几十年内,只能连作水稻。杂草层片朝浸水阶段进行另外的偏途演替,水稻-水生杂草群落开始代替了水稻-稗草群落,稗草即成为伴生杂草。在不同生境条件下分别出现各类型的群落,水肥条件好、地势稍高的稻田可以出现水稻-萤蔺群落,地势低洼的稻田可出现水稻-眼子菜群落及水稻-苦菜群落。

(二)荒原稻田改良伴随着杂草群落演替

新疆杂草群落的演替与荒原开垦、改良和耕作活动密切相关。主要表现在3个阶段:①水稻-芦苇群落。是从开垦地原始群落的优势种保留下来的,芦苇在初开垦的水稻田以及土地改良粗放的稻田里普遍发生。在荒地原始群落中的碱蓬、刺沙蓬、地肤、钩速雾冰藜、盐生草、沙地旋复花、胖姑娘、红花苦豆子、胀果甘草、骆驼刺、野麻、牛皮消等杂草在水稻田中难以成活。通过耕拾苇根、春季播种前切地断苇灌水淹杀和人工拔草等措施,再加上后来的土壤改良措施,芦苇逐渐减少。但代之而起的是伴生适应稻田生态环境的稗草大量蔓延,有的稻田稗草密度达到900万株/hm^2,新的群落形成。②水稻-稗草群落。是从原始种群中的随属种发展起来的,在水稻田和旱作上都能大量发生,它对开垦后的生态环境更能适应。随着水源开发和调种活动频繁,使各种杂草种子进入稻田,到20世纪70年代中期形成了多种群落。③水稻-扁秆藨草群落、水稻-泽泻群落和水稻-眼子菜群落。这类杂草由于适应性强、繁殖快,在许多垦区迅速成为稻田主要杂草。

黑龙江省垦区杂草群落的变化与水稻的种植年限有关。表现为如下3种类型:①在旱改水的新垦稻区,水稻的种植年限在5年以内,这类稻田杂草种类是以野稗为优势,群落为水稻-野稗＋鬼针草＋本氏蓼＋苊草。②水稻种植年限为5~10年。以一年生杂草为主,群落为水稻-稻稗＋野稗＋雨久花＋异型莎草。③水稻种植年限在10年以上。这种类型稻田土壤沼泽化较重,杂草种类复杂,群落为水稻-稗草＋雨久花＋异型莎草＋小三棱草＋泽泻＋慈姑＋长刺牛毛毡＋荆三棱＋眼子菜。

(三)化学除草剂使用伴随着杂草群落演替

每一种除草剂都有其有限的杀草谱,当敏感性杂草被控制以后,耐药性杂草必然跃之为优势种群。其更替速度与某一种除草剂连续使用的时间成正相关。

使用2,4-D、2甲4氯(MCDA)和苯达松(Bentazon)可以有效防除阔叶杂草和莎草科杂草。若连年使用这类除草剂,禾本科杂草便成为优势种,稗草成为限制水稻产量的主要因素。在旱直播田,如稗草密度达11株/m^2,可使水稻减产25%。在移栽稻田,如果100穴稻中夹有稗草10株,可使水稻减产16%。

使用敌稗(Propanil)或禾大壮(Mo-linate)能有效控制稗草。敌稗还能抑制部分阔叶杂草和莎草科杂草。由于敌稗为触杀型除草剂,残效期短,对中后期发生的稗草防治效果差,且不能防除千金子、杂草型稻。而禾大壮几乎不能防除稗草以外的所有杂草。在多年使用敌稗或禾大壮后,杂草由水稻-稗草＋千金子＋杂草型稻＋碎米莎草＋沼泽生异蕊花群落向水稻-千金子＋杂草型稻＋沼泽生异蕊花群落更替。

杀草丹、丁草胺这类杀草谱较宽的除草剂，多年连续使用，杂草群落由水稻-稗草＋异型莎草＋牛毛草演变为水稻-水莎草＋矮慈姑＋四叶萍。在有些地区，多年使用杀草丹或丁草胺后，多年生恶性杂草莲子草、双穗雀稗发生日趋严重。

快杀稗(Quinclorac)是除稗草的特效药，然而它不能有效控制莎草科杂草和阔叶杂草。只要一用快杀稗，莎草科杂草将一跃而成为优势种群。连续用2年，水莎草、异型莎草便不可收拾。若每平方米接种20个水莎草繁殖茎，可使水稻减产19%。而异型莎草在移栽田每100穴稻中夹有10棵，水稻则会减产11%。

威霸(Whip)是防除大龄稗草和千金子的优良除草剂，但它不能防除阔叶杂草，使用威霸后，鳢肠枝繁叶茂，使水稻严重减产。

近年开发的超高效除草剂农得时、草克星(NC-311)几乎可以防除禾本科杂草以外的所有稻田杂草。由于除稗效果差，稗草不能被控制。在目前稗草仍为全世界危害最严重的稻田杂草情况下，单一使用农得时或草克星是不如人意的。不难预料，连续使用这类除草剂，禾本科杂草将成为优势种群。

浙江省未进行化学除草且管理粗放的稻田杂草群落有：水稻-稗草＋异型莎草＋矮慈姑；水稻-节节菜＋陌上菜＋矮慈姑＋稗草；水稻-牛毛毡＋四叶萍＋鸭舌草。而多年连续施用禾大壮、杀草丹和丁草胺的稻田杂草群落发生了明显的变化，由于一年生杂草被消灭，多年生杂草乘虚而入成为优势群落。其替代群落有：水稻-水莎草；水稻-假稻＋水莎草；水稻-矮慈姑＋四叶萍；水稻-空心莲子草＋矮慈姑；水稻-双穗雀稗＋矮慈姑；水稻-千金子＋矮慈姑。

有一个研究展现了一个典型水稻杂草群落：水稻-稗草＋节节菜＋异型莎草＋矮慈姑随着除草剂杀草丹使用年限增加而发展的旱稻田杂草群落消长动态。第一，在不施除草剂也不耘田的条件下，从1981～1984年，群落结构表现为稗草密度逐年增大，而节节菜和异型莎草密度显著下降。1984～1986年，节节菜、异型莎草和矮慈姑的密度出现稳定值，不再发生变化，而稗草的稳定值则到1985年才开始。稗草密度在1985年达到了660株/m^2，远高于水稻密度。群落从1981年的水稻-节节菜＋异型莎草＋矮慈姑＋稗草演替为1986年的稗草-水稻＋节节菜＋异型莎草＋矮慈姑。第二，在人工耘田区，稗草基数显著低于不施除草剂不耘田区，但稗草密度的增长趋势和不施药不耘田区是一致的。从1983年开始稗草密度迅速增加，且没有出现稳定值。节节菜密度显著下降。群落演替为水稻-稗草＋异型莎草＋节节菜＋矮慈姑。第三，在6年连续施用杀草丹区，异型莎草被消灭，稗草和节节菜得到控制维持在一定值，而矮慈姑密度迅速增加，群落演替为水稻-矮慈姑＋节节菜＋稗草。

吉林省的调查结果表明，直播稻田连续4年(1986～1989年)使用禾大壮，禾本科杂草密度减少，而莎草科杂草和阔叶杂草显著增加(高君等，1992)。

第三节　水稻化感作用

化感作用(Allelopathy)的概念是Molish在1937年首先提出的。20世纪70年代，Rice根据Molish的原始定义和植物化感作用近40年的研究成果，将其定义为：一种植物通过向环境释放化学物质而对另一种植物(包括微生物)所产生的直接或间接的伤害作用。这一定义首次阐明植物化感作用的本质是植物通过向体外释放化学物质而影响邻近植物的。20 世纪 80 年代中期，Rice 将有益的作用和自毒作用补充到植物化感作用的定义中。自此，Rice 关于植物化感作用的定义被普遍接受，只是部分学者认为植物化感作用应局限在高等植物范围，而不应包括微生物(孔垂华等,2001)。

化感作用广泛存在于自然界中，水稻作为世界上最重要的粮食作物之一，其种质资源中存在具有化感潜力的品种已被证实。利用水稻化感作用控制水稻病虫草害将有助于实现可持续水稻病虫草害的防治策略，大大减少化学农药的施用，从而减少化学农药对环境的负面影响。因此，如何开发和利用水稻的化感作用，已成为各国科学家们所关注的焦点。

一、水稻化感种质资源的筛选与评价

要利用水稻对杂草的化感作用，首要的任务就是筛选具有强化感作用潜力的水稻种质资源。水稻化感作用种质资源筛选与评价常采用生物测定技术。生物测定是化感作用研究中非常重要的一个环节，确定化感作用强弱，化感物质的分离、鉴定时的生物活性跟踪，以及化感作用机制的研究，都必须进行生物测定。生物测定技术主要包括发芽试验、幼苗生长试验、盆栽试验和田间试验等。孔垂华等(2002)建立的以特征次生物质为标记评价水稻品种及单植株的化感潜力方法，不仅能定性、定量评价水稻品种和单株的化感潜力，而且能在不损害水稻生长发育的条件下进行快速有效的化感效应评价。该方法正在化感水稻品种资源的筛选评价中发挥重要作用。

20 世纪 80 年代初，Dilday 在评价美国国家水稻研究中心水稻种质资源对除草剂草不绿(alachlor)的抗性时，发现一些水稻品种(系)能够自身抑制其伴生杂草的生长。随后，Dilday 对水稻种质资源对其伴生杂草的抑制作用进行了全面的评价。在 14 000 个品种材料对杂草沼生异蕊花(Ducksalad)的评价中，发现 412 份材料对沼生异蕊花具有生长抑制作用。而在 5 000 份材料对 *Purple a mmania* 的评价中，156 份材料对 *Purple a mmania* 具有生长抑制作用。经过数年野外实验发现 3%左右的水稻品种对伴生杂草具有显著的化感抑制作用，10 余份试验材料对伴生杂草生长的抑制作用达到 85%以上，而这些试验材料来源于 30 个国家，其中有 7 个品系能使沼生异蕊花的干重减少 91%～98%。而且这些品种材料具有不同的农学特性。另外，从 5 600 份水稻材料对稗草的田间抑制作用评价中发现有 9 份材料能够对稗草的生长发育产生明显的影响，在这些品种水稻植株 10～20 cm 半径范围内稗草难以萌发和生长。Dilday 以上关于水稻品种材料对伴生杂草化感抑制作用的研究，引起了许多学者的注意，随后的 80 年代后期和 90 年代初期，世界各国许多学者发现了不同起源水稻品种材料的化感作用。Chou 等(1991)研究了野生稻的化感作用，发现部分野生稻对白菜的幼根生长具有抑制作用，同时指出野生稻的化感作用与地理起源以及多年生程度有关。Fujii (1992)研究了 189 份水稻材料的化感特性，发现热带粳稻材料具有较多的化感特性，在其他的改良粳稻中，化感特性较少，这可能是由于在以往的水稻培育中忽视了化感这一特性的缘故。Shibayama 等(1996)在盆栽试验中证明水稻幼苗对某些杂草具有抑制作用，特别是对鸭舌草的抑制作用更为明显。埃及学者 Hassan 等(1994,1998)在野外研究的 300 份水稻材料中发现 30 份材料在田间条件下能控制稗草 20%～70%的生长，在温室条件下对稗草的控制能力达到 50%～90%；6 份材料对异型莎草的抑制作用达到 80%。这些化感抗草作用主要体现在抑制杂草发芽以及 2 叶期幼苗的生长。同时发现在水稻收获后和土地准备时，一些具有化感抗草作用的水稻残株对稗草的种子库在短期内有明显抑制作用。Olofsdotter 等(1996)发现,在旱季有 11 份水稻材料能使稗草干重减少 50%以上,21 份材料能使稗草干重减少 40%~50%;在雨季有 21 份材料使稗草干重减少 50%以上,22 份材料使稗草干重减少 40%~50%。韩国的 Kim 等(1998)发现本国也有对稗草具有化感抗草作用的水稻品种。中国的王大力等(2000)对中国水稻的化感抗草种质资源进行了初步研究,从 41 个水稻品种中发现 1 个品种对杂草具有明显的抑制作用。汤陵华等(2002)从江苏省农业科学院粮食作物研究所保存的 700 份水稻种质资源中,筛选出 35 份对白莱生长具有抑制作用的水稻品种。Maneechote 等(1996)研究了旱稻和野生稻对稗草和莴苣的化感作用,发现部分材料对稗草和莴苣具有化感抑制作用,对幼根和幼苗的抑制在 20%~60%之间。中国水稻研究所杂草课题组以稗草为靶标,用生物测定法评价了近 800 份中国地方水稻品种的化感作用潜力,并采用化感指数(AI)分析法(HPLC)验证,获得 8 份具有化感潜力的中国地方水稻品种(系)。

世界各国科学家通过近 20 年对水稻种质资源的筛选,发现了一些具有不同起源和农学特征的水稻品种能对稻田伴生的不同杂草具有显著的化感作用。在目前的水稻种质资源中,有 3%~4%能对至少一种伴生杂草显示化感活性,约 1%的水稻材料能同时对 2~3 种伴生杂草显示化感活性。

二、水稻化感物质

水稻化感物质的分离、鉴定是化感作用研究的另一个重要方向。迄今为止,人们所发现的化感物质几乎都是植物的次生代谢物质,一般分子量较小,结构较简单。Rice(1984)首先将化感物质分为:简单的水溶性有机酸、直链醇、脂肪族醛和酮,简单不饱和内酯,长链脂肪酸和多炔,醌类,苯甲酸及其衍生物,肉桂酸及其衍生物,香豆素类,黄酮类,鞣质(单宁),萜类和甾族化合物,氨基酸和多肽,生物碱和氰醇,糖苷硫氰酸酯,嘌呤和核苷等共 15 类。

而在水稻化感物质的研究中,长期以来一直认为水稻根分泌物中的肉桂酸、对羟基苯甲酸、香草酸、香豆酸和阿魏酸等酚酸类物质是主要的抑制伴生杂草的化感物质,如 Rice(1984)、Kim 等(1998)、Chung 等(2001),但这一结论常常被质疑。主要原因是几乎所有的作物都能从根系分泌这些酚酸,而且水稻根分泌的酚酸在田间也达不到显示化感效应所需要的浓度(Olofsdotter 等,2002)。国内外也有大量关于酚酸是作物化感或自毒作用的主要物质的报道,但关于水稻根系分泌酚酸对杂草的抑制活性的结果都是在人为设定浓度下的生测结果,很少有定量的研究。周勇军(2004)和胡飞等(2004)认为水稻从根系分泌的酚酸也许在与土壤金属离子及根际微生物作用等方面起作用,但不应是产生化感效应的主要因子。虽然大多数的酚类物质主要是由碳水化合物代谢衍生出来的次生代谢物质,水稻植株的降腐解释放的酚酸在化感作用中占有中心位置,但水稻植株降腐解释放的酚酸种类和浓度与水稻是否为化感品种无关,而与水稻品种木质素的含量和组成有关,这表明水稻降腐解释放的酚酸主要来源于木质素(孔垂华等,2001)。近年来,如孔垂华等(2002)、周勇军(2004)、Kato-Noguchi 等(2003)和 Kong 等(2004)愈来愈多的研究结果显示,从水稻根系分泌释放的黄酮、二萜内酯、羟基肟酸和环已烯酮等非酚酸类化感物质被认为是水稻的主要化感物质。

水稻化感物质的分离方法主要有蒸馏法、沉淀法、萃取法、重结晶法、树脂法、柱层析法、薄层层析法、固相萃取法、高压液相色谱法(HPLC)和气相色谱法(GC)等。对化感物质分子结构的鉴定方面常采用测定其熔点、原子吸收、红外光谱、紫外光谱、核磁共振氢谱与碳谱、质谱等参数,来判断其中存在的官能团、共轭体系、该未知物质的分子量和结构式以及 H 原子与 C 原子在分子中的结合方式等信息,确定其化学结构。对一些低极性组分常采用气相色谱/质谱联用(GC/MS)方法来鉴定;而对一些不易挥发的、特别是亲水性的次生物质及物质组分,则可以采用高压液相色谱/质谱联用(LC/MS)等方法来进行结构鉴定;而对那些新的次生化合物,还可以采用培养化合物单晶,通过测定其 X-衍射来确定化合物的绝对构型以确定化合物结构。

Dilday 等(1994)在利用高效液相色谱筛选鉴定水稻化感种质资源时发现,化感作用较强的水稻,其叶片提取物的吸收波峰及其逗留时间往往相似。孔垂华等(2002)更是发现化感水稻品种和非化感水稻品种在次生物质的种类或数量上存在显著差异,并在此基础上建立了以特征次生物质为标记评价水稻品种及单植株的化感潜力的方法,并对各特征色谱峰进行分离、鉴定,确定了它们的结构。

三、水稻化感新品种的培育

化感作用是植物间相互作用的一种形式,在某些具体条件下,化感作用会成为主导因子。因此,如何将作物的化感性状通过传统育种手段或现代生物工程技术转入具有高产、多抗、早熟等特征的优良商业品种中,产生既具有高产、抗病虫害、高竞争力,又能对伴生杂草生长有抑制作用的水稻商业品种,化感品种的培育是化感应用中最具前景的一个方面,一旦培育成功,将意味着最大限度地减少向农田生态系统中引入对环境有负面影响的化学品,并极大地减少因杂草造成的水稻产量损失,同时水稻生产的田间管理也变得轻松简单。

目前,一些学者已经开展了水稻化感育种的研究工作。Dilday 等(2000)利用 IR644-1-63-1-1 与 Adair、Alan、Katy 和 Newbonnet 等杂交,发现与无化感作用的 Rexmont(对照)相比,IR644-1-63-1-1 与 Katy 的杂交品种对杂草沼生异蕊花具有明显的抑制作用,而产量比 Katy 高出 2 000 kg/hm^2。用 IndiaT-43 与 Katy 杂交,发现 Katy 抑草圈为 6 cm,India T-43 的抑草圈为 12.5 cm,而 F_3 的抑草圈为 0 ~ 7.5 cm 和 12.5 ~ 17.5 cm 两组,这说明,India T-43 的化感作用是由多基因控制的。Olofsdotter 等(1998)用驯化的水稻品种和野生稻杂交,如 *O. glaberrima* 与 *O. rufipogon* 杂交,往往可以得到具有化感特征的水稻品系。用对伴生杂草沼生异蕊花和红根莎草(Redstem)均具有显著化感作用的水稻品系 PI338046,分别与 Alan、Katy、Lemont 等水稻商业品种杂交,得到 PI338046/Alan、PI338046/Katy、PI338046/Lemont 等杂交水稻品系,其中 PI338046/Katy 在田间试验中显著地抑制伴生杂草沼生异蕊花的生长。这一结果表明,转移化感特性到水稻商业品种中,不仅使得商业品种具有化感特性,而且对这些品种的其他特征尤其是产量不产生影响。用 India T-43 与 Katy 杂交同样可以得到抑草圈在 12.5 cm 以上(最高达 17.5 cm)的杂交品系。用有强烈化感特征的材料 PI312777 与 Lemont 杂交得到 F_2 子系均能表现出显著的化感特征。目前用对不同杂草表现出化感特征的水稻品系和具有抗病虫害、抗逆、高竞争、高产的水稻品种的杂交选育工作,世界各国正在紧张地进行,许多结果是令人兴奋的,相信不久的将来会得到令人满意的具有化感作用的水稻商业品种。

虽然水稻化感作用的研究取得了很大的进展,但还面临不少的问题。主要有:第一,在水稻种质资源库中,能对一种伴生杂草具有化感作用的仅占 3% ~ 4%,而能同时对两种伴生杂草具有化感作用的不到 1%,对多种伴生杂草有抑制作用的品种(系)更少。因此,全面评价和筛选水稻化感资源仍然是重要的任务。第二,现有的研究揭示水稻的化感特征具有定量遗传特征,化感特征和产量没有显著的相关性,化感特征是受多基因控制的。但是,化感特征的多基因控制,对化感基因克隆带来了困难。第三,水稻化感品种(系)对特定伴生杂草表现出的选择性,不仅说明不同的化感水稻品种抑制不同的伴生杂草生长,而且显示不同化感品种(系)释放的化感物质是特定的分子,在对这些特定化感物质分子对杂草化感活性的权重方面有待进一步深入研究。第四,水稻化感特征的生理消耗问题仍然未能得到明确的结论,一些研究结果是相互矛盾的(孔垂华等,2001)。也许随着水稻对主要杂草的化感作用机制研究的深入,将促进水稻化感作用在农业可持续发展中的广泛应用。

第四节　微生物除草剂

与不除草相比,化学除草剂技术挽回了约50%的粮食产量损失,为人类作出了贡献。但是,将大量化学除草剂应用到农田,所造成的残留药害、环境污染以及抗(耐)性杂草问题日趋严重。利用丰富的微生物资源开发微生物除草剂,避免了上述弊病,没有残留药害,对作物安全,与环境友好。加强微生物除草剂的研究与开发,是发展生物农药的一个重要组成部分,是农业可持续发展的需要。至今,利用微生物资源开发的微生物除草剂有3类,一类是利用放线菌生产的抗生素除草剂,一类是利用病原真菌生产的真菌除草剂,一类是利用病原细菌生产的细菌除草剂。

一、抗生素微生物除草剂

由链霉菌产生的茴香霉素(anisomycin)能强烈抑制稗草和马唐,通过分子结构的剖析,Duck等首次人工模拟合成了除草剂甲氧苯酮(methoxyphenone),它破坏敏感植物的叶绿素合成,是优良的蔬菜地和稻田除草剂。它易被生物降解,无残留问题。

双丙氨酰膦(bialaphos),化学名称4-[羟基(甲基)膦酰基]-L-高丙氨酰-L-丙氨酰-L-丙氨酸,是第一个商品化抗生素除草剂,20世纪80年代初由日本明治制果公司开发成功。双丙氨酰膦分子式为$C_{11}H_{22}N_3O_6P$,分子量为323.3,它的钠盐分子式为$C_{11}H_{21}N_3NaO_6P$,分子量为345.3。双丙氨酰膦钠盐为无色粉末,熔点约160℃,易溶于水,在土壤中失去活性。原药对兔眼睛和皮肤无刺激作用,对大鼠无致畸诱变及致癌作用。

双丙氨酰膦是由吸水链霉菌(*Streptomyces hygroscopicus*)SF-1293经过发酵产生的。其制备方法是:SF-1293在含有丙三醇、麦芽、豆油及痕量氯化钴、氯化镍、磷酸二氢钠的培养液中,与D-L-2氨基-4-甲基膦基丁酸一起在28℃下振摇96 h,培养物离心后,滤液用活性炭脱色,并经色谱柱分离,即制得双丙氨酰膦。

双丙氨酰膦属膦酸脂类除草剂,是谷酰胺合成抑制剂。常用于非耕地和果园等防除一年生和某些多年生杂草。使用剂量约为有效成分1~3 kg/hm^2。双丙氨酰膦抑制植物体内谷酰胺合成酶,导致氨的积累,再抑制光合作用中的光合磷酸化。它在土壤中的半衰期(DT_{50})为20~30天。

双丙氨酰膦是一种生物激活除草剂,它被杂草吸收后代谢成L-2-氨基-4(羟基)甲基氧膦基丁酸,这是分子的植物毒性部分。根据上述特性,赫斯特公司于20世纪90年代初采用化学合成路线开发成功草铵膦(glufosinate),商品名叫巴斯达(Basta或Buster等),分子式为

$C_5H_{12}NO_4P$，其铵盐分子式为 $C_5H_{15}N_2O_4P$，化学名称分别为 4-［羟基（甲基）膦酰基］-DL-高丙氨酸和 4-［羟基（甲基）膦酰基］-DL-高丙氨酸铵。草铵膦易溶于水，对光稳定，在土壤中的半衰期小于 10 天。草铵膦属膦酸类除草剂，也是谷氨酰胺合成抑制剂，是非选择性触杀除草剂，适用于非耕地和果园等，使用剂量为有效成分 1～2 kg/hm^2，可有效防除单子叶和双子叶杂草。日本科学家 Omura 等从土壤样品中分离到一株吸水链霉菌（*Streptomyces hygroscopicus*）AM-3672，鉴定其分子式为 $C_{30}H_{42}N_2O_9$，利用该菌发酵生产的除草素可以用做土壤处理和茎叶处理，有效防除单子叶和双子叶杂草，对莎草（*Cyperus microiria* Steud.）特效，且对水稻具有选择性。这一成果揭示了不但可以像发现 SF-1293 菌株那样生产非选择性抗生素除草剂，也可以像 AM-3672 菌株这样生产选择性抗生素除草剂。

1991 年，我国许学胜和李孙荣报道，获得的一链霉菌尽灰类群体的发酵液提取物具有杀草活性，以 200 mg/L 浓度处理时可强烈抑制高粱、苋菜和马唐幼苗根系的生长。但菌种和活性化合物的分子结构均未进行鉴定。1994 年王世梅和黄为一等报道，筛选到一吸水链霉菌，其发酵液提取物对稗草、假高粱、狗尾草、苘麻及马唐具有毒杀作用，并分析了活性物质的分子结构，确定为除莠霉素 A。1998 年黄世文和余柳青分离到一淡紫灰色吸水链霉菌（*Streptomyces lavendulo-hygroscopicus*），其发酵液制剂对稗草有抑制作用，对水稻纹枯病有明显防治效果。

二、真菌微生物除草剂

真菌除草剂是由杂草病原真菌生产的活孢子和适宜的助剂组成的微生物除草制剂。其作用方式是孢子直接穿透寄主表皮，进入寄主组织，产生毒素，使杂草出现病斑并逐步蔓延，破坏植物的正常生长，导致杂草死亡。

美国伊利诺斯州 Abott 实验室于 1981 年注册了 Devine —— 一种棕榈疫病毒（*Phytophtora palmivora*）孢子悬浮剂，用于防除莫伦藤（*Mottenia odorata*），防治效果可达 90%，且持续期可达 2 年。1982 年美国又批准登记了由阿肯色大学和 Upjohn 公司联合开发的长孢状刺盘孢（*Colletotrichum glocosporioides* f. sp. *awswhynomene*）干孢子可湿性粉剂 Collego，它对水稻田中的弗吉尼亚田皂角（*Aeschynomene virginica*）幼苗防治效果达 90% 以上，在美国稻田使用 Collego 的面积每年达到 5 000～10 000 hm^2。目前正在开发的决明链格孢（*Alternaria cassiae*）分生孢子可湿性粉剂 Casst，已接近商品化。Casst 可防治 3 种重要的豆科杂草钝叶决明（*Cassia obtusifdia*）、望江南（*C. occidentalis*）和美丽猪屎豆（*Crotalaria spceetabilis*）。正在研究开发的项目还有：用 *Bipolaris selaria* 制剂防治稻田恶性杂草扁叶臂形草，用 *Bipolaris sorghicola* 制剂防治恶性杂草假高粱。澳大利亚研制成功用百日草链格孢（*Alternaria zinniae*）和圆刺盘孢（*C. orbiculare*）的孢子制剂分别防治苍耳（*Xanthium occidentale*）和刺苍耳（*X. spinosum*）。

利用稗草病原真菌开发微生物除草剂的研究取得进展。世界各国已采集到并显示出较好的应用前景的稗草病原菌有稗叶枯菌（*Helminthosporium, sativum*）、刺盘孢（*Colletotrichum graminicola*）、弯孢（*Curvularia lunata*）、链格孢（*Alternaria alternata*; *A. tenuissima*; *A. triticina*; *A. Brassicae*）、尖角突脐孢（*Exserohilum monocerus*）。其中对尖角突脐孢的研究，日本、国际水稻研究所以及加拿大都投入很大的力量，目前攻克的难点集中在孢子生产和适宜剂型上。

我国 1963 年研制成功胶孢炭疽菌（*Colletotrichum gloeosporioides* f. sp. *cuscutae*）孢子制剂

鲁得一号，可有效防除大豆田中的寄生杂草菟丝子(*Cuscutae* spp.)，推广应用面积累计达到67万hm^2。1993年王明旭等人从稗草上采集到稗叶枯菌(*Helminthosporium monoceras*)，该菌的孢子悬浮液防除2叶龄稗草，防治效果(死苗率)达61%，对水稻有良好的选择性。1999年陈勇和倪汉文通过全国多地区稗草病原菌的采集调查，筛选到尖角突脐孢，完成了该菌流行病学的研究。同年黄世文和余柳青等人报道筛选到稗草病原菌互隔交链孢霉[*Alternaria alternata* (Fr.) Keissler]，对该菌流行病学和产孢特性的研究取得进展。

真菌除草剂杀草谱较窄，可通过多种孢子除草剂的复配使用，或通过与低量化学除草剂复配使用扩大杀草谱。如百日草链格孢制剂与灭草喹(imazaquin)混用，防治苍耳具有极显著的增效作用。

真菌除草剂具有寄主专一性的特点。虽然有的孢子除草剂对部分作物有致病反应，但由于选择性差异，对这些作物不会构成威胁。如Collego对几种重要的豆科作物也有一定的反应，但它不会造成这类作物的病害流行。

真菌除草剂的工业化生产有两种类型，一种是液体发酵生产孢子，另一种是液体-固体联合发酵生产孢子。盘孢菌属，用液体发酵可生产大量分生孢子，均可以通过液体发酵进行孢子生产。然而，有不少具开发应用前景的杂草病原菌在液体发酵条件下只产生菌丝体而不能产生孢子。根据这一特点，可以采用液体-固体联合发酵的方法，先进行液体发酵生产菌丝体，然后利用菌丝体在固体培养基上发酵生产大量孢子。

真菌除草剂剂型加工有粉剂和油剂等。如Collego的剂型为粉剂，由孢子粉(A)和水合物+表面活性剂(B)组成，实际是“一剂两个包装”的组合剂。

三、细菌微生物除草剂

细菌微生物除草剂主要是根际细菌集中在假单胞菌属(*Pseudomonas*)、肠杆菌属(*Enterobacter*)、黄杆菌属(*Flavobacterium*)、柠檬酸细菌属(*Citrobacer*)、无色杆菌属(*Achromobacter*)、产盐杆菌属(*Alcalligenes*)、黄单胞杆菌属(*Xanthomonas*)。

细菌除草剂中有Campelyco已获批准，是由日本烟草公司于20世纪90年代中期开发的杀草微生物，可引起早熟禾的枯萎病。该病原菌为黑腐病菌(*Xanthomonas capestris*)，属于革兰氏阴性菌假单胞菌属假单胞菌(*Pseudomonadaceae*)，适用于草坪草防除早熟禾。通过从早熟禾的伤口侵入早熟禾导管内并在其内繁殖，同时产生黏稠的多糖物质使导管堵塞，从而导致早熟禾枯萎死亡。产品为黄色水溶性悬浊液，持效甚长，在施药后1~3个月中可使草坪中的早熟禾密度减少，有利于草坪化(冯化成，2001)。

20世纪90年代，从杂草根系土壤的微生物菌群中筛选出具有除草活性的细菌成为除草剂开发研究的热点。但汉斌等(2002)从马唐和狗尾草的根际有害细菌中分离筛选得到S7菌株，能100%抑制狗尾草种子萌发，并对供试草坪不仅没有负面影响，而且对高羊茅的种子萌发有轻微促生作用。

李明智(2004)等从杂草的病株根系分离得到大量的根际细菌。利用酶抑制剂模型和单胞藻高通量除草剂筛选方法与常规的微生物筛选方法相结合进行初筛和复筛，发现其中有数十个菌株具有潜在的除草活性，经细菌鉴定发现它们大多归属于假单胞菌属(*Pseudomonas*)和黄单胞菌属(*Xanthomonas*)。对效果较为突出的10余个菌株进行杀草活性评估，其中编号为L4的黄单胞菌对常见阔叶杂草具有较强的杀草活性，1:1发酵液稀释度时能完全抑制荠菜与反枝苋的生长，在1∶30稀释度时对反枝苋仍有85%的抑制率，具有较好的开发前景。

在筛选可使杂草致病的病原细菌的同时，对病原细菌天然代谢产物植物毒素的研究也引起广泛关注。通过对致病细菌发酵液中物质的提取纯化，分析植物毒素的结构和致病机制，为人工合成植物毒素用于杂草防除提供了理论基础。

病原细菌丁香假单胞菌菜豆致病变种（*Pseudomonas syringae* pv. *Phaseolicola*）能使野葛Kudzu的叶片出现萎黄病症，产生局部坏死。经研究发现，这种缺绿症是该菌所产生的植物毒素菜豆菌毒素（phaseolotoxin）所致。菜豆菌毒素是一种三肽化合物，通过与氨甲酰磷酸竞争鸟氨酸氨甲酰转移酶的结合位点，从而抑制精氨酸的合成（Ninak 等，1996）。毒素进入植物体内后向植物生长点转移并感病，导致植株的矮化、失绿，严重的导致植物叶片坏死（Patrick 等，1993）。

Gurusiddaiah 将导致旱雀麦病害的荧光假单胞菌（*Pseudomonas fluorescens*）D7 菌株发酵液初步纯化后发现，分离到植物毒素中至少含有2个多肽、1个生色团、1个脂肪酸酯和1个脂多糖基团。该毒素明显地抑制膜的形成和脂类代谢。

丁香假单胞菌烟草致病变种（*Pseudomnas syringae* pv. *tabaci*）产生的烟草丁香假单胞菌毒素，其水解物能抑制谷氨酸合成酶的活性；丁香假单胞菌丁香致病变种（*Pseudomonas syringae* pv. *syringae*）产生的丁香霉素还能提高K离子流量，并增强 H^+-ATP 酶的活性，同时又与 Ca^{2+} 的运输有关。

植物毒素在制剂、应用、贮藏及降解等方面均优于活体微生物类除草剂，一旦清楚其化学结构，可通过人工合成大量生产，且作用效果波动性不大，不易受环境条件影响。很多国家均已投入大量资金进行植物毒素除草剂的研究。

第五节　化学除草剂

化学除草剂的发展已近一个世纪，从发现硫酸铜的除草作用到磺酰脲类除草剂的发明，化学除草剂的有效成分用量已经从每公顷的千克级降低到克级。化学除草剂已经具备高活性、低毒性的特点，在现代农业中得到广泛应用。

一、主要除草剂品种和剂型

稻田常用除草剂类型主要有酰胺类的丁草胺、乙草胺、丙草胺、异丙甲草胺、苯噻酰草胺等，磺酰脲类的苄嘧磺隆、吡嘧磺隆等，苯氧羧酸类的2甲4氯，三氮苯类的扑草净和西草净，氨基甲酸酯与硫代氨基甲酸酯类的杀草丹（禾草丹）、敌稗、禾大壮、优克稗，二苯醚类的乙氧醚，环状亚胺类的恶草灵（恶草酮），嘧啶水杨酸类的双草醚（农美利），芳氧苯氧基丙酸类的千金（氰氟草酯）、威霸（恶唑禾草灵），其他有机杂环类的快杀稗（二氯喹啉酸）、苯达松。

稻田常用除草剂剂型有：敌稗乳油（EC）、丁草胺EC、丁·苄（丁草胺＋苄嘧磺隆）可湿性粉剂（WP）、恶草灵EC、丁·恶（丁草胺＋恶草灵）EC、丁·扑（丁草胺＋扑杀净）EC、WP和颗粒剂（G）、丁·西（丁草胺＋西草净）G和EC、丁·吡（丁草胺＋吡嘧磺隆）WP、乙·苄（乙草胺＋苄嘧磺隆）WP、都尔EC、快杀稗（二氯喹啉酸）WP、二氯·苄（二氯喹啉酸＋苄嘧磺隆）WP和悬乳剂（SC）、二氯·吡（二氯喹啉酸＋吡嘧磺隆）WP、扫茀特（丙草胺＋安全剂）EC、丙·苄（丙草胺+安全剂+苄嘧磺隆)WP、苯噻酰草胺 WP、苯噻·苄(苯噻酰草胺+苄嘧磺隆)WP、禾大壮 EC、杀草丹 EC、禾·苄(杀草丹+苄嘧磺隆)WP、扑草净 WP、西草净 WP、千金 EC、农美利 SC、阿罗津 EC、优克稗 EC、幼禾葆(优克稗+苄嘧磺隆)WP、果尔(乙氧氟草醚)EC、农得时(吡嘧磺隆)WP、草克星(吡嘧磺隆)WP、苯达松(灭草松)水剂、灭·二(灭草松+2甲4氯)水剂。

二、除草剂的杀草谱

防除稗草的除草剂有敌稗、丁草胺、丙草胺(含安全剂)、异丙甲草胺、苯噻酰草胺、扑草净、杀草丹、禾大壮、优克稗、乙氧氟草醚(果尔)、恶草灵、二氯喹啉酸、氰氟草酯(千金)、威霸(恶唑禾草灵)等。防除千金子的除草剂有杀草丹、恶草灵、氰氟草酯(千金)、威霸(恶唑禾草灵)等。防除一年生莎草科杂草的有敌稗、丁草胺、丙草胺(含安全剂)、异丙甲草胺、苯噻酰草胺、扑草净、杀草丹、乙氧氟草醚(果尔)、恶草灵、苯达松等。防除多年生莎草科杂草的有2甲4氯、苄嘧磺隆、吡嘧磺隆、苯达松等。防除一年生阔叶类杂草的有敌稗、丁草胺、丙草胺(含安全剂)、异丙甲草胺、苯噻酰草胺、扑草净、杀草丹、禾大壮、乙氧氟草醚(果尔)、恶草灵、2甲4氯、苄嘧磺隆、吡嘧磺隆、苯达松、扑草净、西草净、氰氟草酯(千金)等。防除多年生阔叶类杂草的有2甲4氯、苄嘧磺隆、吡嘧磺隆、恶草灵、乙氧氟草醚(果尔)、西草净、苯达松、使它隆等(表15-1)。

表15-1　除草剂的杀草谱

除　草　剂	稗　草	千金子	一年生莎草科杂草	多年生莎草科杂草	一年生阔叶杂草	多年生阔叶杂草
敌　稗	○	×	○	×	○	×
丁草胺	○	×	○	×	○	×
丙草胺(含安全剂)	○	×	○	×	○	×
异丙甲草胺	○	×	○	×	○	×
苯噻酰草胺	○	×	○	×	○	×
2甲4氯	×	×	○	○	○	○
苄嘧磺隆	×	×	○	○	○	○
吡嘧磺隆	×	×	○	○	○	○
扑草净	○	×	○	×	○	×
西草净	×	×	○	×	○	○
杀草丹	○	○	○	×	○	×
禾大壮	○	×	×	×	×	×
优克稗	○	×	×	×	×	×
乙氧氟草醚	○	×	○	×	○	○
恶草灵	○	○	○	×	○	○
二氯喹啉酸	○	×	×	×	×	×

续表 15-1

除 草 剂	稗 草	千金子	一年生莎草科杂草	多年生莎草科杂草	一年生阔叶杂草	多年生阔叶杂草
苯达松	×	×	○	○	○	○
氰氟草酯	○	○	×	×	○	×
威 霸	○	○	×	×	×	×
使它隆	×	×	×	×	○	○

注:○表示具有杀草功能;×表示不具杀草功能

三、除草剂的杀草机制

(一)抑制光合作用

脲类、三氮苯类、脲嘧啶类等除草剂都是光合电子传递抑制剂,它们的作用位点在质体醌还原前的光合系统Ⅱ与光合系统Ⅰ之间,亦即 Q 与 PQ 之间,此作用位点附着于蛋白质上,即分子量为 32 000Da 的蛋白质;由于除草剂与光合系统Ⅱ反应中心复合物 32 000Da 蛋白质结合,改变了蛋白质的结构,结果阻碍电子从束缚性质体醌 QA 向第二个质体醌 QB 传递,使 H 和 CO_3^{2-} 不能与其结合,影响正常的光合传递。联吡啶类除草剂具有 300 ~ 500mV 的氧化还原电势,它们渗入植物细胞后,直接截断光合系统Ⅰ的电子及 $NADH_2$ 与 $NADPH_2$ 氧化的电子,使电子流脱离电子传递链,导致氧化还原过程,亦即光合作用及 $NADH_2$ 与 $NADPH_2$ 氧化停止,结果造成植物受害而死亡。

(二)抑制呼吸作用

呼吸作用是植物体内能量释放过程,它包括一系列生物化学反应,一些除草剂对这些生物化学反应产生严重抑制而导致杂草死亡。除草剂与杂草呼吸作用中某些复合物反应,阻断呼吸链中的电子流,通常是与电子载体结合或取代正常的电子受体,造成呼吸作用受阻,属于电子传递抑制剂。如果主要是抑制磷酸化作用的电子传递,通常与偶联途径中的中间产物结合,抑制产生 ATP 的磷酸化作用,属于能量传递抑制剂。而阻碍能量的利用,使能量传递中的高能中间产物 ATP 前体物质水解,造成能量丢失,则属于解偶联剂。

(三)抑制氨基酸与蛋白质合成

蛋白质合成与分解是植物的重要生命活动过程,许多除草剂都是通过对酶活性的抑制而阻碍氨基酸生物合成,导致蛋白质合成受抑制。一些氨基吡啶、杂环硫醇则抑制色氨酸合成酶而使色氨酸合成受抑制。磺酰脲类、嘧啶水杨酸类除草剂是乙酰乳酸合成酶(ALS)抑制剂,即通过抑制植物体内的 ALS,阻碍侧链氨基酸如缬氨酸、亮氨酸、异亮氨酸的生物合成,使细胞分裂被抑制,杂草正常生长受到破坏而死亡。芳氧苯氧基丙酸类除草剂抑制乙酰辅酶 A 羧化酶(ACC),使脂肪酸合成停止,细胞的生长分裂不能正常进行,膜系统等含脂结构破坏,最后导致植物死亡。有机磷类除草剂抑制谷氨酰胺合成酶(GS)。

(四)抑制脂类代谢

抑制脂类代谢是除草剂的重要作用机制之一。芳氧基苯氧基丙酸类、环己烯二酮类以及硫代氨基甲酸酯类属于此类除草剂,它们是通过对相应酶活性的抑制而发挥作用的。

(五)对膜系统的影响

膜在细胞功能中起重要作用,它防止溶质、代谢产物和酶从细胞质向外渗透。大多数促进膜透性的除草剂往往抑制矿质吸收,影响与膜缔合的酶的活性,如原生质膜中的三磷酸腺苷酶、葡聚糖合成酶、纤维素合成酶;有些除草剂改变膜功能的激素与环境调控;脂类、蛋白质与碳水化合物都是原生质膜和液泡膜的主要组成成分,对任何膜成分的抑制都会造成膜功能的障碍。

第六节　除草剂的复配

随着科学技术的进步,除草剂的发展正朝着高活性和广杀草谱的方向发展。然而,任何一种除草剂的杀草谱都是有限的,有的能杀灭禾本科杂草而不能杀灭阔叶杂草,有的能杀灭一年生杂草而不能杀灭多年生杂草。在生产实践中,人们发现了把 2 种不同杀草谱的除草剂混合使用,可以扩大杀草谱,这种除草剂混用方法叫现混现用,在发达国家如美国十分普遍。除草剂现混现用,农民需购买 2 种除草剂,还要记住配方的用量,因此比使用单剂麻烦。

为了使用方便,将 2 种或 2 种以上除草剂混合加工成固定剂型,叫混剂。混剂的开发在国内外都很普遍。美国 1978 年销售的 141 种除草剂,其中混剂为 31 种。日本 1992 年水田用除草剂面积 375 万 hm^2,其中混剂使用面积为 181 万 hm^2,占水田除草剂使用面积的 48%。我国稻田使用除草混剂的面积超过 60%。

一、混剂的优点

(一)扩大杀草谱

不同类型除草剂之间混配施用具有扩大杀草谱的作用。例如,防除禾本科杂草效果优良、防除阔叶杂草和牛毛草效果较差的草枯醚与能防除阔叶杂草和牛毛草的 2 甲 4 氯混用,彼此“取长补短”,用于稻田效果很好。丁草胺对禾本科杂草和牛毛草防除效果好,但对矮慈姑和眼子菜防除效果差,而西草净与其混配则能增强防除这些阔叶杂草的能力。目前农业上推广的除草混剂几乎都有扩大杀草谱的作用,而且有许多混剂能够防除稻田几乎所有杂草,对作物又十分安全,能获得用单剂难以达到的灭草增产效果。

(二)延长施药适期

某些除草混剂与组成它的单剂相比,有延长施药适期的作用。如杀草丹 + 西草净颗粒剂。通常,杀草丹单剂在水稻移栽后 4~10 天、稗草 1.5 叶期以前施用才能获得良好的除草效果,西草净的施药适期是在插秧后 5~10 天,而杀草丹 + 西草净颗粒剂的施药适期可延长到插秧后 6~15 天。丁草胺常用剂量不能充分抑制水田 1.5 叶期以上的稗草,施用适期是在稗草 1.5 叶期以前。甲氧除草醚不能充分抑制 1 叶期以上的稗草,它的施用适期在稗草 1 叶期以前。而两者混用,不但增效作用显著,还能杀死 2~3 叶期的稗草。显然,与各自单用相比,延长了施药适期。

(三)降低残留活性和药害

有的除草剂在常用剂量下残效太长,会影响下茬作物的正常生长,产生“二次药害”。而二元或多元混剂,减少了各组分的用量,使土壤中残留量大大减少,对后茬作物安全。有些除草剂在作物和杂草之间选择性较差,用时稍不注意就可能产生药害,除草剂混剂可以提高它们在作物和杂草之间的选择性。60%丁草胺乳油常规剂量 1.5~2.3 kg/hm^2 只能用于移栽稻田,而不能用于秧田和直播稻田,因为丁草胺在常用剂量时容易损伤水稻幼苗。而丁草胺+农得时混剂可以在水稻 1 叶 1 心期施用,安全性大大提高。

(四)增效作用显著

丁草胺与甲氧除草醚混用对防除水田稗草具有显著增效作用,而且对水稻安全。试验结果表明,在稗草 2 叶期施药,施药后 28 天测定稗草植株干重,每公顷用 0.5 kg 丁草胺+0.25 kg 甲氧除草醚处理的,对稗草的抑制率为 100%,而用量为 1 kg/hm^2 和 0.5 kg/hm^2 丁草胺单剂处理的,对稗草的抑制率分别为 63%和 38%。这个混剂还能防除各有效成分单剂难以防除的牛毛草和阔叶杂草如鸭舌草等。

二、混剂的研制

(一)增效作用的确定

在调研大量文献资料基础上并总结科研和生产经验,提出混剂的组分搭配方案,进行生物测定。通常做盆栽试验,接种敏感植物(作物或杂草)种子或繁殖体,用不同的组分配比剂量处理,考查对植物的抑制效果。若混剂的抑制效果显著高于各组分单剂在常规用量时的抑制效果,就可以确定这一混剂具有增效作用。

(二)对作物的安全性确定

盆栽或小区试验,播水稻种子或移栽稻苗,分别用混剂和单剂处理,处理后 14 天调查水稻植株损伤症状和损伤程度。若混剂处理的水稻损伤率低于单剂,则表明该混剂安全性良好。

(三)考查杀草谱是否扩大

增效作用和安全性确定之后,就应考查杀草谱是否扩大。选择杂草种类较多且有代表性的田块作试验田。若自然生长的杂草种类太少,也可人为接种草籽或繁殖体。除草剂处理,以混剂各组分单剂常规剂量作为对照一,以常规除草剂作为对照二。若混剂的杀草谱显著大于对照一和对照二,这一混剂就具备了扩大杀草谱的作用。

(四)成本核算

通常,混剂的成本应相当于或低于单剂的成本,这种混剂才有竞争能力,还要比较混剂成本和获得的经济效益,并综合评价其社会效益和环境效益后,才能确定该混剂是否有开发价值。例如,有的除草剂成本很低,但对后茬作物不安全,农民不敢用。若该除草混剂对后茬作物安全,农民可以大胆使用,那么这种混剂的价格高于单剂也是合理的,也是有竞争能力的。

(五)混剂剂型的确定

1. 颗粒剂 内吸传导型除草剂混剂的剂型可以用颗粒剂,而触杀型除草剂不宜用颗粒剂。颗粒剂的加工方法有包衣法、吸附(浸渍)法和掺和挤出法。

(1)*包衣法* 是以硅藻土或陶土等微粉为吸附剂,借助黏结剂的作用,将除草剂包裹于粒基(如天然硅砂、矿渣粒和粒肥等)的表面。除草剂可随黏结剂或吸附剂加入,也可先包裹吸附剂之后再吸附原药。粒剂外壳解体与否及除草剂的释放速度主要由黏结剂性质和用量决定。用石蜡、沥青、松香等亲脂性化合物作黏结剂,外壳在水中不容易解体,除草剂有效成分释放速度较慢。用聚乙烯醇、聚醋酸乙烯或植物性淀粉等亲水性化合物作黏结剂,外壳在水中解体较快，除草剂释放和扩散速度加快。

(2)浸渍法　是先将具有一定吸附性和一定机械强度的载体制成小粒，然后放入滚筒或锥形混合机中喷入或浸渍液体原药。该法制得的粒剂多属非解体粒剂。采用的载体大多为当地取之方便的石煤渣、废砖和工矿废渣等。液体或易熔固体的除草剂原药用此法制成混合粒剂，经济效果最好。

(3)掺和挤出法　是将粉状填料、黏合剂、湿润剂、原药和水在掺和机中调制成可塑性物，在选粒机中挤压成条，干燥，整粒，筛分，直接制成粒剂；或经掺和、挤压，造出空粒，干燥后再喷药吸附而制成粒剂。

2. 可湿性粉剂　混剂的各组分单剂为固体时，可将原药超微粉碎，加入乳化剂、分散剂、湿润剂和填料混合制得。填料一般用硅藻土或陶土等。混剂的各组分单剂为原油时，要采用高浓度原油，先加入乳化剂，再加入白炭黑吸油，然后加入分散剂、湿润剂和填料等混匀制得。若混剂的组分一为固体、组分二为原油时，则可先将组分二制成可湿性粉剂，然后和组分一混合均匀。

3. 乳油　混剂的各组分为乳油时，如果其物理和化学性质相同，则可直接混合。混剂的各组分为固体时，则采用高浓度的原粉，加入溶解度高的溶剂，待原粉溶解后加入乳化剂混合而成。混剂的组分一为原粉、组分二为原油时，则可先将组分一制成乳油后，再和组分二混合制得。乳油在水中分散的过程叫乳化。高质量的乳油在水中乳化快，乳化液稳定，对温度和水质等的适应性强，在较高或较低温度下贮存时不分层，无结晶和油滴析出，有效成分稳定。

(六)稳定性测定

1. 混剂应无不良物理变化　除草剂的各种制剂在物理性能方面是有一定要求的。如可湿性粉剂要求有一定的粉粒细度和分散性，还要求有良好的悬浮率、湿润性能和展着性能等。同样，乳油则要求具有良好的乳化性能、分散性能、湿润性能、展着性能等。这些物理性能都是保证防治效果所必不可少的。因此，两种或多种除草剂混用时，其物理性能是否有变化，是首先应该注意到的问题。除草剂混合后的物理性能有 3 种情况：一是混合后物理性能基本不发生变化，保持原来制剂所具有的物理性能，因而不会因物理性能影响其防治效果，也不会对作物产生药害。二是混合后改善了制剂的物理性能，提高了防治效果。这方面有成功的实例，如由敌稗和杀草丹混配的乳油不容易出现结晶，乳化性能好，从而提高了药效。三是混合后产生了不良的物理变化，诸如乳油的破乳，各种制剂的分散性不良，可湿性粉剂悬浮率降低，甚至于絮结或产生大量沉淀等，从而使除草剂失去原来良好的物理性能，其结果常常降低或失去除草剂原有的防治效果，甚至还可能对作物产生药害。

2. 混剂应无不良化学变化　各种除草剂本身都具有一定的化学性质。这些化学性质与其生物性质紧密相关。因此，在混用时，如果其化学性质不变，就无须担心因混用而产生不良影响。但是化学性质不同的除草剂混用时，有的会发生化学变化。根据其对生物的作用，化学变化可分成有益和有害两种。提高药剂的防除效果，降低对温血动物的毒性，减轻对作物的药害或增加一些其他有益特性的化学变化就是有益的。但有的混剂发生的化学变化是降低药效，有时还可能增加对温血动物的毒性和对作物的药害。

3. 混剂的热稳定性测定　取混剂和各组分单剂各10～20 g，分别置于试剂瓶或广口瓶中，用胶布密封后置恒温箱中，温度保持在 54℃ ±2℃，存放 14 天。之后可以采用生物测定法或仪器测定法进行热稳定性测定。

(1)生物测定法　从恒温箱中取出混剂和单剂,配成不同浓度梯度的溶液,移入培养皿,定量接种敏感杂草小苗。处理 14 天后调查杂草的植株高度、根系长度或植株鲜(干)重,分析除草剂对杂草的抑制效果,并以未进行加热处理的混剂和单剂作对照。若经热处理后的混剂对杂草的抑制率比单剂高,与未经热处理的对照相比,杂草抑制率无明显下降或下降率≤5%,则表明该混剂稳定性良好。

(2)仪器测定法　通常用气相色谱或液相色谱测定热处理后混剂和单剂的有效成分含量,与热处理单剂相比,混剂有效成分含量未明显下降或下降率≤5%,则表明该混剂热稳定性良好。

4. 混剂的冷稳定性测定　剂型为乳油的除草剂要测定冷稳定性。取混剂和单剂各 10~20 g 置无色试剂瓶中,用胶布密封后置冰箱中,温度调为0℃±1℃,观察有无沉淀析出。与单剂相比,混剂无沉淀析出或析出的沉淀量少于单剂,则表明该混剂冷稳定性良好。

5. 小区试验和示范试验　混剂按工厂化(或模拟工厂化)加工成确定剂型后,要进行小区试验。小区面积≥20 m^2。重复 4 次。随机区组排列。水稻耕作措施同常规。按预先设计的试验方案进行。除草混剂处理后 14 天调查水稻损伤症状和损伤度,处理后 28 天调查对杂草的防除效果。若水稻植株为轻度以下(≤10%)损伤,杂草防除效果大于 90%,则此混剂具有开发前景。

小区试验成功后,还要在不同省份(或地区)进行示范试验,每试点示范面积不少于 2 hm^2。如混剂在各试点对水稻的安全性和对杂草的防除效果都达到原设计要求,该混剂可以申请投产。

第七节　稻田化学除草技术

一、秧田化学除草

水稻秧田育苗有水育苗、湿润育苗和旱育苗等多种方式。其中湿润育苗和旱育苗又分裸地育苗和塑料薄膜覆盖保温育苗。在北方稻区为培育壮秧,在湿润育苗的基础上改为旱育苗,并用塑料薄膜覆盖保温。南方双季稻区的早稻为塑料薄膜覆盖湿润育苗,而晚稻为裸地湿润育苗和水育苗。中部和南方单季稻区通常为裸地湿润育苗和水育苗。

(一)塑料薄膜覆盖保温秧田的化学除草

对于这类秧田,在塑料薄膜覆盖前或揭膜后施用除草剂较为理想,这样避免了再盖膜的麻烦,也节省了工时。

盖膜前施用除草剂也即土壤处理或播后苗前处理。通常用喷施法,对水 750 L/hm^2,均匀喷施秧板。可选择如下配方:①用 30%扫茀特(丙草胺+安全剂)乳油 1.5~1.65 kg/hm^2。维持土壤水分饱和状态或浅水层。②用 60%丁草胺乳油 1.0~1.5 kg/hm^2 加 12%恶草灵乳油 0.5~0.75 kg/hm^2,现混现用。适用于旱育苗秧田。

揭膜后施用除草剂,也即苗期处理。用喷施法,对水 450~600 L/hm^2,均匀喷施。可选择如下配方:①用 96%禾大壮乳油 3.0~3.8 kg/hm^2。水层 2~3 cm 深。可有效控制稗草。②用 96%禾大壮乳油 2.3 kg/hm^2 加 48%苯达松水剂 1.5 kg/hm^2,现混现用。用药时可不灌水层，用药后2天灌水至2~3 cm深。可防除稗草、一年生或多年生莎草科杂草群落。③用50%快杀稗可湿性粉剂0.6 kg/hm^{2}加10%农得时可湿性粉剂0.2 kg/hm^2，现混现用。无水层施药，施药后1~2天灌水层2~3 cm深。可防除稗草+莎草科杂草+阔叶类杂草群落。

(二)裸地秧田的化学除草

裸地秧田避免了早春冷空气低温的干扰，省去了盖膜揭膜的劳动和费用。除草剂处理时间更加灵活，可以选择播前土壤处理或苗期处理，其中苗期处理还可以视草情而定。

播前土壤处理通常用药土法或药肥法。药土法是采集比较干燥的旱地砂壤土，称量取所需除草剂用量，逐步倒入土中，土壤也逐步添加，直至拌匀为止。拌土量可视情况而定，一般以75~150 kg/hm^{2}为宜。拌成药土后人工均匀撒施。施药时田水深以2~3 cm为宜，以便药土扩散。

药肥法是将称量好的除草剂拌入尿素中，作基肥撒施，尿素用量75 kg/hm^2。拌尿素的除草剂要经过试验证实具有杂草增效作用和良好安全性后，方可使用。施药时田水层深2~3 cm，以利药肥扩散。

播后苗前处理和苗期处理以采用喷施法为好。用当地常规喷雾器械，对水450~750L/hm^2。喷雾设备好，雾滴细，可用低限水量；喷雾设备差，雾滴大，则用高限水量。要求喷雾均匀。

播前土壤处理要求除草剂有较长的持效期。可选择如下配方：①播种前2~3天，做好粗秧板，灌浅水层。用60%丁草胺乳油0.75~1.13 kg/hm^{2}加12%恶草灵乳油0.75~1.13 kg/hm^2，现混现用。用喷雾法或药土法。②播种前2~3天，灌浅水层。用60%丁草胺乳油1.2~1.5 kg/hm^{2}加10%农得时可湿性粉剂75~150 g/hm^2，现混现用。用喷雾法或药土法。③播种前2~3天，灌浅水层。用96%禾大壮乳油1.5~2.3 kg/hm^2。用药土法。

播后苗前处理，可选择如下配方：①播种后1~3天，秧板土壤水分处于饱和状态，用30%扫茀特乳油1.5~1.65 kg/hm^2，用喷雾法。②播种后3天，秧板土壤水分处于饱和状态时，用40%直播净(丙草胺+安全剂+苄嘧磺隆)可湿性粉剂40~60 g/hm^2，采用喷施法。

苗前处理通常在水稻2~3叶期(稗草1心至1叶1心期)用除草剂。可选择如下配方：①在秧板无水层、土壤湿润状态下，用20%敌稗乳油0.75~1.0 kg/hm^2，采用喷施法。②灌水层2~3 cm深，用96%禾大壮乳油2.25~3.00 kg/hm^2，采用喷施法。③在秧板无水层、土壤湿润状态下，用50%快杀稗可湿性粉剂0.4 kg/hm^{2}加10%农得时可湿性粉剂0.15 kg/hm^2。现混现用，喷施。

苗期处理如遇秧田莎草科杂草危害严重时，可在水稻2.5~3叶期用除草剂。选择如下配方：①灌水层2~3 cm深，用96%禾大壮乳油1.5 kg/hm^{2}加48%苯达松水剂1.05 kg/hm^2，现混现用。②无水层时，用50%快杀稗可湿性粉剂0.5 kg/hm^{2}加10%农得时可湿性粉剂0.2 kg/hm^2，现混现用，采用喷施法。施药后1~2天，灌水层2~3 cm深。

二、直播稻田化学除草

(一)旱直播稻田化学除草

适用于旱直播稻田的除草剂受水分干扰较小，施用时保持土壤湿润状态，一般采用喷施法。施用方法如下：①在稻苗1~2叶期，用40%敌稗乳油8.5 kg/hm^2。②在水稻1~2叶期，用40%敌稗乳油8.5 kg/hm^{2}加40%拿捕净2.1 kg/hm^2，现混现用。③在水稻播后5~6

天,用 50%杀草丹乳油 3.75 kg/hm^2。

敌稗为触杀型除草剂,用于二次重复式处理防除稗草、碎米莎草和圆叶牵牛均获得良好效果。然而,敌稗防除丛生千金子和沼生异蕊花的效果明显下降。敌稗与恶唑禾草灵混用,即在水稻 1~2 叶期(稗草 2 叶期)施用 40%敌稗乳油 8.5 kg/hm^2,随后在水稻 4 叶期施用 10%恶唑禾草灵乳油 1.7 kg/hm^2,不仅有效地防除了稗草、碎米莎草和圆叶牵牛,而且有效地防除了丛生千金子。

用敌稗 8.5 kg/hm^2 和 50%杀草丹乳油 4.25 kg/hm^2 现混现用,或用敌稗 8.5 kg/hm^2 加拿捕净乳油 2.1 kg/hm^2 现混现用,在水稻 1.5~2 叶期处理,获得良好至优级的杂草防除率。这两种方法不仅有效地防除了稗草、丛生千金子、碎米莎草和圆叶牵牛,而且有效地防除了沼生异蕊花。

敌稗用于稻田处理具有很好的选择性,它对水稻植株无损伤,但与其他除草剂混用时,情况有所不同。敌稗加拿捕净混用,无明显水稻植株损伤。敌稗加杀草丹混用,发生了中度水稻植株损伤,但 3~4 周后恢复,新叶无损伤症状。当然,中度损伤是不能令人满意的,可以降低杀草丹的用量,或推迟到水稻 2.5~3 叶期施用,以便降低水稻损伤率。敌稗结合恶唑禾草灵复合式处理,会发生轻度水稻植株损伤。不过,两种除草剂混合施用,喷药一次完成,比两种除草剂作两次施用节省喷药时间和设备使用时间,更为经济。

(二)水直播稻田化学除草

适用于水直播稻田的除草剂,通常在有水层条件下活性更高,同时由于杂草在水中的生活力减弱,对除草剂更加敏感。因此,通常在水田用的除草剂使用剂量可以低于旱田使用剂量。施用方法如下:①禾大壮加农得时现混现用,在水稻 1.5~2 叶期施药,采用喷施法或药土法。江苏省的使用剂量为 96%禾大壮乳油 1.5 kg/hm^2 加 10%农得时可湿性粉剂150~225 g/hm^2,新疆的使用剂量为 96%禾大壮乳油 2.7~3 kg/hm^2 加 10%农得时可湿性粉剂 375 g/hm^2。②快杀稗加苯达松现混现用,在稗草 2.5~4 叶期喷施。在黑龙江省的使用剂量为 50%快杀稗可湿性粉剂 600 g/hm^2 加 48%苯达松水剂 2.25~3 kg/hm^2。另外,也可用草克星和扫茀特进行防除。

在吉林省的平原生态区,还采用除草剂两次使用防除水直播稻田杂草。在扁秆藨草大量发生的稻田,用单一品种除草剂或一次性复配除草剂处理,很难取得令人满意的防除效果。然而,采用不同除草剂两次施用,均获得理想的防除效果。两次施用法的第一次施用时间在水稻 2.5~3 叶期(稗草 3~5 叶期,藨草 4~5 叶期),第二次施用时间在水稻 4~6 叶期(稗草 5~6 叶期,藨草 5~6 叶期)。第一次施用禾大壮,第二次施用苯达松水剂。

三、水稻移栽田化学除草

移栽法仍为我国主要的水稻栽培方法。由于移栽前进行土壤耕翻、旋耙和平整可消灭部分栽前杂草,加之拔秧时洗去了或剔除了秧田杂草,因此移栽田杂草的发生量明显少于直播稻田。

水稻移栽又分为小苗移栽、标准苗移栽和大苗移栽 3 种。大苗的秧龄在 35 天以上。因此,移栽田的水稻植株对除草剂的耐药性往往高于直播田。上述特点决定了水稻移栽田可以有更多的适用除草剂品种可供选择。移栽田常用除草剂有:①乙·苄(乙草胺+苄嘧磺隆)可湿性粉剂,除东北地区以外的我国大部分稻区均适宜使用;②丁·苄(丁草胺+苄嘧磺隆)可湿性粉剂、苯噻酰·苄(苯噻酰草胺+苄嘧磺隆)可湿性粉剂、二氯·苄(二氯喹啉酸+苄嘧磺隆)可湿性粉剂,不仅适用于水稻移栽田,也适用于水稻抛秧田;③扑草净+苄嘧磺隆,现混现用。另外,也可用快杀稗(二氯喹啉酸)和草克星进行除草。

上述配方的使用剂量因地区不同和使用季节不同会有差异,应根据产品说明书或当地农技部门的推荐剂量使用。

参考文献

陈勇,倪汉文.中国稗草病原菌对稗草及水稻的致病性.中国生物防治,1999,15(2):73-76

但汉斌,陈永强,魏雪生等.从杂草DRB中筛选微生物除草剂的研究.微生物学通报,2002,29(4):5-9

刁正俗.中国水生杂草.重庆:重庆出版社,1990

段桂芳,黄世文,余柳青.影响稗草病原菌内脐孢(Drechslera monoceras)生长和产孢的因子.见:面向21世纪的植物保护发展战略.北京:中国科学技术出版社,2001.950-952

冯化成.新微生物源除草剂Campelyco.世界农药,2001,23(2):53

高君,孙灿庭,佟志明等.稻田化学除草引起杂草群落演变与防治对策.吉林农业科学,1992,(1):41-43

何华勤.水稻化感作用的潜力及其机制研究.福州:福建农业大学,2000

胡飞,孔垂华,徐效华等.水稻化感材料的抑草作用及机制.中国农业科学,2004,37:923-927

黄世文,余柳青,Waston A K.稗草病原菌Alternaria alternata和Curvularia lunata的产孢特性研究.见:第6次全国杂草科学学术研讨会论文集.南宁:广西民族出版社,1999.165-170

黄世文,余柳青,Watson A K.影响链格孢菌生长及产孢的因子.中国生物防治,2001,17(1):16-19

黄世文,余柳青.放线菌及其代谢产物对稗草和稻纹枯病的抑(杀)效果初报.植物保护21世纪展望.北京:中国科学技术出版社,1998.693-696

孔垂华,胡飞.植物化感(相生相克)作用及其应用.北京:中国农业出版社,2001

孔垂华,徐效华,胡飞等.以特征次生物质为标记评价水稻化感品种及单植株的化感潜力.科学通报,2002,47(3):203-206

孔垂华,徐效华.有机物的分离和结构鉴定.北京:化学工业出版社,2003.353-363

孔垂华.植物化感作用研究中应注意的问题.应用生态学报,1998,9(3):332-336

李迪,周勇军,刘小川等.中国部分稻种资源的化感控制杂草潜力评价.中国水稻科学,2004,1 8(4):309-314

李明智,李永泉,徐凌等.细菌除草剂黄单胞菌反枝苋致病病菌的筛选.微生物学报,2004,44(2):226-229

李孙荣.杂草及其防治.北京:北京农业大学出版社,1991

全国农田杂草考察组.中国稻田主要杂草的分布和危害.杂草学报,1988,2(2):1-8

全国农田杂草考察组.中国农田杂草的种类.杂草学报,1987,1(1):37-38

苏少泉,宋顺祖.中国农田杂草化学防治.北京:中国农业出版社,1996

汤陵华,孙加祥.水稻种质资源的化感作用.江苏农业科学,2002,(1):13-14

王大力,马瑞霞,刘秀芬.水稻化感抗草种质资源的初步研究.中国农业科学,2000,33(3):94-96

王大力.水稻化感作用研究综述.生态学报,1998,18(3):326-334

王明旭,罗宽,陈贞.稗叶枯菌及其毒素的研究.湖南农学院报,1991,17(1):34-41

王世梅,黄为一,武济民.链霉菌NND-52菌株及其次生代谢物的鉴定.南京农业大学报,1994,17(4):54-59

徐正浩,余柳青,赵明.水稻对稗草的化感作用研究.应用生态学报,2003,14(5):737-740

徐正浩,余柳青,赵明.水稻与无芒稗的竞争和化感作用.中国水稻科学,2003,17(1):67-72

许学胜,李孙荣.一种放线菌产生的植物生长抑制剂.杂草学报,1991,5(2):10-13

Duck S O,Lydon J(许学胜译).天然化合物源除草剂.农药译丛,1989,11(3):14-18

余柳青,Jr Smith R J,Black H J.除草剂复合配方对旱直播稻田杂草的防除效果.中国水稻科学,1989,3(2):92-94

余柳青,姚永金,胡水泉等.草克星防除稻田杂草研究.中国水稻科学,1991,5(4):186-188

余柳青,张雷,孙敏功等.农得时和草克星与尿素混用的应用研究.中国农学通报,1993,9(1):18-20

曾任森.化感作用研究中的生物测定方法综述.应用生态学报,1999,10(1):123-126

张瑞亭.农药的混用与混剂.北京:化学工业出版社,1987

中国水稻研究所.中国水稻种植区划.杭州:浙江科学技术出版社,1987

周勇军.水稻非酚酸类化感物质的分离鉴定及抑草活性[学位论文].广州:华南农业大学,2004

朱红莲,孔垂华,胡飞等.水稻种质资源的化感潜力评价方法.中国农业科学,2003,36(7):788-792

Chou C H, Chang F J, Oka H I. Allelopathic potentials of weld rice, Oryza perennis. Taiwania, 1991, 36(3): 201-210

Chung I M, Ahn J K, Yun S J. Assessment of allelopathic potential of barnyardgrass (Echinochloa crus-galli) on rice (Oryza sativa L.) cultivars. Crop Protect, 2001, 20: 918-921

Dilday R H, Lin J, Yan W. Identification of allelopathy in USDA-ARS rice germplasm. Australian. J Exp Agric, 1994, 34: 907-910

Dilday R H, Mattice J D, Moldenhauer K A. An Overview of Rice Allelopathy in the USA. In: Kim K U, Shin D H. Rice Allelopathy. Korea: Chan-Suk Park Publishers, 2000. 15-26

Fujii Y. The potential biological control of paddy weeds with allelopathic effect of some rice varities. In: Proceedings Conference Biological Control and Integrated Management of Paddy and Aquatic Weeds in Asia. Tsukuba, Japan: National Agricultural Research Center, 1992. 305-320

Hassan S M, Aidy I R, Bastawisi A O, et al. Weed management using allelopathic rice varities in Egypt. In: Olofsdotter M. Allelopathy in Rice. Manila, Philippines: IRRI, 1998. 27-38

Hassan S M, Rao A N, Bastawisi A O, et al. Weed management in wet seeded rice in Egypt. In: Moody K. Constaints, Oppertunities and Innovations for Wet-seeded Rice. Manila, Philippines: IRRI, 1994. 257-269

Kato-Noguchi H, Ino K. Rice seedlings release momilactone B into the environment. Phytochemistry, 2003, 63: 551-554

Kim K U, Shin D H. Rice allelopathy research in Korea. In: Olofsdotter M. Allelopathy in Rice. Manila, Philippines: IRRI, 1998. 39-44

Kong C H, Liang W J, Xu X H, et al. Release and activity of allelochemicals from allelopathic rice seedlings. J Agric Food Chem, 2004, 52 (11): 2861-2865

Maneechote C, Krasaesinhu P. Allelopathic effects of some upland and wild rice genotypes in Thailand. In: Macias F A, Fujii Y. Recent Advances in Allelopathy: A science for the future. Spain: Cadiz, 1996. 383-389

Ninak Z, Paul A B. Biological control of Kudzu with the plant panthogen Pseudomonas syringae pv. phaseolicola. Weed Sci, 1996, 44: 645-649

Olofsdotter M D, Rebulanan M, Madrid A, et al. Why phenolic acids are unlikely primary allelochemicals in rice. J Chem Ecol, 2002, 28: 229-241

Olofsdotter M, Navarez D. Allelopathy rice for Echiochloa crus-galli control. In: Brown H., Cussans G W: Devine M D, et al. Proceedings of the Second International Weed Control Congress. Copenhagen, Danmark: Department of Weed and Pesticide Ecology, 1996. 1175-1182

Olofsdotter M. Allelopathy in Rice. Manila, Philippines: IRRI, 1998

Patrick J T, David R G, Gerald P I. Physiological responses of downy brome (Bromus tectorum) Roots to Pseudomonad fluorescens Strain D7 Phytotoxin. Weed Sci, 1993, 41: 483-489

Rice E L. Allelopathy. 2nd edition. New York: Academic Press Inc, 1984. 1-5, 309-315

第十六章　水稻信息技术

20世纪90年代以来,以计算机技术为标志的信息技术飞速发展,在农业生产和科学研究上得到了广泛的应用,使得传统的农业生产、科研、管理和经营决策不断发生着重大变化。按照王人潮等(2003)给出的定义,信息技术是运用计算机、卫星遥感、地理信息系统、全球定位系统、模拟模型、虚拟现实、人工智能、电子和光电子、光纤通信、磁盘及光盘存储、液晶和等离子体显示,以及信息安全等多种技术和手段,对信息的获取、存储、处理、通信、显示及应用的技术。目前,信息技术在农业上的应用主要包括信息采集,以卫星遥感、地理信息系统和全球定位系统为核心的现代空间信息处理技术,以及模拟模型、虚拟现实、人工智能、多媒体和计算机网络等现代电子信息技术。这些信息技术在农业上的相互集成应用,能够加快农作物优良品种和生产技术的推广和传播,提高农业生产的主动性和效率,使传统的农业管理模式向现代科学管理模式转变。

信息技术在农业中的应用领域非常广。例如,在作物栽培方面,利用信息技术,可以设计作物生长发育的全过程;在技术推广方面,可以根据不同的生产条件和环境,按照目标产量,提供最合理的施肥、灌溉、病虫草害防治等田间管理方案,指导农民科学种田。随着3S技术也就是全球定位系统(GPS)、地理信息系统(GIS)和遥感(RS)技术的兴起,结合连续数据采集传感器(CDS)、变率处理设备(VRT)和决策支持系统(DSS)等技术在农业上的应用,形成了"精确农业"产业,而相关的技术也不断取得进展。近年来,我国在农业信息技术研究领域的投入不断加大。2001年,农业信息技术研究作为现代农业与生物领域的一个专题,列入了国家高新技术研究发展计划("863"计划)。在"十五"科技攻关的前3年,对农业信息化中关键技术的研究进行了资助。2003年,国家科技部启动了"数字农业技术研究与示范"专题,这个专题的实施标志着我国农业信息技术的研究进入了一个新的阶段。信息技术在水稻上的应用也已经起步,以下介绍一些重要的农业信息技术,特别是在水稻生产和科学研究中得到应用或者有应用前景的信息技术,包括信息采集技术、作物模型、专家系统、生产决策系统和3S技术,并对未来的发展趋势进行展望。

第一节　信息采集技术

信息技术科学的理论与方法的实践,首先有赖于客观信息的获取,对于农作物生产而言,包括农田土壤、气候和作物生长参数,如土壤水分、肥力等参数的快速采集和测量,辐射和温度,作物长势、田间病虫害快速识别与诊断,农产品品质快速测量与分级等。利用最新的信息技术,采用合适的技术标准和信息管理方式,研究和开发可适用于农业生产管理的作物和土壤数字信息采集技术与产品是当前农业信息技术研究的一个热点。下面着重介绍遥感和田间信息采集的几种技术。

一、遥感技术

遥感光谱数据中包含丰富的资源、环境、经济和社会信息,遥感具有波谱探测范围广、空间观测范围广、可快速和定期观测、观测结果客观等特点，因此可以成为农业监测与评价中的一种重要的数据获取手段。随着新的遥感卫星精度的增加和遥感卫星照片成本的不断降低，运用遥感技术分析土壤与作物管理将是土壤、植物分析和生产管理决策的一个越来越重要的手段。

(一)遥感的类型

遥感按所利用的电磁波的光谱段，可分为可见光及反射红外遥感、热红外遥感、微波遥感3种类型。

1. 可见光及反射红外遥感(光谱遥感) 主要指利用可见光(0.4～0.7 μm)和近红外(0.7～2.5 μm)波段的遥感技术的统称。前者是人眼可见的波段；后者即是反射红外波段，人眼虽不能直接看见，但其信息能被特殊遥感器所接受。其中，反射红外包括近红外和短波红外。可见光及反射红外所观测的电磁波的辐射源都是太阳，在这两个波段上只反映地物对太阳辐射的反射，根据地物反射率的差异，就可以获得有关目标物的信息，它们都可以用摄影方式或扫描方式成像。可见光及反射红外遥感在获取田间时空变化信息方面具有独特的优势。

近年来，光学遥感器卫星取得了长足的发展，许多对地观测卫星的空间分辨率达到了20 m以下(≤20 m)，如法国的SPOT4空间分辨率为10～20 m，印度的IRS-1C为5.8～73 m，中国和巴西的CBERS为20～256 m，而法国的SPOT5A、5B全色波段空间分辨率为2.5～5 m。20世纪90年代开发的商业对地观测小卫星，把民用卫星空间分辨率提到了一个新的水平。目前已经进行商业发布的高分辨率卫星有Space Imaging公司的IKONOS和DigitalGlobe公司的Quickbird，地面分辨率分别达到1 m和0.61 m(全色)、4 m和2.44 m(多光谱)。

在空间分辨率有了突飞猛进提高的同时，在可见光和反射红外部分的光谱分辨率的划分越来越细，甚至达到几百个波段，形成了高光谱遥感。高光谱遥感的特点是光谱分辨率高，波段连续性强，不仅能对目标成像，又可以测量目标物波谱特征，因此高光谱遥感器不仅可以提高对农作物和植被的识别能力，同时还可以用于监测农作物长势和反演农作物的理化特性，进行农作物的精确管理。显然，可见光及反射红外遥感技术的不断改进，为监测农田内面积以平方米为计算单位的小区作物产量和生长环境条件的明显时空差异、精确农业技术体系的建立提供了有效的技术支持。

2. 热红外遥感 指通过红外敏感元件，探测物体的热辐射能量，显示目标的辐射温度或热场图像的遥感技术的统称。遥感中指8～14 μm波段范围。地物在常温下热辐射的绝大部分能量位于此波段，在此波段地物的热辐射能量大于太阳的反射能量。热红外遥感具有昼夜工作的能力，可用于监测农作物及其环境因子的热辐射特征，特别是监测农作物受到的胁迫，与热辐射有关的土壤湿度辨别，以及热辐射制图等。热红外遥感在20世纪50年代开始应用，主要局限在军事部门和政府部门，60年代以后逐步开始民用。在航天热红外探测中，以美国海洋大气局的气象卫星NOAA取得地表热辐射信息的次数最多。此外有中国的风云系列卫星、美国的陆地卫星、中巴资源卫星以及EOS-AM-1(Terra)搭载的由日本和美国研制的高级星载热发射反发射计ASTER也不少。

3. 微波遥感 是利用波长1～1 000 mm电磁波遥感的统称。通过接收地面物体发射的微波辐射能量，或接收遥感仪器本身发出的电磁波束的回波信号，对物体进行探测、识别和分析。微波遥感的特点是对云层、地表植被、松散沙层和干燥冰雪具有一定的穿透能力，无论阴雨还是多云天气，白天还是夜间，微波遥感器可以全天候工作，所以微波遥感尤其适合多云雨的稻区的遥感监测，特别是用来监测和估算土壤湿度和植物水分状况尤有潜力。

(二)遥感监测稻米品质的应用

稻米的品质是由品种特性和栽培环境共同决定的。作物生理学研究表明，稻谷中蛋白质合成所需氮素的80%大约来自开花前植株积累氮的再动员，另外的20%则来自开花后植株从土壤吸收的氮素。前者可通过测定植株中的氮化合物含量的变化动态来计算，而后者可以从植株中氮素营养水平反映出来(王纪华等，2003)。现有的遥感技术可以较为准确地监测作物植株的生长状态，对于干物重、叶面积指数等的监测技术也趋于成熟，对通过光谱分析监测植株氮素水平也开展了不少研究。这方面的工作日本科学家开展得较早，在利用卫星遥感监测水稻品质的应用方面也颇有成效。水稻植株体内的含氮量与叶片的叶绿素含量有密切关系。芝山道郎和秋山侃等在1983年就进行了水稻群体叶绿素指数的辐射推算，在他们的一系列研究中利用卫星遥感监测水稻的氮素、直链淀粉和支链淀粉含量等品质指标方面做了许多探索和应用。日本北海道所属的中央农业试验站1992年开始先后利用IKONOS、Landsat、SPOT等卫星影像数据，对北海道空知地区南部的长沼町的5 000多hm^2水稻田的籽粒蛋白质含量等品质指标的监测进行了多年的研究，1997年研究成果开始示范并开始逐步推广。对长沼町750户农民种植的水稻，用卫星遥感成图技术指导区域施肥，稻米品质得到了改善，全区大面积的稻谷含氮量由以前的7.7%下降到7.3%，提高了加工大米的品质，等级上了一个台阶，经济效益自然也得到提高。特别值得一提的是，农民所需的水稻生产信息以往都是技术推广人员通过张贴卫星照片和数据传达到农户手中，而日本从2001年开始建设的e－Japan计划启动后，长沼町构建了覆盖全域的光缆和回路的网络系统“共享网”，极大地改善了通讯网络覆盖狭小的状况，使得即使在农村也可以上因特网，在信息建设上建立了对地域农村发展的信息支持(http://www.maoi-net.jp/nougyou/nougyou.htm)，当地农户只需要利用“共享网”的“食品口味分析系统”，便随时可以得到所需要的数据和信息。

另外一个实例是，日本《钻石周刊》杂志2005年6月25日报道的日本新潟县长岗市利用美国人造卫星的卫片提高稻米品质。长岗市农协通过红外线对水稻叶片的颜色进行分析。由于水稻叶片的颜色与关系到稻米口感的蛋白质含量之间有密切关系，通过人造卫星的监测，收获前就已经知道了当年的稻米品质。经人造卫星拍摄的卫片按区编号，对各区的土地所有者、耕种者、耕种面积、品种、收获量、稻米的味道值、土壤成分以及使用过的肥料等建立数据库，以该数据库为基础，根据遥感卫星监测到的蛋白质含量，把稻米的品质分成7个等级，农协收购稻米时依质量高低确定价格，这样不仅帮助当地农民生产优质稻米，而且也有利于调动农民生产好吃稻米的积极性。

我国近年来也非常重视利用遥感卫星监测作物品质的研究。国家农业信息化工程技术研究中心于2000年率先在国内开展了利用遥感大面积监测麦田氮素、温度、水分、病害、倒伏等主要指标并预报面粉品质的研究，在北京市、河南省建立了面向卫星遥感应用示范基点，建立了卫星品质遥感的运行体系，成功地遥感监测了北京和河南周口地区的小麦品质的水平与分布，研制开发了面向公众的作物长势、品质和肥水胁迫提取信息的信息发布系统。在“863”计划生物和现代农业技术领域现代农业技术主题第二批课题(2002～2005年)将“稻麦品质遥感监测与预报技术”研究作为课题立项，国家农业信息化工程技术研究中心和浙江大学、中国农业大学和南京农业大学联合攻关,研究建立基于遥感信息的优化栽培技术体系及预测预报系统,通过对作物生长发育和品质监测调控,促进稻、麦品质的优质化生产,期望建立以小麦、水稻光谱资料和其他生物物理参数预测小麦、水稻品质的数学模型,以及小麦、水稻品质主要生化组分与环境因子间特征光谱参量以及生化组分与特征光谱参量间的综合模型,构建完整的小麦、水稻品质光谱数据库,开发出具有监测预报功能和商业化的小麦、水稻品质光谱监测信息系统;研发出运用卫星资料解译稻、麦品质的商业化实用技术;同时运用品质遥感监测技术,结合配套的田间规范化管理,建立万亩以上的稻、麦优质化生产示范基地。在前期工作的基础上,在稻、麦品质遥感监测与预报理论设计研究上取得突破性进展(王纪华等,2003)(水稻品质遥感监测预报示意图见图 16-1),完成了稻、麦卫星品质遥感的试验设计与数据获取,冬小麦品质遥感的田间试验设计与数据获取;分析了品质形成的机制和影响因素,提出并基本实现了小麦品质的遥感监测原理路线;建立了基于氮素运转规律的小麦品质遥感监测方法、基于胁迫条件的小麦品质遥感监测方法、基于氮积累量和 SPAD 值的小麦品质遥感方法,初步研究开发了稻、麦品质光谱诊断数据库系统,基于 3S 技术的稻、麦品质遥感监测软件系统,模型运转情况良好,并在河南、北京地区得到初步应用。

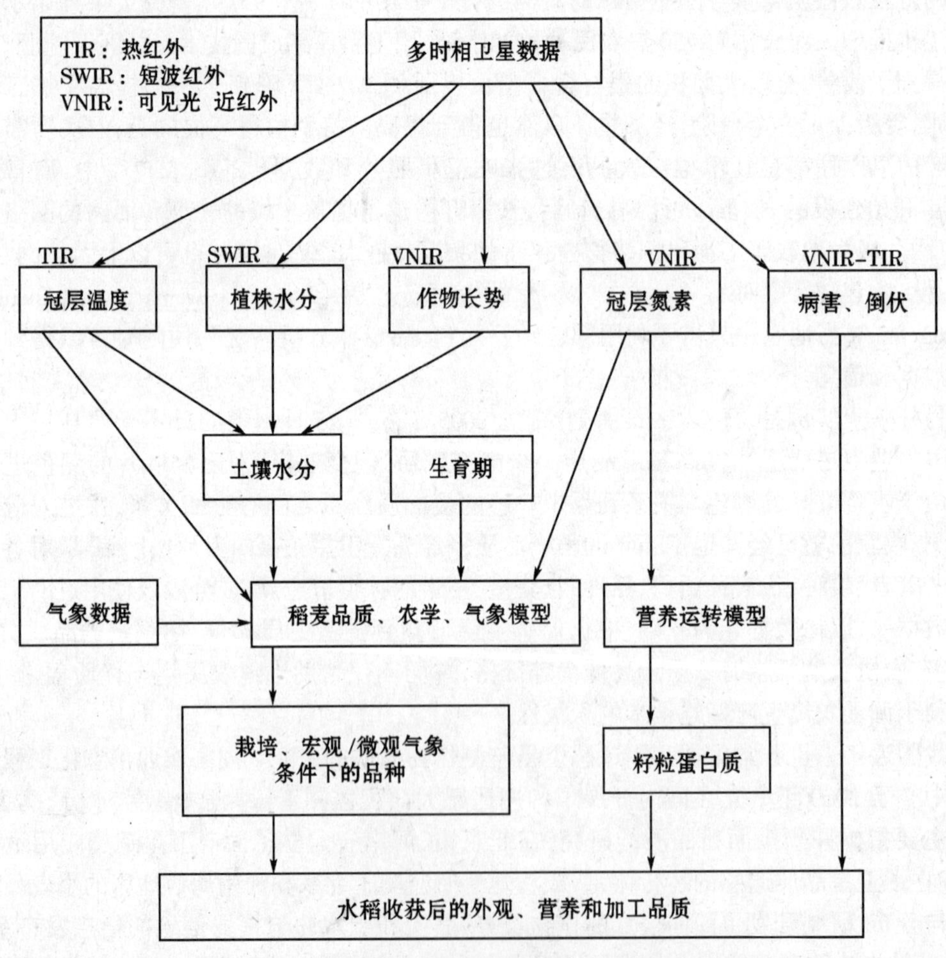

图 16-1 水稻品质遥感监测预报示意图 （王纪华等,2003）

二、田间信息采集

(一)现场监控服务器

现场监控服务器(Field Server)是由日本中央农业综合研究中心模型开发研究室研发的(图 16-2)。开发目标之一就是利用不断发展的信息技术,使用最新的技术制作最低成本的产品,以支持最新的信息技术或信息服务。现场监控服务器由许多传感仪(温度/湿度/日射/土壤水分/叶面水分/近红外及距离传感器等)、CMOS/CCD 相机、超高辉度发光二极管照明、模拟信号处理回路、外部执行机构控制回路、模拟/数字信号变换中央处理器、无线局域网回路、太网集线器、网页服务器等组合成一个模块的小型智能机械手。各现场监控服务器之间由无线 LAN 相互连接,通过网络实时传输与公开检测数据。连接到现场监控服务器的数码相机可以进行远程控制,可以利用安装到现场监控服务器的光电 MOS 继电器远程操纵空调等执行构件。自动操作的软件按照一定的时间间隔记录数据,并构建数据库。通过气象数据的中间件(middleware)MetBroker 可把现场监控服务器检测的数据连接到各种应用程序。

把 Field Server 放置到各农村及大田的重要位置时,可以得到该地点的实时检测的气象和植物生长数据。各现场监控服务器之间由无线网卡相互连接,通过网络实时传输与公开检测数据;通过内置在其主板的网页服务器(Web Server)可以利用网页浏览器(譬如微软的 Internet Explorer)监测和控制 Field Server,这样可以很容易地通过网页浏览访问置放在各处的 Field Server。所以只要把现场监控服务器连接到因特网,就可以构建超大规模分布监测系统(Massively Distributed Monitoring System,简称为 MDMS)。这样只要一个 Field Server 连接到 Internet,用户就可以访问所有连接的 Field Server。

图 16-2　放置在稻田的现场监控服务器

构建 MDMS 遇到的一个棘手问题是不同地点的 Field Server 根据作物的生长和季节测量记录不同的数据,所以必须考虑如何处理不同地点的 Field Server 不同设置、测量记录项目和测量记录间隔时间等。为此,日本国际农业研究中心利用 XML 和 Java 技术开发了 Field Server 代理系统(Agent System),图 16-3 为建立在代理系统上的 MDMS。具体地说,每一个 Field Server 都有一系列参数,像安装位置、测量记录的项目,以及校正参数等,这些参数都是用 XML 格式表述。Field Server 代理程序根据这些 XML 文件执行程序,所以即使 Field Server 的安装地点挪动、感应器变动或者其他因子的变化,代理系统仍然允许运行相同的程序,只是 Field Server 的参数文件更新即可。这样,利用 XML 格式描述 Field Server 参数,代理系统可以很方便地处理安装在 Field Server 上的不同设备。而在代理系统中,许多的代理程序是由 Java 开发的,基于 Field Server 这些代理程序用于控制和管理,并生成数据库和结果。监测结果是基于 Field Server 内置的网页服务器按照 html 格式提取的,而代理程序将 html 格式的数据转化为数据库所需的标准 xml 格式。而且对所收集存储的 Field Server 的所有数据进行整合和统计处理,就可以得到更精确的数据,以及估计出服务器没有监测的其他信息。因为 XML 数据格式的特点使得管理者很容易用相同的方法处理不同 Field Server 的数据,通过

XML Node 很容易提取任意数据项，而且 XML 格式的数据库很容易和气象数据中间件的 MetBroker 建立连接，这样用户就很容易利用建立在 MetBroker 的很多农业软件对当地的 Field Server 收集的数据进行不同的分析处理。

目前，中国农业科学院正在与日本国家农业研究中心(NARC)开展现场监控服务器技术的交流与合作。期望这一技术也能应用在我国的水稻的大田生产监控中，进行水稻产量的预测、稻田水温监控，以及叶面湿润度的监控，进而对水稻病虫害进行预测预报。

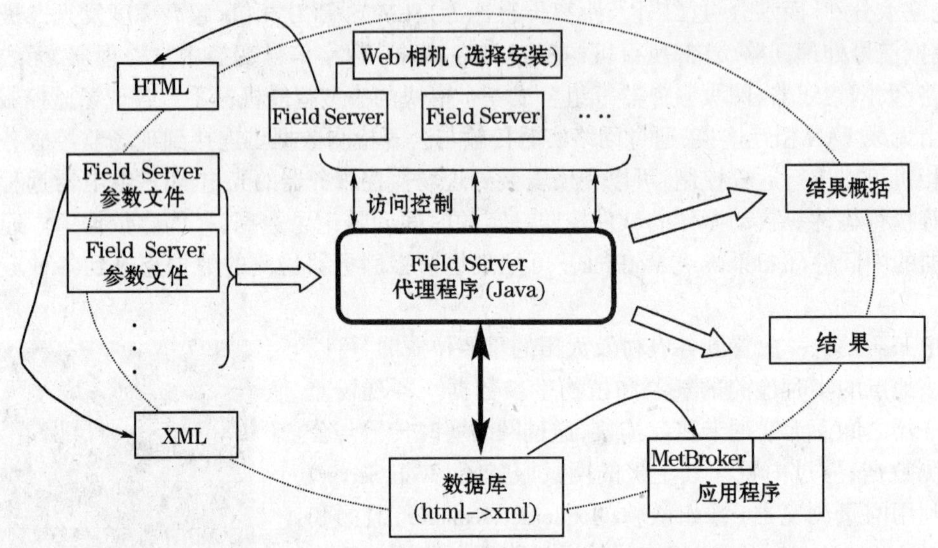

图 16-3　利用 XML 和 Java 技术的 Field Server 代理系统示意

(二)野外移动数据采集系统

国家农业信息化工程技术研究中心研究建立了适合我国国情的基于掌上电脑的野外移动数据采集系统“eFiledSurvery”(http://www.nercita.org.cn/nercita/cgzh/kjcg.asp)。eFieldSurvey 改变了传统田间土壤采样方式，它利用全球定位系统(GPS)技术，将采样工作的内业设计、田间采样和事后处理有机地组织为一个完整的业务流程，实现采样点空间定位、属性记录和导航实施全过程相结合，初步实现了土壤采样信息获取的自动化(图 16-4)。通过集成差分 GPS(DGPS)及各种便携式 GPS，运行于掌上电脑的农田野外信息采集软件，eFiledSurvery 不仅能便利地采集田间地物分布状况、作物生育时期动态苗情、杂草分布、病虫害发生情况、土壤肥力等多种基于精确空间位置的实时信息，而且还支持基于 GPS 位置的农田地物分布空间和属性信息的采集记录和作物生育时期苗情、长情长势、病虫草害分布空间及属性信息的采集记录。

eFiledSurvery 包括 3 个基本模块：①GPS 通讯和数据处理。系统支持 NMEA0183 协议，能与多种 GPS 设备系统通讯，能接收并解析多种 NMEA 语句。②基本 GIS 功能，能进行地图的多层显示、漫游、放大、缩小及图层控制等操作，能实现基于地图的图形属性双向查询及 SQL 复合查询；基本量算分析功能，支持实时地块面积、长度量算，支持地图旋转操作。③支持点、线、面特征矢量数据与属性数据记录。

5 个扩展功能模块包括：①农田作物长情长势调查。能采集作物长情长势分布的空间位置信息，支持描述作物生长状况的属性信息的记录。②杂草分布情况调查。支持基于GPS

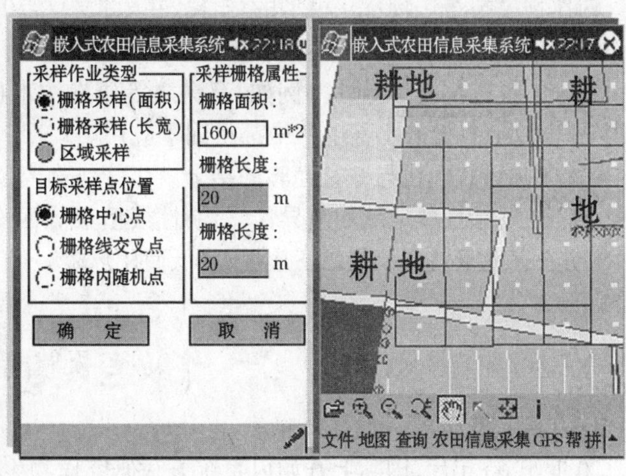

图 16-4　野外移动数据采集系统

位置的杂草分布信息的采集，支持杂草种类、草害程度等描述信息的记录。③病害、虫害发生情况调查。支持基于GPS位置的病害、虫害分布信息的采集，支持病虫害种类、病虫害程度等描述信息的记录。④记录。⑤定位导航功能。支持基于 GPS 位置的定位导航功能。

第二节　作物模型

作物模型是农业计算机模型中发展最早也是最成熟的一个类型，从 20 世纪 60 ~ 70 年代开始，作物模型都是以计算机模拟模型为基本形式。作物模型使研究者能够用数量化的方式将不同学科的知识综合在一起，建立作物模型后又可以帮助研究者理解复杂的农业系统。好的作物模型能模拟动态环境下的作物生长，不但能帮助研究者决定作物研究中的研究策略，特别是在帮助育种家确定育种目标和产量差距分析上有着很好的应用，而且有助于生产风险评估、品种推广、生产管理决策等。

作物模型从方法上来说，大体有以下几种类型（高亮之，2004）。

①单纯的作物模拟模型。主要用于对作物某一过程（如作物光合作用、作物营养等）的模拟研究。尽管一般不能直接用于生产，但它是进一步作物模型开发的基础和原型。

②作物模拟模型与模拟试验的结合。这类模型是以作物单纯的模拟模型为基础，进行各种模拟试验，如对不同的播种期、施肥量、用水量等进行试验，得到栽培决策的依据，形成新的作物模型。如美国的 CERES 模型就属于这个类型。

③作物模拟与专家系统的结合。对作物的生长过程的重建是依靠模拟，而生产决策是依靠专家经验。由于专家经验有区域性限制，这类模型一般只在一定范围内有效。

④运筹学与作物模拟的结合。运筹学是管理系统的人为了获得关于系统运行的最优解而必须使用的一种科学方法，其中的一些方法可用于农业生产中大范围的作物所要解决的问题，如线性规划可用于一个行政区域甚至整个国家的作物规划与品种布局。在运筹学的应用中，模拟模型可以帮助减少决策风险，如利用作物模拟模型对诸如各地的生产潜力或品种的产量潜力等参数进行模拟。

⑤作物模拟与作物优化模型的结合。在模拟模型和优化模型结合的基础上，可进行各种作物栽培决策。由于作物模型和优化模型是机制性模型，受地区、品种和年份限制较少，所以在较大范围都有指导性。例如，高亮之等研发的水稻模拟优化决策系统（RCSODS），在我国 15 个以上省份的水稻生产中都得到了应用。

⑥作物模拟、优化与专家经验的结合。尽管作物模型和优化模型是机制性模型，但由于农业生产的复杂性和地域的差异性，机制性模型很难面面俱到，在模型应用时，结合当地的专家经验，有助于提高模型的适应性，降低使用风险。像 RCSODS 模型在应用时都吸收了当地的专家经验。

一、作物生长模型

（一）基本概念

20 世纪 60 年代，国际上开始以系统方法研究作物生长过程与产量形成，带动了作物生长与生产模拟的研究。随着系统科学和信息技术的快速发展以及作物学知识的不断积累，作物生长模拟模型的发展十分迅速，特别是 90 年代以来，作物生长模型开始与各种农业信息技术如遥感、地理信息系统、全球定位系统、专家系统及数据库、网络技术等相互结合，极大地促进了模拟模型的研究和应用，已经迈向了实用化阶段，呈现出更加广阔的发展前景。

作物生长模型可以从两个角度来定义（谢云等，2002）：一个是广义的定义，认为作物模型是借助于数学模型或数值模拟手段对作物生长、发育和最终干物质产量进行模拟和预测，既包括动态过程的描述，也包括经验公式的表达；另一个是狭义的定义，认为作物模型是基于作物生理过程，对作物的生长、发育和产量形成过程进行动态模拟的一系列数学公式的综合。借助于计算机手段实现这种模拟过程，是作物生长模型的一个重要特点。

模拟模型的研究起初以静态的回归模型为多，而后逐渐发展为动态的机制性模型。动态模型中还可分为综合性作物生长过程模型和概要性作物生长过程模型。综合性模型详细地描述了作物生产的机制性过程，模型往往需要较多的参数，其主要目的是增进我们对作物本身的了解。这种模型在研究上应用价值较大，但因模型复杂参数多，在作物生产管理上直接应用有一定的困难。而概要性模型对综合模型的一些复杂的核心过程进行了简化，仅包括作物生长的主要过程，忽略了一些相对次要的过程，因此所需的参数相对较少，虽因没有包括作物生长的大部分过程使模拟效果可能不如综合性模型，但其在作物生产管理上的应用效果相对好些，而面向应用正是开发概要性模型的主要动力。

（二）几个代表性的水稻生长模拟模型

作为主要粮食作物，国内外关于小麦、水稻生长模拟研究一直是热点，涉及到小麦、水稻生长的各个生理生态过程。经过深入的理论研究和不断的实践，研制出了多个小麦、水稻生长的计算机模拟模型。荷兰 de Wit、Goudriaan、Penning de Vries、Kropff 等人侧重于作物生长机制模型的研究，他们以作物生长、发育和产量形成过程的机制（光合、呼吸、蒸腾、生长和分配等）为基础，建立了结合环境因子的这些过程的数学方程，模拟作物生长和产量；著名的机制模型有 SUCROS、MACROS、ORYZA 等模拟器。而美国 Duncan、Ritchie、Baker、Jones 等将作物生长、发育和产量形成的基本过程进行简化，通过经验关系式表达环境因子与作物生长、发育间的关系，以函数模型方式模拟作物生产力；著名的函数模型有 CERES、SOYGRO、GOSSYM 等。不论是机制模型还是函数模型，均是用数值模拟的方法揭示大气-植物-土壤之间的关系及环境对作物生长、发育的影响,并通过可控因子(施肥、灌溉)来调节作物的生长、发育的进程,在特定的气候条件下,预测作物的产量。在此,主要介绍国内外有代表性、比较成熟被广泛应用的4个模型:美国的CERES-RICE、荷兰的ORYZA系列模型、日本的SIMRIW模型及我国的RCSDOS。

1. 作物环境资源系统水稻模型(CERES-RICE) CERES(Crop Environment Resource Synthesis)是最有代表性的作物模型之一,由美国密执根州立大学、夏威夷大学和国际肥料发展中心联合研制。它不仅能够对玉米、小麦、水稻等作物模拟不同品种、密度、气候、土壤、水和氮素对作物生长发育及产量的影响,而且还可以对农场在一年之内的作物决策和多年的风险决策进行分析。该模型主要目的之一是为用户提供产量预测和管理决策指导,所以模型结构较为简单,只需较少的一套模型资料和参数,比较注重模型的预测性、系统性和应用性,是作物管理决策的有效工具。

CERES水稻模型(CERES-RICE)是Ritchie(1987)和Singh(1993)提出的水稻生长发育的过程性管理水平的模型。模型可模拟灌溉稻和雨养稻生长及相应的水分和氮平衡,自从推出以来已几经修改完善,已成功地用于热带水稻和温带水稻。该模型综合量化了水稻生长发育及其与环境因子的动态关系,不仅能预测水稻生长发育进程和根、茎、叶、穗、粒等器官形成及产量形成等过程,而且还能模拟土壤养分平衡与水分平衡动态。

2. 灌溉稻生态生理模型(ORYZA) ORYZA是荷兰科学家和国际水稻研究所合作开发的灌溉稻生态生理系列模型的总称。ORYZA模拟模型遵循的仍然是荷兰学派(或者以荷兰学派创始人命名的de Wit学派)的原则。荷兰作物模拟模型的研究特点是强调作物生长的机制性、模型的解释性和通用性,不同作物共用同一模型框架,而只需改换模型中所需的不同的作物参数和土壤、气候等环境数据。他们在不同研究阶段针对不同的不断变化的研究问题而推出了一系列模型。早期的模型主要考虑土壤、气候等综合因素,后期模型也允许对品种特性加以考虑。为将模拟技术和系统分析技术在东南亚的科学家队伍中进行推广,从1984年到1995年,荷兰Wageningen大学和研究中心(WUR)、国际水稻研究所开展了“水稻生产系统分析与模拟(Simulation and Systems Analysis for Rice Production,简称为SARP)”项目,在亚洲的9个国家16个协作组参加了该项目,我国科学家也参加了SARP项目研发和模型的验证。在SARP项目实施过程中,首先研发了一般性的水稻生长模型MACROS(Modules for Annual Crop Simulation,即一年生作物模拟模型)模型,通过SARP的16个协作组的资料评估和验证,MACROS在估计某地水稻产量潜力、分析试验结果、株型设计及评价气候变化对水稻生产的影响等方面有较好的应用。

在MACROS的基础上,SARP项目组相继开发了灌溉稻生长模型ORYZA1、适用于氮素限制生产条件的ORYZA-N模型和水分限制生产条件的ORYZA-W模型,其中ORYZA1是ORYZA模型系列中的一个基础模型,它是由Kropff等人在MACROS模型基础上发展而来的,主要用于模拟潜在生产条件的水稻生长。该模型秉承了MACROS的特点,强调了理论研究和假设模型,对水稻生理生态过程,尤其是冠层光能分布与截取、光合作用及同化积累等过程量化十分细致,具有较强的机制性和解释性。该模型不仅应用于亚洲主要产稻国气候变化对水稻生长和产量的影响,还应用于国际水稻研究所的水稻新株型(NPT)设计。在SARP项目结束后,国际水稻研究所和WAU仍然继续合作,深化ORYZA模型的功能以及应用,在2001年将ORYZA1、ORYZA-N和ORYZA-W升级并综合成一个较为完善的综合性模拟模型

ORYZA2000,并随着对作物生长和水平衡过程的更多了解,又不断推出新的功能、计算标准和工具,同时还增加了像灌溉和施肥管理等作物管理更为详细的决策模拟功能,大大丰富了模型的系统性和应用功能。

3. 水稻气候关系模拟模型(SIMRIW) 水稻气候关系模拟模型 SIMRIW(Simulation Model for Rice-Weather Relations)为一个简化的作物生长过程模型,可用于灌溉稻与气候关系的生长和产量模拟,由日本京都大学农学院 Horie 研究组研制,最初旨在结合气象信息系统评估日本不同地区的水稻潜在生产力和全球气候变化对各地区水稻生长和产量的影响,注重模型的应用性与预测性。在模拟二氧化碳浓度增加对水稻生育期、结实率及产量的影响等方面有一定的特色。

SIMRIW 模型是针对水稻生长的生理和物理过程的合理简化形成的,因此该模型仅需要一套有限的资料,且易从大田试验中获得。SIMRIW 不仅可预报某一气候条件下特定品种的产量潜力,而且通过技术系数的校正可获得某地或某一地区农民得到的实际产量。应用结果表明,该模型能满意地解释美国和日本相应气候条件下水稻产量的地区间差异,还可解释在日本不同地区由气候影响的地区间产量的年度变化。与气象信息数据库联接,SIMRIW 不仅可用于日本某些地区水稻生长和产量的监测和预报,还能用来评估全球气候变化对不同地区水稻生长和产量的影响。

SIMRIW 模型中表示发育时期的发育指数为每天的温度和日长的函数。每天的生物产量由太阳辐射和由叶面积指数决定的辐射吸收率计算得到。作物冠层接收的辐射转化为生物学产量的转化效率决定于大气二氧化碳浓度和发育指数。籽粒产量由生物学产量与经济系数相乘所得,经济系数因发育指数和水稻生长关键时期的温度而异。水稻颖花结实率受减数分裂期到开花期的高温和低温的影响。近年来,随着与荷兰和国际水稻研究所的密切合作,开始注重模型的系统性与机制性,相继建立了叶面积指数、光合作用与干物质累积、氮素在水稻体内的吸收和利用等生理生态过程的机制性模型。近年来 SIMRIW 模型在理论和应用方面得到不断改进和发展。

4. RCSODS 模型 RCSODS 是英文"水稻栽培模拟-优化决策系统(Rice Cultivational Simulation-Optimization Decision Making System)"的缩写。江苏省农业科学院高亮之和金之庆等科学家在大规模水稻生态试验的基础上,于 20 世纪 80 年代建成水稻计算机模拟模型(RICEMOD),又于 1992 年把作物模拟技术与水稻栽培的优化原理结合起来,建成了水稻计算机模拟优化和决策系统(RCSODS)。其中的优化模型包括水稻最佳季节模型、最佳叶面积模型、最佳茎蘖数模型和最佳施肥模型等。

该模型曾是国内影响较大、系统性较好的水稻生长模拟模型,在最初的开发阶段,便试图将生长模型与栽培优化决策相结合,面向水稻生产管理,应用于指导水稻生产实践。计算机模拟技术与小麦、水稻栽培的优化原理结合起来,根据模拟作物栽培的播种期、用种量、种植密度等参数,再输入种植地的气候资料等数据,从而得出适合种植地的作物最佳种植模式,包括水分管理、适宜施肥量、各个时期可能出现的病虫害等内容。

(三)作物生长模型的应用和不足

作物生长模型常常与专家系统、人工智能及地理信息系统等信息技术结合起来,建立综合性与智能化的作物生产管理决策系统,促进了作物生长模型在生产实践中的应用,反过来也对作物生长模型的模拟研究提出了更高的要求。如美国的棉花模型 GOSSYM 与专家系统

COMAX 结合形成的棉花栽培管理决策支持系统已广泛应用于美国的 14 个植棉州的 300 多个农场中,成为生长模型与专家系统结合的成功典范。以 CERES 系列作物生长模型为核心建立的农业技术转让决策支持系统 DSSAT,可以为用户提供管理措施咨询和风险预测信息。荷兰和国际水稻研究所的 ORYZA2000 模型也是在早期的 ORYZA1 基础上增加了管理决策支持功能。我国的高亮之、戚昌瀚等也将所研制的水稻生长模型与优化决策方法相结合,并应用于水稻生产管理,在我国的水稻生产中得到了广泛的应用。像江苏省扬中市农技推广中心将 RCSODS 应用于大面积的抛秧稻水稻生长管理,不仅节本增收,经济效益显著,而且决策优化,社会效益和生态效益也很显著。

作物模型的一个显得越来越重要的应用是帮助育种家确定育种目标和设计不同环境下的理想株型。模型为功能基因组学、生理生态学和农学之间架起一座桥梁,为株型设计育种、分子设计育种提供帮助。生理生态学模型用于分析不同的植物参数(植物体形态结构、营养状况等)对所期望的农作物的性状,如产量、抗性的影响,而功能基因组学为这些性状提供遗传标记供育种家应用。另一方面,作物模型可以作为解释基因型和环境互作的有力工具,弥补 QTL 定位不能将一个环境条件试验分析结果外推到另外一个环境条件的制约。

另外,作物模型在产量差异分析(gap analysis)时特别有用。所谓产量差异分析是指用于确定在不同农业气候带农业生产限制因子的方法(图 16-5)。通过产量差异分析,可以从众多影响因子中确认限制因子,这样研究人员可以将研究目标固定在引起试验田产量潜力、大田产量潜力和大田实际产量差异的影响因子上。

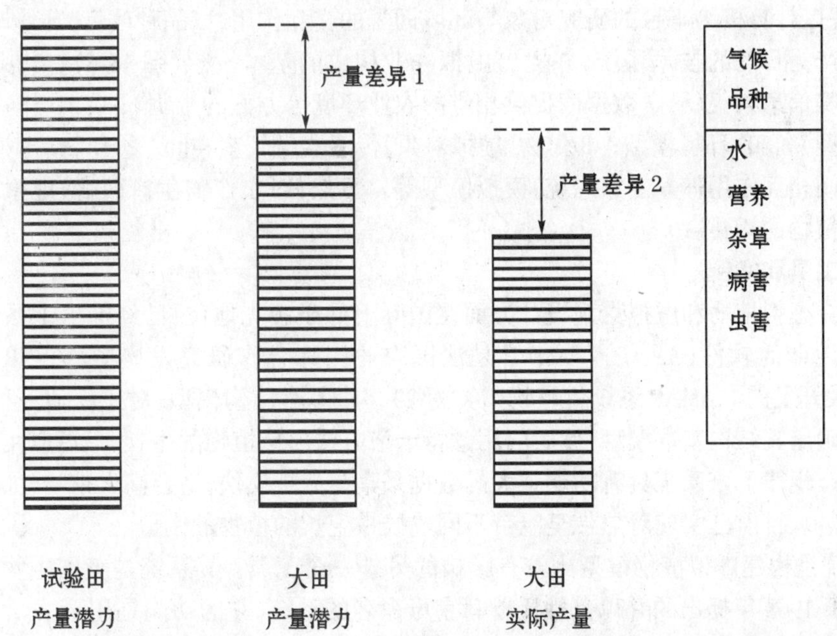

图 16-5 应用作物模型的产量差异分析有助于确认影响产量的限制因子 (Maclean 等,2003)

尽管作物模型在农业生产上有着很大的应用潜力,但目前实际应用仍然不是很理想。其原因可能主要有以下几点:①知识积累不足,对许多生理生态过程的认识仍然不够透彻,一些生产过程的描述仍然是经验性的,使模型的应用范围受到限制;②缺乏规范有效的参数估计方法,在应用时模型所需要的环境和作物参数获取困难,制约了作物模型的应用;③

考虑的因子不够全面,作物模型无法较为准确地模拟实际的作物生长环境。

二、虚拟植物模型

(一)定义和建模意义

虚拟植物定义为构建植物形态结构并模拟植物生长的计算机模型。虚拟植物模型是利用形式数学(mathematical formalisms)、生物学知识和计算机图形技术等领域形成的交叉学科,是近20年来随着计算机技术进步而快速发展起来的新兴技术,在农学、林学、生态学、遥感以及教学等众多领域有着广泛的应用前景。在水稻研究领域,虚拟植物模型可以作为研究工具在理想株型设计、直播技术的评估、与杂草的竞争以及病虫害损害的补偿研究中发挥作用。尽管预测水稻产量的模型和水稻生长模拟模型已经不少,但模拟形态发育的模型还很少见。虚拟水稻模型可以用于计算理论(假设)植株冠层光的获取量及其对水稻生长的影响,进而通过改变控制叶片性状的形状参数来研究理想株型,不过,为进一步研究形态发育与环境的交互关系,需要结合虚拟水稻模型和生态生理模型进行研究。显然,虚拟水稻模型可以在水稻研究成果的演示、培训和学习上大有用武之地。

比虚拟植物更宽泛的一个概念是虚拟农业。虚拟农业是农业科学和信息技术相结合的产物,它对农业生产中的现象、过程进行模拟和虚拟,缩短农业领域科研项目研发时间,期望达到合理利用农业资源、降低生产成本、改善生态环境、提高农作物产品质量和产量的目的。按照陈沈斌和孙九林的观点,虚拟农业是以农业领域研究对象为核心,采用先进的信息技术手段,实现以计算机为平台的研究对象与环境因子的交互作用,以品种改良、环境改造、环境适应和增产为目的的技术系统,并提出虚拟农业构成的基本设想(图16-6)。其中涉及到:①农业现实信息采集(科学数据库提供相应的农业环境等方面的数据);②3D作物模型(虚拟对象模型)和3D环境模型;③作物(虚拟对象)传感器(根、茎、叶);④作物(虚拟对象)与虚拟环境间相互作用——专家系统、模拟模型等。显然,对农作物生产而言,虚拟农业的核心是虚拟植物的构建。

(二)工具和实例

法国在虚拟植物和虚拟景观设计方面在国际上处于领先地位,已经推出了系列虚拟作物和景观设计的软件(AMAP)。AMAP是法国农业国际合作研究发展中心(CIRAD)的de Reffye等人开发的。AMAP系统将植物归类为20多个基本结构模型,对于任何一种植物,首先分析并确定其结构基本模型,然后应用蒙特卡洛方法模拟植物的生长,最后应用几何方法表达其形态规律。该系统具有功能强大的数据采集与分析模块,适合高大植物(如各种类型的树)的模拟,目前已实现对热带至温带不同气候带生长的植物的模拟。

L系统是构建虚拟植物模型比较有影响的另外一个工具。L系统是美国生物学家Lindenmayer于1968年提出的并以其姓氏首写字母命名的系统,它的功能是用形式语言的方式描述植物形态的发育和生长过程。L系统的本质是一个重写系统,通过建立的公理进行有限次的迭代后,对产生的字符串进行几何解释,就能形成复杂的图形。由于植物分枝的产生和节间伸长可以看成一种迭代过程,因此L系统很适合描述复杂植物的形态结构。加拿大Calgary大学的Prusinkiewicz等人以L系统为植物形态结构的描述框架,开发了Vlab虚拟植物系统。澳大利亚昆士兰大学的Room和Hanan利用Vlab建立了棉花、玉米、高粱和大豆等主要农作物的虚拟植物模型。Watanabe等(2001)通过测量水稻植株的三维(3D)结构,构建

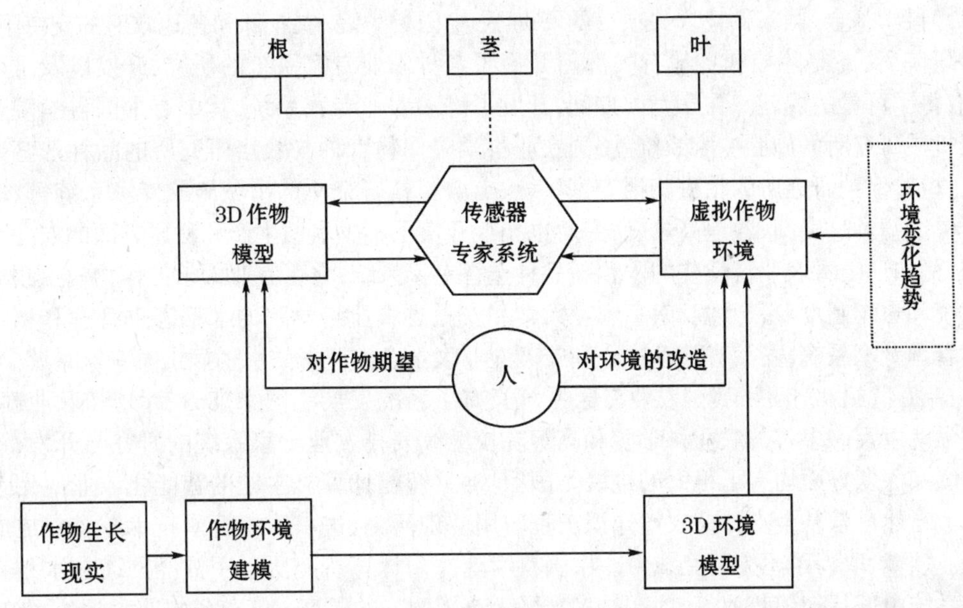

图 16-6　虚拟农业的基本结构设想

模拟形态发育和植株结构发育的虚拟水稻。他们所用的水稻品种是粳稻Namaga,1997年 9 月份在澳大利亚Brisbane种植,次年 2 月份收获,用配有辅助软件 FLORADIG(Hanan 和 Room,2000)的 3D 数字化测量仪测量植株的几何结构,具体测量的数据是由三维坐标形式记录的,然后数据导入到数据库,同时用数学函数描述植株的结构发育,建立 L-系统模型并作检验。模型是由植物和分形生成工具构建的。

在我国,越来越多的计算机专家和农学专家被吸引到虚拟植物的研究中。自 1998 年起,中国科学院自动化研究所、中国农业大学与法国农业发展国际合作研究中心(CIRAD)、法国国家计算机科学与控制研究所合作,在 AMAP 模型的基础上,开发了基于植物结构-功能反馈机制的新一代虚拟植物模型 GreenLab。该模型采用双尺度自动机模拟植物结构的形成,通过模拟植株的生物量生产与基于植株拓扑结构的生物量分配,以及器官生物量积累与器官形态的关系,并行模拟植物结构-功能过程,从而更精确地模拟植物的生长。Greenlab 的应用目前集中在树木和棉花、向日葵、玉米等作物上,水稻的虚拟模型还很少。

第三节　专家系统

农业生产一直依赖于经验性的生产和管理,信息技术为改变这种行业性的弱势带来了机遇。系统的模拟模型、农业专家系统和虚拟技术等人工智能技术,可以对复杂的农业对象及其过程进行量化和集成、综合和分析,达到科学的认识和决策管理。专家系统是一个具有大量专门知识与经验的程序系统,它应用人工智能技术,根据一个或多个人类专家提供的特殊领域知识和经验进行推理和判断,模拟人类做决定的过程,来解决那些需要专家决定的问题。简言而之,专家系统是一个智能程序系统,内部具有大量专家水平的领域知识和经验,能利用仅人类专家可用的知识、解决问题的方法来解决领域问题。

我国农业专家系统的研究,是在 20 世纪 80 年代初期就开始的。在国家“863”计划、国家自然科学基金、国家科技攻关项目的资助下,中国科学院、农业部和各地政府的支持下,许多科研院所、高等院校和各地有关部门开展了各种农业专家系统的研究、开发以及推广应用,取得了可喜的成就。在"七五"期间,开发了许多农业专家系统,其中有中国科学院合肥智能机械研究所的施肥专家系统、中国农业科学院作物育种与栽培研究所的品种选育专家系统、植物保护研究所的粘虫测报专家系统、土壤肥料研究所的禹城施肥专家系统等,取得了可喜成绩。这期间,各地高校、研究所也相继开发了不少水稻生产和科研方面的农业专家系统,例如辽宁省农业科学院的水稻新品种选育专家系统,北京农业大学的作物病虫预测专家系统和农作制度专家系统,南京农业大学和安徽省农业科学院的水稻害虫管理和稻纵卷叶螟管理专家系统,安徽省计算中心和安徽农业大学合作开发的水稻病虫害专家系统。

在20世纪90年代,我国农业专家系统又有了新的发展。国家"863"计划和农业部、中国科学院以及许多省的农业科学院和高等院校继续安排农业专家系统的研究与开发,不论在广度和深度方面均有了很大的进展。国家"863"智能计算机主题的智能化农业应用系统和国家自然科学基金支持的农业知识工程应用基础研究,进一步将智能技术综合集成应用于农业领域,取得了不少研究成果。中国科学院沈阳计算研究所运用神经网络在水稻育种专家系统中进行知识获取等,均在技术水平上有了明显的提高。江苏省农业科学院、北京农业大学、南京农业大学、新疆农业大学等许多单位将作物生态生理过程模拟与农业专家系统技术相结合,取得了可喜进展。近年来,随着信息技术的飞速发展,专家系统的研究正在向广度和速度扩展:从应用范围看,从传统的大宗作物向经济作物、特种作物扩展,所开发的对象不仅包括作物全程管理的综合性系统,也包括农田施肥、栽培管理、病虫害预测预报和农田灌溉等专项管理系统。农业专家系统也不再局限于示范区,有望较大面积的推广应用。从研究上看,理论层面的研究将集中在专家知识的采集、存储和表达模型,形成智能技术研究的核心和应用的基础。技术层面的开发将聚焦于集成开发平台、智能建模工具、智能信息采集工具和"傻瓜化"的人机接口生成工具。以下是专家系统的几个实例。

一、GOSSYM/COMAX

GOSSYM/COMAX是美国最为成功的一个农业专家系统,由美国农业部和全国棉花委员会于1986年10月研制成功,用于向棉花种植者推荐棉田管理措施。它是一个基于棉花生长模拟模型GOSSYM的专家系统。GOSSYM模拟棉花生长发育过程和水分营养在土壤中传递过程,说明棉花生长发育的一系列生理和形态发生过程,描述土壤与棉株生长发育关系并预测产量。而COMAX是一个基于规则的棉花生产管理专家系统,由GOSSYM、知识库、推理机和气象站数据和数据文件组成,其中的数据文件包括品种特性、土壤参数、设定的气象数据和农艺措施等。知识库是由一系列事实和规则组成,推理机对规则进行检验并根据事实而作出决定,再根据设定的气象、水分和氮素使用量来准备相应的数据文件,接着调用GOSSYM,由GOSSYM读取推理机准备好的数据文件,并模拟在指定条件下的棉花生长状态,模拟得到的结果将作为事实存入知识库。推理机进一步对灌水和施氮量作出决策。COMAX每天都重新计算预计的灌溉日期和灌水量、施肥日期和施肥量及棉花可能的成熟期,如有必要还可以用模拟的中间结果来解释推荐措施。GOSSYM/COMAX经过多年的试验验证和示范推广,证明了GOSSYM/COMAX对棉花生产管理的有效性,在美国的各棉花种植州都得到了推广使用,经济效益明显。同时,GOSSYM/COMAX在棉花育种、棉花害虫危害估算、水土流失及全球气候变化对棉花产量的影响等方面也有很好的应用。

二、CALEX/RICE

加里福尼亚大学戴维斯分校研制的 CALEX 系统,是又一个著名的例子。CALEX 由 3 个模块组成:执行模块、日程安排模块和专家系统的内核。执行模块负责模型、数据和用户交流的界面,专家系统给出决策,而日程安排模块根据专家系统做出的决策生成生产管理活动安排。CALEX 选择了棉花和桃树作为测试作物和果树,开发了 CALEX/COTTON 和 CALEX/PEACH,应用于美国加利福尼亚州的棉花生产管理和园林管理。在应用 CALEX/COTTON 和 CALEX/PEACH 成功的基础上,又开发了 CALEX/RICE,用于加利福尼亚州的水稻生产管理,对不同水稻生态区推荐品种,根据气候估计水稻生长阶段,并为稻农提供施肥、灌溉和病虫草的防治措施。另外,CALEX/RICE 还可以用于记录田间数据并生成报告。

三、农业专家系统开发平台

在我国,在国家"863"计划的支持下,形成了 5 个农业专家系统开发平台,即由国家农业信息化工程技术研究中心、吉林大学、哈尔滨工业大学和中国科学院合肥智能机械研究所;推出了 5 个技术水平高、方便使用、具有"863"品牌的农业专家系统开发平台,可供二次开发。开发平台的主要用途是提供农业专家系统的开发环境和开发工具,缩短农业专家系统的开发周期,提高农业专家系统的质量,满足我国农业对专家系统的迫切需求,提高我国农业生产的科学管理水平。

目前,智能应用示范区已经推广到 23 个,各地开发的本地化农业专家系统近 200 个。北京市农林科学院农业信息技术研究中心开发的农业专家系统开发平台(PAID:Platform for Agricultural Intelligence-system Development)是应用最广泛的开发平台,已在全国 20 多个省、市应用,开发出 170 余个适用于当地的农业专家系统。该农业专家开发平台于 2003 年 12 月在联合国世界信息峰会上获得"世界信息峰会大奖"。

农业专家系统开发平台(PAID)采用目前最为流行的"浏览器/Web 服务器/数据库系统"三层网络结构模型,根据不同层次用户的要求,结合农业领域的特点,设计并实现了系统管理、知识规则维护、数据编辑、数据处理、数据查询等 6 大功能模块,利用 ADO(ActiveX Data Object)、RDS(Remote Data Service)、DHTML(Dynamic-HTML)、XML 等多种数据访问接口和技术,支持数据的批量处理,运行速度快、稳定,便于系统管理、升级维护(杨宝祝等,2002)。

PAID 的人机接口构件为二次开发者提供用户较为熟悉的视窗操作系统系列的界面风格,提供友好的、"傻瓜化"的数据录入和显示界面,用户可以方便地定制开发环境,快速地开发出适合本地区的实用农业专家系统,从容地实现专家知识更新和专家系统升级。通过该平台开发的农业专家系统,无须任何修改均能在 Internet/Intranet 网络环境下运行,支持分布式计算和远程多用户、多目标任务的并行处理,而且平台有高度的可扩展性、可靠性、可互操作性、可重用性,便于不同的客户端使用,支持第三方的功能构件集成到该专家系统开发平台,二次开发者可根据不同的行业应用需求选择不同的构件重新组合。辽宁省研究人员根据本省水稻和工厂化高效农业生产实际,利用 PAID 进行深度开发,扩增功能模块,丰富系统功能,使系统不仅可在单机和网络环境条件运行,而且适应本省生产实际,并具有较强的应变性、实用性和可操作性。系统和网络形成后,可为项目示范区各生产单元提供水稻品种布局、栽培技术选择、合理施肥、节水灌溉、病虫草害综合防治等方面的决策,实现决策和管理的科学性、针对性和实用性。

第四节　农业生产决策支持系统

决策支持系统(Decision Support System,可以简写为 DSS)是能够用来支持半结构化和非结构化决策、允许决策者直接干预、并能接受决策者的直观判断和经验的动态交互计算机系统。一般说来,DSS 由数据、模型和对话等子系统组成(田军等,2005)。决策支持系统的研究始于 20 世纪 70 年代初,美国麻省理工学院的 Scott Morton 等人开创了这方面的工作。经过 30 多年的研究与应用,已在农业、工业、商业和贸易等方面建立了各类决策支持系统,为管理决策和策略的制定提供了辅助决策的工具。

一、定义和分类

决策支持系统是以计算机技术为基础的对决策支持的知识信息系统,通常有许多定义。1982 年 Sprague 和 Carlson 将决策支持系统定义为:交互式计算机支持系统,能帮助决策者运用资料和模式解答非结构性问题。一般而言,DSS 可以归为狭窄和宽泛的定义。狭窄的决策支持系统定义为交互式计算机程序,通过分析方法和模型帮助用户处理复杂的半结构化和非结构化问题,形成决策方案(Watkins 等,1995);而宽泛的决策支持系统是在狭窄的定义基础上,还包括支持决策的技术,如信息或知识挖掘系统、数据库系统和地理信息系统等(Power,1999)。目前来讲,宽泛的定义更合适,因而也更流行(Bakker-Dhaliwal 等,2001)。按照信息的最基本的驱动来源,决策支持系统可以分成以下 5 类(Bhargava 等,2001)。

①交流驱动:强调交流、合作和共享决策。譬如公告牌、电子邮件、有声会议、网上会议、共享文件、电脑支持的面对面交谈软件和交互录像,使得两个或者两个以上的人员互相交流、共享信息并协调决策。

②数据驱动:强调内部的和外部的数据库来源中的时间序列数据的访问、计算和分析,如气象相关数据库。

③文档驱动:整合储存和处理的各种技术为用户提供文档的查询和分析。这一类型的决策支持系统经常在图书馆使用。

④知识驱动:基于专家或规则为基础的系统。在这一系统中,事实、规则、信息和程序组成一个整体方案,为用户提供信息更丰富、更有效的决策。

⑤模型驱动:强调对某个模型的访问和处理,譬如统计、金融、最优化、模拟和确定性、随机的或逻辑模型。这一类型的模型通常需要用户输入数据以对问题进行分析(Power,1999;Watkins 等,1995)。

开发决策支持系统通常需要多学科的合作。在农业上最常见的决策支持系统是知识为主和模型为主的决策支持系统。对于开发者而言,定义明确的目标用户和目标环境对于开发一个成功的决策支持系统是非常关键的,而对于一个用户而言,确定决策支持系统所定义的目标客户和目标环境也是非常重要的。针对目标环境和用户的不同,农业决策支持系统又可分为田间尺度、农场尺度和区域尺度(曹永华,1997)。

①田间尺度:在作物模拟模型的基础上研究田间单一作物状态,通过灌溉和施肥的决

策,预测在不同气候和土壤条件下作物的生长、发育和产量。这类系统一般不考虑田间作业的制约和种植制度,而偏重于农作物生产管理的决策。像下面要介绍的农业技术转移决策支持系统(DSSAT)就属于这类系统。

②农场尺度：分析农场的复杂情况、帮助农场管理者制定计划、合理安排劳动力以及农场资源的组合配置等作出科学决策的辅助工具。在农场管理决策支持系统中,不仅要考虑作物生产管理的决策,还需考虑田间作业劳动力的需求、农业机械的类型、耕作制度和农场各田块间的相互作用等。如美国 Florida 大学农业工程系 Lal 等研制的农场机械管理决策支持系统 FARMSYS(Farm Machinery Management Decision Support System)即属于这类系统。

③区域尺度：近年来,农业决策支持系统的研制往往和地理信息系统(GIS)、遥感(RS)相结合,构筑区域尺度的农业决策支持系统,加强区域的农业管理、资源的合理利用和决策分析的能力。这是 GIS 由于具有空间分析和数学规划最优的功能,并可以帮助进行区域自然资源的管理、评价和决策,而 RS 技术的发展,为区域自然资源和农作物生长实时信息的获取提供了一种先进的手段。

二、农业决策支持系统的发展

农业决策支持系统是在农业信息系统、作物模拟模型和农业专家系统的基础上发展起来的。早在 20 世纪 60 年代,随着数据库技术的问世,农业信息系统也随之发展。一般来说,农业信息系统由农业数据库和数据库管理程序构成,具有数据的查询、检索、修改和删除等功能。因此,在此基础上发展的农业决策支持系统仅是数据的支持,而决策过程还需人们加以干预,属于前面提到的数据驱动的 DSS。在作物计算机作物生长模拟模型方面,20 世纪 60 年代中期,荷兰 de Wit 和美国 Duncan 开创了作物生长动力学模拟的研究。模拟模型为研究作物生长发育的动态变化规律以及环境、栽培技术对作物生长发育的影响提供了有用的工具。作物模拟模型的研制表明了农业科学开始进入计算机的信息时代,由作物模拟模型构建的农业决策支持系统可解决农业决策过程中的半结构化问题,属于模型驱动的 DSS。而农业专家系统是模拟农业专家解决某领域专门问题的程序系统,是让计算机模拟人脑从事推理、规划、设计、思考和学习等思维活动,解决专家才能解决的复杂问题。农业专家系统的研制晚于作物模拟模型,到 20 世纪 70 年代末期才相继出现。因为专家系统所处理的问题一般是解决定性的带有经验性的问题,所以由农业专家系统所构筑的农业决策支持系统主要解决的是决策过程中的非结构的问题,属于知识驱动的 DSS。

自 20 世纪 80 年代末期起,农业决策支持系统的研制成为一个研究热点,很多是以作物模拟模型为基础研制所在领域的农业决策支持系统,如美国夏威夷大学的“农业技术转让国际标准点协作网”IBSNAT(International Benchmark Sites Network for Agrotechnology Transfer)推出的“农业技术转移决策支持系统”DSSAT(Decision Support System for Agrotechnology Transfer),是由作物模拟模型支持的决策支持系统,除了数据支持以外,还提供了计算、解题的方法,并为决策者提供决策。我国的高亮之等研制的“水稻栽培模拟-优化决策系统”(RCSOD)也是基于作物模拟模型的决策支持系统。到 90 年代初期,农业决策支持系统又有了进一步的发展,形成了以知识库系统或以专家系统支持的智能化的农业决策支持系统。如 1992 年美国 Florida 大学农业工程系 Lal 等研制的“农场机械管理决策支持系统”FARMSYS(Farm Machinery Management Decision Support System)和 Kline 等人研制的农场级智能决策支持系统

(FINDS)。近年来,随着地理信息系统和遥感技术的广泛应用,农业决策支持系统的研制向更深层次的方向发展。美国 Florida 大学农业工程系 Calixe 等将 DSSAT 3.0 结合地理信息系统集成了农业环境地理信息系统的决策支持系统 AEGIS(Agricultural and Environmental Geographic Information System)。该系统在 1994 年升级为 Windows 版本 AEGIS/Win;Singh 等运用 CERES 作物模拟模型与 GIS 相结合,建立了印度半干旱地区决策模式;Gier 等运用 GIS 建立了印度尼西亚区域空间分析农业生产模式的决策支持系统;我国台湾逢甲大学地理资讯系统研究中心周天颖等将 GIS、RS 和 DSSAT 3.0 相结合,研制了农业土地使用决策支持系统。他们针对现阶段台中水稻种植区农业灌溉用水严重不足的状况,应用农业环境地理信息系统(AEGIS/Win)建立了一个集成式的土地管理的空间信息数据库,并利用作物生长发育的模拟模型 CERES-RICE,评估台中稻作区在不同灌溉管理策略下的潜在生产力及土地使用的适宜性。

DSS 应用技术的发展,经历了数据驱动、模型驱动和知识驱动等过程。随着信息技术和网络技术的发展,开发基于 web 的 DSS、基于仿真的 DSS、基于 GIS 的 DSS 以及通讯驱动的在线分析 DSS,成为 DSS 发展和应用的主流,相关的问题研究正在蓬勃展开。相应地,国际上的农业决策支持系统除继续在农业信息决策支持系统、农业生产管理决策支持系统和农业智能决策支持系统方面进一步发展外,已向群决策支持系统和网络决策支持系统发展。群决策支持系统是将同一领域不同方面或相关领域的各个决策支持系统集成起来,形成一个功能更全面的决策支持系统。而网络决策支持系统亦称为分布式决策支持系统,它把一个决策任务分解成若干个子任务,分布在网络的各个节点上完成。因此,在不久的将来,农业决策支持系统将成为农业可持续发展中必不可少的辅助决策工具。

三、以水稻为对象的决策支持系统的几个实例

以水稻为对象的决策支持系统,在国内外的水稻生产中都起到了很好的作用。国外的一些常用的用于水稻科研和生产管理的决策支持系统如表 16-1 所示。

表 16-1　国外水稻方面的决策支持系统　(Bakker-Dhaliwal 等,2001)

DSS 系统	目标用户和环境	开发单位和人员	类　别	描　述
DD50(Degree Day 50)	研究人员、推广人员和稻农;美国南部和中部	美国阿肯色大学、密苏里大学、密西西比大学和路易斯安那州立大学:www. deltaweather. msstate. edu	模型和数据库主导	灌溉稻,作物生长和管理预测
MaNage Rice	咨询部门、推广人员和稻农;澳大利亚 Riverina 和 Murry Valley	新南威尔士州农业和澳大利亚联邦科学与工业研究组织(CSIRO)植物工业部:http://www.pi.csiro.au/	模型和数据库主导	Amaroo 水稻品种的养分管理
NuDSS	科学家、研究人员、推广人员和稻农;亚洲灌溉稻地区	国际水稻研究所土壤和灌溉部:c.witt@cgiar.org	模型和数据库主导	综合养分管理
PRICE	亚洲政策制度部门和技术推广人员;热带地区灌溉稻	英国新威尔士大学国际自然资源有限公司:Richard. Wilkins @ newcastle. ac. uk	模型和数据库主导	对热带地区灌溉稻除草剂使用的风险模拟

续表 16-1

DSS 系统	目标用户和环境	开发单位和人员	类　别	描　述
RiceIPM	研究人员、推广人员和学生;亚洲热带地区	国际水稻研究所和澳大利亚昆士兰大学技术转移和病虫害信息中心:www.irri.org	知识主导	综合病虫害管理
ThaiRice	研究人员、推广人员;泰国北部	泰国清迈大学:http://mc-cweb.agri.cmu.ac.th/resarch/DSSARM/ThaiRice/framework.html	泰语界面,CERES 模型和空间数据库主导	综合水稻管理系统
TropRice	研究人员、推广人员和部分稻农;亚洲灌溉稻地区	国际水稻研究所国际项目管理办公室:www.irri.org	知识主导	综合水稻管理系统

①TropRice:它是国际水稻研究所研发的水稻生产决策支持工具,提供水稻生产和产后加工的信息服务。主要内容有:管理时间表、土地平整、水稻品种推荐、作物发育生长、水管理、氮肥管理、病虫害管理、产后加工和经济效益评估等。尽管 TropRice 是为热带地区的水稻生产管理研发的,但可以用于作为开发其他地区水稻生产管理信息系统或决策系统的原型,用户可以结合当地的生产实际,开发适合当地的水稻生产决策支持系统。

②NuDSS:该养分管理决策支持系统也是国际水稻研究所开发的。目的是希望通过合理的养分管理取得可持续的水稻高产高效。基本要点如下:考虑到不同地点的养分提供的差异性,选择合理的产量目标,有效利用各种可能的养分来源,包括有机肥、作物残留以及化肥,提供氮、磷、钾及微量养分的平衡的肥料供应,利用叶色卡遵循基于作物的氮肥管理,通过毛利边际分析计算利润收入和通过交互校正对已生产的管理方案进行修改。NuDSS 指导用户逐步地生成肥料使用策略(图 16-7),而其中需要的输入参数涉及到当地农民的农艺水平。

第五节　3S 技术

3S 技术,指的是对地观测的 3 种空间高新技术系统,即遥感(RS)、全球定位系统(GPS)和地理信息系统(GIS),因为 3 种技术的缩写都带有“S”,故简称为 3S。3S 系统是由三者相互补充相得益彰构成的一个功能完整强大的空间数据采集处理分析系统,3S 集成技术在农业生产上的应用已经形成了精确农业。在精确农业中,GPS 用于智能化农业机械作业动态定位、农业信息采样定位和遥感信息定位。GPS 技术也已经应用于我国的野生稻的管理和监测,利用 GPS 对野生稻分布点进行卫星定位,结合 GIS 建立起农业野生植物 GPS 和 GIS 数据库。GIS 在精确农业中用于组织、分析、显示区域内各种数据,在 GIS 平台下,形成作物分布图,并通过农田信息采集系统生成土壤物理特性、土壤养分、土壤污染物含量、作物农情和产量图等信息。此外,GIS 还广泛用于资源调查和管理、气象区划、植物保护等许多领域。遥感(RS)技术是不通过直接接触物体而获得信息的技术,由于遥感所具有的观测范围大、采集信息量大、获取信息速度快的特点,正广泛应用于灾害动态监测、农作物估产、土地规划与利用、环境监测、气象预报等和农业生产相关的领域。3S 技术在精确农业,以及遥感在水

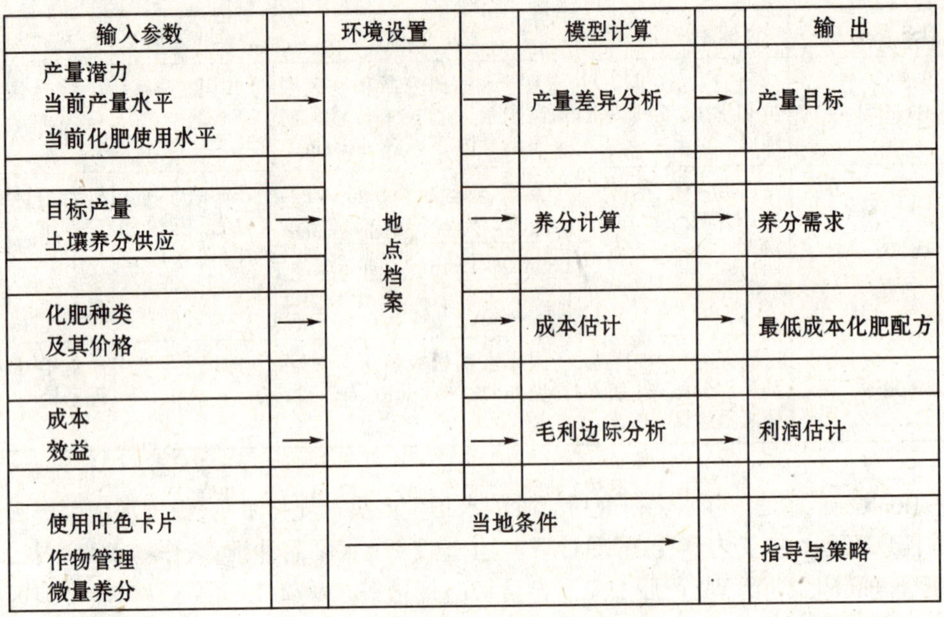

输入参数		环境设置		模型计算		输出
产量潜力 当前产量水平 当前化肥使用水平	→	地点档案	→	产量差异分析	→	产量目标
目标产量 土壤养分供应	→		→	养分计算	→	养分需求
化肥种类 及其价格	→		→	成本估计	→	最低成本化肥配方
成本 效益	→		→	毛利边际分析	→	利润估计
使用叶色卡片 作物管理 微量养分		当地条件 →				指导与策略

图 16-7　灌溉稻肥料决策系统流程图

稻估产，地理信息系统在品种推广、植物保护和种质资源管理方面，已经得到了不少应用。

一、在精确农业上的应用

精确农业(Precision Agriculture)是信息技术、通讯技术、工程制造技术和农业技术等综合发展的产物。随着 3S 技术研究的深入发展，精确农业已经成为我国面向 21 世纪合理利用农业资源、提高农作物产量、降低生产成本、保护环境和提高农产品市场竞争力的前沿性研究领域。1999～2003 年，国家农业信息化工程技术研究中心率先在北京市小汤山开展了精确农业的示范，并在关键技术上取得了重大突破，为我国今后实施精确农业从技术和实践上奠定了基础。

精确农业首先是由美国农学家在 20 世纪 90 年代初提出的。精确农业的核心是指实时地获取地块中每个区域的土壤和农作物信息，诊断作物长势和产量在空间上的差异的原因，并按每个区域作出决策，准确地在每个区域进行灌溉、施肥和喷洒农药，以求达到最大限度地提高水、肥和农药的效率，减少环境污染的目的。精确农业与传统农业大群体大面积平均投入的做法不同，精确农业的核心是根据"空间差异"和"时间差异"，对灌溉、施肥和农药的应用实现 3 个方面的精确：定位的精确、定量的精确和定时的精确。

精确农业的提出是与信息技术的快速发展相呼应的，特别是 3S 技术的发展，为精确农业的实现提供了技术手段。精确农业从实施过程来分大致可以包括农田信息获取、农田信息管理和分析、决策分析和决策的田间实施等 4 个部分(赵春江等，2003)。在目前来讲，这 4 个部分大多是以分离的技术形式存在，但发展的趋势是技术的整合，并统一在变量施肥机具这个精确农业技术体系的载体上。3S 技术中的遥感技术是属于农田信息获取手段，全球定位系统是具体地理位置获取手段，地理信息系统是农田信息的管理和分析手段，而决策支持系统和专家系统则形成了决策分析的核心，变量施肥技术(VRT)则在田间实施决策，这些技术组成了精确农业技术体系。目前国际上精确农业技术的推广和使用处于徘徊期,普遍推广的是一些单项技术,如 DPS 定位下的精确播种和施肥等。国内在最近几年非常重视精确农业的研究和示范应用。上海精确农业技术有限公司、上海交通大学机器人研究所和中国科学院地理科学和资源研究所在 2001 年合作研制成功了"精准 1 号"智能测产系统。研究项目启动的 2000 年秋季,就用研制的第一代测产仪绘制出中国首张水稻产量图。安装了测产系统的收割机运用了遥感技术、地理信息系统、全球卫星定位系统和计算机自动控制系统等信息技术,利用装在车顶上的全球卫星定位系统装置,可以锁定 1 m^2 大小的地块,通过谷物产量传感器、湿度传感器等,能准确记录每块地的稻谷产量,并显示在驾驶室内的显示屏上。当一块稻田收割完毕,可取出拇指大小的电子盘,插入工业笔记本计算机进行数据处理,累计水稻单产,进行产量统计分析、绘制产量分布图等。

然而,要建立精确农业的技术体系,一定要结合我国农业生产中农户分散经营的特点,积极探索建立起具有中国特色的适合在我国农村推广应用的精确农业体系。在这方面,许多科学家做了有益的探索,如 1999 年西北农林科技大学土壤肥料研究所和中国农业科学院土壤肥料研究所合作启动了精确农业项目,在陕西省扶风县揉谷乡新集村的 200 多 hm^2 农田上,通过精细制图,采用网格定点,定时取样,将往年的土壤测试结果、化肥和农药使用以及历年产量等信息做成 GIS 图层,然后分析历年产量图,以及产量图和其他相关因素图层的比较分析,找出影响产量的限制因子。在此基础上,制定出该村的优化管理信息系统,指导当年的播种、施肥、除草、病虫害防治和灌溉等农田管理,取得了显著效果。

二、遥感技术在估产中的应用

我国水稻播种面积居世界第二,产量为世界第一。精确估产对于国家制定粮食经济政策、农产品进出口政策以及确保我国的粮食安全等都具有重要意义。水稻卫星遥感估产是通过卫星传感器获取地球表面信息,以农学原理为基础,结合地理信息系统和全球定位系统技术,将获取的地表信息经过综合分析,识别水稻生长区域,并实现水稻长势监测及播种面积、单产和总产的预报。农作物卫星遥感估产开始于 1974 ~ 1978 年美国的"大面积作物估产试验(LACIE 计划)"。在取得初步经验的基础上,美国在 1980 ~ 1986 年组织实施了"农业和资源的空间调查计划(AgRISTARS 计划)",其中的小麦卫星估产获得极大的成功。在亚洲的水稻主产国日本、印度和泰国等都较早地开展了较大面积的遥感水稻估产且取得较好的效果。而我国的农作物遥感估产始于 20 世纪 80 年代的"六五"计划,最初采用联合国粮农组织推行的美国农业部的框图面积取样法。该方法是集统计估产、农学估产、气象估产和遥感光谱估产于一体的综合遥感估产,是传统的统计估产方法与遥感估产的结合,简易可行。我国遥感估产的第二阶段是 1984 年由国家气象局主持的"全国冬小麦 NOAA 卫星遥感综合估产"项目,这是一种大面积农作物估产方法,在对冬小麦的宏观地理分布了解的基础上,根据气候和生物特点,分区建立绿度修正值,在充分研究了小麦不同生育时期的不同绿度值特点之后,利用相应的绿度值来研究不同的估产模式,在微机网络上实现通讯和产量计算。遥感估产的第三阶段以"八五"攻关项目"重点产粮区主要农作物遥感估产"为代表,估产内容涉及小麦、玉米和水稻,充分利用了美国陆地卫星 Landsat TM 影像的多波段特性和高几何分辨率(30 m),在农作物套作区进行了提高面积解译精度的研究,同时结合利用 NOAA 数据,对作物面积、单产和长势变化等进行了估计。中国科学院于 1998 年建成"中国农情遥感速报系统”,2002 年初步建成“全球农情遥感速报系统”,包括作物长势监测、主要作物产量预测、粮食产量预测、时空结构监测和粮食供需平衡预警 5 个子系统。系统投入运行以来,监测范围从 1998 年的中国东部逐步拓展到全国,2001 年开始走出国门,开展全球性农情遥感监测,包括北美洲、南美洲及澳大利亚、泰国的作物长势、粮食总产和水稻面积估算,满足了国家重大需求,形成以国家发改委、国家粮食局、农业部、国家统计局为主的 23 个用户部门,取得了显著的社会效益。

但是,水稻遥感估产是一个国际性的大难题,因而也是一个研究热点,这是由于水稻生产的环境和气候的特殊性,稻区往往地形多变、田块分散,而且栽培制度复杂、种植面积广泛、同期植被类型多样,同时受稻作期间多阴雨的干扰,有时很难获得适宜的遥感数据资料,所以水稻卫星遥感估产要比其他作物困难得多。“七五”期间,江苏省农业科学院在本省里下河地区使用 1∶25 万 Landsat MSS 假彩色合成图像,以野外调查和室内目视解译,依据水稻生长特性和种植经验,编制了里下河地区水稻分布图,进行了水稻估产。20 世纪 80 年代,福建省气象科学研究所利用 NOAA 资料,监测本省东南部双季晚稻长势,进行测产也喜获成功。而大规模的水稻遥感估产试验,则是借助于国家“八五”科技攻关的课题实现的。中国科学院、江苏省农业科学院、上海市气象科学研究所等单位实现了利用多种遥感信息进行江苏省及上海市的水稻估产,中国科学院与湖北省农业部门合作实现了湖北省遥感水稻估产,浙江大学王人潮课题组则是利用 NOAA 数据成功地对浙江省水稻进行了遥感估产。

(一)水稻面积提取

在对作物遥感估产以及作物的长势监测中,作物播种面积的估计是基础,也是难点和关键。目前用于提取水稻面积的信息源,其空间分辨率、覆盖面积、监测周期及遥感卫片费用等相差很大,概括起来主要有美国陆地卫星 Landsat TM、气象卫星 NOAA、MODIS 数据和微波遥感等。

1. 航空遥感 它是根据特定作物的光谱响应模式和航空相片影像结构来对地面农作物类型进行分类判读,具有很大的灵活性。绝大多数航遥飞机可以在任何时候、任何区域进行低空光谱摄影。但航空遥感只能局限于小范围区域,而且花费较大。因此,航空影像往往被用来与其他信息源相配合作为样本区或精度检验的标准,而不是单独采用航空影像进行大尺度水稻面积监测。

2. Landsat TM 图像 由于 Landsat TM 数据具有较高的空间分辨率和光谱分辨率,用它作为中、小尺度区域提取水稻面积的信息源是较适合的。Landsat TM 光谱分布从可见光、近红外到热红外,除 TM6 红外波段的空间分辨率为 120 m 外,其他波段均为 30 m。从 1974 年美国“LACIE”计划开展以来,欧美各国在利用 TM 提取作物面积上做了大量工作;我国“八五”期间也曾利用 TM 影像对黄淮海地区的小麦、南方水稻进行面积提取,并取得良好效果。不过,Landsat-5 每 16 天才能覆盖一次,在水稻生长季节的 5 ~ 10 月份天空多阴雨,Landsat TM 的接收率和可利用率都很低,在南方地区甚至一年也难接到一期晴空无云的数据,实际上动态监测难以实现。另外,TM 资料较高的价格也制约了它在大尺度区域遥感估产中的应用。

3. NOAA 卫星 这种卫星采用了双星系统同时运行方式,地面同一地区一天可以获取 2 ~ 4 次观测资料,满足对环境进行动态实时监测的目的。星载的改进型高分辨率辐射计(AVHRR)一条扫描轨道覆盖地面 2 800 km 的宽度,对宏观大面积监测极为有利。就作物面积监测而言,NOAA卫星可以弥补TM重复周期长以及受云层覆盖使得地面数据接收率低的不足,而且资料费用也远远比TM低。但是,由于NOAA卫星空间分辨率较低,星下点地面分辨率仅为1.1 km,加之我国水稻田块面积小且形状不规则,在水稻面积提取中遇到大量混合像元问题,对混合像元的有效分解成为利用NOAA卫星进行水稻监测的关键性问题。浙江大学王人潮教授等研究人员经过近20多年的努力,研制出一套完整可行的"水稻卫星遥感估产运行系统"。该系统选用气象卫星的高分辨率辐射仪(NOAA-AVHRR)资料为主的遥感信息源,通过与1:25万比例尺土地利用现状图进行叠置分析,成功将卫星遥感技术与地理信息系统技术、全球定位系统技术和常规农业技术相结合,保证了卫星遥感估产的基本精度,同时又有效地降低了运行成本。运行时只要打开数据库,通过鼠标定位目标区域,系统就自动测出该区域的水稻产量。该系统方法简单,数据精确,有着广泛的推广应用前景,不仅在浙江省,在全国甚至在全球都可大范围内应用,其集成技术"水稻卫星遥感估产运行系统及其应用基础研究"已于2002年12月26日通过验收。

4.MODIS数据　MODIS(Moderate Resolution Imaging Spectroradiometer,中分辨率成像光谱辐射计)是1999年12月美国NASA成功发射的极地轨道环境遥感卫星Terra(EOS-AM)上载有的其中一种对地观测仪器,是当前世界上新一代"图谱合一"的光学遥感仪器,有36个可见光-红外的光谱波段,分布在400～1 400 nm的电磁波谱范围内,MODIS仪器的地面分辨率分别为250 m、500 m和1 000 m,扫描宽度为2 330 km。MODIS可以看作是NOAA-AVHRR的升级,特别是NASA对MODIS数据实行全球免费接收的政策,对于目前我国大多数科学家来说是不可多得的、廉价并且适用的数据资源。结合Landsat/TM数据,MODIS数据可以比较好地分解混合像元对水稻面积进行估计(王磊等,2003)。

5.微波遥感　合成孔径雷达(SAR)是一种微波遥感系统,它可以从数百公里的高度获得高分辨率的观测影像,且具有穿透能力强的优势。在各种条件下,微波能穿透大气圈,透过云、雨、雪、雾而获得较清晰的目标图像,因而可以全天时、全天候地探测地面目标。20世纪90年代以来,雷达探测在农业上的应用主要集中在对土地利用类型及农作物的分类上。1996年我国开展了用雷达识别水稻与相邻植被的研究,取得了较大进展,1998年中国科学院遥感应用研究所成功地完成了SAR技术提取南方水稻面积的任务。中国科学院遥感应用研究所邵芸研究员利用雷达遥感技术进行水稻长势监测和产量预估,首次揭示了水稻后向散射系数的规律,为单参数雷达遥感数据在农业中的应用找到了有效方法与途径,利用水稻及其共生植被和其他目标的时域散射特性,识别出生长周期仅差5～10天的早熟稻、中晚熟稻和晚熟稻及其他多种植被和目标物,结果优于国外已有报道。然而,SAR技术昂贵的资料费用大大限制了它的进一步推广应用。

综上所述,从面积提取精度及资料费用两方面考虑,选用MODIS与高空间分辨率遥感资料TM影像、航片相结合,或者与微波遥感资料相结合的方法来获取水稻种植面积是较适宜的。这样不仅可以弥补TM时间分辨率低的不足,同时还可以利用免费的动态程度高、覆盖面积广MODIS图像,有利于提取大范围的水稻面积。

(二)产量估计

由于生长条件和环境的差异,同一种作物的生长状况会有所不同,在卫星照片上可能表现为光谱数据的差异。通过光谱数据的差异可以判断作物的生长状况,对作物的长势进行监测,进而对作物的产量进行预测。例如,水分是光合作用的重要物质,作物叶片中水分含量多少将影响到作物最终产量的形成和高低，而叶片中水分含量的不同在遥感图像中表现为光谱响应特征的差异。又如，当作物虫害发生时，叶片中叶绿素吸收带强度减弱，这时候叶片的反射率要比正常作物的反射率要高很多，特别是在可见光的红光区域，而在绿光范围的反射率不再明显，甚至完全消失，出现蓝边和红边的异常移动。因此，作物不同的生长状况在遥感图像上的差异可以用于对作物的长势监测和产量估计。

显然，水稻产量是水稻面积和水稻单产的乘积。在提取了水稻面积后，水稻估产实际上是水稻单产的估算和预测，通常是建立在农学模型、气象模型、光谱模型和遥感模型上的（李秉柏等，2005；王人潮等，2002）。农学模型主要是根据作物生长发育的某些阶段的生物指标来找出与产量之间的明显相关性，如水稻生长发育的基本苗数、有效分蘖数、叶面积指数、有效穗数等。气象模型，在当地生产条件所决定的趋势产量（即常年产量）的基础上，加上由于气象条件波动影响的产量（即气象产量）即为该年的预报产量。光谱模型，它通过水稻生长期中不同生育阶段水稻光谱辐射值同水稻叶面积和水稻产量结构的相关关系而建立。遥感模型，指利用水稻整个生长期不同生育阶段水稻植被指数的动态变化和相应的单产建立模型，然后进行估产。当然，这 4 种模型在产量估计中都起着重要作用，在估计单产中可以综合使用。遥感模型作为估产的主要手段，具有客观、简便和经济的优势；而农学模型具有明显的生物学意义；气象模型可分析产量波动的原因，起着估产辅助的作用；光谱模型则是通过分析作物光谱特征与产量构成要素之间的关系，建立两者之间的数量关系，是遥感估产的基础。这样，就可以通过作物生长的不同阶段的光谱值估算农学参数，然后再由农学参数与产量的关系进行单产估算。

三、地理信息系统的应用

地理信息系统（GIS），一般认为是由计算机硬件、软件和不同方法组成的系统。该系统设计支持空间数据的采集、管理、处理、建模和显示，以便解决复杂的规划和管理问题。GIS 是 20 世纪 60 年代中期开始逐渐发展起来的一门新的技术，特别是进入 90 年代后，随着电脑硬件和软件技术的飞速发展，GIS 在许多领域都得到了广泛应用，在农业上也发挥越来越重要的作用，从国土资源决策管理、农业资源信息、区域农业规划到农业生产潜力研究、农作物估产研究、区域农业可持续发展研究、农业土地适宜性评价、农业生态环境监测、基于 GPS 和 GIS 的精确农业信息处理系统研究等，都取得了很大的成绩。譬如，可以结合农业气候区划确定一个新品种或者一项新的农业技术或者农艺措施在目标地区中最适合的区域；帮助确定研究项目试点的代表性，或者帮助确定符合某种特定气候条件和地理条件的区域或者地点，如确定特定纬度、降水量和土地类型的区域或者地区；在某个已知环境中预测某个品种或者新的农艺措施的效果。

借助 GIS 解决具体问题时，构建 GIS 应用模型必须明确用 GIS 求解问题的基本流程（图 16-8）。

（一）气候区划与品种适宜性评价

农业气候区划是根据一定的农业气候指标，将一较大地区划分成若干农业气候特征相似的区域。它是反映农业生产与气候关系的专业性气候区划，也是农业自然条件的一个部门区划和综合农业区划的组成部分。通常在农业气候分析的基础上，采用对农业地理分布和生物优化指标（如高产和优质）有决定意义的指标为依据，遵循农业气候相似原理，划出各

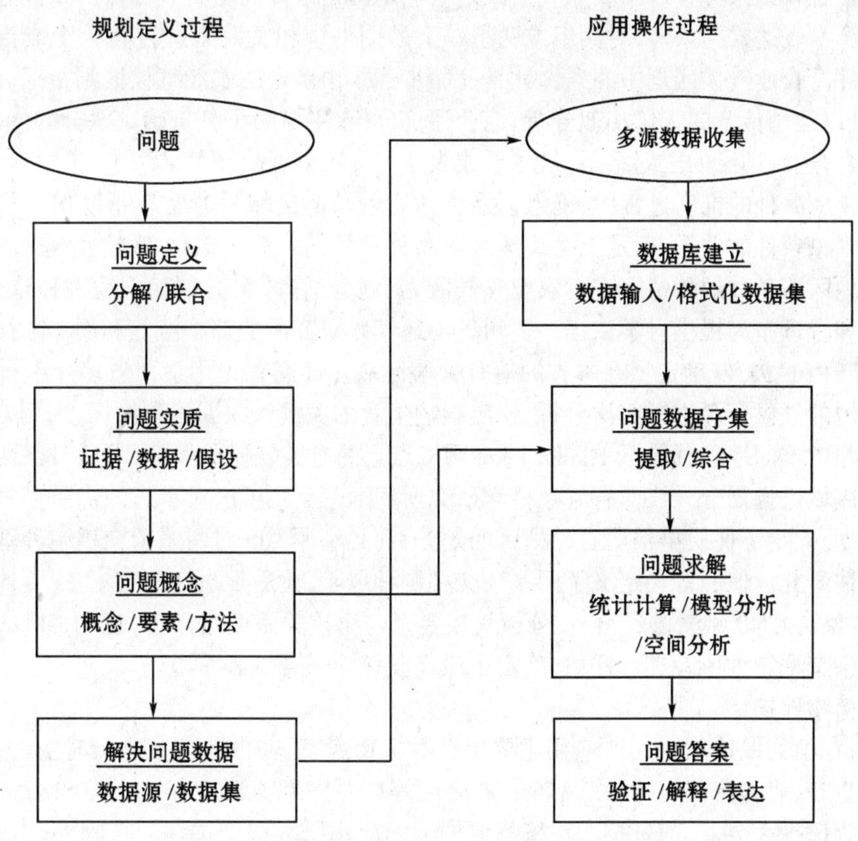

图 16-8 应用 GIS 求解问题基本流程 (黄杏元等,2001)

个相同的和不同的农业气候区,从而为农、林、牧业合理布局和建立各类农产品生产基地提供气候依据。根据区划任务不同,农业气候区划可分为 2 类:一类是综合农业气候区划,综合考虑农、林、牧、渔业与气候的关系作出的综合农业气候区划;另一类是单项农业气候区划,以作物、灾害等为对象作出的农业气候区划。借助于地理信息系统的空间分析功能,不仅使得原有的按照行政区域的农业气候区划能够进一步细化,获得非连续的零星的区划分区(譬如,可以获得在适宜和次适宜地区的零星不适宜区),基于行政基本单元可以发展为基于相对均质的地理网格单元,大大提高区划的精度和准确度,而且可以将静态的区划提升到动态的区划。

在农业气候区划运用 GIS 就是在常规的农业气候区划方法上,运用 GIS 工具对数据进行空间处理和分析,特别是数据图件的空间叠置分析得到农业气候区划图件。具体的内容及步骤包括:①确定区划对象。②建立常规数据库和 GIS 空间数据库。常规数据库包括气象数据库和农业数据库,GIS 空间数据库包括矢量数据库和栅格数据库。矢量数据主要有行政边界、水系、道路等,而栅格数据主要是 DEM(高程)数据。③确定区划指标。在建立的数据库的基础上,通过农业气候资源分析确定农作物生长发育的不同适宜条件的气候条件作为农业区划指标。如目标分析区域还覆盖山区,则还可以利用海拔、坡度等地理因子作为区划指标。④数据的空间处理和分析。⑤数据图件的空间叠合分析。用于在两层或两层以上的数据生成新的数据层。从数据结构角度看有栅格叠合和矢量叠合,从叠合条件看可以分成条件叠合和无条件叠合。农业气候区划中应用的是条件栅格叠合分析。条件叠合以特定的逻辑算术表达式为条件,对两组或两组以上的图件中相关要素进行叠合生成新的符合条件的图件。农业气候区划中的条件就是前面步骤③中确定的农业气候区划指标。在叠合过程中,可以运用传统的气候相似分析、综合评价分析、主导因子分析确定叠合的优先级,进行多重叠合,达到满意的区划结果,最终形成农业气候区划成果图件。

在作物新品种的推广过程中,确定该品种适宜种植的区域是非常有帮助的。根据作物的生产与气象条件的关系,确定出某一地区的品种种植的农业气候区划指标,进而采用 GIS 技术对此地区该品种的种植区进行农业气候区划,划分适宜、次适宜和不适宜种植区,为品种的推广和合理布局提供科学依据。贵州省山地气候研究所的郑小波等利用 GIS 技术对引进的巴西陆稻 IAPAR9 确定了在本省的适宜种植区域。他们首先用贵州省多年引种的试验资料与当地的气候资源进行对比分析,找出影响生育的关键气象因子和指标,采用 GIS 技术推算出贵州省不同地理背景下 1 km × 1 km 网格点上的有关气候要素值,然后对巴西陆稻的适宜种植区域进行划分。江西省气象科学研究所魏丽等利用 GIS 对本省的优质早稻进行种植气候区划,确定了优质早稻适宜种植区的划分;而且利用 GIS 对两系杂交稻制种基地进行了风险评估研究。他们首先定义了两系杂交稻制种风险,然后根据江西省 1∶25 万地形数据和 84 个气象台站 40 年气候资料,在分析气候要素与海拔关系的基础上,运用 GIS 的空间分析对两系杂交稻制种风险进行评估,确定了最佳制种地理区域和季节。

(二)植物保护

目前,在植物保护领域,GIS 应用主要用于对植物病害、害虫和杂草进行时空动态分析,研究昆虫生态、病害流行规律,以及病虫害治理等相关问题。2004 年在北京举行的第十五届国际植物保护大会上,信息技术在植物保护上的应用研究很受关注。在国外,GIS 已成功应用于害虫适宜生境的风险评估、害虫空间分布的动态监测以及发生趋势预测等方面。通过与其他工具的结合,可以使预测更准确,如结合全球定位系统可以使调查数据精确定位;将数据库和预测模型和专家系统结合,则可以实现害虫的区域性预测、灾害评估与智能决策。我国在病虫害的中长期预测方面有较好的基础,但长期和超长期预报还很不够,其中主要瓶颈是数据库的建设还不能满足需要(郭予元等,2004)。

应用 GIS 时,建立 GIS 数据库是基础。GIS 数据库在进行种群时空动态分析中起着重要的作用(图 16-9)。更进一步,如果通过联网实现数据库的共享,组建连接国家和省及省级以下地方测报站以及相关科研单位的网络系统,尤其是互联网地理信息系统(Web-GIS),不仅能提供数据与信息的共享和交流,而且可以实现害虫发生动态的网上实时监测、趋势预测,以较低的成本最大限度地遏制害虫的危害。韩国 Song 和 Heong 应用地理信息系统,建立了基于韩国 152 个虫情监测站的褐飞虱资料的褐飞虱空间种群数据库,分析褐飞虱的空间分布,并预测褐飞虱暴发风险。在我国,王正军等(2001)建立了二化螟 GIS 数据库,通过对浙江省1981 ~ 1987 年早稻二化螟卵块密度的历史资料分析,确定了二化螟在这一时段的高风险区和安全区,结合 GIS 的图层叠加功能进一步确定冬后残留量为导致二化螟暴发的关键因素。唐启义等研究探讨了农作物病虫灾变预警 Web-GIS 系统开发,期望以 GIS 为依托,利用 Internet 技术,建立在 Web 上发布、交流病虫预测预报信息的 Web-GIS 平台,并以此平台为基础,探索解决农作物病虫灾变预警等重大可持续发展面临的问题,提高植物保护中信息交流、预测预报决策水平。

利用GIS还可以对虫害进行动态时空分析。在我国,王海扣等人将我国各地褐飞虱夏季北迁的灯诱资料,用GIS进行图形化处理,分析其迁飞动态,为中小区域的迁飞动态监测和预测奠定了基础。另外,比较和分析了1976～1997年江苏省每年7月中旬前后褐飞虱主迁入峰的迁入虫量与当年发生程度的关系。分析结果表明,约占60%的年份,迁入虫量与褐飞虱的发生程度关系极为密切。稻纵卷叶螟是一种远距离、季节性迁飞害虫,每年5月份从中南半岛迁入我国大陆,在各地从南向北经3～4个世代的逐代繁殖为害和北迁后,又于8月下旬开始向南回迁,直至11月份完全迁出我国大陆。这种季节性的时空变化过程的规律,对监测某一地区稻纵卷叶螟的灾变危害至关重要。汪四水等开发了基于地理信息系统的稻纵卷叶螟的灾变动态显示系统,中央和各省测报站可按全国、各省和各代进行预测预报。但如果要进一步了解两者之间的关系,需要将虫源基数与虫源迁入后的温度、降水等天气气象因素运用GIS进行叠加分析。

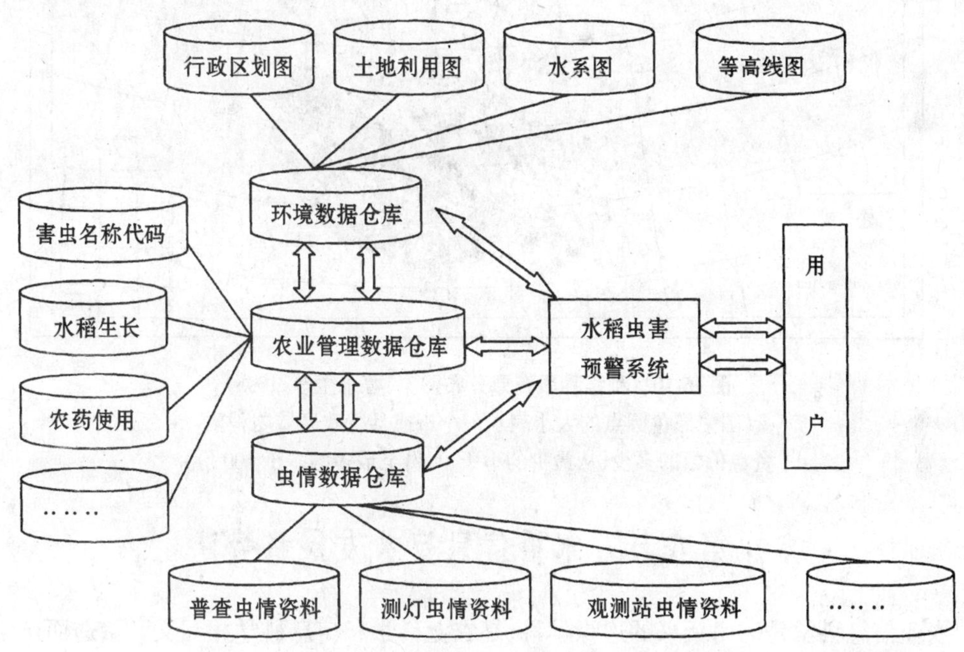

图16-9　系统数据库组成及逻辑关系　(周强等,2004)

(三)种质资源管理

目前,地理信息系统在农作物遗传资源方面的应用主要体现在对遗传数据的管理上。国际植物遗传资源研究所(IPGRI)及其合作单位国际马铃薯研究中心(CIP)、国际热带地区农业研究中心(CIAT)共同开发了GIS软件DIVA用于遗传资源的研究(http://www.diva-gis.org/)。运用DIVA系统软件,在纬度、海拔和区域特征值的基础上设计了一个衡量多样性的指标,以点为单位描绘一个区域的遗传多样性概况,从而提出保护植物遗传资源的技术与政策;利用区域已知信息分析该区种质资源的分布,为野外收集工作提供系统的计划和方法;利用GIS预测种质库中带有某种性状的遗传资源是否适于当地使用。在国内,中国农业科学院作物品种资源研究所建立了中国作物种质资源信息系统(CGRIS),并且建立了中国主要农作物种质资源地理分布图集及其电子地图系统,并出版了专著《中国主要农作物种质资源地理分布图集》。图16-10和图16-11为我国籼稻和粳稻种质资源的分布情况。从图中可以看出,绝大部分籼稻种质资源主要分布于长江以南地区(占全国籼稻种质资源的98%以上),其余的分布于长江和黄河之间,黄河以北无籼稻种质资源。而粳稻种质资源大部分在长江以南地区(占全国粳稻种质资源的78%),黄河以北地区只占很少量(约为5.5%),其余分布于长江与淮河之间。

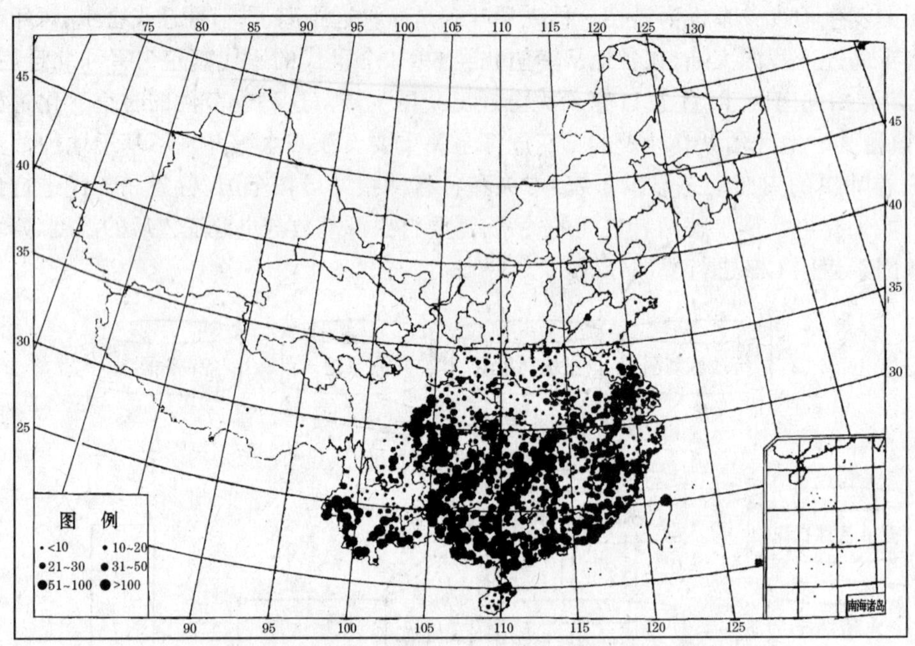

图16-10　籼稻种质资源分布图　(曹永生等,1995)
(图中黑色圆点的大小表示一个市或县行政区域内种质资源份数的多少,从最少的小于10份至最多的多于100份)

第六节　水稻信息技术发展趋势

农业信息科学是一门新兴的边缘学科,是农业科学和信息科学相互交叉渗透而产生的。信息技术已在农业中广泛应用,涉及农业生产、科研、教育和管理的各个领域,以人工智能和3S技术为依托的精确农业已现端倪,多种信息网络系统、数据库系统、作物生长模拟模型、动植物生产专家系统、决策支持系统、监测预报系统、过程控制系统和数字图像处理系统等迅速发展,农业信息技术已经成为引导农业生产、科研、教育和管理进一步发展的强大动力。然而,目前还存在不少限制因素和问题:①尽管我国农业信息技术的研究和应用已经初见成效,但整体水平不高,信息资源的数量与质量不能满足农业生产和科学管理的需要;②大部分农民的文化程度较低,信息意识不强,很少接触信息技术;③信息基础设施落后,网络化程度低,信息交流与共享不畅。面对困难和挑战,信息技术在农业生产,尤其是水稻生产和管理上的发展趋势主要体现在以下几个方面。

第一,集成化。随着信息技术的发展,遥感、地理信息系统、全球定位系统、虚拟技术、作物生长模拟以及人工智能和各种数据库等单项技术在农业领域的应用日趋成熟,多项技术的结合与集成将越来越流行。

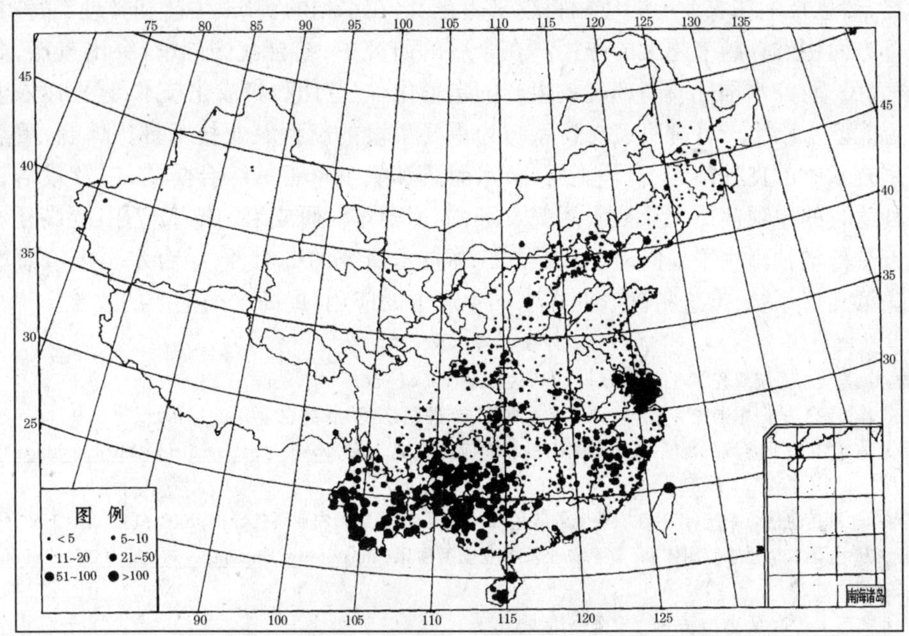

图 16-11　粳稻种质资源分布图　(曹永生等,1995)
(图中黑色圆点的大小表示一个市或县行政区域内种质资源份数的多少,从最少的小于 5 份至最多的多于 100 份)

第二,专业化。所谓专业化是对水稻生产或水稻的农艺栽培措施建立计算机应用系统进行科学的生产管理,特别是推广相对单纯而对稻农有实用价值的专业成果,是信息技术在水稻生产中容易产生效益的一个切入点。

第三,网络化。网络化技术应用于农业,不但能及时解决农业发展中的技术问题,而且能有效降低农业信息化的成本。基于因特网,处于不同地域的生产者均可使用网上的信息资源,包括网上的专家系统和决策支持系统等。

第四,多媒体化。多媒体技术就是利用计算机技术把文字、声音、图像和图形等多种媒体综合为一体,再进行加工处理的技术。我国地域辽阔,大多数农民生活在交通不便的农村,而高水平农业科研机构、农业专家多集中在大中城市,仅靠传统的派"支农小分队"或专家下乡等形式显然已不能适应目前广大农民对农业科学知识与技术的需求,建立多媒体化的远程咨询系统,提供实用技术信息咨询正在成为农业信息服务的新形式。

第五,普及化。普及化的含义,一是指农业信息的获取、分析与利用的普及,二是指农业信息教育的普及。通过有计划的培训使广大农民可以通过计算机和因特网学习多种农业技术知识,获取所需的农业技能,加快农业技术成果的推广。如何将科研成果最快和最有效地转移到农民手中,如何让农民能够受益于信息技术的应用,是信息技术在农业上的应用研究需要重点考虑的。

第六,实用化。加强信息技术产品的实用化和商品化,服务于我国的水稻生产。例如,凌启鸿(2005)提出了水稻精确定量栽培,认为结合农业信息技术,有希望发展适合于我国农户家庭经营规模较小、地块较小而且分散的国情,服务于我国水稻生产的具有中国特色的精确农业。

总之,信息技术在农业上的应用将越来越普及,在水稻的科研、生产和管理、品种和技术的推广等方面将发挥越来越大的作用。在今后的研究中,结合我国国情,突出重点,面向农村,受益农民,研究水稻优质高产高效生产的定量化、规范化和集成化技术,建立以农业专家系统和智能型水稻生产管理决策支持系统为重要手段的新型农业技术推广体制,重点解决农业实用技术中的良种推广、合理施肥、节水灌溉和病虫草害的综合防治,以及栽培管理需求和各种适时的单项实用农业技术的普及等,加速稻作科研成果的推广应用,提高稻农和农业技术人员科学种田水平。同时,要加强3S等技术研究的针对性,结合水稻模拟模型和生产管理决策支持系统,推进精确农业在水稻生产上的应用,提高水稻生产的效益。

参考文献

曹永华.农业决策支持系统研究综述.中国农业气象,1997,18(4):46-50

曹永生,张贤珍,龚高法等.中国主要农作物种质资源地理分布图集.北京:中国农业出版社,1995

陈沈斌,孙九林.虚拟农业与虚拟现实-科学数据库潜在的应用领域.http://www.pcvr.com.cn/vrweb/disquisition/016.htm,2005

褚庆全,李林.地理信息信息系统(GIS)在农业上的应用及其发展趋势.中国农业科技导报,2003,5(1):22-2,6

范锦龙,吴炳方.全国农情遥感监测体系.数字农业及农业模型通讯:http://www.chinainfowww.com/DAAM/Fan-MonitorSystem.htm,2005

高亮之.农业模型学基础.香港:天马图书有限公司,2004

郭焱,李保国.虚拟植物的进展.科学通报,2001,46(4):273-280

郭予元,周益林,段霞瑜.国际植物保护研究的发展现状与感思——第15届国际植物保护大会学术交流回顾.植物保护学报,2004,31(4):337-341

国家标准化管理委员会.农业标准化.北京:中国计量出版社,2004

黄杏元,马劲松,汤勤.地理信息系统概论(修订版).北京:高等教育出版社,2001

科学技术部农村与社会发展司.中国数字农业与农村信息化发展战略研讨会文集.北京:中国农业出版社,2003

李秉柏,黄晓军,王志明等.水稻遥感估产的现状及新进展,数字农业及农业模型通讯:http://www.chinainfowww.com/DAAM/DAAM2005/libinbo.htm,2005

李旭,邱泽森.农业信息技术发展的瓶颈与对策.计算机与农业,2001(3):27-29

李旭.浅论农业信息技术的应用与发展.计算机与农业,2000(9):1-4

林忠辉,莫兴国,项月琴.作物生长模型研究综述.作物学报,2003,29(5):750-758

凌启鸿.水稻高产技术的新发展——精确定量栽培.中国稻米,2005(1):3-7

马晓群,王效瑞,徐敏等.GIS在农业气候区划中的应用.安徽农业大学学报,2003,30(1):105-108

马新明.棉花蕾铃发育及产量形成的模拟模型(COTMOD)[博士学位论文].南京:南京农业大学,1996

梅方权.当代农业信息科学技术的发展与中国的对策分析.见:农业信息技术与信息管理.北京:中国农业出版社,2003

孟亚利.基于过程的水稻生长模拟模型研究[博士学位论文].南京:南京农业大学,2002

戚昌翰,刘桃菊,唐建军等.作物模拟与QTL定位的互补作用及其应用.中国农业科学,2004,37(9):1390-1395

邵芸,廖静娟,范湘涛.水稻时域后向散射特性分析:雷达卫星观测与模型模拟结果对比.遥感学报,2002,6(6):440-450

苏希.农业信息技术的发展与应用前景.计算机与农业,2003(10):6-9

孙九林.中国农作物遥感动态监测与估产总论.北京:中国科学技术出版社,1996

孙娴.国外农业信息化的发展趋势.新农村,2004(12):22

谭衢霖,邵芸.雷达遥感图像分类新技术发展研究.国土资源遥感,2001(3):1-7

田军,葛新军,程少川等.我国决策支持系统应用研究的进展.科技导报,2005,23(7):71-75

王纪华,赵春江,刘良云等.作物品质遥感监测及其在种植结构调整中的作用.见:科学技术部农村与社会发展司.中国数字农业与农村信息化发展战略研讨会文集.北京:中国农业出版社,2003.151-154

王磊(Wang Lei),Uchida S. Using of MODIS and Landsat/TM data to estimate rice planted area.见:日本写真测量学会平成15年度年次学术讲演会发表论文集.东京:日本写真测量学会,2003.263-266

王人潮,黄敬峰.水稻遥感估产.北京:中国农业出版社,2002

王人潮,史舟.农业信息科学与农业信息技术.北京:中国农业出版社,2003

王正军,程家安,李典谟.水稻二化螟地理信息系统数据库的设计与组建.昆虫学报,2001,44(4):525-533

王正军,程家安,祝增荣.地理信息系统及其在害虫综合治理中的应用.浙江农业学报,2000,12(4):233-238

魏丽,殷剑敏,王怀清.GIS支持下的江西省优质早稻种植气候区划.中国农业气象,2002,23(5):27-31

吴炳方.中国农情遥感速报系统.遥感学报,2004,8(6):481-497

谢云,Kiniry J R.国外作物生长模型发展概述.作物学报,2002,28(2):190-195

严力蛟,孙永飞,沈秀芬等.作物生产决策支持系统研究概述.作物研究,1998,(2):1-4

严泰来,朱德海,杨永侠.精确农业的由来与发展及其在我国的应用策略.计算机与农业,2000,(1):3-5

阎雨,陈圣波,田静等.卫星遥感估产技术的发展和展望.吉林农业大学学报,2004,26(2):187-191

杨宝祝,赵春江,李爱平等.网络化、购件化农业专家系统开发平台(PAID)的研究与应用.高技术通讯,2002,(3):5-9

杨国才.虚拟农业体系结构的研究.计算机科学,2005,32(3):125-126,151

杨京平,王兆骞.作物生长模拟及其应用.应用生态学报,1999,10(4):501-505

殷剑敏,魏丽,王怀清.两系杂交稻制种基地气候风险评估的研究.应用气象学报,2001,12(4):469-477

袁学志,毕海滨.地域农业发展的信息支持——日本"共享网"计划.世界农业,2004(1):17-19

张淑娟,黄德明,何勇.精确农业创新及其在我国的应用研究.见:彭图治.浙江省第二届青年学术论坛文集.北京:中国科技出版社,2001

赵春江,薛绪掌,王秀等.精确农业技术体系的研究进展与展望.农业工程学报,2003,19(4):77-12

赵瑞清.专家系统初步.北京:气象出版社,1986

浙江农业大学学报编辑部.水稻卫星遥感估产运行系统通过鉴定.浙江大学学报(农业与生命科学版),2003,29(1):70

郑小波,康为民,汪圣洪等.GIS技术在划分巴西陆稻"IAPAR9"适宜种植区域中的应用.中国农业气象,2004,25(3):59-62

周国民,丘耘,周义桃.农业信息技术的研究热点.农业信息网络,2004,(6):4-6

周国娜,高宝嘉,黄选瑞等.地理信息系统在植物病虫害研究中的应用.河北农业大学学报,2003,26(增刊):212-216

周强,张润杰.基于WebGIS的稻飞虱灾害预警系统初步研究.中山大学学报,2004,43(1):67-69

朱德峰,章秀福.国外水稻生长过程模拟模型.中国稻米,1996,37-38

Maclean J L,Daew D C,Hardy B 等.水稻知识大全.福州:福建科学技术出版社,2003

Bhargava H, Power D J. 2001. Decision support systems and web technologies: a status report. *In*: America's Conference on Information Systens, 3-15 August 2001. Boston, Massachusetts. http://dssresources.com/papers/dsstrackoverview.pdf

Bakker-Dhaliwal R, Bell M A, Marcotte P, *et al*. Decision support systems (DSS): information technology in a changing world. *IRRN*, 2001, 26(2): 5-12

Bell M, Bakker-Dhaliwal R, Atkinson A. TropRice: A decision support system for irrigated rice. *IRRN*, 2001, 26(2): 12-13

Prusinkiewicz P. Art and science for life: designing and growing virtual plants with L-systems. *In*: Davison C, Fernandez T. Nursery Crops: Development, Evaluation, Production and Use. Proceedings of the XXVI International Horticultural Congress. *Acta Horticul*, 2002, 630: 15-28

Prusinkiewicz P. Modeling plant growth and development. *Curr Opin Plant Biol*, 2004, 7: 79-83

Power D J. Decision support system glossary. DSS Resources, World Wide Web. http://DSSResources.com/glossary/, 1999

Ritehie J T, Alocilja E C, Singhand U, *et al*. IBSNAT and CERES-RICE model. In: Weather and Rice. Manila: IRRI, 1987, 271-282

Singh U, Ritehie J T Godwin D C A user's guide to CERES-RICE, V2.10. Muscle Shoals Alabama, USA: International Fertilizer Developmert Center, 1993, 132pp.

Room P M, Hanan J S, Prusinkiewicz P. Virtual plants: new perspectives for ecologists, pathologists, and agricultural scientists. *Trends Plant Sci*, 1996, 1: 33-38

Watanabe T, Room P M, Hanan J S. Virtual rice: simulating the development of plant architecture. *IRRN*, 2001, 26(2): 60-62

Jr Watkins D W, McKinney D C. Recent developments associated with decision support systems in water resources. *Rev Geophys*, 1995, (suppl)

Witt C, Dobermann A, Arah J, *et al*. Nutrient Decision Support System (NuDSS) for irrigated rice. *IRRN*, 2001, 26(2): 14-15

第十七章　优质稻米加工技术

水稻作为我国最重要的粮食作物之一，为保证我国人民的粮食供给起到了举足轻重的作用。然而，由于很长一段时期以来，水稻生产追求数量而忽视质量，对稻米品质问题相对重视不够。一方面优质米品种不多、种植面积不大，专用稻和特种稻的开发利用程度也较低；另一方面稻米的加工技术水平不高，转化利用程度也较低。这不仅对水稻生产效益的提高不利，也使得我国稻米在国际市场上处于不利地位。因此，强化我国稻米的生产加工、转化及深加工技术的开发，意义重大。

第一节　我国稻米生产加工现状

自新中国成立以来，我国致力于粮食的增产，基本告别粮食短缺，达到粮食总量基本满足需求，丰年有余。我国广大的水稻工作者付出了巨大的努力，也取得了令世界瞩目的成就。随着时代的变迁，历史对稻米提出了新的要求，现有的稻米生产加工体系，影响到稻米生产的发展。

第一，产业链的分离。在计划经济时代，水稻生产由农业部门负责，粮食加工、贮藏由粮食部门负责，各行其职。产业链的分离是影响优质米生产发展的最主要因素。

农业部门的责任是尽力提高水稻的产量。在“八五”以前，水稻育种目标是“高产、多抗”，水稻栽培建立在高产的模式上，水稻生产以高产为考核目标。各级农业技术推广部门也主推高产品种和高产栽培技术。缺乏经济的调控，主观上优质品种的意识淡薄，甚至目前仍有部分地区不愿意推广适销的优质品种；客观上缺少优质米栽培的配套技术，灌浆期的管理和收获翻晒技术成为现有栽培技术的空白点。

粮食部门的责任是收贮和加工稻谷，对水稻品种的特性不了解，简单将稻谷分为粳稻、籼稻、粳糯稻和籼糯稻，稻谷混仓存放，稻米品质混杂，不仅使稻米不能因品质而用，而且影响到米的转化利用。稻谷由粮食部门独家收购，由粮食部门独家定价，不论品质只论数量，农民种高产稻交公粮，种优质稻自己吃。农民售稻优质不优价或优价的幅度很低，种优质稻的效益差，影响了农民种优质稻的积极性。

第二，加工技术落后。据统计，1995 年末我国粮食系统的国有粮食加工独立核算企业达 14 672 个。其中，大米加工厂为 6 978 个(国有企业 5 478 个)，年总生产能力近 4 000 万 t。这些大米加工厂经过几十年的建设，特别是改革开放 20 多年来，引进、消化、吸收了国外大米加工的先进工艺和设备，使这些国有大米加工厂中的 50%以上的企业，在生产技术水平方面得到了一定的提高。我国国有大米加工厂历史最高大米年产量为 2 200 万 t，到 1996 年下滑到 1 400 万 t，按全国年大米生产量 11 956 万 t 计算，国有粮食加工厂年生产的大米只占全国大米生产总量的 11.7%，也就是说，全国 88.3%的大米生产来自全国农场、乡镇集体和个体加工业。据不完全统计，目前分布在全国城乡的日产 15～30 t 的小型大米加工机组不下 10 万台套，其年加工能力超过 1 亿 t。总体加工水平还处于设备简陋和技术落后的状态。主要问题是：①缺乏稻米的调质技术，稻米加工的碎米率较高。按国家标准，籼稻谷的水分不能超过 13.5%，粳稻谷的水分不能超过 14.5%。对于稻谷的贮藏这个要求是合理的，但对稻谷加工来说，在这个条件下加工，稻米较易破碎，大米的润色差。因此，必须在加工前对稻谷进行调质。②大米的抛光、色选技术落后。大米经抛光后表面晶莹透亮，虽然食味品质不能得到改善，但提高了大米对消费者的吸引力；色选技术是根据病斑米、霉变米等受害米及不完善米与正常大米颜色的差异，通过仪器自动识别将这些米吹打出来，经此色选的大米基本无受害粒，质量可达到国内外稻米市场的要求。历来我国的大米生产、销售由粮食部门完成，无市场竞争或竞争机制不健全，这两项技术得不到重视，远远落后于其他稻米生产国，导致我国的优质米退出世界粮食市场。

第三，产后转化落后。大米的产后转化落后。与小麦相比，目前我国稻米的加工尚处于粗放水平。产品品种少，质量平平，资源的综合利用水平低，技术创新能力不强，使得稻米资源的增值效应没有能充分地发挥出来，企业的经济效益差。主要表现为：①大米制品花色少。我国是水稻文明古国，民间流传许多稻米的制品、小吃，可分为饭、粥、糕、羹、团、粽、球、船点等 8 类，也有相应的水稻品种。但这类资源很少得到挖掘。与日本相比，我国市场上米制品的种类相当少。②大米的转化产品少。我国稻米生产有悠久的历史。稻米是人们的生活基础，现有稻米的转化产品主要是酒、醋、味精等。以淀粉为主体的大米同其他淀粉类作物一样，是许多食用、医用产品的基本原料，有些产品还是大米所特有的，如胶囊、红曲素等，但尚未得到很好的开发。③稻副产品的转化能力也弱，开发利用与国家先进水平的差距大。我国每年有 1 000 多万 t 米糠，1 700 多万 t 碎米，100 多万 t 谷物胚，5 亿 t 左右的秸秆，尚处于开发的处女地阶段，这种现状极不利于我国粮食生产的持续发展。

因此，应该进一步深入研究和了解优质稻米生产加工的新技术和新要求、稻米转化及深加工的方法和途径，对稻米进行功能性开发，在有效利用稻米营养成分，实现稻米资源的多级、多用途综合利用的同时，以产业化模式，综合考虑水稻品种与稻米深加工的关系，带动水稻生产—稻米加工—稻米副产品深加工产业链的共同发展。通过以加工企业为主体，生产基地为后盾，研究单位为依托，加速新技术、新成果的开发与应用，实现农业增效，企业和农民增收，促进稻米产业整体效益的提升。这必将对我国稻米转化增值，繁荣我国稻区农业和农村经济产生深远的影响和积极的示范推动作用。

第二节　优质稻米生产加工主要技术

一、稻米收获翻晒技术

稻谷在收获时，其化学成分的生物合成已经完成，总体的外观也已定型。但稻谷是有生命的物质，收割后仍存在生命活动，即后熟作用。后熟作用主要表现在稻米结构的日趋成熟和完善，包括淀粉粒的排列、整合，定形与无定形淀粉的转化等。因此收割后的处理，对稻米的整精米率和食味有一定的影响。日本对特种优质食用稻的翻晒管理非常严格，水稻生长接近抽穗期时，在田间架一张网使稻穗长在网上，收割时将稻穗平放在网上，晾干后才收取。

稻米受到暴晒时，整精米率较低，主要是稻米发生爆裂（称“爆腰”）所致。一般情况下，稻米在脱水时是不会发生爆腰的。但在稻谷翻晒时，水分处于脱-吸的平衡状态，若脱水过快，这个平衡被破坏，势必引起吸水过快，这就造成稻米爆腰。试验表明：①稻谷干燥后的水分控制在13%左右，贮存后期稻米的整精米率还是可以得到恢复的；②稻谷干燥后水分低于11%，贮藏后稻米的整精米率很低；③若将稻谷在晴天中午放到晒场上晒时，稻米将严重破碎；④将稻谷晒到水分含量为18%左右时，存放1~2天再晒干，稻米的整精米率将会有较大的提高，增加幅度最多可达20%。

有条件的地方，可按下列要求进行稻谷翻晒操作：①水稻收割后，可搁田1天；②用竹席晒1天(如遇阴天，就晾晒)，放置1天再晒至干；③晴天时，不可在中午12时至下午3时将稻谷晒出；④稻谷晒至水分含量为14%左右即可，不宜过干。

二、稻米调质技术

米厂面临的最大问题是米粒的破碎，它直接影响出米率和产品质量。在我国北方和西部地区稻谷水分一般在13%左右，最低甚至达10%以下，在此情况下，米粒变脆，极易受外力破坏产生爆腰。因为糙米去皮，通常所说的碾米，有一个最适水分，籼稻糙米和粳稻糙米的最适水分在14%~15%，如低于这个水分，碾米的工艺效果不会最好，不利于减少碎米和节省碾米动力。另一方面，过低水分的糙米所加工的大米，其食用品质不佳。为此，在糙米进米机碾米前，应进行糙米水分调质处理，这对陈稻和低水分稻谷更有必要。对水分较低的稻谷在加工前或加工过程中补偿稻米散失的水分，可增加糙米表皮韧性，便于米机剥离，可减少碎米、增加光洁度和节省碾米动力。稻米调质技术分为两种，一种是稻谷调质(润谷)，一种是糙米调质(润糙)。

稻谷调质适用于稻谷水分较低的情况。稻谷通过初清，除去大杂及部分轻杂后，由着水机根据稻谷流量自动平衡着水量。着水量可控制在2%~3%。润谷时间24~26 h。仓容的设置应与生产规模配套，一般考虑为日处理量的3~4倍(仓数)。润谷仓首选砖混结构，用钢板仓时必须考虑排气孔并增高散水伞。润谷时，技术重点、监控均以控制米粒内部水分为着重点；润谷后，谷物流动性发生变化，对输送设备、管道和防止谷物结块方面予以技术处理，同时由于润谷后稻壳水分增加，也应对风网配置、粉碎料方面予以技术处理。

糙米调质适合于水分略低于安全水分者，只能对即将破碎而暂保完整的米粒起一定的修复作用。糙米调质工艺应设在谷糙分离机后、头道米机前，采用喷雾着水。着水量控制在0.2%~1.0%，时间在2 h左右，条件允许时，可适当延长。

三、大米精碾技术

大米精碾是加工优质精米的技术基础。只有把握好大米精碾的质量，才能为后道大米抛光工序提供去皮均匀、粒面细腻的白米，使抛光后的大米表面光滑，晶莹如玉，从而提高大米的商品价值。同时，由于大米精碾过程与糙出白率、增碎率、碾白电耗等经济技术指标密切相关，所以大米精碾技术是大米加工企业实现优质低耗的重要技术保证。

大米精碾的技术关键在于选择合理的精碾工艺和先进的精碾主机。据近年来生产实践的经验证明，对于精米加工，选择三机碾白的碾米工艺较为合理，不论精碾粳米或籼米都能适应，而三机碾白工艺采用两砂一铁的工艺更能保证产品质量，特别有利于提高后道大米抛光的效果和质量。至于精碾米机的选择，从碾米的原理讲，快速轻碾既能减少增碎，又能保证米粒表面不产生由于强烈碾削而造成的洼痕。大直径立式砂辊碾米机属于快速轻碾的机型，在减少增碎、保持米粒表面平整方面均比横式砂辊碾米机要好。对粒型细长的籼稻米，选用立式砂辊碾米机更为合适。对于加工优质精米而言,一般采用两道或三道立式砂辊和铁辊碾米机串联碾白,已能达到精米碾白的工艺要求。立式碾米机起源于欧洲,所以又称欧洲式米机。欧洲的稻谷品种是长粒型,类同我国的籼稻,它同样具有不耐剪切、压、折的缺陷,由于立式碾米机的机内作用力小,不易破碎稻米,这可能就是立式米机起源于欧洲的缘由。横式碾米机起源于日本。日本稻谷品种类似于我国椭圆形的粳稻,其形态结构具有较强的抗压和抗剪切能力。横式米机机内作用力强烈,适宜于粳米碾白,可能这也是横式米机起源于日本的原因。所以加工优质籼稻应选用立式碾米机。国内已引进使用瑞士布勒公司的立式米机。日本佐竹公司是日本生产大米加工机械的老牌企业,以前以生产横式碾米机而著称世界,这几年为适应长粒籼稻碾米的需要,也研究开发了立式碾米机,并在我国苏州建立了日本苏州佐竹公司,生产稻谷加工机械。目前苏州佐竹公司生产的立式碾米机,在国内已有较大的市场。国内如湖北省粮机厂和湖南省郴州粮机厂也开始生产立式碾米机,虽在生产能力和机械质量方面与布勒、佐竹公司尚有一定的差距,但产品价格便宜,一般只有国外产品的 1/8 左右。至于加工优质粳稻,可选用国内生产的横式碾米机,采用三机碾白的工艺可完全适用。

四、大米抛光技术

大米抛光是生产优质精制大米必不可少的一道工序。其实质是湿法擦米,将符合一定精度的大米,经着水、润湿后,送入大米抛光机内,在一定温度下,米粒表面的淀粉胶质化。大米通过抛光,一是清除米粒表面浮糠,变得光洁细腻,从而提高外观感官品质;二是延长大米的货架期,保持米粒的新鲜度;三是改善和提高大米的食用品质,使米饭食味爽口、滑溜。

大米抛光机的性能直接影响抛光的效果,即成品的质量。就目前而言,我国生产的各类抛光机大多难以达到上述三方面的要求,一般只能起到刷米机清除米粒表面浮糠的作用,达不到米粒表面淀粉胶质化的效果。瑞士布勒公司和日本佐竹公司研究开发了几代大米抛光机,其效果比国内生产的抛光机略胜一筹。大米抛光后米粒表面能否达到淀粉预糊化和胶质化程度,完全取决于大米抛光过程中水和热的作用或添加食用助抛剂的作用。大米抛光机在抛光过程中的水热作用来自于其自身所产生的摩擦热和外界加入的水分,或者是全部依靠抛光机以外的水和热产生的水热作用。长期实践表明,凡是以上两种产生水热作用的抛光机都能达到良好抛光效果。至于在大米抛光过程中加油、加胶等类物质来提高大米表面光泽,是一种治标不治本的方法,只能起到一时的效果,实际上对大米的贮藏、食味都是不利的。

五、大米色选技术

色选技术是利用光电原理,从大量散装产品中将颜色不正常的或病虫米粒以及外来杂物检出并分离的单元操作方法。在不合格产品与合格产品因粒度十分接近而无法用筛选设备分离或密度基本相同无法用密度分选设备分离时,色选机却能进行有效地分离,其独特作用十分明显,是去除大米中黄粒和病虫粒的重要技术保证。

选择和使用色选机,最主要的是要选择色选机的色选范围或色选的灵敏度。一般要求色选棕黄粒和淡黄粒,这样色选的范围就比较大。所谓色选的灵敏度,主要看淡黄粒色选效果。目前最新的色选机的性能,不仅能色选黄粒,而且能色选碎玻璃等异色杂质。当然,色选机性能的稳定性也极为重要。但是,色选机的产量和色选效果往往是一对矛盾,一般产量大的色选机其效果相应会低一些,所以高产量和高色选效果的色选机是一种先进的色选机。目前,瑞士布勒、日本安西、日本佐竹等公司生产的色选机已具备上述优良性能。由于色选机是集光、电、气、机为一体的高科技产品,所以价格比较昂贵。

第三节　我国稻米生产加工的主要技术要求

一、稻谷加工工艺流程

稻谷加工工艺流程,就是指稻谷加工成成品大米的整个生产过程。它是根据稻谷加工的特点和要求,选择合适的设备,按照一定的加工顺序组合而成的生产作业线。为了保证成品米质量,提高产品纯度,减少在加工过程中的损失,提高出米率,稻谷加工必须经过清理、砻谷及砻下物分离、碾米及成品整理等工艺过程,即必须经过清理、砻谷、碾米三个工段。

(一)清理工段

清理工段的主要任务是:以最经济最合理的工艺流程,清除稻谷中各种杂质以达到砻谷前净谷质量的要求。同时,被清除的各种杂质中,稻谷含量不允许超过有关的规定指标。

原粮经过清理后所得净谷含杂总量不应超过 0.6%,其中含砂石不应超过 1 粒/kg,含稗不应超过 130 粒/kg。清除的大杂中不得含有谷粒,稗子含谷不超过 8%,石子含谷不超过 50 粒/kg。

清理工段一般包括初清、除稗、去石、磁选等工序。其工艺流程如下所示:

原粮 → 初清 → 除稗 → 去石 → 磁选 → 净谷

1. 初清　初清的目的是清除原粮中易于清理的大、小、轻杂,并加强风选以清除大部分灰尘。需要指出的是,我国稻谷中所含大杂,常具有长而软、呈纤维状的特点,这类杂质如不首先清除,将会堵塞自溜管与加工设备、称重设备的进口或出口,或缠绕在设备主要工作部件上,严重影响生产正常进行。初清不仅有利于充分发挥以后各道工序的工艺效果,而且有利于改善卫生条件。

初清使用的设备常为振动筛、圆筒初清筛等。

2. 除稗　除稗的目的是清除原粮中所含的稗子。如果说历年加工的原粮中含稗子数量很少(200 粒/kg 以下),而且通过调查确认以后的原粮中含稗子数量也不会增加,又可在其他清理工序或砻谷工段中清除时,可以不必设置除稗工序;否则,应予考虑。

高速振动筛是除稗的高效设备。

3. 去石　去石的目的是清除稻谷中所含的并肩石。去石工序一般设在清理流程的后路,这样可通过前面几个工序将稻谷中所含的小杂、稗子及糙碎米清除,避免去石工作面的鱼鳞孔堵塞,保证良好的工艺效果。去石设备常采用吸式比重去石机及吹式比重去石机。使用吸式比重去石机时,去石工序可设在初清工序之后、除稗工序之前,好处是可以借助吸风等作用清除部分张壳的稗子及轻杂,既不会影响去石效果,又对后道除稗工序有利。

4. 磁选　磁选的目的是清除稻谷中的磁性杂质。磁选安排在初清之后、摩擦或打击作用较强的设备之前。一方面,可使比稻谷大的或小的磁性杂质先通过筛选除去,以减轻磁选设备的负担;另一方面,可避免损坏摩擦作用较强的设备,也可避免因打击起火而引起火灾。

磁选设备主要是永磁滚筒,也可使用永磁筒或永久磁铁等。

除了上述工序以外,为了保证生产时的流量稳定,在清理流程的开始,应设置毛谷仓,将进入车间的原粮先存入毛谷仓内。毛谷仓可起调节物料流量的作用,来料多时贮存,来料少时添补。另外,还起到一定的存料作用,为进料工人提供适当的休息时间,这对间歇进料的碾米厂尤为重要。此外,为了使清理工段与砻谷工段、碾米工段之间生产协调,在清理工段之后还需设置净谷仓。

(二)砻谷工段

砻谷工段的主要任务是脱去稻谷的颖壳,获得纯净的糙米,并使分离出的稻壳中尽量不含完整稻粒。脱壳率应大于80%,回砻谷中含糙率不超过10%;所得糙米含杂总量不应超过0.5%,其中矿物质不应超过0.05%;含稻谷粒数不应超过40粒/kg;含稗粒数不应超过100粒/kg;分离出的稻壳中含饱满稻粒不应超过30粒/100kg;谷糙混合物含壳量不大于0.8%,糠粞内不得含有正常完整米粒和长度达到正常米粒长度1/3以上的米粒。

砻谷工段的工艺流程如下所示:

净谷 → 砻谷 → 稻壳分离 → 谷糙分离 → 净糙

1. 砻谷　砻谷的目的是脱去稻谷颖壳,使用的设备大都为胶辊砻谷机。

2. 稻壳分离　稻壳分离的目的是从砻下物中分出稻壳。稻壳体积大、相对密度(比重)小、散落性差,如不首先从砻下物中将其分出,会影响后续谷糙分离工序的工艺效果。因为在谷糙分离过程中,如混有大量稻壳,会妨碍谷糙混合物的流动,从而降低分离效果。回砻谷中如混有较多稻壳,会使砻谷机产量下降,动力及胶耗增加。所以,稻壳分离工序必须紧接砻谷工序之后。目前,广泛使用的胶辊砻谷机的底座就是工艺性能良好的稻壳分离装置。

3. 谷糙分离　目的是将谷糙混合物分别选出净糙与稻谷,净糙送入碾白工段碾白,稻谷再次进入砻谷机脱壳。如果不进行谷糙分离,将稻谷与糙米一同进入砻谷机脱壳,则不仅糙碎米增多,而且影响砻谷机产量。如一同进入碾米机碾制则大大影响成品米质量,使成品米含谷量增加。

谷糙分离使用的设备有选糙平转筛、重力谷糙分离机等。为了进一步提高谷糙分离工艺效果,可将选糙平转筛与重力谷糙分离机串联使用。

在砻谷工段稻壳分离工序中,分离出的稻壳需进行收集,这同样是碾米厂主要工序之一。它不仅要求将全部稻壳收集起来,以便贮存、运输、综合利用,而且还要使排出的空气达到规定的含尘浓度标准,以免污染大气及影响环境卫生。稻壳收集可采用的方法有离心沉降和重力沉降两种方法。离心沉降是将带有稻壳的气流进入离心分离器内,利用离心力的作用,使稻壳沉降。这种沉降方法效果好,设备占地面积小,收集的稻壳便于整理。但由于分离设备阻力大,故耗用动力较多,此外由于稻壳粗糙,故离心分离器需用玻璃制作。重力沉降是利用沉降室使稻壳在气流突然减速时依靠自身的重力而沉降。这种收集稻壳的方法,耗用动力少,但占地面积大,效果较差,易造成灰尘外扬,影响环境卫生。

除了上述工序以外,为了保证生产中流量稳定和安全生产,在砻谷工段的最后还需设置净糙仓,暂存一定数量的糙米。

(三)碾米工段

碾米工段的主要任务是碾去糙米表面的部分或全部皮层,制成符合规定质量标准的成品米。碾米工段工艺流程如下所示:

净糙 → 碾米 → 擦米 → 凉米 → 白米分级 → 包装 → 成品

1. 碾米 它是保证成品米质量的最重要工序,也是提高出米率、降低电耗的重要环节。这一工序的关键在于选好米机,并应根据常年加工成品米的等级与种类合理地确定碾米的道数。

将糙米经过多台串联的米机碾制成一定精度白米的工艺过程称为多机碾白。多机碾白因为碾白道数多,故各道碾米机的碾白作用比较缓和,加工精度均匀,米温低,米粒容易保持完整,碎米少,出米率较高,在台时产量相同的情况下,电耗并不增加。目前,许多碾米厂采用三机出白或四机出白。采用多机碾白时应注意:头道米机应配置砂辊碾米机,利用金刚砂辊筒的锋利砂粒破坏糙米的光滑表面,起到"开糙"作用,增加擦离、碾削效果。末道米机应配置铁辊筒喷风碾米机,充分利用擦离碾白与喷风碾米的优点,使碾制的白米表面光洁,精度均匀。

2. 擦米 擦米的目的是擦除粘附在白米表面上的糠粉,使白米表面光洁,提高成品米色泽等外观质量。这不仅有利于成品米贮藏与米糠的回收,还可使后续白米分级设备的工作面不易堵塞,保证分级效果。为此,擦米工序应紧接碾米工序之后。

铁辊筒擦米机是国内目前常用的擦米设备,往往与碾白砂辊配置在同一机体内。采用多机碾白时,如各道米机皆为喷风碾米机,也可不设擦米工序。

3. 凉米 凉米的目的是降低白米的温度。经碾米、擦米以后的白米,温度较高,且米中还含有少量的米糠、糠片,一般用室温空气吸风处理,以利长期贮存。

凉米设备以往使用米箱,其体积大,效果不甚理想,现今大都采用风选器或流化槽。流化槽不仅可起降低米温的作用,而且还可吸除白米中的糠粉,提高成品米质量。

4. 白米分级 白米分级的目的是从白米中分出不符合质量标准规定的碎米。成品米含碎多少是各国对大米论等作价的重要依据,精度相同的大米,往往由于含碎不同而价格相差几倍。白米分级工序必须设置在擦米、凉米之后,这样才可以避免堵孔。

白米分级使用的设备有白米分级平转筛、滚筒精选机等。

5. 包装 包装的目的是保持成品米品质,便于运输和保管。目前,包装形式多为使用麻袋的含气包装。随着人民生活水平的提高,食品卫生法必须更进一步深入贯彻执行,成品米也将越来越多地采用小包装、真空包装、充气包装。

碾米工段除上述工序以外,还需设置糠粞分离工序,目的在于从糠粞混合物中将米糠、米粞、碎米及整米分开,做到物尽其用。为了保证连续性生产,在碾米过程及成品米包装前应设置仓柜,同时还应设置磁选设备,以利于安全生产和保证成品米质量。

二、砻谷原理及技术要求

(一)砻谷原理

稻谷的最外层是人体完全不能消化的颖壳,因此应首先将颖壳去除,然后碾制成能够食用的大米。在稻谷加工过程中,去掉稻谷颖壳工序称为砻谷。根据稻谷脱壳时的受力状况和脱壳方式,稻谷脱壳的方法通常可分为以下 3 种:①挤压搓撕脱壳。是指稻谷两侧受两个具有不同运动速度的工作面的挤压、搓撕作用而脱去颖壳的方法。属于挤压搓撕脱壳的砻谷机主要有胶辊砻谷机和辊带式砻谷机。②端压搓撕脱壳。是指谷粒长度方向的两端受两个不等速运动的工作面的挤压、搓撕作用而脱去颖壳的方法。属于端压搓撕脱壳的砻谷机为砂盘砻谷机。③撞击脱壳。是指高速运动的谷粒与固定工作面撞击而脱去颖壳的方法。属于撞击脱壳的砻谷机为离心式砻谷机。

(二)技术要求

砻谷是稻谷加工过程中的一个重要环节,要求脱壳率应大于80%,并尽量保持米粒完整,减少米粒损伤,以利于提高出米率和提高后续谷糙分离工作的工艺效果。砻谷工艺效果通常采用脱壳率、脱壳率波动度、糙碎率、产量、电耗和胶耗等指标来进行评定。

(三)砻谷设备

砻谷设备的种类有很多,目前我国广泛使用的砻谷设备主要是橡胶辊筒砻谷机,简称胶辊砻谷机。它的主要工作构件是一对并列的、富有弹性的橡胶辊筒,两辊筒做不等速相向旋转运动。谷粒进入两辊筒间的工作区后,两侧即受到胶辊的挤压力和摩擦力的作用,当搓撕作用大于稻谷颖壳的结合强度时,谷粒两侧的颖壳被撕裂而与糙米脱离,达到脱壳的目的。

橡胶辊筒砻谷机具有产量高、脱壳率高、糙碎率低的良好工艺性能,是目前脱壳设备中较好的一种。图17-1是MLGQ·25·4型气压紧胶辊砻谷机结构图。它主要由进料机构、辊筒、传动机构、气压松紧辊机构、稻壳分离装置等部分组成。

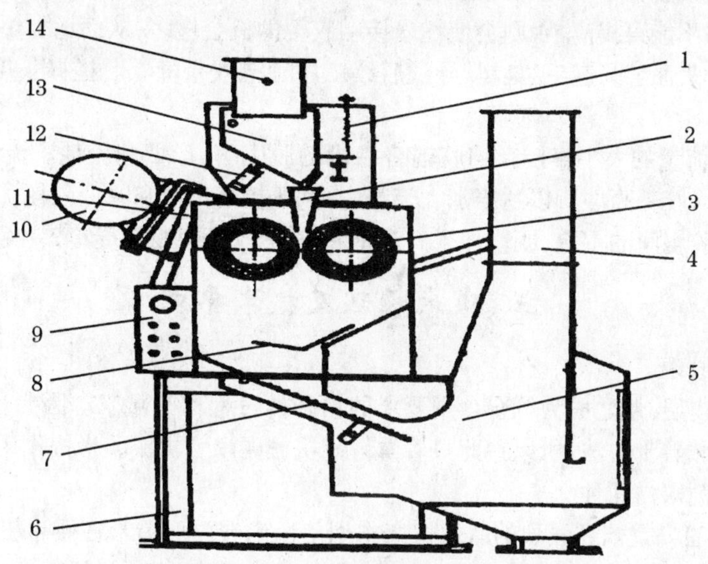

图17-1　MLGQ·25·4型气压紧胶辊砻谷机结构

1. 流量调节机构　2. 进料导向板　3. 辊筒　4. 吸风道　5. 稻壳分离装置　6. 底座　7. 砻下物淌板　8. 缓冲斗　9. 气动控制箱　10. 电机　11. 可摇动框架　12. 进料气缸　13. 活动料斗　14. 料位器

(四)影响胶辊砻谷机工艺效果的因素

1. 稻谷的工艺品质　稻谷的结构、水分含量、饱满程度等都直接影响砻谷机的工艺效果。籽粒饱满、水分含量较低、强度高、稻壳薄而且结合松弛的稻谷,砻谷时容易脱壳,产生的碎米少,产量高而胶耗低。同样强度,长粒稻谷砻谷时容易产生较多的碎米。对于粒型大小不一、品种混杂严重的稻谷,砻谷时不仅工艺效果差,而且会给谷糙分离带来困难,因此最好采用分大、小粒加工。

2. 辊间压力　辊间压力是稻谷脱壳的必要条件之一。辊间压力的大小,直接影响到砻谷机的脱壳率、碎米率、产量和胶耗。增大辊间压力，脱壳率明显提高，但碎米率也随之增加，胶耗也会增加；同时，糙米表面易被拉毛，对谷糙分离不利。辊间压力过小，达不到脱壳需求，稻谷无法脱壳。

3. 线速　在其他条件不变的情况下，线速越大，单位时间内可通过工作区的稻谷数量越多。但如果线速过高，会加速辊筒磨耗；同时，由辊筒不平衡所引起的机械振动也剧烈，不仅影响砻谷机的工作稳定性，而且会增加糙碎，并使辊筒磨损不均匀。线速过低会使产量降低，同样会增加动耗、胶耗等。因此，线速过高、过低均不适宜。一般地，快辊线速为 14.5 ~ 17 m/s，慢辊线速为 12.5 ~ 14 m/s。

4. 线速差　线速差是稻谷脱壳的必要条件之一。它直接影响脱壳率的高低。在一定范围内，增大线速差，稻谷所受搓撕的机会增多，因而有较高的脱壳率。但线速差过高会引起糙碎增多，糙米表面受损，胶辊磨耗增加。线速差过低，稻谷受到的搓撕机会减少，脱壳率下降甚至不能脱壳。线速差一般取 2.0 ~ 3.2 m/s。

5. 搓撕长度　当搓撕长度小于稻谷长度一半时，稻谷两侧颖壳相对位移值较小，不能进行正常脱壳，或脱壳率很低；搓撕长度大于稻谷长度时，稻谷两侧颖壳完全分开，达脱壳极限，此时脱壳率不能再提高，否则会使糙米接触胶辊的机会增多，从而增加爆腰率、糙碎率及胶耗，同时糙米表面容易起毛、染黑，导致后续工序工艺效果降低。搓撕长度一般取稻谷长度的 3/5 ~ 4/5。

6. 流量　流量的大小直接影响胶辊砻谷机的脱壳率、产量和胶耗。流量小时，脱壳率较高，但产量低、胶耗高。所以适当加大流量，有利于提高产量和降低胶耗。但流量过大，会造成稻谷进入胶辊间的重叠，既增加了碎米率和胶耗，又会降低脱壳率。

三、碾米原理及技术要求

（一）碾米原理

去除糙米皮层，使之成为符合食用要求的白米的过程称为碾米。因为目前世界各国普遍采用的是机械碾米方法，所以在此只着重讨论机械碾米。机械碾米按作用力的特性，分为擦离碾白和碾削碾白两种。

1. 擦离碾白　是依靠强烈的摩擦擦离作用使糙米碾白。糙米在碾米机的碾白室内，由于米粒与碾白室构件之间和米粒与米粒之间具有相对运动，相互间便有摩擦力产生。当这种摩擦力增大并扩展到糙米皮层与胚乳结合处时，便使皮层沿着胚乳表面产生相对滑动并把皮层拉断、擦除，使糙米得到碾白。

擦离碾白所得米粒表面留有残余的糊粉层，形成光滑的晶状表面，具有天然光泽并半透明。残余的糊粉层保持了较多的蛋白质，像一层胚乳淀粉的薄膜。因此，擦离碾白具有成品精度均匀、表面细腻光洁、色泽较好、碾下的米糠含淀粉少等特点。但因需用较大的碾白压力，故容易产生碎米，当碾制强度较低的籼米时更是如此。所以，擦离碾白适于加工强度大、皮层柔软的糙米。

以擦离作用为主进行碾白的碾米机主要有铁辊碾米机。其特点是：碾白压力大，机内平均压力为 19.6 ~ 98 kPa。碾辊线速度较低，一般在 2.5 ~ 5 m/s，离心加速度为 370 m/s^2 左右。所以，擦离型米机又称为压力型米机。

2. 碾削碾白　是借助高速旋转的金刚砂辊筒表面密集的坚硬锐利金刚砂粒的砂刃对

糙米皮层不断地施加碾削作用,使皮层破裂、脱落,使糙米得到碾白。

碾削碾白所得米粒表面粗糙,在凹陷处积聚了无数细微的胚乳淀粉和糠层的屑末,称为糠粉。米粒的反光漫射,虽然乍看起来比较白,却是无光泽的白。因此,碾削碾白碾制出的成品表面光洁度较差,米色暗淡无光,碾出的米糠片较小,米糠中含有较多的淀粉,而且成品米易出现不均匀现象。但因在碾米时所需用的碾白压力较小,故产生碎米较少,因此碾削碾白适于碾制强度较低、表面较硬的糙米。

以碾削作用为主进行碾白的碾米机是立式砂辊碾米机。这种米机的特点是:碾白压力小,一般为 5 kPa 左右。碾辊线速较高,一般在 15 m/s,离心加速度为 1 700 m/s^2 左右。所以,碾削型米机又称为速度型米机。

应该指出,擦离作用与碾削作用并不是单一地存在于米机内,实际上任何一种米机都有这两种作用,差别只在于以哪种作用为主而已。长期实践证明,同时利用擦离作用和碾削作用的混合碾白,可以减少碎米,提高出米率,改善米色,还有利于提高设备的生产能力。目前,我国基本上使用混合碾白进行碾米,相应的碾米机为横式砂辊碾米机。这种米机碾辊线速一般为 10m/s 左右,机内平均压力比碾削型米机稍大。混合型米机由于具有擦离型和碾削型两种米机的优点,因此工艺效果较好。

碾米是稻谷加工最主要的一道工序,因为是对米粒直接进行碾削,如操作不当,将产生大量碎米,影响出米率和产量。碾削不足时,又会造成糙白不匀的现象,从而影响成品质量。因此,碾米工艺效果的好坏,直接影响整个碾米厂的效益。对碾米的要求是:在保证成品精度等级的前提下,提高产品纯度,提高出米率,提高产量,降低成本,保证安全生产。碾米工艺效果一般从精度、碾减率、含碎率、增碎率以及糙米出白率、糙米整出米率、含糠率等指标来进行评定。

(二)碾米机类型及特点

1. 铁辊碾米机　结构如图 17-2 所示。它主要由进料机构、碾白室和机座等组成。工作时,糙米由进料斗进入碾白室,在转运的铁辊的作用下,依靠擦离作用去除糙米表面的皮层,碾制成一定精度的白米。碾白后的米粒由出料口排出机外,碾下的米糠经米筛排出。铁辊碾米机属于擦离型米机,碾制的成品米去皮均匀,色泽光洁。由于碾白室内碾白压力较大,加工时易产生碎米,出米率较低,适于碾制胚乳强度大而皮层柔软的糙米。

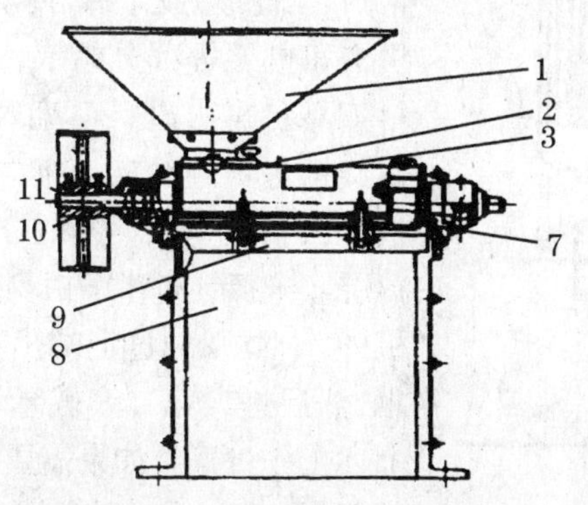

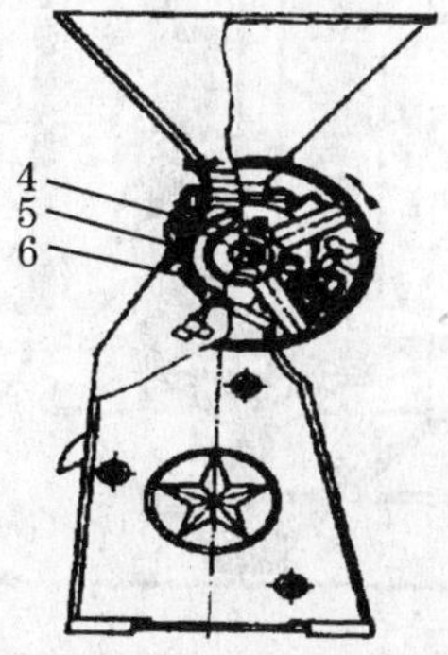

图 17-2　铁辊碾米机总体结构

1. 进料斗　2. 进料插门　3. 米机盖　4. 铁辊　5. 米筛　6. 筛托　7. 出料口　8. 机座　9. 方箱　10. 米机轴　11. 带轮

2.NS 型螺旋槽砂辊碾米机 结构如图 17-3 所示。它由进料机构、碾白室、擦米室、机架等部分组成。工作时,糙米由进料斗经流量调节装置进入米机,被螺旋推进器送入碾白室内,在砂辊的带动下做螺旋线运动。米粒前进过程中,受高速旋转砂辊的碾削作用得到碾白。拨料铁辊将米粒送至出口排出碾白室。从碾白室排出的白米,皮层虽已基本去除,但米面较毛糙,且表面黏附有糠粉,因而再送入擦米室进行擦光。米粒在擦米铁辊的缓和摩擦作用下,擦去表面黏附的糠粉,磨光米粒的表面,成为光亮洁净的白米。筛孔排出的糠粞混合物,由接糠斗排出机外。

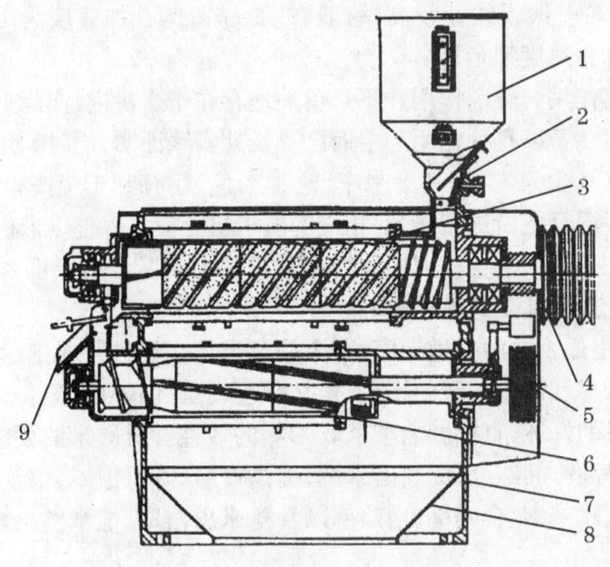

图 17-3 NS 型螺旋槽砂辊碾米机总体结构

1. 进料斗 2. 流量调节装置 3. 碾白室 4. 传动带轮 5. 防护罩 6. 擦米室 7. 机架 8. 接糠斗 9. 分路器

3.DSRD 型立式砂辊碾米机 是瑞士布勒-米阿格公司制造的,其结构如图 17-4 所示。主要由圆柱形砂辊、米筛、压砣、橡胶米刀、传动机构、排料机构和机架等部分组成。工作时,物料依靠自重由进料口流入机器内,在螺旋推进器连续向上推力的作用下,被送入碾白室内,受碾白作用而脱去糠层。米糠穿过米筛由高压风机吸出机外,米粒则经过上端出料压力门排出,然后进入第二套碾米装置中完成上述工作过程。如果需要组成多机串联碾白工艺,排出的物料仍可依靠自重流入另一台立式双辊碾米机中。该立式碾米机具有碾白均匀、米温低、碎

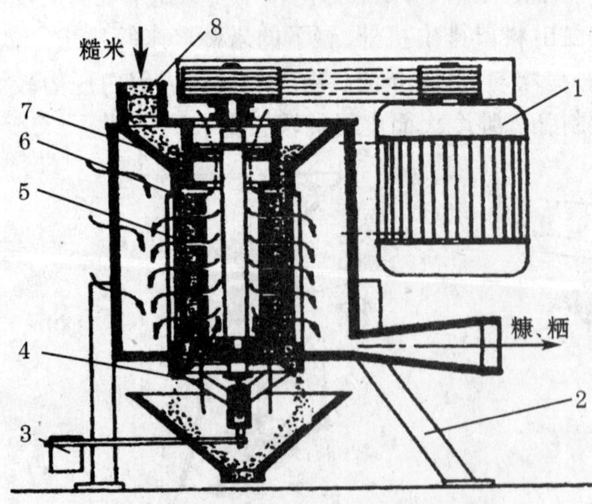

图 17-4 DSRD 型立式砂辊碾米机

1. 电机 2. 机架 3. 压砣 4. 圆锥托盘 5. 米筛 6. 砂辊 7. 螺旋推进器 8. 进料口

米少、出米率高等特点。

4.NF·14 型旋筛喷风碾米机　结构如图 17-5 所示。它主要由进料机构、碾白室、糠粞分离室、喷风机构和机架等组成。工作时，糙米经进料斗由螺旋推进器送入碾白室。在碾白室内，米粒呈流体状态边推进边碾白。喷风砂辊上的凸筋和喷风槽以及六角旋筛使米粒翻滚运动较强烈，米粒受碾机会多，碾白均匀。白米经出口排出碾白室后，再通过糠粞分离室进一步去除粘附在米粒表面的糠粉。米筛排出的糠粞混合物也进入糠粞分离室进行分离。NF·14 型旋筛喷风碾米机在碾米时不断地向碾白室内喷入气流，可以将碾米过程中产生的热量和水气大量带走，不使米温上升过高，从而改善和提高碾米工艺效果；增加米粒翻滚，促使米粒均匀碾白；将米糠迅速排出机外，米粒表面光洁。由于能很好地控制米粒的碾白室内的密度、碾白速度、碾白压力和受碾时间，故碾白作用较缓和均匀，碾白效果较好。

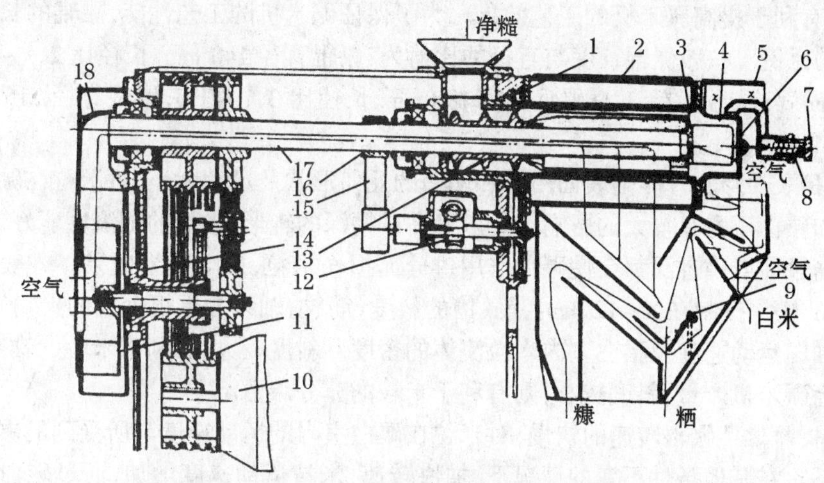

图 17-5　NF·14 型旋筛喷风碾米机总体结构

1. 齿轮　2. 碾白室　3. 拨米器　4. 精碾室　5. 挡料罩　6. 压力门　7. 压簧螺母　8. 弹簧　9. 糠粞分离室　10. 电机　11. 风机　12. 蜗轮　13. 螺旋推进器　14. 机架　15. 平皮带　16. 减速箱主动轮　17. 主轴　18. 进风套管

(三)影响碾米工艺效果的主要因素

1. 糙米的工艺品质　糙米的类型、品种、水分含量和爆腰率是影响碾米工艺效果的主要因素。

(1)糙米的类型和品种　粳糙米籽粒结实，粒形椭圆，抗压强度和抗剪折强度较大，在碾米过程中能承受较大的碾白压力，因此，碾米时产生的碎米少，出米率较高。籼糙米籽粒较疏松，粒形细长，抗压强度和抗剪折强度较差，只能承受较小的碾白压力，在碾米过程中容易产生碎米。同一品种类型的稻谷，早稻糙米的腹白大于晚稻。早稻糙米的结构一般比较疏松，故早稻糙米碾米时产生的碎米比晚稻糙米多。

(2)水分　水分含量高的糙米其皮层比较松软，皮层胚乳的结合强度较小，去皮较容易，但米粒的结构疏松，碾白时容易产生碎米，且碾下的米糠容易和米粒粘在一起结成糠块，从而增加碾米机的负荷和动力消耗。水分含量低的糙米其结构强度较大，碾米时产生的碎米较少，但糙米皮层与胚乳的结合强度也较大，碾米时需要较大的碾白作用力和较长的碾白时间。水分含量过低(13%以下)的糙米，其皮层过于干硬，去皮困难，碾米时需较大的碾白压力,且糙米籽粒结构变脆,因此碾米时也容易产生较多的碎米。糙米的适宜入机水分含量为14.5%~15.5%。

(3)爆腰率与皮层厚度　糙米爆腰率的高低,直接影响碾米过程中产生碎米的多少。一般来说,裂纹多而深、爆腰程度比较严重的糙米,碾米时容易破碎,因此不宜碾制高精度的大米。

糙米的皮层厚度也与碾米工艺效果有直接关系。糙米皮层厚,去皮困难,碾米时需较高的碾白压力,米机耗用动力大,碎米率也增加。

2. 碾米机的结构与工作参数

(1)碾辊直径和长度　碾辊的直径和长度直接关系到米粒在碾白室内受碾作用次数及碾白作用面积的多少。用碾辊直径较大、长度较长的碾米机碾米时,产生的碎米较少,米粒温升较低,有利于提高碾米机的工艺效果。为了保证碾米机的工艺性能,碾辊的长度和直径应成一定的比例。一般碾辊长度与直径的比值为:碾辊直径 140 mm,长径比 2.5~2.7;碾辊直径 150 mm,长径比 2.7~3.1;碾辊直径 180 mm,长径比 3.1~3.6;碾辊直径 215 mm,长径比 3.6~4.1。

(2)碾辊表面形状　碾辊表面凸筋和凹槽的几何形状及尺寸大小,对米粒在碾白室内的运动速度和碾白压力有较大的影响。一般筋高或槽深的辊形,米粒的翻滚性能好,碾白作用较强。但筋过高或槽过深都会使碾白作用过分而损伤米粒,影响碾米效果。一般筋高控制在 4~8 mm,槽深控制在 8~12 mm。筋、槽的斜度(筋、槽轴线与碾辊轴线的夹角)主要影响到米粒的轴向运动速度及碾白室内米粒流体的密度。斜度较大,有利于米粒的轴向输送,也有利于提高碾米机产量;斜度较小,则有利于米粒的充分碾白。

(3)碾辊转速　碾辊转速的快慢,对米粒在碾白室内的运动速度和所受到的碾白压力有密切的关系。在其他条件不变的情况下,加快转速,米粒运动速度增加,通过碾白室的时间缩短,碾米机流量提高。对于擦离型碾米机来讲,由于米粒运动速度增加,碾白室内的米粒流体密度减小,使碾白压力下降,擦离作用减弱,碾白效果变差。对于碾削型碾米机,适当加快碾辊转速,可以充分发挥碾辊的碾削作用,并能增强米的翻滚和推进,提高碾米机的产量,碾白效果也比较好。但如果碾辊转速过快,会使米粒的冲击力加剧,造成碎米增加,碾米效果反而下降。

若转速过低,米粒在碾白室内受到的轴向推进作用减弱,米粒运动速度减小,使碾米机产量下降,电耗增加。同时,米粒还会因翻滚性能不好而造成碾白不匀、精度下降。

(4)碾白室间隙　碾白室间隙是指碾辊表面与碾白室外壁之间的距离。碾白室间隙大小要适宜,不宜过大或过小。过大,会使米粒在碾白室内停滞不前,使产量下降,电耗增加;过小,易使米粒折断,产生碎米。碾白室间隙应大于一粒米的长度。

(5)单位产量碾白运动面积　单位产量碾白运动面积把碾米机的产量同碾白运动面积联系起来,综合地体现了碾辊的直径、长度和转速对碾米机效果的影响。当米粒以一定的流量通过碾白室时,单位产量碾白运动面积大,则米粒受到碾白作用的次数就多,米粒容易碾白,需用的碾白压力可小些,从而可减少碎米的产生;但单位产量碾白运动面积过大,则碾白室体积增大,不仅经济性差,而且还会产生过碾现象。

3. 碾白道数和出糠比例

(1)碾白道数　碾白道数应视加工大米的精度和碾米机的性能而定。碾白道数多时,各道碾米机的碾白作用比较缓和,加工精度均匀,米粒温升低。米粒温升低,米粒容易保质完整,碎米少,出米率较高,加工高精度大米时效果更加明显。因此,加工高精度大米时,宜采用三机或四机出白;加工低精度大米时,可采用二机出白。

(2)出糠比例 在采用多机碾白时,各道米机的米糠比例应合理分配,以保证各道碾米机碾白作用力均衡,否则会使出碎率和动耗都增加。二机出白加工标二精度大米时,头机和二机的出糠量分别为50%。加工高精度大米时,头机的出糠量应高于二机,一般头机取55%左右出糠量较为理想。三机出白的各道出糠比例,不论加工精度高低,头机和二机的出糠量应占总出糠量的70%左右,从而可取得较好的碾米工艺效果。

4. 流量 在碾白室间隙和碾辊转速不变的条件下,适当加大物料流量,可增加米粒流体密度,从而提高碾白效果。但流量过大,不仅碎米会增加,而且还会使碾白不均,甚至造成碾米机堵塞;相反,如流量过小,则米粒流体密度减小,碾白压力随之减小,不仅降低碾白效果,而且米粒在碾白室内的冲击作用加剧,也会导致碎米量增加。

四、分离机原理及技术要求

稻谷在收割、贮藏、干燥和运输的过程中,难免混有一定数量的杂质,需要得到及时清除;在砻谷过程中,由于受机械和工艺性能的限制,不可能将入机稻谷一次全部脱壳。砻下物是由尚未脱壳的稻谷、糙米及稻壳组成的,需要进行稻壳分离和谷糙分离;在碾米过程中会混有一定数量的碎米,出机白米在包装前应根据成品的质量要求分离出不符合标准的碎米。因此,分离机械在稻谷加工过程中起着重要作用。

(一)稻谷清理原理及技术要求

稻谷中所含杂质,如得不到及时清除,不仅混入产品中,降低产品纯度,影响成品大米质量,而且还会影响设备的工作效率,损坏机器,污染车间环境,甚至有酿成设备事故和火灾的危险。因此,清除杂质是稻谷加工过程中的一个非常重要的环节。

清除原粮稻谷中的杂质的方法很多,主要包括风选(利用稻谷与杂质之间空气动力学性质的不同,借助气流的作用进行除杂的方法)、筛选(利用稻谷与杂质间粒度的差异,借助于合适筛孔的筛面进行除杂的方法)、密度分选(利用稻谷与砂石等杂质间密度及悬浮速度或沉降速度等物理特性的不同,借助于适当的设备进行除杂的方法)和磁选(利用磁力将物料中磁性金属杂质去除的方法)等。

稻谷清理工艺效果主要通过稻谷提取率和杂质去除率来进行评定。稻谷清理的要求是:稻谷经清理后,其含杂总量不应超过0.6%,其中含砂石不应超过1粒/kg,含稗子不应超过130粒/kg。

大量的生产实践证明,"风筛结合,以筛为主"是稻谷清理的有效方法。用于稻谷清理的主要有以下设备。

1. 圆筒初清筛 初清筛是用于原料仓或稻谷加工车间毛谷仓之前的初步清理设备,主要清除稻谷中的稻秆、稻穗、麻绳、砖石、泥块等大杂。它对提高后续清理设备的除杂效率、防止设备及溜管堵塞有很好的作用。

初清筛的种类有很多,圆筒初清筛是常见的一种。它主要由筛筒、传动机构、清理机构和机架等部分组成(图17-6)。工作时,物料由喂料槽导入旋转筛筒内,稻谷穿过筛孔落至出料口,大杂质留存在筛筒上,借助于导向螺旋推动力的作用,送至大杂出口排出。

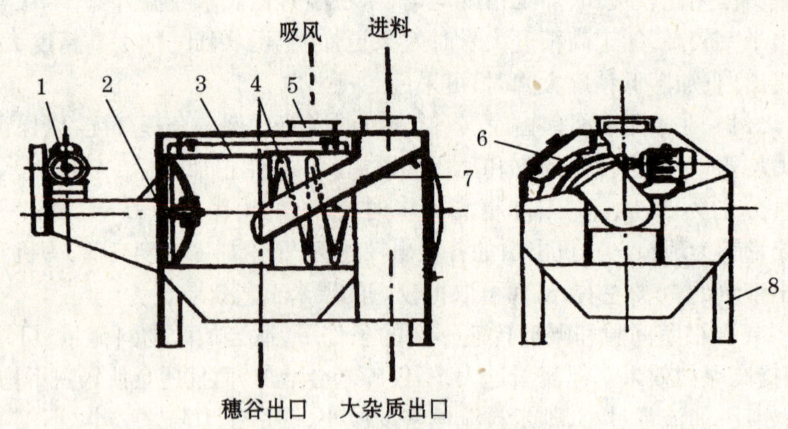

图 17-6　SCY 型圆筒初清筛结构

1. 电动机　2. 传动轴　3. 筛筒　4. 导向螺旋　5. 吸风口　6. 清理毛刷　7. 喂料槽　8. 机架

初清筛工艺指标:大型杂质基本除净,且清除出的大型杂质中不得含有完整粮粒。

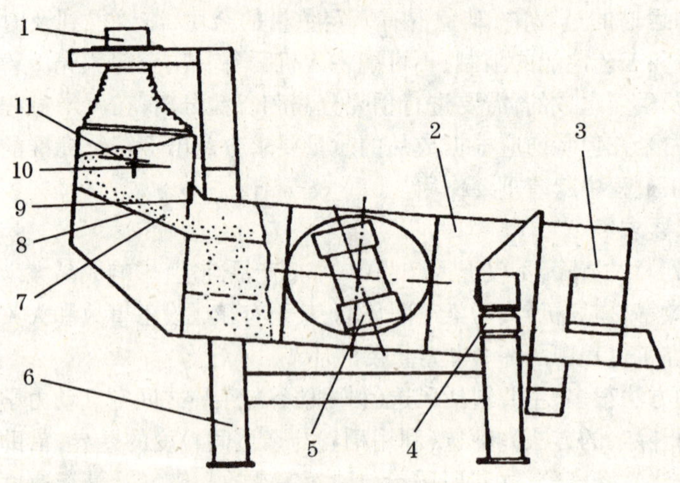

图 17-7　TQLZ 型振动筛结构

1. 进料套筒　2. 筛体　3. 卸料箱　4. 橡胶垫　5. 振动电机　6. 机架　7. 进料箱　8. 底板　9. 匀料板　10. 分配淌板　11. 可调插板

2. 振动筛　振动筛是典型的风筛结合的设备,在碾米厂广泛用于清除稻谷中的大、小、轻杂。它主要由进料机构、筛体、出料机构、机架和振动电机等部分组成(图 17-7)。工作时,物料由进料口通过接料套筒落入进料箱内,承受筛体的振动,物料均匀地进入料箱的底板上,并沿底板均匀地分布在筛面的整个宽度上,调节匀料板,可控制物料的厚度。物料经第一层筛面筛理后,筛上物从大杂出口排出,筛下物落到第二层筛面上继续筛理,筛下物落到筛体底板上,由小杂出口排出,筛上物为净谷,从出料口排出。

3. 平面回转振动筛　平面回转筛是除杂效果较好的一种筛选设备。主要用于后路筛选工序,进一步清除原粮中的中、小、轻杂。SM 型平面回转筛的结构如图 17-8 所示。它主要由筛体、吸风装置、传动机构、减振机构和机架等部分组成。

工作时,物料由进料管经缓冲淌板进入上层筛面进行筛选,并经过一次风选,筛上物为大杂质从出口排出,筛下物落到下层筛面继续筛理,小杂质穿过下层筛面由出口排出,筛上物流向出料口,再次风选后排出机外。

SM 型平面回转筛的工艺指标如下:除中杂效率在 50% 以上,除小杂效率在 60% 以上,除轻杂效率在 60% 以上。

4. 高速振动筛 高速振动筛具有较高的振动频率和较小的振幅，物料在筛面上做小幅跳跃运动，这既可增加物料接触筛面的机会，又能防止筛孔堵塞，因此被广泛用于碾米厂除稗，效果较好。也可用于清除小杂。

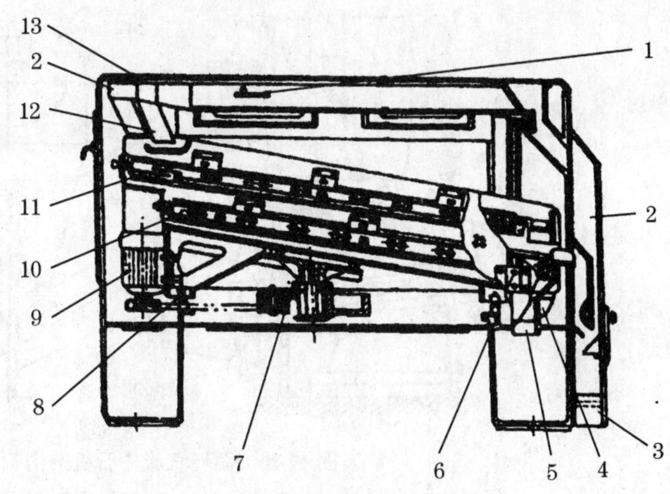

图 17-8 SM 型平面回转筛结构

1. 调风门 2. 吸风道 3. 出料口 4. 中杂出口 5. 小杂出口 6. 吊杆 7. 传动机构 8. 减振装置 9. 电机 10. 下层筛面 11. 上层筛面 12. 进料管 13. 机架

SG 型高速振动筛的结构如图 17-9 所示。它主要由进料机构、筛体、振动装置、支承机构和机架等部分组成。

高速振动筛的工艺指标如下：稻谷中含稗在1000粒/kg 左右、稗子千粒重小于 6 g、撇谷量不小于 95% 的情况下，除稗效率应不低于 80%，稗子中含饱满稻谷不应超过 8%。

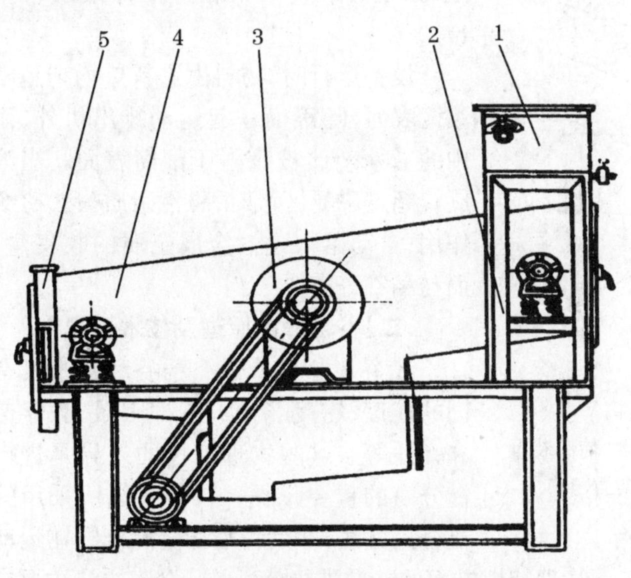

图 17-9 SG 型高速振动筛总体结构

1. 进料机构 2. 机架 3. 振动机构 4. 筛体 5. 出料柜

5. 密度去石机 密度去石机是稻谷加工厂最常用的设备，主要用于清除粒中所含的并肩石等杂质。去石机按供风方式的不同分为吹式密度去石机、吸式密度去石机和循环气流去石机 3 种。吹式密度去石机自带风机，机内处于正压状态，容易使灰尘外逸，因此需做好吸风除尘工作；而吸式密度去石机自身不带风机，增加了去石工作面调节机构，采用外部吸风，机内处于负压状态，灰尘不易外扬，但阻力较大；循环气流去石机的最大特点是不需组织外界除尘风网，自带气流循环分离系统，减少了占地面积和动力消耗。

循环气流去石机结构如图 17-10 所示。它主要由进料装置、去石装置、传动装置、气流循环系统和机架等部分组成。

6. 永磁滚筒 稻谷从收获到进入碾米厂以及在后序加工过程中，要经过许多环节，往往会混入铁钉、螺母、垫圈、金属碎屑等磁性金属杂质。如不进行清理，使它们随稻谷一同进入摩擦或打击作用较强的设备，将会严重损坏机器部件，甚至还会造成设备事故。如混入成

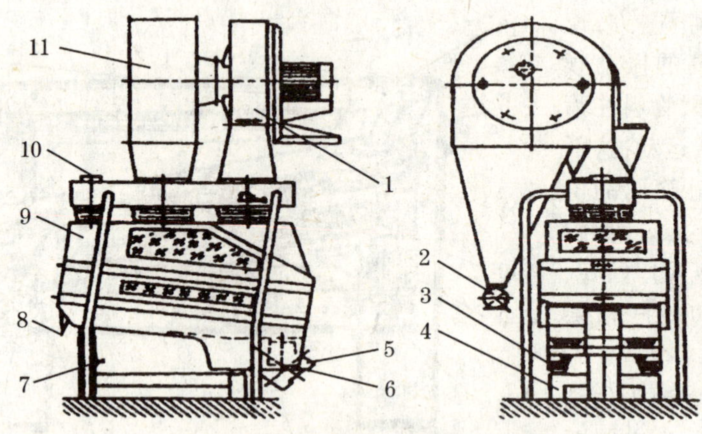

图 17-10　循环气流去石机结构

1. 风机　2. 闭风器　3. 橡胶弹簧　4. 机架　5. 振动电机　6. 出料口　7. 倾角调节装置　8. 出石口　9. 去石装置　10. 进料装置　11. 空气分离器

品中则有害于人体健康。碾米厂中常使用的磁选设备为永磁滚筒，主要由进料装置、滚筒、磁芯和传动机构等部件组成（图 17-11）。

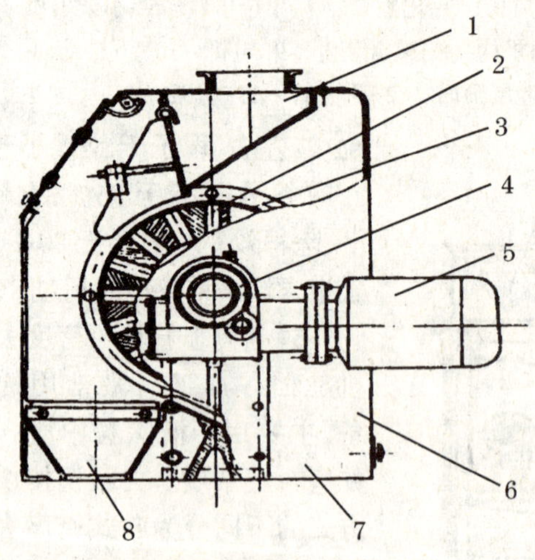

图 17-11　永磁滚筒总体结构

1. 进料斗　2. 磁体　3. 旋转滚筒　4. 传动装置　5. 电机　6. 机壳　7. 磁性金属杂质出口　8. 稻谷出口

设备运行时，物料由进料口均匀地喂入滚筒表面，随滚筒一起运动排出机外，而其中的磁性杂质被吸附于滚筒表面。当滚筒旋转超过磁场区域时，磁性杂质失去磁场的作用，自动落入磁性金属杂质的收集盒，从而与稻谷分离。

（二）谷糙分离原理及技术要求

1. 谷糙分离原理　稻谷和糙米具有不同的粒度、密度、容重、摩擦因数、悬浮速度和弹性等。这些物理特性的差异是进行谷糙分离的重要依据。目前我国所采用的谷糙分离方法，即是利用谷糙混合物在运动中的自动分级特性及稻谷和糙米在某一物理特性方面的差异进行分离的。分离方法主要有筛选法（利用稻谷与糙米间粒度不同以及自动分级特性进行谷糙分离的方法）、密度分选法（利用稻谷与糙米密度的不同以及自动分级特性进行谷糙分离的方法）和弹性分离法（利用稻谷与糙米弹性的不同以及自动分级特性进行谷糙分离的方法）3 种。

2. 谷糙分离技术要求　谷糙分离工艺效果主要通过糙米纯度、回砻谷纯度、选糙率和稻谷提取率等指标来进行评定。谷糙分离的技术要求是：谷糙分离后，回砻谷中含糙率不应超过 10%；所得糙米含杂总量不应超过 0.5%，其中矿物质不应超过 0.05%；含稻谷粒数不应超过 40 粒/kg；含稗粒数不应超过 100 粒/kg；分离出的稻壳中含饱满粮粒不应超过 30 粒/100kg；谷糙混合物含壳量不大于 0.8%。

3. 典型谷糙分离设备

(1)谷糙分离平转筛　具有结构紧凑、占地面积小、流程简短、筛面利用率高、操作管理方便等特点，是碾米厂广泛使用的谷糙分离设备。其结构如图 17-12 所示。

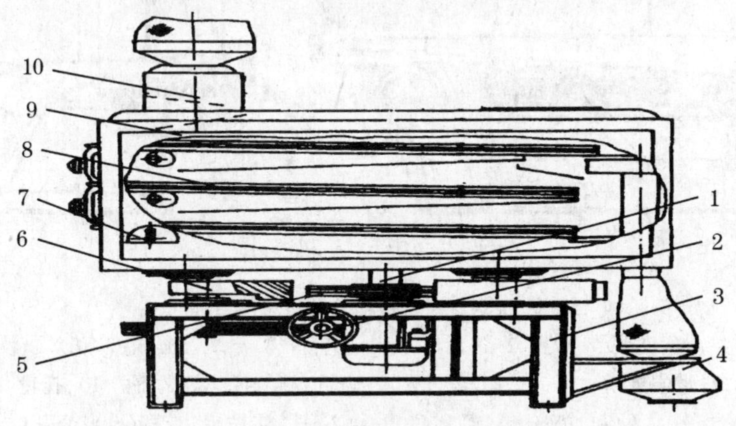

图 17-12　谷糙分离平转筛总体结构

1. 调速机构　2. 调速张紧机构　3. 机架　4. 出料斗　5. 过桥轴传动机构
6. 偏心回转机构　7. 筛面倾角调节机构　8. 筛面　9. 筛体　10. 进料斗

谷糙分离平转筛工艺指标：回砻谷中含糙米量不应超过 10%，净糙含谷粒数不应超过 40 粒/kg，回筛物料流量为净糙流量的 40% ~ 50%。

(2)重力谷糙分离机　稻谷因收购、贮运和品种等原因，往往粒度严重混杂。如利用稻谷与糙米在粒度上的差异，采用谷糙分离平转筛进行谷糙分离，则分离效果大大降低。重力谷糙分离机突破了采用筛孔进行分离的传统方法，其最大特点是对品种混杂、大小粒互混的稻谷适应性强，谷糙分离效果好，越来越被广泛地应用于碾米厂。其结构如图 17-13 所示。

重力谷糙分离机工艺指标：回砻谷中含糙米量不大于 10%，净糙含谷不大于 30 粒/kg，回本机物料流量与净糙流量之比小于 40%。

(3)撞击谷糙分离机　撞击谷糙分离机亦称巴基机，是典型的弹性分离设备。它可用于稻谷加工中的谷糙分离，也可用于燕麦等谷物加工的谷米分离。目前，许多国家使用巴基机，特别是欧洲，这种设备被广泛地应用于谷物加工的谷糙或谷米分离，因此又被称为“欧洲型谷米分离机”。其结构如图 17-14 所示。

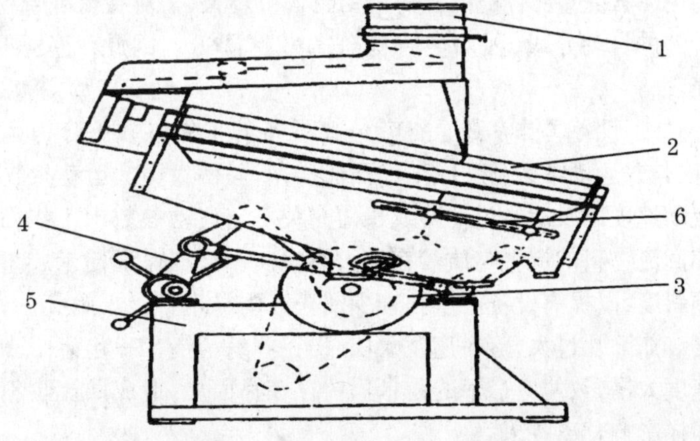

图 17-13　重力谷糙分离机总体结构

1. 进料机构　2. 分离箱　3. 偏心传动机构
4. 分离板角度调节机构　5. 机座　6. 出料口调节板

4. 影响谷糙分离设备工艺效果的主要因素

(1)谷糙混合物的物理特性

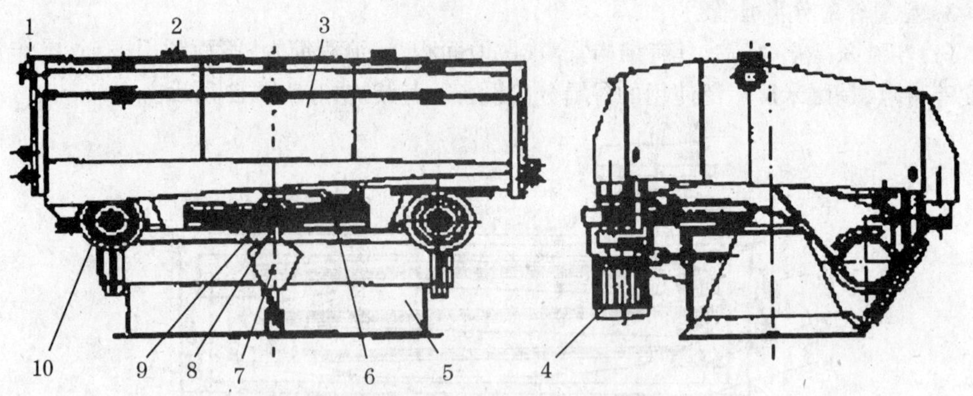

图 17-14　撞击谷糙分离机总体结构

1. 进料门调节手轮　2. 进料口　3. 分选台　4. 电机　5. 机架　6. 飞轮
7. 倾斜度指示牌　8. 销紧手柄　9. 分选台倾斜角调节手柄　10. 托轮

①稻谷的类型、品种和均匀度：稻谷的品种不同，其粒度、表面性状等也就不同，因此谷糙分离也有难易之别。一般来说，粳稻表面较粗糙，籼稻表面较光滑，在自动分级过程中粳稻比籼稻容易上浮，自动分级效果好，所以籼稻的谷糙分离要比粳稻困难。稻谷均匀度好，谷糙的粒度相互交叉区域较小，谷糙分离的效果就好。稻谷粒度不均匀，谷糙的粒度相互交叉区域就大，谷糙分离困难，分离效果就差。所以不同品种、粒形的稻谷不要混在一起加工，否则会给谷糙分离带来极大的困难。

②水分：谷糙混合物的水分含量较高时，物料的流动性较差，影响物料在筛面上的分级，料层底部的稻谷不易上浮，不能按应有的轨迹运动而混入糙米中，使谷糙分离效果降低。

③谷糙比：混合物中稻谷与糙米比例的大小，影响到物料自动分级后谷层距离筛面的远近。混合物中糙米比例大时，稻谷接触筛面困难，所以谷糙分离效果就比较好；反之，谷糙分离效果较差。

④含壳量：谷糙混合物中稻壳含量较大时，对谷糙混合物的流动性有很大影响，不利于物料的自动分级，因而使谷糙分离效率降低。因此，应尽可能地吸净谷糙混合物中的稻壳。

(2)设备工作参数　谷糙分离设备的工作参数可分为运动参数(转速、回转半径、振幅等)与非运动参数(筛孔、工作面倾斜角等)两大类。运动参数主要与谷糙混合物在工作面上流动速度以及所经过的路线长短有关。非运动参数中工作面倾斜角的大小对净糙、回砻谷和回流物料的流量与质量有较大影响。一般在保证糙米质量的前提下，可适当减小工作面倾斜度，以提高设备产量和减少回砻谷中糙米含量。筛孔的作用主要是控制糙米的穿孔速度。如筛孔过大，落料速度太快，稻谷容易与糙米一起穿孔，影响糙米质量。筛孔过小，落料速度太慢，致使应过筛的糙米仍留存在筛面上，造成回流物料过多和回砻谷中含糙率超标，同样影响分离效果。

(3)流量　一定的料层厚度有利于物料的自动分级。但料层过厚时，位于料层底部的稻谷难以上浮，上层的糙米也不易沉于料层底部与工作面接触，使分离效果降低；料层太薄，物料难以形成自动分级，同样达不到良好的分离效果。进机流量一般控制在使料层厚度为

15 mm 左右为宜。

(三)白米分级原理及技术要求

许多国家包括我国都把大米含碎量作为区分大米等级的重要指标。白米分级的目的主要是根据成品的质量要求,分离出超过标准的碎米。白米分级的原理主要是利用整米和碎米间粒度不同以及自动分级特性进行分级的。

白米分级设备主要有白米分级平转筛和滚筒精选机两种。

1. 白米分级平转筛　白米分级平转筛的结构与谷糙分离平转筛基本相同。不同点在于,白米分级平转筛的筛面为冲孔筛面,且各层筛面均设置橡皮球清理装置,以防止筛孔堵塞。对白米分级平转筛的一般要求为:在进机物料含碎小于 35%时,可分出含碎小于 5%的全整米、含碎小于 25%的一般整米、含整米小于 20%的大碎米和不含整米的小碎米 4 种。

2. 滚筒精选机　整米与碎米粒度上差异最大的是长度。而滚筒精选机正是利用长度进行分级的,因此具有更好的分级效果。目前,国内已有一些碾米厂开始使用滚筒精选机进行白米分级,取得明显效果。其结构如图 17-15 所示。

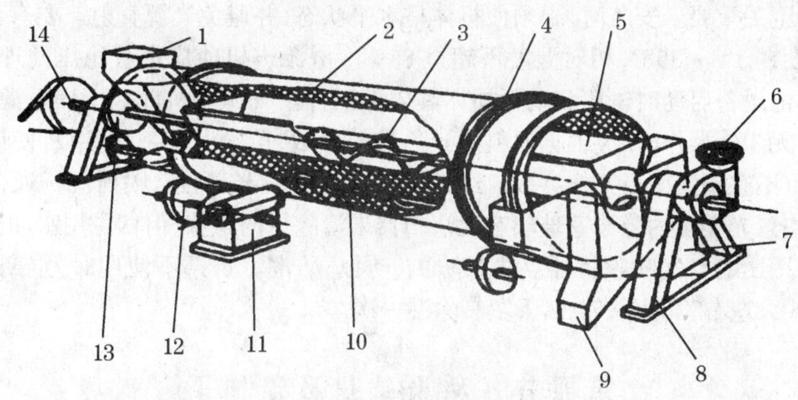

图 17-15　滚筒精选机

1. 进料斗　2. 滚筒　3. 螺旋输送器　4. 滚筒外圈　5. 收集槽　6. 调节手轮　7. 整米出口　8. 机架　9. 碎米出口　10. 物料散布器　11. 减速装置　12. 滚筒支承轮　13. 传动装置　14. 传动轮

五、抛光机和色选机的技术要求

大米抛光机作为一道工序,在精米加工中愈来愈受到重视,它直接影响着抛光的效果,即成品的质量。目前国内外有不少厂家生产抛光机,且有各自的特点。一般抛光机均由雾化系统、进料装置、抛光室和喷风系统等部分组成。影响其设备性能的主要因素有:大米流量的稳定,供水量的稳定,抛光室的压力以及风量,其中最重要的是大米流量的稳定。米流量过大或过小,加水量也会发生变化,进而影响其抛光质量。米流量过大时,着水少,米的抛光精度不高,含糠粉高,表面光洁度低;米流量过小时,着水多,容易产生碎米,影响吸风效果,抛光效果也不好。同时,抛光室的压力与大米的流量也有很大的关系。米的流量大,抛光室的压力大,易产生碎米和过碾;反之,则大米的抛光精度不高。当然,抛光室外的压力主要靠出品的压砣来调节。另外,通风也会影响抛光的效果。如果通风系统好,它不仅可以吸走糠粉,也可以对大米进行降温,以降低增碎和爆腰;若通风效果不好,不仅米粒含糠粉高,还会影响色选的效果,因为糠粉会黏附在色选通道上,从而降低除异色粒的效率。如果抛光机和流量平衡器组合使用,即在大米抛光机前配置流量平衡器,则能更好地控制进机物料的流量,从而根据一定的流量自动调整供水量的多少,即供水量随着流量的变化而变化,供量稳定,如不更换原料品种,抛光室压力基本不变,从而使成品的质量更加稳定。

色选机是光、电、气、机一体化的高新技术产品,美、英、日等不少发达国家较早开发了该项产品,我国于1994年也开始研制开发大米色选机并在国内碾米行业推广应用。色选机主要由进料斗、振动进料器、通道、光电箱、出料斗、流量计、斗式提升机和电控箱等部分组成。它的主要工艺指标是产量、色选精度和带出比。单位时间内经过一次色选后合格品的质量(kg/h)即为产量,它与色选机每条通道的流量直接相关,因此有些色选机在给出的技术特性参数中未标出产量,而以每条通道最大流量(kg/h)表示。一般情况下,流量越大,产量也越高。但是,原料中异色米粒含量对产量的影响不容忽视。为了评定色选工艺效果的优劣,目前提出了色选精度与带出比两项指标。色选精度是指合格品中色泽正常米粒所占的质量百分比,常以1∶x表示。为了保证色选机既有较高稳定的产量,又有较好的分选效果,正确的使用与维护至关重要。安装时,必须使机体呈水平状态,并避免光源直射。要有良好的工作环境,其温度在3℃~35℃,相对湿度不超过85%。电源进机前应进行稳压处理,以避免送电冲击和其他设备启动时电压波动而损坏其内部元件。气源进机前应干燥过滤,做到气源无油、无水、无尘。操作时,应根据原料中异色米粒含量,正确设定工作参数,使设备于最佳状态下运行,不宜频繁变更工作参数。经常保持振动喂料器、通道、喷射阀畅通,无异物、无积糠,特别注意光学箱内分选室玻璃有无清扫器未清除尽的积糠,但切忌用水冲洗。开机前与停机后要用压缩空气喷吹机器。注意防虫、防鼠、防潮。长期不使用时,定期开机除湿。一般春季15天左右、其他季节30天左右除湿一次。

第四节 稻米转化及深加工

长期以来,我国稻谷加工仅处于一种满足人们口粮大米需求的初级加工状态,而以大米为主料的方便食品、休闲食品和营养食品,无论在种类上还是数量上,市场上均不多见,这与我国一半左右人喜食大米的现状是不相称的。大米既有较好的营养价值,又是矿物质和维生素的良好载体,经过烘培等工艺,可产生深受人们喜爱的炒米香味。利用大米的独特加工性能可将其加工成各种大米方便食品、婴儿食品,如方便米饭、方便米粉、酥脆饼干、米制饮料等,种类非常多。

一、大米方便食品

(一)罐头米饭

将一定量大米与水置于金属罐中,蒸煮后进行抽气、卷边、加热杀菌,即制成罐头米饭。罐头米饭产品含水分约60%,常温下可贮存5年。食用时,将罐头于开水中加热或汽蒸加热5~15 min即可。罐头米饭携带不便。

(二)软罐头米饭

软罐头米饭是将一定量的水和大米或半生半熟米饭,装入一种能耐高温的特殊塑料包装容器(蒸煮袋)内,经高温、高压蒸煮而成。软罐头米饭不必经过干燥、杀菌等特殊处理,既能保留米饭原有的营养成分与风味，又可长期保存。软罐头米饭还具有重量轻、便于携带的特点，但生产设备投资较多。软罐头米饭产品水分含量约为60%，常温下可贮存1年。食用时，将蒸煮袋直接置于开水中加热5～10 min或用微波炉加热2 min即可。

软罐头米饭生产工艺流程如下：

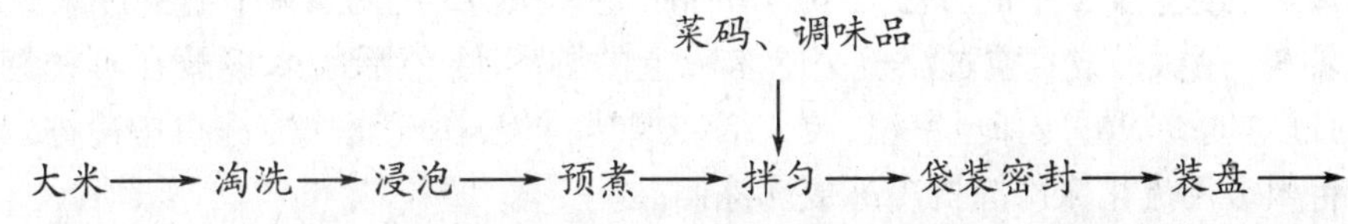

1. 预煮　经过预煮，即使不采用回转式高压杀菌釜进行蒸煮杀菌，仍能克服蒸煮袋内上、下层米水比例差别显著这一弊端，避免产品复原后软硬不匀、夹生等现象。预煮时间一般为25 min左右，达到米粒松软即可。

2. 袋装密封　包装材料应选择耐热、耐油、耐酸、耐腐蚀，热封合性、气密性俱佳，化学性能稳定的塑料复合薄膜或镀铝薄膜，目前常采用的是聚酯/聚丙烯复合薄膜、聚酯/铝箔复合薄膜。

3. 蒸煮杀菌　将装好半成品的蒸煮手推车推入高压杀菌釜内进行蒸煮杀菌。通过此工序既要使淀粉全部糊化，又要达到高温杀菌的目的。蒸煮杀菌时温度一般为105℃，时间为35 min。蒸煮时，米饭水分含量在60%～65%时，饭粒较完整，不糊烂，贮存期中较稳定，不易回生；米饭水分含量低于60%时，饭粒僵硬，易回生；米饭水分含量高于65%时，饭粒糊烂不堪，商品价值明显降低。

生产软罐头米饭的技术关键是：蒸煮袋密封要在较高温度（130℃～230℃）下进行，压力是3×10^5 Pa，时间在0.3 s以上；密封部位不要沾染污物，以免裂口、影响产品外观，同时应尽可能减少袋中残存空气。此外，还需注意充填物要均匀，特别是在装入菜码时，要根据其性质采取对应的措施。对于黏度低的液汁与酱状食品，为防止其从喷嘴上滴下，需要增减流动速度加以控制。固形物和液体混合充填时，如固形物密度大，可先将其放入袋内，然后充填液汁，同时要注意防止粘在固形物旁的油和汁弄脏密封面。固形物大小如在15 mm以下，可与液汁同时充填。此外，应掌握好食品的温度，一般以在40℃～50℃时进行充填为好。

（三）速冻米饭

冷冻米饭与罐头米饭一样方便食用，是中餐方便食品的重要组成部分。速冻米饭因不使用任何添加剂，不采用高温杀菌，故能保持米饭原有的风味与营养。在所有方便米饭中，速冻米饭的食味、口感最接近于普通米饭，所以备受消费者青睐。冷冻米饭的加工过程有下列几个主要步骤。

步骤1　将大米放入温度54℃～60℃过量的水中，水中含足够的柠檬酸使pH值达4.0～5.5，浸泡2 h后米的表面必须仍有水覆盖。

步骤2　彻底控去米粒表面的水（振动筛面或空气吹干）。在压力锅内的底部放入少量水，加盖烧开使设备加热。将控水以后的米放在水面以上的筛上，米层厚度不超过5 cm，加盖加热至排汽阀出汽时关闭排汽阀，将气压升到2.05×10^5 Pa，保持12～15 min，然后逐渐排汽防止暴沸。

步骤 3 将蒸过的热米放入温度 93℃～98℃的过量水中，不要搅拌，否则会使米粒变黏。米粒在水中吸水膨胀、变软并分散。米应装入多孔容器内置于水中，这样水可以循环流过。

步骤 4 按步骤 2 中的方法煮 10～15 min，控去热水，用用酸调节过的冷水漂洗 2 次。

步骤 5 用振摇或真空过滤机去除米粒上的游离水，然后将米饭放在不锈钢筛网传送带上，通过空气冷却器冷却至室温，装入纸袋或塑料袋，在气流式冷冻机中冷冻。也可以在包装前将米饭用流化床冷冻机冷冻成速冻制品。

包装前用－34.4℃的冷空气处理能够保证米粒分散，冻硬后包装。包装后至食用前，必须一直在冷冻条件下贮藏。对冷冻米饭品质的检查发现，在－17.8℃的条件下冷藏 1 年，不会对米饭质量产生不良影响。

（四）方便米粥

米粥作为一种流食，更适合婴幼儿、老年人及病人食用，但其熬制时间较长，制作不方便。研制开发方便米粥产品便可解决这一矛盾。方便米粥生产过程如下：

大米 → 真空干燥 → 煮沸 → 水洗 → 冷冻干燥 → 方便米粥

1. 真空干燥 将水分含量为 14% 左右的大米置于真空干燥机内，通过真空干燥使其水分含量降至 12%～13%。真空干燥的目的是使米粒产生细孔和细微龟裂，防止米粒在后续工序中破裂损坏，产品复原性好。

2. 煮沸 将真空干燥后的米，投入为其重量 8 倍的沸水中，加盖，煮沸 1～2 min。煮沸时间如超过 2 min，则米粒被破坏并发生糊锅；煮沸时间少于 1 min，米粒表层不能充分形成糊化层，煮沸效果差。煮沸结束，继续以 95℃±2℃的温度加热 20～40 min，使米粒进一步膨胀，促使淀粉糊化。

3. 水洗 将经上述处理后的大米立即放入冷水中，充分水洗，去掉米粒间黏液，否则干燥后的产品复原性非常差。将水洗后的米粒晾干，用 1% 食盐水浸渍，以排出米粒中多余的水分，使产品复原性更为理想。

4. 冷冻干燥 冷冻干燥的目的是保持米粒的多孔性结构。方法之一是将水洗、盐水处理后的大米置于真空冷冻干燥机中，以－30℃低温冷冻后，在 80℃、真空度 400 Pa 条件下干燥 12 h，最终得到水分含量 2%、密度为 0.12 g/cm^2 的方便米粥产品。食用时，加入为米粒重量 8 倍的热水或温水，保持 2～3 min，产品即可复原成粥状，食味和口感比普通米粥毫不逊色。如果感到米粥黏性不足，可将水洗工序中去掉的黏液冷冻干燥，将所得到的糊化淀粉掺入米粥内。另外，使用薯类糊化淀粉同样能起到增黏作用。

（五）方便米粉（即食米粉）

即食米粉如同方便面一样，配有各种汤料，只需开水浸泡便可食用。即食米粉生产过程如下：

大米 → 洗米、浸泡 → 磨浆 → 蒸粉 → 压片、挤丝 → 复蒸 → 降温 → 干燥 → 即食米粉

1. 洗米、浸泡 对于生产即食米粉而言，原料大米的选择不仅影响成品的内在质量，而且还影响操作及成品出率。制作米粉的原料，一般以晚籼米为主，再配上适量的粳米。由于大米淀粉细胞组织较硬，经浸泡可使大米组织软化，不仅可节省磨浆的动力消耗，而且米浆

粒度较细。浸泡时间以 2 ~ 4 h 为宜，此时大米水分含量为 30%左右。浸泡时间过短，磨出的米浆粗，产品质量差，断条率高，食用时不易复水；浸泡时间过长，导致大米发酵，产品有酸味。目前常采用射流式洗米机完成洗米、浸泡作业，并将浸泡后的大米输往钢磨进行磨浆。

2. 磨浆　米浆浓度取决于磨浆时的加水量。不同类型、等级的大米，加水量是不同的。加水量以 25% ~ 30% 为宜，这样磨出的米浆含水量为 58% ~ 62%。磨出的米浆经筛网过滤，流入吸干机脱水后便为湿粉料。为使湿粉料便于成形，其水分含量在 38% ~ 45% 范围内较为适宜。

3. 蒸粉　将脱水后的湿粉料经过蒸汽加热使粉料逐步糊化。蒸料时要掌握好时间与蒸汽量。蒸粉合理参数为：蒸汽压力 $2 \times 10^5 \sim 2.5 \times 10^5$ Pa，蒸料时间 1.5 min。

4. 压片、挤丝　压片有两个作用，一是使初步糊化的粉料组织得到改良，二是使压榨成形后的粉片在输送带上运行时自然挥发出部分水分，并降低米片的温度。经过压片后，有利于提高挤丝成形质量。

5. 复蒸　所谓复蒸就是将挤压成形的粉丝，通过复蒸机蒸制一定时间，使粉丝达到完全糊化。

6. 降温　为了避免将大量水蒸气带入烘干房，应先将复蒸后的米粉丝经风冷降温，以排除水蒸气并同时完成从可塑体到弹性体的转变，将丝状组织固定，避免在烘干房热风干燥时产生裂痕。

7. 干燥　热风干燥的目的是排除水分，固定组织和形状，便于保存。即食米粉的干燥通过缓慢脱水来实现。干燥的热空气不断吹入烘干室内，米粉在热空气的对流与辐射作用下不断干燥直至达到要求。

二、婴儿食品

预糊化大米粉是易消化的大米制品，常作为婴儿的第一固体食品。预糊化谷粉是婴儿膳食中必需矿物质和维生素的最优秀的载体，对谷粉的要求就是在用奶或配制食品混食时不会结块，等量谷粉冲调所需加的液体应该均一。

以大米为原料的婴儿营养米粉的制作通常有两种方法，一种是滚筒干燥法，一种是挤压蒸煮法。

(一)滚筒干燥法

将米粉调成悬浮液后蒸煮，然后用双转鼓干燥机进行干燥，最后轧米、包装。米粉比其他谷物粉难加工。预煮的米粉糊在转鼓干燥机表面的厚度、转鼓之间的间隙、转鼓表面的温度、转鼓速度以及其后米糊的性质是最难控制的，在干燥操作中比其他任何因素的影响都大。米粉的堆积密度的粒度分布与转鼓上米糊的厚度有关。因为大米的淀粉含量高，固形物含量的微小变化都会对预煮米粉糊的表观黏度产生显著的影响，所以要得到高质量的产品，必须通过固形物含量、转鼓速度和温度等进行调节。

在米粉糊干燥之前加入含有至少一个磷肽键的含酯有机释放剂(乳化剂)，可以使产品米粉在快速冲调中得到质地均一、滑腻的婴儿米粉。

(二)挤压蒸煮法

除转鼓干燥外，挤压蒸煮是生产以大米为基料的预煮婴儿食品的又一方法。所用挤压机的类型、米粉的颗粒度和挤压条件是影响挤压婴儿食品性质的部分因素。其工艺流程如下：

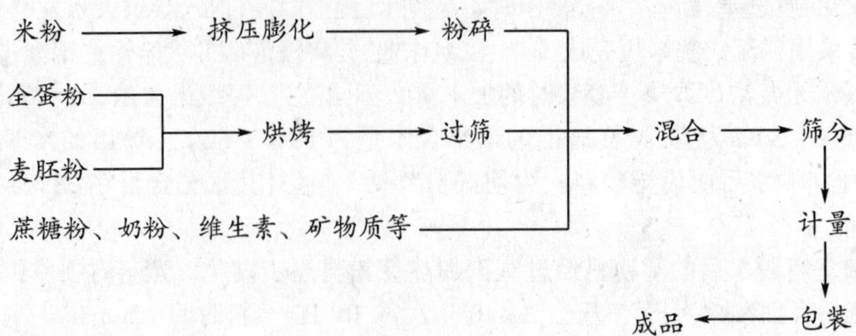

大米或大米粉膨化后粉碎至可通过60目筛，全蛋粉和麦胚粉于100℃温度烘烤杀菌。混合非常重要，混合的均匀性将会影响到制品中各种配料与配方的差异。

三、大米休闲食品

以大米为主料的休闲食品种类繁多，大多利用了大米在高温下能产生特有的稻米香味的特性。以下只讨论目前市场上比较多见的大米饼干。大米饼干可采用糯米或粳米制作。其基本工艺如下：

大米→水洗、浸泡→制粉→蒸熟捏和→饼坯冷却→揣揉→整形→第一次干燥→放置老化→第二次干燥→烘烤→调味、包装

糯米饼干的制作是将大米在洗米机中洗涤，在温度20℃以下水中浸泡16～24 h，控水后，含水38%的大米用辊磨碾成粉，过80目筛，然后蒸15～30 min，冷却2～3 min后，揉捏3次，揉捏过的米饼放在饼模中速冷至2℃～5℃，放置2～3天使之硬化，硬饼切成各种形状，用温度45℃～75℃的空气干燥至水分含量为20%，用大豆酱油及其他调味料涂抹，然后放入连续烘烤机或传动带式烤炉中烘烤后，在温度90℃条件下干燥30 min。

而制作粳米饼干时，先将大米浸泡至水分20%～30%，磨粉，再加入少量水后，将米粉放入揉和机内，蒸5～10 min，冷却至温度60℃～65℃，轧片并切成所需形状用温度70℃～75℃空气干燥至水分含量为20%，室温下调质10～20 h，使水分达到平衡，再干燥至含水量为10%～12%，最后在温度200℃～260℃烤炉中焙烤，焙烤后与上述糯米饼干同样调味。

糯米饼干和粳米饼干的主要差别是冷却处理不同。粳米饼干加工可以采用冷却步骤，所得制品与糯米饼干相似。支链淀粉和直链淀粉之比的差异会影响制品的膨胀率和质量。现在的制造商多采用连续的生产方式，糯米和粳米都可用同样的设备加工米饼干，处理能力达750～1 000 kg/h。传统的加工方法要3～4天，而连续加工只需3～4 h。

四、米制饮料

(一)米营养饮料

以白米为原料(精白度75%)，经蒸煮，加米曲霉 *Aspergillus oryzae*，制得米曲。从其分离得到孢子，取0.1 g，加入100 ml微酸性(pH值2.6，酸度2.5%)的醋液中，再加入粉碎蒸煮糙米20 g，于40℃温度下放置90天，除去浸渍糙米粉，得到浓缩营养饮料，其氨基酸总量达7 231.94 mg/ml。

(二)发芽糙米饮料

将糙米于温度为10℃～15℃水中浸10～12 h,然后于30℃～32℃温度下发芽后,在40℃温度下风干粉碎成米芽粉。将脱去外皮的大豆粉在室温下与水混合成10%生大豆乳(固形物10%)。将上述两者混合,于35℃～55℃温度下使米糖化。米中的淀粉生成可溶性米芽糖,在糙米发芽中产生的酶对乙醛有亲和力,能除去生大豆乳的豆腥味,生大豆中含有α和β淀粉酶,能促进米芽糖化,这种相互协同效应能得到发酵性能良好、香甜味浓厚的米芽豆乳,可以制成饮料,也可与谷类粉、酵母、糖、鸡蛋等制成有特色的发酵食品。

(三)糙米饮料

糙米10 kg在温度5℃±2℃水中浸15 h,沥干,加糙米6倍量的水,加热调制成a-糙米粥,冷却到温度50℃～55℃,加米曲1 kg,在55℃～60℃温度下糖化10 h,此时蛋白质也被水解。当糖度为15°时,用水稀释,加有孢子乳酸菌1×10^3个/ml,调节至pH值4.4～4.9,加入活性圆拟酵母100个/ml,于10℃±2℃温度下保持24 h,在转速10 000 r/min均质机匀质,加压过滤,制成健康饮料。如适量加入蜂蜜等甜味剂和CO_2,风味则会更佳。

(四)大米乳酸饮料

国内外都有这种产品。一般略有酸味,乳酸酸度为0.3%～1.3%,含乳酸菌数为1×10^6～1×10^8个/ml。这种饮料含醋酸等有机酸和微量乙醇、酯等,甜味独特,风味浑厚。

米饭(含水65%)100份、温度120℃蒸汽杀菌10 min,然后接入乳酸菌菌朊(生菌数1×10^9个/g)0.3%～0.5%,淀粉酶0.05%～0.2%,在30℃温度下发酵15 h。pH值为5.2,乳酸酸度0.5%,生菌数2×10^7个/ml。培养21 h,pH值为3.75,乳酸酸度为0.5%,生菌数达1×10^9个/ml。适当加入水和20%葡萄糖,酸化均匀后,包装即成为乳酸饮料。

参 考 文 献

姚惠源.加速创立我国名牌优质米加工体系推动我国优质稻米的深度开发研究.中国稻米,2000,32(6):27－31

GB 1350—1999　稻谷.北京:国家质量技术监督局,1999

姚惠源.依靠技术创新加速建立我国粮食深加工的创新体系.粮食与饲料工业,2001,(1):2－4

朱智伟,郑有川,禹盛苗.后熟作用对早籼稻米质的影响.见:朱睦元,李亚南.生命科学探索与进展(下册).杭州:杭州大学出版社,1998.601－606

朱永义.稻谷加工与综合利用.北京:中国轻工业出版社,1999

孟楚年,赵建柱.大米色选机.粮食与饲料工业,1997,(3):15－18

夏建桥.大米抛光机.粮食与饲料工业,1997,(3):13－14

邢伟,刘大昕.稻谷着水加工工艺探讨.粮食与饲料工业,1998,8:12

熊洪波.浅谈稻谷的着水加工.粮食与饲料工业,2000,6:19

李佳,杨春杰.提高谷糙分离效果的途径.粮食与饲料工业,1998,(10):14－15

朱永义.加工米饭及其生产技术.粮食与饲料工业,1995,(10):29－34

李天真.调质处理在米路中的应用探讨.粮食与饲料工业,1997,(5):11

佘纲哲.稻米化学加工贮藏.北京:中国商业出版社,1994

朱海俊.婴儿断乳配方食品的研究.食品科学,1993,(11):20－27

陈忆凤.风味即食米饭工艺研究.食品科学,1995,(4):25－28

第十八章　水稻技术标准体系

随着农业生产技术水平的提高,作为现代化农业重要标志之一的农业标准化,正日益受到重视。逐步完善的水稻技术标准体系,必将为规范水稻的生产管理、结构调整,以及在保护原产地与水稻资源、提高稻米的市场信誉、推进稻米质量认证、保障人民消费安全和调控稻米国际贸易等广泛的领域,发挥着越来越重要的作用。

第一节　标准在稻作中的作用

一、标准的基本概念

标准是为了在一定范围内获得最佳秩序,经协商一致制定并由公认机构批准,共同使用和重复使用的一种规范性文件。因此,标准具有以下 4 个特点。

(一)标准是一种利益需要的平衡

标准的产生具有目的性,它遵循某种需求平衡,达到最佳社会秩序,通过自然的或有计划的产生。人类文明萌发时,物资交换的需要,要求公平交换、等价交换的原则,自然产生了度、量、衡单位和器具的统一标准。进入以机器化、社会化的大生产,科学技术适应工业的发展,为标准提供了大量生产实践经验,从而使标准活动进入了定量地以实验数据科学阶段,并开始通过民主协商的方式在广阔的领域推行工业技术标准体系,作为提高生产率的途径。如 1789 年美国艾利·惠特尼在武器工业中用互换性原理以批量制备零部件,制定了相应的公差与配合标准;1834 年英国制定了惠物沃思“螺纹型标准”,并于 1904 年以英国标准 BS84 颁布;1897 年英国斯开尔顿建议在钢梁生产中实现生产规格和图纸统一,并促成建立了工程标准委员会;1901 年英国标准化学会正式成立。

(二)标准是以科学技术经验总结为基础

标准来自于成熟的科学技术。正在研究的前沿技术,未在实践中证实可行时,不能成为标准。但标准也不是简单地将科技成果按标准的格式要求转化,标准的制定还需经过试验验证,对其适用性、可靠性、准确性等进行检验。

(三)标准是各方协商的结果

标准是最佳的共同利益,通过各方遵守的要求,来达到统一规范的目的。与公众利益和安全相关的标准具有一定的法律效力,是政府处罚的重要依据。欧盟将这类标准称为技术法规。为了能够协商一致,标准的制定周期一般为 2 ~ 3 年,国际标准一般为 3 ~ 5 年,在试验验证之后,还要进行征求意见,并不断修改和验证,尤其是国际标准要经过 2 ~ 3 次的讨论、验证、修改的周期。但标准的获利是不平衡的,随着国际贸易一体化,关税的减弱,标准成为建立贸易技术措施、保护本国产业利益的重要手段。对此,WTO(世界贸易组织)通过了 TBT 协议(技术性贸易壁垒协定)和 SPS 协议(实施卫生与植物卫生措施协定),对各国的技术贸易措施相关的技术标准进行了约束,限定了公示期限。但发达国家有其先进的技术优势,制定的标准别人难于应对,是标准的最大获利者。

(四)标准须经公认机构批准方可生效

我国的国家标准由国务院标准化行政主管部门批准;行业标准由国务院有关行政主管部门批准,并报国务院标准化行政主管部门备案;地方标准由省、自治区、直辖市标准化行政主管部门批准,并报国务院标准化行政主管部门和国务院有关行政主管部门备案。企业的产品标准须报当地政府标准化行政主管部门批准和有关行政主管部门备案。国际标准由标准化国际组织或协会制定、颁布。

随着社会的进步,分工逐步走向专业化,标准对社会的贡献越来越大。温家宝总理在全国农业标准化会议上说,农业标准化是现代化农业的标志。标准不但具有规范生产行为,维持产品质量的稳定性的特点,而且具有规范市场行为,保护消费者利益等特点。同时,通过设定合理的产品技术要求,保护地方或区域产业的利益。国家规定在以下 7 个方面有统一要求的应指定标准:①工业产品的品种、规格、质量、等级或者安全、卫生要求;②工业产品的设计、生产、试验、检验、包装、贮存、运输、使用的方法或者生产、贮存、运输过程中的安全、卫生要求;③有关环境保护的各项技术要求和检验方法;④建设工程的勘察、设计、施工、验收的技术要求和方法;⑤有关工业生产、工程建设和环境保护的技术术语、符号、代号、制图方法、互换配合要求;⑥农业(含林业、牧业、渔业,下同)产品(含种子、种苗、种畜、种禽,下同)的品种、规格、质量、等级、检验、包装、贮存、运输以及生产技术、管理技术的要求;⑦信息、能源、资源、交通运输的技术要求。

我国将国家标准、行业标准分为强制性标准和推荐性标准。下列标准属于强制性标准:①药品标准,食品卫生标准,兽药标准;②产品及产品生产、贮运和使用中的安全、卫生标准,劳动安全、卫生标准,运输安全标准;③工程建设的质量、安全、卫生标准及国家需要控制的其他工程建设标准;④环境保护的污染物排放标准和环境质量标准;⑤重要的通用技术术语、符号、代号和制图方法;⑥通用的试验、检验方法标准;⑦互换配合标准;⑧国家需要控制的重要产品质量标准。国家需要控制的重要产品目录由国务院标准化行政主管部门会同国务院有关行政主管部门确定。水稻是我国的重要粮食作物,其产品——稻谷、大米属国家控制的重要产品之一。强制性标准以外的标准是推荐性标准。

二、标准在水稻种质资源管理中的作用

(一)稻种资源性状的评价

稻种资源是水稻遗传链的最前端,是水稻品种选育的基础遗传材料,因此稻种资源的编目、鉴定、保藏的目的是为了更好地利用资源。围绕着有效利用,应该制定以下的规则。

1. 统一术语　目前稻种资源分为栽培稻、野生稻、杂交稻组合、不育系和保持系 4 类。栽培稻记录 73 项,其中 59 项是水稻的特征特性;野生稻记录 71 项,其中 60 项是水稻的特征特性;杂交稻组合记录 45 项,其中 32 项为水稻的特征特性;不育系和保持系记录 33 项,其中 19 项为水稻的特征特性。这些特征特性的名称不仅在各分类要求一致,关键要与品种选育、新品种观测和品种区域试验的一致,这样才能使具有有利基因种质得到较合理的利用。

2. 统一编号规则　与水稻生产习性相联系,我国稻种资源分布非常广,除云南、广西、江西外,吉林和辽宁也积累了一部分稻种资源。除国家组织稻种资源的收集、编目外,各省、自治区、直辖市也有一支科研队伍在从事此项工作。编号规则标准化不仅可以方便查找,防止一号多种质或一种质多号,还可强制要求全国使用同一套规则,减少编目的矛盾。

3. 统一鉴定技术方法 我国目前稻种资源的鉴定方法源于攻关协作组选定的方法，农艺性状鉴定和稻米品质鉴定与国际水稻研究所的一致，抗病虫、抗逆性鉴定的对照品种是攻关协作组筛选出的品种，在国内有一定的影响，但没有统一。鉴定技术方法统一与否关系到数据的可比性和准确性，对稻种资源的正确利用和种质资源数据的可信度至关重要。

(二)稻种资源的保藏

水稻种子是生命活体，受其种性和环境影响较大，保藏不当会造成种质资源流失。20世纪80年代前，因保藏条件不好损失了近1/3的资源。按目前我国稻种资源的保藏方式，这保藏管理制度应包括冷藏条件、资源圃条件、更新周期和定期检查等，从标准上保障稻种资源的安全。

(三)原产地产品保护

原产地产品是历史形成并得到社会公认，它的产品权属于地区共有，而不属于任何个人，国家通过标准的方式予以保护。我国丰富的资源产生了许多具有地方特色的大米产品，历史上称为贡米，至今知名度较大的有近30个产品。应根据现有的生产情况，用原产地产品标准给予保护，培植我国大米的知名品牌。

三、标准在水稻品种与种子管理中的作用

我国水稻种植生态区域分布广，现行种植品种非常多。据不完全统计，种植面积在0.67万hm^2以上的主栽品种在400~500个之间，这些品种的总种植面积约占全国水稻种植面积的一半。品种的选育绝大多数(占99%)由水稻研究(或相关)机构完成，农民自行选育的很少。近年来，有些私营研究机构也在进行水稻品种的选育。目前从事水稻品种选育的机构有84家，其中国家级有2家，省级有21家，大学有7家，地市级有49家，私营机构5家。水稻品种选育多数由中央和地方各级人民政府以科研项目给予支持，少部分通过商业交易卖给企业。国家设立水稻品种后补助，对有经济价值、社会作用大的水稻品种进行研究经费补助。

《中华人民共和国种子法》第十七条规定“应当审定的农作物品种未经审定通过的，不得发布广告，不得经营、推广”。目前我国对水稻品种实行国家和省级审定。审定前水稻品种必须通过区域试验和生产试验。水稻品种区试分为国家级、省级、地市级三级，由各级农作物品种管理部门组织实施。水稻品种的审定依据《主要农作物品种审定办法》。水稻品种的区域试验和生产试验，在《主要农作物品种审定办法》第四章的框架下，各组织实施单位制定相应的技术方案，尚未统一。

我国于1997年开始启动植物新品种保护，水稻属第一批公布的保护名录。水稻新品种保护由农业部植物新品种保护办公室进行审理，水稻新品种的测试是根据品种的适应区域，分别在农业部植物新品种测试中心的12个分中心之一，按GB/T 19557.7—2004《植物新品种特异性、一致性和稳定性测试指南　水稻》进行的。

水稻是我国粮食安全的重要产品，对其品种和种子的管理关系到国家和社会稳定以及农民的利益。从国家层面来说，这一部分是水稻标准的核心。以下四方面为标准的重点。

第一，水稻种子的质量。种子质量对水稻生产有极大的影响，直接影响到稻谷的收成，是国家重点管理的产品。水稻种子也是一种商品，需要有标准对其质量进行公平评价。

第二，品种品质。品质是稻米作为商品在流通过程中所必须具有的基本特征特性，品种

是决定品质的关键。水稻的种植结构调整实质上是品质结构调整,使之适应市场的需求。稻米除食用品质外,还用于饲料和工业酿造及米粉干、膨化食品的生产,都需要有标准来衡量。

第三,新品种鉴定和区域试验方法。按照《中华人民共和国植物新品种保护条例》,植物新品种是指经过人工培育的或者对发现的野生植物加以开发,具备新颖性、特异性、一致性和稳定性并有适当命名的植物品种。其特异性、一致性和稳定性要通过测试来鉴定。品种的区域试验是对品种的适应性、抗病虫性、抗逆性、品质和经济性状进行评价。两者均为提供公证数据,应按标准执行。

第四,品种的描述规范。对品种的认识首先是通过品种介绍,而品种介绍通常是由育种家提供,因此带有一定的宣传作用。品种的描述规范主要解决两个问题,即品种特征特性表述的真实性和栽培方法的可操作性。

四、标准在稻米生产中的作用

我国水稻种植区域广,北至北纬53°27′的黑龙江省漠河地区,高至海拔2 659米的云南省宁蒗县宁县坝,均有水稻种植。《中国水稻品质区划及标准化优质栽培》一书中,将我国的稻区分为4个大区10个亚区:Ⅰ.华南湿热食用籼稻区,包括闽、台、粤、琼、桂等5个省、自治区,共有254个行政县(市、区)种植水稻,占全国水稻种植县的14.4%,主体是双季稻多熟制,有部分是三季稻;Ⅱ.华中湿润多用籼粳稻区,包括湘、赣、苏、浙、沪、皖、鄂等7个省、直辖市,有535个县种植水稻,占全国水稻种植县的30.3%,双季稻和单季稻平分秋色;Ⅲ.西南高原湿润兼用、多用籼、粳、糯稻区,包括我国西南部的云南、贵州、四川、重庆等省、直辖市和青藏高原,共有401个县种植水稻,占全国水稻种植县的22.7%,主体是单季稻;Ⅳ.北方半湿润食用粳稻区:包括京、津、冀、鲁、豫、晋、陕、宁、甘、辽、吉、黑、内蒙古、新等14个省、自治区、直辖市,共有571个县种植水稻,占全国的32.4%,全部是单季稻。我国水稻生态分布复杂,生产水平差别也大,使得水稻生产技术应用具有一定的复杂性,同一种生产技术难以在全国实施统一的技术规程。

按水稻的产业链,稻米的生产可分为种子生产、稻谷生产和大米加工等三段。

第一,水稻种子是主要粮食种子,属国家安全物资,一直由国有种子公司生产。长期以来,水稻种子产业形成省、市、县三级种子公司的生产、销售体系,并负责本区域的种子调剂和供应。随着国家对种子公司体制改革的实施,种子公司从事业单位中剥离,实行企业化,符合条件的种子公司可在其他地区设立门市部,经营范围放开。水稻种子管理由各级种子管理站执行,国家和省级负责水稻种子的抽查,地市级负责对本区域水稻种子质量的监控,每年10月份前完成抽样,并在海南省完成田间纯度鉴定。

第二,生产规模小是中国水稻生产的弱点,有70%的稻米生产是由约1亿个规模较小的农户来承担,最小的农户只有几分地。随着水稻种植业结构调整和产业化的发展,在原有的农垦农场和种粮大户下,逐步发展以下模式。

①农业车间模式。即由农业龙头企业合法取得土地使用权后,把稻区按地形、区域划分成若干"车间",然后承包给农户,每一"车间"按标准生产一种产品。"车间"内统一品种、统一栽培技术、统一病虫防治、统一价格收购。该模式企业可根据市场需求自主安排生产,农民成为公司的生产工人。

②公司加农户模式。这是一种松散形式的产业化链。其做法是以公司为龙头，选择若干种田大户作为公司的骨干户，每一骨干户再带动一批农户。公司和骨干户签订粮食生产回收合同，骨干户按合同要求去组织生产，负责种子发放、技术指导及帮助公司回收产品等工作。该模式成本低、组织简单、完全市场化运作，在农民素质较高的地区，不失为一种简单易行的有机食品稻米生产方式。

③公司加基地加农户模式。一般由农业龙头企业、政府机构、农技部门共同参与运作。企业根据市场需求提标准、出订单、创品牌；政府起号召、组织、协调、监督等作用，把千家万户联合成规模化的稻米生产基地；农技部门根据企业要求制定技术操作规程，负责技术培训指导、技术措施的贯彻落实。

④股份制合作社为代表的农村联营组织模式。该模式可包括农业专业协会、农民技术协会、农村村级经济合作组织等。其显著特点是以股份制形式建立企业化运作的水稻生产经营联合体，种植基地的全部或部分种稻农民入股参与整个产业化运作。该模式规模可大可小，股份组成灵活多样。优点是机制灵活，抗风险能力强，市场化程度高，运转成本低，可节省大量的流动资金和仓储设施。

随着社会分工的专业化，新的水稻生产模式不断产生，种粮大户的队伍不断在扩大，由于农村主要劳动力到城市务工，农民口粮占水稻总产的2/3，水稻生产依然是以小规模生产为主体。

第三，我国大米的加工分为两个部分。一是农民自留口粮，由各村镇的简易碾米设备加工，这部分占了稻谷产量的2/3，约1.1亿t；二是商品大米和工业用大米，在过去的计划经济体制下，由粮食系统管辖下的国有碾米厂加工。随着对粮食流通体制的改革和产业化政策的实施，大米生产的格局也在变化。农民自留部分，河北、山东、浙江、江苏等省出现了粮食银行的模式，农民把稻谷储藏在国有粮库，用存折取米。商品大米生产也呈多元化形式，私营企业发展较快，研究单位、院校、种子公司甚至乡镇也办起了大米加工厂，农业龙头企业在大米加工的作用逐步增大。

我国近5年内通过各种渠道投资建设了许多大米加工企业。目前日产大米50 t以上生产规模的国有、集体和民营的加工厂已达到1 000多家，总生产能力达5 000万t左右，但日产1 000 t的企业还屈指可数。农村大米加工占全国加工量的60%，这部分还处于简陋和粗放状态，其加工质量达不到精制米的要求，稻谷出米率普遍低于正规加工厂2～3个百分点。

我国水稻生产区域跨度大，水稻种类多，生态分区多，稻米的生产相对其他产稻国显得复杂。同时稻米的生产与农民直接相关，既关系到农民生产技术水平，也关系到农民的利益。因此，合理的技术标准对稻米生产是至关重要的。

水稻综合生产技术以农民为使用主体，种植制度和生态差异对水稻生长的影响较大，应按生态区、分种植制度制定生产技术标准。单项技术如旱育稀植、稻鸭共养等技术特性较突出，应有专项的标准。

大米生产在技术上区别主要有两种，一是粳稻加工，二是籼稻加工。由于粳稻和籼稻在粒型和抗碎方面特性不同，对加工技术完全不同。商品大米基本上是企业生产行为，可由企业制定生产技术规程等企业标准来规范。但占稻谷产量2/3的农村自行加工大米的技术，还应有标准来规范，以最大限度地减少粮食损失。

此外，在水稻生产上还有两类内容需要标准，一是用标准进行管理的，主要为种子、肥料、农药、农用耗材等水稻生产投入品,产地环境要求,以及生产设备、加工设备等农业用具;二是需要标准规范的,包括病虫草害的调查测报、农药使用准则、原种生产技术规范等。

五、标准在稻米产品流通中的作用

稻米是粮食产品,在国家粮食流通体制改革前,稻谷收购和大米销售是由粮食部门独家经营。目前这种格局已被打破,稻米的经营呈多元化形式。

一是水稻种子的流通。当前有企业发放、商店购买、政府调拨、农民间交流等几种形式。通过订单农业,企业发放稻种是商品粮的主体,商店购买是交公粮(国家储备粮)的主体。农民自留口粮一般选择品质较好的种子,并通过交流得到种子信息。

二是稻谷的流通。目前有粮食部门收购、企业收购、企业按合同(订单)收购、粮食个体经营者收购、企业向粮食部门购买、国家调拨等形式。粮食部门收购,以用于国家储备粮为主。企业收购和企业按合同收购,以用于加工商品大米为主,收购按事先选定水稻品种的稻谷。个体经营者主要是收购市场紧缺的适销对路的稻谷。由于有些企业没有足够的周转资金,必须向粮库购买稻谷。国家调拨主要通过国有粮食主渠道解决粮食短缺的问题。

三是大米的流通。目前大米的流通已经完全市场化,其流通渠道为企业—批发市场—零售市场,或企业—经销商—零售市场,最后抵达消费者。

稻米的流通管理比较复杂。水稻种子按《中华人民共和国种子法》规定由农业部门管理,非种用稻谷和大米,粮食、工商、卫生、农业、质检等部门均可管理。这些管理者必须面对稻米生产的三个特点和一个新问题。三个特点为:一是千家万户的农民,种植面积小,种植水稻比较效益低;二是产品的不稳定性,较短的保质期;三是质量控制的复杂性,自身污染与环境污染紧密结合。一个新问题是在市场经济的引导下,第三方公证机构对产品质量认证的崛起。因此,标准的作用不可忽视。如果各部门使用的标准、方法以及目的不一致的话,将会导致农民对国家管理的误解,影响到消费者的消费信心,对稻米生产造成严重的打击。

我国稻米产品主要用于口粮,还有部分饲料稻和食品生产原料。现行的稻米产品交易基本上实施市场化,并由国家相关行政部门进行监督管理。稻米是我国人民的主要食物,与人民身体健康紧密相关,需要对稻米产品的质量、卫生、安全以及贮运进行严格的管理规定。质量问题往往是稻米产品因生产、加工不当产生的;卫生问题往往是由有害微生物、真菌等侵害产生的;食用安全问题则是稻米产品生产加工过程中受污染产生的,如重金属、残留农药、食品添加剂超标等。

随着稻米产品市场化和商品化进程的发展,产品认证成为第三方证明产品质量、提高产品市场信誉的一种有效方式。《中华人民共和国标准化法》第十五条规定“企业对有国家标准或者行业标准的产品,可以向国务院标准化行政主管部门或者国务院标准化行政主管部门授权的部门申请产品质量认证”。《中华人民共和国认证认可条例》也对产品认证作了明确的规定。因此,对稻米产品的各种认证也需要有相应的配套标准来加以具体规范。

第二节　我国水稻技术标准现状

我国稻米技术标准的制修订,始于20世纪60年代,经过多年的建设,现有与稻米相关的国家、行业、地方标准已超过400个,涉及产品、检验检测方法、产地环境、生产技术规程、生产设备等方面。其中,专用于稻米的国家和行业标准有 84 个,在标准中的适用范围注明适用于稻米的国家和行业标准有 121 个。

一、稻米产品质量标准现状

稻米产品质量标准按产品类型可分为种子、品种、稻谷、大米及米制品等,按质量控制类型可分为品质、质量、卫生和重金属、农药残留等。

(一)种子质量标准

水稻种子质量的标准是国家强制性标准 GB 4404.1—1996《粮食作物种子　禾谷类》。国家对水稻种子实行两级管理,即原种(一级种子)和良种(二级种子)。育种家种子和原原种目前尚未列入管理范围。水稻种子质量要求见表 18-1。

表 18-1　水稻种子质量要求　(%)

<table>
<tr><th>项 目</th><th>级 别</th><th>纯度不低于</th><th>净度不低于</th><th>发芽率不低于</th><th>水分不高于</th></tr>
<tr><td rowspan="2">常规种</td><td>原 种</td><td>99.9</td><td rowspan="2">98.0</td><td rowspan="2">85</td><td rowspan="2">13.0(籼)
14.5(粳)</td></tr>
<tr><td>良 种</td><td>98.0</td></tr>
<tr><td rowspan="2">不育系
保待系
恢复系</td><td>原 种</td><td>99.9</td><td rowspan="2">98.0</td><td rowspan="2">80</td><td rowspan="2">13.0</td></tr>
<tr><td>良 种</td><td>99.0</td></tr>
<tr><td rowspan="2">杂交种</td><td>一 级</td><td>98.0</td><td rowspan="2">98.0</td><td rowspan="2">80</td><td rowspan="2">13.0</td></tr>
<tr><td>二 级</td><td>96.0</td></tr>
</table>

(二)稻米品质标准

稻米品质的要求取决于其用途。我国稻米以食用为主,占稻谷总产量的 80%～85%,其余用于饲料、发酵工业(酿酒和味精)、米粉干、膨化食品生产等。食用稻米的品质要求主要在碾米品质、外观品质、食味品质和营养品质等方面,但不同地区对食用稻米的品质要求侧重点有所不同,如我国南方和北方因百姓食用习惯不同,而对稻米品质的要求也有所不同。对饲料稻的品质要求是蛋白质含量要高,以减少饲料中蛋白质的添加量。对酿酒用稻米要求其为低直链淀粉含量,而生产米粉干的则需高直链淀粉含量。

目前我国在稻米品质方面仅有食用品质的标准,饲料稻的标准正在制定中。为推进优质稻米的生产,国家于 1986 年颁布了第一个稻米品质农业行业标准 NY/T 20—1986《优质食用稻米》,2002 年修订为 NY/T 593—2002《食用稻品种品质》,分籼稻、粳稻、籼糯、粳糯四类对食用稻的品质进行综合评价(表 18-2～5)。表 18-2～4 中的质量指数是由理化指标,包括糙米率、精米率、整精米率、垩白米率(阴糯米率)、垩白度、透明度(白度)、糊化温度、胶稠度、直链淀粉含量、蛋白质含量和食味鉴定结果进行加权计算的。

表 18-2　籼稻品种品质等级

等　级	整精米率(%)			垩白度(%)	透明度(级)	直链淀粉含量(%)	质量指数(%)
	长 粒	中 粒	短 粒				
一	≥50.0	≥55.0	≥60.0	≤2.0	1	17.0~22.0	≥75
二	≥45.0	≥50.0	≥55.0	≤5.0	≤2	17.0~22.0	≥70
三	≥40.0	≥45.0	≥50.0	≤8.0	≤2	15.0~24.0	≥65
四	≥35.0	≥40.0	≥45.0	≤15.0	≤3	13.0~26.0	≥60
五	≥30.0	≥35.0	≥40.0	≤25.0	≤4	13.0~26.0	≥55

表 18-3　粳稻品种品质等级

等　级	整精米率(%)	垩白度(%)	透明度(级)	直链淀粉含量(%)	质量指数(%)
一	≥72.0	≤1.0	1	15.0~18.0	≥85
二	≥69.0	≤3.0	≤2	15.0~18.0	≥80
三	≥66.0	≤5.0	≤2	15.0~20.0	≥75
四	≥63.0	≤10.0	≤3	13.0~22.0	≥70
五	≥60.0	≤15.0	≤3	13.0~22.0	≥65

表 18-4　籼糯稻品种品质等级

等　级	整精米率(%)			阴糯米率(%)	白　度(级)	直链淀粉含量(%)	质量指数(%)
	长 粒	中 粒	短 粒				
一	≥50.0	≥55.0	≥60.0	≤1	1	≤2.0	≥75
二	≥45.0	≥50.0	≥55.0	≤5	≤2	≤2.0	≥70
三	≥40.0	≥45.0	≥50.0	≤10	≤2	≤2.0	≥65
四	≥35.0	≥40.0	≥45.0	≤15	≤3	≤3.0	≥60
五	≥30.0	≥35.0	≥40.0	≤20	≤4	≤4.0	≥55

表 18-5　粳糯稻品种品质等级

等　级	整精米率(%)	阴糯米率(%)	白度(级)	直链淀粉含量(%)	质量指数(%)
一	≥72.0	≤1	1	≤2.0	≥85
二	≥69.0	≤5	≤2	≤2.0	≥80
三	≥66.0	≤10	≤2	≤2.0	≥75
四	≥63.0	≤15	≤3	≤3.0	≥70
五	≥60.0	≤20	≤4	≤4.0	≥65

(三)稻米商品质量标准

稻米的商品质量要求是稻米销售和市场监管的重要依据。国际标准化组织和联合国食品法典委员会都制定了相应的标准,规定了稻谷、糙米和大米的商品质量的最低限,并要求水分不超过15%,所有商业合同必须注明碎米的允许含量、根据协议分类的分级、每个分类的相应比例、杂质总量和缺陷米的总量。我国的稻米商品质量标准有GB 1350—1999《稻谷》和GB 1354—1986《大米》。GB 1350对稻谷按糙米率进行分等分级,同时要求稻谷中混有的其他类稻谷不超过5.0%、黄粒米不超过1.0%、谷外糙米不超过2.0%。GB 1354对大米按"加工精度、不完善粒、最大限度杂质"进行分等分级,同时要求黄粒米限度为2.0%。

(四)稻米卫生安全标准

稻米卫生安全指标关系人体健康,属强制性要求的项目,包括重金属、农药残留、仓库熏蒸剂残留、微生物毒素残留和食品添加剂残留等。我国稻米的卫生安全标准有两种形式:一是产品标准,GB 2715—2005《粮食卫生标准》;二是参数标准,如GB 2763—1981《食品中农药残留限量》等,绝大部分是这个形式。随着科技的进步,化学合成物质在稻米生产、加工和贮藏应用上的增加,稻米的卫生安全指标也不断增加。

我国对稻米卫生安全指标的要求,主要体现在重金属元素和杀虫剂(包括仓库熏蒸剂)的限量上,其次是杀菌剂,而除草剂和食品添加剂较少。允许限量在0.02 mg/kg的有8种,它们分别是甲拌磷、久效磷、狄氏剂、艾氏剂、汞、七氯、水胺硫磷、二溴乙烷,以杀虫剂为主。详见表18-6。

表18-6 我国稻米卫生安全标准的主要指标及限量要求 (单位:mg/kg)

项目	国标	无公害食品	绿色食品	项目	国标	无公害食品	绿色食品
汞	0.02	0.02	0.01	铅	0.2	0.2	
无机砷	0.15	0.5	0.4	镉	0.2	0.2	0.10
铬	1.0			硒	0.3		
锌	50			稀土	2.0		
氟	1.0		1.0	铜	10		
亚硝酸盐	3	3		黄曲霉毒素 B_1	0.01	0.01	0.005
溴甲烷	5			霉变粒(%)	2.0		
苯并[a]芘	0.005			麦角	不得检出		
乙酰甲胺磷	0.2			二硫化碳	10		不得检出
敌菌灵	0.2			磷化物	0.05	0.05	不得检出
灭草松	0.1			克百威	0.2	0.5	
六六六	0.05		0.05	杀螟丹	0.1		
噻嗪酮	0.3	0.3		稻丰散	0.05		
百菌清	0.2			多菌灵	2		
滴滴涕	0.05		0.05	毒死蜱	0.1	0.1	
敌敌畏	0.1		0.05	溴氰菊酯	0.5		

续表 18-6

项　　目	国 标	无公害食品	绿色食品	项　　目	国 标	无公害食品	绿色食品
杀虫双	0.2	0.2	0.1	丁硫克百威	0.5		
二嗪磷	0.1			乐　果	0.05		0.02
乙硫磷	0.2			敌瘟磷	0.1		
倍硫磷	0.05		不得检出	杀螟硫磷	5.0		1.0
溴甲烷	5			水胺硫磷	0.02		
多效唑	0.5			马拉硫磷	0.1		1.5
对硫磷	0.1			甲胺磷	0.1	0.1	
二氯苯醚菊酯（氯菊酯）	2.0			久效磷	0.02		
甲拌磷			不得检出	甲基对硫磷	0.1		
磷　胺	0.1			甲萘威	5.0		
三唑酮	0.5			亚胺硫磷	0.5		
敌百虫	0.1			辛硫磷	0.05		
氯化苦	2.0		不得检出	甲基嘧啶磷	5		
氰化物	5.0		不得检出	喹硫磷	0.2		
狄氏剂	0.02			杀虫环	0.2		
甲基毒死蜱	5.0			三环唑	2.0	2.0	1.0
涕灭威	0.02			艾氏剂	0.02		
丙硫克百威	0.2			七　氯	0.02		
敌　稗	2			磷化铝	0.05		
绿氟吡氧乙酸	0.2			苄嘧磺隆	0.05		
烯唑醇	0.05			丁草胺	0.5		
仲丁威	0.5			丙草胺	0.1		
草甘磷	0.1			二嗪磷	0.1		
稻瘟灵	1			四氯苯酞	0.5		
氯菊酯	2			甲基异柳磷	0.02		
恶草酮	0.02			异丙威	0.2		
咪鲜胺	0.5			禾草敌	0.1		
嘧啶氧磷	0.1			三唑磷	0.1		

注：1. 表中内容摘自 2005 年 1 月 25 日发布的 GB 2763—2005《食品中农药最大残留限量》和 GB 2715—2005《粮食卫生标准》，这两个标准 2005 年 10 月 1 日实施，过渡期为 1 年。2005 年 10 月 1 日前生产并符合相应原标准的稻米，允许销售至 2006 年 9 月 30 日；2. 无公害食品大米和绿色食品大米标准中均规定，未列项目及新增禁用、限用农药，按国家相关规定执行

二、产地环境标准现状

稻米产地环境标准从水稻生态的水、土、气提出要求。最基本的要求还是服从于国家对农业环境的水、土、气要求。

(一)大气质量标准

GB 3095—1996《环境空气质量标准》适用于全国范围的环境空气质量评价，包括了城市地区、牧业区和以牧业为主的半农半牧区、蚕桑区、农业区和林业区。农业区必须符合二级标准。水稻产地应属于农业区(标准中没有说明)。该标准规定的指标有硫(SO_2)、总悬浮颗粒物(TSP)、可吸入颗粒物(PM_{10})、氮氧化物(NO_x)、二氧化氮(NO_2)、一氧化碳(CO)、臭氧(O_3)、铅(Pb)、苯并[a]芘(B[a]P)、氟化物(F)等 10 项(表 18-7)。

表 18-7　环境空气质量等级要求

污染物名称	取值时间	浓度限值			浓度单位
		一 级	二 级	三 级	
二氧化硫(SO_2)	年平均	0.02	0.06	0.10	mg/m^3(标准状态)
	日平均	0.05	0.15	0.25	
	1 小时平均	0.15	0.50	0.70	
总悬浮颗粒物(TSP)	年平均	0.08	0.20	0.30	mg/m^3(标准状态)
	日平均	0.12	0.30	0.50	
可吸入颗粒物(PM_{10})	年平均	0.04	0.10	0.15	mg/m^3(标准状态)
	日平均	0.05	0.15	0.25	
氮氧化物(NO_x)	年平均	0.05	0.05	0.10	mg/m^3(标准状态)
	日平均	0.10	0.10	0.15	
	1 小时平均	0.15	0.15	0.30	
二氧化氮(NO_2)	年平均	0.04	0.04	0.08	mg/m^3(标准状态)
	日平均	0.08	0.08	0.12	
	1 小时平均	0.12	0.12	0.24	
一氧化碳(CO)	日平均	4.00	4.00	6.00	mg/m^3(标准状态)
	1 小时平均	10.00	10.00	20.00	
臭氧(O_3)	1 小时平均	0.12	0.16	0.20	
铅(Pb)	季平均		1.50		$\mu g/m^3$(标准状态)
	年平均		1.00		
苯并[a]芘(B[a]P)	日平均		0.01		

续表 18-7

污染物名称	取值时间	浓度限值			浓度单位
		一 级	二 级	三 级	
氟化物(F)	日平均		7①		μg/(dm^2·d)
	1 小时平均		20①		
	月平均	1.8②	3.0③		
	植物生长季平均	1.2②	2.0③		

注:①适用于城市地区;②适用于牧业区和以牧业为主的半农半牧区,蚕桑区;③适用于农业区和林业区

(二)水质标准

GB 5084—1992《农田灌溉水质标准》适用于全国以地面水、地下水和处理后的城市污水及与城市污水水质相近的工业废水作水源的农田灌溉用水。标准根据农作物的需水程度,分为 3 类,即水作[灌水量 800 m^3/(667 m^2·年)],旱作[灌溉水量 300 m^3/(667 m^2·年)],蔬菜[灌水量差异很大,一般为 200~500 m^3/(667 m^2·茬)]。水稻属于水作,要求的指标有需氧量(BOD_5)、化学需氧量(CODcr)、悬浮物、阴离子表面活性剂(LAS)、凯氏氮、总磷(以 P 计)、全盐量、总汞、总镉、总砷、氟化物、石油类、三氯乙醛、硼、粪大肠菌群数、蛔虫卵数等 16 项。少了对铬、总铅等 13 项的要求(表 18-8)。

表 18-8　农田灌溉水质要求

序号	项　目	水 作	旱 作	蔬菜
1	生化需氧量(BOD_5)(mg/L) ≤	80	150	80
2	化学需氧量(COD_{cr})(mg/L) ≤	200	300	150
3	悬浮物(mg/L) ≤	150	200	100
4	阴离子表面活性剂(LAS)(mg/L) ≤	5.0	8.0	5.0
5	凯氏氮(mg/L) ≤	12	30	30
6	总磷(以 P 计)(mg/L) ≤	5.0	10	10
7	水温(℃) ≤		35	
8	pH 值		5.5~8.5	
9	全盐量(mg/L) ≤	1 000(非盐碱土地区),2 000(盐碱土地区),有条件的地区可以适当放宽		
10	氯化物(mg/L) ≤		250	
11	硫化物(mg/L) ≤		1.0	
12	总汞(mg/L) ≤	0.001		
13	总镉(mg/L) ≤	0.005		

续表 18-8

<table>
<tr><th>序 号</th><th>项　　目</th><th></th><th>水 作</th><th>旱 作</th><th>蔬 菜</th></tr>
<tr><td>14</td><td>总砷(mg/L)</td><td>≤</td><td>0.05</td><td>0.1</td><td>0.05</td></tr>
<tr><td>15</td><td>铬(六价)(mg/L)</td><td>≤</td><td colspan="3">0.1</td></tr>
<tr><td>16</td><td>总铅(mg/L)</td><td>≤</td><td colspan="3">0.1</td></tr>
<tr><td>17</td><td>总铜(mg/L)</td><td>≤</td><td colspan="3">1.0</td></tr>
<tr><td>18</td><td>总锌(mg/L)</td><td>≤</td><td colspan="3">2.0</td></tr>
<tr><td>19</td><td>总硒(mg/L)</td><td>≤</td><td colspan="3">0.02</td></tr>
<tr><td>20</td><td>氟化物(mg/L)</td><td>≤</td><td colspan="3">2.0(高氟区),3.0(一般地区)</td></tr>
<tr><td>21</td><td>氰化物(mg/L)</td><td>≤</td><td colspan="3">0.5</td></tr>
<tr><td>22</td><td>石油类(mg/L)</td><td>≤</td><td>5.0</td><td>10</td><td>1.0</td></tr>
<tr><td>23</td><td>挥发酚(mg/L)</td><td>≤</td><td colspan="3">1.0</td></tr>
<tr><td>24</td><td>苯(mg/L)</td><td>≤</td><td colspan="3">2.5</td></tr>
<tr><td>25</td><td>三氯乙醛(mg/L)</td><td>≤</td><td>1.0</td><td>0.5</td><td>0.5</td></tr>
<tr><td>26</td><td>丙烯醛(mg/L)</td><td>≤</td><td colspan="3">0.5</td></tr>
<tr><td>27</td><td>硼(mg/L)</td><td>≤</td><td colspan="3">1.0(对硼敏感作物,如马铃薯、笋瓜、韭菜、洋葱、柑橘等);2.0(对硼耐受性较强的作物,如小麦、玉米、辣椒、小白菜、葱等);3.0(对硼耐受性强的作物,如水稻、萝卜、油菜、甘蓝等)</td></tr>
<tr><td>28</td><td>粪大肠菌群数(个/L)</td><td>≤</td><td>10 000</td><td></td><td></td></tr>
<tr><td>29</td><td>蛔虫卵数(个/L)</td><td>≤</td><td>2</td><td></td><td></td></tr>
</table>

(三)土壤质量标准

GB 15618—1995《土壤环境质量标准》适用于农田、蔬菜地、茶园、果园、牧场、林地、自然保护区等地的土壤。标准根据土壤应用功能和保护目标,划分为 3 类:Ⅰ类主要适用于国家规定的自然保护区(原有背景重金属含量高的除外)、集中式生活饮用水源地、茶园、牧场和其他保护地区的土壤,土壤质量基本保持自然背景水平;Ⅱ类主要适用于一般农田、蔬菜地、茶园、果园、牧场等土壤,土壤质量基本上对植物和环境不造成危害和污染;Ⅲ类主要适用于林地土壤及污染物容量较大的高背景值土壤和矿产区附近等地的农田土壤(蔬菜地除外),土壤质量基本上对植物和环境不造成危害和污染。水稻应归属Ⅱ类一般农田,执行二级标准,要求的指标是镉、汞、砷、铜、铅、铬、锌、镍、六六六、滴滴涕等 10 项(表 18-9)。

表 18-9　土壤环境质量要求　（单位：mg/kg）

项　目		一　级	二　级			三　级
		自然背景	pH 值＜6.5	pH 值 6.5～7.5	pH 值＞7.5	pH 值＞6.5
镉	≤	0.20	0.30	0.60	1.0	
汞	≤	0.15	0.30	0.50	1.0	1.5
砷	水田 ≤	15	30	25	20	30
	旱地 ≤	15	40	30	25	40
铜	农田等 ≤	35	50	100	100	400
	果园 ≤	—	150	200	200	400
铅	≤	35	250	300	350	500
铬	水田 ≤	90	250	300	350	400
	旱地 ≤	90	150	200	250	300
锌	≤	100	200	250	300	500
镍	≤	40	40	50	60	200
六六六	≤	0.05		0.50		1.0
滴滴涕	≤	0.05		0.50		1.0

注：1. 重金属（铬主要是三价）和砷均按元素量计，适用于阳离子交换量＞5 cmol/kg 的土壤，若≤5 cmol/kg，其标准值为表内数值的半数；2. 六六六为四种异构体总量，滴滴涕为四种衍生物总量；3. 水旱轮作地的土壤环境质量标准，砷采用水田值，铬采用旱地值

由于以上标准对水稻生态的针对性不强，没有体现水稻极易吸附重金属和一年生的特点，且与水稻相关指标累计达 33 项，增加了农民检测的费用负担。为了有效地推进水稻无公害生产，加速水稻无公害基地认定进程，农业部组织制定了 NY 5116—2002《无公害食品 水稻产地环境条件》，有针对性地提出了对水稻生态环境的要求。其中，空气质量 2 项，为二氧化硫和氟化物；灌溉水 7 项，为总汞、总镉、总砷、铬、总铅、石油类和挥发酚；土壤 5 项，为总镉、总汞、总砷、总铅、总铬。

三、稻米生产技术规范现状

稻米的生产技术规范较多，包括了种子生产技术规程、农药使用准则、病虫害测报调查规范、水稻生产技术规程、大米生产技术规程等。按标准的一般原则，除农药使用准则外，其余生产技术规程应该由企业制定标准，鉴于我国农业生产面临千家万户农民的特殊性，农业部组织制定了一些水稻生产实用的技术规程，指导水稻生产。

水稻种子现有的生产技术规程是 GB 17314—1998《籼型杂交水稻"三系"原种生产技术操作规程》和 GB/T 17316—1998《水稻原种生产技术操作规程》，主要在品种的提纯方法上作了规定，也强调了生产过程记录的重要性。GB 8371—1987《水稻种子产地检疫规程》，对水稻细菌性条斑病和白叶枯病的田间和室内检测方法以及发证的基本要求进行了规范。

水稻农药使用没有专门的标准，但在农药使用准则中规定了水稻常用农药的使用次数、使用时期和安全间隔期。目前现有标准是 GB 4285—1989《农药安全使用标准》、GB

8321.1—1987《农药合理使用准则(一)》、GB 8321.2—1987《农药合理使用准则(二)》、GB 8321.3—1987《农药合理使用准则(三)》、GB 8321.4—1993《农药合理使用准则(四)》、GB 8321.5—1997《农药合理使用准则(五)》、GB 8321.6—2000《农药合理使用准则(六)》、GB 8321.7—2002《农药合理使用准则(七)》。

现行水稻的病虫害测报调查规范标准主要针对对水稻危害较重的“两病三虫”,有 GB/T 15790—1995《稻瘟病测报调查规范》、GB/T 15791—1995《稻纹枯病测报调查规范》、GB/T 15792—1995《水稻二化螟测报调查规范》、GB/T 15793—1995《稻纵卷叶螟测报调查规范》、GB/T 15794—1995《稻飞虱测报调查规范》。制定这些标准的目的是使承担系统测报任务的区域病虫测报站报出的结果具有可比性和准确性。这些标准对调查的时间、调查的方法、等级标准、结果统计做了较为详细的规定。正确地测报病虫害是合理防治病虫害的重要手段,这些标准对水稻生产具有重要的指导作用,应该充分地应用,将使用范围扩大到水稻的日常生产管理。

水稻的生产技术规程标准是近年发展起来的,目前已颁布的行业标准有 NY/T 145—1990《东北地区移植水稻生产技术规程》、NY/T 59—1987《水稻二化螟防治标准》、NY/T 5117—2002《无公害食品　水稻生产技术规程》。除此之外,目前地方标准也比较多,主要在节水灌溉技术,旱育稀植,稻、鸭、鱼共生,稻、豆、鱼、菇(耳)综合种养,机械作业,稻田养鱼等方面。这些标准均是指导性标准。由于农业生产的复杂性,每个基地或企业应针对本地的实际情况制定可操作性强的地方或企业标准。

大米的生产技术规程,主要是生产企业使用,目的是提高产品质量和生产效益,国家或地方政府尚无指导性的标准,一般是企业自己制定企业标准。惟一的是 NY/T 5119—2002《无公害食品　稻米加工技术规范》,用于无公害食品认证。该标准与 CAC 产品生产规范一致,是大米生产的 HACCP(危害分析与关键控制点)标准,重点对大米生产过程中可能产生产品质量不安全之处提出规范要求。

四、稻米的其他相关技术标准

稻米的其他相关标准主要是一些基础性标准,包括检测技术标准、投入品的质量标准、农机具及加工设备标准、术语标准和其他基础性标准。这些标准有水稻专用的,也有粮食作物通用的,还有农作物通用的。水稻生产者对这些标准应该有所了解,以便维护自己的权益,保障水稻生产的正常进行。

检测技术标准非常多,稻米管理过程中需要确定指标量值或等级的都有相应的检测方法。有的指标有多种检验方法,不同的方法检出的结果会有差异,但每个需要量值或等级的标准都对采纳的检测方法进行了明确的规定。因此,在确认检测结果是否合法时,确认检测方法也是十分重要的。

投入品与农产品安全生产关系重大,国家每年都组织人力物力实施农资打假。水稻生产过程中使用的投入品都有质量标准,包括农药、肥料、农用薄膜、抛秧盘等。发现伪劣产品,应依据标准进行投诉。

稻米生产过程中使用的农机具和加工设备以及种子加工设备均有标准。这些标准主要有两个方面,一是设备的质量要求,二是设备的试验鉴定方法。在购买这些设备时,应首先了解标准的要求,保证设备性能可靠和生产安全。

稻米的术语标准还未全部规范，目前现有的标准是 GB/T 8875—1988《碾米工业名词术语》。

除以上标准外，还有一些基础性标准如标准的编写、质量管理、抽样统计等也适用于稻米生产管理的相关方面。

第三节　国内外水稻技术标准及比较

一、稻米品质标准

我国地域辽阔，水稻种类齐全，种植季节多种。与日本、韩国只有粳稻米，泰国、印度、美国只有籼稻米不同，我国的稻米标准包含了籼稻米和粳稻米，品质要求包括了碾米品质、外观品质、蒸煮食味品质和食味品尝，侧重于稻米的商品性和适口性。各稻米生产国根据本国的消费特点各有侧重。同是籼稻品种，我国以粒型分级，美国以粒型分类，泰国选择长粒型；食味，我国要求偏粘软，泰国要求松软，印度要求胀性。在总体评价上，与泰国和日本相比，我国稻米品质评价多了碾米品质评价；与美国、印度相比，则少了膨胀性、吸水性和加工稳定性的评价。泰国、日本、美国、印度和韩国对稻米评价的特点如下。

泰国：泰国米在国际市场中享有很高的声誉，其出口量占世界总出口量的 30%以上。鉴于优质稻谷可使农民获取较高的效益，泰国政府历来重视优良的水稻品种，于 1968 年建立了挂靠在农业部水稻局下的“稻米品质检测试验室”，负责稻米品质的评价，并将优质品种向社会推荐。米粒细长是籼米的特征，因此泰国定义优质米为精米细长、半透明、米饭松软，并采用稻米食味品尝评分法来鉴定一些有希望的新品种。

日本：与泰国米不同，粒型不是日本稻米品质的主要因素。日本在稻米生产上有两个特点，一是政府收购糙米并以糙米贮藏，二是十分重视食味鉴定。在品种选育上，主要考虑四个方面，即糙米的外观和贮藏能力、精米率、食用品质、营养价值。日本育种家评价稻米品质的最重要因素是糙米籽粒外观，包括腹白百分率、心白百分率、种皮厚度、纵沟深度、整粒糙米百分率、米粒外观与色泽、籽粒大小与形状。食味评价按农林水产省粮食厅规定的食味感官试验方法，从外观、气味、粘度、硬度和味道等五方面进行评价。

美国：美国农业部的水稻研究中心（Beaumont TX）是水稻品质鉴定和研究的权威机构，负责对美国选育的新品种的品质进行鉴定。鉴定的范围包括：①碾米品质方面的精度、整精米率；②物理特性方面的粒型、颜色、垩白度；③感官品质；④预测（理化特性）方面的蛋白质、直链淀粉含量、结构（硬度和粘度）；⑤加工品质方面的糊化温度、蒸煮时间、吸水性、罐头加工稳定性。并按粒型分成 3 类，提出了相应的要求。

印度：印度从 1968 年开始品质育种，先“长粒米品种试验”，目标在于筛选出长粒型或中长粒型没有腹白、有良好精米品质的水稻品种。1974 年起组织“Basmati 系统品种试验”，以期选育优质具有香味的品系。因此，在品质选育上印度育种家有 3 个观念：①米的膨胀率（Swelling Ratio）是最主要指标；②膨胀率与直链淀粉含量相关密切；③有低糊化温度（GT）的品种会使米饭变粘，不受消费者欢迎。印度育种计划中从物理特性、碾米品质、蒸煮品质与食味等三方面对新品系进行评价。物理特性包括按 Ramiah 委员会的规定以籽粒大小和形态进行分级，无腹白；碾米品质包括糙米率、精米率、整精米率；蒸煮品质与食味包括淀粉-碘蓝值、碱消值、吸水率与77℃温度下沉降体积、蒸煮膨胀体积、蛋白质含量、直链淀粉含量、饭粒外观、适口性等。

韩国：韩国主要食用粳稻米，对稻米品质的要求与日本类似，但又有所不同。按外观、出糙率、水分、受害粒、异谷粒和异物将稻谷分为3级；按外观、容重、整粒米、死米、受害粒、着色粒、未脱壳粒、异谷粒和异物将糙米分为3级；而精米只有最低限制。对北方和南方生产的稻米在质量要求上有差别，对北方稻米在容重、整粒米、死米、受害粒、着色粒方面的要求比南方高。

二、稻米质量标准

稻米(包括大米、糙米和稻谷)是水稻消费、国际贸易和市场交易的主要产品。为了保障产品交易和贸易的公平，维护消费者利益，国际标准化组织(ISO)及各稻米生产和消费国均制定了相应的标准。

ISO 7301主要对稻米的杂质、病变粒、损伤粒、掺杂和水分等方面提出质量要求；而我国国家标准除含以上内容外，还包括了加工质量。对照ISO 7301，由于我国的蒸谷米市场已萎缩，我国的稻米质量标准项目没有热变色米、红米和红线米等。其余项目虽然名称不一样，但内容基本一致。如我国的不完善粒包含了国际标准中的损伤米、未成熟米和黑斑米等，国际标准中的无机杂质就是我国标准中的矿物质。对质量要求，除晚粳米的水分含量标准超出0.5个百分点外，国标均严于国际标准。

各国按照本国的收购、流通、消费制订相应的稻谷、糙米和大米的标准。标准的分级除我国的《优质稻谷》外，均与水稻品种的稻米品质无关。主要评价大米的加工质量、杂质、病变粒、损伤粒、掺杂和水分等。

在评价项目上，各国有所差异(表18-10)。

泰国把不同粒型的含量列在分级中，将配比作为分级的主要依据，体现了泰国的大米基本上是配合米的特点。

日本对糙米的质量评价增加了容重和整粒米，对精米的质量评价包含了形状与质地，并采用标准品进行对比评价。

美国增加了稻米颜色的分级要求。

日本、泰国和美国均没把糠粉列入评价指标中，这与他们的加工水平有关。大米经过抛光之后，已不存在糠粉。

我国新的稻谷标准，增加了整精米率的要求，在大米标准中把糠粉列入分级指标内，这符合我国大多数稻米加工厂现有的加工水平。

表18-10 国内外大米质量标准的主要指标比较

标 准	分类	质 量 评 价 项 目
ISO		杂质、热变色米、损伤米、未成熟米、垩白米、红米、红线米、糯米、黑斑、水分
食品法典	粒 型	杂质、热变色米、损伤米、未成熟米、垩白米、红米、红线米、糯米、黑斑、水分、农药残留、精度
泰 国	粒 长	碎米大小、整粒、大碎粒、平头粒、碎粒、小白碎粒、红线斑粒、红粒、灰质粒、损伤粒、黄粒、皱缩粒、不熟粒、皲裂粒、杂质、籽粒、糯米、稻谷、精度、水分

续表 18-10

标 准	分 类	质 量 评 价 项 目
日 本		容重、整粒米、特性记载、含水量、受害米、死米、有色米、杂粒、杂质、精度、形状与质地、谷、谷外杂物
美 国	粒 型	谷粒、热损伤粒、异种粒、红粒米、垩白米、异类稻谷、精度、碎米、精米
中 国	稻 类	精度、不完善粒、异品种粒、黄粒米、杂质、糠粉、矿物质、带壳稗粒、稻谷粒、碎米、小碎米、水分、色泽、气味、口味

在评价要求上，各国总体上严于 ISO 7301 的要求，但分级标准各不一样。以精米为例，泰国分 11 级，日本分 3 级，美国分 6 级，我国分 4 级。对质量要求，泰国在高级别上要求最严；在最低级别上，我国对不完善粒要求最高，日本对碎米和杂质要求最高。表 18-11 是我国大米最低标准与日本、泰国的比较。加工精度基本一致，但市场上销售的大米是不含糊粉层的；不完善粒方面我国没有细分，日本和泰国的分类较细，总量大大超出我国的要求；杂质方面，我国分类较多，与泰国相当，宽于日本；碎米介于泰国和日本之间。

表 18-11　中日泰大米质量标准最低级别的值

指　　标	中　　国		日　本	泰　国
	粳　米	籼　米		
加工精度	标三（留皮不超过 1/3 的占 70%以上）		七成以上精米	普通
不完善粒(%)	<8.0	<8.0		
粉状质米粒及受害粒(%)			<25.0	
受害粒(含着色粒)(%)			<4	
着色粒(%)			<0.2	
红线斑粒(%)				<8
红粒(%)				<4
黄粒(%)				<1
A 灰质粒(%)				<10
损伤粒(%)				<2
皱缩粒(%)				<1
未成熟粒(%)				<1
皲裂粒(%)				<0.75
杂质总量(%)	<0.35	<0.45		<1
谷以外杂物(%)			<0.2	
糠粉(%)	<0.20	<0.25		
矿物质(%)	<0.02	<0.02		

续表 18-11

指　标	中国		日本	泰国
	粳米	籼米		
糯米(%)				<0.5
带壳稗粒(粒/kg)	<40	<80		
稻谷粒(粒/kg)	<10	<20	0.0	<30
碎米总量(%)	<15	<15		
小碎米(%)	<1.5	<1.5		<3
碎粒大小(mm)				3.0~5.0
整粒(%)				>28
大碎粒平头粒(%)				22
水分(%)	<15.5	<14.5	<15.0	<14
色泽,气味,口味	正常	正常		
形状与质地			等外	
粒长>7mm(%)				0~8
粒长6.6~7.0mm(%)				17~35
粒长6.2~6.5mm(%)				
粒长<6.2mm(%)				65~75

国际标准 ISO 7301：1988(E)水稻—规格(质量)是稻米质量的关键性标准,规定了糙米、去壳蒸谷米、精米的最低质量要求,适于消费、国际贸易。该标准的附录 A 中描述了杂质、碎米、不完善粒和异型稻米的测定方法。标准中还明确规定：①稻米,包括蒸谷米、糙米、精米和碎米,必须是干净、无异味和无变质的迹象。添加剂、农药残留和污染物含量不能超过进口国的国家规定。肉眼不能看到活的虫子。②按 ISO 712 测定出的水分不超过 15%。③根据该标准附录 A 的方法测定糙米、精米和蒸谷米的杂质等项指标。④所有商业合同必须注明碎米的允许含量、根据协议分类的分级、每个分类的相应比例、杂质总量和缺陷米的总量。

泰国：粮食贸易部门制定了精米的质量分级标准,根据粒型、杂质、精度、水分等 23 项将其分成 11 个等级。在稻米交易上,主要从米粒完整性、杂质及质变等方面进行评价。糙米根据容重、整粒米、特性记载、含水量、受害米、死米、有色米、杂粒、杂质等 9 项指标分成 4 级。精米根据精米种类、形状与质地、含水量、受害米率、着色米率、谷、谷外杂物等 7 项分成 3 级。

日本：在稻米交易上,主要从米粒完整性、杂质及质变等方面进行评价。糙米根据容重、整粒米、特性记载、含水量、受害米、死米、有色米、杂粒、杂质等 9 项指标分成 4 级。精米根据精米种类、形状与质地、含水量、受害米率、着色米率、谷、谷外杂物等 7 项分成 3 级。

美国：进入市场交易后,对稻米品质要求发生了变化,主要从谷粒、热损伤粒、红粒米、垩白米、异类稻谷、精度来考察糙米和精米的质量,并将糙米分成5级,精米分成6级。

印度:大米市场一般要求大米做成米饭后的体积比米增大2~3倍。米的胀性越好市场的售价越高,最高价格可比普通大米高出5倍。

三、卫生安全标准

据对《各国食品和饲料中农药兽药残留限量大全》中各国进口大米质量检验指标的整理,世界各国对进口大米的质量要求项目累计达346项,以农药残留为主,可分为重金属、植物生长调节剂、除草剂、杀螨剂、杀菌剂和杀虫剂等。德国最多计有237项,其次是日本211项,中国79项(未含台湾省的55项),美国45项,法国39项,俄罗斯32项,英国26项,韩国25项,加拿大最少有9项。

俄罗斯对重金属要求标准最高,允许限量最低。日本因是富镉地区,对镉的含量要求标准相对较低,允许限量值是我国的5倍。除德国外,各国把农药残留的重点放在杀虫剂上。德国的允许限量最低;我国对中低毒性农药残留的允许限量相对较严,而在高毒农药残留限量上相对较宽。日本有"不得检出"农药7种,为比久、三环锡、异狄氏剂、对硫磷、狄氏剂、杀草强、2,4,5-涕,其中比久是植物生长调节剂。韩国没有"不得检出"要求的农药,允许限量最低的5种农药是稻丰散、滴灭威、异狄氏剂、狄氏剂、艾氏剂。美国允许限量在0.05 mg/kg(最低值)的有8种农药,是硝草胺、三唑醇、合杀威、治草醚、噻草平、高恶唑禾草灵、恶草灵、草藻灭,大部分是除草剂。我国允许限量在0.02 mg/kg以下的有7种农药,它们是甲拌磷、狄氏剂、艾氏剂、汞、七氯、水胺硫磷、二溴乙烷,以杀虫剂为主。

从以上分析可见,各国在制定大米农药残留限量标准时,主要还是考虑到本国水稻生产的特点,对常用的农药进行控制,大米进出口贸易在配额内,还未能对本国的水稻生产造成冲击,无须使用技术壁垒。

四、检测技术标准

稻米品质检验方法源于美国农业部水稻研究中心,后被国际水稻研究所接受,得到各水稻主产国的认可。我国农业行业标准NY/T 83—1988《米质测定方法》也引用这套方法,检测结果与国际水稻研究所比对,保持一致。我国国家标准的检验方法主要引用ISO和AACC(美国谷物化学学会)的方法,检测数据与国际一致。由于稻米品质检测指标均是常规理化指标,对仪器设备要求不高,较易被接受,各国之间的差异也不大。

我国国家标准选用的大米农药残留和重金属含量的测定方法,主要考虑标准在我国技术水平下的适应性,一般选择经典的方法。这些方法的技术水平较低,检测灵敏度低,使用的样品量和试剂量较大。虽然近两年农药残留和重金属的检测技术发展飞速,且在国际贸易中被广泛采用,而我国的标准更新较慢,20世纪80年代的标准至今还未更新,出现了有些农产品国内检验合格、到国外检验不合格的现象。

在农药残留分析方面,检测仪器设备以气相色谱为主,部分项目如磷化物、氰化物、氯化苦、二硫化碳、黄曲霉毒素等采用常规化学分析设备,有个别农药品种残留使用液相色谱仪。国家级、部级和商检系统所使用的设备基本可达到国际水平的要求,标准也准许使用。但标准规定的前处理方法采用常规经典方法,主要缺陷是:①操作耗时多,自动化程度很低;②试剂用量大,绝大部分试剂都有毒性,有害于操作人员的身体健康,同时耗用大量易燃、易挥发的有机试剂,造成对环境的污染; ③由于操作过程含有浓缩步骤,会增加试剂对检测结果的干扰,对试剂进行重蒸提纯也会造成时间、人力、物力的浪费; ④旋转蒸发仪的使用,对一些易分解农药残留的测试就不太合适; ⑤由于操作步骤烦琐,受影响的因素多,就会对方法的回收率、重现性造成一定的影响。目前国外广泛应用的固相萃取方法,较好地解决了以上问题,但还未列入我国国家标准,这将使我国检测出来的农药残留量比国外的检测结果低,也就使我国检测为合格的大米,出口后可能会被检出农药残留超标而不合格。

在重金属分析方面,1994~1996年期间我国对国家标准进行了修订,在一个标准内有多种检测方法,如砷有3种、铅有4种、汞有3种、镉有4种。虽然不同检测方法之间有一定的可比性,但灵敏度、检出限量有较大的差别。以砷为例,3种检测方法为银盐法、砷斑法、硼氢化物还原比色法,最低检出浓度依次为0.2 mg/kg、0.25 mg/kg、0.05 mg/kg,国家标准的限量是0.7 mg/kg,这不仅不利于出口产品检测的准确性,而且极易让进口产品钻空子。国家标准规定重金属检测使用的仪器设备最好的是原子吸收,而高灵敏度的等离子发射光谱仪还未列入其中。我国现存重金属元素检测标准中,大多使用湿消解和干灰化两种方法处理样品。湿消解法要有大量的硝酸和高氯酸,而且需要较长时间的冷处理,对结果的准确度和安全都有影响;干灰化法一般根据要测定元素而设定相应的灰化温度,灰化需要很长时间。国外对重金属分析的前处理主要采用微波消化或超临界流体萃取,使用无毒、无害的试剂,干扰少、准确度高。

第四节　我国水稻技术标准体系

一、水稻技术标准体系的发展趋势

随着我国加入WTO,我国农业生产从计划经济向市场经济、国际经济转化,作为现代化农业重要标志之一的农业标准化,得到了广泛的重视。党的十五届五中全会明确提出,要“加快建立农产品市场信息、食品安全和质量标准体系,引导农民按市场需求生产优质农产品”;《国民经济和社会发展第十个五年计划纲要》提出,要“加快农业质量标准体系、农产品质量检验检测体系和市场信息体系建设,加快制定农业标准,推广采用国际标准,创建农产品标准化生产基地”;温家宝总理在2003年中央农村工作会议上指出,要“建立健全、统一、权威的农业标准体系”。从计划经济体制发展起来的水稻技术标准体系,虽然目前的标准基本满足国家对种植结构调整的要求,但离国家对农业宏观经济调控和国际经济一体化的要求还较远。水稻技术标准体系除在规范生产管理、结构调整中的基础性作用外,还将在保护原产地与水稻资源、提高稻米的市场信誉、推进稻米质量认证、保障人民消费安全和调控稻米国际贸易等更为广泛的领域发挥越来越重要的作用。

根据目前我国水稻产业的运作特点及其今后的发展趋势,水稻技术标准体系主要向以下方向发展。

(一)统一对水稻产品链评价规范

稻米产品生产的基础保证是种子。种子的质量基础是品种,品种可追溯到资源,形成了水稻的产品链。各环节产品的关注点不完全一致,使用者不完全一致,管理者也不一致。如研究资源的基本不参与品种的选育,得到的资助途径和管理部门与品种选育的不一样,其所描述的有利基因性状，与育种者习惯不一致，就很难有效地利用资源。因此，为达到产品链各环节的和谐，发挥各产品的效能，应当对术语、参数的定等定级以及检测方法等进行统一，同时上级产品的参数应涵盖下级产品的。

(二)进一步统一对稻米产品管理的要求

目前与稻米产品管理相关的部门有农业、经贸、粮食、质量技术监督、卫生、工商、进出口商检等。稻米产品的管理者必须面对水稻产业的“三个特点和一个新问题”(见本章第一节第五部分)。因此，对稻米产品的管理应侧重于引导和自律。如果各部门使用的标准、方法以及目的不一致的话，将会导致农民对国家管理的误解，影响到消费者的消费信心，对粮食生产造成严重的打击。

(三)规范生产过程的质量关键控制

生产过程的质量控制是水稻质量的重要保障手段。国家建立了病虫害测报、植物保护、有害生物综合防治、耕地地力评价和土肥服务体系，颁布了禁止使用的农药和限制使用的农药种类。但生产服务应用过程，应加以规范，统一操作方式，统一评价体系，强化各系统之间的协调性，提高效率，降低国家运行成本，有效地保障产品和生产环境的安全，维护农业生产的可持续性发展。

(四)规范生产技术

科学技术是第一生产力。科技进步对农业和农村经济发展的贡献，已经从20世纪50年代的20%提高到目前的45%，成为农业和农村经济发展的主要推动力。生产技术与科技成果的最大区别，是生产技术必须让使用者接受并在生产实际中应用，同时同一种技术在生产中应用后应达到同一效果。面对农村中有些地方老弱妇孺劳动力占大多数以及劳动力文化水平不高的现状，规范的生产技术尤为重要。首先，水稻品种的介绍应有统一的格式，表达生产中必需的技术信息；其次，专项技术应有明确的技术要点，综合性的生产技术应有适应当地的生产操作程序、各项技术的协调等规定，以保证每一个技术推广服务人员为农民提供有效的指导，农民能获得同样的生产效果。

(五)与国际植物产品技术标准对接

随着世界经济一体化的进展和我国农产品出口的增加，水稻技术标准体系与国外同类技术标准的对接是非常必要的，但这种对接不是盲目的等同，应能起到以下三方面的作用：一是以增强我国稻米产品在国际市场的竞争力为目的，改变我国稻米在国际市场处于低价位的状态；二是引进国际或主要进口国的标准，规范我国稻米生产和管理，提高产品质量，维护我国农产品的国际市场信誉；三是以保护我国水稻生产为目的，考虑我国人民生活习性、人身健康、环境安全、生物安全等合理的要求，规定主要进口种植业产品的质量标准。

二、水稻技术标准体系的构架

依据标准的作用，从水稻的生产、贸易各环节的运转和管理的需要，水稻技术标准体系可由三维构成：第一，国家标准、行业标准、地方标准和企业标准，按标准化法的规定进行制修订、审定、备案等；第二，按水稻的产业链分割为稻种资源、水稻品种、稻米生产和稻米流通；第三，按标准的用途分为术语、产品标准、环境要求、技术规程、检验方法、病虫害防治(图18-1)。

水稻技术标准体系属农业标准化体系的重要组成部分，其基础标准受到国家农业类基

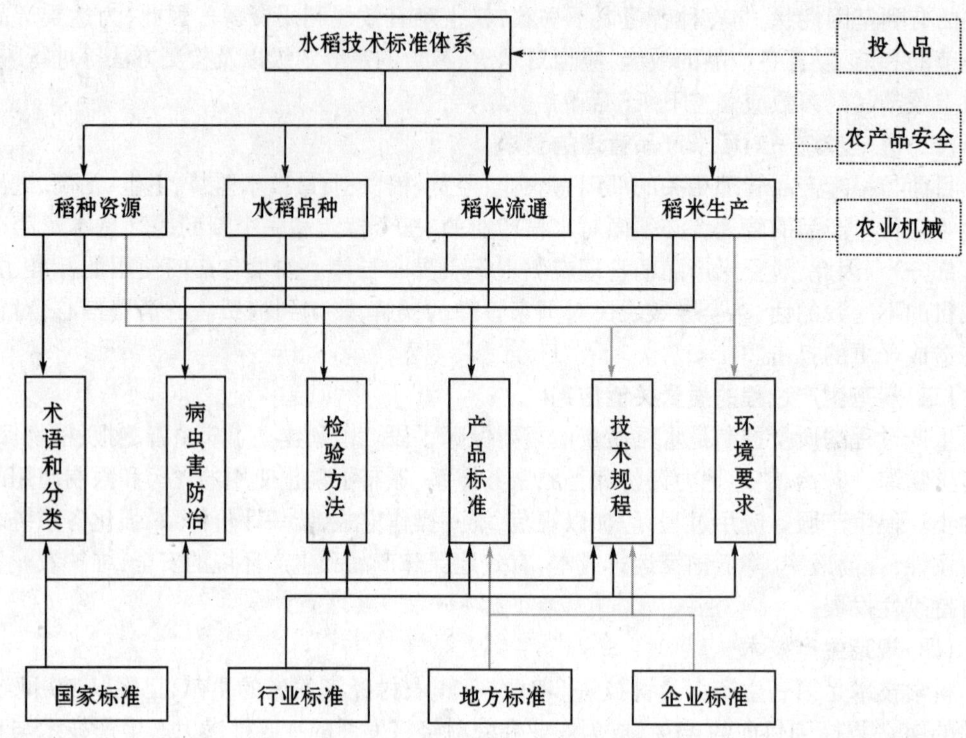

图 18-1　水稻技术标准体系构架

础标准的支撑。水稻产业所需的投入品、质量安全、农机器具、植保机具等的标准，与其他相关农业标准体系接口。产品标准和技术规程对企业标准的制定有指导和约束作用。检验方法除稻米专用外，根据项目的特点可逐层上升为谷物、粮食、植物、食品方面的检验方法标准。

三、水稻标准体系的实施途径与措施

在遵从农业技术标准体系的总体实施途径与措施原则下，水稻技术标准体系的实施途径与措施如下。

(一)专家管理，严格把关

发挥专业标准化技术委员会的作用，建立水稻标准化技术委员会，逐步完善标准的申报、制修订、审查、公示、批准等程序。建立水稻标准验证体系，完善标准的评估制度。对与国民生计关系重大的标准，建立听证制度。通过对水稻技术标准的专业化管理，从技术上完善技术标准制修订、清理程序，保障标准的代表性、科学性、先进性、适用性和简明性。

(二)按级制定，分工协作

我国地域广阔，水稻生长生态复杂，光靠国家投入难以建立健全水稻技术标准体系。在按国家标准、行业标准、地方标准和企业标准分级的基础上，通过国家、民间(协会)、地方和企业，在满足各自对稻米产品的管理、建立市场信誉、提高产品竞争力目的的前提下，分工协作，逐步建立符合国情的水稻技术标准体系。

(三)遵循法规，补充完善

由于历史原因和法律法规体制上的局限，现行的大多数农业技术法规，如《中华人民共和国种子法》、《主要农作物品种审定办法》、《农业转基因生物安全评价管理办法》等，规定的都是原则性要求，既不具体，操作性也比较差。随着国家行政执法工作的加强，农业法律法规的实施检查工作的进一步深化，满足法律法规实施需要的水稻技术标准的制修定将是一个重点。要尽快补充完善，使之与法律法规相配套，便于法律法规的实施与监督。

(四)重点解决，分步实施

作为水稻生产发展的基础支撑，水稻技术标准必须满足国家实施农业政策的需要，为政策兑现的科学性、客观性和合理性保驾护航。当前的重点是满足“无公害食品行动计划”、“优质粮食产业工程”、“良种补贴”和农业“七大体系”建设的需要。因此，要首先解决优势产业带布局和稻米产品技术标准的配套问题；其次是完善质量安全标准；再次是围绕稻米特色产品，全面提升产品品质。

(五)靠拢国际，满足国需

积极关注“SPS/TBT”(实施卫生和植物卫生措施协定/贸易技术壁垒协定)协议参与国家对稻米质量提出的新要求，开展标准的基础性研究，参与国际间稻米技术标准的官方评议，提高在国际间标准的解辩能力，合理采用国际标准，有效地提升稻米产品的市场品位；根据国情，设置我国的技术贸易措施保护国内市场，提高我国稻米产品在国际市场的信誉度和竞争力。

参 考 文 献

蔡洪法.我国水稻生产现状与发展展望.中国稻米，2000，38(6)：5－9

蔡洪法.中国稻米品质区划及优质栽培.北京：中国农业出版社，2002

韩爱民，蔡继红，屠锦河.水稻重金属含量与土壤质量关系.环境监测管理与技术，2002，14(3)：27－28，32

联合国粮农组织农业统计数据 http://faostat.fao.org/faostat/collections? subset = agriculture&language = CN

梁敬焜，王学海，卢乃第.杂交稻米及其亲本淀粉粒形态的扫描电镜观察.中国水稻科学，1996，10(2)：79－84

谭周镃.稻米重金属污染的调查研究及其对策思考.湖南农业科学，1999，(5)：26－28

熊振民，蔡洪法.中国水稻.北京：中国农业科技出版社，1990

中国环境状况公报 http://www.sepa.gov.cn/eic/ 649368268829622272/index.shtml

中国农业数据库　农作物面积产量 http://zzys.agri.gov.cn/ nongqing.asp

中华人民共和国农业部.2000～2004 中国农业发展报告.北京：中国农业出版社，2001～2005

《主要贸易国家和地区食品中农兽药残留限量标准》编委会.主要贸易国家和地区食品中农兽药残留限量标准.农兽药卷(上、下卷).北京：中国标准出版社，2005

朱智伟，程式华.稻米品质的研究进展.世界农业，1999，(3)：19－21

中华人民共和国国家质量监督检验总局，中国国家标准化管理委员会 .GB/T 20000.1—2000　标准化工作指南　第1部分：标准化和相关活动的通用词汇 .北京：中国标准出版社，2002

第十九章　稻米生产、消费与贸易

我国是水稻生产大国和消费大国，水稻播种面积居世界第二，稻谷产量居世界首位，水稻生产为解决我国十几亿人民的粮食问题作出了巨大的贡献。从我国稻米在世界上的贸易情况看，我国是主要稻米出口国之一，进口的量不大，主要为优质稻米。然而，我国水稻生产正面临着进一步提高产量潜力、满足人口增加带来的日益增长的消费需求，以及提高国际市场竞争力的挑战，必须采取切实有效的措施，才能实现水稻生产的可持续发展。

第一节　水稻的生产情况

一、水稻生产概述

中国是水稻生产大国。1998～2004 年间，水稻播种面积年均为 2 967.8 万 hm^2，约占世界水稻播种面积的 19.5%，仅次于印度；稻谷年均总产 18 298.1 万 t，约占世界稻谷总产的 30.8%，居世界首位；水稻单产平均为 6.25 t/hm^2，约高出世界平均单产的 60%（表 19-1）。

表 19-1　1998～2004 年世界和中国水稻生产情况

年份	播种面积（万 hm^2）		单产（t/hm^2）		总产（万 t）	
	世界	中国	世界	中国	世界	中国
1998	15 169.81	3 176.52	3.820	6.320	57 949.95	19 871.24
1999	15 696.22	3 121.40	3.895	6.366	61 132.10	19 848.84
2000	15 412.07	3 128.36	3.887	6.345	59 898.34	18 790.78
2001	15 165.41	2 996.16	3.943	6.272	59 803.39	17 758.07
2002	14 757.77	2 881.24	3.870	6.163	57 107.58	17 454.00
2003	15 224.15	2 820.13	3.851	6.189	58 624.84	16 065.50
2004	15 325.66	2 837.89	3.970	6.311	60 849.63	17 908.90

注：世界稻谷资料来源于 FAO，为自然年度（1～12 月）统计数据；中国稻谷资料来源于《中国农业统计年鉴》

水稻是我国最主要的粮食作物。我国从事水稻生产的农户接近农户总数的 50%，全国有 65%以上的人口以稻米为主食，年稻米消费总量 1.96 亿～2.0 亿 t。据统计，1952～2002 年期间，水稻年平均播种面积 3 159 万 hm^2，占粮食播种面积的 26.88%；平均单产为 4.183 t/hm^2，是粮食单产 2.71 t/hm^2 的 154.35%；平均总产为 13 242 万 t，占粮食总产 31 199 万 t 的 42.44%。近 10 年来，我国水稻年播种面积为 2 800 万～3 200 万 hm^2，占全国粮食播种面积的 27%；稻谷年总产量为 1.8 亿～2.0 亿 t，占粮食总产的 39%。

在全国各省中，水稻种植面积和稻谷总产量以湖南省最多，2002 年分别为 354.15 万 hm^2 和 2 119.2 万 t；单位面积产量以江苏省最高，达到 8.627 t/hm^2。以稻谷总产多少为序，水稻的主产省份由高到低依次为湖南、江苏、四川、湖北、江西、安徽、广西、广东、黑龙江、浙江、福建、云南、重庆、辽宁、吉林、贵州、河南、海南、山东和上海(见第九章表9-4)。

我国水稻生产技术取得了长足进步。20世纪60~70年代,矮秆品种的成功选育和杂交水稻的推广应用,使我国水稻单产分别上了5 t/hm^{2}和6 t/hm^{2}台阶。目前我国杂交水稻的年种植面积在1 500万hm^{2}左右,约占水稻种植面积的50%,产量占稻谷总产的近60%。到2002年底止,杂交水稻在中国已累计推广约3亿hm^2,增产稻谷约4.5亿t,成为中国解决粮食问题的关键技术。在水稻栽培技术方面,80年代后,水稻模式栽培、旱育稀植、抛秧等配套技术的研究应用,不仅大幅度提高了水稻产量,还明显减轻了农民的劳动强度,降低了生产成本。正是良种良法相互配套促进了我国水稻生产的稳定增长。

二、水稻生产的历史回顾

1949~2002年间,我国水稻播种面积、单产、总产变化情况如图19-1所示。由图可见,水稻播种面积从1949年的2 570.85万hm^{2}增加到2002年的2 820.16万hm^2,提高了9.7%。水稻播种面积在1976年达到最高值(3 621.73 hm^2),此后一直呈缓慢下滑趋势。

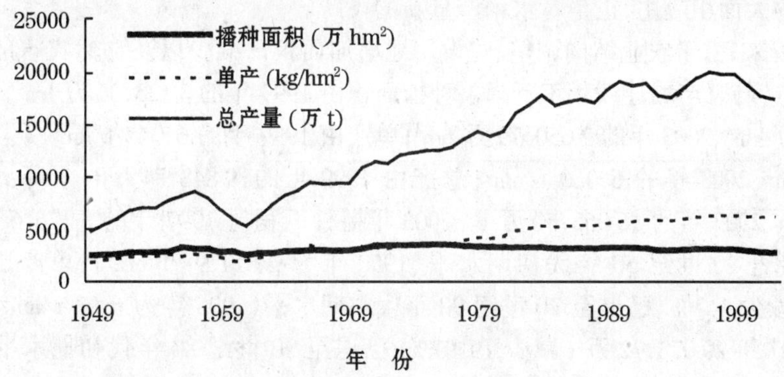

图19-1 中国水稻生产状况

水稻单产从1949年的1.890 t/hm^{2}提高到2002年的6.189 t/hm^2,提高了227.5%。从趋势线看,水稻单产水平一直呈现平稳攀升态势。但自1995年跃上6 t/hm^{2}水平,1998年达到历史最高为6.366 t/hm^2,此后一直徘徊不前。

水稻总产从1949年的4 864.45万t增加到2002年的17 453.9万t,增加了259.8%。其中1997年达到最高值,为20 073.72万t。

从稻谷总产量的增加趋势看,我国水稻生产上了四个大台阶。

第一个台阶:1949~1957年,我国水稻年均播种面积增长率为2.87%,单产年均增长率为4.48%,总产年均增长率为8.5%。水稻种植面积由1949年的2 571万hm^{2}增加到1958年的3 190万hm^2,增加了619万hm^2;单产从1.9 t/hm^{2}增加到2.5 t/hm^2;稻谷总产从4 864万t增加到8 085万t。这期间播种面积的增加对水稻总产的增加起了主要作用。水稻单产年均4.48%的增长主要靠稻田耕作制度改革、水稻丰产经验总结推广和优良品种的大规模推广应用。该时期水稻育种主要依靠系统选育法。原产于江西、湖南、广东、浙江等省的优良品种的跨省应用发挥了重要作用。至20世纪50年代中后期,通过大规模的地方品种评选和新品种的省间引种,普及了高秆良种,改变了生产上品种多、杂、乱的现象。

第二个台阶：20世纪60年代初起开始大面积推广矮秆品种，产量逐年增加，至70年代中期的1975年单产超过3.5 t/hm^2，总产超过12 500万t。与矮秆品种替代高秆品种相配套，栽培上采取了增加密度和增施氮肥的措施，通过增加穗数，以扩大库容量和光合叶面积而获得高产的第一代“穗数型”栽培技术，对于提高水稻单产、增加水稻总产发挥了重要作用。

第三个台阶：20世纪70年代后期杂交水稻开始大面积推广，大幅度地增加了穗粒数和千粒重，到80年代中期的1986年杂交水稻已占全国稻作播种面积的50%，全国水稻单产突破5 t/hm^2，总产量超过17 000万t。此期间栽培上采取了稀播壮秧、少本匀植、平衡施肥等措施，通过兼顾穗数和穗粒数，以扩大库源的第二代“穗粒兼顾型”栽培技术。

第四个台阶：自20世纪90年代中期以来，大批高产、优质、多抗的常规品种和三系、两系新杂交组合先后育成和推广，在20世纪末的1999年全国水稻单产达到6.34 t/hm^2，总产达到19 849万t。90年代以后，为适应大批中秆大穗品种，特别是超级杂交水稻的大面积推广应用，栽培上采取了单本稀植、宽行窄株或宽窄行、小苗移栽、“前促后补”施肥、生化调控等技术措施，通过改善群体质量，提高成穗率，以促进大穗发育，增加结实率和千粒重的第三代“穗重型”栽培技术。特殊优异种质的利用和科技创新，推动中国水稻生产快速而稳步上升。超级稻的大面积应用，正孕育水稻产量新的飞跃。

2000年以来，由于农业结构调整、建设用地增加而粮田减少以及自然灾害的影响，水稻种植面积、单产与总产均连续4年下降。种植面积由1999年的3 128.36万hm^2，下降到2000年2 996.16万hm^2、2003年的2 650.79万hm^2；单产由1999年的6.345 t/hm^2，下降到2000年的6.272 t/hm^2、2003年的6.060 t/hm^2；总产由1999年的19 848.84万t，下降到2000年的18 790.78万t、2003年的16 065.50万t。2003年播种面积比1997年的3 176.6万hm^{2}减少17.08%，已接近20世纪50年代初期水平（1950年为2 614.9万hm^2）；单产比1998年的6.366 t/hm^{2}减少4.7%，已退至20世纪90年代中期水平（1995年为6.03 t/hm^2）；总产比历史最高的1997年20 073.72万t减少19.97%，已退至20世纪80年代初期水平（1982年为16 125万t）。

三、我国水稻生产的结构与布局

我国稻作分布广泛，从南到北稻区跨越了热带、亚热带、暖温带、中温带和寒温带5个温度带，稻作区域的分布呈东南部地区多而集中，西北部地区少而分散，西南部垂直分布，从南到北逐渐减少的趋势。根据水稻种植区域自然生态因素和社会、经济、技术条件，中国稻区可以划分为6个稻作区和16个稻作亚区。南方3个稻作区的水稻播种面积占全国总播种面积的90%以上，稻作区内具有明显的地域性差异，可分为9个亚区；北方3个稻作区虽然所占面积不足全国播种面积的10%，但稻作区跨度很大，包括7个明显不同的稻作亚区。从稻作类型看，灌溉稻约占93%，雨养稻约占4%，陆稻约占3%。从水稻种植制度上看，我国东北及北方稻区主要是一季稻，长江流域可以是一季稻也可以种植双季稻即一季早稻和一季晚稻，而华南稻区的部分地方甚至可以一年种植三季水稻。全国各稻作区、亚区的种植制度和品种类型详见第四章第三节。

近年来，我国水稻生产结构与布局发生明显变化。一是早、晚稻比重下降，而一季稻比重上升。早稻播种面积和产量在水稻播种面积和总产量中所占的比重，1994年为26.52%和23.22%，1997年为25.69%和22.8%，2002年为20.82%和17.35%；晚稻播种面积和产量所占的比重，1997 年比 1994 年下降了 8.33 个百分点和 11.07 个百分点，2002 年又比 1997 年下降了 4.9 个百分点和 4.69 个百分点；而一季稻播种面积和产量的比重由 1994 年的 36.97%和 40.83%上升到 2002 年的 55.9%和 62.46%，单季稻生产已成为我国水稻的主体(表 19-2)。二是五大稻区在全国水稻生产中的比重发生变化。东北稻区(辽、吉、黑三省)与云贵稻区(滇、黔两省)水稻种植面积和产量在全国水稻总种植面积和总产量中的比重有所上升，东北稻区由 1997 年的 7.37%和 8.09%上升至 2002 年的 9.88%和 9.72%，云贵稻区由 1997 年的 5.24%和 4.94%上升至 2002 年的 6.45%和 5.11%；长江流域稻区(湘、鄂、赣、皖、苏、川、渝等七省、市)与北方稻区(除东北三省外的十二省、自治区、直辖市)保持稳定；东南沿海稻区(沪、浙、粤、桂、闽、琼、台等七省、自治区)则有较大幅度下降，其播种面积和产量比重由 1997 年的 29.04%和 25.72%下降至 2002 年的 26.03%和 22.96%(表 19-3)。

表 19-2　全国早、中、晚稻占水稻总播种面积和总产量的比例　(%)

年　份	项　目	早　稻	中　稻	晚　稻
1994	播种面积	26.52	36.97	36.51
	总 产 量	23.22	40.83	35.95
1997	播种面积	25.69	46.13	28.18
	总 产 量	22.80	52.32	24.88
2002	播种面积	20.82	55.90	23.28
	总 产 量	17.35	62.46	20.19

表 19-3　不同稻区水稻播种面积和产量占全国的比重　(%)

年 份	项　目	长江流域	东　北	东南沿海	云　贵	北　方
1997	播种面积	54.13	7.37	29.04	5.24	4.22
	总 产 量	56.70	8.09	25.72	4.94	4.55
2002	播种面积	53.60	9.88	26.03	6.45	4.04
	总 产 量	57.71	9.72	22.96	5.11	4.50

四、水稻生产的前景展望以及制约因素

(一)水稻的增产前景

从水稻种植情况看，我国水稻的播种面积已难以增加，最多能够稳定在目前的 2.86 万 hm^2 水平，但我国水稻单产的增产潜力很大。

1. 从国际上水稻的单产水平来看　虽然我国水稻单产水平比世界平均水平高 60%，但仍位于澳大利亚、埃及、美国、西班牙、日本、韩国之后，居世界第七位。2003 年，澳大利亚单产比我国高 35.65%；美国以大面积机械化生产为主，单产也比我国高 17.61%；日本稻作方式与我国相似，水田机械化程度高，单产比我国高 5.04%。

2. 从国内主产省份的单产水平来看　江苏、宁夏的单产已达 8 t/hm^2 以上，与澳大利亚、埃及的单产水平的差距已较小；湖北、辽宁也在 7 t/hm^2 以上；其他稻米主要省份基本在 6 t/

hm^2左右(表 19-4)。表明省份之间的单产差距较大,产量潜力也是很大的。只要采取有效措施,如改善生产条件,推广优质品种与配套高产栽培技术,低产省份可逐步赶上高产省份。

3. 从中稻与一季稻单产水平来看　目前中稻与一季稻种植面积已占全国水稻种植面积的55%,产量占全国稻谷总产的 61.5%。全国水稻生产重点主要在中稻与一季稻上,提高全国水稻单产,首先要提高中稻与一季稻单产。从表 19-5 可看出,国内水稻主产省份,中稻与一季稻单产同样存在很大增产潜力。如在北方稻区,1997 ~ 2001 年 5 年平均单产,宁夏为 8.805 t/hm^2,辽宁为 7.587 t/hm^2,而黑龙江只有 6.180 t/hm^2;宁夏比黑龙江高 42.48%,辽宁则比黑龙江高 22.26%。当然,黑龙江水稻生长季节短,寒流来得早,生产条件也差一些,但只要改良品种与改进栽培技术,单产仍有很大提高空间。再如长江流域稻区,1997 ~ 2001 年 5 年平均单产,湖北为 8.733 t/hm^2,江苏为 8.328 t/hm^2,而地理位置相近的江西为 6.594 t/hm^2、安徽为 6.588 t/hm^2。湖北比湖南高 27.73%,比江西高 32.44%,比安徽高 32.56%,差距较为明显。之所以有差距,仍是农田基本建设、优良品种推广及栽培技术改进方面存在差距,也说明低产省份赶上高产省份的潜力仍很大。

表 19-4　水稻主产省份单产水平　(单位:t/hm^2)

省　份	1997 年	1998 年	1999 年	2000 年	2001 年	2002 年
江　苏	8.122	8.816	8.077	8.175	8.423	8.627
湖　南	6.123	5.897	5.925	6.141	6.309	5.984
湖　北	7.374	7.293	7.377	7.504	7.304	7.608
江　西	5.340	4.914	5.309	5.268	5.311	5.209
安　徽	5.832	6.441	6.062	5.462	6.022	6.494
宁　夏	8.860	9.461	9.259	8.136	8.315	8.730
辽　宁	7.844	7.369	8.267	7.701	6.502	7.301
黑龙江	6.162	5.909	5.847	6.490	6.486	5.887
浙　江	5.936	6.015	5.836	6.197	6.534	6.650
全　国	6.319	6.366	6.345	6.272	6.163	6.189

资料来源:《中国农业统计年鉴》

表 19-5　主要水稻生产省份单季稻单产水平　(单位:t/hm^2)

省　份	1997 年	1998 年	1999 年	2000 年	2001 年
辽　宁	7.845	7.635	8.265	7.695	6.495
黑龙江	6.165	5.910	5.850	6.495	6.480
江　苏	8.130	8.820	8.085	8.175	8.430
浙　江	6.690	7.065	6.900	7.035	7.260
安　徽	6.435	7.230	6.795	5.970	6.510
江　西	6.885	6.915	6.570	6.420	6.180
湖　北	8.985	8.640	8.760	8.850	8.430
湖　南	6.975	6.630	6.915	6.900	6.765
宁　夏	8.865	9.465	9.255	8.130	8.310

4. 从近年超级稻连片示范的产量情况来看　2000～2002 年中国超级稻生产集成技术百亩以上连片示范验收情况(表 19-6)表明,超级稻作单季稻时单产达到 10.50～12.85 t/hm^2,远远超过当前单季稻生产水平。在浙江省三系杂交稻示范中,超级稻单产达 10.50～11.95 t/hm^2,比浙江省 1997～2001 年 5 年单季稻平均单产 6.99 t/hm^2 高 50.2%～70.9%。2001 年连作晚稻百亩连片示范中,单产达 10.5～10.9 t/hm^2,比浙江省当年全省连作晚稻单产 6.831 t/hm^2 高 54.15%～59.57%。在湖南省两系超级杂交稻百亩连片示范中,超级稻单产达 11.65 t/hm^2,比湖南省当年全省单季稻平均单产 6.90 t/hm^2 高 68.84%。在辽宁省沈阳市示范超级粳稻 2000～2001 年连片示范中,两年平均单产达 12.5 t/hm^2,比辽宁省 1997～2001 年 5 年全省粳稻平均单产 7.587 t/hm^2 高 64.76%。

表 19-6　中国超级稻示范产量验收情况

类　型	年　份	稻作类别	地　　点	面 积(hm^2)	产 量(t/hm^2)
三系杂交稻	2000	单季稻	浙江省新昌县城关镇	6.87	11.84
		单季稻	浙江省诸暨市三都镇	10.00	11.42
		单季稻	中国水稻研究所试验区	0.24	10.60
	2001	连作晚稻	浙江省乐清市石帆镇	7.07	10.90
		连作晚稻	浙江省乐清市虹桥镇	6.80	10.50
		单季稻	浙江省新昌县城关镇	6.87	11.95
		单季稻	浙江省诸暨市三都镇	10.00	11.37
	2002	单季稻	浙江省新昌县梅渚镇	104.00	10.52
两系杂交稻	2000	单季稻	湖南省郴州市	6.67	11.65
超级粳稻	2000	一季稻	辽宁省沈阳市	20.00	12.14
	2001	一季稻	辽宁省沈阳市	6.67	12.85

(二)制约我国水稻生产的因素

虽然我国水稻单产潜力巨大,但下列因素的存在,制约了我国水稻整体产量水平和品质的提高。

①缺乏生产上大面积推广应用的突破性品种。超级稻、优质稻新品种选育虽已取得重大进展,但真正在生产上起主导作用的当家品种尚未形成,品种的核心技术效果远未体现。

②栽培技术研究滞后于水稻生产发展要求。近些年来对栽培技术研究投入少,重视程度不够,水稻生产技术的"跛足"现象已十分严重,栽培技术研究队伍散失,农民急需的适用生产集成技术严重缺乏,技术不到位,生产技术水平徘徊不前甚至下降。

③农业生态环境脆弱,农田水利设施老化,抗逆能力差。农业资源过度开发利用与农田排灌系统老化失修,稻田抗逆能力减弱,北方稻区水资源矛盾日益突出,南方稻区洪涝、旱灾频繁,冷害、热害问题严重,水稻生产的抗逆能力与稳产性明显降低。

④稻田可持续生产能力问题突出。长期单一的水田种植制度造成连作障碍,土壤理化性质变劣,有毒有害物质增加;有机肥用量大幅度减少或不施,大量施用化肥,严重影响土壤结构与性状,肥料利用率低,化肥偏生产力逐年下降;原有的深耕松土与生物培肥措施废弃,

土壤耕作层变浅,稻田土壤潜育化现象加剧,土壤保肥供肥能力与渗透性变劣。

⑤良种繁育体系不健全。种子退化、混杂现象严重,品种生产潜力未能充分发挥。

⑥植保技术瓶颈突出,病虫危害加剧。一是病虫预测预报系统不健全,植保信息服务跟不上,精准防治技术难以为继;二是大量施用农药,农药滥用现象明显,病虫抗药性增强,既加大了防治成本,也降低了防治效果,同时使稻米产品质量安全受到威胁。

⑦一批中低产田影响水稻整体生产水平。我国有占稻田总面积 1/3 左右的中低产田,是制约水稻整体产量水平和品质提高的重要因素。一是农田水利设施差,灌溉难以保障;二是耕作层浅,保肥保墒能力低;三是土壤质地差,土壤生产力低;四是温光条件差,易受不良气候特别是冷害的影响。

五、我国的稻米品质

我国是一个水稻生产大国,具有悠久的稻米历史文化,对稻米品质的描述可及至战国时期,如“白禾”是“长稃白米,质柔味甘,香莹可爱”;“金钗糯”是“粒长,最宜酿酒,得汁倍多”;“佛肚禾”是米饭胀性特别好的品种。作为商品内涵的稻米品质,随着水稻生产而产生。一些地方稻米享誉海内外,如广东的“增城丝苗”、“马坝油占”和“东莞齐眉”,云南的“云南软米”和广南县八宝乡的“八宝米”,江西“万年贡米”、“奉新红米”等。这些地方特色大米的形成,来自于特定的优质品种、良好的灌溉条件(如黄河水系、泉水)和适宜的地理位置下特定的生态环境。

长期以来我国水稻生产是围绕数量增长,追求高产而忽视品质。我国现代优质稻米的研究与生产,始于 1985 年 1 月农业部在湖南召开的“全国优质稻米座谈会”,比日本、泰国、澳大利亚等国滞后一二十年。据会议统计,在全国 3 317.8 万 hm^2 水稻中,名贵特优稻米的种植面积不到 1%,食味好受市场欢迎的优质稻米占 21%,一般中质米占 43%,食味差不受市场欢迎的劣质米占 35%。在 1992 年 6 月国务院在广东召开的“全国发展高产优质高效农业经验交流会”上,明确提出我国农业从过去追求产品数量增长、满足人民温饱需要为主,开始转向高产和优质并重提高效益的新阶段,这是我国农业发展的一次历史性转折。继而在 1999 年 8 月国务院转发农业部《关于当前调整农业生产结构的若干意见》,要求抓住农产品供应比较充裕的有利时机,大力调整农业生产结构,把农业的发展切实转到以提高质量和效益为中心的轨道上来。次年农业部首次下达调减早稻,压缩不适应市场需求的劣质食用稻米面积。这为发展优质稻米,尤其是为全面发展商品性的食用和专用优质米,带来了难得的机遇。

经全国农业行政、科研、生产、技术推广等部门共同努力,我国稻米品质特别是食用稻米品质有了很大提高,优质食用稻米品种逐年增加,主要品种达标率已达 10%左右。据农业部稻米及制品质量监督检验测试中心对 1985 年至 2001 年检测的 8 770 个水稻新选育品种(系)的统计分析表明,品质指标能够达到 GB/T17891—1999《优质稻谷》三级以上标准的有 953 个品种,占 10.8%。其中,2001 年测试的 1 970 个水稻新品种(系)中,达到 GB/T17891—1999《优质稻谷》三级以上标准的有 263 个品种,占 13.35%。粳稻的品质优于籼稻。品质指标能够达到 GB/T17891—1999《优质稻谷》二级以上标准的品种中,粳稻 636 个,籼稻 225 个,籼糯 66 个,籼糯 20 个;达到一级标准的品种中,粳稻 118 个,籼稻 44 个。至 2001 年,全国优质稻种植面积达到 1 666.7 万 hm^2,总产量达到 10 250 万 t,占整个水稻总产的 58%左右。各地已评选出部、省级以上的优质稻品种400多个,在生产中大面积推广的有230个。

第二节　稻米的消费需求

一、稻米消费与需求概述

我国把用餐统称为"吃饭"并作为习惯用语,在世界上是绝无仅有的。"吃饭",顾名思义就是食用稻米,可见稻米在我国食物中的特殊地位是任何其他食物无法比拟的。从消费角度来看,稻米在我国有着特殊的理念和深刻的内涵,既有稻米本身作为食物的本质,也有其丰富的文化背景。稻米生产与消费文化更彰显了其悠久的文明萌动与继承。稻米文明是中华文明不可或缺的组成部分与源泉。浙江省余姚河姆渡遗址的发掘不仅提供了中国作为稻作古国的有力证据,更佐证了稻作文明在中华文明史中的重要地位和巨大贡献。正是稻作文明使中华文明由黄河流域文明中心南移,诞生出长江流域文明,进而带动和促进整个中华民族的文明。毋庸置疑,稻作文明历史贡献是任何其他粮食作物无法比拟的,也是无法替代的。稻米消费是居家生活最常用的食品。目前,稻米消费量约占全国粮食消费总量的40%,占全国人口65%以上的人群以稻米为主食,年稻米消费量在1.9亿~2.0亿t。其中,直接食用消费约占85%,工业用、饲料用约占10%,其余为种子、出口及损耗。

二、稻米消费与结构演变

从全国稻米消费的历史与发展趋势来看,稻米消费呈现以下特点。

(一)消费总量稳步增长,但弹性较小

我国稻米消费量随稻米生产量的增加稳步增长。稻谷消费总量已由20世纪90年代初的1.7亿t左右增加至目前的1.9亿~2.0亿t,稻谷消费在粮食消费总量中的比重一直稳定在40%左右。一般而言,稻谷丰收,消费量随之增大;稻谷歉收,消费量随之减少。消费量增加或减少主要是饲料用和工业用部分,而作为口粮的消费量已趋于稳定,年口粮消费量为1.65亿~1.7亿t。

(二)消费群体扩大,人均直接消费量下降

全国稻米消费群体20世纪90年代初为总人口的50%左右,目前已有65%以上的人口以稻米为主食;不过人均直接消费量下降,20世纪90年代初为每年人均135~140 kg,目前仅为90 kg左右。这种趋势还将继续。食用稻米的人口将不断增加,直接消费总量将保持相对稳定。

(三)南北方消费差异趋小

"南米北面"、"南籼北粳"的原有消费模式已发生变化。北方地区食用稻米的人口增加迅速,而南方地区的面食消费也不断增加。同时,人们对粳米的消费量增加,特别是城市人口的稻米消费模式趋近,粳米在南方和北方城市普遍受到欢迎。

(四)城乡消费差异依旧较大

稻米消费量总的是农村大于城市。农村以大米为主食的人口远大于城市,且农村人口的人均消费量也远高于城市。据对稻谷主产区的调查,城市人口的人均年消费稻米量为90 kg左右,而农村人口的人均消费量在200 kg以上。同时,占全国90%水稻产量的南方稻区的广大农民依旧保持喜食籼米的习惯。

(五)对品质和质量要求愈来愈高

随着人们生活水平的不断提高,对稻米品质和质量的要求不断提高。20 世纪 80 年代以前,稻米消费主要是满足温饱需求,对稻米品质和质量几乎没有什么要求。80 年代后,稻米品质消费成为新的发展趋势,人们不仅要吃饱而且还要吃好。为满足这一消费需求,水稻优质被置于与高产同等重要的地位。优质稻米研究与推广应用得到长足发展,一大批优质品种相继培育成功并在生产上大面积推广应用,一系列中、高档优质米相继投放市场,优质米的市场份额逐年扩大,迄今已占稻米消费总量的 50% 以上,基本满足了优质稻米消费的市场需求。同时,随着人们健康消费意识的增强,无公害食品稻米、绿色食品稻米应运而生,稻米高品质、安全消费已成为市场的主旋律。可以预见,随着优质稻米产业化开发的进一步发展,在不久的将来,稻米品质和质量将达到或接近稻米先进生产国的水平,我国稻米的市场竞争力将得到极大提高。

(六)多样化稻米食品需求旺盛,食品加工业方兴未艾

稻米食品的丰富是市场的另一大特点。除原有的粽子、汤圆、米粉、糕点等传统稻米食品外,稻米膨化食品、米粉干、方便米粉、功能性稻米、稻米保健品等迅速发展。稻米加工不断深化,稻米食品的花色品种得到极大丰富,尤其是功能性稻米与稻米保健产品更显示了其巨大市场潜力和产业发展前景。

三、稻米需求预测

2003 年,国家食物与营养安全咨询委员会提出我国未来 30 年分 3 个阶段的食物安全目标:①基本小康社会(2010 年)。年食物生产目标中粮食总产为 54 786 万 t,人均占有 391 kg。②全面小康社会(2020 年)。年食物生产目标中粮食总产 65 600 万 t,人均占有粮食 437 kg。③向富裕阶段过渡时期(2030 年)。年食物生产目标中粮食总产 74 600 万 t,人均占有 472 kg。以稻谷总产占粮食总产 40% 计算,各时期对稻谷产量要求预测见表 19-7。

表 19-7　我国未来 30 年水稻需求预测

年　份	总 产(万 t)	单 产(kg/hm^2)	
		种植面积 2867 万 hm^2	种植面积 3000 万 hm^2
2010	21 914	7 644.45	7 304.70
2020	26 240	9 153.45	8 746.65
2030	29 840	10 409.25	9 946.65

第三节　稻米的贸易状况

一、国际稻米贸易

20 世纪 90 年代以来,全世界水稻年播种面积约 15 亿 hm^2,总产量 5.2 亿～5.9 亿 t,分别占世界谷物总播种面积和总产量的 22.7% 和 28.8%。世界的稻米贸易呈现量小且增长缓慢、但出口竞争激烈的特点。

第一,贸易量小。由于稻米生产与消费主要在亚洲,以食用为主,这些国家特别是发展中国家强调粮食自给,因此国际市场上稻米贸易量很少,目前只占总产量的6%~7%,而玉米达12%,小麦达17%。

第二,增长缓慢。20世纪80年代,每年贸易量为1 300万 t左右,90年代前期达1 700万~1 800万 t,后期达2 200万~2 300万 t,近年达2 500万~2 700万 t。

第三,世界上稻米进口国较为分散,进口量也不固定。如近年来进口最多的印度尼西亚,1998年受亚洲金融危机与自然灾害影响,水稻减产,进口达608万 t;之后因政府强调粮食自给以及气候条件转好而进口减少,1999~2003年分别为390万 t、200万 t、300万 t、380万 t、325万 t。再如日本,WTO要求其开放大米市场,但日本政府仍多方采取措施保护本国水稻生产,虽然粮食自给率很低,但稻米自给率一直维持在100%左右。1999~2001年,日本年进口大米量分别仅为63.3万 t、75万 t、77.5万 t,而且有进口也有出口,净进口量很小,同时还对进口大米设置绿色壁垒,检测指标达119项。

第四,出口竞争激烈。各个水稻出口国,都采取各种措施来提高出口竞争力。如泰国政府全力抓大米出口,美国加大对稻米出口的补贴,越南与印度以其低成本、低价格大力抢占非洲、中东市场。

在世界稻米贸易中,泰国、越南、印度、美国、中国、巴基斯坦、澳大利亚和缅甸等国是主要出口国,出口量占全世界稻米总出口量的90%以上;稻米主要进口国家和地区是印度尼西亚、日本等亚洲国家和尼日利亚、科特迪瓦等非洲国家以及中东、欧盟和我国港澳等地区。

在全球大米2 200万~2 300万 t年贸易量中,长粒型优质籼米占贸易量的50%~55%,以泰国和巴基斯坦香米为主,主要在中东、欧盟和我国港澳等地消费;中、低质量籼米占30%~35%,以越南、印度和中国大米为主,主要在东南亚和非洲国家消费;优质粳米占12%~15%,以美国和澳大利亚大米为主,主要由日本和韩国消费。

二、我国的稻米贸易

(一)国内的稻米流通

我国近来每年用于食用消费稻谷约1.65亿 t,但其中大部分是农民自种自用,并不投放市场作为商品粮流通。而由城镇居民食用而作为商品粮流通的有多少呢?可作如下几种测算:①以2003年全国人口统计中城镇人口占39.1%、农村人口占60.9%来测算,城镇居民需食用稻米折稻谷为1.65亿 t×39.1%=0.645亿 t;②目前我国城镇人口年人均消费口粮为86.7 kg(细粮),折稻谷为123.85 kg,农村人口年人均消费口粮250 kg,也就是说全国口粮消费中城市约占1/3,农村约占2/3,因此,估算城镇需食用消费为1.65亿 t×33%=0.545亿 t;③如城镇居民口粮为稻谷5 500万 t,加上工业用粮220万 t、进口粮300万 t、饲料粮(除农村自用外)800万 t,合计为6 820万 t,这与有关部门与大多经济专家估算和目前粮食市场流通量为总产35%估算相近(1.96亿 t×35%=6 860万 t)。因此,估算目前我国稻谷每年市场上商品粮流通量为7 000万 t,其中口粮5 500万 t。

从我国水稻生产和消费区域来看,湖南、湖北、江西、安徽、江苏及东北三省等水稻主产区是我国稻米的净调出省份,也是我国主要的商品性优质稻米生产基地。北京、天津、上海等特大城市由于人们生活水平的提高,人均食用稻米的消费量可能略有下降,但对优质稻米的需求将大幅度增加；沿海地区如浙江、福建、广东、海南等省的稻米调入格局将不会改变，且对食用稻米的品质要求将越来越高，需求总量特别是优质米的需求量将不断增加；由于国家生态环境建设的需要以及人们膳食结构的改变，我国西部的广大地区如广西、贵州、云南、重庆、甘肃、青海、西藏等省、自治区、直辖市的粮食缺口将进一步增大，稻米需求量将持续增加。

2000年以来，由于水稻种植面积、单产与总产均连续下降，我国稻谷的总产量已低于总需求，但由于之前库存量充足，目前尚能保持供求平衡。估计在今后一段时期内，国内稻米需求的趋势是口粮保持稳定，但优质米需求量越来越大；种子用粮及耗损量基本稳定；饲料用粮、工业用粮不断增加。

(二)我国稻米的进出口

从我国稻米在国际贸易中的情况看，我国是世界上主要稻米出口国之一。表19-8为我国1991～2003年稻米进出口情况。从表中可看出：①12年来，除1995年、1996年外，其余10年均为出口大于进口，都是净出口。②1998年我国出口稻米为历史最高点，达到375万t，占当年世界贸易量(2 698万t)的13.9%。近年来我国稻米年出口量保持在200万t左右，主要是中、低档籼米和少量优质粳米，占世界贸易量的5%～8%，主要出口国是科特迪瓦、古巴、日本等(表19-9)。优质粳米主要出口日本、韩国及俄罗斯等国。我国大米年进口量约为20多万t，尚不到世界贸易量的1%，主要是泰国香米。

表19-8　1991～2003年我国稻米进出口情况　(单位：万t)

年份	出口	进口	净出口
1991	69	14	55
1992	95	1	94
1993	143	—	143
1994	152	51	101
1995	5	164	-159
1996	26	76	-50
1997	94	33	61
1998	375	24.4	350.6
1999	270	16.8	253.2
2000	295	24.8	270.2
2001	185	27	158
2002	199	24	175
2003	262	26	236

表 19-9 1998~2001 年我国稻米主要出口目的国及出口量 (单位:万 t)

国 别	1998 年	1999 年	2000 年	2001 年	合 计
印度尼西亚	136.3	73.4	54.2	0	263.9
科特迪瓦	18.0	42.1	87.0	89.8	236.9
菲律宾	137.5	18.1	6.4	0.1	162.1
古 巴	14.5	22.7	22.6	19.6	79.4
伊拉克	9.9	10.3	16.9	11.0	48.1
韩 国	7.5	11.6	13.1	7.6	39.8
日 本	8.1	7.6	6.6	10.3	32.6
朝 鲜	7.8	8.6	5.3	8.9	30.6
其 他	35.5	76.0	82.7	37.5	231.7
总 计	374.6	270.4	294.8	184.8	1389.0

三、国际与国内稻米市场价格比较

(一)国际稻米的价格走势

国际稻米贸易价格在 1973 年前呈振荡缓慢上升,之后则大幅度上扬;1981 年出现历史最高价,达 445.34 美元/t,随即大幅度回落;1987 年后反弹,基本维持在 300 美元/t 以上,自 2000 年后又跌至 300 美元/t 以下,近来徘徊在 200 美元/t 左右。据农业部信息中心对国际大米市场监测,1999 年年平均价折人民币为 1 900 元/t,2000 年为 1 522 元/t,2001 年上半年继续下降,到 2001 年 6 月达最低点,仅为 1 161 元/t;2001 年平均价格为人民币 1 269 元/t,2002 年平均价格为 1 463 元/t,同比上升 15.3%。进入 2003 年,国际市场大米价格处于高位运行,全年平均价格人民币 1 514 元/t,比 2002 年高 3.44%,比 2001 年高 19.3%,与 2000 年全年平均价基本相近。2004 年上半年国际市场大米现货价格为人民币 1 785 元/t(含 25%碎米曼谷离岸价),比 2003 年上半年上升 17.6%。

(二)国内稻米的价格走势

从 20 世纪 90 年代以来,随着稻米市场发展与稻米供需变化,我国稻谷(稻米)贸易经过 4 个阶段。

第一阶段,1991 年初至 1993 年 10 月。粮食生产稳定,受国家政策控制,平价粮波动较小,粮食供求基本平衡,价格波动不大。这期间我国大米(籼米与粳米均价)的最低价为 920 元/t,最高为 1 129 元/t,价格在总体上是上涨的。

第二阶段,从 1993 年至 1995 年 12 月。1993 年虽然全国全年粮食增产,但稻谷比上年减产 4.6%,而人口增长与生活水平提高,使大米需求增长,供不足需,加上粮食生产成本与粮食收购价的提高,而且整体物价水平也提高,大米价格一路上扬。大米价格从 1 167 元/t,上涨到 2 829 元/t,涨幅达 1.42 倍。

第三阶段,从 1996 年至 2003 年 8 月。因 1996 年至 2000 年全国稻谷产量不断增长,而内需不旺,出口量不大,库存较多,大米市场开始长期疲软,价格持续低迷,2002 年的稻米平均价格早籼米为 1 425 元/t、晚籼米为 1 488 元/t、粳米为 1 806 元/t。其中,仅 1998 年下半年有一次反弹。

第四阶段,从 2003 年 9 月至今。由于 2000 年以来稻谷持续减产,库存大幅下降,又由于需求的拉动,特别是补库需求的拉动,加上国内稻米流动不畅以及国际市场上稻米价格上扬,2003 年 10 月开始我国稻米价格大幅上涨。2003 年 12 月份的早籼米价格比 1 月份上涨了 72.9%,晚籼米则比 1 月份上涨了 104.35%。2004 年继续上年走势。

从 10 多年来我国稻谷(稻米)价格动态来看,一是价格随产量、需求与库存变化而发生波动,且随着粮食市场逐步开放而更加明显;二是近年来与国际市场价格关联性也更加明显;三是由于我国稻谷库存布局不合理,近两年虽仍处于供大于求的状况,但因流通不畅也会引起米价波动。

(三)国际与国内市场大米价格比较

农业部信息中心科研人员,曾采用相对价格的方法,将我国市场大米价格与国际市场大米价格进行比较。即:假设国际市场价格为 1,国内市场相对价格 = 国内市场价格/国际市场价格[估算中采用的国内市场价格为全国部分粮油批发市场标一晚粳现货成交价平均值,国际市场价格为泰国含碎 25%大米曼谷离岸价(FOB)]。结果表明,大米相对价格 1997 年为 0.90,1998 年为 0.92,1999 年为 1.09,2000 年达 1.12。如果不考虑国际贸易中的运输成本及其他因素,仅从国内市场相对价格变化来看呈上升趋势,即我国大米的价格优势已在逐渐消失。表 19-10 为 2001 ~ 2003 年国际市场与国内市场大米价格对比。

表 19-10 2001 ~ 2003 年国际市场与国内市场大米价格对比 (单位:元/t)

大米品种	2001 年	2002 年	2003 年
标一晚籼全国批发市场全年平均价	1563	1488	1505
标一晚粳全国批发市场全年平均价	1901	1806	1894
国际市场全年平均价	1269	1463	1514

资料来源:郑州粮食批发市场

四、我国稻米国际市场竞争力分析

世界稻米主要出口国泰国,是传统的优质籼稻生产国,稻米米粒细长、外观晶亮透明、食味佳且带有茉莉花香味,生产上主要采取低成本种植和精加工策略,稻米品质好、价格低,加上政府积极组织和支持出口,一直是中东、欧盟及我国港澳地区高档优质籼米市场的主要供应国,所以今后一段时期内仍将是我国的主要竞争对手。美国以长粒型高档优质粳米见长,澳大利亚则以中、短粒高档优质粳米取胜,两国在世界高档优质粳米市场均享有良好的美誉,其育种和栽培技术先进,多采用直播与机械化集约生产,出口竞争能力强,特别是在日本、韩国等高档优质粳米市场上占有明显的质量和价格优势。越南和印度的稻米除原有的生产成本低与价格优势外,近年来通过政策调整与技术改进,稻米品质有较大改善,出口竞争力不断提高,特别是在非洲、东南亚及拉丁美洲等中、低档稻米市场有很强的竞争力。

与世界稻米主要出口国相比,我国的稻米生产既有自身技术优势,也存在着明显的不足。具体表现如下。

(一)产量优势明显

目前,我国水稻平均单产居世界第七位,高出世界平均水平 60%,宁夏、江苏和吉林等高产省份的单产水平居世界第二位,仅次于澳大利亚。且高产品种的科技含量高,许多杂交稻组合和制种技术拥有自主知识产权。同时,区域化、模式化、轻简化栽培技术取得了长足进步,稻作技术居世界先进水平,是世界稻米的最大生产国。

(二)品种的品质差距较大

我国现有水稻品种的品质普遍不高。目前尚没有一个能与国外王牌品种如泰国的KDML 105与Basmati 370、日本的越光、美国的Lemont及澳大利亚的野澳丝苗等相媲美。主要稻米品质如垩白率、透明度、直链淀粉含量及食味品质等与国外优质米相比均存在较大差距。垩白率达国标三级以上的百分率北方主栽粳稻品种仅为45%左右,南方主栽粳稻品种仅为6%左右;南方常规晚籼和早籼垩白率的达标率分别为40%和9%,直链淀粉的达标率分别为50%和15%。

(三)生产成本高,比较效益低

我国的稻作技术一直以追求高产为目标,而忽视效益和品质的提高,导致生产成本不断提高,经济效益不断下降,稻农收入增长乏力。在稻米生产过程中,普遍存在着肥料、农药等施用过多和盲目灌溉的问题。据估计,我国许多地方化肥的施用量已超过水稻一生需求量的1倍以上,农药的施用量超过科学用药的80%以上,灌溉水的生产率尚不足发达国家的1/2,结果不仅使生产成本大幅度增加,也造成产地的环境污染,稻米产品的农药及其他化合物残留超标问题也十分突出。

(四)加工技术不配套,稻米生产的产业化程度低,国际知名稻米品牌缺乏

我国的稻米生产、加工与销售长期脱节,稻米的贮藏和加工工艺落后,"好坏一仓装,优劣一机碾,好种出不了好谷、产不出好米"的现象还相当普遍,更谈不上追求利润的最大化。同时,由于稻农的经营规模小,稻米生产大多沿用自产自销的传统经营模式,产业化程度很低,规模效益、加工增值难以体现,且缺乏一整套稻米生产、贮藏、加工标准化技术体系,与泰国、美国等先进国家相比加工技术至少落后5~10年。因而,如不加以改进,即使有能与国外王牌品种相当的优质稻品种,也生产不出能与之相媲美的高档优质米,更谈不上树立具有国际影响力的大米品牌。

五、我国稻米的贸易策略

近年我国稻米贸易策略是:立足国内稻米市场,满足国内消费需求;进一步扩大我国在东南亚及非洲稻米市场的份额;增加对日本、韩国稻米的出口,积极开拓欧洲以及南美洲稻米市场。与此同时,适当进口泰国大米及美国、澳大利亚的高档优质米,以满足国内对高档优质米的需求。

(一)提升水稻主产区的综合生产能力,满足国内稻米消费需求

在稳定水稻播种面积(2 800万~2 900万 hm^2)的基础上,通过科技进步不断提高水稻单产,保持国内有1.9亿~2.0亿t的稻谷生产能力,特别是要进一步提升长江流域、东北地区及东南沿海水稻主产区的生产能力,满足国内的稻米需求,确保国家稻米安全。

(二)稳固东南亚、非洲及朝鲜、古巴等已有稻米市场

利用我国稻米的价格优势与国际粮食援助的贸易通道,进一步扩大对东南亚、非洲及朝鲜、古巴等的稻米出口,品种以中、低档籼米为主;利用华南及长江中游稻区的地缘优势,生产面向港、澳地区市场的中、高档优质籼米,逐步增加在港、澳地区的市场份额;同时生产面向中东地区市场的高档优质米，增强我国稻米在该地区稻米市场的竞争力。

(三)增加对日本、韩国的稻米出口，积极开拓欧洲及南美洲稻米市场

利用日、韩两国逐步放开稻米市场份额的契机，以我国东北稻区为基地，通过出口贸易、合作开发等多种途径，生产面向日、韩等国消费的优质粳米，增加对日、韩两国的稻米出口；利用我国与俄罗斯、欧盟、南美地区的贸易依存度逐步加大的契机，在 WTO 框架内，积极开拓欧洲及南美洲稻米市场，使我国稻米出口贸易逐步形成多元化格局，促进稻米出口的稳步增长。

(四)适当进口泰国及美国、澳大利亚的高档优质米

基于国内高档优质米的消费需求及国际贸易中“互惠”、“双赢”的交易规则，可适当进口部分高档优质米，以推动国际贸易间的互利合作；但随着我国优质稻米国际竞争力的进一步提升，这一进口数额将逐步减少。

参 考 文 献

蒋彭炎.粮食问题与稻米生产.中国稻米，1996(1):42－43

联合国粮农组织统计数据库http://faostat.fao.org/faostat

彭少兵，黄见良，钟旭华等.提高中国稻田氮肥利用率的研究策略.中国农业科学，2002，35(9):1095－1103

徐匡迪，沈国舫.在首届国际水稻大会上的报告.中国稻米，2002(6):8－11

《中国农业年鉴》(1980～2003).北京:中国农业出版社，1980～2003

朱德峰，庞乾林，何秀梅.我国水稻产量增长因素分析及今后的发展对策.中国稻米，1997(1):3－6

第二十章　水稻产业经济

随着商品生产的充分发展,新的产业将不断出现,产业经济将日益发达。从国民经济的产业划分来看,农业产业是第一产业,在农业生产中,粮食产业又是我国的一项重要产业,而水稻是我国粮食的最主要作物,水稻产业是我国粮食产业的一个重要分支,是我国粮食产业的重要组成部分,也是农业产业不可或缺的分支产业。

水稻产业经济是研究水稻产品与商品在水稻产业内部生产关系发展的规律,揭示水稻产业内部的经济联系与发展规律,同时还要揭示水稻产业内部的生产要素的合理组织与经营管理的规律,从而指导水稻产业经济的发展。

产业经济是商品经济纵深发展的结果。水稻产业经济就是水稻产业在科技、生产、流通、加工消费、贮藏、信息与咨询等各个环节所发生的经济行为。它是一个完整的经济体系与经济链,并与粮食、农业与其他产业形成一个有机的、协调与发展的产业环境,产业经济链是一条畅通无阻与充满生机与活力的体系。

水稻产业经济研究的内容包括水稻产业在国民经济中的地位与作用,水稻产业结构调整,水稻生产、消费、流通与加工的经济效益,科技对水稻产业发展的支撑作用等。下面将从水稻产业经济发展背景入手,以产业经济理念为指导,结构调整为主线,经济效益为核心,市场整合为纽带,产业科技为支撑五方面对水稻产业经济进行多方位和全角度的分析与研究。

第一节　水稻产业经济发展背景

粮食是人类赖以生存和发展的基础,它关系到国家的经济发展和社会稳定的大局。从新中国成立到20世纪的80年代初期,我国粮食一直处于绝对短缺的状态,由此而给国民经济和社会发展带来了巨大的制约。改革开放以后,我国的粮食生产有了大幅度的增长,从1978年到1996年,粮食产量连续上了四个台阶,并一直保持到1999年,实现了粮食由长期短缺到供需总量基本平衡、丰年有余的历史性转变,这标志着我国农业进入了一个新的发展阶段。然而自2000年以来,粮食连续减产,出现了播种面积、总产量、单产和人均占有量"四个下降"。2003年,粮食播种面积下降到9 933万 hm^2,比1998年减少1 400万 hm^2;总产量4 307亿kg,平均每年减少180亿kg;平均单产比1999年降低了10 kg/hm^2;人均占有量由1998年的412.5 kg下降至334 kg,回落到1978年的水平。与此同时,粮食库存也逐年下降,截止到2003年6月,库存量仅为2 204亿kg,比上年同期减少11.2%。从城市居民与农民粮食库存分布情况来看,城市职工基本不存粮。黑龙江、吉林省农民人均存粮670 kg,江西、湖南省农民人均存粮246 kg,浙江、广东省农民人均存粮104 kg。从库存总体情况来看,表现为三个下降,即藏粮入库下降,藏粮于地下降,藏粮于民下降;从粮食主产区、销区来看,也表现为三个下降,即主产区粮食调出能力降低,产销平衡区平衡能力降低,粮食主产区库存能力降低。从历史上来看,2003年粮食有四个"最",即播种面积建国以来最小,总产量1992年以来最少,人均占有量1982年以来最低,粮食库存量1997年以来最小;另外,人口还在增加。因此,从当前形势判断,我国粮食供求格局虽尚未发生根本性的变化,但粮食连年减产的问题已经引起高度重视。2005年,全国粮食产量达到4 840亿kg,比2004年增产近150亿kg,粮食供应缺口进一步缩小,粮食供求关系处于紧平衡状态。从中长期发展趋势来看,随着人口的不断增加和消费水平的逐步提高,无论是口粮还是饲料以及加工用粮,都将使粮食需求保持长期增长的态势,同时耕地减少、水资源短缺的趋势短期内很难逆转,未来粮食供求关系仍将呈紧平衡状态,粮食安全形势严峻。如不及时采取行动,充分调动主产区和农民的种粮积极性,保护和提高粮食综合生产能力,增强可持续发展能力,不仅对继续推动农业和农村经济结构的战略性调整产生不利影响,也会对国民经济持续发展和社会稳定构成威胁。

立足国内资源,实现粮食基本自给是我国必须长期坚持的原则,也是我国政府向全世界作出的庄严承诺。目前,全球年粮食生产总量18亿多t,从多年平均水平来看,我国粮食总产约占世界粮食总产的1/4。据联合国粮农组织预测,2003~2004年度全球粮食供应缺口已达1亿t,贸易量也不及我国总消费量的50%。在经济全球化和我国加入世界贸易组织的背景下,我国粮食生产的波动不仅影响国内粮食供求关系,也将对世界粮食供求关系产生深刻的影响。近年来,我国粮食供需关系与世界粮食供求关系呈现惊人的相似性,既有其内在的必然关系,也说明我国粮食安全的重要性。从粮食本身来看,为调剂粮食品种,适当进口粮食也是必要的,但大量进口就会引起国际粮食市场的大幅度波动。从保护和提高粮食综合生产能力入手,保持较高的粮食自给率,必将成为我国今后粮食产业发展的战略选择。

为保护和提高粮食综合生产能力,农业部相继制定并实施了优势农产品区域布局规划、优势农产品国际竞争力的提升行动、国家优质粮食产业工程和水稻、小麦、大豆、玉米四种主要粮食作物的科技提升行动以及农机科技兴粮行动计划等。其目的是保护和提高粮食综合生产能力,实现粮食产业化生产,提高农民种粮的收入水平。

水稻是我国的第一大粮食作物,它在保障我国粮食安全上承担着重要的角色,起着至关重要的作用。在我国的粮食生产中,水稻的播种面积最大,单产最高,总产占粮食的比重最大。以2002年为例,水稻单产为6 189 kg/hm^2,比小麦单产高63%,比玉米单产高26%。水稻的总产量也居所有粮食作物之首。历史上水稻总产量最高年份为1997年,达20 074万t,占粮食总产的41%。

如此重要的一种粮食作物,在最近的几年却连续出现“四个下降”,为此,农业部于2004年启动了水稻综合生产能力科技提升行动方案,其主要内容是快速将农业科技成果(优质水稻新品种、综合配套栽培技术)从科技人员手上转移到农民手中,促进水稻产量的增加与农民收入的提高,加快水稻生产的优质化、专业化、规模化和产业化。

长期以来,稻米作为人们的一种口粮,也是国家的一种战略物资。在计划经济济时代,水稻产品主要体现的是一种使用价值,即使有一部分作为城市居民消费的口粮,也并不能完全体现其商品属性和价值功能。经过20多年的市场经济的发展,过去那种农民种稻卖谷、粮库收谷卖米的生产与经营相互分割的状态已经发生变化,农民生产稻谷不仅是为了完成国家的收购任务和自己食用,粮食收购部门也不再是农民种什么稻谷就收购什么稻谷,而是农民根据稻谷品种的产量与质量、效益等指标按市场的需求来进行生产。在政府的引导下,水稻的生产开始由原来的产品生产逐步地转化为商品生产。但从全国的范围来看,水稻生产绝大部分还是产品的生产,真正的商品生产也只有1/5左右。从长期趋势来看,随着市场经济的进一步发展,大量农村主要劳动力的进城务工,农村土地的进一步流转与集中,水稻生产的商品化率将进一步提高。在这种情况下,要求水稻生产实现品种专业化、布局区域化、收贮分类化、经营一体化,并实现社会化服务、企业化管理,把产供销、贸工农、经科教紧密结合起来,形成一条龙的经营体制,全面实现水稻产业经济。

第二节　水稻产业经济理念

一、水稻产业经济概念、内涵与属性

早在20世纪末,中国水稻研究所就已经提出水稻要以一种产业化的形式来进行生产、流通、加工与消费。湖南省农业科学院青先国认为:“水稻产业经济是按照市场变化的需求,根据水稻的经济属性,在育种、种植、加工转化和营销全面创新的基础上,用现代工业理念来推进传统农业向现代农业转变,形成水稻产业经济。这一概念有别于过去的水稻生产,强调产业推动,依靠科技提升水稻生产,通过产业开发、转化增值,实现水稻经济的稳定持续发展。”他的基本思路是:充分发挥水稻的经济属性和功能,运用现代工业理念谋划水稻经济发展,实施水稻资源转换战略,强化专用品种选育,稳定生产能力,突出加工转化,拉长产业链条,提高综合效益,促进稻农增收、农业增效。

水稻产业经济就是研究水稻科技、生产、流通、加工、消费、信息与咨询等各个环节所发生的经济行为。它是一个完整的经济体系与经济链,并与其他产业形成一个有机的、协调与发展的产业环境。产业经济链是一条畅通无阻与充满生机和活力的体系。

水稻产业经济的基本内涵包括以下几个方面:一是以市场为导向。水稻产业经济是市场经济的产物,水稻产品的生产必须以市场需求为导向组织生产、加工和销售才能生存与发展。二是要以稻米龙头企业为依托。在实现水稻产业经济过程中,龙头企业起着把千家万户小规模分散经营的稻农与国内外大市场连接的桥梁与纽带的作用,只有依托龙头企业的带动,水稻产业化经营的优越性才能充分体现出来。三是要有一大批稻农参与的水稻商品生产基地为基础。必须是小规模大群体式或大规模基地式的水稻商品生产基地,实现品种专一化、种植区域化、产品商品化,才能为龙头企业提供大批量、高品质的水稻产品。四是形成农、工、商有机结合的产业链。把水稻生产部门、稻米加工企业、大米营销企业有机地结合在一起,形成生产、加工、销售的主产业链。五是要有水稻生产、销售、流通的咨询服务组织。

水稻产业既是技术密集型又是劳动密集型的产业。它具有基础性、区域性、多样性、竞争性与商品性的经济特征与属性。

二、水稻产业经济发展的条件

一种产品能不能成为一种产业来发展,能不能成为一种产业经济去发展,必须具备以下4个条件:一是市场上有否大量的该种产品,而且这种产品的生产地有否广阔的市场,该种产品生产出来以后,有没有销路,产品的价值能否被实现,再生产能否顺利实施,这是该种产品能否成为产业或产业经济发展的首要条件和第一推动力。二是这种产品的经济价值是否较高,经济收入是否比较多,它对国民经济的发展是否会产生一定的影响。如果这种产品经济价值太低,经济收入太少,对国民经济的发展毫无影响,也不利于调动各个产业环节的积极性,也就难以形成一种产业。三是这种产品在全国各地是否是一种具有优势资源的产品。

因为只有丰富的资源才能形成丰富的产品和丰富的商品，只有丰富的商品才能使该种产品形成一种产业经济，这是产业经济生存与发展的基础以及推动产业发展的强大生命力。四是在再生产过种中，该种产品是否含有一定的技术力量与技术创新的潜力。一种产品要不断得到生产与发展，要使它形成一种产业，在再生产过程中，一定要有不断开发与创新的技术。只有技术的不断创新与发展，这种产品才能源源不断地成为一种商品。如果没有一定的技术与创新，产品就难以成为商品，且产品不具有竞争力，就很难谈得上形成一种产业。因此，要使一种产品形成一种产业，形成一种产业经济，就需要从市场的角度出发，从当地的资源和技术力量出发，分析这种产品的发展前途，这样才能确定这种产品能不能开发为一种产业，能不能使该种产品由产品的生产转化为商品的生产，由商品生产向纵深产业发展。

对照产业经济发展的条件，我们不难看出，基于水稻生产的现状，水稻是可以作为一种产业来发展的。其主要理由有以下几点。

第一，水稻在中国有 30 个省、自治区、直辖市生产。其中 18 个省为水稻主产省，种植水稻的农户为 1.58 亿户，约占农户总数的 64%，涉及到约 6 亿农村人口。2002 年，全国水稻总产值约 1 150 亿元，占农业总产值的 7.7%，稻农人均产值 195 元。农民种植 1 hm^2 水稻的收入在 1 200 ~ 1 800 元之间，是稻农收入的基本来源，特别是在南方一些以粮为主的地区，水稻收入也是生活开支的保障，而且稻谷产品在全国有广阔的市场，稻谷在市场化条件下很容易变成商品，稻谷产品的价值也很容易被实现，这就决定了水稻这种产品能够实现产业的基本条件。

第二，稻谷产品的价格在很长一段时期内脱离其价值，但在市场经济越来越完善的今天，这种价格与价值背离的问题将逐步得到解决，一直以来困扰水稻生产的粮价偏低现象在不断得到改变，稻谷价格正在逐渐地回归到价格与价值相符的轨道上来。

第三，水稻是一种资源丰富的产品，在全国各地均有生产。水稻种质资源在全国有 70 000 多份，占全世界的 50%左右。大米也是我国粮食作物中一种最具优势的产品，在贸易上出口大于进口，这就决定了水稻产业具有生存与发展的基础和能够不断升级的强大生命力。

第四，我国在水稻上是一个科技强国，水稻的尖端科技正在引领着全球水稻科技的发展，水稻科技成果层出不穷，水稻生产技术处于国际领先水平，稻谷产品具有一定的竞争力。在再生产过程中，水稻科技不断得到开发与创新，这就决定了水稻产品能源源不断地成为一种商品，水稻生产能够成为一种商品生产，而且这种商品生产能向产业纵深发展，也就决定了水稻将能发展为一种产业。

第三节　水稻产业结构调整

水稻生产要成为一种产业来发展，就必须进行产业结构调整。水稻产业结构调整的主线应按照比较优势的原则来进行，要把握好地理资源的适宜性、区域生产的商品性、产品生产的竞争性和集中连片的规模性。

我国的农业已经进入由资源与市场双重约束的新的发展阶段，以市场为导向、效益为中心、增收为目标的结构调整已经成为当前我国“三农”发展的迫切任务。科学的结构调整是要按照比较优势的原则来进行。从理论上说，完善的市场机制会自动地按照比较优势的原则来安排粮食生产，但在经济现实中，非市场干预因素是客观存在的，这意味着现有的粮食生产格局不一定发挥了粮食生产的区域比较优势。为了对水稻生产结构的调整按照比较优势的原则来进行，因此原则上在对水稻生产结构调整前，要对各种作物生产的比较优势进行分析与研究。根据前些年我国粮食生产结构调整的实际，可以运用比较优势原则采用国内资源成本法和显示性比较优势法对我国水稻生产结构调整进行比较分析，来比较水稻生产和贸易的优势所在。

一、比较优势理论

比较优势理论主要是论证两个不同的经济区域或两种不同的作物在生产和分工专业化基础上开展贸易的有利性。其基本内容可以简单地表述如下。

在完全市场、规模报酬不变以及其他一些条件不变的情况下，设有两个区域 M 和 N，生产两种产品 i 和 j。在贸易前，M 区域产品 i 的理论价格为 P_{im}（理论价格指的是反映资源最优配置的那种价格），产品 j 的理论价格为 P_{jm}；同样，N 区产品 i 的理论价格为 P_{in}，N 区 j 的理论价格为 P_{jn}。当 P_{jm}/P_{im} 大于 P_{jn}/P_{in} 时，M 区的 i 产品具有比较优势，j 产品不具有比较优势；N 区的情形正好相反。如果 M 区出口产品 i，进口产品 j，N 区出口产品 j，进口产品 i，两个区域都可获利，这就是比较优势原理。

在实证研究中，比较产品有无优势的方法有多种多样，而且也不局限于理论内容的本身。概括起来，大约有 3 类：一是将实际价格校正为理论价格，用理论价格来比较产品的价格优势。成本是构成价格的一个主要因素，因此成本比较法也就属于这一类。二是用数量指标来分析产品的比较优势。如分析某产品的进出口实绩就是采用这一种方法。该方法计算某一国某一种产品净出口量占其总产量的比重，再计算该种产品的世界总出口量占世界总产量的比重，当前者大于后者时，就说该产品具有显示出来的比较优势（如果将出口量换算成区域贸易量，可以说该区域有显示出来的比较优势）。三是利用产值与贸易值来分析产品或区域的比较优势，即计算一国某种产品出口值占该产品国内总产值的比重，再计算该产品世界总出口值占世界所有产品总出口值的比重，当前者大于后者时，就说该国在该产品上具有比较优势。

第一种方法主要是从成本角度来比较产品区域的优势，在国内也经常采用这种方法，并称之为国内资源成本系数法，第二、三种方法则称之为显示性比较优势法。

（一）国内资源成本系数法

当前，国际学术界在衡量某种产品有无比较优势时，通常采用美国斯坦福大学 Person 教授提出的国内资源成本系数（DRCC）。国内学者近几年也开始应用这一计算方法来计算农产品的比较优势。计算表明，我国主要粮食作物的 DRCC 在近 10 年中都有不同程度的上升，这也就表明我国种植业生产在国际市场上的优势地位开始下降。随着众多学者研究的不断深入，发现仅用 DRCC 来考察不足以真正反映作物与品种的比较优势状况，因为它反映的是按国际价格计算的绝对的比较优势。我们不仅需要了解我国水稻作物的国际比较优势，还更要清楚的是水稻国内相对比较优势。

为此，为了更好地了解水稻比较优势，将根据李嘉图的比较优势意图改造比较优势的计算方法，即根据 2×2 模型的原理真正代表比较优势的指标——国内资源成本系数（RDRCC）暂且称之为“相对比较优势指标”。

我们从相对比较优势角度出发，运用非参数检验中的符号检验法来分析 1993～2002 年我国水稻生产结构调整的理论与实际的吻合性。为了对水稻生产优势的实际情况有一个全面的了解，我们将构建成水稻与经济作物国内资源成本系数比 $RDRCC_{ge(t)}$ 和水稻与经济作物播种面积比 $RSOAR_{ge(t)}$ 两个指标，来考察两者之间的变化是否存在着差异，以验证 10 年来我国水稻生产结构调整是否遵循比较优势的原则。指标计算公式为：

$$RDRCC_{ge(t)} = DRCC_{g(t)} / DRCC_{e(t)}$$

$$RSOAR_{ge(t)} = RSOAR_{g(t)} / RSOAR_{e(t)}$$

式中，$DRCC_{g(t)}$、$DRCC_{e(t)}$ 分别为第 t 期水稻与经济作物的国内资源成本系数，$RDRCC_{ge(t)}$ 为第 t 期水稻与经济作物国内资源成本系数比，反映了两者的相对比较优势指数。该指数大于 1 表示水稻与经济作物相比无优势，小于 1 则表示水稻与经济作物相比具有优势。$RSOAR_{g(t)}$、$RSOAR_{e(t)}$ 分别为第 t 期水稻和经济作物占总播种面积的比重。经济作物包括棉花、糖料、油料和烟草等。$RSOAR_{ge(t)}$ 为第 t 期水稻与经济作物面积比，是衡量生产结构调整情况的指标。

首先假设，如果水稻等种植业生产结构调整是按照比较优势原则进行的，则各年度水稻与经济作物播种面积比 $RSOAR_{ge}$ 的变化应与期前一期的国内资源成本系数比 $RDRCC_{ge}$ 的变动方向相反，即：当 $RDRCC_{ge(t)}$ 大于 1 时，$RSOAR_{ge(t+1)} - RSOAR_{ge(t)}$ 小于 0；当 $RDRCC_{ge(t)}$ 小于 1 时，$RSOAR_{ge(t+1)} - RSOAR_{ge(t)}$ 大于 0。

其次，由于 DRCC 只是给出了下一年度结构调整的方向，并没有给出具体的调整幅度，因此对数据做如下处理：①如果 $RDRCC_{ge(t)}$ 大于 1 时，设 $t+1$ 水稻与经济作物播种面积比的理论调整方向为 -1；反之，则相反。②如果 $RSOAR_{ge(t+1)} - RSOAR_{ge(t)}$ 小于 0，设 t 年的实际调整方向为 -1；反之，则相反。③计算理论与实际之差，如果方向一致为正，否则为负。

分析结果显示，在 1994～2002 年，我国水稻生产结构调整中，有 4 年（1997～1999 年，2001 年）是符合比较优势原则进行的结构调整，而另外的年份（1994～1996 年，2000 年，2002 年）是不符合比较优势原则进行的结构调整。在 1994～1996 年期间的水稻结构调整明显违背比较优势原则，而在 1997 年以后的调整基本遵循比较优势原则。

（二）显示性比较优势分析法

显示性比较优势（RCA）分析方法，其前提与背景要求在完全市场条件下或规模报酬不变的条件下来进行测量与比较。自 Balassa 于 1965 年首次使用显示性比较优势分析方法以后，作为衡量国际贸易专业化的一种有效方法，RCA 在无数的研究报告中和学术刊物中被广泛使用。显示性比较优势指标的定义可用公式表示为：

$$RCA_{ij} = \frac{X_{ij} / \Sigma X_{ij}}{\Sigma X_{ij} / \Sigma X_{ij}}$$

式中，i 代表某一个国家，j 代表某一产业或某种作物，分子代表的是某一国某产业部门或产品的出口占全部出口的比重，分母指的是全世界该产业或产品出口与总出口额的比例。因此 *RCA* 指标反映了一国出口结构与世界出口结构的对比。当某国某产业的 *RCA* 等于 1，表明该国产业的出口份额与世界平均水平相等。如果 *RCA* 大于 1，就说明该国在该产业部门的专业化程度较高，具有显示性比较优势；否则，若 *RCA* 小于 1，则相反。

然而，该研究方法越来越受到众多的质疑，其最大的缺陷就是它不能代表正常状态，因为它在 0 和无穷大之间选择 1 作为参照点，如果指标从 0 到 1，就说一国在某产业部门没有优势，而指标从 1 到无穷大，就说该国在该部门就有比较优势，这种偏斜分配破坏了回归检验中的正态假定，也就不能提供可靠的 t 检验。因此，当指标值在参照点两侧，纯粹的比较优势指标基本上没有可比性。另外，在反映比较优势的变化趋势上，比较优势指标也有问题。与 1 以下的观察值相比，该方法在回归分析时更加看重 1 以上的值。例如，某国的比较优势指数从 0.5 上升到 1 时，则在该期间该国的比较优势指数提高了 1 倍；同样，如果一国的比较优势指数从 1 提高到 2，其比较优势指数也就提高了 1 倍。然而两者之间差的绝对值是 0.5 和 1.0。

因此，国外很多学者已经对这一方法改进，其核心就是将一直沿用的比较优势指数对称化。计算公式为：

$$RSCA_{ij}=\frac{RCA_{ij}-1}{RCA_{ij}+1}=\left(\frac{X_{ij}/\Sigma X_{ij}}{\Sigma X_{ij}/\Sigma\Sigma X_{ij}}-1\right)/\left(\frac{X_{ij}/\Sigma X_{ij}}{\Sigma X_{ij}/\Sigma\Sigma X_{ij}}+1\right)$$

公式中符号含义同上，计算结果介于 -1 和 1 之间，被称之为显示性对称比较优势指数(RSCA)。一般来说，对称性比较优势指数大于 0，说明这一时期该地区的专业化程度高于同一时期的平均水平；反之，则相反。而且，比较优势越大，说明专业化程度越高。

采用显示性对称比较优势指数对水稻生产的比较优势结果显示如下。

对 1989 ~ 2002 年包括水稻、小麦、玉米、大豆、畜禽、蔬菜（有 10 种细分产品）、肉类、蛋类、羊毛、蜂蜜、奶类等 20 种农产品测算结果表明，水稻均不具有比较优势。在 1990 年，水稻在 20 种农产品中位列第十八位，仅对蔬菜汁、小麦有比较优势；到 1998 年，水稻仅对小麦有比较优势；到了 2002 年，水稻对玉米、大豆、小麦有比较优势，而对其他作物均无比较优势。

从贸易方面来看，根据联合国粮农组织统计数据整理计算得出的我国大米显示比较优势表明，我国粮油等大宗农作物生产整体上不具有显示比较优势（RCA 值均小于 1），但大米的贸易比较优势经历了一个发展的过程（表 20-1）。在出口贸易方面，我国大米在 1998 年以前在国际上显示比较劣势，从 1998 年以后，我国水稻在国际上具有显示比较优势，但这个优势却越来越小。

表 20-1　1995 ~ 2002 年中国大米比较优势指数

年　份	1995	1996	1997	1998	1999	2000	2001	2002
比较优势指数	0.15	0.36	0.65	0.82	1.53	1.37	1.28	1.19

注：显示比较优势(RCA) = （一国某商品出口额/该国出口总值）÷（世界该类商品出口额/世界出口总值）。其中当 RCA > 1 时，说明该国商品具有显示比较优势；当 RCA < 1 时，说明该国商品具有显示比较劣势；当 RCA = 1 时，说明该国商品无比较优势

二、水稻结构调整与区域布局

（一）结构调整原则

要对水稻进行结构调整，首先要坚持一系列原则。这些原则包括：比较优势原则，非均衡发展战略原则，产业化整体开发原则，优质高效原则。

第一，比较优势原则。这是水稻结构调整的基本出发点。要深入研究市场需求、资源禀赋、产业基础等因素，发挥比较优势，提高农产品的市场竞争力，推进优势农产品产业带建设。

第二，实施非均衡发展战略。这是推进水稻种植结构调整的关键。水稻结构调整不能“四面出击”、“全面开花”，要突出重点，扶优扶强，促进其加快发展，做大、做强一批优势水稻产业带。

第三，坚持产业化整体开发。这是实施水稻产业发展的主要措施。水稻产业结构调整不能局限于就生产论生产，就产品论产品，而是要着眼于整个产业的开发。要对整个产业的每一个环节进行分析，找出薄弱环节，明确主攻方向，集中力量，组织攻坚。

第四，坚持优质高效原则。这是水稻产业发展建设的生命线。要适应消费水平不断提高的要求，大力优化产业带内的水稻品种结构和品质结构，增加农民种稻收益，提高水稻产品质量与消费安全水平。

其次是水稻产业结构调整要进行区域布局。在进行水稻区域布局时，也必须遵循一系列相关原则。

一是适宜性原则。温、光、水、气等自然资源能够最大限度地满足水稻生产要求，使我国不同水稻类型栽培在最适宜自然生态区。

二是商品性原则。我国水稻生产总量大，分布地区广，有30%以上的县(市)成为国家商品粮基地生产县。要充分发挥基地县的作用，使其生产的稻谷成为商品性稻谷，充分发挥商品价值功能。

三是竞争优势原则。我国水稻生产具有传统的种植习惯，水稻生产水平高，生产成本相对低。近几年水稻产业化经营发展较快，产、加、销一体化格局基本形成；区位竞争优势日益突显，而且运销半径相对较小，有较强的竞争力。

四是集中连片原则。在水稻主产省，水稻生产是当地农民的主导产业，对水稻进行大面积集中与连片，有利于发挥水稻生产的科技作用与规模效益，从而有利于水稻生产的发展与农民收入的增加。

(二)水稻生产优势区域布局

我国的水稻生产主要集中在长江中下游流域与东北三江平原，区域布局基本不可动摇，但对两大区域的局部地区可以进行水稻优势布局。

1. 长江流域优质籼稻优势区　包括湖南、湖北、江西、安徽、四川、江苏六省的150个县(市)。2002年150个县(市)水稻种植面积787万 hm^2，稻谷总产5 187万t，分别占六省全部水稻种植面积和稻谷总产的60%和70%，分别占全国水稻种植面积和稻谷总产的27.9%和29.7%。可以优先发展洞庭湖平原、江汉平原、鄱阳湖平原、成都平原和湘江、赣江、汉江、安宁江四大流域以及苏北地区。主攻方向是：优先发展优质、高产、高抗的籼型水稻，选育和推广符合国标一、二级标准的食用稻，适度发展高产量、高淀粉含量的专用加工稻；推进水稻生产的适度规模经营；推广轻型、节本、降耗栽培技术和稻田养鸭等生物技术、机械作业技术，降低生产成本，加快无公害食品稻米、绿色食品稻米的生产；培植壮大优质稻米产业化龙头企业，选建优质稻米生产基地，发展订单农业，做大知名品牌，增强市场竞争力，提高市场占有率；开发市场不同需求的混配米、营养品保健米，发展大米膨化食品、方便食品和以大米为原料的酿造业、医药化工业。以此盘大做强稻米产业，增加地方财源，实现稻农、企业、财政三赢。

2. 东北平原优质粳稻优势区　包括黑龙江、吉林、辽宁三省的24个县(市)及农场。2002年，该区水稻种植面积69万 hm^2，稻谷总产578.7万t，分别占三省水稻种植面积和稻谷总产的 24.07%和 43.95%，分别占全国水稻种植面积和稻谷总产的 2.44 %和 3.4%。应优先集中发展水资源状况相对较好的辽河平原、三江平原，将两大平原建设成我国最大的优质粳稻生产区。主攻方向为稳定种植面积，推广节水型稻作技术，充分利用当地生态条件好的优势，加快绿色食品大米、有机食品大米的发展；面向世界稻米市场，拓宽外省市场，主攻符合日本、韩国、欧美及我国台湾地区需求的高质量粳稻米，争取多出口、多创外汇。

三、调整后的优势发挥

随着我国加入 WTO 和粮食流通体制改革的不断深化，稻米产销更趋市场化，在充满激烈竞争的同时，也给我国水稻生产特别是优质稻米的发展带来了较好的机遇，贸易自由化也为占领国内稻米市场和挤占国际市场提供了一定的发展空间。综合分析，通过结构调整与区域布局，我国水稻生产要发挥以下几个优势。

(一)区位优势

长江流域优质籼稻、东北平原优质粳稻两大优质米优势区域具有得天独厚的自然和区位优势。长江流域优势区有效积温高，日照充足，雨量充沛，自然条件适宜优质米的生产，水稻是该区域的主要作物，单、双季稻共存。区域内 2002 年水稻种植面积 1 433 万 hm^2，总产 9 557万 t 以上，分别占该区域粮食种植面积和总产的 53.1%和 64.5%，分别占全国水稻种植面积和总产的 50%和 54%。长江横贯整个区域，大小湖泊星罗棋布，区域地理位置居中，水陆运输发达，劳动力资源丰富，加工转化及消费能力强，具有明显的区位优势。东北平原优势区，雨日光同季，土壤肥沃，水源丰富，水质好，昼夜温差大，适宜发展优质食用粳稻。水稻是该区域的主要粮食作物之一，种植面积和总产分别占粮食作物的 18%和 25%，与玉米、大豆、小麦等粮食作物相比效益最高，农民生产积极性大。同时该区域生产的优质粳米可以出口日、韩等国。

(二)价格优势

国际市场商品竞争实质上就是价格与质量的竞争。世界稻米贸易主要是粳稻米和籼稻米两种，其中粳米占进出口总贸易额的 46%。粳米主要进口国是日本、韩国，主要出口国是美国、澳大利亚。我国东北优势区粳米与美国粳米相比有明显的价格优势。2003 年上半年，美国墨西哥湾离岸价(以人民币计)长粒米为 2.814 元/kg，短粒粳米为 2.982 元/kg，我国粳米批发价格为 1.50 元/kg，大连离岸价为 1.92～2.04 元/kg，同时我国毗邻粳米进口国日本、韩国，运输成本低，竞争优势明显。同时东北地区开发建设晚，环境污染轻，有利于发展绿色食品稻米、无公害食品稻米生产，满足国内外市场对安全食品日益增加的需要。

(三)技术优势

我国稻作科学技术位居世界先进行列，特别是在超高产品种选育与栽培技术方面处于国际领先水平。近年来各地已经育成了一大批品质优良、丰产性好、抗逆性强的新品种、新品系，而且优质长粒型品种选育已有新突破，已育成一些与泰国米相媲美的优质品种。另外，我国传统精耕细作和现代稻作技术的有机结合，有利于挖掘品种的增产潜力，提高和改善稻米品质与食味。

(四)多样性优势

我国地域辽阔，历史悠久，具有气候、生态及生物的复杂性及多样性，内容非常丰富。一是气候多样性。南北两大优势稻区可以生产不同类型、不同口味、不同用途的优质稻米，这是任何稻米出口国都无可比拟的。二是品种类型多样性。两大稻区籼、粳、糯稻，早、中、晚稻，食用加饲用稻，陆稻，都有栽培；既有常规稻、杂交稻，又有紫米、黑米、软米等特色稻，可以满足不同消费层次的需求。与国外单一稻米相比具有较强的竞争力。三是种植制度的多适性。有单季稻、双季稻多熟制生产，可以安排最佳光、温、水条件，达到优质稻米安全抽穗、灌浆、成熟。因此，可根据市场需求适时、适量生产与销售。

（五）开发优势

从国内市场需求看，我国城乡居民口粮消费总量中，人均年大米消费量在 95 kg 左右，消费总量达 12 000 万 t 以上，其中，需要高档优质米 2 000 万 t，中档优质米 4 000 万 t。由于食用稻符合我国饮食文化和人民生活习惯，且加工简单，营养丰富，还有更多的人在逐步改变食用稻米的品质。目前，我国稻谷生产总量处于阶段性低水平的相对过剩，品质较差的稻谷压库严重而品质较好的稻谷供不应求，部分优质稻米还需进口。根据有关资料介绍，高档优质稻品种在生产上所占比重，日本在 70% 以上，韩国为 50%，而我国目前只有 10% 左右（台湾省在 30% 以上），表明优质稻米的国内潜在市场空间十分巨大，而且作物间的比较优势明显。从国际市场空间看，随着贸易自由化进程的加快，稻米贸易有较大的增长，世界大米出口量已从 1991 年的 1 300 多万 t（占产量的 3.6%）增加到 2003 年的 2 600 万 t，近几年仍在增长。我国大米出口出现恢复性增长，2002 年出口 199 万 t，占世界出口量的 8.2%。我国稻米出口量占世界的比例与我国水稻生产量占世界水稻生产量的比例不相称。随着我国优质稻米产业的崛起，以其低廉的价格、优良的品质，进一步抢占国际市场空间是完全有可能的。从与稻米出口国差距看，我国稻米与泰国、巴基斯坦、美国等稻米出口大国相比，主要在适口性、外观品质以及大米的膨胀率上有差异。然而，差距也是潜力，更是动力。近年来，随着农业良种工程的科技入户和育种方向的改变，我国已经选育出一大批优质品种，与国际优质大米的差距正在缩小，有的品种已经达到或超过国外优质稻米的品质。如中健 2 号、鄂香 1 号、超泰米、中国香米，已接近或达到泰国的 KDML 105 和巴基斯坦的 BASMATI 370 的品质；辽粳 294 各项品质指标均超过美国中短粒粳米。从生产成本看，我国水稻生产直接成本并不高，低于越南更低于美国，主要是间接成本高，国家也注意到了这些方面，2004 年我国水稻主产区实行了“一免三补”（免除农业税，实行水稻直补，稻麦良种补贴和农机补贴），稻谷价格实行最低收购保护价等政策，均在不同程度上提高了农民收入与稻米生产的竞争力。

四、结构调整保障措施

在结构调整与优势区域布局和充分发挥一系列的区域、价格、技术及开发潜力等优势后，尚需对结构调整采取一系列的保障措施。这些措施包括以下几点。

第一，保护稻田综合生产能力和水资源环境。一是依法切实保护好基本排灌设施，除国家确定必须退耕还林还水还湿（地）的稻田外，严禁开挖渔塘和稻田改种林、果；二是依法保护好水资源环境，加强对灌溉水质的研究与保护，严格控制优质稻米生产基地的工业“三废”污染源；三是切实保护好优质稻米生产基地的生态环境，加大对生态环境质量的监控、执法力度，实现稻米优势区域的可持续发展。

第二，增加投入，保证规划建设资金的落实。中央和地方政府应加大对优质稻米发展的支持力度，增加投入，保证财政对稻米优势区域发展规划建设资金的足额到位，为稻米优势区域发展提供资金保障。

第三,对稻米优势区域提供优质商品粮的农户,实现直接财政补贴,包括种子、机械、价格等,并纳入国家财政。2004 年上半年,国家投入 116 亿元对粮食生产进行了直补,其中中央财政拿出了 101 亿元;良种补贴 16 亿元,其中中央补贴 12.4 亿元,用于水稻粮种补贴 9.4 亿元,而用于小麦、大豆、玉米的各为 1 亿元;国家惟一对稻谷实行最低保护收购价,其中早稻为 1.40 元/kg,中、晚籼稻为 1.44 元/kg,粳稻为 1.50 元/kg,分别比往年平均增加 20% ~ 40%。由此可见国家对水稻粮种补贴的力度之大。在农机方面,中央拿出 7 000 万元用于农户购买农机补贴;在减免税方面,要通过中央财政转移支付的新减免农业税达 233 亿元。据财政部统计,2004 年国家用于农业和农村的资金将达 1 500 亿元。

第四,加大对科技创新体系的支持。切实加大科技投入,强化源头创新、技术集成配套和推广服务,进一步建设和完善优质稻良种选育与繁育体系、优质稻优质节本高效栽培技术研发体系和技术推广服务体系。

第五,扶持龙头企业和稻米加工民营企业。通过给予优质稻米加工企业贴息贷款、烘干设备投资补贴、订单基地补贴、出口经营权以及民营稻米加工企业享受国企同等待遇等政策,推进稻米产业化、市场化进程,使我国稻米产业逐步进入市场化运营的良性轨道。

五、水稻产业发展途径与模式

(一)水稻产业发展途径

1. 建立生产、科研和加工为一体的新的产业发展机制　用经济利益将科研、种子企业、农户生产、粮食收购、加工企业、转销企业通过市场紧密联系起来,根据订单,由科研部门提供专用品种,农业部门组织农户建立基地生产优质原料,粮食部门定向、定量、定点购销,加工部门实现稻米加工转化,是稻米产业化实施的一种新途径。它要求做到粮食部门在与农户签订收购合同时,要求农户购买科研部门提供的专用优质品种,从而保证原料生产质量,在产业化过程中建立有效的风险共担、利益共享机制。为探索这一产业化途径实现的可能性,2000 年,中国水稻研究所与浙江省粮食部门进行了有效的联系与合作。中国水稻研究所与浙江省 12 家粮食局(公司)在杭州签署了合作协议,共同推进粮农一体化,探索产研结合的产业化新路子。这一新路子的基本思路是:以稻米用途进行分流,在稳量调优的基础上,积极扶持和提升传统的粮食产业,通过“品种调专、品质调优、机制调活、效益调高”之水稻内部结构调整,进行种子和稻米两方面互动开发,走出一条科研成果产业化、粮食经营一体化、传统产业效益化的路子。

2. 建立新的生产组织形式,培育适合当地稻米生产和加工的龙头企业　我国水稻种植面积大,种植地域辽阔,各地的稻米生产自然条件和社会经济条件差异较大,传统的生产组织形式很难适应稻米产业化发展的需要,需要建立新的生产组织管理形式。这些生产组织管理形式主要有:①在种子方面做到统一供种。根据市场需求确定扩种的水稻品种,除农民自留和串换的品种外,其他所需要的品种均由科研单位和部门提供,统一购进,统一精选包装,统一供应给农户。②在管理方面做到统一规划布局。为了确保收购时的一仓一品和生产的统一管理,要因地制宜,相对集中,采取一段一品、一村一品的水稻生产布局原则,以乡镇为单位,统一安排种植品种和面积。③在加工和市场销售方面,根据当地水稻生产的实际,精心培育和扶持一二个稻米加工和销售的龙头企业,统一组织本地区的水稻加工和销售,确保稻米的加工质量,扩大稻米销售渠道,真正起到对本地区稻米产后加工和销售的领头作用。④在科技保证和农技服务方面,要积极推广新型和轻型的农业生产技术,提倡科技服务承包,并制定一定的奖罚措施,调动科技人员的积极性。

3. 实施稻米品牌战略,积极推广稻米名牌产品　目前稻米企业还处于初创时期,总体上看,数量不多,规模不大,档次不高,但从长远来看,稻米企业要像工业企业一样,需要实施品牌战略。长期以来,我们不知道稻米有什么品牌,更谈不上采用什么名牌。近几年来,我国的稻米企业开始注意自己的稻米品牌,并有向稻米名牌方向发展的趋势。根据农业部稻米及制品质量检验测试中心分析,1992 年、1995 年参加第一、二届全国农业博览会展销的稻米中有品牌的不多,其品牌率为 57.7% 和 56.8%,而参加 1999 年农博会的稻米中,其品牌率达到 94.2%,这说明品牌意识在人们的心目中有了很大的提高。目前国内稻米不仅有自己的品牌,而且产生了名牌效应的企业不下 20 家。这些企业不仅创造了良好的经济效益和社会效益,而且极大地推动了当地稻米产业化的发展。我国进口的外国大米大多有品牌。为了更好地适应我国加入 WTO 所带来的对稻米生产和贸易的机遇和挑战,我们不仅要树品牌,而且还要在国内和国际市场上创造更多更好的名牌。

4. 建立公平的市场竞争机制,营造公平竞争的市场环境,打破部门垄断和利益分割　目前在稻米产业化实施的过程中,农业部门负责水稻的生产,粮食部门负责稻谷的收购和大米的加工销售。根据笔者在水稻生产的农户和稻米加工销售企业中的调查,在单位稻米获得的全部利润中,农户所占的比例为 26.5%,加工企业中所占的比例为 73.5%,单位稻米在农业和粮食部门的利益分配大致为 1:2.5,况且农业部门在生产中所经历的时间大于加工流通时间。在县域稻米产业化实施中,农业部门成立了自己的稻米加工销售企业,在收购自己生产的稻谷时,会遇到来自粮食部门的阻力。根据目前的粮食流通体制及相关政策,不利于在各部门之间创造公平竞争的市场环境,为此,需要对我国的粮食流通体制进一步改革和调整相关政策,以建立公平的市场竞争机制,用市场机制的杠杆来重新分配部门之间的利益,打破部门垄断和利益分割的局面。

(二)水稻产业发展模式

在 20 世纪,只有当 90 年代进行了粮食流通体制改革和粮食经营政策的放宽,粮食的生产与加工、加工与消费、消费与生产之间的关系才得到了较大的改善,在此之前,我国的城乡居民粮食的消费基本上是农民吃自产粮、城市居民吃商品粮,国营粮食企业为城市居民加工成品粮并供应。粮食基本上是处于一种生产与消费和加工分离的状态,农村和城市的粮食消费也处于独立的两种体系中。

在市场化程度进一步提高的今天,粮食生产与消费也出现了一些新的特征。如在生产上,城乡出现联合,国有粮食经营部门与农户有了密切的联系,农户与科技部门有了联合;在经营上,出现农户与公司的联合等。总体来看,中国稻米根据现有生产经营的情况,大致有以下几种发展模式。

1. 粮食经营部门与农户联合型　这种发展模式在浙江省的许多地方已出现并为广大农户所接受。其主要特点是粮食经营部门与种粮大户结合。浙江省目前种植面积在 6.67 hm^2(100 亩)以上的有 1 万多户。由于大户种植面积大,粮源容易组织,在经营模式上以稻米外销业务为主,与粮食经营部门联合,可充分利用粮站现有仓储条件、销售网络和经营经验,实行稻米大进大出,快调快销,薄利多销。

2. 公司与农户结合型　粮食企业或公司利用其已有的粮食加工设备、技术与销售渠道与农民建立生产-加工-销售经济共同体，主要从事粮食加工转化，如酒类、食品、饲料等。通过增加科技投入，树立名优品牌，形成龙头企业，占领国内外市场。江西省奉新碧云米业集团走的就是公司＋农户的路子。这种经营模式有利于缩短产、加、销的链节，容易把产、加、销各个环节整合在一起，进行整体推进。但它要求具备一套具有较高管理能力的领导班子，同时在一定程度上可能会增加管理的机会成本。

3. 农技部门与农户联合型　县（市）农业管理和技术推广部门与农民在产前建立一种生产合同，在产中为农民提供农资供应、技术咨询、市场信息等系统服务，产后在粮食部门的协管下对农民生产的粮食进行收购、加工和销售。如广东省增城市的优质米生产基地公司就是这种模式。它的优点是集农技、农村、农民于一体，对农业新技术的推广运用和水稻品种结构的调整做到及时、正确和有效。其不足之处是加工技术和销售渠道不够先进和完善，在市场竞争中容易处于劣势。

4. 农户股份经营型　农户联股经营是由农户自愿组合，在确定股份单位的基础上，稻农根据自己水稻生产的面积、技术、资金、机械及场地等共同筹措资金兴办粮食加工企业，实行股份制经营，利益与风险共担。农户联股经营的主体是农户自己，实行就地生产与就地加工，可以减少因贮藏和运输带来的成本增加，在进行稻米销售时可以低于他人的价格，有一定的价格优势和“时新”优势。但不足之处是组织不够紧密，容易造成分散和短期行为。

5. 科研、企业和农户联姻型　实行水稻科研、稻米企业和农户联姻，是中国在稻米产业化发展模式上的一个创新。这种模式采用以科研为核心连接多家种子公司和稻米加工龙头企业，组建集团公司。集团内设立种子开发和稻米开发两大实体。种子开发实体以稻米开发为基础服务对象，为稻米开发提供优质食用品种，并利用自身的科技优势为稻米开发建立原料生产基地，推行农业新科技。稻米加工企业在种子开发实体建立原料基地时，通过收购合同约束农民优先购买科研单位研发的优质新品种，并通过种子开发公司将种子落实到农户，同时利用企业自身在仓储、收购资金及加工设施上的优势为种子开发实体提供服务，采用相互参股的形式将两者紧密连接起来推动两方面互动互利。

第四节　水稻产业经济效益

水稻产业经济效益包括水稻生产经济效益、稻米加工与流通效益及大米消费经济效益。本节着重分析与研究水稻在生产过程中的经济效益。

一、早稻生产经济效益

20世纪90年代末，当全国粮食供过于求，优质粮食品种供给不足而所谓的劣质粮食品种生产有余时，表现在水稻生产上的就是南方七省、自治区的早稻谷积压数百万t，农民生产的早稻谷价格严重偏离其价值，江西、湖南两个早稻生产大省收割完后销售的价格最低达到0.56元/kg，严重地影响了当地稻农生产早稻的积极性。同样，地处沿海经济发达的浙江省，早稻本是其重要的粮食作物，自20世纪80年代以来，特别是进入90年代后，全省早稻的种植面积、单产、总产连年下降，种植面积由150万hm^2减少至20万hm^2左右。2004年，在省政府的一系列政策作用下，早稻种植面积略有恢复，但已不可能成为浙江省的一种主要粮食作物。形成这一状况的原因除了宏观上的一些因素，如调整产业结构扩大了非农建设用地，调整种植结构压缩早稻种植面积用以发展高效农业，最根本的原因一是早稻谷食用品质差，产销不对路，二是前些年种早稻效益低，甚至亏本，由此导致早季休闲田增加，种植面积减少。

（一）早稻与中、晚稻种植效益比较

水稻按季节可分为早稻、中稻和晚稻。中稻有单季籼稻和单季粳稻。连作晚稻中有连作籼稻和连作粳稻。不同的季节种植效益存在差异。笔者在1999年对浙江省早稻与中稻和连作晚稻的生产成本和收益进行了调查与比较（表20-2）。发现在早、中、晚三季水稻生产中，早稻生产成本最低，用工也少，但纯收入与成本收益率最低；中稻纯收入最大，成本收益率最高；晚粳稻效益较好，生产成本最高。产生这种情况的原因主要有以下几点。

第一，从价格上来看，早稻平均销售价格低于中稻和晚稻。在所调查的农户中，早稻平均销售价为0.96元/kg，中稻为1.20元/kg，晚稻为1.28元/kg，由此导致早稻的收益不如中稻和晚稻。

第二，从成本上来看，由于早稻与中稻和晚稻的生长季节和生长时间不同，投入生产上的物质和人工费用相对略低，因此它的生产成本较之于中稻和晚稻都低。

第三，中稻的生长期相对于早稻和晚稻都要长，投入到生产上的物质费用相对较多，主要体现在施肥与植保两个环节上。

第四，由于晚稻在生产过程中受气候因素的影响，在田间管理上和晾干收藏上较早稻和中稻投入更多的劳动用工，因此其人工费用支出相对较多。

第五，早稻由于其价格和产量的劣势所带来的利益损缺是其在物质和人工费用上的优势所弥补不了的，成本收益率仍然比中稻和晚粳稻差一个档次。从所调查的农户来看，早稻（包括连作籼稻）的成本收益率在10%～16%，而中稻和连作粳稻的成本收益率在27%～32%。

表20-2 浙江省几种主要水稻生产成本收益比较 （以1 hm^2 种植面积计算）

水稻种类		产量(kg)	收入(元)	生产成本(元)			其他费用(元)	纯收入(元)	每工所创利润(元)	成本收益率(%)
				合计	物质成本	人工费用				
早稻		5427.0	6946.5	5823.0	2587.5	3235.5	374.3	749.3	104.1	10.79
中稻	杂交稻	7204.5	9364.5	6753.0	3144.0	3609.0	462.9	2148.0	226.5	31.80
	单季粳稻	6750.0	9450.0	6907.5	3219.0	3688.5	487.5	2055.0	205.5	29.75
连作晚稻	籼稻	6345.0	8121.0	6606.0	2952.0	3654.0	462.0	1053.0	135.0	15.90
	粳稻	6075.0	9081.0	6763.5	3036.0	3727.5	486.9	1830.0	208.5	27.10

资料来源：根据农户调查平均所得。人工费用是指栽培稻在半机械化生产的情况下再需投入的劳动力工数与当地劳动力工价之积加上雇请他人的用工费用。其中，集体承包和种粮大户是机耕、耙、秒，机收，机脱粒；而一般承包户是机耙、秒

（二）不同人均年收入水平农民生产的早稻效益比较

早稻生产地区分布较广，地区间经济发展水平差异较大，农民人均年收入也有较大差异。浙江省不同地区农民不同的人均年收入表现在早稻生产的经济效益上也有差异（表20-3）。具体有以下3点。

第一，早稻生产的单产随着农民年人均纯收入水平的提高而增加。中、高收入农户早稻产量差异较小，而低收入农户早稻单产明显低于中、高收入农户，只有4 812 kg/hm^2，不及平

均水平(4 950 kg/hm²)。

第二,高收入农户的早稻物质费用比其他地区低,而人工费用则比其他地区高。主要原因是在经济发达地区,农用物资运输环节减少,销售渠道缩短,减少了销售费用,降低了单位产品的销售价格,在使用相同农用物资数量的情况下,在经济不够发达地区由于其销售渠道不畅,环节增多,导致销售费用增加,销售价格提高,物质成本相应增加。另外,经济发达地区的劳动力成本比中、低地区要高,以致人工费用较多。

第三,从纯利润和成本收益率来看,高收入农户生产的纯利润比中、低收入农户分别高出35%和2倍多,成本利润率分别比中、低收入农户高出8.5个和19.6个百分点。表现为地区早稻产量差异明显,效益与农户年人均纯收入成正比。

表 20-3　不同人均年纯收入农民早稻生产效益比较　(根据 1 hm² 面积计算)

农民年人均纯收入分组	产量(kg)	产值(元)	生产成本(元)			其他费用(元)	纯利润(元)	成本利润率(%)
			合计	物质成本(元)	人工费用(元)			
高(5000元以上)	6075.0	7725.0	5626.5	2032.5	3594.0	427.5	1671.0	29.7
中(3500～4500元)	5782.5	7434.0	5833.5	2655.0	3178.5	366.5	1234.0	21.2
低(2500元以下)	4812.0	6202.5	5286.0	2334.0	2952.0	384.0	532.5	10.1

(三)不同种植规模的早稻生产效益

通过对早稻生产的主要类型即农场集体承包、种粮大户和家庭承包户的调查,浙江省早稻生产的的投入与产出情况列于表20-4。从中可以看出:第一,产量是决定早稻生产效益高低的主要因素,但不是惟一的因素。在同样的生产气候条件下,一般来说,产量越高效益越好,但是生产成本也是影响效益高低的一个重要因素。种粮大户单产最高,生产效益当然是最好的。集体承包的单产比家庭承包户的单产高,由于其生产成本比家庭承包户高,它的效益反而是最低的。第二,单位用工所创造的利润偏低是造成农民发出种早稻"亏本"的主要原因。集体承包户每工所创的纯利润是4.4元,家庭承包户是2.7元,而种粮大户最高也只有15.5元。根据调查,在集体承包户地区,一般的简单劳动雇工工价是男劳动力23元/天,女劳动力工价是18元/天。而在高收入地区,一般的男劳动力是40元/天,女劳动力是30元/天,中等收入地区的劳动力工价是男工35元/天,女工25元/天,连低收入地区的劳动力工价也比集体承包户地区高,男工25元/天,女工20元/天。因此,作为一个早稻生产承包者劳动一天只能获得2.7～4.4元的利润,甚至最好也只能获得15.5元的利润,这必定会在心理上产生失衡,其中的主要原因是比较利益的低下,而不是准意义上的亏损。

表 20-4　不同经营规模农户早稻经济效益比较　(根据 1 hm² 面积计算)

生产类型	产量(kg)	产值(元)	生产成本(元)			其他费用(元)	用工数(个)	纯收入(元)	劳动用工利润(元/工)	成本收益率(%)
			合计	物质成本	人工费用					
集体承包	5407.5	6753.0	5890.5	2611.5	3279.0	387.0	108.0	475.5	4.4	8.04
种粮大户	6081.0	7794.0	5802.0	2655.0	3147.0	366.0	105.0	1626.0	15.5	28.02
家庭承包	4882.5	6118.5	5343.0	2547.0	2796.0	429.0	127.5	346.5	2.7	6.49

注:用工数是在早稻生产基本实现机械化的条件下的用工数。集体承包和种粮大户是机耕、耙、耖,机收,机脱粒;而一般承包户是机耙、耖。这里的劳动用工数是指栽插稻的用工数

(四)稻谷不同收购价格下盈亏平衡点产量和价格

浙江省早稻曾实现保护价与定购价合并,价格在 1.02 元/kg 基础上加每 50kg 6 元上下20%的浮动补贴,当时的市场价为 1.16 元/kg 左右。根据过去几年农民平均销售价格在1.12~1.16 元/kg 的实际,测算了早稻生产的保本产量以及稻谷价格每增加 0.10 元/kg 时农民纯收入增加的情况(表 20-5)。可以看出:第一,集体承包户的早稻临界经济产量要达到5 169 kg/hm²,低于这一产量就出现了真正意义上的亏本,而大量的家庭承包户的临界经济产量也要达到 4 770 kg/hm²,低于这一产量,全省的早稻生产就出现了全面的亏损。第二,集体承包不是一种好的经营方式,它不仅成本高,而且保本产量(5 169 kg/hm²)高于平均水平(4 980 kg/hm²)。

表 20-5 在稻谷价格 1.12 元/kg 水平下的盈亏平衡点时的早稻单产 (根据 1 hm² 面积计算)

生产类型	稻谷产量(kg)	稻草产值(元)	生产成本(元)	其他费用(元)	保本产量(kg)	稻谷价格每增加0.10元/kg对纯收入的增加	在获得下列纯利润率条件下的早稻产量(kg)			盈亏平衡价格(元/kg)
							10%	20%	30%	
集体承包	5407.5	588.0	5892.0	387.0	5169.0	540.8	5685.0	6202.5	6718.5	1.05
种粮大户	6081.0	739.5	5802.0	366.0	5001.0	608.1	5502.0	6001.5	6502.5	0.90
家庭承包	4882.5	649.5	5343.0	429.0	4770.0	488.3	5247.0	5724.0	6201.0	1.09
平 均	5457.0	659.0	5679.0	394.0	4980.0	545.7	5479.5	5977.5	6475.5	1.00

注:现有实际销售价格是根据生产者销售过程中采用当年保护价和市场价销售后所得的总收入,再除以销售数量所得

在 2004 年的稻谷价格(全国出台政府最低收购保护价为 1.40 元/kg,浙江省平均收购价格在 1.66 元/kg 左右)条件下,全国农民平均每种 1 hm² 早稻可得纯收入在 1 125 元左右,浙江省为 1 725 元左右。另外,浙江省 2004 年实行早稻谷价外补贴 5 元/50kg 和全省免征农业税,农民早稻一季可以增加纯收入在 2 325 元/hm² 左右。

浙江省目前取得最好效益和产量的种粮大户中,早稻盈亏平衡的价格是 0.90 元/kg,而在集体承包和家庭承包户中,早稻盈亏平衡的价格分别是 1.05 元/kg 和 1.09 元/kg,如果要从全省范围来看,早稻生产盈亏平衡点的价格为 1.00 元/kg。

二、优质稻生产经济效益

笔者于 2000 年在广东省和湖南省进行了优质稻生产经济效益的调查,并将以这两省分别代表沿海地区和内陆地区,对 200 个农户优质水稻生产成本和效益进行了分析研究。

(一)优质稻生产经济效益比较分析

优质稻单位面积产量低于普通稻 3%,成本高于普通稻 5%~10%,每 1hm² 纯利润高于普通稻 2 325 元(表 20-6)。单位净产值与纯利润高出幅度较大。广东省优质稻净产值和纯利润分别是 3 384 元/hm² 和 2 782.5 元/hm²,而普通稻净产值和纯利润只有 1 026 元/hm² 和424.5 元/hm²。湖南省优质稻净产值和纯利润分别是 3 279 元/hm² 和 2 829 元/hm²,而普通稻只有 990 元/hm² 和 540 元/hm²。

表 20-6　优质稻生产经济效益优势比较　（根据 1 hm^2 面积计算）

地　区（省　份）	稻作类型	产　量（kg）	产　值（元）	生产成本（元）	物质费用（元）	人工费用（元）	税　金（元）	用工量（个）	净产值（元）	纯利润（元）
沿海地区（广东省）	普通稻	5895.0	8253.0	7470.0	3379.5	3847.5	601.5	142.5	1026.0	424.5
	优质稻	5752.5	11205.0	7821.0	3852.0	3969.0	601.5	147.0	3384.0	2782.5
内陆地区（湖南省）	普通稻	6810.0	7626.0	6636.0	3234.0	3402.0	450.0	157.5	990.0	540.0
	优质稻	6654.0	10539.0	7260.0	3696.0	3564.0	450.0	159.0	3279.0	2829.0

注：普通稻、优质稻数据分别为各自的早、晚稻平均数；稻谷综合平均价为沿海地区（广东省）普通稻 1.40 元/kg、优质稻 1.94 元/kg，内陆地区（湖南省）普通稻 1.12 元/kg、优质稻 1.584 元/kg

各种稻作类型利润差异明显。其中早稻每公顷亏损 210 元，而优质早稻每公顷利润为 1 530 元，中稻、晚稻、优质晚稻每公顷利润分别为 2 634 元、2 047.5 元、4 530 元。在内陆地区（湖南省），早稻由于其销售价格较低而出现了亏损。由于该地区的早稻盈亏平衡价格是 0.932 元/kg，而当年实际稻谷出售价格为 0.88 元/kg，因此每公顷早稻亏损 210 元；优质早稻由于其价格比一般早稻高 0.36 元/kg，每公顷盈利 1 530 元。在各类水稻生产中，中稻产量最高，价格介于普通稻和优质稻之间，虽然其成本也高于早稻，但利润仍高于优质早稻；优质晚稻，由于其销售价格高于其他稻类，所以利润明显高于其他稻类（表 20-7）。

在稻谷的商品率中，由于优质稻品质好，其稻谷的出售比例明显地高于一般稻谷。其中，优质早稻稻谷的出售比例达到 67.3%，比一般早稻高出 46.3 个百分点；优质晚稻的稻谷出售比例是 57.14%，高于普通晚稻 31.2 个百分点；中稻稻谷的出售比例介于优质稻和普通稻之间，达 44.5%（表 20-7）。

表 20-7　湖南省水稻经济效益比较　（根据 1 hm^2 面积计算）

稻作类型	产　量（kg）	产　值（元）	物质费用（元）	人工费（元）	总成本（元）	用工数（个）	稻谷出售比例（%）	利　润（元）
早　稻	6595.5	5935.5	3021.0	2745.0	5973.0	153.0	21.0	-210.0
优质早稻	6514.5	8130.0	3319.5	2950.5	6075.0	163.5	67.3	1530.0
中　稻	8430.0	9588.0	2754.0	3570.0	6324.0	178.5	44.5	2634.0
晚　稻	6909.0	8428.5	3315.0	1875.0	6123.0	141.0	25.9	2047.5
优质晚稻	6562.5	7875.0	2340.0	2085.0	6637.5	156.0	57.1	4530.0

注：各种稻谷价格为早稻 44 元/50kg，优质早稻 62 元/50kg，中稻 56 元/50kg，晚稻 60 元/50kg，优质晚稻 82 元/50kg；人工工价早稻与优质早稻每工 18 元，中稻、晚稻和优质晚稻每工 20 元

另外，根据湖南省农调队的调查，本省 1997～2003 年的 6 年水稻生产平均每公顷减税后纯收益为 300 元。其中，早稻生产每公顷亏损 439.35 元；优质早稻与优质晚稻每公顷盈利分别为 850.8 元和 1 105.5 元；中稻生产成本最高，每公顷达 6 667.35 元，利润近 750 元（表 20-8）。

表 20-8 湖南省 1997 ~ 2003 年各类水稻平均成本与收益情况 （根据 1 hm^2 面积计算）

稻作类型	产量 (kg)	产值 (元)	价格 (元/kg)	物质费用 (元)	人工费用 (元)	生产成本 (元)	稻谷成本 (元/kg)	税金 (元)	减税后纯收益(元)
稻谷平均	6306.00	6706.50	1.590	2498.40	3576.15	6074.70	0.96	331.80	300.00
早稻	5805.00	5738.85	1.485	2408.70	3468.60	5917.95	1.02	300.90	-439.35
优质早稻	6265.50	7155.75	1.710	2500.80	3576.60	6077.40	0.97	227.55	850.80
中稻	6961.50	7754.70	1.665	2691.00	3935.70	6667.35	0.96	381.75	746.25
晚稻	6507.00	7314.90	1.680	2530.80	3558.30	6129.75	0.95	345.30	880.65
优质晚稻	5952.00	7519.50	1.890	2498.25	3597.60	6143.40	1.03	318.15	1105.50

从调查结果看，农民年人均纯收入高低与优质稻生产利润多少成正相关，高收入农户比中低收入农户不仅产量高，而且利润也大。从表 20-9 可以看出，农民年人均纯收入与优质稻的产量和利润也有关系，年人均纯收入在 3 500 元以上的农民的优质早稻产量比中低收入地区高 300 kg/hm^2 左右，纯利润增加近 300 元/hm^2。农民年人均纯收入与农民的文化素质、生产技能、劳动熟练程度有关，而优质稻生产的利润又与年人均纯收入成正相关，说明优质水稻的生产与农民的文化素质、生产技术和生产的熟练程度相关。因此，从另外一种角度来讲，提高农民的文化程度和生产技术也是提高水稻生产利润的一种途径。

表 20-9 农民人均年纯收入水平与优质稻生产效益比较 （根据 1 hm^2 面积计算）

农民年人均纯收入	产量 (kg)	产值 (元)	生产成本 (元)	其他费用 (元)	纯利润 (元)	成本收益率 (%)
高(3500 元以上)	6528.00	8487.00	6114.00	577.50	1795.50	29.4
中(2000 ~ 3000 元)	6232.50	8103.00	6084.00	516.00	1503.00	24.7
低(2000 元以下)	6157.50	8005.50	5971.50	534.00	1500.00	25.1

根据稻农经营土地面积的大小，对集体承包经营面积在 33 hm^2(500 亩)以上、种粮大户经营面积在 3.3 ~ 6.7 hm^2(50 ~ 100 亩)、家庭承包户经营面积在 0.53 hm^2(8 亩)以下的农户产量和效益进行分析表明(表 20-10)，种粮大户每公顷产量比集体承包和家庭承包户产量高 750 kg 左右，用工数比两者少 25 个，纯利润比两者高 825 ~ 1 275 元，成本收益率比两者高 15 ~ 21 个百分点，说明在我国的水稻生产中，从单位面积产量和利润最大角度出发，优质稻生产规模面积以 3.3 ~ 6.7 hm^2(50 ~ 100 亩)为佳。

表 20-10 不同经营规模农户优质早稻经济效益比较 （根据 1 hm^2 面积计算）

生产类型	产量 (kg)	产值 (元)	生产成本(元)		人工费用 (元)	用工数 (个)	纯收入 (元)	每工利润 (元)	成本收益率 (%)
			合计	其中：物质成本					
集体承包	5857.50	7615.50	6192.00	2911.50	3279.00	162.00	1423.50	131.70	22.98
种粮大户	6681.00	8685.00	6027.00	2865.00	3147.00	142.50	2658.00	279.75	44.05
家庭承包	6082.50	7908.00	6093.00	2907.00	3186.00	177.00	1815.00	153.75	29.8

注：用工数是在早稻生产基本实现机械化的条件下的用工数。集体承包和种粮大户是机耕、耙、耖，机收，机脱粒；而一般承包户是机耙、耖。这里的劳动用工数是指人工栽插水稻的用工数

在现有条件下,肥料对优质稻产量增长有一定的作用,但对收益的提高并无益处。在所调查的农户中,以品种中优早8-1的肥料费用最高,其次是九七香、七丝软占品种,单位面积产量与肥料费用的高低基本呈正相关,说明在两地的优质水稻生产中,肥料对优质稻的产量增长有一定的作用。但是,不同品种间所投入的肥料费用多少的不同,并没有带来经济效益上的相应差异,也就是说,肥料对优质稻产量的增长作用并不能说明它对效益能起到提高的作用,而决定优质水稻生产经济效益高低的主要是稻谷的销售价格和所花人工及费用的多少(表20-11)。在4种优质稻品种的生产中,以上等优质晚稻品种九七香的市场销售价格最高,它所产生的纯利润也最大;优质早稻品种中优早8-1虽然产量最高,但由于其稻谷销售价格最低而不及与之相比产量低的七丝软占优质稻米的纯利润。然而,稻谷价格的高低仍受地理区域的影响。湖南省种植的优质稻品种中优早8-1在本地的销售价格比在广东的销售价格低12%,而在广东省种植的优质稻品种九七香在产地的销售价格比在异地的销售价格高20%以上。广东省种植的晚优品种九七香和湖南省种植的中优早8-1的利润差异说明了稻谷的价格是影响稻农经济收益高低的主要因素。

表20-11　几种主要优质稻品种物质费用比较　(根据1 hm^2 面积计算)

水稻品种	产量(kg)	费用(元)										
		种子费	化肥费	塑料薄膜费	农药费	畜力费	机械耕作费	排灌费	移栽费	收割脱粒费	管理费	合计
九七香	6075.00	137.10	1204.05	37.50	257.85	75.00	253.95	78.45	685.65	750.00	571.95	4051.50
七丝软占	5791.05	97.50	1087.35	37.80	123.00	75.00	225.00	79.95	750.00	750.00	720.00	3945.60
野澳丝苗	5290.95	112.50	862.50	30.00	237.00	75.00	225.00	75.00	600.00	750.00	720.00	3687.00
中优早8-1	6150.00	150.00	1425.00	30.00	180.00	75.00	225.00	75.00	600.00	600.00	600.00	3960.00

(二)肥料对优质稻产量的影响研究

为了更好地分析肥料对优质水稻经济效益的影响,选择广东省增城市的荔城镇、朱村镇、和福镇40户农户和湖南省长沙、株洲、衡阳、常德、岳阳等优质水稻生产县的160户农户作研究对象,分别选出优质晚稻品种(如九七香)、优质早稻品种(中优早8-1)和一般优质稻品种(如七丝占等),肥料品种分为有机肥、氮肥、磷肥和钾肥,探讨优质稻生产中最主要的两种投入(人工投入和各种肥料投入)以及所选用的优质水稻品种与单位面积产量增长的关系。其关系形式用柯布-道格拉斯生产函数表达为:

$$\ln Y = a_o + b_1\ln Lab + b_2\ln Fert + b_3\ln Org + b_4 N + b_5 K + b_6\Sigma\alpha_i C_i + \Sigma\beta_j D_j$$

式中,Lab 表示每公顷劳动用工量,$Fert$ 表示每公顷有效化肥施用量(有效成分,下同),Org 表示每公顷有机肥有效肥料施用含量,N 和 K 分别表示有效氮肥和钾肥含量占总化肥施用量的比例,Y 表示每公顷产量,C_i 和 D_j 分别表示和第 i 个优质水稻品种和第 j 地区的虚变量。由于优质稻不仅受物质投入的影响,而且还受其种植水稻品种类型和所处自然条件的影响,故 a_o、b_1、b_2、b_3、b_4、b_5、b_6、α_i、β_j 为待估系数。

采用上述模型,对200户优质水稻生产农户进行模拟估计和分析,从结果可以看出:①化肥施用过量,有机肥施用不足。在现有条件下,有机肥投入的多少对优质稻产量起着增长的作用。当每公顷有机肥的有效含量在肥料有效成分中的比重提高10%时,优质稻产量增长3.57%，增量为214.2 kg，折合成价值为360元左右，而10%有效有机肥的肥料费用为127.5元，产投比为2.8:1，应适当增加施用量。相反，当每公顷增加有效化肥10%时，优质稻产量将减少0.58%，也就是说，每增加1 kg有效化肥时，优质稻产量将减少0.8 kg，从价值来看，1 kg有效化肥的价值为5元，0.8 kg的稻谷价值为1.36元，即每增加1 kg有效化肥，产值将减少6.36元，既浪费了成本，又减少了产值，不宜增加施用量。②氮肥施用过量，钾肥施用不足。在化肥中，化肥品种对优质稻产量的增长能力差异显著，增产能力为钾大于磷大于氮。也就是说，在不考虑其他条件的情况下，氮肥在化肥施用中的比重每增加10%，优质稻的产量将减少5.6%；相反，钾肥在化肥中的比重每增加10%，能使优质稻产量增加5.3%。这说明，在现有优质稻生产区，氮肥施用过量，而钾肥施用不足。因此，化肥施用过量的主要表现还是在氮肥施用上，而不是其他品种的肥料。③劳动用工的投入对优质稻产量的影响作用较小。单位面积劳动用工再增加10%，优质稻的产量只能增加0.8%，从经济效益角度来看，按每公顷现有用工150个工作日计算，增加一个工作日用工需要增加人工支出27元(如广东)，而它所能增加0.8%的产量是3kg左右，折合成产值为4元左右，投入27元只增加4元产值，显然是不划算的。

(三)价格对优质稻经济效益的影响

稻谷价格是直接影响稻农经济收入的一个主要因素，价格的高低将决定着稻农生产的盈利与亏损。

从地区来分析，稻谷价格每递增10%，纯利润将在原有基础上增加160%。广东省优质稻平均销售价格比常规稻高34%，每公顷所得的纯利润要高2 358元。湖南省优质稻平均销售价格比常规稻高26.4%，每公顷纯利润高2 290.5元。也就是说，在广东和湖南两省，优质稻与常规稻相比，稻谷价格每递增10%，每公顷的优质稻比常规稻纯利润将增加2 299.5元左右。

从优质稻类型来分析，稻谷价格每递增10%，优质早稻和优质晚稻每公顷纯利润将增加1 200～1 500元不等。其中以上等优质晚稻品种利润增加最多，为1 476元/hm^2；上等优质早稻品种为1 200元/hm^2；中等晚优也达1 213.5元/hm^2。在价格对经济效益的影响中，以稻谷价格的影响力最大。当肥料价格递增10%时，它使优质早晚稻每公顷纯利润减少120～180元，其中以优质早稻所减利润最多，达180元/hm^2；当劳动力价格递增10%时，优质早晚稻每公顷纯利润减少330～585元，其中以上等优质稻利润下降为最多。从绝对值来看，三种因素价格的影响，以稻谷价格的变动对优质稻利润的影响为最大，其次是劳动力价格，再次是肥料价格。

(四)发展优质稻生产的措施

1. 建立从消费角度判别水稻优质与否的认识机制 国家在稻谷严重库存的情况下实行结构性的调整，大力调减劣质早籼稻的种植面积，扩大优质稻种植面积，这在一定程度上对优质稻的发展起到了推动作用，因此有的省优质稻的比例上升速度较快。然而，在这种快速上升的背后存在着对优质稻概念片面认识的问题。普遍认为，优质稻就是食用优质稻，而对特用和专用优质稻认识不足。事实上，有些水稻品种在生产上统计为优质稻，而在稻米的消费上未被认为是优质米；有些水稻品种在生产上不认为是优质稻，而其稻谷在工业和行业用粮上是一种好材料，这样的水稻品种也应视为优质稻。因此，要从消费的角度来判定稻米的优质与否，也就是说，优质水稻不仅要在生产领域得到认可，更重要的应在消费领域得到认可。因此，国家在考虑整个粮食供求平衡的时候，要根据稻米消费用途实行多类型的水稻生产，而不是以增减某一区域的水稻生产面积或改变某一水稻品种的种植面积就可以实行水稻优质化，应根据稻米消费用途，实行多样化的水稻生产，以此来满足和提高整个水稻生产和稻米消费的品质优化。

2. 发展以广大农民食用消费的大众化优质米生产　所谓大众化食用优质米就是在水稻生产上推广面积较大、适应范围广、米质已被广大农民普遍接受的品种。这些优质水稻品种的生产和种植主要是满足广大农民的食用消费。我国广大农民由于受传统消费习惯的影响，对稻米是否优质判别并不一定是以大米的营养为主要依据，在很大程度上是米饭的口感，且这一消费习惯还将在相当长的一段时期内继续存在。因此，只要水稻品种的大部分米质指标与目前农民普遍消费的稻米品种相近，而口感又优于目前农民普遍消费的稻米品种，且适合当地水稻生产条件的，均可以生产和种植，这些品种均可称为食用优质品种，而不必过多地强调其他指标。

3. 建立和发展以城镇居民食用消费为主的中高档优质米生产基地　所谓中高档优质米就是部颁二级米标准以上的水稻品种，目前能达到这一米质要求的稻谷年产量在2500万t左右。2003年全国城镇人口为4亿左右，按目前城镇居民人均年消费95 kg计算，可以提供2.65亿人口的口粮消费需要，占城市人口的2/3左右，尚有1/3左右城镇人口的大米消费在中高档优质米以下，因此中高档优质米的消费潜力巨大。由于城市总体消费水平高于农村，因此这类稻米的价格完全有可能比大众化优质米价格高50%～100%，它不仅可以提高稻农生产的经济收入，而且可以提升居民稻米消费的整体水平。

4. 建立和发展高产特用专用优质米生产区　所谓特用专用优质米，就是指对稻米品质有特殊和专门要求的行业用粮。特别是对稻米个别的指标有特殊和专门要求的优质米。随着工业化进程的逐步加快，各行各业对特用、专用稻米的需求量将逐步增加。为了提高经济效益，加工企业需要具有较高产品产出率的优质稻谷。因此，发展特用、专用优质稻谷生产，将对以稻米为原料的生产加工企业提高经济效益起到至关重要的作用。

5. 建立市场定价机制　优质稻的价格应由市场决定，因此对优质稻产品要实行优质生产、加工和包装。在市场经济条件下，同一质量的产品采用不同的加工工艺和包装技术，就可以有不同的价格，这就要求生产者在产品的原材料选取、产品的加工、产品的包装上下功夫，要像对待工业产品那样来对待中高档优质米的生产、加工和包装，只有这样，我国的优质稻米才能在激烈的市场竞争中体现出比较优势。

6. 通过提高农民文化程度和水稻生产技能增加水稻生产效益　农民的年人均收入水平与农民的文化程度、农民对水稻生产技术的掌握程度有密切的关系，而优质稻生产的经济效益又与农民的年人均纯收入的高低成正比，因此优质稻生产的利润高低与农民的文化程度和对水稻生产技术掌握程度的高低紧密相关。要提高水稻生产经济效益，就必需提高农民的科技文化水平。

7. 采取适度规模种植提高优质稻生产经济效益　规模过大或过小均不利于发挥水稻生产最佳的经济效益，只有适度的规模经营才可能最有效地提高优质稻的经济效益。在目前优质稻生产的条件下，种植面积以3.3～6.7 hm^2 较为适合。

8. 建立以多施有机肥相应减少氮肥施用量的优质稻生产技术　这一点主要是针对降低生产成本、增加单位投入的产出经济效益从而增加稻农经济收入而言的。从肥料对优质稻经济效益的影响分析结果来看，要提高稻农的经济收入，就必须在单位投入的产出率上下功夫，减少氮肥的施用量而增加有机肥的施用量不失为一种经济而有效的办法。

三、超级稻生产经济效益

（一）超级稻生产经济效益比较

1997年，国家农业部立项开展中国超级稻研究，主要包括中国水稻研究所主持的“中国超级稻育种项目”和袁隆平院士主持的“超级杂交稻育种项目”。中国超级稻育种包括南方的超级杂交稻和北方的超级粳稻，在2000～2004年多年的试验与示范中，南、北两方超级稻单产均实现了“百亩示范方”的12 t/hm^{2}和“千亩示范方”的10.5 t/hm^{2}的高产水平。

2001年，对北方与南方两个超级稻百亩示范点（辽宁省新民市胡台镇大王庄村，浙江省新昌县、乐清市、诸暨市）农户单季稻，连作早、晚稻，及当地优质稻、普通稻的生产进行的调查表明，超级稻生产具有以下几方面特点：①产量高。超级稻具有比优质稻、普通稻更高的产量。在2001年的超级稻生产与试验示范点，超级稻平均产量为11 989 t/hm^2，比优质稻高97.4%，比普通稻高107.6%。②投工少。超级稻平均用工量为123.75个/hm^2，比优质稻少48.75个，比普通稻少42个，分别减少28.3%和25.3%。③纯利润高。超级稻可获得纯利润为7 261.95元/hm^2，分别是优质稻和普通稻的2.59倍和15倍。④成本收益率高。超级稻单位成本收益率为81.51%，而优质稻和普通稻分别为37.1%和6.84%。⑤单位主产品产值介于优质稻与普通稻之间。超级稻单位主产品产值为1.27元/kg，分别是优质稻和普通稻的78.9%和102.4%（表20-12）。

表20-12 超级稻与普通稻、优质稻经济效益比较

水稻类别	单产（kg/hm^2）	产值（元/hm^2）	成本（元/hm^2）	用工量（个/hm^2）	净产值（元/hm^2）	纯利润（元/hm^2）	单位主产品产值（元/kg）	成本收益率（%）
超级稻	11988.75	16911.45	8909.25	123.75	11714.70	7261.95	1.27	81.51
优质稻	6073.95	10872.00	7419.00	172.50	3331.50	2805.75	1.61	37.81
普通稻	5774.25	7939.95	7053.00	165.75	1008.45	482.70	1.24	6.84

（二）南方、北方超级稻生产成本效益比较

以超级稻的生产与试验示范点浙江省新昌县和辽宁省新民市百亩连片稻区分别代表南、北方的超级稻生产状况进行调查分析。北方稻区示范的是粳稻品种沈农606，南方稻区示范的是杂交水稻组合协优9308，两个品种都实行单季稻种植，各自的生产成本与经济效益列于表20-13。从表中可以看出：①北方超级粳稻单位利润高于南方超级杂交稻。由于超级粳稻产量高于超级杂交稻292.5 kg/hm^2，再加上价格高于南方超级杂交稻，随之带来了超级粳稻的单位产值高于超级杂交稻，虽然超级粳稻的成本也高于超级杂交稻，但由于产值的增加额超过了成本的增加额，因此体现在净产值和纯利润上北方超级粳稻依然高于南方超级杂交稻，分别平均高991.8元/hm^{2}和714.8元/hm^2。②百元成本产值基本一致。协优9308为189.77元，沈农606为189.86元。③成本收益率相近。南方百亩超级示范片超级杂交稻的成本收益率为81.4%，北方百亩超级示范片超级粳稻的成本收益率为81.65%。

表 20-13 南北方超级稻生产投入与产出比较 （根据 1 hm^2 面积计算）

示范区	产量(kg)	产值(元)	成本(元)	物质费用(元)	人工费用(元)	用工量(个)	税金(元)	净产值(元)	纯利润(元)	百元成本产值(元)	成本收益率(%)
南方区	11842.50	16105.50	8487.00	4887.00	3600.00	120.00	714.00	11218.50	6904.50	189.77	81.40
北方区	12135.00	17716.50	9331.50	5506.50	3825.00	127.50	766.50	12210.00	7618.50	189.86	81.65

注：稻谷价格按市场价格、定购价格、保护收购价格综合平均，北方为 1.36 元/kg，南方为 1.26 元/kg；副产品产量以与主产品产量 1:1 计算，价格按 0.1 元/kg 计算；总产值等于主产品（稻谷）产值与副产品（稻草）产值之和

（三）南方超级稻品种与对照品种效益比较

在超级杂交稻的试验示范区浙江省新昌县，主要示范的品种为中国水稻研究所育成的协优 9308，同时在同一地块进行了协优 63、65002、嘉育早 293 品种的生产和试验。其投入和产出情况如表 20-14。从表中可以看出，超级稻协优 9308 具有以下多项优势：①与对照品种协优 63、65002 和嘉育早 293 相比，单产分别高 27.8%、31.6% 和 88.0%，产值分别高 32.4%、36.2%和 143.0%，虽然成本分别高 18.6%、18.4%和 44.2%，但纯收入分别是 3 个对照品种的 1.58 倍、1.72 倍和 10.3 倍。②协优 9308 的成本利润率明显高于对照品种。超级稻生产每投入 100 元成本可以有 81.4 元的利润，明显高于对照品种的成本利润率。在对照品种中，在米质和产量上都尚可的协优 63 和 65002 的成本利润率也只有 60.9% 和 55.9%。说明超级稻不仅在产量上高于 3 个对照品种，而且在效益上也高于较好品种 20%～25%，是一个产量与效益“双赢”的水稻品种。③协优 9308 百元成本的产值高于对照品种。从对照的 3 个水稻品种来看，最好的百元成本产值为 170.07 元，而超级稻的百元成本产值为 189.77 元，高出 19.7 元，与最低的百元成本产值相比则高出 77.2 元。④在协优 9308 上每个工所创造的纯收入高于对照品种。最高的对照品种 65002 每个工所创造的纯收入为 38.13 元，而超级稻协优 9308 每个工所创造的纯收入为 57.54 元，比最低的嘉育早 293 上每个工所创造的纯收入高 47.61 元。从水稻品种来分析，超级稻在产量、产值、成本利润率、百元成本产值、每个生产用工所创造的纯收入等多项指标上，均优于目前较好的水稻品种。

表 20-14 南方超级杂交稻协优 9308 与对照品种的经济效益 （根据 1 hm^2 面积计算）

品种名称	单产(kg)	产值(元)	成本(元)	用工数(个)	净产值(元)	纯收入(元)	成本利润率(%)	百元成本产值(元)	每工纯收入(元)
协优 9308	11842.50	16105.50	8487.00	120.00	11218.50	6904.50	81.4	189.77	57.54
协优 63	9259.50	12168.00	7155.00	135.00	7713.00	4357.50	60.9	170.07	32.28
65002	9000.00	11826.00	7167.00	105.00	6759.00	4003.50	55.9	165.00	38.13
嘉育早 293	6300.00	6627.00	5887.50	67.50	2493.00	670.50	11.4	112.57	9.93

注：种植地点为浙江省新昌县城关镇、拔茅镇；种植方式为单季稻；嘉育早 293 种植方式为抛秧，其他为人工栽插

（四）超级稻物质费用和人工费用的投入

南、北百亩示范区超级稻的物质费用投入如表 20-15 所示。从结果看：①肥料费用。单

季稻肥料费用是南方示范区高于北方示范区。南方示范区的新昌县肥料费用为 1 897.5 元/hm^2,而沈阳示范区为 1 672.5 元/hm^2,前者高出 225 元/hm^2,其中 2/3 费用增量来源于有机肥,1/3 来源于化肥。南方示范区,单季稻肥料费用高于双季稻费用,在进行同一品种种植的乐清市和新昌县,乐清市双季晚稻的肥料费用为 1 218 元/hm^2,比新昌县单季稻肥料费用低 679.5 元/hm^2。②农药费用。农药费用晚稻高于中稻,南方点的杂交籼稻高于北方点的粳稻。由于受气候条件等因素的影响,花费在晚稻上的农药费用明显高于一季中稻。在南方示范区的 3 个点,同一品种不同的种植季节,农药费用差异明显。诸暨和乐清两点为双季晚稻,新昌点为单季中稻,双季晚稻比单季中稻农药费用高出约 20%。2000 年,乐清市由于受台风天气的影响,晚稻白叶枯病特别严重,一般的农户治病虫害花费 750 元/hm^2 左右,个别农户则高达 1 000 元。如果排除天气因素,在正常年景的情况下,农户所需农药费用在 450～525 元/hm^2 之间。从水稻品种类型来看,南方点的杂交籼稻农药费用高于北方点的粳稻,北方粳稻点农药费用为 108 元/hm^2,而南方点 3 个杂交籼稻示范点的农药费用平均为 525 元/hm^2,是北方点粳稻的 4.8 倍。③水电排灌费用。北方点的粳稻高于南方点的杂交籼稻。北方粳稻平均为 1 650 元/hm^2,而南方籼稻平均为 904.5 元/hm^2。④其他物质费用。北方粳稻高于南方籼稻。如北方的塑盘育秧材料、无纺布材料费高于南方的育秧材料费用。总体来看,南北两大超级稻百亩示范片的总的物质费用投入是北方高于南方,北方平均为 5 506.5 元/hm^2,南方平均为 5 025 元/hm^2,高出比例为 9.58%。

从超级稻示范方人工费用投入比较看:①南方稻区的人工移栽雇工费用高于北方。北方移栽水稻所需雇工费用为 675 元/hm^2,而南方 3 个示范点平均需 975 元/hm^2;北方示范点的秧苗管理雇工费用高于南方点,北方点为 450 元/hm^2,而南方点平均为 325 元/hm^2。②单季中稻所需用工数高于双季晚稻。单季杂交籼稻用工平均为 123.75 个/hm^2,双季晚稻平均用工为 102 个/hm^2,单季比双季高 21.4%。③北方示范点用工数高于南方。南方示范点平均用工为 108 个/hm^2,而北方示范点平均用工为 127.5 个/hm^2,北方比南方高 18%。

表 20-15 百亩超级稻生产试验与示范点物质费用和人工费用投入 (根据 1 hm^2 面积计算)

生产与试验示范点	种植制度	雇工费用(元)				自用工费用(元)				合计(元)	折合成用工数(个)
		育苗管理	人工移栽	人工收割	脱粒	管水费	施肥治虫	日常管理	晒藏		
辽宁省新民市	单季稻	450	675	600	525	225	600	300	450	3825	127.5
浙江省新昌县	单季稻	300	900	525	450	225	600	300	300	3600	120.0
浙江省诸暨市	单季稻	375	975	525	525	180	525	300	375	3630	103.5
浙江省乐清市	双季晚	300	1050	600	600	180	540	300	300	4020	100.5
浙江省平均		325	975	555	525	195	555	300	330	3765	108.0

(五)发展超级稻生产的措施

1. 加快水稻主产区超高产水稻品种的推广与种植 我国目前种植的水稻品种产量一般在 6 000～7 500 kg/hm^2 之间,从调查的情况来看,优质稻的产量在 6 075 kg/hm^2,而超级稻协优 9308 和沈农 606 两个品种的平均产量接近 12 000 kg/hm^2,约为一般水稻产量的 2 倍。如 2002 年,我国水稻的播种面积是 2 820 万 hm^2,总产量 1.745 亿 t。如果种植类似产量的水稻品种，那么它能为我国的水稻产量在此基础上增加0.34亿t，水稻总产量有望突破2.0亿t台阶。这样，尽管人口在增加，耕地在减少，人均粮食产量却仍将能保持在现有的水平，中国人完全可以自己养活自己。

2. 实行超级稻的规模化与专业化生产，提高稻农经济收益　目前农民广泛种植的水稻规模一般在0.67 hm^2(10亩)以下，规模经营户的种植面积占水稻面积比重不高，农户数量比例更小，他们所种植的水稻，产量一般在6 000 kg/hm^2左右，较高的晚粳稻和一季的杂交稻产量也在7 500 kg/hm^2以下，成本利润率在35%左右。如果农民能够广泛种植产量在12 000 kg/hm^2的超级籼、粳型新品种如协优9308和沈农606，在目前的生产条件和稻谷价格水平下，农民至少能够获得480元/hm^2的纯利润，成本利润率可达到80%甚至更高。也就是说，一个单纯种水稻的农户在规模化种植(如6.7 hm^2)条件下，他能在稻田上获得4.8万元收入，这对一个从事专业化水稻生产的农民来说，生活可以较快地达到小康水平。这在一定程度上大大地缩小了与种植其他经济作物和开办私营小企业者的收入差距，而且能够提高专业户的水稻生产条件和生产技能，既稳定了农民的生产积极性，增加了农民的收入，又保护了耕地的有效利用，更有利于我国水稻产量的稳定和发展，确保了国家的粮食安全。

3. 提高超级稻生产机械化水平　水稻生产的全程机械化是提高我国稻农收入的一个重要手段。目前，我国的水稻生产机械主要用于北方稻区，且多为中大型机械，这在广阔平整的北方稻田有一定的用武之地。据统计，北方稻区水稻播种面积和产量虽只有全国的10%，但机插面积占全国的94%(其中东北地区占80%)，机械直播面积占全国的68%，机械收获面积占全国的27%。而在我国水稻主产区的南方地区，超级稻生产的机械化程度较低，除了在水稻种植的前期和水稻生长过程中的管理阶段初步实行了机械化外，超级稻生产的两个重要阶段——移植和收获机械化程度很低，而这两个阶段又是我国水稻生产较为费工的阶段，人工费用的50%以上集中在这两个阶段，因此提高我国南方稻产区超级稻生产移植和收获机械应是今后我国水稻机械研究的重点。若要提高稻农的种稻收益，超级稻生产的机械化是一项必备要件。根据研究和分析的结果，实行机械化生产的稻产区，水稻产后损失少，产量较高，与手工劳动和半机械化生产相比，成本利润率高出18～20个百分点，纯收入高出999～1 060.5元/hm^2。超级稻由于其产量高，影响大，机械化生产显得尤为重要。

四、一些省份的水稻生产成本与收益比较

比较各个省份的水稻生产成本与收益，对于指导水稻的生产具有重要的意义。对浙江、福建、江西和安徽等省的早籼稻、中籼稻和粳稻的生产投入与产出调查结果(表20-16)表明，各个省份的水稻生产与产出存在差异。下面以浙江省为例进行分析。

在早籼稻中，浙江省的单产、产值比全国平均水平低7.7%，总成本比江西省和安徽省分别高21.7%和38.0%，其中物质费用比福建省、安徽省、江西省分别高8.2%、30.5%、32.3%，比全国平均水平也高12.5%；用工量虽只有安徽省的59%，但人工费用却高于安徽省；纯利润比上述三省低645～120元/hm^2，比全国平均水平低720元/hm^2。

在单季稻中，单产仅次于江苏省，比全国平均水平高6.3%；产值比安徽省高12.2%，比福建省高16.0%，比江苏省高17.0%，比全国平均水平高10%左右；生产成本比江苏省高3.5%，比安徽省和福建省均高27%，比全国平均水平高15%；每公顷用工数比江苏省、安徽省和福建省分别少33个、44个和18个，比全国平均数多15个；每公顷纯利润分别比江苏

省、福建省、安徽省高 1 134 元、384 元、241.5 元，比全国平均水平高 196.5 元。

在粳稻中，浙江省的单产比安徽省、山东省、江苏省分别高 12.0%、16.2%、23.0%，低于全国平均水平 17%；成本高于安徽省 35.0%，低于山东省 5.9%、江苏省 8.9%，比全国平均高 5.3%，其中人工成本高于周边省份和全国平均水平 13%，每公顷纯收入低于江苏省 1 077 元、安徽省 1 897.5 元、山东省 2 406 元，比全国平均水平低 1 612.5 元。

由此可见，浙江省的水稻生产与周边省和全国平均水平相比，惟有一季中稻在产量、产值和纯收入上有较明显的优势，因此一季中稻是浙江省水稻生产发展的趋势。

表 20-16　浙江省与周边主要产稻省份生产成本与收益比较　（根据 1 hm^2 面积计算）

稻作类型	省份	产量(kg)	产值(元)	总成本(元)	其中:物质成本(元)	人工费用(元)	用工数(个)	税金(元)	纯利润(元)	成本利润率(%)
早籼稻	浙江省	4885.50	5562.00	5405.25	2907.00	2500.50	100.05	240.00	－82.50	－1.5
	安徽省	4597.50	4792.50	3916.50	2227.50	1689.00	169.50	238.50	561.00	13.3
	福建省	5829.00	7126.50	5530.50	2686.50	2844.00	228.00	321.00	1107.00	18.4
	江西省	4962.00	5482.50	4443.00	2197.50	2244.00	235.50	205.50	687.00	14.3
	全国平均	5292.00	6030.00	5002.50	2584.50	2418.00	234.00	267.00	624.00	11.5
单季稻	浙江省	7582.50	8580.00	5970.00	3007.50	2962.50	172.50	312.00	2298.00	38.5
	江苏省	7657.50	7333.50	5770.50	3103.50	2667.00	205.50	177.00	1164.00	18.9
	安徽省	7162.50	7645.50	4689.00	2674.50	2389.50	216.45	331.50	2056.50	46.6
	福建省	6286.50	7399.50	4683.00	2307.00	2376.00	190.50	321.00	1950.00	35.8
	全国平均	7125.00	7750.50	5173.50	2520.00	2653.50	157.50	282.00	2101.50	72.0
粳稻	江苏省	7887.00	9376.50	6298.50	3891.00	2406.00	184.50	315.00	2496.00	36.0
	浙江省	6076.50	7596.00	5737.50	2923.50	2814.00	201.00	304.50	1419.00	23.0
	安徽省	6898.50	8022.00	4252.50	2293.50	1959.00	196.50	294.00	3316.50	70.5
	山东省	7252.50	10315.50	6096.00	3771.00	2325.00	250.50	114.00	3825.00	58.9
	全国平均	7318.50	9720.00	6057.00	3559.50	2497.50	223.50	270.00	3031.50	45.2

注：全国平均数是指江苏、安徽、福建、河南、湖北、四川、贵州、云南、陕西省和重庆市 177 个县、1750 户 420.44 hm^2 种植面积的平均数。浙江省作为典型调查。价格按地区工价计算

第五节　市场整合分析方法

市场整合的研究方法有多种，人们也一直在用不同的方法进行相关的研究。从 1967 年 Lele 第一次使用数量经济方法对市场整合程度进行测定至今的 30 多年里，研究市场整合的方法大致可以分成四类：相关分析法、共聚合法、Ravalliona 模型、比价界限模型。限于篇幅，在此只对其中的共聚合法与格兰泽尔因果关系加以分析与介绍。

一、共聚合法（Cointegration approach）

Goodwin 和 Schroedor 于 1991 年首次将共聚合法引入商品市场整合研究领域。1992 年

Wyeth 对其进行了部分改造。很快地这种方法被广泛应用在市场整合研究中，主要原因是用这种方法对市场整合研究不必对市场的结构作出假设。

宏观经济学研究认为，有些独立的经济变量本身不稳定，比如长期利润率和短期利润率、家庭收入和消费、企业利润和开支等，但它们之间总保持相对稳定的距离或呈一定的比例，这一现象被称为共聚合(Cointegration)。这一方法最初的研究领域是在金融和宏观经济理论研究中。由于在不同的区域市场的同一商品的价格也存在着本身的不稳定性，因此在不同的区域市场整合研究中，也较多地采用这一方法。

从严格而准确的角度来讲，如果两个或多个变量本身是独立的非稳定变动序列，但它们之间存在着固定的线性组合关系，那么这些变量之间的关系就是共聚合关系。这表示在每对变量之间存在着一个长期均衡关系(长期均衡关系是指随着时间的推移，系统收敛于均衡关系)，即使这种长期均衡在短期被打破，它们之间的关系最终也会恢复到均衡状态。

根据上述对共聚合关系的定义，如果某种商品市场是整合的，那么某种商品在任意区域市场上的价格序列都应是非稳定序列(其价格变化值 ΔP_t 应是稳定的，而且任何两对区域市场价格间的线性组合都是稳定的，即 $\alpha + \Delta P_{it} - \Delta P_{jt \sim I}$)。因此，在使用共聚合法之前，必须检验每个价格序列的独立性和稳定性，即证明所有价格序列都是一阶整合的。

通常使用 Augmented Dickey Fuller(ADF)方法来检验独立价格序列的稳定性。

$$\Delta P_t = \alpha + \beta_{12} \cdot \Delta P_{t-2} + \beta_{13} \cdot \Delta P_{t-3} + \cdots + \beta_{1n} \cdot \Delta P_{t-n} + \lambda \cdot P_{t-1} + \zeta_{1t} \qquad 20.1$$

经过 T 检验，如果 λ 小于临界值，则 P_t 是稳定的。

因为序列的步长是固定的，Gauss-Markov 假设误差项有限变化的理论被打破。在进行该检验时必须使用特殊的临界值。Dicky 和 Fuller(1979)、Engle 和 Yoo(1987)、Markinoon(1990)的检验结果，这个临界值应是负数。假如 ADF 检验值小于临界值，则表示该序列是稳定的。假如 P_t^i 不稳定，则应用 ADF 检验 ΔP_t^i 的稳定性，通常 ΔP_t^i 可以通过 ADF 检验，这也可以得出 P_t^i 是一阶整合序列的结论。然后我们就可以利用这些通过检验的序列进行共聚合关系的测试。

通常共聚合法包括两大步骤。首先使用最小二乘法对以下方程进行回归，也就是共聚合法回归。

$$P_t^i = \delta + \alpha P_t^i + V_t \qquad 20.2$$

第二步是检验残差的 V_t 的稳定性。同样使用 ADF 检验或使用修改过的 ADF 检验。

$$\Delta V_t = \alpha + \beta_{12} \cdot \Delta V_{t-2} + \beta_{13} \cdot \Delta V_{t-3} + \cdots + \beta_{1n} \cdot \Delta V_{t-n} + \lambda \cdot V_{t-1} + \zeta_{1t} \qquad 20.3$$

同样经过 T 检验，如果 λ 小于临界值 V_t，那么我们可以说这两个系列是存在共聚合关系的序列。

因为共聚合法事实上是证明两个变量序列之间存在的一种长期均衡关系，因此通常用其来衡量商品市场长期整合的程度。

由于在完全整合的市场体系中，各个区域市场之间的价格差应等于或小于这两个市场间商品运输的价格，而共聚合法仅仅是证明各个区域市场价格差稳定，不能证明两个区域市场价格差一定小于或者等于市场间商品的运输费用。因此，共聚合关系仅仅是市场整合的必要条件，而不是充分条件。在实际工作中，不同市场上的商品品质可能不尽相同，这会在一定程度上影响价差。

应当指出的是，相关系数法、Ravallion 模型和共聚合法作为市场整合的研究方法，人们通常结合使用,以使研究结果可以提供更多的信息。

二、格兰泽尔因果关系

从统计学上讲,若一个时间序列 X 的当前值或上期值决定了另一时间序列 Y 的数值,则称 Y 和 X 之间存在着格兰泽尔因果关系,其中 Y 是 X 决定的。1982 年 Bessler 和 Brandt 首次将这一理论运用到研究市场整合的领域中。这意味着,利用一个区域市场现在或过去的价格与另一个区域市场商品价格间统计意义上的因果关系,可以判断在这对市场中哪个占有价格主导地位,也可以衡量出市场价格的调整速度。

测定区域市场之间格兰泽尔因果关系的方法很多,包括使用单方程或多方程模型等。实践中使用单方程模型计算运用最为广泛。

$$P_t^i = \alpha + \beta_{11} \cdot P_{t-1}^i + \beta_{12} \cdot P_{t-2}^i + \cdots + \beta_{1n} \cdot P_{t-n}^i + \beta_{21} \cdot P_{t-1}^j + \beta_{22} \cdot P_{t-2}^j + \cdots + \beta_{2n} \cdot P_{t-n}^j + \zeta_{1t} + \Pi_{1t} \qquad 20.4$$

方程中的步长数 n 由研究所使用的价格时间序列的长度决定。

通过 F 检验或 Wold 检验,假如对两个市场的测试 $\beta_1 = \beta_2 = \cdots = \beta_k = 0$,就认为此两个市场是完全独立的。如果 $\beta_{21} = \cdots = \beta_{2n} \neq 0$,那么 i 市场的价格则由 j 市场来决定。如果 j 市场的价格作被解释变量,i 市场的价格仍决定 j 市场的价格,那么就可以说,i、j 两个市场是双向的价格决定形式。如果 i 市场的价格决定或影响 j 市场的价格,或者反过来,j 市场的价格决定或影响 i 市场的价格,那么就将这种价格决定形式称作为单向的价格决定形式,前一个市场的价格则处于主导或领袖的地位。

格兰泽尔因果关系模型要求价格序列是非稳定序列,所以也必须检验价格时间序列的稳定性。因为绝大多数商品的价格是一阶整合序列而不是零阶整合的,因此使用价格序列变化程度(P_t^i—P_{t-1}^i)设计的模型成了测算格尔因果关系的标准模型。

Engle 和 Granger 在 1987 年的研究中提出,当两个变量序列在 Cointegration 关系时,可以通过估计包含价格序列变化程度和等级的误差校正模型来判断他们之间的格兰泽尔因果关系。Alexander 和 Wyeth 在 1993 年将这一方法发展成下面这种形式的模型:

$$\Delta P_t^i = \alpha_{11} \Delta P_{t-1}^i + \cdots + \alpha_{1n} \cdot \Delta P_{t-n}^i + \alpha_{21} \Delta P_{t-1}^j + \cdots + \alpha_{2n} \cdot \Delta P_{t-n}^j - \theta(P_{t-1}^i - \delta P_{t-1}^j - \gamma) + \varepsilon_{1t} \qquad 20.5$$

此时,当 $\beta_{21} = \cdots = \beta_{2n} = \gamma_1 = 0$ 时,用格兰泽尔因果关系检验,j 市场的价格不能决定 i 市场的价格。由于这一模型在各个时期 j 市场价格对 i 市场的影响都没有遗漏,所以可能更能准确地估计两市场之间的价格联系。

三、建立模型

要分析 2~3 个不同的市场价格的整合程度,可以使用共聚合法的最基本形式。在变化的市场结构中考察市场整合理论,目前在理论界仍是一个新的领域。因此,我们在分析市场整合时一般不考虑市场结构的变化等因素。

一般来讲,在分析市场整合程度前,首先要考察价格变动情况,要检验各个时间价格序列是否是遵循统一的变化规律。如果价格序列的变化遵循一定的变化规律,就可以用共聚合法来分析。

设 i 和 j 是两个不同的区域市场,P 表示商品的价格,δ 为常数项。则共同整模型的形式为:

$$Pt^{i} = \alpha P_t^{j} + V + \delta \qquad 20.6$$

假如随机扰支项 V_t 独立的，则 P_t^i 和 P_t^j 存在着共聚合关系，该方程表示两个市场之间长期的均衡关系。

通常需要通过以下 20.7、20.8 两个方程式来检验，才可使用格兰泽尔因果关系证实方程 20.6 反映两个市场价格波动的方向和程度。

$$\Delta P_t^i = \alpha_{11}\Delta P_{t-1}^i + \cdots + \alpha_{1n}\cdot\Delta P_{t-n}^i + \alpha_{21}\Delta P_{t-1}^j + \cdots + \alpha_{2n}\cdot\Delta P_{t-n}^j - \theta_1(P_{t-1}^i - \delta P_{t-1}^j - \gamma) + \varepsilon_{1t} \qquad 20.7$$

$$\Delta P_t^j = \alpha_{31}\Delta P_{t-1}^j + \cdots + \alpha_{3n}\cdot\Delta P_{t-n}^j + \alpha_{41}\Delta P_{t-1}^i + \cdots + \alpha_{4n}\cdot\Delta P_{t-n}^i - \theta_2(P_{t-1}^i - \delta P_{t-1}^j - \gamma) + \varepsilon_{1t} \qquad 20.8$$

检验的共同前提是 $\beta_{21} = \cdots\beta_{2n} = \gamma_1 = 0$ 时，则 j 市场的价格不决定 i 市场的价格，而 $\beta_{41} = \cdots\beta_{4n} = \gamma_2 = 0$ 时，则 i 市场的价格不决定 j 市场的价格，如果这时这两个等式同时成立，这在整合市场的内部不存在主导地位的市场。

在确定整合市场内部不存在主导地位的市场后，再来检验方程 20.7 和 20.8，其主要目的一是衡量短期内市场的整合程度，二是检验方程 20.6 得出的市场长期整合程度的结果。短期市场整合是指一个区域市场内价格变化对另一个市场价格的即时作用，即符合 $\beta_{11} = \cdots \beta_{1n} = \cdots\ \beta_{2n} = 0; \gamma = 0$。

如果有符合下面的等式 $\alpha\cdot\Sigma_{i=1}^{n}\beta_{1i} + \Sigma_{i=1}^{n}\beta_{2i} = \alpha$，则区域内两个市场存在着长期整合的关系。

如果上式等式不成立，那么对结果就需要进行重考虑与解释。

四、大米市场整合研究实例

在大米市场的整合研究中，李鹏曾对中国南方籼米市场与北方粳米市场进行过较为系统与详尽的分析研究。研究结果显示，在北方粳米市场中，18 个城市粳米市场之间长期整合程度比较高，27 个城市的粳米市场间没有显著的价格联系。北京市场会引起石家庄、沈阳、长春、哈尔滨市场的价格变化，它在市场整合中占有主导地位。其中北京与石家庄，沈阳与长春、哈尔滨，长春与哈尔滨，上海与南京、南昌等城市，粳米市场之间存在显著的短期整合关系。在南方籼米市场中，有 20 个籼米市场之间长期整合程度比较高，16 个城市的籼米市场之间没有显著的价格联系。其中，南京市场会引起上海与福州市场的价格变化，南昌市场的价格波动可以带动上海、合肥、广州与福州市场；在长沙与上海、南京、福州和广州的市场整合中，长沙市场占有主导地位。在籼米市场中，上海与南京，南京与南昌、长沙，南昌与福州、长沙、广州，福州与长沙，武汉与长沙，长沙与广州，存在着显著的短期整合关系。从粳米市场的研究结果来看，地理位置接近的区域市场间市场整合的程度高，各个地区间市场的整合程度低，南方市场的整合程度高于北方市场，中国粳米市场基本属于需求驱动型的市场。而籼米市场研究结果表明，籼米产地之间的的市场整合程度高，中国籼米市场基本属于供给驱动型的市场。

随着时间的推移与水稻产业不断完善与发展，大米市场长期与短期整合性与整合程度也将发生变化，发生主导作用的市场也不是一成不变的，水稻产业越成熟、产业经济越发展，大米市场长期整合的数量也将越来越多，市场整合的比例也日趋提高。

第六节　水稻科技支撑

在经济全球化的背景下，一个国家的农业竞争力表现在农产品的竞争力上，农产品竞争的市场目前已不再有等待填补的空白,而是充满激烈竞争的战场。农产品进出口贸易数据表明,我国加入 WTO 后的农产品出口阻力和贸易压力显著增大,其中大米是在我国粮食作物出口贸易中最具竞争力的优势产品。当今的农产品国际竞争力主要由产品品质质量、安全质量、生产成本和产品品牌所构成,而在这些构成因素中,科技始终是贯穿这些因素的第一要素,产品质量须由科技去提高,产品成本须由科技去降低,产品品牌须由科技去打造。总之,水稻的国际竞争力须由科技来支撑,须由科技来提升。科技是提升水稻竞争力的最重要的因素。

从水稻科技发展角度来看,我国水稻单产试验水平逐年提高,目前在小面积田块上的产量已突破 16 t/hm^2,超级稻的发展已进入第三阶段,即单产 14.5 t/hm^2 的研究阶段。然而,从我国水稻大面积生产上来看,单产从 1998~2002 年出现连续下降的趋势,已从 1998 年的 6.366 t/hm^2 下降至 2002 年的 6.189 t/hm^2。水稻小面积单产的持续增加与农民大面积生产产量的下降,水稻科学技术的迅猛发展与农民对水稻技术接受的滞后,形成了一个明显的技术供给与需求"脱节"的趋势。一些研究表明,科学技术要进入到农户,有许多障碍因素,如农户内在的应用科技的动力与经济实力不足,农业科技成果的质量不高,农民的文化素质较低,对科技成果的认知、接受和应用能力较差,农户难以获得科技应用的配套资金与物资。从近几年我国水稻科研成果来看,国家加大了对水稻科技的投入力度,每年形成上百项新技术、新成果,这些新技术和新成果可以通过不断提高作物生产性能而提高产量、改善品质,通过改善作物生长环境而发挥良种的增产潜力,也可以通过提高有限资源的利用率而实现节本增效等。然而,由于多种原因,这些新技术、新成果有的没有在生产上得到应用,有的尚不能直接应用于生产。因此,加快这些新技术、新成果的组装配套和推广应用,使科技尽快地进入到农户手中,把科技转化为现实的生产力,是我国水稻科技在新形势下需要提升的一个主要课题。

从水稻科技发展战略上来看,我国的水稻在国际上要形成持久永恒与强有力的竞争力,需要有一系列的科技支撑。其中,培育与掌握水稻的核心技术是提高水稻竞争力的科技关键,并在战略上要以生物技术发展为重点,拥有水稻基因技术并利用基因技术创造优良品种,对优质品种进行产业的专业化生产。要提高水稻的国际竞争力,需要从以下几方面入手。

第一,调整技术创新的方向与重点。要以培育高产、优质、专用性强的新品种为重点。技术创新的方向要从纯增产技术转向高产与优质高效技术,要从大众化水稻生产技术转向大众与特色技术并重,要从纯生产领域转向生产后的贮运、保鲜、加工等领域,从一般生产加工技术转向无公害、标准化生产加工技术转变。

第二,创新农业科技运行机制。在农业科技运行机制上,要进行两方面的科技运行机制创新:一是要在产业化经营中的政策体制与技术创新的结合点上进行科技支撑。这是因为在产业化经营中需要政策与技术的有机结合,如何结合,需要科技支撑。二是科技资源的整合与实践需要进行科技支撑。农业科技资源是推动农业科技发展的基础,科技体制改革的目的是要提高农业科技资源的配置效率,但目前科技与生产在一定程度上还是脱节的,科技资源的整合和实践的结果是产品线性化、生产区域化,这一结果如何实行,需要由科技来支撑。

第三,水稻产业科技支撑关键点。未来水稻产业关键点在水稻产前的种质优化、水稻产中的节本增效、水稻产后的加工利用三方面，国家要在这三方面实行科技支撑。包括：①对水稻研究院所的科技支撑。发挥国家、地方水稻科研院所的育种中心、良繁基地、区试站点、良种精选加工中心、种子检验检测中心、品种及品种资源库的作用，针对不同地区、不同优质稻米产品生产对水稻品种的需求，加强优良品种示范推广与扩繁工作，近期示范推广超高产、优质及专用水稻，以提高稻米产品的科技含量。②对超级稻生产技术集成提供科技支撑。在具有优势水稻生产的区域带，要广泛推广已有的超级稻生产集成技术。并对水稻生产播种、田间管理、机械化收获与栽插以及节水灌溉、设施农业、精准农业等技术进行组装与集成，进行规模化开发，降低水稻生产成本，增加农民收入。③对水稻产后加工的科技支撑。随着水稻产业化进程的逐步加快，水稻产品的加工生产会蓬勃发展，稻米产品质量的高低在一定程度上取决于产后加工的科技含量。综观国内外稻米产品的质量，我国稻米产品加工的科技含量与国外尚有较大差距，因此，对水稻产后加工领域要实行科技支撑。

参考文献

蔡昉.比较优势与农业发展政策.经济研究，1994，(6)：33－40

蔡洪法，陈庆根.二十一世纪的中国稻业.见：21世纪水稻遗传育种展望.北京：中国农业科技出版社，1999.12－17

蔡洪法.树品牌，创名牌，发展我国优质米农业.中国稻米，1999，(6)：9－12

陈庆根，廖西元，孙越华.水稻生产投入产出经济效益比较分析与对策研究.农业技术经济，2000，(5)：32－36

部海雷.抓稻米"四化"促良种"四快"江西奉新积极推进优质米产业化工程.中国稻米，1999，(4)：10－12

顾国达，张磊.我国畜产品出口的比较优势分析.中国农村经济，2001，(7)：33

黄季焜.优质米产业发展：机遇、问题和对策.中国稻米，1999，(6)：13－16

黄季焜，马恒运.中国主要农产品成本的国际比较和差别.战略与管理，2001，(6)：86－95

金碚.产业国际竞争力研究.经济研究，1996，(11)：39－44，59

柯炳生.市场经济与农村发展.北京：中国大百科全书出版社，1993.60－65

李崇光，郭犹焕.中国大米与油料比较优势分析.中国农村经济，1998，(6)：17－21

廖西元.我国加入WTO后水稻生产面临的挑战和机遇.中国稻米，2000，(3)：5－6

林善浪，张国.中国农业发展问题.北京：中国发展出版社，2002

林毅夫，蔡昉，李周.中国的奇迹：发展战略与经济改革.上海：三联书店，194

刘乐山.中国"入世"后的农业安全问题及其对策.喀什师范学院学报，2002，(1)：23－26

刘易斯.增长引擎的减慢.见：现代国外经济学论选(第8辑).北京：商务印书馆，1984

陆德明.中国经济发展动因分析.太原：山西经济出版社，1999

罗斯托 W W.从起飞进入持续增长的经济学.成都：四川人民出版社，1988

罗札·赛克斯(罗永泰等译).应用统计手册.天津：天津科技翻译出版公司，1988.369－375

马有祥，刘北桦.扩大我国农产品出口的战略选择.中国农村经济，2000，(2)：74－76

迈克尔·波特.国家竞争优势.北京：华夏出版社，1992

农业部访美代表团.培育有竞争力的农业产业体系.中国农村经济，2001，(8)：72－80

彭廷军，程国强.中国农产品国内资源成本的估计.中国农村观察，1999，(1)：10－20

乔娟.中国主要新鲜水果国际竞争力变动分析.农业经济问题，2001，(12)：33－38

孙立新.中国大豆比较比势研究.北京：中国农业大学，2001.20－21

谭向勇，辛贤.中国主要农产品市场分析.北京：中国农业出版社，2001

唐仁健.从根本上提升我国农业竞争力.农业经济问题，2001，(1)：25－34

托达罗.第三世界的经济发展(下).北京：中国人民大学出版社，1991

王小鲁.中国粮食市场的波动与政府干预.经济学，2001，1(1)：175

徐志刚，博龙波，钟甫宁.中国主要粮食产品比较优势的差异及其变动.南京农业大学学报，2000，23(4)：113－116

薛敬孝，佟家栋，李坤望.国际经济学.北京：高等教育出版社，2000

杨雍哲.农村产业结构调整与农民收入.北京：中国农业出版社，2000

叶兴庆.新一轮结构调整.中国农村经济,1999,(11):36-42

曾福生.市场经济与农业可持续发展.长沙:湖南地图出版社,1999.161-163

中国农业科学院.中国种植业区划.北京:农业出版杜,1984

中国农业统计年鉴 1995-2003.北京:中国农业出版社,1996-2004

中国社会科学院农村发展研究所,国家统计局农村社会经济调查总队.2001-2002 年中国农村经济形势分析与预测——农村经济绿皮书.北京:社会科学文献出版社,2002

中华人民共和国农业部.2002 年中国农业发展报告.北京:中国农业出版社,2002.84

钟甫宁,朱晶.结构调整在我国农业增长中的作用.中国农村经济,2000,(7):4-7

周谊群,颜泽松.发展优质稻米,推进产业化经营.中国稻米,1999,(5):8-9

Action Aid. Participatory Rural Appraisal: Utilization survey report. Part I. Rural development area. Singhupalchowk, Monitoring and Evaluation Unit. Kathmandu: Action Aid, 1992

Ampt P R, Ison R L. Rapid rural appraisal for the identification of grassland research problems. *In*: Proceedings of the XVII International Grassland Congress. Nice, France, 1989. 1291-1292

Ampt P R, Ison R L. Report of a rapid rural appraisal to identify problems and opportunities for agronomic research and extension methodology. Discussion Paper 333. Brighton: Institute of Development Studies, 1993

Aquino A. Chang over time in the pattern of comparative advantages in manufactured goods: an empirical analysis for the period 1972-1974. *Europ Econ Rev*, 1981, 15: 41-62

Balassa B. Trade liberalization and revealed comparative advantage. *The Manchester School of Economics and Social Studies*, 1965, 32: 99-123

Cantwell J. Technological Innovation and Multinational Corporations. Oxford: Basil Blackwell, 1989

Chambers R. The origins and practice of participatory rural appraisal. *World Develop*, 1994, 22(7): 953-956

Chen Q G, Zhu D F, Chen W F, Xu Z J. The Evaluation of Economic Benefit of Integration Techniques of Super Rice Production and Corresponding Development Strategy. *In*: Promoting Global Innovation of Agricultural Science & Technology and Sustainable Agricultural Development-Proceeding of International Conference on Agricultural Science and Technology. November 7-9, 2001. Beijing, China. 468-475

Cornwall A, Guijt I, Welbourn A. Acknowledging process: challenges for agricultural research and extension methodology. *In*: Scoones I, Thompson J. Beyond Farmer First: rural people's knowledge, agricultural research and extension practice. London: Intermediate Technology Publications, 1994. 98-117

Crafts N F R, Thomas M. Comparative advantages in UK Manufacturing Trade, 1910-1935. *Econ J*, 1986, 96: 6-15

Lim K T. Analysis of North Korea's foreign trade by revealed comparative advaruages. *J Econ Develop*, 1997, 22: 97-117

Mascarenhas J. Participatory rural appraisal and participatory learning methods. *Forests, Trees & People Newsl*, 1992, (15/16): 10-17

Mukhejee N. Participatory Rural Appraisal: Methodology and Applications. New Delhi: Concept Publishing House, 1993

UNID. International comparative advantages in manufacturing: Changing profiles of resources and trade. UNIDO publication series no. 286 1 B9. Vienna: United Nations Industrial Development Organization, 1986

Van Hulst N, Mulder N R, Soete L. Exports and technology in manufacturing industry. *Weltwirtschaftliches Archly*, 1991, 128: 246-264

World Bank. China: Foreign Trade Reform. Country Study Series. Washington D C: World Bank, 1995

农田化学除草新技术 9.00元
除草剂安全使用与药害诊断原色图谱 22.00元
除草剂应用与销售技术服务指南 39.00元
植物生长调节剂应用手册 6.50元
植物生长调节剂在粮油生产中的应用 7.00元
植物生长调节剂在蔬菜生产中的应用 6.50元
植物生长调节剂在花卉生产中的应用 5.50元
植物生长调节剂在林果生产中的应用 7.00元
植物生长调节剂与施用方法 5.50元
植物组织培养与工厂化育苗技术 6.00元
植物组织培养技术手册 16.00元
化肥科学使用指南(修订版) 18.00元
科学施肥(第二版) 4.50元
简明施肥技术手册 9.50元
实用施肥技术 2.00元
肥料施用100问 3.50元
施肥养地与农业生产100题 5.00元
酵素菌肥料及饲料生产与使用技术问答 5.00元
配方施肥与叶面施肥 4.50元
作物施肥技术与缺素症矫治 6.50元
测土配方与作物配方施肥技术 14.50元
亩产吨粮技术(第二版) 3.00元
农业鼠害防治指南 5.00元
鼠害防治实用技术手册 12.00元
赤眼蜂繁殖及田间应用技术 4.50元
科学种稻新技术 6.00元
杂交稻高产高效益栽培 6.00元
双季杂交稻高产栽培技术 3.00元
水稻栽培技术 5.00元
水稻良种引种指导 19.00元
水稻杂交制种技术 9.00元
水稻良种高产高效栽培 11.50元
水稻旱育宽行增粒栽培技术 4.50元
水稻病虫害防治 6.00元
水稻病虫害诊断与防治原色图谱 23.00元
香稻优质高产栽培 9.00元
黑水稻种植与加工利用 7.00元
北方水稻旱作栽培技术 6.50元
玉米杂交制种实用技术问答 7.50元
玉米栽培技术 3.60元
玉米高产新技术(第二版) 6.00元
玉米高产新技术(第二次修订版) 8.00元
玉米超常早播及高产多收种植模式 4.50元
黑玉米种植与加工利用 6.00元
特种玉米优良品种与栽培技术 7.00元
特种玉米加工技术 10.00元

y Green Space Planning

城市绿地规划

王绍增 主编

园林专业主干课程系列教材

书名	作者	单位
园林规划设计（上、下册）第二版	胡长龙	南京农业大学
花卉学（第二版）	包满珠	华中农业大学
园林树木栽培学	吴泽民	安徽农业大学
园林苗圃学	苏金乐	河南农业大学
园林植物昆虫学	蔡　平	苏州大学
	祝树德	扬州大学
园林植物病理学	朱天辉	四川农业大学
插花艺术基础（第二版）	黎佩霞	华南农业大学
	范燕萍	华南农业大学
草坪学（第二版）	孙吉雄	甘肃农业大学
城市绿地规划	王绍增	华南农业大学
风景园林工程	张文英	华南农业大学
园林建筑设计	成玉宁	东南大学
园林艺术原理	王晓俊	南京林业大学
园林树木学	卓丽环	东北林业大学
	陈龙清	华中农业大学
园林植物育种学	包满珠	华中农业大学
景观生态学基础	周志翔	华中农业大学
植物造景	苏雪痕	北京林业大学
盆景学	王彩云	华中农业大学
	李树华	中国农业大学
园林生态学	冷平生	北京农学院
园林生态学实验实习指导书	周志翔	华中农业大学

中国农业出版社

109-08572-5